现代林业技术

河南省林业调查规划院　编

黄河水利出版社
·郑州·

内容提要

本书站在可持续发展的高度，以建设现代林业和生态文明为宗旨，立足河南，面向全国，全面总结了近十年来的林业科研新成果，并融入了林业新理论、新技术、新方法和新标准。全书共分20章，内容涉及林木良种培育、苗圃的建立和育苗技术、主要林种营造技术、森林保护和自然保护区建设、森林经营和主伐更新、森林测量与森林资源调查、绿地规划设计与森林公园建设管理，以及林产品加工技术与森林多种经营等。具有较强的指导作用和实用参考价值，可供林业工作者和相关人员阅读使用。

图书在版编目(CIP)数据

现代林业技术/河南省林业调查规划院编. —郑州：黄河水利出版社，2010.7
ISBN 978-7-80734-840-5

Ⅰ.①现… Ⅱ.①河… Ⅲ.①林业-技术 Ⅳ.①S7

中国版本图书馆CIP数据核字(2010)第117524号

组稿编辑：韩美琴　电话：0371-66024331　E-mail：hanmq93@163.com

出 版 社：黄河水利出版社
地址：河南省郑州市顺河路黄委会综合楼14层　邮政编码：450003
发行单位：黄河水利出版社
发行部电话：0371-66026940、66020550、66028024、66022620(传真)
E-mail：hhslcbs@126.com
承印单位：河南省瑞光印务股份有限公司
开本：787 mm×1 092 mm　1/16
印张：64.5
字数：1 570千字　印数：1—3 000
版次：2010年7月第1版　印次：2010年7月第1次印刷

定价：198.00元

《现代林业技术》编委会

前　言

发展林业,利在当代、荫及后世、恩泽人类。新中国成立以来,党和国家始终高度重视林业工作。毛泽东同志发出了“绿化祖国”的伟大号召。邓小平同志倡导了“全民义务植树”运动。江泽民同志提出了“再造祖国秀美山川”的宏伟目标。进入21世纪,中国林业改变了长达50年的生产方式,实现了由以木材生产为主向以生态建设为主的重要历史性转变,选择了可持续林业的发展道路。2007年10月,在中国共产党第十七次全国代表大会上,以胡锦涛同志为总书记的党中央,确立了“以生态建设为主的林业发展战略”,作出了建设生态文明的战略部署。2009年6月22日,温家宝同志在会见首次中央林业工作会议代表时明确了林业的“四个”地位,即在贯彻可持续发展战略中林业具有重要地位,在生态建设中林业具有首要地位,在西部大开发中林业具有基础地位,在应对气候变化中林业具有特殊地位。这不仅充分体现了生态文明对中华民族生存发展的重要意义,而且标志着中国特色社会主义正朝着生态文明的发展阶段迈进。

在党中央、国务院的正确领导下,在地方各级党委、政府的高度重视下,经过全国人民和林业战线广大干部职工长期不懈的艰苦努力,我国林业发展取得了举世瞩目的辉煌成就,为国民经济和社会发展作出了重大贡献。60年来,我国森林覆盖率由8.6%增加到18.21%,在世界森林资源持续减少的情况下,成为全球森林资源增长最快的国家,局部生态明显改善,防沙治沙取得突破,物种保护得到加强,林产品供给能力显著提高。生态体系逐步完善,林业生态功能得到发挥;林业产业体系日益发达,林业经济社会功能不断增强;生态文化体系不断繁荣,全社会的生态文明观念正在形成。

但是,我们也必须清醒地看到,我国森林资源总量仍然严重不足,森林生态系统整体功能仍然非常脆弱。我国森林覆盖率排在世界第130位;人均森林面积不足世界平均水平的1/4,排在世界第134位;人均活立木蓄积量只有世界平均水平的1/7,排在世界第122位。总体上看,生态问题依然是我国可持续发展最突出的问题之一,生态产品已成为当今社会最短缺的产品之一,生态差距已构成我国与发达国家之间最主要的差距之一。我国正处于继续全面建设小康社会、加快推进社会主义现代化的关键时期,建设生态文明,已成为我国现代化建设的战略任务,林业工作肩负着更加重大的历史使命。当前林业的“四大使命”是:实现科学发展,必须把发展林业作为重大举措;建设生态文明,必须把发展林业作为首要任务;应对气候变化,必须把发展林业作为战略选择;解决“三农”问题,必须把发展林业作为重要途径。全面推进现代林业发展进程,加快建设生态文明,是历史赋予我们的责任。

科学发展、共建和谐社会,是当今时代的主旋律。发展林业是实现人与自然和谐的关键和纽带之一。现代林业是可持续发展的林业。现代林业建设的目标是以林业的多功能满足社会的多需求。核心内容就是建设三大体系,即完善的林业生态体系、发达的林业产业体系和繁荣的生态文化体系。建设现代林业的核心技术体系是采用现代高新技术的森林可持续经营技术体系。发展现代林业的总体要求是:用现代发展理念引领林业,用多目标经营做大林业,用现代科学技术提升林业,用现代物质条件装备林业,用现代信息手段管理林业,用现代市场机制发展林业,用现代法律制度保障林业,用扩大对外开放拓展林业,努力提高林业科学化、机械化和信息化水平,提升林业发展进程。

目前,河南林业发展已进入了一个崭新的阶段,迫切需要林业新理论、新技术的指导。为满足广大林业科技工作者的需要,尽快把林业科学技术转变为生产力,更好地为现代林业和河南林业生态省建设服务,我们组织有关专家学者,对近十年来出现的林业科研新成果进行了总结,在《当代林业技术》的基础上,吸收了近十多年来出现的林业新理论、新技术、新方法和新标准等内容,编写出版《现代林业技术》一书,以飨读者。

本书以建设现代林业和生态文明为宗旨,立足河南,面向全国,按照林业生产的全过程安排内容。理论先进,技术、方法具体实用,是林业生产、教学、科研和管理人员必备用书。

本书撰稿者的分工是:前言赵体顺、赵义民;第一章赵体顺、邢铁牛;第二章田金萍、田野、雷跃平、郑晓敏;第三章张超英、田金萍、田雷芳、李献生、范开红、赵丰璞;第四章赵晓东、刘荷芬、郭良、谢静;第五章吴玉洲、刘荷芬、王丰军、吴国新、杨贞伟、黄保同;第六章王丰军、刘荷芬、杨献国、高福玲、侯杰、尚铁军;第七章曹冠武、任国兰、王高平、张慧勤、袁其站、张松山、胡心伟;第八章王丰军、李树人、黄运明、黄新峰、韩军旺;第九章王均明、汪志强、梁国栋、冷冰;第十章李健娥、杨伟敏、常丽若;第十一章赵义民、李立伟、唐卫平、翟中堂、江帆、张向阳、张莉;第十二章郑安平、冯茜茜、陈亚丽;第十三章亓建农、王理顺、王冉、王莹、朱红梅;第十四章亓建农、王理顺、王海亮、王海卿;第十五章赵勇、翟中堂、张玉君、李保祥;第十六章赵勇、师二帅、姚冠忠;第十七章马群智、张静满、汤雨露;第十八章赵义民、孙淑丽、李富海、李志刚、黄强、王延斌;第十九章刘国伟、杨朝兴、赵建新;第二十章赵义民、赵体顺、孙淑丽。

全书由赵体顺、赵义民统编和定稿。本书在编写过程中参考了国内外专家学者的著作和研究成果,谨致谢意。

由于作者水平有限,不妥之处,恳请读者不吝赐教。

编　者

2009 年 9 月

目　录

第一章　森林资源

森林是以树木为主体所组成的地表生物群落。森林资源是木材、竹子和其他产品的蕴藏总称。根据《中华人民共和国森林法实施条例》，森林资源包括森林、林木、林地以及依托森林、林木、林地生活的野生动物、植物和微生物。森林包括乔木林和竹林；林木包括树木和竹子；林地包括郁闭度 0.2 以上的乔木林地以及竹林地、灌木林地、疏林地、采伐迹地、火烧迹地、未成林地、苗圃地和县级人民政府规划的宜林地。

第一节　中国森林资源概况

一、全国森林概况

根据第六次全国森林资源清查（1999～2003）结果，全国森林面积 17 490.92 万 hm^2，森林覆盖率 18.21%，活立木总蓄积量 136.18 亿 m^3，森林蓄积 124.5 亿 m^3。表 1-1 是国家林业局 2005 年中国森林资源报告中全国各省（自治区、直辖市）森林资源主要指标排序。

二、中国森林资源主要指标占世界的位次

中国森林资源与世界森林资源相比，中国森林面积占世界森林面积的 4.5%，列第 5 位；森林蓄积量占世界森林蓄积量的 3.2%，列第 6 位；人均森林面积 0.132 hm^2，列第 134 位；人均森林蓄积 9.421 m^3，列第 122 位；森林覆盖率 18.21%，列第 130 位。表 1-2 是国家林业局 2005 年中国森林资源报告中世界部分国家森林资源主要指标排序。

第二节　河南森林资源

一、全省森林资源现状

根据河南省 2003 年第六次森林资源清查（按国家林业局清查期分为第一次 1973～1976 年，第二次 1977～1981 年，第三次 1984～1988 年，第四次 1989～1993 年，第五次 1994～1998 年，第六次 1999～2003 年，河南省 6 次清查时间依次为 1976 年、1980 年、1988 年、1993 年、1998 年、2003 年）结果，全省林业用地面积为 456.43 万 hm^2，其中，有林地 270.32 万 hm^2，疏林地 9.02 万 hm^2，灌木林地 59.84 万 hm^2，未成林造林地 35.65 万 hm^2，苗圃地 3.06 万 hm^2，无林地 78.54 万 hm^2。森林覆盖率 16.19%。全省活立木总蓄积量 13 370.52 万 m^3，其中林分 8 404.64 万 m^3，疏林地 80.91 万 m^3，散生木 502.58 万 m^3，“四旁”树 4 382.37 万 m^3。根据样地信息推算各市的森林资源情况，详见表 1-3、表 1-4。

（一）河南省海河、黄河、长江、淮河流域的森林资源

根据 2003 年森林资源调查结果，河南省海河、黄河、长江、淮河四大流域各类土地面积

表 1-1　全国各省(自治区、直辖市)森林资源主要指标排序

统计单位	森林覆盖率		林业用地面积		森林面积		森林蓄积		活立木总蓄积		经济林面积		天然林面积		人工林面积		林分单位面积蓄积量	
	%	序号	万 hm^2	序号	万 hm^2	序号	万 m^3	序号	万 m^3	序号	万 hm^2	序号	万 hm^2	序号	万 hm^2	序号	m^3/hm^2	序号
全国	18.21		28 492.56		17 490.92		1 245 585.58		1 361 810.00		2 139.00		11 747.18		5 364.99		84.73	
北京	21.26	18	97.29	29	37.88	29	840.70	28	1 176.36	28	14.36	23	10.72	26	27.08	26	35.87	28
天津	8.14	25	13.44	30	9.35	30	140.35	30	234.18	30	4.78	28	0.36	30	8.99	28	30.71	31
河北	17.69	20	624.55	19	328.83	19	6 509.92	23	8 657.98	22	105.26	11	132.31	20	179.48	14	31.52	30
山西	13.29	23	690.94	16	208.19	23	6 199.93	24	7 309.34	24	45.66	18	107.11	23	99.19	21	38.63	25
内蒙古	17.70	19	4 403.61	1	2 050.67	1	110 153.15	5	128 806.70	5	7.91	25	1 374.85	2	241.29	10	68.49	11
辽宁	32.97	11	643.39	18	480.53	16	17 476.57	16	18 546.33	16	141.53	3	196.50	16	267.60	7	54.18	15
吉林	38.13	10	805.57	12	720.12	11	81 645.51	6	85 359.17	6	7.92	24	571.26	7	148.22	18	114.74	4
黑龙江	39.54	9	2 026.50	4	1 797.50	2	137 502.31	4	150 153.09	4	5.32	27	1 624.87	1	172.63	15	76.72	10
上海	3.17	30	2.25	31	1.89	31	33.4	31	233.63	31	1.02	29			1.89	31	55.40	13
江苏	7.54	26	99.88	28	77.41	27	2 285.27	27	4 073.18	27	29.33	19	3.24	29	74.17	22	51.53	17
浙江	54.41	3	654.79	17	553.92	13	11 535.85	18	13 846.75	18	117.64	9	298.29	14	255.63	8	31.91	29
安徽	24.03	15	412.32	23	331.99	18	10 371.90	19	12 667.41	20	59.39	17	146.36	18	185.51	12	42.25	24
福建	62.96	1	908.07	11	764.94	10	44 357.36	7	49 671.38	7	112.57	10	407.96	11	356.98	4	78.67	9
江西	55.86	2	1 044.69	10	931.39	7	32 505.20	9	37 435.19	9	122.26	7	655.50	6	275.25	6	44.66	19
山东	13.44	22	284.64	25	204.64	24	3 201.65	26	5 819.42	25	121.60	8	10.24	27	194.40	11	38.56	26
河南	16.19	21	456.41	22	270.30	22	8 404.64	21	13 370.51	19	70.80	14	109.19	22	161.11	17	42.51	23
湖北	26.77	14	766.00	13	497.55	14	15 406.64	17	17 518.13	17	67.51	15	351.33	13	145.90	19	37.04	27
湖南	40.63	8	1 171.42	7	860.79	8	26 534.46	13	30 211.67	12	198.86	2	469.76	9	390.39	3	43.56	20

续表 1-1

统计单位	森林覆盖率		林业用地面积		森林面积		森林蓄积		活立木总蓄积		经济林面积		天然林面积		人工林面积		林分单位面积蓄积量	
	%	序号	万 hm^2	序号	万 hm^2	序号	万 m^3	序号	万 m^3	序号	万 hm^2	序号	万 hm^2	序号	万 hm^2	序号	m^3/hm^2	序号
广东	46.49	5	1 048.14	9	827.00	9	28 365.63	11	29 703.35	13	128.55	5	385.69	12	440.83	2	42.94	21
广西	41.41	6	1 366.22	6	983.83	6	36 477.26	8	40 287.06	8	203.69	1	532.29	8	449.62	1	48.80	18
海南	48.87	4	194.47	26	166.66	26	7 195.16	22	7 863.61	23	75.66	13	57.56	24	109.10	20	80.66	8
重庆	22.25	17	366.84	24	183.18	25	8 441.08	20	10 580.49	21	18.28	22	120.31	21	62.87	24	55.10	14
四川	30.27	13	2 266.02	3	1 464.34	4	149 543.36	2	158 216.65	2	93.23	12	890.95	4	343.29	5	135.50	3
贵州	23.83	16	761.83	14	420.47	17	17 795.72	14	21 022.16	14	66.29	16	236.65	15	183.50	13	51.69	16
云南	40.77	7	2 424.76	2	1 560.03	3	139 929.16	3	154 759.40	3	136.28	4	1 250.05	3	251.45	9	103.15	6
西藏	11.31	24	1 657.89	5	1 389.61	5	226 606.41	1	229 448.04	1	0.64	30	842.38	5	2.76	30	268.33	1
陕西	32.55	12	1 071.78	8	670.39	12	30 775.77	10	33 422.35	10	124.09	6	467.59	10	169.21	16	60.52	12
甘肃	6.66	27	745.55	15	299.63	21	17 504.33	15	19 542.61	15	28.04	20	152.86	17	67.32	23	91.10	7
青海	4.40	29	556.28	21	317.20	20	3 592.62	25	4 101.39	26	0.52	31	30.35	25	4.36	29	105.08	5
宁夏	6.08	28	115.34	27	40.36	28	392.85	29	478.39	29	5.44	26	4.84	28	9.81	27	42.65	22
新疆	2.94	31	608.46	20	484.07	15	28 039.68	12	31 419.68	11	24.57	21	134.83	19	45.90	25	179.56	2
台湾①	58.79		210.24		210.24		35 820.90		35 874.40				170.98		39.26			
香港②	17.10		1.92		1.92													
澳门③	21.70		0.06		0.06													

注:①台湾省数据来源于《第三次台湾森林资源及土地利用调查(1993)》。

②香港特别行政区的森林面积来源于香港环境资源顾问有限公司2003年在香港特区政府持续发展组的委托下编写的《陆地栖息地保护价值评级及地图制》,其土地面积来源于《香港2003年统计年鉴》。

③澳门数据来源于《澳门2003年统计年鉴》,森林面积为总绿化面积,该森林覆盖率指绿化面积占土地面积的比例。

表 1-2 世界部分国家森林资源主要指标[①]排序

国家	森林面积		森林蓄积		人均森林面积		人均森林蓄积		森林覆盖率	
	千 hm^2	序号	万 m^3	序号	hm^2/人	序号	m^3/人	序号	%	序号
世界	3 869 455		38 635 200		0.6		64.627		29.6	
中国[②]	174 909	5	1 245 585	6	0.132	134	9.421	122	18.21	130
俄罗斯	851 392	1	8 913 600	1	5.8	13	605.560	9	50.4	38
巴西	543 905	2	7 125 200	2	3.2	22	424.149	13	64.3	16
加拿大	244 571	3	2 936 400	4	7.9	6	951.616	7	26.5	106
美国	225 993	4	3 083 800	3	0.8	62	111.644	39	24.7	111
澳大利亚	154 539	6	850 600	8	8.3	5	454.842	12	20.1	125
刚果(民)	135 207	7	1 793 200	5	2.7	26	356.253	17	59.6	24
印度尼西亚	104 986	8	824 200	9	0.5	77	39.387	68	58.0	28
安哥拉	69 756	9	271 400	22	5.6	15	217.485	28	56.0	30
秘鲁	65 215	10	1 030 400	7	2.6	27	408.403	14	50.9	36
印度	64 113	11	273 000	21	0.1	147	2.735	143	21.6	117
瑞典	27 134	23	291 400	17	3.1	23	327.710	19	65.9	14
日本	24 081	24	348 500	13	0.2	109	27.548	80	64.0	18
芬兰	21 935	29	194 500	27	4.2	18	376.573	15	72.0	10
加蓬	21 826	30	279 100	20	18.2	4	2 331.662	4	84.7	5
法国	15 341	36	292 700	15	0.3	103	49.706	64	27.9	99
德国	10 740	47	288 000	18	0.1	139	35.046	69	30.7	78
越南	9 819	52	37 200	76	0.1	140	4.727	132	30.2	82
挪威	8 868	58	78 500	52	2.0	33	176.722	30	28.9	90
朝鲜	8 210	59	33 300	83	0.3	97	14.049	106	68.2	11
新西兰	7 946	61	99 200	46	2.1	31	259.143	22	29.7	87
韩国	6 248	70	36 200	79	0.1	135	7.788	125	63.3	19

注:①根据联合国粮农组织汇编的《世界森林状况 2003 年》整理。

②中国人口数据引自《中国统计年鉴 2004》。

表 1-3　河南省土地面积统计表

（单位：万 hm^2）

统计单位	总面积	林业用地–总计	有林地–合计	林分–合计	林分–用材林	林分–防护林	林分–薪炭林	林分–特用林	经济林	竹林	疏林地	灌木林地	未成林造林地	苗圃地	无林地–合计	无林地–宜林荒山荒地	无林地–采伐迹地	无林地–火烧迹地	无林地–宜林沙荒地	非林业用地合计	森林覆盖率（%）
合计	1 670.00	456.43	270.32	197.73	87.74	94.68	5.96	9.35	70.82	1.77	9.02	59.84	35.65	3.06	78.54	72.25	3.56	0.32	2.41	1 213.57	16.19
郑州	77.10	12.59	4.84	2.90	0.48	2.26		0.16	1.94		0.65	0.81	1.29	0.32	4.68	4.52		0.16		64.51	6.28
开封	62.73	5.64	4.03	2.26	0.65	1.61			1.77				1.61							57.09	6.42
洛阳	153.06	75.65	47.09	41.45	5.00	35.16		1.29	5.64		1.77	8.55	2.10		16.14	15.00	0.82		0.32	77.41	30.77
平顶山	79.66	22.25	13.87	8.71	4.68	3.39	0.16	0.48	5.16		0.16	1.13	1.13		5.96	5.16	0.32		0.48	57.41	17.41
安阳	73.87	11.13	3.88	1.94	0.65	0.97	0.32		1.94		0.48	3.87	1.13		1.77	1.61	0.16			62.74	5.25
鹤壁	21.93	4.03	1.13	0.32	0.16	0.16			0.81			1.61	0.32		0.97	0.97				17.90	5.15
新乡	83.71	12.75	4.84	2.90	0.32	2.58			1.94			4.68	1.94		1.29	1.13			0.16	70.96	5.78
焦作	39.83	9.19	2.91	2.26	1.29	0.97			0.65		0.32	5.00	0.16	0.32	0.48	0.48				30.64	7.31
濮阳	42.41	2.58	0.97	0.81	0.16	0.65			0.16				1.29	0.16	0.16				0.16	39.83	2.29
许昌	50.32	7.26	4.03	2.42	2.10	0.32			1.61		0.32		0.65	0.81	1.45	1.45				43.06	8.01
漯河	27.09	2.74	1.61	1.13	0.81	0.32			0.48			0.16	0.81	0.16						24.35	5.94
三门峡	99.50	63.54	26.77	20.80	1.77	19.03			5.81	0.16	1.45	14.68	2.58	0.16	17.90	17.90				35.96	26.90
南阳	267.71	105.63	74.02	53.86	34.35	12.42	3.06	4.03	20.00	0.16	2.26	7.90	3.87	0.16	17.42	16.13	0.48	0.16	0.65	162.08	27.65
商丘	108.06	16.13	11.78	9.84	9.19	0.65			1.94				4.19		0.16				0.16	91.93	10.90
信阳	192.08	58.06	37.57	19.35	12.42	5.16	0.48	1.29	16.77	1.45	0.97	7.26	6.29	0.81	5.16	3.39	1.61		0.16	134.02	19.56
周口	119.99	12.74	11.61	10.48	7.74	2.74			1.13				1.13							107.25	9.68
驻马店	151.60	24.52	13.72	11.78	5.00	4.84	1.94		1.94		0.48	2.74	4.19	0.16	3.23	2.74	0.17		0.32	127.08	9.05
济源	19.35	10.00	5.65	4.52	0.97	1.45		2.10	1.13		0.16	1.45	0.97		1.77	1.77				9.35	29.20

表 1-4　河南省各类蓄积统计表

权属	活立木总蓄积（万 m^3）	林分		疏林		散生木蓄积（万 m^3）	“四旁”树		枯倒木蓄积（万 m^3）
		面积（万 hm^2）	蓄积（万 m^3）	面积（万 hm^2）	蓄积（万 m^3）		株数（万株）	蓄积（万 m^3）	
合计	13 370.52	197.73	8 404.64	9.02	80.91	502.60	79 159.69	4 382.36	139.38
郑州	397.17	2.90	112.13	0.65	5.75	12.04	5 693.00	267.25	0.83
开封	423.20	2.26	140.50			7.07	4 243.54	275.63	1.51
洛阳	2 237.99	41.45	1 808.55	1.77	12.28	80.38	6 116.34	336.78	22.60
平顶山	470.72	8.71	264.79	0.16	0.63	15.37	2 681.19	189.93	1.35
安阳	325.36	1.94	46.83	0.48	3.21	13.37	4 293.94	261.95	0.89
鹤壁	71.24	0.32	19.00			5.12	915.23	47.12	0.24
新乡	359.87	2.90	150.90			12.45	3 229.53	196.51	1.02
焦作	224.73	2.26	83.69	0.32	7.37	2.60	1 669.19	131.06	0.45
濮阳	233.67	0.81	35.20			0.23	2 590.48	198.23	0.72
许昌	296.70	2.42	145.66	0.32	7.51	4.87	3 324.28	138.66	2.06
漯河	191.84	1.13	53.66			9.93	1 491.79	128.25	0.32
三门峡	1 060.60	20.80	904.30	1.45	19.71	28.37	2 142.94	108.23	13.32
南阳	2 521.62	53.86	1 966.75	2.26	10.25	145.23	8 763.27	399.39	63.55
商丘	1 354.59	9.84	692.81			44.04	9 210.80	617.74	7.16
信阳	964.09	19.35	669.66	0.97	9.56	92.91	6 235.28	191.97	8.78
周口	1 355.94	10.48	778.00			4.41	8 771.33	573.54	5.50
驻马店	685.98	11.78	355.81	0.48	4.18	19.53	7 436.78	306.46	6.03
济源	195.21	4.52	176.40	0.16	0.46	4.68	350.77	13.67	3.05

和森林资源见表 1-5、表 1-6。

以长江流域的森林覆盖率最高，达 29.15%；海河流域的森林覆盖率最低，为 5.62%。

表 1-5　河南省海河、黄河、长江、淮河四大流域森林资源统计

权属	活立木总蓄积（万 m^3）	林分		疏林		散生木蓄积（万 m^3）	“四旁”树		枯倒木蓄积（万 m^3）
		面积（万 hm^2）	蓄积（万 m^3）	面积（万 hm^2）	蓄积（万 m^3）		株数（万株）	蓄积（万 m^3）	
全省	13 370.52	197.73	8 404.64	9.02	80.91	502.60	79 159.69	4 382.36	139.38
海河流域	586.27	4.68	141.36	0.48	3.21	31.02	6 418.73	410.68	2.60
黄河流域	3 219.46	51.95	2 182.60	2.90	31.74	95.55	15 119.51	909.57	28.49
长江流域	3 100.46	60.31	2 481.84	2.26	9.51	173.88	10 196.60	435.23	71.30
淮河流域	6 464.33	80.79	3 598.84	3.38	36.46	202.15	47 424.86	2 626.88	36.99

（二）山区、丘陵、平原的森林资源

根据 2003 年森林资源清查结果，河南省山区、丘陵、平原的各类土地面积和森林资源见表 1-7、表 1-8。

表 1-6　河南省海河、黄河、长江、淮河四大流域各类土地面积统计

（单位：万 hm²）

统计单位	总面积	林业用地																		非林业用地合计	森林覆盖率（%）
		总计	有林地								疏林地	灌木林地	未成林造林地	苗圃地	无林地						
			合计	林分					经济林	竹林					合计	宜林荒山荒地	采伐迹地	火烧迹地	宜林沙荒地		
				合计	用材林	防护林	薪炭林	特用林													
全省	1 670.00	456.43	270.32	197.73	87.74	94.68	5.96	9.35	70.82	1.77	9.02	59.84	35.65	3.06	78.54	72.25	3.56	0.32	2.41	1 213.57	16.19
海河流域	152.24	29.99	8.55	4.68	0.81	3.55	0.32		3.87		0.48	13.87	2.58	0.16	4.35	4.03	0.16		0.16	122.25	5.62
黄河流域	362.73	134.06	65.03	51.95	7.75	41.94		2.26	12.92	0.16	2.90	23.55	7.91	0.48	34.19	33.06	0.65		0.48	228.67	17.93
长江流域	277.70	112.39	80.95	60.31	32.09	22.09	2.10	4.03	20.16	0.48	2.26	9.35	3.87	0.16	15.80	15.00	0.32		0.48	165.31	29.15
淮河流域	877.33	179.99	115.79	80.79	47.09	27.10	3.54	3.06	33.87	1.13	3.38	13.07	21.29	2.26	24.20	20.16	2.43	0.32	1.29	697.34	13.20

表 1-7　河南省山区、丘陵、平原各类土地面积统计

（单位：万 hm²）

统计单位	总面积	林业用地																		非林业用地合计	森林覆盖率（%）
		总计	有林地								疏林地	灌木林地	未成林造林地	苗圃地	无林地						
			合计	林分					经济林	竹林					合计	宜林荒山荒地	采伐迹地	火烧迹地	宜林沙荒地		
				合计	用材林	防护林	薪炭林	特用林													
全省	1 670.00	456.43	270.32	197.73	87.74	94.68	5.96	9.35	70.82	1.77	9.02	59.84	35.65	3.06	78.54	72.25	3.56	0.32	2.41	1 213.57	16.19
山区	391.10	293.53	164.51	130.14	44.35	73.22	3.38	9.19	33.08	1.29	7.57	56.13	4.84	0.16	60.32	58.05	2.11	0.16		97.57	42.06
丘陵	300.44	79.82	51.44	26.93	17.90	6.45	2.58		24.03	0.48	1.13	3.55	7.74	0.16	15.80	13.55	1.29	0.16	0.80	220.62	17.12
平原	978.46	83.08	54.37	40.66	25.49	15.01		0.16	13.71		0.32	0.16	23.07	2.74	2.42	0.65	0.16		1.61	895.38	5.56

表 1-8　河南省山区、丘陵、平原森林资源统计

权属	活立木总蓄积（万 m^3）	林分		疏林		散生木蓄积（万 m^3）	“四旁”树		枯倒木蓄积（万 m^3）
		面积（万 hm^2）	蓄积（万 m^3）	面积（万 hm^2）	蓄积（万 m^3）		株数（万株）	蓄积（万 m^3）	
全省	13 370.52	197.73	8 404.64	9.02	80.91	502.60	79 159.69	4 382.36	139.38
山区	5 753.17	130.15	5 155.57	7.57	64.26	302.35	6 315.92	230.99	104.47
丘陵	1 510.52	26.94	648.41	1.13	12.93	83.76	15 464.23	729.42	4.82
平原	6 106.83	40.64	2 564.67	0.32	3.72	116.49	57 379.54	3 421.95	30.09

二、不同时期的森林资源

河南省不同时期森林资源的详细情况见表 1-9。表中 1949 年和 1963 年的数据引自 1990 年赵体顺主持编写的“河南省前期森林资源分析报告”。该报告的主要内容已被 1996 年林业部资源和林政管理司组织编写的《当代中国森林资源概况》一书采用。其他均为历年森林资源清查数据。

表 1-9　河南省不同时期森林资源统计

项目		1949 年	1963 年	1976 年	1980 年	1988 年	1993 年	1998 年	2003 年
土地总面积（万 hm^2）		1 670	1 670	1 670	1 670	1 670	1 670	1 670	1 670
林业用地面积（万 hm^2）		406.60	377.30	382.80	383.90	370.10	380.10	387.70	456.43
有林地面积（万 hm^2）		130.50	113.90	178.60	141.90	157.10	175.30	209.00	270.32
林分面积（万 hm^2）		125.30	110.10	117.50	110.10	123.60	131.10	149.80	197.73
经济林面积（万 hm^2）		5.10	3.40	58.10	31.10	32.80	42.90	57.30	70.82
竹林面积（万 hm^2）		0.10	0.40	3.00	0.70	0.70	1.30	1.90	1.77
疏林地面积（万 hm^2）		31.80	34.40	20.80	3.70	25.50	27.80	13.40	9.02
灌木林地面积（万 hm^2）		36.90	48.70	22.20	21.20	17.50	18.40	57.80	59.84
未成林造林地面积（万 hm^2）				10.20	6.10	6.90	7.60	6.50	35.65
苗圃地面积（万 hm^2）				4.90	0.20	0.80	0.80	1.10	3.06
无林地面积（万 hm^2）		207.40	180.30	146.10	210.80	162.30	150.20	90.90	78.54
非林业用地面积（万 hm^2）		1 263.40	1 292.70	1 287.20	1 286.10	1 299.90	1 289.90	1 291.30	1 213.57
林木覆盖率（%）		10.97	10.19	16.11	12.97	14.76	16.35	19.83	22.64
其中	有林地（%）	7.81	6.82	10.69	8.50	9.41	10.50	12.52	16.19
	灌木林地（%）	2.21	2.92	1.33	1.27	1.05	1.10	3.46	3.58
	“四旁”树（%）	0.95	0.45	4.09	3.20	4.30	4.75	3.85	2.87
活立木总蓄积量（万 m^3）		5 966.20	2 794.30	7 620.80	6 821.90	9 151.50	11 748.60	13 167.50	13 370.52
林分蓄积量（万 m^3）		4 669.40	2 288.70	4 387.90	3 188.60	4 043.20	4 818.90	5 258.50	8 404.64
疏林、散生木蓄积量（万 m^3）		467.90	386.20	739.60	527.80	620.60	575.00	444.10	583.49
“四旁”树株数（万株）		20 571	9 871	269 817	103 718	136 136	129 706	114 620	79 160
“四旁”树蓄积量（万 m^3）		828.90	119.40	2 493.30	3 105.50	4 487.70	6 354.70	7 464.90	4 382.37

第二章　林木良种培育

本章主要介绍林木引种、选择育种、杂交育种以及建立良种基地的实用新技术。

第一节　林木引种

一、引种的概念和意义

引进驯化外来树种，选择优良者加以繁殖推广的工作就叫林木引种。引种所使用的繁殖材料主要有种子、苗木、穗条、种根以及其他繁殖材料。从外国或外地直接引进已有的优良树种，既丰富了本地的树种资源，又促进了本地造林的良种化，提高了林业生产水平。刺槐是我国引种最为成功的一个外来树种。据考证，刺槐原产于美国东部，最早是由法国的宫廷园艺师鲁宾引入欧洲的，1601 年首先引到法国，英国人于 1630 年从法国引入。17 世纪德国、意大利、匈牙利等国家先后把刺槐引入本国栽培。日本人于 1868 年(同治七年)把刺槐引到日本。我国最早引进刺槐是在清光绪年间，当时清政府驻日本的副使张鲁生首先将刺槐种子带到南京种植，取名“明石屋树”，只作庭园观赏，由于数量少而鲜为人知。光绪二十三年(1897 年)德国侵占胶州湾后，经德国大量引入，在青岛及山东半岛大面积栽植。随后陈振先于 1907 年将刺槐引到沈阳，陈嵘于 1916 年将刺槐引到南京。自此刺槐在我国许多地方大量栽培。我省杨树引种成功且生长表现良好的主要有从意大利引进的 Ⅰ-69 杨、Ⅰ-72 杨以及先后从民主德国(1954 年)、波兰(1959 年、1960 年)引进的欧美杨无性系沙兰杨等。

二、引种的原理

(一)植物与自然分布区生境条件的综合分析

引种时，遇到的首要问题是把植物种到什么地方最为适宜。这时首先应分析该植物原产地的条件，并且尽可能选择与原产地自然条件相似的地区栽培。若生态条件差别不大，植物则能正常生长、发育，引种容易成功。当生态条件与原产地相差比较大时，木本植物的引种就较困难。在这种情况下，多年生木本植物不仅要经受栽培区全年各种生态条件的考验，而且要经受不同年份经常变化的生态条件的考验，而这种条件又很难进行人为控制和调整。因此，引种不同气候带的植物应注意原产地与引种地生态条件的对比。

(二)主导生态因子的分析

对树木影响较大的生态因子有温度、日照、降水、湿度、土壤等。进行主导生态因子的分析，对引种成败具有关键性的作用。

1. 温度

气温是植物生存的重要条件。气温在地球上呈带状分布，有热带、亚热带、暖温带、温带、寒温带、寒带。不同的气候带分布着不同植物种类，不同气候带的植物对温度的适应范围也不同。

植物对高温、低温、积温都有一定的适应范围,这三种温度是对植物产生影响的重要因子。高温方面,若长时间处于30～50 ℃的气温条件下,植物的生命活动会受到抑制,常见的是呼吸作用加强,光合作用减弱,异化作用大于同化作用,最终因养分供应不上而死亡。如果高温加上干旱的气候条件,对植物的影响将会更加严重。低温对植物的分布尤为重要,其危害性表现在:①急剧降温和升温;②低温持续时间长,植物受害越严重;③极端低温。如木麻黄在绝对低温低于－30 ℃的地区易遭冻害;原产澳大利亚南端的蓝桉,引种到我国后能忍受－7.3 ℃的短暂低温,但不能忍受持续长时间的低温。有些植物要求一定的低温时期,如油松需要15 ℃以下的低温90～120天,毛白杨需75天,白榆需75天。只有满足了它们的低温要求,第二年才能正常地生长、发育。所以对某些树种,低温时间不够也可构成生长或发育的限制因子。此外,季节交替的特点也应加以考虑,如生长在高纬度的树种引到中纬度时,由于气温反复变化,一旦遇到寒流侵袭,常会遭到冻害。

2. 降水和湿度

随着降水量的减小,植被类型由森林到森林草原、草原、干草原、半荒漠及荒漠逐渐变化。降水量和湿度是决定自然界植被类型的关键因素,对引种成败具有决定性作用。如黄河流域有些省曾大量引进毛竹,凡湿度比较大又注意引水灌溉的地区都获得了成功,大气湿度小的地方都落叶枯死。在考虑降水和湿度的同时,还应注意不同树种对水分的不同反应,有的耐干旱,如刺槐、皂角、梧桐、枣、柿、侧柏等;其他树种如马褂木、水杉、广玉兰、毛竹等,则要求湿度较大的气候条件。

3. 光照

光照的长短和光照的质量随纬度的变化而不同。一般纬度由高变低,生长季节的光照由长变短。因此,分布在高纬度地区的树种是长日照树种。长日照树种喜光,短日照树种耐阴,引种时必须注意这些特点。如原产赤道附近的树种,多数是短日照树种;在北纬60°以北地区的树种,多数是长日照树种。在北纬60°以南的地区,长日照树种和短日照树种都能生长,我国广大地区属此范围,所以南北树种互相引种的可能性很大。

当北树南引时,大多数是提早封顶、缩短生长期、影响当年生长,而且南方夏天酷热,常致植物死亡,如北方的银白杨、山杨引种到江苏南京地区时,封顶早,生长缓慢,往往遭受严重的病虫害感染;或因不适当地延长了生长期,造成二次生长,早春易受冻害;反之,当南树北引时,生长季节内日照延长,生长期也延长,影响封顶或促进副梢萌生,从而减少养分的积累,妨碍组织的木质化和入冬前保护物质的转化,降低抗寒性。

4. 土壤

有些植物种类对日照、温度、湿度等条件的要求幅度都很广,唯独对土壤的性质要求很严格。在这种情况下,土壤生态条件的差异就成了引种成败的关键。

土壤性质的差异主要指含盐量、物理性质、肥力等的不同,最重要的是酸碱度的差异。引种时,如不注意各种植物对土壤酸碱度的要求,就会造成引种失败。如江西庐山植物园在20世纪50年代初期引进一些喜中性或偏碱性土壤的树种(如白皮松、日本黑松等),经过10多年的试验,这些树种逐步死亡而被淘汰。

(三)历史生态条件的分析

植物适应性的大小,不仅与目前分布区的生态条件有关,而且与系统发育中历史上的生态条件有关。如根据古生物学的研究,在过去地质年代中,水杉曾在中国、美国、日本、欧洲西部等地广泛分布,但由于最近一次地质时期变化,几乎全部毁灭,人们只能从化石中找到它的标本。1945 年前后,在四川与湖北交界的狭小范围内发现了幸存的水杉,后来引种到国内其他广大地区以及在美国、苏联、法国、印度尼西亚等 50 多个国家试种,生长均表现良好。而华北地区广泛分布的油松,引种到欧洲各国时却屡遭失败,其主要原因是它过去的分布范围比较狭窄。由此可见,凡植物在系统发育中经历的生态条件比较复杂的,其潜在的适应能力也比较大,引种较易成功。

(四)种内变异性

一个树种,特别是分布区广的树种,在分布区内存在着各种变异性,形成了很多地理型。不同地理型对生态条件的适应性以及表现出来的经济性状是各不相同的。选择适宜的种源,有助于引种成功。近年来,国内引种的杉木、松、泡桐等树种都证明不同种源的差异非常大。

三、引种的原则

GB/T14175—1993《林木引种》规定,引种应遵循的原则:

(1)坚持先试验后推广的原则,按照选择引种树种—初选试验—区域性试验—生产性试验—推广的程序进行。

(2)充分利用引种树种种内产地间与个体间的遗传差异选择优良种源和个体。

(3)充分利用引种地区多样的气候、地理条件和优良的小气候环境,进行多种立地试种。

(4)根据引种树种的生物学特性采取不同的驯化措施,包括某些特殊的栽培措施,研究配套的栽培技术。

(5)防止外来树种可能产生的不良生态后果。

四、引种试验

(一)初选试验

初选试验的目的是初步了解树种在引入地区的适应性,初步选出有希望引种成功的树种。经苗期初步选择的树种可以试种,每个树种 5 ~ 25 株,苗期表现极差的应当及时淘汰。试验观察期为 1/3 ~ 1/5 轮伐期,经济林树种为见效后 3 年。

(二)区域性试验

就是对经初选的树种进行扩大试种。入选区域性试验的树种应具备的条件:一是在一般保护措施下,露地栽培能正常生长发育,无严重病虫害、冻害、灼伤等;二是主要性状表现近似或好于引种来源区,主要经济和生态性状明显优于引入地区的同一造林树种。选择试验地应考虑引种树种的生态要求,不同区域与立地各设置三个以上试验点;试验设计以随机区组设计为主,小区规模 9 ~ 36 株,重复 4 次以上;选择引入地区同一造林目的、生产上使用的主要乡土树种作为对照;试验观察期,速生树种为 1/2 轮伐期,一般树种 1/4 ~ 1/3 轮伐期,经济树种至进入盛产期。

(三)生产性试验

根据区域性试验结果,按照常规造林条件采用生产上允许的技术措施,通过一定面积的生产试种,验证区域性试验入选树种的生产力,确定大面积推广范围。生产性试验应进行区域栽培比较。每个树种的面积,用材林不少于 20 hm^2,经济林不少于 2 hm^2。生产性试验评价:用材林在 1/2 ~ 1 个轮伐期后进行,经济林树种要进入盛果期。对试验结果按生产要求进行分析,分析试验树种在不同栽培区域对气候、土壤等条件的适应性,生长发育特性以及产量、品质、病虫害抗性,综合评价其生长力;核定成本,估算经济效益,评定推广价值;确定适宜推广范围、重点推广范围;提出完整的栽培技术。

五、试验观测

试验观测主要包括适应性、物候、生长及产量测定。按表 2-4 ~ 表 2-6 的内容和要求进行。生长观测主要包括苗木出圃前的苗高、地径;造林后调查成活率,翌年秋季调查造林保存率。初选试验、区域性试验每年观测 1 ~ 2 次;生长性试验前半期每 1 ~ 2 年观测一次,后半期每3 ~ 5 年观测一次。观测内容主要是树高、直径、干形与病虫害情况。观测株数:初选树种阶段全部观测;区域性试验每一处理小区观测不少于 10 株,不足 10 株全部观测。生产性试验阶段应设置不少于 5 块的固定观测样地,每块样地不少于 30 株。

六、引种成功树种的标准

引种成功树种要符合以下 5 条标准,缺一不可:

(1)适应引进地区的环境条件,在常规造林栽培技术条件下,不需特殊保护措施能正常生长发育;

(2)无严重病虫害;

(3)达到原定引种目的,经济效益、生态效益及社会效益较高或明显高于对照树种(品种);

(4)无不良生态后果;

(5)通过有性或无性繁殖能正常繁衍并保持原有优良性状。

七、建立技术档案

技术档案包括调查登记表、原始记录、试验方案、图表、照片、分析整理的资料、技术管理文件及引种试验总结等。要及时整理、归档,妥善保管。

林木引种所用表格见表 2-1 ~ 表 2-6。

表 2-1　林木引种原始材料登记表

试验单位:　　　　　　试验负责人:

101 引入年序号及原编号	102 试验种号	103 树种名称(学名、中名)	104 产地(国家、海拔、纬度、经度)	105 材料提供者及数量	106 引种途径、发送单位及发送人	107 收到日期	108 对本批材料的处理意见

表 2-2 引种试验地情况记录表

试验单位: 试验负责人:

<table>
<tr><th>序号</th><th colspan="15">记录项目</th><th>备注</th></tr>
<tr><td>201</td><td colspan="15">项目</td><td></td></tr>
<tr><td>202</td><td colspan="15">位置:省(区) 县 小地名
最近城镇 纬度 经度 海拔</td><td></td></tr>
<tr><td rowspan="4">203</td><td colspan="15">气候:最近气象台站 观测年份</td><td rowspan="4"></td></tr>
<tr><td>月份</td><td>1</td><td>2</td><td>3</td><td>4</td><td>5</td><td>6</td><td>7</td><td>8</td><td>9</td><td>10</td><td>11</td><td>12</td><td>合计</td><td>平均</td></tr>
<tr><td>温度(℃)
降水(mm)
湿度(%)</td><td></td><td></td><td></td><td></td><td></td><td></td><td></td><td></td><td></td><td></td><td></td><td></td><td></td><td></td></tr>
<tr><td colspan="15">绝对最低气温__℃出现在__月份,绝对最高气温__℃出现在__月份,无霜期(天)__</td></tr>
<tr><td>204</td><td colspan="15">地形</td><td></td></tr>
<tr><td>204-1</td><td colspan="15">大地形( ):(1)平原;(2)坡岗;(3)丘陵;(4)低山;(5)高山;(6)其他</td><td></td></tr>
<tr><td>204-2</td><td colspan="15">小地形( ):(1)平;(2)谷;(3)坡;(4)顶</td><td></td></tr>
<tr><td>204-3</td><td colspan="15">坡度( ):(1)0~10°;(2)11°~30°;(3)30°以上</td><td></td></tr>
<tr><td>204-4</td><td colspan="15">坡向( ):(1)北;(2)东;(3)南;(4)西;(5)北东;(6)南东;(7)南西;(8)北西</td><td></td></tr>
<tr><td>205</td><td colspan="15">土壤</td><td></td></tr>
<tr><td>205-1</td><td colspan="15">名称</td><td></td></tr>
<tr><td>205-2</td><td colspan="15">成土母质( ):(1)火成岩;(2)石灰岩;(3)沉积岩;(4)变质岩;(5)不能辨别</td><td></td></tr>
<tr><td>205-3</td><td colspan="15">土壤质地( ):(1)砂质土;(2)沙壤土;(3)壤沙土;(4)壤土(5)黏壤土;(6)轻黏土;(7)重黏土</td><td></td></tr>
<tr><td>205-4</td><td colspan="15">土壤厚度( ):(1)1~25 cm;(2)26~50 cm;(3)51~100 cm;(4)100 cm 以上</td><td></td></tr>
<tr><td>205-5</td><td colspan="15">土壤颜色( ):(1)白;(2)灰;(3)黄;(4)橙;(5)红;(6)褐;(7)黑</td><td></td></tr>
<tr><td>205-6</td><td colspan="15">地下水位( ):m</td><td></td></tr>
<tr><td>205-7</td><td colspan="15">土壤湿度( ):(1)积水;(2)潮;(3)干</td><td></td></tr>
<tr><td>205-8</td><td colspan="15">灌溉条件( ):(1)无;(2)季节性;(3)常年</td><td></td></tr>
<tr><td>205-9</td><td colspan="15">石砾含量( ):(1)5%以下;(2)5%~15%;(3)16%~30%;(4)30%以上</td><td></td></tr>
<tr><td>205-10</td><td colspan="15">土壤酸碱度 pH( ):(1)强酸 pH<4.5;(2)酸 pH4.6~6.5;(3)中 pH6.6~7.5;(4)碱 pH7.6~8.5;(5)强碱 pH>8.5</td><td></td></tr>
<tr><td>206</td><td colspan="15">土壤侵蚀</td><td></td></tr>
<tr><td>206-1</td><td colspan="15">程度( ):(1)无;(2)轻;(3)中;(4)重</td><td></td></tr>
<tr><td>206-2</td><td colspan="15">类型( ):(1)片蚀;(2)沟蚀;(3)滑坡;(4)风蚀;(5)其他</td><td></td></tr>
<tr><td>207</td><td colspan="15">造林前立地状况( ):(1)矿场;(2)牧场;(3)农田;(4)林地;(5)荒山;(6)撂荒地;(7)其他</td><td></td></tr>
<tr><td>208</td><td colspan="15">原始植被( ):(1)雨林;(2)常绿阔叶林;(3)落叶阔叶林;(4)常绿落叶阔叶混交林;(5)针阔混交林;(6)针叶林;(7)草原;(8)荒漠</td><td></td></tr>
<tr><td>209</td><td colspan="15">其他立地的评价</td><td></td></tr>
<tr><td>210</td><td colspan="15">造林试验地原有主要植物名称(中名、学名):
乔木
灌木
草本</td><td></td></tr>
</table>

表 2-3　试验实施情况记录表

试验单位：　　　　　　　试验负责人：

树　　种：　　　　　　　试验地点：

试验项目：　　　　　　　引入年序号：

序号	记录项目	备注
3－1	育苗	
301	催芽处理：	
301－1	时间：	
302－2	方法(　)：(1)不催芽；(2)温水浸种；(3)低温层积沙藏；(4)酸或碱处理；(5)其他	
302	播种：	
302－1	日期：　　年　　月　　日	
302－2	播种量：　　g　　m^2	
302－3	方式(　)：(1)苗圃圃地；(2)容器；(3)其他	
303	发芽情况：	
303－1	起：　　止：　　天数(d)：	
303－2	发芽势：　　发芽率：　　%	
304	无性繁殖：	
304－1	方式(　)：(1)扦插；(2)嫁接；(3)组培	
304－2	数量：　　株	
304－3	成活数：　　成活率：　　%	
305	苗期管理：	
306	苗木越冬(　)：(1)不防寒；(2)风障；(3)埋土；(4)塑料棚；(5)地窖或库；(6)温室	
3－2	造林	
307	造林地整地(　)：(1)块状；(2)条状；(3)全垦 造林方式(　)：(1)栽植；(2)直播	
308	施肥：	
308－1	基肥：　　种类　　数量	
308－2	追肥：　　种类　　次数 数量　　时间	
309	造林苗木：	
309－1	苗木种类 按育苗方式分(　)：(1)容器苗；(2)裸根苗 按繁殖材料分(　)：(1)播种苗；(2)根蘖苗；(3)扦插苗；(4)嫁接苗；(5)组培苗	
309－2	苗龄(　)：(1)0.5－0；(2)1－0；(3)1.5－0；(4)2－0；(5)2.5－0；(6)2－2	
309－3	苗高(　)：(1)10 cm 以下；(2)11～30 cm；(3)31～50 cm；(4)50 cm 以上	
309－4	地径(　)：(1)1～3 mm；(2)4～5 mm；(3)6～10 mm；(4)10 mm 以上	
310	试验设计：	
310－1	配置方式(　)：(1)单株；(2)单行；(3)块状	
310－2	区组排列：　　小区株数：　　重复数：	
311	造林数量：株数　　面积：　　亩	

续表 2-3

序号	记录项目	备注
312	造林密度:株距　　　　m;行距　　　　m 不规则　　　　株/亩	
313	造林时间:　　　年　　　月　　　日	
314	成活调查:	
314－1	调查日期:	
314－2	调查株数:　　　　成活率:　　　%	
315	幼林抚育管理:	
315－1	松土除草:次数　　　　时间	
315－2	浇水:次数　　　　时间　　　　方式	
315－3	遮阴:方式　　　　时间	
315－4	放牧动物(　):(1)无;(2)少;(3)多	

表 2-4　受害等级调查表

试验单位:　　　　　　引入年序号:

试验地点:　　　　　　填表人:　　　　　　日期:

树种:　　　　大区:　　　　小区:　　　　树龄:

501 株号	502 寒害					503 旱害					504 风害					备注
	1	2	3	4	5	1	2	3	4	5	1	2	3	4	5	
1																
2																
3																
4																
5																
6																
7																
8																
9																
10																
小计																
平均																

填表说明:

1. 寒害:通常在夏天选择样方或标准地,逐株观察受害等级,登记不同等级的株数和百分率。按表 2-4-1 的等级登记。
2. 旱害:在干旱季节之前选定样方或标准地,干旱季节过后,逐株观察登记旱害等级及不同等级的株数和百分率,并记述观察地点的环境、旱季雨量、无降雨持续天数、蒸发量、气温、风向、风速及植株的年龄。按表 2-4-2 的等级登记。
3. 风害:事先选定样方或标准地,在强风过后,观察风害等级,登记不同等级的株数和百分率,并记述观察地点的环境条件、风速、风向、持续天数及植株的年龄、规格等。按表 2-4-3 登记。

表 2-4-1　不同寒害症状及等级

寒害等级	寒害症状
1	顶梢挺拔或有轻度萎蔫，能恢复正常生长，无寒害或基本无寒害
2	主干顶部枯萎
3	主干冻枯约达 1/3
4	主干冻枯 1/3 ~ 1/2
5	不能萌芽，全株冻害致死

表 2-4-2　不同旱害症状及等级

旱害等级	旱害症状
1	顶梢挺拔或有轻度萎蔫，能恢复正常生长，无旱害或基本无旱害
2	主干顶部枯萎
3	主干干枯约达 1/3
4	主干干枯 1/3 ~ 2/3，能萌发恢复生长
5	不能萌发，全株干旱死亡

表 2-4-3　不同风害症状及等级

风害等级	风害症状
1	茎干挺拔，叶有不同程度的皱缩、撕裂、落叶，能恢复正常生长，无风害或基本无风害
2	顶梢无损，嫩枝出现不同程度的风折，植株轻度吹斜
3	顶梢和主要侧枝风断或裂折，植株有较大程度的吹斜
4	主干折断，但能萌芽恢复，植株半倒，培土撑扶后能生长
5	主干基部折断或者全株倒伏，折断的不能萌芽，倒伏的不能恢复生长

受害等级的计算：

首先计算耐寒、耐旱、抗风力指标：

$$S_i = \frac{1x_1 + 2x_2 + 3x_3 + 4x_4 + 5x_5}{\sum x_i}$$

式中　S_i——耐寒、耐旱、抗风力指标；

1、2、3、4、5——受害等级；

x_i——各受害等级株数；

$\sum x_i$——观察总株数。

然后按表 2-4-4 查对受害指标及等级。

表 2-4-4　耐寒、耐旱、抗风力等级

指标	1.00 ~ 1.50	1.51 ~ 2.50	2.51 ~ 3.50	3.51 ~ 4.50	4.51 ~ 5.00
等级	Ⅰ	Ⅱ	Ⅲ	Ⅳ	Ⅴ

例如，某一外来树种的寒害情况：Ⅰ级 25 株，Ⅱ级 4 株，Ⅲ级 1 株，Ⅳ级 0 株，Ⅴ级 0 株，共观察 30 株。

$$耐寒力指标 = \frac{1 \times 25 + 2 \times 4 + 3 \times 1 + 4 \times 0 + 5 \times 0}{30} = \frac{25 + 8 + 3}{30} = 1.20$$

查表 2-4-4 鉴定该树种的耐寒力属Ⅰ级。

表 2-5　物候观测及形态描述表

试验单位__________引入序号__________试验地点__________填表人__________

树种__________树龄__________大区__________小区__________日期__________

601 株号	602 萌动期		603 展叶期		604 开花期											605 叶变色期		606 落叶期		备注
	芽开始膨大期	芽开放期	展叶始期	展叶盛期	花序或花蕾出现期		始花期		盛花期		第二次开花期		开花末期		果实或种子成熟期	叶开始变色期	叶全部变色期	开始落叶期	落叶末期	
					雌	雄	雌	雄	雌	雄	雌	雄	雌	雄						
1																				
2																				
3																				
4																				
5																				
6																				
7																				
8																				
9																				
10																				
物候期 始																				
物候期 末																				

序号	记录项目	备注
607	叶形	
607－1	初生叶	
607－2	真叶	
607－3	叶色	
608	花	
608－1	花序：　雌　雄	
608－2	花形：　雌　雄	
608－3	花色：　雌　雄	
609	始花年龄：　雌　雄	
610	果	
610－1	形状	
610－2	果皮颜色	
610－3	果实大小：　长　宽　厚　cm	
611	种子	
611－1	形态	
611－2	颜色	
611－3	种子大小：　长　宽　厚　cm	

说明：物候期观察要求及标准：每一树种的观察不少于 10 株，10 株以下全部观察，春季 1～2 天观察一次，夏、秋季 5～7 天观察一次，连续 3～5 年。

1. 萌动期：芽开始膨大，裸芽植物看芽的大小来判断；鳞芽植物看鳞片间显示出淡色部分；松树鳞片开裂反卷；有些阔叶树出现各种毛，如榆树芽鳞边缘出现绒毛，枣树冬芽上显示棕黄色绒毛，栾树芽上出现黄色毛，木槿芽上出现白色毛等。芽开放期为芽的鳞片开裂，顶端出现鲜绿色。如芽膨大与开放期不易分辨，就记为芽开放期。
2. 展叶期：展叶始期即观察植株上第一片叶子完全展开的日期。展叶盛期为树上半数枝条完全展开。
3. 开花期：当树上开始出现第一朵完全开放的花时为开花始期，当树上半数以上的花开放，花序散出花粉或柔荑花序松散下垂时为开花盛期；当树上只剩极少数花，柔荑花序停止散出花粉，或大部分脱萼时为开花末期；根据果实的颜色变为成熟颜色或采摘要求时为果熟期。
4. 叶变色期：树木秋季第一批叶子开始变黄或红时为开始变色期，达到全部变色时为全部变色期。但应注意与干旱、炎热、病虫害等原因引起的非季节性时变色分开。
5. 落叶期：记树木秋季开始落叶的日期和树上的叶子几乎全部脱落的日期。

表 2-6　生长调查表

试验单位＿＿＿＿＿引入序号＿＿＿＿＿试验地点＿＿＿＿＿填表人＿＿＿＿＿
树种＿＿＿＿＿树龄＿＿＿＿＿大区＿＿＿＿＿小区＿＿＿＿＿日期＿＿＿＿＿

401 株号	402 树高(m)	403 直径(cm)		404 冠幅(m)		405 干形				病虫害		备注
		胸径	地径	南北	东西	很直	直	弯扭	多茎	种类	程度	
1												
2												
3												
4												病虫害感染程度分无、轻、中、重、严重五级
5												
6												
7												
8												
9												
10												
合计												
平均												

第二节　选择育种

选择就是选优去劣。选择育种(简称选种)也就是从自然或人工创造的群体中挑选符合人类需要的单株或类型,通过比较、鉴定、繁殖,最后确定出优良类型或品种。在整个育种过程中,无论采用哪种育种途径,如引种、杂交育种、诱变育种等,对于各种变异材料都必须进行选择,只有经过选择才会使这些材料转化为生产力。选择不仅应用于各个育种环节,而且还贯穿于树木生活的各个时期,如种子选择、苗期选择、花期选择、成熟个体的选择以及果实的选择等,因此选择育种在树木育种中占有重要的地位。

选择包括自然选择和人工选择。自然选择是自然界用“优胜劣汰、适者生存”的方式,淘汰有害的变异,保留有利的变异,使生物沿着与环境相适应从而有利于自身种族繁衍的方向前进;人工选择则是人们按照自己的需要,挑选那些有用的,淘汰那些较差的植物。在人工选择的同时,自然选择也同时参与,因为栽培植物不可能完全摆脱自然条件的作用。所以,人工选择是建立在自然选择的基础之上的。

一、选种的基础

(一)选种的原理

遗传、变异和选择是生物进化的三大动力。变异可以创造生物的多样性,为选择提供原材料，它是选择的基础。导致基因型发生变异的途径一般有基因的重组与互作、基因突变、染色体结构和数量的变异等；使品种群体发生自然变异的原因主要有品种性状的继续分离、天然杂交及环境条件引起的变异。这些变异来源，给我们提供了广泛的选择机会和丰富的物质基础。遗传也与选择密切相关，它可以使变异的材料得以稳定，巩固选择的结果。人们按一定的选择目的进行选择后，可以加强性状的变异，并使其定向积累；减少了不利因素的干扰，尤其是淘汰劣质个体后，可以大大减弱对优良植株在水、肥、气、热等方面的竞争；由于创造了有利的环境条件，因而能使变异性状得到稳定；经过去劣除杂，使有利性状的基因频率和优良个体的基因型频率均相应地得到提高，改进了群体的育种值和生产力水平。

（二）选种的依据

林木变异的普遍性和多样性是选种的主要依据，常见的变异有下面几种。

1. 形态特征的变异

林木的形态特征是多种多样的，其变异现象涉及几乎每一个器官和每一种形态方面，它的变异范围往往是从一个极端到另一个极端，并包括各种各样的中间过渡类型。不同树种在变异范围和变异方向上有很大的一致性。常见的几个与经济效益关系较密切的形态变异表现如下。

（1）干形：树干是用材树种的重要经济指标。树干的高度、通直度、圆满度等直接影响到树木的利用价值。大量实践表明，干形在很大程度上是由遗传性所决定的，在一般情况下，林木的干形优劣都能遗传给后代。但在环境条件的影响下，干形也可以产生变异。如楸叶泡桐、箭杆毛白杨、钻天榆等干形通直高大，而兰考泡桐、粗皮毛白杨、曲枝榆等干形较差。

（2）树冠：树冠由枝条组成。枝条的长短、粗细、疏密及分枝角度的不同，形成了宽冠、窄冠、枝条直立与下垂、浓密和稀疏等不同的冠形，这在毛白杨、榆树、刺槐、松树等常见树种中是普遍存在的。根据分枝习性和冠形等方面的差异，可把树种划分为不同的类型，如毛白杨可分为箭杆毛白杨、长枝毛白杨、稀枝毛白杨、密枝毛白杨等10个类型。

（3）树皮：树皮的粗细、结构、厚薄、颜色、裂纹以及皮孔的形状、大小、多少、排列方式等都有很大变化。有的树皮变异与经济性状有密切关系，是良种选择的重要依据。在许多树种中，都存在粗皮和细皮两种类型。对松树的研究表明，粗皮类型生长比较块、年轮宽、材质松、比较抗病虫害；细皮类型的侧枝较细，自然整枝较好，木材质量较好，但生长量不如粗皮类型。这在其他树种中也有类似情况。

（4）叶片：在相同立地条件下，不同类型同一部位枝条上的叶片常有明显区别，主要表现在叶片的大小、厚薄、质地、颜色、茸毛多少、托叶以及叶缘、叶基、叶柄、叶迹等性状上。

（5）花和芽：表现在形状、颜色和大小方面有一定差异。

（6）果实和种子：果实和种子的大小、形状、色泽、数量及果序着生状况等表现出差异。

2. 生长特性的变异

（1）生长期：林木的生长期，可通过发芽、落叶、顶芽萌动与封顶等物候特性反映出来，不同树种生长期是不同的，就是同一树种不同植株之间，生长期的长短也有一定差别，因而在种内有不同的物候类型。如毛白杨存在早发芽早落叶、晚发芽晚落叶和早发芽晚落叶三个类型，发芽期相差7～10天，落叶期相差一个月以上。一般发芽早、落叶晚的树木生长期长、较耐干旱和晚霜的危害，具有较大的生长潜力。

（2）生长速度：林木在树高、胸径、材积等方面的差别非常明显。另外，在生长势上有些前快后慢，有些前慢后快。生长速度的不同，是用材树良种选择的重要指标。

3. 木材品质的变异

木材品质是指木材纤维性质、比重（或密度）以及物理力学性质。据研究，湿地松、海岸松等树种的木材品质有较高的遗传力。

此外，林木在生态特性方面（如对光照、温度、湿度、土壤等的反应）、在生理特性方面（如光合作用、呼吸作用、蒸腾作用等）、在抗性方面（如抗病、抗虫、抗盐碱、抗干旱、抗涝、抗风、抗寒等）都存在着很显著的差异。

二、选种的方法

选种的方法很多，这里主要介绍种源的选择和优树的选择。

（一）种源选择

种源是指从同一树种分布区范围的不同地点收集的种子或其他繁殖材料。种源是树木在历史进化中形成的，是地理和生态性质的群体。它是在自然情况下树木个体能彼此随机交配，发生遗传物质交流的若干个体所组成的群体。不同群体间通常存在着基因和生态隔离，因而其形态、生理、生态、抗性、适应性等特性也存在着差异，这些差异就是种源选择的基础。

对地理起源不同的种子或其他繁殖材料，放在一起所作的栽培对比试验叫做种源试验。通过种源试验，可以研究林木地理变异的规律性、变异模式以及变异与生态环境和进化因素的关系；为造林地区确定生产力高、品质好、抗性强的种源，并为区划种子或种条的调拨范围提供科学依据；为进一步开展选种、杂交育种等提供数据和原始材料。

1. 种源试验的方法

（1）采样：根据树种的分布特点、试验目的和条件确定采种点。进行全分布区试验时，可在树种自然分布范围的各种立地条件下布点。生态条件越复杂布点越密。成水平分布的树种，可在分布范围内相隔一定纬度或经度设计成方格网状，在每一网格内取样。也可以按等温线、等雨线、大陆度、湿润度等分带取样。对分布区广的树种，一般需要取 50 ~ 200 个样；分布范围狭窄、重要环境因素成垂直梯度变异的树种，采用平行海拔或温度和雨量梯度进行布点。多数树种应以网格为主，在重点地区又应按海拔梯度布点。分布范围小的树种一般取样 20 ~ 30 个即可，在全分布区进行测验之后，还可以在较好种源中进行局部分布区测验，这时取样可较前少些，一般 20 ~ 30 个样本。

采种林分应尽量用天然林。林分的组成和结构要比较一致，密度达到能异花授粉的要求，林龄应达到能对主要经济性状作出评价的时期，所选林分要有代表性。要避免从孤立木或仅有几株树的地点采种。

在选定的林分中，可从 5 ~ 10 株优势木或亚优势木上采种，采种株数不能少于 10 株，以多为好，采种母树在林分内的分布要分散。同一产地的种子可混在一起，也可以按林分分单株采种。对每一种源的种子应有详细的记录（见表 2-7），并对采种林分进行编号，在采种登记表上绘制林分或母树略图，还要采集带有果实的标本若干份，用于研究母树的形态变异。

（2）苗期试验：试验地的立地条件应尽可能地均匀一致，播种前的处理也应相同，并测定千粒重、饱满度和发芽率，以便确定播种量。苗圃设计一般采用随机区组排列，重复 3 次以上。播种时，按预先设计的草图进行，确保准确无误。苗圃阶段的观测项目有发芽情况、生长量、物候期、适应性和抗性、形态特征、生理指标等。

（3）造林试验：在树种的主要造林区，选多个有代表性的立地条件区进行试验，田间安排应符合试验设计原则，各项措施应尽量保持一致，并填写造林登记表（见表2-8）。

表2-7　林木产地试验采种林分记载卡片

1. 地点：________省________县________乡（林场）________，地名（林区）________，林分号________，纬度________，经度________

2. 树种：种名________，俗名________

3. 地形：海拔________m，坡向________，坡度________

4. 土壤：成土母岩________，土层厚度________cm，土种名称________

5. 主要伴生乔灌木种类及盖度________，主要地被物种类及盖度________

6. 气候：年平均气温________℃，1月份________℃，7月份平均气温________℃，年平均积温（≥10 ℃）________，年降水量________mm，年相对湿度________%，早霜日期________，晚霜日期________

7. 林分调查因子：起源________，年龄________，平均树高________m，平均胸径________cm，每公顷立木蓄积量________m^3，生长和病虫害情况________

8. 种子丰歉及采收处理过程简介：________

9. 种子品质鉴定：出籽率________%，纯度________%，千粒重________g，发芽率________%，

10. 采种日期：________年________月________日

采种单位及负责人（签字）：

表2-8　林木产地种源试验造林登记表

1. 地点：________省（区）________县________乡（林场）________，地名（林区）________，经度________，纬度________

2. 编号：重复号________，区组号________，小区号________，区组面积________hm^2

3. 试验设计简介：________

4. 地形：海拔________m，坡向________，坡度________，坡位________

5. 土壤：成土母岩________，土层厚度________cm，腐殖质层厚度________cm，结构________，pH值________，土种名________

6. 造林前土地利用情况、植被种类及盖度：________

7. 造林方法及时间：整地方法________，打穴规格________，株行距________m，造林日期________

8. 造林前苗木生长情况：________

小区号	
平均苗高（cm）	
标准差	

9. 施工负责人（签字）：________填表日期：________

造林试验可分两个阶段。第一阶段在幼林时期完成，主要观察其适应性和生长的一般表现，选出优良种源，作为种源调拨的初步依据。对表现优良的种源，做第二阶段的试验。

试验期一般不少于1/2～1/3轮伐期。该期主要了解干形、高、直径和材积生长等指标，以确定生产力高的地区。

2. 种源选择的注意事项

根据国内外种源试验结果，在进行种源选择或种苗调拨时应注意以下几个问题：

(1)地中海气候区向其他大陆区调拨种源不易成功，由内陆向沿海调拨种源较安全。

(2)不能从降雨、气温变幅小的均衡气候区向变幅大且气候恶劣的地区调拨。

(3)高海拔或高纬度地区的种源不能向低海拔、低纬度地区调拨，反之亦然。但是低纬度地区的高海拔种源向较高纬度的低海拔地区调拨往往容易成功，反之亦然。

(4)原产地为酸性土或碱性土的种源，不能随便向土壤酸碱度差异大的地区调用。

(5)一些栽培历史悠久的树种，其中心栽培区的种源生产力较高，向周围一定范围内调拨使用往往有一定的增益。

(二)优树选择

优树是指在同一林分中相同立地条件下，在生长量、材性、干形、适应性、抗逆性等方面远远超过同种同龄(如为异龄，需要调整)的树木。优树选择是从林木群体中，按选种目标和优树标准进行个体的表型选择。优树选定后，经过遗传测定，即可繁育和推广。

1. 优树的标准

优树的标准，因树种、选种目的、地区资源状况等而异。选作用材树种时，优树应是生长迅速、树干通直圆满、自然整枝良好、无大的枯死节、枝下高不小于树干总长的1/3、无严重病虫害的植株。阔叶树的优树同时还应具有单干性，树冠均匀对称，侧枝细而短，冠幅较窄，顶端优势强，树皮较薄，裂纹通直，木材密度大，晚材率高。对于特用树种，总的要求是质量高、品质好、抗性和适应性强。

2. 优树选择方法

(1)优势木对比法：以优树预选木为中心，在同等立地条件的10～15 m半径范围内，选出仅次于优树预选木的3～5株优势木作对比树，按优树标准逐项进行比较，符合标准者作为优树登记入选(优树登记表见表2-9)。该法在人工林或年龄较一致的天然纯林中应用较好。

(2)小样地法：以优树预选木为中心的200～700 m^2范围内，划定包括40～60株林木的林地作为小样地。按优树标准逐项观测评定，当预选木达到或超过小样地林木平均值规定指标时定为优树。具体方法见表2-10。

(3)生长效率法：该方法是把具有生长快而占空间小，能提供最高单位面积产量的林木作为优树。具体选优时，应在标准地内测量优树预选木和10株优势木的树高、胸径、中央直径、皮厚、冠长、冠径等，在胸径处的两个垂直方向，用生长锥取样测定近10年直径增长量，求算各树的树冠表面积代表值(X = 冠长 × 树冠半径)、近10年材积增长量(Y)、生长效率(Y/X)及优树预选木和10株优势木的Y的相关系数，最后根据计算结果和优树标准评选优树。这种方法适用于中龄未间伐的林分。对于其他林分选择效果较差。

(4)评分法(五株优势木对比树法)：在离候选优树10～15 m范围选5株优势木作为对比树，与候选木在树高、材积、冠形、树干通直度、自然整枝能力、分枝角度、侧枝粗度等方面进行比较评分。对有些性状还应根据不同立地条件指标和树龄作相应的调整。评分时，各项性状得分值在构成总分时按一定的比例，因此含有权重的意思。当累计总分达到一定程度以上者可评定为优树，如其中有一项以上评分为负值时则不能评为优树。该法比较客观，在松树优树选择中应用非常广泛(优树登记表见表2-11)。

表 2-9　优势木对比法选优登记表

优树编号______________选优日期______________

一、母树所在地点

1. ____________省(区)____________县____________乡(林场)____________,小地名____________

2. 海拔__________ m,坡位__________,坡向__________,坡度__________

3. 土壤种类____________,土壤厚度____________,质地____________,植被____________

二、林分状况

1. 起源______________,组成______________,林龄______________,郁闭度______________,造林密度______________株/hm^2,现在密度______________株/hm^2

2. 林分平均胸径__________ cm,平均树高__________ m,平均蓄积量__________ m^3/hm^2

3. 林分健康状况________________,结实情况________________

三、优树特征

1. 生长量

		胸径(cm)	树高(m)	中央直径(cm)	形数($Q_{\frac{1}{2}}$)^2	单株材积(m^3)	对比结果
优树							优树大于对比木: 胸径　% 树高　% 材积　% 优树年平均生长量: 胸径　cm 树高　m 材积　m^3
优势木	1						
	2						
	3						
	4						
	5						
平均							

2. 树冠

冠幅:南北__________,东西__________,平均__________

3. 树干

通直度:________________,圆满度(形率):________________,枝下高/树高:________________

4. 分枝粗度、角度

树冠中下部最粗侧枝基径(cm)__________,枝粗/(胸径)(cm)__________,分枝角度__________

5. 树皮:厚度__________ cm,树皮指数(%)__________

6. 结实情况:结实量①<30;②30~50;③50~75;④75~100;⑤>100

7. 生长势和健康状况:生长势__________________,病虫害__________________

8. 木材及其他特性:容重(N/m^3)____________,木材基本密度____________ g/cm^3

四、选中理由

五、优树所在位置示意图

六、优树照片

选优人(签字):__________日期:________年________月________日

表 2-10　小样地法优树登记表

优树编号______________选优日期______________

一、优树所在地点

1. ____________省(区)____________县____________乡(林场)____________小地名____________

2. 海拔__________ m,坡位__________,坡向__________,坡度__________

3. 土壤种类______________,土层厚度______________,质地______________,植被______________

二、林分状况

1. 起源______________,组成______________,林龄______________,郁闭度______________,造林密度______________株/hm^2,现在密度______________株/hm^2

2. 林分平均胸径__________ cm,平均树高__________ m,平均蓄积量__________ m^3/hm^2

3. 林分健康状况________________,结实情况________________

三、优树特征

1. 生长量

<table>
<tr><th></th><th>胸径(cm)</th><th>树高(m)</th><th>中央直径(cm)</th><th>形数($Q_{\frac{1}{2}}$)^2</th><th>单株材积(m^3)</th><th>对比结果</th></tr>
<tr><td>优树</td><td></td><td></td><td></td><td></td><td></td><td rowspan="3">优树大于对比树
胸径　%
树高　%
材积　%
优树年平均生长量:
胸径　cm
树高　m
材积　m^3</td></tr>
<tr><td>小样地对比树</td><td colspan="5"></td></tr>
<tr><td>基准线标准</td><td colspan="5"></td></tr>
</table>

2. 树冠

冠幅:南北____________,东西____________,平均____________

冠型:____________

3. 树干

通直度:________________,圆满度(形率):________________,枝下高/树高:________________

4. 分枝粗度、角度

树冠中下部最粗侧枝基径(cm)__________,侧枝粗度/胸径(cm)__________,分枝角度__________

5. 树皮:厚度__________ cm,树皮指数(%)__________

6. 结实情况:结实量① <30;②30 ~ 50;③50 ~ 75;④75 ~ 100;⑤ >100

7. 生长势和健康状况:生长势__________________,病虫害__________________

8. 木材及其他特性:容重(N/m^3)__________,木材基本密度__________ g/cm^3

四、选中理由

五、优树所在位置示意图

六、优树照片

选优人(签字):__________日期:________年________月________日

表 2-11　评分法选优优树登记表

优树编号______________选优日期______________

一、优树所在地点

1. ___________省(区)___________县___________乡(林场)___________小地名___________

2. 海拔___________m,坡位___________,坡向___________,坡度___________

3. 土壤种类___________,土层厚度___________,湿度___________,肥沃度___________

4. 植被:____

二、林分状况

1. 起源___________,组成___________,林龄___________,郁闭度___________,造林密度___________株/hm^2,种源___________

2. 林分平均胸径_________cm,平均树高_________m,平均蓄积量_________m^3/hm^2

3. 林分健康状况与长势状况____

4. 结实情况____

三、选优测定项目表

		胸径(cm)	中央直径(cm)	枝下高(m)	树高(m)	单株材积(m^3)	年龄(年生)	冠幅(m)	最粗侧枝直径(cm)	分枝角度(°)	树皮厚度(cm)
对比树	1										
	2										
	3										
	4										
	5										
平均											
预选树											

四、评选记录表

项目	评分	
	对比树	预选树
1. 材积		
2. 树高		
3. 冠型		
4. 干形		
5. 通直度		
6. 侧枝粗度		
7. 侧枝角度		
8. 树皮厚度		
9. 自然整枝能力		
10. 年龄		
合计		

五、优树位置示意图:

六、总的评价:

七、优树照片:

评选人:__________日期:________年________月________日

(5)绝对值评选法(绝对生长量法):这种方法是根据选优地区的立地条件和树木生长的实际情况,规定一个树高、胸径或材积等性状的标准,凡超过这个标准的植株即可作为候选树。如进行泡桐优选时,规定10年生兰考泡桐年平均胸径生长量在6 cm以上,楸叶泡桐和毛泡桐年平均胸径生长量在4 cm以上作为速生性选择的绝对指标。绝对值评选法适用于对平原、"四旁"或异龄混交林等的选优时使用,它简便易行,容易掌握,在开展群众性选优工作中被广泛应用。

3. 优树选择步骤

(1)准备阶段。选优前,要详细查阅有关资料,确定选优生态区域,制订选优方案,并实地踏查,确定选优路线,统一选优标准与具体方法。

(2)初选。优选人员深入选优林分进行实测评比。凡符合标准者,在树干1.5 m高处用油漆涂绕一圈,标明编号,认真填写优树登记表。

(3)复选。在初选基础上将所选优树再按标准复查考核,不符合条件者予以淘汰。

(4)验收与建档。由上级主管部门对所选优树按一定比例进行审核,通过检查,写出评语。对于优树收集过程中的各种图表,要建立完整的优树档案,为以后的优树利用创造条件。

第三节　杂交育种

杂交是指不同树种或同一树种不同小种、品种或类型间的交配。根据亲本亲缘关系的远近,可把杂交分为近缘杂交(品种内、品种间或类型间的杂交)和远缘杂交(种间、属间或地理上相隔很远的不同生态类型间的杂交)两大类。一般前者容易进行,后者有时表现出杂交不亲和性或杂种的不育性(但对杨属、柳属、落叶松属等许多属内种间进行的杂交,常可得到健壮可孕的子代)。通过杂交所得到的杂种,可能会综合双亲的优良性状,同时在生长势、生产力或抗逆性等方面比亲本强,杂种表现出来的这种优越性叫做杂种优势。杂交育种的目的就是经过对杂种后代的系统培育、鉴定和选择,育成符合育种目标、具有一定优势的新品种。

一、杂交前的准备工作

(一)确定育种目标

从实际出发,根据当地的人力、物力和财力状况以及国内外生产发展的情况,对杂交育种的目标进行具体的确定。确定目标时要有针对性,如提高速生、丰产性,增强抗性,改进品质等,能够解决生产上存在的问题,满足林业生产的需要。另外,对于未来新品种的发展方向要有预见性,如泡桐不但要速生优质,而且抗病性要强。

(二)选配亲本

亲本的选择包括杂交组合的选择和杂交亲本植物的选择。在进行林木杂交组合的选择时,应考虑如下原则:①亲本必须有育种目标所需要的优良性状。②双亲应优点多、缺点少,优缺点能相互补充。③亲本的地理起源和生态适应性要有一定的差异,以便选育出具有广泛适应范围的后代。④为获得具有优良性状的杂种,可考虑亲本性状的遗传力大小。⑤由于母本效应,应使母本具有尽可能多的优良性状。

杂交亲本组合确定后,具体的亲本植物也应有所选择,一般应尽可能符合优树标准。如用材树种,应表现为:速生,优质;干通直,圆满;冠型较窄、匀称,分枝角度合适;生长健壮,无病虫害;树木性状已得到充分发育。如果亲本植株已进行过遗传测定,则应选择配合力高的个体作亲本。

(三)确定杂交方式

在有性杂交中,把接受花粉的植株叫做母本,用符号"♀"表示;供给花粉的植株叫做父本,用符号"♂"表示。父本和母本通称为亲本。杂交用"×"符号表示,一般母本写在前面,父本写在后面。

林木杂交育种中,常根据育种目标和亲本特点选用以下杂交方式。

1. 单交

两个亲本中一个作为母本,一个作为父本,配成一对进行杂交称为单交。单交时,两个亲本可以互为父母本,即 A×B 或 B×A。若前者为正交,则后者为反交。正反交的效果不完全一样,如小叶杨×钻天杨与钻天杨×小叶杨,在生长和耐寒等性状上都存在着差异。

2. 复交

复交指两个以上亲本之间进行杂交,一般先进行单交,根据单交的缺点再选配另一亲本或单交组合,以便使多个亲本的优点能互相补充。复交的方式又因采用亲本的数目及杂交方式的不同而分为三交,如(椴杨×山杨)×响叶杨;双交,如(毛白杨×新疆杨)×(银白杨×灰杨);四交,如[(A×B)×C]×D 等。

3. 回交

由单交得到的杂种第一代,再与其任一亲本进行的杂交称为回交。回交可以重复进行,其中重复使用的亲本叫做轮回亲本,只在开始时用一次的亲本叫非轮回亲本。一般轮回亲本具有优良的特性,在第一次杂交时用做母本,而在以后各次回交时用做父本。回交的目的是使轮回亲本的优良特性在杂种后代中慢慢加强。

4. 多父本混合授粉杂交

多父本混合授粉杂交指选择一个以上的父本,把它们的花粉混合起来,对一个母本进行授粉的杂交方式,即 A×(B+C+D+…)。通过这种杂交方式,有可能达到一次杂交获得具有两个以上父本综合性状的杂种子代,如群众杨就是由小叶杨×(钻天杨+旱柳)杂交而得到的。

(四)花粉技术

1. 花期调整

树木的开花时间除与遗传因素有关外,还受外界环境条件的影响,其中温度和光照的影响最大。花期调整的目的就是使开花时间不同的亲本调整为相同,以便进行杂交。

调整花期除利用当地自然条件把花粉从南到北、从低海拔到高海拔、从阳坡向阴坡输送外,还可以人为地控制温度和光照,促进或推迟树木的开花期。如把花枝在室内进行水培,给予适当的温度和光照,就能够使它提前开花;反之处于低温阴暗的地方,则可延迟其开花。如毛白杨的花枝,在 20 ℃的室温中培养,花期就可以提前 20 天左右。对于花期相隔很远的树种,如白榆春花、榔榆秋花,可用贮藏花粉的方法加以解决。

2. 花粉的收集

对于花粉多、散粉期长的树种,如针叶树种,可以直接在树上收集。树木一般在上午 9 时左右开始散粉,11 时至下午 2 时为雄花盛开时间,可预先把雄花用纸袋套起来,当花粉散出时即落在袋中而收集之。不便在树上采集花粉的树种,如杨树、榆树、胡桃、麻栎等,可直接采集即将散粉的雄花序,在室内摊在纸上阴干,使花药自然干裂而收集。对于柏木、杨树等开花散粉时间较短的树种,可以通过剪下花枝进行室内水培收集。

3. 花粉的贮藏

花粉的寿命除了与遗传有关外,还与温度、湿度有密切关系。人工贮藏花粉的原理在于创造一定的条件,减低花粉代谢强度,延长寿命。

花粉收集后,进行适度的干燥,除尽杂物,装在指形管或小玻璃瓶中(不宜过满),瓶口包扎上纱布,然后贴上标签,注明花粉名称和贮藏日期。如有条件,最好将装有花粉的小瓶置于干燥器内,其低腔盛无水 $CaCl_2$ 以控制湿度,再把干燥器放在冰箱中,保持 0 ~2 ℃的温度。如果没有这种设备,可把装有花粉的小瓶放在盛有石灰的箱子里,置于阴凉、干燥、黑暗处。

4. 花粉的寄运

花粉体积小,寄运比较方便。把晾干后干净的新鲜花粉装入小玻璃瓶中,瓶口塞上棉花,再装在木匣内即可寄运。邮寄时以快速为宜,若能空运更好。少量的花粉可用光洁的半透明纸包好,放在信封内邮寄。有些树种可以剪取花枝寄运。

5. 花粉生活力的测定

为了保证杂交的成功,授粉前尤其对贮藏期长的花粉必须测定其发芽率,测定的方法有下面几种。

(1)直接授粉法。把花粉直接授到同种植株的雌蕊柱头上,并做好隔离。经过 1 ~3 天,采集授粉的柱头,用 FAA 固定液固定,再离解或直接在 60 ℃的温水中离解 15 min 以上。取出花柱,用 1% 苯胺蓝水溶液或苯胺蓝乳酸酚染色,做压片,在显微镜下面观察花粉管生长状况。此法适用于阔叶树种。

(2)培养基法。将 100 mL 的蒸馏水倒在烧杯中,加入 0.5 ~1 g 洋菜(琼脂),放烧杯于锅中隔水加热,使之溶解,然后加入蔗糖或葡萄糖。由于各种树木花粉发芽最适合的浓度不同,因此可多配几种浓度试验。为促进发芽,可加入少许 10 mg/L 浓度的硼酸溶液。加热时可预先在杯上作标记,待洋菜全部溶解后,把水加至标记处,以防杯中的水分蒸发影响浓度,并趁热用玻璃棒取少量溶液滴在悬滴载玻片的凹槽内,放置片刻,使之冷凝成固体培养基,然后用解剖针取少许花粉,均匀地撒在培养基上,注意撒落的花粉不可太多,以防影响观察。把制好的片子放在垫有吸水纸的培养器中,再放在 20 ~25 ℃的恒温箱内。一般树种经过 24 h 即可发芽,但松树等需要 1 ~3 天才能发芽。花粉发芽情况可用显微镜检查,为保证测定结果的代表性,可随机在显微镜下取 4 个视野,计算花粉总数及其发芽数,算出平均发芽率,以决定花粉是否能用。

(3)染色法。裸子植物可使用此法。先把花粉置于载玻片上,滴入 0.025% 的次甲基蓝溶液 1 滴,盖上盖玻片,数分钟后在显微镜下检查。凡无生活力的花粉染成深蓝色,有生活力的褪为不同程度的浅蓝色或灰色,褪色能力的强弱与生活力的强弱呈正相关。次甲基蓝的浓度可任意调节,以期获得最明晰的结果。

有效的染色剂还有 2,3,5 - 三苯基四唑、联苯胺、愈伤木酚等。

二、杂交技术

(一)树上杂交

树上杂交是在自然条件下进行的,大多数树种都适合用这种方法。在确定为母本的树上，选择树冠中上部生长健壮的枝条上的花进行杂交。具体步骤如下。

1. 去雄

凡是两性花，杂交之前必须去雄，以避免自花授粉。去雄要在花粉成熟之前进行。可用镊子或尖头小剪刀直接剔除花中的雄蕊，操作时要小心，去雄要彻底，既不能损伤雌蕊，又不可刺破花粉，否则易引起自花授粉。去雄所用的工具要消毒，以防污染或带入其他种的花粉。

2. 套袋隔离

两性花去雄后，必须立即套袋隔离。若为单性化，则在花开前，将雌花套袋隔离，避免自由授粉。隔离袋的材料必须能防水、透光、透气，一般可采用薄而透明坚韧的材料制成。风媒花可用半透明的亚硫酸纸做隔离袋，用缝纫机缝制，或用与水不亲和的黏合剂粘贴，但不可用面粉浆糊和胶水粘制，以防雨淋开裂。虫媒花可用细纱布或细麻布做的袋子。袋子的大小因树种而异。如松树可用 5 cm×30 cm 或 7.5 cm×30 cm 的隔离袋，核桃可用 15 cm×30 cm 的隔离袋。一般树种用 8 cm×25 cm 大小的隔离袋即可。

3. 授粉

待雌花开放、柱头分泌黏液时，即可授粉。授粉期的长短因树种而异。例如，松树 4～5 天，冷杉、云杉 2～5 天，白蜡、栎树 2～8 天，杨树、柳树 3～5 天，鹅掌楸 0.5～1 天。授粉的方法和工具根据不同情况灵活运用。风媒花树种的授粉时间最好在无风的清晨，此时湿度大，空气中飘浮的花粉少。授粉时打开袋子的顶端开口处，用授粉器对准雌蕊喷射花粉（也可用毛笔涂抹）。授粉后将袋口向下卷折，别上回形针封闭为原状。虫媒花的花粉有黏性，授粉时取下纱布袋，用毛笔或小橡皮头把花粉涂抹在柱头上，然后套上袋子。授粉完成后，要挂上标签，注明杂交组合和授粉日期。

授粉后 3～7 天，如果柱头仍和授粉前相似，则需要进行重复授粉。如果柱头萎缩或苞鳞闭合，即表示已失去再授粉能力，可摘除隔离袋。种子细小的树种，为防止种子飞散，成熟前要套上纱布袋。栎类的某些树种在幼果发育至成熟时，需要再次用纱布袋套上，以防止昆虫危害。

在整个杂交过程中，要注意管理和观察记载，及时防治病虫害，防止人为破坏，特别要做好杂交种子的采收、处理和保存等工作。杂交记载内容见表 2-12。

表 2-12　树上杂交记载表

母本树种及株号	套袋日期	套袋数量	雌花数量	父本树种及株号	授粉日期	授粉方法	去袋日期	采种日期	备注

（二）室内杂交

种子小而成熟期短的一些树种，可以从树上剪下枝条，在室内进行培养和杂交，其方法如下。

1. 枝条的采集和修剪

在供试树种自然开花前 20 天左右，从所选定母树树冠的中上部，剪取 1～2 年生无病虫害、基部直径 1.5～2 cm、长 70 cm 以上的雌花枝和雄花枝。对采回来的枝条或从外地寄来的枝条进行修剪，把没有花芽的徒长枝或受病虫危害的枝条剪掉。雄花枝尽量多保留花芽，以收集大量花粉。每枝雌花枝留 1～2 个叶芽、3～5 个花芽，多的去掉，以免消耗枝条养分，影响种子发育。

2. 水培管理

把修好的枝条，插在盛有清水的广口瓶或瓦缸中，每隔 3 ~ 4 天换一次水，天热时应增加换水次数，并洗去枝条基部的分泌物。若切口变色或黏液过多，必须修剪切口，室内温度以 15 ~ 18 ℃、湿度以 70% 为宜，并保持空气流通，防止病虫害发生。在每个雌花枝上挂一标签，注明树种名称、采枝日期和花序数目。

3. 去雄、隔离和授粉

原则上和树上杂交相同。

4. 果实发育期的管理

果实发育期应注意病虫害防治，并经常换水和保持室内通风。室温保持 18 ~ 22 ℃，初期湿度不低于 65%，后期不低于 50%。枝条上顶芽开放后，保留 2 ~ 3 片叶子，多余的去掉，以免消耗养分。

5. 收获种子

为了避免种子飞散，当果实即将成熟时，要套上纱布袋，待种子成熟后连同袋子一起取下。脱粒后按杂交组合分别保存，不可混杂，并附上标签，标明杂交组合、授粉期和采种期，以备播种之用。

6. 观察记载

在整个过程中，要及时填写记录表，格式如表 2-13 所示。

表 2-13　室内杂交记录表

母本树种及株号	采条日期	水培日期	父本树种及株号	花粉采集日期	授粉日期			授粉花序数	果实成熟期	收获种子量	备注
					1	2	3				

室内杂交除了用盛水的容器培养外，还可以采用沙培法和盆栽嫁接法。沙培法是将细沙与细土各半混合配制的培养基装入花盆，然后把修剪好的花枝插入盆内（一盆插一枝），放在室内阳光下，并注意每天浇水适量，对容易生根的树种可以采用此法。盆栽嫁接法是把花枝嫁接在盆栽的砧木苗上进行培养。嫁接后，在接穗下端放一个瓶子供水，休眠花枝（接穗）嫁接后两星期就可开花授粉。该法一次嫁接可保持数年，每年都可用做杂交试验的母本。

（三）杂交的注意事项

（1）工作前要了解花器构造、开花时间和方式、雌蕊的可授期、花粉的寿命和贮藏方法等。

（2）去雄要彻底，但不能损伤其他花组织；套袋要及时。

（3）用过的隔离袋，不可再用于相同的树种。

（4）授粉时，双手和用具都要保持干净。

（5）树上杂交宜在无风的清晨进行，要防止隔离袋的破损。室内杂交视条件而定，可隔离者不套袋；套袋授粉前，要防止空气中飘浮花粉的污染。

（6）结实后，注意保护，做到每天观察，及时采收。杨树、柳树、榆树和桑树等种子不能过早采收，否则会降低或丧失发芽力。杂交种子也不能采收过迟，成熟后容易飞散或脱落，最好是在成熟前套上袋子。

（7）杂交中应设对照，如套袋不授粉、自花授粉等。

三、克服远缘杂交困难的方法

（一）远缘杂交的不亲和性及其克服方法

远缘杂交的不亲和性表现为受精过程很难或不能进行，致使当代的结实率非常低，甚至不能正常结实。根据目前研究所知，影响远缘杂交亲和性的因素有：异种植物的柱头环境和柱头分泌物差异太大，致使花粉在异种柱头上不能发芽；花粉管生长缓慢或花粉管太短，不能进入子房到达胚囊；花粉虽能到达胚囊，但不能受精，或者只有卵核或极核发生单受精。为了克服远缘杂交的不亲和性，在实践上应尽可能地削弱配子间的受精选择性，并创造有利于配子受精和胚胎发育的外界条件，在不同情况下，可分别采取如下一些方法。

（1）正确选择亲本。选幼龄杂种，尤其是前几年开花的植株作亲本，则其遗传可塑性大，杂交容易成功。另外，把染色体数较多或倍数性高的种作母本，氧化酶活性强的种作父本。花粉渗透压稍大于母本柱头的渗透压时也有利于杂交的成功。

（2）混合花粉和多次重复授粉。把几种不同的花粉混在一起给母本授粉，有利于改变受精过程的生理环境和花粉的生长；在同一母本花的花蕾期、开放期和花朵即将凋谢期，进行多次重复授粉，有时可以提高受精率。

（3）预先无性接近法。预先将亲本互相嫁接在一起，使彼此间的生理活动得到协调，或者改变其原来的生理状态，然后进行杂交。

（4）柱头移植法。将父本花粉先授于同种树木柱头上，待花粉管尚未完全伸长之前切下柱头，移植到母本花朵的柱头上，或先进行异种柱头的嫁接，待 1 ~ 2 天愈合后再进行授粉。有时也可把母本花柱剪短，或在柱头上置以父本柱头的碎块、柱头组织提取液等。

（5）植物激素或生长素处理。应用赤霉素、萘乙酸或生长素等涂抹或喷洒柱头，能促使花粉发芽和花粉管伸长，有利于完成受精作用。

（6）相互杂交。某些树种的正交和反交结果差别很大，如云杉 × 白云杉不能成功，而白云杉 × 云杉却获得了成功。在松树种间杂交时，也有类似情况。

（7）改变受精条件。应用温室或保护地进行杂交，控制光照和进行变温处理等在一些树种之间杂交时取得了较好的效果。

（二）远缘杂种的不育性及其克服方法

远缘杂种的不育性表现为：受精后的幼胚不发育、发育不正常或中途停止；杂种幼胚、胚乳和子房组织之间缺乏协调性，使杂种胚部分或全部坏死；杂种种子不能发芽，或虽能发芽但在苗期或成株前夭亡；杂种植株不能开花，或雄雌配子不育，因而造成杂种的结实性差，甚至完全不能结实。由于不少树种可以进行无性繁殖，所以选育出新品种后，通过无性繁殖即可进行推广。但对于多世代育种或不能无性繁殖的树种来说，克服远缘杂种的不育性仍具有重大意义。通常可采用以下几种方法。

（1）杂种染色体的加倍。在种子发芽的初期和苗期，用秋水仙碱溶液处理，使体细胞染色体加倍，获得异源四倍体，这样可以正常地进行减数分裂，产生有生活力的配子，从而大大提高结实率。

（2）改善营养条件。当提供优良的生长条件时，可能会使生理机能不协调的远缘杂种逐步恢复正常。因此，对杂种的各个生育阶段，都应加以精心培育。遇到幼苗根系发育不良而引起早期衰亡或杂种只开花不结实的情况时，可以采用嫁接的方法加以克服。

（3）延长培育世代。远缘杂种的结实性，常常会随着生育年龄或有性世代的增加而逐步提高，这可能与减数分裂过程染色体的重新分配有关。

（4）胚胎培育。对于一些远缘杂种胚早期败育，可利用组织培养技术来培养发育不良的胚。

此外，还可以采用人工辅助授粉和回交法来提高杂种或后代的结实率。

四、杂种的培育和选择

通过杂交获得杂种种子只是杂交育种的开始，还必须经过培育选择和鉴定等，最后才能实现杂交育种的目的。

杂种种子数量少、组合多，在培育过程中要特别小心。根据种子大小、发芽难易以及树种特性，可以采用室内盆播、温床播种或苗圃地直接播种等，要求土壤肥沃、疏松而湿润，并在播种前进行消毒，经常注意防治病虫害。根据树种的生长状况，经 1 ~4 年后可出圃定植。无论在圃地还是定植区，都要用同龄亲本或当地的代表种作为对照，并保持培育条件的一致性和避免混杂。

对杂交种的选择要慎重，因为杂交种的优良性状要经过一段时间生长发育后才能逐步表现出来。由于不同树种的早期性状表现和性状的早、晚期相关性强弱不同，可以根据树种的特性进行苗期、幼树和成年树等不同阶段的选择。多数树种要经过 3 ~5 年甚至 10 年以上的观察比较才能鉴定出来。

第四节　无性系育种

切取树木的部分器官或组织，在适当条件下使其再生为完整的新植株的繁殖方法，叫做无性繁殖。这种由同一母株经过无性繁殖产生的一系列个体，叫做一个无性系。无性系育种则是指通过各种途径获得的优良无性系，经扩大繁殖和区域试验，按一定育种目标和要求进行比较鉴定，评选出最优无性系并推广应用于生产的过程。

在无性繁殖的情况下，无性后代不仅继承了母株的加性效应，而且继承了母株的显性和上位性效应，这就从理论上注定了无性繁殖要比有性繁殖后代获得的增益高一些。在生产上采用无性系造林，林木生长快，产量高，林相整齐，便于管理，增产效益十分显著。因此，能进行无性繁殖的树种，近代国内外都趋向用无性系改良的育种途径。

一、无性繁殖方法的评价

这里主要评价嫁接、扦插和组织培养在林木改良中的表现。

（一）嫁接

嫁接对不易生根的树种来说是一种好的无性繁殖方法，能使一些树种快速、容易地繁殖，同时又能有效地进行成年材料的复壮。缺点是往往在一个好的开端以后，逐渐显示出嫁接不亲和性，再者嫁接难度大、成本高，进度较慢。由于这些特点，嫁接只能用于基因保存、初繁和种子园建设。

（二）扦插

扦插的优点是能够大规模地进行繁殖，简单易行，效高价廉，没有嫁接不亲和的忧虑，是无性繁殖中的主要形式。但成熟作用使生根困难,限制了扦插的大规模应用,有时生了根的扦插苗生长不旺。此外,有些阔叶树种在插床上切口裸露,易受病毒感染,引起成片死亡。

(三)组织培养

应用组织培养集约繁殖苗木,其效率极高,如桉树的一个外植体一年内可得到上亿株试管苗,因此深受各国的重视。此外,愈伤组织形成的快慢,还可作为早期速生测定的方法。不过,组培繁殖要求一定的技术和设备,况且不同树种常有不同的问题,再加上成本相对较高,妨碍了它的推广。

以上三种繁殖方式,都会遇到繁殖材料的成熟作用和位置效应。所谓成熟作用是指繁殖材料的生理衰老,它在很大程度上取决于母树的年龄,即年龄越大,衰老越严重,如结了实的枝条其再生作用会降低,不定根发生能力减退。位置效应是指繁殖材料在原株树冠上的位置,如采自下部侧生枝条,常有倾斜生长的趋势,这几乎是扦插和嫁接中的普遍现象。

二、无性系测定

无性系测定是无性系育种的一个重要环节,其目的是筛选出优良的无性系用于造林。在无性系测定前,必须首先排除成熟作用和位置效应的干扰。

(一)克服成熟作用和位置效应的措施

(1)诱导树干基部萌生根萌条作插穗。这在桉树、杉木、毛白杨等树种中都有效果,起到了返童复壮的作用。

(2)幼砧连续嫁接复壮。把入选树上一年生幼龄新梢嫁接到幼龄砧木上,以后连续多次继代进行这种幼砧幼穗嫁接,最后老龄树的新梢就获得了生根力。

(3)连续扦插法。对老龄树上取得插穗扦插成活的少量个体,以后再多次连续扦插,生根率可以不断提高。

(4)组培法。把老龄穗条先嫁接到幼龄植株上,再取这种枝条组培,经几次继代培养后,所得到的苗木生长较快,生根性也得到了改善。此外,还可以用一定浓度的生长物质如6－苄氨基嘌呤等处理嫁接在实生苗上的老龄接穗,直到萌生出幼态的新梢后,再将其用于组培,以获得扦插生根率高的穗条。

(二)苗期测定

从现有的人工林、天然林或杂种后代中选择优树,并剪取穗(或根)条,繁殖够一定数量的无性系苗木进行比较试验。在相同的环境条件和一致的栽培管理措施下,经过1～2年的观测,对各无性系作出初步的鉴定。

(三)林期测定

将苗期测定中选的无性系进行造林试验,试验以多点为宜。林期测定时间的长短,应根据育种目标,以能正确评价所需性状为度。为了加速育种过程,对测定中有希望的无性系即可进行生产性试验。在测定过程中的各项试验、抚育管理措施以及观测数据,都要及时详细地记录,以便分析研究。

三、无性系选育程序

以泡桐无性系育种程序为例(见图2-1),供参考。

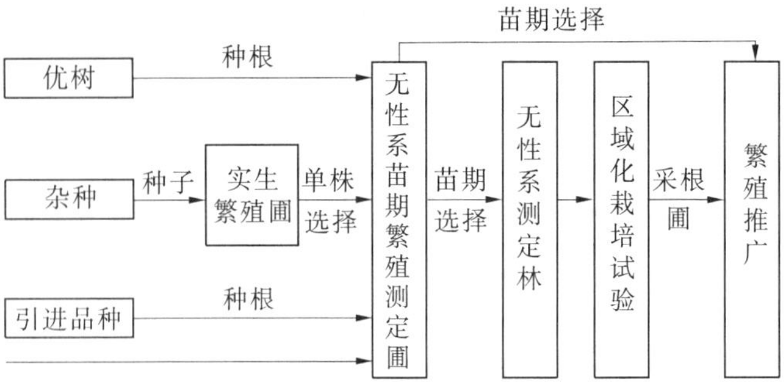

图 2-1 泡桐无性系育种程序示意图

四、无性系育种应注意的几个问题

(一)初繁材料的复壮

无性系测定需要一定的时间跨度。当测定结果得出后,初繁材料已进入成年,这时往往扦插不能生根,即便生了根,也会很快结实,使速生性受到抑制。为了解决这一问题,可结合采穗圃采穗,对初繁材料不断进行平茬,以保持材料的幼年性。

(二)采用多系造林

无性系经测定后就去造林,首先遇到遗传基础变窄的问题,这对于抵御病虫害的侵袭和气候条件的骤变都很不利。因此,应根据情况,选用多个无性系造林,以维持群体足够的遗传变异。

(三)边试种、边测定、边选择,是无性系改良的合理程序

一般是在获得优树的初繁材料后,就进行无性系测定,待无性系测定后,再去造林。这种按部就班的程序,要占用大量的时间。最简单的解决办法是经短期测定以后,将中选的无性系投入试种造林,实行边繁殖、边试种、边测定、边选择的办法。

(四)注意无性繁殖和有性杂交的结合

选育杂种一代进行无性系造林,既利用了无性繁殖的特长,又使杂种优势得到长期的利用而不发生分离,因此可将无性系改良的增益发挥到最高水平。所以在无性系改良时,从一般配合力最高的组合中,去筛选特殊配合力最高的母株,再投入无性繁殖和无性系造林,这是被证明很有效的一条途径。

第五节 生物工程技术

一、辐射育种

树木辐射育种是用电离射线照射树木种子、植株或其他器官,诱发植物体产生可遗传的变异,通过人工选择和培育,创造出优良的新品种。

(一)射线种类及其诱变机理

1. 射线的种类及其特性

目前,常用的对植物起诱变作用的射线有紫外线、X 射线、γ 射线、α 离子、β 离子、质子或氘核以及中子等。其中除紫外线外,每种射线都能引起被照有机体产生直接或间接的电离现象,故称电离辐射。各种射线的物理性质不同,对生物体的作用不一,在应用时,应注意选用合适的种类。现将几种射线的主要特性列表说明,如表 2-14 所示。

表 2-14　射线的种类及其特性

辐射种类	辐射源	性质	能量	危险性	必需的屏蔽	透入组织的深度①
X 射线	X 光机	核外电磁辐射,不带电,以光量子放射,波长 1~10 Å为软 X 射线,波长 10^{-1}~10^{-2}Å 为硬 X 射线	通常为 50~300 kV	危险,有穿透力	几毫米的铅,极高能的机器例外	几毫米至几十厘米
γ 射线	放射性同位素如 ^{60}Co、^{137}Cs 及核反应堆	与 X 射线相似,为核内电磁辐射,波长 10^{-2}~10^{-3}Å	达几百万电子伏特	危险,有穿透力	需要很厚的防护,如几厘米厚的铅或几米厚的混凝土	几十厘米
中子(快中子、慢中子及热中子)	核反应堆或加速器,钋-铍中子源,镭-铍中子源	不带电的粒子,比氢原子略重,只有通过它与被它通过的物质的原子核的作用才能观察	从小于 1 电子伏特到几百万电子伏特	很危险	用轻材料,如混凝土做成的厚防护层	几十厘米
β 离子,快速电子或阴极射线	放射性同位素,如 ^{32}P、^{35}S 或电子加速器	电子(+或-),比 α 离子的电离密度小得多	达几百万电子伏特	有时有危险	厚纸板	达几个毫米
α 离子	放射性同位素	氦核,电离密度很大	200 万~900 万电子伏特	内照射很危险	一张薄纸即可	十分之几毫米
质子或氘核②	反应堆或加速器	氢核②	达几十亿电子伏特	很危险	几十厘米厚的水或石蜡	达几十厘米

注:源自 Sparrow 和 Konzak 的资料,略有补充。

①穿透深度取决于许多变数,表中的假设是对具有平均密度的普通植物组织的穿透。

②质子是普通的氢元素的核,而氘则是重氢的核。

2. 诱变作用的机制

电离辐射的作用过程可分为 4 个阶段:

(1)物理阶段(10^{-8}~10^{-10} s):辐射能量使生物体内各种分子发生电离和激发。

(2)物理化学阶段(10^{-12}~1 s):发生电离和激发的分子,通过一系列反应,产生许多化学性质很活泼的自由原子或自由基。

(3)生物化学阶段(10^{-1}~10^{-2} min):自由原子和自由基继续相互反应,并和它们周围的物质发生反应,特别是与重要的生物大分子核酸和蛋白质发生反应,引起分子结构的变化。

(4)生物学阶段(几秒钟至若干年):细胞内生物化学过程发生改变,导致各种细胞器的结构及其组成发生深刻变化,包括染色体的畸变和基因突变,导致遗传性的变异。

(二)辐射诱变的方法

根据辐射处理的技术不同,可分为外照射和内照射两大类。

1. 外照射

外照射指受照射的材料接受的辐射来自外部的某一辐射源,目前外照射常用的是 X 射线、γ 射线和中子。外照射方法简便、安全,可大量处理材料,所以广为采用。

外照射处理植物的部位有以下几种:

（1）种子：可处理干种子、湿种子、萌动种子三种，目前应用较多的是处理干种子。在处理以前应对种子进行精选，以保证种子的纯净和饱满。要求种子的成熟度和含水量一致，一般发芽率高，含水量在 12% ~13% 的种子比较合适。

（2）无性繁殖器官：林木的块茎、块根、枝条、幼芽等均可进行处理。为了提高诱变率，一般以照射处于活状态的新生组织较为合适。

（3）花粉：对于生活力较强的花粉，收集后进行照射，然后立即授粉。另外也可采花枝进行照射，水培后收集花粉再做杂交。

（4）子房：射线对卵细胞影响较大，可引起后代较大的变异。它不仅引起卵细胞发生突变，也可影响受精作用，在处理时如为自花授粉植物，在照射前需进行人工去雄，照射后用正常花粉授粉。由于卵细胞对辐射较为敏感，所以处理时宜采用较低的剂量。

2. 内照射

内照射是指辐射源被引进到受照射的植物体的内部。目前常用于内照射的有^{32}P、^{35}S、^{14}C 等放射性元素的化合物。其方法是用放射性同位素溶液浸泡种子或枝条；或将放射性同位素溶液注入植物的茎干、枝条、芽等部位；或施于土壤中，使植物吸收或者将放射性的$^{14}CO_2$ 供给植物，借光合作用所形成的产物来进行内照射。

因为内照射时被植物吸收的剂量不易测定，而且还要预防放射性同位素的污染，故在应用上不如外照射安全简便。

（三）诱变后代的选育

根据树木的特点，种子或花粉诱变后代的选择从辐射第一代开始即可进行。对无性繁殖器官辐射处理后，一般变异细胞生长缓慢、生活力弱，竞争不过周围正常的体细胞，因此一旦发生突变部分，必须及时地切割下来，用嫁接、扦插或组织培养等方法进行单独繁殖。

对突变体后代的比较试验方法，基本上和用其他育种方法进行新品种比较试验相同。

二、倍数体育种

倍数体育种是指人工培育植物单倍体和多倍体品种。这两种选育方法，都是利用植物在生长发育过程中染色体出现和变化的规律，在人为干预下，使染色体倍数改变，创造新的类型或品种。

（一）单倍体育种

单倍体的定义有狭义与广义之分，狭义的单倍体是指细胞里只有一个染色体组，这是对二倍体而言的；广义的单倍体是指具有配子染色体数的个体。

单倍体表现为减数分裂不正常，很少或根本不能结实，体型矮小，叶片较薄，颜色浅淡，因此没有单独利用的价值。因为它含有每对同源染色体中的一个成员，经加倍后可以形成遗传因子单一的纯种，这样就可以较早地选出优良而稳定的自交系，从而加速育种的进程。

目前单倍体育种的方法主要是离体培养花药，使花粉发育为单倍体植物。

一般树木的花药培养过程较长，接种花药后，需经 4 ~6 个月才能获得完整植株。花粉植株的诱导需要经过三个步骤：第一步是将花药接种在脱分化培养基上，以诱导花粉愈伤组织和小胚状体；第二步是使胚状体或愈伤组织进一步分化，形成各种器官的原始体，有些种可能直接从愈伤组织分化出芽或根；第三步是胚状体或芽生根、抽茎、长叶，形成一个完整的植株。花药培养的操作技术如下：

(1)培养基的制备。培养基是花粉培养的外界条件,它的成分包括大量元素和微量元素的各种无机盐类、蔗糖、维生素类、氨基酸、核酸或其他水解物、植物激素以及琼脂和水分。在花药培养的各步骤中,均需要自己特殊的培养基。表 2-15 是几个树种的花药培养基。

表 2-15　不同树种的花药培养基及培养效果比较

获得花粉植株的树种	培养基(mg/L)	培养结果	培养天数(d)
枸杞	1. MS + KT0.5 ~ 1,2,4 - D 0.2 ~ 2,蔗糖 3% ~5% 或 MS + KT0.2 ~ 1,NAA 0.1,IAA1,蔗糖 3% ~5% 2. MS + 1AA0.1,GA,0.1 ~ 0.5,蔗糖 3% 3. MS + 1AA0.1 ~ 0.5,蔗糖 3%	(2n = 12)愈伤组织 胚状体 分化芽 生根	30 30 20 ~ 30
杨树	1. MS + KT2,2,4 - D2,蔗糖 3% 2. MS(大量元素,1/2) + BA1, NAA 或 1AA0.2 ~ 0.5,蔗糖 2% MS(大量元素 1/2) + KT1,NAA 或 IAA0.2 ~ 0.5,蔗糖 2% 3. MS(大量元素 1/2) + NAA0.8,IAA0.2,蔗糖 2%	(2n = 19)愈伤组织 丛生芽 状苗 生根	30 ~ 40 20 ~ 30 20
橡胶	1. 改良 MB[①] + KT1,2,4 - D1,NAA1,椰乳 5%,蔗糖 7% 2. 改良 MB(微量元素 X_2) + KT0.5 ~ 1,NAA0.2 ~ 0.5,GA,0.5 蔗糖 7% ~8% 3. MS(大量元素 4/5) + GA,1 ~ 4,1AA1 ~ 2,蔗糖 4% ~6%,5 - 溴尿嘧啶 1 ~ 2	(2n = 18)愈伤组织化花药 胚状体 小植株	50 60 ~ 90 30 ~ 40
葡萄	1. 改良 B_5[②] + BA1.5 ~ 2,2,4 - D0.5,蔗糖 3% 2. 改良 B_5 或 MS + BA0.5 ~ 4,NAA0.2,蔗糖 2%,LH500 3. MS(大量元素 1/2) + BA0.1,NAA0.1,蔗糖 2%,LH500	(2n = 19)愈伤组织 胚状体 小植株	30 20 60
楸子	1. MS + KT2,2,4 - D2,蔗糖 3%,LH100 2. MS + BA1,NAA0.5,生物素 5,胰岛素 8,蔗糖 2% 3. MS(大量元素 1/2) + IAA1,IBA0.2,蔗糖 2%	(2n = 17)愈伤组织 小植株 小植株生根	25 ~ 50 约 100 20
柑橘	1. N_3 + KT BA2,2,4 - D0.5 ~ 2,蔗糖 8% 2. MS + BA2,IAA0.1,蔗糖 2%,LH500 3. MS + IAA0.1,GA,1 ~ 4,蔗糖 2%,LH500	(2n = 9)小胚状体 大胚状体小植株	70 20
枳壳	1. MS + KT0.2 ~ 2,IAA0.2,蔗糖 2% 2. MS 蔗糖 2%	(2n = 9)胚状体 小植株	28
七叶树	1. 改良 MS[③] + KT1,2,4 - D,1 蔗糖 2% 2. 改良 MS + 蔗糖 2%	(2n = 20)胚状体 小植株	56

注:①改良 MB: $KNO_3$950,$KH_2PO_4$510,$MnSO_4 \cdot 4H_2O$10,$H_2BO_3$12,叶酸 1 mg/L,其余同 MB 培养基(即 MS 培养基大量元素和铁盐及 H 培养基微量元素与有机物质)。

②改良 B_5: $KNO_3$2500,$(NH_4)_2SO_4$150,$MgSO_4 \cdot 7H_2O$ 250,$CuSO_4 \cdot 5H_2O$ 0.25,$CoCl_2 \cdot 6H_2O$ 0.25,其余同 B_5 培养基。

③改良 MS: MS 培养基有机物质改变。

(2)灭菌。接种前应把接种箱或接种室用福尔马林或升汞水消毒,并准备无菌水,同时对接种时用的包装袋、镊子等器具进行消毒,然后放入接种箱内,在接种前用紫外线灯光照射 40 min,以保证无菌操作。

(3)接种。在生长健壮、性状表现突出的单株上取下适当发育时期的花芽,置于 1∶3(漂白剂∶水)的溶液中消毒 10 ~ 20 min,用无菌水冲洗 2 ~ 3 次,而后在无菌条件下将花芽打开,取出花药并接种到培养基上。

(4)培养。接种后要控制培养室内的温度和光照条件,经数周后出现愈伤组织或胚状体,然后在无菌条件下将其转移到分化培养基上,促使器官分化。当长成完整植株后,再经锻炼生长即可移植在土壤中。

单倍体植物的育成,只是育种的一个重要环节,没有任何生产价值,要育成一个优良类型,必须对单倍体植物加倍,使之形成二倍体,再根据育种目标进行选育。染色体的加倍可在两个阶段进行:一是在培养基中进行染色体加倍,即在愈伤组织产生时,加入适量的激素促使细胞分裂和染色体加倍,也可用适宜浓度的秋水仙碱进行处理;二是在花粉植株定植后进行,即用 0.1% ~0.4% 的秋水仙碱溶液处理生长点,还可以在茎基部穿线,不断渗入秋水仙碱溶液,使染色体加倍,产生纯合二倍体植物。

(二)多倍体育种

凡是细胞中有两组以上的染色体组的生物体,叫做多倍体。在多倍体中,如加倍的染色体组是以同一物种或其配子加倍而来的,则称之为同源多倍体;如果加倍的染色体组是从不同物种构成的杂种而来,则称为异源多倍体。

多倍体在自然界中是普遍存在的,与二倍体植株相比,它常常表现为叶、花、果各部分都比较大,茎干粗壮,抗逆性强等。因此,进行多倍体育种,无疑也是一个培育新品种、满足 林业生产需要的重要树种改良手段。

多倍体除了在巨变的自然条件下或自然杂交后染色体加倍而产生外,还可以采取人工的方法进行诱变,如物理方法有高温或低温处理、机械损伤、高压及离心处理等;化学方法是用各种植物碱、麻醉剂、生长激素、化学合成物质进行处理;生物方法有杂交、嫁接和摘心等。当前有效而常用的是用秋水仙碱处理。

秋水仙碱是从秋水仙植物器官中提炼出来的,性极毒,其分子式为 $C_{22}H_{25}NO_6 + 1.5H_2O$。一般呈淡黄色粉末状,纯的是针状结晶体,熔点是 155 ℃,可溶于酒精、氯仿、苯或冷水中。秋水仙碱对植物细胞的毒害作用不大,它能阻止正在分裂的细胞纺锤丝的形成,形成多倍性细胞,但对染色体的构造却无显著影响。因此,在遗传上很少发生不利的变异。下面主要介绍秋水仙碱诱导多倍体的过程。

1. 诱变原始材料的选择

选择的原则是:

(1)选择有较高经济价值的品种;

(2)选择染色体倍数较低的品种;

(3)最好选能单性结实的品种;

(4)选择多个种、品种和类型进行诱变,以便有利于选择和进行多倍体之间的杂交,克服多倍体的不孕性,并使其他性状可以相互取长补短。

2. 处理的部位

秋水仙碱只能影响正在分裂的细胞,所以应该选用萌发的种子、幼苗、花蕾、嫁接苗或扦插苗的幼芽进行处理。

3. 药剂浓度和处理时间

不同的树木种类、品种、器官及处理时温度条件等,对一定浓度的秋水仙碱溶液的反应不同。浓度大，处理时间长，抑制或伤害作用大；低浓度短时间处理则对材料不起作用。秋水仙碱的有效浓度为0.000 6% ~1.6%，常用的浓度是0.2%。反之，应缩短处理时间，浓度降低时，应加长处理时间。对柔嫩而细胞分裂快的组织，宜用低浓度处理。

4.处理方法

（1）浸渍法：将盆栽幼苗倒置，使幼苗顶端浸入一定浓度的溶液内，以茎端生长点全部浸没为度；也可将树上刚发芽的枝条弯曲，使生长点浸入药液内，或直接处理插条或接穗芽。处理种子时，可先浸湿或催芽，然后浸渍在药液内。种子经处理后，发芽和生长往往比较迟缓，幼嫩组织常常比较肥大，胚根易受伤害，最好添加吲哚乙酸等生长激素，以促进胚根的良好发育。浸渍处理后的材料要用清水冲洗，以除去碱毒。处理用药浓度越高，冲洗时间越长。

（2）涂抹法：将秋水仙碱配成一定浓度的乳剂，涂抹在幼苗或枝的生长点上。处理部位要适当遮盖，以减少蒸发和避免雨水冲洗。乳剂有以下三种配法：

羊毛脂乳剂：硬脂酸1.5 g，莫福林（C_4H_9OH）0.5 mL，羊毛脂8 g配成乳状液，然后再加0.1% ~1%的秋水仙碱溶液混合而成。羊毛脂约在43 ℃时才能溶解，配制和使用时要保持这个温度。

甘油乳剂：甘油7.5 mL，水2.5 mL，10%湿润剂生托米尔6 ~8滴，再加0.1%秋水仙碱溶液配制而成。

洋菜胶制剂：将0.1%秋水仙碱与0.8%的洋菜煮成胶状体即可。

（3）滴液法：用滴管吸取一定浓度的秋水仙碱溶液滴在生长点上，每日滴数次；或者先用脱脂棉包裹，再滴上药液。处理日数为直到生长受到抑制时为止。

（4）毛细管法：用脱脂棉或脱脂纱布包裹处理部位，脱脂棉或纱布的另一端浸入盛有药液的小瓶中。小瓶置于植株旁。利用毛细管的吸水作用逐渐把处理部位浸透。

除以上方法外，还有喷雾法、注射法等。无论采用哪一种方法，一定要注意安全，严防药液与人体接触，以免中毒。

5.多倍体的鉴定

对材料处理后不一定都变成多倍体，其中既有多倍体，也有二倍体；有的是整倍体，也有非整倍体，因此必须进行人工鉴定。

（1）直接鉴定：取材料的根尖、茎尖等进行固定和染色，制成玻片后在显微镜下检查染色体的数目。

（2）间接鉴定：根据诱变材料与对照材料在形态特性和生理特性等方面的差异来进行判断。如多倍体植株表现为叶片变厚、较短而圆，有时比较粗糙或生皱纹，多毛，颜色深绿，细胞分裂较慢，生长迟缓，植株矮化粗壮，节间较短，可孕性降低，种子数减少，花粉粒和气孔增大，生育期延长等。

6.多倍体的选育

人工诱变的多倍体类型，其遗传性还没有稳定，由这些个体所产生的后代个体之间还会继续出现多样性现象。因此，培育和选择的任务就在于能够获得优良变异稳定了的个体。在诱变后的群体中首先淘汰那些畸形的、生活力减退的、难以恢复正常生长的个体；挑选那些在培育过程中得到恢复并表现有某些优良经济性状的个体，并对这些优良的变异单株进行进一步的观察、鉴定，给予精心的管理和良好的培育条件。有时可采用相似于克服远缘杂交不实的一些措施，如人工辅助授粉、蒙导法等。对于某些个体则需要配合以杂交等手段，克服其缺点。当确定了有生产价值的多倍体并掌握了培育特点后,即可进行繁殖并推广。

三、细胞融合育种

体细胞融合是20世纪60年代以后才开始发展起来的一项崭新技术,无论是在遗传学理论研究方面还是在育种实践上均有重大价值。它可以避免有性杂交过程的局限,扩大遗传重组范围,克服远缘种间的不亲和性,创造自然界没有的新类型。利用细胞融合培育出杂种个体的方法如图2-2所示。

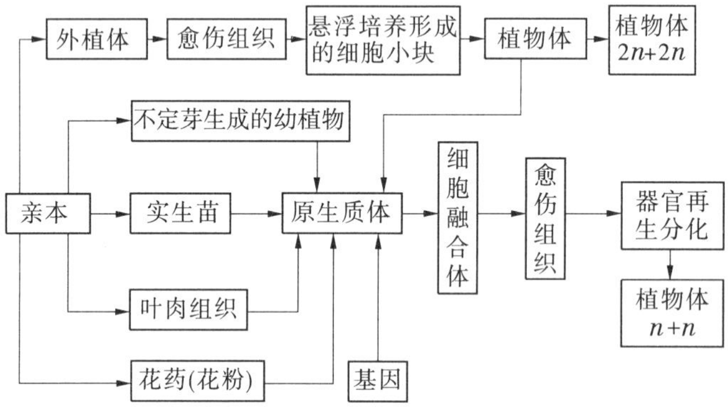

图2-2　细胞融合的具体操作方法

从图2-2中可看出,细胞融合育种包括以下几个环节:

(1)原生质体的选择和分离;

(2)利用融合剂诱导原生质体的融合;

(3)杂种原生质体的甄选;

(4)诱导分化成植株。

以上操作,均在无菌条件下进行。获得再生植株后,按常规方法进行培育和鉴定,选出符合育种目标的新品种。

第六节　建立良种生产基地

林木育种成果要转化为生产力,还必须建立母树林、种子园、采穗圃等形式的良种生产基地,这样才能为林业生产提供优良的种子或穗条。

一、母树林

母树林是指优良天然林或种源清楚的优良人工林经过留优去劣的疏伐或用优良种苗以造林方法营造的用以生产遗传品质较好的林木种子的林分。在当前林木种子需要量大而种子园生产的种子不能满足需要的情况下,它是提供人工造林用种的一个重要途径。同时,在林木遗传资源保护方面也有重要意义。

母树林有选建和营造两种类型。根据GB/T 11621—1996《母树林营建技术》简述如下。

(一)选建母树林

为了正确选建母树林,必须弄清楚几个名词。一是优良木,指在林分内生长健壮、干形良好、结实正常，在同龄的林木中树高、直径明显大于林分平均值的树木。二是劣等木，指在林分内生长不良、品质低劣、感染病虫害较重，在同龄的林木中树高、直径明显小于林分平均值的树木。三是中等木，指在林分中介于优良木和劣等木之间的树木。四是优良林分，指在同等立地与其他同龄林分相比，在速生、优质、抗性等方面居于前列，通过自然稀疏或人工疏伐，优良木可占绝对优势，能完全排除劣等木和大部分中等木的林分。

1. 林地选择

母树林的位置应选在优良种源区或适宜种源区内，气候生态条件与用种区相接近的地区，地形平缓、背风向阳、光照充足、不易受冻害的开旷林地；排水良好，海拔适宜，交通方便，周围 100 m 范围内没有同树种的劣等林分；面积相对集中，天然林在 7 hm^2，人工林 4 hm^2 以上。土壤要求高地位级或中等地位级。

2. 林分选择

林龄为同龄林，异龄林在 2 个龄级以内。以中龄林最佳。郁闭度 0.6 以上，实生纯林，混交林目的树种不少于 70% 的优良林分。具体林分技术要求详见表 2-16。

表 2-16　主要造林树种选建母树林林分技术要求

序号	树种	学名	起源	林龄	郁闭度	株/hm^2	优良木		劣等木	
							指标	比例（%）	指标	比例（%）
1	日本落叶松	*Larix leptolepis* (sieb. et Zucc) *Gord*	人工林	8～10	0.6 以上	1 000～2 000	高径生长 > 林分平均值 + 1 个标准差	>25	高径生长 < 林分平均值 − 0.5 个标准差	<30
2	油松	*Pinus Tabulaeformis* Carr.	天然林	15～20	0.6 以上	600～800	树高 > 林分平均值 5%～10% 胸径 > 林分平均值 20%	>20	树高 < 林分平均值 10% 胸径 < 林分平均值 20%	<30
			人工林	10～15		1 200 以上				
3	马尾松	*Pinus Massoniana* Lamb.	天然林	6～20	0.6 以上	2 000 以上	树高 > 林分平均值 5% 胸径 > 林分平均值 10%	>20	树高 < 林分平均值 5% 胸径 < 林分平均值 10%	<30
4	湿地松	*Pinus elliottii* Engelm	人工林	12 以下	0.6 以上	600～700	树高 > 林分平均值 5% 胸径 > 林分平均值 10%	>20	树高 < 林分平均值 10% 胸径 < 林分平均值 15%	<30
5	火炬松	*Pinus taeda* L.	人工林	15 以下	0.6 以上	600～700	树高 > 林分平均值 5% 胸径 > 林分平均值 10%	>25	树高 < 林分平均值 10% 胸径 < 林分平均值 15%	<30
6	华山松	*Pinus armandi* Franch.	天然林	20～30	0.6 以上	500～600	树高 > 林分平均值 5% 胸径 > 林分平均值 15%	>25	树高 < 林分平均值 5% 胸径 < 林分平均值 15%	<30
			人工林	10～20		700～800				

续表 2-16

序号	树种	学名	起源	林龄	郁闭度	株/hm^2	优良木		劣等木	
							指标	比例（%）	指标	比例（%）
7	杉木	*Cunninghamia lanceolata* Hook	人工林	10以下	0.7以上	2 000以上	树高＞林分平均值5% 胸径＞林分平均值15%	＞20	树高＜林分平均值5% 胸径＜林分平均值20%	＜30
8	柳杉	*Cryptomeria japonica* D. Don	人工林	10以下	0.6以上	2 000以上	树高＞林分平均值5% 胸径＞林分平均值20%	＞20	树高＜林分平均值5% 胸径＜林分平均值20%	＜30
9	水曲柳	*Fraxinus mandshuricd* Rupr	天然林	25以上	0.6以上	600～800	树高＞林分平均值5%～10% 胸径＞林分平均值15%～20%	＞20	树高＜林分平均值10% 胸径＜林分平均值20%	＜30
			人工林	15以上		2 000				
10	刺槐	*Robinia pseudoacacia* L.	人工林	10～15	0.6以上	500～700	高径生长＞林分平均值＋1个标准差	＞20	高径生长＜林分平均值－0.5个标准差	＜30
11	白榆	*Ulmus propinqua* Koidz	人工林	15以上	0.6以上	1 000～1 200	高径生长＞林分平均值＋1个标准差	＞20	高径生长＜林分平均值－0.5个标准差	＜30
12	檫木	*Sassafras tzumu* (Hemsl.) Hemsl.	人工林	10～15	0.6以上	600～700	高径生长＞林分平均值＋1个标准差	＞20	高径生长＜林分平均值－0.5个标准差	＜30

3. 母树林选择

（1）踏查：根据建立母树林的任务，深入现场全面踏查，了解林况、地况，确定母树林候选林分。

（2）标准地调查：在候选林分中设置总面积占候选林分3%～4%的标准地进行调查。对林相整齐，每块地形变化小的林分，调查面积可减小到1%～2%。每块标准地面积0.1 hm^2，均匀分布在林分内。标准地调查内容主要有自然因子（地形、坡向、坡度、海拔、植被、土壤等）；逐株实测标准地立木的胸径、树高、枝下高、冠幅、冠长等；目测干型、皮型、冠型、郁闭度、健康和结实情况；林龄采用标准木年龄。

（3）母树林区划：母树林确定后，要进行区划，标定母树林的周围界限；面积过大者，按10～20 hm^2 区划经营区，修建林道，绘制平面图，计算面积。

（二）营建母树林

1. 立地选择

母树林应选择在树木适生范围，能正常生长发育，并能大量结实的地区。选择海拔适宜、地势平坦、交通方便、土壤肥力中等、光照充足、周围 100 m 范围内无同树种的劣等林分或近缘种林分的地段作为造林地。

2. 材料选择

有种源研究结论的树种,在优良种源区选择;无种源研究结论的树种,在本地或相邻地域选择,在这些地方选择优良林分作为种植材料选择对象;选择优良木作为采种母树,要尽量多选几个林分进行采种,同一林分优良木之间应有 50 m 以上的距离,采种母树要不少于 50 株。不准把孤立木、病虫危害木、品质低劣木作为采种母树。若种源清楚、良好,可选均值加 2 个标准差的超级苗作为新建母树林材料。

3. 育苗

种植材料可分株单采、单育,也可单采混育或使用优良材料的嫁接苗。育苗方法同生产性育苗。

4. 造林

要细致整地、施足底肥,并采取必要的保墒或排涝措施;选用超级苗或Ⅰ级苗造林,初植密度为一般造林的 30% ~50% ,及时进行松土除草,防治病虫害,并适当施肥等。

(三)母树林的经营管理

1. 疏伐

按照留优去劣、照顾结实、适当考虑均匀分布的原则,采用均匀疏伐、定株环状疏伐或自然式疏伐等方法,伐除枯立木、风倒木、病腐木、被压木、形质低劣的不良母树和非目的树种,逐步伐去不宜作母树的中等木,如有 2 ~3 株优良母树集中在一起,可作母树群保留。疏伐后的林分郁闭度不低于 0. 5,保留的母树树冠能充分伸展,不得衔接,树冠相距 1 m 左右。一般 3 ~5 年疏伐一次。最终保留母树株数参考表 2-17。

表 2-17 主要造林树种母树林盛果期最终每公顷保留株数

树种	株/hm^2	树种	株/hm^2
日本落叶松	400 以下	柳杉	200 ~ 300
马尾松	200 ~ 400	水曲柳人工林	400 ~ 600
油松	300 以下	水曲柳天然林	100 ~ 200
湿地松	150 ~ 300	刺槐	300 以下
火炬松	150 ~ 300	白榆	300 以下
华山松	300 以下	檫木	300 以下
杉木	200 ~ 300		

2. 管理

及时进行松土除草、压青培肥,清除妨碍母树生长的灌木、层外植物等;四周开设防火道;及时防治病虫鼠害;母树林开花散粉期,如遇到阴雨天,可选择多个单株的优良花粉,混合 4 ~5 倍滑石粉,在雌花达到适宜授粉期,用喷粉器于微风无雨时喷洒(清晨为好);及时进行子代测定、物候期观察、结实量调查和种子产量预报,做好种子采收工作。

(四)母树林设计方案

主要内容包括:建设目的、依据;建设地点、自然概况(地理、气候与立地条件),建设单位现状;建设任务与投资(分年度分树种的生产任务,区划设计,分项目的投资预算与来源);经营技术措施(各项经营技术措施实施的时间、技术要求与达到标准,固定样地的设计与定期观察);必要的图表等。具体格式如下:

1. 封面

母树林设计方案

建设单位:

省(区、市)　　　　林场(苗圃)

项目承办(起草)人:

建设单位通讯地址:

邮政编码:　　　　电话:

年　　月　　日

2. 内文

(1)建设目的、意义和依据

(建设基地的目的、意义,解决的主要问题与供种区域,建设的依据,繁殖材料来源、数量、质量证明,主要应用的科技成果标准与依靠先进技术力量)

(2)建设地点的自然地理概况与立地环境

(建设地点地理位置、地形、地势、海拔、主要气候因子、立地条件、交通、劳力状况和标准地调查的林分主要因子)

(3)建设单位现况

(隶属关系、经营面积、资源、机构、技术人员等)

(4)建设规模与区划设计

(分树种、分年度提出生产任务,进行区划设计,落实到地块,填写附表1)

(5)经营技术措施

(主要措施的实施时间、技术要求与达到的标准)

(6)主要建设项目及投资(填写附表2)

按生产建设费、土建工程费、设备购置费、其他费用等四大项分别计算,提出投资依据(包括各种定额、用工量等),主要用途及投资来源。

(7)效益估算

(分别树种预计种实收益期、产量、增益、疏伐木材收益、可供造林面积、造林增益等)

附表 1　母树林建设规模及进度表　（单位：hm^2）

建设项目	合计		年		年		年	
	计		计		计		计	
总计								

注：建设项目分树种和新、续建填写。

附表 2　母树林建设项目投资明细表　（单位：万元）

建设项目	单位	数量	投资	投资来源	
合计					

注：分生产建设、土建工程、设备购置、其他费用四项详细填写。

3. 母树林营造表

母树林营造表共有 5 个，分别为表 2-18-1、表 2-18-2、表 2-18-3、表 2-18-4、表 2-18-5。

表 2-18-1　母树林标准地调查卡片

________林业局________林场________林班________小班________年________月________日

标准地号________面积________坡度________坡向________坡位________海拔________

林分起源、类型________造林年度________初植密度________

母树林登记表

树种	组成	平均年龄	平均胸径(cm)	平均树高(m)	蓄积量(m^3)	郁闭度	株数/hm^2	优良木比例

植被：下木________________草本________________

土壤名称：____________母质____________母岩____________土层厚度____________

层次				
厚度(cm)				

表 2-18-2 母树林标准地每木调查表

树号	年龄	胸径(cm)	树高(m)	单株材积(m^3)	冠幅(m)			冠型	树干特征	树皮特征	枝下高(m)	分枝角度	木纹特征	结实状况	病虫害	立木等级
					东西(EW)	南北(SN)	平均									
1																
2																
3																
4																
5																
6																
7																
8																
9																
10																

表 2-18-3 母树林结实调查表

__________林业局__________林场__________林班__________小班__________面积

单位结实量__________ kg/hm^2 全林结实量__________ kg

标准地株号	年龄	胸径(cm)	树高(m)	结实量	结实等级	病虫害状况	气象因子影响
1							
2							
3							
4							
5							
6							
7							
8							
9							
10							

表 2-18-4 母树林疏伐概况表

__________林班__________小班

次数		林分状况							疏伐强度	母树林(株/hm^2)			
		平均胸径(cm)	平均树高(m)	平均冠幅(m)	平均枝下高(m)	郁闭度	开花株数	结实株数		总株数	优良木	中等木	劣等木
一	伐前												
	伐后												
二	伐前												
	伐后												
三	伐前												
	伐后												
四	伐前												
	伐后												

表 2-18-5　母树林物候观测表

__________林班__________小班__________样地号

树号	年龄	胸径（cm）	树高（m）	放叶期		雄花				雌花		
				开始	完全	开放期	开始撒粉	大量撒粉	终止撒粉	开始开放	完全开放	开花等级
1												
2												
3												
4												
5												
6												
7												
8												
9												
10												

二、种子园

种子园是由人工选择的优树无性系或子代家系为材料建立起来的种植园。它的经营目的是生产遗传品质经过改良的种子，以满足造林更新的需要。

（一）种子园的种类

根据树木繁殖的方式，种子园分为实生种子园和无性系种子园。

1. 实生种子园

实生种子园是利用优树实生家系苗木营建起来的种子园。这类种子园建园成本低，不存在无性繁殖方法所引起的不良后果。它存在的问题：受早期选择效果的限制较大；有些树种结实晚，初期种子产量低；树形高大，采种困难。

2. 无性系种子园

无性系种子园是用嫁接、扦插、组培等无性繁殖方法繁殖的苗木营建的种子园。优点是：能够保持亲本优良的遗传特性；可提早开花结实；树形矮化，便于经营管理。缺点是：成本高，遗传力低的性状改良效果不大，有些树种嫁接后出现后期不亲和现象。

（二）种子园的规划设计

1. 园址选择

种子园应设置在适于该树种生长的生态条件范围内、生态条件有利于大量结实的地区。当气候条件并不构成开花结实的限制因素时，可用选择材料就地建园。当气温低影响开花结实时，则可在供应繁殖材料地区的南方或海拔较低的地段建园。园址的大范围确定后，还应考虑如下条件：

（1）地势平缓、开阔，坡度小于 20°；阳光充足，通风条件适宜；土壤深厚，肥力中等，结构良好；灌溉方便，排水良好。

（2）交通方便，劳力充足。

（3）不应在冰雹和霜冻易发生地段和风口及工业污染区。

（4）无严重病虫害感染。

（5）便于人为布置隔离带或有适当的天然隔离条件。若为其他树种的林分作隔离带时,带宽不小于 300 m;空旷地上隔离带应不小于 500 m。

2. 种子园的规模和区划

种子园的规模主要取决于造林所需的数量和树种的结实能力。一般种子园的最小面积应在 5 hm^2 以上,直径不得小于 150 m。

种子园的园址和面积确定之后,就要在确定的范围内进行区划。根据便于采种、运输和管理的原则,区划好道路和其他辅助用地。依经营目的,可划分为优树收集区、子代测定区、种子生产区和良种示范区 4 个部分;辅助性生产区如宿舍、办公室、晒场、仓库、道路等也应加以考虑。为便于施工和管理,可以进一步划分为若干大区,大区下再划小区。大区的划分视具体条件而定,不应强求形状规则;小区尽可能划为正方形、长方形。小型种子园的区划可简单一些。

3. 无性系或家系的数目

为了防止近交和扩大种子的遗传基础,种子生产区必须具有足够数量的无性系或家系。对初级无性系种子园按面积大小应拥有的无性系数目为:10 ~ 30 hm^2,50 ~ 100 个无性系;31 ~ 60 hm^2,100 ~ 200 个无性系;60 hm^2 以上,150 个以上无性系。第一代无性系种子园所用无性系的数量,可为初级无性系种子园的 1/2 ~ 1/3。

实生苗种子园的建园材料如易于取得,家系数目应多于无性系种子园所用的无性系数;杂种种子园,可以选择配合力高的少数亲本组成。

4. 无性系或家系的配置

无性系或家系配置时,应使同一基因型的个体保持最大间隔距离,避免自交、近交和固定搭配。下面是几种主要配置方式,供选择使用。

(1)完全随机排列:排列时可采用抽签或查随机数表的方法,使各无性系或家系的单株在种子园中占据任何位置的机会相等。一般设计好的应加以必要调整,使同一系号的两个植株不可相邻,其间至少要隔开两个另外系号的植株。这种排列基本上可满足种子园内基因型配置的基本要求。但施工和管理较复杂,尤其是种子园面积大、系号多时,更是如此。

(2)随机区组排列:首先把种子园划分成面积相等的区组,使每一区组的大小足以容纳每一无性系(家系)的一个单株或几个单株,每一区组内各个体的位置是完全随机排列的,同样,当遇到同一系号的单株处于相邻位置时,也应加以调整。

(3)棋盘式排列:这种排列适用于由两个系号组成的杂种种子园或无性系种子园。即将两个系号的个体在每一纵行和横行中交替定植。

(4)顺序错位排列:将各家系或无性系按号码顺序在一行中依次排列下去,但在排另一行时要错开几位。这种设计的优点是适于大小或形状不同的种子园,施工、管理及采种都较方便,可以进行有规则的疏伐,并且各系号能保留大致相等的株数。缺点是邻居关系固定,会产生很多固定亲本的子代,引起以后的近亲交配和不利于扩大种子遗传基础的多样性,同时也不便于进行统计分析。

(5)固定或轮换排列区组:当各个重复地块的排列相同时,称为固定排列区组。为了避免在依次相接的地块内重复同样的排列,在重复的地块内采用系统轮换,称为轮换排列区组。

对于经子代测定后营建的高级种子园或预定不进行改建的初级种子园,也可以查数理统计的有关附表,按平衡不完全区组设计或平衡格子设计进行排列。

LY/T 1345—1999《主要针叶造林树种种子园营建技术》中推荐的调整的随机小区排列

和分组随机配置，如图 2-3、图 2-4 所示，供参考。

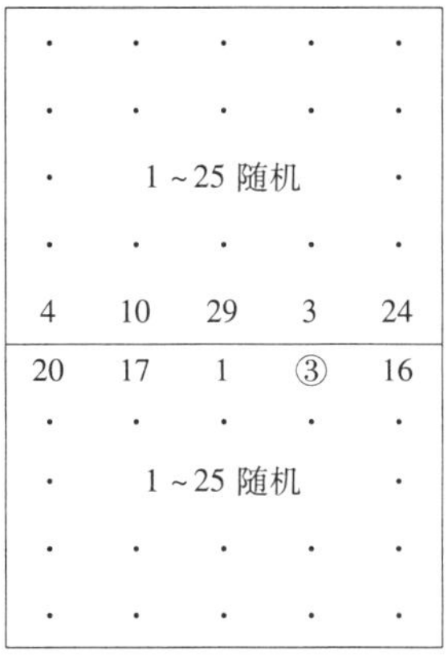

图 2-3　调整的随机小区排列

注：③要用其他无性系代替。

1 ~25	26 ~50
51 ~75	76 ~100

图 2-4　分组随机配置

(三)种子园的营建方法

1. 无性系种子园的营建方法

(1)预先培养嫁接苗法：在苗圃大苗区预先定植 1 ~2 年生苗木，株行距 0.5 m×0.5 m 或 1 m×1 m，精心培养 1 ~2 年后进行嫁接；或是在苗床用营养袋育砧木苗，当砧木苗 1 ~2 年生时进行嫁接。嫁接苗培养 1 年后，选择合格的植株，根据无性系配置图，带土移栽到种子园内。这种方法营建的种子园，由于在定植之前进行过选择，植株生长较为一致，园内林相整齐，便于经营管理，但在苗期较费工，建园成本高。

(2)幼树改建法：这是利用现有人工林，通过嫁接改建成为种子园。人工幼林应是 3 ~5 年生，长势旺盛，林相整齐。嫁接前应测量、区划、标明小区界限和需要嫁接的植株，按无性系配置图组织施工。非嫁接植株，一定要及时伐除。此法可以提前收益，也是满足当前种子迫切需要的有效方法。

(3)预先定植砧木法：在选定的种子园地区，按区划的要求，细致整地。栽植穴大小为 0.8 m×0.8 m×0.5 m，穴内填入表土，施足底肥，然后从苗圃中选用壮苗进行定植，待砧木培育 1 ~2 年后，直接在种子园内进行嫁接。

用以上各种方法进行无性系种子园营建时，栽植的密度应根据生长快慢、冠型、立地条件、预定是否疏伐等因子来决定，既要保证母树树冠能充分发育、受光良好，又要保证单位面积上有较高的产量，如果用经子代测定的系号建园，该树种又生长快，不需要进行间伐，则密度可小些，一般为 4 ~6 m 的株行距；若尚未进行子代测定，需要根据测定结果去劣留优时，初植密度应大，经过 1 ~2 次疏伐后，再达到预定密度。

2. 实生种子园的营建

1)精选苗木

实生种子园的苗木来源有：一般生产性苗圃中的超级苗，优树家系种子后代中的优良苗木，优树杂种苗中的优良苗木。选苗时，对于苗期生长较快的树种，如泡桐、杨树、榆树、杉木、水杉、马尾松等，可以从一年生苗中选择；对于幼苗生长缓慢的油松等树种，宜从 2 ~3 年生或 3 ~4 年生的苗木中选择。苗木选择的标准，视树种、地区和需要量而定。

2）栽植方法

常见的栽植方法有以下 3 种：

（1）单株稀植法。单株栽植的间距随地区和立地条件而定。速生树种、立地条件较好时可以稀些；慢生树种、立地条件较差时，则应密些。一般栽植初期宜密，如马尾松、杉木、油松等可为 3.0 m×3.0 m 或 3.5 m×3.5 m，即每公顷 1 111 株或 816 株，经多次疏伐后，最终每公顷保留到 270 ~750 株。

（2）地块稀植法。在 1.5 m×1.5 m 或 2.0 m×2.0 m 的小栽植地块上栽植 3 ~5 株，3 株时为等边三角形，4 株时为正方形，5 株时为梅花形。栽植地块的间距因地区而定，一般 5 m×5 m（块间的中心距离）。定植后，每年都要观察各栽植地块内的苗木，当幼树树冠相接时，依其树形及生长去劣留优，每地块内最终保留一株最优良的苗木作采种母树。

（3）行式栽植法。苗木按 8 ~10 m 成行栽植，株距一般 1 m 左右。在树木生长过程中，按表型进行多次间伐，保留优良个体作为采种母树。

（四）种子园的经营管理

种子园的主要任务是繁育大量的优良种子。为了不断提高种子园的产量和质量，必须加强抚育管理，实行科学经营。

1. 水肥管理

在建园初期，园内裸露地较多，可采取林粮、林药、林肥（绿肥）间种制度，以便利用土地和改善林地肥力。同时，每年要进行除草、松土、培土数次，促进母树生长。

灌溉通常在春天或初夏进行，7 月和 8 月花芽形成期要停止。种子园的施肥，应按母树不同的发育阶段使用不同的施肥方法和施肥量。施肥方法可采取挖穴、环沟和纵沟施肥；施肥量一般随着树龄的增大而增多，各种元素的比例除考虑母树不同发育阶段的需求外，还应考虑土壤内的元素含量。

2. 树形管理

树形管理的目的在于矮化树形、增加光照、提高种子产量和质量，便于经营管理。树形修剪，应视树种特性和地区条件而定。适时适宜地进行顶截和扩大枝层间距，剪去生长过弱或过强、受病虫危害或不能挂果的侧枝。

3. 辅助授粉

首先从复选的优树上收集成熟的花粉，然后除去杂质，在干燥处低温保存。待雌花达到可授期时，用背负式喷粉器喷施混合花粉进行人工授粉。为了节约花粉，可在花粉内加入滑石粉或无生命力的花粉，同时，还要注意掌握风向，利用地形。

4. 病虫害防治

病虫直接影响着种子的产量和质量。因此，应经常进行病虫害的观察，研究其发生和发展规律，及时进行防治。

5. 建立技术档案

对种子园的营建和以后的各项工作都应有详细的记录，建立完备的技术档案。

三、采穗圃

采穗圃是提供优良插条和接穗的繁殖圃。对于能进行插条繁殖苗木的树种，有计划地建立采穗圃,可以大量地提供优良种条,满足育苗造林的迫切需要。

(一)采穗圃的种条来源

采穗圃必须选用优树或优良品种的种条,其来源主要有以下几方面:

(1)经过人工选择适合当地生长的优树、优良品种或类型;

(2)引进并经过区域化对比试验、适合当地生长和有推广价值的良种;

(3)有发展前途的当地农家品种;

(4)稀有珍贵变种、品种或单株。

(二)采穗圃的建立方式

采穗圃的建立方式主要有以下3种:

(1)灌丛式采穗圃。用一年生实生苗或插条以一定的株行距定植,距地表10~15 cm处进行平茬。春季在萌发的许多嫩枝中,选留3~5根粗壮的枝条,其余摘除。当年冬季或次年早春采收种条时再平茬一次,但平茬部位逐年升高3~5 cm,5~6年时全面更新一次。

(2)高干式采穗圃。用大苗按2.0 m×2.0 m或3.0 m×3.0 m的株行距定植,待培养2~3年主干形成后,从2.0~3.0 m高处截干,春季在萌发的许多枝条中选留4~6根生长健壮、分布均衡的枝条作为第一级骨干枝条;当年冬季或翌年春季从离主干0.5~1.0 m处剪取穗条,连续2~4年,待其生长粗壮后,从第一级骨干枝上剪取第二级侧枝作为穗条。即每年在第一级骨干枝上选留2~4根生长健壮、分布匀称的枝条进行培养,冬季或次春剪取作为穗条。

(3)利用成林改建为采穗圃。在成林中选生长势强、健康、无病虫害的母树,将其顶梢和一、二级侧枝截除,第二级侧枝保留0.8~1.2 m,以后在主干梢部和一级侧枝上萌发大量新枝,选留分布均匀的枝条进行培养,作为采穗的种条。

(三)采穗圃的营建与管理

以上建圃的形式各有利弊,但以灌丛式采穗圃较好,它建圃较快,产穗量大,种条质量好,便于管理。下面是灌丛式采穗圃的营建与管理方法:

(1)选择圃地。采穗圃应选在靠近使用穗条的地方,要求土壤肥沃、地势平坦、排灌方便。

(2)进行区划。根据树种种类、品种的数量及其种苗多少做好规划。经实测,划分小区,并竖桩立牌,以防混杂。

(3)精耕细作。对圃地应深耕细整,施足基肥,每公顷施基肥15~37.5 t。结合整地施肥,撒入适量农药,消灭地下害虫。通过整地,建立起排灌系统。

(4)准备种条。一般选择一年生种条,粗度在1 cm以上,长15~20 cm。要求种条木质化程度好,粗壮充实,腋芽饱满,健康无病。

(5)合理密植。一般株行距为0.5~2.0 m,不宜过密,否则不便于管理,影响种条的产量和质量。

(6)抚育管理。及时除草、松土、灌溉、施肥和防治病虫害。特别是每年平茬、采条之后,要松土、施肥,以保证穗条的产量和质量。在生长季节,要加强抹芽除萌工作。在母株上除选留适量的枝芽外,其余的芽条除早除了,以利种条健壮生长。

(7)采条与更新。一般采剪穗条时,在每一根母条的根桩基部留3~5个休眠芽。休眠芽过少,会使不定芽抽出新条,发芽迟,生长不良,使穗条质量下降。

(8)建立采穗圃的技术档案。档案的内容包括采穗圃的基本情况、区划图、树种名称及其特性、经营管理措施、穗条的产量和质量及种性变异情况等。

第三章 林木种实

本章主要介绍林木种子的采集、品质检验、贮藏及调拨的新技术、新标准、新方法。

第一节 林木种子的采集

一、种子成熟的特征

(一)种子成熟的含义

种子的成熟就是受精的卵细胞发育成有胚根、胚芽、子叶、胚茎的种胚过程。种子在成熟过程中,各种有机物质和矿物质从根、茎、叶流入种子,经过不断的积累和浓缩,种胚成长发育成熟,具有了发芽能力,这时种子即达到成熟。种子的成熟一般要经历生理成熟和形态成熟两个过程,一般是先生理成熟后形态成熟。生理成熟是指种子发育到一定大小,内部的营养物质积累到一定数量,种胚已具有发芽能力。生理成熟的种子含水量高,内部的营养物质仍处于易溶状态,种皮不致密,保护种仁的性能还很差,采摘之后种仁易收缩,种子不饱满,内部物质易渗出,种皮易遭生物危害,不易保存,贮藏时很容易丧失发芽力。当种子内部生物化学变化基本结束时,营养物质的积累已经终止,内含物由易溶状态转为难溶的脂肪、蛋白质和淀粉,含水量下降,酶活性减弱,种子开始进入休眠状态,颜色变深,种皮坚硬,抗病力增强,外观上完全达到了种子成熟时具有的特征,此时称为形态成熟。形态成熟的种子易于贮藏,质量好,一般林木种子都应在此时采集。

绝大多数的林木种子都是先生理成熟而后形态成熟。也有少数树种生理成熟和形态成熟的时间几乎是一致的,如杨树、泡桐等。还有的种子先形态成熟而后生理成熟,如银杏,果实达到形态成熟时,种胚还没有完全发育。种子采收后,经过贮藏,种胚再继续发育成熟,称为生理后熟。

(二)种子成熟的外部形态特征

在采种工作中,通常把种子形态成熟作为树木种子成熟的标志。因此,可以根据种子形态成熟时的一些外部特征确定种子的成熟期。

1. 干果类

果皮由绿色转为黄色、褐色或紫色;果皮干燥、紧缩、硬化。如刺槐、合欢、皂荚、紫穗槐等荚果成熟时,荚果由青变赤褐、黄褐、紫黑或红褐色,果荚由软变硬而紧缩。乌桕、香椿、泡桐等蒴果成熟时,果壳变黑或变黄,果皮干燥、硬化。

2. 球果类

果鳞干燥、硬化、微裂并变色。如杉木、油松、马尾松的球果,幼时青绿,果鳞包得很紧;成熟时,球果变为黄褐色或黄色,果鳞微裂。

3. 浆果类

果皮软化,有些肉质果皮上出现白霜,果皮的颜色随树种不同有较大的变化。

(三)比重法测定种子的成熟度

针叶树球果成熟时,由于失水,比重减小,美国常用比重法来测定球果中种子的成熟度。方法是选若干株树,每株采球果 1 ~3 kg,随即投入试液中,凡上浮的球果表明已经成熟,下沉的表明未成熟。试液可用亚麻油,比重 0.93;轻机油,比重 0.88;95%酒精,比重 0.82;煤油,比重 0.8;亚麻油与煤油各半,其比重为 0.86。各树种球果成熟时的比重是不同的。如湿地松,球果成熟时比重小于 0.9,可以用轻机油。这种方法应先试验测定某树种球果比重,再试用某种液体,取得经验后推广应用。

(四)河南省主要树种种子成熟期

河南省主要树种种子成熟期及成熟时的主要特征见表 3-1。

表 3-1　河南省主要树种种子成熟期及种子成熟时的主要特征

树种	种子成熟期	种子成熟主要特征
华山松	9 月中旬至 10 月下旬	球果黄褐色
白皮松	9 月中旬	球果黄褐色
马尾松	11 月	球果黄褐色,鳞片微裂
油松	9 月下旬至 10 月上旬	球果黄褐色,鳞片微裂
落叶松	8 月下旬至 9 月	球果黄褐色
侧柏	9 月至 10 月	球果黄褐色
银杏	9 月至 10 月	果实橙黄色
泡桐	9 月下旬至 10 月中旬	果黄绿色,微裂
悬铃木	9 月至 10 月	坚果黄褐色
枫杨	9 月	翅果灰褐色
麻栎	9 月至 10 月	坚果黄褐色,有光泽
栎皮栎	8 月下旬至 10 月上旬	坚果棕褐色,有光泽
白榆	4 月下旬至 5 月上旬	翅果黄白色
楸树	9 月至 10 月	果实黄(或灰)褐色,顶端微裂
苦楝	11 月上旬	果皮变黄,略有皱纹
香椿	9 月至 10 月	果黄褐色,微裂
国槐	10 月	果皮皱缩黄绿色,宿存
刺槐	8 月至 9 月	荚果赤褐色,皮硬干枯
白蜡	9 月下旬至 10 月	翅果黄褐色,干燥宿存
臭椿	9 月至 10 月	翅果棕褐色
元宝枫	10 月	翅果黄褐色,干燥
核桃	9 月中旬	果实黄褐色
板栗	9 月下旬至 10 月上旬	枣褐色,微裂
山桃	7 月中旬	果实黄绿色

续表 3-1

树种	种子成熟期	种子成熟主要特征
杜梨	10 月中下旬	果实赭褐色
山丁子	9 月下旬至 10 月中旬	果实红色,有光泽
山楂	10 月上中旬	果实红色
花椒	9 月中下旬	果实紫红色
桑树	6 月至 7 月上旬	聚花果紫黑色或乳白色
漆树	8 月中下旬	果实黄褐色或灰褐色
杜仲	10 月至 11 月	翅果栗褐色,有光泽
黄栌	6 月上中旬	果实黄褐色
紫穗槐	9 月至 10 月	果实赭褐色
胡枝子	10 月上中旬	荚果黄褐色
枸杞	6 月中旬至 10 月中旬	果实红色

二、林木种实产量的预测预报方法

为了有计划地做好采种工作,采种前需调查测定母树林及母树的种实产量,为制定采种计划、进行采种工作的各项准备提供依据。根据 GB/T 11619—1996《林木采种技术》标准简述之。

(一)平均标准木法

在采种林分内选出标准地(每块标准地内应有 30 ~ 50 株林木),在标准地上进行每木调查,测定胸高直径和树高,并计算出平均胸径和树高。然后找出 3 ~ 5 株胸径和树高都与平均胸径和树高相似的母树,种实全部采下,求出平均单株结实量,乘以标准地内的母树总株数,即可算出标准地上的种实产量,根据标准地产量可推算每公顷及全林的种子产量。也可用每公顷的母树总数直接乘以每株树的平均产量,求出每公顷的产量。

(二)标准枝法

在采种林分内随机抽取 30 ~ 50 株样木,在每株样木树冠的阴、阳两面的上、中、下三层,分别随机选取 1 m 左右长的枝条作为标准枝,查数花朵、果实数,量测枝长,计算平均 1 m 长枝条上的花朵、果实数,参考该树和历史上丰年、平年、歉年标准枝的花朵、果实数,评估结实等级和种子收获量。

(三)目测分级法

目测采种林分的花、幼果和近熟果实数量,评定开花、结实等级,参考历年结实情况和采收率、出籽率,估测林分种子收获量。

评定开花、结实等级采用丰、平、歉三级。各级标准是:

丰:开花、结实多,为历年开花、结实最高量的 70% 以上;

平:开花、结实中等,为历年开花、结实最高量的 30% ~70%;

歉:开花、结实少,为历年开花、结实最高量的 30% 以下。

(四)实测法

在采种林分设置有代表性的若干块标准地,每块标准地应有30~50株林木,采收全部果实并称重,测量标准地面积,以此推算全林分结实量。参考历年采收率和出籽率估测当年种子收获量。

(五)可见半面树冠估测法

在采种林分随机抽取50株以上样木,站在距离与树高近似的一点,统计每株样木可见半面树冠的果实数并计算平均值,代入该树种可见半面树冠果实数与全树冠果实数的相关方程,得出平均每株样木果实数,乘以全林株数可得全林果实数。根据历年采收率和出籽率估测种子收获量。

上述各种方法表式见表3-2~表3-6。另外,采种时还要填写采种临时标签(见表3-7)、产地标签(见表3-8)及采种登记表(见表3-9)。

表3-2　平均标准木法

__________省(自治区、直辖市、计划单列市)__________县(市、局)__________乡(村、场)

树种:______________

采种地点	采种林类别	面积(hm^2)	标准地调查结果						全林结实量(kg)	可采收量①(kg)	历年平均出籽率(%)	预期种子收获量(kg)	种子减产原因(气象因子、病虫害等)
			编号	面积(hm^2)	株数(株)	平均胸径(cm)	平均单株结实量(kg)	标准地结实量(kg)					

注:①可采收量(kg)=结实量(kg)×采收率(%),表3-3~表3-6同。采收率根据采种难易等实际情况确定。

表3-3　标准枝法

__________省(自治区、直辖市、计划单列市)__________县(市、局)__________乡(村、场)

树种:______________

采种地点	采种林类别	面积(hm^2)	每公顷株数(株)	平均1 m标准枝上数量			结实等级	全林结实量(kg)	全林可采收量①(kg)	历年平均出籽率(%)	预期种子收获量(kg)	种子减产原因(气象因子、病虫害等)
				花朵(个)	幼果(个)	果实(个)						

表3-4　目测分级法

__________省(自治区、直辖市、计划单列市)__________县(市、局)__________乡(村、场)

树种:______________

采种地点	采种林类别	面积(hm^2)	每公顷株数(株)	开花期		幼果形成期		种子近熟期		结实量评估(kg)	可采收量①(kg)	历年平均出籽率(%)	预期种子收获量(kg)	种子减产原因(气象因子、病虫害等)
				月、旬	等级	月、旬	等级	月、旬	等级					

表 3-5　实测法

__________省(自治区、直辖市、计划单列市)__________县(市、局)__________乡(村、场)

树种:____________

采种地点	采种林类别	面积(hm^2)	标准地调查结果				全林结实量(kg)	可采收量①(kg)	历年平均出籽率(%)	预期种子收获量(kg)	种子减产原因(气象因子、病虫害等)
			编号	面积(hm^2)	株数(株)	结实量(kg)					

表 3-6　可见半面树冠估测法

__________省(自治区、直辖市、计划单列市)__________县(市、局)__________乡(村、场)

树种:____________

采种地点	采种林类别	面积(hm^2)	每公顷株数(株)	平均可见半面树冠果实数(个)	平均每株样木果实数(个)	全林结实量(kg)	全林可采收量①(kg)	历年平均出籽率(%)	预期种子收获量(kg)	种子减产原因(气象因子、病虫害等)

表 3-7　采种临时标签

(白色,长 10 cm,宽 8 cm)

○

采种临时标签

临时编号:____________

树种:中名____________

学名____________

采集地点:____________省(区)

__________县(市、旗、林业局)

__________乡(林场)

采集日期:____________

本种批容器件数:____________

采集人:____________

表 3-8　林木种子产地标签

(黄色,长 10 cm,宽 8 cm)

○

林木种子产地标签

种批号:____________

树种:中名____________

学名____________

产　地:____________省(区)

__________县(市、旗、林业局)

__________乡(林场)

采集日期:____________

签 证 人:____________

签证日期:____________

签证机关:____________

表 3-9　林木采种登记表

种子区、亚区	采种林类别	种批号

（供有种子区划的树种填写）

1. 树种（中名及学名）________________

2. 采种地点（县、乡、小地名）________________

　经度________纬度________海拔________ m 至________ m

3. 采种林分或采种单株状况________________

4. 林分或单株年龄（划“○”或打“√”）：　20 年以下　20～40 年生　40～60 年生　60～80 年生　80～100 年生　100 年以上

5. 采集方法________________

6. 采种起止日期________年________月________日至________年________月________日

7. 共采株数约________株

8. 采集果实________ kg，容器________件

9. 发运时果实状况________________

10. 采集工作简况________________

　采种单位________采集现场负责人（签名）________　________年________月________日

（以下由调制单位或种子收购人填写）

1. 收到果实（收购种子）时间________年________月________日

2. 收到果实（收购种子）________ kg，容器________件

3. 收到时果实状况________________

4. 调制工作简况________________

5. 调制种子________ kg，出种率________%

6. 种子容器件数：麻袋________件，聚丙烯编织袋________件，麻袋内衬塑料袋________件，金属桶________件

7. 其中________件发往________发运日期________发运时种子含水量________%

调制单位________________负责人________________

种子收购单位________________收购人________　________年________月________日

注：①凡集中调制林木种子的，此表分别由采种单位和调制单位填写。

②凡分散调制林木种子的，此表由收购单位填写。

三、林木种实采集的方法

林木种实采集的方法，根据种实成熟和脱落的特性、种粒大小、采种时间及各树种树高、胸径大小和采种机具而定。

（一）种子的脱落

大多数树种的种子在进入形态成熟后，逐渐从树上脱落或飞散。种子脱落的时期和脱落过程的长短因树种而异。如杨树、柳树、榆树种子，成熟后很快脱落，有的随风飞散，脱落过程很短。有的树种的种实成熟后，要经过一段时间才脱落，而且脱落持续过程比较长，如

松树、杉木、侧柏、刺槐、紫穗槐、臭椿、乌桕、槭树等。有的树种种实成熟后较长时间挂在树上,甚至经过一个冬天,到次春才脱落,如苦楝、国槐、悬铃木等。

种子的脱落有早期、中期、晚期三个阶段,不同的时期脱落的种子,质量有差异。根据生产上的经验,一般针叶树如油松、马尾松、杉木等以早期脱落的种子为好,种粒大而重,发芽率高。而阔叶树如板栗、栎类等,早期脱落的多是受病虫危害或发育不良的果实,质量差,以中期脱落的品质最佳。

(二)采种方法

林木种实的采集方法分为地面收集、立木上采种、伐倒木上采集和水上收集等。

1. 地面收集

适用于成熟后自行脱落的大粒种实,如栎类、银杏、山桃、山杏、核桃、油桐等。在采种前先把母树周围的灌木、杂草割除,地面上的石块、枯落物清理干净,以便收集种子。坡度很陡的山地,可在一定距离筑成土埂,以拦截滚落的种实,便于集中拾取。榆树、白蜡等翅果,自然脱落后常被风吹集一处,也可在地面扫集。

2. 立木上采种

适用于种子比较轻而小或脱落后易散失的树种。针叶树的球果类,种子虽已成熟,但球果并不立即脱落;种实成熟期不齐,需摘下经过后熟的树种,如杨树、柳树、桦树、松类、杉木、侧柏等,绝大多数的针叶树种子,都要上树采摘果实。

3. 伐倒木上采集

结合采伐,从伐倒木上采集种实。但应注意:不在过熟林伐倒木上采集;避免在生长有缺陷和有病虫害的伐倒木上采集;非种实成熟季节,应禁止收集伐倒木的种子。

4. 水上收集

重量很轻的种实,如赤杨、枫杨和白蜡树等,能浮在水面,随波浪冲到一块儿,从水面捞起即可。这些种子可在水上收集。

(三)采种工具

立木上采种常常需要借助一些工具,常用的采种工具有枝剪、高枝剪、采摘刀、采种钩、采种镰、采种梳、折叠梯、升降机等。

(四)采种注意事项

1. 做好采种前的准备工作

首先制定采种计划,进行种子产量的调查,确定采种地点和预估采集数量,根据采种任务,组织培训好采种专业队伍,学习有关采种知识,做好安全教育,准备好采种用具。此外,还应做好晾棚、晒场等准备。

2. 掌握好适宜的采种期

一定要在种子充分成熟时进行采种,防止抢采掠青。确定采种时期一般应掌握如下原则:成熟期和散落期非常相近的轻小、有翅或毛、易于随风飞散的树种,如杨树、柳树、榆树、桦树等,应在成熟后散落前从立木上采集;成熟后虽不立即散落,但一经散落不易从地面收集的树种,如油松、落叶松、侧柏、刺槐、臭椿、槭树等,或颜色鲜艳易被鸟类啄食的浆果类树种,都应在脱落前从树上采集;成熟后经较短期脱落的大粒种子,如栎类、银杏、核桃、板栗等,可在成熟脱落后及时从地面上收集;成熟后较长时间不散落而悬挂在树上的阔叶树种子,如苦楝、悬铃木、白蜡、国槐、紫穗槐等,可适当延长采种期。但不能延长太久,这样容易降低种子的品质。

3. 注意保护母树

采种时禁止砍树、截枝、捋叶，以保护母树。

4. 做好种子登记

为了分清种源，确保种批的同一性，合理使用种子，保证种子质量，所采种子必须填写种子登记表（见表3-10）。另外，还要在每个盛种容器内外各附一张种子标签，注明采种单位、树种、采种时间、该种批种子总重量、种批种子登记表号数及盛装本批种子的容器数量和容器编号等。

表3-10　种子采收登记表

<table>
<tr><td colspan="2">树种名称</td><td colspan="2"></td><td>采种方式</td><td>自采、收购</td></tr>
<tr><td colspan="2">采种地点</td><td colspan="4">县　　　乡</td></tr>
<tr><td colspan="2">采种时间</td><td colspan="2"></td><td>本批种子重量(kg)</td><td></td></tr>
<tr><td rowspan="3">采种林地情况</td><td>林分类别*</td><td colspan="4">一般林分{天然林
人工林　　优良林分{天然林
人工林
散生树　　母树林　　种子园</td></tr>
<tr><td>树、林龄</td><td></td><td>坡向</td><td colspan="2"></td></tr>
<tr><td>海拔</td><td>m</td><td>坡度</td><td colspan="2"></td></tr>
<tr><td rowspan="2">加工</td><td>方法</td><td colspan="4"></td></tr>
<tr><td>时间</td><td></td><td>出种果率(%)</td><td colspan="2"></td></tr>
<tr><td rowspan="2">贮存</td><td>方法</td><td></td><td>容器、件数</td><td colspan="2"></td></tr>
<tr><td>地点</td><td></td><td>时间</td><td colspan="2">自
至</td></tr>
<tr><td>备注</td><td colspan="5"></td></tr>
</table>

注：* 在应填写的相应小项目上画圈表示。

种子采收单位（盖章）

登记人：

年　　　月　　　日

四、林木种实的处理与分级

（一）林木种实的处理

林木种实的处理即是对所采种实进行脱粒、净种、干燥，最后取得纯净而适宜贮藏、运输和播种的优良种子。种子采集后，必须及时处理，以免发热、发霉、腐烂，降低种子的播种品质。

1. 种子的脱粒

树木果实的种类不同，脱粒方法也不一样。一般把种实脱粒特点相近、可以采用近似调制方法的种实归为一类，分为干果类、肉质果类和球果类。

（1）干果类。包括蒴果、坚果、翅果、荚果等。蒴果类种子，如杨树、柳树，一般含水量较高，采集后应立即薄薄地（3～6 cm 为宜）摊放在通风背阴的干燥处（最好放在室内，俗称飞花室）或预先架好的竹帘上进行干燥，要注意经常翻动，以免发热霉烂。经过 3～4 天后待有 2/3 以上蒴果开裂，即可脱粒。脱粒时可用调制拍（竹条或柳条制成）抽打，用手揉搓，或用脱粒机将种子脱出。据研究，杨树、柳树种子适当阴干后，再放到阳光下干燥，使含水量降至6%～7%时再贮藏，有利于种子生活力的保存。泡桐、香椿等蒴果，采集后可在阳光下暴晒，经过 1～3 天后稍加拍打，种子即可脱出。坚果类，如栎类含水量高，在阳光下暴晒容易失去发芽力，采集后应及时手选或水选，除去蛀粒，置于通风处阴干。翅果类，如槭类、白蜡、榆树等，阴干后除去夹杂物，不必去翅，可直接用果实播种。荚果类，如刺槐、紫穗槐等，含水量较低，采集后可在场院暴晒，干燥后用棍棒敲打或石磙压碎荚皮，脱出种粒。

（2）肉质果类。这类果实，多呈肉质，含有较多的果胶和糖类，很容易发酵腐烂，采集后必须及时处理，否则会降低种子品质。核果、浆果可用取核机、擦果器捣烂果皮；桧柏、国槐可用木棒或石磙碾烂果皮，然后用清水淘洗取出种子。肉质果类种子脱出后，有些树种往往在种皮上还附有一层油脂或糖液使种子相互粘着，容易被细菌感染，易发霉变质，所以还需用碱水或洗衣粉溶液浸渍半小时后用草木灰脱脂，再用清水冲洗干净，然后阴干。

（3）球果类。如油松、落叶松、侧柏等的球果，采集后可摊放在通风、向阳、干燥的场院暴晒，在干燥过程中，白天经常翻动，晚上覆盖防潮，经过 5～10 天待球果鳞片开裂后，再敲打脱粒。马尾松球果富有油脂，一般摊晒开裂很慢，采后可浇洒石灰水堆沤 10 天左右再摊开暴晒，干燥后敲打脱粒。

有条件的地区可将球果放置于室内进行人工加热干燥。方法是在干燥间搭好木架，木架上的分层装置底部是铁丝网状、盛放球果的盘子，加热装置可用火炉、火墙、火炕、暖气、电力等。人工加热干燥球果时，要控制好室内温度和空气湿度，超过一定温度会降低种子品质，甚至完全丧失种子生活力。树种不同，球果干燥临界温度不一样。落叶松不超过 40 ℃，杉、湿地松、火炬松等不超过 50 ℃，马尾松不超过 55 ℃，多数树种常用 50 ℃左右温度处理，并且要逐渐升温，不要突然升温到所要求的最高温度。在高温干燥过程中，要注意室内透风，排除湿气，使球果的水分能从表面大量蒸发而迅速开裂。

2. 净种

脱粒后的种子还是一个成分极为复杂的群体，其中不仅含有各种不饱满和受损伤的种子，而且含有相当数量的夹杂物，如鳞片、果皮、枝叶、秕壳、石块、虫尸、杂草种子等。这些杂物带菌多、易吸湿，如果不及时精选，极易恶化贮藏条件，降低种子品质。

净种方法主要有风选、水选、筛选或风筛结合等几种。风选、水选是利用种子间、种子与杂质间比重的不同，在风力或水溶液的作用下使其相互分离的净种方法；筛选是利用种子的长、宽、厚与杂质间的差异，通过不同大小和类型的筛孔进行净种的方法；风选、筛选结合是采用风、筛连续作业相互结合的净种方法，其效果比单一净种方法更好。

目前，常用的净种工具有簸箕、筛子、木风车、动力扬谷机等。根据种子的比重，还可配成不同浓度的盐水、硫酸铜、硫酸铵等溶液进行水选。水选的时间不宜过久，以免漂浮的杂质吸水后沉淀。

3. 种子干燥

经过净种后的纯净种子，含水量较高，呼吸旺盛，不易贮藏，很容易降低种子的生活力，所以净种后应随即做好种子的干燥工作。实践证明，经过干燥的种子，不仅能较长时间地保持生活力，而且对微生物、细菌、昆虫的活动也有一定的抑制作用。

种子干燥的方法，基本上与果实干燥方法相同，分自然干燥和人工干燥两种。在自然干燥中对标准含水量高的或经水选的种子宜用阴干法干燥，对标准含水量低的可用阳干法干燥。

（二）种子分级

同一批种子，种粒越大，所含营养物质越多，发芽率也越高，出苗整齐，苗木生长发育也好。因此，种子分级对育苗和种子经营工作都有重要意义。

种子分级可根据种粒大小采用适当的方法。大粒种子可采用粒选分级，中、小粒种子可采用筛选、风选和水选方法进行分级。

第二节　林木种子的品质检验

林木种子的品质包括遗传品质和播种品质两方面含义，其中遗传品质是基础，但是良好的遗传品质只有通过良好的播种品质才能实现。我们通常所讲的种子品质检验即指种子的播种品质检验。根据 GB 2772—1999《林木种子检验规程》简述之。

一、抽样

一批种子的品质优劣是根据抽取的样品经过检验分析确定的，因此种子检验的第一个非常重要的步骤就是抽样。抽样是抽取有代表性的、数量能够满足检验需要的样品，其中某个成分存在的概率仅仅取决于该成分在该种批中出现的水平。

（一）几个名词的定义

1. 种批

同一树种的种子，来源相同（在一个县范围内采集的），采种期相同，种子的加工调制和贮藏方法相同，种子经过充分混合、使组成种批的各成分均匀一致地随机分布，不超过规定数量（见表 3-11），称为一批种子或叫一个种批。

2. 初次样品

从种批一个抽样点上取出的少量样品，即为一个初次样品。

3. 混合样品

把从同一种批的不同容器或不同部位扦取的初次样品合并在一起，并充分混合起来，称为混合样品。

表 3-11　各树种一个种批的最大限量

树种	最大限量（kg）
特大粒种子（千粒重 2 000 g 以上的，如核桃、板栗、麻栎、油桐等）	10 000
大粒种子（千粒重 600 ~ 1 999 g 的，如苦楝、山杏、油茶等）	5 000
中粒种子（千粒重 60 ~ 599 g 的，如华山松、沙枣等）	3 500
小粒种子（千粒重 1.5 ~ 59.9 g 的，如油松、落叶松、杉木、刺槐等）	1 000
特小粒种子（千粒重不足 1.5 g 的，如泡桐、桑树等）	250

4. 送检样品

送检样品分全样品、半样品。净度测定样品可以是按规定重量的一个测定样品即全样品,或是这个重量一半的两个各自独立分取的样品,每一个就是一个半样品。

按照国家标准中规定的分样方法和要求的重量(见表 3-12),从混合样品中提取的一部分寄送种子检验单位、供常规检验用的种子,称为送检样品。供含水量测定或其他某项测定用的种子,分别称为含水量测定送检样品或某项测定的送检样品。

表 3-12　种批和样品重量表

顺序号	树种	种批的最大重量(kg)	样品最低重量(g)	
			送检样品	净度分析测定样品
1	冷杉 *Abies fabri* (Mast.) Craib	1 000	100	50
2	岷江冷杉 *A. faxoniana* Rehd. et Wils.	1 000	50	30
3	日本冷杉 *A. firma* Sieb. et Zucc.	1 000	200	100
4	杉松(沙松) *A. holophylla* Maxim.	1 000	250	150
5	雪松 *Cedrus deodara* (Roxb.) G. Don	1 000	600	300
6	日本扁柏 *Chamaecyparis obtusa* (Sieb. et Zucc.) Endl.	250	12	6
7	日本花柏 *Ch. Pisifera* Endl.	250	10	3
8	柳杉 *Cryptomeria fortunei* Hooibrenk	1 000	20	10
9	日本柳杉 *C. japonica* (L. f.) D. Don	1 000	20	10
10	杉木 *Cunninghamia lanceolata* (Lamb.) Hook.	1 000	50	30
11	干香柏(冲天柏) *Cupressus duclouxiana* Hickel	1 000	35	15
12	柏木 *C. funebris* Endl.	1 000	35	15
13	福建柏 *Fokienia hodginsii* (Dunn.) Henry et Thomas	1 000	60	25
14	银杏 *Ginkgo biloba* L.	10 000	>500 粒	>500 粒
15	落叶松(兴安落叶松) *Larix gmelinii* (Rupr.) Rupr.	1 000	25	10
16	日本落叶松 *L. kaempferi* (Lamb.) Carr.	1 000	25	10
17	四川红杉 *L. mastersiana* Rehd. et Wils.	1 000	25	10
18	黄花落叶松(长白落叶松) *L. olgensis* Henry	1 000	25	10
19	红杉 *L. potaninii* Batal.	1 000	25	10
20	华北落叶松 *L. principis – rupprechtii* Mayr.	1 000	25	10
21	西伯利亚落叶松 *L. sibirica* (Munchh.) Ledeb.	1 000	25	10
22	水杉 *Metasequoia glyptostroboides* Hu et Cheng	250	15	5
23	云杉 *Picea asperata* Mast.	1 000	25	7
24	鱼鳞云杉 *P. jezoensis var. microsperma* (Lindl.) Cheng et L. K. Fu	1 000	25	7
25	红皮云杉 *P. koraiensis* Nakai	1 000	25	9

续表 3-12

顺序号	树种	种批的最大重量(kg)	样品最低重量(g)	
			送检样品	净度分析测定样品
26	白杆 *P. meyeri* Rehd. et Wils.	1 000	35	15
27	天山云杉 *P. schrenkiana var. tianshanica* Cheng et S. H. Fu	1 000	25	9
28	青杆 *P. wilsonii* Mast.	1 000	35	15
29	华山松 *Pinus armandi* Franch.	3 500	1 000	700
30	白皮松 *P. bungeana* Zucc. ex Eandl.	3 500	850	500
31	加勒比松 *P. caribaea* Morele.	1 000	100	50
32	赤松 *P. densiflora* Sieb. et Zucc.	1 000	60	30
33	萌芽松 *P. echinata* Mill.	1 000	4	5
34	湿地松 *P. elliottii* Engelm.	1 000	160	80
35	思茅松 *P. kesiya* Royle ex Gord. var. *langbianensis*(A. Chev.) Gaussen	1 000	85	35
36	红松 *P. koraiensis* Sieb. et Zucc.	5 000	2 000	1 000
37	南亚松 *P. latteri* Mason	1 000	120	60
38	马尾松 *P. massoniana* Lamb.	1 000	85	35
39	卵果松 *P. oocarpa* Schiede	1 000	70	35
40	长叶松 *P. palustris* Mill.	1 000	500	250
41	日本五针松 *P. parviflora* Sieb. et Zucc.	1 000	500	250
42	展叶松 *P. patula* Schlecht. et Cham.	1 000	40	20
43	辐射松 *P. radiata* D. Don	1 000	160	80
44	刚松 *P. rigida* Mill.	1 000	50	30
45	晚松 *P. rigida* Mill. var. *serotina* (Michx.) loud. ex Hoopes	1 000	85	35
46	樟子松 *P. sylvestris* var. *mongolica* litv.	1 000	40	20
47	油松 *P. tabulaeformis* Carr.	1 000	100	50
48	火炬松 *P. taeda* L.	1 000	140	70
49	黄山松 *P. taiwanensis* Hayata	1 000	100	50
50	黑松 *P. thunbergii* Parl.	1 000	85	35
51	云南松 *P. yunnanensis* Franch.	1 000	85	35
52	侧柏 *Platycladus orientalis* (L.) Franco	1 000	120	60
53	竹柏 *Podocarpus nagi* (Thunb.) Zoll. et Mor.	5 000	1 200	1 000
54	大叶竹柏 *P. olifera* Tsiang et Chun	500	>500 粒	>500 粒
55	金钱松 *Pseudolarix kaempferi* (Lindl.) Gord.	1 000	200	100

续表 3-12

顺序号	树种	种批的最大重量(kg)	样品最低重量(g)	
			送检样品	净度分析测定样品
56	圆柏 *Sabina chinensis* (L.) Ant.	1 000	180	90
57	铅笔柏 *S. virginiana* (L.) Ant.	1 000	70	35
58	池杉 *Taxodium ascendens* Brongn.	1 000	500	250
59	落羽杉 *T. distichum* (L.) Rich.	1 000	500	250
60	金合欢属 *Acacia* spp.	1 000	70	35
61	台湾相思(相思树)*A. richii* A. Gray	1 000	200	80
62	黑荆树 *A. mearnsii* De Wild.	1 000	70	35
63	鸡爪槭 *Acer palmatum* Thunb.	1 000	100	50
64	元宝枫 *A. truncatum* Bunge	3 500	850	400
65	七叶树 *Aesculus chinensis* Bunge	10 000	>500 粒	>500 粒
66	臭椿 *Ailanthus altissima* (Mill.) Swingle	1 000	160	80
67	合欢 *Albizia julibrissin* Durazz.	1 000	200	100
68	三年桐 *Aleurites fordii* Hemsl.	10 000	>500 粒	>500 粒
69	千年桐 *A. montana* (Lour.) Wils.	10 000	>500 粒	>500 粒
70	桤木 *Alnus cremastogyne* Burkill	250	25	4
71	旱冬瓜(蒙自桤木)*A. nepalensis* D. Don	250	12	6
72	紫穗槐 *Amorpha fruticosa* L.	1 000	85	50
73	腰果 *Anacardium occidentale* L.	10 000	>300 粒	>300 粒
74	团花 *Anthocephalus chinensis* (Lam.) A. Rich. ex Walp.	250	6	1
75	木菠萝 *Artocarpus heterophyllus* Lam.	10 000	>300 粒	>300 粒
76	羊蹄甲 *Bauhinia purpurea* L.	3 500	1 000	700
77	垂枝桦 *Betula pendula* Roth	250	10	1
78	白桦 *B. platyphylla* Suk.	250	10	1
79	油茶 *Camellia oleifera* Abel.	5 000	>500 粒	>500 粒
80	茶 *C. sinensis* Kuntze	5 000	>500 粒	>500 粒
81	喜树 *Camptotheca acuminata* Decne.	1 000	200	100
82	柠条锦鸡儿 *Caragana korshinskii* Kom.	1 000	200	100
83	小叶锦鸡儿 *C. microphylla* Lam.	1 000	200	100
84	薄壳山核桃 *Carya illinoensis*(Wangenh.) K. Koch	10 000	>300 粒	>300 粒
85	铁刀木 *Cassia siamea* Lam.	1 000	200	80

续表 3-12

顺序号	树种	种批的最大重量(kg)	样品最低重量(g)	
			送检样品	净度分析测定样品
86	锥栗 *Castanea henryi* (Skan) Rehd. et Wils.	10 000	>500 粒	>500 粒
87	板栗 *C. mollissima* Blume	10 000	>300 粒	>300 粒
88	红椎 *Castanopsis hystrix* A. DC.	5 000	1 200	900
89	青钩栲(格氏栲)*C. kawakamii* Hay.	10 000	>500 粒	>500 粒
90	木麻黄 *Casuarina equisetifolia* L.	250	15	2
91	梓属 *Catalpa* spp.	1 000	120	60
92	麻楝 *Chukrasia tabularis* A. Juss.	1 000	85	35
93	樟树 *Cinnamomum camphora* (L.) Presl	3 500	600	300
94	肉桂 *C. cassia* Presl	3 500	1 000	600
95	银木 *C. septentrionale* Hand. – Mazz	3 500	600	300
96	南岭黄檀 *Dalbergia balansae* Prain	1 000	250	150
97	降香黄檀 *D. odorifera* T. Chen	1 000	1 000	500
98	凤凰木 *Delonix regia*(Bojea.) Raf.	3 500	1 200	900
99	君迁子 *Diospyros lotus* L.	1 000	400	250
100	坡柳(车桑子)*Dodonaea viscosa* (L.) Jacq.	250	5	2
101	沙枣 *Elaeagnus angustifolia* L.	1 000	800	400
102	翅果油树 *E. mollis* Diels	5 000	1 200	900
103	泡火绳 *Eriolaena malvacea* (Levl.) Hand. – Mzt.	1 000	70	35
104	格木 *Erythrophleum fordii* Oliv.	5 000	>500 粒	>500 粒
105	赤桉 *Eucalyptus camaldulensis* Dehnh	250	15	—
106	柠檬桉 *Eu. citriodora* Hook.	1 000	40	15
107	窿缘桉 *Eu. exserta* F. Muell	250	6	—
108	蓝桉 *Eu. globulus* Labill.	250	60	—
109	葡萄桉 *Eu. botryoides* Sm.	250	6	—
110	直干蓝桉 *Eu. maidenii* F. V. M.	250	40	15
111	王桉 *Eu. regnans* F. Muell	250	30	10
112	大叶桉 *Eu. robusta* Smith	250	15	—
113	蜡皮桉 *Eu. rubida Decne* et Maiden	250	15	—
114	谷桉 *Eu. smithii* R. T. Baker	250	30	10
115	细叶桉 *Eu. tereticornis* Smith	250	15	—

续表 3-12

顺序号	树种	种批的最大重量(kg)	样品最低重量(g)	
			送检样品	净度分析测定样品
116	多枝桉 *Eu. viminalis* Labill	250	30	10
117	杜仲 *Eucommia ulmoides* Oliv.	1 000	400	250
118	梧桐 *Firmiana simplex* (L.) W. F. Wight	3 500	850	500
119	白蜡树 *Fraxinus chinensis* Roxb.	1 000	200	100
120	水曲柳 *F. mandshurica* Rupr.	1 000	400	200
121	皂荚 *Gleditsia sinensis* Lam.	3 500	1 200	800
122	云南石梓 *Gmelina arborea* Roxb.	3 500	1 200	900
123	海南石梓 *G. hainanensis* Oliv.	3 500	1 200	900
124	银桦 *Grevillea robusta* A. Cunn.	1 000	85	35
125	梭梭 *Haloxylon ammodendron* (Mey.) Bunge	1 000	35	15
126	白梭梭 *H. persicum* Bunge ex Boiss. et Buhse	1 000	35	15
127	蒙古岩黄蓍(羊柴)*Hedysarum mongolicum* Turcz.	1 000	160	80
128	花棒(细枝岩黄蓍)*H. scoparium* Fisch. et Mey.	1 000	200	100
129	沙棘 *Hippophae rhamnoides* L.	1 000	85	35
130	红花天料木(母生)*Homaliun hainanense* Gagnep.	250	15	1
131	坡垒 *Hopea hainanensis* Merr. et Chun	5 000	1 200	900
132	核桃 *Juglans rigia* L.	10 000	>300 粒	>300 粒
133	非洲桃花心木 *Khaya senegalensis* A. Juss.	3 500	850	500
134	栾树 *Koelreuteria paniculata* Laxm.	1 000	800	400
135	紫薇 *Lagerstroemia indica* L.	250	15	5
136	胡枝子 *Lespedeza bicolor* Turcz.	1 000	60	25
137	枫香 *Liquidambar formosana* Hance	1 000	35	15
138	鹅掌楸 *Liriodendron chinense* (Hemsl.) Sarg.	1 000	180	90
139	北美鹅掌楸 *L. tulipifera* L.	1 000	180	90
140	金银花(忍冬)*Lonicera japonica* Thunb.	1 000	35	15
141	枸杞 *Lycium chinense* Mill.	250	15	15
142	绿楠(海南木莲)*Manglietia hainanensis* Dandy	1 000	200	100
143	楝树 *Melia azedarach* L.	5 000	>500 粒	>500 粒
144	川楝 *M. toosendan* Sieb. et Zucc.	5 000	>500 粒	>500 粒
145	醉香含笑(火力楠)*Michelia macclurei* Dandy	3 500	600	300

续表 3-12

顺序号	树种	种批的最大重量(kg)	样品最低重量(g)	
			送检样品	净度分析测定样品
146	桑属 *Morus* spp.	250	20	5
147	壳莱果(米老排)*Mytilaria laosensis* Lec.	3 500	850	500
148	兰考泡桐 *Paulownia elongata* S. Y. Hu	250	6	1
149	白花泡桐 *P. fortunei* (Seem.) Hemsl.	250	6	1
150	毛泡桐 *P. tomentosa* (Thunb.) Steud.	250	6	1
151	黄菠萝(黄蘗)*Phellodendron amurense* Rupr.	1 000	85	50
152	毛竹 *Phyllostachys pubescens* Mazel ex H. de Lehaie	1 000	85	50
153	黄连木 *Pistacia chinensis* Bunge	1 000	350	200
154	悬铃木属 *Platanus* spp.	250	25	6
155	杨属 *Populus* spp.	250	5	2
156	山杏 *Prunus armeniaca* var. *ansu* Maxim.	5 000	>500 粒	>500 粒
157	山桃 *P. davidiana* (Carr.) Frach.	10 000	>500 粒	>500 粒
158	枫杨 *Pterocarya stenoptera* C. DC.	1 000	400	200
159	葛藤 *Pueraria lobata* (Willd) Ohwi.	1 000	85	35
160	栎属 *Quercus* spp.	10 000	>500 粒	>500 粒
161	火炬树 *Rhus typhina* L.	1 000	50	30
162	刺槐 *Robinia pseudoacacia* L.	1 000	100	50
163	旱柳 *Salix matsudana* Koidz.	250	5	2
164	乌桕 *Sapium sebiferum* (L.) Roxb.	3 500	850	400
165	檫木 *Sassafras tsumu* (Hemsl.) Hemsl.	1 000	400	200
166	木荷 *Schima superba* Gardn. et Champ.	1 000	35	15
167	箭竹 *Sinarundinaria nitida* (Mitf.) Nakai	1 000	35	15
168	槐树 *Sophora japonica* L.	3 500	100	50
169	大叶桃花心木 *Swietenia macrophylla* King	3 500	1 000	900
170	丁香属 *Syringa* spp.	1 000	30	15
171	乌墨(海南蒲桃)*Syzygium cumini* (L.) Skeels	5 000	1 200	900
172	柚木 *Tectona grandis* L. f.	5 000	2 000	1 000
173	鸡尖(海南榄仁树)*Terminalia hainanensis* Exell.	3 500	850	350
174	椴属 *Tilia* spp.	1 000	500	250
175	香椿 *Toona sinensis* (A. Juss.) Roem.	1 000	80	40
176	漆树 *Toxicodendron verniciflum* (Stokes) F. A. Barkley	1 000	250	150
177	棕榈 *Trachycarpus fortunei* (Hook. f.) H. Wendl.	3 500	1 000	800
178	榔榆 *Ulmus parvifolia* Jacq.	1 000	20	8
179	白榆 *U. pumila* L.	1 000	30	15
180	青梅 *Vatica astrotricha* Hance	3 500	1 000	800
181	文冠果 *Xanthoceras sorbifolia* Bunge	5 000	>500 粒	>500 粒
182	大叶榉 *Zelkova schneideriana* Hand. – Mzt.	1 000	200	75

送检样品要填写送检申请表(见表3-13),其重量以种子千粒重为基础而确定。

表3-13　送检申请表

编号

现有送检样品一份,简要情况如下,请给予检验

1. 树种名称:________________
2. 采种地点:________________
3. 采种时间:________________
4. 送检样品重量(g):________________
5. 本种批重量(kg):________________容器件数:________________
6. 种批编号:________________
7. 要求检验项目:________________
8. 种子质量检验证寄往

　　地点:________________

　　单位:________________

送检单位:(盖章)　　抽样人:(签字)　　联系人:

年　　月　　日

(二)抽样程序

(1)首先根据了解到的种子的实际情况,按上述对种批规定的要求正确地划分种批。一个种批提取一个送检样品。

(2)按种批分别抽样。在同一种批的不同容器或不同种堆扦取初次样品,各个初次样品的数量要大体相等。

(3)将同一种批的全部初次样品合并起来充分混合均匀,作为混合样品。

(4)从混合样品中分取送检样品。各树种种子送检样品按规定的重量提取。

最后抽样人员要对被抽样的各个种批进行编号并做标志,必要时还应进行封缄,以防出现差错。

(三)抽样方法

1. 容器盛装种子的抽样方法

首先确定扦样件数。扦样件数依种批总件数的多少而不同。5个容器以下,每个容器都要扦样,扦取的初次样品总数不得少于5个;6~30个容器,每3个容器至少扦取1个初次样品,但总数不得少于5个;31个容器以上,每5个容器至少扦取1个初次样品,但总数不得少于10个初次样品。

2. 散装种子的抽样方法

在库房或围囤中大量散堆的种子,可按种批堆顶面积的大小划分扦样区,每区面积不超过16 m^2,在中心和四角(与边缘保持30~50 cm的距离)设5个扦样点。在同一种批内相邻两区的角点可以公用。

在扦样时,可选用多种扦样器。在种子晾晒铺放时,也可以直接多点徒手取样。

(四)分样方法

从混合样品中抽取送检样品或从送检样品中抽取测定样品时,需要进行分样,分样可采用下列方法:

(1)分样器法。常用的分样器有圆锥形分样器和钟鼎式分样器。分样前要先调整好分

样器,调整的方法是先把种子通过分样器,使种子分成重量大体相等的两部分,然后分别称重,如果两部分种子重量相差不超过其平均值的5%,即认为分样器是准确的;若超过5%,则应调整分样器。分样时先把种子通过分样器三次,使种子充分混合倒入漏斗,打开活门,种子通过分样器,由出口落到两个盛种盘里,再将其中一个盛种盘的种子重新倒入漏斗。这样反复进行,直至种子减到所需重量为止。

(2)四分法。四分法又叫对角线法,在没有分样器的情况下可采用此法分样。具体做法是:把种子倒在平滑的桌面上或玻璃板上铺平,两手各拿一个分样板,从相反的方向把种子拨到中间使之成长方形,再将长条两端的种子拨到中间,这样反复3~4次,使种子充分混合均匀,再铺成正方形。大粒种子平铺厚度不超过10 cm,中粒种子不超过5 cm,小粒种子不超过3 cm。然后用分样板沿对角线把种子分成四个三角形,将对顶的三角形的种子拨到一边放着备用,取其余两个三角形的种子拨到一起混合均匀,如此反复进行,直至种子减到所需数量为止。

二、种子净度的测定

种子净度是指在被测定样品中纯净种子的重量占所测定样品总重量的百分数。种子净度是种子播种品质的重要指标之一,也是划分种子等级、确定种子播种量的重要依据。

(一)测定样品所需重量

净度测定样品一般至少应含2 500粒纯净种子。送检样品的重量至少应为净度测定样品的2~3倍,大粒种子至少应为1 000 g,特大粒种子至少要有500粒。

常见树种供净度测定的样品最低量见表3-12。

(二)净度测定的方法和步骤

1.提取测定样品

将收到的送检样品采用四分法或分样器法进行分样,直至达到表3-12中所规定的该树种测定净度所需数量。

2.称量测定样品

测定净度时,称量样品的精确度要求与测定样品的重量有关(见表3-14)。

表3-14　净度测定精确度要求　　(单位:g)

测定样品克数	称量精确度	测定样品克数	称量精确度
10以下	±0.001	100~999	±0.1
10~99	±0.01	1 000以上	±1.0

3.分析测定样品

将测定样品倒在玻璃板上,把纯净种子、废种子和夹杂物分开。如果送检样品混有较大的或多量的夹杂物,则应在测定样品前进行必要的净种。

纯净种子应包括:发育正常的、完整的、没有受损伤的种子;发育不完全的种子和难以识别的空粒;虽已破口或萌芽,但仍具有发芽能力的种子。

带翅的种子中,凡种子加工时种翅容易脱落的,其纯净种子是指除去种翅的种子;凡种子加工时种翅不易脱落的,则不必除去。但已脱离种翅的碎片应算为夹杂物。

夹杂物包括:能明显识别的空粒、腐坏粒、已萌芽因而丧失发芽能力的种子;严重损伤(超过原大小一半)的种子和无种皮的裸粒种子;叶子、鳞片、苞片、果皮、种翅、种子碎片、土块和其他杂物;昆虫的卵块、成虫、幼虫和蛹。

黏滞性种子:由于结构或质地上的特点,这类种子可分为:容易相互黏附或容易黏附在其他物体(如包装袋、分样品等)上;容易被其他植物种子黏附或容易黏附其他植物种子;不易被清洗、混合或扦样。如果全部黏滞性结构(包括黏滞性杂质)占一个样品的1/3或更多,就认为该样品有黏滞性。例如冷杉属、翠柏属、雪松属、扁柏属、柏木属、柳杉属、杉木属、落叶松属、云杉属、长叶松、刚松、黄杉属、红杉属、巨杉属、落羽杉属、铁杉属、槭属、臭椿属、桤木属、桦木属、鹅耳枥属、梓属、石竹属、桉属、水青冈属、银桦属、女贞属、枫香属、鹅掌楸属、悬铃木属、竹类、杨属、香椿属、丁香属、崖柏属、椴树属、榆属、榉属等都属于黏滞性种子,应用容许误差表3-15、表3-16时,应当使用黏滞性种子栏的容许误差。

4. 检查测定样品的分析误差

把组成测定样品的各个部分分别按精度(见表3-15~表3-17)要求称重,如果测定样品各成分重量之和与样品原重之差不超过容许误差,则可认为分析结果合格,即可计算净度。

表3-15　同实验室同送检样品净度分析容许差距(5%显著水平的两尾测定)

两次分析结果平均		不同测定之间的容许差距			
		半样品		全样品	
50%~100%	<50%	非黏滞性种子	黏滞性种子	非黏滞性种子	黏滞性种子
1	2	3	4	5	6
99.95~100.00	0.00~0.04	0.20	0.23	0.1	0.2
99.90~99.94	0.05~0.09	0.33	0.34	0.2	0.2
99.85~99.89	0.10~0.14	0.40	0.42	0.3	0.3
99.80~99.84	0.15~0.19	0.47	0.49	0.3	0.4
99.75~99.79	0.20~0.24	0.51	0.55	0.4	0.4
99.70~99.74	0.25~0.29	0.55	0.59	0.4	0.4
99.65~99.69	0.30~0.34	0.61	0.65	0.4	0.5
99.60~99.64	0.35~0.39	0.65	0.69	0.5	0.5
99.55~99.59	0.40~0.44	0.68	0.74	0.5	0.5
99.50~99.54	0.45~0.49	0.72	0.76	0.5	0.5
99.40~99.49	0.50~0.59	0.76	0.82	0.5	0.6
99.30~99.39	0.60~0.69	0.83	0.89	0.6	0.6
99.20~99.29	0.70~0.79	0.89	0.95	0.6	0.7
99.10~99.19	0.80~0.89	0.95	1.00	0.7	0.7
99.00~99.09	0.90~0.99	1.00	1.06	0.7	0.8

续表 3-15

两次分析结果平均		不同测定之间的容许差距			
		半样品		全样品	
50% ~100%	<50%	非黏滞性种子	黏滞性种子	非黏滞性种子	黏滞性种子
1	2	3	4	5	6
98.75 ~98.99	1.00 ~1.24	1.07	1.15	0.8	0.8
98.50 ~98.74	1.25 ~1.49	1.19	1.26	0.8	0.9
98.25 ~98.49	1.50 ~1.74	1.29	1.37	0.9	1.0
98.00 ~98.24	1.75 ~1.99	1.37	1.47	1.0	1.0
97.75 ~97.99	2.00 ~2.24	1.44	1.54	1.0	1.1
97.50 ~97.74	2.25 ~2.49	1.53	1.63	1.1	1.2
97.25 ~97.49	2.50 ~2.74	1.60	1.70	1.1	1.2
97.00 ~97.24	2.75 ~2.99	1.67	1.78	1.2	1.3
96.50 ~96.99	3.00 ~3.49	1.77	1.88	1.3	1.3
96.00 ~96.49	3.50 ~3.99	1.88	1.99	1.3	1.4
95.50 ~95.99	4.00 ~4.49	1.99	2.12	1.4	1.5
95.50 ~95.49	4.50 ~4.99	2.09	2.22	1.5	1.6
94.00 ~94.99	5.00 ~5.99	2.25	2.38	1.6	1.7
93.00 ~93.99	6.00 ~6.99	2.43	2.56	1.7	1.8
92.00 ~92.99	7.00 ~7.99	2.59	2.73	1.8	1.9
91.00 ~91.99	8.00 ~8.99	2.74	2.90	1.9	2.1
90.00 ~90.99	9.00 ~9.99	2.88	3.04	2.0	2.2
88.00 ~89.99	10.00 ~11.99	3.08	3.25	2.2	2.3
86.00 ~87.99	12.00 ~13.99	3.31	3.49	2.3	2.5
84.00 ~85.99	14.00 ~15.99	3.52	3.71	2.5	2.6
82.00 ~83.99	16.00 ~17.99	3.69	3.90	2.6	2.8
80.00 ~81.99	18.00 ~19.99	3.86	4.07	2.7	2.9
78.00 ~79.99	20.00 ~21.99	4.00	4.23	2.8	3.0
76.00 ~77.99	22.00 ~23.99	4.14	4.37	2.9	3.1
74.00 ~75.99	24.00 ~25.99	4.26	4.50	3.0	3.2
72.00 ~73.99	26.00 ~27.99	4.37	4.61	3.1	3.3
70.00 ~71.99	28.00 ~29.99	4.47	4.71	3.2	3.3
65.00 ~69.99	30.00 ~34.99	4.61	4.86	3.3	3.4
60.00 ~64.99	35.00 ~39.99	4.77	5.02	3.4	3.6
50.00 ~59.99	40.00 ~49.99	4.89	5.16	3.5	3.7

表 3-16　相同或不同实验室不同送检样品净度分析容许差距

（用于两份全样品，1% 显著水平的一尾测定）

两次结果平均		容许差距	
50% ~100%	<50%	非黏滞性种子	黏滞性种子
1	2	3	4
99.95 ~ 100.00	0.00 ~ 0.04	0.2	0.2
99.90 ~ 99.99	0.05 ~ 0.09	0.3	0.3
99.85 ~ 99.89	0.10 ~ 0.14	0.3	0.4
99.80 ~ 99.84	0.15 ~ 0.19	0.4	0.5
99.75 ~ 99.79	0.20 ~ 0.24	0.4	0.5
99.70 ~ 99.74	0.25 ~ 0.29	0.5	0.6
99.65 ~ 99.69	0.30 ~ 0.34	0.5	0.6
99.60 ~ 99.64	0.35 ~ 0.39	0.6	0.7
99.55 ~ 99.59	0.40 ~ 0.44	0.6	0.7
99.50 ~ 99.54	0.45 ~ 0.49	0.6	0.7
99.40 ~ 99.49	0.50 ~ 0.59	0.7	0.8
99.30 ~ 99.39	0.60 ~ 0.69	0.7	0.9
99.20 ~ 99.29	0.70 ~ 0.79	0.8	0.9
99.10 ~ 99.19	0.80 ~ 0.89	0.8	1.0
99.00 ~ 99.09	0.90 ~ 0.99	0.9	1.0
98.75 ~ 98.99	1.00 ~ 1.24	0.9	1.1
98.50 ~ 98.74	1.25 ~ 1.49	1.0	1.2
98.25 ~ 98.49	1.50 ~ 1.74	1.1	1.3
98.00 ~ 98.24	1.75 ~ 1.99	1.2	1.4
97.75 ~ 97.99	2.00 ~ 2.24	1.3	1.5
97.50 ~ 97.74	2.25 ~ 2.49	1.3	1.6
97.25 ~ 97.49	2.50 ~ 2.74	1.4	1.6
97.00 ~ 97.24	2.75 ~ 2.99	1.5	1.7
96.50 ~ 96.99	3.00 ~ 3.49	1.5	1.8
96.00 ~ 96.49	3.50 ~ 3.99	1.6	1.9
95.50 ~ 95.99	4.00 ~ 4.49	1.7	2.0
95.00 ~ 95.49	4.50 ~ 4.99	1.8	2.2
94.00 ~ 94.99	5.00 ~ 5.99	2.0	2.3
93.00 ~ 93.99	6.00 ~ 6.99	2.1	2.5
92.00 ~ 92.99	7.00 ~ 7.99	2.2	2.6
91.00 ~ 91.99	8.00 ~ 8.99	2.4	2.8
90.00 ~ 90.99	9.00 ~ 9.99	2.5	2.9

续表 3-16

两次结果平均		容许差距	
50% ~100%	<50%	非黏滞性种子	黏滞性种子
1	2	3	4
88.00 ~ 89.99	10.00 ~ 11.99	2.7	3.1
86.00 ~ 87.99	12.00 ~ 13.99	2.9	3.4
84.00 ~ 85.99	14.00 ~ 15.99	3.0	3.6
82.00 ~ 83.99	16.00 ~ 17.99	3.2	3.7
80.00 ~ 81.99	18.00 ~ 19.99	3.3	3.9
78.00 ~ 79.99	20.00 ~ 21.99	3.5	4.1
76.00 ~ 77.99	22.00 ~ 23.99	3.6	4.2
74.00 ~ 75.99	24.00 ~ 25.99	3.7	4.3
72.00 ~ 73.99	26.00 ~ 27.99	3.8	4.4
70.00 ~ 71.99	28.00 ~ 29.99	3.8	4.5
65.00 ~ 69.99	30.00 ~ 34.99	4.0	4.7
60.00 ~ 64.99	35.00 ~ 39.99	4.1	4.8
50.00 ~ 59.99	40.00 ~ 49.99	4.2	5.0

表 3-17　相同或不同实验室不同送检样品净度分析容许差距

（用于两份全样品，1% 显著水平的两尾测定）

两次结果平均		容许差距	
50% ~100%	<50%	非黏滞性种子	黏滞性种子
1	2	3	4
99.95 ~ 100.00	0.00 ~ 0.04	0.18	0.21
99.90 ~ 99.99	0.05 ~ 0.09	0.28	0.32
99.85 ~ 99.89	0.10 ~ 0.14	0.34	0.40
99.80 ~ 99.84	0.15 ~ 0.19	0.40	0.47
99.75 ~ 99.79	0.20 ~ 0.24	0.44	0.53
99.70 ~ 99.74	0.25 ~ 0.29	0.49	0.57
99.65 ~ 99.69	0.30 ~ 0.34	0.53	0.62
99.60 ~ 99.64	0.35 ~ 0.39	0.57	0.66
99.55 ~ 99.59	0.40 ~ 0.44	0.60	0.70
99.50 ~ 99.54	0.45 ~ 0.49	0.63	0.73
99.40 ~ 99.49	0.50 ~ 0.59	0.68	0.79
99.30 ~ 99.39	0.60 ~ 0.69	0.73	0.85
99.20 ~ 99.29	0.70 ~ 0.79	0.78	0.91

续表 3-17

两次结果平均		容许差距	
50% ~100%	<50%	非黏滞性种子	黏滞性种子
1	2	3	4
99. 10 ~99. 19	0. 80 ~0. 89	0. 83	0. 96
99. 00 ~99. 09	0. 90 ~0. 99	0. 87	1. 01
98. 75 ~98. 99	1. 00 ~1. 24	0. 94	1. 10
98. 50 ~98. 74	1. 25 ~1. 49	1. 04	1. 21
98. 25 ~98. 49	1. 50 ~1. 74	1. 12	1. 31
98. 00 ~98. 24	1. 75 ~1. 99	1. 20	1. 40
97. 75 ~97. 99	2. 00 ~2. 24	1. 26	1. 47
97. 50 ~97. 74	2. 25 ~2. 49	1. 33	1. 55
97. 25 ~97. 49	2. 50 ~2. 74	1. 39	1. 63
97. 00 ~97. 24	2. 75 ~2. 99	1. 46	1. 70
96. 50 ~96. 99	3. 00 ~3. 49	1. 54	1. 80
96. 00 ~96. 49	3. 50 ~3. 99	1. 64	1. 92
95. 50 ~95. 99	4. 00 ~4. 49	1. 74	2. 04
95. 00 ~95. 49	4. 50 ~4. 99	1. 83	2. 15
94. 00 ~94. 99	5. 00 ~5. 99	1. 95	2. 29
93. 00 ~93. 99	6. 00 ~6. 99	2. 10	2. 46
92. 00 ~92. 99	7. 00 ~7. 99	2. 23	2. 62
91. 00 ~91. 99	8. 00 ~8. 99	2. 36	2. 76
90. 00 ~90. 99	9. 00 ~9. 99	2. 48	2. 92
88. 00 ~89. 99	10. 00 ~11. 99	2. 65	3. 11
86. 00 ~87. 99	12. 00 ~13. 99	2. 85	3. 35
84. 00 ~85. 99	14. 00 ~15. 99	3. 02	3. 55
82. 00 ~83. 99	16. 00 ~17. 99	3. 18	3. 74
80. 00 ~81. 99	18. 00 ~19. 99	3. 32	3. 90
78. 00 ~79. 99	20. 00 ~21. 99	3. 45	4. 05
76. 00 ~77. 99	22. 00 ~23. 99	3. 56	4. 19
74. 00 ~75. 99	24. 00 ~25. 99	3. 67	4. 31
72. 00 ~73. 99	26. 00 ~27. 99	3. 76	4. 42
70. 00 ~71. 99	28. 00 ~29. 99	3. 84	4. 51
65. 00 ~69. 99	30. 00 ~34. 99	3. 97	4. 66
60. 00 ~64. 99	35. 00 ~39. 99	4. 10	4. 82
50. 00 ~59. 99	40. 00 ~49. 99	4. 21	4. 95

5. 计算种子净度

种子净度可按以下公式计算：

$$测定样品的净度(\%)=\frac{纯净种子重}{纯净种子重+其他植物种子重+杂物重}\times100$$

在提取测定样品前，送检样品进行净种的，其净度按下列算式计算：

$$净度=送检样品净度\times测定样品净度$$

$$送检样品净度(\%)=\frac{除去夹杂物后的送检样品重}{送检样品重}\times100$$

净度测定要填写净度测定记录表（见表3-18）。

表3-18　净度测定记录表

编号＿＿＿＿＿

树种＿＿＿＿＿＿＿＿样品号＿＿＿＿＿＿＿＿样品情况＿＿＿＿＿＿＿＿

测试地点＿＿＿＿＿＿＿＿＿＿＿＿＿＿＿＿

环境条件：室内温度＿＿＿＿＿＿＿＿℃　湿度＿＿＿＿＿＿＿＿%

测试仪器：名称＿＿＿＿＿＿＿＿　编号＿＿＿＿＿＿＿＿

<table>
<tr><th>方法</th><th>试样重(g)</th><th>纯净种子重(g)</th><th>其他植物种子重(g)</th><th>夹杂物重(g)</th><th>总重(g)</th><th>净度(%)</th><th>备注</th></tr>
<tr><td></td><td></td><td></td><td></td><td></td><td></td><td rowspan="5"></td><td rowspan="5"></td></tr>
<tr><td></td><td></td><td></td><td></td><td></td><td></td></tr>
<tr><td></td><td></td><td></td><td></td><td></td><td></td></tr>
<tr><td></td><td></td><td></td><td></td><td></td><td></td></tr>
<tr><td colspan="2">实际差距</td><td colspan="2"></td><td>容许差距</td><td></td></tr>
</table>

本次测定：　有效 □　　测定人＿＿＿＿

　　　　　　无效 □　　校核人＿＿＿＿

测定日期＿＿＿＿年＿＿＿＿月＿＿＿＿日

6. 结果报告

净度分析中各个成分应计算到两位小数，在质量检验证书上填写时按GB/T 8170数值修约规则修约到一位小数。成分少于0.05%的填报为“微量”，若成分为零时用“-0.0-”表示。测定样品各成分的总和必须为100%，若总和是99.9%和100.1%，可从百分率的最大值（通常是纯净种子部分）中加减0.1%；如修约值超过0.1%，应核查计算有无差错。

三、种子千粒重的测定

（一）种子千粒重的测定

种子千粒重是指1 000粒纯净气干种子的重量，以克为单位。同一立地条件、同一树种的种子千粒重愈重，种子内含的营养物质愈多，其中的空粒也就愈少，播种后出的苗愈粗壮，育出的幼苗抵抗力也就愈强。种子千粒重也是计算播种量的一项重要指标。

种子千粒重的测定方法有百粒法、千粒法、全量法等。

1. 百粒法

大多数种子测定千粒重都应用此方法。其优点是便于应用真空数粒仪等仪器测定。每份 100 粒种子在称重后还可直接用于发芽率的测定。其测定方法如下：

（1）由净度分析的净种子随机数取 100 粒，重复 8 次，即分别称重，将其读数记入千粒重测定记录表中，见表 3-19-1。

表 3-19-1　重量测定记录表（百粒法）

编号________

树种________样品号________样品情况____________测试地点____________

环境条件：室内温度______℃　湿度______%　测试仪器：名称________　编号________

测定方法____

重复号	1	2	3	4	5	6	7	8	9	10	11	12	13	14	15	16
x(g)																
标准差(S)																
x																
变异系数																
千粒重(g)																
$10\times x$																

第　　　组数据超过了容许误差，本次测定根据第　　　组计算。

本次测定：有效 □　　　测定人______校核人______

　　　　　无效 □　　　测定日期______年______月______日

（2）根据 8 个组的称重读数求出 100 粒种子的平均重量（$\bar{x}$）。

（3）检验测定结果是否合格，首先根据各组测定的百粒重计算出标准差，然后再算出变异系数。

$$标准差(S) = \sqrt{\frac{n(\sum x^2) - (\sum \bar{x})^2}{n(n-1)}}$$

$$变异系数(\%) = \frac{S}{\bar{x}} \times 100$$

式中　x——各组的重量，g；

$\bar{x}$——100 粒种子的平均重量，g；

n——重复的组数；

$\sum$——总和。

一般树种的种子变异系数不超过 4.0、种粒大小悬殊的种子不超过 6.0 时，则测定结果合格，即可按 8 个重复的平均数计算，否则要重做。如果重做仍然超过，则可计算 16 个重复的平均数，凡与平均数之差超过 2 倍标准差的各重复略去不计。

（4）由 8 个或 8 个以上的 100 粒种子的平均重量推算出 1 000 粒种子的重量。

$$种子千粒重(g) = 10 \times \bar{x}$$

2. 千粒法

凡种粒大小、轻重极不均匀的种子可采用千粒法。

（1）净度测定后，将全部纯净种子用四分法分成 4 份，从每份中随机数取 250 粒，共

1 000粒为一组，共点数两组，即为两次重复。分别称重，记下读数，称量精度同净度测定。

（2）先从两组称重中求出算术平均数，当两组种子重量之间差异小于两组平均值的5%时，测定结果认为合格，其平均数即为该批种子的千粒重，如果超过容许范围，则应重做。如重做仍超过误差，则计算4组的平均数，将计算结果填入种子千粒重测定记录表，见表3-19-2。

表3-19-2　种子千粒重测定记录表（千粒法）

树种：　　　　　　　　　　　　　　　　　　　　　　　　样品号：

各组样品					粒
组号	1	2	3	4	
样品重(g)					
平均重				g	
容许差距				g	
实际差距				g	
千粒重				g	
备注					

检验员：

年　　月　　日

3. 全量法

珍贵树种及引种树种的种子数量少，可将其全部称量，换算成千粒重。

（二）种子绝对千粒重的计算

由于种子具有吸湿性，使千粒重的数值常随空气中湿度的变化而变化，为了便于比较各种不同样品的种子千粒重，除计算气干种子重量外，最好是将种子千粒重换算成绝对千粒重。

$$g=\frac{(100-W)}{100}\times G$$

式中　g——种子绝对千粒重，g；

W——种子含水量（%）；

G——气干种子千粒重，g。

四、种子含水量的测定

种子含水量是指种子所含水分与种子重量的百分比。种子含水量与种子安全贮藏或调运有密切的关系，超过安全含水量的种子进行贮藏或调运，会因种子呼吸作用旺盛和微生物的繁殖，造成种子发热霉变，丧失种子生命力。所以，进仓或调运前要测定种子的含水量，如超过安全含水量时要及时干燥，才能入仓或调运。

种子在贮藏期间，不断与外界环境进行水分的平衡。为了达到安全贮藏的要求，也需要定期地测定和掌握种子含水量的变化。

测定种子含水量常用方法有105 ℃恒重法、130 ℃高温快速法、甲苯蒸馏法等。目前，各种电子水分测定仪也广泛应用于林木种子含水量的快速测定。

105 ℃恒重法是测定种子水分的标准法，适用于所有的林木种子含水量的测定。其他方法的正确与否都要与标准法进行比较。

105 ℃恒重法测定方法：从含水量送检样品中随机取两份测定样品，样品盒直径小于8 cm 4 ~5 g，等于或大于8 cm 10 g。每千克少于5 000 粒的大粒种子以及种皮坚硬的种子，每个种子切成小片，粒径等于或大于15 mm 的种子应至少切成4 片或5 片。放在预先烘干并已知重量、编有号码的铝盒或称量瓶内，记下盒号，连同带盖的称量盒（瓶）及其中的种子一起称重，记下读数，放入干燥箱中，打开盒（瓶）盖，放在盒（瓶）旁，烘至恒重。一般先用80 ℃烘2 ~3 h，然后用（105 ±2）℃烘5 ~6 h 后取出，盖上盒（瓶）盖，移入有干燥剂的干燥器内，冷却20 ~30 min 后称重。按种子含水量计算公式计算，结果保留一位小数，两次重复间的容许差距，平均原始水分 <12%：大种子0.4%，小种子0.3%；平均原始水分12% ~15%：大种子0.8%，小种子0.5%；平均原始水分 >25%：大种子2.5%，小种子0.5%（小种子是指每千克超过5 000 粒的种子，大种子是指每千克最多为5 000 粒），否则要重做。测定结果填入表3-20 中。含水量的表示方法有两种：一种是相对含水量，或称湿基含水量，以种子中所含水分的重量占种子原重量的百分率表示；另一种是绝对含水量或称干基含水量，以种子中所含水分的重量占种子烘干重量的百分率表示。

$$\text{种子相对含水量}(\%) = \frac{\text{样品烘干前重量(g)} - \text{样品烘干后重量(g)}}{\text{样品烘干前重量(g)}} \times 100$$

$$\text{种子绝对含水量}(\%) = \frac{\text{样品烘干前重量(g)} - \text{样品烘干后重量(g)}}{\text{样品烘干后重量(g)}} \times 100$$

表3-20 含水量测定记录表

编号＿＿＿＿＿

树种＿＿＿＿＿＿＿＿＿＿样品号＿＿＿＿＿＿＿＿＿＿样品情况＿＿＿＿＿＿＿＿＿＿

测试地点＿＿＿＿＿＿＿＿＿＿＿＿＿＿＿＿＿＿＿＿＿＿＿＿＿＿＿＿

环境条件：温度＿＿＿＿＿＿＿＿＿＿＿＿＿＿℃　湿度＿＿＿＿＿＿＿＿＿＿%

测试仪器：名称＿＿＿＿＿＿＿＿＿　编号＿＿＿＿＿＿＿＿＿

测定方法＿＿＿＿＿＿＿＿＿＿＿＿＿＿＿＿＿＿＿＿＿＿＿＿＿＿＿＿

容器号			
容器重(g)			
容器及测定样品原重(g)			
烘至恒重(g)			
测定样品原重(g)			
水分(g)			
含水量(%)			
平均	%		
实际差距	%	容许差距	%

本次测定：有效 □　　　　测定人＿＿＿＿

　　　　　无效 □　　　　校核人＿＿＿＿

测定日期＿＿＿＿年＿＿＿月＿＿＿日

在没有仪器设备的情况下，也可以通过感官简易测定种子含水量的大致情况。一般情况下，凡干燥的种子，颜色、光泽正常，用手插入种子堆内非常容易，且有光滑而坚硬的感觉；用手搅动时，种子响声清脆，用牙咬种子时抗压力较大，咬碎时响声清脆，呈碎块状；切断时感到坚硬，且断裂崩开。而湿润种子，颜色、光泽暗淡，甚至发霉、结块，用手插入种子堆内有涩滞、潮湿、发热的感觉，搅动时不光滑、无清脆声音，牙咬时抗压力小，呈湿饼状，且不散落。

安全含水量高的大粒种子，如栎类、檫树等树木种子，如果用手抓一把摇动有声响，种仁干缩、离壳，均说明过于干燥，降低或完全丧失了生活力，不宜于播种。

五、种子发芽能力的测定

种子的发芽能力是种子播种品质中最重要的指标，也是种子品质检验最重要的项目。只有鉴定了种子发芽能力，才能判断这一批种子的播种价值。表示种子发芽能力的主要指标是发芽率、发芽势和平均发芽时间等。

（一）种子发芽的条件

种子发芽所需要的基本条件是水分、温度和氧气，有些树种还要求一定的光照条件。

1. 水分

水是种子发芽的首要条件，发芽测定自始至终都要保证充分供水。种子在发芽的初期要吸水膨胀，需水量较多，经浸种充分膨胀后的种子，如水分过多反而会妨碍种子的呼吸作用，不利于种子的发芽。因此，在发芽试验中，发芽床应有适宜的水量。一般用滤纸做发芽床，以纸床上种子周围不出现水膜为宜。种子置床时加足水分，以后每天进行观察记载，及时补充消耗和蒸发掉的水分。发芽用水应为中性（pH6.5～7.0）。

2. 温度

温度是种子发芽的必要条件。适宜的温度可使种子发芽迅速。大多数种子最适宜的发芽温度在 20～30 ℃，一般在 25 ℃左右，但有时也随树种不同而不同。

在自然界里种子发芽所经历的是昼夜变动的温度，研究证明，变温比恒温更有利于加快发芽速度。采用变温发芽时，每昼夜保持低温 16 h，高温 8 h，变换温度时应在 3 h 内逐渐完成。

3. 氧气

种子的萌动和发芽需要提供能量，因此应有足够的 O_2，同时排除呼吸过程中释放出来的 CO_2。如果发芽环境中水分过多，或者发芽器皿通气不良，便会限制 O_2 的供应，会影响发芽。

4. 光照

光的效应因不同树种而异，也随环境中其他因素如水分、温度而不同。据研究，光照可以促进许多树种种子的发芽，如油松、华山松、侧柏、黄山松、火炬松等。据林业部南方种子检验中心于淑兰所撰《光照对林木种子发芽影响的试验报告》一文，不同产地的油松种子在光照变温条件下比在黑暗恒温条件下发芽率分别增加 44% 和 29%，华山松种子发芽率增加 24%。但也有很多树种种子在发芽时对光照条件无反应。如豆科的刺槐种子在黑暗恒温条件下发芽率高于光照变温条件下的发芽率。

(二)发芽的用具和设备

在做种子发芽试验时,除了需要小镊子、滴瓶、手持放大镜、刀片(用于解剖未发芽粒)等小型工具外,最主要的是发芽床和为种子发芽提供适宜温度的仪器。目前做发芽试验所用的发芽床,一般使用一个直径 11 ~ 15 cm 带盖的玻璃培养皿。发芽基质种粒不大的可以用一层或几层滤纸做发芽床。为了增加供水能力,滤纸下面可以适当垫些脱脂棉或几层纱布。种粒较大的,可以用细砂、蛭石或膨胀珍珠岩做发芽床。

玻璃培养皿的缺点是通气不良,加水的多少不易掌握,需要每天敞开皿盖通气,观察发芽床的水分状况。

我国现行的标准规定,正常发芽粒是指一般树种幼根的长度相当于该种粒长度的一半以上,小粒或特小粒种子幼根的长度超过该种粒的长度。国际种子检验规程规定种子不但出芽,而且能长成正常的幼苗,才被认为是正常发芽粒。为了使我国的种子标准逐步向国际标准靠拢,最近国家林业局根据国外所用种子发芽盒的样式,结合我国情况,试制了一批光照发芽盒。这种发芽盒的优点是空间大,每个盒子可容纳两个重复的种子(一般小粒种子 200 粒)。发芽床由一个带孔的塑料盘,上面垫几层纱布组成,种子直接摆在纱布上,湿度容易控制,种子不易发霉。

种子发芽试验所用的主要仪器有恒温箱、光照发芽器和光照培养箱等。

(三)发芽能力的指标

在发芽试验结束后,根据发芽观察的记录,就能求出表示种子发芽的各种指标:发芽率、发芽势、平均发芽时间等。

1. 发芽率

发芽率是指在规定的条件下,一定时间内,正常发芽粒数占供试种子总粒数的百分率。发芽率不带小数。

$$\text{发芽率}(\%) = \frac{n}{N} \times 100$$

式中　n——正常发芽粒数;

　　N——供试种子总粒数。

林木种子中常有相当数量的空粒,在科学研究中,为了确切地了解某批种子的发芽能力,常把供试种子的空粒除去不计,只计算饱满种子的发芽率,称为绝对发芽率。

$$\text{绝对发芽率}(\%) = \frac{n}{N - a} \times 100$$

式中　a——供检种子的空粒数。

2. 发芽势

发芽势是指发芽达到高峰时,正常发芽粒数占供试种子总数的百分率。在发芽率相同的两个种批中,发芽势高的种子优于发芽势低的种子。因为发芽势高说明种子播种后出芽迅速而且整齐。但是有些树种,特别是一些发芽持续时间比较长的树木种子,发芽高峰期很不好确定,有的整个试验过程就没有一个高峰期,因此发芽势也就很难计算。目前,国际、国内都有停止用发芽势这个概念的趋势。

3. 平均发芽时间

供试种子发芽所需的平均时间（天，偶有用小时的），称为平均发芽时间。它是衡量种子发芽快慢的一个指标。在同一树种中，平均发芽时间的数值小，表示该种子发芽迅速，发芽能力较强。

$$\text{平均发芽时间} = \frac{\sum (D \cdot n)}{\sum n}$$

式中　D——从种子置床起计算的天数；

n——相应各日的正常发芽粒数。

（四）种子发芽的测定方法

1. 取样

发芽测定的样品是从净度分析后的纯净种子中抽取的。用四分法将种子分成4份，从每份中随机抽取25粒，组成100粒一组，重复4次，共取400粒；大粒种子也可以50粒或25粒一组，重复4次。特小粒种子用重量发芽法时，以0.1～0.25 g为一次重复。

2. 浸种、灭菌

样品取出后，要进行浸种、灭菌。浸种时间和水温依树种不同而异。对种皮坚硬、致密、难以吸水的树种，如刺槐、皂荚，需用70～80 ℃热水浸种24～28 h；种皮薄、易吸水的树种，如杨树、柳树、榆树、桑等种子只需用20～30 ℃温水浸种8～12 h；对绝大多数种子，如松树、柏树、杉树，以及多数阔叶树种，通常用45～60 ℃温水浸渍24～48 h。有些树种的种子在发芽试验前，需经过低温层积催芽，如池杉需用1%柠檬酸浸种24 h后，在－5 ℃条件下层积60～90天，薄壳山核桃需要在0～5 ℃下层积60天。

种子灭菌：常用的药剂有福尔马林、高锰酸钾、升汞、过氧化氢等。福尔马林的使用方法是：将测定样品分别装入小纱布袋，系好标签，连袋置入小烧杯中，注入0.15%福尔马林，以浸没种子为度，盖好烧杯，20 min后取出，再置入有盖的玻皿中闷半小时，然后取出连同纱布袋彻底清洗，即可置床。

无论用何种药液对种子消毒，都要在浸种以前进行。

测定用具的灭菌：培养皿、纱布、小镊子等清洗干净后用沸水煮5～10 min。恒温箱需要在使用前2～3天用浓度为0.15%的福尔马林喷洒密封后使用。

不管灭菌工作做得如何严格，发芽测定过程中种子仍然会感染霉菌。因为空气中有大量的霉菌孢子，种子的发芽环境又特别适于霉菌孳生。

3. 置床

将经过浸种、消毒的种子按4次重复摆放在发芽床上。用发芽皿（玻璃培养皿）作发芽置床，每个发芽皿摆放一次重复；用发芽盒（塑料）做发芽置床，每个发芽盒中可放置两次重复。摆放种子时，应注意种粒之间要有一定的距离（相当于种粒本身直径的1～4倍），以避免霉菌蔓延和发芽的幼根相互缠绕。另外，种粒的排放要有一定的序列，便于点数。最后将4次重复的发芽皿贴上有编号的标签，置入恒温箱或光照发芽箱中。

4. 管理

种子置床后，每天检查发芽环境的水分和温度状况。如果发现有感染霉菌的种子应及时取出,用清水冲洗干净后再放回原处。发霉严重时,整个发芽床都应更换。

5. 观察记载

种子发芽情况要定期观察,并将观察结果记入表 3-21 中。按照 GB 2772—1999 林木种子检验规程的规定,记载内容分正常幼苗数、不正常幼苗数和未萌发粒分析三项。正常幼苗包括完整幼苗、带轻微缺陷幼苗、受到次生性感染幼苗;不正常幼苗包括损伤苗、畸形苗或不匀称苗、腐坏苗;未萌发粒包括硬粒、新鲜粒、死亡粒等。

表 3-21　发芽测定记录表

编号＿＿＿＿＿

树种＿＿＿＿＿＿样品号＿＿＿＿＿＿样品情况＿＿＿＿＿＿测定地点＿＿＿＿＿＿

环境条件:室内温度＿＿＿＿℃　湿度＿＿＿＿%　测试仪器:名称＿＿＿＿　编号＿＿＿＿

预处理＿＿＿＿＿　置床日期＿＿＿＿＿　测定条件＿＿＿＿＿

正常幼苗数											不正常幼苗数	未萌发粒分析							
项目		样品重(g)	初次计数						末次计数	合计	不正常幼苗数	新鲜粒	死亡粒	硬粒	空粒	无胚粒	涩粒	虫害粒	合计
日期																			
重复	1																		
	2																		
	3																		
	4																		
平均																			

组间最大差距＿＿＿＿＿＿容许差距＿＿＿＿＿＿　　本次测定:有效□　无效□

测定人＿＿＿＿＿校核人＿＿＿＿＿　　测定结束日期＿＿＿＿年＿＿＿＿月＿＿＿＿日

6. 发芽测定的持续时间及其结果计算

发芽测定的天数自置床之日算起。如果检验人员确认测定样品的发芽过程已经终结,可在规定的时间以前提前结束;反之,到规定的结束时间,仍有较多的种粒萌发,也可酌情延长测定时间。实际测定天数应在种子检验证中注明。

发芽测定结束后,分别统计 4 次重复中正常幼苗数的百分率,如果 4 次重复的百分率最大值与最小值的差距不超过表 3-22 的容许值范围,说明测定结果有效,可用 4 次重复的平均值作为该种批种子的发芽率。否则,需要进行第二次测定。当第二次测定结果与第一次测定结果相差不超过表 3-23 所列容许差距时,则以两次测定的平均数作为发芽率。

表 3-22　发芽率的最大容许差距

平均发芽百分率(%)		最大容许差距
99	2	5
98	3	6
97	4	7
96	5	8
95	6	9
93～94	7～8	10
91～92	9～10	11
89～90	11～12	12
87～88	13～14	13
84～86	15～17	14
81～83	18～20	15
78～80	21～23	16
73～77	24～28	17
67～72	29～34	18
56～66	35～45	19
51～55	46～50	20

表 3-23　判断两次测定是否符合的容许差距

两次测定平均发芽率(%)		容许差距
98～99	2～3	2
95～97	4～6	3
91～94	7～10	4
85～90	11～16	5
77～84	17～24	6
60～76	25～41	7
51～59	42～50	8

GB 2772—1999 附录的149种树木发芽测定技术条件录此,供参考(见表3-24)。

表3-24 发芽测定技术条件表

顺序号	树种	发芽床	温度(℃)	初次计数(d)	末次计数(d)	备注
1	岷江冷杉 *Abies faxoniana* Rehd. et Wils.	纸	25	14	28	始温45 ℃水浸种24 h
2	杉松(沙松)*A. holophylla* Maxim.	纸	20~30	10	28	—
3	柳杉 *Cryptomeria fortunei* Hooibrenk	纸	25	18	28	—
4	杉木 *Cunninghamia lanceolata* (Lamb.) Hook.	纸	25	10	21	—
5	干香柏(冲天柏) *Cupressus duclouxiana* Hickel	纸	25	14	28	始温45 ℃水浸种24 h
6	柏木 *C. funebris* Endl.	纸	20	20	35	—
7	福建柏 *Fakienia hodginsii*(Dunn.) Henry et Thomas	纸	25	14	28	—
8	银杏 *Ginkgo biloba* L.	沙	25,20~30	14	28	1~5 ℃层积60 d
9	落叶松(兴安落叶松) *Larix gmelinii* (Rupr.) Rupr.	纸	20~25	14	28	始温45 ℃水浸种24 h
10	日本落叶松 *L. kaempferi*(Lamb.) Carr.	纸	20	14	21	1~5 ℃层积10~15 d
11	四川红杉 *L. mastersiana* Rehd. et Wils.	纸	20	10	24	始温45 ℃水浸种24 h
12	黄花落叶松(长白落叶松) *L. olgensis* Henry	纸	25	14	21	始温45 ℃水浸种24 h
13	红杉 *L. potaninii* Batal.	纸	20	10	24	始温45 ℃水浸种24 h
14	华北落叶松 *L. principis-rupprechtii* Mayr.	纸	25,20~30	12	21	始温45 ℃水浸种24 h
15	西伯利亚落叶松 *L. sibirica* (Münchh.) Ledeb.	纸	25~30	14	28	始温45 ℃水浸种24 h
16	水杉 *Metasequoia glyptostroboides* Hu et Cheng	纸	25	10	21	—
17	云杉 *Picea asperata* Mast.	纸	20~25	10	24	始温45 ℃水浸种24 h
18	红皮云杉 *P. koraiensis* Nakai	纸	25,20~30	14	21	始温45 ℃水浸种24 h
19	白杆 *P. meyeri* Rehd. et Wils.	纸	25	9	19	—
20	天山云杉 *P. schrenkiana* var. *tianshanica* Cheng et S. H. Fu	纸	25	10	25	—
21	青杆 *P. wilsonii* Mast.	纸	20,25	10	21	—
22	华山松 *Pinus armandi* Franch	沙	20~30	14	42	①始温45 ℃水浸种72 h;②有休眠的种源1~5 ℃层积30 d
23	白皮松 *P. bungeana* Zucc. ex Endl.	沙	20~25	14	35	1~5 ℃层积45 d
24	湿地松 *P. elliottii* Engelm.	纸	25,20~30	14	28	—

续表 3-24

顺序号	树种	发芽床	温度(℃)	初次计数(d)	末次计数(d)	备注
25	思茅松 *P. kesiya Royle* ex Gord. var. *langbianensis* (A. Chev.) Gaussen	纸	25	10	27	始温 45 ℃水浸种 24 h
26	南亚松 *P. latteri* Mason	纸	30	7	14	—
27	马尾松 *P. massoniana* Lamb.	纸	25	10	21	—
28	刚松 *P. rigida* Mill.	纸	20～30	10	16	始温 45 ℃水浸种 24 h
29	晚松 *P. rigida Mill* var. *serotina* (Michx.) Loud. ex Hoopes	纸	20～30	10	21	—
30	樟子松 *P. sylvestris* var. *mongolica* Litv.	纸	25	10	18	—
31	油松 *P. tabulaeformis* Carr.	纸	25	10	21	始温 45 ℃水浸种 24 h
32	火炬松 *P. taeda* L.	纸	25,20～30	14	21	1～5 ℃层积 28 d
33	黄山松 *P. taiwanensis* Hayata	纸	20～30	10	21	—
34	黑松 *P. thunbergii* Parl.	纸	25	14	28	—
35	云南松 *P. yunanensis* Franch.	纸	25	10	27	—
36	侧柏 *Platycladus orientalis* (L.) Franco	纸	25,20～25	14	28	始温 45 ℃水浸种 24 h
37	竹柏 *Podocarpus nagi* (Thunb.) Zoll. et Mor.	沙	25	25	42	—
38	金钱松 *Pseudolarix kaempferi* (Lindl.) Gord.	纸	20,20～30	21	35	—
39	铅笔柏 *Sabina virginiana* (L.) Ant.	纸	15	14	28	20 ℃层积 60 d 后转入 3～5 ℃下 45 d
40	池杉 *Taxodium ascendens* Brongn.	沙	20～30	14	28	①室温水浸 2 周,每天换水; ②1～5 ℃层积 90 d; ③染色法测定生活力
41	落羽杉 *T. distichum* (L.) Rich	纸	20,20～30	7	28	①3～5 ℃层积 30 d; ②染色法测定生活力
42	台湾相思(相思树)*Acacia richii* A. Gray	纸	25	7	21	①始温 100 ℃水浸种 2 min,自然冷却 24 h; ②浓硫酸浸种 15～20 min 后充分冲洗; ③染色法测定生活力
43	黑荆树 *A. mearnsii* De Wild.	纸	30	7	21	①沸水浸种 5 min,自然冷却 24 h; ②浓硫酸浸种 15～20 min 后充分冲洗; ③染色法测定生活力

续表 3-24

顺序号	树种	发芽床	温度(℃)	初次计数(d)	末次计数(d)	备注
44	元宝枫 *Acer truncatum* Bunge	纸	25	7	14	去翅,室温水浸 2 d 后剥去果皮及种皮
45	臭椿 *Ailanthus altissima* (Mill.) Swingle	纸	30	10	16	去翅,始温 45 ℃水浸种 24 h
46	合欢 *Albizia julibrissin* Durazz.	纸	20~30	7	14	始温 80 ℃水浸种 24 h,余硬粒再处理 1~2 次
47	三年桐 *Aleurites fordii* Hemsl.	纸	25	14	21	去掉种皮
48	千年桐 *A. montana* (Lour.) Wils.	纸	25	14	21	去掉种皮
49	桤木 *Alnus cremastogyne* Burkill	纸	25	7	21	—
50	旱冬瓜(蒙自桤木)*A. nepalensis* D. Don	纸	25	7	21	—
51	紫穗槐 *Amorpha fruticosa* L.	纸	20~25	7	14	去外种皮,始温 60 ℃水浸种 24 h
52	腰果 *Anacardium occidentale* L.	纸	20~30	7	18	—
53	团花 *Anthocephalus chinensis* (Lam.) A. Rich ex Walp.	纸	25	14	28	1~5 ℃层积 60 d
54	木菠萝 *Artocarpus heterophyllus* Lam.	纸	25~30	7	21	—
55	羊蹄甲 *Bauhinia purpurea* L.	纸	25	7	14	浓硫酸浸种 10 min 后充分冲洗
56	垂枝桦 *Betula pendula* Roth	纸	20~30	5	10	—
57	白桦 *B. platyphylla* Suk.	纸	20~30	7	14	—
58	紫珠 *Callicarpa dichotama* (lour.) K. Koch	纸	20~30	14	21	—
59	油茶 *Camellia oleifera* Abel.	纸	25	8	12	5~10 ℃层积 45 d
60	茶 *C. sinensis* Kuntze	纸	25	8	12	5~10 ℃层积 45 d
61	喜树 *Camptotheca acuminata* Decne.	纸	20~30	17	28	冷水浸 3 d,剥去果皮
62	柠条锦鸡儿 *Caragana korshinskii* Kom.	纸	25	9	17	—
63	小叶锦鸡儿 *C. microphylla* Lam.	纸	25	10	21	—
64	薄壳山核桃 *Carya illinoensis* (Wangenh.) K. Koch	沙	20~30	21	49	1~5 ℃层积 60 d
65	铁刀木 *Cassia siamea* Lam.	纸	25	10	20	浓硫酸浸种 3 min 后充分冲洗
66	锥栗 *Castanea henryi* (Skan) Rehd. et Wils.	沙	25	7	21	—
67	板栗 *C. mollissima* Blume	沙	20~25	12	35	0.5% $KMnO_4$ 消毒 20 min,45 ℃水浸种 48 h
68	红椎 *Castanopsis hystrix* A. DC.	沙	25	7	21	—
69	青钩栲(格氏栲)*C. kawakamii* Hay.	纸	25	7	21	—

续表 3-24

顺序号	树种	发芽床	温度（℃）	初次计数(d)	末次计数(d)	备注
70	木麻黄 *Casuarina equisetifolia* L.	纸	30	7	14	—
71	梓属 *Catalpa* spp.	纸	20 ~ 30	4	7	室温水浸 24 h
72	麻楝 *Chukrasia tabularis* A. Juss.	纸	30	7	14	—
73	樟树 *Cinnamomum camphora*（L.）Presl	纸	30	7	1	①15 ~ 20 ℃层积 30 d；②室温水浸种 10 d，去果皮；③19% H_2O_2 浸种 2 h
74	肉桂 *C. cassia* Presl	沙	30	7	21	—
75	降香黄檀 *Dalbergia odorifera* T. Chen	纸	30	24	48	—
76	凤凰木 *Delonix regia*(*Bojea*) Raf.	沙	30	7	14	①始温 100 ℃水浸种24 h；②浓硫酸浸种 30 min 后充分冲洗
77	君迁子 *Diospyros lotus* L.	沙	20 ~ 30	6	13	始温 45 ℃水浸种 24 h
78	坡柳（车桑子）*Dodonaea viscosa*（L.）Jacq.	纸	25	8	24	始温 70 ℃水浸种 2 h
79	沙枣 *Elaeagnus angustifolia* L.	沙	25	14	21	①29% H_2O_2 浸种 15 ~ 20 min；②始温 60 ℃水浸种 48 h
80	翅果油树 *E. mollis* Diels	纸	25	10	28	—
81	泡火绳 *Eriolaena malvacea*（Levl.）Hand. – Mzt.	纸	25	5	21	始温 70 ℃水浸种 24 h
82	格木 *Erythrophleum fordii* Oliv.	沙	30	7	15	①始温 100 ℃水浸种 24 h；②清除种皮上的胶状物后浓硫酸浸 30 min，充分冲洗
83	赤桉 *Eucalyptus camaldulensis* Dehnh	纸	30	7	14	称量发芽法，0.5 g
84	柠檬桉 *Eu. citriodora* Hook.	纸	25	7	14	称量发芽法，1.0 g
85	窿缘桉 *Eu. exserta* F. Muell.	纸	25	7	14	称量发芽法，1.0 g
86	蓝桉 *Eu. globulus* Labill.	纸	25	7	24	称量发芽法，1.0 g
87	葡萄桉 *Eu. botryoides* Sm.	纸	25	7	14	称量发芽法，1.0 g
88	直干蓝桉 *Eu. maidenii* F. V. M.	纸	25	7	24	称量发芽法，0.1 g
89	大叶桉 *Eu. robusta* Smith	纸	20	7	14	称量发芽法，0.25 g
90	蜡皮桉 *Eu. rubida Decne* et Maiden	纸	25，35	7	14	称量发芽法，0.25 g
91	多枝桉 *Eu. viminalis* Labill	纸	25	5	14	称量发芽法，0.5 g

续表 3-24

顺序号	树种	发芽床	温度（℃）	初次计数（d）	末次计数（d）	备注
92	杜仲 *Eucommia ulmoides* Oliv.	纸	25	14	21	①划去胚根一侧，浸 24 h ②5 ℃催芽 40 d
93	梧桐 *Firmiana simplex*（L.）W. F. Wight	沙	20 ~ 30	11	24	水浸 24 h 后切破种皮
94	白蜡树 *Fraxinus chinensis* Roxb.	纸	25	5	15	始温 45 ℃水浸种 21 d，每天换水一次
95	皂荚 *Gleditsia sinensis* Lam.	纸	20 ~ 25	12	21	①浓硫酸浸 1 h，充分冲洗，温水浸 48 h； ②始温 45 ℃水浸种 24 h，余硬粒再处理 1 ~ 2 次
96	云南石梓 *Gmelina arborea* Roxb.	纸	25 ~ 35	15	44	室温水浸种 24 h
97	银桦 *Grevillea robusta* A. Cunn.	纸	25	14	28	始温 45 ℃水浸种 24 h
98	梭梭 *Haloxylon ammodendron*（Mey.）Bunge	纸	25	3	10	—
99	白梭梭 *H. persicum* Bunge ex Boiss. et Buhse	纸	20	5	7	—
100	蒙古岩黄蓍（羊柴）*Hedysarum mongolicum* Turcz.	纸	25	12	20	始温 45 ℃水浸种 24 h，去掉外种皮
101	花棒（细枝岩黄蓍）*H. scoparium* Fisch. et Mey.	纸	25	14	21	始温 45 ℃水浸种 24 h，去掉外种皮
102	沙棘 *Hippophae rhamnoides* L.	纸	25	10	19	始温 45 ℃水浸种 24 h
103	红花天料木（母生）*Homaliun hainanense* Gagnep.	纸	30	8	27	冷水浸种后湿润 3 d；称量发芽法
104	坡垒 *Hopea hainanensis* Merr. et Chun	纸	30	5	10	剥去翅状萼片
105	核桃 *Juglans rigia* L.	沙	25	12	18	室温水浸 4 d，夹裂核壳，埋入沙中
106	非洲桃花心木 *Khaya senegalensis* A. Juss.	纸	20 ~ 30	10	28	室温水浸种 24 h
107	紫薇 *Lagerstroemia indica* L.	纸	20 ~ 30	4	11	—
108	胡枝子 *Lespedeza bicolor* Turcz.	纸	20 ~ 25	3	5	去掉果皮后擦破种皮，水浸 24 h
109	枫香 *Liquidambar formosana* Hance	纸	25	10	21	—
110	鹅掌楸 *Liriodendron chinense*（Hemsl.）Sarg.	纸	25	14	28	1 ~ 12 ℃层积 90 d
111	金银花（忍冬）*Lonicera japonica* Thunb.	纸	20 ~ 30	4	11	始温 45 ℃水浸种 72 h 后再置 1 ~ 5 ℃条件下层积 14 d
112	金银忍冬 L. maackii（Rupr.）Maxim.	纸	20 ~ 30	17	28	始温 45 ℃水浸 48 h

续表 3-24

顺序号	树种	发芽床	温度（℃）	初次计数(d)	末次计数(d)	备注
113	枸杞 *Lycium chinense* Mill.	纸	20	7	21	—
114	绿楠(海南木莲) *Manglietia hainanensis* Dandy	纸	25	5	46	25 ℃层积 36 d; 切开法测定优良度
115	楝树 *Melia azedarach* L.	纸	25	10	21	剖开果核取出种子
116	川楝 *M. toosendan* Sieb. et Zucc.	纸	25	10	21	剖开果核取出种子
117	醉香含笑(火力楠) *Michelia macclurei* Dandy	沙	25 ~ 30	7	21	2 ~ 17 ℃层积 80 d
118	桑属 *Morus* alba L.	纸	30	7	21	—
119	壳莱果(米老排) *Mytilaria laosensis* Lec.	沙	20 ~ 30	15	30	始温 50 ℃水浸种 24 h
120	兰考泡桐 *Paulownia elongata* S. Y. Hu	纸	25 ~ 30	7	22	—
121	白花泡桐 *P. fortunei* (Seem.) Hemsl.	纸	25 ~ 30	9	14	—
122	毛泡桐 *P. tomentosa* (Thunb.) Steud.	纸	25 ~ 30	7	22	—
123	黄菠萝(黄蘗) *Phellodendron amurense* Rupr.	纸	25 ~ 30	9	30	①1 ~ 5 ℃层积 30 d; ②染色法测定生活力
124	毛竹 *Phyllostachys pubescens* Mazel ex. H. de Lehaie	纸	25	14	28	—
125	黄连木 *Pistacia chinensis* Bunge	沙	20 ~ 30	14	28	1 ~ 5 ℃层积 60 d
126	二球悬铃木 *Platanus hispanica* Muenchh.	纸	20 ~ 25	5	10	—
127	杨属 *Populus* spp.	纸	20 ~ 25	7	14	—
128	枫杨 *Pterocarya stenoptera* C. DC.	沙	30	10	21	1 ~ 5 ℃层积 90 d
129	葛藤 *Purearia lobata* (Willd) Ohwi.	纸	20 ~ 30	4	7	室温水浸种 24 h,剩下的硬粒反复用 80 ℃水浸,每次 1 ~ 2 min,然后换常温水至 24 h
130	栎属 *Quercus* spp.	沙	25	14	28	—
131	火炬树 *Rhus typhina* L.	纸	25 ~ 30	7	14	①浓硫酸浸泡 5 min,冲洗干净,再用室温水浸 48 h; ②始温 90 ℃水浸种 48 h
132	刺槐 *Robinia pseudoacacia* L.	纸	20 ~ 30	7	14	始温 85 ~ 90 ℃水浸种 24 h,余硬粒再处理 1 ~ 2 次
133	旱柳 *Salix matsudana* Koidz.	纸	20 ~ 30	7	12	—
134	乌桕 *Sapium sebiferum* (L.) Roxb.	沙	25	6	21	4% NaOH 水溶液浸泡去蜡层后 1 ~ 5 ℃层积 30 d
135	檫木 *Sassafras tsumu* (Hemsl.) Hemsl.	纸	25	14	28	—
136	木荷 *Schima superba* Gardn. et Champ.	纸	20 ~ 30	17	35	—

续表 3-24

顺序号	树种	发芽床	温度（℃）	初次计数(d)	末次计数(d)	备注
137	箭竹 *Sinarundinaria nitida*（Mitf.）Nakai	纸	20	9	12	—
138	槐树 *Sophora japonica* L.	纸	20～25	9	14	始温 85～90 ℃水浸种 24 h,余硬粒再处理 1～2 次
139	大叶桃花心木 *Swietenia macrophylla* King	纸	30	7	21	室温水浸种 24 h
140	乌墨(海南蒲桃) *Syzygium cumini*（L.）Skeels	纸	30	7	30	—
141	柚木 *Tectona grandis* L. F.	纸	25～35	25	40	烈日下暴晒 7 d,后将种子浸沤于石灰水内 7 d,然后水浸 2 d
142	鸡尖(海南榄仁树) *Terminalia hainanensis* Exell.	纸	30	20	35	露天(25～30 ℃)层积 8 d
143	香椿 *Toona sinensis*（A. Juss.）Roem.	纸	25	7	21	—
144	漆树 *Toxicodendron verinciflum*（Stokes）F. A. Barkley	沙	20～25	14	28	①1～5 ℃层积 15～30 d;②浓硫酸浸种 30～40 min 充分洗净后 1～5 ℃层积 30 d
145	棕榈 *Trachycarpus fortunei*（Hook. f.）H. Wendl.	纸	25	14	21	①5～10 ℃层积 30 d;②染色法测定生活力;③解剖法测定优良度
146	白榆 *Ulmus pumila* L.	纸	20～25	5	7	—
147	青梅 *Vatica astrotricha* Hance	纸	30	5	10	剥去翅状萼片,不能浸种
148	荆条 *Vitex negundo* var. *heterophylla*（Franch.）Rehd.	纸	25	5	18	—
149	大叶榉 *Zelkova schneideriana* Hand. －Mzt.	纸	20	14	21	1～5 ℃层积 40 d

注:1. 备注栏提供的内容是:
　a)为破除休眠建议采用的预处理方法;
　b)称量种子发芽法的最低量。
2. 温度栏下的"～"表示变温;
3. 几种温度或几种预处理条件并列,并不表示优劣顺序。

六、种子生活力的测定

种子的生活力是指潜在于种子内的发芽能力,通常用具有生活力的种子数占试验样品种子总数的百分比表示。种子生活力的测定主要用于休眠期较长的种子和在不具备发芽试验所要求的条件下快速鉴定种子质量。

(一)测定种子生活力的常用试剂种类

1. 利用细胞原生质膜透性不同而染色的化学试剂

死细胞原生质膜比活细胞原生质膜透性强,苯胺染料容易透过死细胞原生质膜,却不能透过活细胞原生质膜,即死种子着色,活种子不着色,利用这个原理测定种子生活力。靛蓝、靛蓝胭脂红和红墨水等属于这一类。

2. 利用组织呼吸作用的不同而染色的化学试剂

活组织有呼吸作用，吸进 O_2，放出 CO_2，遇水生成 H_2CO_3，能将中性或碱性试剂还原或中和。活组织着色，失去生活力的种子不着色，利用这一原理测定种子生活力。二硝基苯和亚硝酸钠等属于这一类。

3. 利用活的成分染色反应不同的化学试剂

利用活组织里某种化学成分将试剂还原产生颜色反应的原理，来测定种子的生活力。活种子着色，死种子不着色。这类化学试剂有氯化三苯基四唑、碘化钾等。

（二）生活力测定的常用方法

测定种子生活力的方法很多，其中以四唑和靛蓝进行染色的方法最为常用。

1. 四唑染色法

四唑即氯化三苯基四唑，用 TTC 表示。为白色粉末，分子式为 $C_{19}H_{15}N_4Cl(Br)$。由于四唑水溶液的 pH 值低，因此要用中性蒸馏水（pH6.5～7）溶解。用四唑测定种子生活力，是应用种子在呼吸作用中对某些化学试剂的还原作用而产生的颜色反应，来测定种子生活力的一种方法。

四唑的水溶液无色，在种子的活组织中被脱氢酶还原成红色的、稳定的、不溶于水的红色三苯基甲臜，而无生活力的种子则没有这种反应。判断种子有无生活力的主要依据是着色的部位及面积，而不是着色的深浅。不染色的部位即坏死部位，根据坏死组织出现的部位及其分布状况判断种子的生活力。

染色测定用四唑溶液的浓度为 0.1%～0.5%，一般用 0.5%，浓度大，反应快，但药剂量消耗大。

2. 靛蓝（靛蓝胭脂红）染色法

靛蓝是一种苯胺染料，很容易透过种子的死细胞使其染上蓝色，但不能透过活的细胞，根据种胚染色的情况，可以区别出有无生活力。

3. 碘、碘化钾法

某些针叶树如松、落叶松、云杉等在种子发芽过程中，种胚生成淀粉，根据淀粉遇碘着色反应的特点来判断种子的生活力。

4. 软 X 射线摄影

用软 X 射线透视种子的最大优点是迅速简便，它能从摄影片上或荧光屏上区别出空粒、涩粒和饱满粒以及种粒的发育程度，同时也能看出种粒是否潜有病虫害和机械损伤。

（三）种子生活力测定的具体操作方法

1. 取样

从纯净种子中，随机取 25 粒或 50 粒一组，共取 4 组，即 4 次重复。除 4 组测定样品外，还要多取一些种子，以便补充剥胚时破坏的种子。

2. 浸种

浸种的目的是使种子吸水膨胀、呼吸增强、酶活跃。种壳较薄、容易吸水剥胚的种子，用 40 ℃温水浸种，冷却至室温，经 1～2 天即可，如马尾松、油松等。而种壳较厚且深休眠的种子，浸种时间可适当延长一些，如红松需 5～6 天时间。浸种过程中要注意每天换水。

3. 剥胚

切开种壳及胚乳取出胚(注意:不要使胚受到机械损伤),剥胚时同时记下各组中空粒、无胚粒、腐烂粒和病虫害粒,填入种子生活力测定记录表(见表 3-25)。用四唑染色的种子可连同胚乳一起染色,它的优点是可以更准确、更全面地判断生活力,因胚乳常供给胚发芽时所需养分。但使用酸性靛蓝染色,只宜剥胚,在切开种子时因胚乳被破坏即染色。

表 3-25　种子生活力测定记录表

树种:　　样品编号:　　染色剂:　　测定日期:

组号	测定种子数	种子解剖结果			进行染色粒数	染色结果				生活力(%)	备注
		腐坏粒	病虫害粒	空粒		无生活力		有生活力			
						粒数	%	粒数	%		
1											
2											
3											
4											
计											
平均											
测定方法:											

检验员:

年　　月　　日

4. 染色

将剥出的胚放在盛有蒸馏水的发芽皿中,染色时倒去蒸馏水,将配制好的试液倒入发芽皿中,以能淹没种胚为度。有上浮的用镊子轻轻将其压沉。放在黑暗恒温条件下染色。染色时间以着色稳定不再染色为止。时间长短因温度、树种而异。温度在 20 ~ 30 ℃时需 2 ~ 3 h;温度低于 20 ℃要适当延长染色时间;温度低于 10 ℃则染色困难,甚至不能染色。染色完成后就将试液倒出,并用蒸馏水冲洗一次,种胚大者用肉眼直接观察,种胚小者用放大镜观察。表 3-26 是 GB 2772—1999 生活力的四唑和靛蓝测定技术条件,录此供参考。

5. 种子生活力的判断

根据着色程度和部位判断种子是否有生活力。

四唑染色鉴定:有生活力者银杏(取胚方)的胚、胚乳均染色或胚乳少部未染色;松属、杉木属、侧柏属的胚乳、胚全部染色,仅有少部分胚乳染色较淡;元宝枫的胚全部染色,胚根染色,子叶大部染色;香椿、臭椿、黄连木的胚根、下胚轴、子叶全部染色或大部分染色;板栗的胚根、下胚轴和子叶完全染色;苦楝的胚根染色,子叶完全或大部分染色;山桃、山杏的胚根、胚轴、子叶均染色或子叶少部分未染色;刺槐、槐树的胚根、下胚轴均染色。靛蓝染色鉴定:有生活力者松属、杉木属的胚乳、胚全部未染色,或仅有少部分胚乳染色较淡;元宝枫、香椿、臭椿、黄连木、水曲柳、白蜡、苦楝、刺槐、槐树、皂角、棕榈、文冠果的胚全部未染色,子叶少许染色。

将判断结果填入表 3-25 中,即可计算出种子的生活力。

表 3-26 生活力的四唑和靛蓝测定技术条件表

顺序号	树种	预处理	染色前的准备	试剂种类		于 30 ~ 35 ℃染色		鉴定的准备	四唑鉴定不染色的最大面积，靛蓝染色的最大面积	备注
		方式、时间		四唑	靛蓝	浓度（%）	时间（h）			
1	冷杉属 *Abies* spp.	温水浸 18 h	①切开两端，打开胚腔； ②在胚旁纵切	√		0.5 ~ 1.0	18 ~ 24	①纵切胚乳，使胚露出； ②除去种皮	胚乳末端有少量表面坏死	
2	杉木 *Cunninghamia lanceolata* (Lamb.) Hook.	温水浸 24 h	剥去种皮	√		0.5 ~ 1.0	4 ~ 5		无，包括胚乳	
3	银杏 *Ginkgo biloba* L.	温水浸 24 h	取“胚方”	√		0.5 ~ 1.0	15 ~ 20		1/4 胚方子叶末端	
4	刺柏属 *Juniperus* spp.	温水浸 24 h	①从末端去 1/4； ②在胚旁纵切	√ √		0.5 ~ 1.0 0.5 ~ 1.0	4 24	①纵切，使胚与胚乳露出； ②露出胚和胚乳	无，包括子叶 无，包括子叶	
5	松属 *Pinus* spp.	温水浸 18 h	①从两端横切，打开胚腔； ②在胚旁纵切	√ √		0.5 ~ 1.0 0.5 ~ 1.0	18 ~ 24 12 ~ 18	①通过胚乳纵切，使胚露出，除去种皮； ②暴露出胚，除去种皮	无，包括胚乳	种胚短于胚腔 1/3 者，为无生活力
6	华山松 *P. armandi* Franch.	温水浸 24 ~ 28 h	除去种皮	√		0.5 ~ 1.0	15 ~ 20	①纵切种子，使胚与胚乳露出； ②剥出种仁	无，包括胚乳	种胚短于胚腔 1/3 者，为无生活力
7	白皮松 *P. bungeana* Zucc. ex Eandl.	温水浸 24 ~ 48 h	除去种皮	√		0.5 ~ 1.0	20 ~ 24	①纵切种子使胚与胚乳露出； ②剥出种仁	无，包括胚乳	种胚短于胚腔 1/3 者，为无生活力
8	湿地松 *P. elliottii* Engelm.	温水浸 24 h	除去种皮	√		0.5 ~ 1.0	2 ~ 3	①纵切种子使胚与胚乳露出； ②剥出种仁	无，包括胚乳	种胚短于胚腔 1/3 者，为无生活力

续表 3-26

顺序号	树种	预处理	染色前的准备	试剂种类		于 30 ~ 35 ℃染色		鉴定的准备	四唑鉴定不染色的最大面积；靛蓝染色的最大面积	备注
		方式、时间		四唑	靛蓝	浓度（%）	时间（h）			
9	思茅松 *P. kesiya* Royle ex Gord var. *langbianensis* (A. Chev.) Gaussen	温水浸 24 h	除去种皮	√		0.5 ~ 1.0	2 ~ 3	①纵切种子使胚与胚乳露出；②剥出种仁	无，包括胚乳	种胚短于胚腔 1/3 者，为无生活力
10	红松 *P. koraiensis* Sieb. et Zucc.	温水浸 24 h	除去种皮		√	0.1	2 ~ 3	①纵切种子，使胚与胚乳露出；②剥出种仁	无，包括胚乳	种胚短于胚腔 1/3 者，为无生活力
		水浸 48 h	除去种皮	√		0.5 ~ 1.0	20 ~ 24	①纵切种子，使胚与胚乳露出；②剥出种仁	无，包括胚乳	种胚短于胚腔 1/3 者，为无生活力
11	油松 *P. tabulaeformis* Carr.	温水浸 24 h	除去种皮	√		0.5 ~ 1.0	3 ~ 4	①纵切种子使胚与胚乳露出；②剥出种仁	无，包括胚乳	种胚短于胚腔 1/3 者，为无生活力
12	火炬松 *P. taeda* L.	温水浸 24 h	除去种皮	√		0.5 ~ 1.0	2 ~ 3	①纵切种子使胚与胚乳露出；②剥出种仁	无，包括胚乳	种胚短于胚腔 1/3 者，为无生活力
13	黄山松 *P. taiwanensis* Hayata	温水浸 24 h	除去种皮	√		0.5 ~ 1.0	2 ~ 3	①纵切种子使胚与胚乳露出；②剥出种仁	无，包括胚乳	种胚短于胚腔 1/3 者，为无生活力
14	云南松 *P. yunnanensis* Franch.	温水浸 24 h	除去种皮	√		0.5 ~ 1.0	2 ~ 3	①纵切种子使胚与胚乳露出；②剥出种仁	无，包括胚乳	种胚短于胚腔 1/3 者，为无生活力
		温水浸 24	除去种皮		√	0.1	2 ~ 3	①纵切种子使胚与胚乳露出；②剥出种仁	无，包括胚乳	种胚短于胚腔 1/3 者，为无生活力

续表 3-26

顺序号	树种	预处理	染色前的准备	试剂种类		于 30~35 ℃染色		鉴定的准备	四唑鉴定不染色的最大面积；靛蓝染色的最大面积	备注
		方式、时间		四唑	靛蓝	浓度（%）	时间（h）			
15	侧柏 *Platycladus orientalis*（L.）Franco	温水浸 24 h	除去种皮	√		0.5~1.0	3~4	①纵切种子使胚与胚乳露出；②剥出种仁	无，包括胚乳	种胚短于胚腔 1/3 者，为无生活力
16	圆柏 *Sabina chinensis*（L.）Ant.	温水浸 48 h	①从末端切去 1/4；②在胚旁纵切	√		0.5~1.0	15~20	①纵切种子使胚与胚乳露出；②露出胚和胚乳	无，包括子叶	
17	落羽杉 *Taxodium distichum*（L.）Rich.	温水浸 18 h	①从两端横切去 1/4，打开胚腔；②胚旁纵切	√		0.5~1.0	24~48	①纵切种子使胚与胚乳露出；②除去种皮	无，包括胚乳	
18	紫杉属 *Taxus* spp.	温水浸 18 h	①末端 1 mm 横切（包括一小块胚乳）；②胚旁纵切	√		0.5~1.0	24~48	纵切胚乳，使胚露出	无，包括胚乳	
19	茶条槭 *Acer ginnala* Maxim.	①温水浸 18 h；②3~5 ℃预冷冻 10~14 d	从翅果末端将果实切去 1/6	√		0.5~1.0	24~48	从果皮和种皮中取出胚	胚根尖端、子叶末端小面积坏死	
20	鸡爪槭 *A. palmatum* Thunb.	①温水浸 18 h；②3~5 ℃预冷冻 10~14 d	除两果的连接部位外，沿另三边切开果皮	√		0.5~1.0	24	从果皮和种皮中取出胚	胚根尖端、子叶末端小面积坏死	
21	楹树 *Albizzia chinensis*（Osb.）Merr.	98%浓硫酸蚀 20 min 后充分冲洗，再冷水浸 24 h	剥去种皮	√		0.5~1.0	2~3		1/4 子叶末端	
21	楹树 *Albizzia chinensis*（Osb.）Merr.	98%浓硫酸蚀 20 min 后充分冲洗，再冷水浸 24 h	剥去种皮		√	0.1	2~3		1/4 子叶末端	

续表 3-26

顺序号	树种	预处理 方式、时间	染色前的准备	试剂种类 四唑	试剂种类 靛蓝	于 30～35 ℃染色 浓度（%）	于 30～35 ℃染色 时间（h）	鉴定的准备	四唑鉴定不染色的最大面积；靛蓝染色的最大面积	备注
22	黑格 *A. odoratissima*（L. F.）Benth.	98%浓硫酸蚀 20 min 后充分冲洗，再冷水浸 24 h	剥去种皮	√		0.5～1.0	2～3		1/4 子叶末端	
		98%浓硫酸蚀 20 min 后充分冲洗，再冷水浸 24 h	剥去种皮		√	0.1	2～3		1/4 子叶末端	
23	白格 *A. procera*（Willd.）Benth.	98%浓硫酸蚀 20 min 后充分冲洗，再冷水浸 24 h	剥去种皮	√		0.5～1.0	2～3		1/4 子叶末端	
24	鹅耳枥属 *Carpinus* spp.	98%浓硫酸蚀 20 min 后充分冲洗，再冷水浸 24 h	剥去种皮		√	0.1	2～3		1/4 子叶末端	
		温水浸种 18 h	从末端切去 1/3	√		0.5～1.0	10～24	除去种皮，使胚露出	无	吸水前切割，可改进染色
25	板栗 *Castanea mollissima* Blime	温水浸 48 h	取“胚方”	√		0.5～1.0	3～4		1/4 胚方子叶末端	
		温水浸 48 h	取“胚方”		√	0.1	7～8		1/4 胚方子叶末端	
26	榛属 *Corylus* spp.	打开坚果，温水浸 18 h	切去子叶末端 1～2 mm，沿子叶之间劈开，不应切开成片	√		1.0 0.5	12～15 18～24	分开子叶，特别应沿不会染色部分切开	胚根尖端，子叶末端表面坏死不大于子叶腹面直径的 1/3	
27	山楂属 *Crataegus* L.	温水浸 18 h	从末端切去 1/3	√		0.5～1.0	10～24	取出胚	胚根尖端，1/3 子叶顶端部分，如在表面则为 1/2	

续表 3-26

顺序号	树种	预处理	染色前的准备	试剂种类		于 30～35 ℃染色		鉴定的准备	四唑鉴定不染色的最大面积；靛蓝染色的最大面积	备注
		方式、时间		四唑	靛蓝	浓度（%）	时间（h）			
28	胡颓子属 *Elaeagnus* spp.	温水浸 18 h	①沿胚边纵切； ②切去两端，打开种腔	√		0.5～1.0	18～24	沿胚乳纵切露出种胚；去种皮，露出种胚	胚根尖端，1/3 子叶顶端部分，如在表面则为 1/2	
29	卫矛属 *Euonymus* spp.	温水浸 18 h	①从顶端横切 1/3； ②将胚乳纵切成两片，打开胚腔	√		0.5～1.0	24～48	纵切胚乳，露出种胚	无，包括胚乳	
30	白蜡树 *Fraxinus chinensis* Roxb.	除去果皮及翅，温水浸 48 h	避开胚中轴纵切种子，取出胚	√		0.5～1.0	30	纵切种子	1/4 顶端部分	
31	水曲柳 *F. mandshurica* Rupr.	除去果皮及翅，温水浸 48 h	避开胚中轴纵切种子，取出胚	√		0.5～1.0	20～30	纵切种子	1/4 顶端部分	
32	核桃 *Juglans regia* L.	除去果皮及翅，温水浸 48 h	避开胚中轴纵切种子，取出胚		√	0.2	20～30	纵切种子	1/4 顶端部分	
		冷水浸 48 h	取“胚方”	√		0.5～1.0	3～4		1/4 胚方子叶末端	
		冷水浸 48 h	取“胚方”		√	0.2	3～4		1/4 胚方子叶末端	
33	银合欢 *Leucaena glauca*（L.）Benth.	98% 浓硫酸蚀 20 min 后充分冲洗，再冷水浸	剥去种皮	√		0.5～1.0	2～3		1/4 子叶末端	
34	女贞属 *Ligustrum* spp.	温水浸 18 h	①从末端 1/4 横切； ②沿两边各纵切去一片	√ √		0.5～1.0 0.5～1.0	20～24 18～24	①纵切通过胚和胚乳； ②除去种皮	无，包括胚乳	
35	鹅掌楸属 *Liriodendron* spp.	温水浸 18 h	①从果翅末端对面横切一片果皮和胚乳； ②纵切胚乳	√		0.5～1.0	24～48	纵切，使胚和胚乳露出	无，包括胚乳	

续表 3-26

顺序号	树种	预处理 方式、时间	染色前的准备	试剂种类 四唑	试剂种类 靛蓝	于 30~35 ℃染色 浓度（%）	于 30~35 ℃染色 时间（h）	鉴定的准备	四唑鉴定不染色的最大面积；靛蓝染色的最大面积	备注
36	苹果属 *Malus* spp.	温水浸 18 h	从末端切去 1/3	√		0.5~1.0	20~24	取出种胚	胚根尖端，1/3 子叶顶端部分，如在表面则为 1/2	
37	山荆子 *M. baccata* (L.) Borkh.	温水浸 24~48 h	从末端切去 1/3，剥种仁	√	√	0.5~1.0 0.2	20 2~4	取出种胚	胚根尖端，1/3 子叶顶端部分，如在表面则为 1/2	
38	黄菠萝（黄蘗）*Phellodendron amurense* Rupr.	温水浸 24 h	除去种皮		√		0.2	2~3	①纵切种子使胚与胚乳露出；②剥出种仁	
39	李属 *Prunus* spp.	打开核，取出种子，温水浸 18 h	除去种皮，浸水，每小时换水一次，至少浸 5 h	√		0.5~1.0	4~12	将子叶展开	胚根尖端，1/3 子叶顶端部分	
40	山杏 *P. armeniaca* var. *ansu* Maxim.	打开核，取出种子，温水浸 18 h	除去种皮，浸水，每小时换水一次，至少浸 5 h	√		0.5~1.0	3~4	将子叶展开	胚根尖端，1/3 子叶顶端部分	
		打开核，取出种子，温水浸 18 h	除去种皮，浸水，每小时换水一次，至少浸 5 h		√	0.1	20	将子叶展开	胚根尖端，1/3 子叶顶端部分	
41	山桃 *P. davidiana* (Carr.) Frach.	打开核，取出种子，温水浸 18 h	除去种皮，浸水，每小时换水一次，至少浸 5 h	√		0.5~1.0	3~4	将子叶展开	胚根尖端，1/3 子叶顶端部分	
		打开核，取出种子，温水浸 18 h	除去种皮，浸水，每小时换水一次，至少浸 5 h		√	0.1	20	将子叶展开	胚根尖端，1/3 子叶顶端部分	
42	梨属 *Pyrus* spp.	温水浸 18 h	从末端切去 1/3	√		0.5~1.0	16~24	使胚露出	胚根尖端，1/3 子叶顶端部分	

续表 3-26

顺序号	树种	预处理	染色前的准备	试剂种类		于 30 ~ 35 ℃染色		鉴定的准备	四唑鉴定不染色的最大面积；靛蓝染色的最大面积	备注
		方式、时间		四唑	靛蓝	浓度（%）	时间（h）			
43	刺槐 *Robinia pseudoaccia* L.	用 80 ℃ 始温水浸 24 h	除去种皮	√		0.5 ~ 1.0	2 ~ 3		1/4 子叶末端	
		用 80 ℃ 始温水浸 24 h	除去种皮		√	0.2	2 ~ 3		1/4 子叶末端	
44	蔷薇属 *Rosa* spp.	温水浸 18 h	从末端切去 1/3	√		0.5 ~ 1.0	16 ~ 24	使胚露出	胚根尖端部分，1/3子叶顶端部分	
45	花楸属 *Sorbus* spp.	温水浸 18 h	从末端切去 1/3	√		0.5 ~ 1.0	18 ~ 24	使胚露出	胚根尖端部分，1/3子叶顶端部分	
46	椴属 *Tilia* spp.	除去果皮温水浸18 h	切去黑斑及一薄片胚乳	√		0.5 ~ 1.0	24 ~ 28	沿胚乳纵切，剥开外壳，轻轻挤出种子，使胚露出	无，在胚乳的表面上有微小坏死则除外	
47	鸡树条荚蒾 *Viburnum sargentii* Koehne	温水浸 48 h，沿纵轴切取有胚的一半染色	剥去种皮	√		0.5 ~ 1.0	6 ~ 9	取出胚	无	
48	文冠果 *Xanthoceras sorbifolia* Bunge	用浓硫酸浸种 3 h，再用温水浸 48 h	除去种皮	√		0.5 ~ 1.0	8 ~ 10		1/4 子叶末端	
		用浓硫酸浸种 3 h，再用温水浸 48 h	除去种皮		√	0.1	8 ~ 10		1/4 子叶末端	

七、种子优良度的测定

根据观察、触觉、嗅觉来判断种子的品质，也就是感官判断种子的优良程度。这种方法特别适宜于采种、脱粒、收购种子的现场进行快速的检查。

（一）取样

从纯净种子中随机取 100 粒，种粒大的提取 50 粒或 25 粒，共取 4 个重复进行测定。

（二）测定方法

1. 解剖法（切开法）

将种子进行解剖观察，凡种粒饱满、种胚健康、胚乳和子叶的颜色正常（有些具有香味）的种子都为品质优良的种子；种胚腐烂变软、有斑点或受病虫害侵害、空粒、无胚的种子均为品质低劣的种子。

2. 挤压法

特小粒种子可用水煮 10 min，置于两块载玻片间挤压，饱满的种子能挤出种仁，空粒的种子挤出水，变质的种子仁呈黑色。此法简单，适用于落叶松、云杉、杨柳等树种的种子测定。测定结果填入表 3-27。

表 3-27　优良度测定记录表

编号________

树种____________样品号____________样品情况____________

测定地点：__________

环境条件：温度______℃　湿度______%

测试仪器：名称____________　编号____________

重复	测定种子数量	观察结果					优良度（%）	备注
		优良粒	腐烂粒	空粒	涩粒	病虫粒		
1								
2								
3								
4								
平均								
实际差距			容许差距					
测定方法：								

本次测定：有效　□　　　　测定人______

　　　　　无效　□　　　　校核人______

　　　　　　　　　　　　　测定日期______年_____月_____日

表 3-28 是 GB 2772—1999 给出的 130 个树种优良种子鉴别特征表，录此供使用。

表3-28　优良种子鉴别表

序列号	树种	优良种子
1	岷江冷杉 *Abies faxoniana* Rehd. et Wils.	种皮表面黑褐色,有光泽,富含松脂香味;胚乳乳白色,饱满,胚根淡青白色,子叶淡青绿色,新鲜
2	杉松(沙松)*A. holophylla* Maxim.	种粒饱满,胚乳、胚白色
3	三尖杉 *Cephalotaxus forunei* Hook. f.	胚乳饱满,白色或淡黄色
4	柳杉 *Cryptomeria fortunei* Hooibrenk	种子饱满,胚呈暗白色
5	杉木 *Cunninghamia lanceolata* (Lamb.) Hook.	种皮赤褐色,有光泽;种仁饱满,胚完好,胚根稍带粉红色,胚尖淡红色,胚乳白色、淡白色
6	干香柏 *Cupressus duclouxiana* Hickel	胚乳外被黄褐色,内呈乳白色,先端褐黄色,胚白色,饱满,新鲜
7	柏木 *C. funebris* Endl.	种仁黄白色,先端黄褐色,中部淡褐色,基部棕色
8	银杏 *Ginkgo biloba* L.	胚乳饱满,表面浅黄色,切开后胚乳黄绿色,胚浅黄绿色
9	杜松 *Juniperus rigida* Sieb. et Zucc.	种皮棕白色;种仁饱满,胚、胚乳呈白色
10	落叶松(兴安落叶松)*Larix gmelinii* (Rupr.) Rupr.	种子腹面褐色,背面浅褐色,有光泽,胚、胚乳乳白色,饱满,有弹性
11	华北落叶松 *L. principis – rupprechtii* Mayr.	种皮腹面褐色,背面黄白色,有光泽;种仁饱满,胚乳尖端部分呈乳色,钝部白色,胚乳白色,有松脂香味,种仁切面平滑;浸种后种仁膨胀,质硬脆,胚乳乳白色,胚靠根尖部呈浅黄色或淡黄绿色,其靠子叶部呈鲜白色;用84%的酒精浸种可快速测出饱满度
12	白杄 *Picea meyeri Rehd.* et Wils.	种皮黑褐色或灰褐色,种粒饱满;胚、胚乳皆白色,有松脂香味;浸种后种仁膨胀,色鲜,质硬脆
13	青杄 *P. wilsonii* Mast.	种皮黑褐色或灰褐色,种粒饱满;胚、胚乳皆白色,有松脂香味;浸种后种仁膨胀,色鲜,质硬脆
14	华山松 *Pinus armandi* Franch.	种仁饱满,有松脂香味,胚乳乳白色,胚白色,其两端呈微淡黄色或微淡黄绿色;浸种后种仁膨胀,胚乳白色,有鲜嫩感
15	白皮松 *P. bungeana* Zucc. ex Eandl.	种仁饱满,有松脂香味,胚乳乳白色,胚白色,其两端呈微淡黄色或微淡黄绿色;浸种后种仁膨胀,胚乳白色,有鲜嫩感,胚根部微黄色或黄绿色,质硬脆
16	赤松 *P. densiflora* Sieb. et Zucc.	种皮赤褐色,胚、胚乳皆白色,有松脂香味,有弹性
17	红松 *P. koraiensis* Sieb. et Zucc.	种粒饱满,浅红棕色;胚、胚乳乳白色,饱满,有弹性,富松脂香味
18	马尾松 *P. massoniana* Lamb.	种皮黑褐、灰褐、灰棕或黄白色;温水浸种20~24 h,胚乳白色,胚黄或红色
19	樟子松 *P. sylvestris* L. var. *mongolica* litv.	种粒饱满,胚、胚乳白色,有弹性,具松脂香味
20	油松 *P. tabulaeformis* Carr.	种皮黑褐色或灰褐色,有光泽;种仁饱满,胚乳白色,胚白色,其靠根部具微浅黄色,有松脂香味;浸种后种仁膨胀,质硬脆,胚乳、胚鲜白色,胚靠根尖部呈鲜淡黄色或鲜淡黄绿色
21	黄山松 *P. taiwanensis* Hayata	种粒饱满,种皮黑褐色或灰褐色;胚、胚乳白色,有松脂香味

续表 3-28

序列号	树种	优良种子
22	黑松 *P. thunbergii* Parl.	种粒饱满,种皮黑褐色或灰褐色;胚、胚乳白色,有松脂香味
23	云南松 *P. yunnanensis* Franch.	胚乳乳白色,胚白色,饱满,新鲜
24	侧柏 *Platycladus orientalis* (L.) Franch	种粒饱满,种皮棕褐色,有光泽;胚白色,胚乳乳白色或黄白色;浸种后种仁膨胀,色鲜,质硬脆
25	罗汉松 *Podocarpus macrophyllus* (Thunb.) D. Don	胚乳白色,胚黄绿色或淡黄绿色
26	竹柏 *P. nagi* (Thunb.) zoll. et Mor.	胚乳白色,胚黄绿色或淡黄绿色
27	圆柏 *Sabina chinensis* (L.) Ant.	胚、胚乳白色,饱满,较软
28	南方红豆杉 *Taxus mairei* (Lemee et Levl.) S. Y. Hu ex Lin	种粒饱满,种皮棕色,有光泽;胚、胚乳皆白色
29	儿茶 *Acacia catechu* Willd.	种子暗绿色,扁平,饱满;稍有光泽;子叶淡黄色,光滑,较硬,有弹性,远离胚根有少量白色凹陷部分种仁带青色
30	青榨槭 *Acer davidi* Franch.	翅果橙棕色,饱满;子叶黄色或浅黄绿色,胚根较白
31	茶条槭 *A. ginnala* Maxim.	翅果橙棕色,饱满;子叶黄色或浅黄绿色,胚根较白
32	五角枫 *A. mono* Maxim.	翅果褐色,饱满;种仁嫩绿,饱满,有弹性
33	地锦槭 *A. pictum* thunb.	翅果嫩绿,饱满;种仁嫩绿,饱满,有弹性
34	元宝枫 *A. truncatum* Bunge	翅果橙棕色,饱满;子叶黄色或浅黄绿色,胚根白色
35	海红豆 *Adenanthera pavonina* L.	种子鲜红色,有光泽;内种皮透明,无色,凝胶状,有弹性;胚淡黄色
36	七叶树 *Aesculus chinensis* Bunge	胚浅黄色,湿润膨大,有油脂
37	臭椿 *Ailanthus altissima* (Mill.) Swingle	翅果褐色,饱满,种皮黄白色,种仁浅黄色
38	楹树 *Albizia chinensis* (Osb.) Merr.	种子青褐色;子叶淡黄色,较厚
39	合欢 *Albizia julibrissin* Durazz.	种子褐色,饱满,有光泽;子叶黄色不透明
40	油桐 *Aleurites fordii* Hemsl.	内种皮纸质,粉白色,种仁饱满,有弹性,胚乳光滑,黄白色,子叶白色
41	赤杨 *Alnus japonica* (Thunb.) Steud.	种粒饱满,子叶白色,种仁乳白色,饱满
42	辽东桤木(水冬瓜)*A. sibirica* Fisch.	种仁乳白色,饱满
43	紫穗槐 *Amorpha fruticosa* L.	荚赤褐色;种皮棕色或浅灰绿色;种仁鲜黄绿色,子叶和胚根均为淡黄色
44	白花羊蹄甲 *Bauhinia acuminata* L.	种子黄色,饱满,有光泽;子叶黄白色
45	羊蹄甲 *B. purpurea* L.	内种皮透明;子叶黄色;较肥大,有皱纹
46	黄芦木 *Berberis amurensis* Rupr.	胚稍具黄绿色,胚乳乳白色,饱满而硬,切面光滑
47	重阳木 *Bischofia javanica* Bl.	种子棕色或棕褐色,饱满;胚、胚乳均白色
48	油茶 *Camellia oleifera* Abel.	内种皮紧贴子叶,子叶肥厚,乳黄色,饱满,有弹性
49	喜树 *Camptotheca acuminata* Decne.	胚淡绿色,胚乳白色

续表 3-28

序列号	树种	优良种子
50	柠条锦鸡儿 *Caragana korshinskii* Kom.	种皮黄褐或栗褐色,光滑,子叶米黄色,种粒饱满均匀
51	小叶锦鸡儿 *C. microphylla* Lam.	种粒饱满,种皮棕褐色或灰褐色,子叶淡黄色
52	山核桃 *Carya cathayensis* Sarg.	子叶饱满,乳白色,有油香味
53	薄壳山核桃 *C. illinoensis* (Wangenh.) K. Koch	子叶饱满,乳白色,有油香味
54	铁刀木 *Cassia siamea* Lam.	种子红黑色,有光泽;子叶黄绿色,胚根白色,有弹性
55	板栗 *Castanea mollissima* Blume	种壳栗褐色至浓褐色,饱满,坚硬,表面光洁;子叶浅黄色,较硬,有弹性及清香味,内外均无异状,胚芽健全,无黑点;子叶上虽有暗棕色条纹,但面积不超过 1/4
56	梓树 *Catalpa ovata* Don	种子灰色或灰棕色,饱满;子叶白色
57	南蛇藤 *Celastrus orbiculatus* Thunb.	胚浅白绿色,硬,胚乳粉白色
58	麻楝 *Chukrasia tabularis* A. Juss.	胚、胚乳均白色,无病虫
59	樟树 *Cinnamomum camphora* (L.) Presl	胚、胚乳均白色,具樟油香味,油分多
60	灯台树 *Cornus controversa* Hemsl.	胚淡黄色,饱满
61	毛梾 *C. walteri* Wanger.	胚、胚乳均白色
62	山楂 *Crataegus pinnatifida* Bunge	子叶乳白色,饱满,胚根白色
63	青冈 *Cyclobalanopsis glauca* (Thunb.) Oerst.	种子暗褐色,具淡黄色绒毛,坚硬;子叶较硬,有弹性,浅灰黄色,种仁接触空气即呈深暗色
64	黄檀 *Dalbergia hupeana* Hance	种子黄褐色,饱满,有光泽;子叶淡黄色
65	降香黄檀 *D. odorifera* T. Chen	种子红褐色,薄,饱满,有光泽;子叶鲜红色
66	凤凰木 *Delonix regia* (Bojea.) Raf.	胚淡黄色,胚乳灰白,坚硬,饱满
67	君迁子 *Diospyros lotus* L.	种粒坚硬较厚;胚乳灰白色,坚硬,胚白色
68	猫尾树 *Dolichandrone caunda-felina* (Hance) Benth. et Hook. f.	子叶、胚根、胚芽均白色,健壮,或子叶离开胚根部的边缘带有黑色斑点,子叶较硬,有弹性
69	沙枣 *Elaeagnus angustifolia* L.	种粒饱满,肉质;子叶白色,有光泽,剖面淡黄色或近于白色
70	青皮象耳豆 *Enterolobium contortisiliquum* Morong	种子黑红色,饱满,有光泽;子叶淡黄色
71	杜仲 *Eucommia ulmoides* Oliv.	种子淡栗色,饱满,有光泽;胚乳完整,有弹性,胚白色
72	卫矛 *Euonymus alatus* (Thunb.) Sieb.	胚完整,新鲜,浅黄色或黄绿色,胚乳白色
73	水青冈 *Fagus longipetiolata* Seem.	子叶、胚根均白色,饱满,有光泽
74	梧桐 *Firmiana simplex* (L.) W. F. Wight	种粒饱满,略有香味;胚乳白色,新鲜,无味或有香味,胚黄色
75	连翘 *Forsythia suspense* (Thunb.) Vahl	种皮棕黄、微红,种仁白色,饱满
76	美国白蜡树 *Fraxinus americana* L.	胚白色或淡白色,有弹性,胚乳乳白色或淡蓝色,较硬
77	水曲柳 *F. mandshurica* Rupr.	胚白色或淡白色,有弹性,胚乳乳白色或淡蓝色,较硬

续表 3-28

序列号	树种	优良种子
78	花曲柳 *F. rhynchophyua* Hance	胚白色或淡白色，有弹性，胚乳乳白色或淡蓝色，较硬
79	皂荚 *Gleditsia sinensis* Lam.	种子黄褐色；胚根、子叶浅黄色，饱满，子叶多开展
80	蒙古岩黄蓍（羊柴）*Hedysarum mongolicum* Turcz.	种粒饱满，种皮淡黄色；子叶较硬，黄色
81	花棒（细枝岩黄蓍）*H. scoparium* Fisch. et Mey.	种皮黄色，皮上有少量绒毛，种粒饱满；子叶较硬，黄色
82	沙棘 *Hippophae rhamnoides* L.	胚根浅黄色，子叶乳白色，饱满，有弹性
83	冬青 *Ilex purpurea* Hassk.	种子深褐色，饱满；胚乳乳白色，饱满
84	核桃楸 *Juglans mandshurica* Maxim.	内种皮淡黄色，有光泽；子叶淡黄白色，饱满，有弹性，具香味
85	核桃 *Juglans rigia* L.	内种皮淡黄色，有光泽；子叶饱满，淡黄白色，有油香味
86	栾树 *Koelreuteria paniculata* Laxm.	子叶淡黄色，偶带绿色，饱满，有弹性
87	胡枝子 *Lespedeza bicolor* Turcz.	荚褐色，饱满；种仁黄白色，饱满
88	女贞 *Ligustrum lucidum* Ait.	种粒饱满；胚、胚乳均白色
89	枸杞 *Lycium chinense* Mill.	种粒饱满；胚、胚乳均白色
90	仪花 *Lysidice rhodostegia* Hance	浸种 2 d 后，种皮变软，切开后子叶灰白色，无斑点
91	玉兰 *Magnolia denudata* Desr.	种仁饱满，与壳同大，有油质，种仁尖端呈黄色，胚乳黄色，胚白色，油分多
92	厚朴 *M. officinalis* Rehd. et Wils.	种仁饱满，与壳同大，有油质，种仁尖端呈黄色，胚乳黄色，胚白色，油分多
93	天女花 *M. sieboldii* K. Koch	种子棕色或棕黄色，饱满；胚乳表面黄色，切开呈青白色，油分多
94	山荆子 *Malus baccata*（L.）Borkh.	种皮有光泽；子叶、胚白色，饱满；浸种后种仁白色，有新鲜感，质硬脆
95	西府海棠 *M. micromalus* Makino	种皮有光泽；子叶、胚白色，饱满；浸种后种仁白色，有新鲜感，质硬脆
96	楝树 *Melia azedarach* L.	种粒饱满；胚根淡黄色，子叶白色，有光泽
97	川楝 *M. toosendan* Sieb. et Zucc.	种粒饱满；胚根淡黄色，子叶白色，有光泽
98	壳莱果（米老排）*Mytilaria laosensis* Lec.	种仁白色，有带苦的油香味
99	蓝果树 *Nyssa sinensis* Oliv.	胚、胚乳均白色，完整
100	木蝴蝶（千张纸）*Oroxylum indicum*（L.）Vent.	子叶黄色或淡黄色
101	银珠 *Peltophorum tonkinense*（pierre）Gagnep.	种子扁平，光滑；内种皮无色，透明，有弹性；子叶、胚根淡黄色
102	黄菠萝（黄蘗）*Phellodendron amurense* Rupr.	种子黑褐色，饱满，有光泽；胚、胚乳均白色，有弹性，或胚淡黄色
103	桢楠 *Phoebe zhennan S. Lee et F. N.* wei	种仁饱满，胚、胚乳皆白色

续表 3-28

序列号	树种	优良种子
104	紫楠 *Ph. sheareri*(Hemst.) Gamble	种子黑褐色或灰黄色,有灰、黑条纹,有光泽;子叶淡黄色,较硬,有弹性
105	石楠 *Photinia serrulata* Lindl.	胚白色
106	黄连木 *Pistacia chinensis* Bunge	子叶淡黄色或淡黄绿色,胚根白色
107	小叶杨 *Populus simonii* Carr.	种粒饱满,子叶白色
108	山杏 *Prunus armeniaca* var. ansu Maxim.	子叶乳白色,饱满,坚硬,胚根比子叶色白
109	山桃 *P. davidiana*(Carr.) Frach.	子叶乳白色,饱满,较硬,有弹性
110	紫檀 *Pterocarpus indicus* Willd.	种子灰黄色,有光泽;子叶米黄色,饱满
111	枫杨 *Pterocarya stenoptera* C. DC.	种子深褐色;种仁乳白色,饱满
112	翻白叶树 *Pterospermum heterophyllum* Hance	胚根、子叶白色
113	杜梨 *Pyrus betulaefolia* Bunge	子叶乳白色,饱满,坚硬,有弹性,胚根白色
114	麻栎 *Quercus acutissima* Carr.	种粒饱满,棕黄色,有光泽;子叶硬,有弹性,浅黄白色或带红色,胚芽、胚根正常,无虫害
115	两广梭罗树 *Reevesia thyrsoidea* Lindl.	种粒饱满,胚乳肥厚,胚白色或黄白色,子叶叶脉明显
116	刺槐 *Robinia pseudoacacia* L.	种粒饱满,种皮黑褐色或棕褐色,有光泽;子叶、胚根均为淡黄色,发育正常
117	乌桕 *Sapium sebiferum* (L.) Roxb.	胚乳、胚根、子叶均为白色,新鲜,有弹性
118	檫木 *Sassafras tsumu*(Hemsl.) Hemsl.	手捏硬、饱满;子叶饱满新鲜,剖面中部颜色较深,带油光,最外圈色淡,呈淡白色或绿色
119	木荷 *Schima superba* Gardn. et Champ.	胚和胚乳白色
120	硬核 *Scleropyrum wallichianum*(Wight et Arn.) Arn.	胚和胚乳乳白色
121	仿栗 *Sloanea hemsleyana* (Ito) Rehd. et Wils.	种壳褐色,有光泽;子叶淡黄色,饱满
122	槐树 *Sophora japonica* L.	种粒饱满,子叶浅绿色,胚根黄色
123	紫丁香 *Syringa oblata* Lindl.	种粒饱满,子叶浅绿色,胚根黄色
124	厚皮香 *Ternstroemia gymnanthera* (Wight et Arn.) Sprague	胚白色
125	紫椴 *Tilia amurensis* Rupr.	种粒饱满,种皮深褐色;种仁淡黄白色,有弹性
126	糠椴 *T. mandschurica* Rupr. et Maxim.	种粒饱满,干种解剖时,胚黄色,胚乳黄白色;浸种后解剖,胚淡黄色,胚乳白色,子叶舒展
127	香椿 *Toona sinensis*(A. Juss.) Roem.	种粒饱满,种仁淡黄白色
128	棕榈 *Trachycarpus fortunei*(Hook. f.) H. Wendl.	果皮蓝黑色,种皮黑褐色,饱满;胚乳白色,透明,胚黄白色
129	石笔木 *Tutcheria spectabilis* Dunn	胚根黄白色,新鲜,饱满
130	文冠果 *Xanthoceras sorbifolia* Bunge	种粒饱满,有光泽;胚白色

八、种子健康状况测定

种子健康状况主要指是否携带病原菌等，如细菌、真菌、病毒以及害虫。

（一）培养

将种子保持在有利于病原体发育或病症发展的环境条件下进行培养。

（二）检查

1. 直观检查

将测定样品放在白纸、白瓷盘或玻璃板上，挑出菌核、霉粒、虫瘿、活虫及病虫伤害的种子，分别计算病虫害感染度。

2. 隐蔽害虫的检查

在送检样品中，随机抽取测定样品 200 粒或 100 粒，选用下列方法测定：

（1）剖开法。切开种子检查。

（2）染色法。用高锰酸钾等化学药品染色检查。

（3）比重法。利用饱和食盐水或其他溶液的浮力检查。

（4）X 射线透视检查。

（三）结果计算

1. 病害感染度计算

$$病害感染度(\%)=\frac{霉粒数+病害粒数}{测定样品粒数}\times 100$$

2. 虫害感染度计算

$$虫害感染度(\%)=\frac{虫害粒数}{测定样品粒数}\times 100$$

送检样品病、虫害感染度为病、虫害感染度之和。测定结果记入林分健康状况测定记录表（见表 3-29）。

表 3-29　种子健康状况测定记录表

编号＿＿＿＿＿＿

树种＿＿＿＿＿＿样品号＿＿＿＿＿＿样品情况＿＿＿＿＿＿

测试地点：＿＿＿＿＿＿＿＿＿＿＿＿＿＿＿＿＿＿＿＿

环境条件：温度＿＿＿＿＿＿℃　湿度＿＿＿＿＿＿%

测试仪器：名称＿＿＿＿＿＿　编号＿＿＿＿＿＿

测定种子粒数	观察结果				病害感染度（%）	虫害感染度（%）	病虫害感染度（%）	备注
	健康粒	虫粒	病粒					
测定方法								

测定人＿＿＿＿＿＿　校核人＿＿＿＿＿＿

测定日期＿＿＿＿年＿＿＿＿月＿＿＿＿日

种子检查工作全部结束后，按照种子检查管理办法，为保证种子质量，种子检查单位应根据检查人员提供的种子结果报告单，对经过检验合格的种子签发林木种子质量检验证书

(见表 3-30),填写种批质量检验证书(见表 3-31)、检验情况综合表(见表 3-32),对检验不合格的种子,根据具体情况,提出处理意见。管理单位和用种单位要尊重检验单位的意见,以及采取有效措施,以免种子损失。送检单位若对种子品质检验结果有异议时,可以提出复检或委托其他单位复检,仍有异议时,可申请仲裁检验。仲裁检验一般由上一级种子检验单位负责。检验样品由有关方双方共同选取。

表 3-30　种子质量检验证书

编号________

据送检人陈述

树种中名__________树种学名__________产地__________

种批编号	种批重(kg)	容器件数	抽样日期	送检样品号

送检人__________单位地址____________________邮政编码__________

正式报告

样品编号	样品封缄	样品重(g)	样品收到日期	检验结束日期

检验结果

被检树种中名____________　树种学名____________

净度测定			发芽测定						千粒重(g)	含水量(%)	生活力(%)	优良度(%)	病虫害感染度(%)
%			天数	%									
纯净种子(即净度)	夹杂物	其他种子		正常幼苗(即发芽率)	不正常幼苗	新鲜粒	硬粒	死亡粒					
1	2	3	4	5	6	7	8	9	10	11	12	13	14
分级依据						质量等级							
备注													

检验机构全称________________　　主检人________________

地址________________　　校核人________________

邮编________________　　技术负责人________________

电话________________　　签发日期______年______月______日

检验机构(章)

表 3-31　种批质量检验证书

编号__________

据送检人陈述

树种中名______________树种学名____________产地________________

送检人________________地址________________邮政编码________________

正式报告

抽样、封缄单位和人员______________________________

种批标记____

种批封缄____

种批重(kg)	容器名称	容器件数	抽样日期	样品重(g)	样品编号	样品收到日期	检验结束日期

检验结果

被检树种中名________________树种学名________________

净度测定			发芽测定						千粒重(g)	含水量(%)	生活力(%)	优良度(%)	病虫害感染度(%)
%			天数	%									
纯净种子(即净度)	夹杂物	其他种子		正常幼苗(即发芽率)	不正常幼苗	新鲜粒	硬粒	死亡粒					
1	2	3	4	5	6	7	8	9	10	11	12	13	14

分级依据	质量等级

备注

检验机构全称________________　　主检人__________________________

地址________________　　校核人__________________________

邮编________________　　技术负责人______________________

电话________________　　签发日期______年______月______日

检验机构(章)

表3-32　检验情况综合表

编号＿＿＿＿＿

卷宗号					
样品登记号					
样品收到日期					
据送检人陈述	送检单位				
	检验申请表编号				
	种批号				
	树种				
	产地				
	送检样品重(g)				
	本批种子重(kg)				
检验结果	检验结束日期				
	净度(%)				
	千粒重(g)				
	发芽率(%)				
	优良度(%)				
	生活力(%)				
	含水量(%)				
	病虫害感染度(%)				
	本批种子等级意见				
	质量检验证书名称				
	质量检验证书号				
	发证日期				
	备注				

注:本表用于检验机构存档。

登记人＿＿＿＿年＿＿月＿＿日

九、主要造林树种种子质量标准

林木种子质量标准,对种子生产、经营和使用都具有重要意义。实施种子质量标准为实行按级论价、优质优价提供了依据,而且在收购、贮藏、调拨和使用中,可以避免因劣质种子所造成的巨大损失。

河南省标准局1988年颁布实施了《河南省主要造林树种的种子质量分级》(河南省地方标准DB/4100 B61 003—88),该标准主要根据净度、发芽率(或生活力、优良度)两项指标将各树种种子质量划分为三个等级,若两项指标不属于同一级时,以单项指标低的定等级(质量分级指标详见表3-33)。在生产上凡达不到质量标准的种子应不予收购、贮藏和使用。

GB/T 7908—1999林木种子质量分级标准详见表3-34。依据该标准,林木种子质量分为3级,以种子净度与发芽率、或与生活力、或与优良度和含水量的指标划分等级。等级各相关指标不属于同一级时,以单项指标低的定等级。

表 3-33　河南省主要造林树种的种子质量分级指标表

顺序号	树种	Ⅰ级				Ⅱ级				Ⅲ级				各级种子含水量不高于（%）
		净度不低于（%）	发芽率不低于（%）	生活力不低于（%）	优良度不低于（%）	净度不低于（%）	发芽率不低于（%）	生活力不低于（%）	优良度不低于（%）	净度不低于（%）	发芽率不低于（%）	生活力不低于（%）	优良度不低于（%）	
1	马尾松 *P. massoniana* Lamb.	98	86			93	70			90	60			10
2	油松 *P. tabulaeformis* Carr.	98	85			95	75			93	65			10
3	华山松 *Pinus armandi* Franch.	99	85	90		98	75	85		95	60	70		10
4	黄山松 *P. taiwanensis* Hayata	98	70			93	60			90	50			10
5	黑松 *P. thunbergii* Parl.	98	80			95	70			95	60			10
6	日本落叶松 *Larix kaempferi*（Lamb.）Carr.	97	50			93	40			90	30			10
7	湿地松 *Pinus elliottii* Engelm.	99	85			99	70			99	60			10
8	火炬松 *Pinus taeda* L.	98	80			95	70			95	60			10
9	杉木 *Cunninghamia lanceolata*（Lamb.）Hook	95	50			90	40			90	30			10
10	水杉 *Metasequoia glyptostroboides* Hu et. Cheng	90	15			85	10			85	5			10
11	池杉 *Taxodium ascendens* Brongn.	50		55		40		45		40		35		10
12	落羽杉 *Taxodium distichum*（L.）Rich	65	50			55	40			50	30			10
13	柳杉 *Cryptomeria fortunei* Hooibrenk	98	35			95	30			90	20			12
14	侧柏 *Platycladus orientalis*（L.）Franco	96	75			93	60			90	50			10
15	圆柏 *Sabina chinensis*（L.）Ant.	95			60	90			50	90			35	10
16	银杏 *Cinkgo biloba* L.	99	85		90	99	75		85	99	65		80	25～20
17	白榆 *Ulmus pumila* L.	90	90			90	80			90	70			8
18	刺槐 *Robinia pseudoacacia* L.	98	80			95	70			90	60			10

续表 3-33

顺序号	树种	Ⅰ级				Ⅱ级				Ⅲ级				各级种子含水量不高于（%）
		净度不低于（%）	发芽率不低于（%）	生活力不低于（%）	优良度不低于（%）	净度不低于（%）	发芽率不低于（%）	生活力不低于（%）	优良度不低于（%）	净度不低于（%）	发芽率不低于（%）	生活力不低于（%）	优良度不低于（%）	
19	紫穗槐 *Amorpha fruticosa* L.	95	70			90	60			85	50			10
20	枫杨 *Pterocarya stenoptera* C. PC.	98	75		85	98	65		70	95	55		65	10
21	臭椿 *Ailanthus altissima*(Mill.)	96	60			90	55			90	50			10
22	苦楝 *Melia azedarach* L.	98			90	98			80	95			75	10
23	梧桐 *Firmiana simplex* （L. ） W. F. Wight	95	85			90	70			90	60			12
24	槐树 *Sophora japonica* L.	95	85			90	75			90	60			10
25	毛泡桐 *Paulownia tomenosa*(Thunb.) Steud.	90	80			90	70			85	60			8
26	毛白杨 *Populus tomentosa* Carr.	90	85			90	80							6
27	小叶杨 *Populus simonii* Carr.	95	90			90	85							6
28	青杨 *Populus cathayma* Rehd.	95	86			90	80							6
29	旱柳 *Salix matsudana* Koidz.	85	80			80	70							6
30	女贞 *Ligustrum lucidum* Ait.	95			83	95			75	90			70	10
31	麻栎 *Quercus acutissima* Carr.	99			96	97			93	95			85	30～25
32	栓皮栎 *Quercus variabilis* Bl.	99			96	97			93	95			85	30～25
33	板栗 *Castanea mollissima* Blume	99			90	97			85	95			75	30～25
34	核桃 *Juglans regia* L.	99	80		91	99	70		81	99	60		75	12
35	山楂 *Crataegus pinnatifida* Bunge	99			60	95			45	95			40	8
36	海棠 *Malus spectabilis*(Ait.) Borkh.	95			81	90			70	90			60	10

续表 3-33

顺序号	树种	Ⅰ级				Ⅱ级				Ⅲ级				各级种子含水量不高于（%）
		净度不低于（%）	发芽率不低于（%）	生活力不低于（%）	优良度不低于（%）	净度不低于（%）	发芽率不低于（%）	生活力不低于（%）	优良度不低于（%）	净度不低于（%）	发芽率不低于（%）	生活力不低于（%）	优良度不低于（%）	
37	山定子 *Malus baccata*	95		80		90		65		90		50		10
38	黄连木 *Pistacia chinensis* Bunge	95	75			90	55			90	40			10
39	山桃 *Prunus davidiana*(Carr.)Frach.	99		90	95	99		80	85	99		70	75	10
40	山杏 *Prunus armeniaca* var.	99		90	95	99		80	85	99		70	75	10
41	杜梨 *Pyrus betulaefolia* Bunge.	95		85		90		70		90		60		10
42	豆梨 *Pyrus calleryaha*	95		85		90		70		90		60		10
43	杜仲 *Eucommia ulmoides* Oliv.	98	85			98	80			98	70			10
44	乌桕 *Sapium sebiferum*（L.）Roxb.	98			90	95			80	90			70	10
45	沙棘 *Hippophae rhamnoides* L.	90	80			85	70			85	60			9
46	香椿 *Toona sinensis*（A. Juss）. Roem.	98	96			93	85			90	70			10
47	桑 *Morus alba* L.	95	80			90	70			90	60			12
48	白蜡 *Fraxinus chinensis*	95			80	95			60	90			40	11
49	油茶 *Camellia oleifera* Abel.	99	86			99	75			99	65			15～18
50	油桐 *Aleurites fordii* Hemsl.	98	90		91	98	85		85	98	75		75	14～12
51	漆树 *Rhus verniciflua*（Stokes）F. A. Barkley	98			80	98			70	95			60	12～10
52	花椒 *Zanthoxyum bungeanum* Maxim.	95	80			95	75			90	70			14～12
53	山茱萸 *Cornus officeinalis*	95	80			90	80			90	75			14～12
54	望春玉兰（原变种）*Magnolia piondii* Parnp. var.	95	80			90	76			90	65			14～12

表 3-34 林木种子质量分级表

顺序号	树种	Ⅰ级				Ⅱ级				Ⅲ级				各级种子含水量不高于（%）
		净度不低于（%）	发芽率不低于（%）	生活力不低于（%）	优良度不低于（%）	净度不低于（%）	发芽率不低于（%）	生活力不低于（%）	优良度不低于（%）	净度不低于（%）	发芽率不低于（%）	生活力不低于（%）	优良度不低于（%）	
1	冷杉 *Abies fabric*（Mast.）Craib	75	18			65	10							10
2	岷江冷杉 *A. faxoniana* Rehd. et Wils	85	20			80	10							10
3	杉松（沙松）*A. holophylla* Maxim.	90	40			85	30							10
4	柳杉 *Cryptomeria fortunei* Hooibrenk	95	40			90	30			90	20			12
5	杉木 *Cunninghamia lanceolata*（Lamb.）Hook.	95	50			90	40			90	30			10
6	干香柏 *Cupressus duclouxiana* Hickel	90	30			80	20							10
7	柏木 *C. funebris* Endl.	95	40			95	30			90	20			12
8	福建柏 *Fokienia hodginsii*（Dunn.）Henry et Thomas	95	55			90	35			90	20			10
9	银杏 *Ginkgo biloba* L.	99	85		90	99	75		80	99	65		70	25～20*
10	杜松 *Juniperus rigida* Sieb. et Zucc	95			60	90			50	90			35	10
11	落叶松（兴安落叶松）*Larix gmelinii*（Rupr.）Rupr.	95	50			95	40			90	30			10
12	日本落叶松 *L. kaempferi*（Lamb.）Carr.	97	45			93	40			90	35			10
13	黄花落叶松（长白落叶松）*L. olgensis* Henry	98	55			95	40			90	30			10
14	红杉 *L. potaninii* Batal.	95	50			85	40			75	30			10
15	华北落叶松 *L. principis-rupprechtii* Mayr.	98	60			95	50			90	40			10
16	西伯利亚落叶松 *L. sibirica*（MÜnchh.）Ledeb.	96	70			93	55			90	40			10
17	水杉 *Metasequoia glyptostroboides* Hu et Cheng	90	13			85	9			85	5			11
18	云杉 *Picea asperata* Mast.	85	75			80	65			80	55			10

续表 3-34

顺序号	树种	Ⅰ级				Ⅱ级				Ⅲ级				各级种子含水量不高于（%）
		净度不低于（%）	发芽率不低于（%）	生活力不低于（%）	优良度不低于（%）	净度不低于（%）	发芽率不低于（%）	生活力不低于（%）	优良度不低于（%）	净度不低于（%）	发芽率不低于（%）	生活力不低于（%）	优良度不低于（%）	
19	麦吊云杉 *P. brachytyla*(Franch.) Pritz.	80	50			75	40			70	30			10
20	鱼鳞云杉 *P. jezoensis* var. *micrsperma* (Lindl.) Cheng et L. K. Fu	95	80			90	70			85	60			10
21	红皮云杉 *P. koraiensis* Nakai	95	80			93	70			90	60			10
22	白杄 *P. meyeri* Rehd. et Wils.	95	80			90	70			90	60			10
23	天山云杉 *P. schrenkiana* var. *tianshanica* Cheng et S. H. Fu	90	75			90	65			85	55			10
24	青杄 *P. wilsonii* Mast.	95	80			90	70			90	60			10
25	华山松 *Pinus armandi* Franch.	97	75			95	70			95	60			10
26	白皮松 *P. bungeana* Zucc. ex Eandl.	95	70	75		95	55	60		90	50	50		10
27	赤松 *P. densiflora* Sieb. et Zucc.	95	80			95	70			90	60			10
28	湿地松 *P. elliottii* Engelm.	99	85			99	70			96	60			10
29	思茅松 *P. kesiya Royle* ex Gord. var. *langbianensis* (A. Chev.) Gaussen	95	75			92	65			90	60			12
30	红松 *P. koraiensis* Sieb. et Zucc	98		90		96		75		94		60		12～8
31	马尾松 *P. massoniana* Lamb.	96	75			93	60			90	45			10
32	晚松 *P. rigida Mill* var. *serotina*(Michx.) Loud. ex Hoopes	98	90			95	85			95	75			10
33	樟子松 *P. sylvestris* var. *mongolica* Litv.	98	85			93	75			90	60			10
34	油松 *P. tabulaeformis* Carr.	95	85			95	75			90	65			10

续表 3-34

顺序号	树种	Ⅰ级				Ⅱ级				Ⅲ级				各级种子含水量不高于（%）
		净度不低于（%）	发芽率不低于（%）	生活力不低于（%）	优良度不低于（%）	净度不低于（%）	发芽率不低于（%）	生活力不低于（%）	优良度不低于（%）	净度不低于（%）	发芽率不低于（%）	生活力不低于（%）	优良度不低于（%）	
35	火炬松 *P. taeda* L.	99	80			99	70			96	60			10
36	黄山松 *P. taiwanensis* Hayata	98	70			93	60			90	50			12
37	黑松 *P. thunbergii* Parl.	98	80			95	70			95	60			10
38	云南松 *P. yunnanensis* Franch.	95	75			93	65			90	55			10
39	侧柏 *Platycladus orientalis*（L.）Franco	95	60			93	45			90	35			10
40	竹柏 *P. nagi*（Thunb.）Zoll. et Mor.	98			90	95			85	95			80	20～16*
41	金钱松 *Pseudolarix kaempferi*(Lindl.) Gord.	95	80			90	65			90	50			12
42	圆柏 *Sabina chinensis*（L.）Ant.	95			60	90			50	90			35	10
43	池杉 *Taxodium ascendens Brongn.*	40		50		35		40		35		30		10
44	红豆杉 *Taxus chinensis*(Pilg.)Rehd.	98			95	95			85					20
45	紫杉(东北红豆杉) *T. cuspidata* Sieb. et Zucc	98			95	95			85	90			80	20
46	台湾相思(相思树) *Acacia richii* A. Gray	98	80			95	70			95	60			10
47	梣叶槭 *Acer negundo* L.	95			80	90			65					10
48	元宝槭 *A. truncatum* Bunge	95			80	90			65					10
49	臭椿 *Ailanthus altissima*（Mill.）Swingle	95	65			90	55			90	45			10
50	合欢 *Albizia julibrissin* Durazz.	98	80			95	70							10
51	桤木 *Alnus cremastogyne* Burkill		1 000 粒/g				800 粒/g				600 粒/g			9

续表 3-34

顺序号	树种	Ⅰ级				Ⅱ级				Ⅲ级				各级种子含水量不高于（%）
		净度不低于（%）	发芽率不低于（%）	生活力不低于（%）	优良度不低于（%）	净度不低于（%）	发芽率不低于（%）	生活力不低于（%）	优良度不低于（%）	净度不低于（%）	发芽率不低于（%）	生活力不低于（%）	优良度不低于（%）	
52	紫穗槐 *Amorpha fruticosa* L.	95	70			90	60			85	50			10
53	团花 *Anthocephalus chinensis*（Lam.） A. Rich ex Walp.	90	60			85	50			80	40			8
54	羊蹄甲 *Bauhinia purpurea* L.	98	70			95	60			90	50			15
55	红桦 *Betula allbo-sinensis* Burkill		2 000 粒/g				1 400 粒/g				800 粒/g			8
56	白桦 *B. platyphylla* Suk.	85	45			70	30			60	25			10～9
57	重阳木 *Bischofia javanica* Bl.	98	65			95	55			90	45			15
58	木豆 *Cajanus cajan*（L.）Millsp.	95	75			90	65			90	55			12
59	油茶 *Camellia oleifera* Abel.	99	80			99	70			99	60			20～15*
60	喜树（旱莲木）*Camptotheca acuminata* Decne.	98	70			95	60			90	50			12
61	柠条锦鸡儿 *Caragana korshinskii* Kom.	97	85			90	75			80	65			9
62	小叶锦鸡儿 *C. microphylla* Lam.	95	75			90	65			85	55			9
63	锦鸡儿 *C. sinica*（Buchoz）Rehd	95	70			90	60			85	55			9
64	铁刀木 *Cassia siamea* Lam.	85	90			75	70			75	50			13
65	锥栗 *Castanea henryi*（Skan）Rehd. et Wils.	98			90	95			80	95			70	30～25*
66	板栗 *C. mollissima* Blume	98			85	96			75	96			65	30～25*
67	红椎 *Castanopsis hystrix* A. DC.	95			90	95			80	95			70	30～25*

续表 3-34

顺序号	树种	Ⅰ级				Ⅱ级				Ⅲ级				各级种子含水量不高于（%）
		净度不低于（%）	发芽率不低于（%）	生活力不低于（%）	优良度不低于（%）	净度不低于（%）	发芽率不低于（%）	生活力不低于（%）	优良度不低于（%）	净度不低于（%）	发芽率不低于（%）	生活力不低于（%）	优良度不低于（%）	
68	细枝木麻黄 *Casuarina Cunninghamiana* Miq.		280 粒/g				200 粒/g				120 粒/g			10
69	木麻黄 *C. equisetifolia* L.		1 330 粒/g				1 070 粒/g				810 粒/g			10
70	樟树 *Cinnamomum camphora*（L.）Presl	98			90	95			80	95			70	20～12*
71	肉桂 *C. cassia* Presl	98	80			95	70			95	60			20～16*
72	山楂 *Crataegus pinnatifida* Bunge	98			60	95			40	95			30	8
73	巴豆 *Croton tiglium* L.	95			80	93			70	90			60	12
74	降香黄檀 *Dalbergia odorifera* T. Chen	90	80			80	65			80	50			10
75	猫儿屎 *Decaisnea fargesii* Franch.	95	55			90	45							20*
76	君迁子 *Diospyros lotus* L.	98	80			95	70			90	60			10
77	沙枣 *Elaeagnus angustifolia* L.	98	90			95	80			95	70			10
78	黄杞 *Engelhardtia roxburghiana* Wall.	80	70			75	60			75	50			15*
79	格木 *Erythrophleum fordii* Oliv.	95	80			90	70			90	60			10
80	赤桉 *Eucalyptus camaldulensis* Dehnh		350 粒/g				300 粒/g				250 粒/g			6
81	柠檬桉 *Eu. citriodora* Hook.	95	90			90	80			90	70			8
82	窿缘桉 *Eu. exserta* F. Muell.		300 粒/g				240 粒/g				180 粒/g			6
83	蓝桉 *Eu. globulus* Labill.	95	85			90	75			90	65			6

续表 3-34

顺序号	树种	Ⅰ级				Ⅱ级				Ⅲ级				各级种子含水量不高于（%）
		净度不低于（%）	发芽率不低于（%）	生活力不低于（%）	优良度不低于（%）	净度不低于（%）	发芽率不低于（%）	生活力不低于（%）	优良度不低于（%）	净度不低于（%）	发芽率不低于（%）	生活力不低于（%）	优良度不低于（%）	
84	大叶桉 *Eu. robusta* Smith		320粒/g				260粒/g				200粒/g			6
85	蜡皮桉 *Eu. rubida Decne* et Maiden		400粒/g				300粒/g				200粒/g			6
86	杜仲 *Eucommia ulmoides* Oliv.	98	75			98	65			98	55			10
87	柃木 *Eurya japonica* Thunb.	90	65			85	55							12
88	梧桐 *Firmiana simplex*（L.）W. F. Wight	95	80			90	70							12
89	白蜡树 *Fraxinus chinensis* Roxb.	95			75	95			55	90			35	11
90	水曲柳 *F. mandshurica* Rupr.	96		80		93		65		90		50		11
91	花曲柳 *F. rhynchophylla* Hance	96		80		93		70		90		60		11
92	皂荚 *Gleditsia sinensis* Lam.	98	75		80	98	65		70					11
93	梭梭 *Haloxylon ammodendron*（Mey.）	95	80			90	75			85	65			8
94	踏郎 *Hedysarum leave* Maxim.	96	85			94	75			92	65			10
95	蒙古岩黄蓍(羊柴)*Hedysarum mongolicum* Turcz.	95	65			90	60			85	50			10
96	花棒(细枝岩黄蓍)*H. scoparium Fisch.* et Mey.	90	70			85	65			80	55			10
97	沙棘 *Hippophae rhamnoides* L.	90	80			85	70			85	60			9
98	坡垒 *Hopea hainanensis* Merr. et Chun	95	90			95	80			95	60			35*
99	核桃楸 *Juglans mandshurica* Maxim.	99		85		99		75						10
100	核桃 *J. rigia* L.	99	80			99	70							12

续表 3-34

顺序号	树种	Ⅰ级				Ⅱ级				Ⅲ级				各级种子含水量不高于(%)
		净度不低于(%)	发芽率不低于(%)	生活力不低于(%)	优良度不低于(%)	净度不低于(%)	发芽率不低于(%)	生活力不低于(%)	优良度不低于(%)	净度不低于(%)	发芽率不低于(%)	生活力不低于(%)	优良度不低于(%)	
101	胡枝子 *Lespedeza bicolor* Turcz.	95	90			93	75			90	65			10
102	女贞 *Ligustrum lucidum* Ait.	95			85	95			75					12
103	枸杞 *Lycium chinense* Mill.	98	90			95	80			95	70			8
104	朝鲜槐 *Maackia amurensis* Rupr. et Maxim.	96	80			90	75			90	70			9
105	山荆子 *Malus baccata* (L.) Borkh.	95		80		90		65		90		50		10
106	海棠花 *M. spectabilis* (Ait.) Borkh.	95			80	90			70	90			60	10
107	楝树 *Melia azedarach* L.	98			95	98			85					10
108	川楝 *M. toosendan* Sieb. et Zucc.	98			95	98			85					10
109	醉香含笑(火力楠) *Michelia macclurei* Dandy	94	80			94	65			94	50			15*
110	桑 *Morus alba* L.	95	80			90	70		90	60				12
111	壳莱果(米老排) *Mytilaria laosensis* Lec.	90	95			85	80		85	65				20～18
112	兰考泡桐 *Paulownia elongata* S. Y. Hu		2 400 粒/g				2 100 粒/g				2 000 粒/g			8
113	白花泡桐 *P. fortunei* (Seem.) Hemsl.		1 800 粒/g				1 500 粒/g				1 200 粒/g			8
114	黄菠萝(黄蘗) *Phellodendron amurense* Rupr.	96		80		93		70		90		60		10
115	桢楠 *Phoebe zhennan* S. Lee et F. N. Wei	98	80		85	95	70		75	95	60	65		20～12*
116	黄连木 *Pistacia chinensis* Bunge	95	75	80		90	55	60		90	40	45		10
117	青杨 *Populus cathayana* Rehd.	95	85			80	65							6

续表 3-34

顺序号	树种	Ⅰ级				Ⅱ级				Ⅲ级				各级种子含水量不高于（%）
		净度不低于（%）	发芽率不低于（%）	生活力不低于（%）	优良度不低于（%）	净度不低于（%）	发芽率不低于（%）	生活力不低于（%）	优良度不低于（%）	净度不低于（%）	发芽率不低于（%）	生活力不低于（%）	优良度不低于（%）	
118	山杨 *P. davidiana* Dode	95	85			90	80			90	75			6
119	箭杆杨 *P. nigra* var. *the vetina*（Dode）Bean	95	85			80	65							6
120	小叶杨 *P. simonii* Carr.	90	95			85	90			80	85			6
121	毛白杨 *P. tomentosa* Carr.	90	85			90	80							6
122	大青杨 *P. ussuriensis* Kom.	95	90			90	85			90	80			6
123	山杏 *Prunus armeniaca* Var. *ansu* Maxim.	99		90		99		80		99		70		10
124	山桃 *P. davidiana*（Carr.）Frach.	99		90		99		80		99		70		10
125	枫杨 *Pterocarya stenoptera* C. DC.	98			85	98			70					10
126	火棘 *Pyracantha fortuneana*（Maxim.）Li	90	35			80	25							15
127	杜梨 *Pyrus betulaefolia* Bunge	95		80		90		70		90		60		10
128	麻栎 *Quercus acutissima* Carr.	99	80	80	85	97	65	65	70	95	50	55	60	30～25*
129	蒙古栎（蒙古柞）*Q. mongolica* Fisch.	95	75	75	80	90	70	70	75	90	65	65	70	35*
130	栓皮栎 *Q. variabilis* Bl.	99	80	85	85	97	65	70	75	95	50	55	65	30～25*
131	盐肤木 *Rhus chinensis* Mill.	90	60			90	50			90	40			15
132	火炬树 *Rhus typhina* L.	98	85			95	75			90	65			12～10*
133	刺槐 *Robinia pseudoacacia* L.	95	80			90	70			90	60			10
134	旱柳 *Salix matsudana* Koidz.	85	80			80	70							6
135	乌桕 *Sapium sebiferum*（L.）Roxb.	98			90	95			80	90			70	10

续表 3-34

顺序号	树种	Ⅰ级				Ⅱ级				Ⅲ级				各级种子含水量不高于（%）
		净度不低于（%）	发芽率不低于（%）	生活力不低于（%）	优良度不低于（%）	净度不低于（%）	发芽率不低于（%）	生活力不低于（%）	优良度不低于（%）	净度不低于（%）	发芽率不低于（%）	生活力不低于（%）	优良度不低于（%）	
136	檫木 *Sassafras tsumu*(Hemsl.)Hemsl.	95	55			85	40			85	30			30～25*
137	木荷 *Schima superba* Gardn. et Champ.	90	40			85	30			80	20			12
138	槐树 *Sophora japonica* L.	95	80			90	70			90	60			10
139	柚木 *Tectona grandis* L. F.	90			85	90			70					10
140	紫椴 *Tilia amurensis* Rupr.	98		70		95		60		95		50		12
141	香椿 *Toona sinensis*(A. Juss.)Roem.	90	75			90	65			85	55			10
142	木蜡树 *Toxicodendron sylvestre* (Sieb. et Zucc.)Kuntze	95	80			90	70			90	60			15
143	漆树 *Toxicodendron verinciflum*(Stokes) F. A. Barkley	98			80	98			70					12～10*
144	棕榈 *Trachycarpus fortunei*(Hook. f.)H. Wendl.	98			80	95			70	95			60	10
145	白榆 *Ulmus pumila* L.	90	85			85	75			80	65			8
146	青梅 *Vatica astrotricha* Hance	90	95			85	85			80	70			40～35*
147	油桐 *Aleurites fordii* Hemsl.	98	90			98	80			98	70			14～12*
148	文冠果 *Xanthoceras sorbifolia* Bunge	98		85		95		75		95		60		11
149	花椒 *Zanthoxylum bungeanum* Maxim.	90	75			90	65			90	55			12

注：* 种子含水量指标适用于种子收购、运输、临时贮藏。

第三节　种子贮藏

种子成熟以后，除少数树种随采随播外，大多数树种的种子是秋季采收，贮藏一个冬季，第二年春季播种育苗。还有些树种结实有大小年现象，而且大年的种子质量往往优于小年，为了满足生产上的需要，必须在大年时多采些种子贮藏起来，以丰补歉。如果种子贮藏得好，呼吸作用很微弱，养分消耗很少，即使短寿命种子，发芽率也能保持数年之久；如果保存不当，湿度大，温度高，呼吸旺盛，养分消耗少，种子很快就会丧失发芽力。因此，研究掌握种子贮藏的原理和方法，对保持种子的生命力具有重要意义。

一、种子贮藏原理

（一）贮藏期间种子的生命活动

林木种子在完全成熟尚未脱落以前，就逐渐转入休眠状态。贮藏期间的种子虽然处于休眠状态，但种子内部仍然进行着微弱的生命活动，有微弱的呼吸作用。在贮藏期间通过微弱的呼吸作用与外界发生联系，当种子丧失生命力时，呼吸作用才停止。

种子的呼吸作用是一种氧化过程，正常的呼吸作用是种子内部贮存的蛋白质、脂肪、淀粉等有机物质，在酶的作用下，吸收空气中的氧，进行一系列的氧化还原反应，最后释放出二氧化碳和水，同时产生热能，供种子生理活动的需要。呼吸作用的过程是种子内贮藏的有机物质的消耗过程，而且呼吸作用愈强，有机物质消耗愈快；种子贮藏时间愈久，有机物质消耗的愈多。随着有机物质的消耗，种子生理活动逐渐降低，直至完全丧失生命力。

实践证明，种子老化、生命力的丧失并不都是种子内部有机物质的简单消耗问题，在很大程度上还有其他因素的影响，特别是当贮藏条件不良时，呼吸作用产生的水和热能很大一部分郁积在种子周围，使贮藏种子发生“自潮”或“自热”现象，成为进一步促进呼吸作用的因素。另外，种子呼吸时所释放的 CO_2，如果不能及时排除，积聚在种子堆表面，就会隔绝氧，迫使有氧呼吸转为无氧呼吸，释放出酒精。此类物质在种子堆中积累过多，就会抑制种子呼吸，以至于使种胚中毒死亡。

因此，保存种子生命的关键在于控制种子呼吸作用的强度和性质。贮藏种子的任务就是创造和控制适宜的环境条件，促使种子呼吸作用处于最微弱的状态，消除导致种子变质的一切可能因素，以最大限度地保存种子的生命力。

（二）影响种子生命力的因素

影响种子生命力的因素有种子内在因素和外界的环境因素。

1. 影响种子生命力的内在因素

（1）种子寿命。种子生命力所能维持的年限称为种子的寿命。不同的树种种子的寿命差异很大。寿命的长短与种皮结构、含水率多少、养分种类有关。依据种子生命力保存期的长段，一般可以分以下三类：

短寿命种子：保存期不超过 3 年的种子，有的甚至只有几天、几个月。这类种子主要是含淀粉多，如栗、栎、银杏等，由于淀粉容易分解，故寿命较短。另外，夏熟性种子，如杨、柳、榆等种子含水量多，在气温高、湿度大的情况下，呼吸旺盛，极易丧失生命力。

中寿命种子：保存期 3～15 年的种子。这类种子主要是含脂肪和蛋白质多，如松、柏类种子,由于脂肪、蛋白质转化慢,释放的能量多,只需要消耗少量的养分就能维持生命,因此寿命长。

长寿命种子:寿命在15年以上,主要是豆科,如刺槐、皂荚、合欢等。这些种子种皮坚硬、致密,不易透水、通气,受环境条件影响小,有利于种子生命力的保存。

(2)种子成熟及净度。未达到成熟的种子,种皮还不具备正常的保护性能,内含有机物质还没有完全转化为凝胶状态,含糖量高,耗水量多,呼吸旺盛,不易贮藏。采集加工时,易受机械损伤和微生物的感染,贮藏时易腐烂。因此,一定要等种子完全成熟时,才能采种,禁止抢采掠青。

入库种子的净度也影响种子的贮藏期限。净度差的种子夹杂物多,吸湿性强,容易使种子受潮变坏。所以,种子入库前,一定要提高种子净度,达到地方或国家标准。

(3)种子含水量。贮藏期间种子含水量的高低直接影响种子的呼吸强度和性质,并且影响种子表面微生物的活性。种子含水量高时,种子内水分处于游离水状态,在细胞内任意流动,酶的活性增强,呼吸作用加速。甚至导致种子自潮、自热或无氧呼吸,使种子生命力迅速降低。当种子含水量降低到一定程度时,其水分处于结合水状态,几乎不参与新陈代谢作用,种子体内酶钝化,生理活性降低,水解能力减弱,因此种子呼吸作用极其微弱,更没有微生物活化的湿热条件,有利于种子生命力的保存。种子在入库前必须充分干燥,干燥是保持种子生命力、延长种子寿命的重要措施。但是,种子也不能忍受过分的干燥,一般认为大多数树种种子适于贮藏的含水量在5%~12%。

贮藏时维持种子生命力所必需的含水量称为安全含水量。根据安全含水量的高低,可以把种子区分为两类:一类是能够忍受干燥条件的种子,如松、杉、刺槐等种子;一类是不能忍受干燥条件的种子,如油茶、油桐、栎类、板栗等种子。据研究,油茶种子含水量低于24%、麻栎种子含水量下降到30%以下,发芽率就会显著降低。

2. 影响种子生命力的外界因素

种子生命活动是在一定的温度、湿度和氧气条件下进行的,这些因素的变化,都直接影响种子的生命力。

(1)温度。在一定的温度范围内,种子的呼吸强度随着温度的升高而加强,种子寿命缩短,温度过高,蛋白质变性,种子生命力会迅速丧失。温度过低(0 ℃以下),含水量较多的种子内水分会结冰,导致种子死亡。

温度对种子的影响与种子含水量有密切的关系。种子含水量愈低,细胞液浓度愈大,呼吸强度微弱,对高温和低温的抗性愈强。近年来,人们对种子的低温、低湿和超低温的研究证明,降低种子含水量的同时,降低种子的贮藏温度,可以延长种子寿命。例如,美国榆(*Ulmus amrieana*)含水量2%~3%时,在−5 ℃条件下密封贮藏9年,发芽率仍保持80%~90%。一般认为,贮藏种子适宜温度为0~5 ℃。

(2)空气中的相对湿度。种子具有很强的吸湿性,它能直接从潮湿的空气中吸收水分,增加种子的含水量,随着空气中相对湿度的升高,种子含水量增加,呼吸作用增强,特别是在夏季雨量比较集中的高温、高湿的环境,更容易引起种子霉烂,发芽率降低。因此,经过干燥的种子必须贮藏在干燥的环境中,为了保持种子的生命力,最好贮藏在低温隔湿的仓库中。而一般贮藏种子,宜控制空气中的相对湿度在30%~50%范围内。少量种子充分干燥后可以放在瓶、罐、聚乙烯袋之类能够密封的容器之中,使种子同潮湿空气隔绝,以延长种子寿命。

(3)通气条件。通气条件对种子生命力的影响与种子含水量有关。含水量低的种子，呼吸作用微弱，需氧极少，在密封的环境中能长久地保持种子生命力。含水量高的种子，呼吸作用强，如果通风不良，则呼吸作用产生的 CO_2 和水分不易排出，积累在种子周围，使种子与氧气隔绝产生无氧呼吸，容易导致种子中毒死亡。因此，贮藏安全含水量高的种子，必须创造良好的通风条件，及时排除由于种子呼吸而释放出来的水分、CO_2 和热量。

(4)生物因子。种子在贮藏期间，昆虫、霉菌、鼠类等都直接影响种子寿命。生物对种子的危害程度与贮藏环境条件有密切关系。提高种子的净度，保持种粒完好无损，降低贮藏环境的温度、湿度，特别是降低种子的含水量，是控制生物危害的重要手段。据研究，昆虫活化的种子含水量为8% ~9%；细菌活化的种子含水量为9% ~10%，霉菌活化的种子含水量为12% ~14%。

二、种子贮藏方法

根据种子的特性，种子贮藏方法分为干藏和湿藏两大类。含水量低的种子适于干藏，含水量高的种子适于湿藏。

(一)干藏法

将充分干燥的种子，置于干燥的环境中贮藏称为干藏。这种方法要求一定的低温和适当干燥的条件。干藏法又根据种子性质和贮藏时间的长短，分为普通干藏和密封干藏。

1. 普通干藏法

将经过充分干燥的种子装入麻袋、箩筐、箱、桶、缸、罐等容器中，置于低温、干燥、通风的库内贮藏。适用于大多数针、阔叶树种种子的短期(如秋采冬贮春播)贮藏。

2. 密封干藏法

凡是需要长期贮藏的珍贵树种种子和用普通干藏法容易失去生命力的种子，如落叶松、杨、柳等，都适用于密封干藏。密封的目的主要在于控制温度和呼吸，减少消耗，保证休眠。

密封干藏是将充分干燥到安全含水量的纯净种子，装入已消毒过的玻璃瓶、铝桶、铁罐、聚乙烯袋等容器中，装至九成满。为了防止种子吸湿，容器中可放入木炭、氯化钙、变色硅胶等吸湿剂，然后加盖，用石蜡、火漆、黏土等密封。

长期贮藏大量种子时，为了做到安全贮藏，应建造专门的种子贮藏库。种子库应选择地势高燥、排水良好、交通方便的地方，为了保持恒低温，可将贮藏室深入地下3/4或全部建筑在地下。库房四周墙壁和地板、天花板等要选用渗水、传热性能小的建筑材料，并采用隔热、防潮设施，以免大气冷热干湿对种子的影响。为使通风良好，门窗应对称设置，窗户高低适当。为防昆虫危害，库房内壁要平整、刷白、不留缝隙。窗户应安装铁丝网，以防止鼠雀进入啄食种子。

为提高种子的贮藏效果，有条件的地区应建立有制冷设备的低温种子库，将温度控制在 -5 ~5 ℃，相对湿度控制在40% ~60%，贮藏种子效果较好。

种子干藏时，应注意以下事项：①种子入库前要净种、干燥，使种子品质达到贮藏标准。②库内必须清扫和消毒。③入库种子要分批放置，附以标签，做好登记。④库房有专人保管，定期检查，发现问题及时处理。

(二)湿藏法

湿藏法是将种子置于湿润、适度低温和通气的条件下贮藏。此法适用于含水量较高的种子,如板栗、栎类、核桃、银杏、油茶、油桐等。此外,湿藏还可以逐渐解除种子的休眠,为发芽创造条件,所以对一些深度休眠的种子如红松、桧柏、山楂、槭树属种子常采用湿藏法。

湿藏期间对环境条件的要求是:①经常保持湿润,以防种子失水干燥。②适度低温,以0～5 ℃为宜,以防止霉菌活化,抑制种子发芽。③通风良好,使种子周围 CO_2 及时排除,不断供应新鲜 O_2。

湿藏具体方法很多,主要有露天埋藏、室内堆藏和流水贮藏三种方法。

1. 露天埋藏

露天埋藏又称坑藏。在室外选择地势较高、排水良好、背风和管理方便的地方,挖埋藏坑。坑宽1.0 m,坑长视种子多少灵活掌握,坑深应根据当地气温和地下水位高度而定,原则上为地下水位以上、土壤冻结层以下,一般为1 m左右。坑挖好后,先在坑底铺一层10～15 cm的湿砖、石砾、粗沙,再铺一层湿润细沙,在坑中央每隔1 m插一束秸秆或带孔的竹筒、木筒之类,使其高出地面30 cm左右,以便通气。然后将种子与湿沙按1∶3的容积比混合或种沙分层堆放在坑内,一直堆至离坑缘20～40 cm为止,上面覆一层湿沙。沙子的湿度控制在饱和含水量的60%,即以手握成团不滴水、松手触之能散开的程度。坑上覆盖厚度应根据气候条件而定,且随着气候的变冷而逐渐加厚土层,最后使覆盖的土层堆成屋脊形。为防止坑内积水,在坑的周围应挖好排水沟。鼠害严重地区,要注意防鼠害。

露天埋藏要求的条件很简单,无需专门设备,适用于气温较低、降水较少、气候干燥的地区和大量的种子贮藏。但埋藏后不易检查,发现问题难以处理。所以,应用时要注意选地,严格控制贮藏条件,以免种子霉烂和过早发芽。

2. 室内堆藏

选择空气流通、阳光直射不到的房间、地窖、草棚等室内,先在地面上洒一些水,铺一层10 cm左右的湿沙,然后将种子与湿沙按1∶3的容积比混放或分层放置,堆成50～80 cm高的堆,堆宽1 m,长视室内大小而定,堆中间每隔1 m插一束秸秆,堆间留出通道,以便通气和检查。

对一些小粒种或种子数量不多时,可把种沙混合物装在箩筐或有孔的木箱中,置于通风的室内,这样便于管理和使用。

室内堆藏法适用于气温较高、降水量较大、露天埋藏容易腐烂的地区。

3. 流水贮藏

对大粒种子如核桃、栎类,在有条件地区可以用流水贮藏。选择水面较宽、流水较慢、水深适度、冬天水位较为稳定的小溪小河。地点选好后,在周围用木桩、柳条筑成篱堰,把种子装在箩筐、麻袋内,置于其中贮藏。

三、种子贮藏条件

林木种子贮藏应符合GB/T 10016—1988的规定,详见表3-35。

表 3-35　林木种子贮藏条件表

顺序号	树种	贮藏温度不高于(℃)	贮藏期间含水量(%)	干藏年限(a)	湿藏期限	备注
1	银杏	5	20～25		越冬	
2	冷杉	5 20 25	9～10 8～9 8～9	2 2 1		
3	岷江冷杉	5 25	9～10 9～10	2 1		
4	沙松	5 15	9～10 8～9	2 1		
5	落叶松	5 15 23	9～10 9～10 9～10	4 3 2		
6	日本落叶松	5 15	8～9 8～9	4 3		
7	黄花落叶松	5 15 23	8～9 8～9 7～8	4 3 2		
8	红杉	5 25	6～8 6～8	3 2		
9	华北落叶松	5 15 27	9～10 8～9 8～9	3 3 2		
10	云杉	5 27	7～8 7～8	4 3		
11	鱼鳞云杉	5 15	8～9 8～9	4 3		
12	红皮云杉	15	8～9	4		
13	白杄	5	7～8	4		
14	青杄	5	7～8	4		
15	华山松	5	8～10	2		
16	白皮松	5	7～8	2		
17	赤松	5 15 27	8～9 8～9 8～9	3 3 2		
18	湿地松	5	7～8	4		
19	思茅松	5	7～8	3		
20	红松	5 15 23	9～10 8～9 8～9	4 3 2		
21	马尾松	5 25	8～10 7～8	4 1		

续表 3-35

顺序号	树种	贮藏温度不高于(℃)	贮藏期间含水量(%)	干藏年限(a)	湿藏期限	备注
22	樟子松	5 15 27	8～9 8～9 8～9	4 4 2		
23	油松	5 15 30	9～10 8～9 7～8	4 4 2		
24	火炬松	5	7～8	3		
25	黄山松	5	8～9	3		
26	黑松	5 15	8～9 8～9	3 2		
27	云南松	5 25	8～10 7～8	3 2		
28	金钱松	5	6～7	1		
29	柳杉	5	8～9	1		
30	杉木	5 25	8～9 7～8	2 1		
31	池杉	5	10	1		
32	干香柏	5	9～10	1		
33	柏木	5 30	8～12 8～12	3 1		
34	福建柏	5	7～8	1		
35	圆柏	5	9～10	3		
36	杜松	5	9～10	3		
37	侧柏	5 30	9～10 8～9	3 2		
38	竹柏	15	16～20	越冬		
39	红花木莲	5	10～14	越冬		
40	乳源木莲	5	25～30		越冬	
41	玉兰	5	12～14	越冬		
42	紫玉兰	5	12～14	越冬		
43	火力楠	15	15		越冬	
44	深山含笑	5	30～35		越冬	
45	樟树	15	12～20		越冬	
46	桢楠	15	12～20		越冬	
47	檫木	5 19	26～30 26～30		1年 6个月	
48	山楂	30	8～9	2		

续表 3-35

顺序号	树种	贮藏温度不高于(℃)	贮藏期间含水量(%)	干藏年限(a)	湿藏期限	备注
49	山荆子	5 15 30	8 ~ 9 8 ~ 9 8 ~ 9	4 3 2		
50	海棠	30	9 ~ 10	1		
51	山杏	30	7 ~ 8	2		
52	山桃	30	7 ~ 8	2		
53	杜梨	5 30	8 ~ 9 8 ~ 9	3 2		
54	铁刀木	30	10 ~ 13	1		
55	格木	30	10	1		
56	皂荚	5 30	10 ~ 12 10 ~ 12	3 2		
57	台湾相思	5 35	8 ~ 9 8 ~ 9	2 1		
58	合欢	5 30	10 10	3 2		
59	紫穗槐	5 30	9 ~ 10 9 ~ 10	3 2		
60	柠条锦鸡儿	15 27	9 ~ 10 9 ~ 10	3 2		
61	小叶锦鸡儿	15 27	8 8	3 2		
62	降香黄檀	5	10	2		
63	蒙古岩黄蓍	15 27	8 ~ 9 8 ~ 9	3 2		
64	花棒	15 27	8 ~ 9 8 ~ 9	3 2		
65	胡枝子	5 30	9 ~ 10 9 ~ 10	2 1		
66	刺槐	5 15 30	6 ~ 8 6 ~ 8 6 ~ 8	4 4 2		
67	槐树	5 30	8 ~ 10 8 ~ 10	3 2		
68	喜树	5	10 ~ 12	1		
69	响叶杨	5	4 ~ 6	2		
70	青杨	5	4 ~ 6	2		
71	箭杆杨	5	4 ~ 6	2		
72	小叶杨	5 15	4 ~ 6 4 ~ 6	2 1		

续表 3-35

顺序号	树种	贮藏温度不高于(℃)	贮藏期间含水量(%)	干藏年限(a)	湿藏期限	备注
73	旱柳	5	4～6	2		
74	杞木	30	5～6	2		
75	白桦	5 23	8～10 8～10	3 2		
76	红桦	5	6～8	2		
77	锥栗	5	25～30		越冬	
78	板栗	5	26～30		越冬	
79	红椎	5	30		越冬	
80	麻栎	5	26～30		越冬	
81	栓皮栎	5	26～30		越冬	
82	核桃楸	10	10	越冬		
83	核桃	10	9～11	越冬		
84	枫杨	10	10	越冬		
85	细枝木麻黄	35 35	7～8 8～10	2 1		
86	木麻黄	5 35 35	8～10 7～8 8～10	3 2 1		
87	白榆	5 15	7～8 7～8	2 1		
88	桑	30	6～7	2		
89	杜仲	5	10	2		
90	紫椴	5 15 23	9～10 9～10 9～10	3 2 1		
91	糠椴	5 15 23	9～10 9～10 9～10	3 2 1		
92	三年桐	15	30～40		越冬	
93	千年桐	15	30～40		越冬	
94	乌桕	30	10	1		
95	油茶	5	42		越冬	
96	木荷	20	11	越冬		
97	坡垒	15～20	33～35 (小粒种子) 36～38 (大粒种子)		1年	缓慢通风
98	葡萄桉	30	6～7	3		

续表 3-35

顺序号	树种	贮藏温度不高于(℃)	贮藏期间含水量(%)	干藏年限(a)	湿藏期限	备注
99	赤桉	30	6~7	2		
100	柠檬桉	35	6~7	2		
101	窿缘桉	35	6~7	2		
102	大叶桉	35	6~7	3		
103	沙枣	15 27	8~9 8~9	4 3		
104	沙棘	15 27	8~9 8~9	4 3		
105	黄菠萝	15 23	9~10 9~10	3 2		
106	臭椿	5 30	7~9 7~9	3 2		
107	非洲楝	16~34	2.5~4	2		
108	楝树	30	10	1		
109	川楝	30	10	1		
110	香椿	5	9~10	2		
111	文冠果	5 27	10 10	3 2		
112	黄连木	5	10	2		
113	漆树	30	10~12	2		
114	茶条槭	5 15 27	10 10 10	3 2 1		
115	复叶槭	5 15 27	10 10 10	3 2 1		
116	元宝枫	5 15	10 10	3 2		
117	白蜡	30	9~10	2		
118	大叶白蜡树	5 15	9~10 8~9	3 2		
119	水曲柳	5 23	9~10 9~10	3 2		
120	女贞	15	10	越冬		
121	团花	5	5~6	1		
122	荆条	30	8~10	1		
123	白花泡桐	5	6~8	2		
124	柚木	16~34	5~7	2		
125	棕榈	25	13~15	越冬		

说明:1. 本表中各树种的贮藏条件指树种在主产区的贮藏。

2. 本表中贮藏年限的年,是指贮藏经过一个夏季和一个冬季。

3. 本表中贮藏年限,是指Ⅰ、Ⅱ级种子经贮藏后,发芽率(或生活力、或优良度)不降至级外的期限。

第四节　种子的调拨和包装运输

一、种子的调拨

由于林木种子产地分布不均匀，在进行大规模的人工造林时，某些树种的种子需要量很大，必须通过调拨来调剂余缺。在调拨林木种子时，一般应遵循以下原则：

(1)最好使用本地区生产的种子。

(2)本地区种子不足时，可从邻近地区或环境条件相似的地区调进。

(3)树木一般对高温的适应性比对低温的适应性强，对湿度大的适应性比对干旱的适应性强。所以由北向南、由西向东调拨种子的范围可以大一些，反之则小一些。但纬度一般不宜超过4°。

(4)山区调拨种子，要注意因海拔的升高气候条件也明显改变，从高海拔向低海拔调拨种子的范围也大些，反之则小些。

(5)引进外来树种，必须先掌握该树种分布区域自然环境条件，在本地区进行种源试验，待试验成功后，方可大量调进种子。

二、种子的包装和运输

种子的运输实质上是在经常变化的环境条件下的短期贮藏，在运输途中的环境条件难以控制，应根据种子贮藏原理妥善处置。防止种子在运输途中受到暴晒、雨淋、受潮、受压、受冻，从而降低种子生命力。因此，在运输时，做好种子的包装工作非常重要。一般普通干藏的种子，中小粒种子如杉木、马尾松、刺槐等，可直接装入麻袋中运输；适于湿藏的种子，可装在箩筐、木箱中分层放置，中间填充湿苔藓、稻草、锯末等间层物，途中注意通风、保持湿润；如果大量种子，也可以与湿沙、木屑等间层物混合或分层装在车厢里运输；适于密封贮藏的种子，最好装在铝桶内运输；如果短途运输，也可以装在双层聚乙烯袋内。

种子调运时，容器上都应附有种子标签。大量运输时，应有专人管护，运输途中应经常检查，注意通风或保湿，发现问题及时处理。中途停放时，应置于通风阴凉处，种子运到目的地要立即处置。

第四章　苗木培育

第一节　苗圃的建立

一、固定苗圃

(一)苗圃地选择

新建苗圃要设在交通方便,劳力充足,有水源、电源的地方。要求地势平坦、坡度不超过5°、排水良好、土层厚度不少于50 cm、水质含盐量不超过0.15%、地下水位最高不超过1.5 m、pH值在6.0~7.5的沙壤土、壤土。圃地要远离疫区和病区、虫源区。国营苗圃,平原一般不小于6.7 hm^2,山区不小于3.3 hm^2。示范苗圃育苗面积不小于20 hm^2,中心苗圃面积在6.67 hm^2 以上。

(二)苗圃地区划

(1)区划原则:一是便于科学管理,提高劳动生产率;二是要对圃地、道路、输电、排灌设施和房产设施统一规划,合理安排,便于生产和机械作业;三是生产区、试验区和辅助用地的位置及所占的比例要合适,辅助用地一般不超过总面积的25%;四是要在苗圃周围设置绿篱,在风沙地区和大的苗圃周围要设置防护林带。

(2)设施设备:根据区划设置和生产需要,建设并配置办公、生产和生活用房,机械、机具和作业工具,病虫防治器械,药械,役畜、水利设施,气象、土壤测定和科学试验等必需的简易设备与仪器。

二、临时苗圃

山地育苗要在山坡的中、下部,地势较缓(坡度一般不超过20°),土层深厚,肥力好,接近水源的生荒地、采伐迹地或林间空地。

农耕地育苗要选择有排灌条件、肥力较好的土地,不可选用前茬作物能使苗木感染病虫害的土地。

第二节　整地及施肥

一、整地

整地的目的是改良土壤的物理状况,提高土壤的孔隙度,加强土壤的氧化作用,促进土壤潜在肥力发挥作用,调节土壤中水、热、气、养分的相互关系,并消灭杂草、病虫害等,给林木种子和插穗发芽、生根以及苗木生长创造良好条件。

苗圃整地包括耕地、耙地、镇压、中耕和浅耕灭茬等。

（一）耕地

耕地涉及整个耕作层，它是土壤耕作中最重要的环节。耕地效果，在很大程度上取决于耕地的深度和耕地的季节。

1. 耕地深度

深耕对促进根系生长有明显的效果，苗木根系生长长度随耕地深度而增加。但从苗木培育需要出发，苗木根系分布不宜太深，要求主要吸收根系分布在 10 ~ 25 cm 之内的土层中。所以播种区的耕地深度，在一般地区秋（冬）季要达到 30 cm 以上，浇足冬水，翌年早春耙耱；春季要达到 20 cm 以上，随耕随耙，及时平整做床。移植苗和插条苗因根系分布较深，一般土壤条件下耕地深度以 25 ~ 35 cm 为宜。山地育苗地要在主要杂草种子成熟前开垦好，育苗前整地。总之要因时、因地制宜，才能达到预期效果。为了防止形成犁底层，每年的耕地深度不宜完全相同。对耕作层较浅的圃地，可逐年加深 2 ~ 3 cm，以防把生土翻到上层太多。

2. 耕地的季节

在北方采用秋季起苗或在作物收获后进行秋季耕地，效果较好。秋耕晒垡、冻垡时间长，能促进土壤风化，并能利用冬季积雪。在无灌溉条件的山地和干旱地区的苗圃，雨季前耕地，蓄水效果好。在秋季或早春风蚀较严重地区及沙地不宜秋耕，春耕宜早，最好在土壤刚解冻时即耕，耕地后要及时耙地。南方土壤不结冻，可在冬季耕地，土壤较黏的圃地实行夏耕，耕后不耙，进行晒垡，以利风化。

耕地的具体时间以土壤含水量为饱和含水量的 50% ~ 60% 为宜。现地可用手抓一把土捏成团距地面 1 m 高处自然落地而土团摔破时即适于耕地，或者新耕地没有大的垡块，也没有干土，垡块一踢就碎，即为耕地最好时机。

（二）耙地

耙地是在耕地后进行的表土耕作措施。耙地的目的是耙碎垡块、覆盖肥料、平整地面、清除杂草、破坏地表结皮、保蓄土壤水分和防止返碱等。对耙地的要求是耙细、耙均匀，将耙出的残根清除，以利播种。

（三）镇压

镇压的目的是破碎土块、压实土层，促进耕作层的毛细管作用。在土壤疏松而较干的情况下，为促进毛细管作用，做床或做垄后应及时进行镇压，或在播种前镇压播种沟底，或播种后镇压覆土。用机械耕作，耙地后需要压碎土块时，镇压工作可与耙地同时进行。

（四）浅耕灭茬

浅耕灭茬是在收割农作物后的茬地上进行浅耕土壤的耕作措施。浅耕的深度一般为 4 ~ 7 cm。而在生荒地或旧采伐迹地开辟苗圃时，由于杂草根的盘结度大，浅耕灭茬深度要达到 10 ~ 15 cm。

二、施肥

（一）肥料的种类

培育苗木的目的是培育符合标准的壮苗。施肥是培育壮苗的一项重要措施。施肥要坚持以有机肥为主、化肥为辅和施足基肥、适当追肥的原则，科学掌握氮、磷、钾肥的配合比例。苗木在年生长周期内需要吸收大量的化学元素，这些元素可分成大量元素、微量元素和超微量元素。苗木对氮、磷、钾三种元素需要量较多,这三种元素称为肥料三要素。苗圃常用的肥料列于表4-1～表4-6。苗圃常用的绿肥主要有田菁、胡枝子、紫穗槐、紫云英等。

表4-1　主要的氮素化肥

类别	肥料名称	化学式	含氮量(%)	主要性状
铵(或氨)态	硫酸铵	$(NH_4)_2SO_4$	20～21	白色结晶,易溶于水,生理酸性
	氯化铵	NH_4Cl	24～25	白色结晶,易溶于水,生理酸性
	碳酸氢铵	NH_4HCO_3	17～18	白色结晶,易溶于水,碱性反应,略带刺激性臭味,易溶解,易挥发
	氨水	NH_4OH	15～17	含氨的水溶液,有刺激性臭味和腐蚀性,碱性反应,能灼伤植物
硝态(有的同时含氨态)	硝酸钠	$NaNO_3$	15～16	白色结晶,吸湿性强,易溶于水,生理碱性
	硝酸铵	NH_4NO_3	33～35	白色结晶,吸湿性强,易溶于水,易潮解,有助燃性和爆炸性,有时加吸湿剂如矿蜡、陶土、磷灰土等,被包成颗粒状
酰胺态	尿素	$CO(NH_2)_2$	42～48	白色结晶,吸湿性强,水溶性,有的加吸湿剂包被成颗粒状
	石灰氮	$CaCN_2$ 及 CaO 等杂质		作肥料用的多为灰黑色粉末,不溶于水,含有20%～28% CaO 及其他杂质,对眼睛、呼吸器官和皮肤有腐蚀性

表4-2　主要的矿质磷肥

类别	肥料名称	化学式	养分含量(%)			主要性状
			全磷(P_2O_5)	有效磷(P_2O_5)	全氮(N)	
以水溶性为主	过磷酸钙	$Ca(H_2PO_4)_2$ 为主,以及 $CaH-PO_4$ 杂质,$Ca-SO_4$		16～18	—	白色到灰色粉末,酸性反应,磷酸盐大部分溶于水,留下石膏残渣
	重过磷酸钙	同上,但无 $Ca-SO_4$		40～50	—	白色结晶粉末,易溶于水
	磷酸铵	$NH_4H_2PO_4$ 或 $(NH_4)_2HPO_4$		56～60 51～53	11～12 20～21	灰白色粉末或小颗粒状,溶于水或弱酸性至中性反应
以弱酸溶性为主	钙镁磷肥	$Ca_4P_2O_9$ 及杂质		8～20	—	灰褐至绿色粉末,不溶于水,溶于弱酸
	碱性炉渣			16～20	—	灰褐色至黑色的炼钢炉渣,常磨成粉末,不溶于水,溶于弱酸
	偏磷酸钙	$Ca(PO_3)_2$		62～63	—	灰白色玻璃质,常磨成粉末,不溶于水,溶于中性柠檬酸铵溶液,易吸湿结块
以难溶性为主	磷矿粉	$Ca_5(PO_4)_3F$ 及 $Ca_3(PO_4)_2$	14～36	3～5	—	白色到灰褐色粉末,不溶于水,小部分溶于弱酸

表 4-3　主要的矿质钾肥

肥料名称	化学式	K_2O(%)	Ca(%)	P_2O_5(%)
氯化钾	KCl	48 ~ 60	—	—
硫酸钾	K_2SO_4	48 ~ 50	—	—
木炭(平均)	—	11.7	30.0	2.9
草炭(平均)	K_2CO_3	4.5	2.3	2.1
草木灰(一般)	—	6 ~ 25	5 ~ 30	3 ~ 5

表 4-4　微量元素肥料

肥料名称	化学式	微量元素含量	主要性状
硫酸亚铁	$FeSO_4 \cdot H_2O$	含铁 20%	暗绿色结晶,易溶于水
硫酸锰	$MnSO_4 \cdot H_2O$	含锰 24.6%	粉红色结晶,易溶于水
硫酸锌	$ZnSO_4 \cdot 7H_2O$	含锌 22.7%	白色结晶,易溶于水
胆矾	不纯硫酸铜	含铜 25.9%	蓝色结晶,块状,易溶于水
钼酸铵	$(NH_4)_2MoO_4$	含钼 50%	白色结晶,粒状,易溶于水
硼酸	H_3BO_3	含硼 17%	白色结晶,粉末,易溶于水

表 4-5　主要复合肥料

肥料名称	化学式	养分含量(%)			主要性状
		N	P_2O_5	K_2O	
磷酸一铵	$NH_4H_2PO_4$	12	60	—	白色晶状或粒状,吸湿性强,易溶于水
磷酸二铵	$(NH_4)_2HPO_4$	20 ~ 21	51 ~ 53	—	白色晶状或粒状,吸湿性强,易溶于水
磷酸铵	$(NH_4)_2HPO_4 \cdot (NH_4)_2SO_4$	16	20	—	白色,无吸湿性,易溶于水
硝酸钾	KNO_3	13 ~ 15	—	45 ~ 46	白色结晶,难溶于水
氮钾肥	$2(NH_4)_2SO_4 \cdot K_2SO_4$ 或 $3(NH_4)_2SO_4 \cdot K_2SO_4$	14		16	白色结晶,吸湿性小,易溶于水

表 4-6　几种主要有机肥料的特点及施用要点

肥料类型	主要特点	施用要点
人粪尿	1. 养分含量高,但含有机质少 2. 以氮为主,磷钾含量相对较少 3. C/N 比小,肥效快 4. 含有细菌、寄生虫卵和较多的食盐	1. 干旱地区的排水不良、潮湿地和盐碱地宜少用,以防加重盐碱化 2. 应配合磷、钾肥和堆、厩肥施用,以补磷钾和有机质之不足 3. 宜作追肥和种肥,但人粪应腐熟后施用。鲜尿可浸种,可作冬追肥,夏追肥应掺水后施用

续表 4-6

肥料类型	主要特点	施用要点
堆肥	1. 富含有机质,还含有大量和微量元素 2. 以钾为主,氮次之,磷较少 3. 有普通堆肥和高温堆肥之分,高温堆肥的养分、有机质含量均比普通堆肥高,而 C/N 比则比普通堆肥小,同时也有腐熟程度之差异	1. 基本同厩肥。腐熟的堆肥可作种肥和追肥,半腐熟的堆肥不能与种子或根直接接触,宜作基肥 2. 植物生育期长的可用半腐熟堆肥,生育期短的用腐熟堆肥 3. 黏质土施腐熟堆肥,沙质土施半腐熟堆肥 4. 应配合速效氮、磷肥施用
秸秆肥（直接还田）	1. C/N 比大,除豆科秸秆外,大都在 60:1 ~ 100:1 2. 富含有机质,养分以钾为主,磷、氮相对较低 3. 氮、磷为有机状态,钾大都是水溶性的	1. 配合速效氮、磷施以补秸秆中不足 2. 翻压时间以收获后立即翻压为好,最好在后茬播前一个月左右翻压 3. 翻压深度 20 cm 左右,墒情不足时应注意浇水 4. 翻压量一般 4 500 ~ 6 000 kg/hm^2,地瘦、化肥不足、离后茬播期近者,秸秆量不宜过多,应酌减 5. 应避免将有病害的植株直接还田以防病害蔓延
沼气池肥	1. 它是由沼气发酵池中的发酵液（肥水）和残渣（粪渣）组成的 2. 发酵液以氨态氮为主,残渣中全氮、碱解氨高于发酵液 3. C/N 比小,肥效快	1. 肥水和残渣可分别施,都可作基肥或追肥 2. 发酵液单独施者可结合灌水随水灌施,37 500 kg/hm^2;渣液混合作基肥,30 000 kg/hm^2;作追肥 22 500 kg/hm^2
饼肥	1. 肥分浓厚,富含有机质和氮素,并含有相当数量磷、钾及微量元素 2. 均不同程度地含有残脂,有些含有剧毒的副成分 3. C/N 比小	1. 适于各类土壤 2. 可作基肥和追肥、种肥。未腐熟的作基肥可在播前或植前 2 ~ 3 周施用,作种肥应严格避免与种子直接接触,作追肥需先经腐熟 3. 不含毒的或含毒油饼经解毒处理的均应先作饲料,再以厩肥还田,以提高经济价值
厩肥	除含有丰富有机质、大量元素外,还含有各种微量元素,以氮、钾为主,含磷较少 养分具体含量依家畜种类、饲料、垫料和管理不同而异,其养分含量顺序是羊厩肥 > 马厩肥 > 猪厩肥 > 牛厩肥 有冷热性（马、羊厩肥属热性,牛、猪厩肥属冷性）和腐熟程度之差异	根据腐熟程度分别可作基肥、追肥和种肥,新鲜粪肥,效迟可作基肥;半腐熟的可作基肥;腐熟的速效可作追肥和种肥 根据土性选用性质和腐熟程度不同的肥料。黏土性冷,通气差,宜施腐熟度高的粪肥,浅施,每次量可大些,宜施热性肥料。沙质土则恰相反 生育短期的植物应施腐熟度较高的粪肥,生育期长的可施半腐熟肥料

(二)施肥方法

要想达到施肥的最好效果,必须在了解苗圃的土壤、气候条件的基础上,参照育苗树种的特性,选用适宜的肥料,进行多种肥料混合或配合使用,科学地确定施肥量、施肥时间、施肥方法,并且必须配合合理的耕作措施。

1. 基肥

以长效有机肥为主,为了调节各种养分的适当比例,也可以施无机磷肥、钾肥和少量氮肥。基肥可以结合耕地均匀地施入深土层中。若土壤瘠薄或培育需肥较多的树种,耕地时施入大部分基肥,少部分在做床(垄畦)时施入上层土壤中。

2. 种肥

播种前用以磷为主的颗粒肥料和种子均匀搅拌在一起,也可以用微量元素(或菌肥)稀薄溶液浸种(条、根)作种肥。播种催芽的种子不要与种肥混拌,要先将种肥均匀施入播种沟内。

3. 追肥

用速效肥料时,可在苗行间开沟(或苗木根际周围挖穴),将肥料施于沟内,然后盖土、浇水;也可把肥料稀释后全部喷洒于苗床上(喷洒后用水冲洗苗木),或浇灌于苗行间。追肥的次数、时间和用肥料种类根据所培育的树种、育苗方法与土壤肥力确定。一般在苗木生长侧根时进行第一次追肥,在苗木封顶前一个月左右停止追施氮肥。

(三)施肥注意事项

肥料可以单用,也可以混合后使用。正确混合使用,不仅可以减少施肥次数,提高劳动生产率,节省经费,还可以使几种养分相互取长补短,提高肥效。常见的是有机肥料和化学肥料混合,化学肥料中的氮、磷、钾肥混合。但并非所有肥料都可以混合。只有混合后物理性状不变坏、肥效不变低(即养分总量和有效性都不降低),而且施肥技术要求基本相同的肥料才可以混合后施用,否则以单施为宜。各种肥料混合的忌宜情况见表4-7。

三、土壤消毒

用于土壤消毒和灭虫的药剂种类较多,常用的几种见表4-8。

四、做床(垄、畦)

在气候湿润多雨或水源充足、灌溉条件好或地下水位高的苗圃要采用床作或垄作;在气候干旱或水源不足、灌溉条件差的苗圃要采用畦作或平作。苗床的床面要高出步道15~30 cm,沙壤土低些,黏壤土高些,床面宽1~1.5 m,苗床长10~20 m,床间步道宽30~50 cm。苗垄的垄床宽90~100 cm,垄面宽30~35 cm,垄高10~20 cm,垄长根据地形确定。苗畦的畦面低于畦埂15~20 cm,畦宽1~1.5 m,畦长10~20 m,畦埂宽30 cm。平床育苗要带状作业,带间留出30~50 cm宽的步道,培育大苗可不留步道。在播种(扦插、移植)前要完成苗床、苗垄和苗畦。要达到土粒细碎、表面平整、上实下松。如土壤干燥,做床(畦、垄)前要灌足底水。

表 4-7　各种肥料混合情况表

	1 硫酸铵	2 硝酸铵	3 氨水	4 碳酸氢铵	5 尿素	6 石灰氮	7 氯化铵	8 过磷酸钙	9 钙镁磷肥	10 钢渣磷肥	11 沉淀磷肥	12 脱氟磷肥	13 重过磷酸钙	14 磷矿粉	15 硫酸钾	16 氯化钾	17 窑灰钾肥	18 磷酸铵	19 硝酸磷肥	20 钾氮混合肥	21 氨化过磷酸钙	22 草木灰、石灰	23 粪、尿	24 新鲜厩肥、堆肥
1 硫酸铵																								
2 硝酸铵	●																							
3 氨水	×	×																						
4 碳酸氢铵	×	●	×																					
5 尿素	○	●	×	×																				
6 石灰氮	×	×	×	×	×																			
7 氯化铵	○	●	×	×	○	×																		
8 过磷酸钙	○	●	○	×	○	×	○																	
9 钙镁磷肥	●	●	×	×	○	×	×	×																
10 钢渣磷肥	×	×	×	×	×	×	×	×	○															
11 沉淀磷肥	○	●	×	×	○	×	○	×	○	○														
12 脱氟磷肥	●	●	×	×	○	×	×	×	○	○	○													
13 重过磷酸钙	○	●	○	×	○	×	○	○	×	×	×	×												
14 磷矿粉	○	●	×	×	○	×	○	●	○	○	○	○	●											
15 硫酸钾	○	●	×	×	○	×	○	○	○	○	○	○	○	○										
16 氯化钾	○	●	×	×	●	×	○	○	○	○	○	○	○	○	○									
17 窑灰钾肥	×	×	×	×	×	×	×	×	○	○	○	○	×	○	○	○								
18 磷酸铵	○	●	×	×	○	×	○	○	×	×	×	×	○	×	○	○	×							
19 硝酸磷肥	●	●	×	×	●	×	●	●	×	×	×	×	●	●	●	●	×	●						
20 钾氮混合肥	○	●	×	×	○	×	○	○	×	×	×	×	○	●	○	○	×	○	●					
21 氨化过磷酸钙	○	●	×	×	○	×	○	○	×	×	×	×	○	●	○	○	×	○	●	○				
22 草木灰、石灰	×	×	×	×	×	×	×	×	○	○	○	○	×	○	○	○	○	×	×	×	×			
23 粪、尿	○	○	×	×	○	×	○	○	×	×	×	×	○	○	○	○	×	○	○	○	○	×		
24 新鲜厩肥、堆肥	○	×	○	○	○	○	○	○	○	○	○	○	○	○	○	○	○	○	×	○	○	○	○	

注：○可以混合；●混合后不宜久放；×不可混合。

表 4-8　土壤处理常用药剂

名称	使用方法	备注
硫酸亚铁溶液（工业用）	每平方米用3%硫酸亚铁溶液（工业用）的水溶液2 kg，于播种前7天均匀地浇在土壤中	灭菌和提高土壤酸度
福尔马林（工业用）	每平方米用35%～40%福尔马林（工业用）液50 mL，加水6～12 L在播种前7天均匀地浇在土壤中	灭菌，浇后用塑料膜盖3～5 d翻晾无气味后播种
五氯硝基苯（75%）	每平方米用2～4 g五氯硝基苯（75%）混拌适量细土，制成毒土，撒于土壤中	灭菌
五氯硝基苯＋代森锌	每平方米各用3 g五氯硝基苯＋代森锌，混拌适量细土，撒于土壤中	灭菌
辛硫磷（50%）	每平方米用2 g辛硫磷（50%），混拌适量细土，撒于土壤中，表面覆土	杀虫

第三节　种子处理与播种

一、种子处理

育苗用的种子要采用林木种子区内优良种源的种子和种子园、母树林以及优良林分的种子。调进或自采种子应经有关部门按照林业部《植物检疫条例》实施细则（林业部分）和GB 2772—1999《林木种子检验规程》进行检疫、检验，未经检疫的种子或检验不合格的种子不能播种。

播种前要做好种子处理。处理的程序是检斤—净种—检斤—发芽试验—消毒—催芽。种子消毒常用药剂与使用方法参考表4-9，种子催芽方法参考表4-10。

二、播种

（一）播种期

根据育苗树种的生物学特性和生态要求，确定适宜的播种期。适于春播的种子要适时早播，当土壤5 cm深处的地温稳定在10 ℃左右时即可播种。对晚霜敏感的树种应适当晚播，冬季播种要在土壤结冻前完成，夏季成熟和易丧失发芽力的种子适宜随采随播。

（二）播种量

播种量的计算方式按下面公式计算

$$x=\frac{P\cdot N\cdot 10}{E\cdot K}C$$

式中　x——播种量，g/m^2，或播种沟 g/m；

P——种子千粒重，g；

10——常数；

E——种子净度（%）；

K——种子发芽率（%）；

C——损耗系数，根据种粒大小、圃地条件、育苗技术和经验确定；

N——计划产苗量，株。

种子千粒重、净度、发芽率统称播种品质。河南省主要树种播种品质见表4-11。

表 4-9　种子消毒常用药剂与使用方法

药剂名称	使用方法	备注
硫酸亚铁（Fe_2SO_4）	用0.5%～1%的溶液浸种2 h，捞出用清水冲洗后，阴干	
高锰酸钾（$KMnO_4$）	用0.5%的溶液浸种2 h，捞出密封半小时后，用清水冲洗后阴干	胚根突破种皮的种子不宜用此法
福尔马林	用0.15%的溶液浸种15～30 min，捞出密封2 h后，阴干	
退菌特（80%）	用800倍液浸种15 min	
敌克松	用粉剂拌种，用药量为种子重量的0.2%～0.5%	

表 4-10　种子催芽方法

催芽方法		技术要点	适用树种
层积	混沙埋藏	沙与种子的体积比为2∶1～3∶1 沙的含水量为饱和含水量的60% 在室内用容器或在地势较高、排水良好处挖坑层积，容器或坑内温度要控制在0～5 ℃ 通气良好，防止霉烂 用冷水或温水浸种，使种皮吸水膨胀后，再层积。层积时间长短，视树种决定 播种前一周左右检查种子，如果尚未裂嘴露白，要移于能保持20 ℃左右处催芽	落叶松、油松、侧柏、沙枣、花椒、漆树、杜仲、池杉、落羽杉、核桃、板栗、枫杨、油桐、女贞等
	混雪（冰）埋藏	雪（冰）与种子的体积比为3∶1 要将冰粉碎为小块 在室内用容器或在地势较高、排水良好处挖坑层积。控制容器或坑内的雪（冰）不融化 在室外挖坑的深度不要超过冻结层 用冷水或温水浸种，种皮吸水膨胀后层积 播种前一周左右检查种子，如果尚未裂嘴露白，要移于能保持20 ℃左右处催芽	落叶松、油松
水浸催芽	温水浸	用50 ℃左右的温水 先将水倒入容器，再边倒种子边搅拌，倒完种子后水面要高出种子10 cm以上 浸水超过一天的，每天都要换水 种皮吸水膨胀后捞出摊于容器中，置于20 ℃左右处催芽	落叶松、油松、华山松、马尾松、湿地松、火炬松、金钱松、杉木、柳杉、侧柏、臭椿、泡桐、楝树、枫杨、文冠果、紫穗槐
	热水浸	用60～90 ℃的热水 先将水倒入容器内，然后边倒种子边搅拌，使种子受热均匀；倒完种子水面要高于种子10 cm以上 有大部分种子膨胀后，筛出尚未膨胀的种子，再用热水反复浸种，直至绝大部分种子膨胀为止 将膨胀的种子摊于容器内，置于20 ℃左右处催芽	刺槐

注：1. 种皮表面有蜡质、油质的要去掉蜡质、油质后再催芽。
2. 紫穗槐要先将果荚穿破再催芽。
3. 埋藏处要注意防鼠。

表 4-11　河南省主要树种播种品质(DB 41/T 383—2004)

树种	净度(%)	发芽率(%)	千粒重(g)	每千克粒数
杉木	90	35	6.5	154 000
柳杉	95	25	3.9	256 000
水杉	90	12	2	500 000
落羽杉	42	25	95	11 000
池杉	42	40	90	11 000
落叶松	93	45	4.31	232 000
金钱松	90	65	42.5	23 500
雪松	100	90	125	8 000
黄山松	93	60	10	100 000
华山松	98	75	252.3	3 900
白皮松	95	68	148.5	6 730
马尾松	93	70	11.1	90 100
油松	95	75	38.2	26 180
湿地松	99	70	33.5	30 000
火炬松	95	70	30	33 300
侧柏	93	60	21.6	46 300
桧柏	90	45	16	6 300
银杏	99	85	2 778	360
毛白杨	90	95	0.2	5 000 000
小叶杨	90	90	0.4	2 500 000
旱柳	80	70	0.2	
泡桐	90	75	0.2	5 000 000
白榆	90	85	7.7	129 806
榉树	90	80	13.8	72 400
朴树	67	67	29.6	33 780
楸树	45	45	4.5	222 000
梓树	60	60	3.7	271 000
元宝枫	92	80	125	8 000
三角枫	92	78	18.1	55 300
白蜡	98	75	29.7	33 700
水曲柳	55	55	54	18 500
桑树	70	70	1.4	714 290
臭椿	90	55	32	31 250
花椒	90	70	32	45 450
香椿	90	75	10	100 000

续表 4-11

树种	净度(%)	发芽率(%)	千粒重(g)	每千克粒数
黄连木	90	55	92	11 000
油茶	99	75	1 445	692
油桐	98	85	2 604.1	384
乌桕	95	75	133	7 520
黄菠萝	93	70	13	76 920
茶树	99	80	1 250	800
漆树	98	60	47	21 276
杜仲	98	75	71.4	14 000
板栗	96	92	7 000 ~ 29 000	34 140
枸杞	95	80	2.1	476 190
喜树	95	70	39	25 640
紫穗槐	90	60	11.7	85 470
梧桐	90	70	152	6 578
山楂	95	70	38	26 315
七叶树	98	80	13 570	74
苦楝	98	85	432	2 351
山定子	90	80	50	2 000
构树	85	75	2	500 000
栓皮栎	98	65	3 845	260
胡枝子	90	70	3 184	314
麻栎	97	65	1 100	909
青冈栎	90	85	2 096	477
山桃	99	90	1 070	934
山杏	99	95	119	8 403
国槐	90	75	26	38 461
刺槐	90	70	45	22 222
黄檀	95	75	594	1 683
皂角	98	75	41	24 390
合欢	95	65	4.3	232 558
悬铃木	70	15	74	14 152
枫杨	98	85	80	80
核桃	99	75	3 390	295
山核桃	99	75	34	29 411
小叶女贞	90	70	25	40 000
杜梨	90	75	30.3	33 003
山茱萸	90	80	140 ~ 300	8 460
枫香	90	25	4.3	232 558
桦木	52	35	0.3	3 333 333

(三)播种方法

小粒种子用撒播或宽幅条播,中粒种子用条播,大粒种子用点播或条播。撒播要下种均匀,条播要根据密度确定播幅和行距,点播要根据密度确定株行距。

播种尽量使用播种机具。覆土厚度根据种粒大小、育苗地土质、当地气候和覆土材料确定。一般覆土厚度为种子横径的1~3倍。子叶出土的种子覆土应薄些,子叶不出土的种子覆土厚些。同一树种,土壤黏重的圃地覆土要薄,土壤水分差的圃地覆土要厚。土壤条件相同的圃地,春播覆土要薄,秋(冬)播覆土要厚。

播种小粒种子和发芽出土缓慢的种子,覆土镇压后要及时用稻草、麦秸等覆盖。

第四节　播种育苗技术

一、针叶树育苗

以杉木、马尾松和湿地松(火炬松)为例,论述针叶树播种育苗技术。

(一)杉木

1.选择圃地

圃地要选择地势高、排水良好、土壤肥沃、疏松、pH值5~6的沙壤土或壤土。种过烟草、马铃薯、瓜类等作物的土地因立枯病严重,不能作为圃地。

2.整地与做床

新开垦的山地苗圃,要在夏末秋初先砍山、炼山,深翻碎土;秋末冬初或播种前,再深耕细耙,拣净石块、树根等。对于水稻田或连作育苗地,要在秋末收割或起苗后立即耕地,不耙地,使其充分风化。播种前,每公顷施厩肥30~45 t、磷肥2.25 t,同时施入硫酸亚铁粉75~300 kg,再耕地浅耙。

杉木产区气候温和、雨量较多,采用高床育苗,做成床宽1 m、高出步道15~20 cm的畦,步道宽30 cm,并挖好排灌渠道。床面表土要细,做到上松下实,并铺上1.5~2 cm的心土。

3.播种

(1)种子:要选择优良种源的种子。豫南地区可选择贵州从江、广西融水等县的种源种子育苗。种子必须采自种子园或优良林分,并根据GB 2772—1999《林木种子检验规程》进行检验,合格后,才能使用。

(2)播种:一般在2月下旬或3月上中旬进行播种。豫南地区春季播种以早播为好,在土壤解冻后即可播种。近年来,一些地方在12月至翌年1月中旬采用冬季播种,具有出苗早、扎根深、生长期长、木质化早、抗病力强等优点,效果很好。冬季播种必须在无鸟兽危害的地方才能采用。

播种前必须进行种子消毒。将种子在0.5%的高锰酸钾或0.15%~0.3%的福尔马林溶液中浸泡15 min,取出种子1 h后播种。一般播种采用条播,播沟宽2~3 cm,深1 cm,行距20 cm。每公顷播种75~105 kg。播后覆盖0.5 cm厚黄心土或火烧土,上面用稻草覆盖,以保温保湿。

4.管理

根据杉树苗木生长的特点和对环境条件的要求,在不同阶段采取不同的管理措施。

(1)出苗期管理。从播种到真叶出现叫出苗期。这个阶段要保持床面湿润,种子发芽出土后要及时揭草、防鸟、防旱,达到出苗整齐。

(2)蹲苗期管理。出现真叶到开始速生叫蹲苗期,这个阶段约 60 天。苗根生长迅速,形成根群,真叶成束抽长。这时苗较嫩,易发生立枯病,要采取防旱、防病保苗措施,促使根系发育。及时除草,进行间苗 2 ~ 3 次。

(3)速生期管理。苗高生长量占全年生长量的 60% 以上,地下形成完整根系,从 6 月到 9 月经历 120 天。这个阶段要及时防旱、防病、防涝。苗高 20 ~ 30 cm 时,要适时追肥、灌溉、松土、除草。

(4)生长后期管理。速生期后到苗木生长停止。这个阶段根系仍在继续发展,要停止施氮肥和灌溉,以防苗木徒长。

(二)马尾松

1. 圃地选择

马尾松幼苗喜光、怕水涝。圃地要选择地势平坦或略有倾斜、阳光充足、排水良好、呈微酸性反应的沙壤土。前茬是栎类、板栗等阔叶树育苗地或新垦荒地较好。

2. 整地与做床

一般进行所谓"三犁三耙",整地同时施入基肥。基肥以土杂肥为主,混入适量的过磷酸钙,以利于苗木根系的生长发育。在做床前每公顷喷洒呋喃丹粉 30 ~ 45 kg 或 22. 5 ~ 37. 5 kg 硫酸亚铁粉。

圃地四周挖好排水沟,然后做高床,床高 15 ~ 20 cm、宽 70 ~ 100 cm,南北方向,床面土碎平整。

3. 播种

(1)浸种催芽和种子消毒。播种前用 40 ~ 50 ℃温水浸种,捞去浮在水面的种子,阴干后即可播种。为了预防病害,阴干后的种子用 0. 5% 的硫酸铜溶液浸种 4 ~ 6 h,进行种子消毒。

(2)播种。豫南地区在 2 月上旬至 3 月上旬播种。一般用条播,播幅宽 10 cm,间距 15 ~ 20 cm,沟深 0. 5 ~ 0. 8 cm,播后覆细土 0. 5 ~ 0. 8 cm,然后均匀盖草。播种量当种子纯度 80% 和发芽率 70% 以上、千粒重 10 g 左右时,每公顷播 75 kg 左右。

4. 管理

当种子发芽出土 50% ~ 60% 时,可将盖草揭去 70% 左右;出土 80% 以上,将草全部揭除。要严防鸟兽和病虫害。按照"除早、除小、除了"的原则及时进行除草、覆土。间苗在雨后晴天、阴天或灌溉后进行。第一次间苗在 5 月进行,每米播种沟留苗 150 ~ 160 株。第二次间苗在 7 月进行,每米播种沟留苗 80 ~ 100 株。土壤干燥时,要适时在夜间或傍晚进行侧方灌溉,并及时排除步道和排水沟中的积水。豫南地区要在 5 月中旬至 7 月底追肥 2 ~ 3 次,每公顷每次追施人粪尿 2 250 kg、腐熟饼肥 75 ~ 225 kg;若用化肥,每公顷每次追施过磷酸钙 112. 5 ~ 150 kg、尿素 45 ~ 75 kg。在生长后期停止追施氮肥,增施磷钾肥,以防徒长。

(三)火炬松

据桐柏县林业局试验,火炬松采用芽苗移栽育苗有许多优点。早春开始育苗,可以合理安排育苗时间;延长苗木生长时间,提高苗木质量,播种期比一般播种育苗提早 30 ~ 40 天,发芽提早 40 ~ 50 天;产苗量、I 级苗量比播种育苗分别提高 1. 79 倍和 2. 63 倍,值得推广。

下面介绍火炬松芽苗移栽育苗技术。

1. 培芽

(1)筑好沙床。沙床筑在背风向阳的地方,床长 10 m、宽 1 m,南北向,四周筑高 20 cm 的土埂,床面铺厚 20 cm 净河沙,播种前用大水漫灌,并用 1% 高锰酸钾或 1% 福尔马林进行床面消毒,以待培芽使用。

沙床筑成后,建成拱形塑料大棚。其方法是每隔 50 cm 用小竹竿扎成高 50 cm 的拱形骨架,上盖农用塑料薄膜至床底,四周用土封严压实,以利增温(一般棚内温度提高 7 ~ 12 ℃,晴天中午可提高 20 ℃以上)。

(2)种子消毒与浸种催芽。在播种之前,先进行种子消毒及催芽,以防止病害,提高发芽率。

种子消毒:用 1.5% ~ 2.0% 福尔马林溶液或 0.5% 高锰酸钾溶液浸种 3 ~ 5 min 后,取出用清水洗净,即可进行催芽处理。

催芽方法:通常使用 45 ~ 50 ℃的温水浸种,让其自然冷却至常温,18 ~ 24 h 后取出催芽。为使发芽迅速、整齐,将种子放入竹筐之类的容器中,上盖稻草等覆盖物,置于温暖处,每天早晚淋水及翻动种子,待种子萌动破壳,即可播种。

(3)播种、培芽。一般于 3 月上中旬,气温稳定在 5 ℃以上时即可播种。播种过早,温度较低,萌动的种子迟迟不能发芽;播种过晚,温度较高,移栽后芽苗容易死亡,并缩短生长期,影响苗木质量。

(4)沙床管理。种子播入沙床后,沙床内温度要保持在 15 ℃以上,6 天后即有部分种子萌发破土,15 天芽子出齐后方可移栽。沙床塑料棚受外界气温变化影响很大,特别在晴天中午棚内温度上升到 35 ℃以上,易造成芽苗灼伤,此时必须降温。降温方法是在上午 10 时左右揭棚喷水、放风,要注意保持沙床湿度。

2. 移栽

(1)细致整地、筑床:芽苗移栽前要进行细致整地,做到深犁、土碎,每公顷施麻饼粉 2 250 kg、磷肥 1 500 kg。采用高床育苗,床面宽 80 cm、长 8 ~ 10 m,畦面盖一层细沙,以免土壤喷水龟裂。

(2)移栽时间:芽苗出土后、生出侧根前,子叶脱壳或不脱壳时移栽最好,成活率可在 95% 以上。已生侧根的芽苗移栽后很难成活。芽苗移栽前将塑料棚揭开,经过 3 ~ 5 天炼苗,再进行移栽。移栽时间以每天上午 12 时前、下午 3 时以后为最好。中午气温高、蒸发量大,易造成芽苗大量死亡,不能进行移栽。

(3)认真起苗:只有对沙床喷水后,才能挖出芽苗。挖苗时严禁损伤子叶和芽根。挖出的芽苗迅速放入盘内或盒中,盘中放少许清水,再用湿毛巾覆盖,以免干燥,芽苗不能长时间拿在手中,以免被损伤。

(4)移栽方法:首先将苗床少量喷水,然后一手拿苗,一手用竹签扎穴开缝,将芽苗放入缝内,再用竹签将缝挤紧,使苗根与土壤密接。栽植深度相当于芽苗在沙床的深度。株行距一般为 4 cm × 15 cm,每公顷可栽约 135 万株。

(5)移栽后管理:芽苗移栽后要随栽随喷水,3 天内必须保持床面湿润。据试验,连续喷水 3 天,芽苗成活率可达 95% 以上。芽苗成活后直至出圃前,要及时而细心地进行松土除草、追施肥料、病虫害防治等管理工作。

二、阔叶树育苗

以刺槐、杜仲为例论述阔叶树播种育苗技术。

(一)刺槐

1. 苗圃地选择

刺槐育苗要选择排水良好、土层深厚、肥沃、地下水位1 m以上具有灌溉条件的沙壤土。忌连作,与侧柏、松树、杨树等轮作效果较好。

2. 整地做床

整地要在秋末、冬初进行,耕地深度应达到25～30 cm,耕后不耙,进行冻垡。翌春土壤解冻后进行浅耕细耙,每公顷施入腐熟厩肥60～70 t,并施入农药进行土壤消毒,然后耙平做床。多雨地区,作成高床或垄;干旱、少雨地区,采用平床。具体苗床规格根据苗圃具体条件而定。

3. 种子准备

采种母树应选择生长健壮、树干通直圆满的15～30年生的壮龄刺槐。刺槐荚果成熟期在8～9月,当荚果由绿色变为赤褐色、荚皮变硬时即成熟,落叶后采种,晒干,用石磙碾压脱粒,除去果荚及杂物,即得纯净种子。

4. 种子处理

刺槐种皮厚而坚硬,透水性差,硬粒很多,播种前必须进行浸种催芽。催芽方法是采用多次热水浸种,分批播种。即用80～100 ℃热水浸泡3～5 min后,兑冷水浸一昼夜,筛出膨胀种子,晾后播种;未膨胀的种子再用同样方法处理,直至90%以上种子吸水膨胀;少量仍未膨胀的硬粒种子再按沙与种子3∶1的比例放在背风向阳的沙坑中催芽,经常喷水,保持湿润,每日翻动1～2次,有1/3种子露出根尖时,即可播种。

5. 播种

播种季节以春播为主,在不遭晚霜危害的前提下,愈早愈好。一般以3月下旬至4月上旬为宜。

播种采用苗床条播。干旱山地育苗,可用条播培垄方法,即每隔30 cm开一宽7～8 cm、深2～3 cm的播种沟,沟底踏平,沟内浇水,待水渗下去后,在沟内撒播已催芽处理的种子。然后将播种沟培成高10～15 cm的垄,待种子开始发芽时,轻轻耙平培土,使覆土仍有0.5～1.0 cm。畦播每公顷用种量30～45 kg。大田育苗可采用耧播,每公顷播种60～75 kg。

6. 管理

(1)出苗期管理。从播种到幼苗出现真叶为止的一段时期为出苗期。幼苗出土前后,易遭种蝇危害;同时,幼苗嫩,易遭灼害和立枯病危害。此期的主要管理任务是保证出苗早、出苗齐、出苗全。为此必须做到:播前催芽,及时播种,保持地表湿润,防治地下害虫,尤其是种蝇幼虫危害。

(2)蹲苗期管理。从幼苗出现真叶到苗木开始速生为止为蹲苗期。这一阶段幼苗生长缓慢,但根系生长很快,要及时间苗定苗。每公顷留苗7.5万～10.5万株。为促进苗木根系生长,应适时进行合理灌溉。干旱天气,一般10～15天灌溉一次。雨后或灌溉后,应及时松土保墒,松土要浅,不伤苗根,结合松土进行除草。同时要防治蝼蛄、蛴螬、地老虎和蚜虫等的危害。

(3)速生期管理。速生期苗木地上部分和地下部分生长很快,地上部分高生长量占全年生长量的80%左右，是决定苗木产量和质量的关键时期。除继续做好松土、除草等管理外，要及时进行追肥、灌水和防治病虫害，雨季注意排水。6月下旬至8月上旬，追肥2～3次，每次每公顷施追肥75～112.5 kg，前期施氮、磷、钾完全肥料，后期适当多施磷、钾肥。

(4)生长停止期管理。9月中旬随着气温下降，苗木生长由快变慢，直到霜降停止生长。这时期苗木地径稍有增长，根系仍在生长。应停止施肥和灌溉，以防止苗木徒长，提高越冬抗寒能力。

(二)杜仲

1. 苗圃地选择

杜仲出土初期，幼苗比较柔弱，在形成6～8片真叶以前，幼根入土较浅，抗旱力弱，因此圃地应选择排水良好、疏松、湿润、肥沃的微酸性或中性土壤。切忌选用连作地。

2. 整地做床

冬季深翻土地，早春浅犁。结合整地每公顷施堆肥30 t、饼肥15 t、草木灰2.3 t。然后做畦，进行土壤消毒。

3. 播种

播种前种子混湿沙贮藏30～40天效果较好，可使苗圃发芽率显著提高，而且出圃整齐。越冬干藏的种子，播种前应用温水或冷水浸种2～3天，每天换一次水。合理确定播种期是杜仲育苗成败的关键。冬播可起到低温处理的作用，翌春发芽早而整齐；春播宜早，未经低温层积催芽的种子，适宜的播种期在1～2月，最迟不能超过3月中旬。

播种多采用条播，行距20～25 cm，每米播种沟播种40～50粒，每公顷播种量75～120 kg。杜仲种子扁薄，幼苗具两片较长的子叶，故覆土不宜过厚，以1 cm左右为宜。播后盖草，保持苗床土壤湿润。

4. 管理

经湿藏或催芽的种子，播种后在日均温度10～12 ℃时经15～20天发芽出土。幼苗出土初期，生长缓慢，抗旱力弱，要适时灌溉；梅雨季节注意排水，并勤松土，注意立枯病的防治。幼苗在形成5～6片真叶时，结合间苗进行移栽，成活率较高。定苗时每米播种沟留苗10～15株。6月以后苗木进入速生期，7～8月为生长最旺时期，苗高平均月生长量20 cm以上，此时及时追肥2～3次，并加强除草松土。9月以后，苗木生长进入后期，11月中旬停止生长。1年生苗高可达1 m以上，地径达1.5 cm以上，即可出圃造林。

在气候较寒冷的地区培育杜仲苗时，可采用温床播种、芽苗移植的方法，能提早播种期，节约用种，免去间苗工序，保证每株苗木有适当的营养面积。幼苗真叶初露时，按10 cm×20 cm的株行距移植，经过集约管理，一般当年苗高可达1 m，地径1.5 cm。

第五节　营养繁殖苗培育

一、插条育苗

插条育苗是营养繁殖方法的一种，现以沙兰杨为例进行阐述。苗圃地选择及整地施肥同一般苗圃作业技术。

(一)插条选择

大树上的1～2年生枝条可作为育苗的材料,但以1年生枝条中部剪取的插穗为最好,基部较差,梢部插穗仍可利用。插穗以粗1～1.5 cm、长17～20 cm为宜,1 cm以下的插穗和梢部条,插后加强水肥管理,仍可育成壮苗。

(二)扦插技术

试验表明,垂直扦插的伤口愈合良好,苗木生长健壮,无"拐"把现象发生,斜插效果差。土壤疏松,插穗粗时,可按一定株行距将插条插入畦内;土壤黏重,或插穗细时,可用窄缝扦插。扦插时,应将插穗上苗芽露出地面。扦插时间一般在落叶后至次春发芽前。在不宜冬播地区或者在沙地上育苗时,可将插穗贮藏到次春再进行扦插。

(三)扦插密度

一般条件下,以30 cm×30 cm为宜,丰产试验田的密度也可用30 cm×25 cm或30 cm×20 cm。如果培育2～3年生大苗,扦插行距可为50～70 cm,株距30～40 cm。

(四)苗木抚育

扦插后,一般从4月上旬开始发芽生长。为了提高扦插成活率并促进幼苗生长,在插穗萌芽前后到成活稳定的一段时间内,每10～15天灌溉一次。天气特别干旱或苗木速生期间,可适当增加灌溉次数。6月中旬至9月底为速生期,每10～15天追肥一次,每次每公顷施化肥75～180 kg,结合追肥进行灌溉,以充分发挥肥料的效用。也可追施人粪尿,还要适当进行中耕除草,促进苗木生长,提高苗木质量。

二、埋根育苗

适于埋根育苗的树种很多,现以泡桐为例介绍。

(一)选好圃地,深耕细作

苗圃应选择地势平坦、排灌良好、土层深厚、肥沃、地下水位在1.5～2.0 m以下沙壤土或壤土地,pH值在6.5～7.5。地下水位过高的低洼地、盐碱地和土质黏重的黏土地均不宜选作苗圃。位置应当背风向阳,以免风折、风倒,引起苗干弯曲。

圃地选好后,于秋末冬初进行深耕,耕后不耙,促使土壤风化;第二年春季解冻后,进行浅耕、细耙、平整。结合浅耕,每公顷施基肥(厩肥)7 500～37 500 kg,撒入硫酸亚铁粉75～150 kg,做成低床或高垄苗床,垄高15～20 cm,上宽20～30 cm,下宽50～60 cm,每垄埋1行桐根。

(二)良种壮根,合理贮藏

种根为1～2年生的苗根,种根长度以15～20 cm为宜,大头粗度1.5～4.0 cm。

采根时间在2月下旬至3月中旬,随挖随埋。挖出的种根上端平剪,下端斜剪。防止倒埋。如秋季挖根贮藏,待第二年春天再埋,其贮藏方法是:选择背风向阳、排水良好的地方,挖宽1 m、深0.5～0.8 m的贮藏沟,长度视种根多少而定,沟底垫5～10 cm厚的细沙,种根大头向上直立,一层摆满后再摆第二层,直至距地面20 cm为宜,用湿沙埋满,每隔1 m竖一草把通气。霜冻时沟上覆成土丘,以防冻害。周围挖沟排水,防止雨水流入,并经常检查,以免霉烂。

(三)适时埋根,合理密植

在河南省以2月下旬至3月中旬埋根为好,11～12月土壤结冻以前也可进行。埋根前做好分级工作，对粗度不同的种根，分片种植。临时挖取的新根，需晾 1 ~ 2 天再埋，以促进发芽，防止烂根。

插根方法分直埋、斜埋、平埋三种。做法是：先按株行距挖穴，将种根大头向上直立穴内（直插效果最好），上端与地面平齐，然后填土踏实（避免伤根），再在上面封一碗口大土丘，以防冻保墒。

密度：培育高 5 m 以上、地径 6 ~ 8 cm 的苗木，株行距为 1.0 m × 0.8 m，每公顷 1.2 万株左右；培育高 6 m 以上特级苗，株行距 1 m × 1 m；培育 2 ~ 3 m 高的小苗，采用 0.8 m × 0.65 m 的株行距。

（四）因时制宜，科学管理

2 月下旬至 3 月上旬插根，3 月底至 4 月初发芽，5 月中旬前后基本齐苗。从出苗到苗高 10 cm 左右，要注意松土保墒，提高地温。发芽前扒去土丘，根上覆 5 cm 细土。苗高 10 cm 左右时，对根上萌发的数个萌芽去弱留壮，进行定苗。

5 月上旬至 6 月中下旬，为苗木缓慢生长期，该期间依据天气情况适时灌水，并在苗木基部培土，促使苗木生根。

6 月底到 8 月下旬，为苗木旺盛生长期，此期每 15 ~ 20 天追施一次速效性化肥（150 kg/hm^2 左右）或人粪尿（6 000 ~ 7 500 kg/hm^2），结合施肥进行灌水。雨季做好排涝工作，以免引起烂根。

8 月下旬，苗木地上部分逐渐停止生长，此期不再浇水施肥，以免引起苗木后期徒长。

整个苗木生长过程中，应做好病虫害的防治工作，特别是对金龟子、地老虎、牧草盲椿象和炭疽病、黑豆病等病虫害的防治。

三、埋苗育苗

此种方法称为“带棵育苗”，也叫点状埋苗育苗。生产上应用较多的是毛白杨埋苗育苗，具体做法是：在苗床上开成深 3 cm 左右、宽 5 ~ 10 cm 的小沟两条，行距 50 cm，把粗细一致的裸根苗平放在沟内，每隔 10 ~ 15 cm 远用湿土堆一碗口大的土堆，进行点埋，即为埋苗育苗。

苗木抚育一要注意晒芽，二要保根。由于灌溉淤土和覆土过厚，影响埋苗上侧芽萌芽出土时，用竹片按株距把淤土过厚的地方挑起，使侧芽外露出来，促进萌发生长，也称晒芽。埋苗后，由于天气干旱，地温过高，易使新根干枯，造成幼苗死亡，要及时进行培土和适时灌溉。培土结合中耕除草，分次进行，也可一次培好。

四、嫁接繁殖——籽苗嫁接

籽苗嫁接是嫁接的一种新方法，现在生产上广泛应用于银杏、核桃、板栗等大粒种子的树种。仅就板栗籽苗嫁接介绍于后，其他树种也基本相同。

（一）采种

选择优良母枝，待种子自然成熟落地，人工地面收集。选种实饱满、色泽鲜亮、大小均匀的种子为育苗用种。

（二）选种、贮藏

用清水、药水均可选种。选种时，将种子放入缸内，加水至种子上面有水 25 ~ 30 cm，充分搅拌 20 min 左右，将水面漂起的瘪种、坏种捞出倒掉，再将好种捞出堆放室内备藏。

贮藏前，先将栗种堆成 10 cm 厚放置 1 ~ 2 天。在室外贮藏时，可挖成宽 1 ~ 1.5 m、深 0.3 m、长 2 ~ 3 m 的沟，沟底铺中粒河沙 8 ~ 10 cm 厚，然后将栗种放置上面，厚度为 5 ~ 6 cm，其上铺 7 ~ 8 cm 湿沙，沙的含水量为 5% ~ 8%，这样分层堆积，上面封土高出地面 25 ~ 30 cm。堆积过程中，注意经常翻动，以确保通气。

（三）加温催根、断根

在 1 ~ 2 月中下旬，将经过沙藏、无病虫害的栗种置于室内，用湿沙混放。室内温度保持在 15 ~ 18 ℃，待根长出 3 ~ 4 cm 时，即可断根。在上胚轴 2 ~ 3 cm 处掐断，用 50 mg/L 的萘乙酸溶液快速处理伤口。

（四）催芽

将经过处理的栗种按株行距（0.5 cm × 1 cm）摆放在事先准备好的催芽床上，摆好后用干净细河沙覆盖栗种，沙厚 7 ~ 8 cm，室内温度保持在 20 ~ 25 ℃，相对湿度在 80% 以上，保持床面湿润。3 月中下旬芽苗露出床面、幼叶未变红时，即开始进行嫁接。

（五）嫁接

在 2 月下旬或 3 月上旬采集接穗，选用粗度为 0.4 ~ 0.6 cm 的 1 年生健壮枝条为接穗。采取的枝条注意保鲜、保温。

距催芽的栗种（砧木）根际 2 ~ 3 cm 处，用单面刀片横切幼茎，切口要平，用劈接方法在砧木中央向下垂直纵切一刀，深达 2 cm 左右。

削接穗选带有 2 ~ 3 个饱满芽的接穗，在下端 0.2 cm 处两侧各削一刀，削面长 2 cm，靠芽一侧厚，另一侧薄，呈楔形削面。把削好的接穗插入事先选择好的砧木上。切好的砧木中间要达到下不蹬空、上不露白，对准形成层。嫁接好后要适当绑扎，松紧适度，不宜过紧。

嫁接好后，将小苗移于事先做好的苗床上，嫁接部位与地面相平，株行距为 15 cm × 25 cm。为保证苗木湿润和增温，应在床面上覆盖塑料薄膜，搭成小拱棚，保持温度在 25 ~ 30 ℃，湿度为 80% ~ 90%。当新梢生长 10 cm 以上时，应逐步进行通风，然后将塑料拱棚拆除，使苗木转入正常管理。

苗圃地主要做好除萌、松土、除草、抗旱、排涝、追肥、病虫害防治等管理工作。

五、火炬松针叶束育苗

（一）水培促生根

（1）设备。利用竹木搭成架，其大小根据培养叶束数而定。若培养 20 万束，可搭成长 6 m、宽 3.2 m、高 2.4 m 的架，上盖薄膜，用压膜线压好、固定。为了保温增温，最好将简易棚搭成内外两层，内外层间距 30 cm 左右。

水培容器可用 35 cm × 50 cm 瓷盘，内盛培养液 2 000 mL。为使针叶束能在盘中“站立”，瓷盘上面放上固定架，其大小和盘一样，高 8 cm，分两层，每层用铅丝编成方格，每个固定架 40 个小方格，每个小方格培养 50 支叶束。

培养架长 2.2 m、宽 0.4 m，层间距 0.6 m。

玻璃器皿应准备 10 mL、20 mL、50 mL 和 500 mL 的各 2 个；试剂瓶 200 mL、500 mL 的各 3 个；一般广口瓶 1 000 mL 的 3 个；普通温度计 10 支；粗天平 1 台（感量为 0.1 g）。

补充加温设备：红外线加热板数个。

激素：萘乙酸、吲哚乙酸、吲哚丁酸。

化学试剂:硼酸、硝酸铵和维生素 B。

(2)水培温度控制。水温、培养液温度条件在 16~28 ℃易于生根,水培 48 天生根率达 92%,水培 58 天达 93%,但以 22 ℃生根最好,低于 18.7 ℃生根速度下降。

(3)采叶技术。采集叶束时,紧挟叶束基部向左、向右或向下采摘。采摘苗木的中下部叶束,要注意下端整齐,便于贮藏。

将采回的叶束直立放入室内润沙中,埋深 1~3 cm,随即浇透水,注意勤检查,防止因沙过干致使叶束得不到水分而枯萎。采叶束季节以 12 月为好,这时采的叶束生根率高。

(4)切基。针叶束育苗实际上是叶束带短枝育苗。从植物形态学上说,叶束就是短枝,它有叶,叶茎中包含有生长点,生长点和叶着生在一个枝端上,短枝一般只有 1~3 mm 长。切基技术要领:切基就是沿叶束基部叶的着生点或鳞叶上沿用刀片从叶束基部垂直切除。鳞叶因母树的年龄不同而有差异,树龄较大、叶枯萎时不易识别;一年生苗,鳞叶扁平,呈绿色,长 1.0~2.0 cm 不等,附生在叶束基部即短枝苗端叶的着生点下面,采叶时常可以附带在叶束基部。通过切基可提高生根率。

(5)激素处理。用 200 mg/L 的萘乙酸溶液处理 15~20 h,浸入深度为 1~2 cm。取出叶束后,用清水冲洗,再随即上盘水培,或插入苗床。

(6)营养液配方。在水中加入一定的营养成分,这样可加速愈合,促进生根,增加根数,提高生根率。当水溶液中硼的含量在 50 mg/L 以上时,生根率则会大大提高。pH 值以 5.0~6.5 为好。水培营养液中的硝酸铵、维生素 B 也是必需的。

(二)移栽育苗

(1)苗圃地准备与一般苗圃准备技术要求相同。

(2)生根苗移栽技术。按 20 cm 行距开 1.5~2.0 cm 浅沟,在沟底铺一层 1.5~2.0 cm 厚的润沙,栽时用小铲挖开小孔(株距 3~4 cm),将苗根入土,根稍低于土面,栽后用喷壶浇透水,以利于成活。

(3)苗田管理。为了提高发芽成活率,促进苗木生长,移栽前应在苗床上施入菌根土,移栽后加强水分管理,保证适当光照和适宜的气候条件。3 月中旬为适宜移栽时间。

第六节 容器育苗

一、育苗容器的种类和规格

容器育苗有利于苗木生长,制作材料来源广泛,加工容易,成本低廉,操作方便,保水性能好,浇水、搬运不易破碎。

(一)育苗容器的种类

育苗容器按制作材料和结构分为以下几种:

(1)塑料薄膜容器。一般用厚度为 0.02~0.06 mm 的无毒塑料薄膜加工而成,分有底(袋)和无底(袋)两种,有底容器中、下部打 6~12 个直径为 0.4~0.6 cm 的小孔,小孔间距 2~3 cm。

(2)泥质容器。泥质容器又分营养砖和营养钵两种。营养砖是用腐熟的有机肥并添加适量无机肥料配成营养土,经拌浆、成床、切砖、打孔而成长方形砖块;营养钵则是使用具有一定黏性的土壤为主要原材料加适量磷肥及沙土压制而成。

(3)蜂窝状容器。用纸或塑料薄膜为原料制成,将单个容器交错排列,侧面用水溶性胶粘剂黏合而成,可折叠,用时展开成蜂窝状,无底。

(4)硬塑料杯。用硬质塑料制成六角形、方形或圆锥形,底部有排水孔的容器。圆锥形容器内壁有 3 ~4 条棱状突起。

(5)其他容器。用竹筒、泥炭及牛皮纸、树皮等制作的容器。

(二)育苗容器的规格

育苗容器的大小与树种、苗木规格、运输条件以及立地条件有关。根据林业部 1991 年颁布的《容器育苗技术》(LY/T 10000—1991),适合于不同树种和地区的常用育苗容器规格列于表 4-12。

表 4-12　常用育苗容器规格及其使用范围

容器种类	规格(cm)	适用范围		
		苗龄	树种	地区
塑料薄膜容器	(5 ~6) × (10 ~12) (5 ~7) ×14	0.5 –0 1 –0	松树 柏木	粤、桂、琼及闽南 川、滇、黔
	(7 ~9) ×18	1 –0	阔叶树	川、滇、黔、湘、鄂、赣、皖、闽、浙、苏、鲁、豫、晋、冀、京、津、蒙
	(6 ~8) × (18 ~20)	2 –0	油松、樟子松	陕、甘
	(4 ~5) × (12 ~15)	0.5 –0 1 –0	油松、黑松、侧柏、落叶松	辽、京、津、冀、晋、蒙、鲁、陕、豫
	(5 ~7) × (12 ~14)	1 –0	湿地松、火炬松	闽、赣、皖、浙、苏、湘、鄂、川、滇、黔
	(4 ~5) ×15	1 –0	针叶树	陕、甘、宁、青、新
	(5 ~7) × (14 ~16)	1 –0	阔叶树	陕、甘、宁、青、新
营养砖	(5 ~7) × (5 ~7) × (8 ~12)	0.5 –0	相思树、湿地松	粤、桂、琼及闽南
营养钵	3 ×5 ×7	0.5 –0	油松、侧柏	京、津、冀

注:1. 蜂窝状容器工厂生产的单筒规格,纸筒直径为 4.8、5.6、6.3、6.5、7.2、8.2 cm,高度为 7、9、12、18 cm;塑料膜筒直径为 4.1、4.8、5.8、6.5、8.2 cm,高度为 8、12、16、20 cm。

2. 苗龄的单位按 GB 6001 中的 1.4 条的规定:1 ~0 表示苗木为 1 年生未移植,0.5 ~0 表示约完成 1/2 生长周期的苗木,1.5 ~0 表示苗木 1.5 年生未移植,2 ~0 表示苗木 2 年生未移植。

容器大小的表示方法:塑料薄膜容器为圆筒状,以装填基质后容器的直径和高度表示,如:5 cm ×12 cm 表示装填基质后,容器的直径为 5 cm,高为 12 cm;营养砖为长方体,以长 ×宽 ×高表示大小;营养钵为圆台体,用上底直径、下底直径和高表示大小;蜂窝状六角形容器以外接圆直径和高度表示。

二、育苗基质

(一)育苗基质成分及配制要求

育苗用的基质要因地制宜,就地取材,而且材料来源广,成本较低,具有一定的肥力;理化性状良好,保湿、通气、透水;重量轻,不带病原菌、虫卵和杂草种子。培育容器苗的基质成分及其比例参考表4-13。

表4-13　培育容器苗的基质成分及其比例

基质成分及比例	用途	树种	适用地区
火烧土30%~50%,黄心土40%~60%,菌根土10%~20%,外加过磷酸钙3%	塑料薄膜容器	马尾松、湿地松、火炬松、加勒比松、黑荆树	粤、桂、琼
火烧土或腐殖质土或圃地土30%~40%,黄心土40%~50%,腐熟厩肥10%~20%,外加过磷酸钙3%	塑料薄膜容器	木麻黄、大叶相思、台湾相思	粤、桂、琼
火烧土30%~40%,圃地土40%~50%,腐熟厩肥10%~20%,外加过磷酸钙3%	营养砖	桉树	粤、桂、琼
黄心土50%~60%,火烧土20%~30%,菌根土10%~20%,外加过磷酸钙2%	塑料薄膜容器	松树	川、滇
腐殖质土50%,黄心土30%,土杂肥20%,外加过磷酸钙2%	塑料薄膜容器	桉树	川、滇
黄心土50%~70%,腐殖质土30%~50%,外加过磷酸钙2%,黏性土再加沙5%~10%	塑料薄膜容器	侧柏、油松、落叶松、樟子松、云杉、冷杉	陕、甘
圃地土80%,土杂肥20%,外加过磷酸钙2%	塑料薄膜容器	侧柏、油松、落叶松、樟子松、云杉、冷杉	陕、甘
腐殖质土60%,黄心土20%~25%,土杂肥15%~20%	塑料薄膜容器	油松、侧柏、樟子松、落叶松	辽
黄心土或林地表土(黏性土掺沙土1%~2%),外加过磷酸钙3%	营养钵	侧柏、油松	京、津、冀

(二)基质的消毒

为预防苗木发生病虫害,基质要进行消毒,具体消毒方法参考表4-14。

表4-14　基质消毒药剂及使用方法

药剂名称	使用方法	用途
福尔马林(40%工业用)	用1∶50(潮湿土壤)或1∶100(干燥土壤)药液喷洒至基质含水量60%状态即可。搅拌均匀后用不透气的材料覆盖3~5 d,撤除覆盖翻拌无气味后即可使用	灭菌
硫酸亚铁(3%工业用)	每立方米用磷酸亚铁25 kg,翻拌均匀后,用不透气的材料覆盖24 h以上,或翻拌均匀后装入容器,在圃地薄膜覆盖7~10 d,即可播种	灭菌
代森锌	每立方米用10~12 g药剂均匀混拌入基质中	灭菌
辛硫磷(50%)	每立方米用10~15 g混入基质,搅拌均匀后用不透气材料覆盖2~3 d	杀虫

三、容器苗的培育

(一)选择育苗地

按照“就近造林,就近育苗,就近取土”的原则,选择距造林地近、运输方便、有水源或灌溉条件、便于管理的地块作为育苗地。育苗地要求平坦,排水良好。种过番茄、薯类的菜地不能用做育苗地。山地要选通风良好、阳光较充足的半阴坡或半阳坡。低洼积水、易被水冲、沙埋的地段和风口处不能用做育苗地。

(二)整地做床

育苗地要进行细致整地,做到土碎、地面平整。在平整的圃地上做床,苗床宽 1 ~1.2 m,步道宽 40 cm,床长依地形而定。气候湿润、雨量较多的地区或灌溉条件较好的育苗地可采用高床,即将容器摆放在与地面相平的床面上;灌溉条件差或干旱地区的育苗地采用低床或平床,即在低于步道的床面上摆放容器,摆好后容器顶端与步道平齐(平床)或低于步道(低床)。同时,要在育苗地周围挖好排水沟,做到不积水、不淹没。

(三)装填育苗基质和摆放容器

育苗基质在装填之前要保持湿润,使含水量达到 10% ~15%。基质装填要达到容器上沿 0.5 ~1 cm 处。基质必须装实,尤其要注意把无底薄膜容器底部压实。

装填好基质的容器要整齐摆好放在苗床上,容器上口要平整一致,苗床周围用土培好,容器间孔隙用细土填实。

(四)播种

1. 种子准备

选用良种或种子品质达到 GB 7908 规定的Ⅱ级以上种子,或符合当地种子质量标准中Ⅱ级以上的种子。播种前要对种子进行精选、检验、消毒和催芽。

2. 播种期和播种量

华北平原地区可在早春播种,华南地区宜在秋冬播种。

播种量根据树种特性、种子质量和催芽程度而定。一般湿地松、火炬松每个容器播 1 ~2 粒,日本落叶松播 3 ~6 粒,侧柏、黑松、马尾松、油松等播 3 ~4 粒,杉木播 2 ~3 粒。其他树种可参考这个播种量根据实际情况确定。

3. 播种方法

容器内的基质在播种前要充分湿润,种子要均匀地播放在容器中央。播后及时覆土,覆土厚度为种子横径的 1 ~3 倍,微粒种子以不见种子为度。覆土后随即浇水,至出苗前一直要保持基质湿润。低温干旱地区要用塑料薄膜覆盖床面,同时注意防止鸟兽危害。

(五)移植

容器育苗也可以采取芽苗移植和幼苗移植的方法进行培育。

1. 芽苗移植

经过消毒、催芽的种子均匀撒播在沙床上,待芽苗出土后(针叶树在种壳将脱落,侧根形成前)将沙床浇透水,轻拔芽苗放入盛满清水的盆内,而后尽快移植于容器中央,每个容器栽 1 ~2 株,埋土深度在根径以上 0.5 ~1.0 cm,移植后随即浇透水。晴天在早、晚移植,一周内每天早、晚浇水,必要时还应适当遮阴。

2. 幼苗移植

在生长季节，将高 8 ~ 10 cm 的无病虫害、有顶芽的小苗在早、晚或阴天移植在容器内，移植后随即浇水。或者选苗干粗壮、根系发达、顶芽饱满、无病虫害、色泽正常、木质化程度好的一年生壮苗，在早春或晚秋进行移植。每个容器移苗一株，并使根系舒展，根土密接，防止栽植过深、窝根或露根。移植后随即浇透水。

（六）苗期管理

苗期管理主要是追肥、浇水、病虫害防治和间苗、除草等。

1. 追肥

追肥要在针叶树出现初生叶、阔叶树出现真叶进入速生期前进行。速生期以氮肥为主，生长后期停止使用氮肥，适当增加磷、钾肥。追肥要结合浇水进行，按一定比例的氮、磷、钾混合肥料，配成 1∶200 ~ 1∶300 浓度的水溶液施用，根外追氮肥浓度为 0.1% ~ 0.2%。追肥在傍晚进行，严禁在午间高温时施肥。追肥后要及时用清水冲洗叶面。

2. 浇水

适时适量浇水非常重要，播种或移植后随即浇透水。出苗期和幼苗生长初期要多次适量浇水，保持基质湿润。速生期应量大、次数少，在基质达到一定的干燥程度后再浇水。生长后期要控制浇水。出圃前一般停止浇水，以减少重量，便于搬运，但在干旱地区出圃前要浇水。北方封冻前要浇一次透水。

3. 病虫害防治

及时防治病虫害是培育容器苗的重要措施之一。要按照《育苗技术规程》中介绍的“苗圃防治病虫害常用药剂”选择农药、用量和施用方法。必要时要把病株拔掉。

4. 间苗

种壳脱落、幼苗出齐一周后进行间苗。侧柏每一容器保留 1 株，油松、日本落叶松等保留 1 ~ 3 株，缺株者要及时补苗。间苗和补苗后随即浇水。

5. 除草

容器内、床面和步道上应保持无杂草。拔草时防止损伤幼苗根系。化学除草参考《造林技术规程》中介绍的“苗圃常用除草剂”有针对性地选择使用。

四、容器苗出圃

（一）容器苗规格

容器苗规格按照林业部颁发的《容器育苗技术》执行（见表 4-15）。出圃苗除符合规定的标准外，还必须根系发达，容器不破碎，无机械损伤和病虫害。容器苗的产量以有苗的容器为单位计算，虽然一个容器内有多株苗，也记为 1 株。

（二）起苗运输

起苗与造林时间要衔接，做到随起、随运、随栽植。保持根团完整，防止容器破碎。要切断穿出容器的根系，不能硬拔，严禁用手提苗。

表 4-15　部分造林树种容器苗出圃规格
（LY/T 10000—1991）

树种	苗龄	合格苗			适用地区
		苗高（cm）	地径（≥cm）	合格苗百分率（≥%）	
杉木	1－0	18	0.3	85	闽、赣、皖、浙、湘、鄂、川、黔
马尾松	0.5－0	10	—	90	闽、赣、皖、浙、苏、湘、鄂、川、黔
	1－0	16	0.3	95	
油松	0.5－0	5	—	90	辽、京、津、冀、晋、蒙、鲁、陕、甘
	1－0	7	0.2	85	
	1.5－0	12	0.3	85	
	1－0.5	12	0.3	80	辽
樟子松	1.5－0	12	0.3	85	辽、京、冀、蒙、陕、甘
	2－0	10	0.2	80	
	1－0.5	12	0.3	80	辽
湿地松	0.5－0	15	—	90	粤、桂、琼、闽
	1－0	20	0.4	90	闽、赣、皖、浙、苏、湘、鄂、川、黔
火炬松	0.5－0	15	—	90	粤、桂、琼、闽
	1－0	20	0.4	90	闽、赣、皖、浙、苏、湘、鄂、川、黔
加勒比松	0.5－0	16	—	90	粤、桂、琼
黑松	0.5－0	5	—	90	辽、鲁
	1－0	7	0.2	85	
	1.5－0	15	0.3	85	
	1－0.5	12	0.3	80	
落叶松	1－0	10	0.2	90	辽、京、冀、晋、蒙、鲁
	2－0	25	0.3	85	陕、甘
侧柏	0.5－0	10	—	90	辽、京、冀、晋、津、蒙、鲁、陕、甘
	1－0	15	0.3	90	
	1.5－0	25	0.4	90	京、津、冀、晋、蒙、鲁、陕、甘、
	1－0.5	25	0.4	85	辽、鲁
柏木	1－0	18	0.2	90	川、滇、黔

第七节　塑料大棚育苗

一、大棚的结构

塑料棚的结构一般呈拱形，棚壁为立式或倾斜式，上盖为拱形或屋脊形。棚的骨架可用木料、普通的金属材料或铝合金材料等。作为永久性的塑料棚的结构形式，目前国内外应用的有：木棚架结构（屋脊形），热浸薄壁或厚壁镀锌钢管拱形结构，铝合金棚架结构（屋脊形），角钢或 T 形钢棚架结构（屋脊形），充气支撑结构（拱形），硬质塑料骨架结构（拱形）。

目前多主张采用铝合金拱形架结构及热浸镀锌薄壁钢管，或采用角钢、T 形钢屋脊形结构形式，这些比较耐用。

（一）塑料棚（温室）的覆盖材料

（1）单层聚乙烯薄膜。

（2）充气双层聚乙烯薄膜。

（3）半透明纤维玻璃板（树脂板）。

（4）钢化玻璃。

（二）塑料棚的规格

棚的宽度一般为 2 ~ 15 m，根据育苗面积大小而定，苗圃面积小的宜窄，面积大的宜宽，具体宽度也因育苗管理手段而异。棚高一般为 2.3 ~ 4.2 m（棚中央的高度），过高会降低抗风能力。棚体长度一般以 50 ~ 70 m 为宜，太长通风不佳。大棚的两端设门，以便操作人员和机械出入；大棚要设窗户，并在顶盖上设通风口，以便通风和调节温度。棚内必须安置灌溉设备。在风大的地区，棚外要营造防风林带。

修建培育裸根苗大棚以前圃地要平整，并进行精耕细整，草多可用除草剂除草。

二、温度控制

温度是苗木生长的重要因素之一，也是温室育苗必须控制的条件。许多树种在最适温度范围内种子发芽最快，苗木生长旺盛。调节温度时，在无现代化降温设备的情况下，可用通风和避风的办法进行调节。当棚温达到 30 ℃时，要通风降温；下午棚内温度降至 25 ℃时要关上风口，以保持夜间温度。棚内温度白天最好保持在 25 ℃左右，最高不要超过 30 ℃；夜间温度不低于 15 ℃（有的树种为 17 ℃）。

三、光照控制

光照的强弱直接影响苗木的光合作用及有机物质合成，从而影响苗木生长速度。光强度从 1 000 lx 增加到 3 000 lx 时，光合作用与呼吸作用相同，苗木维持平衡。超过 3 000 lx 后，苗木生长速度与光强度的增加呈直线相关，直到 10 000 lx。光强度再增加，光合作用速度虽然也有增加，但增加有限。当光强度达到某一强度时，光合作用不再增快时，即达到光饱和状态。不同树种达到光饱和点所需光强度不同，这一数值也因苗木生长时期、温度、CO_2、叶子的阴阳性等而不同。掌握培育苗木达到光饱和点所需的光强，特别是苗木各时期生长所需的最适光强，是光照调节的关键。

各个树种生长所需光强不同，即使同一树种在不同生长时期所需光强也有很大差异，因此必须根据不同树种、不同生长时期，来确定光照强度。一般在出苗期要求光强度较小，当苗木生长到幼苗期和速生期时，要使光强度达到饱和点。为了使苗木充分进行光合作用，加快苗木生长，有的苗圃采用人工光照方法。具体做法是：延长光照期，即在日落后及日出前增加光照 4 ~ 8 h；夜间供给光照 2 ~ 5 h。

四、苗木的管理

(一)灌溉

播种前要灌足底水,播后应经常保持床面湿润。幼苗出齐后直到速生期,要控制土壤湿度。大量出苗以前每天喷水,使苗床的土壤保持湿润。出苗以后,空气相对湿度保持在60%左右,变化幅度允许在50% ~80%。因棚内温度高,苗木的蒸腾量大,幼苗生长速度快,需水量比露地多。灌溉不仅供给苗木所需的水分,还有降温和调节空气湿度的作用,适时适量灌溉是塑料棚育苗的重要环节。停水期及时与否,对苗木的抗旱和抗低温的能力影响很大,必须适时停止灌溉,以提高苗木抗性。

(二)病虫害防治

塑料棚内温度高、湿度大、菌类繁殖快,易出现猝倒病和叶枯病,所以防虫防病也很关键。其防治方法见第九节苗圃病虫害防治的有关内容。

(三)塑料薄膜的撤除时间

无温度控制的塑料棚,当棚外夜间气温稳定在15 ℃、白天稳定在20 ℃时撤除薄膜。可提高苗木的抵抗力,以利于培养壮苗,同时也能防止薄膜老化。撤薄膜时,先撤周围的薄膜,使苗木适应一段时间,经过1 ~2 周再将顶部薄膜全部撤除,以促使苗木充分木质化,增强抗性。

除上述管理外,还应注意间苗、除草和施肥等管理。

(四)除草

1. 主要杂草种类

苗圃杂草中一年生种子繁殖的浅根性杂草(包括窄叶和阔叶杂草)是苗圃的主要危害杂草,多年生杂草较少。苗圃内常见的杂草有40 多种,其中危害较严重的有10 种左右,主要是稗、藜、狗尾草、马齿苋、牛毛草、问荆、刺儿菜等。其他如苦菜、香薷、看麦娘、早熟禾等也有一定数量。

(1)稗。一年生杂草。需水性较强,对湿润的新播苗床与换床苗危害严重。稗草生长极快,茎直立,高达90 ~120 cm,在三叶期前使用除草醚防治能获得较好的效果。

(2)藜。一年生杂草。5 月初出土,7 月中旬开花,9 月中旬种子成熟。种子有很强的生活力,通过家畜和鸟的肠胃后仍能萌发。

(3)狗尾草。一年生杂草。5 月中下旬出土,花期为7 月中下旬,果实成熟期为8 月下旬到9 月中旬,不怕旱,不怕涝,有较强的再生能力。

(4)蓼。一年生杂草。喜低温易涝地,5 月上中旬大量出土,7 月中下旬开花,主要在新播苗床上危害较重。

(5)苋菜(反枝苋)。一年生杂草。5 月中下旬萌发,7 月中下旬开花,9 月上中旬死亡,结实量大,种子随成熟随脱落。

(6)问荆。木贼科多年生杂草。一般在5 月中下旬发生,与苗木争水肥,根系较深,防除较困难。

(7)马唐。一年生杂草。5 月上中旬萌发,6 月下旬或7 月上旬开花,对新播苗危害严重。

(8)马齿苋。一年生杂草。生活力很强,对除草醚很敏感,可以作除草醚药效的指示植物。

(9)牛毛草。多年生杂草。高度只有3 ~10 cm,茎叶皆成毛管状,严重时如铺一张牛毛毡,极难清除。使用除草醚等除草剂防治效果很好。

(10)刺儿菜。多年生杂草。5月上旬出苗,7月中旬开花,不但可通过种子繁殖,还可通过断根繁殖。喜湿,对除草醚有较强抗性。

2. 除草剂种类

(1)按除草剂的性能和对杂草的作用原理可分为两种:①选择性除草剂。这类除草剂与植物接触后,被植物吸收,能杀死杂草而不伤害苗木,如2,4-D、西马津等。②灭生性除草剂。这类除草剂与植物接触后,草、苗不分,一齐杀死,如敌草隆及无机除草剂等。

(2)按除草剂进入植物体后的移动情况可分为两种:①触杀型除草剂。能杀死接触到药剂的植物,如除草醚、毒草安等。②传导型除草剂。能被植物吸收,通过传导遍布植株,把整个植株杀死,如2,4-D、敌草隆等。

(3)按除草剂的化学结构可分为两种:①无机除草剂,如氯酸钾、亚砷酸钠等。②有机除草剂,如阿特拉津、除草醚等。

除草剂的剂型有水溶剂、可湿性粉剂、乳油、乳粉、颗粒剂等。

3. 除草剂的使用

化学除草剂的效果好、成本低、效率高,不少苗圃都有使用。使用时应掌握适宜的用药时期、时间和天气;要选择适宜的用药种类,确定合理的用药量;掌握温度、土壤、光照、天气条件对除草剂药效的影响;注意掌握除草剂的混用比例;同时还应掌握正确的施药方法。林业苗圃在除草剂的使用上经验较少,初施时,对于施药的种类、方法、用量、时间等,应先进行小面积试验,取得经验后,再大面积推广。现将河南省苗圃常用除草剂的应用列于表4-16中,供生产中使用参考。

表4-16　河南省苗圃常用除草剂

名称	性状	使用树种和土地类型	施用方法	备注
除草醚	选择性　触杀型	针叶树、白榆、杨、柳插条	播后苗前土壤处理、苗期茎叶处理	施药后用清水洗苗,冲苗木枝叶
草枯醚	灭生性　触杀型	针叶树、杨、柳插条	播后苗前土壤处理	
阿特拉津	选择性　传导型	道路、休闲地	茎叶处理	
茅草枯	选择性　传导型	针叶树、杨、柳插条	播后苗前茎叶处理、苗期土壤处理	
五氯酚钠	灭生性　触杀型	杨、柳插条,道路、休闲地	播后苗前茎叶处理、杂草萌发期处理	
除草剂一号	灭生性　传导型	道路、休闲地	春茎叶处理	
敌稗	选择性　触杀型	道路、休闲地	春、夏茎叶处理	
氟乐灵	选择性	杨、柳插条	插前土壤处理	
草甘膦	灭生性　传导型	道路、休闲地	杂草萌发期茎叶处理	

注:1. 茎叶处理法:把除草剂直接喷洒在杂草的茎叶上。

2. 土壤处理法:把除草剂直接喷洒于土壤中或制成毒土施于土壤中。

3. 播后苗前指播种(或插)以后,幼苗未出土(插穗尚未发芽)这段时间;苗期指幼苗已出土(插穗已发芽)幼苗生长发育期间。

第八节　苗圃病虫害的防治

苗木的健康状况,直接或间接地影响造林质量,因此不可忽视苗圃病虫害的防治。为使用方便,将河南省苗圃防治病虫常用药剂、防治对象和使用方法列于表4-17。

表 4-17　苗圃防治病虫常用药剂及其使用方法

名称	防治对象	用法
敌百虫 (50% 粉剂)	地下害虫、食叶害虫	按 1:100 的比例与麦麸或米糠制成毒饵,于傍晚撒于苗床诱杀,500 倍液喷雾
敌敌畏 (50% 乳剂)	地下害虫、食叶害虫、介壳虫	500 ~ 800 倍液喷雾在苗行间 1 000 ~ 1 500 倍液喷雾
乐果 (40% 乳剂)	地下害虫、食叶害虫、蚜虫、介壳虫	200 倍液喷洒在苗行间 400 ~ 800 倍液喷雾 800 ~ 1 000 倍液喷雾
马拉硫磷 (50% 乳油)	食叶害虫、蚜虫	500 ~ 1 500 倍液喷雾 1 000 ~ 2 000 倍液喷雾
磷胺	蚜虫、介壳虫	1 000 倍液喷雾
辛硫磷 (50% 乳油)	地下害虫、蚜虫	制成毒土施入土壤中 800 ~ 1 000 倍液喷雾
氧化乐果 (50% 乳油)	地下害虫、蚜虫、介壳虫	土壤施药 1 000 ~ 2 000 倍液喷雾
BT(100 亿芽孢/g) (苏金杆菌)	食叶害虫	乳剂 1 000 ~ 2 000 倍喷雾,粉剂可直喷
3% 高渗苯氧威	食叶害虫	4 000 ~ 6 000 倍喷雾
25% 灭幼脲 3 号	食叶害虫	1 500 ~ 2 500 倍喷雾
阿维菌素 · BT	食叶害虫	1 000 ~ 1 500 喷雾
25% 灭幼脲 · 阿维菌素	食叶害虫	2 000 ~ 3 000 倍喷雾
杀螟松 (50% 乳油)	食叶害虫	800 ~ 1 000 倍液喷雾
硫酸铜	立枯病、菌核性根腐病(白绢病)	100 倍液浇灌苗木根部
波尔多液	立枯病、叶枯病、赤枯病、叶斑病、叶锈病、白粉病、炭疽病	100 ~ 150 倍液,出苗后每 10 天左右喷雾 1 次,连续 2 ~ 3 次
硫酸亚铁	立枯病、炭疽病	100 ~ 200 倍液,出苗后每周喷雾 1 次,连续 2 ~ 3 次
石灰硫磺合剂	叶枯病、白粉病、叶锈病、煤污病	0.2 ~ 0.3 波美度,出苗后,每周喷雾 1 次,连续 2 ~ 3 次
福尔马林	立枯病、霉烟病	200 倍液,出苗后,每周喷雾 1 次,连续 2 ~ 3 次
代森锌	叶枯病、叶斑病,赤枯病、白粉病	60% ~ 70% 可湿粉剂 500 ~ 1 000 倍液,雨季前每 10 ~ 15 天喷洒 1 次,连续 2 ~ 3 次
托布津 (50% 粉剂)	白粉病、炭疽病、立枯病、菌核性根腐病	800 ~ 1 000 倍液,10 ~ 15 天喷洒 1 次,连续 2 ~ 3 次
敌克松 (70% 粉剂)	立枯病、菌核性根腐病、炭疽病、梢腐病	500 ~ 800 倍液,10 ~ 15 天喷洒 1 次,连续 2 ~ 3 次
退菌特 (50% 粉剂)	炭疽病、白粉病、赤枯病、叶斑病、立枯病	800 ~ 1 000 倍液,10 ~ 15 天喷洒 1 次,连续 2 ~ 3 次

第九节　植物激素在苗木生长中的应用

一、苗木常用植物激素的种类

植物激素通常分为生长素、赤霉素、细胞分裂素、乙烯和脱落酸等五大类。激素的作用包括促进和抑制两个方面。促进作用包括细胞伸长、分裂、生根、发芽、开花、结果、催熟等；抑制作用包括抑制节间伸长、侧芽生长、休眠、落叶等。具体分类详见表4-18。

表4-18　植物激素分类表

种类	名称	衍生物
生长素	萘乙酸	α－萘乙酸(NAA) 萘乙酰胺(NA_A) 抑草生(NPA) 萘乙酸(NBA) 萘乙酸甲酯(M_eN_A)
	吲哚乙酸(IAA)	吲哚丙酸(IPA) 吲哚丁酸(IBA)
	酚类化合物	2,4－D 2,4,5－T
赤霉素(GA)	“920”(赤霉素3)	
细胞分裂素	玉米素 三刺皂荚碱 6－氨基嘌呤	
乙烯	乙烯利(α－氯乙基磷酸)	
脱落酸	脱落酸(ABA)	

二、植物激素的使用方法

常用的植物激素有粉剂和液剂两类，其使用方法分述于后。

(一)药剂浓度

适宜的浓度有明显的促进作用；浓度过高起抑制作用，常用的浓度表示法有三种：

(1)百分浓度，也称百分比浓度。即在药液总量中植物激素所占的百分比。如将1份萘乙酸溶于99份水中，就是1%的萘乙酸溶液。

(2)百万分浓度，也称百万分比浓度，常用ppm表示。如100万份水与吲哚乙酸的混合溶液中含有1份的吲哚乙酸，就是百万分之一的浓度，通常写为1 ppm。

(3)毫克浓度。指每升溶液中所含生长素的毫克数，常用mg/l或mg/L表示。每升水溶液的重量基本上与1 kg水重量相同，即1 000 000 mg，因此每升毫克数基本上等于1 ppm。

(二)使用方法

1. 水溶液浸泡法

此法适于浓度较低(100 mg/L 或 0.01%以下)的生长素溶液。做法是:将剪成的插条、插根、接穗的基部或种实浸泡在一定浓度的生长素水溶液中。浸泡时间根据树种、生长素的性能和浓度而定,一般经过 12 ~ 36 h,取出后进行扦插、贮藏或播种。

浸泡时,应避免强光照射或大风吹袭,以免溶液内水分蒸发太快而增高溶液中的生长素浓度,导致药害。

2. 酒精溶液速蘸法

此法用于浓度较高(一般用 300 ~500 mg/L)的生长素溶液。做法是:将插条基部浸入溶液 1 ~2 cm 深后,随即取出进行扦插,否则容易发生药害,造成插条基部腐烂。

3. 粉剂处理法

此法操作简便而安全。做法是:先将插条基部蘸入 0.5 ~1.0 cm 深的清水后,再将切口上蘸上配好的生长素粉剂,然后进行扦插。用于插条的生长素粉剂浓度为 500 ~ 2 000 mg/L。除草时,可撒粉于田间。

4. 涂抹法

此法用于小规模试验。将一定比例的填充物(滑石粉)换成羊毛脂膏,充分混匀后,涂抹芽或嫁接接口处,以促进芽的生长和接口迅速愈合。

5. 喷洒法

此法用于果树花前、花期、果实生长期或其他生长期间。做法是:将植物激素配成一定浓度(NAA 采用 25 ~100 mg/L)的溶液,用喷雾器进行喷洒。如果用于消灭杂草时,也可用此法。如用 2,4 - D 时,多用 0.2% ~1% 的浓度。据试验,1% 的 2,4 - D 可全部杀死箭叶旋花、米口袋、毛地黄等宿根性杂草,0.1% 的 2,4 - D 可杀死蒲公英、车前草、藜、马齿苋等杂草。

6. 薰蒸法

具有挥发性的植物激素,如乙烯利等常用此方法。在密闭的状况下,将药剂放在其中,使其挥发成气体,达到促进果实成熟或抑制种实(包括插条等)发芽的目的。

(三)植物激素使用中的注意事项

(1)必须熟悉所使用激素的特性及有效期。

(2)必须了解所处理树木材料的特性及其对该激素的反应,掌握适宜的浓度、处理时间和使用方法。

(3)某生长素应用于大面积生产前,必须根据当地条件和树种特性,进行认真试验,否则,不能推广。

(4)使用时,必须认真计算浓度,反复核对后,再进行药剂的配制,以免出现计算错误或配制差错而造成损失。

(5)使用生长素,应随配随用,不可配制溶液过多,以免短期用不完而造成浪费。

使用生长素时,应建立技术档案,以便事后查对,便于积累经验和资料。

三、ABT 生根粉在育苗中的应用

ABT 生根粉能补充植物外源激素与促进植物体内原激素的合成,所以它能促进植物不定根的形成,并可缩短时间。ABT 生根粉膜剂克服了粉剂、水剂、羊毛脂制剂处理插穗的弊病,解决了插穗切口易失水、腐烂及促进生根物质的持续补充问题。因而大大提高了植物的生根能力,使之迅速生长,综合使用能使植物得到显著增产效果。ABT 生根粉自 1985 年投入科技市场以后,3 年内即在全国 29 个省、市、自治区应用推广。据统计,已推广应用到 300 多种植物上(包括难生根植物)。试验表明,使用 ABT 生根粉后,林木育苗可提高出苗率 10% ~30%,扦插平均生根率达到 93% ~100%。

(一)ABT 生根粉的剂型及主要用途

林业育苗中常用的 ABT 生根粉主要有 3 种剂型:

(1)1 号生根粉。主要用于促进难生根林木的插条不定根的诱导。如苹果、玉兰、玫瑰、米兰、山楂、柑橘、海棠、梨、落叶松、毛白杨、胡桑、楸树等。

(2)2 号生根粉。用于一般树木的扦插育苗。如月季、茶花、杜鹃、扶桑、石榴、葡萄、冬青等。

(3)3 号生根粉。用于苗木移栽,可恢复根系,提高造林成活率。

(二)ABT 生根粉的使用方法

ABT 生根粉的使用方法参见表 4-19。

表 4-19　ABT 生根粉的使用方法

树种	条根处理	使用方法				成活率(%)
		药剂型号	使用浓度(mg/L)	时间(h)	方法	
雪松	一年生枝条	ABT1 号	100	1 ~2	浸基部	100
泡桐	埋根	ABT1 号	50	1 ~2	浸根	98
杨树	硬枝扦插	ABT1 号	50	1 ~2	浸基部	98
胡桑	硬枝扦插	ABT1 号	100	2 ~3	浸基部	90
楸树	硬枝扦插	ABT1 号	50	1 ~2	浸基部	90
苹果	绿枝扦插	ABT1 号	50 ~100	1 ~2	浸基部	100
枣	硬枝扦插	ABT2 号	100	0.5 ~1	浸基部	80
梨	硬枝扦插	ABT1 号	100	0.5 ~1	浸基部	90
柿	嫩枝扦插	ABT1 号	100	0.5 ~1	浸基部	80
黄杨	硬枝扦插	ABT2 号	50	1 ~2	浸基部	100
月季	硬枝扦插	ABT2 号	50 ~100	1 ~2	浸基部	100

第十节　苗木出圃

一、苗木调查

苗木出圃前,应先进行调查,目的是全面了解苗木产量与质量,便于作出苗木出圃计划和生产安排,为总结育苗经验提供科学依据。

苗木调查前应分树种、苗龄、作业方法等拟订切实可行的调查方案。

（一）苗木年龄的表示方法

苗木年龄是根据苗木主干的年生长周期计算的。从地面上部分苗木开始生长至当年生长停止，完成一个生长周期，称为一年生，完成两个生长周期称两年生。苗木的年龄包括移植前的年龄，具体表示：1－0 为一年生播种苗；2－0 为 2 年生播种苗；2－1 为 2 年生移植苗，移植 1 次；6－2－2 表示 6 年生，移植 2 次，每次移植后各培育 2 年的移植苗；0.2－0.8 表示 1 年生，移植 1 次，2/10 生长周期移植后培育 8/10 年生长周期的移植苗；0.5－0 表示完成 1/2 年生长周期的苗木或“百日”苗；1（2）－0 表示 1 年干、2 年根、未移植的插条苗；1（3）－1 表示 2 年干、3 年根移植 1 次的插条移植苗。

（二）苗木调查的要求

（1）对产量，要求 95% 的可靠性和达到 90% 的精度。

（2）对质量（苗高和地径），要求 95% 的可靠性和达到 95% 的精度。

（3）计算出Ⅰ、Ⅱ、Ⅲ级苗木及废苗的百分率。

（三）调查方法

1. 划分调查区

将树种、苗木种类、苗龄、作业方式相同的划分为一个调查区，测量每个调查区的施工面积、毛面积和净面积，同时按由北向南或自东向西的顺序，将苗床（畦、垄）编号。

2. 设置样地

（1）一般以 20～50 株苗木所占面积为样地面积。

（2）粗估样地块数。可按下列公式计算：

$$n=\frac{t\cdot C}{E^2}$$

式中 n——样地块数；

t——可靠性指标（粗估时可靠性定为 95%，则 $t=1.96$）；

C——变动系数；

E——允许误差的百分比（精度为 95% 时，$E=5\%$）。

式中 E、t 是已知数，C 值参考过去调查的变动系数而定，如过去无资料，则按下式计算：

$$S=\frac{X_{max}-X_{min}}{5}$$

$$C=\frac{S}{\overline{X}}\times 100\%$$

式中 S——粗估标准差；

X_{max}——已确定样方内的最大密度（以株数表示）；

X_{min}——已确定样方内的最小密度（以株数表示）；

$\overline{X}$——已确定样方内的平均密度（以株数表示）。

3. 调查样地内苗木数量、质量和计算精度

将每块样地内的苗木逐株查清；用系统抽样的方法抽取一定数量（一般不少于 100 株）

样株,量测苗高、地径。同时按下式计算精度:

$$\overline{X} = \frac{\sum_{i=1}^{n} x_i}{n}$$

$$S = \sqrt{\frac{\sum_{i=1}^{n} x_i^2 - n\overline{X}^2}{n-1}}$$

$$S_{\overline{X}} = \frac{S}{\sqrt{n}}$$

$$E = \frac{t \cdot S_{\overline{X}}}{\overline{x}} \times 100$$

$$P = 1 - E$$

式中　x_i——第 i 个样本单元观察值;

$\overline{X}$——样本平均数;

n——样本单元数;

S——样本标准差;

$S_{\overline{X}}$——标准误差;

E——相对误差;

t——可靠性指标;

P——精度。

如果没有达到精度要求,先按 $C(\%) = \frac{S}{\overline{X}} \times 100\%$ 求出初估样地(样苗)的变动系数,再按 $n = \left(\frac{t \cdot C}{E}\right)^2$ 计算出应设样地(样苗)数、补设样地(样苗)数。

二、苗木分级

苗木分级应以地径、苗高为依据分为三级,Ⅰ、Ⅱ级苗为可以出圃的合格苗,Ⅲ级苗不能出圃。在选苗分级过程中,应修剪过长的主根和侧根。

苗木的实际产量包括Ⅰ、Ⅱ、Ⅲ级苗木数量的总和。没有达到出圃标准、无继续培育价值的弱小苗,不计入苗木产量。

合格的苗木除符合规定指标外,还必须具备苗干通直、色泽正常的条件;萌发力弱的树种应具有发育饱满的顶芽,充分木质化,无机械损伤,无病虫害等。

另外,对苗木产量和质量要进行计算,方法是先计算育苗面积,再根据样地(样苗)调查结果,计算出各级苗木的产量和质量。.

河南省主要造林树种苗木等级和适用范围列入表 4-20 和表 4-21。

国家质量技术监督局于 1999 年 11 月 1 日发布 GB 600—1999《苗木质量等级表》,2000 年 4 月 1 日实施;现摘录于此, 以供参考(见表 4-22)。

表 4-20 河南省主要造林树种苗木等级表(DB/410000 B61 001—87)

树种名称	苗木种类	苗龄	质量等级						产量指标			适用范围
			Ⅰ级苗		Ⅱ级苗		Ⅲ 级苗		株/m^2	株/m	Ⅰ、Ⅱ级苗百分率(%)	
			地径	苗高	地径	苗高	地径	苗高				
			(cm) >		(cm)		(cm) <					
杉木	播种苗	1-0	0.45	20	0.35~0.45	16~20	0.35	16	100~125	—	86	7(2)(3)
			0.40	17	0.30~0.40	12~17	0.30	12	100~125	—	91	7(1)
水杉	播种苗	1-0	0.50	40	0.30~0.50	24~40	0.30	24	40~50	—	80	7(2)(3)
	移植苗	1-2	2.50	250	1.50~2.50	150~250	1.50	150	10	—	82	
池杉	播种苗	1-0	0.80	70	0.60~0.80	44~70	0.60	44	45~50	—	80	7(2)(3)
	移植苗	1-2	3.2	207	2.50~3.20	161~207	2.50	161	10~15	—	86	
马尾松	播种苗	1-0	0.35	17	0.30~0.35	14~17	0.30	14	150~200	—	79	7(1)(2)(3)
			0.30	20	0.20~0.30	15~20	0.20	15	250	—	75	5(3)
油松	播种苗	1-0	0.35	17	0.20~0.35	10~17	0.20	10	200~250	—	84	1(1)(2)
		2-0	0.40	15	0.30~0.40	12~15	0.30	12	200~250	—	80	2
		3-0	1.25	78	0.70~1.25	44~78	0.70	44	200~250	—	90	4(1)(2)、5(3)
湿地松	播种苗	1-0	0.70	29	0.40~0.70	17~29	0.40	17	75~90	—	76	7(1)(2)(3)、6、5(3)
火炬松	播种苗	1-0	0.70	33	0.40~0.70	19~33	0.40	19	75~90	—	90	7(2)(3)
			0.30	25	0.20~0.30	15~25	0.20	15	75~90	—	88	5(3)、6、7(1)
侧柏	播种苗	1-0	0.45	27	0.30~0.45	18~27	0.30	18	250~300	—	87	全省
		2-0	0.90	90	0.50~0.90	50~90	0.50	50	200	—	78	3(2)
		2-0	0.80	80	0.55~0.80	55~80	0.55	55	200	—	80	1(1)(2)、3(1)、24(1)(2)、5(1)(2)(3)
		3-0	1.40	127	0.80~1.40	72~127	0.80	72	200	—	86	5(2)、6、7(1)(2)(3)
柳杉	播种苗	1-0	0.25	16	0.15~0.25	10~16	0.15	10	120	—	80	7(3)

续表 4-20

树种名称	苗木种类	苗龄	质量等级						产量指标			适用范围
			Ⅰ级苗		Ⅱ级苗		Ⅲ 级苗		株/m^2	株/m	Ⅰ、Ⅱ级苗百分率(%)	
			地径	苗高	地径	苗高	地径	苗高				
			(cm) >		(cm)		(cm) <					
华山松	播种苗	1－0	0.30	15	0.15～0.30	8～15	0.15	8	150	—	80	4(1)
黄山松	播种苗	1－0	0.30	17	0.20～0.30	12～17	0.20	12	250	—	80	7(1)(2)(3)
日本落叶松	移植苗	1－1	0.60	40	0.40～0.60	25～40	0.40	25	110	40	90	4(1)
华北落叶松	移植苗	1－1	0.45	30	0.25～0.45	17～30	0.25	17	110	40	90	1(1)(2)、2
毛白杨	埋根苗	1－0	2.40	120	1.70～2.40	85～120	1.70	85	3	—	90	1(2)
	埋棵苗	1－0	2.00	300	1.50～2.00	225～300	1.50	225	5	—	80	6、2、3(2)
	留根苗	2－0	2.50	400	1.80～2.50	300～400	1.80	300	5	—	80	2、6
	嫁接苗	1－0	3.40	460	2.40～3.40	330～460	2.40	330	—	2.5	80	3(2)
			1.70	330	1.00～1.70	190～330	1.00	190	—	2.5	90	3(1)、2、4(2)、6
	埋条苗	1－0	2.50	380	1.90～2.50	290～380	1.90	290	5	—	85	3(2)
			2.00	340	1.50～2.00	260～340	1.50	260	3	—	90	2、4(2)
			2.00	300	1.50～2.00	225～300	1.50	225	4	—	80	6、5(3)
		2－0	2.50	360	1.50～2.50	215～360	1.50	215	5	—	85	3(1)(2)
			2.50	300	1.50～2.50	200～300	1.50	200	5	—	75	1(2)、2、4(1)、6
	插条苗	1－0	2.00	320	1.50～2.00	250～320	1.50	250	5	—	75	1(2)、2、4(1)(2)、6
		2－0	2.70	310	2.00～2.70	230～310	2.00	230	5	—	85	6、1、4(2)
			4.70	590	4.00～4.70	520～590	4.00	520	3	—	90	3(2)
			2.00	335	1.00～2.00	170～335	1.00	170	3	—	90	3(1)、2、4(2)

续表 4-20

树种名称	苗木种类	苗龄	质量等级						产量指标			适用范围
			Ⅰ级苗		Ⅱ级苗		Ⅲ 级苗		株/m²	株/m	Ⅰ、Ⅱ级苗百分率（%）	
			地径	苗高	地径	苗高	地径	苗高				
			（cm）>		（cm）		（cm）<					
沙兰杨	插条苗	2－0	3.00	450	2.00～3.00	300～450	2.00	300	5	—	80	6
			5.00	450	4.00～5.00	365～450	4.00	365	—	3.5	85	3(2)、7(2)、5(3)
			2.20	340	1.70～2.20	310～340	1.70	310	—	3.5	85	4(1)(2)
			3.20	420	2.10～3.20	275～420	2.10	275	—	3.5	85	2
		1－0	2.50	340	1.80～2.50	280～340	1.80	280	5	—	90	2
			2.80	450	2.00～2.80	320～450	2.00	320	5	—	90	3(2)、4(2)
			2.00	355	1.80～2.60	245～355	1.80	245	5	—	75	3(1)
		1(2)－0	3.00	495	2.00～3.00	330～495	2.00	330	5	—	85	3(1)
Ⅰ－72 杨，Ⅰ－69 杨	插条苗	2－0	3.30	495	2.00～3.30	304～490	2.00	304	6～7	—	85	3(2)、7(2)(3)
			2.60	295	2.00～2.60	235～295	2.00	235	6～7	—	80	2、4(2)、5(3)、6
		1－0	3.00	465	2.50～3.00	305～465	2.50	305	6～7	—	90	3(2)、7(2)
			2.71	370	2.02～2.71	295～370	2.02	295	6～7	—	90	6、5(2)
		1(2)－0	4.50	490	3.50～4.50	350～490	3.50	350	6～7	—	90	全省
旱柳	插条苗	2－0	3.00	400	2.00～3.00	250～400	2.00	250	8		85	3(1)、2、4(1)(2)、5(1)(3)
			3.50	460	2.50～3.50	330～460	2.50	330	8		85	3(2)、7(1)(2)(3)、5(2)、6
	播种苗	1－0	2.00	185	1.50～2.00	140～185	1.50	140	20		90	3(1)(2)
			1.60	190	1.00～1.60	120～190	1.00	120	24		95	5(1)(2)(3)、6、7(1)(2)、4(2)

续表 4-20

树种名称	苗木种类	苗龄	质量等级						产量指标			适用范围
			Ⅰ级苗		Ⅱ级苗		Ⅲ 级苗		株/m²	株/m	Ⅰ、Ⅱ级苗百分率（%）	
			地径	苗高	地径	苗高	地径	苗高				
			（cm）>		（cm）		（cm）<					
白榆	嫁接苗	1－0	2.50	345	1.50～2.50	210～345	1.50	210	6		85	3(1)(2)
			2.00	325	1.50～2.00	245～325	1.50	245	8		87	5(1)(2)(3)、6、7(1)(2)、4(2)
		2(3)－0	4.00	478	2.50～4.00	299～478	2.50	299	5		85	3(1)(2)
			3.50	418	2.00～3.50	239～418	2.00	239	6		85	5(1)(2)(3)、6、7(1)(2)、4(2)
兰考泡桐	插根苗	1－0	6.50	476	5.00～6.50	370～476	5.00	370	1		90	3(1)(黄河以南)3(2)、7(1)(2)
			6.00	440	5.00～6.00	360～440	5.00	360	1		80	3(1)(黄河以北)2、1(2)、4(1)(2)、6
楸叶泡桐	插根苗	1(2)－0	6.00	500	4.00～6.00	300～500	4.00	300	1		80	2、4(1)(2)
山明泡桐	插根苗	1(1)－0	6.00	500	4.00～6.00	300～500	4.00	300	1		90	6、5(1)(2)
豫杂1号泡桐	插根苗	1－0	7.50	550	5.50～7.50	365～550	5.50	365	0.80		85	3(1)(2)(黄河以南)
			7.00	450	5.50～7.00	360～450	5.50	360	0.80		85	4(2)、5(3)、2、6、3(1)(黄河以北)、7(2)
豫林1号泡桐	插根苗	1－0	8.00	520	5.50～8.00	335～520	5.50	355	0.80		90	3(1)(2)、7(2)(黄河以南)

表 4-21　河南省林业育苗自然类型区划范围

序(代)号	地区名称	包括范围(县、市名城)
1	豫北太行山区	
1(1)	太行山中山区	林县、辉县、修武、焦作、博爱、泌阳、济源,7 个县(市)的一部分 15 个乡
1(2)	太行山低山丘陵区	林县、鹤壁、辉县、安阳市(县)、淇县、卫辉、修武、博爱、泌阳、焦作、济源等 12 个县(市)60 个乡
2	豫西黄土丘陵区	荥阳、偃师、孟州、伊川、新安、渑池、三门峡市郊、洛阳市郊、义马矿区的全部和郑州市郊、巩义、宜阳、登封、汝州、汝阳、陕县、嵩县、洛宁、灵宝、济源的一部分,计 20 个县(市、区),139 个乡
3	豫东黄淮海平原区	
3(1)	黄淮海冲积平原区	温县、孟州、武陟、获嘉、新乡市(县)、延津、原阳、封丘、长垣、浚县、汤阴、内黄、南乐、滑县、清丰、濮阳、范县、台前、许昌市、长葛、新郑、中牟、尉氏、西华、扶沟、通许、开封市(县)、杞县、兰考、民权、睢县、宁陵、柘城、太康、淮阳、商丘市(县)、于城、夏邑、永城的全部和周口市、鄢陵、郑州市、许昌县、襄阳、郏县、禹州、安阳市(县)、济源市、沁阳、博爱、修武、焦作、卫辉、淇县、辉县的一部分,计 814 个乡
3(2)	淮北低洼易涝区	郸城、鹿邑、沈丘、舞阳、临颍、汝南、商水、漯河、郾城、西平、上蔡、项城、平舆、新蔡的全部和淮滨、息县、遂平、舞钢区、叶县、襄县、平顶山市、郏县、宝丰、确山、鄢陵、许昌县、周口市的一部分,计有 366 个乡
4	豫西伏牛山北坡区	
4(1)	伏牛山北中山区	栾川、卢氏的全部和灵宝、陕县、洛宁、宜阳、汝阳、嵩县、鲁山的一部分
4(2)	伏牛山北低山区	新密的全部、登封、巩义、禹州、郏县、宝丰、平顶山、汝州、鲁山、叶县、舞钢区的一部分,共涉及 88 个乡
5	豫西伏牛山南坡区	
5(1)	伏牛山南中山区	西峡、内乡两个县的一部分,涉及 13 个乡
5(2)	伏牛山南西部低山丘陵区	西峡、内乡两个县的一部分,涉及 21 个乡
5(3)	伏牛山南东部低山区	南召的全部(云阳二区在内),方城、镇平、内乡三个县的一部分,涉及 13 个乡
6	南阳盆地区	唐河、社旗、新野、南阳县、邓州的全部和镇平、内乡、淅川、方城、泌阳的一部分,计 11 个县(市),148 个乡
7	豫南大别山桐柏山区	
7(1)	桐柏山低山丘陵区	桐柏县的全部和泌阳、确山、遂平的一部分,涉及 42 个乡
7(2)	山前垄岗区	潢川的全部和信阳县(市)、罗山、息县、光山、淮滨、固始、商城的一部分,涉及 102 个乡
7(3)	大别山的低山区	新县的全部和信阳县(市)、罗山、固始的一部分,涉及 55 个乡

表 4-22　苗木质量等级表

序号	树种名称	苗木种类	苗龄	苗木等级										综合控制指标	Ⅰ、Ⅱ级苗百分率（%）	适用范围
				Ⅰ级苗					Ⅱ级苗							
				地径（cm）>	苗高（cm）>	根系：长度（cm）	根系：>5 cm长Ⅰ级侧根数	根系：根幅（cm）	地径（cm）	苗高（cm）	根系：长度（cm）	根系：>5 cm长Ⅰ级侧根数	根系：根幅（cm）			
1	杉木	播种苗	1－0	0.60	35	20	15		0.40～0.60	27～35	20	10		充分木质化，叶色紫红或者灰绿，无损伤	80	广西北部、贵州东南部、广东中部和北部、福建南部
				0.50	30	20	15		0.35～0.50	20～30	20	10		充分木质化，叶色紫红或者灰绿，无损伤	80	湖南南部、广东东部、云南南部、江西南部、广西中南部
				0.40	24	20	15		0.30～0.40	16～24	15	10		充分木质化，叶色紫红或者灰绿，无损伤	80	云南东南部、贵州、湖南（南部除外）、福建北部、四川（北部除外）
		插条苗	1－0	0.60	60	30			0.40～0.60	40～60	25			充分木质化，叶色紫红或者灰绿，无损伤	90	湖北、江西（南部除外）、江苏、安徽、浙江
2	柳杉	播种苗	1－0	0.40	25	15	10		0.25～0.40	16～25	10	8		顶芽饱满，色泽正常，充分木质化，无损伤	80	福建、江西、湖南、贵州、四川、湖北、安徽、江苏、浙江
3	水杉	播种苗	1－0	0.70	60	20	10		0.50～0.70	40～60	15	8		色泽正常，充分木质化，无损伤	80	湖南、湖北、江西、安徽、江苏、浙江、上海
		插条苗	1－0	0.80	65	30			0.60～0.80	50～65	25			色泽正常，充分木质化，无损伤	85	湖南、湖北、江西、安徽、江苏、浙江、上海、陕西
		移植苗	1－1	1.90	145	35	15		1.40～1.90	110～145	30	12		色泽正常，充分木质化，无损伤	90	湖南、湖北、江西、安徽、江苏、浙江、上海

续表 4-22

序号	树种名称	苗木种类	苗龄	苗木等级										综合控制指标	Ⅰ、Ⅱ级苗百分率(%)	适用范围
				Ⅰ级苗					Ⅱ级苗							
				地径(cm)>	苗高(cm)>	根系			地径(cm)	苗高(cm)	根系					
						长度(cm)	>5 cm长Ⅰ级侧根数	根幅(cm)			长度(cm)	>5 cm长Ⅰ级侧根数	根幅(cm)			
4	池杉 落羽杉	插种苗	1－0	1.20	90	20	8		0.90～1.20	70～90	20	5		色泽正常，充分木质化，无损伤	80	湖南、湖北、江西、安徽、江苏、浙江、上海
4	池杉 落羽杉	插条苗	1－0	1.20	90	25			0.90～1.20	70～90	20			色泽正常，充分木质化，无损伤	85	湖南、湖北、江西、安徽、江苏、浙江、上海
4	池杉 落羽杉	移植苗	1－1	2.00	150	35	12		1.40～2.00	120～150	35	8		色泽正常，充分木质化，无损伤	90	湖南、湖北、江西、安徽、江苏、浙江、上海
5	华山松	播种苗	1－0	0.35	20	19	10		0.25～0.35	15～20	17	6		顶芽饱满，无损伤	80	云南、贵州、四川、陕西南部
6	马尾松	播种苗	1－0	0.35	20	15	10		0.25～0.35	15～20	12	8		顶芽饱满，无损伤	70	广西北部、广东中北部、湖南、江西、安徽南部、福建、湖北南部、江苏南部、浙江
6	马尾松	播种苗	1－0	0.30	20	15	6		0.20～0.30	15～20	15	3		顶芽饱满，无损伤	75	贵州、湖北东部、四川、安徽、江苏中部、河南南部、陕西南部
7	油松	播种苗	1.5－0	0.40	12	20	5		0.30～0.40	10～12	18～20	4		Ⅰ级苗 TNR > 10，Ⅱ级苗 TNR > 8	70	山西、河北、北京、内蒙古东部、天津
7	油松	播种苗	2－0	0.45	15	20	8		0.35～0.45	12～15	20	5		顶芽饱满，针叶完整，无多头现象	80	山东、河北、北京、辽宁西部、内蒙古东部、天津
7	油松	播种苗	2－0	0.40	15	20	7		0.30～0.40	12～15	20	5		顶芽饱满，针叶完整，无多头现象	80	山东、河南、甘肃、宁夏、陕西关中、内蒙古阴山地区

续表 4-22

序号	树种名称	苗木种类	苗龄	苗木等级										综合控制指标	Ⅰ、Ⅱ级苗百分率（%）	适用范围
				Ⅰ级苗					Ⅱ级苗							
				地径（cm）>	苗高（cm）>	根系			地径（cm）	苗高（cm）	根系					
						长度（cm）	>5 cm长Ⅰ级侧根数	根幅（cm）			长度（cm）	>5 cm长Ⅰ级侧根数	根幅（cm）			
7	油松	移植苗	1－1.5	0.60	25	20	12		0.45～0.60	20～25	20	8		顶芽饱满，针叶完整，无多头现象	90	山西、河北、北京、辽宁西部、内蒙古东部、天津
			2－1	0.60	25	20	12		0.40～0.60	20～25	20	8		顶芽饱满，针叶完整，无多头现象	90	山西、河北、北京、辽宁西部、内蒙古东部、天津
8	湿地松	播种苗	0.5－0	0.35	20	15	6		0.25～0.35	16～20	15	4		顶芽饱满，无损伤	85	广东、广西中南部、福建
			1－0	0.70	30	25	10		0.45～0.70	20～30	20	8		顶芽饱满，无损伤	85	湖南、湖北、江西、安徽、江苏、浙江、福建
9	火炬松	播种苗	1－0	0.60	30	25	8		0.40～0.60	20～30	20	8		顶芽饱满，无损伤	85	湖南、湖北、江西、安徽、江苏、浙江、福建、广西、贵州、广东北部
19	日本落叶松	播种苗	1－0	0.30	15	18	7							充分木质化，色泽正常	75	山东、河南、甘肃、四川
		移植苗	1－1	0.60	40	20	15		0.45～0.60	25～40	18	10		充分木质化，TNR：Ⅰ级苗＞15，Ⅱ级苗＞12	90	辽宁、吉林、山东、四川、河南西部、湖北、甘肃
30	侧柏	播种苗	1.5－0	0.35	25	20	5		0.25～0.35	15～25	18	4		色泽正常，无枯梢现象	65	河南、河北、山东、北京、陕西关中、安徽、江苏、天津
		移植苗	1－1	0.70	50	20	10		0.40～0.70	30～50	20	8		充分木质化，无枯梢现象	90	河南、河北、山东、北京、陕西关中、安徽、江苏、天津
				0.60	40	20	10		0.35～0.60	20～40	20	8		充分木质化，无枯梢现象	90	宁夏、甘肃、辽宁、陕西北部、山西中南部

续表 4-22

序号	树种名称	苗木种类	苗龄	苗木等级										综合控制指标	Ⅰ、Ⅱ级苗百分率（%）	适用范围
				Ⅰ级苗					Ⅱ级苗							
				地径（cm）>	苗高（cm）>	根系			地径（cm）	苗高（cm）	根系					
						长度（cm）	>5 cm长Ⅰ级侧根数	根幅（cm）			长度（cm）	>5 cm长Ⅰ级侧根数	根幅（cm）			
31	柏木	播种苗	1－0	0.40	35	15	8		0.30～0.40	25～35	15	6		顶芽饱满，无损伤	75	湖南、湖北、江西、安徽、江苏、浙江、上海
		移植苗	1－1	0.80	70	25	12		0.60～0.80	55～70	25	10		顶芽饱满，无损伤	90	湖南、湖北、江西、安徽、江苏、浙江、上海
32	滇柏	播种苗	1－0	0.45	50	25	14		0.35～0.45	45～50	20	10		顶芽饱满，无损伤	75	云南 、贵州、四川
33	毛白杨	埋条苗	1(2)－0	2.00	250			25	1.5～2.00	200～250			20	充分木质化	75	河北、北京、山西、河南
		嫁接苗	1－0	2.00	300			25	1.50～2.00	200～300			25	充分木质化	80	河北、北京、山西、陕西、河南、山东
		移植苗	1－1	2.50	300			30	2.00～2.50	250～300			30	充分木质化	90	河北、北京、山西、陕西、河南、山东
			1(2)－1	4.00	450			30	3.00～4.00	350～450			30	充分木质化	90	河北、北京、山西、陕西、河南、山东
35	青杨	插条苗	1(2)－0	1.40	180			45	1.00～1.40	138～180			35	充分木质化	80	青海
			2－0	1.50	200			45	1.10～1.50	125～200			35	充分木质化	80	青海
36	河北杨	插条苗	1－0	1.50	200			27	1.25～1.50	145～200			22	充分木质化	80	甘肃、宁夏、陕西、河北
			2－0	2.15	250			48	1.50～2.15	190～250			35	充分木质化	75	甘肃、宁夏、陕西
37	大青杨	插条苗	1(2)－0	1.5～2.0	150			25	1.20～1.50	120～150			25	充分木质化	85	黑龙江、吉林、辽宁
			2(3)－0	3.0～4.0	300			35	2.00～3.00	200～300			35	充分木质化	80	黑龙江、吉林、辽宁

续表 4-22

序号	树种名称	苗木种类	苗龄	苗木等级										综合控制指标	Ⅰ、Ⅱ级苗百分率（%）	适用范围
				Ⅰ级苗					Ⅱ级苗							
				地径（cm）>	苗高（cm）>	根系			地径（cm）	苗高（cm）	根系					
						长度（cm）	>5 cm长Ⅰ级侧根数	根幅（cm）			长度（cm）	>5 cm长Ⅰ级侧根数	根幅（cm）			
38	小黑杨	插条苗	1(2)-0	1.5~2.0	150			30	1.00~1.50	100~150			30	充分木质化	90	黑龙江、吉林、辽宁、内蒙古
			2(3)-0	3.0~4.0	300			35	2.00~3.00	200~300			35	充分木质化	85	黑龙江、吉林、辽宁、内蒙古
39	沙兰杨	插条苗	1(2)-0	2.50	300			25	1.50~2.50	200~300			25	充分木质化	80	河北长城以南、北京、山东、河南、山西南部、陕西关中、辽宁、天津
40	Ⅰ-214杨	插条苗	1(2)-0	4.00	450			30	3.00~4.00	350~450			30	充分木质化	80	山东、北京、河南
41	北京杨	插条苗	1(2)-0	2.50	300			25	2.00~2.50	250~300			25	充分木质化	85	北京、山东
42	69杨 72杨	插条苗	1(2)-0	4.50	450			40	3.50~4.50	350~450			40	充分木质化	80	湖南、湖北、江西、安徽、江苏、浙江、上海、山东、河南
43	旱柳	插条苗	1(2)-0	2.00	250			25	1.00~2.00	150~250			20	充分木质化	85	山东、河南
			2(3)-0	3.00	400			30	2.00~3.00	250~400			30	充分木质化	80	山东、河南
				2.50	300			30	1.50~2.50	200~300			30	充分木质化	80	辽宁、河北、甘肃、内蒙古、山东、北京、天津
		移植苗	1(2)-1	3.00	300			30	2.00~3.00	200~300			30	充分木质化	90	辽宁、河北、甘肃、内蒙古、北京、天津、山东、河南
44	兰考泡桐	插根苗	1-0	4.00	300			30	3.00~4.00	200~300			30	树干通直，充分木质化	90	河南、山东、河北中南部、山西中南部、陕西中南部
	楸叶泡桐		1(2)-0	6.00	500			40	4.00~6.00	300~500			40	树干通直，充分木质化	90	河南、山东、河北中南部、山西中南部、陕西中南部

续表 4-22

序号	树种名称	苗木种类	苗龄	苗木等级										综合控制指标	Ⅰ、Ⅱ级苗百分率(%)	适用范围
				Ⅰ级苗					Ⅱ级苗							
				地径(cm)>	苗高(cm)>	根系			地径(cm)	苗高(cm)	根系					
						长度(cm)	>5 cm长Ⅰ级侧根数	根幅(cm)			长度(cm)	>5 cm长Ⅰ级侧根数	根幅(cm)			
47	檫树	播种苗	1－0	1.10	90	25	10		0.7～1.10	60～90	18	4		色泽正常,充分木质化	75	湖南、浙江南部、湖北南部和西南部、江西、安徽南部、福建、江苏南部、上海、贵州
48	火力楠	播种苗	1－0	0.70	70	30			0.45～0.70	40～70	30			色泽正常,充分木质化	90	广西南部和中部、广东、云南南部
49	白榆	播种苗	1－0	1.00	150	25	5		0.60～1.00	80～150	20	4		色泽正常,充分木质化	80	山东、河北、河南、北京、山西
				0.60	70	25	4		0.40～0.60	40～70	20	4		色泽正常,充分木质化	85	辽宁、吉林、黑龙江、内蒙古、宁夏、甘肃、新疆、青海
		移植苗	0.5－1	2.00	300	25	10		1.50～2.00	200～300	25	8		色泽正常,充分木质化	95	山东、河北、河南、北京、山西
50	川楝	播种苗	1－0	1.30	130	35	20		0.90～1.30	90～130	30	15		色泽正常,充分木质化	80	四川、云南、贵州、广东、甘肃、湖南、广西、陕西西部
51	香椿	播种苗	1－0	1.20	120	25			0.80～1.20	60～120	20			色泽正常,充分木质化	80	福建、湖南、湖北、贵州、广西北部、云南中南部、四川、江苏、浙江、江西、北京、河北、河南
52	国槐	移植苗	1－1	2.00	200	30	12		1.00～2.00	150～200	25	10		树干通直,充分木质化	95	河南、河北、北京、山东、山西、陕西、宁夏、甘肃
			1～2	2.50	250	35	12		1.50～2.50	200～250	30	12		树干通直,充分木质化	95	河南、河北、北京、山东、山西、陕西、宁夏、甘肃

续表 4-22

序号	树种名称	苗木种类	苗龄	苗木等级										综合控制指标	Ⅰ、Ⅱ级苗百分率(%)	适用范围
				Ⅰ级苗					Ⅱ级苗							
				地径(cm)>	苗高(cm)>	根系 长度(cm)	根系 >5 cm长Ⅰ级侧根数	根系 根幅(cm)	地径(cm)	苗高(cm)	根系 长度(cm)	根系 >5 cm长Ⅰ级侧根数	根系 根幅(cm)			
53	刺槐	播种苗	1－0	1.20		20	6		0.80～1.20		20	4			75	河北、山东、山西、北京、甘肃、辽宁、宁夏、河南
		埋根苗	1(2)－0	2.00	280	25	8		1.50～2.00	200～280	20～25	5		充分木质化	70	河北、山东、山西、北京、甘肃、辽宁、宁夏、河南
		根蘖苗	1(2)－0	2.50	330	20			1.50～2.50	250～330	15～20			充分木质化	70	山东、河北、北京、天津、甘肃、辽宁、宁夏
57	喜树	播种苗	1－0	1.00	90	35	10		0.70～1.00	70～90	35	7		叶色正常，充分木质化	80	云南、贵州、四川、湖南、陕西南部
58	悬铃木	插条苗	1(2)－0	2.50	250			30	1.50～2.50	150～250			25	树干通直，充分木质化	75	湖南、湖北、江西、安徽、江苏、浙江、上海、山东、河南
		移植苗	1－2	4.50	550	30			3.00～4.50	400～550	30			树干通直，充分木质化	90	湖南、湖北、江西、安徽、江苏、浙江、上海、山东、河南
59	桤木	移植苗	0.2－0.8	0.85	80	35	12		0.60～0.85	60～80	30	10			75	四川、贵州、陕西南部
65	臭椿	播种苗	1－0	1.20	100	25	6		0.80～1.20	60～100	20～25	4		充分木质化	75	河北、北京、山西、陕西、甘肃、宁夏、辽宁、内蒙古、河南、山东
		移植苗	1－1	2.00	200	30	8		1.50～2.00	150～200	25～30	6			90	北京、河北、山西、陕西、宁夏、河南、山东
66	元宝枫	播种苗	1－0	0.80		25	8		0.50～0.80		20～25	5			80	河北、北京、陕西、甘肃
67	白蜡	播种苗	1－0	1.00	130	25	8		0.7～1.00	100～130	20～25	6			80	河北、北京、天津
		移植苗	1－2	3.00	300	30	15		2.00～3.00	200～300	25～30	12			90	河北、北京、天津

注：TNR：苗木新根生长数量。

三、起苗、假植与贮藏

（一）起苗

起苗时间要和造林季节相配合。冬季土壤结冻地区，除雨季造林用苗随起随栽外，在秋季苗木停止生长后和春季萌发前起苗。

起苗要达到一定深度，要求做到少伤侧根和须根，保持根系比较完整和不折断苗干、不伤顶芽（萌芽力弱的针叶树种），根系保留长度针叶树为 15 ~25 cm，阔叶树为 20 ~40 cm。

苗木根系过长、劈裂的要进行修剪，阔叶树起苗前可适当修剪枝叶，截干的苗木应在截干后起苗。

（二）假植

起苗后不能及时移植或包装运往造林地的苗木，要立即进行假植。秋季挖出供翌春造林的苗木，应选地势干燥、背风、排水良好的地段越冬假植。越冬假植苗木要掌握深埋、培细土、踏实、不透风。假植后要注意经常检查，防止苗木风干、霉烂和遭受鼠害、兔害等。在风沙和寒冷的假植场地，要设置防风障。

（三）贮藏

在寒冷地区，春季萌发早的针叶树苗木，应在温度 -3 ~3 ℃、空气湿度 85% 以上、通风良好的冷库、地窖中贮藏越冬。

四、苗木包装与运输

运输的苗木应根据苗木种类、大小和运输距离采取相应的包装方法，要求做到保持根部湿润不失水。在包装明显处加上注明树种、苗龄、等级、数量的标签。苗木包装后要及时运输，运输途中要注意通风，不得风吹日晒，防止苗木发热和风干，必要时还要洒水。

五、林木种苗工程项目建设标准

国家林业局于 2003 年 11 月 26 日以林计发〔2003〕207 号文颁布了《林木种苗工程项目建设标准》（试行）。现将主要内容介绍如下，供参考。

（一）林木种苗工程项目建设的原则和条件

1. 原则

林木种苗工程项目建设应在“服务生态建设、提高科技含量、夯实种苗基础、保障种苗供应”的建设方针指导下，坚持以下基本原则：

（1）全面规划，合理布局，突出重点，分步实施，整体优化。林木种苗工程应按国家、省、自治区、直辖市有关规划进行项目布局和实施。

（2）因地制宜，适地适树，乔灌草相结合。根据生态类型、立地条件和生物多样性以及各工程的要求，科学确定种苗工程建设类型和建设重点。

（3）优化现有存量资源，以改、扩建为主，改扩建与新建相结合，现有林木种苗工程的巩固提高与结构调整相结合。提高林木种苗工程科技含量，实现种苗质量、生产能力、经济效益同步增长。

（4）立足当前，兼顾长远，以满足各项林业工程建设和城镇绿化工程所需种苗数量与提高种苗质量为基点，科学确定各种类型林木种苗工程项目的建设规模、建设重点与建设期限。

2. 条件

林木种苗工程项目建设必须具备下列前提条件：

(1)项目建设符合全国林木种苗工程总体布局。

(2)项目建设应有经各级林业行政主管部门批准建设种苗工程项目的文件。

(3)项目建设有相匹配的种质资源和开展项目建设所必需的土地经营管理权。

(4)项目建设有明确的管理机构、人员编制和经费来源。

(二)林木种苗工程项目建设类型与规模

1. 林木种苗工程分类

林木种苗工程项目分为林木种质资源库工程、林木良种繁育工程、林木采种基地工程、苗木生产基地及其基础设施。林木种苗工程分类见表4-23。

表4-23　林木种苗工程分类表

类别	类型	备注
林木种质资源库工程	林木种质资源原地保存库	
	林木种质资源异地收集保存库	
	林木种质资源设施保存库	
林木良种繁育工程	林木良种繁育中心	
	林木良种基地	
林木采种基地工程	针叶树采种基地	
	阔叶树采种基地	
	灌木采种基地	
苗木生产基地工程	特大型苗圃	
	大型苗圃	
	中型苗圃	
	小型苗圃	
林木种苗基地设施	林木种苗质量保障	
	林木种苗加工贮藏	
	林木种苗信息管理系统	

2. 林木种质资源库工程

林木种质资源库工程建设的主要任务是种质资源的调查、界定、收集、测定、评价和开发。

(1)林木种质资源原地保存库建设是在自然保护区、树木园(植物园)、森林公园、国有林场的基础上进行建设,主要包括天然物种、植物群落等。

(2)林木种质资源异地收集保存库建设是在林木良种繁育中心、良种基地、采种基地的基础上进行建设。以收集区的种质资源(主要包括长期引种成功的外来树种、珍稀树种、乡土树种、种源、家系、无性系、农家品种、品种等)为基础进行完善和扩建,以种质资源的建设规模为控制指标。

(3)林木种质资源设施保存库建设另行立项。

(4)林木种质资源库工程分大、中、小型,其规模划分见表 4-24。

表 4-24 林木种质资源库工程规模划分表

类型	大型	中型	小型
林木种质资源原地保存库	资源收集点≤5 处 总面积≥80 hm^2 资源份数≥500 个	资源收集点≤5 处 总面积 50 ~ 80 hm^2 资源份数≥200 个	资源收集点≤5 处 总面积 15 ~ 50 hm^2 资源份数≤200 个
林木种质资源异地收集保存库	资源收集点≤5 处 每处面积≥30 hm^2 资源份数≥500 个	资源收集点≤5 处 每处面积 10 ~ 30 hm^2 资源份数≥200 个	资源收集点≤5 处 每处面积 2 ~ 10 hm^2 资源份数≥100 个
林木种质资源设施保存库	另行立项		

3. 林木良种繁育工程

(1)林木良种繁育工程应将选育、试验、示范、生产、推广统筹安排、合理搭配,并充分利用现有良种生产建设的基础,采用先进科技成果,按照有关技术标准和科学管理的要求进行建设。

(2)林木良种繁育中心建设应结合林业重点工程,采用国际、国内最新科技成果,加强优良林木种质资源的保护、保存和合理利用,大力开展林木优良品种的引进和研究,为本省、自治区、直辖市及周边地区培育和生产优良繁殖材料,并起到辐射、示范、推广作用;必须遵循育种区划,以省、自治区、直辖市为单位建设,不得跨省级行政区划。一个林木良种繁育中心项目建设可以仅有一处建设地点,也可以是一处主点,1 ~ 3 处分点。

(3)林木良种基地是为各项生态环境建设和城镇绿化工程提供优良繁殖、种植材料的基地;以省、地、县为单位进行建设,原则上不应跨省、地、县行政区划,在跨越县级行政区划的国有林场内建设的林木良种基地除外;一个林木良种基地建设项目只能有一处建设地点。

(4)林木良种繁育中心、林木良种基地的建设规模要求见表 4-25。

表 4-25 林木良种繁育工程规模表

类型	建设性质	规模(hm^2)
林木良种繁育中心	新建	≥40
林木良种基地	新建	≥20
	改、扩建	≥10

4. 林木采种基地工程

林木采种基地工程分为针叶树采种基地、阔叶树采种基地和灌木采种基地三类；每处林木采种基地至少应有1个主采树种作为基地建设的目的树种。林木采种基地可分为生产区和管理区。生产区以县为单位，依次划分为经营区、林班。管理区包括种子加工处理场所、库房、种子晒场、检验用房、综合管理用房等。采种基地的类型与规模要求见表4-26。

表4-26　林木采种基地工程规模表

类型	规模	每经营区管护建筑面积(m^2)	每单位目的树种
针叶树种采种基地	300 hm^2 以上	100～300	≥70%
阔叶树种采种基地	100 hm^2 以上	40～80	≥50%
灌木树种采种基地	200 hm^2 以上	100～200	≥50%

5. 苗木生产基地工程

(1)特大型苗圃面向全国和较大的重点生态区域，批量生产优质苗木，对全国苗木生产进行宏观调控。引进国内外先进技术、繁殖材料和管理经验。按产业化、工厂化要求组织生产，生产和管理技术与国际接轨。

(2)大型苗圃面向一个省 、自治区、直辖市或重点生态工程，批量生产优质苗木，具有区域调控作用和示范、试验功能。引进国内外科研成果、新技术和新品种，按规模化、工厂化要求组织生产。

(3)中型苗圃面向一个市、州或重点生态项目，生产优质苗木，并具有一定的调控功能和示范作用。运用先进技术、管理经验和良种繁育中心的原种繁殖材料，按规模化要求组织生产。

(4)小型苗圃面向一个地、县和一般工程项目，依托大中型苗圃和良种基地提供的新品种和良种，定量生产苗木。

(5)苗木生产基地工程的规模划分见表4-27。

表4-27　苗木生产基地工程规模划分表

规模	育苗面积(hm^2)	年总产苗量(万株)	年原种穗条产量(万根、条)	年容器苗产量(万株)
特大型	≥100	≥3 000	≥500	≥500
大型	60～100	1 000～3 000	200～500	200～500
中型	20～60	300～1 000	100～200	50～200
小型	10～20	100～300		

6. 林木种苗基础设施

林木种苗基础设施分为林木种苗质量保障工程、林木种苗加工贮藏工程和林木种苗信息管理系统工程。见表4-28。

表 4-28　林木种苗基础设施与配套工程规模划分表

项目		国家级	省级	地(市)县级
林木种苗质量保障工程		实验室等建筑面积≥500 m^2,机构独立,检验设施完善,能够独立开展全国性种苗质量监督检验、抽检、仲裁检验	实验室等建筑面积≥200 m^2,有专职检验人员,能够开展辖区内种苗质量监督检验、抽检、仲裁检验	实验室等建筑面积≥50 m^2,能够开展常规性种苗质量监督检验
林木种苗加工贮藏工程	林木种苗加工与低温库建设		库房等建筑面积≥1 000 m^2,低温库温度≤5 ℃	
	林木种苗加工与常温库建设		库房等建筑面积≥500 m^2	库房等建筑面积 200～500 m^2
林木种苗信息管理系统工程		有独立中控机房、计算机房,面积≥100 m^2,有独立的服务器等网络设备	有独立机房,面积≥50 m^2	有计算机房,能够接入 Internet 网络

(三)林木种苗工程项目构成

1. 林木种质资源库工程

林木种质资源库工程项目分为调查与收集工程、扩繁与保护工程、研究与开发工程、辅助工程四个方面。

(1)林木种质资源库工程的调查与收集工程项目包括物种和植物群落等天然种质资源调查,具优良和特异性状个体资源的观察、选择与收集。

(2)林木种质资源库工程的扩繁与保护工程项目构成见表 4-29。

表 4-29　林木种质资源库工程的扩繁与保护工程项目构成表

项目名称	林木种质资源原地保存库	林木种质资源异地收集保存库
隔离带		√
种质资源保护	√	√
种质资源生境改善	√	√
种子资源扩繁圃*		√
种子资源收集区*		√
育苗繁殖设施*		√
病虫害防治设施*	√	√
花粉处理设备*		√
森林防火*	√	√

注：1.“√”为各类型工程建设项目的构成。

2.“*”项目——不得与林木良种繁育工程中的项目重复配置。

(3)林木种质资源库工程的研究与开发工程项目包括对林木种质资源生物学特性、开花结实特性、主要树种生长与环境的关系,以及材质、抗逆性等方面的观察研究,并通过选择测定、杂交育种、基因工程等育种手段开发利用优良林木种质资源。

（4）林木种质资源库工程的研究与开发工程、辅助工程项目构成见表4-30。

表4-30　林木种质资源库工程的研究与开发工程、辅助工程项目构成表

工程分类	项目名称	林木种质资源原地保存库	林木种质资源异地收集保存库
研究与开发工程	科研、实验设施、设备*	√	√
	主要种质资源观察与测定		√
	信息处理系统*	√	√
辅助工程	确标立界*	√	√
	围栏*	√	√
	水、电、暖工程*	√	√
	生产管理房屋建设*	√	√
	森林防火*	√	√
	消防、通信、办公设备*	√	√

注：1."√"为各类工程建设项目的构成。
2."*"项目——不得与林木良种繁育工程中的项目重复配置。

（5）林木种质资源库工程主要设备可参见表4-31。

表4-31　林木种质资源库工程主要设备

项目	设备名称
资源调查、收集设备	高倍望远镜、海拔仪、罗盘仪、测高仪、测距仪、水准仪、经纬仪、GPS定位仪、求积仪、自动气象仪、土壤测试箱、种质资源采集工具、种子速测仪、野外生活工具
育苗、整地、定植设备*	种检仪器、温室大棚、喷灌设备、给排水设备
病虫害防治设施、设备	喷药机、喷雾器、高压杀虫网、输电线路
森林防火设备	灭火机、灭火器、油锯机、割灌机
科研辅助设备	扫描仪、打印机、投影仪、复印机、数码照相机、摄像机、档案柜
信息系统设备*	计算机、服务器、网络设备
实验室设备*	烘干箱、恒温箱、电子天平、EC测定仪、分光光度仪、离心机、化验设备、酸度机、液相色谱仪、显微镜、解剖镜、标本架
组织培养设备*	光电控制箱、无菌操作台、培养架、培养瓶、灭菌锅、负离子交换机、消毒柜、冰箱、空调、灌装和清洗设备、基制设备

注："*"项目——不得与林木良种繁育工程中的项目重复配置。

2. 林木良种繁育工程

（1）林木良种繁育工程的良种培育工程、繁育生产工程项目构成见表4-32。

表 4-32　林木良种繁育工程的良种培育工程、繁育生产工程项目构成表

工程分类	项目名称		良种繁育中心	林木良种基地	
				新建	改扩建
良种培育工程	种质资源收集保存区		√		√
	种子园		√	√	
	引种区		√	√	√
	育种区		√	√	√
	示范区		√	√	√
	测定区		√	√	√
	采穗圃		√	√	√
	母树林		√	√	√
	试验区		√	√	√
	良种繁育圃		√	√	
繁育生产工程	建筑工程	组培室	√		
		实验室	√	√	√
		检验室	√	√	√
		种子精选室	√	√	√
		档案室	√	√	√
		标本室	√	√	√
		办公室	√	√	√
		生产用房、库房	√	√	√
	温室	自动控制温室	√	√	√
		日光温室	√		
	塑料大棚		√	√	√
	炼苗场		√	√	
	种子晒场、烘干设施		√	√	√
	土壤改良		√	√	√

注："√"为各类工程项目建设的构成。

(2)良种繁育工程的生产设备和辅助工程项目构成见表 4-33。

表 4-33　林木良种繁育工程的生产设备和辅助工程项目构成表

工程分类	项目名称	良种繁育中心	林木良种基地	
			新建	改扩建
生产设备	实验设备	√	√	√
	温室设备	√		
	组培设备	√		
	种子采集、加工、贮藏及检验设备	√	√	√
	育苗机具及设备	√		
	排灌系统	√	√	√
	生产用车	√	√	√
辅助工程	确标立界	√	√	
	隔离带、围墙、防护栏和场区绿化	√	√	√
	水、电、暖系统	√	√	√
	防火(消防)、病防、通信、信息、办公、气象及交通设备	√	√	√

注："√"为各类型的项目建设项目。

(3)林木良种繁育工程中林木良种基地改、扩建工程的主要建设项目与新建林木良种基地工程的建设项目相同,各单项建设项目要充分利用原有设施、设备和资源条件,单项投资不应超过该项目新建的规模。

(4)林木良种繁育工程的主要设备可参照表4-34。

表4-34　林木良种繁育工程的主要设备表

项目	设备名称
实验设备	无菌操作台、培养架、培养瓶、灭菌锅、负离子交换机、冰箱、烘干箱、恒温箱、光电控制箱、天平、消毒柜、EC测定仪、分光光度计、离心机、化验设备、酸度计、液相色谱仪、显微镜、解剖镜、标本架、玻璃器皿、药品
温室设备	灌溉系统、电力系统、温湿光控制系统、遮阳网、施肥设备、加热设备、通风设备、自动化管理设备、苗木架
组培设备	光电控制箱、无菌操作台、培养架、培养瓶、灭菌锅、负离子交换机、消毒柜、冰箱、空调、灌装和清洗设备、基制设备
种子加工调制设备	种子精选机、风选水选设备、烘干设备、种子脱粒机、包装设备
贮藏设备	抽湿机、种子贮藏器皿、种子架、包装材料、灭鼠灭虫设施、衡器、手推车、叉车、药品
采种机具	高枝剪、采种梯、种子收集布、采种安全设备
检验设备	光照发芽箱、恒温培养箱、软X射线机、人工气候箱、干燥箱、水分测定仪、数粒仪、扦样器、分样器、冰箱、消毒器具、种子精选机、天平、放大镜、显微镜、操作台、玻璃器皿、药品
育苗机具及设备	耕耘机具、播种机具、起苗机、切根机
气象设备	气象检测设备、数据处理设备
病虫害防治设备	喷药机、喷雾器、高压杀虫网、熏蒸器具、消毒器具
生产用车	农用运输车、拖拉机
办公设备	复印机、传真机、打印机、文件柜、档案柜、办公家具

3. 林木采种基地工程

林木采种基地工程项目分为种子生产工程、生产设备和辅助工程。

(1)林木采种基地工程各类型的建设内容基本一致,可按需要确定不同的建设内容。

(2)林木采种基地工程项目构成见表4-35。

表4-35　林木采种基地工程项目构成表

工程分类	项目名称	建设内容
种子生产工程	建筑工程	种检室、样品室、资料室、库房、烘干房、晒场、管理用房
	林分管护	采种林分进行疏伐、抚育、卫生伐、清杂砍灌、施肥、松土修枝
	病虫害防治	飞机防治和人工放置,人工防治包括喷药、布设诱杀灯、摘除被害球果
	护林站、环境观测站	护林站、点及环境监测点建设
	固定观测样地	在采种林分内选择中等树木布设10 m×10 m观测用地
生产设备	种子加工调制设备、采种机具、检验设备、贮藏设备,以及种子运输车辆	
辅助工程	确标立界	周界线与分界线,设立界碑、界桩、标示牌
	供电系统	输电线路、配电室、变压器
	给排水工程	输水管道、水塔、排水沟
	森林防火	采种林分内的防火道、防火带、防火瞭望塔(台)、扑火设备
	其他	通信、消防、办公等设备、防火和生产道路

(3)林木采种基地工程的主要设备可参照表4-36。

表4-36　林木采种基地工程的主要设备表

项目名称	设备名称
采种工具	高枝剪*、苫布*、种子集运车、小型运输工具*、高空作业车等采种工具
扑火设备	灭火机、油锯机*、割灌机*、灭火器*、望远镜*
病虫害防治设备	喷药机、烟雾机*、喷雾器*、显微镜、检疫刀、注射器*、诱杀灯*、捕杀网*、药剂*
种子加工调制设备	种子精选机、包装机、干燥设备*、衡器*、风选机*、水选机及其他小型工具*
贮藏设备	测温测湿仪*、通风机、抽湿机、隔潮板*、苫布*、衡器*、灭鼠灭虫工具及药剂*
质量检验设备	显微镜、解剖镜、分析天平、电子秤、冷藏柜、干燥箱、光照培养箱、水分速测仪*、种子发芽箱、恒温培养箱、扦样器、分样器、操作台、样品柜*
调查及管理设备	海拔仪*、测距仪、经纬仪、绘图仪、GPS定位仪、求积仪等调查设备;计算机、打印机、照相机、资料架*、档案柜*、空调、扫描仪

注:带“*”符号的仪器设备应配置到每经营区。

4. 苗木生产基地工程

苗木生产基地工程分为育苗生产工程、生产设备、辅助工程。

(1)苗木生产基地工程项目构成见表4-37。

(2)育苗生产区区划为大田育苗区、容器育苗区、大苗区、花卉苗繁殖区、试验区和采穗圃。不同规模苗木生产基地工程的育苗生产分区构成见表4-38。

(3)苗木生产基地工程建筑工程控制面积见表4-39。

(4)苗木生产基地工程的主要设备可参照表4-40。

表4-37　苗木生产基地工程项目构成表

工程分类	项目名称		特大型	大型	中型	小型
育苗生产工程	建筑工程	实验室	√	√	√	
		检验室、档案室、办公室、生产用房、库房	√	√	√	√
	苗木窖		√	√	√	√
	温室	自动控制温室	√	√		
		日光温室	√	√	√	√
	塑料大棚、遮阴棚		√	√	√	√
	炼苗场		√	√	√	
	土壤改良		√	√	√	√
生产设备	自动装播生产线		√	√		
	简便装播生产线			√	√	√
	实验设备		√	√	√	
	温室设备		√	√	√	
	组培设备		√	√	√	
	贮藏、包装设备		√	√	√	√
	检验设备		√	√	√	√
	育苗机具		√	√	√	√
	排灌设备	移动、固定喷灌、滴灌系统	√	√	√	
		排灌系统	√	√	√	√
	生产用车	农用运输车	√	√	√	√
		拖拉机	√	√	√	√
		叉车	√	√	√	
		摩托车	√	√		

续表 4-37

工程分类	项目名称		特大型	大型	中型	小型
辅助工程	水、电、暖工程		√	√	√	√
	其他辅助用房		√	√	√	√
	病防设备		√	√	√	√
	通信设备		√	√	√	√
	信息设备		√	√	√	
	气象设备		√	√		
	宣教设备		√	√	√	
	办公设备		√	√	√	√
	消防设备		√	√	√	√
	道路		√	√	√	√
	围墙	一般围墙	√	√		
		生物围栏	√	√	√	√
	场区绿化		√	√	√	√

表 4-38　苗木生产基地工程不同类型的育苗生产分区构成表

区别	建设内容	特大型	大型	中型	小型
大田育苗区	播种苗	√	√	√	√
	移植苗	√	√	√	√
容器育苗区	温室大棚育苗	√	√	√	
	露天育苗			√	√
大苗区	大苗培育	√	√	√	√
花卉(苗木)繁殖区	播种苗	√	√	√	√
	移植苗	√	√	√	√
	扦插苗	√	√	√	√
试验区	科学试验	√	√	√	
采穗圃	穗条圃	√	√	√	
	原种收集圃	√	√		

表 4-39　苗木生产基地工程建筑工程控制面积表

规模	综合办公楼(m^2)					生产用房(m^2)					库房(m^2)		
	组培室	实验室	检验室	档案室	办公室	装播车间	土壤熟化车间	种苗调制室	变电所	包装车间	种子库	工具库	机具库
特大型	1 500	400	100	150	400	400	120	50	50	100	150	50	200
大型	500	300	100	80	150	150	100	30	30	80	40	30	80
中型	200	200	80	50	100	50	50	30	20		20	20	40
小型			60	30	50			30	20		20	20	40

表 4-40 苗木生产基地工程的主要设备表

项目	设备名称
温室设备	温湿控制设备、灌溉系统、移动苗床、通风降温设备
组培设备	光电控制箱、无菌操作台、培养架、培养瓶、灭菌锅、负离子交换机、消毒柜、冰箱、空调、灌装和清洗设备、基制设备
贮藏设备	测温测湿仪、通风机、抽湿机、隔潮板、苫布、衡器、灭鼠灭虫工具及药剂
科研及种苗质量检验设备	化学分析设备、显微镜、解剖镜、分析天平、电子秤、冷藏柜、干燥箱、光照培养箱、水分速测仪、种子发芽箱、恒温培养箱、扦样器、分样器、操作台、样品柜、种子速测仪、高压灭菌锅、酸度计、色谱仪、消毒柜、空调、试管
育苗生产机具	做床机、挖穴机、播种机、起苗机
病虫害防治设备	喷药机、烟雾机、显微镜、检疫刀、注射器、诱杀灯、捕杀网、药剂
种子加工调制设备	种子精选机、包装机、干燥设备、衡器、风选机、水选机及其他小型工具
通信、信息、办公及宣传设备	电话、对讲机、计算机、打印机、传真机、复印机、数码照相机、摄像机、扫描仪、电视、投影仪、资料架、档案柜等办公家具
消防设备	报警器、消防管道、灭火栓、高压水龙头、灭火器、喷淋灭火系统

5. 林木种苗基础设施的建筑工程量、设备配备构成及主要设备

林木种苗基础设施的建筑工程量（含辅助建筑）见表 4-41，其设备配备构成见表 4-42，其主要设备见表 4-43。

表 4-41 林木种苗基础设施与配套工程建筑工程量表

项目		等级	工程量（m^2）
林木种苗质量保障工程		国家级	500～1 000
		省级	200～600
		地（市）县级	50～200
林木种苗加工贮藏工程	种子低温库	省级	1 000～2 500
	种子常温库	省级	500～1 500
		地（市、县）级	200～500
林木种苗信息管理系统工程		国家级	100～300
		省级	50～250

注：1. 结构类型一般为砖混结构，对国家级建设项目中规模较大时，也可采用框架结构。

2. 省（自治区、直辖市）的各项目，在条件允许的情况下，应集中建设。

表 4-42 林木种苗基础设施设备配备构成表

项目		设备工程						辅助工程				
		制冷设备	加工调制设备	贮存设备	检验设备	运输工具	消毒设备	供电设备	水暖设备	通信设备	办公设备	消防设备
林木种苗质量保障工程					√	√	√	√	√	√	√	√
林木种苗加工贮藏工程	种子低温库	√	√	√	√	√	√	√	√	√	√	√
	种子常温库		√	√	√	√		√	√	√	√	√
林木种苗信息管理工程										√	√	

表 4-43　林木种苗基础设施建设工程主要设备表

项目	设施设备名称
制冷设备	制冷机组
加工调制设备	精选机、包装机、风选、水选、烘干
贮存设备	包装材料、衡器、通风设备、病虫害防治设备、防潮设备
检验设备	净度设备、发芽、水分测定、重量测定、健康遗传品质、苗木质量测定、标本存放、温湿控制等设备、品种鉴别设备
运输工具	种子运输车、种子质量检验车
消毒设备	消毒柜、消毒锅、玻璃消毒器皿
供电设备	高、低压线路，变压器
水暖设备	给排水设备、采暖设施
通信设备	电话机、对讲机
办公设备	计算机、打印机、传真机、复印机、办公家具
消防设备	报警器、消防管道、灭火栓、高压水龙头、灭火器、自动喷淋系统
信息设备	计算机、网络设备、服务器、交换设备、软件

(四)人员配备

1. 林木种苗工程的管理机构

林木种苗工程由国家、省(自治区、直辖市)、市、县四级种苗管理机构负责管理。

2. 林木种苗工程的人员配备

林木种苗工程的人员配备可参照表 4-44 确定。

表 4-44　林木种苗工程的人员配备表

项目	人员配备
一、林木种质资源库	1 人/ hm^2
二、林木良种繁育	1 人/ hm^2
三、林木采种基地	1 人/10 hm^2
四、苗木生产基地	1 人/ hm^2
五、林木种苗基础设施	
(一)林木种苗质量保障	2～10 人
(二)林木种苗加工贮存	5～20 人
(三)林木种苗信息管理	1～10 人

注:1. 林木种子资源库工程、林木采种基地工程项目分散为几块，可适当增加。
2. 林木种苗质量保障项目中人员配置的其他要求按照有关规定执行。

(五)效益评价

(1)林木种苗工程项目效益评价主要体现在社会效益和经济效益两方面,同时要考虑林木种质资源的有效保护和生物安全。

(2)林木种质资源库、林木良种繁育、林木采种基地、林木种苗基础设施等工程效益评价主要体现为社会效益和部分经济效益。

(3)苗木生产基地工程的效益评价主要体现为经济效益和社会效益两方面,要强调投入产出比较。

(六)主要技术经济指标

(1)各类型林木种苗主要工程项目技术经济指标请参考原件。

(2)林木种苗工程建设项目总投资中,用于种苗生产、资源保存、检验、贮藏、加工等项目的投资不应低于60%;辅助及配套工程投资不应超过30%。

第五章　造林技术概论

第一节　立地分类与评价

一、立地分类的意义

立地是指森林立地，是林业用地中体现气候、地质、地貌、土壤、水文、植被及其他生物等自然环境因子的综合作用所形成的各种不同立地条件的宜林地段。立地类型是地域上不相连接但立地条件基本相同、林地生产力水平基本一致的地段的组合。立地分类是林业用地立地条件和林地生产力的自然分类。

在造林绿化中，要做到适地适树、因地制宜地安排林种、选择造林树种，提高造林成活率和营林效果，必须研究造林地的立地条件，进行森林立地分类。因此，立地分类是森林集约经营的基础。进行立地分类、划分立地类型可为科学营林和利用森林提供依据，为提高森林经营水平创造条件。

二、立地分类的原则、方法和分类系统

（一）立地分类的原则

森林立地分类的基本原则首先是科学性，就是正确反映自然条件的地域分异规律，不同立地类型反映不同的立地质量，能作出符合实际的立地质量评价；其次是实用性，这就要求从服务于林业生产出发，达到促进林业生产的目的，划分的立地类型便于在生产中应用，能满足生产的需要。具体遵循的基本原则有以下几个。

1. 地域分异原则

地域分异原则就是研究森林立地这个自然地理综合体的地带性和非地带性变化。立地分类要反映这些方面的变化规律，只有遵循地域分异的原则，才能真实地反映立地的本质差别。

2. 分区分类原则

分区分类原则就是区划单位与分类单位并存的原则。如在太行山立地分类中按气候和地貌分为若干立地亚区，以立地亚区为单位再逐级划分立地类型。

3. 多级序的原则

林业用地客观存在着由大同到小异的等级差异，不同等级单元系统中所显示的相似性与差异性程度是相对的，分类的单元等级越高，相似中的差异程度越大；分类的单元等级越低，相似中的差异程度越小。因此，立地分类应遵循从大到小、以一定的地域分异原则为依据逐级进行划分。各级立地范围有一定的从属关系，反映其相对差异的大小，逐级控制其生产力的差异程度。一般较高级的立地分类单元应以生物、气候、地貌等因子划分，低级立地分类单元主要以地形、土壤等作为划分依据。

4. 综合多因素分析基础上的主导因素原则

森林立地是由多种因素组成的统一的自然综合体。这些因素互相影响，综合发生作用。因此，必须在综合分析这些因素的基础上，找出 1 ~ 2 个主导因素，因为主导因素的变化会引起其他立地因素的变化。

5. 有林地和无林地统一分类的原则

有林地和无林地统一分类和评价，可以用有林地生产力预测同一立地类型的无林地造林后的生产力，便于制定经营措施，指导生产。

（二）森林立地分类方法

立地分类方法有多种，我国目前多采用综合多因素分析基础上的主导因素分区分类的立地分类方法。《中国森林立地分类》一书就是采用这种方法。

（三）森林立地分类系统

立地分类系统国外研究的比较多，德国共分 5 个层次，即立地区、立地亚区、立地类型组、立地类型、地况级。以前我国没有全国统一的森林立地分类系统，在 1989 年出版的《中国森林立地分类》一书中第一次提出了全国森林立地 6 级分类系统。即

立地区域
　立地区
　　立地亚区
　　　立地类型小区
　　　　立地类型组
　　　　　立地类型

该系统的前 3 级，即立地区域、立地区、立地亚区属于区划单位；后 3 级即立地类型小区、立地类型组和立地类型属于分类单位。

河南省在全国立地分类系统中属于：

Ⅳ　华北暖温带立地区域
　22　燕山太行山山地立地区
　　22F　太行山南段山地立地亚区
　　22G　豫西黄土丘陵立地亚区
　　22H　伏牛山北坡山地立地亚区
　23　华北平原立地区
　　23B　黄淮平原立地亚区
Ⅶ　南方亚热带立地区域
　28　秦巴山地立地区
　　28D　豫西伏牛山南坡中低山立地亚区
　29　大别山桐柏山山地立地区
　　29A　桐柏山山地立地亚区
　　29B　江淮丘陵立地亚区
　　29C　大别山山地亚区

在山西省、河北省、河南省、北京市林业勘察设计院合著的《太行山森林立地分类》一书中把太行山森林立地分类系统定为 4 级：

立地亚区
　立地类型小区
　　立地类型组
　　　立地类型

在这个分类系统中,立地亚区是分区区划单位,河南省太行山区属于太行山南段山地立地亚区(D)。而立地类型小区、立地类型组、立地类型是分类单位。

三、森林立地类型的评价

立地分类和立地评价是不可分割的两个方面。不同的立地类型具有不同的立地质量。因此,评价立地质量一方面可以检验立地分类结果,另一方面可以为适地适树设计造林营林技术措施提供依据。

评价立地质量的方法主要利用地位指数、土壤有机质含量、定性给分等。以地位指数评价立地质量的效果比较好,既可以评价有林地立地质量,也可以评价无林地立地质量。据山西省林业勘察设计院研究,油松在晋西Ⅰ级生产力的地位指数≥10,Ⅱ级为7~9,Ⅲ级≤6;在晋东和太行山南段Ⅰ级生产力地位指数≥10,Ⅱ级为9,Ⅲ级≤8。用油松地位指数评价土石山立地类型、用刺槐地位指数评价黄土丘陵和山间盆地小区立地类型得出:土石山小区生产力Ⅰ级的有高中山中厚土、中山阴坡中厚土、低中山阴坡中厚土类型及低中山阴坡薄土类型;属于Ⅱ级的有高中山薄土、中山阴坡薄土、低中山阳坡中厚土、低山阴坡等;其他为Ⅲ级。黄土丘陵和山间盆地小区属于Ⅰ级生产力的有石砾质河漫滩、沙土质河漫滩、河谷阶地;属于Ⅱ级的有黄土丘陵梁峁顶、黄土丘陵阴坡黄土、黄土丘陵阴坡红黏土、黄土丘陵阳坡黄土、黄土丘陵沟底坡麓等,详见表5-1。

四、河南省森林立地分类

河南省林业勘察设计院根据全国森林立地分类的分类系统、原则、依据提出了河南省森林立地分类系统,编制了全省立地类型表(见表5-2)。

具体划分标准详见第十一章立地类型调查部分。

表5-1　晋东土石山立地亚区林木生产力与土壤肥力评价(参考)表

立地类型名称	指数值(SI)		生产力等级		评价(参考)项目	
	油松	刺槐	油松	刺槐	有机质(%)	肥力等级(按有机质)
高中山中厚土	10		Ⅰ		3.472	Ⅰ
高中山薄土	9		Ⅱ		2.695	Ⅰ
中山阴坡中厚土	10		Ⅰ		3.472	Ⅰ
中山阴坡薄土	9		Ⅱ		2.907	Ⅰ
中山阳坡中厚土	8		Ⅲ		2.739	Ⅰ
中山阳坡薄土	7		Ⅲ		2.168	Ⅰ

续表 5-1

立地类型名称	指数值(SI)		生产力等级		评价(参考)项目	
	油松	刺槐	油松	刺槐	有机质（%）	肥力等级（按有机质）
低中山阴坡中厚土	11		Ⅰ		1.430	Ⅱ
低中山阴坡薄土	10		Ⅰ		0.904	Ⅲ
低中山阳坡中厚土	9		Ⅱ		0.697	Ⅲ
低中山阳坡薄土	8		Ⅲ		0.171	Ⅲ
低山阴坡	9		Ⅱ		1.453	Ⅱ
低山阳坡	8		Ⅲ		0.720	Ⅲ
黄土丘陵梁峁顶	8	10	Ⅲ	Ⅱ	1.675	Ⅱ
黄土丘陵阴坡黄土	9	11	Ⅱ	Ⅱ	0.696	Ⅲ
黄土丘陵阴坡红黏土	9	10	Ⅱ	Ⅱ	1.080	Ⅱ
黄土丘陵阳坡黄土	9	10	Ⅱ	Ⅱ	0.304	Ⅲ
黄土丘陵阳坡红黏土	8	9	Ⅲ	Ⅲ	0.689	Ⅲ
黄土丘陵沟底坡麓	10	10	Ⅰ	Ⅱ	2.491	Ⅰ
石砾质河漫滩		12		Ⅰ	1.577	Ⅱ
沙土质河漫滩		12		Ⅰ	1.577	Ⅱ
河谷阶地		12		Ⅰ	1.577	Ⅱ

表 5-2　河南省立地类型一览表

立地类型亚区	立地类型组	立地类型	立地类型代号
1. 太行山区			
中低山亚区	上部组	急险坡中厚层土型	101
		急险坡薄层土型	102
		非急险坡中厚层土型	103
		非急险坡薄层土型	104
		中低山漫地型	105
	中下部石灰岩组	阳坡急险坡型	106
		阳坡非急险坡中厚层土型	107
		阳坡非急险坡薄层土型	108
		阴坡急险坡型	109
		阴坡非急险坡中厚层土型	110
		阴坡非急险坡薄层土型	111

续表 5-2

立地类型亚区	立地类型组	立地类型	立地类型代号
中低山亚区	中下部非石灰岩组	阳坡急险坡型	112
		阳坡非急险坡中厚层土型	113
		阳坡非急险坡薄层土型	114
		阴坡急险坡型	115
		阴坡非急险坡中厚层土型	116
		阴坡非急险坡薄层土型	117
丘陵亚区	石灰岩组	中厚层土型	118
		薄层土型	119
	非石灰岩组	中厚层土型	120
		薄层土型	121
特殊地段		岩石裸露埁窝土型	122
		沟谷厚土型	123
		宅旁隙地型	124
		河滩地型	125
		库岸、堤岸型	126
2. 黄土丘陵区			
丘陵沟壑亚区	沟壑组	沟底型	201
		沟坡型	202
		塬面型	203
	丘陵组	多砂姜轻、中壤土型	204
		少砂姜轻、中壤土型	205
		多砂姜重壤土型	206
		少砂姜重壤土型	207
		多砂姜黏土型	208
		少砂姜黏土型	209
黄土覆盖石质丘陵亚区	淋溶褐土组	中厚层土型	210
		薄层土型	211
	典型褐土组	中厚层土型	212
		薄层土型	213
	碳酸盐褐土组	中厚层土型	214
		薄层土型	215

续表 5-2

立地类型亚区	立地类型组	立地类型	立地类型代号
特殊地段		石质丘陵急险坡多石砾(砂姜)型	216
		宅旁隙地型	217
		河滩地型	218
		库岸、堤岸型	219
3. 平原区			
潮褐土亚区	路旁组	轻、中壤土型	301
		重壤、黏土型	302
	渠旁组	轻、中壤土型	303
		重壤、黏土型	304
	农林间作组	轻、中壤土型	305
		重壤、黏土型	306
风沙土亚区	沙地组	流动、半固定沙丘型	307
		高平沙地型	308
		低平沙地型	309
		沙地型	310
	耕地组	浅水位藏金地型	311
		浅水位沙土型	312
		浅水位沙壤土型	313
		浅水位两合土型	314
		浅水位泛风沙地型	315
		深水位藏金地型	316
		深水位沙土型	317
		深水位沙壤土型	318
		深水位两合土型	319
		深水位泛风沙地型	320
淮北砂姜黑土亚区	路旁组	浅水位型	321
		深水位型	322
	渠旁组	浅水位型	323
		深水位型	324
	农林间作组	浅水位型	325
		深水位型	326

续表 5-2

立地类型亚区	立地类型组	立地类型	立地类型代号
特殊地段		盐碱地型	327
		河滩地型	328
		库岸、堤岸型	329
4. 伏牛山北坡区			
中山亚区	上部组	阳坡中厚层土型	401
		阳坡薄层土型	402
		阴坡中厚层土型	403
		阴坡薄层土型	404
	下部组	阳坡中厚层土型	405
		阳坡薄层土型	406
		阴坡中厚层土型	407
		阴坡薄层土型	408
低山区	阳坡组	厚层土型	409
		中层土型	410
		薄层土型	411
	阴坡组	厚层土型	412
		中层土型	413
		薄层土型	414
特殊地段		急险坡多石砾型①	415
		低山砾石土型②	416
		宅旁隙地型	417
		河滩地型	418
		库岸、堤岸型	419
5. 伏牛山南坡区			
中山亚区	阳坡组	中厚层土型	501
		薄层土型	502
	阴坡组	中厚层土型	503
		薄层土型	504
西部低山丘陵亚区	阳坡组	中厚层土型	505
		薄层土型	506
	阴坡组	中厚层土型	507
		薄层土型	508

注：①坡度大于36°或石砾含量大于49%。

②石砾含量大于70%。

续表 5-2

立地类型亚区	立地类型组	立地类型	立地类型代号
东部低山丘陵亚区	硬质岩组	缓斜坡中厚层土型	509
		缓斜坡薄层土型	510
		陡坡中薄层土型	511
	软质岩组	缓斜坡壤土型	512
		缓斜坡黏土型	513
		陡坡壤土型	514
		陡坡黏土型	515
特殊地段		中山急险坡多石砾型	516
		低山丘陵急险坡多石砾型	517
		低山丘陵粗骨土型	518
		岩石裸露挡窝土型	519
		宅旁隙地型	520
		河滩地型	521
		库岸、堤岸型	522
6. 南阳盆地区			
黄褐土岗地亚区	中厚层土组	轻、中壤土型	601
		重壤、黏土型	602
	薄层土组	轻、中壤土型	603
		重壤、黏土型	604
砂姜黑土平地亚区	砂姜黑土组	洼地型	605
		平地型	606
特殊地段		岗坡冲刷型	607
		深水位潮土型	608
		宅旁隙地型	609
		河滩地型	610
		库岸、堤岸型	611
7. 大别山、桐柏山区			
桐柏山低山丘陵亚区	上部组	阳坡中厚层土型	701
		阳坡薄层土型	702
		阴坡中厚层土型	703
		阴坡薄层土型	704
	中下部组	阳坡壤质中厚层土型	705
		阳坡黏质中厚层土型	706
		阳坡薄层土型	707
		阴坡壤质中厚层土型	708
		阴坡黏质中厚层土型	709
		阴坡薄层土型	710

续表 5-2

立地类型亚区	立地类型组	立地类型	立地类型代号
淮南平原亚区	平原耕地组	水田型	711
		旱地型	712
淮南垄岗亚区	黄土母质组	轻、中壤土型	713
		重壤、黏土型	714
	岩石风化物组	中厚层土型	715
		薄层土型	716
大别山低山丘陵亚区	上部组	阳坡中厚层土型	717
		阳坡薄层土型	718
		阴坡中厚层土型	719
		阴坡薄层土型	720
	中下部组	阳坡壤质中厚层土型	721
		阳坡黏质中厚层土型	722
		阳坡薄层土型	723
		阴坡壤质中厚层土型	724
		阴坡黏质中厚层土型	725
		阴坡薄层土型	726
特殊地段		背风沟洼厚层土型	727
		岗地多砾石型	728
		急险坡粗骨土型	729
		宅旁隙地型	730
		河滩地型	731
		库岸、堤岸型	732

第二节　造林树种的选择

树种选择的正确与否直接关系到造林的成败，关系到经营目的的实现与否，是造林时首先要考虑的问题。

一、根据造林目的选择树种

不同林种反映不同的造林目的，下面分林种对造林树种选择提出原则要求。

（一）防护林树种的选择

防护林是以发挥防护作用为主要目的的森林。一般应具有生长快、防护性能好、抗逆性强、生长稳定等优良性状。营造农田防护林的主要树种应具有树体高大、树冠较小，抗风力强、深根性等特点;且没有与农作物有共同病虫害或是其中间寄主。

水土保持林主要以控制水土流失为主,要求树种能迅速拦截和吸收地表径流,有效地固持土壤。应着重选用耐干旱、耐瘠薄、适应性强、树冠浓密、落叶量大且易分解、根系发达、根蘖性强、寿命长、容易繁殖、种源充足的树种。

防风固沙林应选择根系发达、根叶性强、耐风吹、沙压和耐干旱瘠薄的树种。

(二)用材林树种的选择

用材林是以生产木材、竹材为主要目的的森林。为保证木材的生产供应,满足国民经济建设的需要,应因地制宜地选择具有生长快、产量高、抗病虫害以及符合用材目的、适应特定工艺要求等特性的树种。材质好、树干通直圆满。有些珍贵用材树种如柏树、银杏、国槐、水曲柳、核桃等虽然并不速生,但由于材质特别优良,具有特殊用途,也应有计划地发展。

(三)薪炭林树种的选择

薪炭林树种应具有生长快、生物产量高、热值高、萌蘖更新力强、耐平茬,适应性强,在较差的立地条件下能正常生长。如松类、栎类、刺槐等。

(四)经济林树种的选择

经济林是以生产果品、油料、工业原料、药材及其他产品为主要目的的,因此树种应具有生长快、收益早、产量高、质量好、用途广、价值大、收获期长等特性。根据市场需求,重点选择当地生产潜力大和市场前景好的名、特、优、新树(品)种。

(五)特种用途林树种的选择

特种用途林应根据特种用途选择具有相应性状的造林树种,如环境保护林和风景林要选用具有杀菌、净化空气、耐烟尘、生长迅速、萌芽力强、耐修剪、树形美观、花叶芳香、不易感染病虫害的树种。

二、根据适地适树的要求选择树种

适地适树,就是把树木种植在最适宜其生长的地方。也就是要使造林树种的特性和造林地的立地条件相适应。因此,要做到适地适树就必须熟悉树种的生物学特性和造林地的立地条件,使“地”、“树”有机地结合起来。现代造林不但要求造林地和造林树种相适应,而且要求造林地和树种的一定类型(地理种源、生态类型)或品种相适应,即适地适种源、适地适品种、适地适类型。

(一)熟悉树种的生物学特性

在长期的系统发育过程中,每个树种都形成了自己独有的生态生物学特性。它们对环境条件有不同的要求,如有的喜光,有的耐阴,有的耐旱,有的喜湿,有的耐瘠薄,有的喜肥。另外,在生长速度、根系类型、繁殖方式、开花结实及寿命等方面也各不相同。要选好树种,必须熟悉造林树种的这些特性。现将河南省主要造林树种及其适宜栽培地区列于表5-3,供参考。

表5-3　河南主要造林树种的主要生态学特性和适宜地区

树种名称	适宜栽培地区	主要生态学特性
杉木	豫南地区	亚热带树种。喜温暖湿润气候,不耐寒,怕风。适宜在土层深厚、肥沃湿润的壤土或沙壤土上生长;干旱、瘠薄、盐碱、积水地上生长不良;喜光树种,幼时耐阴,萌芽力强,自然整枝良好

续表 5-3

树种名称	适宜栽培地区	主要生态学特性
柳杉	豫南地区	亚热带树种。喜温暖湿润气候。适宜植于土层深厚、湿润、排水良好、结构疏松的酸性壤土上;干旱、瘠薄、盐碱、排水不良的地方生长不良;喜光树种,早期速生,浅根性
落羽杉（池杉）	豫南地区	亚热带树种。喜温暖湿润气候,宜于深厚、湿润、肥沃的酸性土,耐水湿,怕盐碱;喜光树种,抗风力强;萌芽力强,根被损伤后,恢复能力很弱,造林时勿伤过多的根系
水杉	河南各地均有引种,生长良好	喜温暖、湿润气候,耐寒,能在 －19.9 ℃条件下生长,较耐大气干旱,耐水湿;喜生于湿润、肥沃的壤土上,在特别干旱、瘠薄地上或严重盐碱地上生长不良;喜光,早期速生;萌芽力强,但根系损伤后恢复很慢;造林时,勿伤过多根系
白皮松	河南伏牛山及太行山区	喜温暖气候。耐寒冷,耐干旱,耐瘠薄;在土层深厚、肥沃的酸性土上生长良好;中性土壤上,也能正常生长,盐碱、积水地不宜栽种;喜光,生长慢,寿命长,深根性;抗污染
油松	伏牛山北坡和太行山区及豫东、豫北沙地	温带树种。耐寒性强;耐干旱、耐瘠薄,是荒山、沙地造林先锋树种;不耐盐碱,不耐水湿,轻盐碱地可正常生长;喜光,生长慢,寿命长,深根性
华山松	豫西中山地区	喜温暖、凉爽、湿润气候,较耐寒;对土壤要求不严,以深厚、湿润、疏松的微酸性土壤为最好;干旱、瘠薄及排水不良处生长不良;较喜光树种,幼时耐阴
马尾松	豫南地区	亚热带树种。要求温暖、湿润气候;不耐寒,怕冷、怕干风;对土壤要求不严,喜生于酸性或微酸性土壤上,甚至在成土母岩上也能生长;怕水、怕盐碱;喜光树种;根系发达
黄山松	豫南中山地区	与马尾松基本相似。但适应性比马尾松广,多在海拔 700 m 以上的中山形成大面积的人工林或天然林
火炬松	豫南地区	亚热带树种,喜温暖、湿润气候;对土壤要求不严;耐干旱、耐瘠薄,不耐盐碱;喜光树种,不耐庇荫;生长迅速
侧柏	山区、沙地、丘陵	温带树种。耐寒冷,能耐 －35 ℃以下的低温;对土壤要求不严;耐干旱、耐瘠薄,不耐水湿和重盐碱;喜湿润、肥沃、疏松的石灰岩土壤;喜光;寿命长;浅根性
日本落叶松	豫西中山地区	适宜生于气候凉爽、空气相对湿度大、雨多的地方;喜生于土层厚、肥沃、湿润的棕壤的沙壤土;风大、干旱、土浅、贫瘠、排水不良处生长不良;喜光,浅根性树种,低海拔生长不良
金钱松	豫南地区	喜温暖、湿润气候,适生于土厚、肥沃、湿润、疏松、排水良好的酸性或微酸性土壤上;不耐干旱、瘠薄,怕水、怕盐碱;喜光树种

续表 5-3

树种名称	适宜栽培地区	主要生态学特性
雪松	河南各地引种栽培，生长良好	喜温暖、湿润气候，不耐湿热气候。较耐寒，能在 -25 ℃的短期低温下生长；对土壤适应性强，但不耐水湿、不耐盐碱；喜光，速生，浅根性
银杏	山区、丘陵、平原地区	对气候适应性很强，耐寒，而不耐湿热气候；耐干旱、耐瘠薄，不耐水湿，但以土层厚、肥沃、湿润、排水良好的土壤生长良好；喜光；生长较慢，寿命长，深根性
毛白杨	“四旁”、沙地及谷间	温带树种。要求凉爽、湿润气候，在年平均气温 11 ~ 15.5 ℃、年降水量 500 ~ 900 mm 地区生长最好；耐寒性差，在高温、高湿条件下易遭病害；喜生于土层深厚、肥沃、湿润、排水良好的沙壤土和壤土上；在特别干旱、瘠薄条件下生长不良；喜光，速生，深根性，抗污染
小叶杨	平原沙丘、丘陵、山区沟谷、河边	适应性强，耐寒、耐干旱、耐瘠薄；湿润、肥沃的滩地上生长良好；在特别干旱、瘠薄、茅草丛生地上造林，常形成“小老树”；喜光，速生，根系发达，萌芽力强，繁殖容易，宜插条、栽干造林
沙兰杨（包括 I -72 杨及 I -69 杨等）	平原土层深厚、肥沃地方	温带树种。适应性强，抗寒性差。对土、肥、水条件要求高，在特别干旱、瘠薄、低洼积水及盐碱地（pH 值 8.5 以上）上生长不良；喜光，速生，容易繁殖
山杨	豫西伏牛山，豫北太行山区	喜温暖、湿润气候，耐寒冷；适应性极强，对土壤要求不严，能在干旱、瘠薄的成土母岩上生长；不耐水湿，怕盐碱；喜光树种
群众杨	平原“四旁”	适于温带气候。耐干旱、耐瘠薄、耐盐碱；对土壤要求不严，但以土层厚、肥沃、湿润处生长最好，能在 pH 值 8.5 ~ 9.0 的盐碱地上生长；喜光，速生，易繁殖，成材早
楸树	平原“四旁”或谷间	适于温暖、湿润的气候。不耐寒冷、不耐水湿和盐碱，喜生于土层深厚、肥沃、湿润的壤土或沙壤土上；喜光，生长较快，根系发达，深根性
白榆	平原“四旁”	对气候适应性很广。耐寒冷、耐干旱、耐瘠薄，不耐水湿，较耐盐碱；喜生于土厚、肥沃的石灰性质沙壤土或壤土地上；喜光，速生，抗风，深根性，容易繁殖；金花虫危害严重
苦楝	安阳以南地区	喜温暖气候，不耐寒。对土壤要求不严，较耐盐碱，不耐水湿；喜生于地势高燥，肥沃土壤；喜光，速生，侧枝发达，萌芽力强，不宜营造片林
香椿	多在“四旁”栽植	温带树种。适应性强，较耐寒；对土壤要求不严；喜深厚肥沃的沙壤土；喜光，速生，萌芽力强，是优良的用材和蔬菜树种
刺槐	沙区、浅山、丘陵区广泛栽植	温带树种。适应性强，耐干旱、耐瘠薄，不耐水湿，喜生于湿润、深厚、肥沃、疏松、排水良好的壤土上；喜光，生长快，寿命长，深根性；抗污染能力强
榉树	豫南及豫西伏牛山区	喜温暖、湿润气候。在山谷、溪边，土层深厚处生长最好；干旱、瘠薄的地方生长不良；喜光树种

续表 5-3

树种名称	适宜栽培地区	主要生态学特性
国槐	全省各地	温带树种。适生于湿润、深厚、肥沃、排水良好的沙壤土上；特别干旱、瘠薄、低洼积水、重盐碱地生长不良；喜光，深根性树种，生长中等，抗性强，寿命长
柳类	适宜沙区及河、渠、溪边栽植	对气候适应性很广。耐旱、耐盐碱、耐水淹；喜光、速生，根系发达，固土力强，萌芽和生根力强，繁殖容易，多用栽干、砸桩、栽条等方法造林
三角枫	适作城市观赏树种	适应性强，耐寒、耐肥，耐湿润土壤；喜光，生长较慢，深根性，根系发达
泡桐	农耕地上或“四旁”	温带树种。耐寒性差，在干旱、瘠薄、洼地、盐碱地上不宜造林；宜在地势高燥、排水良好、土层厚、肥沃土壤条件下生长；喜光、速生、成材早；枝稀，发芽晚，为良好的农林间作树种
栎类	中山、低山、丘陵区	对气候适应性很广。对土壤要求不严格，各种土壤都能生长；耐干旱、耐瘠薄，是荒山造林的先锋树种；喜光，生长较慢，深根性，适宜直播造林，与松林混交生长良好；材质坚硬，是优良用材和薪炭林树种
核桃楸	豫西伏牛山区	喜光，深根性树种。适宜土层深厚、肥沃、排水良好的山基或沟谷中，不耐庇荫，适应性广，耐寒性强，萌芽力强
椴树	豫南、豫西、豫北山区	喜湿润、肥沃土壤。干旱、瘠薄、低洼地上生长不良；深根性树种，萌芽力强，耐侧方庇荫
悬铃木	黄河以南，淮河以北	喜温暖、湿润气候，最适宜在土层深厚、肥沃、湿润的沙壤土上生长；喜光，速生，繁殖容易，耐修剪，成荫早，抗污染力强
枫杨	豫南溪边、水旁	适于温暖、湿润气候。对土壤要求不严，但以土层深厚、肥沃的水边生长最好；喜光，速生，耐水湿，萌芽力强
臭椿	黄土丘陵及浅山区、“四旁”	温带树种。适应性强。耐干旱、耐瘠薄、耐中度盐碱，不耐水湿，喜光，速生，侧根发达，深根性，抗污染能力强
绒毛白蜡(包括美国白蜡)	适宜中度盐碱地	喜温暖气候，耐水湿、耐盐碱，对土壤要求不严；喜光，幼时稍耐阴，生长较快，根系发达，扦插易活，萌芽力强，病虫害较少，抗污染性强
竹类	全省各地均有栽培	温带树种。如刚竹、斑竹等；适应性强，低山、丘陵平原均能良好生长
油桐	豫西伏牛山南坡及桐柏、大别山区	喜温暖、湿润气候。适宜肥沃、湿润、疏松的微酸性土壤，背风向阳的地方生长良好；怕盐碱、怕积水；喜光树种
乌桕	豫西、豫南山区	喜温暖气候。在土层深厚、肥力高、湿润的微酸性土壤上生长发育最好，能耐短期积水；喜光树种，不耐庇荫
漆树	豫西、豫南山区	喜光树种。适生背风向阳、光照充足、温暖湿润的谷间、溪边；疏松、肥沃、湿润、排水的沙壤土上最适生长；怕水淹
杜仲	豫西伏牛山区栽培较多	喜温和、湿润气候。对土壤要求不严，但以土层深厚湿润、肥沃的阳坡生长最好；喜光，深根性树种，萌蘖力强
柿树	太行山、伏牛山东麓洪积冲积平原	温带树种。适应性很强，耐干旱、耐瘠薄、耐水湿、耐盐碱；喜光，生长中等，寿命长，根系发达

续表 5-3

树种名称	适宜栽培地区	主要生态学特性
桑树	平原地区栽培较多	喜温暖气候，适应性强，稍耐干旱，不耐水湿和盐碱，喜生于肥沃、湿润的沙壤土上；喜光；生长中等；耐修剪，萌芽力强
水曲柳	豫西伏牛山区	喜土层深厚、肥沃、湿润、排水良好的沟谷及山坡基部，干旱、瘠薄、积水地生长不良；喜光树种，能耐侧方庇荫；深根性，萌蘖力强
五角枫	豫西伏牛山区	喜深厚、肥沃土壤，干旱、瘠薄地方生长不良；喜光树种，深根性
油茶	豫南浅山、丘陵地区	亚热带树种。喜温暖、湿润气候，对土壤要求不严，适应性很强，喜光树种，怕寒冷，萌蘖力强
茶树	同油茶	与油茶相同
黄连木	太行山东麓低山、丘陵区	温带树种。适应性很强，对土壤要求不严，耐干旱、耐瘠薄，喜湿润、肥沃土壤；喜光，生长慢，寿命长，深根性，萌芽力强，抗风力强，抗污染
核桃	低山、沟谷	温带树种。要求温暖、湿润气候；不耐湿热，不耐干旱，不耐瘠薄；喜光，深根性，生长中等
板栗	低山、沟谷	喜温暖气候。对土壤要求不严，但在干旱、瘠薄地方成“空苞”；喜光，深根性
枣树	浅山丘陵区及沙区	适应性很强，耐干旱、耐瘠薄、耐盐碱、耐水湿，对土壤要求不严；喜光，生长慢，枝稀，叶少，通风透光，适于枣麦间作
酸枣	太行山浅山、丘陵地区及平原沙区	适应性很广，分布于干旱丘陵、浅山地区，萌蘖力强，结实早，是重要的水土保持林和经济树种
紫穗槐	平原各地	温带树种。适应性强，对土壤要求不严，耐干旱、耐瘠薄、耐高温、耐水湿，也耐盐碱；喜光，萌蘖力强，浅根性，有根瘤菌
望春玉兰（俗称“辛夷”）	低山、谷地	喜温暖、湿润气候；较耐干旱、耐瘠薄；适生于浅山地区土层深厚、肥沃、湿润的地方
花椒	太行山、大别山东麓丘陵、浅山区	喜温暖气候，适应性强，不耐寒；对土壤要求不严，较耐干旱，不耐水湿；喜光，浅根性，结果早，耐修剪，寿命较短
白蜡	豫东沙区	喜温暖、湿润气候；适应性很强，耐湿，较耐盐碱；喜光，幼树耐阴，萌蘖力强，病虫害少；抗污染力强；滩地、“四旁”都能良好生长；盐碱地、积水地不宜栽植，繁殖容易
簸箕柳	水边、河旁及沙区平沙地	喜温暖气候；耐水湿，适生于土层深厚、肥沃、排水良好的渠旁、河边、溪边及平沙地上；喜光，浅根性，萌芽力强
柽柳	盐碱地区	适应性强，耐盐碱、耐水湿；对土壤要求不严；喜光，深根性，萌芽力强
枸杞	沙地及盐碱地	适应性强，耐干旱、耐盐碱、耐水湿、耐瘠薄；喜光，浅根性，萌芽力强，结果早，寿命短，繁殖容易
合欢	城镇	喜湿润、肥沃、排水良好的壤土；喜光，速生，侧根发达

(二)根据立地分类和评价结果选择树种

森林立地分类和评价结果是正确选择造林树种的可靠依据，是达到“适地适树”的基础。河南省林业勘察设计院在对桐柏县立地分类和评价基础上划分了立地类型，并为每个立地类型选择了适宜造林树种(见表5-4)。

表5-4　河南省桐柏县立地类型表

立地类型代号	立地类型名称	地型地貌	土壤	适宜树种
701	低山丘陵阳坡中厚层土	海拔200 m以上，南坡、西坡、东南坡和西南坡	土层厚度40 cm以上，土壤质地沙壤、轻壤、中壤、重壤	麻栎、栓皮栎、茶树、板栗、马尾松、火炬松、油桐
702	低山丘陵阳坡薄层土	海拔200 m以上，南坡、西坡、东南坡和西南坡	土层厚度40 cm以下，土壤质地沙壤、轻壤、中壤、重壤	马尾松、栓皮栎、麻栎、刺槐
703	低山丘陵阴坡中厚层土	海拔200 m以上，北坡、东坡、西北坡和东北坡	土层厚度40 cm以上，土壤质地沙壤、轻壤、中壤、重壤	茶树、马尾松、火炬松、麻栎、栓皮栎、水杉
704	低山丘陵阴坡薄层土	海拔200 m以上，北坡、东坡、西北坡和东北坡	土层厚度40 cm以下，土壤质地沙壤、轻壤、中壤、重壤	马尾松、栓皮栎、麻栎
705	低山丘陵阳坡黏层中厚层土	海拔200 m以上，山坡中下部、南坡、西坡、东南坡和西南坡	土层厚度40 cm以上，土壤质地黏土	马尾松、麻栎、栓皮栎、刺槐、火炬松
706	低山丘陵阴坡黏层中厚层土	海拔200 m以上，山坡中下部、北坡、东坡、西北坡和东北坡	土层厚度40 cm以上，土壤质地黏土	马尾松、火炬松、麻栎、栓皮栎
707	垄岗中、厚层土	海拔100～200 m，相对高度10～30 m的平缓垄岗	土层厚度40 cm以上，土壤质地沙壤、轻壤、中壤	板栗、火炬松、油桐、茶树、水杉、刺槐、麻栎
708	垄岗薄层土	海拔100～200 m，相对高度10～30 m的平缓垄岗	土层厚度40 cm以下，土壤质地沙壤、轻壤、中壤	马尾松、麻栎
709	垄岗重壤黏土	海拔100～200 m，相对高度10～30 m的平缓垄岗	下属系黄土母质，土壤质地重壤，黏土	马尾松、刺槐、麻栎
710	河滩地	淮河及其支流的河漫滩及1～2级阶地	沙土、沙壤土	枫杨、沙兰杨、白蜡、桑、桂竹

北京林业大学等单位对黄河沿岸进行了立地分类和评价，划分了立地类型，并为每个立地类型选择了适宜造林树种(见表5-5～表5-7)。

表 5-5 黄河中游石质山类型区防护林适生树种

立地类型	适生树种
厚土层山腰	刺槐、侧柏、油松、杏树、梨树、臭椿、紫穗槐
厚土层山顶	栓皮栎、侧柏、刺槐、荆条
中土层山腰	栓皮栎、侧柏、刺槐、油松
中土层山顶	栓皮栎、刺槐、侧柏、荆条
薄土层山顶	侧柏、栓皮栎、荆条
薄土层山腰	侧柏、栓皮栎、荆条
厚土层山麓	刺槐、泡桐、油松、毛白杨、梨树、苹果树

表 5-6 黄河下游冲积平原类型区防护林适生树种

立地类型	适生树种
低水位沙土	兰考泡桐、旱柳、小叶杨、刺槐、紫穗槐、枣树
低水位盐化潮土	白榆、兰考泡桐、旱柳、沙兰杨
低水位淤土	白榆、毛白杨、旱柳、兰考泡桐、沙兰杨
低水位灌淤土	毛白杨、沙兰杨、白蜡、旱柳、杞柳、紫穗槐
低水位两合土	沙兰杨、白榆、毛白杨、兰考泡桐、苹果树、梨树
低水位高平沙地	刺槐、苦楝、小叶杨、白蜡、紫穗槐
低水位严重风沙土	刺槐、苦楝、紫穗槐、白蜡
低水位固定沙丘风沙土	刺槐、小叶杨、紫穗槐
高水位灌淤土(淤土)	沙兰杨、毛白杨、旱柳、苦楝、紫穗槐
高水位两合土	白榆、毛白杨、旱柳、兰考泡桐
高水位盐碱洼地	白榆、旱柳、柽柳
高水位盐化潮土	白榆、毛白杨、白蜡、旱柳
常年季节性积水地	旱柳
高水位沙土	沙兰杨、毛白杨

表 5-7 黄河中游黄土类型区防护林适生树种

立地类型	适生树种
白面土川滩	毛白杨、泡桐、沙兰杨、梨树、紫穗槐、苹果树
白面土阶地	泡桐、沙兰杨、梨树、枣树、紫穗槐、苹果树
白面土沟坡	刺槐、侧柏、泡桐、紫穗槐
白面土阳坡	刺槐、臭椿、石榴树
白面土塬面	毛白杨、加杨、兰考泡桐、臭椿、桃树、山楂

续表 5-7

立地类型	适生树种
立黄土川滩	毛白杨、泡桐、枣树、桃树、苹果树
立黄土阶地	泡桐、毛白杨、刺槐、山楂
立黄土沟坡脚	刺槐、侧柏、紫穗槐、柿树
立黄土塬面	泡桐、臭椿、柿树、苹果树
立黄土岭坡	刺槐、侧柏、柿树、紫穗槐
红黏土沟底	白榆、泡桐、刺槐、山楂、柿树、楸树
红黄土梁峁	臭椿、泡桐、柿树
红黄土阳坡	臭椿、泡桐、柿树
红黄土阴坡	泡桐、刺槐、臭椿
红黄土砂姜	白榆、臭椿、泡桐、柿树、侧柏
红黄土半阳坡	刺槐、臭椿、柿树、紫穗槐

通过对立地分类和评价，掌握不同的立地条件类型特点，可以做到因地制宜地选择造林树种。选择树种，首先要选用优良的乡土树种，因为乡土树种最适应当地气候条件，造林极易成功。同时，还要适当选用已引种成功的外来树种。根据气候条件和造林目的选定树种后，还应分析造林地的土壤条件和地形条件，结合树种的生物学特性，将其合理安排在相应的造林地上，使其扬长避短。

（三）选择适地适树的途径

（1）选树适地或选地适树。即在已确定造林地的前提下，选择适合该造林地立地条件的造林树种，或在已确定造林树种的前提下，选择适合该树种生长的造林地。

（2）改地适树。当造林地立地条件不能或不完全满足树种要求时，可通过整地、施肥、灌溉、松土等一系列技术措施改善造林地立地条件，使之适合于所选树种的生长。

（3）改树适地，即通过选种、引种驯化、杂交育种等林木育种方法，改变树种的某些特性，使之适应于在原来不相适应的造林地上生长。

在实际工作中，必须以第一条途径为主，配合后两条途径。这样既不违背自然和经济规律，又可发挥人们的主观能动性。是否达到适地适树，可根据造林成活率、保存率、生长量和林分稳定性标准来评定。

第三节　植苗造林

植苗造林就是把苗木栽植在造林地上，使其生长成林的过程。这种造林方法在生产上应用最为广泛。

一、植苗造林的特点及应用条件

植苗造林所用苗木具有完整的根系和生长健壮的地上部分，对造林地的不良环境因子

(如干旱、杂草等)抵抗力较强,因此造林成活率较高;造林后幼林生长迅速,能较快郁闭成林,缩短幼林抚育年限;同时,还比直播造林节省大量种子费用。但生产过程比较复杂,育苗栽植较费工,在起苗到栽植过程中,容易造成苗木根系损伤。

植苗造林适宜在各种立地条件上及可以人工培育苗木的各种树种采用,限制条件较少。尤其在干旱、水土流失严重地区,地表植被覆盖度高及鸟兽害严重造林地,采用植苗造林更为有效。

二、苗木的准备

植苗造林一定要用合乎标准的合格苗木进行栽植,这是植苗造林成功的物质基础。各种苗木标准见第四章。

植苗造林成活的关键在于保持苗木体内水分平衡。如果苗木失水过多,生理机能遭到破坏,苗木就会死亡。所以,在整个起苗、运苗、造林过程中,一定要注意保护好苗木根系;要尽量缩短从起苗到栽植的时间,最好就近育苗,随起随栽。若从外地引进苗木,在运输途中一定要保持苗根湿润,避免风吹日晒,运到造林地后及时假植或栽植。如果土壤干燥应适量灌水。

为了保持苗木体内水分的平衡,栽植前必要时要对苗木进行处理。地上部分多采用剪梢、截干、修枝、剪叶等措施,地下部分多采用修根、浸水、蘸泥浆等措施。

截干一般是在苗木根颈 3 ~5 cm 处截掉地上部分,使其重新萌发新干。在干旱地区栽植萌蘖力强的树种(如刺槐、杨树、泡桐、臭椿等)经常采用这种方法。一般是在苗圃起苗后立即进行。

修枝、剪叶是在栽植常绿阔叶树或大苗时,为了减少水分蒸腾、提高成活率而剪掉部分枝叶。

修根是修整起苗时苗木受伤的根或发育不正常的偏根和过长的根,这样既有利于包装运输,又可以防止栽植时造成窝根和根系腐烂。

浸水、蘸泥浆可使苗木根系湿润,补充损失的水分,有利于苗木成活。泥浆浓度要适当,一般以苗木蘸泥浆后泥浆能从苗根上缓缓下滴为宜。在干旱地区造林可结合蘸泥浆用 1% ~2% 吸水剂处理苗根,可提高造林成活率 50% ~60% 。

在造林前用 ABT 生根粉处理苗木根系,可明显提高造林成活率和促进林木的生长,尤其在干旱阳坡和盐碱地区造林值得推广。具体方法是用 3 号生根粉配制成 10 ~25 mg/L 的溶液,浸根 0. 5 ~2 h,也可配制成 50 ~100 mg/L 的溶液,蘸 20 ~30 s。

三、造林地准备

准备工作主要包括林地清理和整地两方面内容。

(一)造林地的清理

造林地的清理是把造林地上的灌木、杂草、竹类以及采伐迹地上的枝丫、梢头、站杆、倒木、伐根等清除干净。从而有利于整地、栽植和幼林抚育工作的进行,同时改善立地条件和卫生状况,为新造幼林创造良好的生长环境。林地清理适应于杂灌丛生、堆积有采伐剩余物不进行林地清理无法整地或整地困难的造林地。林地清理时应保留林地上的苗木、幼树。

清理的方式分为全面清理、带状清理和团块状清理三种。一般采伐迹地、杂草及竹类繁茂地以及准备进行全面整地的各类造林地可采用全面清理；灌丛地、低价值幼林地、低效林地、陡坡地和疏林地通常采用带状清理（又分窄带、中带、宽带）；稀疏低矮杂草的造林地、地形破碎的造林地适宜于团块状清理。

清理的方法有割除、火烧和化学药剂处理。割除清理就是割除杂草、灌木，清除采伐剩余物及伐根等。火烧一般和割除清理结合进行，即先把灌木、杂草砍倒晒干，然后集中火烧，也可以在杂草干枯易燃季节单独进行。近些年来，化学药剂处理在我国已开始使用，效果良好，值得推广。目前常用的化学除草剂有草甘膦、林草净、盖灌能等。

（二）造林地的整地

整地可以提高土壤肥力，有效地改善造林地立地条件，方便造林施工和提高造林质量。另外，整地也是一项简易的水土保持工程，它可以把坡面局部变为平地或反坡，改变地表径流的形成条件，有效防止水土流失。应根据林种树种、造林方式和地形地势条件选择整地方式与整地规格。

1. 整地方式

整地方式可分为全面整地和局部整地。

（1）全面整地。全面整地是将整个造林地全部进行翻垦。一般只适应于地势平坦的荒地、无风蚀危险的固定沙地、盐碱地及山区的平整缓坡和水平梯田等。

（2）局部整地。局部整地是对部分造林地土壤进行翻耕，包括带状整地和块状整地。

带状整地是在造林地上呈长条状地翻垦土壤，并在整地带之间保留一定宽度的原有植被。在山地带状整地的方法有水平带（环山水平带）、水平阶、水平沟、反坡梯田撩壕等（见表5-8），平坦地的带状整地形式有犁沟、带状、高垄等（见表5-9）。

块状整地是在种植点附近呈块状翻耕造林地。山地块状整地的方法有块状（穴状）、鱼鳞坑等，平原块状整地的方法有坑状、块状、高台（丘状、扣草皮）等（见表5-8及表5-9）。

表5-8　山地局部整地方法

带状整地			
名称	特征及规格	模式图	应用条件
水平带（环山水平带）状整地	长带状，破土面与坡面平行，带宽0.5～3.0 m，保留带一般等宽或更宽些，长度依地形而定，一般均较长	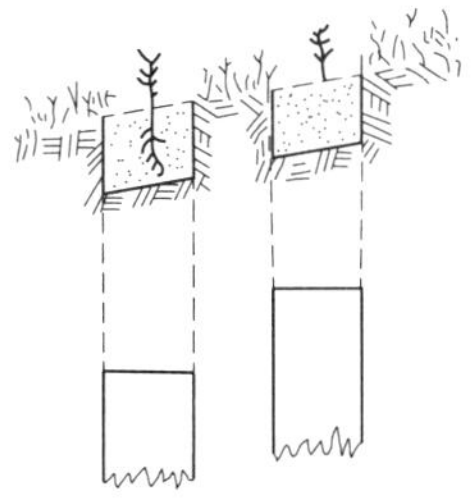	植被茂密，土壤较深厚，肥沃湿润的荒山或迹地的中缓坡，南方山地植被恢复快，可用于较陡坡、黄土地区主层厚的缓坡
水平阶整地	带状，破土面与坡面构成一定角度，阶面的断面水平稍向内倾斜；阶面宽度0.5～1.5 m；阶长不定，阶间距1.5～2.0 m。有梗或无梗	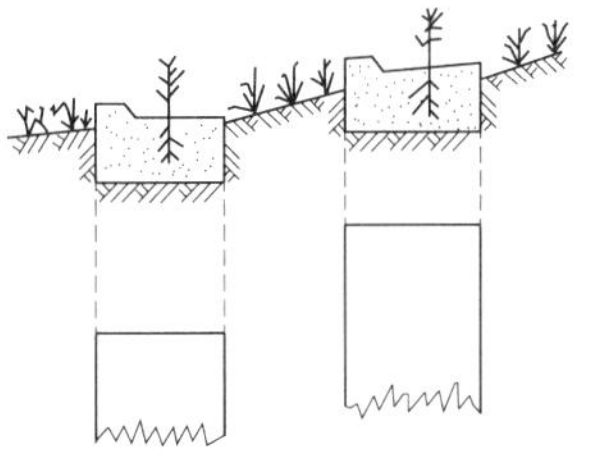	用于山地或黄土地区的缓坡和中坡

续表 5-8

名称	特征及规格	模式图	应用条件
水平沟整地	短带状，破土面低于坡面，形成断面为长方形、梯形的沟；沟宽 0.5 ~ 1.0 m，沟长一般 4 ~ 6 m，沟间距 2 ~ 2.5 m，有梗，梗顶宽 0.2 m	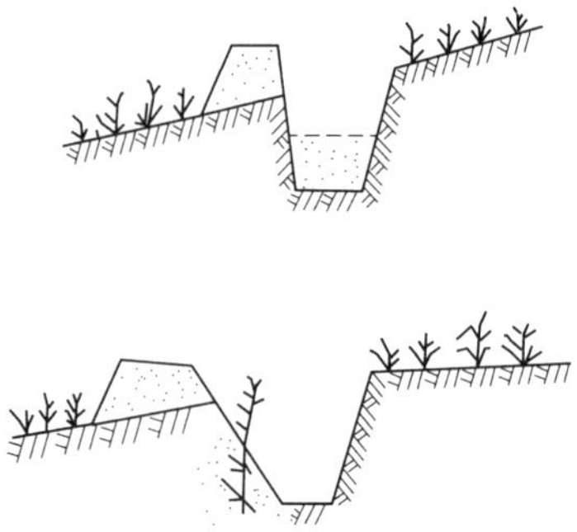	水土流失严重的山地或黄土地区的陡坡
块状整地			
块状（穴状）整地	破土面正方形或矩形，与坡面的断面水平或稍内倾，边长一般 0.3 ~ 0.5 m（圆形称穴，方形称块），也有达 1 ~ 2 m 的大块状整地，有埂，但不高	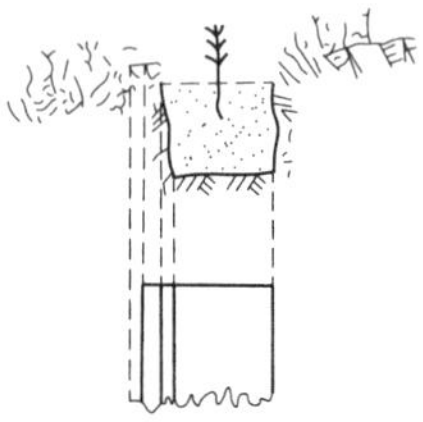	一般山地的各种土壤植被状况的缓、中、陡坡，尤其适于地形破碎地方大规格的块状地及大穴适用于群状配置及营造经济林
鱼鳞坑整地	破土面半圆形，坑面低于坡面，呈水平或稍向内倾斜凹入；有时坑内侧有蓄水沟与半圆两角的引水沟相通、有出水口使坑间相连，分大小两种	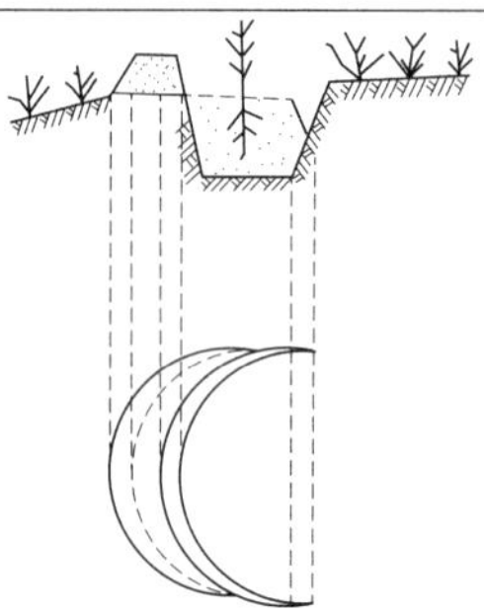	有水土流失的干旱地和黄土地区，小型鱼鳞坑用于陡坡、土薄、地形破碎处，大鱼鳞坑用于土厚、植被茂密的中缓坡

表 5-9　平原局部整地方法

名称	特征及规格	模式图	应用条件
带状整地			
犁沟整地	长带状，破土面低于地表 0.1 ~ 0.2 m，犁沟两侧有翻土而成的垄，沟宽 0.3 ~ 0.7 m，长度不限	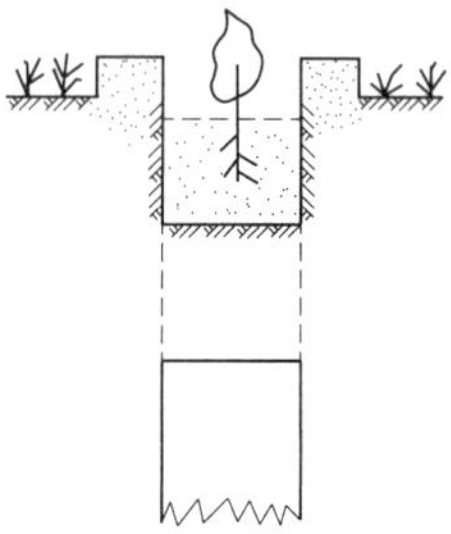	干旱多风地区的荒地及湿度条件不良的迹地

续表 5-9

名称	特征及规格	模式图	应用条件
带状整地			
带状整地	长带状，破土面与地表平，带宽 0.5～1.0 m 至 3～5 m 不等，带间距等于或大于破土带	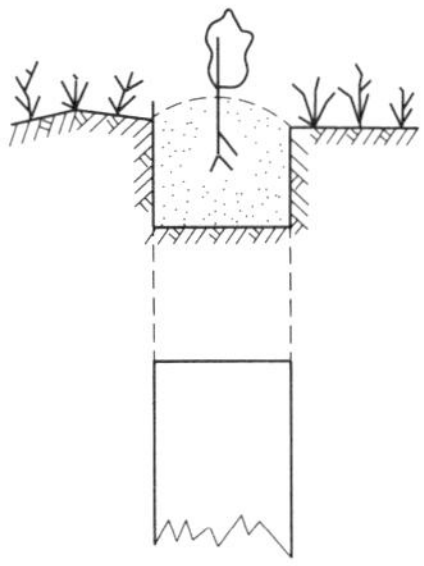	无风蚀或风蚀不严重的沙地、生荒地及撂荒地；平坦的采伐迹地及林冠下的造林地
高垄整地	长带状，翻土起垄，垄面高于地表 0.2～0.3 m，垄面宽 0.3～0.4 m	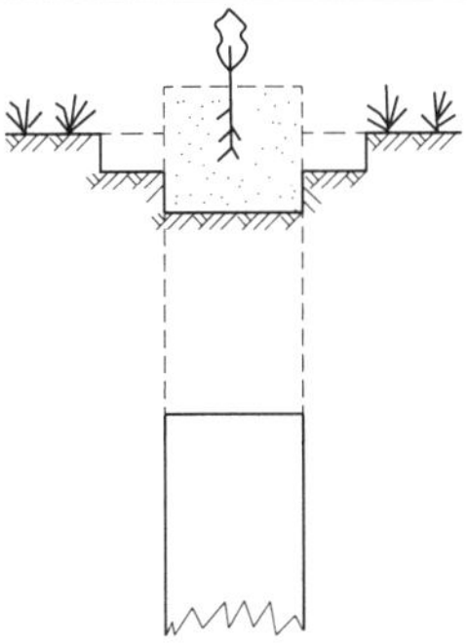	水分过多的迹地、水湿地等，干旱地区的盐碱地
块状整地			
名称	特征及规格	模式图	应用条件
坑状（凹穴状）整地	破土面正方形或圆形，穴面低于地表 0.1～0.3 m，有土埂相围，边长或直径 0.3～0.5 m	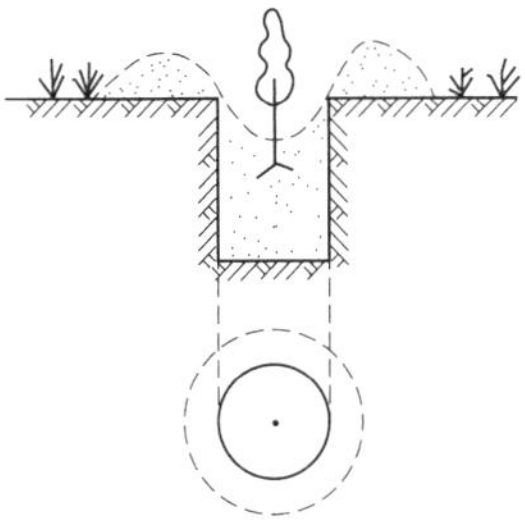	干旱多风地区的荒地、撂荒地以及沙地，不宜进行带状整地者
块状（穴状）整地	破土面正方形或圆形，穴面与地表平，边长或直径 0.3～0.5 m，有时可达 1～2 m	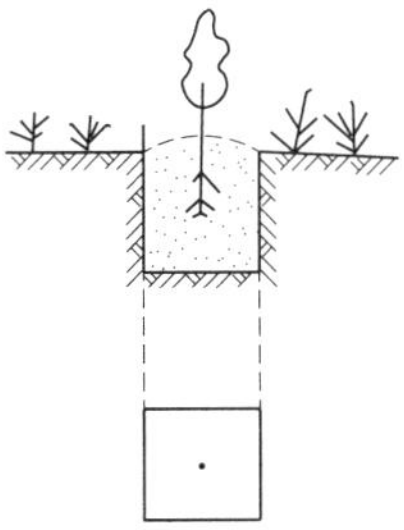	与带状整地相同，只是由于有伐根、枝丫堆等障碍物不便操作时用

续表 5-9

带状整地			
名称	特征及规格	模式图	应用条件
高台(丘状整地、扣草皮)整地	破土面为正方形,台面高于地面 0.2 ~ 0.3 m 以上,台面边长 0.3 ~ 0.5 ~ 1 m	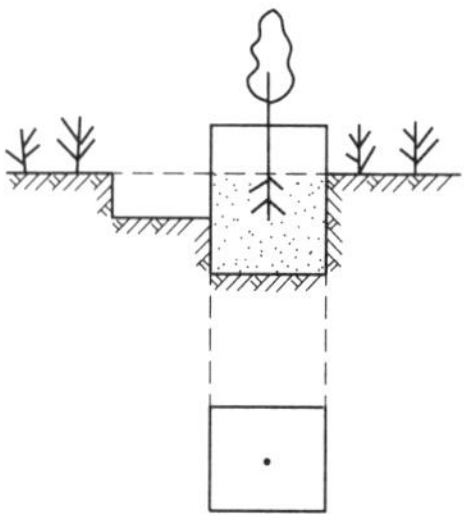	与高垄整地相同,只是由于造林地上有较多的障碍物,不便于大面积整地时应用

2. 局部整地的主要方法

(1)水平阶。一般沿等高线将坡面修筑成狭窄的台阶状平面。阶面水平或稍向内倾斜,有较小的反坡;阶面宽因地区而异,石质山地较窄,一般为 0.5 ~ 0.6 m,土石山地及黄土地区较宽,可达 1.5 m;阶的外缘培修土埂或不修土埂;阶长无一定标准,一般 3 ~ 6 m,视地形而定。施工时从坡下开始,先修第一阶,然后将第二阶的表土下填,依次类推,最后一阶可就近取表土盖于阶面(见图 5-1)。

水平阶整地有改善立地条件的作用,比较灵活,可以因地制宜地改变整地规格,如地形破碎,阶长可短。水平阶整地一般用于山地和黄土丘陵区的缓坡和中等坡。

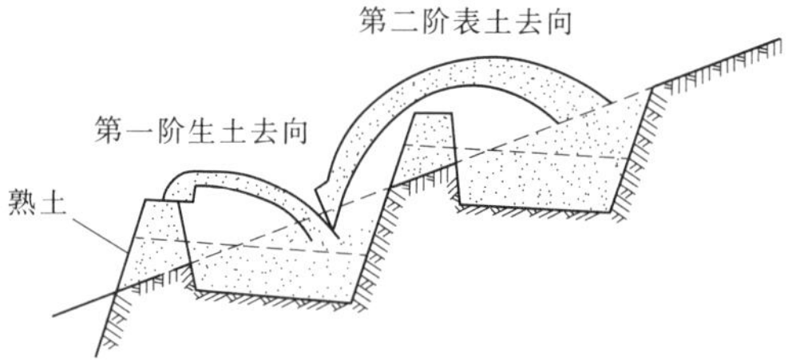

图 5-1　水平阶整地

(2)反坡梯田。反坡梯田又称为三角形水平沟,梯田田面向内倾斜成坡度较大的反坡,因荒山坡度的不同,反坡坡度为 3° ~ 15°,田面宽 1 ~ 3 m,埂外坡约 60°,内侧坡也约 60°。反坡梯田的修筑方法与水平阶相似(见图 5-2)。

反坡梯田蓄水保土、抗旱保墒能力强,改善立地条件的作用大,造林成活率较高,林木生长良好,但整地花费劳力较多。反坡梯田适用于黄土高原地区地形较平整、坡面不破碎的地方。

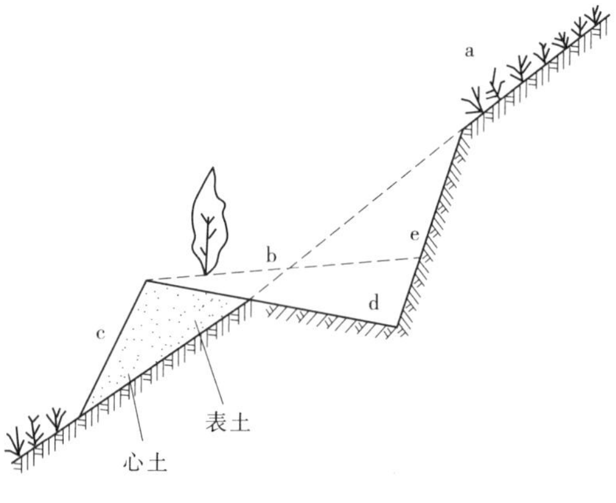

a—自然坡面;b—田面宽;c—埂外沟;d—沟深;e—内侧坡

图 5-2　反坡梯田整地

(3)水平沟。水平沟是沿等高线挖沟的一种整地方法。沟的断面形状多呈梯形。

水平沟的上口宽 0.5 ~ 1.0 m,沟底宽 0.3 m,沟深 0.4 ~ 0.6 m;外侧斜面坡度约 45°,内侧坡(植树斜面)约 35°;沟长 4 ~ 6 m;两水平沟距离 2 ~ 2.5 m。水平沟过长时,中间可加土埂。

挖沟时先将表土堆于上方,用底土培埂,再将表土填盖在植树斜坡上;也可以将表土层铲下培于沟的下方，然后再从沟内挖心土盖在表土上培埂，最后在内斜坡栽植苗木（见图5-3）。

水平沟整地由于沟深、容积大，能够拦蓄较多的地表径流，沟壁有一定的遮阴作用，可以降低沟内温度，减少土壤水分蒸发，但是水平沟整地动土量大，比较费工。这种方法多用于水土流失严重的黄土地区和山地坡度较陡的地方。

（4）撩壕整地。撩壕整地又叫倒壕法、抽槽整地。撩壕整地是南方地区在栽培杉木过程中创造的一种整地方法（见图5-4）。

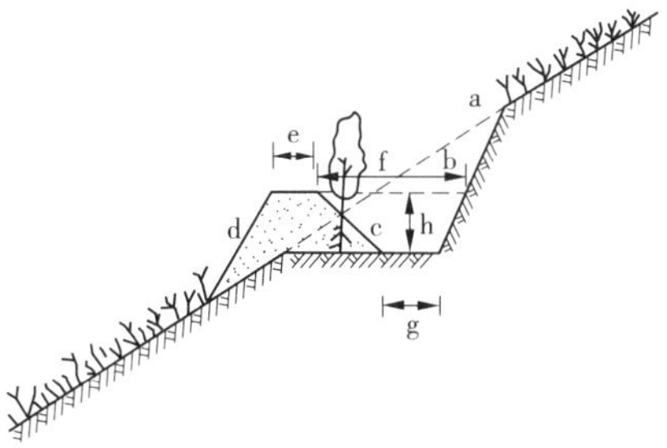

a—自然坡度；b—内斜坡；c—植树斜面坡；d—外斜面坡；
e—土埂顶宽；f—沟上口宽；g—沟底宽；h—沟深

图5-3　水平沟整地

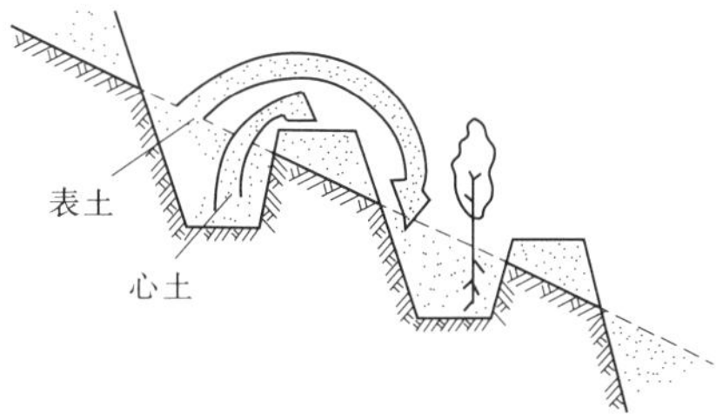

图5-4　撩壕整地

撩壕整地的做法是：先顺着等高线挖长壕沟，壕沟的深度和宽度不完全相同，大撩壕宽约0.65 m，深约0.5 m，两壕相距2.3～2.5 m；小撩壕宽约0.5 m，深0.3～0.35 m，两壕相距2 m，壕长不限。整地时，先从山坡下部开始挖起，把心土放于壕沟的下侧做埂，待壕沟挖到规定的深度后，再从坡上部相邻壕沟挖出肥沃表土和杂草，填入下边的壕沟中。

撩壕整地因松土深度大，肥沃表土集中，一般认为有利于林木生长。但是，撩壕整地动土量大，用工量很多，破坏植被也比较严重，容易引起水土流失，用此法整地的人工林，根系多聚集在肥力较高的壕沟内，因而根幅比全耕的要小，对林木的后期生长有不利的影响。撩壕整地可用于南方山地造林，干旱贫瘠的丘陵地区尤为适宜。

（5）穴状整地。穴状整地是块状整地的方法之一。一般为圆形（见表5-8、表5-9），面积较小，穴的直径0.3～0.5 m。穴面在山地与坡面平行，在平地与地面平。此法灵活性大，适用于各种立地条件，整地省工。但对改善立地条件的作用比其他方法差。

（6）鱼鳞坑。是形似半月形的坑穴，规格有大小两种：大鱼鳞坑长径0.8～1.5 m，短径0.6～1.0 m；小鱼鳞坑长径0.7 m，短径0.5 m。坑面水平或稍向内倾斜，有时坑内侧有蓄水沟与坑两角的引水沟相通；外缘有土埂，半圆形，高0.20～0.25 m（见图5-5）。

鱼鳞坑整地时，一般先将表土堆于坑的上方，心土放于下方筑埂，然后再把表土回填入坑。坑与坑多排列成品字形，以利保土蓄水。

鱼鳞坑整地方法有一定的保持水土效能，适用于容易发生水土流失的干旱山地及黄土地区。小鱼鳞坑可用于土薄、坡陡、地形破碎的地方，大鱼鳞坑用于土厚、植被茂密的中缓坡地块。

3. 爆破水平梯田整地技术

近年来，太行山石质丘陵区采用爆破技术进行高质量的水平梯田整地，取得了理想效果。用该法整地能明显增加土壤的渗透性。爆破后修筑的梯田活土层加厚，可以有效地拦蓄地表径流，防止土壤冲刷，使土壤水肥条件得到明显改善，从而促进林木生长。

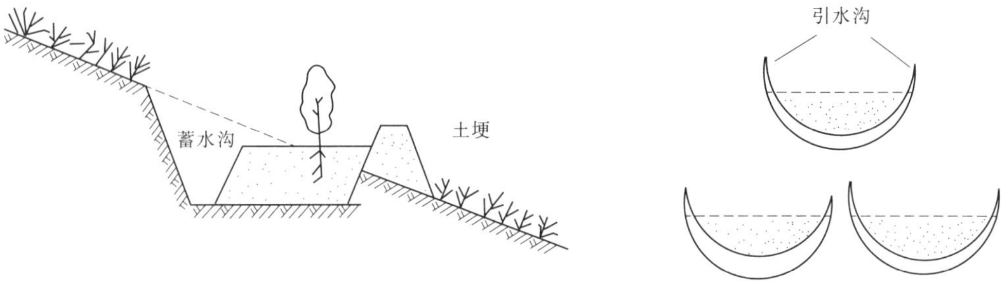

(a)　(b)

图 5-5　鱼鳞坑整地

将硝酸铵、柴油、锯末按 25∶1∶2的比例充分混合后，炒制成黄褐色，碾压过筛，制成炸药。施工时，先把表土和松软的风化层翻到隔坡上面，然后每隔 2 m 以钢钎凿眼，眼深为 0.8～1.0 m，装药量 0.75～1.0 kg，要装得松紧适度并堵塞紧实，且有足够的堵塞长度。爆破后，先清除沟内碎石及疏松风化物放于沟的上方，石块放在沟下方，清至 1 m 深后，即将上方疏松母质连同表土一同回填到沟内，若土不够，应用客土填平。最后修成里低外高、里面留有排水沟的水平梯田。

4. 整地深度

针叶树造林整地深度应达到 30 cm，干旱、半干旱地区应达到 40 cm；阔叶树造林整地深度应大于 40 cm；速生丰产用材林整地深度执行相应专业标准；经济林和“四旁”植树整地深度根据造林树种和苗木大小确定。

5. 整地时间

一般应在造林一个月前或上年秋、冬进行整地。在冻拔害地区和土壤质地较好的湿润地区可以不预先整地，造林时挖坑整地和造林同时进行；干旱、半干旱地区造林整地，应在雨季前或雨季进行；固定沙丘和沙质土造林整地应在大风季过后进行；流动沙地、半固定沙地应采取措施待沙地固定后再整地适地。

四、栽植技术

植苗造林方法按苗木种类分为裸根苗栽植、容器苗栽植。裸根苗栽植分穴植、缝植、沟植三种；容器苗采用穴植法。还有一种方法是大树栽植。

（一）穴植

穴的大小和深度应略大于苗木根系。苗木要竖直，根系要舒展，深浅要适当，填土一半后提苗踩实，再填土踩实，最后覆上虚土。有条件的地方，要浇足定根水，以利成活。

挖穴栽植是生产上普遍采用的一种方法。挖穴时，将表土和心土分开堆放，挖出的心土要打碎，草根、石块要捡净。栽苗时，先把底土放入穴内，达到一定深度后，把苗木竖直放在穴的中央，将表土填入穴内，填到 2/3 时将苗木轻轻上提，使苗根舒展，并使苗木达到一定栽植深度，一般深度比苗木原土痕深 10 cm 左右即可，踩实后把剩余土填上，继续踩实，最后覆上虚土，防止水分蒸发。这就是所谓“三埋两踩一提苗”的栽树方法。

（二）缝植

对于松柏类小苗造林，可在整好的造林地上用锄或锹开缝，放入苗木，深浅适当，不窝根，踏实土壤。此法工作效率较高，只适用于在疏松的沙质土造林和栽植深根性树种的小苗。

(三)沟植

地势平坦的造林地,用机械和人工开沟,苗木放于沟内,扶直填土压实。

栽植深度根据立地条件、土壤墒情和树种确定,一般应略超过苗木根颈,干旱地区、沙质土壤和能产生不定根的树种可适当深栽。

(四)容器苗栽植

穴的大小和深度应大于容器,以便容器植入。栽植时要去掉苗木根系不易穿透或分解的容器。

(五)大树栽植

大树栽植是城市绿化、"四旁"植树常用的方法,它能起到早绿化、早成林、早见成效的作用。搞好大树移栽必须抓好以下几个环节。

(1)选择树种。必须选择适应栽植地点条件的树种;必须选择形态合乎绿化要求的树种。例如,树干直立、树冠整齐、枝叶茂密的树种适合作行道树,而从地面开始分枝的落叶或常绿树种适合作观赏树种;必须选择幼、壮龄和生长正常、没有感染病虫害和无机械损伤的树木。一般来说,树高4 m左右、胸径12~20 cm的树木都可移植。

(2)大树的挖掘、包装和运输。大树移栽,要掌握好"随挖、随包、随运、随栽"的原则,注意保护根系少受损伤。一般常绿树挖树苗时要带好土球。土球半径不得小于离地面10 cm树干的周长,厚度为土球自径的3/5~2/3。如果挖起的树苗要运往较远的地方栽种,为避免树苗枯干、腐烂、冻伤、折损等,必须先包装。裸根树苗在包装前应先用黄泥浆蘸根,包装时根部必须衬以青苔、水草或草类,以保护根部,以免干燥受损。带土树苗的土球要用草绳扎缚,以防泥土松散。扎缚的方法是:先用1~1.5 cm粗的草绳在土球周围打上一道腰箍,一般从土球上部1/3处开始,围扎整个土球高的1/3宽。腰箍扎好后,在土球底部从四面向内挖土,到土球底部的中心只留下1/4左右的土,用利铲切断树根后,就可以扎花箍。扎花箍有井字包(又叫古钱包)、五角包和橘子包(又叫网络包)三种。运输距离较近、土壤是黏土的,用井字包或五角包的方法;比较贵重的树木,运输距离较远且土壤不坚实的,用橘子包。

(3)栽植和管理。栽植前应根据栽植的位置及株行距定点挖穴。树穴的大小应根据苗木的大小、带土球的情况和土质条件的不同来决定。树穴的大小、上下要一样,使根盘舒展穴内,切忌锅底形。在坚实地上栽行道树,除穴内要填入肥沃的客土外,还应在穴与穴之间挖好串沟,以防树穴积水。

树穴挖好后,最好施以腐熟的树叶、垃圾、人粪尿或经过风化的河泥、阴沟泥等作基肥,每穴施入10~20 kg,再填入20 cm左右的泥土,树穴的中央略成小丘状突起。

栽树前,修掉树木病虫枝、腐烂根及折断枝与根,并适当疏剪枝条。树穴处理妥当后,将修整好的树苗放在树穴的中央,就可填土栽植。落叶树栽植方法和一般造林相同,带土球的树木在栽植过程中应注意防止土球散开。填土时,应边填边踩实,使泥土和根部紧密结合。泥土填到和地表相平时,在树干四周覆土作埂,便于浇水。带土球栽种的树木,土球上的包装物如果不多,不必除去;如果太多,在树木放入坑穴内后必须剪除,以免栽植后腐烂发热,影响树木根部的发育。树木栽好后,要浇透水,如天晴不下雨,需再浇第二次,以保证成活,然后加土填平,使之高出地面约10 cm,以免积水。

大树移栽后的管理工作主要有加土、扶正、修剪、松土、防治病虫害、浇水、除草、抹芽、施肥等,应根据树木不同生长季节的需要进行。

五、造林密度

造林密度是指造林时单位面积上最初栽植的株数或播种穴数，又叫初植密度。合理的造林密度可以提高木材的产量和质量，增大防护效益，降低造林成本。因此造林时，一定要确定适宜的造林密度。

（一）确定造林密度的原则

1. 根据经营目的

不同的林种和材种应有不同的造林密度。薪炭林、以培育中小径材为目标的用材林的造林应在适宜造林密度范围内，初植密度可适当大些；培育大径材，不进行间伐的用材林，初植密度可适当小些。

2. 根据树种特性

树种的生态学特性与造林密度关系密切。喜光、速生、干形通直、树冠宽阔的树种，造林密度宜小，反之则宜大。

3. 根据立地条件

凡气候适宜、土壤深厚肥沃的造林地可适当稀植，相反，在陡坡和土壤贫瘠的地方应适当密植。在水土流失严重或杂草繁茂的地方，为了提早郁闭，抑制杂草生长，则更应密植。风沙危害严重的密度应大一些。在北方没有灌溉条件的干旱、半干旱地区造林密度可适当小些。

4. 根据造林技术

造林技术水平高、经营集约，造林密度宜小，如粗放经营则可加大密度。

5. 根据经营条件

在劳力充足、交通方便、小径材有销路的地区，造林密度可加大，反之则宜小。长期进行林农间作或机械化作业可适当小些。

总之，确定造林密度是一个十分复杂的问题，必须对以上各因素进行综合分析后才能确定。现将国家林业局颁布的《造林技术规程》（GB/T 15776—2006）中的主要树种的适宜初植密度列于表 5-10，一般造林树种的最低初植密度列于表 5-11。表中分区主要根据自然地理条件、当前的林业建设状况，全国划分为 8 个造林区域（不含港、澳、台），各造林区域范围见表 5-12。

（二）确定造林密度的方法

在对影响造林密度的因素进行分析后，一般可根据具体条件分别采用初植密度等于主伐密度或初植密度大于主伐密度两种方法来确定造林密度。

（1）根据间伐效益确定造林密度。林分的产量包括主伐量和间伐量，所以初植密度应保证首次间伐下来的林木能达到最低标准的利用规格。

（2）造林密度等于主伐密度。采用集约栽培措施营造速生丰产林，可用大株行距的方法培育，不需间伐，初植密度可保留到主伐。

（三）种植点的配置

确定了造林密度，还需要进行种植点的配置。正确的配置方式可以合理地分配和利用光能，保证树冠均匀发育，控制不同植株间的相互关系，同时还有利于幼林抚育和成林抚育。

种植点的配置，按照林种、立地条件、树种和确定的造林密度进行。

种植行的走向，在平地造林种植行为南北走向，在坡地造林种植行沿等高线走向，在风沙危害严重地区种植行与主风方向垂直。

表 5-10　各造林区域主要造林树种造林适宜初植密度表

（单位：株/hm^2）

树种	东北区		华北中原区		中南华东区		东南沿海及热带区		长江上中游区		青藏高原冻融区		黄河上中游区		"三北"风沙区	
	生态公益林	商品林	生态公益林	商品林	生态公益林	商品林	生态公益林	商品林	生态公益林	商品林	生态公益林	商品林	生态公益林	商品林	生态公益林	商品林
红松	2 200 ~ 3 000	3 300 ~ 4 400														
落叶松	1 650 ~ 3 300	2 400 ~ 5 000	1 650 ~ 2 500	2 400 ~ 5 000	1 500 ~ 2 000	2 400 ~ 5 000			1 500 ~ 2 000	2 400 ~ 5 000					1 650 ~ 3 300	2 400 ~ 5 000
樟子松	1 650 ~ 2 500	1 650 ~ 3 300	1 000 ~ 1 800	1 650 ~ 3 300							1 667 ~ 3 500	2 500 ~ 3 500			1 650 ~ 2 500	1 650 ~ 3 300
云杉、冷杉	2 500 ~ 5 000	3 333 ~ 5 000	2 200 ~ 3 300	1 667 ~ 3 000	2 000 ~ 2 500	1 800 ~ 2 250			1 500 ~ 1 800	1 350 ~ 1 650	2 000 ~ 3 300	1 667 ~ 2 500			1 500 ~ 3 000	2 000 ~ 5 000
侧柏、柏木			1 110 ~ 3 500	2 500 ~ 5 000	2 500 ~ 5 000	2 500 ~ 5 000	2 500 ~ 5 000	2 500 ~ 5 000	1 661 ~ 4 350	1 111 ~ 3 500	1 667 ~ 3 300	1 500 ~ 3 300	3 000 ~ 5 000	2 500 ~ 4 000	2 500 ~ 4 000	2 000 ~ 4 000
油松、黑松、白皮松	3 000 ~ 5 000	3 000 ~ 5 000	1110 ~ 4 000	3 000 ~ 5 000	2 250 ~ 3 500	2 000 ~ 2 500			2 000 ~ 2 500	1 050 ~ 1 350			1 667 ~ 3 000	1 667 ~ 2 500	1 500 ~ 3 000	1 667 ~ 2 500
白桦	1 500 ~ 2 200	1 600 ~ 2 000	1 600 ~ 2 200	1 600 ~ 2 000	1 500 ~ 2 000	1 600 ~ 2 000	1 500 ~ 2 000	1 600 ~ 2 000	1 500 ~ 2 200	1 600 ~ 2 000			1 500 ~ 2 200	600 ~ 2 000	1 500 ~ 2 200	1 600 ~ 2 000
胡桃楸、水曲柳、黄菠萝	2 200 ~ 3 300	4 400 ~ 6 600	2 200 ~ 3 300	4 400 ~ 6 600	750 ~ 2 250	625 ~ 2 000			625 ~ 2 000	500 ~ 2 000			1 000 ~ 2 500	750 ~ 2 250		
蒙古栎、辽东栎、角栎	1 600 ~ 2 200	3 000 ~ 6 000	1 500 ~ 2 000	3 000 ~ 6 000									2 000 ~ 5 000	1 667 ~ 4 000	1 667 ~ 4 000	2 000 ~ 4 000
白蜡			1 250 ~ 2 200	1 200 ~ 2 200	1 200 ~ 2 000	1 150 ~ 2 200	1 000 ~ 2 000	1 000 ~ 2 000								
桤木、蒙自桤木					2 250 ~ 3 000	1 800 ~ 2 700			2 100 ~ 2 850	1 500 ~ 2 500			1 650 ~ 3 000	1 500 ~ 3 000		
榆树	1 500 ~ 4 000	1350 ~ 3 300	800 ~ 1 600	1 000 ~ 3 000	833 ~ 2 500	800 ~ 2 000	800 ~ 1 600	800 ~ 2 000	833 ~ 2 000	800 ~ 2 000			1 200 ~ 2 500	1 350 ~ 2 000	833 ~ 2 000	1 000 ~ 2 500

续表 5-10

树种	东北区		华北中原区		中南华东区		东南沿海及热带区		长江上中游区		青藏高原冻融区		黄河上中游区		“三北”风沙区	
	生态公益林	商品林	生态公益林	商品林	生态公益林	商品林	生态公益林	商品林	生态公益林	商品林	生态公益林	商品林	生态公益林	商品林	生态公益林	商品林
椴树	1 667 ~ 3 000	1 667 ~ 3 000	1 500 ~ 2 500	1 200 ~ 2 000	1 200 ~ 1 800	1 250 ~ 2 000			1 200 ~ 2 000	1 250 ~ 2 000					1 667 ~ 2 500	2 000 ~ 3 000
杨树	1 350 ~ 3 300	390 ~ 3 300	600 ~ 1 600	330 ~ 3 300	400 ~ 1 000	300 ~ 600			400 ~ 1 000	200 ~ 800	1 667 ~ 3 000	2 500 ~ 3 500	800 ~ 1 667	600 ~ 1 000	625 ~ 1 500	700 ~ 1 200
白杨																
黑杨																
刺槐	1 650 ~ 6 000	1 650 ~ 6 000	1 110 ~ 2 500	1 650 ~ 6 000	1 050 ~ 1 500	750 ~ 900	2 000 ~ 2 500	1 650 ~ 6 000			2 000 ~ 2 500	1 650 ~ 6 000	1 000 ~ 3 000	1 200 ~ 4 000	1 000 ~ 2 500	1 200 ~ 3 000
泡桐			630 ~ 900	195 ~ 1 500	630 ~ 900	195 ~ 750			500 ~ 900	400 ~ 800						
栲、红椎、甜椎、青檀			830 ~ 1 800	800 ~ 2 000	1 200 ~ 1 800	900 ~ 1 200	1 667 ~ 3 333	1 667 ~ 3 333	1 050 ~ 1 650	900 ~ 1 050						
华山松、黄山松			1 200 ~ 1 800	3 000 ~ 6 750	3 000 ~ 6 000	1 200 ~ 3 600			1 500 ~ 4 500	1 200 ~ 3 000						
云南松、思茅松、高山松							1 667 ~ 3 333	1 667 ~ 3 333	1 500 ~ 3 000	1 200 ~ 2 500	1 667 ~ 3 300	1 857 ~ 3 300				
马尾松、火炬松、湿地松					1 050 ~ 2 500	900 ~ 1 800	667 ~ 3 333	1 667 ~ 3 333	1 050 ~ 2 250	900 ~ 1 500						
杉木					1 650 ~ 4 500	1 050 ~ 3 000	667 ~ 3 333	1 667 ~ 3 333	1 650 ~ 4 500	1 500 ~ 3 600						
水杉、池杉、落羽杉、水松					1 500 ~ 2 500	1 250 ~ 2 500	1 500 ~ 2 500	1 667 ~ 2 500	1 200 ~ 2 500	1 200 ~ 2 500						
秃杉、油杉					1 500 ~ 3 000	1 300 ~ 2 500	1 500 ~ 3 000	1 200 ~ 2 000	1 600 ~ 2 500	1 200 ~ 2 000						

续表 5-10

树种	东北区		华北中原区		中南华东区		东南沿海及热带区		长江上中游区		青藏高原冻融区		黄河上中游区		“三北”风沙区	
	生态公益林	商品林	生态公益林	商品林	生态公益林	商品林	生态公益林	商品林	生态公益林	商品林	生态公益林	商品林	生态公益林	商品林	生态公益林	商品林
柳杉					2 400 ~ 4 500	1 500 ~ 3 500	1 500 ~ 3 500	2 500 ~ 4 500	1 500 ~ 3 500	1 200 ~ 3 000						
香樟					1 350 ~ 4 500	1 200 ~ 3 600	630 ~ 860	1 350 ~ 3 000	1 200 ~ 3 600	1 050 ~ 3 000						
楠木、红豆树					1 800 ~ 3 600	1 050 ~ 1 800	1 667 ~ 3 000	2 500 ~ 3 000	1 500 ~ 2 500	900 ~ 1 500						
木荷、火力楠、观光木、含笑					2 400 ~ 3 600	1 200 ~ 2 250	1 250 ~ 2 500	1 000 ~ 2 500	1 200 ~ 3 000	1 050 ~ 1 800						
拴皮栎、麻栎、槲栎、黄山栎、白栎、锐齿栎、锥栎					1 667 ~ 2 500	1 500 ~ 2 500	1 500 ~ 2 200	1 200 ~ 2 200	900 ~ 2 000	1 100 ~ 2 000						
青冈栎					1 650 ~ 3 600	1 500 ~ 3 000	1 650 ~ 3 000	1 667 ~ 3 750	1 500 ~ 3 300	1 350 ~ 3 000						
喜树					1 100 ~ 2 250	1 050 ~ 1 800	1 100 ~ 2 250	1 100 ~ 1 667	1 050 ~ 1 800	900 ~ 1 500						
相思类					1 200 ~ 3 300	1 200 ~ 3 300	1 200 ~ 3 300	1 667 ~ 3 300								
木麻黄					1 500 ~ 2 500	2 000 ~ 3 000	1 667 ~ 3 300	2 500 ~ 5 000								
苦楝、川楝、麻楝			750 ~ 1 000		630 ~ 900	450 ~ 750	625 ~ 800	400 ~ 700	600 ~ 900	450 ~ 600						
香椿、臭椿	1 600 ~ 3 000		750 ~ 1 000		2 000 ~ 3 000	900 ~ 1 500	2 500 ~ 3 000	2 000 ~ 3 600	900 ~ 1 500	600 ~ 1 350						

续表 5-10

树种	东北区		华北中原区		中南华东区		东南沿海及热带区		长江上中游区		青藏高原冻融区		黄河上中游区		“三北”风沙区	
	生态公益林	商品林	生态公益林	商品林	生态公益林	商品林	生态公益林	商品林	生态公益林	商品林	生态公益林	商品林	生态公益林	商品林	生态公益林	商品林
桉树					2 500 ~ 5 000	1 200 ~ 2 500	1 200 ~ 2 500	1 667 ~ 5 000	2 250 ~ 4 500	1 050 ~ 2 250						
黑荆树					1 800 ~ 3 600	1 667 ~ 2 500	1 000 ~ 1 500	800 ~ 1 600	1 800 ~ 3 600	1 667 ~ 2 500						
沙棘、紫穗槐、山皂角、枸杞	1 667 ~ 3 500	1 650 ~ 3 300	1 650 ~ 3 300	1 650 ~ 3 000			1 650 ~ 3 300	1 650 ~ 3 300			3 300 ~ 10 000	5 000 ~ 10 000	1 650 ~ 3 300	1 650 ~ 3 300	1 650 ~ 3 300	1 650 ~ 3 300
沙拐枣、踏朗、梭梭													660 ~ 1 650	800 ~ 1 500	700 ~ 1 500	800 ~ 1 667
柽柳、沙柳、毛条、柠条	1 240 ~ 5 000	1 240 ~ 5 000	1 650 ~ 5 000	1 240 ~ 5 000							3 000 ~ 6 000	3 000 ~ 6 000	1 250 ~ 4 000	240 ~ 5 000	1 000 ~ 4 000	1 240 ~ 5 000
山桃、山杏			500 ~ 1 000	400 ~ 800	500 ~ 1 000	500 ~ 800									600 ~ 1 000	400 ~ 1 000
毛竹					450 ~ 600	300 ~ 600	450 ~ 600	500 ~ 920	450 ~ 600	285 ~ 450						
大型丛生竹（麻竹等）					500 ~ 825	278 ~ 500	500 ~ 825	500 ~ 625	500 ~ 825	278 ~ 500						
秋茄、白骨壤、木榄					4 000 ~ 20 000		5 000 ~ 20 000									
无瓣海桑、海桑、红海榄等					4 400 ~ 6 670		4 000 ~ 6 000									

表 5-11　各造林区域一般造林树种造林最低初植密度表

（单位：株（穴）/hm²）

树种	东北区		华北中原区		中南华东区		东南沿海及热带区		长江上中游区		青藏高原冻融区		黄河上中游区		“三北”风沙区	
	生态公益林	商品林	生态公益林	商品林	生态公益林	商品林	生态公益林	商品林	生态公益林	商品林	生态公益林	商品林	生态公益林	商品林	生态公益林	商品林
柳树（四旁）			600		500											
杨树（四旁）			500		250											
柳树			600	400	833	400	833	400	833	625	1 667	1 200	600	800		
国槐	1 111	1 111	750	750	1 000	833			1 000	833					1 000	1 111
青杆、白杆	2 222	2 000	2 200	1 667									2 222	1 667	1 600	1 667
银杏	1 000	800	500	400	833	556	500	600	833	625			500	400	833	1 000
沙地柏、铺地柏	1 111	1 000	1 650	1 000	1 000	833	1 650	1 000	1 000	833			1 650	1 000	1 111	1 667
高山栎			2 500	2 500											1 600	1 667
藏柏							1 667	1 667	1 800	1 667	1 667	1 500	1 667	1 667	833	1 000
胡杨															625	667
岷江柏木、冲天柏、圆柏类			1 667	1 667	1 667	1 500	1 667	1 667	1 667	1 500					1 667	2 000
桑树			833	667	1 600	1 600	800	667	1 500	1 500	1 600	1 600	750	800		
枫香、元宝枫、五角枫、黄连木、漆树			800	417	667	400	1 000	900	833	400					800	1 000
火炬树			1 250	1 250			1 333	1 333					1 333	1 333	1 111	1 250
沙杏			800	800			1 000	800							800	1 000
香榧					1 000	833			1 000	833						

续表 5-11

树种	东北区		华北中原区		中南华东区		东南沿海及热带区		长江上中游区		青藏高原冻融区		黄河上中游区		“三北”风沙区	
	生态公益林	商品林	生态公益林	商品林	生态公益林	商品林	生态公益林	商品林	生态公益林	商品林	生态公益林	商品林	生态公益林	商品林	生态公益林	商品林
桧柏、杜松			1 667	1 000	1 000	833	1 667	1 667	1 000	833					1 250	1 600
红杉					1 200	1 000			1 200	1 000						
南洋楹、凤凰木					630	333	625	333								
油茶					1 250	1 111	1 250	625	1 200	1 050						
漆树、黄连木			800	417	667	400	1 000	900	833	400					800	1 000
银桦、木棉(四旁)					330	333	500	333	500	333						
悬铃木、枫杨(四旁)					405	333	400	400	405	333						
厚朴					1 000	1 111	1 000	1 111	900	1 050						
千年桐					278	278	278	200	278	278						
三年桐					833	625	833	300	700	600						
鹅掌楸					1 250	833			900	750						
泡桐(农桐间作)			278	278												
胡颓子			800	1 667	1 600	1 500	2 222	2 000	900	833						
红豆杉、云南红豆杉					625	625	1 667	1 667	1 667	1 667						
黄杉、金钱松					1 111	900	1 111	1 111	1 111	900						
福建柏					2 000	1 667	2 000	1 667								
白椎、甜槠、刺椎、滇青冈、福建青冈					1 000	1 600			2 000	1 600						

续表 5-11

树种	东北区		华北中原区		中南华东区		东南沿海及热带区		长江上中游区		青藏高原冻融区		黄河上中游区		“三北”风沙区	
	生态公益林	商品林	生态公益林	商品林	生态公益林	商品林	生态公益林	商品林	生态公益林	商品林	生态公益林	商品林	生态公益林	商品林	生态公益林	商品林
檫木					750	600	750	600	667	600						
香果树、连香树、白辛树、伯乐树、槭树、灯台树、山桐子、软枣树					833	600	833	600	833	600						
南洋楹、凤凰木					630	333	625	333								
山苍子			3 333	2 000	3 000	2 000	3 000	1 667	2 500	2 000						
水青冈					1 667	1 500	1 667	1 667	1 667	1 500						
枫杨、酸枣					833	1 350	1 333	1 111	833	1 350						
刺楸					1 667	1 667	1 667	1 667	1 667	1 667						
重阳木、秋枫					833	625	833	625	833	625						
柚木					625	625	625	625	625	625						
任豆树、土密树、厚壳桂、藜蒴、马蹄荷、苦刺					1 250	1 200	1 250	1 250	1 250	1 050						
米老排					1 333	1 250	1 250	1 667								
榕树类					625	278	625	333								
蚬木					2 000	2 000	2 000	2 000								
擎天树、格木、菜豆树、杜英、肥牛树、鸭脚木					1 667	1 500	1 667	1 667	1 667	1 500						
红椿					1 000	625	1 000	625	800	600						

续表 5-11

树种	东北区		华北中原区		中南华东区		东南沿海及热带区		长江上中游区		青藏高原冻融区		黄河上中游区		“三北”风沙区	
	生态公益林	商品林	生态公益林	商品林	生态公益林	商品林	生态公益林	商品林	生态公益林	商品林	生态公益林	商品林	生态公益林	商品林	生态公益林	商品林
栾树					833	625	833	625	800	600						
女贞					1 667	1 500	1 667	1 867	1 500	1 200						
南岭黄檀、黄檀					833	625	833	625	833	625						
余甘子					1 111	900	1 250	1 111	1 111	900						
新银合欢、滇合欢、香合欢、金合欢					1 667	1 500	1 667	1 667	1 667	1 500						
杜仲			1 250	1 200	667	1 333	1 250	1 250	1 050	900						
印楝					667	625	625	625	667	833						
马桑、密油枝、黄荆						1 500	1 500									
合欢					1 000	833	833	833	1 000	1 111						
皂荚			833	833	833	833	833	833	833	833						
树菠萝					278	278	278	278		833						
柠檬								625		833						
澳洲坚果					400	278	400	278		278						
橡胶							333	500		500						
菠萝蜜								333		333						
莲雾								500		500						
红毛丹								500		500						

续表 5-11

树种	东北区		华北中原区		中南华东区		东南沿海及热带区		长江上中游区		青藏高原冻融区		黄河上中游区		“三北”风沙区	
	生态公益林	商品林	生态公益林	商品林	生态公益林	商品林	生态公益林	商品林	生态公益林	商品林	生态公益林	商品林	生态公益林	商品林	生态公益林	商品林
棕榈藤						833		800		800						
椰子								180		278						
琼海棠							500									
海南榄仁							500									
海南粗榧							1 000									
白木香							1 000									
花梨							1 250									
牡荆					5 000	6 667	5 000	6 667								
丛生竹					500	500	500	500	500	500						
散生竹					360	300	333	333	360	300						
灌木柳类													833	833	625	833
扁桃													833	833	833	833
胡枝子	1 667	1 600	1 667	1 667	2 500	6 667			2 500	6 667					1 000	1 111
沙冬青													667	667	625	667
丁香、黄栌	800	556	800	525											1 66 7	1 667

注:1. 造林初植密度含造林地上已有的幼苗、树木株数。

2. 营造混交林时,最低初植密度为各混交树种的最低造林密度乘以相应混交比例的和。

表 5-12　造林区域范围表

区域	省、市、县
东北区	黑龙江:呼兰县、方正县、宾县、依兰县、拜泉县、依安县、克山县、克东县、萝北县、绥滨县、集贤县、宝清县、友谊县、饶河县、鸡东县、虎林县、林甸县、肇州县、嘉荫县、林口县、东宁县、穆棱县、桦川县、抚远县、桦南县、汤原县、勃利县、德都县、逊克县、嫩江县、孙吴县、绥花河市、阿城市、同江市、富锦市、铁力市、密山市、海林市、宁安市、北安市、五大连池市、绥化市、安达市、肇东市、海伦市、绥棱县、兰西县、明水县、青冈县、庆安县、望奎县、尚志市、双城市、五常市、巴彦县、通河县、木兰、延寿县、呼玛县、塔河县、漠河县
	吉林:农安县、双阳县、永吉县、磐石县、梨树县、伊通满族自治县、东辽县、东丰县、通化县、辉南县、柳河县、靖宇县、抚松县、长白朝鲜族自治县、乾安县、前郭尔罗斯蒙古族自治县、梅河口市、集安市、九台市、桦甸市、蛟河市、榆树市、舒兰市、临江市、德惠市、延吉市、图们市、敦化市、龙井市、珲春市、和龙市、安图县、汪清县
	辽宁:长海县、岫岩满族自治县、抚顺县、新宾满族自治县、清原满族自治县、本溪满族自治县、桓仁满族自治县、宽甸满族自治县、北镇满族自治县、辽阳县、灯塔县、铁岭县、西丰县、瓦房店市、海城市、普兰店市、东港市、开原市、庄河市、大石桥市、盖州市、凤城市
	内蒙古:科右前旗、乌兰浩特市、扎赉特旗、阿尔山市、扎兰屯市、阿荣旗、莫力达瓦旗、鄂伦春自治旗、牙克石市、根河市、额尔古纳市
“三北”风沙区	黑龙江:齐齐哈尔市郊区、泰来县、龙江县、甘南县、富裕县、讷河市、大庆市郊区、杜尔伯特蒙古族自治县、肇源县
	吉林:洮北区、大安市、洮南市、镇赉县、通榆县
	辽宁:昌图县、法库县、铁法市、康平县、新民市、辽中县、台安县、盘山县、大洼县、彰武县、阜新蒙古族自治县、阜新市、黑山县、北宁市、盘锦市、北票市、义县、凌海市、朝阳县、朝阳市、锦州市、建平县、凌源市、喀喇沁左翼蒙古族自治县、建昌县、绥中县、兴城市、葫芦岛市
	内蒙古:陈巴尔虎旗、鄂温克旗、海拉尔区、满洲里市、新巴尔虎左旗、新巴尔虎右旗、突泉县、科右中旗、科尔沁区、库伦旗、科左后旗、奈曼旗、开鲁县、扎鲁特旗、霍林郭勒市、科左中旗、松山区、红山区、元宝山区、敖汉旗、喀喇沁旗、宁城县、阿鲁科尔沁旗、巴林左旗、巴林右旗、林西县、克什克腾旗、翁牛特旗、二连浩特市、锡林浩特市、阿巴嘎旗、苏尼特左旗、苏尼特右旗、东乌珠穆沁旗、西乌珠穆沁旗、太仆寺旗、镶黄旗、正镶白旗、正蓝旗、多伦县、集宁区、丰镇市、察右前旗、察右中旗、察右后旗、商都县、化德县、兴和县、四子王旗、武川县、石拐矿区、白云鄂博矿区、固阳县、达茂旗、东胜区、达拉特旗、准格尔旗、鄂托克前旗、鄂托克旗、杭锦旗、乌审旗、伊金霍洛旗、临河区、五原县、磴口县、乌拉特前旗、乌拉特中旗、乌拉特后旗、杭锦后旗、海勃湾区、海南区、乌达区、阿拉善左旗、阿拉善右旗、额济纳旗
	河北:承德县、兴隆县、隆化县、平泉县、滦平县、丰宁满族自治县、围场满族蒙古族自治县、宽城满族自治县、宣化县、康保县、张北县、阳原县、赤城县、沽源县、怀安县、怀来县、崇礼县、尚义县、蔚县、涿鹿县、万全县
	山西:大同市、朔州市
	甘肃:武威市、金昌市、张掖市、酒泉市、嘉峪关市

续表 5-12

区域	省、市、县
"三北"风沙区	新疆：乌鲁木齐县、石河子市、吐鲁番市、托克逊县、哈密市、伊吾县、巴里坤哈萨克自治县、和田市、和田县、洛浦县、民丰县、皮山县、策勒县、墨玉县、于田县、阿克苏市、温宿县、沙雅县、阿瓦提县、库车县、柯坪县、新和县、乌什县、喀什市、巴楚县、泽普具、伽师县、叶城县、岳普湖县、疏勒县、麦盖提县、英吉沙县、莎车市、疏附县、塔什库尔干塔吉克自治县、阿图什市、阿合奇县、乌恰县、阿克田县、库尔勒市、和静县、尉犁县、和硕县、且末县、博湖县、轮台县、若羌县、焉耆回族自治县、昌吉市、阜康市、米泉县、奇台县、玛纳斯县、吉木萨尔县、呼图壁县、木垒哈萨克自治县、博乐市、精河县、温泉县、奎屯市、伊宁市、伊宁县、特克斯县、尼勒克县、昭苏县、新源县、霍城县、巩留县、察布查尔锡伯自治县、塔城市、额敏县、裕民县、乌苏县、沙湾县、托里县、和布克餐尔蒙古自治县、阿勒泰市、青河县、吉木及县、富蕴县、布尔津县、榻海县、哈巴河县
"三北"风沙区	陕西：榆林市（榆阳区、神木县、府谷县、定边县、靖边县、横山县、佳县）
"三北"风沙区	北京（远郊区）：平谷区、密云县、怀柔区、延庆县
黄河上中游区	内蒙古：卓资县、凉城县、新城区、回民区、玉泉区吣赛罕区、土默特左旗、托克托县、清水河县、和林格尔县、东河区、昆都仑区、青山区、土默特右旗 山西：忻府区、原平区、定襄县、宁武县、静乐县、神池县、五寨县、苛岚县、河曲县、保德县、偏关县、古交市、阳曲县、清徐县、娄烦县、吕梁市、介休市、灵石县、侯马市、霍州市、汾西县、吉县、安泽县、大宁县、浮山县、古县、隰县、襄汾县、翼城县、永和县、乡宁县、曲沃县、洪洞县、蒲县、河津市、永济市、闻喜县、新绛县、平陆县、坦曲县、绛县、稷山县、芮城县、夏县、万荣县、临猗县
黄河上中游区	河南：义马市、灵宝市、渑池县、卢氏县、陕县
黄河上中游区	陕西：西安市、延安市、铜川市、渭南市、成阳市、宝鸡市（陈仓区、金台区、渭滨区、千阳县、陇县、凤县、麟游县、扶风县、岐山县）、榆林市（米脂县、吴堡县、绥德县、子洲县、清涧县）、商洛市（洛南县）
黄河上中游区	甘肃：庆阳市、平凉市、天水市、定西市、临夏州、兰州市、白银市、甘南州（合作市、临潭县、桌尼县、玛曲县、碌曲县、夏河县）
黄河上中游区	青海：海东地区、西宁市
黄河上中游区	宁夏：全区
华北中原区	北京（近郊区）：朝阳区、海淀区、房山区、门头沟区、大兴区、昌平区、顺义区
华北中原区	天津：市辖区、蓟县、宝坻县、宁河县、静海县
华北中原区	河北：平山县、井陉县、栾城县、正定县、行唐县、灵寿县、高邑县、赵县、赞皇县、深泽县、无极县、无氏县、邯郸县、永年县、曲周县、馆陶县、魏县、成安县、大名县、涉县、鸡泽县、邱县、广平县、肥乡县、临漳县、磁县、邢台县、柏乡县、任县、清河县、宁晋县、威县、隆尧县、临城县、广宗县、临西县、内丘县、平乡县、巨鹿县、新河县、南和县、满城县、清苑县、阜平县、徐水县、定兴县、唐县、高阳县、安新县、曲阳县、蠡县、顺平县、博野县、雄县、平原县、迁西县、迁安县、滦南县、丰润县、玉田县、唐海县、乐亭县、滦县、昌黎县、卢龙县、抚宁县、沧县、青县、东光县、海兴县、盐山县、萧宁县、南皮县、孟村回族自治县、固安县、永清县、香河县、大成县、文安县、大厂回族自治县、武安市、霸州市、遵化市、辛集市、藁城市、晋州市、新乐市、泊头市、任丘市、黄骅市、河间市、三河市、涿州市、安州市、安国市、高碑店市、南宫市、沙河市、鹿泉市、丰南市、衡水市、冀州市、深州市、饶阳县、枣强县、谷城县、阜城县、安平县、武邑县、景县、武强县

续表 5-12

区域	省、市、县
华北中原区	山东：全省
	山西：忻州市（繁峙县、代县、五台县）、阳泉市、晋中市（榆次区、榆社县、左权县、和顺县、昔阳县、寿阳县、太谷县、祁县、平遥县、长治县、晋城市、临汾市、运城市）
	河南：濮阳市、安阳市、鹤壁市、新乡市、焦作市、济源市、洛阳市、郑州市、开封市、商丘市、周口市、许昌市、平顶山市、漯河市、驻马店市
长江上中游区	江西：上饶市、景德镇市、九江市、南昌市、宜春市、恩施市、萍乡市
	河南：南阳市、信阳市
	湖北：随州市、襄樊市、十堰市、神农架林区、宜昌市、恩施市
	湖南：张家界市、湘西州、长沙市、常德市、益阳市、岳阳市、株洲市、湘潭市、衡阳市、郴州市、永州市、邵阳市、怀化市、娄底市
	重庆：全市
	四川：全省
	贵州：全省
	云南：韶通市、曲靖市、昆明市、楚雄市、大理州、保山市、潞西州、怒江州、丽江市、迪庆州
	西藏：芒康县、左贡县、察隅县
中南华东（南方）区	上海：全市
	江苏：全省
	浙江：全省
	安徽：全省
	福建：宁德市、南平市、福州市、泉州市的德化县、三明市、龙岩市
	江西：鹰潭市、抚州市、吉安市、新余市、赣州市
	湖北：黄冈市、黄石市、鄂州市、武汉市、孝感市、荆门市、天门市、荆州市、仙桃市
	广东：梅州市、河源市、韶关市、清远市、肇庆市
	广西：贺州市、桂林市、柳州市、河池市
东南沿海及热带区	福建：莆田市、泉州市（鲤城区、车泽区、洛江区、泉港区、石狮市、晋江市、南安市、惠安县、安溪县、永春县、金门县）、厦门市、漳州市
	广东：潮州市、汕头市、揭阳市、汕尾市、惠州市、东莞市、深圳市、广州市、中山市、佛山市、江门市、云浮市、阳江市、茂名市、湛江市、珠海市
	广西：南宁市、梧州市、贵港市、玉林市、钦州市、北海市、房城港市、崇左市、百色市、来宾市
	海南：全省
	云南：文山州、红河州、玉溪市、恩茅市、临沧市、西双版纳州
青藏高原冻融区	西藏：拉萨市、那曲地区、山南地区、日喀则地区、阿里地区、昌都县、江达县、贡觉县、类乌齐县、丁青县、察隅县、八宿县、洛隆县、边坝县、林芝县、工布江达县、米林县、墨脱县、波密县、郎县
	青海：海北州、海南州、黄南州、海西州、玉树州、果洛州（玛多县、玛沁县）

种植点的配置方式有以下7种：

(1)正方形配置。正方形配置时，种植点位于正方形的顶点。此种配置方式适用于用材林、经济林。

(2)长方形配置。长方形配置时通常行距大于株距，有利于间种和机械化作业。此种配置方式适用于平原地区造林以及机械化造林。

(3)品字形配置。品字形配置时相邻两行的各株相对位置错开排列呈品字形或等腰三角形，种植点位于等腰三角形的顶点。品字形配置方式适用于生态公益林。

(4)正三角形配置。正三角形配置时，由于相邻株距的距离相等，行距大于株距，种植点位于正三角形的顶点。本配置是品字形配置的特殊情况，此种配置方式适用于经济林。

(5)群状配置。群状配置植株在造林地上呈不均匀的群丛状分布，群内植株密集(3～20株)，群间距离较大。此种配置方式适宜次生林改造或立地条件较差的地方营造生态公益林。

(6)自然配置。自然配置植株在造林地上随机配置，没有规整的株行距，似天然林中的林木分布。此种配置方式适宜生态公益林。

(7)不规则配置。不规则配置是根据造林地的土壤条件或林间空地情况，进行不规则的种植点配置。此种配置方式适宜于石质山地和林冠下造林。

单位面积的植苗数量，可以根据种植点的排列形式及株行距进行计算。

六、混交林营造

由一个树种形成的林分叫纯林，由两个或两个以上树种组成的林分叫混交林。

(一)营造混交林的优越性

生产实践证明，营造混交林比营造纯林具有明显的优越性。

1. 能充分利用造林地立地条件

通过速生树种与慢生树种、深根性树种与浅根性树种、喜光树种与耐阴树种混交，可以充分发挥土壤肥力和利用地上空间。

2. 能改良土壤，涵养水源，提高土壤肥力

混交林可有效地改善环境条件，特别是针阔混交。大量的枯枝落叶返回地表，分解后形成松软的腐殖质，使土壤疏松，肥力提高；同时也增加了土壤吸水和保水能力，减少地表径流，更好地发挥涵养水源和保持水土的作用。

3. 能培育出量多质优的木材和各种林产品

由于混交林树种搭配合理，因此有较高的林分蓄积量。据南方14个省(区)的报道，在46种混交组合的混交林中，以松树为主的11种，以杉木为主的9种，以阔叶树种为主的25种，其他针叶树种为主的1种。其木材产量均比纯林高出20%以上，甚至1～2倍。

4. 提高抗灾能力

营造混交林可以引来各种益鸟和昆虫，再加上混交的隔离作用，可以抑制病虫、鸟兽害的发生，减少不良气象因素的危害。

据沈阳农学院调查，19年生油松柞树混交林中，松毛虫虫口密度每株仅4条，而同龄油松纯林却达到每株51条。再如20年生油松色木混交林，松梢螟危害率仅为15%，而同龄油松纯林高达61%。

(二)混交林的营造方法

1. 选择混交树种

在混交林中,根据树种在混交林中所处地位和所起作用的不同,通常分为主要树种、伴生树种和灌木树种。主要树种是造林的目的树种;伴生树种为主要树种造成侧方庇荫条件,辅助主要树种生长;灌木树种主要是发挥护土和改良土壤作用。一般把伴生树种和灌木树种称为混交树种,只有采用乔木混交类型时,混交树种的含义才包括相互混交的主要树种。

混交树种选择的得当与否,是混交造林能否成功的关键。在营造混交林时,首先要根据造林目的和适地适树要求选好主要树种,再结合混交目的选择理想的混交树种与之搭配。具体选择条件如下:

(1)混交树种应具有良好的辅助作用、护土作用和改良土壤作用。

(2)混交树种应与主要树种特性不同。较理想的混交树种生长应缓慢、耐阴,根系类型以及对养分、水分要求与主要树种有一定差异。

(3)混交树种和主要树种没有共同的病虫害。

(4)混交树种最好具有萌蘖力强、繁殖容易等特点。

据1980年以来各地试验,较理想的混交组合是:与杉木混交的有马尾松、柳杉、檫树、毛竹等;与马尾松混交的有杉木、栎类、栲类等;与油松混交的有侧柏、栎类、刺槐、元宝枫、椴树、山杨、紫穗槐、胡枝子等;与杨树混交的有刺槐、紫穗槐、胡枝子等。

目前在生产上可选择的混交树种种类较少,尤其是耐阴、生长比较缓慢的乔灌木树种更少。因此,如何尽快开发筛选出一批耐阴、慢生的混交树种,还有待进一步研究。

2. 确定混交类型

混交类型是指不同树种相互搭配而形成的林分类型。主要有以下几种:

(1)乔木混交类型。是指两种以上目的树种的混交。根据混交树种对光照的要求可分为阳性与阳性树种混交、阳性与阴性树种混交、阴性与阴性树种混交三种情况。如选用的两个树种都是阳性树种,则种间关系比较尖锐,应注意采取相应的调节措施。这种混交类型可以充分利用地力,获得多种价值较高的林产品,但对造林地立地条件的要求较高。

阴阳性树种混交类型。主要树种多为阳性树种,伴生树种多为阴性树种。该类型种间矛盾缓和,容易调节,具有较高的林分生产率和防护效能。另外,该类型也要求较高的立地条件。

(2)乔灌混交类型。该类型种间矛盾缓和,容易调节,林分生长稳定,多用于立地条件较差的地方。在水土流失和风沙危害严重的地区,应加大灌木树种的比重。

(3)综合性混交类型。在混交组合中包括主要树种、伴生树种和灌木树种。该类型种间关系比较复杂,多用于营造农田防护林和水土保持林。

3. 确定混交比例

混交林中各树种所占的比例称混交比例。它关系到种间关系的发展趋向、林木的生长状况及最终效益。确定混交比例时,要保证主要树种在林内始终占优势。一般条件下主要树种比例要达到50%~70%,伴生树种比例以30%~50%为宜。

4. 混交方法、方式

混交方法是指不同树种的植株在混交林中配置和排列。生产上常用的混交方法包括株间混交、行间混交、带状混交、块状混交四种。前两种方法,种间关系发生较早,矛盾激烈且难以调节,但混交作用显著,一般适用于乔灌混交或阴阳性树种混交。后两种方法种间矛盾出现较晚,容易调节,造林施工容易,抚育管理也方便,但混交林的优点发挥得不够充分,适用于种间矛盾比较尖锐的主要树种和伴生树种的混交。

随着生产的发展,目前又总结出了一些新的更实用的混交方法。如星状混交和行带状混交等。星状混交是某一树种以少量的植株呈点状散生于其他树种的植株间。这种方法既能满足一些强喜光、树冠开阔的树种要求,又可为树种创造良好的生长条件,树种间的矛盾较为缓和。如檫树、杨树、柏木分别零星与杉木、刺槐、马桑等混交,效果良好。行带状混交是介于行间混交与带状混交之间的过渡类型。它可以保证主要树种占优势,削弱伴生树种过强的竞争力,是一种比较理想的混交方法。

混交方式是指不同造林方法的植株在混交林中配置和排列。提倡人工造林和封山育林、飞播造林相结合的方式形成混交林。

5. 混交林种间关系的调节

人工混交林营造和培育的关键在于正确地调节处理好种间关系。除了在造林前要慎重选择混交树种,确定合适的混交类型、方法、方式及混交比例外,在造林时还可以通过控制造林时间、采用不同的造林方法进行调节。如对竞争力强的树种可以晚造林或采用苗龄较小的苗木造林,在可能条件下还可以采用直播造林;南方营造桉树混交林时,可先以较稀的密度造林,待其能够遮蔽地表时,再栽植红椎、樟树、木荷等耐阴树种,使这些树种得到适当庇荫,居林冠下层,收到较好效果。造林以后,还可以通过幼林抚育、平茬、间伐、修枝、环剥、断根等措施继续调节种间关系。

6. 成功的混交组合举例

(1)杉－松(檫)混交:杉、松混交林采用行带状或星状混交方法,混交比例为8∶2或7∶3,每公顷初植4 500株,20年生林分每公顷蓄积150～225 m^3,比杉木纯林增加35～60 m^3,可提早2～3年郁闭,节约抚育用工30～60个。杉、檫混交林以星状混交为主,混交比例为8∶2或9∶1,每公顷初植2 500～3 335株,20年生林分每公顷蓄积比檫树纯林提高45～75 m^3,节约抚育用工30～60个。

(2)杨树－刺槐混交:该组合适用于我国北方干旱瘠薄的沙荒地。主要造林技术要点:第一,合理掌握混交比例。杨树与刺槐的混交比例为1∶4,每公顷植杨树450株、刺槐1 800株。第二,混交方法以行间混交为宜,行距2～3 m。第三,选用壮苗。杨树的苗龄和苗木规格要大于刺槐。第四,调整造林时间。先栽杨树,后栽刺槐,一般相隔1年。第五,保持杨树高生长优势。当刺槐高生长超过杨树时采用整枝或抹头等措施调节。采用这种混交方式,一般比杨树纯林蓄积量增加1～2倍。据研究,同等条件下的10年生杨树混交林,每公顷蓄积为128.55 m^3,而杨树纯林只有65.25 m^3。

七、造林季节

造林有较强的季节性。适宜的造林季节应根据各地的气候条件和种苗特点确定。河南省多在春、秋两季造林,也有在雨季造林的。确定造林季节必须因地制宜、因时制宜。

(一)春季造林

春季是造林的黄金时节。此时,天气回暖,气温、地温升高,土壤湿润,有利于种子发芽和苗木生根。而苗木地上部分尚未萌动,有利于苗木体内水分的平衡,所以造林成活率高。

春季造林宜早，在土壤解冻后树木发芽前，趁土壤水分充足时应抓紧时机立即造林。河南省一般在 2 月中下旬至 3 月上旬为宜。

为了做到适时造林，可根据树种特性和立地条件安排好先后顺序。一般先栽萌动早的树种，后栽萌动晚的树种；先低山，后高山；先阳坡，后阴坡；先轻质土壤，后重质土壤。

（二）秋季造林

秋季也是造林的好季节。秋季气温下降，水分蒸发和树木蒸腾减弱，土壤水分充足，苗木根系尚未完全停止生长，栽后容易愈合生出新根，造林成活率较高。

秋季造林要适时。过早苗木尚未落叶，温度高，蒸腾作用强；过晚土壤冻结，栽植困难，也不利于苗木生根。一般在秋末冬初，苗木落叶到土壤冻结前进行。

河南省推广的泡桐秋末（10 月中下旬）带叶栽植是一种成功的经验。此时地温高，土壤湿度大，叶子开始脱落而未落完，栽植的苗木根系容易生出新根，成活率高，生长好。

（三）雨季造林

在冬春干燥多风而夏季降雨集中的地区，可进行雨季造林。此时土壤水分充足，大气湿度大，温度高，也有利于种子萌发和苗木生根。但苗木蒸腾量大，容易引起苗木失水。所以，雨季造林的关键是要掌握好造林时机。一般应在透雨后的连阴天到下一次降雨以前造林，也可以冒小雨造林，绝对不能在无雨或降雨不多的时候强栽等雨。

适宜雨季造林的树种是松柏类针叶树种和萌蘖力较强的阔叶树种。为减少苗木蒸腾，造林宜用小苗。对阔叶树应适当剪去部分枝叶或截干，最好随起随栽，尽量缩短从起苗到造林的时间。

容器苗和带土坨苗木可不受季节限制，适时造林。造林季节天气干旱、土壤含水率低、无灌溉条件的，可延期造林。采用容器育苗造林，其优点是：幼苗带有一定数量的营养土，造林成活率高；栽植时间不受季节限制；对一些难以移植的树种和造林困难地区是一种提高造林质量的有效措施。

采用容器苗造林，从起苗到栽植整个过程中都要认真细致，保持营养土的完整，特别要注意覆土时在容器周围分层压实，切勿踏破容器，覆土一般盖过容器 2 cm 左右，苗木周围盖草，减少土壤蒸发。若容器采用塑料薄膜栽植时，应撤除薄膜，以利根系生长发育。

八、造林新技术

（一）吸水剂造林

北京林业大学在低山阳坡利用吸水剂进行抗旱造林试验，使干旱阳坡的针叶树种造林成活率由过去的 30% 提高到 80% ~90%，这项新技术具有较高的实用价值，可以在广大干旱地区推广应用。操作技术要点如下：

（1）细致整地。造林整地的规格和质量应符合标准，整地要选在降水多的季节进行。

（2）苗木保护和处理。选用合格壮苗，将苗木全株或将其根系浸入水中 12 ~24 h，使其充分吸水，浸水后准备直接造林的裸根苗，应迅速用 1% 的吸水剂泥浆蘸根，蘸根务必均匀，浸水后准备用混剂土处理的苗木，可先将其放入塑料袋，再填入按一定比例配制的混剂土约 500 g 埋好根系，稍加压实，最后将塑料袋连同苗木放入水中浸泡一昼夜，使其吸水至饱和；也可将配制的混剂土加水至饱和调成泥浆，然后用来包裹苗根，每株用量约 500 g，用稠泥浆裹根后可装入塑料袋备用。经处理过的苗木应迅速栽植，不宜存放。吸水剂适宜的使用比例为1% ~2%,即每500 g干土加入5 ~10 g吸水剂。吸水剂除可与土壤混合使用外,还可加施泥炭、蛭石、锯末等介质,介质与土壤的重量比为1∶5。混合时应力求均匀,若土壤湿度较大,应在吸水剂中拌以泥沙,再与土壤混合。

(3)栽植技术和季节。在经过整地的地块挖穴,栽植深度一般应深一些;栽植用吸水剂稠泥浆裹根的苗木,要注意去掉塑料袋,或在袋上刺孔。覆土后轻轻踏实,穴面再覆上薄层虚土。栽植季节可选在雨季或春季。

(二)地膜覆盖造林

覆膜造林可抑制土壤水分蒸发,提高土壤温、湿度,在干旱地区可大幅度提高造林成活率,而且可以减少造林后的抚育次数,在北方石质山区和丘陵区、风沙区值得推广。具体方法是:苗木栽植后随即将剪好并大于穴面规格10 cm的农用地膜,从其一侧划破到中心,再以树干为中心覆盖栽植穴,用土将四周和划破的缝隙压实(压土厚约4 cm),苗根颈与地膜之间用湿土封严压实,不能透气,以防土壤表面温度过高,热气顺着苗根茎蒸发而出,而灼伤苗木茎部造成幼苗死亡。

第四节 播种造林

播种造林又叫直播造林,是将林木种子直接播种在造林地上进行造林的方法。按播种方式分人工播种造林、飞机播种造林。适用于土壤湿润疏松、立地条件较好、鸟兽危害较轻的造林地,具有大粒种子的树种或发芽迅速、生长较快、适应性强的小粒种子树种,种子来源较充足。

一、人工播种造林

(一)人工播种造林的特点及应用条件

播种造林的特点是施工容易、造林成本低,但对造林地立地条件的要求较高,播种后种子幼苗易遭鸟、兽、杂草、干旱危害,用种量也多。播种造林主要适用于种源充足、发芽力较强并有一定抗旱能力的树种,如松类、栎类及核桃、油桐、油茶、榆树、臭椿、山桃、山杏等。通常只在高温、干旱、霜冻、风沙、杂草、病虫鸟兽等各种灾害不严重的地区应用。

(二)种子处理和造林地的准备

直播造林对林木种子品质的要求与育苗相同,必须经过检疫、检验等程序,种源也要符合要求,尽量采用造林地附近或与造林地自然条件近似地区的种子。播前对种子要进行处理,包括消毒、浸种、催芽、拌种等。对休眠期长的种子在播种前必须进行催芽,对一般的种子也应进行浸种处理,保证幼苗出土快、出土齐。为防治病虫害和鸟兽害,播前种子需经消毒或拌种处理。如用福尔马林溶液消毒,以防治立枯病;拌铅丹、硫化锌以防鸟兽鼠害等。

播种造林对造林地的立地条件要求较高,因此在造林前一定要细致整地,整地的方式方法同植苗造林。

(三)播种方法

1. 穴播

穴播是在经过整地的地块上按种植点挖穴,将穴内土块整细,拣净石块、草根,穴底要平,踏实后将种子均匀播在穴中。大粒种子要横放,小粒种子适当集中放。每穴播种量因种子大小而不同，如核桃、油茶、油桐、橡、栎类等大粒种子 2 ~ 5 粒，华山松、红松等中粒种子 5 ~ 8粒，油松、马尾松、紫穗槐等小粒种子 10 ~ 20 粒。播后覆土，覆土厚度一般为种子直径的 3 ~ 5 倍，土壤黏重的可适当薄些，沙性土壤可适当厚些，然后用脚轻轻踩实。

2. 块状播种

在经过块状整地的地块上进行全面撒播。这种造林方法可形成较强大的植生组，对外界不良环境条件抵抗力强，可在已有阔叶树种天然更新的迹地上引进针叶树种，或次生林进行补播改造时采用。也可以结合山地育苗进行，起苗时在各个块状地上留下部分苗木，使之长成林分。

3. 缝播

为避免鸟类、兽、鼠窃取种子，可在灌丛、草丛中，不整地直接用镰刀开缝，播入适量种子，将缝隙踩实，地面不留痕迹。

4. 条播

在全面整地或带状整地的造林地上按一定行距进行条状播种。适用于采伐迹地更新和次生林改造，也可用于水土流失地区或沙区播种灌木。

5. 撒播

撒播是将种子均匀撒在造林地上。主要用于地广人稀、交通不便的大面积荒山荒坡、采伐迹地上或雨季造林。

近年来有的单位采用种子丸直播造林试验，取得了好的效果。它是用黏土 80 g、腐殖质土 18 g、吸水剂 1.4 g、甲基托布津 0.1 g，搅拌均匀形成混合土。取淀粉 0.5 g，在 50 g 清水中搅拌均匀煮沸，冷却后倒入混合土中，用手搅拌成软硬适中、富有弹性的泥块即为种衣剂。把种子放进浓度为 100 mg/L 的赤霉素溶液中浸泡 24 h 后取出，把每一粒种子用种衣剂包裹起来，团成圆形，便制成了种子丸，然后直播造林。据试验，种子丸造林出苗率高于裸体种子造林出苗率 23%，成活率高出 31.4%。

（四）播后管理

鸟兽危害是影响直播造林成败的重要因素。除播种前对种子进行处理外，播种后也要严加防范。当种子发芽长成幼苗以后，还要防止被野兔等动物咬伤。防治办法可用沥青涂刷。如果幼苗太小，可用涂有沥青的布条、麻绳拴在苗木茎上，也可收到同样效果。

二、飞机播种造林

飞播是根据森林植被的自然演替规律，以树种天然下种更新原理为理论基础，结合树种生态、生物学特性，人工模拟天然下种，利用飞机把种子撒在一定的地段上，集“飞、封、补、管”等综合营造林作业为一体，以恢复、改善和扩大地表植被为目的的营造林技术措施。它具有速度快、省劳力、成本低等特点，适应于交通不便、宜林荒山荒地（沙）面积集中、人工造林困难的地方造林，具体要求按照 GB/T 15162—2005《飞播造林技术规程》的规定执行。

（一）播区选择

播区是指飞机撒种的区域地段。播区选择是否得当直接关系到飞行安全、播种质量、造林成本及飞播成效。

1. 飞播宜林地

（1）飞播造林宜播地。宜林荒山荒地、宜林沙荒地、其他宜林地、无立木林地等无林地和疏林地。

(2)飞播营林宜播地。分为两类:①郁闭度<0.4,自然度为Ⅲ级,林下更新不良的低质、低效林地;②可以改造成乔木林的灌木林地。

2. 选择播区的条件

选择播区应考虑自然条件和社会条件。

(1)自然条件。具有相对集中连片的宜播地,其面积一般不少于飞机一架次的作业面积;同时宜播面积应占播区总面积的70%以上。北方山区和黄土丘陵沟壑区的播区应尽量选择阴缓、半阴坡,阳坡面积一般不超过40%。

播区地形起伏在同一条播带上的相对高差不超过所用机型飞行作业的高差要求,应具备良好的净空条件,两端及两侧的净空距离应满足所选机型的要求。主要飞播造(营)林飞机机型技术参数参见表5-13。

表5-13 飞播造(营)林飞机机型技术主要参数

技术参数		运五(运五B)型飞机	运-12型飞机	米-17B5型飞机
航路高度(m)		2 600	3 600~5 000	6 000
播区10 km允许高差(m)		300	500	1 000
作业航高(m)		80~120	80~150	80~100
播区净空条件	两端(m)	3 000	7 000	3 000
	两侧(m)	2 000	2 500	1 000
距机场经济距离(km)		120	200	60
航路速度(km/h)		180	220	180
作业速度(km/h)		150~160	160~180	160
标准转弯半径(m)		250	1 830	560
标准转弯时间		1′40″	2′30″	1′10″
载重量(kg)		800~1 000	1 100~1 700	1 600~2 500
关箱长度(m)		500	800	500
起飞滑跑距离(m)		150~180	234	
着陆滑跑距离(m)		150	219	

地形地貌、地质土壤、水热条件等自然立地条件适宜飞播造(营)林。

(2)社会条件。播区土地权属明确,且县、乡或项目建设单位领导重视,群众认可飞播造(营)林,能够落实播前播区地面处理和播后封育管护任务。

(二)树种选择及种子要求

1. 树种选择

树种的选择必须根据造林目的和适地适树的原则加以确定。

(1)天然更新能力强、种源丰富的乡土树种。

(2)中粒或小粒种子,产量多,容易采收、贮存的树种。

(3)种子吸水能力强,发芽快;幼苗抗逆性强,易成活的树种。

(4)适宜飞播,具有一定经济价值和生态价值的树种。

2. 飞播种子要求

(1)种子质量。飞播造(营)林种子质量应达到 GB 790—1999 规定的二级以上(含二级)质量标准。对 GB 7908—1999 中没有明确规定质量标准的林木种子,根据种子检验结果报省级林业主管部门批准使用。

(2)种子采收与调运。飞播用种优先选用本地区优良种源和良种基地生产的种子,外调种子应符合 GB/T 8822.1—8822.13—1988 规定的调拨范围和国家林业主管部门的有关规定。

(3)种子使用。飞播造(营)林用种实行凭证用种制度,用于飞播造(营)林的种子必须具有种子使用证、森林植物(种子)检疫证、检验证及种子标签。种子的检验、检疫及贮藏,执行 GB 2772—1999、GB/T 10016—1988 和国家林业主管部门的有关规定。

(三)播种期和播种量的确定

1. 播种期

在保证种子落地发芽所需的水分、温度和幼苗当年生长达到木质化的条件下,以历年气象资料和以往飞播造(营)林成效分析为基础,结合当年天气预报,确定最佳播种期。

(1)有充足的水分保证种子发芽和幼苗成活。一般播前有透雨,播后 20 天有 50 ~ 80 mm 降雨。

(2)有种子发芽和幼苗生长的适宜温度。

(3)播种当年幼苗出苗至停止生长前有 2 个月的生长期。实践证明,河南省以夏播效果最好。

2. 播种量

以既要保证播后成苗、成林,又要力求节省种子为原则。各地播种量结合当地实际情况,参照表 5-14,依据下式确定。

$$S = \frac{N \cdot W}{E \cdot R(1 - A) \cdot G \cdot 10^3}$$

式中 S——每公顷播种量,g/hm^2;

N——每公顷计划出苗株数,株/hm^2;

E——种子发芽率(%);

R——种子纯度(%);

A——种子损失率(鸟、鼠、蚁、兽危害率)(%);

G——飞播种子山场出苗率(%);

W——种子千粒重,g/千粒。

由于各地区影响播量的因素不同,因而同一树种其播量也不同,如油松:湖北 3.75 ~ 4.5 kg/hm^2,河北 6.75 kg/hm^2,陕西 3.75 ~ 7.5 kg/hm^2,河南 6.0 ~ 7.5 kg/hm^2。

(四)飞播规划设计

1. 飞播规划

1)规划的任务

明确飞播造(营)林的目的、目标、范围、规模与重点;统筹安排生产布局与进度;概算投资规模,合理安排建设资金,明确筹资渠道,提出保障措施;分析与评价项目实施的综合效益。

表 5-14 主要飞播造(营)林树种可行飞播量 (单位:g/hm^2)

树种	飞播造(营)林地区类型			
	荒山	偏远荒山	能萌生阔叶树地区	黄土丘陵区、沙区
马尾松	2 250 ~ 2 625	1 500 ~ 2 250	1 125 ~ 1 500	
云南松	3 000 ~ 3 750	1 500 ~ 2 250	1 500	
思茅松	2 250 ~ 3 000	1 500 ~ 2 250	1 500	
华山松	30 000 ~ 37 500	22 500 ~ 30 000	15 000 ~ 22 500	
油松	5 250 ~ 7 500	4 500 ~ 5 250	3 750 ~ 4 500	
黄山松	4 500 ~ 5 250	3 750 ~ 4 500		
侧柏	1 500 ~ 2 250(混)	1 500 ~ 2 250(混)	3 750 ~ 4 500(混)	
柏木	1 500 ~ 2 250(混)	1 500 ~ 2 250(混)	3 750 ~ 4 500(混)	
台湾相思	1 500 ~ 2 250(混)			
木荷	750 ~ 1 500(混)			
漆树	3 750	3 750 ~ 7 500		
柠条				7 500 ~ 9 000
沙棘				7 500

2)综合调查

掌握区域内自然条件、社会经济情况、森林植被状况,以及林业建设和生态环境建设现状、问题与要求等,为飞播造(营)林规划设计提供切合实际的依据。综合调查执行 GB/T 18337. 3—2001 和国家林业主管部门的有关规定。对组织开展过森林资源调查的地区或区域,应充分利用近期森林资源调查成果资料编制飞播造(营)林规划。

3)规划的原则

①主导功能原则。根据自然地理条件和植被的发生、发育、演替规律以及飞播造(营)林科技成果,科学合理地确定飞播造(营)林所要实现的主导性功能和目的。②生态优先原则。以生态建设为主,按突出重点、先易后难的原则安排飞播造(营)林。③因地制宜原则。根据各地不同的飞播造(营)林条件,确定采用适宜的飞播造(营)林技术措施。④适度规模原则。在一定的区域范围内,应当充分体现其规模效应和优势,规模化组织飞播造(营)林生产。⑤系统平衡原则。兼顾飞播造(营)林"飞、封、补、管"各环节对飞播成效的因果关系,系统平衡,连贯有序,保证飞播成效。

4)规划的主要内容

(1)飞播造(营)林条件分析与评价。

(2)规划的指导思想、原则、目标(战略目标与规划期目标)。

(3)飞播造(营)林总体布局。根据规划范围内不同的自然条件、自然资源、社会经济情况、生态环境建设要求等划分飞播造(营)林类型区,分类型区确定飞播造(营)林思路与方向,确定飞播造(营)林的比重与范围,合理配置飞播造(营)林生产组织管理体系以及机场、种源供应等基础要素。

(4)飞播造(营)林规划。分区域规划飞播造(营)林规模,合理安排实施进度,并确定树种,计算种子用量以及飞行作业、封育管护工作量。

(5)环境影响评价。

(6)投资概算与资金筹措。

(7)效益分析与综合评价。

(8)规划实施的保证措施。

5)规划成果

规划成果包括规划说明书,必要的附表、附件,以及有关专题论证报告和飞播造(营)林规划图件等。规划成果的组成与质量要求具体执行国家林业主管部门的有关规定。

2. 飞播设计

1)设计的任务

在飞播造(营)林规划的基础上,根据项目建设要求,具体选择落实播区。在播区调查的基础上,以播区为单位进行飞播造(营)林作业的设计,设计的深度应满足飞播造(营)林生产作业的要求。

2)飞播播区调查

(1)播区踏查。采用路线调查和标准地调查相结合进行播区踏查。通过踏查,观察拟开展飞播造(营)林地区全貌以及地形、净空情况,目测宜播面积比例,了解土地权属情况,框划播区范围。在开展过森林资源调查的地区或区域,也可以利用近期森林资源调查成果确定播区范围。

(2)播区调查。①调查目的。全面了解飞播造(营)林播区范围的自然条件、社会经济情况和植被状况,为飞播造(营)林设计提供依据。对于近期森林资源规划设计调查的成果资料可以作为飞播造(营)林设计依据。②自然条件调查,调查内容包括播区范围的地形、气候、植被及森林火灾和病、虫、鼠(兽)害等。③社会经济调查,调查播区范围内的人口分布,交通情况,土地权属,农林业生产建设状况,农村能源消耗情况以及畜牧种群数量、放牧习惯、当地相关的劳动生产定额等,当地政府与群众对飞播造(营)林的认识和要求以及附近可使用机场等情况。④播区小班区划。小班区划任务是现地区划界定飞播造(营)林播区地类面积及分布情况,根据播区宜播地类的自然分布情况,结合当地飞播造(营)林可供使用飞机的飞行作业特点,合理取舍,调绘确定播区边界。准确量算、统计播区宜播面积,计算播区宜播面积率。落实飞播造(营)林技术措施,准确计算相关工程量。小班区划以播区为单位,利用测绘部门绘制的最新的比例尺为1:50 000或1:25 000的地形图现地进行小班勾绘;小班最小面积以能在地形图上表示轮廓形状为原则,最小小班面积在地形图上不小于4 mm;最大小班面积不超过40 hm^2。分地类划分小班,地类分类系统执行国家林业主管部门森林资源规划设计调查的有关规定。同时结合宜播地类的特点,区别划分造林小班与营林小班。沙区播区小班区划中,应同时兼顾到沙丘类型和形态,区别划分丘间低地、背风坡、迎风坡。⑤播区小班调查。小班调查采用小班目测和随机设置样地(标准地)实测相结合的方法调查。有林地、疏林地调查样地面积100 m^2,灌木林样地面积为10 m^2,草本群落样地面积4 m^2。样地数量:小班面积3 hm^2以下设2个,4~7 hm^2设3个,8~12 hm^2设4个,

13 hm^2 以上设置不少于 5 个。小班调查的内容有以下几个方面：对非宜播地类只调查地类；对宜播地各地类详细调查地形地势、土壤、植被、土地利用情况等项目，分别对各项目相关调查因子进行调查记录；地形地势：坡位、坡向、坡度、海拔高度；土壤：土壤种类（土类）、土层厚度以及腐殖质层厚度；植被：灌草植被调查记录灌（草）种类、起源、覆盖度、平均高度以及分布情况；疏林地、低效林地还应调查林分（木）树种组成、平均年龄、平均胸径、平均高、郁闭度、自然度、天然更新、生长和分布情况；调查土地利用现状，如开荒、樵采、放牧等人为活动情况；现场综合分析小班宜林宜播性。

内业整理播区调查卡片，求算小班面积，并按造林面积与营林面积分地类统计播区宜播面积，见表 5-15。

表 5-15　播区地类面积统计表　（单位：hm^2）

县（市）名	播区名称	播区面积	宜播面积									非宜播面积				
			合计	造林面积					营林面积			合计	非林业用地	林业用地		
				小计	宜林荒山荒地	宜林沙荒地	其他宜林地	疏林地	小计	灌木林地	低效林地			小计	有林地	其他

3）飞播造（营）林设计

（1）树种设计。根据播区条件和适地、适树、适播的原则以及种源供应条件，在遵循森林植被正向演替规律的前提下，确定适宜的飞播树种。各地在树种设计中可参照表 5-16。引进树种要试验成功后方可应用。

表 5-16　主要飞播造（营）林树种适播地区

树种	生物学特性	适播地区（海拔）
马尾松	常绿乔木，强阳性，深根性，适应性强，耐瘠薄，喜酸性土壤，忌水湿，不耐盐碱	适播于淮河、伏牛山，秦岭以南至广东、广西的南部；东至东南沿海，西达贵州中部及四川大相岭以东，可广泛播于全国 15 个省（区）。东部分布在海拔 600 ~ 800 m 以下。在安徽、江苏、福建等省垂直分布上界与黄山松相接。由北向南随气温逐渐升高，适生范围亦随之升高，在皖西大别山适生范围 600 m 以下，皖南 700 m 以下，浙江天目山 800 m 以下，福建戴云山 1 200 m 以下
云南松	常绿乔木，是云贵高原主要树种，生长迅速，适应性强，耐干旱瘠薄，天然更新容易。能飞籽成林	适播区域：东至贵州西部毕节、水城及广西西部百色地区，北至四川西部，西至西藏察隅，南抵滇文山、元江。适播海拔：滇南 1 300 m 以上，滇西北 1 800 ~ 2 500 m，四川 1 000 ~ 2 500 m，贵州 1 000 ~ 2 000 m，广西 600 ~ 2 000 m
思茅松	常绿乔木，属热带松类，速生、喜光。常生于山地红壤。种子易飞散，天然更新能力强	原分布云南省南亚热带地区，近十几年引进到四川、广东、海南等省。适播海拔 700 ~ 1 000 m。近几年引种到海拔 400 m 左右，干热河谷到 1 500 m。四川西昌混播思茅松已成林

续表 5-16

树种	生物学特性	适播地区(海拔)
华山松	常绿乔木,适宜温凉湿气候,幼苗耐庇荫。山地、褐土、山地黄棕壤、森林棕壤、红棕壤及草甸土均能生长	分布较广,晋南适播海拔 1 000 ~ 1 500 m;陇东与陕西的关山、宁夏六盘山为 1 000 ~ 2 000 m;陕南秦岭、巴山,皖西伏牛山为 1 000 ~ 2 500 m;鄂西、川东为 1 000 ~ 1 500 m,川北、川西为 1 600 ~ 2 500 m;云南中、北、西北为 1 400 ~ 2 800 m
高山松	常绿乔木,喜光耐干旱树种,多适生于阳坡、半阳坡和半阴坡,对土壤要求不严,能耐干燥瘠薄,抗寒力较强,能耐 -28 ℃的低温	分布于西部至西南高山地带,北达青海南部,经四川西部至西藏东部、云南西北部高山地带,分布海拔 2 600 ~ 3 600 m。是四川高海拔地区飞播的主要树种
油松	常绿乔木,抗寒能力强,可耐 -25 ℃低温;喜光耐旱,耐瘠薄;适生于森林棕壤、淋溶褐土,根系发达,在山顶陡崖、裸露岩石、砂砾岩层均可生长	适播区很广,北至内蒙古阴山,西至宁夏贺兰山,青海祁连山,大通河;南至川甘接壤地区,向东达陕西秦岭、黄龙山、河南伏牛山、山西太行山、河北燕山,东至山东沂蒙山;东北至辽宁西部。适播海拔,华北地区 1 000 ~ 1 500 m,辽宁西部 500 m 以下,近几年扩大到川东、鄂西、陕南,海拔 800 ~ 1 600 m,生长良好
侧柏	常绿乔木,喜光,幼树喜庇荫。对土壤要求不严,在向阳干燥瘠薄的山坡、石缝都能生长	分布很广,黄、淮河分布集中,吉林分布在海拔 250 m 以下,山东、山西在 1 000 ~ 1 200 m,河南、陕西可见于 1 500 m,云南可见于 2 600 m。近年陕西省宜川县和其他省区,多与其他树种进行混播,初步获得成效
黄山松	常绿乔木,喜光树种,喜生凉润气候和相对湿度大的中山区。在土层深厚、排水良好的酸性土壤上生长良好	分布在浙江天目山,海拔 700 ~ 1 200 m;福建戴云山、武夷山海拔 1 000 m 以上;安徽大别山海拔 600 ~ 1 700 m;江西、湖北东部、湖南东部等海拔 600 ~ 1 800 m 山地
台湾相思	常绿乔木,比较耐干旱瘠薄,更耐高温。生长快,适应性强	原产我国台湾省,现已引种到广东、广西、福建和江西等南亚热带地区,北到福建省福州和宁德。北纬 26°仍可生长,海南岛可栽植在海拔 800 m 以上。20 世纪 60 年代广东、广西、江西等省(区)与马尾松混播获得成功
木荷	常绿乔木,适应春夏间多梅雨、夏季炎热多雨和冬季温暖的气候。对土壤的适应性强,凡酸性土壤均可生长	在我国南方分布很广,包括江苏苏州地区和安徽南部海拔 400 m 以下。福建、江西、浙江、湖南、湖北、四川、云南、贵州、广东、广西等省(区),一般分布在海拔 200 ~ 1 200 m。广东、广西、江西等省(区)与马尾松混播获得成功
漆树	落叶乔木,特用经济林树种,喜光,幼苗能耐一定的庇荫,喜生背风向阳、光照充足湿润的环境,适应性强,能耐一定低温。疏松肥沃、排水良好、沙质土壤上生长良好	在我国分布较广,主产陕西、川东、鄂西和贵州毕节、遵义及云南昭通等地。垂直分布多见于海拔 600 ~ 1 500 m。近几年鄂西、陕南和川东与华山松、油松等混播获得成功

续表 5-16

树种	生物学特性	适播地区(海拔)
柏木	常绿乔木,为喜光树种,对土壤适应性广,中性酸性及钙土均能生长,喜温暖湿润气候,耐寒性较强,耐干旱瘠薄	分布地区较广,浙江、安徽、福建、江西、湖南、湖北、四川、贵州等省(区)及云南中部、广东北部、甘肃南部、陕西南部地区皆有分布。垂直分布自东向西随地形变化而升高,浙江海拔 400 m 以上,四川康定以东海拔 1 600 m 以下,陕西秦岭南坡海拔 1 000 m 以下,贵州海拔 300 ~ 1 400 m,云南中部海拔 1 500 ~ 2 000 m
枫香	落叶乔木,高达 30 m,喜阳光,耐火烧,萌生力极强	产于我国秦岭及淮河以南各省,北起河南、山东,东至台湾,西至四川及西藏,南到广东、海南。近年江西飞播已获成功
旱冬瓜	落叶乔木,喜光树种,对土壤要求不严,生长快,抗寒能力强,极端最低气温 -13.5 ℃,喜疏松、湿润、肥沃土壤	分布于云南各地及四川西南部、贵州西南部和广西西部等地。在云南垂直分布在 1 000 ~2 700 m,但以 1 400 ~ 2 400 m 分布较多
乌桕	落叶乔木,喜光树种,对土壤适应性及土壤酸碱度适应性较强,耐水湿	为亚热带树种。广泛分布在西南、华中、华东、华南地区,同时在西北地区的陕西和甘肃也有分布。主要栽培区为长江流域及其以南各省。长江流域的浙江、湖南、安徽等省份在海拔 600 ~ 800 m,在云南澄江地区垂直分布可达 1 850 m
桤木	落叶乔木,喜光,喜温湿,耐水。在土壤和空气湿度大的环境生长良好	主要分布于四川盆地,西至康定,东达贵州高原北部,南及云南东北部,北界达秦岭。垂直分布常见于海拔 1 200 m 以下的丘陵地和平原区,有时亦可分布到 1 800 m 左右的中山区
黄连木	喜光树种,适生于光照充足的环境。主根发达,萌芽力和抗风力强。对土壤要求不严,耐干旱瘠薄	分布很广,北自河北、山东,南至广东、广西,东到台湾,西南到四川、云南,都有野生和栽培。垂直分布,河北海拔 600 m 以下,河南 800 m 以下,湖南、湖北 1 000 m 以下,贵州可达 1 500 m,云南可分布到 2 700 m
紫穗槐	落叶丛生灌木,喜光树种,生长快,繁殖力强,适应性广,耐水湿,耐干旱瘠薄,耐盐碱,对土壤要求不严,可作为混交的伴生树种	主要分布在东北中部以南及华北、西北各省(区),同时在长江流域海拔 1 000 m 以下的平原、丘陵、山地多有栽培,广西及云贵高原也在试验引种
柠条	落叶灌木,喜光耐寒,且耐高温。在 -32 ℃和夏季 55 ℃的温度都能生长,并耐干燥瘠薄,在黄土丘陵、半固定沙地生长良好	在吉林、辽宁、山东、山西、内蒙古、陕西、甘肃等省(区)均有分布。多分布在海拔 1 000 ~ 2 000 m 的沙漠、黄土高原。近几年来,飞播试验初步获得成功

续表 5-16

树种	生物学特性	适播地区(海拔)
沙棘	落叶灌木或小乔木,喜光,也能生长于疏林下,对气候土壤适应性很强。抗严寒、风沙,耐干旱和高温,耐水湿和盐碱,不耐过于黏重的土壤	主要分布在华北、西北及西南地区,垂直分布在海拔 1 000 ~4 000 m。当前已广泛用做荒山和保土固沙造林,也是华北、西北飞播造林和混播的主要灌木之一
荆条	多年生落叶灌木,株高 1 ~3 m,耐干旱瘠薄,是北方阳坡的主要灌木树种	分布在河北、山西、河南、陕西等省,垂直分布海拔 1 200 m 以下,是北方石质山区飞播造林的混播树种之一

树种配置设计、树种配置方式分六种类型:乔木纯播、乔木混播、乔灌纯播、灌木纯播、灌木混播。

为提高森林防火、保持水土和抵抗病虫害能力,提倡针阔混交、乔灌混交、灌木混交,采用全播区或带状混播等方式进行播种,培育混交林。营林小班应尽量设计乔木纯播或混播。

(2)播种期设计。在保证种子落地发芽所需的水分、温度和幼苗当年生长达到木质化的条件下,以历年气象资料和以往飞播造(营)林成效分析为基础,结合当年天气预报,确定最佳播种期。

(3)播种量设计。以既要保证播后成苗、成林,又要力求节省种子为原则。设计每架次载种量,计算播区种子需要量。设计种子处理方式和方法。

(4)地面处理设计。植被处理设计,播区植被处理设计区分:①造林小班。对草本、灌木盖度偏大,可能影响飞播种子触土发芽和幼苗生长的小班,可进行植被处理设计;对于水土流失严重和植被稀少的小班,应提前封护育草(灌),使草(灌)植被有所恢复,以提高飞播成效。②营林小班。灌木林小班对盖度较大,可能影响飞播种子触地发芽和幼苗生长的小班,可以进行植被处理设计;对林分下层灌、草植被盖度偏大的有林地小班,可进行植被处理设计。

植被处理设计落实到小班,并计算相应工程量。

简易整地设计,为提高土壤保水能力和增加种子触土机会,对地表死地被物厚或土壤板结的播区地块,根据当地社会、经济条件,可设计简易整地,并计算相应的工程量。沙区流动、半流动沙地上实施飞播作业,可选择风蚀地段搭设沙障。结合播区条件,设计材料种类、沙障长度,并计算工程量和材料需要量等。

(5)机型与机场的选择。根据播区地形、地势等地貌特点和机场条件,选择适宜的机型。

根据播区分布和种子、油料运输、生活供应等情况,就近选择机场;若播区附近无机场,经济合理的条件下可选建临时机场。临时机场建设参照执行 GB/T 17836 以及通用航空有关技术规定。

(6)飞行作业方式设计。根据播区的地形和净空条件、播区的长度和宽度、每架次播种带数和混交方式,设计飞行作业方式。飞行作业方式分为单程式、复程式、穿梭式、串联式以及重复喷撒作业法、小播区群串联作业法等。

根据设计的树(草)种、播种量及飞行作业方式,设计飞行作业架次组合。

(7)飞行作业航向设计。按基本沿着相同海拔飞行作业的原则,结合播区地形条件,确定合理的飞行作业航向,图面量算播区的飞行方位角;一般航向应尽可能与播区主山梁平行,在沙区可与沙丘脊垂直,并应与作业季节的主风方向相一致,侧风角最大不能超过30°,尽量避开正东西向。

(8)航高与播幅设计。根据设计树(草)种的特性(种子比重、种粒大小)、选用机型、播区地形条件确定合理的航高与播幅。为使飞播落种均匀,减少漏播,一般每条播幅的两侧要各有15%左右的重叠;地形复杂或风向多变地区,每条播幅两侧要有20%的重叠。

(9)导航方法设计。根据播区具体情况和机组的技术条件设计选择人工信号导航或GPS导航。人工信号导航要设计2~3条航标线,并图面确定起始航标点的位置;GPS导航应图面计算各播带导航点经纬度坐标。

(10)播区管护规划。依据播区社会经济情况、土地权属和当地政府的意见,结合飞播造(营)林的经营方向,对播后5年提出适宜的封育管护形式和措施。参照执行GB/T 15163和国家林业主管部门的有关规定。

4)投资概算

分别飞播造(营)林直接生产费用、管理费和复播费进行投资概算:直接生产费用包括种子费(包括调运费和药物处理费等)、飞行费(包括调机费、机场费等)、地面处理费(包括植被处理费、简易整地费)、勘察设计费、飞播作业费(包括种子处理费、种子复检费、装种费、导航费、机场租赁费、地勤费、交通运输费、其他费用等)、播区管护费(封禁设施费、育林措施费)等;管理费包括技术培训费、施工监理费、成苗及成效调查费、办公费等;复播费或补植、补播费等。

对资金来源应提出具体意见。

5)设计成果

(1)设计说明书。飞播造(营)林设计说明书一般以地(市)或建设单位为单位分播区合并编制,也可以县(市)为单位编制,应简明扼要,方便生产。主要内容包括播区概况、飞播条件分析、播区边界范围与面积、宜播面积(分别造林面积与营林面积)、树(草)种选择与配置、播种量与用种量、种子处理方法、播种期、播区地面处理、机型与机场、飞行作业方式与架次组合、导航方法、播区管护、投资概算等。

(2)设计图件。①播区位置图。以地(市)或建设单位为单位,采用1:1 000 000或1:500 000比例尺地形图为地理底图编绘成图。编绘内容包括机场位置、播区名称与位置、标示机场与播区距离等。②播区作业图。以播区为单位,采用1:50 000或1:25 000比例尺地形图为地理底图编绘成图。编绘内容包括播区界线及端拐点坐标、接种(点)线(或航标线)、小班界线、地类符号以及飞行作业架次组合表等,图示染色分别标示造林小班与营林小班。③播区地面处理图。以播区为单位,采用1:50 000或1:25 000比例尺地形图为地理底图,根据播区地面处理设计编绘播区地面处理设计图。编绘内容包括播区地面处理范围、小班界线及相关的设计要素等。

(3)设计附件。包括播区现状表、飞行作业架次组合表、GPS导航各航带航标点经纬度坐标数据表、设备材料清单以及投资概算明细表等设计附表和有关附件。

6)设计成果审批

由省级林业主管部门对飞播造(营)林设计成果进行评审和审批。没有设计或未经审批不得实施飞播作业。

(五)飞播施工

1. 播前准备

1)播区准备

(1)播区标示。由建设单位根据播区作业图所标示的播区边界及端拐点地理坐标,于播前采取现地地形判读、导线测量或GPS定位等方法,现地准确落实播区边界四至,在各端拐点埋桩或沿边界制作标志牌进行播区标示。

(2)播区地面处理。由建设单位根据设计要求,于播前落实完成播区植被处理、简易整地、沙障搭设等地面处理任务。

2)种子及物资准备

由建设单位根据设计按树种、数量、质量将种子准备到位,并采购准备好种子处理必需的物资材料,以及种子处理等工作所必需的工、器具。

3)机场及飞行单位的联络协商

播前以地、市或建设单位为单位,协调、落实飞播作业机场与飞行作业单位,并就各方的责任、义务、利益等方面内容签订书面合同,保证机场正常开放和飞机按时进场。

4)播前准备工作验收

由省级林业主管部门对播前各项准备工作组织检查验收,设计文件为检查验收的主要依据,符合设计要求,验收通过,方可实施飞播作业。

2. 飞播作业组织

1)指挥管理机构

飞播作业期间,应成立飞播造(营)林指挥部,统筹安排机场、播区、飞行、通信、气象、种子处理及装种、质量检查、安全保卫、生活后勤等各项工作,协调解决飞播作业中的有关问题。

2)监理

飞播作业应实施技术质量责任监理制度,对作业进度、作业质量、工程数量等方面作全过程的跟踪监督检查和技术质量认定。

3)飞播作业

(1)天气测报。气象人员按时观测天气实况并与附近气象台(站)取得联系。对机场、航路及播区按飞行作业要求及时报告云高、云量、云状、能见度、风向、风速、天气发展趋势等有关因子。

(2)通信联络。建立统一的飞播指挥通信系统,机场、播区应配备电台、电话、对讲机等通信联络设备,保证地面与空中、地面与地面之间的通信畅通,做到信息反馈及时准确,保证飞行安全和播种质量。

(3)试航。飞行作业前,飞行单位应进行空中和地面视察,熟悉航路、播区范围、地形地物,检测通信设备,并拟定作业方案。

(4)种子处理及装种。按设计要求进行种子处理,经处理合格的种子方可装种上机,并应严格按每架次设计的树(草)种数量装种。

(5)飞行作业。按设计要求压标作业,地形起伏高差较大时,可适当提高飞行高度,但必须保持航向,并根据风向、风速和地面落种情况及时调整侧风偏流、移位及播种器开关,确保落种准确、均匀。侧风风速大于 5 m/s 或能见度小于 5 km 时,应停止作业。

(6)安全保卫。飞行作业和机场管理必须按照飞行部门的有关规定及飞播作业操作细则进行,确保人员、飞机和飞行安全。

4)播种质量检查

(1)飞机播种作业的同时进行播种质量检查。按设计播区作业图图示接种线位置顺序进行,一般在接种线上从各播带中心起,向两侧等距设置 1 m×1 m 接种样方 2~4 个,逐样方统计落种粒数并量测实际播幅宽度。

(2)使用 GPS 导航仪作业时,播种质量检查采取地面接种与查看 GPS 导航仪记录的航迹相结合的方式,综合评判飞行作业质量。

(3)出现偏航、漏播、重播时应及时反馈到飞播指挥部,以便纠正或补救。

(4)播种质量检查标准为:实际播幅不小于设计播幅的 70% 或不大于设计播幅的 130%,单位面积平均落种粒数不低于设计落种粒数的 50% 或不高于设计落种粒数的 150%,落种准确率和有种面积率大于 85%。

3. 播后管理

1)封育管护

(1)播后,播区必须严格封护。封育管护期限为 5 年。

(2)根据播区情况,应制定封育管护制度,落实管护机构和人员,签订管护合同,落实管护责任。

(3)按设计要求建设封护设施。

2)补植补播

播区成苗调查,达到合格标准的播区,应适时进行补植补播,直至达到成效标准。补植、补播执行 GB/T 15776 有关规定。

3)复播

播区成苗调查结果为不合格的播区,须在认真分析论证的基础上,于成效调查前可以组织实施复播作业。复播作业是同一飞播造(营)林计划任务不变的情况下,保证飞播效果的一项补救措施。

(六)飞播成效调查

1. 出苗观察

为了及时掌握播区种子发芽、出苗、幼苗成活及生长变化情况,预测成苗效果,播后当年在播区宜播面积上按不同飞播树种、不同立地类型和不同地类设置样地,观察种子发芽及出苗数量、自然损失数量和越冬损失数量以及幼苗生长情况。一般播后种子发芽即进行观察,每季度观察不少于 1 次,连续观察至播区成苗调查时结束。出苗观察结束后,写出总结报告,向上一级林业主管部门上报。

2. 成苗调查

1)调查目的

掌握播后播区范围内幼苗密度及生长、分布情况,为补植、补播或复播等飞播造(营)林技术措施的开展提供依据。

2）调查时间

调查时间宜于播后翌年进行，沙区可当年进行。

3）调查内容

调查的主要内容为宜播面积内有效苗种类、数量，同时对苗高以及苗木生长、分布情况进行调查。

4）调查方法

（1）成数抽样调查法。以播区或小播区群为总体，采用成数抽样，分别估测播区的宜播面积内有苗面积的成数，有苗面积成数估测精度要求达到 80%、可靠性为 95%（$t=1.96$），计算样地数量，并按调查线和样地间距的计算结果布设样地，进行实地调查和统计；落入营林小班的样地只统计飞播的乔木有效苗。样地（样方或样圆）面积为 2 m^2。

（2）路线调查法。主要用于沙区，选定播带的中线为调查线，或者在播区内设置“W”或“之”字形调查线，使“W”或“之”字形的两个端点为播区的两个角，沙丘迎风坡每隔 5 m、背风坡每隔 6 m 设 1 个调查样方。样方面积 1 m^2。

5）成苗等级评定

成苗等级分类，以播区或小播区群为评定单位，按宜播面积平均每公顷株数与有苗样地频度划分为四级，见表 5-17；沙区成苗等级评定按有苗样地频度划分为四级，见表 5-18，南方高海拔地区、干热河谷地区、干旱河谷地区成苗等级评定可参照北方的标准执行。

6）成苗调查成果

飞播造（营）林成苗调查应提供成苗调查报告，分析统计结果，以播区为单位评定成苗等级。飞播造（营）林成苗调查统计参见表 5-19（成苗调查统计表），结合出苗观察，阶段性评价飞播造（营）林效果，提出下一步工作建议。

表 5-17　成苗等级评定标准

宜播面积平均每公顷有效苗株数（株）	有苗样地频度（%）		效果评定	
	南方	北方		
≥1 666	≥60	≥50	优	合格
	50～59	40～49	良	
	40～49	30～39	可	
<1 666	<40	<30	差	不合格

表 5-18　沙区成苗等级评定标准

有苗样地频度（%）	效果评定	
≥70	优	合格
50～69	良	
40～49	可	
<40	差	不合格

表 5-19　飞播造(营)林成苗调查统计表

县(市)名	播区名称	播区面积(hm^2)	播区宜播面积(hm^2)	调查样地数(个)	有效样地数(个)	有效样地平均株数(株)	平均每公顷株数(株)	有苗样地数(个)	有苗样地平均株数(株)	有苗样地频度(%)	成苗面积(hm^2)	成苗等级评定

3. 成效调查

1)调查目的

通过调查,确定飞播造(营)林的成效面积,对飞播进行总体评定。

2)调查时间

飞播后南方和北方 5 年、沙区 3 ~5 年,对播区进行成效调查。对实施复播的播区,成效调查时间可以顺延,但时限不超过 7 年,沙区不超过 5 年。

3)调查内容

调查的主要内容:成效面积以及平均每公顷株数、苗高和地径、苗木生长及分布情况等。

4)调查方法

(1)成效抽样调查法。方法同成苗调查,样地一般选用样圆,面积 10 m^2。

(2)成效面积调绘法。以成效面积为主要调查因子,利用播区作业图、1∶10 000 比例尺地形图或航片进行现地小班调绘和样地调查。

5)成效评定标准

(1)造林小班。样圆合格标准:乔木纯播或混播,10 m^2 样圆内有 1 株以上(含 1 株)有效苗;乔灌混播,10 m^2 样圆内有 1 株以上(含 1 株)乔木有效苗,或 3 丛以上(含 3 丛)灌木有效苗;灌木纯播或混播,10 m^2 圆内有 3 丛以上(含 3 丛)有效苗。

小班合格标准:乔木纯播或混播,有效苗郁闭度≥0. 20,或小班每公顷有效苗 1 000 株以上,且分布均匀;乔灌混播,乔、灌木有效苗总覆盖度≥30%,其中乔木郁闭度≥0. 10,或小班每公顷有效苗乔、灌木树种 1 350 株(丛)以上,其中,乔木所占比例≥30%,且分布均匀;灌木纯播或混播,灌木覆盖度≥30%,或小班每公顷有效苗 100 株(丛)以上,且分布均匀;灌草混播:同灌木纯播或混播。

(2)营林小班。样圆合格标准:10 m^2 样圆内有 1 株以上(含 1 株)飞播的乔木有效苗。小班合格标准:林分下层有效苗郁闭度≥0. 20,并且飞播的乔木有效苗占优势;或小班每公顷有飞播的乔木有效苗 1 000 株以上,且分布均匀。

(3)综合评定。以播区或小播区群为单位评定飞播成效,成效等级评定采用成效面积率确定。成苗等级评定标准见表 5-20。南方高海拔地区、干热河谷地区、干旱河谷地区成效等级评定可参照北方标准执行。

表 5-20　成效等级评定标准

成效面积率(%)			成效评定	
南方	北方	沙区		
≥51	≥41	≥55	优	合格
41～50	31～40	35～54	良	
31～40	21～30	21～34	可	
≤30	≤20	≤20	差	不合格

6)成效调查成果

飞播造(营)林成效调查应提供成效调查报告,分别造林与营林统计调查结果,以播区为单位综合评定,飞播造(营)林成效调查统计参见表 5-21。对飞播造(营)林各环节的工作作出评价,总结经验、教训,提出建议。

(七)档案管理

(1)以播区为单位建立技术管理档案。

(2)档案内容包括调查设计、飞播生产组织、出苗观察原始记录、成苗调查原始记录和调查报告、成效调查原始记录和调查报告以及相关的科研、调研资料等。同时及时对播区所有的生产活动及效益、经验、教训等进行连续性记载。

(3)档案管理由县级林业主管部门统一领导,专人负责。

表 5-21　飞播造(营)林成效调查统计表　　(单位:hm^2)

县(市)名	播区名称	播区面积	播区宜播面积	播区成效面积				造林成效面积				营林成效面积				成效等级评定
				总计	播区宜播面积比例(%)	树种及面积		合计	占宜播面积比例(%)	树种及面积		总计	占宜播面积比例(%)	树种及面积		
						(树种)	…			(树种)	…			(树种)	…	

注: 播区成效面积等于造林成效面积与营林成效面积之和。

第五节　分殖造林

分殖造林又叫分生造林,是直接利用树木的营养器官及竹子的地下茎作为材料进行造林的方法。

一、分殖造林的特点及应用条件

分殖造林不经育苗而直接造林,可以节省育苗的时间和费用,造林技术也比较简单,因而造林成本低,幼林在初期生长较快,但受树种和立地条件的限制较大,林分寿命短,造林材料的来源比较困难,因而不适于大规模造林。

分殖造林对立地条件有一定要求,主要适于土壤水分充足的河滩低地、潮湿沙地、渠旁、岸边及土层深厚疏松的平坦土地。同时要求树种具有较强的无性繁殖能力。

二、分殖造林的方法

分殖造林按所用营养器官部位和栽植方法的不同可分为插木、埋干、分根、分蘖和地下茎造林等方法。

(一)插木造林

插木造林,根据播穗粗细、长短可分为插条造林和插干造林两种方法。

1. 插条造林

插条宜用直插,在母树上截取1~2年生、粗1.5~2.0 cm的萌条;再截成长30~50 cm左右的插穗,下端削成马耳形,在已整好的造林地上挖穴或用棒穿孔后插入。扦插深度一般对常绿针叶树种(如杉木等)为插穗长度的1/2~1/3;对于落叶阔叶树种(如杨、柳、杞柳、柽柳等),若土壤水分充足可露3~5 cm,在干旱、风沙危害严重地区造林时,应深埋少露,但在盐碱地上扦插应适当多露。

2. 插干造林

切取树木的粗枝或幼树树干,直接插干在造林地上的造林方法。此法多适用于河岸造林或潮湿地区栽植行道树等,沙地也可以应用。适用的树种主要是杨树和柳树。该法与插条造林的主要区别是所用插穗长而粗,插穗年龄也较大。通常插穗的规格为2~4年生,长1~3.5 m,粗3 cm。根据所用插穗长短的不同又可分为高干造林和低干造林两种方法。高干造林的干长一般2 m以上,栽植深度一般0.4~0.8 m为宜。据商丘地区林业局试验,在造林地上钻孔,深度达到出现地下水的位置,把杨树苗干插入孔内,踏实孔隙,成活率可达到100%。民权县代寨林场采用Ⅰ-69杨、Ⅰ-72杨、Ⅰ-214杨和沙兰杨按2 m×8 m株行距,挖长、宽、深1 m×1 m×(0.8~1.2) m的大坑,然后用钢钎打孔1.8~2.5 m(以达到地下水位深度),用2年根1年干的大苗削去侧根深插造林,效果很好。生长第六年,平均胸径27.2 cm,平均高18.1 m,单株材积0.424 4 m^3。河南东部平原地区营造的防风固沙林,多采用低干造林的方法。将粗3~4 cm的柳枝截成50 cm左右的柳橛,用木榔头直接打入沙地,插穗顶端与地面平或稍露出地面。这种方法群众称为"埋橛子"。有时为了提高栽植成活率,每穴可扦插2~4个插穗,群众称为"窝墩造林法"。

(二)埋干造林

埋干造林是一种将枝干截取一定长度后直接埋在造林地上培育成林的方法。多用杨、柳树枝在沿河低地和湿润沙地造林。一般用犁犁成长沟,将插穗平放于沟中,再用犁覆土,然后压实土壤。由于埋干深浅不同,可分为全埋法与露枝法。

全埋法是用1~2年生、长1~1.5 m的枝条,将侧枝去掉后平埋入土中,根据枝条的粗细埋深3~6 cm。

露枝法是将1~2年生带侧枝的枝条,平埋入土中20~30 cm深,侧枝露出地面3~6 cm,用这种方法造林的苗木抗旱力较强。

(三)分根造林

分根造林即在秋季落叶后到春季造林前,从健壮的母树根部截取根段作插穗,一般直径1~2 cm,长10~20 cm,直接埋入造林地上,使其萌发新根育成新林。使用该方法造林应注意根插穗不能倒置。此法适用于某些萌力强的树种,如泡桐、刺槐、漆树、楸树、香椿等。

（四）分蘖造林

将根蘖性强的树种母树根部所生长的萌蘖苗连根挖出用来造林，称为分蘖造林。

（五）地下茎（分蔸）造林

地下茎（分蔸）造林是利用竹类的地下茎（竹鞭）在土壤中蔓延并抽笋成竹的一种造林方法。具体做法有移母竹、移根株（分蔸造林）和移鞭造林等。

三、分殖造林时间

插条和插干造林的时间与裸根苗的造林时间基本一致，随树种和地区不同，可在春季和秋季插植，常绿树种可随采随插，落叶树种可随采随插或采条后储藏再插；在水分不充足的地区，插条造林应在雨量充沛的雨季进行。

地下茎造林，除寒冷以及酷热天气外，其他时间可进行小规模造林。大面积栽植时，单轴型竹类可在生长缓慢的冬季和早春进行，合轴型竹类可在 1 ~3 月进行。

第六节　封山（沙）育林

封山育林是我国传统培育森林的方法，是增加森林植被的重要方式之一。它具有用工少、成本低、效益高、见效快的优点。

封山育林是对具有天然下种或萌芽、萌蘖能力的疏林地、无立木林地、宜林地灌丛实施封禁，保护植物的自然繁殖生长，同时辅以人工促进手段，促使其恢复形成森林或灌草植被，以及对低质、低效有林地、灌木林地进行封禁，并辅以人工促进经营改造措施，以提高森林质量的一项技术措施。它包括无林地和疏林地封育、有林地和灌木林地封育。

无林地和疏林地封育是对宜林地、无立木林地、疏林地实施封禁并辅以人工促进手段，使其形成森林或灌草植被的一项技术措施。

有林地和灌木林地封育是对低质、低效有林地、灌木林地实施封禁，并采取定向培育的育林措施，即通过保留目的树种幼苗、幼树，适当补植改造，并充分利用生态系统的自我修复能力提高林分质量的一项技术措施。

一、封育类型

封育类型是通过封育措施封育区预期能形成的森林植被类型。按培育目的和目的树种比例分为乔木型、乔灌型、灌木型、灌草型和竹林型五个封育类型。

二、封山育林的适用条件

根据国家林业局 2004 年颁发的《封山（沙）育林技术规程》的规定，可以进行封山育林的条件如下。

（一）无林地和疏林地封育条件

符合下列条件之一的无林地、疏林地，均可实施封育：

（1）有天然下种能力且分布较均匀的针叶母树每公顷 30 株以上或阔叶母树每公顷 60 株以上；如同时有针叶母树和阔叶母树，则按针叶母树除以 30 加上阔叶母树除以 60 之和，如大于或等于 1 则符合条件。

(2)有分布较均匀的针叶树幼苗每公顷900株以上或阔叶树幼苗每公顷600株以上；如同时有针阔幼树或者母树与幼树，则按比例计算确定是否达到标准，计算方式同(1)。

(3)有分布较均匀的针叶树幼树每公顷600株以上或阔叶树幼树每公顷450株以上，如同时有针阔幼树或者母树与幼树，则按比例计算确定是否达到标准，计算方式同(1)。

(4)有分布较均匀的萌蘖能力强的乔木根株每公顷600个以上或灌木丛每公顷750(沙区150)个以上。

(5)有分布较均匀的毛竹每公顷100株以上，大型丛生竹每公顷100丛以上或杂竹覆盖度10%以上。

(6)除上述条款外，不适于人工造林的高山、陡坡、水土流失严重地段及沙丘、沙地、海岛、沿海泥质滩涂等经封育有望成林(灌)或增加植被盖度的地块。

(7)分布有国家重点保护Ⅰ、Ⅱ级树种和省级重点保护树种的地块。

(二)有林地和灌木林地封育条件

(1)郁闭度 <0.50 的低质、低效林地。

(2)有望培育成乔木林的灌木林地。

三、封育类型确定

(一)无林地和疏林地封育类型

在小班调查的基础上，根据立地条件以及母树、幼苗幼树、萌蘖根株等情况，无林地和疏林地封育分为以下5种封育类型。

1. 乔木型

因人为干扰而形成的疏林地以及乔木适宜生长区域内，达到封育条件且乔木树种的母树、幼树、幼苗、根株占优势的无立木林地、宜林地应封育为乔木型。

2. 乔灌型

其他疏林地，以及在乔木适宜生长区域内，符合封育条件但乔木树种的母树、幼树、幼苗、根株不占优势的无立木林地、宜林地应封育为乔灌型。

3. 灌木型

乔木适宜生长上限，符合封育条件的无立木林地、宜林地应封育为灌木型。

4. 灌草型

立地条件恶劣，如高山、陡坡、岩石裸露、沙地或干旱地区的宜林地段，宜封育为灌草型。

5. 竹林型

符合毛竹、丛生竹或杂竹封育条件的地块。

(二)有林地和灌木林地封育类型

有林地和灌木林地应培育成乔木型。

四、封山育林的方式

封山育林根据封育目的和自然社会条件可以分为全封、半封、轮封三种方式。

(一)全封

全封是指在封育期间，严禁樵采、放牧、采药和其他一切不利于林木生长繁育的人为活动。这种封育方式适用于远山、高山、江河上游、水库集水区、水土流失和风沙危害严重地段，以及恢复植被困难的封育区。

（二）半封

半封亦称活封，对有一定的目的树种、生长良好、林木覆盖度较大的封育区，在林木生长的主要季节实行封禁，其余季节在严格保护目的树种幼苗、幼树的前提下，可以有计划地进行砍柴、放牧、割草、采集等活动。这种形式适用于封育用材林、薪炭林。

（三）轮封

轮封就是将封育区划片分段，轮流封禁。在保护林木不受破坏的情况下，可划分一定范围（地段），集中一段时间，组织群众砍柴、放牧、割草等，其余地区实行封禁。这样轮流封育，使整个封育区都能封育成林，适用于当地群众生产、生活和燃料等有实际困难的非生态脆弱区的封育区。

五、封山育林年限

根据封育区所在地域的封育条件和封育目的确定封育年限，一般封育年限见表5-22。生态公益林的封育年限执行GB/T 18337.1—2001的规定。

表5-22　封育年限表

封育类型		封育年限(a)	
		南方	北方
无林地和疏林地封育	乔木型	6～8	8～10
	乔灌型	5～7	6～8
	灌木型	4～5	5～6
	灌草型	2～4	4～6
	竹林型	4～5	—
有林地和灌木林地封育		3～5	4～7

六、封育规划设计

（一）封育区规划

在林业发展规划、土地利用规划及森林经营方案的基础上，结合已有资料或（和）调查资料，进行封山（沙）育林规划。

规划内容主要包括封育范围、封育条件、经营目的、封育方式、封育年限、封育措施及封育成效预测等。

规划成果报请上级林业主管部门或所在县人民政府审批后，作为封山（沙）育林作业设计的依据。

（二）作业设计调查

1. 基本情况收集

全面了解封山（沙）育林范围内的自然环境、社会经济条件和植被状况，具体包括：

(1)自然环境条件：包括封育区的气候、地形、地貌、土壤等。

(2)社会经济条件：包括当地人口分布、交通条件、农业生产状况、人均收入水平、农村生产生活用材、能源和饲料供需条件及今后当地发展前景等。

(3)植被状况:包括当地曾分布的自然植被类型,现有天然更新和萌蘖能力强的树种分布情况,以及森林火灾和病、虫、鼠害等。

2. 封育区调查

(1)封育区调查应在森林资源规划设计调查的基础上,尽量利用已有各类调查资料,不能满足需要时宜作补充调查。

(2)小班区划和调查执行国家林业局林资发[2003]61号《国家林业局关于颁发〈森林资源规划设计调查主要技术规定〉的通知》、原林业部林资字[1989]58号《林业部关于颁发〈林业专业调查主要技术规定〉的通知》的相关规定。

(3)样圆(方)设置。小班内母树、幼树、幼苗、根株数量与分布状况调查采用小样圆(方)实测方法。

在小班内机械布设调查样圆(方),设置的调查样圆(方)面积以10 m^2 为宜,数量按小班面积确定,具体要求见表5-23。

表5-23　调查样圆(方)数量表

小班面积(hm^2)	样圆(方)数量(个)
<5	>6
5~10	>8
11~19	>10
>20	>15

样圆(方)调查项目:记载样圆(方)内母树树种、株数;竹类名称、株(丛)数及杂竹覆盖度;灌木树种、丛(株)数、盖度;国家重点保护树种、株数;幼苗和幼树的树种、株数;萌芽乔木树种、蔸数等,详见表5-24所示的内容。

统计计算:调查小班的母树、幼树、幼苗、竹(丛)、灌丛等因子,按式(1)计算。

$$\overline{X} = \frac{1}{n}\sum_{i=0}^{n} x_i \times 1\ 000 \tag{1}$$

式中　$\overline{X}$——小班平均每公顷株数;

x_i——样圆(方)内母树、幼树、幼苗、竹等株(丛)数和灌木丛数;

n——样圆(方)数。

3. 作业设计

封山(沙)育林作业以封育区为单位,至少应包括以下内容:

(1)封育区范围:确定封育区面积与四至边界。

(2)封育区概况:明确封育区自然条件、森林资源和封育区地类与规模等。

(3)封育类型:根据封育区条件确定封育类型,以小班为单位按封育类型统计封育面积。

(4)封育方式:根据当地群众生产、生活需要和封育条件,以及封育区的生态重要程度确定封育方式。

表 5-24　封山(沙)育林区小班现状调查记载图表(正面)

封育单位		村或林班号		小班号	
小地名		图幅号		小班面积(hm^2)	
地形	海拔(m)		土壤	土壤名称(亚类)	
	坡向			土层厚度(cm)	
	坡位			酸碱度 pH	
	坡度			母岩母质	
年均气温(℃)		年均降水量(mm)		立地类型	
林地权属		封育类型		始封年度	
林木权属		封育方式		封育年限	
期初地类		期初郁闭(盖)度		优势树种(组)	
期末地类		预期郁闭(盖)度		工程与类别	

调查年度	现有母树(竹)					现有幼苗、幼树(竹)					灌木			草本		灌草总盖度	郁闭度	保护树种等级
	树种	每公顷株数	平均年龄	平均高(m)	平均胸径(cm)	树种	每公顷株数	平均年龄	平均高(m)	平均胸径(cm)	树种	每公顷株(丛)数	覆盖度(%)	草种	盖度(%)			

封育措施	年度	措施：
病、虫、鼠害状况		
备注		

调查员：　　　　　　　　　　　　　　　　　　调查时间：

(5)封育年限：根据当地封育条件、封育类型和人工促进手段，因地制宜地确定封育的封育年限。

(6)封育组织和封育责任人。

(7)封育作业措施：包括以封育区为单位设计围栏、哨卡、标志等设施和巡护、护林防火、病虫鼠害防治措施；以小班为单位设计育林、培育管理等措施。

(8)投资概算：根据封山(沙)育林设施建设规模和管护、育林、培育管理工作量进行投资概算，并提出资金来源和筹措办法。

(9)封育效益：按封育目的，估测项目实施的生态、经济效益与社会效益。

(10)附表格式：详见表 5-25 ~ 表 5-29。

表 5-25　封山育林小班作业设计一览表

封育单位	林班号村	小班号	小班面积（hm^2）	地类	封育类型	培育树种	封育方式	始封年度	封育年限	封禁措施				育林措施									备注
										机械围栏（m）	生物围栏（m）	检查哨卡	其他	补植			补播		平茬复壮		人工促进整地面积（hm^2）	其他	
														树种	面积（hm^2）	定植模式	树种	面积（hm^2）	树种	面积（hm^2）			

填表人：　　　　　　　　　　　　　　　　填表时间：

表 5-26　封山育林面积统计表

（单位：hm^2）

封育单位		省（市、区）			县（市、区）		乡镇或林场		村或林班号	
封育类型		有林地和灌木林地封育			无林地和疏林地封育					
		小计	有林地	灌木林地	小计	乔木型	乔灌型	灌木林	灌草型	竹林型
在封合计										
新封面积										
原封面积	××××年度									
	××××年度									

填表人：　　　　　　　　　　　　　　　　填表时间：

表 5-27　封育措施按始封年度统计汇总表

封育单位		省（市、区）				县（市、区）				乡镇或林场		村或林班号		
封育分类		封育面积合计	封育方式			封禁措施				育林措施				
			全封（hm^2）	半封（hm^2）	轮封（hm^2）	机械围栏（m）	生物围栏（m）	检查哨卡（个）	其他	补植（hm^2）	补播（hm^2）	平茬复壮（hm^2）	人促整地（hm^2）	其他（hm^2）
在封合计														
新封面积														
原封年度	××××年度													
	××××年度													
	××××年度													
	××××年度													

填表人：　　　　　　　　　　　　　　　　填表时间：

表 5-28　封山育林地类统计汇总表

（单位：hm^2）

封育单位		省（市、区）			县（市、区）			乡镇或林场			村或林班号		
封育分类		封育面积合计	当前地类					始封地类					备注
			有林地	疏林地	灌木林地	无立木林地	宜林地	有林地	疏林地	灌木林地	无立木林地	宜林地	
在封合计													
新封面积													
原封年度	××××年度												
	××××年度												
	××××年度												
	××××年度												

填表人：　　　　　　　　　　　　　　　　填表时间：

表 5-29　封育措施按封育类型统计汇总表

封育单位		省（市、区）				县（市、区）				乡镇或林场			村或林班号	
封育分类		封育面积合计	封育方式			封禁措施				育林措施				
			全封（hm^2）	半封（hm^2）	轮封（hm^2）	机械围栏（m）	生物围栏（m）	检查哨卡（个）	其他	补植（hm^2）	补播（hm^2）	平茬复壮（hm^2）	人促整地（hm^2）	其他（hm^2）
合计														
无林地和疏林地封育	小计													
	乔木型													
	乔灌型													
	灌木型													
	灌草型													
	竹林型													
乔林封育														
灌木封育														

填表人：　　　　　　　　　　　　　　　　填表时间：

(11)附图:按《林业地图图式》或其他有关规定标明图式,主要包括封育范围、林班和小班界线、封禁措施及育林措施等;附图比例尺应在 1∶5 000 以上;在图面空白处列表注记小班因子主要内容。注记主要因子为小班号、小班面积、主要培育树种(乔、灌、草、竹)、封育类型、封育方式、封育年限等。

七、封育作业

(一)封育组织管理

封育规划设计文件应根据每个项目的不同管理要求,由经营单位或经营者向地方林业主管部门逐级汇总报批后执行。工程项目按工程管理程序进行,一般项目可根据实际需要从简。

以封育区的经营单位或经营者为主实施封育,鼓励多种形式组织联合封育。

封育期间,经营单位或经营者应定期观测封育效果,根据观测情况可按有关程序报批后及时调整封育措施。

封育期满后,各级林业主管部门及时组织检查及成效调查验收。

(二)封禁

1. 警示

封育单位应明文规定封育制度并采取适当措施进行公示。同时,在封育区周界明显处,如主要山口、沟口、主要交通路口等应树立坚固的标牌,标明工程名称、在封区四至范围、面积、年限、方式、措施、责任人等内容。封育面积 100 hm^2 以上至少应设立 1 块固定标牌,人烟稀少的区域可相对减少。

2. 人工巡护

根据封禁范围大小和人、畜危害程度,设置管护机构和专职或兼职护林员,每个护林员管护面积根据当地社会、经济和自然条件确定,一般为 100 ~ 300 hm^2。

对管护困难的封育区可在山口、沟口及交通要塞设哨卡,加强封育区管护。

3. 设置围栏

在牲畜活动频繁地区,可设置机械围栏、围壕(沟),或栽植乔、灌木设置生物围栏,进行围封。

4. 界桩

封育区无明显边界或无区分标志物时,可设置界桩以示界线。

(三)人工辅助育林

1. 无林地和疏林地育林

对封育区内乔、灌木有较强天然下种能力,但因灌草覆盖度较大而影响种子触土的地块,可进行带状或块状除草、破土整地,实行人工促进更新。对封育区内有萌蘖能力的乔、灌木幼树、母树,可根据需要进行平茬或断根复壮,以增强萌蘖能力。对封育区内自然繁育能力不足或幼苗、幼树分布不均匀的间隙地块,可按封育类型成效要求进行补植或补播。

沙地封育区,可在风沙活动强烈的流动沙地(丘)采取沙障固沙等措施促进封育。对干旱区的封育区,在有条件的区域可开展引洪灌溉抚育,促进母树和幼树、幼苗生长。

在封育年限内,根据当地条件,对符合封育目标或价值较高的乔、灌树种,可重点采取除草松土、除蘖、间苗、抗旱等培育措施。

2. 有林地和灌木林地育林

对封育区树木株数少、郁闭度和盖度低、分布不均匀的小班，采取林冠下、林中空地补植补播的人工促进方法育林。对树种组成单一和结构层次简单的小班，采取点状、团状疏伐的方法透光，促进林下幼苗、幼树生长，逐渐形成异龄复层结构的林分。

3. 灾害防护

在封育年限内，按照“预防为主、因害设防、综合治理”的原则，实施火、病、虫、鼠等灾害的防治措施，避免环境污染、破坏生物多样性，做好相应的预测、预防工作。

八、封育区检查和成效调查

（一）自查

对工程封山（沙）育林项目，在封育期内由当地林业主管部门组织定期自查，检查各项封育措施是否完备以及初步的封育成效，写出定期自查工作总结，针对存在问题提出改进措施。非工程封山（沙）育林项目可从简。

达到封育年限的在封区，由当地林业主管部门组织全面自查并形成检查验收成果报告。

（二）核查

在封育期内，上级林业主管部门为掌握封山育林实施情况，应组织对在封区进行核实检查。在封区核实合格条件包括：

（1）满足了无林地和疏林地封育条件/有林地和灌木地封育条件；

（2）具备了合理齐全的封育规划和作业设计；

（3）设置了明晰的固定标志；

（4）落实了职责明确的管护机构和人员；

（5）制定了技术合理的封育制度和封育措施；

（6）已实施或准备实施封育措施；

（7）建立了封山（沙）育林技术档案。

（三）成效调查

1. 调查组织

在封区达到封育年限后，由上级林业主管部门组织成效调查。农户、组、村自行组织的封山（沙）育林项目可由林业主管部门指导进行成效调查。

调查结果以经营者和分级行政单位通过逐级汇总并逐级进行成效评定。

2. 调查方法

采用小班调查法调查封山育林成效，调查结果汇总参照表5-30，要求为：

（1）覆盖度和郁闭度可采用小班目测法或样地调查法。

（2）株数调查采用样圆（方）调查法。在小班内机械或随机布设面积为10 m^2 样圆（方）进行小班因子调查，样圆（方）数量按小班面积确定（同表5-23）。

3. 合格标准

以小班为单位按无林地和疏林地封育（分别封育类型）、有林地和灌木林地封育（分别乔木林与灌木林）进行成效合格评定。

表 5-30　封山育林小班核查与成效调查登记表

封育单位	（省、县、乡或林场）	村或林班号		小班号	
始封年度		调查年度		图幅号	
封育类型		封育方式		上报面积（hm^2）	
封育林种		优势树种（组）		核实面积（hm^2）	
林地权属		林木权属		规划设计	有（无）
前地类		现地类		封育制度	有（无）
育林措施		育林面积（hm^2）		封育标志	有（无）
总盖度		郁闭度		管护人员	有（无）
乔（竹）树种		乔（竹）起源		档案资料	有（无）
乔（竹）年龄		乔（竹）平均高（m）		乔竹单位面积株数	
灌木树种		灌木盖度		乔（竹）平均胸径（cm）	
草本种类		草被盖度		单位面积株（丛）数	
核实成效面积（hm^2）		核实失败面积（hm^2）		核实损失面积（hm^2）	
病、虫、鼠害状况					
备注	1. 自查或核查时，根据封育合格条件判定是否合格； 2. 成效调查时，根据成效标准判定是否合格； 3. 对于封育失败和封育损失面积说明原因。				

填表人：　　　　　　　　　　　　　　填表时间：

1）无林地和疏林地封育

（1）乔木型。符合下列条件之一的小班为合格：乔木郁闭度≥0.20；平均有乔木 1 050 株/hm^2 以上，且分布均匀。

（2）乔灌型。符合下列条件之一的小班为合格：乔木郁闭度≥0.20；灌木覆盖度≥30%；有乔灌木 1 350 株（丛）/hm^2 以上或年均降水量 400 mm 以下地区 1 050 株（丛）/hm^2 以上，其中乔木所占比例≥30%，且分布均匀。

（3）灌木型。符合下列条件之一的小班为合格：灌木覆盖度≥30%；有灌木 1 050 株（丛）/hm^2 以上或年均降水量 400 mm 以下地区[1] 900 株（丛）/hm^2 以上，且分布均匀。

（4）灌草型。符合下列条件之一的小班为合格：灌草综合覆盖度≥50%，其中灌木覆盖度≥20%；年均降水量在 400 mm 以下地区灌草综合覆盖度≥50%，其中灌木覆盖度≥15%；有灌木 900 株（丛）/hm^2 以上或年均降水量在 400 mm 以下地区 750 株（丛）/hm^2 以上，且分布均匀。

（5）竹林型。有毛竹 450 株/hm^2 以上或杂竹覆盖度≥40%，且分布均匀。

[1] 年均降水量在 400 mm 以下以县为单位划分，按照国家林业局林资发〔2004〕14 号《国家林业局关于颁发〈“国家特别规定的灌木林地”的规定〉（试行）的通知》执行，下同。

2）有林地封育

有林地封育小班应同时满足下列条件：

（1）小班郁闭度≥0.60，林木分布均匀；

（2）林下有分布较均匀的幼苗 3 000 株（丛）/hm^2 以上或幼树 500 株（丛）/hm^2 以上。

3）灌木林地封育

灌木林地封育小班的乔木郁闭度≥0.20，乔灌木总盖度≥60%，且灌木分布均匀。

4. 计算方法

1）小班平均每公顷株数

小班平均每公顷母树、幼树、幼苗、竹等株（丛）数和灌木丛数计算同式（1）。

2）上报面积成效率

$$\text{上报面积成效率}(\%) = \frac{\text{成效合格小班面积和}}{\text{小班上报面积和}} \times 100 \qquad (2)$$

3）核实面积成效合格率

$$\text{核实面积成效合格率}(\%) = \frac{\text{成效合格小班面积和}}{\text{小班核实面积和}} \times 100 \qquad (3)$$

5. 成效调查报告

报告的内容包括成效调查时间、调查地点、组织工作情况，调查方法、样地数量、调查结果、结果分析与评价、存在问题与建议等。封山（沙）育林检查和成效调查汇总表见表 5-31、表 5-32。

九、档案管理

（1）以经营单位的封育区为单元建立档案资料。

（2）封山（沙）育林中涉及的文件均需归档，并分别用纸质和电子档保存，由专人负责管理。

（3）封山（沙）育林档案材料应包括：小班档案记录卡，格式同表 5-24；各类审批文件；调查规划设计文件，包括图、表（卡）等；封育实施的年终总结；成效调查和检查验收成果；历年封育成林汇总图、表。

（4）在封育期间，森林资源发生变化的小班应在更新经营档案的同时，及时更新资源档案。

表 5-31　封山（沙）育林检查和成效调查汇总表

封育单位	省、县、乡或林场			调查年度	
上报面积（hm^2）					
核实面积（hm^2）		核实率（%）		合格面积	
成效面积（hm^2）		核实面积成效率（%）		上报面积成效率（%）	
失败面积（hm^2）		失败率（%）			
损失面积（hm^2）		损失率（%）			

填表人：　　　　　　　　　　　　　　　　　填表时间：

注：失败面积为到达封育年限后达不到成效标准的封育区面积，损失面积指封育区由于人为或自然原因造成地类转变为非林地的面积。

表 5-32 封山(沙)育林成效分封育类型汇总表

(单位:hm^2)

封育单位		省(市、区)									县(市、区)									乡镇或林场						村或林班号		
封育类型		合计			有林地封育			灌木林地封育			无林地和疏林地封育																	
											小计			乔木型			乔灌型			灌木型			灌草型			竹林型		
		上报	核实	成效	上报	核实	成效	上报	核实	成效	上报	核实	成效	上报	核实	成效	上报	核实	成效	上报	核实	成效	上报	核实	成效	上报	核实	成效
在封合计																												
原封	××××年度																											
	××××年度																											
解封合计																												
续封合计																												

填表人: 填表时间:

第七节　幼林抚育

幼林抚育是指造林后到林分郁闭前所采取的各项技术和管理措施。在幼林阶段，植株幼小，群体又未形成，对各种不良环境条件的抵抗能力较差，因此必须加强抚育管理，以提高造林成活率和保存率，促使幼林适时郁闭。幼林抚育措施包括林地抚育管理、林木抚育管理和幼林保护管理。

一、林地抚育管理

林地管理包括除草松土、灌溉施肥、林地间作等。

（一）除草松土

造林后应及时进行除草松土，除草松土要与扶苗、除蔓等结合进行。除草松土主要解决杂草、灌木同幼树争夺水分、养分、光照的矛盾，松动表土，减少土壤水分蒸发，改善土壤通气状况，促进土壤微生物活动，从而促进幼树生长。

除草松土在造林的头3～5年特别重要。除草松土贵在及时，除草要除早、除小、除了，对穴外影响幼苗生长的高密杂草，要及时割除。除草松土的年限和次数因造林地立地条件、造林密度和经营水平而异。一般应进行到幼林全面郁闭为止，通常为2～5年。在湿润、半湿润地区，造林初期生长快的树种，第一年抚育1次，第二年抚育2次，第三年抚育1次。有冻害的地方，第一年以培土为主。半干旱地区和湿润、半湿润地区造林初期生长较慢的树种以及播种造林的，前1～3年抚育2～3次，第四年抚育1～2次，第五年抚育1次。但速生丰产林和经济林，除草松土应长期进行，不以郁闭为限。

除草松土应在杂草灌木生长旺盛时进行。在春夏两季正是幼树生长季节，也是杂草灌木危害最严重的时期，应抓住有利时机在雨后天晴或烈日下及时除草。秋季除草应在草、灌结籽之前进行。

除草松土的方法因整地方法而异，全面整地要全面除草松土，局部整地可以采用局部除草松土。除草和松土通常结合起来进行，但在土壤条件较好的造林地上，也可以只除草而不松土。除草松土必须认真细致，要求做到"三不伤、二净、一培土"，即不伤根、不伤皮、不伤梢，杂草除净、石块拣净，还要把锄松的土壤培到幼树基部。松土深度要适当，一般以5～10 cm为宜，干旱地区深些，丘陵山地可结合抚育进行扩穴增加营养面积。

除草松土是一项繁重的工作，可采用化学除草。化学除草一般在造林后6个月或第二年后进行，幼林化学除草时间是生长季节开始后以茎叶处理为主，阳性树种杂草高度为5 cm左右，阴性树种杂草高度为10 cm左右，在能明显看到幼树的情况下下药，最迟杂草高度不能超过幼树高度的1/3（幼树在1 m高度内）。除草方法可根据树种和生产需要进行全面、带状或穴状喷药。化学除草应注意药量药性对土壤、树木、水体和其他生物的影响。对林木有病虫害和新栽苗木不宜用药；喷洒时必须露水已干，不宜清晨用药；对补植苗木用药量要适当减轻。

（二）灌溉和施肥

灌溉和施肥是改善林地水肥条件的有效措施，虽然目前在我国还不普遍，但从长远来看是发展的方向。

1. 灌溉

在少雨干旱地区,适时灌溉对于提高造林成活率和促进林木生长发育有决定作用。实践证明,灌溉可使林木生长量提高 2 ~3 倍。灌溉可采用量多次少、一次灌透的方法。在平原地区可以漫灌,有条件的可用喷灌或滴灌。在山区丘陵地区必须修筑工程,引水上山灌溉。灌水后进行松土,减少土壤水分蒸发。

2. 施肥

20 世纪 60 年代以来,世界各国普遍开展林地施肥,效果良好。我国近年来也开展了这方面的工作,取得了明显的经济效益和社会效益。如湖北省崇阳县桂花林场,对 13 ~19 年生杉木中龄林进行了 5 年施肥,投资和纯利润比例为 1∶(2.48 ~4.27);江苏对Ⅰ -72/58 杨施氮磷钾混合肥(N∶P∶K 为10∶8∶6),7 年投资与利润比例为 1∶5.5。

施肥期主要分造林前后、林分全面郁闭后和主伐前数年这四个时期。造林前施肥结合整地进行;造林后应结合松土除草开沟施肥,也可全面撒施;全面郁闭后和主伐前数年两个时期的施肥,可用人工或直升飞机全面撒施。

施肥种类应以长效肥料为主。用材林要多施些氮肥,但幼林时要增施磷肥。在针叶林下土壤酸度较大,要多施些钙质肥料。此外,在施用氮、磷、钾的同时,注意配合施入少量微量元素肥料。幼林阶段杂草较多,施肥时若能和除草剂配合使用,则施肥效果更为理想。近年来各地造林结合间种绿肥,定期埋青,是增加林地有机质的好办法。

廖晓海等人在原阳县沙土类型区进行了农田林网沙兰杨、毛白杨、白榆三个树种的 N、P、K 配比组合施肥试验。试验土壤为黄潮土,土质为两合土。试验结果为:沙兰杨以 $N:P_2O_5:K_2O=1:0.5:1$ 为最优配比,$N:P_2O_5:K_2O=1:1:1$ 为次优配比。毛白杨以 $N:P_2O_5:K_2O=1:0.5:0.5$ 为最优配比,$N:P_2O_5:K_2O=0.5:1:0.5$ 为次优配比。白榆以 $N:P_2O_5:K_2O=0.5:1:0.5$ 为最优配比,$N:P_2O_5:K_2O=1:0.5:0.5$ 为次优配比。由于树种的生物学特性不同,对土壤肥力的要求和适应程度也不同,因此在施肥配比组合上虽同为最优或次优配比组合,但对施肥的反应有明显差异,沙兰杨的最优和次优施肥组合,其胸径年生长量分别提高 30.24% 和 29.03%;毛白杨的最优和次优施肥组合,其胸径年生长量分别增加 48.73% 和 38.58%;白榆的最优和次优施肥组合,其胸径年生长量分别提高 70.27% 和 63.24%。由于不同树种对生态环境的要求不同,除要求 N、P、K 肥料合理组合配比以外,还与施肥量、施肥方法、施肥次数等有关,这些都是有待进一步深入研究的问题。

廖晓海等人还研究了林木年生长量与施肥量的关系,分别得出沙兰杨、毛白杨、白榆的胸径年生长量与施肥量(kg/株)关系的数学模型:

沙兰杨 $$Y=3.2977+0.0021X_1+0.0557X_2+0.1103X_3+0.2687X_1X_2+0.254X_1X_3-0.078X_2X_3-0.2434X_1^2-0.0759X_2^2-0.887X_3^2$$

毛白杨 $$Y=2.839-0.059X_1+0.0864X_2+0.0257X_3-0.977X_1X_2+0.1736X_1X_3-0.1042X_2X_3+0.377X_1^2-0.0345X_2^2-0.0404X_3^2$$

白榆 $$Y=3.8016+0.844X_1+0.1266X_2-0.0177X_3+0.1933X_1X_2-0.1210X_1X_3-0.257X_2X_3-0.0947X_1^2+0.0118X_2^2+0.0055X_3^2$$

式中 Y——胸径年生长量;

X_1——N 肥;

X_2——P_2O_5;

X_3——有机肥。

经过模型优化，计算机模拟仿真，通过频数分析，以95%的概率保证，预测出沙兰杨年生长量3.5 cm以上、毛白杨3 cm以上、白榆4 cm以上的施肥最优组合方案见表5-33。这个最优组合方案对相同或相似条件下的幼龄林带林木施肥有现实指导意义。

表5-33　三个树种最优施肥组合方案

树种	施肥组合方案(kg/株)			说明
	尿素	过磷酸钙	有机肥	
沙兰杨	0.35～0.38	1.12～1.34	3.08～3.45	尿素含N46%，过磷酸钙含 $P_2O_5$12%，有机肥为一户的农家肥
毛白杨	0.23～0.27	1.14～1.25	2.22～2.50	
白榆	0.28～0.32	1.21～1.35	2.19～2.50	

施肥是速生丰产林培育的重要措施。特别是杨树、泡桐，生长快，需要的营养多。据测定，4年生Ⅰ-214杨，株行距4 m×5 m，平均胸径17.3 cm，平均树高12.4 m，需吸收N 152.3 kg，P_2O_5 33.9 kg，K_2O 121.3 kg，CaO 213.1 kg，Mg 63.8 kg。蒋建平教授等在兰考县进行的泡桐施基肥试验表明，造林时施足基肥（每株树坑施有机肥50 kg、磷肥1 kg、饼肥2.5 kg）的5年生兰考泡桐比不施基肥的同龄树木平均树高增加30.48%，平均胸径增加65.78%，单株材积提高186.96%。张应芬等人研究，在豫东平原5月中旬、6月中旬、7月中旬施追肥对泡桐的胸径和主干高生长有显著影响，以5月中旬施肥的效果较好，5月中旬施肥6月中旬灌水的组合效果更好。

秦世俊等人在滑县林场风沙土上对5年生5 m×5 m株行距的沙兰杨人工林进行了不同施肥量试验，每公顷分别施氮磷混合肥（2:1）562.5 kg、750 kg和1 125 kg的树木当年胸径生长量比不施肥的提高35%～76%，第二年提高30%～160%；以每公顷施肥1 125 kg的效果最好，当年胸径生长量提高76%，第二年提高160%；从蓄积生长量来看，也是每公顷施肥1 125 kg的效果最好，当年蓄积增长4.83倍，第二年增长5.49倍。从经济效益考虑，施肥当年增产的木材价值是肥料价值的5.2～7.6倍，第二年为肥料价值的9.4～10.8倍，即1元钱肥料投资可得到9.4～10.8元的经济效益。所以在土壤瘠薄的地方，对林木施肥是速生丰产林的重要措施之一。

（三）林农间作

林农间作就是在幼林尚未郁闭以前，在行内种植农作物的一种抚育形式。合理的农林间作可以充分利用光能和地力，达到以耕代抚、以副促林、林茂粮丰的目的。

1. 间种农作物的选择

应选择与幼林矛盾较小的农作物进行间作。具体可根据树种特性和林龄来确定。一般速生喜光树种林地，应选择红薯、花生、豆类等矮秆耐阴作物，而生长较慢、早期耐阴的树种，可间种玉米、高粱等高秆作物。另外，浅根性树种宜间作深根性作物，深根性树种宜间作浅根性作物，如泡桐和小麦间作等。但应注意在任何条件下都不要间作攀缘性作物。

2. 间作方法

间作一般在幼树行间进行。作物与幼树的距离应以幼树能得到上方光照而造成侧方蔽荫且作物根系不与幼树争夺水肥的原则来确定。一般在 1 ~ 2 年生幼林中，应距幼树根际 30 ~ 50 cm 进行间作比较适宜。

间作一般到林分郁闭时停止，但在经济林中可长期进行。间作期间，坚持秸秆还田，以提高土壤肥力，并应突出以林为主，决不能因间作而妨碍幼林生长，更不能损坏幼林。

二、林木抚育管理

林木抚育管理包括间苗定株、除萌抹芽、平茬、修枝等。

（一）间苗定株

播种造林或丛状植苗造林，随着幼林生长，苗木密集成丛，营养条件和光照条件恶化，影响幼树生长，必须及时间苗定株。在立地条件好、幼树生长快的情况下，可在造林后 2 ~3 年进行；反之，可推迟到 4 ~5 年进行。间苗最好在雨后或结合松土除草进行，在穴内选留一株干形好、生长壮的苗木，其余除去。薪炭林不需间苗。

（二）平茬

平茬就是把幼树从地表截断，促使萌生新的茎干。平茬不是一项必需的管理措施，只有当造林后，由于某些原因如机械损伤、霜冻、病虫害等使主干生长不良时，才考虑采用平茬。只适用于杨树、柳树、刺槐、泡桐、杜仲等萌芽力较强的树种。

平茬一般在早春进行，也可在造林后立即进行，操作时紧贴地面不留树桩，要求工具锋利，切口平滑。平茬后盖上湿土，防止水分蒸发和造成冻伤。

（三）除萌抹芽

截干造林或平茬后，在根颈处往往长出许多萌条，影响主干生长。应从中选留一个通直圆满、生长健壮的主干，其余除去，这项措施就是除萌。

抹芽是对侧枝扩张、顶芽早衰的树种如泡桐、苦楝所采用的一种促进高生长的措施。具体做法是：当幼树树干上萌发的嫩枝尚未木质化时，将离地面树高 2/3 以下的嫩枝抹掉，既省工，又不伤树干，可防止养分扩散，促使主干的高生长。

（四）修枝

对幼树及时适当修枝，可促进主干生长，培育良好干形，提高木材质量，减少森林火灾和病虫害，提高森林防护效能。同时，还可获得一定数量薪材，解决群众烧柴问题。但并不是所有树种都要修枝。一般只是对分枝较多、直干性差的阔叶树种，如泡桐、苦楝、刺槐、白榆等才进行修枝。

培育目的不同，修枝措施也不同。培育用材林时，修枝的目的是培育通直、饱满的树干；培育防护林时，修枝的目的是调整林带疏透度，同时培育无节良材，提高林带经济价值。要达到预期目的，修枝必须适时适度。目前，生产上普遍存在着修枝过度现象。因此，认真研究林木修枝技术具有重要的实践意义。

据赵体顺等人研究，沙土类型 4 年生两行式、株行距 2 m×8 m 的沙兰杨和白榆林带试验结果为：30%、40% 和 50% 的修枝强度均造成了沙兰杨胸径和树高年生长量的下降，且修枝强度越大，降低得越多。50% 的修枝强度比不修枝的胸径年生长量减少 20. 34%，树高年生长量减少 31. 68%。但适度修枝对白榆生长有促进作用。4 年生刺槐片林修枝结果，对生长有促进作用、对高生长的促进作用更为明显，详见表 5-34。

表 5-34　修枝对几种树木年生长量的影响

树种	处理	Ⅰ		Ⅱ		Ⅲ		Ⅳ		Ⅴ		平均		与对照比(%)	
		胸径(cm)	树高(m)	胸径(cm)	树高(m)	胸径(cm)	树高(m)	胸径(cm)	树高(m)	胸径(cm)	树高(m)	胸径(cm)	树高(m)	胸径(cm)	树高(m)
沙兰杨林带	30%	2.63	1.40	2.63	2.00	2.77	2.00	2.87	1.20	2.10	2.10	2.60	1.74	93.13	86.14
	40%	1.87	1.90	1.90	1.00	2.40	1.50	2.60	1.70	2.17	0.80	2.19	1.38	78.49	68.32
	50%	2.17	1.10	2.23	1.40	2.33	1.30	2.53	1.30	1.83	1.80	2.22	1.38	79.57	68.32
	对照	2.53	1.80	2.87	2.10	2.90	2.30	3.17	1.90	2.47	2.00	2.79	2.02	100.00	100.00
白榆林带	30%	2.58	1.50	2.04	1.70	2.30	1.30	2.12	1.30	1.78	1.60	2.16	1.48	120.00	105.71
	50%	1.66	1.70	1.37	2.10	1.64	1.50	1.80	1.80	1.66	2.10	1.63	1.84	90.56	131.43
	对照	1.75	1.10	1.84	1.50	1.76	1.20	1.68	1.60	1.96	1.60	1.80	1.40	100.00	100.00
刺槐片林	30%	1.02	0.70	1.00	0.60	0.78	0.40	0.80	0.30	0.88	0.40	0.90	0.48	112.50	150.00
	40%	1.12	0.90	1.56	1.40	0.86	0.40	0.88	0.70	0.82	0.80	1.05	0.84	131.25	262.50
	50%	0.83	0.30	1.08	0.20	1.06	0.70	1.36	0.20	1.06	0.50	1.08	0.83	135.00	118.75
	对照	0.68	0.40	0.99	0.10	0.86	0.40	0.80	0.50	0.66	0.20	0.80	0.32	100.00	100.00

蒋建平教授等在禹县对造林 8 年的兰考泡桐修枝试验表明：修枝可以促进接干主干的粗生长，提高主干的枝下高，但修枝的主干胸径生长量比不修枝的减少 21.8%，材积生长量减少 23.2%，这是因为修枝以后树冠和总叶面积明显变小。因此，对枝下高过低的幼树，应在造林后的第 3 ~ 4 年修去下层侧枝；对枝下高已达工艺要求的泡桐则不进行修枝，以利于材积生长。

上述试验研究结果表明，修枝效果与树种的生物学特性、造林密度、立地条件和修枝强度均有密切关系，所以适时适度修枝十分重要。一般来说，不论林带或片林，栽植后 5 年以内对发枝力弱、枝条比较稀疏的树种，为了尽快发挥防护效益，不宜进行修枝；对发枝力旺盛、枝条比较稠密的树种可以进行轻度修枝，修枝强度控制在 20% ~30% 为宜。

1. 修枝时间

修枝一般在晚秋和早春进行为好。此时修枝伤流轻、愈合快。而对某些萌芽力很强的树种如杨树、刺槐等也可在夏季修枝，以抑制伤口产生萌条，但切忌在雨季或干热时期修枝。

2. 修枝强度

修枝强度是指修枝的多少而言，通常以冠高比来表示。修枝强度可根据树种特性、立地条件、树龄和树冠发育状况而定。通常保留冠高比以 2/3 ~ 1/2 为宜。修枝时，小枝用剪或利刀紧贴树干由下而上切除。较粗大的枝条可用锯锯断，应注意使切口平滑，以利伤口愈合。

3. 常用修枝方法

(1)干冠比修枝法。该法按树种、年龄和林木生长状况确定合适的冠干比例(见表 5-35)。

表 5-35　同树种的修枝干冠比例

树种特性	年龄	干冠比	开始修枝年龄
速生树种：杨树、刺槐、构树、榆树、柳树、苦楝、臭椿等	2~3	1:3	2~3
	3~5	1:3	
	6~10	1:1	
	11~15	3:2	
生长较慢的树种：槐树、黄连木、五角枫等	5~10	1:3	5~7
	11~15	2:3	
	15~20	1:1	
	20 年以上	3:2	

(2)促主控侧修枝法。该法常用于侧枝多、枝条生长旺的树种，如榆树。具体方法是：每年冬季或早春对主枝头进行短截，并将剪口以下 3~4 个侧枝全部从基部疏去。夏季对直立强壮的侧枝剪去 1/2~2/3，控制其生长，原则上将全树侧枝粗度控制在主干粗度的 1/3 以下，以免与主干竞争，并可使主干上下粗细均匀。在修枝工作中要保持一定的冠高比，栽后第一年以 3/4 为宜，2~3 年以 2/3 为宜。连续修枝 3~4 年后，幼树即可达到成材高度，如培育檩材为 4 m，培育梁材为 5 m。以后不再修枝，尽量扩大树冠，以加速成材。

(3)接干法。多用于泡桐、臭椿、苦楝等树种。以"目伤接干法"和"斩梢抹芽法"应用最广。①目伤接干。这种方法常用于 3~4 年生主干低矮的泡桐幼树。具体做法是：在春季芽萌动前半月左右，在树干最上部，选择良好的芽眼，在芽眼上部 2~3 cm 处，横砍两刀，宽 0.8~1 m，长占目伤枝圆周的 1/3，深达木质部，并将两处刀痕中的树皮剥掉。②斩梢抹芽。在早春新芽萌发前，将主枝头短截，侧芽在小满前后长到 10~15 cm 时，选留靠近切口、位置适中的粗壮侧芽，培养为主干枝，其余侧芽幼枝全部抹掉。选留的侧芽应和上年留芽成相对方向，以利相互矫正主干，保持主干通直。如此连续修枝 3~4 年，即可培育出通直的主干。以后任其分枝，发展树冠、促使粗生长。

据研究，泡桐斩梢接干要掌握四个环节：一是选芽，选顶芽以下主干迎风面组织充实的 2~4 节的饱满芽作剪口芽。二是剪梢，在选定的剪口芽上方 1~2 cm 处剪去主梢，剪口要呈斜面，与主干呈 45°角。三是抹芽，当剪口周围萌发枝生长到 5~20 cm 时，选留生长位置好、发育健壮的萌发枝留作接干用，其余全部抹去。四是控制竞争枝，对影响接干新梢生长的竞争枝进行压枝，使其开张，保证主梢的正常生长。

（五）其他

对新造林进行封禁保护，不准进入林地放牧和打柴，可以有计划地割草。要做好林木的病虫害防治工作。混交林可采用修枝、平茬、间伐等措施调节各树种间的关系，保证其正常生长。速生丰产用材林和经济林要集约经营。林农间作以林为主时造林初期间作农作物以耕代抚，林木郁闭后停止间作；以农为主的可长期间作，但要注意林地间作农作物要以矮秆豆类为宜，不应种植高秆和攀缘作物，林农间作的树种要选择深根性、枝叶稀疏和经济价值高的树种。

第八节　造林作业设计

国有林场造林、集体造林、合作造林、重点工程造林和有一定规模的其他形式造林，应按国家基本建设程序造林施工单位在造林前一年编制以小班或具体地块为单位的作业设计书。根据国家林业局制定的《造林作业设计规程》(LY/T 1607—2003)(本标准不适用于飞播造林)，将造林作业设计的内容、方法和步骤分述如下。

一、造林作业设计的依据

造林施工设计的主要依据是：

(1)国家林业局颁发的《造林技术规程》、《速生丰产用材林标准》、《集约经营用材林基地造林总体设计规程》等技术性文件。

(2)造林任务已经落实到小班的总体设计或其他规划设计文件。

(3)年度造林计划或批准的造林设计任务书。

(4)有关造林、育苗、林业设计等方面的国标、部标、省标和有关的规程、规范等。如国家林业局颁发的《造林调查规划设计规程》、《河南省主要造林苗木标准》等。

二、造林施工设计的原则

造林作业设计应遵循的主要原则是：

(1)要遵循因地制宜、适地适树、科学造林的原则。

(2)宜林则林、宜灌则灌、宜草则草的原则。

(3)以优良乡土树种为主，适当应用引进成功外来树种。

(4)提倡营造有生态互补作用的混交林，提倡营建乔灌草复合结构的人工群落。

(5)以总体设计、森林分类经营方案为准落实年度造林任务。

(6)积极采用森林培育的先进技术和科研成果。

三、造林作业设计的内容

造林施工设计是在总体设计的基础上以小班为单位进行设计。造林作业设计的主要内容包括以下几个方面：

(1)选择造林作业区。依据总体设计图及附表、年度计划选择造林作业区，将任务落实到各个造林作业区。造林作业区可在宜林地、无立木林地、退耕还林地以及其他适宜造林地的小班中选择。造林作业区的布置要相对集中、便于管理，便于施工。造林作业设计总面积与年度计划任务应尽量吻合，负误差最大不超过10%。最小作业区的成图面积≥2 mm×2 mm。作业区的编号为：邮政编码—村屯名的汉语拼音缩写—年份—阿拉伯数字序号(3位数)，例如：472500－PC－2007－008。汉语拼音缩写为大写字母，双声母选第一个字母。

(2)造林作业区面积测量。造林作业区的面积以实测为准，测量闭合差不大于1/100。作业区形状规则可用测绳量测，不规则可用罗盘仪、经纬仪和经过差分纠正的GPS接收机测量，测量数据记录于《造林作业区现状调查表》(见表5-36)。

表 5-36　造林作业区现状调查表（正面）

<table>
<tr><td colspan="3">编号：</td><td colspan="2">日期：　　年　　月　　日</td><td colspan="2">调查者：</td></tr>
<tr><td colspan="7">位置：　　县（市、区）　　乡镇（林场）　　村屯（工区）　　林班　　小班　　细班</td></tr>
<tr><td colspan="3">地形图图幅号：</td><td colspan="2">比例尺：</td><td colspan="2">公里网范围：　东　西　南　北</td></tr>
<tr><td colspan="7">作业区实测面积：　　hm^2（精确到 0.01），相当于　　　亩（精确到 0.1）</td></tr>
<tr><td colspan="7">造林作业区立地特征：</td></tr>
<tr><td colspan="7">地貌类型：①山地阳坡；②山地阴坡；③山地脊部；④山地沟谷；⑤丘陵；⑥岗地；⑦阶地；⑧河漫滩；⑨平原；⑩其他（具体说明）</td></tr>
<tr><td colspan="3">海拔：　　m</td><td colspan="2">坡度：　　度</td><td>坡向：</td><td>坡位：</td></tr>
<tr><td colspan="7">地类：①宜林地；②湿润区沙地；③皆伐迹地；④火烧迹地；⑤疏林地；⑥低价低效林林地；⑦退耕还林地；⑧干旱区有灌溉条件的沙荒地；⑨道路河流沟渠两侧；⑩其他（沼泽地、滩涂、盐碱地等）</td></tr>
<tr><td colspan="7">母岩类型：①第四纪红色或黄色黏土类；②花岗岩类；③页岩、砂页岩类；④砂岩类；⑤紫色砂页岩类；⑥板岩、千纹岩等页岩变质岩类；⑦石灰岩类；⑧玄武岩类</td></tr>
<tr><td colspan="2">土壤类型：</td><td colspan="5">土层厚度（cm）：A1 层，AB 层，B 层，C 层</td></tr>
<tr><td>石砾含量（%）：</td><td>pH 值：</td><td colspan="5">质地：①沙土；②沙壤土；③轻壤土；④中壤土；⑤重壤土；⑥黏土</td></tr>
<tr><td colspan="2">植被类型：</td><td colspan="5">盖度（%）：总盖度；乔木层 灌木层 草本层</td></tr>
<tr><td colspan="2">主要植物种类中文名（及拉丁名）</td><td>生活型</td><td>多度</td><td>盖度（%）</td><td>分布状况</td><td>高度（cm）</td></tr>
<tr><td colspan="2"></td><td></td><td></td><td></td><td></td><td></td></tr>
<tr><td colspan="2"></td><td></td><td></td><td></td><td></td><td></td></tr>
<tr><td colspan="2"></td><td></td><td></td><td></td><td></td><td></td></tr>
<tr><td colspan="2"></td><td></td><td></td><td></td><td></td><td></td></tr>
<tr><td colspan="2"></td><td></td><td></td><td></td><td></td><td></td></tr>
<tr><td colspan="7">小气候述评（光照、湿度、风害、寒害等）：</td></tr>
<tr><td colspan="7">需要保护的对象：</td></tr>
<tr><td colspan="7">树木生长状况及树种选择建议：</td></tr>
<tr><td colspan="7">社会、经济情况：</td></tr>
<tr><td colspan="7">总评价（立地条件好坏、利用现状、造林难易程度、有无水土流失风险、有无需要保护的对象，权属是否清楚、交通是否方便、退耕地的耕作制度与收成，适宜的树种、整地方式、栽植配置等）</td></tr>
</table>

表 5-36　造林作业区现状调查表(背面)

面积测量野账与略图

填表说明:

1. 造林作业区立地特征中地貌类型、地类、母岩、土壤质地等项用选择法填写,选择其一,将前面的号码涂黑。其他各项填写实际数。
2. 植物种类的生活型分为:高大乔木、乔木、小乔木、灌木、小灌木(处于草本层)、半灌木(冬季部分枝条脱落)、多年生草本、一年生草本、藤本、附生、寄生。
3. 主要植物的多度记载采用目测法确定,用符号或用文字表示各级多度:soc. —植株密集成背景化,cop3—植株数量很多,cop2—植株数量多,cop1—植株尚多,sp—数量少呈散生状,sol—稀少,un—个别。
4. 主要植物分布状况分为 5 级:均匀,密布,团状,片状,散生。

(3)造林作业内业设计。根据总体设计等规划设计文件及造林作业区调查情况作出。包括:造林设计、幼林抚育设计、辅助工程设计、种苗需要量计算、工程量统计、用工量测算施工进度安排、经费预算、绘制造林作业设计图等。

(4)造林作业设计的组织。

四、造林施工设计的组织、设计资格

(1)造林作业设计一般由县(市、区)林业行政主管部门统一领导,由乡镇政府、县(市、区)直属林场或相当于林场的企业、机构组织。

(2)造林作业设计有具有丁级以上(含丁级)设计或咨询资质的单位或机构承担。作业设计实行项目负责人制,项目负责人具有对造林设计文件的终审权并承担相应的责任。允许直接聘请具有高级林业职称的技术专家编制作业设计,技术专家的责任由聘任合同确认。

五、外业调查

(一)准备工作

(1)资料准备。主要有造林总体设计、年度造林计划、有关造林技术资料。

(2)有关仪器、工具、表格的准备。主要有测绳、罗盘仪 GPS 等以及计算器、花杆、皮尺、文具用品等,还要有造林作业设计现状调查簿、造林作业设计一览表。

(3)人员组织与培训。根据任务大小,组织人员。设计人员必须是经过专业培训、有丰富实践经验的技术人员。要统一培训,统一技术标准。

(4)拟定工作计划,制定技术标准。其标准与总体设计一致。

(二)外业调查

(1)调查造林作业设计区,造林作业设计以造林作业区为单元编制,造林作业区原则上为一个小班,小班面积过大可以划分为几个细班,每个细班为一个造林作业区;当相邻或邻近几个小班立地条件、经营方向、树种选择一致,而总面积不大时,可以合并为一个造林作业区。先踏查整个造林作业设计区,踏查的主要内容包括:地类或小班界线是否变更,总体设计的内容是否合理。将造林作业区位置用铅笔勾绘在以乡镇为单位分幅的总体设计图或与总体设计图比例尺一致的地形图上。填写造林作业设计现状调查簿。

(2)测量小班面积。实测小班面积。闭合差不低于1/100。

(3)将造林总体设计中布设的林道、防火线、防火带、试验样地、环保监测样地及其他建筑物如护林房、机井、提灌站、观测站等,落实在小班的具体位置,确定走向,测量长度,在现地埋设标记并绘于图上。作业设计图以总体设计图为底图转绘成平面图,缺少的内容补上即可。

(4)对疏林地和散生木的造林作业区要进行林木蓄积量调查,填到树木生长特点记载栏中。散生木进行每木实测。疏林地按小班面积布设角规点绕测。

(5)几种特殊情况的处理。①原小班面积界线无误,但其中有不足最小区划小班面积的有林地、非林地等,经实测后从造林面积中扣除。②原造林作业区设计两个以上树种呈块状或带状(不含株间或行间)混交,应按照立地条件将混交树种落实到小班的具体地段。③因特殊情况,不能一次完成原小班造林任务的,应视具体情况在原造林作业区实测出本年度施工的地段,进行注记,如472500－PC－2007－008(1)等。④凡小班界线是在无形线上(如等高线),小班面积测量时应埋设标桩。桩上写明小班号和桩号,如5小班,桩号为5_1、5_2……桩要埋在能标识明显界线的地方。⑤山区设计时,对山脊、急险坡不宜造林的要保留原生植被(不计入造林面积);山脚毗邻农田,则应距农田5～8 m处开始造林,水库周围、河流两旁保留30～50 m不造林。实际造林小班面积应扣除这些不造林的面积。小班内有水地、裸露岩石或不宜造林的石塘地等,也应测量后扣除。

六、内业设计

内业设计程序一般包括:

(1)外业材料检查与核对,确认无误后进入内业设计。

(2)造林作业区面积求算。在实测或勾绘的造林作业区在地形图上用求积仪或网点板求算面积。每个造林作业区求算两次,取平均值,两次面积相差不应大于1/50。小班注记时写成造林作业区面积。

(3)造林设计。以国营林场(集体林场、联合体)为单位,按村(工区)、造林作业区顺序编号,采用表格形式,作出造林作业区林种、树种(草种)、苗木、插条、种子的数量、来源、规格及其处置与运输要求,造林种草方法与作业要求,乔灌木树种与草本、藤本的栽植配置(结构、密度、株行距、行带方向),整地方式与规格,整地与栽植(直播)的时间。

(4)幼林抚育设计。幼林抚育次数、时间与具体要求。

(5)辅助工程设计。其中又包括:林道、灌溉渠、水井、喷灌、滴灌、塘堰、梯田、护坡、护林房、防护设施、标牌等辅助项目的结构、规格、材料、数量与位置等。

(6)种苗需求量计算。根据树种配置和结构、株行距及造林作业区面积,分树种计算需要苗(种)数量。落实种苗来源。

(7)工程量统计。根据工程项目涉及的相关技术经济指标,计算林地清理、整地挖穴的数量，肥料、农药等造林所需物资数量，辅助工程项目数量与相应物资、材料的需求量，以及车辆、农机等设备的数量和台班数。

(8)用工量测算。根据造林地面积、辅助工程数量及相关的劳动定额，计算用工量，结合施工安排测算所需人员和劳力。

(9)施工进度安排。根据季节、种苗、劳力、组织状况作出施工进度安排。

(10)经费预算。分苗木、物资、劳力和其他 4 大类计算。种苗费用按需苗量、苗木市场价格、运输费用测算。物资、劳力以当地市场平均价计算。经费预算见表 5-37。

表 5-37　经费预算表

序号	项目	计算说明	数量	单位	计算指标	指标组成			经费预算(万元)				
									种苗	物资	劳力	其他	合计
⋮													
合计													

填表人：　　　　　　　　　　　　　　　　　　填表时间：

(11)绘制造林作业设计图。造林作业设计图要能满足发包、承包、施工、工程监理、造林核查的需要。图种包括作业设计总平面图、造林图式和辅助工程单项设计图三类。

作业设计总平面图的图素包括明显的地物标(道路、河道、溪流、沟渠、桥梁、涵洞、独立屋、孤立木等)、边界、辅助工程的布设位置及苗木栽植位置。树种(草种)简单，株行距固定的造林作业区，总平面图上可以不标示苗木栽植的具体位置，但要标示行带的走向。作业设计总平面图绘制在 A4 或 A3 打印纸上。作业设计总平面图成图比例尺见表 5-38，比例尺最小为 1∶10 000。

表 5-38　作业设计总平面图成图比例尺

作业区面积(hm^2)	比例尺
<0.5	<1∶500
0.5～2	1∶(500～1 000)
2～10	1∶(1 000～1 500)
10～30	1∶(1 500～2 000)
30～60	1∶(2 000～2 500)
60～100	1∶(2 500～3 000)
100～150	1∶(3 000～4 000)
150～250	1∶(4 000～5 000)
250～400	1∶(5 000～6 000)
>400	1∶(6 000～10 000)

造林图式包括栽植配置平面图、立面图、透视图、鸟瞰图(效果图)以及整地样式图(平面图、立面图)。栽植配置平面图表示水平方向乔灌木、草本与藤本植物在地面的配置关系，栽植材料的水平投影以成林后的树冠、植丛状态为准。栽植配置立面图表示成林后与行

带走向相垂直的剖面结构，行带走向与等高线垂直，立面图不能同时表示行带的垂直结构与地形关系时，可用三维立体透视图表示。以上 3 种栽植配置图均要注记反映栽植材料空间关系的尺寸，尺寸以 m 计，精确到 0.1 m。鸟瞰图（效果图）与透视图相似，反映成林后的效果，通常为彩色图，可以不注记尺寸。整地样式图表示整地穴的形状、大小状况。

造林图式应绘制两种以上，以保证设计人员不在场的情况下，其他人员按图式作业不会产生歧义。其中栽植配置平面图与立面图为必备图式，其他为可选图式。造林图式绘制示例见 LY/T 1607—2003。

辅助工程单项设计图按照相关国家标准、行业标准绘制单项设计图。

七、造林作业设计说明书编写提纲

（1）位置与范围：所在的行政区域、林班、小班、四至界限、面积。

（2）经营权所有人、现在的承包人。

（3）施工单位：单位名称、法人，如系个人应注明姓名、性别、年龄、职业与住址。

（4）设计单位与设计负责人：单位名称、资质、设计负责人姓名与职称。

（5）造林作业区现状：立地条件，海拔、地形地貌、土壤、母岩、小气候等及其对造林的影响，植被现状，群落名称，主要植物（优势种与建群种）种类及其多度、盖度、高度、分布状况、对造林整地的影响等，如为农田要说明近期耕作制度、作物种类、收成、退耕的理由。

（6）指导思想与原则。

（7）造林种草设计：林种、树种（草种）、种苗规格，整地方式方法、规格，造林季节、造林方式方法、更新改造方式，结构配置（树种及混交方式、造林密度、林带宽度或行数）、整地方式方法。

（8）幼林抚育设计：抚育次数、时间与具体要求等。

（9）辅助工程设计：林道、灌溉渠等辅助工程的结构、规格、材料、数量与位置；防护林带沙障的数量、形状、规格、走向、设置方法。

（10）工程进度：整地、造林的年度、季节。

（11）工程量统计：各树种草种种苗量、整地穴的数量、肥料和农药等物资数量，辅助工程的数量（个、座、kg、hm^2、km、m、m^2、m^3 等）。

（12）用工量测算：分别造林种草和辅助工程计算所需用工量，按造林季节长短折算。

（13）经费预算：分苗木、物资、劳力和其他 4 大类计算。

八、造林作业设计的文件组成

造林作业设计以造林作业区为单元编制，每个造林作业区编制一套设计文件。文件包括：作业设计说明书、作业设计总平面图、栽植配置图、辅助工程单项设计图、造林作业区现状调查卡。作业设计文件应采用通用的电脑软件制作。

九、造林作业设计文件汇总

（一）填写造林作业设计文件一览表

以乡（镇）或相当于乡（镇）级单位（林场、农场等）为单元将作业设计文件汇总后填写造林作业设计一览表（见表 5-39）。每作业区占 1 行，内容包括：作业区编号、位置、面积、种苗数量、物资、用工量、经费等项,最后一行为种苗、物资、用工量、经费合计数。

表 5-39 造林作业设计一览表

乡镇(林场、经营所)

作业区	村屯	面积		苗木(株)			种子(kg)			化肥农药(kg)			其他			用工量(工日)	经费(万元)
		hm^2	亩	苗木 1	苗木 2		种子 1	种子 2		名称 1	名称 2						

填表人:　　　　　　　　　　填表时间:

(二)文件装册

将"造林作业设计一览表"置于扉页,作业设计文件按顺序排列于后,加装封面,合并成册。封面题写"××乡镇(林场)××年度造林作业设计"。每套作业设计内部文件按造林作业设计的文件组成给出的顺序排列。

(三)造林作业区位置图清绘

根据作业设计平面图修正作业区位置图边界,并用彩色墨水清绘,加注作业区编号。同一作业年度的作业区采用同一种颜色的墨水绘制。作业区编号仅注记作业区本身的序号,不同年度的序号用不同颜色表示。

以乡(场)为单位编写国家造林项目造林施工设计说明书,以县为单位汇总。说明书内容包括基本情况、技术设计(设计原则和依据、造林技术设计、种苗设计、幼林抚育设计、施肥设计、林道防火线及环保工程设计等)、施工组织设计、用工及投资情况等。

(1)乡(场)国家造林项目造林施工设计说明书。

(2)乡(场)国家造林项目造林施工设计表。

(3)乡(场)国家造林项目造林施工设计图。

十、作业设计的审批

造林作业设计由造林作业区所在县(市、区)以上林业行政主管部门审批,报送省(市、区)林业行政主管部门备案。造林作业设计的审批应充分发挥技术专家的作用,可以委托技术协会、学会、专业委员会组织专家评审。没有作业设计的或设计尚未批准的不得施工。一经批准,必须严格执行。如因故需要变更的,须由原设计单位或机构变更设计并提交变更原因说明,报原审批部门重新办理审批手续。

第九节 幼林检查及造林实绩核查

一、幼林检查

幼林检查包括造林施工验收和造林后最初几年的幼林检查工作。它的目的是落实造林的数量和质量,检查各项造林技术措施的贯彻情况,调查幼林成活和生长情况,分析幼树死亡的原因,以总结造林工作中的经验教训,提出改进意见,拟定合理的抚育措施。

(一)造林施工验收

造林施工完成后,由主管单位领导、技术人员和施工单位负责人组成检查验收小组,按造林施工设计要求。对造林的各个主要作业环节进行检查验收,以切实保证造林质量。

验收内容包括造林面积、造林密度和造林质量。造林面积可用地形图目测勾绘或用简单仪器测量,也可按已测量过的施工设计图逐块落实,如有变化再进行补测。造林地面积一律折合成水平面积计算。造林密度采用全面踏查结合抽样实测的方法确定。造林质量可用目测法确定,如栽植的深浅是否合适,有无窝根现象,石块是否捡净,苗木是否踩实等。在检查过程中,对发现的问题随时记录,并填写造林技术验收登记表(见表5-40)。经过检查后,合乎规程和施工设计要求的,填写造林技术验收证明书(见表5-41),并由全体验收人员签字;对不合要求的,责成施工单位在最短期限内补救、纠正甚至返工。

表5-40　造林验收登记表

造林地编号	计划造林面积及工作量	完成造林面积及工作量	树种	造林方法	主要缺点	纠正缺点的措施	预计造林成活率	造林工作质量的评价	备注
1	2	3	4	5	6	7	8	9	10

填表人:　　　　　　　　　　　　　　　　填表时间:

表5-41　造林技术验收证明书

年　　月　　日

1. 造林地编号:
2. 造林面积:
3. 造林起止日期:
4. 造林的树种组成、配置和造林方法:
5. 整地的方式、方法、时间、质量:
6. 造林材料的质量:
7. 播种和栽植造林的工作质量、使用的机具:
8. 完成的工作与造林设计的差别及其原因:
9. 造林工作中严重影响质量的缺点:
10. 纠正缺点的措施及所需费用:
11. 预计造林的成活率和工作质量的评价:
12. 负责造林工作的工人和干部:

(二)幼林检查

主要目的是检查造林成活率和幼林生长情况,评定造林质量,分析成败原因,改进造林技术,拟定抚育保护措施,确定重新造林面积并作出补植计划等。

幼林检查一般在秋季进行。春季造林在当年秋季检查,夏、秋季造林要在第二年秋季检查。检查方法可采用标准地或标准行的方法。标准地面积和标准行多少,根据造林面积大小而定。造林面积在6.7 hm^2 以下,标准地(行)应占总面积(总行数)的5%;6.7～33.3

hm^2,应占总面积(总行数)的 3%;33.3 hm^2 以上,应占总面积(总行数)的 2%。标准地(行)的选择要随机抽样。山地的幼林调查包括不同的部位和坡向,防护林带每隔 100 m 检查 10 ~ 20 m,力求调查结果符合客观实际。

在标准地或标准行上要对每一个种植点进行认真检查。植苗造林检查植苗深浅、松紧程度以及根系分布情况。播种造林则应检查种子质量,霉烂及覆土情况。然后根据每株(穴)记载统计死亡与成活数量。种植点上有成活的苗木即为成活数。如是丛植或穴播造林,一穴中有一株或多株幼苗成活,均作为成活一株(穴)计数,埋干造林或条播造林若 1 m 长度内没有苗木即算一株死亡。同时,根据苗木质量、栽植和抚育规格、自然危害等分析死亡原因,并填写幼林调查外业统计表(见表 5-42)。

表 5-42　幼林调查外业统计表

__________分区　__________林班　__________小班

造林时间________　造林地点__________　造林面积__________ hm^2　造林方法__________

标准地(行)编号	标准地面积或行数	树种	标准地(行)内种植点数量				生长不良及死亡原因							
			合计	健全的	可疑的	死亡的								
总计														
百分率														

检查人:　　　　_____年_____月_____日

注:1. 生长不良及死亡原因,根据现场调查情况填写,如苗木质量、造林质量、虫害等。

2. 统计时表上采用画正字方法记载。

根据标准地(行)调查结果,计算出成活率。计算公式为:

$$标准地(行)成活率(\%) = \frac{标准地(行)成活株(穴)数}{标准地(行)种植的株(穴)数} \times 100$$

$$平均成活率(\%) = \frac{1号小班面积 \times 成活率 + 2号小班面积 \times 成活率 + \cdots}{1号小班面积 + 2号小班面积 + \cdots} \times 100$$

造林成活率在 40% 以下者,要从统计的幼林面积上注销,不计入造林完成面积,而列入宜林地,重新整地造林。造林成活率和补植苗成活率的评定标准是:一等,成活率 85% 以上;二等,成活率 41% ~84%;三等,成活率 40% 以下。

最后填写幼林调查报告表(见表 5-43)。

当幼林将进入郁闭时,再进行一次较全面的调查,以便核实保存面积和统计造林保存率,总结造林及抚育管理的经验教训。

二、幼林补植

为了保持合理的造林密度,促使幼林早日郁闭,促进林分生长,幼林检查后对造林成活率较低的地块应进行幼林补植。根据我国造林技术规程规定,造林成活率在 85% 以上,且分布均匀的可不补植;造林成活率在 41% ~84% 或虽然在 85% 以上但分布不均匀有成片死亡者应进行补植;造林成活率低于 40% 的,应重新造林。

表 5-43 幼林调查报告表

1. 幼林编号:____ 2. 幼林面积:____hm^2 3. 造林年度与季节:____ 4. 造林树种:____
5. 造林方法:____ 6. 幼林现状及应采取的措施:____ 7. 整个幼林补植所需种苗数量:____

标准地(行)编号	标准地面积或标准地行数	标准地(行)上种植的株(穴)数	标准地(行)上种活的株(穴)数	成活占原种植株(穴)的比率(%)	标准地(行)上死亡的株(穴)数										检查时间(年月日)	备考
					苗木质量	造林技术	虫害	病害	鸟兽害	人为破坏	牲畜破坏	火烧	其他原因	合计		
1	2	3	4	5	6	7	8	9	10	11	12	13	14	15	16	17
标准地(行)总计																
折合(hm^2)																
折合全部林地面积(hm^2)																
占全部种植点的比率(%)																

报告人__________ 造林单位负责人__________

补植应按原株行距用原树种的同龄大苗进行栽植。在原种植点上块状整地,于早春或当地造林的有利季节进行栽植。幼林检查后,补植应尽早进行,一般要求在 2~3 年内补植完毕。补植不仅要求成活,而且还要求在生长上赶上原来成活的植株。否则,补植的苗木将成为被压木,逐渐衰弱死亡,失去补植的意义。若补植时间错过,无法保证同树种的补植苗赶上已成活苗木时,可换用速生树种或耐阴树种苗木补植,给予补救。补植工作费工费时。有的地方在造林的同时,将造林地附近阴凉处假植一定数量的苗木,或在造林地内密植,需要补植时,可随时带土团起苗栽植。这种方法既提高了成活率,又减轻了工作量,值得提倡推广。

三、人工造林更新实绩核查

我国通常统计造林面积质量是利用各级行政部门、自下而上、层层汇总、逐级上报的方法。此法虽然取得的数字全面,但调查项目多,工作量大,在统计过程中难免出现误差。1991 年,林业部在《关于全面开展造林、人工更新和封山育林实绩核查工作的通知》中要求,各县、乡(国营林场)在搞好全面自查的基础上,由省、市开展抽样调查,从中取得数据,验证各基层单位的自查数字,以提高统计数字的准确性。当年人工造林、更新实绩核查主要内容有下面几个方面。

(一)核查对象、内容和依据

实绩核查的主要对象是当年统计上报完成面积 0.07 hm^2 以上的人工造林或人工更新林的地块。主要内容是人工造林、更新的面积和成活率、造林规划设计、施工设计、种苗、造林后的管护以及造林建档等情况。核查主要以省林业厅计划统计部门核准的各市(地)及所辖县(市、区)上报的当年人工造林、更新统计数字为依据。各乡的数据以县统计局的数字为依据。

(二)核查材料的准备

核查材料主要包括各核查县(市、区)的地形图(比例尺 1∶2.5 万)、小班调查主要因子登记表、造林施工设计图、年度人工造林更新统计表、自查验收资料等。

(三)主要技术标准和精度要求

1. 合理造林密度

根据河南省情况,合理造林密度确定为:针叶树每公顷造林株数为 3 000 株以上;阔叶树 2 250 株以上;母树林、种子园 270 株以上;速生丰产林:泡桐、毛白杨 270 株以上,欧美杨 450 株以上,毛竹、刚竹等大径竹 375 株以上;淡竹、桂竹等小径竹 15 000 株以上,油茶、油桐、乌桕等 450 株以上,苹果 750 株以上。柿、枣、核桃等其他干鲜果 300 株以上。

每公顷合理造林株数,也可以以市(地)、县造林设计所设计的造林密度为准。

2. 划分成活率等级

河南省把工程造林(含速生丰产用材林)成活率初步分为≥95%、85%～95%、70%～84%、41%～69%、≤40% 五级;一般造林(更新)分为:≥85%、80%～84%、70%～79%、41%～69%、≤40% 五级。

3. 合格面积的标准及面积调绘精度要求

以造林成活率作为合格面积的标准,工程造林≥85%;一般造林(更新),在大别、桐柏山区≥85%,伏牛山区≥80%,太行山区≥70%。

面积调绘精度要达到 85% 以上。

(四)核查方法

1. 核查总面积及单位的确定

全省核查的总面积为年度人工造林、更新上报面积的 5%。核查县(市、区)的抽取工作由省林业厅主管部门负责,抽取被查县数应不低于全省造林县总数的 25%。确定时,把全省所有造林县按造林成效分为好、中、差三类,根据不同类型所占的县数和面积比例,确定各类别应核查的县数和面积。在每个类型中,根据山区、丘陵、平原县的造林面积比例,按随机抽样的原则抽取被查县。

县的核查面积为该县上报面积占所属市(地)抽中各该查县上报总面积的权重乘以市(地)应检查面积。

对被抽查的核查县(市、区),按其各乡(镇、场)上报的面积由小到大的顺序排列,并首尾相接,构成一个闭合环。按机械抽样方法抽取核查乡(镇、场)。核查乡(镇、场)的累计面积与该县应核查的面积相等(允许相差 ±5%)。

2. 面积核查

(1)按检查验收图或施工设计图现地进行调绘核对。精度达到设计面积的 90% 以上时,可按设计图上报面积,否则以核查面积为准。

(2)在面积核查的同时,检查造林技术档案的建立情况。

3. 成活率核查

成活率核查方法同幼林核查方法。

4. 其他项目的调查

对造林调查设计的实施情况、整地质量、种苗供应、造林方式、检查验收、管护措施及档案建立等和造林资金的筹措使用进行调查收集,以便对核查结果进行分析、评价。

5. 结果计算

(1)成活率计算同幼林检查。

(2)核实率计算:

$$\text{核实率}(\%) = \frac{\text{核实面积}}{\text{上报面积}} \times 100$$

(3)合格率计算:

$$\text{核实合格率}(\%) = \frac{\text{合格面积}}{\text{核实面积}} \times 100$$

$$\text{上报合格率}(\%) = \frac{\text{合格面积}}{\text{上报面积}} \times 100$$

(4)合格面积计算:

$$\text{合格面积}(hm^2) = \text{上报面积}(hm^2) \times \text{上报合格率}$$

6. 编写人工造林更新实绩核查报告

在对核查的外业资料进行整理、统计分析的基础上,写出人工造林、更新实绩核查报告,包括核查地区的基础情况、工作开展情况、核查的结果及分析评价、经验、问题及建议等内容。

第六章　主要林种营造技术

第一节　速生丰产用材林

一、速生丰产林指标

1986 年以来，国家林业局连续颁布和实施了几个主要树种的速生丰产林指标，使我国速生丰产林建设走上了科学化、规范化的道路。现将杉木、杨树、马尾松和泡桐的速生丰产林指标简介如下，供生产上应用。

（一）杉木

杉木丰产林指标分为Ⅰ类区和Ⅱ类区两种。Ⅰ类区是指武夷山以东的山地，海拔 100 ~ 600 m，个别地方 800 m；武夷山以西，雪峰山与武陵山以东，雁荡山以西，幕阜山以东，南岭 300 ~ 800 m 的低山丘陵；四川、贵州及鄂西南 500 ~ 1 000 m 的低山；滇东南 1 000 ~ 1 700 m 的中山山地。Ⅱ类区是指杉木北带 300 ~ 800 m、杉木南带 300 ~ 700 m 的低山丘陵；杉木中带 300 ~ 500 m（500 m 指川、贵、鄂西南）以下的丘陵地区以及川、贵、鄂西南、滇东北 1 000 ~ 1 500 m 的中山山地。

杉木丰产林的生长量以 20 年为计算标准，Ⅰ类区每公顷材积年平均生长量达到 10.5 m^3 以上，林分平均胸径达到 16 cm 以上；Ⅱ类区分别为 9.0 m^3 以上和 14 cm 以上。各林龄的低限生长指标见表 6-1。

（二）杨树

1. 栽培区划分

根据自然地理要素、生态条件和主栽杨树种生长情况，把全国杨树丰产用材林栽培区划分为 5 个栽培区和 7 个栽培亚区，即

Ⅰ　东北—内蒙古区

　$Ⅰ_1$　松嫩及三江平原亚区

　$Ⅰ_2$　辽河平原及内蒙古高原亚区

Ⅱ　华北区

　$Ⅱ_1$　冀鲁亚区

　$Ⅱ_2$　苏鲁豫皖晋陕甘亚区

Ⅲ　黄土高原区

Ⅳ　西北区

　$Ⅳ_1$　北疆及河西走廊亚区

　$Ⅳ_2$　南疆亚区

　$Ⅳ_3$　青海高原亚区

Ⅴ　长江中下游区

表 6-1　杉木丰产林各林龄的低限生长指标

林龄	Ⅰ类区			Ⅱ类区		
	平均高（m）	平均胸径（cm）	年平均生长量（m^3/hm^2）	平均高（m）	平均胸径（cm）	年平均生长量（m^3/hm^2）
3	1.3			1.2(1.1)		
4	2.3	2.8	0.60	2.0(1.7)		
5	3.4	3.9	1.20	2.9(2.4)	2.9(2.7)	0.75(0.60)
6	4.5	5.3	2.55	4.0(3.4)	4.1(3.9)	1.65(1.35)
7	5.6	6.7	4.20	5.0(4.2)	5.3(5.1)	2.85(2.25)
8	6.7	7.9	6.00	5.9(5.0)	6.4(6.2)	4.20(3.45)
9	7.6	9.0	7.65	6.7(5.7)	7.4(7.2)	5.55(4.50)
10	8.4	10.0	9.30	7.4(6.3)	8.3(8.1)	6.90(5.70)
12	9.9	11.7	11.85	8.7(7.4)	9.9(9.6)	9.30(7.65)
14	11.0	13.1	11.70	9.7(8.3)	11.2(11.0)	10.65(9.45)
16	12.0	14.2	11.55	10.6(9.0)	12.3(12.1)	10.35(9.75)
18	12.8	15.3	11.10	11.3(9.7)	13.2(13.0)	10.05(9.60)
20	13.5	16.0	10.65	11.9(10.2)	14.0(13.8)	9.60(9.30)
25	14.8	17.6	9.60	13.0(11.2)	15.6(15.4)	8.40(8.55)
30	15.8	18.7	8.55	13.9(11.9)	16.7(16.5)	7.50(7.80)

注：①括号内数字为杉木北带生长指标。
②林龄包括苗龄。

2. 树种(组)及计算标准年龄(含苗龄)

毛白杨计算标准年龄为 13 年，沙兰杨组计算标准年龄为 11 年（包括Ⅰ-214 杨）等。

3. 速生丰产用材林指标

(1) Ⅱ、Ⅲ栽培区计算标准年龄的低限生长指标详见表 6-2。

表 6-2　Ⅱ、Ⅲ栽培区计算标准年龄的低限生长指标

栽培区	树种	栽植密度（m^2/株）	生长指标	
			胸径（cm）	蓄积年平均生长量（m^3/hm^2）
Ⅱ	毛白杨	30	25.2	9.30
Ⅱ	毛白杨	16	19.4	8.55
Ⅱ	沙兰杨、Ⅰ-214 杨	30	29.3	19.05
Ⅱ	沙兰杨、Ⅰ-214 杨	16	24.6	19.80
Ⅲ	毛白杨	30	22.7	6.90
Ⅲ	毛白杨	16	17.5	6.45
Ⅲ	群众杨	16	21.5	0.8
Ⅲ	沙兰杨、Ⅰ-214 杨	16	24.6	19.80
Ⅲ	沙兰杨、Ⅰ-214 杨	30	29.3	16.80

（2）毛白杨、沙兰杨和Ⅰ－214杨不同年龄生长量指标详见表6-3和表6-4。

表6-3　毛白杨人工速生丰产用材林生长量指标

年龄	Ⅱ栽培区 密度30 m^2/株			Ⅱ栽培区 密度16 m^2/株			Ⅲ栽培区 密度30 m^2/株			Ⅲ栽培区 密度16 m^2/株		
	胸径（cm）	树高（m）	蓄积年平均生长量（m^3/hm^2）	胸径（cm）	树高（m）	蓄积年平均生长量（m^3/hm^2）	胸径（cm）	树高（m）	蓄积年平均生长量（m^3/hm^2）	胸径（cm）	树高（m）	蓄积年平均生长量（m^3/hm^2）
3	6.4	6.8	—	5.2	5.1	—	5.8	6.1	—	4.7	4.6	—
4	8.7	8.3	1.80	7.1	6.5	1.95	7.8	7.5	1.35	6.4	5.9	1.50
5	10.9	9.8	2.70	8.7	7.7	2.70	9.8	8.8	1.95	7.8	6.9	1.95
6	12.9	11.1	3.45	10.2	8.7	3.30	11.6	10.0	2.55	9.2	7.8	2.55
7	14.8	12.4	4.35	11.7	9.8	4.20	13.3	11.2	3.15	10.5	8.8	3.15
8	16.7	13.5	5.10	13.1	10.7	4.95	15.0	12.2	3.75	11.8	9.6	3.60
9	18.5	14.6	6.00	14.4	11.6	5.70	16.7	13.1	4.50	13.0	10.4	4.20
10	20.2	15.6	6.75	15.7	12.4	6.45	18.2	14.0	4.95	14.1	11.2	4.80
11	21.9	16.6	7.65	17.0	13.2	7.20	19.7	14.9	5.70	15.3	11.9	5.40
12	23.6	17.6	8.55	18.2	13.9	7.80	21.2	15.8	6.30	16.4	12.5	5.85
13	25.2	18.5	9.30	19.4	14.7	8.55	22.7	16.7	6.9	17.5	13.2	6.45
14	26.8	19.3	10.20	20.5	15.4	9.30	24.1	17.4	7.50	18.5	13.9	6.90
15	28.4	20.2	10.95	21.7	16.1	10.05	25.6	18.2	8.25	19.5	14.5	7.50
16	29.9	21.0	11.85	22.8	16.7	10.80	26.9	18.9	8.70	20.5	15.0	7.95
17	31.4	21.8	12.60	23.9	17.4	11.55	28.3	19.6	9.45	21.5	15.7	8.55
18	32.9	22.6	13.50	25.0	18.0	12.15	29.6	20.3	10.05	22.4	16.2	9.00
19	34.4	23.3	14.40	26.0	18.6	12.90	31.0	21.0	10.65	23.4	16.7	9.46
20	35.9	24.1	15.30	27.0	19.2	13.50	32.3	21.7	11.40	24.3	17.3	10.05

表6-4　沙兰杨、Ⅰ－214杨人工速生丰产用材林生长量指标

年龄	Ⅱ栽培区 密度30 m^2/株			Ⅱ、Ⅲ栽培区 密度16 m^2/株			Ⅲ栽培区 密度30 m^2/株		
	胸径（cm）	树高（m）	蓄积年平均生长量（m^3/hm^2）	胸径（cm）	树高（m）	蓄积年平均生长量（m^3/hm^2）	胸径（cm）	树高（m）	蓄积年平均生长量（m^3/hm^2）
3	7.4	5.6	—	6.0	5.0	—	7.1	5.2	—
4	10.5	8.7	2.70	8.1	7.3	2.70	10.2	7.9	2.40
5	14.4	12.0	5.25	12.0	9.7	5.85	14.2	11.1	4.80

续表 6-4

年龄	Ⅱ栽培区 密度 30 m^2/株			Ⅱ、Ⅲ栽培区 密度 16 m^2/株			Ⅲ栽培区 密度 30 m^2/株		
	胸径（cm）	树高（m）	蓄积年平均生长量（m^3/hm^2）	胸径（cm）	树高（m）	蓄积年平均生长量（m^3/hm^2）	胸径（cm）	树高（m）	蓄积年平均生长量（m^3/hm^2）
6	18.5	15.3	8.85	16.0	12.2	10.35	18.1	14.3	7.95
7	21.5	18.0	11.70	18.1	14.5	13.05	20.7	16.6	10.35
8	24.3	20.2	14.40	20.5	16.7	16.50	23.6	19.1	12.90
9	26.6	21.8	16.50	22.3	18.0	18.45	26.1	20.4	15.00
10	28.6	22.8	17.70	23.5	18.9	19.20	27.9	21.6	16.05
11	30.3	24.1	19.05	24.6	19.7	19.80	29.3	22.6	16.80
12	31.9	25.1	20.10	25.6	20.5	20.40	30.5	23.6	17.40

（三）马尾松

1. 产区区划

Ⅰ类产区指马尾松南带和中带的南岭山地、雪峰山地、鄂西南（包括武陵山地）、川东和东南部山地、黔东南低山地区、武夷山及其东南的闽中山地丘陵。

Ⅱ类产区分两个亚区。1 亚区：马尾松中带南岭山地以北的江南丘陵地区、贵州山地和四川盆地及其北部、西部和西南部的山地；2 亚区：马尾松北带，大致相当于《中国植被》分区中的北亚热带常绿、落叶阔叶混交林地带。

2. 丰产林指标

丰产林指标以 20 年为计算年龄，不含苗龄。Ⅰ类产区蓄积年平均生长量每公顷达到 10.5 m^3，林分平均胸径达到 16 cm 以上；Ⅱ类产区蓄积年平均生长量每公顷 9 m^3 以上，林分平均胸径 1 亚区为 14 cm 以上、2 亚区为 13 cm 以上。不同林龄的下限生长指标见表 6-5。

（四）泡桐

1. 泡桐栽培区划分与生长量指标

泡桐主要栽培区情况及生长量指标见表 6-6 和表 6-7。

2. 泡桐丰产林类型

目前，生产上营造泡桐丰产林主要有两种类型，即农用林业型和立体林业型。

（1）农用林业型泡桐丰产林：以林为主时，泡桐株行距 5 m×10 m，10 年生泡桐每公顷蓄积量 80～90 m^3；农林并重时，泡桐株行距 5 m×20 m，10 年生泡桐蓄积按折合后的面积（2 hm^2 折 1 hm^2）计，每公顷蓄积量 90～120 m^3。

（2）立体林业型泡桐丰产林：泡桐株行距 5 m×12 m～5 m×15 m，林下混种茶树、竹子、杉木、果树、花卉等，12 年生泡桐每公顷蓄积量 90～120 m^3。

表 6-5 马尾松丰产林各林龄生长指标

林龄	Ⅰ类产区			Ⅱ类产区					
				1 亚区			2 亚区		
	平均树高（m）	平均胸径（cm）	蓄积年平均生长量（m^3/hm^2）	平均树高（m）	平均胸径（cm）	蓄积年平均生长量（m^3/hm^2）	平均树高（m）	平均胸径（cm）	蓄积年平均生长量（m^3/hm^2）
3	1.4			1.1			1.0		
4	2.0			1.9			1.6		
5	2.8	3.1		2.6	2.8		2.2	2.5	
6	3.6	4.0		3.4	3.6		2.9	3.2	
8	5.4	5.7		5.0	5.3		4.2	4.9	
10	7.1	7.5	5.10	6.5	7.0	4.95	5.5	6.5	4.20
12	8.8	9.3	6.90	7.9	8.6	6.60	6.8	8.1	6.00
14	10.4	11.1	8.40	9.2	10.2	7.80	8.0	9.6	7.50
15	11.1	12.0	9.00	10.0	10.9	8.40	8.5	10.3	8.10
16	11.9	12.8	9.60	10.4	11.6	8.70	9.0	11.0	8.55
18	13.2	14.5	10.05	11.5	13.0	9.15	10.0	12.2	9.00
20	14.4	16.1	10.65	12.5	14.2	9.30	10.8	13.4	9.00
25	16.9	19.7	11.10	14.6	16.8	9.30	12.5	15.7	8.55
30	18.7	22.9	11.25	16.2	18.8	8.70	13.7	17.4	7.80

表 6-6 泡桐主要栽培区名称、栽培范围及生长指标

栽培区、亚区			生长指标			
编号	名称	栽培范围	主要树种	轮伐期（年）	胸径（cm）	每公顷蓄积总生长量（m^3）
Ⅰ	华北冀鲁亚区	暖温带，海河、滦河平原及黄河下游中低产农田、沙荒、河滩地、“四旁”及丘陵、岗地中下部	毛泡桐、楸叶泡桐	19～20	40～45	60～75
Ⅱ	华北豫鲁苏皖陕甘亚区	暖温带，黄淮平原中低产农田、沙荒、河滩地，地下水 2.5 m 以下。丘陵、岗地中下部	兰考泡桐	10～12	42～50	75～90
Ⅲ	南方丘陵山地	亚热带，丘陵、岗地中下部土层厚度 1 m 以上，疏松表层 25 cm 以上；河湖滩地堆积物厚度 80 cm 以上，地下水位 2 m 以下	白花泡桐	15～19	40～46	90～120

表 6-7　兰考泡桐、白花泡桐不同龄阶生长量指标

龄阶	兰考泡桐			白花泡桐		
	胸径(cm)	树高(m)	材积(m^3)	胸径(cm)	树高(m)	材积(m^3)
5	18.5	8.4	0.110	19.1	11.4	0.154
10	36.2	12.2	0.482	30.6	15.7	0.537
15	51.2	15.1	1.095	40.4	19.0	1.108
20	63.3	17.4	1.888	48.8	21.7	1.818
25	73.6	19.3	2.799	56.1	23.9	2.621

二、速生丰产林营造

营造速生丰产林必须认真执行《造林技术规程》(GB/T 15776—2006)和《集约经营用材林基地造林总体设计规程》(GB/T 15782—1995),科学造林,集约经营,切实做到"造一片,成一片",达到《速生丰产用材林主要树种生长量指标》。

(一)速生丰产用材林基地应具备的条件

(1)立地条件。①土壤:土层(A层+B层)厚度一般不小于50 cm,杉木、杨树造林地一般不少于70 cm;腐殖质层厚度应不小于3 cm;土壤有机质含量平均不低于1%,土壤中石砾含量30%以下。②地形地势:地形比较平缓,自然环境条件优良,作业方便。③海拔高度:根据树种的生物学特性、生态特征和当地的自然条件确定树种最适生的海拔高度。④自然因素:无严重自然灾害,如严重的干旱、洪涝等。

(2)权属及交通条件。①林地权属清楚,无林权纠纷。②交通比较便利,便于造林和经营管理。

(3)领导重视、技术力量较强,群众积极性较高的县或国营林场。

(二)科学选择造林地

营造速生丰产林必须选择最好的、适宜营造速生丰产林的造林地。在林区,要选择蓄积年生长量能达到每公顷8 m^3 以上的采伐迹地;在荒山丘陵区,要选择土层深厚、富含腐殖质的壤质土地块,比较湿润、排水良好的宜林地;在平原地区,要选择壤质、沙壤质土壤,土壤肥力要相当于耕地,有引洪淤灌条件、排水良好的沙荒地也可选用,如黄河两岸的沙荒地,经过引黄淤灌,加上沉积于田间的胶泥层土与沙土翻耕混合,大大改善了沙荒地土壤物理性质,提高了抗旱、耐涝能力,土壤肥力也有显著提高,完全适宜营造速生丰产林。据研究,若淤泥厚10 cm的每公顷淤土中,含速效氮87~123 kg、速效磷48~70.5 kg、速效钾600 kg。淤泥中有机质的含量相当于每公顷施入有机肥13.5~15 t。

对于那些山脊、瘠薄沙地、盐碱地以及黏重板结、积水的土地不能选作速生丰产林造林地。

造林树种不同,对造林地条件的要求也不同。因此,在具体选择造林地时,要根据选用的造林树种的生物学特性和生态要求选择适宜的造林地。

1. 杉木

营造杉木速生丰产林在杉木北带(北亚热带,具体指北界自秦岭南坡海拔800 m以下,向东经伏牛山南坡、桐柏山、大别山北坡到宁镇丘陵,南界由大巴山南坡以北、巫山北坡、大

别山南坡，经黄山北坡、天目山到杭州湾一线，西界为白龙江流域，东濒于海)，要选择海拔300～800 m，母岩为花岗岩、片麻岩等的阴坡下部、阳坡山麓、谷底及洼地，土层厚度1 m以上，腐殖质层厚度25 cm以上，或阴坡中部以下、阳坡山麓、谷底及洼地，土层厚度70 cm以上，腐殖质层厚度10～15 cm以上的地块。

2. 杨树

营造杨树速生丰产林要根据杨树的生态特性，选择土层厚度1 m以上，土壤比较肥沃，土壤质地为沙壤、轻壤或中壤，生长期地下水位不高于1 m(无灌溉地区地下水位不低于2.5 m)，无盐渍化现象或轻度盐渍化现象的地块。在土地资源较贫乏或自然条件特殊的地区，也可选用土层厚度小于1 m，土壤质地是沙土、粉沙土以及较黏重土壤，地下水位高于1 m(或无灌溉地区不低于2.5 m)的土地，但必须采取相应的改良措施，改善土壤的理化性质，以提高土壤肥力，适应杨树速生丰产林的生长要求。

造林地条件适宜，能充分发挥杨树的速生丰产特性。如原河南农学院(河南农业大学)在前茬为菜园地的沙壤土上营造的毛白杨丰产林，10年生平均树高18.3 m，平均胸径24.6 cm，单株平均材积0.403 1 m^3；而在造林地条件比较差的地方营造的同龄毛白杨林平均树高10.0 m，平均胸径10.0 cm，平均单株材积0.060 1 m^3。Ⅰ－72杨等对造林地条件要求更高，只有在土层深厚、肥沃、湿润、通气良好、地下水适宜的沙壤土上才生长良好，见表6-8。

表6-8　土壤质地对Ⅰ－72杨生长的影响

土壤质地	树龄	树高(m)	胸径(cm)	单株材积(m^3)
沙土	4	11.4	17.9	0.065 0
重黏土	4	15.6	23.4	0.267 3
沙壤土	4	15.3	27.0	0.350 2
黏壤土	4	16.4	25.2	0.327 0

3. 马尾松

营造马尾松速生丰产林在Ⅱ类产区北带(北界自秦岭南坡海拔1 000 m以下，向东经伏牛山南坡、桐柏山、大别山北坡，沿淮河，经宁镇丘陵，沿长江至海边；南界起大巴山南坡以北、巫山北坡，经江汉丘陵平原、大别山南坡、黄山北坡、天目山至杭州湾一线；西界为陕西勉县至四川青川、平武一线。即与《中国植被》分区中的北亚热带常绿、落叶阔叶混交林地带大致相同)，要选择海拔200～500 m的丘陵、岗地，母岩为花岗岩、片麻岩的地块；土壤pH值为4.5～6.5；土层厚度，山地60 cm以上，丘陵80 cm以上；黑土层厚度，山地15 cm以上，丘陵10 cm以上；土壤质地，沙壤质至中壤质，重壤质至轻壤质为最佳；石砾含量20%以下；水、气通透性良好。

地形条件，要选择山地及丘陵坡地的中部至下部及坡麓、高亢台地的阳坡、半阳坡、半阴坡及平缓地，忌选积水及排水不畅之处。

据研究，适宜营造马尾松速生丰产林的最佳立地是低山、高丘陵及山间丘陵、坡地下部及中下部，土层厚80 cm以上，黑土层厚15 cm以上，壤质至轻壤质，疏松或较疏松，水、气通透性良好。

选择马尾松速生丰产林造林地要注意，必须按适地适树原则形成多树种镶嵌格局，并尽可能地保留原有阔叶林木,避免形成大面积马尾松纯林。对于无把握控制马尾松毛虫发生成灾的地区,特别是马尾松毛虫危害的常灾区,不宜选作丰产林造林地。

4. 泡桐

营造泡桐速生丰产林要根据泡桐喜肥、喜光、喜湿润、怕水淹和怕盐碱的特性,选择土层深厚、肥沃、地下水位 2.5 m 以下、酸碱度适中的壤土或沙壤土。在华北地区的冀鲁两省可选择海河、滦河平原及黄河下游中低产农田、沙荒、河滩地、"四旁"及丘陵、岗地中下部的地块。豫、鲁、苏、皖、陕、甘地区可选择地下水位 2.5 m 以下的黄淮海平原中低产农田、沙荒、河滩地和丘陵、岗地中下部。南方丘陵山地可选择丘陵、岗地中下部土层厚度 1 m 以上、疏松表层 25 cm 以上、河湖滩地堆积物厚度 80 cm 以上、地下水位 2 m 以下的地块。

据龙斯曼的调查,土壤质地不同对泡桐的胸径和新梢生长影响很大。壤土地上的泡桐胸径和新梢生长量最大,黏土次之,沙土最差。研究证明,活土层厚度不同,泡桐生长差异十分显著,活土层厚度 50 cm 以上与 10 ~ 20 cm 的造林地相比,5 年生兰考泡桐胸径大 78.9%,材积大 267.0%,即使在山区沙土条件下,活土层厚度不同,泡桐生长也有很大差异,活土层厚度 60 ~ 71 cm,与 30 ~ 40 cm 的造林地相比,2 年生兰考泡桐平均树高前者比后者大 1.2 倍,平均胸径大 0.8 倍,平均单株材积大 2.1 倍。因此,在选择泡桐速生丰产林造林地时要特别注意活土层厚度。

(三)细致整地

整地可以改善造林地的物理、化学性质,增强土壤的保水、保肥能力和透气性,为林木生长创造有利的土壤条件。科学整地是实现林木速生丰产的重要技术措施之一,整地方法和规格依造林树种和造林地条件不同而不同。

1. 杉木

营造杉木速生丰产林根据造林地条件可以采用三种整地方法。在坡度小于 25°、土壤质地较黏重板结、腐殖质层厚度不足 25 cm、植被为茂密的高草丛的山坡地,宜采用全耕整地;坡度大于 25°、植被为灌丛、腐殖质层厚度超过 25 cm 或土壤质地较疏松的造林地,宜采用带状或块状等方法局部整地,局部整地的整地面积应不少于 25%;坡度虽大于 25°,但为高草丛或土壤腐殖质层不足 25 cm 的山坡,要全耕后再建水平带,全耕坡面过长时,每隔 30 m 保留 3 m 左右的水平植被带。不论何种整地方法,整地深度均应达到 20 cm 以上,栽植穴的深度和底径要达到 40 cm,并要求表土回填。

20 世纪 70 年代在豫南浅山丘陵区营造杉木速生丰产林时,群众创造的抽槽整地(撩壕整地)取得了很好的效果。撩壕整地采用挖去心土、回填表土的方法,把积存多年的枯枝落叶层和表土有机质一并埋入沟内,改善了土壤理化性状,为杉木生长创造了有利条件。经撩壕整地的 11 年生杉木林比穴状整地的 13 年生杉木林每年每公顷平均生长量大 4 倍,比 12 年生带状整地的杉木林的每年每公顷平均生长量大 1.64 倍,详见表 6-9。

杜复道总结了豫南大别山区抽槽整地技术。从保持水土和表土入槽着眼,按照坡度陡缓、土层厚薄和石砾多少等不同的立地条件提出不同的抽槽整地方法。

(1)缓坡厚土层:坡度 5° ~25°,土层厚度大于 40 cm,采取"表土上卷,底土下翻,空槽过冬,冬春回填"的方法整地。

(2)陡坡厚土层:坡度 25° ~30°,土层厚度大于 40 cm,特别是土厚石少,抽槽时堆土困难。采取"表土转槽回填,底土下翻作埂,扩槽填满槽土,筑成梯地保土"的方法整地。

表 6-9　整地方法对杉木生长的影响

整地方法	林龄（年）	树高（m）	单株材积（m^3）	蓄积年平均生长量（m^3/hm^2）	径阶组株数（%）			
					6 cm 以下	7 ~ 10 cm	11 ~ 14 cm	15 cm 以上
撩壕	11	10.6	0.052 3	16.50	7.8	18.6	63.9	14.7
带状	12	7.0	0.025 5	6.25	3.3	16.0	29.6	1.1
穴状	13	6.0	0.010 9	3.30	43.3	55.3	1.4	0

(3)多石砾土壤：表层土肥沃，土中石砾含量较多，抽槽时，石多土少。采取“砌摆拦土，挖好水路，修成梯地，剥皮回槽”的方法，就是先利用槽内挖出的石块，在槽 1/3 处清底砌石成摆，然后把槽土间距内山坡表土挖松扒入槽内填满，即剥皮，做成反坡梯田。而后在剥过山皮的坡面上再开槽，砌摆和剥皮回槽，做梯地。其余类推。

(4)缓坡薄土层：指坡度小于 25°，土层厚度小于 40 cm。特点是表层土浅薄，抽槽填槽好土不足。采取“槽土下翻，剥皮回槽，填满做梯，底土露放”的方法。就是把挖出的土全部下翻放置槽下方，把槽间距内的表土全部剥入槽内，槽土填满后做成反坡梯地。这样做，就达到了表土回填利用、心土露放改良的目的。

2. 杨树

杨树速生丰产林造林地一般地形起伏不大，土壤深厚肥沃，因此多采用全面整地。小地形起伏较大的造林地，在造林前一年应平整土地。生草严重的生荒地必须提前 1 ~ 2 年全面整地，种植农作物（或饲草）1 ~ 2 年，使土壤熟化后再造林，整地深度 25 cm。机械开沟造林时，开沟应扩穴，穴的规格为 1 m × 1 m × 0.8 m；人工挖穴时，穴的规格为 1 m × 1 m × 1 m；截干苗造林时，穴的规格为 0.6 m × 0.6 m × 0.4 m。

实践证明，大穴深栽是营造沙兰杨速生丰产林的重要技术措施。造林前一年全面整地，开挖 1 m × 1 m × 1 m 大穴，可疏松土壤，利于根系生长发育。深栽增加了根系分布深度，扩大了根系分布层和吸收面积，且由于土壤下层湿度大，温度较高，有利于生根成活，促进生长。栽植深度一般 80 ~ 100 cm。但应注意栽植深度不应超过常年地下水位。

3. 马尾松

马尾松速生丰产林的整地方法一般以局部整地为主，采用块状（或穴状）和带状（沿等高线）整地。15°以下的坡地必要时可采用全面整地；15° ~ 25°坡地必须采用全面整地时，每隔 30 m 留 3 m 宽的水平生草带；坡度大于 25°的坡地，只能采用局部整地。块状（或穴状）整地不小于 50 cm × 50 cm，带状整地宽 70 ~ 100 cm，深度均不小于 20 cm。栽植穴底径不小于 30 cm，深度不小于 25 cm。整地要求表土翻向下面，挖穴要求土壤回填，表土归心（表土先回填）。

4. 泡桐

营造泡桐速生丰产林要求全面整地或穴状整地，挖 1 m 见方大坑，有条件的地方每穴施土杂肥 25 ~ 50 kg。

（四）良种壮苗

杉木种子，Ⅰ类区选用当地的种源，Ⅱ类区选用邻近Ⅰ类区的种源或经过种源试验鉴定的优良种源。河南鸡公山国家级自然保护区的杉木试验表明，贵州从江种源增益 73.1%，单株材积比对照商城种源高 107.8%，是豫南营造杉木丰产林的理想种源。种子必须采自种子园、母树林或优良林分，并经检验，符合质量要求。造林苗木要选用《主要造林树种苗木质量分级》(GB 6000—1999)中Ⅰ、Ⅱ级苗木，即播种苗，苗龄 1～0 年。Ⅰ级苗，广西北部地径 >0.6 cm，苗高 >35 cm；湖南南部地径 >0.5 cm，苗高 >30 cm；湖北、河南南部地径 >0.4 cm，苗高 >24 cm。Ⅱ级苗，广西北部地径 0.4～0.6 cm，苗高 25～35 cm；湖南南部地径 0.25～0.5 cm，苗高 20～30 cm；湖北、河南南部地径 0.3～0.4 cm，苗高 16～24 cm。

杨树选用 1～2 年生优良品系的健壮苗木造林，苗高大于 3 m，地径 2.5 cm 以上，根幅大于 40 cm。

马尾松丰产林要选用优良种源，Ⅰ类产区选用本区或南带优良种源，Ⅱ类产区选用本区或Ⅰ类产区优良种源。种子尽量采自种子园、母树林或优良林分且经质量检验合格的。造林苗木要采用国家标准《主要造林树种苗木质量分级》(GB 6000—1999)规定的一年生Ⅰ级苗，即播种苗，苗龄 1～0 年。湖北南部苗地径 >0.35 cm，苗高 >20 cm；河南南部苗地径 >0.3 cm，苗高 >20 cm。

泡桐要选用适合于本地生长的泡桐良种，苗高 4～4.5 m，地径 7.0 cm 以上。北方短轮伐期培育林可采用留床造林或早秋小苗造林，第二年平茬成林。

(五)合理密度

合理的造林初植密度应根据立地条件、树种的生物学和生态学特性、造林目的、作业方式和中间利用的经济价值等的不同，因地因林因树制宜确定。

根据不同区域的培养目标、立地条件及经济状况，杉木初植密度Ⅰ类区为 2 505～3 600 株/hm^2，Ⅱ类区为 3 000～4 500 株/hm^2。

杨树的栽植密度以单株营养面积衡量。根据目的材种、本地气候条件，造林地立地条件以及选用树种生态特性等因素确定适宜的栽植密度。培育中径材，单株营养面积 12～20 m^2，即株行距 3 m×4 m 或 4 m×5 m；培育大径材，单株营养面积 24～48(64) m^2，即株行距 4 m×6 m 或 6 m×8 m(8 m×8 m)。窄冠类杨树可降至 6～16 m^2，即株行距 2 m×3 m 或 4 m×4 m。据赵天榜研究，毛白杨造林的初植密度 3 m×3 m，生长 5～6 年间伐一次，成为 6 m×6 m，效果比较好。沙兰杨培养大径材时，不可采用 5 m 以下的株行距。农林间作形式的速生丰产林，可采用 5 m×25 m 的株行距。

马尾松喜光，若培育通直圆满的干形材，初植密度应适当大些。培育中、小径材时，初植密度以 3 600～6 750 株/hm^2 为宜。

泡桐的初植密度根据丰产林类型而定，泡桐片林株行距 5 m×10 m，每公顷 195 株。在黄淮海平原农区中低产田营造农林并举的泡桐速生丰产林，为了保障农业稳产高产，可采用 5 m×20 m 的株行距，按 2 hm^2 折合 1 hm^2。南方丘陵、丘岗营造立体林业型泡桐丰产林，泡桐株行距 5 m×12 m～5 m×15 m。每公顷 135～225 株。林下间种茶树、竹子、果树、花卉等。

(六)认真栽植，加强抚育管理

认真栽植是保证成活、促进早期速生的重要技术措施之一。造林树种不同，对栽植技术要求也不同。

杉木栽植要求穴大、根舒、深栽、压实，栽植深度要求达到苗高的 1/2～1/3。杉木造林后，必须及时抚育，砍除杂草灌木，改善林地土壤条件。根据造林整地方法，可分别采用全面、带状和块状抚育的方法。杂草要除净，松土深度要以 10 cm 为宜。抚育次数第 1～3 年每年 2 次,第 4 年 1 ~ 2 次。在幼林郁闭前实行杉农间作可以收到以耕代抚、增加经济收入和促进林木生长的双重作用,间种的农作物以豆类、花生等矮秆作物为宜。

栽植杨树丰产林,为保证成活,应提倡就地育苗、就地栽植,并提倡造林前浸根;运苗时,要注意保持苗根湿润,防止苗木失水;起苗当天不能造林时,应尽快假植;除造林时土壤湿度较大的地方外,栽植后均应立即灌水。适当深栽是华北中原地区营造杨树速生丰产林的成功经验。沙兰杨造林采用"三大一深"(大苗、大穴、大株行距、深栽)方法取得良好的速生丰产效果。大苗即造林时采用 2 年生苗或 2 年根、1 年生的壮苗,也可用 1 年生 Ⅰ、Ⅱ 级苗。大穴即在造林时采用 1 m × 1 m × 1 m 的大穴,地下水位高时,可浅些,以不超过常年地下水位为宜,土壤过于板结时要扩穴。大株行距即根据轮伐期的长短、培育目的、土壤肥力状况、集约经营程度等具体情况确定,一般株行距在 6 m 以上,生产大径材可采用 6 m × 6 m、7 m × 7 m、8 m × 8 m。深栽即栽植深度通常为 80 ~ 100 cm。林分郁闭前,应提倡农林间作,间种作物最好是豆类或绿肥作物。不间作时,幼龄期每年在行间进行机械、化学或人工除草 1 ~ 3 次,株间采用人工除草 1 ~ 3 次。林分郁闭后,每年在行间松土 1 ~ 2 次,主伐前 1 年停止。除有机质含量较高的土壤可以不施基肥外,一般应施用基肥,并在林地种植绿肥,进行压青。造林当年即应开始追肥,幼龄期要及时追肥。根据林地湿度状况,及时灌溉或排水。

在造林后 1 ~ 3 年,林分基本郁闭,杂草不再是林木生长竞争的对手。但是杨树根系呼吸强度较大,林地土壤板结对其生长影响很大。坚持每年在行间松土 1 次。这样做有四个方面的好处:一是造成土壤表层疏松,提高土壤透气性,有利于杨树根系呼吸和土壤微生物的发展,促进土壤有机质分解和转化;二是及时把枯枝落叶翻入土中,增加了土壤有机质含量;三是消灭了部分走茎杂草;四是减少地表蒸发,保持土壤水分。

在林分充分郁闭后,要及时进行整形修枝,剪去影响顶部主梢生长的竞争侧枝,保证树干通直。对于 4 ~ 5 年生的杨树,可修枝到树高的 1/3 处;6 年生以后,可修枝到树高的 1/3 ~ 1/2处。修枝后,树干下部主干上还可能再长出萌条,这些萌条应及早剪去。修剪可在秋冬生长停止时进行,也可在春季树液萌动前进行。修剪应贴近树干,不应留茬。使用的工具应锐利,伤口平滑,不得撕伤树皮。

马尾松造林必须随起随栽,严防苗木失水。起苗时,保护苗木根系,避免风吹日晒,并及时蘸浆。运苗过程中必须采取防干保湿措施。栽植时采用半明穴栽植,每穴 1 株。据豫南国有林场经验,栽植穴 50 cm × 50 cm × 50 cm,深栽(深度为根际以上 3 cm 左右),踏实,不窝根,苗木扶正,压实捶紧,稍覆松土。幼林抚育以除草、割灌为主,必要时适时松土,栽植当年抚育 1 ~ 2 次或 2 次以上,只割草、除灌,不松土,扶正苗木,适当培土,第 2、3 年每年抚育 1 ~ 2次,第 4 年若未郁闭,继续抚育 1 次。植株抚育面积需逐年扩大。除草、松土时要注意不损伤植株和根系。松土深度要适宜,以不超过 10 cm 为度。

泡桐速生丰产林要选用泡桐良种和优质壮苗。要根据当地气候特点和立地条件选用适合本地生长的泡桐良种。多年实践证明,兰考泡桐是黄淮海平原营造泡桐速生丰产林的理想品种,而楸叶泡桐则是华北、中原浅山丘陵地区营造泡桐速生丰产林的理想品种。苗木要求高 4 ~ 4. 5 m,地径 7. 0 cm 以上,根系要完整,保证根幅 30 ~ 50 cm。大坑(1 m × 1 m × 1 m)浅栽,栽植深度以超过出圃苗干基部 3 ~ 5 cm 为宜。栽后浇水,使其根系与土壤密接,注意不能踏实,以免损伤根系,影响生根和成活。泡桐速生丰产林的抚育管理主要是施肥、灌水,树冠范围内每年松土、除草 2 ~ 3 次。

第二节　农田防护林

一、农田防护林的规划设计

农田防护林是一项重要的农业生物工程，要充分发挥其生态效益、经济效益和社会效益，必须按照当地的自然规律和经济规律，运用生态经济原理，搞好规划设计，为建立高功能、高效益的农田防护林体系打下良好基础。

（一）规划设计的原则

营造农田防护林的目的是改善生态环境、增强抗灾能力，从而达到农业高产稳产、促进农业全面发展的目标。为此，必须采取综合治理措施，逐步建立起一个综合平衡的低消耗、高效能的农业生态系统。为了科学地利用土地、扩大耕地面积、提高土地利用率、发挥最大的综合效益，在规划设计时必须遵循以下几条基本原则：

（1）功能最优、效益最大的原则。以景观生态学、防护林学、社会经济学、生态工程学等理论为基础，依据自然－社会－经济系统的特点，综合考虑系统的生态、社会、经济等三方面，以达到整体功能最优、效益最大的目的。

（2）因地制宜，因害设防，综合治理。规划设计应从当地自然条件出发，抓住影响农业生产的主要自然灾害，采取生物措施与工程措施相结合的形式，进行统一规划、综合治理，以最少的林地面积，充分发挥森林的最大效能。

（3）以农为主，农、林、牧、副、渔全面发展，平原地区要坚定不移地认真贯彻执行以农业为主，农、林、牧、副、渔全面发展的方针。根据当地的自然特点和农业生产条件，发挥优势，扩大多种经营，宜农则农，宜林则林，宜牧则牧。

（4）立足当前，着眼长远，以短养长，长短结合。规划设计内容、任务指标等既要考虑到农业发展的需要，又要从当前实际情况出发，做到全面规划、分期实施。要实行乔、灌、草（药材、饲料、肥料、蔬菜等）结合，用材树种和经济树种结合，速生树种和慢生树种结合。

（5）要为当地的经济振兴、群众的脱贫致富服务，调动广大群众的生产积极性。规划设计要为当地的经济发展服务，为当地群众的脱贫致富、奔小康服务，使规划设计建立在最可靠的群众基础之上，保证规划设计的实施。

（6）要和农业区划、林业区划或流域规划结合，做到统筹兼顾、相互协调，建立综合防护林体系。实践证明，建立起以农田林网为主体，“四旁”绿化，农林间作，经济林、用材林及其他防护林等有机结合的综合防护林体系比任何单一防护林种都具有更大的综合效益。农田防护林规划设计应在当地的农业区划、林业区划或流域规划的基础上进行，并按照这些规划指出的方向、需要解决的主要矛盾等进行具体的规划设计，建立起综合防护林体系。

（二）规划设计的内容

规划设计的内容主要包括立地类型的划分和主要防护林类型的规划设计。

1. 评价立地质量，划分立地类型

评价立地质量、划分立地类型是规划和选择造林树种的重要依据，是农田防护林规划设计的重要内容之一。一般在立地类型、土壤调查和林木生长情况调查的基础上，寻找影响林木生长的主要因子，从而确定划分立地条件类型的主导因子，根据主导因子划分立地条件类型。如研究表明，黄淮海平原盐碱土类型区划分立地条件类型的主导因子是土壤质地、土体构型、潜水位和土壤盐渍化程度；风沙土类型区的主导因子是土壤质地、黏质间层、地下水位、生草化程度和熟化程度；砂姜黑土类型区的主导因子是地貌特征、土壤质地、厚度等。现将中国林科院林研所防护林室等单位对黄淮海平原三种土壤类型区立地类型划分结果列入表6-10。

表6-10　黄淮海平原中低产区三种土壤类型的立地类型表

土壤	立地类型	适用林种	主要造林树种
盐碱地	Ⅰ. 潜水位1.5～2.0 m中壤厚黏心地	农田林网枣粮间作	毛白杨、刺槐、旱柳、侧柏、紫穗槐
	Ⅱ. 潜水位1.5～2.0 m中壤厚黏腰地	农田林网枣粮间作	毛白杨、刺槐、旱柳、侧柏、紫穗槐
	Ⅲ. 潜水位1.5～2.0 m轻壤厚沙底轻盐化地	农田林网桐粮间作	毛白杨、刺槐、旱柳、侧柏、紫穗槐、泡桐
	Ⅳ. 潜水位1.5～2.0 m中壤厚黏心轻盐化地	农田林网枣粮间作	毛白杨、刺槐、旱柳、侧柏、紫穗槐、枣树
	Ⅴ. 潜水位1.0～1.5 m中壤厚沙腰中盐化地	农田林网枣粮间作	毛白杨、刺槐、旱柳、侧柏、紫穗槐
	Ⅵ. 潜水位1.0 m中壤厚沙腰中盐化地	农田林网枣粮间作	毛白杨、刺槐、旱柳、侧柏、紫穗槐
	Ⅶ. 潜水位1.0～1.5 m中壤厚沙底中盐化地	农田林网枣粮间作	八里庄杨、旱柳、白蜡、侧柏、枣树、紫穗槐
	Ⅷ. 潜水位1.0～1.5 m中壤厚黏心中盐化地	农田林网枣粮间作	八里庄杨、旱柳、白蜡、侧柏、枣树、紫穗槐
	Ⅸ. 潜水位1.5～2.0 m中壤厚黏腰重盐化地	土壤改良林	刺槐、白榆、臭椿、紫穗槐
	Ⅹ. 潜水位1.5～2.0 m中壤均质壤重盐化地	土壤改良林	刺槐、白榆、臭椿、紫穗槐
	Ⅺ. 堤、沟、岸弃土地	堤岸防护林	毛白杨、刺槐、旱柳、紫穗槐、欧美杨类
砂姜黑土	Ⅰ. 村庄组(小“四旁”)	居民区绿化	
	$Ⅰ_1$. 村庄堆积淤黑土	村庄“四旁”林	107杨、臭椿、枫杨、榆、柳、楸、紫穗槐
	Ⅱ. 堤、埂、路基组(大“四旁”)	渠路防护林	
	$Ⅱ_1$. 河、渠堆积淤黑土	护渠林(宽带)	以刺槐、紫穗槐为主，以枫杨、108杨等为辅
	$Ⅱ_2$. 河、渠堆积砂姜土	护渠林	以刺槐、紫穗槐为主，以枫杨、臭椿等为辅
	$Ⅱ_3$. 路埂堆积淤黑土	护路林	法桐、107杨、侧柏、紫穗槐
	Ⅲ. 农地组	农田林网林粮间作	
	$Ⅲ_1$. 厚层淤黑土	农田林网	107杨、108杨、枫杨、苦楝、法桐、旱柳、侧柏、紫穗槐
	$Ⅲ_2$. 薄层淤黑土	农田林网林粮间作	107杨、108杨、枫杨、苦楝、法桐、旱柳、香椿、石榴、桑
	$Ⅲ_3$. 壤黑土	农田林网林粮间作	107杨、108杨、枫杨、苦楝、法桐、旱柳、香椿、石榴、桑

续表 6-10

土壤	立地类型	适用林种	主要造林树种
风沙土	Ⅰ. 大中型固定沙丘顶部	灌木固沙林	紫穗槐、白蜡
	Ⅱ. 大中型固定沙丘中、下部	防风固沙林	侧柏、刺槐、紫穗槐
	Ⅲ. 细沙高平沙地	防风固沙林	毛白杨、泡桐、白榆、沙兰杨、旱柳、侧柏
	Ⅳ. 中度沙壤质盐渍土	农田林网	毛白杨、泡桐、白榆、沙兰杨、旱柳、侧柏
	Ⅴ. 弱度沙壤质盐渍土	农田林网	毛白杨、泡桐、白榆、沙兰杨、旱柳、侧柏
	Ⅵ. 单相细粉沙耕地	条粮、枣粮间作	新郑灰枣、白蜡、紫穗槐
	Ⅶ. 沙壤质复层黏化耕地	桐粮间作，速生片林	泡桐
	Ⅷ. 浅中位间层沙壤质耕地	桐粮间作，速生片林	泡桐、沙兰杨、69 杨
	Ⅸ. 堤峰混合土	堤岸防护林	毛白杨、沙兰杨、水杉、旱柳

2. 主要防护林类型的规划设计

1）农田林网

农田林网的规划设计主要是林带配置和结构。林带配置是指林带走向、林带间距、林带宽度。农田林网中林带配置合理与否，是决定能否充分发挥防护效益的关键。

（1）林带走向。农田林网是由许多互相垂直的主、副林带所构成的。所以，在进行农田林网规划设计时，必须首先确定林带走向。研究证明，单条林带的主林带垂直于主要害风方向时，防风作用最大。当主风方向与主林带垂线偏角超过 30°时，有效防护效果降低，所以，林带与主风向所成交角不应小于 60°。

20 世纪 60 年代中期出现的农田林网和农田基本建设紧密结合，网格面积多在 8 ~ 20 hm^2，在一个乡或县形成大面积规整的农田林网体系，对来自各方向的害风都有较好的防护作用。如蔡壮飞研究，正方形网格能有效地阻挡来自各方向的害风。中国林科院林研所和中科院地理所研究表明，主风向与林带的交角直接影响防护效能，但主风向与林网的交角对防护效能影响不显著，因为组成林网的 4 条林带对来自各方向的风速都有较好的降低效果（见表 6-11）。张翼等试验研究提出，对于有显著主害风和盛行风地区，林网采取主林带为长边的长方形网格，主林带与主害风方向垂直，风偏角变化不得超过 45°；对于无主害风地区，林网网格可取正方形。

表 6-11　风向与林网总体防护效能

风向	N	NNE	NE	ENE	E	ESE	ES	SES	S	SSE	W	WNW	NW	NNW
观测次数	19	11	10	3	16	5	11	1	2	1	4	3	7	6
防护效能（%）	53	47	33	39	33	28	37	38	44	33	36	34	36	43

（2）林带间距是指相邻两条互相平行的林带边缘的距离。通常所说的林带间距是指主林带的间距。林带间距大小直接影响防风效果、占地多少以及农业机械作业效率的发挥。

林网网格面积的大小取决于主、副林带的间距，而决定主、副林带间距的主要因素是风速、土壤条件、林带高度、农作物抗御风沙的能力等。张翼等研究结果表明，主林带为长边的长方形网格防护效应比较好。考虑到农田管理的方便和减少林带胁地，以长宽比为 1.5 ~ 2.5 的中等网格比较好。P · H · 玛恰金认为，当林带背风面的平均风速减低 30% 时，蒸发减少 20%，这时对作物的生长发育和产量有良好作用。与之相适应的防护距离为林带高度的 15 ~ 20 倍（*H*），在林带的迎风面 5 倍树高处也可以达到上述要求，因此林带的有效防护范围应是 20*H* ~ 25*H*（*H* 为林带壮龄时的平均高度，即主要树种壮龄平均高度）。据研究，在华北中原区砂姜黑土的林带树木壮龄期的一般平均高度为 12 m，盐碱土区为 15 m，沙土区为 18 m 左右，相应的林带有效防护距离分别为 240 ~ 300 m、300 ~ 375 m、360 ~ 450 m。根据各地实践，华北、中原地区的一般风害区，主林带间距 200 ~ 250 m，副林带间距 400 ~ 500 m，网格面积 8 ~ 12.5 hm^2；风沙危害严重的地区，主林带间距缩小到 150 m 左右，副林带间距 300 ~ 400 m，形成 4.5 ~ 6 hm^2 的网格。河南省的农田林网树种主要是沙兰杨、毛白杨、泡桐等，其壮龄时平均高度 12 ~ 15 m，因此一般风害农田区主林带间距 250 ~ 400 m，副林带间距 400 ~ 600 m，网格面积 10 ~ 24 hm^2；风沙危害严重地区主林带间距 150 ~ 250 m，副林带间距 300 ~ 400 m，网格面积 4.5 ~ 10 hm^2。主林带设置要垂直于主要害风方向，副林带垂直于主林带，主林带方向与主要害风方向可成 30°以下的偏角。

（3）林带宽度是指林带两侧边行间的距离再加上林带两边各 1.5 ~ 2 m 的边缘地带。林带最适宽度应根据所选用的树种及立地条件而定。在设计防护林带宽度时要考虑尽量少占用耕地和维持最适宜的透风性所需要的最少行数。我国 20 世纪 60 年代中期兴起，而后在全国平原推广的农田林网，多是林带与路、渠结合设置。一般采用一路（渠）2 行树、一路一渠 4 行树或 2 ~ 3 行树的窄林带。只要树势旺盛、林带完整、经营管理合理，就能形成结构合理的林带，发挥最大的防护作用。在大型渠系和主干公路（铁路）两侧的林带行数虽在 6 ~ 10行以上，但因渠道和路面的间隔，也可以调整林带结构，不会形成紧密结构的林带，同样可以发挥最大防护作用和经济效益。在具体设计时，一般情况主林带可设计 4 ~ 6 行树，副林带可设计 2 ~ 4 行树。

（4）林带结构是林带的外部形态和内部构造的总称。主要包括林带宽度、断面形式、林冠层次、树种组成和栽植密度等。林带的防护效果取决于越过林带和穿过林带的气流比例。而这种比例又取决于林带的结构类型。林带结构可分为疏透结构、通风结构和紧密结构三种类型。在进行造林规划设计时，应根据防护林类型、当地自然条件、乔灌木树种等认真设计林带结构。林带结构一般根据林带的透风情况，用透风系数和疏透度（也称透光度）表示。

透风系数也称透风度，是指风向垂直于林带时，林带背风面林缘处林带高度范围内的平均风速与无林空旷地相应高度范围内平均风速之比。

疏透度是林带林缘垂直面上透光孔隙的投影面积与该垂直面上林带投影面积之比。

①紧密结构的林带是由带幅较宽、行数较多、林木密度较大的乔、灌木组成的。在树木生长季节，林带纵断面枝叶稠密，上下层密不透光，透光度 0.3 以下，透风系数 0.3 以下，看上去像一道“绿色城墙”。由于结构紧密，穿过林带的风特别小，所以在背风林缘形成平静无风区，大部分气流从林带上方越过，又迅速下降到地面，因此防护距离较小。这种结构的林带主要用于果园或某些重要建筑物，也用于阻止流沙侵袭的防风固沙林，风沙区耕地和林网忌用，因为易造成林缘附近积沙和形成林网中间较凹的“驴槽地”。

②疏透结构的林带是由行数较少、带幅较窄的乔、灌木树种组成，或不配置灌木，而由侧枝发达的乔木树种组成，或仅在外侧配置 1 行或内外侧各配置 1 行灌木。林带从上到下具

有均匀的透光孔隙或上密下稀，透光度 0.3 ~ 0.4，透风系数 0.3 ~ 0.5，大部分气流可从林带穿过，其最小弱风区在背风面 3 ~ 5 倍处，有效防护范围为林带高的 25 倍左右。我国各地平原农区普遍应用这种结构的林带。

③通风结构的林带一般由乔木组成，不配置灌木，行数少，带幅窄，明显地分为树冠和树干两层。树木生叶期透光度为 0.4 ~ 0.6，透风系数 0.5 以上，气流容易通过，动能消耗少，防风效果不强。在一般风害区或风害不大的壤土地可以采用这种结构的林带。

据山东省林科所测定结果（见表 6-12），紧密结构林带在 5*H* 处风速降低为 45.3%，10*H* 处已恢复为 75.5%，15*H* 处已恢复为 84.9%，20*H* 处已恢复为 94.3%；疏透结构林带在 5*H* 处风速为 47.1%，10*H* 处为 70.5%，15*H* 处为 79.4%，20*H* 处为 83.5%；通风结构林带在 5*H* 处风速为 67.6%，10*H*、15*H*、20*H* 处分别为 72.9%、81.1% 及 89.2%。由此可见，疏透结构林带的防风效果较好，通风结构林带的防风效果次之，紧密结构林带的防风效果较差。

表 6-12 不同结构林带的防风效果

林带结构	空旷区		5*H*		10*H*		15*H*		20*H*	
	风速（m/s）	%	风速（m/s）	%	风速（m/s）	%	风速（m/s）	%	风速（m/s）	%
紧密	5.3	100	2.4	45.3	4.0	75.5	4.5	84.9	5.0	94.3
疏透	5.1	100	2.4	47.1	3.6	70.5	4.0	79.4	4.2	83.5
通风	3.7	100	2.5	67.6	7.2	72.9	3.0	81.1	3.3	89.2

在风害严重地区，紧密结构林带和疏透结构林带容易造成带内积沙，形成“驴槽地”，影响耕作和交通。通风结构林带虽然防风效果较差，但不易形成积沙，对农业生产较为有利。所以，三种结构林带应因地制宜选用。

2）农林间作

农林间作是劳动人民长期同风、沙、旱、涝、盐碱等自然灾害作斗争中创造出来的一种特殊造林方式。农林间作的类型很多，按其经营目的不同可分为以农为主间作型、以林为主间作型和农林并重间作型；按其间作的树种不同可分为农桐、农枣、农条、农桑、农柿、农杨、农橘、农椿、农楸、农杉（池杉）间作等。其中以农桐、农枣、农条间作面积较大，历史亦长。近几年在南方水网地区出现的池杉稻麦间作（即农杉间作）效果很好。这里重点介绍农桐、农枣、农条和农杉（池杉）间作。

（1）农桐间作。

①泡桐行的走向：根据农田防护林的理论，以垂直于主要害风方向效果最佳。华北平原的主要害风是冬季的偏北风和春末夏初的偏南风，所以为最大限度地预防两个方向害风的危害，泡桐行的走向以东西走向为好。但据小气候观测和农作物产量调查表明：东西行向的农桐间作地平均风速降低 54%，而南北行向的农桐间作地平均风速可降低 48%，较前者仅小 6%，其他气象因子如温度、湿度、蒸发则没有明显差异，而其光照条件则有很大差异。东西走向的泡桐行树冠投影日变化较小，遮阴区集中，遮阴时间每日达 11 h，为南北行向的 2 倍；透光率 32.8%，比南北行向低 3.6%。影响到的作物产量也有很大差异，小麦和玉米的产量测定结果，东西行向的泡桐树冠下和其行间的产量有极端显著性差异；而南北向的泡桐行的两侧林冠下和林缘与行间的产量没有明显差异。王广钦研究员对棉花产量调查结果更

能说明这一点,南北行向间作的棉花低产带宽仅为树冠的1/2,减产幅度14%,棉花品质降低不明显;东西行向间作的棉花产量低产带宽为树冠的1/2,减产幅度58%,棉花品质也较差,衣分低2.6%,绒长短0.7 mm,霜花比例增大29.6%。由此可见,农桐间作中的泡桐行走向不一定都要严格按照垂直于主要害风方向,可以根据当地的实际情况,如害风的危害程度、地块所处的位置、护路林的情况等而定。在风沙危害较轻、主要害风方向不明显时,以南北行向为好。但在一些风口、干热风严重的地区,以垂直于主要害风方向为好,以便更大程度地削弱、改变害风的性质,减轻危害的程度。

②泡桐的行距:目前,农桐间作中所采用的泡桐行距大致有20 m、30 m、40 m、50 m、60 m几种。观测证明,20~40 m行距的农桐间作地块,平均风速可降低52%,带间的增暖和冷却作用非常明显。而50~60 m行距的地块内,平均风速可降低45%,与前者相差7%,但其增暖和冷却作用不十分明显,相对湿度则较前者大4%~5%,蒸发量较前者减少18%,故以50~60 m的行距较好。另外,过小的行距必然相对增大林冠遮阴面积。调查表明,20~30 m的行距,其林冠下减产区占总地块面积的18.7%~40%,减产幅度最大可达29.3%,而带间有效增产区仅占60%;50~60 m行距的地块,其有效增产区为87%,而林冠下减产区仅占13%。综上所述,农桐间作中泡桐行的行距以不小于50 m为度。为了适应农业机械化的要求,泡桐行长不应短于300~500 m,以利发挥其机械效率。

③泡桐的栽植密度:泡桐的栽植密度因间作类型不同而异。以农为主间作型适宜风沙危害较轻,土壤为青沙土、蒙金土、两合土,地下水位2.5 m以下的地区。在保证粮食稳产、高产的情况下,栽植少量泡桐。轮伐期较短,一般8~10年就可砍伐利用。栽植密度为株距4~5 m、行距50 m,栽植30~45株/hm^2,其经营目的为培养泡桐中径材,以桐为主间作型适宜沿河两岸的沙荒地及人少地多的地区,可营造泡桐速生丰产林,栽植密度为株距5 m、行距5 m,栽植400株/hm^2左右。泡桐栽后5年,可进行一次隔行间伐,保留200株/hm^2,仍可继续间种农作物,泡桐培养大径材。农桐并重间作型适宜风沙危害较重的粉沙土、细沙土,地下水位在3 m以下的半耕地、废耕地,栽植密度株距5~6 m、行距10 m,栽植165~195株/hm^2,经营目的是防风固沙,培养中、小径材。

(2)农枣间作。

①枣树林带的走向:据赵天榜教授等的研究,单行东西走向的林带,枣树冠投影带的变化在一日中由行南转向行中,后复转行南,呈现出带状轨迹而构成一个遮阴带,其宽度一般为2~3 m,南侧宽0.8~1.0 m,北侧宽1.2~2.0 m,造成了2~3 m的减产区。在减产区中,平均每公顷减产32.3%~62.9%。南北走向的林带对小麦生长发育、千粒重和产量的影响均不明显;而东西走向的林带对小麦的影响比较明显,即距树干0.5~0.8 m,千粒重减少29.32%~44.13%,产量减少600~973.5 kg/hm^2;1.2~1.5 m处,千粒重减少2.42%~6.38%,产量减少499.5~574.5 kg/hm^2;树林遮阴带外侧是增产区,增产幅度9.7%~22.44%。因此,枣树林带的走向要根据当地的自然条件而确定,在风沙危害严重的地方,以东西走向为宜;风沙危害较轻的沙耕地,以南北走向较好。

②枣树林带的宽度:据赵天榜教授1980年在河南省新郑县的调查,成带状间作的枣树林带宽度一般在15~20 m为宜。如在风沙严重的沙耕地上,可以因地制宜进行加宽,一般以宽25 m左右、4~5行为宜。

③枣树林带的间距:枣树树冠大、枝稀、叶小、通风、透光,因而林带的防护范围较小。据

观测，以带状间作的枣树林带一侧的防风距离，一般达 50～100 m 宽，增产范围(一侧)以 25～100 m 比较明显。所以，一般情况下林带间距以 100～150 m 为宜，如果风沙危害比较严重的泛风沙耕地，林带间距可采用 50～100 m。

④枣树的栽植密度：据在河南省新郑县的调查，麦枣间作的适宜密度为 4 m×6 m 和 4 m×8 m最好，4 m×10 m 次之，4 m×4 m 对小麦产量有明显影响。所以，以农为主间作型，枣树栽植密度以 4 m×6 m、4 m×8 m 或 4 m×10 m 为宜；以果为主防风固沙间作型，栽植密度以 4 m×4 m 为宜。

(3)农条间作。现以农作物与白蜡条间作为例加以说明。

①条行走向：从防护效益看，白蜡条行的走向垂直于主害风方向效果最大。如河南省豫东地区的主要起沙风为北风和偏北风，而干热风又属南风和西南风。因此，白蜡条(杆)行的走向应以东西走向为佳，但东西走向的条林带北侧遮阴严重，影响产量。从长期观测中还发现：东西走向和南北走向的条子林，只要它们有一定面积，本身形成一个系统，其间气象因子除风速外(差 10%左右)，气温、湿度与蒸发无显著差异。因此，营造大面积的农条间作时，只在风口和重沙地采用东西走向，其他地方仍可采用南北走向。

②条行带距：它是决定防护效益、影响作物产量的一个重要因子。由于白蜡条(杆)平均带高不超过 3.5 m，所以带间距不宜过大，否则将起不到应有的防护作用。但是，如果带间距过小，则由于白蜡条(杆)的遮阴和根的胁地，会造成作物减产。所以，农条间作的带距要根据当地条件和经营目的来确定。以条(杆)为主间作型适宜风沙危害严重的沙荒地，土壤贫瘠、干旱，农业产量低而不稳，发展条林的目的是防风固沙，改善生态环境，增加经济收入，其条行带距以 10～20 m 为宜。农条(杆)并重间作型适宜风沙危害不太严重的半耕地，土壤贫瘠、干旱，农业产量较低，农条间作的目的在于防风固沙、护农增产，条行带距以 20～30 m 为宜。以农为主间作型适宜风蚀轻微的平坦农耕地，主要目的在于改善生态环境、提高农业产量、增加经济收入，条行带距以 30～50 m 为宜。

③条行宽度：当前营造的条农间作多为 1 行、2 行、4 行。从防护效果来看，这三种不同宽度的防风效益没有显著性差异(见表 6-13)。从占地面积比较，2 行的比 4 行的少占地 40%，且条、杆的质量优于 4 行式。所以，一般地区应采用 2 行式或 1 行式，风口或重沙区可用 4 行式。

表 6-13　不同行数条农间作的相对风速

行数	疏透度	相对风速(%)					
		H	$3H$	$5H$	$10H$	$15H$	平均
1	0.6	74	70	71	80	88	76.6
2	0.4	70	65	64	75	85	71.8
4	0.3	65	67	70	73	79	70.8

二、农田防护林的树种选择

正确进行农田防护林造林树种的选择，对于增强农田防护林的稳定性，充分发挥其防护效能具有重要作用。有的地方早期营造的农田防护林由于树种选择不当，或导致病虫害蔓延，或形成“小老树”，防护效应和经济收益显著降低，因此要认真进行树种选择。

(一)树种选择的原则和依据

树种选择的原则和依据为：

(1)从当地的立地条件出发,认真做到适地适树。在低湿地方必须选择耐水湿、耐盐碱、具有庞大根系、枝叶茂盛的树种,而在风沙危害严重的地方必须选择抗蚀能力强、耐干旱的树种。地下水位过高或土壤水分过多对泡桐、刺槐、臭椿、苦楝等树种的影响更明显。这些树种虽喜湿润、肥沃土壤,但又怕涝、怕淹、怕盐碱,不适宜高地下水位或重盐碱地栽植。

(2)根据不同林种或类型的要求选择适宜树种。农田林网的树种要选择树木高、树干直、生长快、根深、冠小、抗风力强、寿命比较长、抗病虫害的树种;凡是农作物病虫害的寄主或中间寄主的树种不能选用。如榆树的金花虫除危害榆树外,还危害大豆和瓜类;桧柏是苹果赤星病、梨赤星病的寄主;刺槐是农作物蚜虫的寄主等,因此尽量不要选用这些树种。

(3)选用经济价值比较高的树种。如豫东、豫北平原沙区大力发展苹果、枣、葡萄、梨、桃、紫穗槐、杞柳、白蜡等,经济效益十分可观。要选择适合当地生长和市场需要的经济树种。

(4)选用适宜的常绿树种。为了提高防护林带在冬、春两季的防风效果,选用一定比例的常绿树种很有必要。豫东平原营造的侧柏、杨树混交林带,提高了防护效果,值得推广。

(5)根据树种的生物学特性和经营目的选择树种。例如,农桐间作的经营目的是林粮双丰收,兰考泡桐发叶晚、落叶早、冠大、枝稀、透光良好,对农作物遮阴少、影响小,尤其是兰考泡桐为深根性树种,吸收根和细根多分布在40~100 cm深的土层中,在0~40 cm土层中的根量较少,约占总量的12%,而小麦、玉米、谷子等农作物的根系多分布在0~40 cm土层内(见表6-14)。泡桐能从土壤深层吸收水分和营养,增加耕作层内的含水量,在干旱条件下为农作物生长发育提供了必需的水分。因此,选用兰考泡桐作为农桐间作树种能够达到林茂粮丰的目的。

表6-14　兰考泡桐与农作物根系分布情况

土层深度(cm)	泡桐		小麦		谷子		玉米	
	吸收根和细根重(g)	占总重(%)	根重(g)	占总重(%)	根重(g)	占总重(%)	根重(g)	占总重(%)
0~10 10~20	12.4	1.1	19.2 15.7	26.9 21.9	33.8 5.4	79.2 12.6	58.6 18.6	61.7 19.6
20~30 30~40	119.2	10.9	14.3 8.1	20.0 11.3	1.4 1.0	3.3 2.3	0.3 4.4	8.7 4.6
40~50 50~60	327.6	30.0	4.6 4.2	6.7 5.9	1.0 0.1	2.3 0.3	3.5 1.6	3.7 1.7
60~70 70~80	224.8	20.6	3.1 1.0	4.3 1.4				
80~90 90~100	272.0	24.9	0.9 0.2	1.3 0.3				
100~120 120~140	81.9 38.2	7.5 3.5						
140以下	16.4	1.5						

(二)防护林主要造林树种的选择

在选择防护林造林树种以前,要对当地的树种生长情况进行调查,分析比较各个树种的生长情况,确定适应当地立地条件的树种,再根据营造农田防护林的目的与要求,按照立地类型确定造林树种。中国林科院林研所等单位针对黄淮海平原中低产地区三种土壤类型区13个立地类型,共选择设置60个树种、166块标准地、9块对比试验林进行对比试验,最后通过多因子数量化综合评价、模糊数学综合评判,得出了主要乔木树种适生序列:

Ⅰ　沙土类型区

沙丘组(Ⅰ$_{a}$)　刺槐;

平沙地组(Ⅰ$_{b}$)　沙兰杨、刺槐、白榆;

沙碱土组(Ⅰ$_{c}$)　白榆、沙兰杨;

两合土组(Ⅰ$_{d}$)　69杨、72杨、泡桐、沙兰杨、毛白杨、白榆;

堆积土组(Ⅰ$_{e}$)　69杨、72杨、沙兰杨、毛白杨、刺槐。

Ⅱ　盐碱土类型区

脱盐潮土组(Ⅱ$_{a}$)　毛白杨、214杨、山海关杨、白榆、旱快柳、沙兰杨;

轻盐化土组(Ⅱ$_{b}$)　白榆、山海关杨、毛白杨、抱头毛白杨、旱快柳、钻天杨、泡桐;

中盐化土组(Ⅱ$_{c}$)　八里庄杨、钻天杨、白榆、国槐、刺槐;

重盐化土组(Ⅱ$_{d}$)　柽柳;

堆积土组(Ⅱ$_{e}$)　刺槐。

Ⅲ　砂姜黑土类型区

河渠堆积土组(Ⅲ$_{a}$)　63杨、72杨、69杨、沙兰杨、214杨、泡桐、刺槐;

路基堆积土组(Ⅲ$_{b}$)　72杨、69杨、法桐、水杉、刺槐、枫杨、侧柏;

潮地组(Ⅲ$_{c}$)　臭椿。

通过树种选择试验,共筛选出适生乔木树种20种,经济树种9种,灌木树种3种,见表6-15。

表6-15　黄淮海平原主要树种生态习性适生立地调查表

树种	生态习性	沙土类型区					盐碱土类型区					砂姜黑土类型区		
		沙丘组	平沙地组	两合土组	沙碱土组	堆积土组	脱盐潮土组	轻盐化土组	中盐化土组	重盐化土组	盐积土组	河渠堆积土组	路基堆积土组	潮地组
刺槐	乔木,木材坚硬、喜温和气候、喜光、耐干旱、耐瘠薄、浅根系、侧根分布广而浅、有根瘤、不耐水湿、易遭风害,耐轻度盐碱,极限值0.31%	+	+			+	+	+	+		+	+	+	
白榆	乔木,速生、材质优良、喜光、耐寒、深根性,耐干旱、瘠薄,在肥沃土壤上生长旺盛,耐轻度盐碱,极限值0.32%		+	+	+	+	+	+	+		+		+	

续表 6-15

树种	生态习性	沙土类型区					盐碱土类型区					砂姜黑土类型区		
		沙丘组	平沙地组	两合土组	沙碱土组	堆积土组	脱盐潮土组	轻盐化土组	中盐化土组	重盐化土组	盐积土组	河渠堆积土组	路基堆积土组	潮地组
毛白杨	乔木，速生、树干高大、寿命长、材质优良、喜温和气候、喜光，最适宜在中性、石灰性、冲积土上生长，根系发达，抗风力强，耐轻度盐碱，极限值 0.25%			+		+	+	+						
抱头毛白杨	乔木，速生、树干通直、冠窄型、喜光、喜温和气候，耐轻度盐碱						+	+						
沙兰杨	乔木，生长快、树干高大、木材松软、喜温和气候、喜光、喜水肥，但不耐水湿，在干旱、瘠薄、低湿盐碱土上生长不良		+	+	+	+	+					+	+	
Ⅰ-214 杨	乔木，生长快、树干高大、木材松软、喜温和气候、喜肥沃深厚沙壤土、喜光、不耐盐碱						+						+	
山海关杨	乔木，生长极快、树干高大、材质好、喜光、抗寒、耐轻度盐碱						+	+						
泡桐	乔木，生长极快、材质优良、喜光，适宜在深厚冲积土、沙壤土上生长，不耐积水，不耐盐碱，极限值 0.24%			+			+	+				+		
旱快柳	乔木，速生、适应性强、喜光、耐寒、耐水湿、不怕水淹、较耐干旱、抗风、抗盐力中等，极限值 0.323%						+	+						
国槐	乔木，材质优良、寿命长、喜光、耐寒、耐旱、深根性、耐盐力较强，极限值 0.47%							+	+					

续表 6-15

树种	生态习性	沙土类型区					盐碱土类型区					砂姜黑土类型区		
		沙丘组	平沙地组	两合土组	沙碱土组	堆积土组	脱盐潮土组	轻盐化土组	中盐化土组	重盐化土组	盐积土组	河渠堆积土组	路基堆积土组	潮地组
水杉	乔木,生长迅速、树干高大、喜温和湿润气候、喜光、耐水湿、要求土壤深厚肥沃,干旱、瘠薄土壤生长不良			+									+	
法桐	乔木,生长迅速、树冠浓密、对气候适应较广,喜深厚、肥沃、湿润土壤,耐轻度盐碱,抗寒力差												+	
枫杨	乔木,速生、适应性较强、喜温暖多湿气候、对土壤要求不严、喜光、不耐寒、耐水湿												+	
侧柏	常绿乔木,材质好、寿命长、喜光、幼龄稍耐庇荫、极耐干旱、耐瘠薄、耐寒、怕风,耐轻度盐碱,极限值0.25%		+	+		+	+	+					+	
臭椿	乔木,速生、树干高大、材质好、喜光、主根发达、极耐干旱、耐瘠薄、耐轻度盐碱								+					+
八里庄杨	乔木,生长快、喜温和气候、喜光、耐瘠薄沙质土,耐轻度盐碱,极限值0.28%							+		+				
Ⅰ-63杨	乔木,生长极快、树干高大、喜温和气候、极喜光,最适宜在深厚肥沃、湿润、排水良好的冲积土壤上生长,不耐盐碱,易遭风折			+								+	+	
Ⅰ-69杨	乔木,生长极快、喜温暖湿润气候,为喜光、喜水品种,抗寒抗风性差				+		+					+		
Ⅰ-72杨					+		+					+		

续表 6-15

树种	生态习性	沙土类型区					盐碱土类型区					砂姜黑土类型区		
		沙丘组	平沙地组	两合土组	沙碱土组	堆积土组	脱盐潮土组	轻盐化土组	中盐化土组	重盐化土组	盐积土组	河渠堆积土组	路基堆积土组	潮地组
白蜡	经济价值高、主根明显、侧根发达、喜光,喜湿润、肥沃疏松土壤,干旱、瘠薄、黏重土上生长不良,耐中度盐碱,极限值 0.43%		+											
白皮淡竹等 4 种	常绿,散生、喜温暖湿润气候、浅根性,喜肥沃疏松、湿润土壤,不耐干燥、不耐盐碱											+		
柽柳	小乔木或灌木,萌蘖力很强、耐重度盐碱,极限值 0.98%,抗旱、耐瘠薄									+				
紫穗槐	灌木,丛生、喜光,也耐一定程度的庇荫,耐干旱、耐瘠薄、耐寒,耐盐碱能力强,极限值 0.43%	+	+	+	+	+	+	+	+		+	+	+	+
枣树	乔木,经济价值高、适应性很强、抗旱、耐湿、耐寒、耐瘠薄、喜光、喜气候干燥,耐轻度盐碱,极限值 0.25%			+			+	+						
香椿	乔木,速生、木材珍贵、幼芽味香、可作蔬菜,喜光、喜肥厚湿润土壤,抗寒、抗旱能力差,耐轻度盐碱			+			+	+					+	
胡桑	乔木,为经济树种,多成灌木经营,采叶养蚕,喜光、耐干旱瘠薄,不耐盐碱												+	
苹果	小乔木,经济价值高、喜温和气候、喜光而耐寒,在疏松、排水良好的沙壤土上生长良好		+			+	+						+	
梨树	小乔木,喜温和气候、适应性强、喜在排水良好的黏质或沙壤质土上生长,耐轻度盐碱						+	+						

续表 6-15

树种	生态习性	沙土类型区					盐碱土类型区					砂姜黑土类型区		
		沙丘组	平沙地组	两合土组	沙碱土组	堆积土组	脱盐潮土组	轻盐化土组	中盐化土组	重盐化土组	盐积土组	河渠堆积土组	路基堆积土组	潮地组
桃树	小乔木,喜温暖气候、喜光、耐旱,适宜在排水良好的沙壤质或冲积土上生长			+			+	+						
葡萄	藤本,喜温和气候、要求湿润肥沃的沙壤土,喜光						+	+						+
山楂	小乔木,喜温和气候,适应性强、耐寒、耐瘠薄,以沙质土壤生长为佳						+	+						

注:“+”表示树种适生立地类型。

三、农田防护林的造林技术

农田防护林是在农田、道路、渠道(河流)以及农村“四旁”的隙地造林,立地条件比较好,具有交通方便、便于开展集约经营的有利条件,造林技术也不同于一般荒山造林,有其特殊性。

(一)整地

细致整地是改善土壤结构、消灭杂草、保证苗木成活和良好生长的重要手段,要根据土壤种类采取正确的整地技术。

1. 风沙土

风沙土具有土质疏松、易于耕作、透水性好、不易受涝的特点。但风沙土干燥、易风蚀、保水保肥性差、有机质与养分含量低、土壤瘠薄。黄淮海平原的风沙土条件比较好,对于流沙地、半固定沙地(丘)不能采用全面整地,一般采用穴状整地,随整地随造林。条件许可时,可在雨季前整地,秋、冬季造林效果更好。豫东平原的平沙地,由于水分条件好,常常茅草丛生,因此消灭茅草是造林整地的主要任务。对茅草丛生的平沙地最好采用全面整地。整地时间以伏天最好,连续翻耕 2 ~3 次,即可达到消灭茅草的目的。

2. 砂姜黑土

砂姜黑土是淮河流域平原广泛分布的一种土壤。砂姜黑土的主要问题是容易干旱和涝、渍。主要矛盾是解决“涝”、“僵”的问题。首先是采用工程措施改善排水状况,其次是改旱作为水作。农田防护林主要是营造农田林网,沿河岸、渠道营造堤岸防护林,道路两侧营造护路林,整地主要采用穴状整地,在地表层和树木根系所及深度的地方有刚砂姜应打破拣出,否则对保水保肥和根系生长很不利。最好在冬天挖坑冻垡,栽树时将熟土填入,踏实浇水,培土加厚。

3. 盐碱土

黄淮海平原的盐碱土，主要是由于排水不良和不合理灌溉使地下水位抬高而引起的次生盐渍化所形成的。盐碱地整地必须结合改善土壤性质、减少土壤含盐量和降低地下水位等综合措施进行。有杂草的平坦盐碱地可在杂草开花时全面深耕，增加有机质，翌年穴状整地造林。杂草很少的重盐碱地，全面深翻后，播种 1 年耐盐碱绿肥植物，1 ~2 年后深耕压肥，然后造林，也可采用台田整地方式。

(二)造林密度

农田防护林的造林初植密度要根据农田防护林的类型(如农田林网、农林间作等)、选用的树种、立地条件和造林技术及经营水平而定。华北平原农田防护林主要造林树种造林初植密度列于表6-16，可供生产上参考。一般农田林网的林带为疏透结构或通风结构，造林密度应小些。农林间作以农为主时，林木密度应小些；以林为主时，林木密度应大些。一些速生树种，如造林初植密度过大，则会由于生长迅速而很快郁闭，影响林木生长量；有的树种不耐庇荫，造林密度大则影响生长发育；而有些树种如刺槐，疏植时干形易弯曲，为培养好的干形，造林初植密度则应稍大些。立地条件好的地方，林木生长快且树势旺，造林密度宜小些；立地条件较差的地方，林木生长缓慢，初植密度宜大些。在交通方便、小径材需要量大的地方，造林密度可稍大些，郁闭后适时间伐，既能保证林带的理想结构，又可提供小径材。

表 6-16　华北平原农田防护林主要造林树种造林初植密度参考表

树种名称	株行距(m)		
	片林	行道树	农林间作
水杉、池杉、落羽杉	2×3,3×3	1×2,2×2	3×(20~50)
松类	1.5×1.5,2×2	2×2,3×3	
雪松		3×3,4×4	
侧柏	1×2,2×2,3×3	3×3,4×4	
毛白杨	4×4,5×5,6×6	2×3,3×3	5×(10~30)
沙兰杨	5×5,6×6	3×3,3×4	
群众杨	2×3,3×3,3×4	2×3,3×3	5×(10~30)
旱柳	3×3,3×4	3×4,4×5	
兰考泡桐	5×5,5×6,6×6,7×8	3×4,4×6,5×6	5×(10~30),5×(50~60)
白榆	3×3,4×4,5×5	2×3,3×4	
苦楝		4×4,5×5	
国槐		4×4,5×5	
刺槐	1.5×1.5,2×2,3×3	3×3,4×4	
悬铃木		4×4,5×5	
臭椿	4×4,5×5	3×4,4×5	
桑树	3×3,4×4		4×6,8×10

续表 6-16

树种名称	株行距(m)		
	片林	行道树	农林间作
核桃	7×7,8×8	4×5,5×6	
柿树		6×6,7×7	8×20,10×(20~30)
枣树	4×6,4×8		8×10,10×10
花椒	4×4,5×5		4×20,5×20
白蜡	1×2,2×2	1×2,2×2	2×(8~15),2×(15~20)
杞柳	1×1,2×2	1×1,2×2	1×15,2×15
紫穗槐	1×1,1×2		
柽柳	1×1,1.5×1.5	1×1	

在农田防护林的长期生产实践中,农田林网林带在渠、路两侧或田边单行栽植,树木的株距一般为2 m。若每侧栽2行以上,如行距限于0.5~1 m,株距可采取3~4 m;如行距2 m,株距可定为2~3 m。在林带中配置灌木时,灌木的株行距可采取1 m×1 m或0.5 m×0.5 m。为了形成理想的疏透结构的林带,根系和树冠均匀充分地利用土壤与空间,农田防护林的林带树种造林宜采用三角形配置。

(三)造林方法

农田防护林的造林方法主要采用植苗造林和插木造林。

1. 植苗造林

这是营造农田防护林广泛应用的一种造林方法。为了使农田防护林及早发挥防护作用,常采用1~2年生或3~5年生的大苗造林。为了提高成活率,要做到随起苗、随运输、随造林和二不离土(即起苗后不能及时出圃时要假植,运到造林地后不能及时栽植也要假植)、三不离水(即保证捆包、运输、栽植三个环节中苗木的湿润)。除泡桐外,所有树种均要做到"三埋两踩一提苗",栽植深度一般要求覆土超出苗木根际2~4 cm。在干旱疏松的土壤上要栽深,湿润黏紧的土壤上要栽浅,秋季造林要比春季造林栽深一些,雨季造林可以栽浅一些。豫东平原国有林场在沙地上用沙兰杨造林,采用1 m×1 m×1 m大坑,栽植2年生大苗,效果很好。必须选择外观大小粗细比较一致、发育充实、木质化程度高、无徒长现象、无病虫害的合格苗木。苗圃地为壤土或沙壤土,绝大部分苗木须符合《主要造林树种苗木质量分级》(GB 6000—1999)中的Ⅰ级苗和Ⅱ级苗的要求。

起苗、分级与包装采用锋利的钢锨或宽镢起苗。起苗时,先从没苗的一边挖30 cm深的壕,逐垄起苗。起出苗后,立即对苗木进行分级,选出合乎要求的苗木,然后剪去过长根和伤根,蘸用壤土制成的淡泥水,每100棵打成1捆,挂上标签,装入聚乙烯塑料袋中,立即转运至贮苗处。起苗时严禁采用拔苗方式起苗。

2. 插木造林

插木造林也叫扦插造林或插条造林。适用于萌芽力强的杨树、柳树、紫穗槐、白蜡、杞柳等。按插穗大小又分为插干和插条两种。插干是采集壮龄树木上1~2年生、侧芽饱满、无病虫危害的枝条，截成 20 ~ 40 cm 长的插穗，按规定株行距扦插在已整好的造林地上。在湿润的河、渠两岸营造防护林带时，往往采用 3 ~ 8 cm 粗、2 ~ 3 m 长的 2 ~ 4 年生柳树粗枝，插入土中 50 ~ 80 cm，成活率高，发挥防护效益快。

插木造林在黄淮海平原应用广泛。豫东地区群众营造的紫穗槐、白蜡和杞柳林带，选用 1 年生粗壮枝条，截成 20 ~ 30 cm 长，成墩扦插，每墩插 5 ~ 8 根，地上露 2 ~ 3 cm，踩实即可。成活率高，形成林带快，发挥防护效益早。

（四）造林季节

农田防护林是一项农田基本建设工程，因此选择造林季节除考虑苗木容易成活外，还要考虑劳力和组织施工方便。在华北平原地区，最好的造林季节是春季土壤解冻后、芽苞开放之前、根系开始生长时期。这个时期造林要先栽植萌芽较早的杨树、柳树等，萌芽较迟的臭椿、刺槐、枣树等可稍迟栽植。春季造林时间短，土壤解冻后应立即组织进行，造林过晚会影响成活率。据余健普在豫东平原研究，3 月 7 日栽植的毛白杨与 3 月 15 日栽植的毛白杨相比，成活率由 68% 降至 14%。

秋季土壤较湿润、气候较温暖的地区造林效果也很好。因为秋天造林，经过一个冬季，根系与土壤密接，翌春能提早发芽，所以造林成活率比较高，生长也比较好。河南商丘地区民权林科所研究成功的秋季带叶栽泡桐，在泡桐高生长停止后、落叶前（10 月份）进行带叶栽植，成活率在 95% 以上。在生产上推广应用后，效果很好。泡桐落叶前带叶栽植，这时气温迅速降低，泡桐地上部分生长已基本停止，但地温尚高，营养物质已向根部转移，经断根刺激后，有机物质很快补充到断根处，容易产生愈伤组织，能在冬季到来之前生长出部分新根。据研究，一般当年能长出新根 4 ~ 8 条，翌年春季树液开始流动时新根已有吸收能力，开始从土壤中吸收水分和养分，供枝叶生长之需，大大缩短了缓苗期，提高了成活率，增加了生长量。

对于一些常绿树种（如侧柏）或萌芽力强的树种，雨季造林效果也比较好。

四、综合防护林体系

进入 20 世纪 80 年代后，平原绿化得到了迅速发展，由小范围、小规模的单一林种、单一类型、单一树种逐步向大范围、大规模、多林种、多类型、多树种有机结合的综合防护林体系方向发展。由中国林科院主持和组织，河南省林科所、河南农业大学、河南省林业勘察设计院等单位参加的联合攻关课题组，在原阳县建立的综合防护林体系试验示范区就是典型模式。

（一）综合防护林体系的概念和组成

1. 综合防护林体系的概念

综合防护林体系是在过去的农田防护林、“四旁”植树、固沙造林和农林间作等基础上发展起来的，是 20 世纪 80 年代中国林业发展水平的体现。综合防护林体系是把各林种、各类型、不同树种按照因地制宜、因害设防的原则配置在一起的相互联系、相互依存的有机统一体。综合防护林体系的建立打破了单一种植业的格局，构成农、林、牧紧密结合的耕作制度和立体农业结构，在多年传统经营农作物的辽阔平原上出现了农、林结合的新景观，形成了生产效率高、生态效益好的农业生态系统，提高了土地利用率、光能利用率和劳动生产率。

2. 综合防护林体系的组成

综合防护林体系是以农田林网为主,另外包括村镇绿化、农林间作、成片造林等用材林、经济林、多种类型防护林、薪炭林、特用林组成的农林复合经营体系。从生态经济学的观点来看,综合防护林体系是以生态环境为基础、护农增产为目的的农林复合生态系统,是充分利用农田的道路两侧、河流渠道两岸、小片荒地荒滩和“四旁”隙地等配置成带状、片状的乔木、灌木、草相结合的人工植物群落。

(二)综合防护林体系的配置和结构

以原阳县王杏兰乡综合防护林体系的配置和结构为例进行阐述。

该乡的主要自然灾害是风、沙、旱、涝、干热风及冰雹、低温等。林种配置以防止风沙灾害为主要目的,并充分利用沙地自然条件提高土地生产力。

1. 立地条件

根据影响林木生长的主导因子,把王杏兰乡划分为8个立地类型:

Ⅰ 大中型固定沙丘顶部;

Ⅱ 大中型固定沙丘中、下部;

Ⅲ 细沙高平沙地;

Ⅳ 中度沙壤质盐渍土;

Ⅴ 弱度沙壤质盐渍土;

Ⅵ 单相细粉沙耕地;

Ⅶ 沙壤质复层黏化耕地;

Ⅷ 浅中位间层沙壤质耕地。

2. 类型区划分

根据自然特点共划分为三个区:一是沙地防护用材林和平原林木生态试验区,属半固定沙丘、高平沙地和丘间洼地,占试验区总面积的4%;二是农田林网区,属沙质土和沙壤质土,地形平坦,地下水位2~2.5 m,占试验区总面积的42.3%;三是农林间作区,土壤多为沙壤质,地形平坦,占试验区总面积的45.1%。

3. 林种配置

一是防风固沙林,包括Ⅰ、Ⅱ、Ⅲ三个立地类型,营造紫穗槐条子林和刺槐与杨树混交林,培育条子和中、小径级用材。二是农田林网,由于该类型区距沙源较近,按沙区农田林网设计,主带距100~150 m,副带距200~400 m,网格面积6~10 hm^2,少数在4~6 hm^2。三是农桐间作。按以农为主间作型设计,泡桐行距30~60 m,株距4~6 m。泡桐行走向同耕作行向一致,大部分为南北走向,少部分为东西走向。四是农枣间作,单行配置,行距10~30 m,南北走向,株距3~4 m。枣树品种以新郑灰枣为主,配以鸡心小枣。五是渠、路防护林,全试区共有道路28条、渠道10条。根据道路宽窄配置林木行数,最窄的一路两行树,最宽的一路8~16行树,主要树种为毛白杨、沙兰杨、白榆、泡桐等。渠道按宽带状配置林木,主要树种为刺槐、Ⅰ-72杨、Ⅰ-69杨、沙兰杨、毛白杨等。六是速生丰产片林,面积8.7 hm^2,包括泡桐、杨树两种速生丰产林。七是村镇绿化,村庄3个,总面积46 hm^2:①现有村镇绿化改造;②新村规划和绿化设计。此外,还有树种引种、苹果和药材试验小区等。规划结果各类型面积比例为:农田林网占8.2%,农桐间作占1.4%,农枣间作占0.2%,村镇“四旁”林占11.2%,用材林占5.8%,果园占1.3%,总计为28.1%。具体树种配置如表6-17所示。

表 6-17　河南省原阳县风沙土类型区综合防护林体系造林树种统计

项目	用材树种										
	刺槐	白榆	沙兰杨	泡桐	毛白杨	侧柏	苦楝	69 杨	72 杨	水杉	合计
株数所	65 436	16 771	13 809	13 528	11 905	5 529	3 028	1 341	996	550	132 893
占百分率(%)	49. 24	12. 62	10. 39	10. 18	8. 96	4. 16	2. 28	1. 01	0. 75	0. 41	100
项目	经济树种							灌木			
	金银花	枣树	石榴	山楂	花椒	苹果	合计	紫穗槐	白蜡条	杞柳	合计
株数所	8 900	7 500	1 150	600	430	650	19 230	107 025	34 581	7 004	148 610
占百分率(%)	46. 28	39. 00	5. 98	3. 12	2. 24	3. 38	100	72. 02	23. 27	4. 71	100

注:①经济树种占总株数的 12. 63%(不包括灌木)。
②灌木与用材树种比为 11. 12∶1。

4. 初步效果

王杏兰乡自 1983 年开始按规划设计造林,到 1987 年进行初步效果调查,全乡共有农田林网 300 hm^2,林带 143 条,农林间作 286. 7 hm^2(其中,农桐间作 233. 4 hm^2,农果、农条间作 53. 3 hm^2),防风固沙林 26. 7 hm^2,固定沙丘 5 个,营造刺槐片林 13. 3 hm^2,混交试验林 8. 3 hm^2。全区现有树木 15 万株,立木蓄积量 770 m^3,比 1983 年增加一倍多,林木覆盖率由 4%上升到 11%。已初步形成以农田林网为主体,网、带、点、片相结合,乔、灌、草相配套,多层次、多功能、多效益的综合防护林体系,已经发挥出显著的生态、经济效益。根据观测结果,与县站(较空旷地区)相比,1985 年和 1986 年的大风日数平均减少 4 天,1 月平均温度提高 0. 53 ℃,绝对最高温度降低 1 ℃,7 月平均空气相对湿度提高 20%,年蒸发量减少 17. 3%,同时减少了风蚀,固定了流沙,提高了土壤含水量,促进了农业生产。小麦单产由 1983 年规划前的 1 965 kg/hm^2 提高到 1986 年的 2 925 kg/hm^2,农业总产值由 1984 年的 2. 35 万元增加到 1986 年的 22. 5 万元。

第三节　防风固沙林

我国的沙地类型很多,这里主要介绍河南省沿河沙地防风固沙林的营造技术。

一、河南省沿河沙地类型

河南省的沙地是由于黄淮海河历次决口、改道、泛滥、沉积又经风的搬运而形成的沿河冲积沙地,主要分布在漳河以南,沙河、颍河以北,京广铁路线以东的广大地区,隶属开封、商丘、新乡、安阳、周口、许昌、濮阳等 35 个县市,沙地面积 130 多万 hm^2(其中重沙地约 20 万 hm^2),占全省面积的 37%。

河南省的沙地属黄河沉积沙地,集中分布在旧黄河故道及其两岸,故称沿河沙地。可分为平沙地和沙丘两大类型。

(一)平沙地类型

平沙地地势平坦,间有小型沙丘,河槽中心常有流水,沙粒较粗,沿河两侧沙粒较细,有黏质间层，肥力较高，多为农业用地。

（二）沙丘类型

沙丘按高度可分为大沙丘（高于7 m）、中沙丘（3～7 m）、小沙丘（低于3 m）。按沙丘外形分为新月形沙丘（即具有两个不同坡面，形状如月牙的）、椭圆形沙丘（断面多为抛物线状，没有明显的迎风坡和背风坡的沙丘）、垄状沙丘（呈平行带状，垂直于主风分布，沙脊线起伏曲折，背风坡和迎风坡明显，其高度均在7 m以上，最高可达15 m，长度一般为300～500 m，丘间距离50～200 m，多属大沙丘类型）。按沙丘生草化程度分为流动沙丘（植被覆盖度在20%以下，沙粒疏松，容易流动，水分较好，肥力较差，主要生长有沙蒿、沙蓬等沙生植物）、半流动沙丘（植被覆盖度为20%～50%，沙层较紧密，不易流动，水分较好，肥力较高，有沙生植物分布或树种栽培，如刺槐、紫穗槐、侧柏等）和固定沙丘（植物覆盖度大于50%，沙层紧实，已被固定，水分差，肥力显著增加，树种栽培较多）。

二、河南省沿河沙地特点

河南省沿河沙地以石英为主，具有比热小、导热度大、增散热快、日变剧烈等特点。同时，质地疏松，持水力小，透水力强，通气良好，蒸发也强，因而经常处于干旱条件下，尤其每年冬春季节风蚀严重。

沙地疏松，非毛管孔隙占优势，因而沙丘表面缺水。在流动沙丘上，植物常因缺水而枯萎死亡，这是造成沙丘上植物较少的主要原因。沙地温度变化较大，容易灼热和变冷，夏天中午沙地表面温度有时达到65 ℃以上，夜间气温降低很快，利于水汽凝结成露水而滋润植物，这是沙区气候条件对植物有利的一面。同时，沙丘受风力作用和雨水淋洗，肥力很低。

三、立地条件类型划分

影响沙地植物生长的因素很多，如沙地的机械组成、风蚀程度、干旱和瘠薄程度、地下水位、黏质间层等。其中，决定沙地立地类型划分的主要是沙地的机械组成和有无黏质间层。现以河南封丘县沙地立地条件类型划分为例，列于表6-18。

表6-18 沙地立地条件类型划分表

编号	沙地名称		间层与质地	地下水位（m）	盐渍化程度	地形	其他
	简称	全称					
1	漏沙地	单相沉积细沙沙地	细沙	1.5～3.0	—	主流河槽	干旱、贫瘠
2	胶泥底细沙沙地	深位薄层细沙沙地	间层在66 cm，下层10～20 cm	1.5～3.0	—	靠近主流河槽	风蚀
3	胶泥底粉沙沙地	中位中层粉沙沙地	间层在50～100 cm，表层粉沙	1.5～3.0	—	净水沉积段	风蚀
4	蒙金地	浅位间层粉沙地	间层20～40 cm，粉沙	1.5～3.0	—	支流沉积段	农耕地

续表 6-18

编号	沙地名称		间层与质地	地下水位（m）	盐渍化程度	地形	其他
	简称	全称					
5	青沙地	粉沙农耕地	间层或有或无，粉沙	1.5 ~ 3.0	—	缓流沉积段	早春风害
6	风蚀凹地	季节性积水风蚀凹地	细沙	< 1	内涝局部盐渍化	风蚀凹地	风蚀
7	小沙岗地	小于 3 m 的沙丘	细沙	> 3	—	风蚀堆积物	沉淀
8	盐碱地	轻度或中度盐渍土	壤质及黏壤质	1 ~ 1.5	轻中度	碟形凹地沉积段	内涝盐碱
9	壤质农耕地	壤质及黏壤农耕地	壤质及黏壤质	1.5 ~ 3.0	—	—	农耕地

四、防风固沙林体系的配置

河南人民在长期与风沙灾害作斗争的生产实践中逐渐认识到，为了迅速固定流沙，把荒沙变成良田，必须按因害设防、因地制宜的原则，建立一个完整的沙地防护林体系。这个体系的特点是沙源、沙沿、沙质平地和沙区居民点采用片、带、网、点相结合的治理措施，形成四道防线（见图 6-1）。

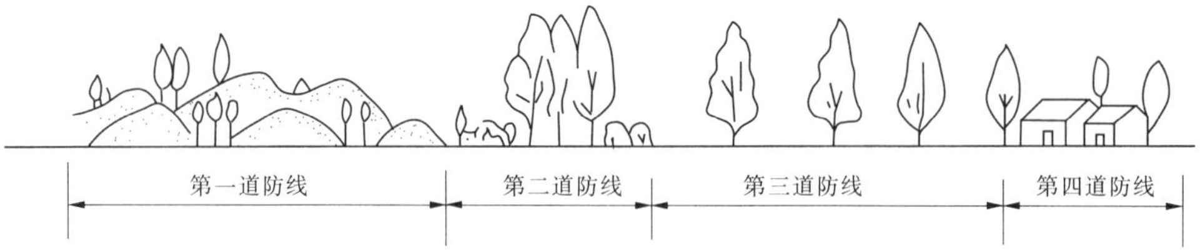

图 6-1　河南省沿河沙地固沙防护林体系配置示意图

（一）第一道防线——固沙林带

1. 生物沙障

根据沙丘的形状、流动程度，利用杨、柳枝梢在沙丘迎风坡栽植，以削弱风速，为固沙造林创造良好条件。

2. 前挡后拉林带

1）前挡林带

前挡林带是在沙丘前进方向营造林带，以阻挡沙丘向前移动。林带位置根据当地土地利用情况、沙丘高度、沙丘流动速度与树种生长快慢而定，一般距沙丘 5 ~ 10 m。沙丘流动速度较慢，前方为农耕地时，林带从沙丘背风坡基部开始，采用大苗 1 m × 2 m 的密度造林，林带宽度一般大于 20 m。

2）后拉林带

后拉林带是在沙丘迎风坡基部营造宽 10 ~ 20 m 的林带，其目的是最大限度地削弱风速,制止流沙移动,对沙丘起后拉作用。

3. 四面围攻林带

营造在密集的中小型沙丘群地段上。在沙丘群的四周营造一条 10 ~ 30 m 的包围林带,防止沙丘向四周扩展。然后在其内水分较好的丘间洼地、沙丘基部及平沙地上营造防风固沙林,最后扩大至大沙丘上,这种固沙造林方法也称大小包围造林法。

4. 风口地造林

风口处是沙地严重的风蚀地段,也是造林最难成活的地方。所以,此处造林多采用横设与主风垂直的密集沙障,其间营造灌木林带,株行距一般为 0.5 ~ 1 m。栽植深度必须超过当年风蚀最大深度,直达沙地的湿沙层。同时,在栽植穴周围培置沙坝,增加粗糙度,改变起沙现象,造成落沙环境,减少风蚀。

5. 淤灌压沙造林

豫东一些林场采用引黄淤灌压沙改土的方法很好。如兰考造纸林场采用引黄淤灌改造沙地,一次淤土可达 50 ~ 100 cm,基本上改变了沙地条件,为造林奠定了基础。

6. 固沙用材林

在平沙地或低沙丘区,由于流沙固定,水肥条件得到改善,选用刺槐等树种营造固沙用材片林。

(二)第二道防线——防沙林带

在沙源的周围地区,特别是在流沙前方的农业生产区营造防风固沙林带,以削弱风速,防止流沙进入农田及埋没农田工程,危及河流、道路和村庄。

在沙源四周设置的防护林带不一定与主害风向垂直,应成折线进行,便于耕作。林带位置应根据具体条件而定。一般以制止流沙向前流动、防止侵入农田为原则。林带宽度一般以 10 ~ 30 m 为宜。林带迎风面营造 3 ~ 5 行密植灌木带。

(三)第三道防线——沙地农田林网

在平沙地的农耕地上营造沙地农田林网的目的是削弱风速,减轻风蚀,改变农田小气候,保障农业生产。

林带的走向一般以垂直于主害风向为最好,在有大型的固定地形地物,如渠道、公路、河流等,也可把其走向作为主林带的方向。主林带距可按林带主要树种壮龄期高度的 10 ~ 15 倍,副林带距以 300 ~ 500 m 为宜,主副林带宽度一般是 6 ~ 12 行。由于它们多和道路、渠道结合,所以呈行道树型和渠道防护林型配置,为了防止林带积沙,可用通风结构林带。

以细沙为主的单相沉积平沙地上多采用农条间作营造灌木带或沙地灌木林网。河南省的条农间作树种主要是白蜡、紫穗槐等。

(四)第四道防线——居民点绿化

沙区居民点绿化的目的是进一步削弱风速、美化环境、保障居民点的安全。沙区居民点绿化是沙区造林中不可忽视的一个类型。根据王广钦等对 10 个乡 233 个村的规划,沙区居民点面积占总面积的 5% ~ 12%,平均为 8.5%,居民点的可造林面积占居民点面积的 40%,每人平均绿化面积为 40 ~ 50 m^2。

1. 护村林带

护村林带在沙区居民点绿化中担负着主要的防沙、固沙任务,其配置因距沙源的远近不同而有不同的形式。

距沙源近的居民点护村林必须和固沙林的配置相一致，把护村林作为固沙造林中的一个类型设置。护村林的宽度不小于 20 m，迎风面要种几行灌木，而后采用 1/2 乔、灌混交型，配置成下部紧密、上部稀疏的紧密结构。在居民点迎风面的沙地是流动性很强的流沙时，要采用生物沙障和植树造林相结合的办法进行造林，有条件者要立即封沙，以利迅速固定沙源、保护居民点的安全。要以防沙、固沙为主，在此前提下考虑生产木材和解决“三料”问题。

距沙源远的居民点护村林，由于在风沙流接近居民点前已经历了前三道防线的削弱作用，此时风速的强度、风沙流的密度已大大被削弱，风沙流中的含沙量减少，所以护村林的宽度可限制在 10 ~ 20 m 范围内，稀疏结构或通风结构均可，其主要作用是防护和用材并重。这种护村林带一部分逐步发展成为现在的“围村林”，主要树种是刺槐、泡桐、杨树、白榆等。

2. 速生片林

有些村四周土壤肥沃的地方逐步发展成为速生丰产片林。

3. 坑塘绿化

村内、村旁的坑塘经过适当整修，四周栽树；坑内种藕养鱼，增加经济收益。

4. 村中道路绿化

村内的道路两侧一般栽树 1 ~ 2 行。

5. 庭院绿化

院墙四周和大的空隙地多栽植用材树种，也有种植经济树种及花草灌木的。

五、防风固沙林的树种结构与配置

河南省早期防风固沙林的林带树种组成与配置有以下几种类型：

(1)大型防护林带。在豫东黄河故道共营造五条大型防护林带，总长 520 km，宽 1.0 ~ 2.5 km。这种大型防护林带实际是由主林带距 80 m、副林带距 125 m 构成 1 hm^2 的网格所组成的。

(2)单行灌木林带。由单行栽植的白蜡、杞柳或紫穗槐与柽柳组成的林带，带距 10 m 或 10 m 以上，株(墩)距 0.5 m 左右。在沙丘或沙荒地上以紫穗槐为主，在盐碱地上则以柽柳为主。这种灌木林带经营容易，见效快，营造这种林带是沙区群众脱贫致富、改变沙区面貌的重要途径。

(3)加拿大杨林带。主林带 5 行，株行距 1 m × 1.7 m；副林带 4 行，株行距 1 m × 1.7 m。林带生长情况良好。生长比较好的 6 年生林带平均胸径 12.4 cm，平均树高 12.3 m。

(4)刺槐、加拿大杨、紫穗槐混交林带。刺槐 10 ~ 20 行，南侧加拿大杨 2 行，两侧各有紫穗槐 2 ~ 10 行，株行距 1 m × 1.7 m，系河岸护岸林带。林带生长整齐，6 年生刺槐平均高 6.9 m，平均胸径 5.5 cm；14 年生刺槐林带生长情况详见表 6-19。

(5)针阔叶混交林带。中间 4 行榆树，两侧各 1 行加拿大杨，加拿大杨外侧 1 行侧柏，最北侧 1 行杞柳，共 9 行。这种林带比较稳定，加拿大杨等生长良好，榆树生长较差，林带断面呈凹槽型。

(6)旱柳林带。旱柳林带是大网格内的一种辅助林带，栽旱柳 5 行，株行距 1 m × 1 m，实行矮林作业，每 3 ~ 4 年平茬一次，高约 6 m，每丛平均 3 株，生产柳杆及薪材，经济收益较大，后来有些逐渐发展成头木作业。

表 6-19 刺槐林带生长情况

样地号	指数级	林龄（年）	平均树高（m）	平均胸径（cm）	郁闭度	栽植密度（株/hm^2）	蓄积量（m^3/hm^2）	叶面积指数
1	23	14	19.91	17.4	0.9	855	193.5	7.73
2	17	14	13.60	10.9	0.9	1 500	114.0	5.35
3	11	14	7.70	10.9	0.9	4 065	81.0	5.24

1964 年，河南省园林学会组织召开的“平原沙区农田防护林学术讨论会”认真总结了平原沙区营造防风固沙林的经验，建议发展的几种类型是：①双行柳灌木林带。宜在风沙灾害严重的飞沙弃耕地大力发展，带距 40 ~ 60 m，行距 2 m，株距 1.5 m。有经营白蜡杆经验的地方则发展双行白蜡杆带，带距 20 ~ 30 m，行距 1.5 m，株距 1 m。这种林带现在已成为豫东宁陵、兰考、民权、商丘等地农民防风固沙、发展经济的重要门路。②大小型结合林带。在只能种一季秋作物的半耕地上，以大型防护林为基干林带，带距 150 ~ 200 m，带间加植灌木型双行柳或各种条子林带（如杞柳、白蜡、紫穗槐等），每带 2 行，带距 20 ~ 30 m。③防护林网。在瘠薄的低产青沙地上营造通风结构的农田防护林网，主林带距 200 ~ 300 m，副林带距 300 ~ 500 m；乔木株行距（1 ~ 1.5）m ×（2 ~ 3）m，每条林带 3 ~ 6 行，这种林网现在平原沙区非常普遍。④农林间作。在一般泛风、轻度泛沙的青沙地和沙区边缘的两合土地，推广农林间作。每公顷栽枣树 225 ~ 300 株或柿树 90 ~ 120 株，地下水位 2 m 以下的青沙地推广农桐间作，每公顷植树 75 ~ 150 株。现在，农枣间作正在豫北内黄、豫东新郑、中牟、尉氏、西华等地广泛推广；农桐间作已在豫东、豫北广大平原沙区普遍分布。

范志平等的研究认为，在高度郁闭由喜光树种组成的林分中，无论林木高生长还是径生长，边行均比在林分中心生长的林木生长量大，即形成“边行效应”。在农田防护林区域调查过程中也发现大部分成熟的杨树纯林带内不同行间树木个体生长分化相当严重，边行与内行树木胸径生长和高生长存在显著差异，形成比片林更为严重的“边行优势效应”，即林分的最大直径均出现在边行并且大多数林带边行的平均直径大于林带内行平均直径，而且这种差异与林带年龄关系较为密切，即年龄越大边行优势越明显。

因此，范志平等研究设计了 3 种不同形式的试验林带，利用“边行优势”来克服“边行效应”，加大林带树木个体的营养面积，以消除林带生长严重的分化现象。其均为杨树纯林带，分为 3 种密度：株行距为 2 m×2 m；内行距为 3.0 m，株距及外行距为 2 m；内行距为 2.4 m，株距及外行距均为 2 m。试验结果表明，内行距为 3 m 的林带树木胸径生长分化程度弱于内行距为 2.4 m 的林带，而内行距为 2 m 的林带树木胸径生长分化最为严重。就树高生长而言，在 3 种不同配置方式的试验中，这种边行效应表现出的分化现象并不明显。其原因是在运用边行效应原理营造林带时，每株树木都具有林缘木的特征，有最大的营养面积和充分的生长空间。

六、造林技术

（一）整地

流动沙丘或流动沙地采用穴状整地，随整地随造林，如果条件许可，可在雨季前整地，秋、冬季造林。据群众经验，茅草丛生的平坦沙地要在伏天进行全面整地，连续翻耕 2 ~ 3

次，即可达到灭茅整地的目的。

（二）造林

营造防风固沙林要选择1～2年生、根系完整、生长健壮的实生苗。栽植深度要达到稳定湿沙层，栽后踏实。造林季节以早春解冻后立即进行为最好。在豫东沙地和豫北沙地，群众用打柳橛法造林，效果很好。打柳橛法造林是将1年生的3～5 cm粗的柳枝或柳桩截成50～60 cm，用木榔头直接打入沙地，地上部分与地面平即可。

豫东沙区和豫北沙区在20世纪50～60年代营造的杨树纯林有不少成了"小老树"，为了改造这些"小老树"、提高林地生产力，国有民权林场等生产单位创造了刺槐或紫穗槐与杨树混交造林，从而使林分生产力大大提高。

据民权林场研究，在相同立地条件下，22年生的加拿大杨、刺槐混交林，每公顷蓄积量达154.527 0 m^3，加杨纯林为111.482 4 m^3；13年生的沙兰杨、刺槐混交林，每公顷蓄积量112.405 5 m^3，刺槐纯林为61.447 5 m^3（见表6-20）。由此可见，加拿大杨、刺槐混交林，沙兰杨与刺槐混交林的林木蓄积量均比纯林高。

表6-20　杨树、刺槐混交林木生长情况调查表

林分组成	树种	林龄（年）	树高（m）	胸径（cm）	蓄积量（m^3/hm^2）
纯林	加拿大杨	22	9.0	10.9	111.482 4
加拿大杨、刺槐混交林	加拿大杨	22	16.2	16.2	107.898 5
	刺槐	22	14.0	10.7	46.628 5
	合计				154.527 0
沙兰杨、刺槐混交林	沙兰杨	13	20.0	30.9	58.375 5
	刺槐	13	15.0	10.9	54.0300
	合计				112.405 5
纯林	刺槐	13	15.6	9.4	61.447 5

毛白杨、紫穗槐混交林可改良土壤、提高肥力、加速林木生长（见表6-21）。

表6-21　毛白杨、紫穗槐混交林调查表

混交类型	株行距（m）	株高（m）	胸径（cm）	土壤中养分含量（kg/hm^2）	
				氮	磷
毛白杨纯林	3×3	9.2	8.5	7.05	10.65
毛白杨、紫穗槐混交林	3×3	10.6	9.8	13.95	16.95

注：①毛白杨为10年生。

②紫穗槐株行距1.2 m×0.6 m。

杨树与刺槐以带状混交较好。据河南国有民权林场调查，11年生的加拿大杨、刺槐带状混交林，距刺槐林带3 m远的加拿大杨平均树高10 m，胸径13.0 cm；6 m远的加拿大杨平均树高8.5 m，胸径10 cm；9 m远的加拿大杨平均树高7.0 m，胸径7.7 cm；12 m远的加拿大杨平均树高5.5 m，胸径6.6 cm。这种混交不仅能够发挥林分内树种间的相互促进作用，也利于中耕、除草等抚育管理工作的进行。

河南国有民权林场采用沙兰杨与紫穗槐、Ⅰ－72 杨和Ⅰ－69 杨与紫穗槐混交，杨树株行距(3～6)m×(6～8)m，紫穗槐株行距 1 m×(3～4)m，每穴 4 株，杨树与紫穗槐混交比为 1:(3～7)(穴)。在同样营林措施和立地条件下，混交林的单位面积生长量大大超过杨树纯林。6 年生沙兰杨、紫穗槐混交林，最大单株树高 14.50 m，胸径 23.1 cm，平均树高 13.7 m，平均胸径 21.7 cm。每公顷蓄积量 63.561 m^3，年生长量 10.593 m^3，最高年生长量 18.624 m^3。另外，从造林后第三年开始每公顷收条子 1 575 kg，价值 216 元；对照区沙兰杨纯林，平均树高 9.4 m，平均胸径 12.1 cm，每公顷蓄积量 31.833 m^3；另一处 16 年生的加杨纯林生长更差，平均胸径 8.2 cm，平均树高 7.2 m，每公顷蓄积量只有 16.989 m^3，且病虫害多，木材质量差。混交林平均树高超过纯林 45.7%，平均胸径超过纯林 79.3%，每公顷蓄积量大于纯林 99.7%，按经济收入比较，混交林每公顷产值达 11 656.95 元，而纯林收入仅 5 730.0 元。

Ⅰ－72 杨、Ⅰ－69 杨与紫穗槐混交林，杨树株行距 4 m×6 m，紫穗槐 1 m×3 m，杨树与紫穗槐株(穴)数比例为 1:8。4 年生的Ⅰ－72 杨、Ⅰ－69 杨混交林，最大单株树高 15.5 m，胸径 22.4 cm，平均树高 14.2 m，平均胸径 16.4 cm，每公顷蓄积量 71.887 5 m^3，年生长量 17.971 5 m^3。从造林后第三年开始，每公顷收条子 1 950 kg，价值 234.0 元。而对照区Ⅰ－72 杨、Ⅰ－69 杨纯林平均胸径 14.2 cm，平均树高 13.1 m，每公顷蓄积量 36.046 5 m^3，混交林平均树高、胸径和单位面积平均蓄积分别比纯林提高 23.7%、115.5%和 99.4%。从 4 年的生长情况看，Ⅰ－72 杨、Ⅰ－69 杨与紫穗槐营造混交林比沙兰杨生长更快，经济效益更高，且材质优良。

经济收入，4 年中Ⅰ－72 杨、Ⅰ－69 杨混交林每公顷产值可达 13 173.75 元，而对照纯林每公顷的收入为 6 489.15 元，混交林收入比纯林高出 1 倍以上。

第四节　水土保持林

一、水土保持林的作用

水土保持林是以减缓地表径流、减少冲刷、防止水土流失、保持和恢复土地肥力为主要目的的林分。它在防止土壤侵蚀中具有重要作用。

(一)增加水分渗透性

森林土壤的物理结构良好，有着很好的透水性，所含团粒的百分比很大，使土壤的孔隙度因非毛管间隙的增多而加大。同时，由于树木的根系深入土层，以及土壤昆虫的孔道和有腐根的地方都是地表水流进土层的通道，因此森林为地下蓄水、排水创造了良好的条件。

(二)减少地表径流

森林的死地被物(即枯枝落叶)具有很大的透水性和容蓄水量，以减少地表径流，死地被物能促使森林土壤保持良好的结构，承受雨滴的打击，保护地表以免板结；当有浊流时，还可起过滤作用，把泥沙阻留起来，以防止土粒间孔隙被淤塞，同时还可防止土壤干燥。

森林又能使融雪期大为延长，因此能使雪水慢慢渗入土壤，把地表径流变为地下水。

(三)固结土壤

森林植物根系能固结土壤，防止土壤的流失、冲刷、滑塌等。

二、水土保持林的配置和营造

水土保持林必须根据不同的地形部位、土壤侵蚀情况和防护目的进行全面规划、合理布局，形成水土保持林体系。为此，在规划时必须注意以下几点：

(1)将水土保持林的规划纳入当地农业生产和土地利用的总体规划之中，正确处理农、林、牧三者的辩证关系。保证农业用地，加速农田基本建设，保证粮食产量不断提高。

(2)必须以改土治水为中心，实行山、水、田、林、路综合治理，把工程措施与生物措施结合起来。

(3)以短养长，长短结合。在选择、搭配树种时，要注意把适应性强、见效快的先锋树种、速生树种与生长慢、寿命长、作用稳定持久的目的树种结合起来，用材树种与经济树种、乔木与灌木、草本结合起来。达到"以短养长、长短结合"、"生态与经济效益兼顾"的目的。

根据"因地制宜"的原则，配置在不同地形部位的水土保持林大体包括梁峁顶部防护林、护坡林和梯田地坎造林、水源涵养林、水库防护林、侵蚀沟造林与河川固滩护岸林等。

(一)梁峁顶部防护林——分水岭防护林

梁峁顶部防护林带主要配置在黄土丘陵区的梁、峁上，其自然特点是：高起突出，互不屏障，高寒风大，气候变化剧烈。其生产特点是：开坡到顶，坡耕为主，产量低而不稳定，是地表径流的起源地。土壤侵蚀主要是面蚀。

在梁、峁上配置防护林，要分析研究梁、峁的形状和土地利用特点。已被垦为农地的浑圆状梁，其水土流失以细沟状面蚀为主，分水岭防护林的位置是在由缓变陡的转折线上，或在多数侵蚀沟沟顶上部，防护林成带状、横坡成折线配置，应该采用乔灌混交型，加大灌木比重。在梁、峁的阳坡，由于多属梯田，所以应采用多灌少乔窄带状造林。林带的宽度随当地的土地利用、水土流失情况而定。阴坡多是陡坡荒地，防护林可与护坡林相结合。有公路通过时，防护林要和道路绿化相一致。在梁、峁比较尖削的地区，可直接在梁、峁顶部进行造林，直至坡耕地上方。

(二)斜坡护坡林与梯田地坎造林

1.斜坡护坡林

在斜坡上，坡地梯田和荒坡多相间存在，这些坡地多属陡坡。坡地土壤非常不稳定且易滑塌，为防止地表径流，可在陡坡修梯田，斜坡和地坎造防护林，建立林业生产基地。要求护坡林既能发挥最大的防护效能，又能生产木材和解决当地的燃料、饲料之不足。在配置护坡林时，注意加大灌木比重，选择耐干旱、耐瘠薄、改良土壤性能强、生长迅速的速生树种。护坡林带的长度主要取决于坡面的宽窄、梯田的分布情况等，林带宽度则主要由坡面陡缓、径流大小、侵蚀强弱以及土地利用等条件确定。如公式

$$B = \frac{AK_1 + PK_2 + QK_3}{L}$$

式中　B——护坡林的宽度，m；

L——护坡林的长度，m；

A、P、Q——护坡林上方梯田、草地、裸地之面积，m^2；

K_1、K_2、K_3——每平方米梯田、草地、裸地所能产生的最大径流深，mm。

试验证明，护坡林面积一般可占集水面积的1/6～1/10，护坡林宽度在丘陵沟壑区一般

为20～30 m。

2. 梯田地坎造林

可以通过林木根系固结土壤的作用和地上部分对暴雨的拦截作用固持梯田陡坡，使其稳定，由于梯田地坎上部栽植有乔灌木树种，对于削弱强风危害、均匀积雪以及改善其他小气候因子都具有良好影响。

为了防止林木向农田串根，其栽植位置可选择在地坎斜坡的中部，树种则以选用低矮经济灌木为宜。常见的地坎林有：

（1）地坎侧坡上的柿树园。将小柿树栽在高于1.7 m、坡度小于50°的地坎中、下部，株距5～6 m。

（2）地坎侧坡上的紫穗槐林。由于紫穗槐的侧根多向水平方向延伸，所以栽植在地坎侧坡的中部或稍偏下，株距0.5～1.0 m。

（3）地坎侧坡上的桑林。在地坎上按株距0.5～1.0 m栽植桑树。由于桑树根多，分布均匀而深，因此固结地坎的作用很强。桑条可编织，桑叶可养蚕，具有很好的经济效益。

（4）地坎侧坡上栽种金银花、花椒、石榴等，以达到固土和增加经济收入的目的。

（三）坡地果树水土保持林

丘陵区充分利用山坡地发展果树是改变单一经营、增加经济收入的一项措施。发展果树要在不与农田争地的条件下，选择距村庄较近、交通方便、土层深厚、背风向阳、日光充足、不遭冻害的地方，发展苹果、枣、葡萄、石榴等。

在平缓坡地上的果园要配置林带。林带结构、防护宽度（距离）随防护对象的要求而定。一般距离为主要树种高度的5～10倍。在较陡坡上栽种果树时，可采用乔灌木林带与果树成等高带状配置。此种形式有利于保持水土、防风御寒。

山坡下部适合栽种枣树、桃树、苹果树、梨树，中部适合栽种沙果树、山楂树、梨树，上部适合栽种杏树。上部适宜用早熟品种，中部适宜用中熟品种，下部适宜用晚熟品种。在5°～15°的斜坡上栽种苹果树、石榴树，15°～25°斜坡上栽植山楂树、梨树、柿子树等，25°～35°以上可安排种杏树，在阳坡安排种喜光的枣树、桃树，半阳坡栽苹果树、梨树、柿子树，阴坡栽梨树、核桃树、猕猴桃树等。

山地丘陵果园多建在陡坡。为了保土保水，利于果树生长、发育，必须做好整地工作。

1. 窄带梯田

把25°以下的陡坡坡面修成2～4 m宽的水平梯田，采用穴距6 m，单行栽植，呈品字形排列，果树要栽在梯田内侧1/3处。

2. 大型鱼鳞坑

在25°以上零乱坡地上栽植果树，可挖大型鱼鳞坑，一般坑长1.6 m、宽1 m、深0.7 m，坑距5 m×5 m，果树栽在坑的内侧，防止露根。

3. 水平沟

在缓坡地上栽植果树，为了防止冲刷，可挖宽0.8 m、深0.7 m的沟，沟长依地形而定，沟间距采用5 m，每隔5 m栽一株果树，上下沟的树穴必须错开。

（四）侵蚀沟造林

1. 沟沿及进水凹地造林

沟沿和进水凹地是地表径流开始汇集的场所，在此范围内，一般是沟蚀和重力侵蚀（陷穴、坍塌等)严重。在沟沿以外,土地多属农田,为了制止水流冲力,在沟沿多培一道地边埂。其规格可为顶宽 30 ~ 50 cm、底宽 80 ~ 120 cm、埂高 60 cm,内坡 1∶1,外坡 1∶1/2 或 1∶1/4。

支沟之间距离近不易耕作时,多作草地或栽种灌木。为了固定沟岸、调节地表径流和拦截泥沙,多营造沟边防护林。其布设位置和宽度应根据集水区面积大小、沟坡陡缓、沟岸稳定程度及土地利用情况来确定。如果集水面积小,且沟坡不陡、已成自然安息角(35° ~ 45°),沟岸比较稳定,林带可沿边线上 2 ~ 3 m 处配置,带宽一般 5 ~ 10 m;如果集水面积大且坡陡峭、沟岸不稳定,则林带应沿沟、沿边坡稳定线(由沟底按土体自然安息角引线与地表之交点线)以上 2 ~ 3 m 配置 10 ~ 15 m 宽的沟边防护林。

进水凹地(沟掌地)是坡面径流汇集入沟最为集中的地段,强烈的侵蚀作用使沟头不断前进,沟底下切。为了控制径流、固定沟头、制止沟源侵蚀,应配合沟头防护工程,营造沟头防护林。进水凹地由流水线路和两侧坡地造林两部分组成。流水线路实际上是指经常流水的凹地底部,由于它所承受的集中水流较多,宜选用萌蘖性强、枝条密集的灌木,横对水路营造密集的灌木带,以达到缓流挂淤,防止浅沟、切沟的形成。在两侧坡地营造乔、灌木混交林,过滤周围汇集而来的地表径流并生产木材,或栽植果树及其他经济树种。进水凹地的造林宽度主要根据沟掌面积大小、径流量多少和侵蚀程度来定。当沟掌面积小、坡度陡、径流量大、侵蚀严重、沟头前进快,或土壤特别干燥、瘠薄,不宜农作时,可全面造林;当沟掌面积大、坡度缓、径流量小、侵蚀不十分严重,但沟头仍不稳定时,林带宽度按沟深的 1/2 ~ 1/3 进行设计。若沟头两侧与其上斜坡为农耕地,林带宽度比沟头中最高水位略宽一些,一般为 10 ~ 20 m,采用紧密结构林带。

2. 沟坡与沟底造林

对已经停止或正在扩张的沟坡,只要不成垂直陡壁,均可进行造林。造林时应采用水平沟、水平台或鱼鳞坑整地。造林按先下后上、先阴(坡)后阳(坡)的顺序进行。基本固定的大型侵蚀沟,或因工程措施而形成大的平坦肥沃的地块,由于土壤是淤积物,土质疏松,可垦为农田,也可作为果树基地。在发展着的侵蚀沟沟底,为防止沟底下切,可配置编柳谷坊或土插柳谷坊,淤积泥沙,改变沟底坡度,逐渐使柳谷坊或土柳谷坊的柳树迅速成林,使荒废的侵蚀沟底变为林地。

编柳谷坊(柳篱土谷坊、土柳谷坊)是柳谷坊与土谷坊相结合的一种形式。做法是:横沟打柳桩 3 ~4 排,其中靠上游第一排为高桩(长 1. 5 ~2. 0 m,粗 5 ~ 10 cm),排距 1 m,桩距 30 ~50 cm,柳桩插入土深等于桩长的 1/2 ~ 1/3,然后用柳条将第一排高桩编成篱笆状,并在几排桩间纵向编织,最后在迎水面填土筑实。每排桩顶用铁丝互相扎紧,以固定柳桩及柳条。

柳姜石谷坊的做法是:横沟打柳桩 3 ~4 排,其中上游两排为高桩,并于每排桩前放置柳捆,边放边填入姜石,姜石上面编一层柳条,以防洪水冲走姜石,最后在第一排高桩前培土筑实。

在已停止下切的沟壑,最好用高插柳的栅状造林。其方法是:用直径为 5 ~ 10 cm、长为 2 m 的柳桩,按照株距 0. 3 ~0. 5 m、行距 1. 0 ~ 1. 5 m,垂直流线成行配置,每 2 ~5 行为一栅。柳栅间距为柳树壮龄时高度的 5 ~ 10 倍。如果该沟壑已全部规划为林地,亦可以进行全面造林。

(五)塬面、塬边防护林

营造塬面、塬边防护林是黄土高原地区的特殊地形下的一种水土保持林形式。造林是为了防止风寒霜冻的侵袭、抵抗干旱、减少径流、防止水土流失。所以,在塬面上配置防护林时应按照一般农田防护林进行配置,但注意要在径流易于集中(坡度、塬地形变化的地方)的地段采取一定的分水措施。

塬面坡度较大时,林带应严格按等高线配置。在小地形变化的地方要采取分水措施,严格控制水土流失。林带的实际设计应力求成直线或折线,避免随弯就弯,给农业耕作带来不便。

塬边荒地较多,可以配置较宽的塬边林带。塬边是地表径流急骤下泄的开始地段,营造塬边防护林应与塬边果树和缓冲草带相结合,这是治理较大地表径流的较好形式。

(六)水源涵养林

以涵养水源、改善水文状况、调节水的小循环和防止河流、湖泊、水库淤塞以及保护居民点的饮水水源为主要目的的森林称为水源涵养林。为了达到上述目的,水源涵养林多设置在地形较高或水源上游的集水区内,要和人工用材林、原始次生林结合起来,其造林、经营管理、采伐利用上一定要首先满足水源涵养的要求,严禁皆伐。

为了发挥水源涵养林的最大作用,一定要选择深根性树种,采取乔、灌木结合的复层混交林,在造林时,选用的树种要因地而异。山区主要树种有油松、侧柏、刺槐、核桃、楸、栎类等,伴生树种有桦木、槭类等,灌木树种有榛子、胡枝子、紫穗槐、荆条等。造林整地常采用鱼鳞坑、水平阶、水平沟和窄带梯田等。多用植苗或直播造林。

(七)水库防护林

水库防护林指在水库上游及水库周围营造的森林,其目的在于拦截库区周围进入水库的泥沙,削弱风浪对库岸的冲淘而引起的库岸坍塌等。水库防护林包括库岸防护林(库岸林)和进水沟过滤林(挂淤林)两个部分。

1. 库岸防护林(库岸林)

黄土地区的土质疏松,多呈垂直节理,易于崩塌,而在风浪冲击下更为严重。为了防止库岸冲淘和坍塌,库岸林配置应从库岸下部易受冲淘部分开始,即从水库常水位开始向上布设。林带宽度依库岸部位、浸水深度、冲淘程度和水库上游情况而定,一般为 10 ~ 40 m,土质疏松的库岸和受风浪冲淘的迎风岸要加大林带宽度和造林密度。如洪水线以上为荒坡时,则可结合营造护坡林,从岸边到库坡进行全面造林。

在缓坡、浸水浅、冲淘不十分严重的库岸地带可采用乔、灌、草结合的紧密结构林带。陡坡库岸浸水深、冲蚀严重,为了减缓岸坡坍塌速度,可结合工程措施(在陡坡上修筑水平台、窄条梯田等)全部栽种灌木,待库岸形成自然安息角后再进行造林。

2. 进水沟过滤林(拦淤林)

为了减少入库泥沙,固定沟床,防止冲刷,可在河、沟回水线以上,常水道两侧缓坡滩地上营造挂淤林,其形式一般多采用多带式紧密结构造林。带宽(顺水流方向)和长度(横沟方向)随集水区和滩地面积及来水量大小而定,一般宽 20 ~ 30 m。横对主流成带状营造混交林(灌木带 15 ~ 20 m,乔木带 10 ~ 15 m),50 ~ 100 m 设置一带。

(八)固岸护滩林

河川两岸因土地平坦,土壤水分条件较好,是粮棉产区。但由于河川地势较低,土质疏松,常因河岸坍塌、河床变迁、洪水泛滥成灾,致使川地面积缩小。因此,营造固岸护滩林、修筑堤岸等有着重要意义。河滩治理必须有统一规划和全面安排,要因地制宜,在规划某一段河滩治理时,要做到左右岸、上下游兼顾,防止两岸争滩。为此,治滩措施共分三道防线。

1. 第一道防线

在顶冲河段设置柳坝、石柳坝、柳箔护坡和柳盘头等生物工程措施,起防止洪水冲淘堤岸的作用。

1)生物工程措施

生物工程措施主要包括以下几种类型:

(1)柳坝。柳坝是保护滩坎和堤岸的骨干工程。在顶冲河段每 15 ~ 20 m 设置一个,或与石坝间隔设置,大小可因地制宜,一般长 7 m、底宽 15 m、高 1.6 m。坝形以雁翅形为好。迎水面要长,背水面要短,比例为 2∶1。它是以插入泥中的 2 ~ 3 排柳桩作骨干,下铺树梢填入淤泥土和卵石,坎面插上柳或种上芭茅草构成。具体做法:

一是挖基。在新淤滩地上修筑柳坝需要挖基。挖基前先根据坝的大小放线,定出坝的范围。然后以坝边为准,把两边各 2 m 以内的泥沙全部挖出,深度以地下水面以下 30 ~ 50 cm 为宜,如在流水河段修筑柳坝时不必挖基。

二是插桩。挖好基后即可插桩,把径粗 10 ~ 25 cm、长 3 ~ 3.5 m 的柳桩用人工往复摇动的办法插入流沙中,一般插两三排桩,第一排桩插在坝的外缘,桩间距离 60 cm;第二排桩插在第一排桩的内侧。桩间距 1 ~ 1.5 m,两排桩间距 1 ~ 1.3 m。插桩前先要刮去柳桩入土部位的树皮约 80 cm,端部削成尖形,插入泥沙中的深度为 1.5 ~ 2 m。第一排柳桩要用两道粗铁丝系紧。

三是铺底梢。为了防止洪水冲淘坝底,桩插好后,在第一排柳桩之间横铺一层柳枝或其他树枝。柳枝要求粗 3 ~ 5 cm,长 3 ~ 4 m,柳枝伸出桩外 1.5 ~ 2 m,铺的厚度为 20 ~ 30 cm。

四是编柳篱。第一排柳桩全部用柳枝编成柳篱,从下部编起,编至 80 cm 高时,每隔 20 cm横放一根柳杆(粗 2 ~ 5 cm,长 1.5 ~ 2 m),伸出柳篱外 40 cm,接着继续编柳篱,直到 1.1 m 高时,再横放第二层柳,并继续编柳篱至 1.3 m 高时为止。

五是填卵石及淤泥。上述柳篱和柳桩形成了坝体的骨干结构,然后将卵石 2 份、淤泥 1 份混合填入第一、二排柳桩之间,第二排桩以内全部按卵石 1 份、淤泥 3 份的比例混合填满。

六是放铁丝石笼。为了保护坝基,在填好卵石后,要在坝头和迎风面基部放置铁丝石笼。铁丝石笼是用铁丝编成的直径为 40 ~ 50 cm 的笼子,中间放入石头。石笼间再用铁丝捆紧,一般径粗 60 ~ 80 cm,长度根据需要决定。

七是插柳。为了防止洪水冲刷坝面,在坝面上每隔 1 m 插一根柳,柳株行间栽上芭茅,然后再铺上一层厚的石块。

(2)石柳坝。其和柳坝一样是保护滩坎和堤岸的骨干工程。石柳坝是在迎水面与坝头打上柳桩或木桩、砌上块石,或用铁丝石笼垒成一个斜坡。它的特点是:兼有石坝和柳坝的优点,和柳坝相比,增强了修建后开始几年的防洪效能。和石坝相比,不仅省工、省料,而且弥补了石坝随着时间推移维修费用加大、防洪效能降低的缺点。

(3)柳盘头。柳盘头设在顶冲河段的石坝、柳坝之间,作为辅助工程采用。柳盘头的大小也要因地制宜,一般长 3 m、宽 6 m、高 1.2 ~ 1.6 m,呈雁翅形或半圆形,以柳枝为主体,填入黏土或淤泥,每10~15 m设置一个。具体做法是:先放线、挖基,在准备修建柳盘头的范围以外,紧靠外沿插入两排长2~2.5 m、粗10~20 cm的柳桩,插入泥沙中的深度为1.5~2 m,柳桩间距60 cm,在柳桩间横铺一层底梢,接着在两排柳桩间放入沉捆或铁丝石笼,然后在柳桩以内,沿柳盘头边沿横铺一层粗2~5 cm、长2~3 m的柳枝。铺时使柳梢向内、基部伸出柳盘头外围20~30 cm,再在柳枝上铺一层30~40 cm厚的淤泥和黏土,最后再用同样的方法铺一层柳枝,垫40 cm厚的土层,如此共铺2~3层,就达到了需要的高度。为了保护坝面,种上芦苇或芭茅,并铺一层10 cm厚的卵石层,防止冲刷。

(4)柳箔护坡。柳箔护坡的主要作用是缓流挂淤、保护滩坎、防止塌岸。其方法是:首先削坡,把准备设置柳箔护坡地段的陡岸削成30°的缓坡,如果岸坎土壤是沙质,在削好的缓坡上再铺一层20~30 cm的淤泥。然后编柳箔,把3~5 cm粗的柳枝截成2.5~4 m长,用细铁丝像打芦苇箔子一样连在一起,每3~4 cm扎一根,每串柳箔扎两层铁丝。接着插柳桩,在缓坡下部边缘插一排柳桩,柳桩间距离0.8~1.0 m,柳桩粗10~20 cm、长1.5~2.0 m,插入土中深度1~1.5 m。再铺柳箔,在坡上先铺一层5 cm厚的稻草和秸秆,然后把编好的柳箔一个接一个地平铺在缓坡下部,枝梢露出柳桩外1.5~2 m。如果坡面过宽,一排柳箔不够,可增设1~2排,各排柳箔要互相重叠,紧密衔接。最后插柳、种芭茅,柳箔铺好后,在铺柳箔的斜坡上插上几行柳,柳枝粗3~6 cm、长0.5~1.0 m,入土深为柳枝的1/3,株行距0.8~1.0 m,品字形排列。行间栽植芭茅,最后在上面铺一层12~15 cm厚的淤泥,在柳箔下沿还要铺一层卵石。在洪水冲淘严重的地方,可在柳桩之间用柳枝编成0.5~1.0 m高的柳篱以保护岸堤。

2)固滩挂淤林带

固滩挂淤林带的作用是缓流挂淤、抬高滩地,这对束窄河床、保护堤岸,与生物工程一样具有很大作用。

(1)旱柳、芭茅挂淤林。采用一行旱柳、一条芭茅带的混交方式。芭茅带间距为5~10 m,芭茅带宽4~6 m,由4行芭茅组成。旱柳的株行距为1~3 m。旱柳、芭茅的栽植行与河水主流方向呈30°~40°的夹角。整个挂淤林带的宽度不能超过河道的沿导线(根据河流最大洪水量确定的河床宽度)。旱柳一般采用插柳法造林,即用2~3年生、粗2~4 cm的柳干,截成长50~70 cm的柳桩,下端削成马耳形,用木榔头打入河土中,上露5~10 cm。在低洼地采用高干造林,即用长1~1.5 m的柳干插入土中,上露0.5~1.0 m。

(2)旱柳、紫穗槐防护林。在嫩滩部分营造旱柳、紫穗槐混交的防护林。采用一行旱柳、一行紫穗槐,旱柳株距2 m,紫穗槐株距0.5~1 m。

2. 第二道防线——防洪堤

为了防止在特大洪水时河水越过河床,漫淹庄稼,还必须修防洪堤。在防洪堤上造林、种草是巩固河堤的重要措施。一般是在防洪堤迎水坡栽植根系粗大、耐水淹的旱柳和垂直柳2~3行,株行距3~5 m,三角形定植。柳间混种紫穗槐或芭茅。在防洪堤背水坡栽植2~3行杨树。

3. 第三道防线——护岸林带

为进一步固堤护岸,多在防洪堤内侧营造护岸林带,宽度为30~50 m。树种可根据其自然条件选用杨树、柳树和紫穗槐,混交成紧密结构的林带。

第五节 经济林

一、油桐

(一)造林地选择

1. 选择适宜的栽培区

营造油桐丰产林必须选择适宜的栽培区。油桐主要栽培区在中亚热带,即北纬23°45′～33°10′,东经101°50′～119°58′,包括贵州、湖南、湖北、江西等省的全部,江苏、安徽、河南、陕西等省的南部,广东、广西、福建等省(区)的北部,浙江省的西部,四川省的东部和云南省的东北部。河南省油桐的适宜栽培区是:

(1)伏牛山南麓南阳盆地边缘丘陵区。其主要包括西峡、内乡、淅川、南召、唐河、镇平、方城等县,地处伏牛山南麓,属北亚热带地区,年平均温度15 ℃左右,1月平均温度1～2 ℃,≥10 ℃的有效积温4 700～4 800 ℃,年降水量800～900 mm。

(2)大别山、桐柏山北麓低山丘陵区。其主要包括商城、固始、新县、光山、罗山、潢川、信阳、桐柏、泌阳、确山等县(市),地处大别山和桐柏山北坡,向北逐渐形成低山丘陵,大部分海拔为300～600 m,至淮河以南均属北亚热带地区,年平均温度15～15.3 ℃,1月平均温度1.1～1.8 ℃,≥10 ℃的有效积温4 800～4 900 ℃,年降水量1 000～1 200 mm。

2. 选择造林地

油桐喜光、喜暖、喜深厚肥沃土壤,怕寒、怕风,不耐阴、不耐瘠薄干旱。因此,造林地应选在背风向阳、排水良好、土层深厚、土壤肥沃、坡度较缓(25°以下)的山脚、山腰、沟边、地边、村旁隙地。以中性或微碱性至微酸性的沙壤土、乌沙土、油黄土、油红土为佳。红黏土较差,硬麻骨石土、砂石土不宜植油桐。油桐丰产林要选择岗地、丘陵的沙壤土和轻、中壤土。同时要符合表6-22所列立地类型。

表6-22 油桐造林立地类型表

立地等级	立地类型	立地因子			立地类型名称	备注
		土层厚(cm)	坡向	坡度		
Ⅰ	1	90以上	阳坡	缓坡	厚土层向阳缓坡	(1)缓坡:11°～20° (2)斜坡:21°～25° (3)平坡:<10°
	2	90以上	半阳	缓坡	厚土层半阳缓坡	
Ⅱ	1	60～89	半阳	缓坡	中土层半阳缓坡	
Ⅲ	2	30～59	半阳	平坡	浅土层半阳平坡	

(二)细致整地

油桐根系发达、分布较浅,对立地条件要求较高,因此要细致整地。坡度在10°以下、地势平缓、水土不易流失的地方可采用全面整地,方法是造林前的夏季清除杂灌,烧山后进行全面深翻20～30 cm,整地后定点挖穴,拣出树根、石块,填入表土。在坡度为10°～20°时采用水平阶整地,先进行抽槽,修成反坡梯田,梯面宽1.5～2.0 m,整地深0.8～1.0 m,然后挖大穴栽植或点播。在坡度25°以上、地形复杂、大块岩石裸露的地方,进行块状整地。按照坡形环山开挖长1 m、宽50 cm、深25 cm的沟,回填后修成梯田或鱼鳞坑。

(三)选用良种

为了提高油桐种子产量和质量,必须选用优良品种,实现油桐栽培良种化。实践证明,河南各地栽培的品种以叶里藏、五爪桐、股爪青为好,如表 6-23 所示。

表 6-23　河南油桐主要品种生长及果实性状比较表

品种	树龄(年)	树高(m)	地径(cm)	冠幅(m)	果序类型	丛生果比率(%)	产量(个/株)	果重(g)	出籽率(%)	含油量(%)
叶里藏	14	5.28	11.10	4.97	单生	4.90	61.50	58.66	30.05	59.69
五爪桐	14	5.06	6.12	5.29	丛生	47.50	121.16	51.75	30.50	62.19
满天星	16	6.01	18.32	5.97	单生	3.00	47.65	38.79	24.27	49.85
股爪青	13	5.39	15.01	5.16	丛生	42.00	148.85	39.72	33.78	62.43
葫芦桐	13	4.67	10.81	4.59	丛生	29.25	53.25	51.00	25.93	53.24

(四)造林

1. 造林密度

一般情况下,纯林每公顷 600 株左右;平缓坡地土壤肥沃,进行短期间作时,每公顷 450 株左右;农耕地上栽种油桐实行长期间作时,每公顷 150 株左右;堰埂地边单行栽植的,株行距 6 ~ 7 m;栽植早实或小冠品种(如对岁桐、葡萄桐类)每公顷 750 ~ 900 株;油桐与油茶混交,株行距 5 ~ 10 m;与松树、杉木、柳杉、栎类等多采用单行混交,一般 1 行油桐,2 ~ 3 行松树或杉木、栎类,油桐距松树或杉木、栎类 3 ~ 5 m,5 ~ 10 年后转向以经营松树(或杉木、栎类)纯林为目的。

营造油桐丰产林可按表 6-24 的密度造林。

表 6-24　油桐丰产林合理栽植密度表

立地等级	密度范围(株/hm^2)	合理密度(株/hm^2)	株行距(m)
Ⅰ	495 ~ 555	510	4 × 5 ~ 4 × 4.5
Ⅱ	615 ~ 705	690	4 × 4(3.8 × 4.2) ~ 3.5 × 4
Ⅲ	765 ~ 945	900	3.4 × 3.8 ~ 3 × 3.5

2. 造林方法

油桐造林主要采用两种方法:

(1)直播造林。油桐饱满种子发芽率高,出土力强,直播易成活,且省工易管理,目前是河南群众普遍采用的传统造林方法,俗称“点播”。直播可在秋季或春季进行:秋季果实成熟后,随采随播,一般在“霜降”至“大雪”期间进行;春播以“立春”到“春分”期间较好,春播种子最好进行湿沙层积,也可浸种,将种子放在流水中浸 4 ~ 7 天,然后播种。按株行距定点开穴,穴的大小为 80 cm × 80 cm × 70 cm,施土杂肥 10 ~ 15 kg。每穴播种 2 粒,覆土 3 ~ 4 cm。为防止土壤干旱,播时穴浇或播后覆盖,出苗后,及时撤去覆盖物,并防治虫害。

(2)植苗造林。1 年生造林苗木要求为高 80 ~ 100 cm,地径 1.5 cm 以上,顶芽饱满,侧根发达,完全木质化的Ⅰ、Ⅱ级苗。造林时,随起苗随栽植,切忌风刮日晒或长期存放,以免干枯,影响成活。栽植时间,河南以 2 月上旬至 4 月上旬为佳。

3. 抚育管理

幼林每年松土除草两次,4 ~ 6 月一次,7 ~ 9 月一次。松土深度 15 ~ 20 cm,成林主要是深翻土层 20 ~ 25 cm，适时施追肥。

二、油茶

（一）造林地选择

油茶对造林地要求不太严格，凡生长有杉木、马尾松等树种的丘陵、山地都可作为油茶造林地。以选择土层深厚、疏松，排水良好，向阳，海拔在 800 m 以下，坡度在 25°以下，pH 值为 5 ~ 6 的沙质壤土、轻黏壤土为宜，土壤厚度为中层至厚层。最适宜的立地条件见表 6-25。

表 6-25　油茶最适宜的立地条件

等级	坡度	土层厚度（cm）	肥力（土层 0 ~ 30 cm）		
			有机质（%）	全氮（%）	容重（g/cm^3）
Ⅰ	<10°	>100	>1.8	>0.14	<1.00
Ⅱ	10° ~ 15°	60 ~ 100	1.0 ~ 1.8	0.08 ~ 0.14	1.00 ~ 1.30
Ⅲ	>25°	<60	<1.0	<0.08	>1.30

（二）细致整地

1. 整地时间

整地的时间最好是在头年的夏、秋季节。丘陵区农民的整地经验是："伏天全垦整地，冬季挖土作梯"。

2. 整地方式

坡度在 15°以下、水土流失不严重的地方可采用全垦整地。整地深度，山区 20 ~ 25 cm，丘陵 25 ~ 30 cm，同时要适当保留山顶、山腰和山脚部位的植被。整地时，清除树根、草根、石块，然后挖穴造林。

坡度在 15° ~ 25°，采取阶梯式整地。环山水平撩壕，挖宽 60 cm、深 50 cm 的壕沟，将杂草、表土填入壕沟内，筑成外高内低的梯土带，在梯土带内侧开一条深、宽 20 ~ 30 cm 的竹节沟，以利蓄水保土。带状整地必须沿等高线进行，带宽控制在 2 m 左右，带内全垦，带间 1.5 ~ 2 m，保留原有植被不垦，防止水土流失。

在水土流失严重的地方采用穴垦，按株行距呈品字形排列，定点挖穴，在陡坡、石块多或水土容易流失的地方，进行块状整地，一般是 50 m × 50 m × 50 cm。

（三）造林

1. 造林密度

油茶纯林以 2.5 m × 2.5 m、2.5 m × 3 m、3 m × 3 m 的株行距比较好。农茶间作的油茶密度分两种形式：只在幼林期间种农作物的株行距以 2 m × 4 m 或 2.2 m × 5 m 比较好；长期实行农茶间作的，株行距采用 3 m × 5 m。立地条件较好、土壤肥沃和山脚的地块可采用 2.5 m × 3 m或 3 m × 3 m 的株行距；中等肥力和山脚的地块可采用 2.5 m × 2.5 m 或 2.5 m × 3 m 的株行距。

2. 造林方法

（1）直播造林。直播分冬播和春播。冬播 11 ~ 12 月进行，春播 2 ~ 3 月进行。冬播具有早发根、快出苗、苗木壮、抗旱能力强的优点，又可省去种子贮藏的过程。为防止兽害、鼠害，直播时，每穴内滴桐油数滴，或在直播前用农药拌种。每穴放种子2～3粒，成三角形散放，便于以后间苗或移苗。春播种子要在活水中浸2～3天，使种子吸水膨胀，促进发芽。播种后，覆土应掌握沙性土略深、黏性土略浅的原则，一般3～4 cm为佳。

（2）植苗造林。冬、春两季都可栽植。栽植时间应选在早春雨后阴天进行。植苗要做到随起苗随造林，分级栽种，根系舒展，分层踩紧。在干旱地区也可截干造林。

（四）幼林抚育

1. 除草松土

造林当年除草松土1次，以后2～3年内每年松土除草2次，第一次5～6月间进行，第二次9月下旬至10月上旬进行。松土深度一般为3～5 cm，要求造林当年宜浅，以后逐年加深；幼树蔸边宜浅，向外逐渐加深；壤土宜浅，黏土宜深。在杂草生长旺盛的季节可采用草甘磷除草剂除草，每公顷22.5～30 kg药剂，兑水450～900 kg进行喷洒。

2. 间苗补苗

植苗造林的油茶，如有缺株，必须选用同品种类型的大苗或容器苗在适宜造林季节进行补植以保全苗。直播造林的油茶在造林后2～3年，结合补植，逐渐间除过多的弱株，每穴只保留1株生长最好的苗木。

3. 施肥

幼林施肥每年2次，冬季施长效肥（有机肥），春季施速效肥（尿素、硫酸铵、磷铵等）。施肥方法以环状沟施和放射状沟施为好。

三、板栗

（一）造林地选择

板栗对气候及土壤等环境条件的适应性较强，其栽培范围很广。板栗最适宜微酸性至中性土壤，pH值在4.6～7.0，含盐量不超过0.2%，碱性土壤使树叶发黄，生长不良；板栗生长发育的气候条件是年平均气温5 ℃以上、极端最低气温－28 ℃以下、年降水量在500 mm以上。适宜的地形条件是背风、光照良好、坡度在25°以下的丘陵和山区的缓坡地或河滩、谷地。要选择土层厚度40 cm以上、地下水位1.5 m以下、pH值5.0～7.0，排水良好的壤土、沙壤土或砾质壤土。

营造大面积板栗丰产林，要作好规划设计，设置防护林、道路系统和排灌设施及水土保持工程。

（二）整地

丘陵和山区缓坡地要按等高线整成梯田后挖穴，平地要深翻整平后挖沟或挖穴，穴深60 cm，宽80 cm，表土和底土分放，表土混合有机肥后回填穴底。同时，修好排灌渠道。局部陡坡或地形复杂的栗园，用石块砌成直径2～3 m的大鱼鳞坑，外高内低，拦土蓄水。

（三）栽植

1. 栽植密度

栽植密度根据土壤、地形、品种和管理水平而定。如采用乔化栽培，在土层深厚、肥沃处，每公顷栽植150～200株；土壤干旱地区，每公顷栽植200～330株；利用小冠密植栽培，山地每公顷栽600～900株，平地每公顷栽300～600株。

板栗为异花授粉树种，一般应选择与主栽品种花期相同、成熟期一致的良种作为授粉品种，栽植时，主栽品种树4～8行，配置授粉品种树1行。

2. 栽植时间

2～3月上旬，用2～3年生长健壮、根系完整的良种嫁接苗进行大穴栽植。每穴施入基肥50～80 kg，混匀后栽植。

（四）抚育管理

1. 间作

幼龄栗园可间作豆类、花生、甘薯或绿肥作物。树冠覆盖度低于60%的中龄栗园亦可间作上述作物。

2. 中耕除草

每年生长季节，中耕除草2～3次，清除杂草，疏松土壤。

3. 灌溉

在花期和果实膨大生长期，当土壤含水量低于60%时，应及时灌溉。

4. 施肥

栗树对土壤肥力要求高，反应敏感。据在河南省确山县试验，施肥当年的结果树增产了30%以上，第二年增产了1倍多。栗树施肥通常采用环状沟施，沟宽15～20 cm，深35 cm。特别指出的是，板栗空苞现象非常严重，空苞率高者达95%以上。据研究报道，其主要原因是缺硼。春季3～4月，大树每株施硼肥0.3 kg左右、小树0.1 kg左右，2～3年内空苞率下降到5%以下。

合理施肥要参照树体每生产100 kg栗实需N 3.2 kg、P_2O_5 0.76 kg、K_2O 1.28 kg的需肥量，按预期产量指标，结合当地土壤肥力和树体营养状态计算施肥量。中等土壤肥力的施肥量可参考表6-26。

表6-26　板栗丰产林中等土壤肥力的施肥量　　（单位：kg/hm^2）

树龄（年）	产量指标	施肥种类	全年施肥量	其中	
				基肥	追肥
1～5	450～1 500	氮	60.0	30.0	30.0
		磷	22.5	15.0	7.5
		钾	30.0	30.0	0
6～10	1 500～2 250	氮	90.0	45.0	45.0
		磷	30.0	15.0	15.0
		钾	37.5	22.5	15.0
11以上	2 250～3 000	氮	120.0	60.0	60.0
		磷	37.5	22.5	15.0
		钾	45.0	30.0	15.0

基肥：栗树每生产1 kg栗实需施5 kg左右有机肥，混入适量磷肥、钾肥，在秋末冬初施入。

追肥：萌芽后追施速效氮肥，果实膨大前（采收前40天）追施速效氮肥、磷肥、钾肥，花期叶面喷施0.1%浓度的硼肥，结合喷药喷施0.3%～0.5%的尿素。

河南省技术监督局颁布的板栗丰产林栽培作业时间表如表6-27所示。

表6-27 板栗丰产林栽培作业时间表

板栗生育期	主要管理作业内容
休眠期	(1)整枝修剪:成龄树(结果盛期)去弱留强,每平方米留母枝8~12个,每母枝留2~3个果枝 (2)病虫害防治:清除树干上的病虫枝和树干上的越冬虫害 (3)深翻改土:整修水土保持工程
萌芽、展叶、花芽分化期	(1)定植幼树:定植穴深60 cm、宽80 cm,底、表土分放,表土与有机肥混合填入穴底,再覆土栽苗,将填土踏实后整成树盘,浇透水封成土堆 (2)嫁接:适期一般在萌芽前30天,采用劈接、插皮接和芽接
新梢生长与开花期	(1)嫁接新梢绑缚:嫁接新梢生长到30 cm时,绑防风柱以防风折 (2)叶面追肥:结合防虫喷药,喷施浓度为0.5%的尿素液 (3)病虫害防治:主要是防治栗皮夜蛾、栗瘿蜂、剪枝象鼻虫等
果实膨大花芽分化期	(1)追肥:沟施尿素每株0.5 kg (2)除草浇水:整修树盘 (3)清理栗园:准备采收 (4)病虫害防治:栗皮夜蛾、桃蛀螟、栗实象鼻虫
采收期	(1)采收:当栗苞开裂50%时,可进行一次采收 (2)追肥:采收后地面撒施有机肥并浅耕,叶面喷0.5%尿素液
落叶期	(1)施肥:落叶后每株树沟施基肥20~50 kg,混合过磷酸钙2 kg、硼砂0.2 kg (2)清理栗园:将枯枝落叶清理出园集中烧掉或深埋,在堆栗场及其周围撒毒土翻入土中,杀死越冬害虫

(五)整形修剪

板栗整形,一般多采用主干疏散分层形或自然开心形,能使树冠疏散,透气透光良好,有利于树体生长和结实。

1. 定干

栽植后当年定干,干高40~80 cm。

2. 修剪

树形采用疏散分层形或自然开心形。疏散分层形主枝5~6个,2~3层。第一层2~3个主枝,第二层1~2个主枝,第三层1个主枝。层间距0.5~1 m,第一层枝角70°~80°,第二层枝角50°~60°,保持较大叶幕间距,利于立体结果。同时,注意选留侧枝,第一层主枝留侧枝2~3个,第二、三层留侧枝1~2个,第一侧枝距主干60 cm,侧枝要上下交错,避免重叠对生。

土层较薄的栗园或干形较弱的品种,可采用自然开心形。定干高度80 cm左右,主干上选留2~3个位置均衡、开张强壮的枝条作主枝;在主枝60~70 cm处,选强壮枝作侧枝。主侧枝上的细弱枝，及时疏除，集中养分供应主枝伸长，扩展树冠。整形时注意开张枝角。剪去内膛细弱枝、徒长枝，保留斜生外围枝，保持树冠舒展。

嫁接幼树生长偏旺，为使其提早成形和结果，应于夏季多次摘心。冬剪时，以“戴帽”短截，可促使萌发结果枝。幼树长到 30 cm 时摘心，促发新梢。培养树形，疏除过密枝、交叉重叠枝、病虫枝及细弱枝。

四、核桃

（一）造林地选择

核桃造林地要求的气候条件是：年平均气温 9 ~ 16 ℃，绝对最低气温 -2 ~ -25 ℃，绝对最高气温在 38 ℃以下；年降水量 400 ~ 800 mm，空气相对湿度 40% ~ 70%；年日照时数在 2 000 h 以上，无霜期 150 d 以上。

核桃造林地要选择背风向阳的山丘缓坡、平地，土层深厚、肥沃、排水良好的沙壤土和壤土，pH 值 7.0 ~ 7.5，地下水位 2 m 以下。若地下水位高，容易发生烂根、枯梢。核桃喜肥，增加土壤有机质有益于提高产量。

（二）整地

坡度 10°以下的缓坡造林地，先沿等高线挖植树穴或鱼鳞坑，然后修成梯田。梯田土层厚度 1 m 以上。植树穴 0.8 ~ 1.0 m 见方，回填穴土时施入基肥。

（三）栽植

1. 苗木

选用 2 年生良种嫁接苗造林。苗木规格要达到：Ⅰ级苗，苗高 >60 cm，基径 >1.2 cm，主根保留长度 >20 cm，侧根 15 条以上；Ⅱ级苗，苗高 30 ~ 60 cm，基径 1.0 ~ 1.2 cm，主根保留长度 15 ~ 20 cm，侧根 15 条以上。

2. 栽植密度

据我国的实际情况，多采用果粮间作、散生栽植、密植栽培三种方式。晚实品种适合果粮间作，早实品种适合密植栽培。

栽植密度根据立地条件、核桃品种、耕作制度、管理水平等因素确定。凡土壤肥沃、长期与农作物间作的，株行距 6 m × 12 m 或 7 m × 14 m；不实行长期间作的，一般立地条件株行距 8 m × 8 m 或 10 m × 10 m，立地条件比较差的株行距 5 m × 6 m 或 6 m × 7 m。

核桃不同品种具有雌雄异熟现象，因此应选用花期匹配的良种作授粉树。授粉树比例一般为 10∶2 ~ 10∶3，按带状或交叉形配置。

3. 栽植

栽植时期在清明前后。在春季易干旱地区栽植核桃以秋季造林较好，从落叶到土壤冻结前均可栽植，成活率高，发芽早，生长健壮。植树穴的规格因立地条件而异，土质较黏重或底层有石砾时，以 1 m × 1 m × 1 m 为宜。栽植按“三埋两踩一提苗”技术要求做到根系舒展、埋土紧实，要求根颈与地面平，栽后修好树盘、灌足水，待水渗下后覆上地膜。

（四）抚育管理

1. 整形修剪

（1）定干。间作的核桃园，定干高 1.2 ~ 1.5 m 以上，密植丰产早结果栽培，定干高 0.4 ~ 1.0 m。

(2)整形。中心主枝较旺的,可整成主干疏层形(2~3层,5~7个主枝),中心主枝弱的可整成开心形(主枝3~5个),一般树高不超过7 m。在修剪技术中要特别注意在采收后至落叶前或在春季萌芽后进行,这样能避免伤流的发生。另一点要注意控制背后枝,因其长势比背上枝强,如不加以控制,会影响枝头的发育。

2. 土壤管理

(1)培土防寒。核桃幼树抗寒能力差,易出现冻害的地方,新栽幼树要在3年内采用弓形培土防寒等有效措施防止冻害。在土壤结冻前,将幼树朝接口对面轻轻弯倒,埋入土中,弓背以上埋土厚度30~40 cm。对不易弯倒的幼树,可进行枝干涂白保护,涂白剂用食盐、生石灰和水按1:12:30的重量比配制而成。

(2)除草松土。为促进幼树生长,每年要进行除草、松土,逐年扩大树盘。行间间种农作物(豆类、药材或绿肥作物)。

(3)施肥。大面积核桃丰产园,每年采果后或早春要增施基肥。基肥以有机肥为主,加入适量的过磷酸钙。基肥纯氮量应占总肥量的2/3左右。基肥不足时,要追施速效肥料。施肥方法可采用环状沟施、放射状沟施、行沟施和穴状施肥。追肥时间第一次在开花前,第二次在落花后,第三次在硬核期,每次每株追化肥1~2 kg。

(4)灌水。有灌溉条件的地方结合追肥进行灌溉,第一次灌水在5月上中旬,此时正是幼果和新梢速生期,需要大量水分,要及时灌透水;第二次灌水在6~7月的果实生长期,要及时浇水2~3次;第三次在果实采收后落叶前进行灌水,提高树体越冬能力。无灌溉条件的地方要做好自然降水的拦蓄和保墒工作,容易积水和地下水位较高的地方要注意及时排水。

(五)核桃低产园高接换优芽接技术

卢氏县核桃研究所总结几年来实践经验,组织指导林业职工对本县30余亩核桃低产园及"四旁"零星晚食核桃树200余株(5~7年生)进行了高接换优试验,取得了成功,当年嫁接新梢生长量达1 m以上,第二年基本全部挂果,第三年即形成了一定产量。主要做法如下。

1. 嫁接准备

截枝,当年3月中旬开始对被改造核桃树进行截枝,截枝时要注意根据树的骨架预留3~5枝作为嫁接主枝,在距主干10~15 cm处锯除,其他枝全部锯除,不要留橛。截枝时应避免截除直径10 cm以上的大枝,如遇主枝过大时,可根据实际情况适当提高截枝部位。

抹芽,当新芽长到10 cm以上时,每枝留1~2个壮芽,其余全部抹除。

2. 嫁接

当年5月中下旬,新梢长到60 cm以上,基部基本木质化时,采集早食良种核桃接穗进行大方块芽接。嫁接方法与大田苗圃基本相同。

3. 接后管理

(1)接后注意加强肥水管理,及时抹除实生芽。

(2)待嫁接新芽长到30 cm以上时解除绑缚油纸条,如新梢生长过快,6月中旬已超过60 cm时,应掐顶促其分枝。

(3)嫁接第二年,要注意树形修整。因为改接树长势旺,分枝力强,容易造成树形紊乱,所以要特别注意树形修整工作,留好主侧枝,保持良好骨架,为以后丰产打好基础。

五、杜仲

(一)造林地选择

杜仲要求土层深厚、疏松、肥沃,排水良好的酸性或微碱性(pH 值 5 ~ 7.5)土壤。在丘陵山地应选坡度较缓的阳坡、半阳坡的中下部或山脚处造林,还可利用“四旁”及田边地头栽植,这些地方阳光充足,土壤肥水条件优越,适于杜仲生长发育。

(二)整地施肥

在全面整地的基础上,挖 1 m×1 m×0.8 m 的大穴。穴内施入厩肥、堆肥、饼肥、骨粉等作基肥。

(三)繁殖方法

杜仲为雌雄异株,花单性,无花被,花常先叶开放;雄花有短柄,花丝短,花药呈线形;雌树通常 8 年左右开花结果;雌花亦具短柄,由一裸露而延长的子房所掏成,果实为翅果,扁而薄,长椭圆形,中间稍凸,四周具薄翅。4 ~ 5 月为花期,10 ~ 11 月为成熟期,种子有一个胚乳。在春季发芽时,雄株萌蘖力强,通常比雌株早发芽。杜仲的繁殖方法有种子繁殖、扦插繁殖。

1. 种子繁殖

1)育苗地的选择和整地

育苗地以疏松、肥沃、地势向阳、湿润而排灌方便,酸碱度近中性,富含腐殖质的土壤或沙质壤土为宜。在播种前,要做到细整地,将育苗地深翻两次,打碎坷垃。在有条件的地方,可在育苗地里均匀地铺一层玉米秆或麦草以及其他杂草晒干后烧掉,然后深翻埋在土壤里。这样,既可增加土壤含钾量,同时又是对土壤进行消毒的良好方法。也可采用这样的处理:在播种前每亩施入硫酸亚铁 15 kg,深翻埋在土壤里,然后在四周做好排水沟。在结合整地的同时,应多施底肥,以农家肥为主并且每亩施过磷酸钙 30 ~ 40 kg。这样可有效地促进苗木木质化。杜仲多以床式育苗,做苗床宽 1 m。长度随地而定。平地床式以东西走向,在苗床上开沟南北走向,有利于通风透光,坡地随地而定。行距则以沿等高线为主,要求床面平整。

2)种子选择与处理

选择 15 ~ 40 年生向阳、健壮且有雄株生长地方的优良母树作采种母株。优质种子颜色为黄绿色,种仁饱满,外部凸起,表面有光泽。采种后不能暴晒,要放在阴凉通风处阴干,等到第二年春季播种。如用鲜籽随采随播,可不经处理。由于杜仲籽含胶质较多,不易吸收水分,如用干籽春播,则需处理,否则出苗率不高。播种前种子在 20 ℃的温水中连续浸泡 2 ~ 3 天,每天换温水两次,捞出晾干后播种;也可用冷水浸泡 2 ~ 3 天后与沙混合堆放室内,用草袋或麻袋盖上,保持湿润,待种子露白一批,选出一批,播种一批。在使用上述两种方法时,捞出种子后再用 1∶2 000 高锰酸钾水溶液浸泡 1 ~ 2 h,对种子进行消毒,同时也可软化种皮,提早发芽。

3)播种时间与方法

根据自然条件环境不同,播种期也随之而异,春播为 2 ~ 3 月;低山可进行冬播,冬播为采种开始至 11 月底,但要防止霜冻,使幼芽能安全度寒。播种方法:以条播为好,播种穴距 25 cm,深约 2 cm,宽 5 cm,要求穴内拣净石头,覆上细土,然后均匀地把种子平放在沟内,盖土厚度为一大拇指。过深则影响出苗,过浅出苗时易被晒死。为了防止土壤冻害,可盖草,播后宜浇透水。

4)苗圃管理

播种后应保持土壤湿润,出苗后将盖草移在行间,切勿马上除去。刚出土的幼苗怕烈日、干旱,要适当遮阴,防止幼苗灼伤或干死。冬播阳历4月1日为出苗期,春播则5月1日出苗。待幼苗长出3~5片真叶时,要及时进行除草、松土。此时需进行间苗补苗工作,保持株距8 cm。5~7月进行施肥3~4次,每亩施硫酸铵3~4 kg,但注意不要施在叶子上。也可以趁下雨洒少量尿素来提苗。7~8月施追肥时,应增施草木灰,能加速苗木生长。当年苗木如管理得好,可高达8 cm,如能达5 cm即可在冬季或次年春季移栽。

2. 扦播繁殖(扦插)

把提前扦插的苗圃整好,在新叶未萌动前,将一年生的新枝剪下,切成有3~5个芽的插条,上部一个芽要与顶端切面相平,下端削口面成马蹄形。如此随削随插,株行距为8 cm。冬插应覆细土厚一些,以防霜冻,开春后再除去覆盖土。如春季采用嫩枝扦插,用生根粉一号浸泡,则效果更佳。

(四)造林

1. 造林密度

杜仲造林密度决定于作业方式和立地条件。乔林作业采用2 m×2 m或2 m×3 m,头木作业3 m×3 m或3 m×4 m,矮林作业1.5 m×2 m~2 m×2 m。

2. 造林技术

杜仲于冬春两季,均可采用植苗造林。栽植时,把穴内土肥拌匀。栽植深度,以稍深于苗颈为宜。栽后踩实,使根系和土壤密接,上覆细土。干旱地区,栽后要浇水,以确保造林成活率。

(五)作业方式

杜仲根据经营目的和造林立地条件,通常采用三种方式。

1. 乔林作业

要求造林地土层深厚、肥沃,气候温暖,其经营目的是获取较多的果实和树皮。栽植密度宜稀,雌株比例要大,当林木达到工艺成熟时,皆伐剥皮作为药用或利用木材。据报道,21年生杜仲林,每公顷栽1 500株,雌株比例85%,平均每公顷产杜仲(皮)2 100 kg,产果600 kg,叶重11 250 kg,木材37.5 m^3。

该种作业方式是河南省的主要经营方式,多为片林或“四旁”零星种植。

2. 矮林作业

利用杜仲萌芽性强的特点,人为地使其长期呈灌木状。适用于林地条件差、气候寒冷的地区。镇平、灵宝等县多采用这种经营方式。用宽行距、小株距,实行农林间作,栽后一年平茬,促其产生萌条,留株2~3条,当高达2.0 m左右,进行摘心,地径6~8 cm时,及时间伐剥皮利用。随树龄增加,萌条数逐年增加,15年后,每年可获大量皮与叶,同时还可培育农具把柄材数根。这种经营方式,也可采用丛植,即在每穴内栽5株左右。据汝阳县杜仲研究所试验,4年生杜仲林采用丛植,平均高达7 m、胸径达6 cm即可间伐利用。

3. 头木林作业

栽后截干,干高1.5~2 m时摘心,长出萌条后,选留其中壮条进行培养,待粗度达农具把柄规格时砍伐利用。这种经营方式与矮林经营相比,缺点是萌条生长不旺,生物产量较低。

（六）抚育管理

杜仲对肥、水、光照条件要求较严。其干、枝、叶、果及木材均为经营对象。因此，杜仲林一定要加强水肥管理，实行集约经营。

1. 幼林抚育

造林后，1～2年要及时平茬，培育干直的萌条。林分郁闭前，坚持每年松土、除草2～3次，及时追施饼肥；如施化肥，每次施75～705 kg/hm^2；也可间作豆类、花生等作物，实行林粮间作，以耕代抚，促进幼树生长。

2. 成林抚育

为加速杜仲生长，除坚持松土、除草外，每隔2～3年要深翻改土一次，结合松土、除草进行追肥。乔林10年生时，应进行首次间伐，除掉生长不良的植株；15～20年再进行一次间伐，对结实稀少、干形不良的弯曲木应及时伐去。根据立地条件，每公顷保留1 200～1 500株为宜。25年后进行主伐利用。矮林或头木林作业，平茬4年后，每年根据萌条生长情况及时砍伐利用。经过多次截干后，林木长势明显减弱，收获量减少，这时应更新造林。

（七）营造混交林

据调查，马尾松与杜仲混交，能够改善林分小气候，提高土壤肥力和蓄水能力，增加马尾松蓄积量。但是杜仲产量低于纯林，见表6-28。

表6-28　杜仲与马尾松混交林与纯林生长情况对照

林分	树种	密度（株/hm^2）	树高（m）	胸径（cm）	蓄积（m^3/hm^2）	土壤容重（g/cm^3）	土壤含水率（%）	有机质（%）	全氮（%）	速效磷（mg/100 g土）	杜仲产量（t/hm^2）
混交林	马尾松	675	11.0	18.4	102.56	1.15	24.1	6.83	0.104	2.43	
	杜仲	1 320	7.6	8.7	32.38						1.93
纯林	马尾松	1 065	10.8	16.0	97.45	1.35	19.2	2.59	0.084	2.05	
	杜仲	2 400	7.5	8.8	60.88	1.12	20.8	7.32	0.108	2.61	2.44

（八）丛状矮林丰产栽培

史永禄等于1986年开始在汝阳县进行试验，行距3 m，株距1.5 m，密度2 220株/hm^2，每穴分别栽1、3、5、7株。每年分别于3月、6月施肥2次、浇水3次，冬季行间深翻1次，春、夏各中耕除草1次，第一年间种小麦、黄豆，第二年间种油菜、花生。试验表明，每穴栽株多少对树高没有显著影响，但对胸径有影响，每穴栽株越多，胸径越小。杜仲皮的产量以3～5株/穴为佳。

六、银杏

（一）造林地选择

银杏对土壤要求不很严格，能在各种土壤条件下生长。为促进银杏生长、提早结果，造林地可选择土壤肥沃、湿润，土层深厚、疏松的沙壤土或壤土。干旱、瘠薄的地方或重盐碱、低湿地不宜选作银杏造林地。

（二）整地

银杏寿命很长。整地必须保证质量，尤其是以培育银杏果为主的银杏林，必须进行细致整地。植穴以 1 m×1 m×1 m 为宜，并施入腐熟的有机肥料作基肥。然后浇大水，渗实植穴，待土壤湿润后，再进行栽植。

（三）栽植

1. 选择良种壮苗

银杏造林经营目的不同要求苗木也不一致。如以结果为主的银杏林，要选择结果早、丰产的佛指银杏的雌株嫁接苗为主，并配置 1/10～2/10 的授粉树，才能保证银杏园的丰产、稳产。苗木要采用符合标准的 1～2 年生、生长健壮、根系发达、无病虫害的合格苗木。

2. 栽植密度

银杏在河南省各地均散栽于村庄附近或溪边、寺庙中。近年来，山东，江苏等地集约栽培银杏园，采用了不同的密度，江苏初建银杏园每公顷栽 4 995 株以上，以后根据生长情况及时间株定植，以保持每公顷 600～825 株，农林间作的银杏栽植株行距为 6 m×7 m～8 m×8 m，“四旁”栽植的株距 8～10 m 或 10～15 m 较好。

3. 栽植技术

银杏造林通常采用植苗穴栽。春、秋两季均可栽植。栽植时，必须做到根舒、踩实。特别是干旱地区造林时，必须进行深栽，使其根系达到湿土层，才能保证成活。以采果为主的银杏园，必须在造林后浇足水，确保成活。在经营管理中，也要遇旱就浇，确保其生长发育对水分的需要。应保持栽植的授粉树在银杏园内分布均匀，利于传粉。

（四）抚育管理

银杏栽后当年以保活为原则，因而要及时浇水、中耕、除草。苗木成活后的第二年或第三年，根据苗木生育情况，及时进行定干，促使萌发侧枝，增大结果部位。定干高度一般以 1.0 m 为宜。主干上分别选留 3～4 个主枝，使其分布均匀，第一主枝以正南为佳，以免影响将来内膛枝的光线。为了促进产生更多果枝，可根据情况适当中截长壮枝和徒长枝。位置不当的长壮枝、徒长枝、重叠枝应及时疏除，并加强水、肥管理，及时进行除草、松土、追肥，防治病虫害。根据栽植银杏的生长情况，要及时扩展主枝角度，以 50°左右为宜。待银杏结果后，再及时进行整形修剪，调整树势，促进高产、稳产。

七、香椿

香椿目前有三种经营方式：一是“四旁”零星栽植。二是香椿农作物间作，主要有两种类型，即香椿材菜兼用与农作物间作和矮化菜用香椿与农作物间作，主要模式有：香椿＋小麦、大豆，香椿＋小麦、大葱，香椿＋黄豆、豇豆，香椿＋棉花，香椿＋甘薯，香椿＋蔬菜保护地，香椿＋小麦、云豆，香椿＋小麦、烟草。其中以香椿＋小麦、大葱的效益最好。三是矮林集约经营，生产幼嫩枝、叶蔬菜。

（一）造林地选择

香椿造林地要选择土层肥沃、湿润、疏松、排灌方便的沙壤土或壤土。山区溪旁、谷地冲积土也可选用。农椿间作可选择土层肥沃、排灌方便的农耕地。

（二）整地

“四旁”栽植和农椿间作一般采用穴状整地，穴的规格以 1 m×1 m×1 m 为宜，每穴施入腐熟有机肥作基肥。矮林经营方式的整地可采用沟状整地，沟深、宽各 1 m，行距 1.5～2.0 m，沟长不限。

（三）栽植与管理

香椿一般用植苗造林。“四旁”栽植要选用 2 ~ 3 年生大苗，栽时使苗根舒展；不窝根，栽后及时浇水。春、秋季均可栽植。矮林经营时采用沟栽，株距 1 m，行距 1.5 ~ 2 m，栽后截干，及时浇足水，以保证成活。春季萌芽后，待萌苗高 10 ~ 15 cm 时，选留 2 ~ 3 个壮芽，其余芽摘除，留芽高 30 cm 左右，摘心 2 ~ 3 次，促使萌发侧枝，扩大枝条分布与占据空间，以便提高产量。同时，加强水、肥管理，防治病虫，促进其健壮生长。

农椿间作采用行距 20 ~ 30 m，株距 3 ~ 5 m，用良种高干壮苗（2 ~ 3 m 高）、大穴栽植。栽植当年，及时浇水，防止树干灼伤。第一、二年通常不采嫩枝、幼叶。第三年或第三年后，树木生长旺盛时再采枝培养香椿菜，其方法与上述相同。树干上留的枝桩，待春季萌芽后，枝长 15 ~ 20 cm，掰取一次，第二次侧芽萌芽，不能再掰，否则影响树体生长发育。每年在香椿生长期间，及时浇水、施肥 2 ~ 3 次，并及时防治病虫。

（四）日光温室香椿密植高产栽培技术

为了满足早春市场对香椿的需要，科技工作者试验成功了一种“日光温室香椿密植高产栽培技术”。现将主要技术要点介绍如下。

1. 培育温室专用苗

培育“矮、粗、壮”的专用苗木是温室香椿芽早产、高产的基础。首先，要选择排水良好、土层深厚、肥沃的沙壤土作为育苗地。谷雨前后浸种催芽，直播或阳畦育苗后移栽，每公顷 7.5 万 ~ 9.0 万株。苗期管理要做到“前促后控”，5 ~ 6 月每半月左右浇一次水，勤松土；7 月上旬每公顷追施尿素 225 kg；8 月上旬至 9 月上旬，每隔 10 天左右喷洒一次 200 ~ 300 mg/L 的多效唑（PP_{333}），连续 2 ~ 3 次；夏秋易涝，应及时排水。

2. 应用新型日光温室

温室南北跨度 7.6 m，东西长 20 m，三面土墙，三排立柱，脊高 2.4 m，后墙高 1.6 m，厚 1 m，东西两侧墙厚 0.8 m。由于冬季及早春太阳高度角小，应加大棚面角度 23° ~ 25°，用铁丝和竹竿搭设骨架，减少遮阴，棚面覆盖无滴防尘膜，提高透光率。用致密草帘覆盖保温。同时，棚前挖一个深、宽各 50 cm 的防寒沟，提高保温效果。

3. 带叶起苗早假植

为免受早霜危害，霜降前带叶起苗，置背阴处假植，挖东西向深 30 ~ 50 cm 的沟，宽、长视苗木多少而定。苗木放入沟内后，填入一半苗高的土，并灌足水。为防止苗干失水和冻害，上面覆盖塑料薄膜，夜间盖帘或玉米秸，晴天高温时，白天揭开放风降温，夜晚再盖上。

4. 高密度根系交错定植

小雪前，幼苗按南北畦定植在温室内，畦宽 1.2 ~ 1.5 m。从畦内取出 20 ~ 30 cm 表土，再从畦的一端开始，按南部苗矮、北部苗高的要求，将分级的苗木一株株密集竖立，理顺交叉根系，然后填土，并轻轻松动根系，使土充满空隙，最后灌水，使根土密接。一般植苗 10 ~ 30 株/m^2。

5. 光、温、湿的调控技术

苗木定植温室后，白天温度控制在 28 ~ 32 ℃，夜间温度控制在 25 ℃，不低于 16 ℃，以缩短缓苗期。缓苗后，白天上午控制在 26 ~ 28 ℃，下午 22 ~ 25 ℃，上半夜 15 ~ 17 ℃，下半夜 10 ~ 11 ℃。温室超过 28 ℃时，应扒开温室顶缝排湿降温。室内相对湿度控制在 80% 以上。每天要及时揭盖草帘，以尽量让苗木吸收更多的太阳光照。雨雪过后要早揭帘，增加光照。深冬光照较弱时,要经常擦掉棚膜上的杂物,以透光增温。

6. 科学追肥浇水

萌芽前后及采收后,每隔 15 ~20 天追施一次尿素,20 ~25 g/m^2 加草木灰 200 ~250 g。把肥料加入水中,或施肥后灌水。用0.2%尿素或0.3%磷酸二氢钾,每隔6 ~7 天叶面喷施一次。浇水以喷洒为主,可每隔 3 ~5 天向枝干喷洒一次温水。一般不浇冷水,以防降低地温。

7. 适时起苗移栽

香椿采摘顶芽后,侧芽均可萌发,可逐次向下采摘。清明节后,温室椿芽生产结束,苗木外移前,先放风炼苗 6 ~8 天,再移植大田,加强水肥管理,促使其恢复树势,冬天再植入温室。

(五)香椿其他栽培技术

1. 埋土越冬露地栽培法

采用2 年以上树苗,沟栽矮化密植,冬季修剪地上枝后埋土护根露地越冬。苗木定植一般采用沟宽1.2 m,株距20 cm,每公顷栽苗 40 500 株,定植后立即灌水,随后在地表 20 cm 处定干修剪。香椿树顶端优势很强,一般只萌芽 1 ~2 个,当芽长至约 10 cm 时开始采芽。采芽时留 1 ~2 个新叶,不可将整芽掰下。留下的新叶叶腋处过 20 天又萌发出 2 次侧芽。2 年生树,椿芽茎粗质嫩,产量高,全年采收 4 ~5 次,总产 40 ~50 kg,每年秋天上冻前,将树枝从地表剪掉,培土。剪下枝条收集保存,可做第 2 年扦插繁殖越冬温室水培生产椿芽。一般品种的香椿树在严寒地带露地越冬栽培,地上部都会全部冻死,但根部不受影响,且萌发不定芽能力很强,开春扒土后随气温、地温回升,迅速萌发出芽。椿芽生长很快,当芽高 25 cm 时,即可开始采收。

2. 夏苗冬移保护地栽培法

将夏季生长的 1 ~2 年生椿苗移温室中假植栽培生产,可供冬春蔬菜淡季。温室栽培香椿树苗要高度密植,1 年生树苗:100 ~120 株/m^2,2 年生树苗:70 ~80 株/m^2,树苗应分级,小苗假植在后面,白天温度保持 20 ~25 ℃,夜晚 10 ~14 ℃,一般可采收3 ~4 次椿芽。采收应将整芽掰下,通过对主干回缩修剪,促进主干所有叶芽陆续萌发。天暖后,再将温室树苗移栽到大田。

3. 枝条水培法

收集修剪下的香椿树枝条,入冬后,剪成20 cm 长的插条,插在各种盛水的容器内(如罐头瓶等),摆放在温室空余的地方,或窗台、阳台等处,叶芽会萌发生长,一根插条能采收 1 ~2 个椿芽。

4. 室内盆栽法

香椿盆栽可周年采芽。夏季将盆栽香椿放在院内或阳台上,冬季放入室内温暖处,每当嫩芽长至 10 cm 以上时,即行采芽,四季不断。

第六节　生物质能源林

河南省适生的生物质能源树种主要有黄连木、文冠果、油桐等。这里主要介绍黄连木林、文冠果林的营造技术。

一、黄连木

黄连木主要分布在东经 110°26′~115°26′、北纬 31°38′~36°25′之间的浅山丘陵区（以林州、栾川、嵩县、辉县、济源等最为集中，产量最高），垂直分布在海拔 150~700 m，以海拔 400~600 m 的丘陵山地最为集中。

（一）造林地选择

黄连木属喜光树种，适生于光照条件充足的地方，在阴坡或庇荫较大的情况下，往往生长不良，结实量也显著降低，但在幼时较耐阴。深根性，主根发达，萌芽力强，抗风力强。对土壤要求不严，耐干旱瘠薄，生长缓慢。喜生于肥沃、湿润、排水良好的壤土中，在平原、低山、丘陵厚土地带和河沟附近生长良好。对土壤酸碱度适应范围较广，在微酸性、中性、微碱性土壤上均能生长。

（二）整地

在土层比较薄的石质山区多采用鱼鳞坑整地，坑长 1 m、宽 0.7 m、深 0.5 m，品字形排列。在土层较厚的丘陵区坡面整齐的地段，可采用水平阶整地，长 2~4 m，宽 0.5~1 m，深 0.5 m，上下边距 1~3 m，沿等高线呈品字形排列。平原造林采用穴状整地，根据苗木根系大小，挖不同大小、不同深度的穴，大面积造林时，应提前一年整地，秋季的造林地，要在雨季到来之前整地，以利蓄水，增加土壤含水量。

（三）造林

黄连木多用植苗造林，春、秋季均可进行。春季在 3 月下旬至 4 月下旬，秋季栽植待苗木落叶后进行。苗木选择 1~2 年生的健壮苗。冬季多风地带，可截干植苗，留干苗高 10~15 cm，在鱼鳞坑或水平阶内栽植时，先在坑（阶）内挖小穴，苗木放在穴中央，使苗木根茎低于地表 5~10 cm。先在根系周围填湿润细土，覆土超过根茎时，用手向上提苗，不使窝根，用脚踏实，再填土与地表取平，再踏实，上覆 1~2 cm 松土保墒。栽后可进行灌水，水渗后覆松土 1~2 cm，然后再封 10~20 cm 的土堆。

在土壤条件较好的山地可采用直播造林。于秋季种子成熟后，随采随播造林，每穴 5~10 粒种子，出苗率可达 70% 以上，但生长较慢，应加强抚育管理，增强对外界环境的抵抗能力。造林密度宜采用 3 m×3 m 或 4 m×4 m。

为了减轻黄连木果实遭受种子小蜂的危害，宜造混交林。常在株行距 3 m×3 m 的两行黄连木之间，加植一墩紫穗槐；在 4 m×4 m 株行距间，加植两墩紫穗槐，以增强土壤肥力。

（四）抚育管理

造林后每年在春季、雨季、秋季进行除草、松土。从造林的第二年，逐年扩大穴盘，直到林分郁闭。播种的林地要清除穴内杂草，防止土壤板结，及时间苗定株。

（五）主要病虫害防治

1. 黄连木种子小蜂

黄连木种子小蜂以幼虫蛀食核果为主，轻者减产，严重时颗粒不收。正常果实成熟时果由红色变为蓝绿色。而被害果则由青变红，幼虫把子实食光变成空壳。

此虫在河南大多数一年一代，以老熟幼虫在果实内越冬。翌年 4 月开始化蛹，蛹期 15~20天。4 月底、5 月初成虫开始羽化，5 月中、下旬为羽化盛期。羽化多在 7~12 时。成虫交尾多在下午。成虫寿命 7~12 天，最长达 18 天。成虫产卵初期一般在 5 月上旬，盛期在5月中、下旬，末期在6月中旬。7月中旬开始，当种胚膨大、子叶开始发育时，幼虫便咬破种皮，钻进胚内，取食胚乳和发育中的子叶，幼虫很快进入2龄，半月左右，幼虫将子叶食光，发育到5龄。子叶被取食空后，幼虫发育老熟，进入休眠阶段。9月以后，虫果绝大部分落地而幼虫开始过冬。

1）防治方法

黄连木种子小蜂幼虫及蛹的天敌是多种鸟类，成虫的天敌有蜘蛛类、蚂蚁类等，应注意保护。

结合修剪抚育，及时摘除虫果。果实成熟后，将树上、树下果实全部收摘，水漂或风选出虫果，并将虫果及时销毁或加工成饲料，消灭越冬幼虫。

2）药物防治

成虫羽化期5月上中旬和6月上旬各喷一次农药，可用40%氧化乐果乳油1 000倍液全树均匀喷布，喷药间隔时间10天，防治效果较好。种子采集后，在种子库内用溴甲烷、氯化苦或磷化铝熏蒸处理，常温下密闭3天，该虫可被全部杀死。

对于黄连木生长集中、郁闭度较大或者缺水区域，可采用10%敌马烟剂，选择无风的早晨或傍晚，放烟3～5次，效果较好。

2. 黄连木尺蠖

黄连木尺蠖也叫木橑尺蠖，寄主达30余科170多种植物，最适宜寄主为黄连木、核桃、紫穗槐、刺槐等，是一种暴食性及杂食性害虫。7～8月危害最重。黄连木尺蠖每年发生一代，以蛹在树下潮湿浅土层中及石块下越冬，翌年5月开始陆续羽化，7月上旬进入羽化盛期。卵多产于树木的老皮缝隙中，成块状。初孵幼虫喜栖息叶尖为害，性活泼喜光，常分散在树冠外围危害，可吐丝转移。3龄前的幼虫一般只啃食叶肉，致叶面呈现半透明网状斑驳，这时是防治幼虫为害的最佳时机。3龄后幼虫活动迟钝，但食量猛增，7～8月危害最重，易暴食成灾，可成群外迁扩大为害，常将树木叶片吃光。9月下旬，老熟幼虫开始落入土中或石块下3～5 cm深处化蛹越冬。成虫趋光性强，白天静伏在树干、树叶及杂草等不易被发现处。

1）防治方法

选用良种壮苗，合理栽植密度，营造混交林。蛹密度大的地区，在上冻前和早春解冻后结合整地，树盘下人工挖蛹；于3月中旬在树干上涂抹黏虫剂，防幼虫上树；用振落法捕杀木橑尺蠖幼虫；早晨人工捕杀幼虫；羽化盛期采用堆火或黑光灯诱杀成虫。

2）生物防治

用赤眼蜂、苏云金杆菌等防治黄连木尺蠖幼虫。用Bt乳剂500～800倍液、灭幼脲3号等无毒、低毒农药防治低龄幼虫。

药物防治：10%灭百可是防治黄连木尺蠖幼龄幼虫比较理想的药剂。由于黄连木尺蠖3龄以前幼龄幼虫抗药性弱并分散在树冠外围取食，有利于喷药防治，为防治最适时期。

二、文冠果

天然分布于北纬32°～46°，东经100°～127°，南至河南南部及安徽北部，北到辽宁西北和吉林西南部及西北，东至山东，西至甘肃、宁夏。垂直分布多在海拔400～1 400 m的山地和丘陵地带。河南省是文冠果原产地之一，主要分布在豫西熊耳山、崤山及黄土丘陵区、伏牛山两侧低山丘陵区、豫北太行山区，其中灵宝县、洛宁县、嵩山县和卢氏县等地分布较集中。

（一）造林地选择

文冠果为温带树种，深根性，主根发达，较耐干旱瘠薄，适应性很强，对气候、土壤要求不高，在年降水量 250 mm 的干旱地区以及多石山区、黄土丘陵、石砾地和地下水位 2 m 以下的地方均能生长；耐寒性强，能耐 -40 ~ -30 ℃低温，但不耐水涝，在低湿地生长不良。不能选择背阴、低湿地造林。

（二）整地

平地、梯田可以以机深翻，全面整地，深度 30 cm。缓坡地以挖带状沟为好。坡度较大的地块采用修筑反坡梯田的方法整地。田面宽 1.2 m，里低外高，面平塄硬。反坡梯田内每 2 ~3 m 打一隔断，以防山洪在田内流动积聚，冲毁田埂。坡度大于 25°山地，可采用鱼鳞坑方法整地。

结合回填定植坑，每穴施用农家肥 5 kg、尿素 50 g、过磷酸钙 100 g，与表土混合均匀，填入后适当踩实。

（三）造林

文冠果造林的合理密度应根据不同土壤、肥力、灌溉条件而定。旱地条件下，可按 2 m×2 m定植，也可按 3 m×2 m 定植。有灌溉条件的地块，可按 3 m×3 m 定植。为了增加早期效益，初期可按 3 m×1.5 m 定植，养成大苗后移栽，保留 3 m×3 m 的密度。

文冠果既可秋栽，也可春栽。春季早栽是提高成活率的关键，土壤解冻后就可以栽植。秋季栽苗在文冠果落叶后进行。秋季栽苗要全埋越冬，栽后及时定干，直立全埋，翌年只将顶端刨开，剩余部分到 7 月雨水增多季节才全刨开，不会影响主枝、侧枝发育，效果非常好。

（四）抚育管理

文冠果一般栽植密度比较大，穴内杂草必须清除干净。若覆盖地膜，则必须严格清除膜下杂草。一般在 4 ~7 月锄草 3 次。

在秋季树叶脱落后进行施肥。4 年生以下幼树一般每株施用农家肥 5 kg、过磷酸钙 150 g，深度 40 ~50 cm。大树按树盘面积估计施肥量。一般每平方米施用尿素 50 g，按尿素的 2 倍用过磷酸钙。农家肥按尿素的 20 ~50 倍施入。在盛花期，一般只用速效氮肥。用量按树盘面积确定，每平方米用尿素 50 g，加水 50 倍均匀灌入，深度 50 cm。

每年干旱季节灌水 1 ~2 次。多雨季节及时排水、防涝。

（五）主要病虫害防治

1. 根结线虫病

根结线虫在文冠果根部活动为害形成根瘤，根瘤开始较小，白色至黄白色，以后根皮继续膨大，呈节结状或鸡爪状，黄褐色，表面粗糙，易腐败。发病植株的根较健康植株的根短，侧根和须根很少，发育差。地上部分，染病较轻的一般症状不明显，较重的叶片黄瘦，枝叶缺乏生机，似缺肥状，长势差或极差，引起苗木叶片黄化。病苗根部有 0.5 ~2 cm 大小的柔软圆瘤，切开有白色粒状物，即为线虫。

加强栽培管理，苗圃、林地要进行轮作，不要连作。秋季、冬季要及时清扫落叶和杂草，及时拔除病菌并集中烧毁，消灭病原。对苗棚和移栽棚土壤进行高温消毒，或用溴甲烷消毒土壤。

药物防治。可选用98%～100%必速灭微粒剂75～120 kg/hm²,均匀撒施或沟施于20 cm表层土内,施药后立即覆土、洒水封闭或盖膜7～12天后,松土放气3～10天,再播种或定植。

2. 黑绒金龟子

黑绒金龟子一年发生一代,以成虫在土中越冬。一般在4月下旬至5月上旬以成虫蚕食文冠果嫩芽为害文冠果,一般在5月上旬无风的傍晚为害最为严重。成虫一天之中15～16时开始出土为害苗叶,17～20时最多,20时以后逐渐入土,潜伏于表土层2～5 cm深处。5月下旬6月上旬成虫入土,在约10 cm土层内产卵,卵零星或10余粒集中于一处。幼虫以植物根及腐殖质为食,7月下旬至8月间作土穴化蛹,8月下旬至9月化为成虫即在土内越冬。

喷药杀灭出土成虫。根据成虫出土后几天不飞翔的习性,可在虫口密度大的田块、地埂喷施2.5%敌杀死、5%来福灵乳油3 000倍液或喷施4.5%瓢甲敌(氰戊菊酯类或氯氰菊酯类)乳液1 500倍液,防治效果均在90%以上,也可用80%敌敌畏乳油100倍或50%杀螟松乳油1 000倍液喷叶,防治效果也很好。

诱杀成虫。根据成虫先从地边为害的习性,于下午成虫活动前,将刚发叶的榆、杨树枝用2.5%敌杀死乳油1 500倍液或80%敌敌畏、40%氧化乐果乳油100倍液浸泡后放在地边,每隔2 m放1枝,诱杀效果较好。在同一块田地里同时用4%敌马粉37.5 kg/hm²,干细土600 kg,混匀后撒施,效果更佳。

药物防治。在6月上旬进行防治,如林分等能灌水的林地,随水灌药,用40%辛硫磷乳油,稀释一定倍数放在畦口随浇水均匀滴入流水中,进行防治;用50%辛硫磷乳油,3.75 kg/hm²,制成土颗粒剂或毒水,毒杀幼虫。

第七章　森林保护

第一节　林木病害及其防治

一、林木病害的预测预报

根据病害发生、发展规律和流行条件,结合当时当地的气象因素、寄主生长发育状况及其历年流行的历史资料,预测某种病害流行的时间及可能造成的危害,这叫病害流行的预测;根据预测资料发出通报,使有关地区和单位做好防治工作的准备,这叫预报。预测和预报统称测报。

(一)病害预测的类型

植物病害的预测可按测报的有效期限分为长期预测和短期预测。长期预测一般是指年份间的预测,就是针对种子、土壤或病株、残株等途径传播的病害,以及历年发生、发展有明显的季节变化或年份变化的某些气流传播的病害,对这些病害大发生前不久预测其发生情况;短期预测主要是针对那些受气候条件影响最大的流行性病害,尤其是以降雨量为流行主要因素的病害。目前,植物病害多以短期预测为主。由于影响流行的各种变动因素,如气象因素、植物的感病情况、病原物的数量等,在未来的短期内都较易掌握,因此短期预测的准确性也比较高。

(二)病害预测的根据

植物病害流行的规律是病害预测的主要根据。流行规律了解得愈深,预测就愈可靠。病害流行的模式是复杂的,不同的病害有不同的模式,同一种病害在不同的地区也有差异。所以,病害预测也没有一成不变的公式。一般应掌握以下规律:

(1)病原物的生物学特性和侵染循环特点;

(2)寄主感病期的变化;

(3)病害流行同环境因素的关系,特别是同气候因素的关系;

(4)发病程度同损失的关系。

在此基础上,根据天气预报资料进行病害预测预报。

(三)病害预测的方法

预测的具体方法因病害种类而异,有的侧重于以病原物的数量为依据,有的侧重于以气象因素为依据,或同时以二者为依据。

森林病害的预测尚不十分为人们所重视,因为许多重要森林病害的严重发生是多年积累的结果,没有很明显的急剧变化,如森林的根腐病和一些枝干病害都是如此。还因为有一些森林病害没有可行的临时防治措施,预测也就没有必要。例如,毛竹枯梢病流行同气候的关系是:4 月平均气温 15 ℃以上有利于越冬病菌的发育,5、6 月雨量 300 mm 以上、雨日 35 天以上有利于孢子的释放、传播和侵染,7、8 月雨量 200 mm 以下、雨日 25 天以下有利于发病。在这样条件的年份,如果林中残留病竹较多,则病害可能流行。但毛竹枯梢病的防治主要要求在冬季清除病竹的死梢和死枝。侵染季节喷药保护新竹既难实行,也无必要,因此病害预测就没有什么意义了。然而,对于某些有条件采取临时防治措施的森林病害,预测仍是重要的。由于现在对森林病害的研究还不够深入,一些病害的预测还是比较粗放的。如银杏苗茎腐病,病原菌是一种土壤习居菌,普遍地存在于我国南方苗圃土壤中,一年生的银杏苗是高度感病的,而茎基部的高温灼伤是病菌侵入的条件,这一条件限制了病害只在夏季发生。根据历年经验,病害通常在梅雨期结束后 10 天左右开始发生,其严重程度同 7 ~ 8 月的降雨和气温有密切关系,雨日多和雨多气温就不会很高,土壤温度也相应较低,病害一般不会严重发生。反之,如果降雨少,日最高气温达到 35 ℃以上的天气持续时间长,病害就会流行。因此,在大量培育银杏一年生苗时,可以根据当地的气象预报来预报病害开始发生的时期和危害的严重程度,以便及时采取防治措施。

在南方苗圃中,松苗叶枯病在松树一年生苗上于 8 月开始发生,9 ~ 10 月为盛发期。盛发期为阴雨天多的年份,再侵染不断发生,可引起病害流行。侵染来源可能是连作地越冬的病苗残体或者是苗圃中留床 2 年生苗,或者苗圃附近有病的松树幼林。病害预测可在 8 月中旬调查苗圃中的 2 年生苗及苗圃附近松树幼林是否有侵染来源存在,同时密切注意一年生苗是否有发病中心株出现。如果附近侵染来源较多,或一年生苗床上已有中心病株出现,病害就有可能流行,应根据 9 ~ 10 月天气预报情况适时喷药保护幼苗。

落叶松早期落叶病流行的预测以病菌数量和气象因素为依据,病菌在上一年落叶上越冬,6 月子囊孢子开始成熟,孢子的放射需在 6、7 月的降雨后进行。根据落叶上孢子的存活数量和降雨迟早及日数就可以预测病情的严重程度。落叶上存活孢子数量大,降雨早,6、7 月降雨日数多,当年病害流行开始的早而且严重。

上述的几种病害预测实例都是定性的预测。只能预测病害发展和流行的大致趋势,准确性低。为提高对病害预测的准确性,植物病害预测正向数量化方向发展。在多年试验、调查等实测数据的基础上,采用回归分析的方法找出影响病害流行的各主要因素,即寄主感病性、病原物的数量和毒性、环境条件(特别是温度、湿度、土壤状况等)、营林措施等与病害流行程度之间的数量关系。在回归方程中寄主的感病性、病原物的数量及毒性、环境条件、营林措施等均为自变量,流行程度为因变量。由于采用数学方程式表达,所以流行因素(自变量)数量上的任何变动都相应地改变流行的强度(因变量)。

例如,对陕西关中地区杨树溃疡病的流行,根据气象因子进行了预测,选用前一个月平均气温(T)、平均空气相对湿度(U)、总降雨量(R)和前一月病情指数逻辑斯蒂值($\ln[x_1/(1-x_1)]$)这 4 个因子作为自变量,以一个月后病情指数发展速度(r)作为因变量,建立病情中期(一个月)预测回归方程

$$r = b_0 + b_1T + b_2U + b_3R + b_4\ln[x_1/(1-x_1)]$$

根据连续 3 年的观察资料,建立了杨树溃疡病情中期(一个月)预报方程

$$\ln[x_2/(1-x_2)] = -0.593\,820 + 0.007\,170T + 0.007\,470U + 0.000\,420R + 1.065\,010\ln[x_1/(1-x_1)]$$

检验证明,该预报式具有相当高的精度($x^2 = 0.031\,23 < x^2_{0.05}$)。

随着电算技术的应用和植物病害流行系统分析研究的发展,近年来人们开始研究和应用数学模型来进行植物病害流行的预测。例如北京地区杨树溃疡病的测报研究,用个体生

态学的基本原理分析影响杨树溃疡病发生的主导生态因子及其变化规律，借助电子计算机的模拟功能，建立起病害与各种生态因子之间的数学模型，从中找出最佳模型测报式。根据杨树溃疡病的发生规律，在测报期间内，病情指数（$CDIS$）与相应时期的菌量（F_1、F_2、F_3）、积温（CT）、温湿比（TH）、温雨比（TR）及湿雨比（HR）等有着密切的相关关系。应用多元统计方法建立的多元线性回归预测模型为

$$CDIS = 19.0 - 2.8\sqrt{F_3} + 0.1F_1 + 0.0015(F_2)^3 + 4.15TH - 0.042\sqrt{CT} - 0.4HR + 3.5TR$$

该式可以预测一个月后的发病情况，模型经实际病情验证，有较高的准确性。

无论哪种方法，组建回归方程或建立系统模型都需要有充分的实测数据。流行预测本身价值的大小，取决于其精确度的高低。而精确度则取决于模型的合理性、精确度和建立模型所用数据的可靠性。

二、林木病害综合防治

（一）林木病害防治的原则

病害发生、发展和流行的规律是拟定防治措施的理论依据。透彻地掌握具体病害的发生、发展规律，不仅可以使防治措施更有目的性，而且可以提供新的更有效的防治途径。例如，梨（或苹果）锈病固然可以用化学药剂来防止其流行，但耗时、费钱，而且可能有污染环境的副作用。由于此病菌是绝对转主寄生的，而且没有再侵染，只要在梨（或苹果）园周围不栽植或去除转主寄主桧柏，不用其他任何措施就可以获得彻底的防治效果。

不应把病害防治的目的简单地理解为降低病害程度，更不是绝对消灭病害。森林中各种寄生物是森林生态系统中不可分割的组成部分，这类生物的存在和发展受各种森林生态因素的影响，同时又影响着一系列的森林生态因素。在一个稳定的森林生态系统中，要想消灭某种自然存在的寄生物是非常困难、不可能的，在大多数情况下也是不必要的。适当地控制或调节其种群数量往往更符合人类的利益。寄生物所致寄生现象之所以称为病害是从人类的经济利益和生态利益观点出发的。近年来，科学家们把对有害生物（包括病原物、害虫、杂草和有害鸟、兽等）的控制与人类的经济利益和生态平衡结合起来，提出了有害生物综合治理的概念。

在林业上，综合治理的概念可归纳为：有计划地应用有利于生态平衡和经济发展并为社会所接受的各种预防性的、抑制性的或调节性的战术和战略，使各种破坏森林的生物因素维持在可以忍受的水平。病害防治是综合治理的一个组成部分。所以，在进行防治时，必须考虑到森林生态的平衡，不能因为治理一种病害而破坏这种平衡，或造成环境污染；也不能忽视防治中的经济问题，必须通过病害防治来增加经济效益，而决不应因防治病害反而带来更大的经济损失。

林木和农作物病害的防治在原则上是相似的，但也有许多不同之处：由于二者在生态环境和生态效益上的区别，森林一旦形成，生态环境就相当稳定，数十年乃至数百年，各种因素的改变都是缓慢演替的，不像农作物一年就收获，生物群落变动剧烈，加上森林具有改善人类生态环境的特殊功效，以及具有单株价值高、植株高大、多年生、抗逆性和复原能力强等特点，所以在林木病害防治上有独特之处。无论林木或农作物的病害防治，都是把“防”放在首位，“治”只是一种补救措施，故在防治工作中，应遵循“预防为主”的原则。

植物病害的发生与流行都是以病原、寄主和环境条件的一致配合为基础的,因此在病害的防治上必须“反其道而行之”,以人为的干涉或调节来阻止各种流行因素最佳配合现象的发生。也就是设法杜绝、减少病原物的数量或切断其侵染链,增强林木的抗病力或保护它不受病原物的侵染,改善环境条件,使不利于病原物数量的积累和侵染活动的进行,或有利于林木抗病性能的发挥,一切防治措施都是为了达到上述目的。

林木病害防治措施可以分为病害检疫、改进营林措施、选用抗病品系和物理、化学、生物防治方法等。所应采用的防治措施因病害种类而异。

(二)林木病害检疫

在自然条件下,植物病害的传播距离是有限的,很难超越高山、沙漠和大洋等自然屏障。随着近代运输事业的发展和种苗、农林产品的交流日益频繁,增加了人为传播病害的机会。历史上许多毁灭性的林木病害,如板栗干枯病、榆枯萎病、白松疱锈病等,在大陆之间传播都是由人来完成的。在我国,油橄榄肿瘤病是随油橄榄苗木从欧洲引进来的,由于及时采取了防治措施,目前尚未扩散。为了防止危险性病、虫、杂草在国际或地区之间人为的传播,各国政府都制定了有关法令,设立了行政机构进行植物检疫。

列为检疫对象的病害只是那些现在有一定区域分布、可通过人为传播且一旦进入新区就有可能成为流行性的严重病害。

植物应检的部位及检疫方法,依具体病害而定。对于林木病害来说,一般种子传播的病害很少,而苗木、接穗、插条等几乎可以传带各种病原物,应作为重点检验材料。有些病害还可以由原木传带,如松材线虫病可以随木材及病木做的包装材料传带,这些也应作为应检材料。

进口植物材料在口岸检验后,如发现有检疫对象或其他病虫害,由检疫机构按下列原则处理:①凡能用熏蒸、消毒方法消灭检疫对象的,进行处理后放行;②凡能通过控制使用,防止检疫对象传播的,按规定地点、规定时间、规定方法控制使用;③凡带有尚无有效方法处理的检疫对象的应立即退回或就地销毁,禁止入境;④凡怀疑带有检疫对象而又一时难以查明的种苗及其他繁殖材料,应在专用的隔离苗圃中试种观察,直到证实不带病后才能分散栽植。

(三)林业技术防治

1. 育苗技术中的防病措施

首先,选择适当的苗圃地,苗圃地最好不要设置在土壤黏重、地势低洼的地点。因为在这些条件下,根的呼吸受阻,易于积累硫化二氢和水杨醛等有害物质,有利于猝倒病、根癌病、菌核性苗枯病等的流行。苗圃地最好远离同种林木的林分,以免病原物从林木上传到苗木上。在根病严重的旧圃地应实行轮作,这样病原物会因得不到适当的寄主而“饿死”,而且有利于土壤中的某些有益微生物的繁殖,促进病原物的死亡。及时清除苗圃中的病死株和枯落物以减少侵染来源。

2. 造林技术中的防病措施

适地适树是提高林木抗病能力、减少病害发生的重要措施。营造混交林可以大大减轻病害的发生。无论是根部病害或是枝干、叶病害,混交林的树种都可以起到屏障作用。但应注意树种的搭配。在某种锈病严重的地区,要避免使用病菌的两个转主作为混交树种,否则不但不防病,反而还会促进病害发生。

3. 林分抚育中的防病措施

结合林分抚育清除病树和病枝可以减少侵染来源或者消除发病中心。特别是林木枝干病害如松干锈病、各种丛枝病等发展得较慢，若在病害初期清除，可防止病害的进一步蔓延。

山火、放牧、随意刮皮是引起林木机械损伤、导致病原从伤口侵入，特别是树皮腐烂病菌、立木腐朽菌侵入的重要途径，应当禁止或严格控制。

4. 选育抗病品种

造林时使用抗病性强的树种或品种是经济而且有效的防治措施。世界各国林业工作者对此工作非常重视。选育抗病品种的一个重要环节是进行品种抗病力的鉴定。一般的方法是对被测定植株作人工接种，或将它置于目标病害正在流行的自然环境中，观察它对病害的抗性，并与已知的感病品种进行对照鉴定。许多难于防治的毁灭性病害，只有通过选育抗病品种加以控制。

5. 生物防治

病害防治中，有时利用所谓双重寄生作用。这是一种寄生物被另一种生物所寄生的现象。在我国已用于生产实践的"鲁保一号"，就是利用一种寄生在菟丝子上的炭疽病菌的制剂。在意大利和法国，用板栗疫菌(*Endothia parasitica*)的弱毒菌系防治栗疫病取得了成功。有人试验，把大隔孢伏革菌(*Peniophora gigantea*)的孢子加入机油中，然后涂于伐木的油锯上，以便接种到被伐松树的伐桩上。用这种办法曾成功地防治松林的根白腐菌。

6. 物理防治

利用物理学原理和方法防治植物病害即物理防治。森林苗圃用堆集焚烧枯枝落叶的办法来进行土壤消毒，这样减少了病害，也清除了病害侵染源。

温汤浸种防治植物病害在农业上已广泛应用。林业上也常对种子、接穗及插条等进行消毒。如桑苗在 45 ℃热水中浸 30 min 或在 50 ℃热水中浸 15 min、接穗在 50 ℃热水中浸 10 min 都可以治愈类菌原体引起的萎缩病。泡桐丛枝病用 50 ℃温水浸根 15 min，也能收到良好的效果。

7. 化学防治

用化学药物来防治植物病害称为化学防治。其适用范围广、见效快、方法简便，特别是病害发生后，施用化学药剂往往是唯一的对付办法。

三、主要树种的病害及其防治

(一)松苗猝倒病

松苗猝倒病又叫立枯病。主要危害松属、杉属、落叶松属等针叶树幼苗，在针叶树中，除柏类较抗此病外，其余都可感染此病。此外，这种病也危害刺槐、泡桐、檫木、香椿、臭椿、榆树、枫杨、银杏、桑树、苹果等阔叶树苗，是育苗上的主要病害之一，一般死苗率达 10% ~ 30%，严重者达 50% 以上。

1. 症状

病害多在 4 ~ 6 月发生。大致有四种症状：

(1)种芽腐烂型。幼苗未出土前，幼根和子叶即腐烂，造成缺苗断垄现象，主要发生在覆土过厚、黏土和低温高湿的苗床上。

(2)首腐型。幼苗顶梢及幼叶受害腐烂，病部生白色丝状物，常与猝倒类型同时发生。

(3)猝倒型。幼苗出土一个月内，嫩茎未木质化，靠近土面的茎基部变褐、腐烂、缢缩，病苗很快倒伏，多发生在 5 月阴雨时期。

(4)立枯型。幼苗出土1～2个月后,茎部木质化,在茎基部及根部皮层处变色腐烂,地上部分枯死,不倒伏。若拔出病苗,根皮易脱落,仅留木质部。一般发生在6～9月的高温季节。

2.病原

常见的有三种真菌:

(1)立枯丝核菌(*Rhizoctonia solani* Kuhn),属半知菌亚门。菌丝有隔膜,分枝处缢缩,分枝近直角,幼嫩苗丝无色,老熟菌丝变褐,形成菌核的菌丝粗短不规则。

(2)尖孢镰刀菌(*Fusariumo xysporum* Schlecht),属半知菌亚门。大型分生孢子黏结成团,纺锤形到镰刀形,有足胞,3～5个隔膜,大小(20～60)μm×(3～5)μm;厚垣孢子球形,直径5～15 μm;小型分生孢子卵形至肾形,单胞或双胞,散生菌丝间,大小(5～26)μm×(2～4.5)μm。

(3)瓜果腐霉菌(*Pythium aphanidermatum*(Eds.)Fits.,属鞭毛菌亚门。菌丝无隔膜,孢子囊为裂瓣状,萌发产生泡囊,游动孢子肾形,侧生两根鞭毛。

这三种病菌都能在土壤中腐生,遇到合适的寄主,便侵入危害。它们分别以菌核、厚垣孢子或卵孢子度过不良环境。幼苗生长前期,若低温高湿时,常被腐霉菌和丝核菌危害;生长后期,若高温高湿常被镰刀菌危害。

3.发病规律

春季低温多雨、夏季高温多雨或干旱,均容易发生猝倒病。黏土、低洼、板结的老苗圃地发病重,新垦山地或稻田地育苗发病较轻。在雨天整地播种、土壤成块、畦面不平易发病。施未腐熟的有机肥料、覆土过厚、播种期过迟或揭草过迟等也有利于发病。

4.防治方法

(1)选好圃地。用新垦山地育苗,也就是哪里造林哪里育苗。老苗圃地要定期轮作,细致整地,晴天犁耙,使床面疏松平整。精选种子和催芽,用磷肥拌种。适当早播,早出苗,提高苗木抗病力。老苗圃地,播前在播种沟内垫一层1 cm厚的心土或火烧土。

(2)土壤消毒。苗圃播种前用苏化911、五氯硝基苯或敌克松等消毒,施药30～37.5 kg/hm^2,撒于床面或播种沟内,或撒施硫酸亚铁粉150～225 kg/hm^2。

(3)苗期施药。出苗后,喷1:2:200倍波尔多液,或代森锌600～800倍液;或用1%～3%硫酸亚铁液,顺行浇灌。无论用哪种药剂,施药后都要随时用清水喷洗苗木,以防茎、叶受药害。

(二)松苗叶枯病

松苗叶枯病是南方松树普遍发生的病害。主要危害苗木和幼树的针叶。马尾松、黑松、油松的苗期或定植1～2年的幼林地发病率可高达70%～90%,死亡率达20%～65%。

1.症状

植株下部针叶先发病,逐渐向上蔓延,严重时病株干枯死亡。受害针叶从叶尖开始,逐段变成黄褐色,病叶干枯后下垂、扭曲、不脱落,沿气孔线纵行排列许多黑色小霉点,即为病菌的分生孢子梗和分生孢子。

2.病原

赤松尾孢菌(*Cercospora pini－densiflorae* Hori. et Nambu),属半知菌亚门。分生孢子梗丛生、暗色、稍弯曲,有1～2个隔膜,大小(13～25)μm×(3～4)μm。分生孢子长棍棒状或鞭状，稍弯曲，有 2 ~ 5 个隔膜，大小(22 ~ 59) μm × (3 ~ 4) μm。

3. 发病规律

病菌以菌丝体在寄主内或随病叶在土壤中越冬，次年夏季产生分生孢子，随气流传播。7 月中旬开始发病，8 ~ 10 月为盛期。高温高湿有利于病菌的侵染。苗木生长过密，通风透光差，留床苗缺乏管理，或苗圃重茬，容易发病，加勒比松、南亚松、马尾松、黑松感病最重；湿地松、火炬松、赤松感病较轻。苗期或造林后 1 ~ 2 年内发病重，3 ~ 4 年生病害逐渐减轻。

4. 防治方法

(1)应在没有叶枯病发生，土壤疏松、肥沃，利于排灌的地方选择苗圃地。加强幼苗管理，避免苗木过密，适时进行间苗和灌溉，若发生病害要及时喷药保护，拔除病苗，防止形成发病中心。

(2)发病期间应及早摘除病叶，集中烧掉，然后用 1∶1 000 高锰酸钾溶液或 1∶700 六氯苯或 1∶500 倍退菌特等药剂喷洒效果较好。

(3)不宜在高温干旱季节造林，不带病苗上山，发现病叶应立即除去。出圃苗喷药后再定植。加强幼树抚育管理，增强树势，提高抗病力。

(三)松疱锈病

松疱锈病是世界有名的危险性病害，我国已发现两种，分别危害二针松和五针松。它可以毁掉大片幼林，因此已被列为国内外的检疫对象。据记载，马尾松、赤松、樟子松、黄山松、云南松、油松、红松、华山松、新疆五针松等均有不同程度的受害。

1. 病状

危害幼树枝、干皮部，开始在枝干皮部出现淡橙色病斑，病斑逐渐扩展呈裂缝，8 月下旬至 9 月初在病部出现橘黄色的蜜滴，具甜味。第 2 ~ 3 年的 4 ~ 5 月，在病部长出橘黄色疱囊，囊破后散出黄粉。以后病部每年长出疱囊，树木皮部加粗变厚，显得粗肿，并流出松脂。该病的转主寄主是返顾马先蒿、穗花马先蒿、东北茶藨子、兴安茶藨子和刺李等。在转主寄主叶背面产生黄粉状夏孢子堆，以后长出毛发状黑褐色冬孢子柱。

2. 病原

茶藨生柱锈菌(*Cronartium ribicola* J. C. Fischer)，属担子菌亚门。在松树病枝、干上产生性孢子器和锈孢子器。锈孢子呈球形，表面有平顶柱形的疣，大小为(14.4 ~ 28.8) μm × (22.8 ~ 33.6) μm。转主寄主叶背产生夏孢子堆和冬孢子柱，夏孢子呈球形至椭圆形，表面有细刺，大小为(13.1 ~ 20.6) μm × (15.6 ~ 30) μm；冬孢子呈梭形、褐色，大小为(3.6 ~ 13.5) μm × (36 ~ 59.1) μm。

3. 发病规律

病菌以菌丝在松树病枝内越冬。此病发生在松树干薄皮处，因而刚刚定植的幼苗和 20 年生以内的幼树易感病。在杂草丛生的幼林内、林缘、荒坡、沟渠旁的松林易发病。转主寄主马先蒿、茶藨子多的地区病害严重。

4. 防治方法

(1)由疫区输出苗木要进行检疫，在病区附近不设松类苗圃。

(2)造林后加强抚育管理，铲除林内的杂草和转主寄主。割草割灌，也可铲除中间寄主植物。割草可在 7 月中下旬进行，亦即在冬孢子形成前进行。

(3)及时发现和砍除病枝及伐除病株，防止扩散蔓延。在早春或晚秋树液停止流动时进行修枝,可以消灭潜伏于枝条内的病菌。坚持数年,可使病害得到根治。

(4)用松焦油或不脱酚洗油涂于病部,或用300 mg/L内疗素注射皮部治疗。

(四)杨树溃疡病

杨树溃疡病是我国杨树的重要病害之一。除危害杨树外,还危害柳树、核桃、泡桐、香椿等树种。对大苗和新栽幼树危害严重,常使病株枯死。

1. 症状

危害主干和枝梢。在早春和晚秋,树皮上出现近圆形水泡状病斑,水泡破裂后流出褐色汁液,病斑下陷,直径约1 cm。病斑内部坏死范围比表面大,直径2 cm以上。当病斑在皮下互相连接包围树干后,上部即枯死,以后在病部产生许多小黑点。

2. 病原

茶藨子葡萄座腔菌[*Botryosphaeria ribis*(Tode)Gross et Duss],属于囊菌亚门,无性型为半知菌亚门的聚生小穴壳菌(*Dothio rella gregaria sacc.*),子座埋生于寄主表皮,后突破表皮外露,黑色,炭质。子囊腔扁圆形,具有乳头状孔口,大小(180~260)μm×(210~250)μm;子囊棒状,无色双层壁,大小(100~120)μm×(18~20)μm,子囊孢子8个,椭圆形,单胞,无色,大小(19~22)μm×(6~8)μm;分生孢子器1至数个聚生于黑色子座内,近圆形,有孔口,大小(180~210)μm×(160~230)μm;分生孢子长椭圆形至纺锤形,单胞,无色,大小(20~27)μm×(5~7)μm。

3. 发病规律

病菌以菌丝体形式在病斑内越冬,次春产生分生孢子,由伤口、皮孔或表皮侵入寄主。病菌在12月以前就侵入寄主,潜伏于寄主体内,在寄主生理失调时表现出症状。杨树春季造林后发生溃疡病,病原是先年在苗圃期间已受侵染,苗木本身带菌的结果。春季造林正是树木开始生长、树液流动时期,此时树木本身需要大量水分和养分,而杨苗从起苗、运输、假植到定植过程中失掉大量水分。如果定植后不及时灌水和管理,就会导致生理机能失调、树势衰弱、抗病能力降低,诱发潜伏的病菌活动。研究表明,杨树树皮膨胀度大于80%时不易感染溃疡病,小于70%时则发病重。在树皮含水量高的植株中,苯丙氨酸解氨酶(PAL)的活性强,邻苯二酚和对-羟苯甲酚等酚类物质含量高,且它们的活性(或含量)随着树皮含水量降低而降低。试验证明邻苯二酚是寄主活体内的重要抑菌物质。

该菌的生长温度为13~38 ℃,最适温度25~30 ℃,在pH值3.5~9范围内均能生长,以pH值为6时生长最好。春季寒冷、干旱的年份发病重;碱地、低洼地、沙丘地发病重;苗木假植过久、伤根过多发病重。

4. 防治方法

(1)适地适树。就地育苗就地造林,随起苗随栽植,避免假植时间过长,减少路途运输时间;在起苗、运输、假植、定植时,尽量减少伤根和碰伤树干;栽后及时灌水,保证成活。

(2)病圃内苗木禁止运往无病区。出圃栽植前,用0.2%石炭酸或0.5%高锰酸钾浸10 min进行消毒。

(3)药剂防治。以秋防为主,春、秋结合防治。用40%福美砷1∶50溶液、50%代森铵1∶200溶液、50%退菌特1∶100溶液、1∶10的碱水、波美3度石硫合剂及50%多菌灵1∶100溶液等防治均有效果。

(4)用抗病树种造林。青杨派、青杨×黑杨的杂交种较易感病;白杨派和黑杨派树种较为抗病。路易莎、意大利 214、健杨、毛白杨、波兰 15A 等杨树抗病和比较抗病。而小叶杨、辽杨 ×69 小美旱、北京杨 6 号、北京杨 603 号等易感病。

(五)泡桐炭疽病

泡桐炭疽病在泡桐栽植区均有发生。危害多种泡桐,是实生幼苗的主要病害,死苗率可达 7% ~70%。

1. 症状

泡桐炭疽病菌主要危害叶、叶柄和嫩梢。叶上病斑褐色、近圆形、直径约 1 mm,周围黄绿色,后期病斑中间破裂。叶柄、叶脉和嫩茎上的病斑椭圆形、褐色、凹陷,在潮湿气候条件下,斑内生粉红色黏液状的分生孢子堆。

2. 病原

盘长孢状刺盘孢菌(*Colletotrichum gloeosporioides* Penz.),属于半知菌亚门。分生孢子盘上有刚毛(但有时无刚毛),在初生表皮下形成,后突破表皮外露。分生孢子筒形或椭圆形,单胞无色,有油球,大小(15 ~20) μm × (3.5 ~4) μm。

3. 发病规律

病菌以菌丝体在茎和枝上的病斑内越冬。第二年春,在温度适宜时产生分生孢子,借风雨传播,成为初次侵染菌源。生长季节中,病菌反复侵染。一般 5 月中旬至 6 月上旬开始发病,7 月为发病盛期。病害发生与雨水多少有密切关系,6 ~8 月多雨,苗木过密,通风透光不良,有利于病害的大发生。

4. 防治方法

(1)苗圃地应设在远离泡桐林的地方,以防止大树上的病菌传播到苗木上。

(2)苗圃要实行轮作。

(3)提高育苗技术,促进苗木健壮生长,提高抗病力。

(4)5 ~6 月喷 1∶2∶(150 ~200)倍波尔多液或 65% 代森锌 1∶500 倍溶液或 50% 退菌特 1∶800 溶液 2 ~3 次。

(六)泡桐丛枝病

泡桐丛枝病在河南、山东等省一般发病率达 30% ~50%,严重者高达 80% 以上。苗木发病后当年枯死,造林一年生幼树得病后,也容易死亡。对泡桐生产影响很大。

1. 症状

此病为一种系统侵染性病害。病株地上部分和根部,都能发出丛生病枝,腋芽和不定芽大量多次萌发,丛生许多细小枝,节间缩短,叶小而黄,病枝密集成团状。冬季落叶后,小枝多直立,呈扫帚状枯死。

有的病株上花器变形,柱头变成小枝,花变成细叶,小枝上腋芽又长出小枝,如此重复抽生也成团状。

2. 病原

过去曾记载泡桐丛枝病由炭疽菌、痂圆孢菌或病毒所引起。现在已证明是类菌原体(*Mycoplasma like organism*,简称 MLO)引起的。类菌原体圆形或椭圆形,直径为 200 ~820 nm。

3. 发病规律

河南省的研究表明,病枝及腋芽内均潜伏有病原体,种根内分布有病原体。山东的试验表明，发现病原体在病株内有季节性运转迹象，即10月初病原体随树液向根部回流，3月末又随树液向树上部回升，可以在秋季树液回流前采取修病枝措施，防治效果显著。但病原体运转规律还需作进一步研究。

病害流行在不同种或无性系的泡桐中有显著差异，川桐、白花泡桐及毛泡桐均较兰考泡桐、楸叶桐抗病。留根育苗和平茬苗发病重，播种育苗（种子不带菌）期不染丛枝病，幼树发病率较低。片林和行道树的发病率较高。病害发生可能与气候、海拔高度有关，相同的树种和种源，分别栽植在河南省禹县（平原）和嵩县（山区，海拔1 000 m以上），平原发病率较高，在伏牛山深山区基本不发病。南方各省及沿海多雨地区发病也很轻。

病害可以通过带病的种根、病苗的调运而传播。实践证明，茶翅蝽（*Halyomorpha picus* Fabricius）、烟草盲蝽（*Cyrto peltis tenuis Reuter*）是传播的媒介。嫁接传病。有时，泡桐受侵染后不表现症状（隐症）。这种无症状的植株有被选为采根母树的危险。

4. 防治方法

（1）推广抗病品种，改进育苗措施是预防丛枝病的最经济有效的方法。在育苗时，严格挑选当年无病苗木作母树采种根，采用当年插根、当年出圃苗造林，比留根苗和平茬苗造林发病率低得多。

（2）用50 ℃的热水浸根10～15 min可大大减轻幼苗发病。

（3）修除病枝。从春季发芽展叶到秋季落叶均可修除病枝，但7～10月修枝效果明显高于4～6月。对大病枝可以在2～4月环割，病枝茎部环割后，可使病枝慢慢死亡不再复发。修病枝要注意修枝质量，不留残桩。坚持数年修枝，丛枝病就会大大减轻。

（4）病苗和幼树治疗。可用四环素族药物治疗。其方法是取1万～2万单位/mL的四环素液或土霉素液，用兽用注射器向1～2年幼苗和幼树的髓心内注射药液，可以治愈或减轻病情。注射量一般为每株25～30 mL。

（5）5～6月对传病媒介昆虫进行药剂防治。

（七）板栗疫病

板栗疫病又叫板栗干枯病、栗胴枯病、溃疡病。本病在欧美各国是一种十分严重的病害。美洲栗（*Castanea dentata*）高度感病，亚洲栗系统的树都较抗病，而欧洲栗（*C. sativa*）感病。病害发生在主干和枝条上，病斑迅速包围枝干，造成枝条或全株枯死。美国在1904～1929年的20多年间，因该病的流行，板栗林几乎全部被毁，到目前为止，尚未找到理想的控制方法。该病在我国多发生于辽宁、北京、河北、河南、山东、安徽、江苏、浙江、江西、陕西等省（市）。

1. 症状

病菌自伤口侵入主干、枝条后，在光滑的树皮上产生圆形或不规则的水渍状的病斑，病斑淡褐色至褐色。在粗糙树皮上，病斑边缘不明显，以后继续扩展，树皮纵向开裂。如果剥开枯死树皮，在树皮与木质部之间可见到羽状扇形的菌丝层，初为污白色，后变为黄褐色。春天，在受害的树皮上，可见许多橘黄色疣状子座，直径1～3 mm。当天气潮湿时，从子座内挤出淡黄色至黄色、卷须状的分生孢子角。秋后，子座变成橘红色至酱红色，内生子囊壳。

2. 病原

板栗疫菌（*Endothia parasitica*），属于囊菌亚门。子囊壳具长颈、烧瓶状，数个聚生于子座内，长颈伸出子座的顶部。子囊无色，棍棒形，内含8个子囊孢子，子囊孢子无色，椭圆形至卵圆形，双细胞，分隔处稍缢缩，大小约 8.6 μm×4.5 μm。分生孢子器为不规则形，生于子座中。分生孢子无色，单细胞，长方形至圆筒形，大小为(3～4)μm×(1.5～2)μm。

3. 发病规律

病原菌的分生孢子和子囊孢子都能进行侵染。病害于 3 月底或 4 月初开始出现症状，但由于温度偏低，病斑扩展较慢，6 月下旬后，病斑明显扩展，尤其是 7、8、9 月三个月，病斑扩展很快，到 10 月下旬后，病斑扩展又明显变缓。病原菌的分生孢子于 4 月下旬至 5 月上旬开始出现。分生孢子借雨水、昆虫、鸟类传播，并可进行多次再侵染。10～11 月初，在树皮上出现橘红色子座，内生子囊壳。12 月上旬，子囊孢子可借风传播。病菌自伤口侵入寄主。病株皮下的扇形菌丝层，对不良环境具有很强的抵抗能力，可以越冬。

病菌还可随着苗木的运输而远距离传播，病原除危害板栗外，也危害栎树，在表皮上形成溃疡斑，但对栎树影响不大。潜伏在栎树上的病菌易于转移和扩散。

4. 防治方法

(1)由于板栗疫菌是一种弱寄生菌，而我国板栗又是抗病的，只有在树势衰弱的情况下，才遭受严重感染，因此加强板栗林的抚育管理、适当修枝、增强树势等营林措施是防治本病的根本途径。

(2)彻底清除重病株和重病枝，及时烧毁，可减少病菌的侵染来源。

(3)对主干或枝条上的个别病斑，可进行刮治，伤口消毒。即先将病树皮用利刀全部刮除，深度达木质部(刮下的树皮集中烧毁)，然后用 10 倍浓碱水、5% 多菌灵 200 倍液或 1% 硫酸铜液等涂刷伤口，杀死病菌；或用其他杀菌剂如甲基托布津、退菌特、福美砷和百菌清等均有防效。

(4)对调运的苗木应严格实行检疫，防止病害扩散。

(八)松材线虫病

松材线虫病是日本最重要的森林病害之一。除北海道外，日本全境均有发生，但以南部温暖地区受害最重，20 世纪 80 年代初，日本每年松材损失达 200 万 m^3。我国于 1982 年在江苏省南京市发现黑松大量枯死，经研究，也是松材线虫病。除黑松受害外，火炬松、黄松、马尾松等也受危害。此病危害甚烈，现已在江苏、安徽、浙江、广东、山东等省的部分地区发生，形成疫区，造成了巨大的经济损失。1984 年被林业部定为国内森林植物检疫对象。

1. 症状

松树被松材线虫侵染后，针叶首先失去光泽，变成灰绿色，后逐渐发黄呈褐色，停止流脂、萎蔫，最后全株死亡。针叶呈红褐色，远看似火烧。无论幼龄小树，还是数十年生的大树均能受害，显现症状后 30～45 天树木即可死亡。死亡树上的针叶当年不脱落。病害多发生在 7、8、9 月三个月，高温干旱适宜病害的发生和发展。发病和死亡的时间也是很重要的诊断依据之一。但是在寒冷地带的松树，当年感染了松材线虫病，也可能在第二年死亡。

该病发展过程可分为四个阶段：①外观正常，树脂分泌减少或停止，蒸腾作用下降；②针叶开始变色，树脂分泌停止，通常能够观察到天牛或其他甲虫侵害和产卵痕迹；③大部分针叶变为黄褐色，表现出萎蔫现象，通常可见到甲虫的蛀屑；④针叶全部变为黄褐色或红褐色，病树整株干枯死亡。

2. 病原和发病规律

松材线虫(*Bursaphelenchus xylophilus*)，属线形动物门，线虫纲，垫刃目，滑刃总科，伞滑刃属。松材线虫体长约1 mm。

松材线虫卵发育为成虫，其间要经过4龄幼虫期。雌、雄虫交尾后产卵，雌虫可保持30天的产卵期，每只雌虫产卵约100粒。卵产出后在25 ℃温度下约30 h孵化。幼虫在卵内蜕皮1次，孵出的幼虫为2龄幼虫。在30 ℃时，线虫3天可完成一个世代，25 ℃需4天，20 ℃需6天，15 ℃则需12天。松材线虫生长繁殖的最适温度为25 ℃，10 ℃以下则不发育，28 ℃以上增殖会受到抑制。

松材线虫在病树枯死后或秋冬期间，3～4龄幼虫角质膜加厚，内含物增多，口针、食道退化，抗逆力加强，能适应昆虫传播。所以被称为分散性幼虫或耐久性幼虫。以后即附着在天牛成虫体上被带到健康松树上。

松材线虫是由松天牛传播的。松褐天牛(*Monochamus alternatus*)是最主要的传病媒体。每年6～7月，天牛成虫飞出进行营养补充并产卵，每一头天牛体上平均带有约1万条线虫。天牛在松树嫩梢上取食，线虫即从天牛咬食伤口侵入。8～9月高温季节，受侵染松树开始表现症状，并迅速枯死。此后，天牛幼虫蛀入木质部。自然界则以温暖和海拔较低以及立地条件干燥缺水的地区发病重。松材线虫还可以通过人为携带感病松苗、松材、松枝、松木制品和包装箱进行远距离传播。

3. 防治方法

(1)加强检疫措施，防止病死的松材原木、松材加工制品、包装材料和松类的观赏树种带病外运和输入。

(2)病树应立即采伐，并在秋季天牛尚未蛀入木质部前用1%杀螟松等内吸杀虫剂喷洒，以杀死原木中的天牛幼虫。

(3)当松褐天牛羽化后取食时期内，对健康松林喷洒3%杀螟松乳剂1～2次。

(九)银杏茎腐病

银杏茎腐病在夏季高温炎热的地区常发生。此病除危害银杏外，还危害多种针阔叶树苗，如松、柏、香榧、水杉、柳杉、池杉、落羽杉、金钱松、杜仲、枫香、刺槐、板栗、桑、乌桕、槭树、大叶黄杨等。许多农作物如黄麻、芝麻等也易感此病。

1. 症状

一年生银杏苗生病后，初期症状是茎基变褐色，叶片失去正常绿色，稍向下垂。病苗茎部皮层稍皱缩，内皮组织腐烂，呈海绵状或粉末状，灰白色，内生许多细小的黑色小菌核。病叶变黄褐色，下垂不脱落。重者整株死亡。病菌也侵染木质部，扩展至根部，使根部皮层腐烂，或拔起病苗，则根部皮层脱落留在土中，仅拔出木质部。2年生苗木在病害猖獗时也常感病。2年生病苗地上部分死亡后，有的尚能于当年自根颈处萌出新芽。

2. 病原

甘薯生小核菌(*Sclerotium bataticola* Traub.)，属半菌亚门，是一种喜高温、腐生性强的土壤习居菌。菌核黑褐色，扁球形或椭圆形，细小如粉末状，直径为50～100 μm。

3. 发病规律

病菌以菌核和菌丝在病苗上与土壤里越冬或腐生，在适宜条件下自伤口侵入寄主。因此，病害的发生与寄主状态和环境条件有密切关系。银杏苗受害主要是由于夏季炎热、土壤温度升高，茎基部受高温的灼伤，造成病菌侵入。6～8月雨季过后，土壤温度骤升，最易发病。凡是雨季结束早、气温上升快且持续时间长的时节，苗木发病严重；在苗床低洼容易积水处,苗木生长较差,发病率也显著增加。

该病可以根据每年梅雨期结束的日期来预测病害开始发生的日期,也可以根据6、7、8月三个月的气温变化来预测当年病害的严重程度。这对茎腐病的防治有重要意义。

4. 防治方法

(1)雨后及时松土、遮阴,或在行间覆草,高温干旱时及时灌水降温。

(2)苗圃播种前深翻和施用饼肥,促进土壤抗生菌的繁殖。

(3)发病期间,喷倍量式波尔多液(1∶2∶200溶液)或50%退菌特可湿性粉剂800倍液,或多菌灵800~1 000倍液,均有效果。

第二节　林木虫害及其防治

一、害虫的预测预报

(一)预测预报的种类

按预测预报的内容可分为:

(1)发生期预测。即对害虫的卵、幼虫(或若虫)、蛹、成虫等某一虫态或虫龄或发生的初盛期、高峰期和盛末期进行预测。

(2)发生量预测。对害虫可能发生的数量或虫口密度进行预测,了解是否有大发生的趋势和是否会达到防治指标,以确定是否进行防治。

(3)分布区或发生面积预测。对预测对象分布和蔓延危害的地区进行预测,以确定采取控制其扩展、蔓延危害的措施。

(4)危害程度预测。在发生量预测的基础上,预测测报对象可能造成的危害程度,可用轻、中、重表示。

按预测预报期限的长短可划分为:

(1)短期预测。通常根据害虫的前一二个虫态的发生时期和数量预测后一二个虫态的发生时期和数量。预测期限较短,仅在一个世代或半年以内。

(2)中期预测。通常根据上一个世代的发生情况,预测下一个世代的发生情况。预测期限因虫种不同而异,1年发生1代的害虫预测期限为1年,1年发生几代的则为1个月或1个季度。

(3)长期预测。通常由年末或年初预测下一年或全年发生动态和危害程度。一般根据越冬后或年初测报对象的越冬虫口基数及气象预报等资料进行预测,供防治参考。

(二)预测预报的方法

1. 害虫发生期预测

1)发育进度法

根据害虫发育进度的观察结果,参照当地气象预报日、旬平均温度,加相应的虫态历期,推算以后虫害发育期。这种方法适合进行短期预测。通常以发育进度16%、50%、84%作为始盛、高峰、盛末3个时期的指标。在实际工作中,常发现某些杂食性害虫虫源广、密度大、盛发期长、危害性大、防治要求高,遇到这种情况,为了加强盛发期防治,可以把盛发期范围扩大到5%~95%。

2）有效积温预测法

有效积温对昆虫的含义是：昆虫在生长发育过程中，需从外界摄取一定的热量才能完成某一阶段的发育，并且各发育阶段所需要的总热量为常数，用公式表示

$$K = NT$$

式中：K 为总积温，是常数，单位是 d·℃；N 为发育历期；T 为气温。

由于昆虫的发育并非从 0 ℃开始，而是从被称为发育起点温度（用 C 表示）的温度开始，则上式可换为

$$K = N(T - C)$$

则
$$T = C + \frac{1}{N}K$$

$$T = C + VK$$

其中，V 为发育速率，是时间 N 的倒数，通过实验得到不同 T 值下的 N 值，然后用统计学方法就可求得 V 和 K。

若知道了某害虫某一虫期的有效积温（K）和该虫期的发育起点温度（C），就可以根据近期气温的实测值或预测值，计算完成该虫期所需要的时间。例如，国槐尺蠖幼虫的发育起点温度 $C = 10.5$ ℃，幼虫期积温数 $K = 198$ d·℃，在旬平均温度 $T = 25$ ℃时，推算下一虫期蛹的出现时间，将上述数据代入公式 $K = N(T - C)$，得

$$N = \frac{198}{25 - 10.5} = 13.6$$

即在旬平均气温 25 ℃的情况下，国槐尺蠖一龄幼虫出现后的 13～14 天，将出现该虫的蛹。

利用有效积温法则，还可以预测某地某种昆虫可能发生的代数。其应用公式为

$$\text{世代数} = \frac{\text{某地全年有效积温总和}(K_1)}{\text{某虫完成一个世代的积温}(K)}$$

3）物候预测法

人类在长期的生产实践中发现，害虫某个虫态的出现常与其他生物某个发育阶段同时出现。物候预测法就是利用这种关系，以植物的发育阶段为指示物，对害虫某一虫态或发育阶段的出现期进行预测。如山西朔县防治青杨天牛试点组（1987 年）通过几年对青杨天牛生长发育与当地有代表性的植物生长的对应观察，得出了青杨天牛发生期的物候预测法。此外，人们对榆蓝叶甲、油松球果小卷蛾、马尾松毛虫、落叶松毛虫等的发生期预测也采用了物候预测法。

2. 发生量预测

发生量预测是以科学的方法预测某种害虫下一代或下一虫期种群数量的变化、可能大发生的程度与趋势。这种方法一般是在早春检查越冬后有效虫源数的基础上预测下一世代的发生量。预测对象应是繁殖力强、易暴发成灾的害虫种类，这些害虫往往受环境因子的影响，个体数量变动幅度较大。一般是前一世代基数大，下一代发生量可能就大，反之则少。所以这种方法对每年 1 代或世代少的害虫预测效果较好。根据害虫前一世代的有效基数推测后一代发生数量，通常应用下式计算其繁殖数

$$P = P_0\left[e\frac{f}{m+f}(1 - M)\right]$$

式中　P——下一代的发生量；

P_0—— 上一代害虫基数；
e—— 每头雌虫平均产卵数；
$\frac{f}{m+f}$—— 雌虫百分率；
f—— 雌虫数；
m—— 雄虫数；
M—— 死亡率，包括卵、幼虫、蛹、成虫未生殖前；
$1-M$—— 生存率，可为 $1-a$、$1-b$、$1-c$、$1-d$，a、b、c、d 分别代表卵、幼虫、蛹、成虫生殖前的死亡率。

如某地4月上旬进行越冬代马尾松毛虫蛹期调查，平均每株12头，经解剖发现，雌虫占45%，天敌寄生率20%。根据蛹重与产卵量的关系查得平均产卵量200粒，卵期寄生率30%，成虫生殖前的死亡率（包括迁移率）30%，1～2龄幼虫死亡率85%，预测第一代3龄幼虫发生量。

由上述可知，$P_0=12$，$\frac{f}{m+f}=0.45$，$e=200$，$a=0.3$，$b=0.85$，$c=0.20$，$d=0.3$，求 P。

则

$$P=P_0\left[e\frac{f}{m+f}(1-M)\right]$$

$$=P_0\left[e\frac{f}{m+f}(1-a)(1-b)(1-c)(1-d)\right]$$

$$=12(200\times0.45)(1-0.2)(1-0.3)(1-0.3)(1-0.85)=64(\text{头})$$

即第一代3龄幼虫发生量为每株64头。

害虫基数调查应在害虫数量比较稳定的时期进行。如食叶害虫应在蛹期或越冬期进行调查，蛀干害虫如天牛类则应在产卵刻槽稳定期进行虫口调查。在掌握影响害虫虫口波动的主要因子（天敌寄生率或捕食量、寄主树木被害状况）以及害虫生殖率的指标（蛹重、产卵量、性比）等变化的情况下，将这些材料综合分析，即可作出相应的预测。

近年来，采用以害虫生命表观察为主的综合测报，可根据生命表中各虫态（或虫龄）的虫口基数与生存率等参数进行短期预报；根据每一个世代生命表的消长趋势指数进行中期发生量测报；根据多年（或多世代）生命表的综合分析作出当地长期的发生趋势测报。

在森林害虫的测报中，随着数学的渗透及电脑的应用，用数理统计方法测报得到迅速的发展，尤其是遥感技术应用于森林害虫灾害监测，将害虫的预防推向一个更新的发展阶段。

二、林木常见害虫及其防治

（一）苗圃害虫及其防治

1. 蛴螬类（鞘翅目金龟子科）

蛴螬是鞘翅目金龟甲幼虫的总称。危害苗木的蛴螬种类很多，遍布全国各地。河南常见的有30多种，重要的有铜绿金龟子、大黑鳃金龟子、黑绒金龟子等。它们除了幼虫危害林木根部外，成虫也取食林木和果树的叶片、花蕾，严重时可把树叶全部吃光。

1）主要种类

（1）铜绿金龟子。成虫，体长18～21 mm，有铜色光泽，有时呈浓绿色，鞘翅上有3条纵隆起纹，腹部黄褐色，密生细绒毛；幼虫，腹部末节肛腹片上除具有钩状毛外，还有刺状毛，排成2列,肛门呈一字形横裂。

在河南每年发生1代,以幼虫越冬。翌春在表土层危害植物幼根,6月为成虫活动危害盛期。成虫黄昏出土活动,以傍晚7~9时为最多。成虫具趋光性,飞翔力强,寿命25~30天,7月中旬为交尾产卵盛期,卵多产于玉米、大豆地的土壤中。

(2)大黑鳃金龟子。成虫,体长21 mm,宽11 mm,黑褐色,有光泽,腹部表面被有淡黄色长细毛。头部、前胸、背板和鞘翅上密布点刻,两鞘翅会合处呈宽纵隆起线,每鞘上有3条隆起线,前足胫节外缘有3个尖锐的齿,每足有爪1对,爪上具齿;幼虫,乳白色,头赤褐色,肛腹片上具钩状刚毛群,呈放射状,肛门三裂。

1年或1年多时间发生1代,成、幼虫均能越冬。越冬成虫4月下旬开始出土,5月中下旬为出土盛期,一般傍晚7~11时为出土活动交尾盛期。交配后取食林木、果树、大豆和花生等作物的叶子。成虫交尾后7~10天入土产卵,卵期约21天,多数以2龄或3龄幼虫越冬,越冬的3龄幼虫5月下旬到6月中旬化蛹,6月下旬到7月羽化为成虫,越冬2龄幼虫在9月化蛹,随后羽化为成虫,在原地越冬。

2)防治方法

(1)消灭成虫。利用成虫假死的习性,可人工震落捕杀;在成虫盛发期以及各种越冬成虫出土盛期,用80%敌敌畏乳油500~800倍液喷洒地面,或用2.5%敌百虫粉剂1:40拌细土撒施地面毒杀成虫;对食叶金龟子可用50%辛硫磷乳油、50%杀螟松乳油、60%双硫磷乳油200倍液或40%氧化乐果乳油800倍液喷于幼苗或树叶上,效果良好。对食花金龟子,可在寄主树吐蕾、开花前,喷洒40%乐果乳油1 000倍液、50%马拉硫磷、50%对硫磷1 500倍液进行防治。

(2)除治蛴螬。加强苗圃管理,中耕除草,不施未腐熟的有机肥料,以破坏蛴螬适生环境或借机械活动将其杀死。冬季翻耕,将越冬虫翻至土表冻死;每公顷用50%辛硫磷乳油3 250 mL,加水10倍稀释,喷洒在375~450 kg的细土上,拌匀,施入苗床,翻入土中;或用每公顷2%甲基异柳磷粉剂(或3%颗粒剂)30 kg,拌细土300~375 kg制成毒土施入土中,可杀死土中的蛴螬。

(3)保护利用天敌。金龟子的天敌很多,如各种益鸟、刺猬、青蛙、步行虫等都能捕食金龟子成虫和幼虫,应加以保护利用。用大斑土蜂、臀钩土蜂、金龟长喙寄蝇、线虫和白僵菌、绿僵菌等防治蛴螬,国内已有研究报道,但还需进一步研究其保护措施和利用的可能性。

2. 蝼蛄类(直翅目蝼蛄科)

河南省发生的蝼蛄类害虫主要有两种:华北蝼蛄和非洲蝼蛄,以华北蝼蛄为多。它们多栖息于潮湿、腐殖质丰富的土壤或沙壤土中,取食危害林木和果树的幼根、幼苗及刚播下的种子,发生严重时,常造成缺苗断垄。

1)发生规律

华北蝼蛄,成虫为黄褐色,体型大。雌成虫体长45 mm左右,雄虫略小。后足胫节背面内侧具1~2个距,老熟若虫体长40 mm,体黑色或黑褐色。

3年完成1代,以成虫或高龄若虫在土中越冬。越冬成虫于3~4月上旬开始活动,6~7月间交配产卵,卵产于土中卵室内,卵期20~25天,6月中下旬卵孵化。到秋季8~9龄时越冬,次年春继续危害,至秋季达12~13龄时再越冬。到第3年8月上中旬,若虫羽化为成虫,即以成虫越冬。

2)防治

(1)灯光诱杀。蝼蛄趋光性很强,成虫羽化期间可用灯光诱杀。

(2)马粪鲜草诱杀。在苗圃步道内,每隔 20 m 左右挖一小坑(20 ~ 40) cm × 20 cm × 6 cm,然后将马粪或带水的干草放入坑内诱集捕杀,或在坑内加入毒饵毒杀。

(3)做苗床(垄)时,使用毒土毒杀。即用 1 kg 辛硫磷加 50 ~ 100 kg 细土拌匀,翻入地下,每公顷用药 22.5 ~ 37.5 kg。

(4)毒饵诱杀。用 90% 敌百虫原药加热水稀释或用 40% 乐果乳油 0.5 kg 加水 5 kg、拌饵料 50 kg,傍晚撒于苗床诱杀,每公顷用毒饵 22.5 ~ 37.5 kg。

3. 地老虎类(鳞翅目夜蛾科)

此类害虫种类较多,国内已知的有 10 余种,其中危害严重、分布较广的主要有 3 种,即小地老虎、大地老虎和黄地老虎。它们均以幼虫危害各种苗木嫩茎,造成缺苗断垄。

1)发生规律

小地老虎在全国各地及世界各国均有分布。其食性杂,能危害许多科、属的百余种植物。在我国发生极为普遍,南方各省沿河、沿湖的河滩地、水浇地发生严重。成虫体长 19 ~ 24 mm,翅展 44 ~ 56 mm。体暗褐色,前翅有肾状纹、环状纹和剑状纹,黑褐色,肾状纹外有一黑色楔形纹与亚外缘线内侧的两个黑色楔形纹尖端相对。后翅灰白色。老熟幼虫体长 37 ~ 57 mm,灰褐色,体表粗糙,密布黑色颗粒状斑纹,腹部末端臀板褐色,有 2 条黑色纵纹。

在河南一年发生 4 代,以成虫或幼虫越冬。越冬地带一般在北纬 33°以南地区。越冬成虫 3 月上中旬开始出现,3 月下旬至 4 月上旬为发蛾盛期。成虫为夜出型,有强的趋光性和趋化性。成虫多产卵于土面或杂草上。幼虫孵化后,昼夜在地上生活,大多集中在杂草、苗木的心叶或嫩叶上,啃食叶肉。3 龄以后,白天躲在土表层下,夜晚出来活动为害,将叶咬成小孔洞或缺刻。4 龄以后幼虫可咬断幼苗基部嫩茎和嫩头,再拖入穴中取食。5 ~ 6 龄幼虫食量剧增,每头幼虫一夜可咬断幼苗 3 ~ 5 株。幼虫受到惊扰后体卷缩,作假死状。当食物不足时,有迁移现象。幼虫 6 ~ 8 龄,老熟后入土化蛹。

2)防治方法

(1)诱杀成虫。在发蛾盛期用黑光灯或糖醋液诱杀成虫,也可用 1.5 kg 煮熟的甘薯捣烂后加少量酵面发酵至带酸味,加等量水调成糊状,再加醋 0.5 kg 及 25% 西维因可湿性粉剂 50 g,盛于盘中,黄昏时放入苗圃地中诱杀。

(2)清除杂草。杂草是地老虎产卵的主要场所及幼龄幼虫的食料。在春播幼苗出土前或幼虫 1、2 龄时除草,并将清除的杂草及时运出作沤肥或烧毁,防止杂草上的幼虫转移到幼苗上危害。

(3)桐叶诱杀幼虫。摘取老桐树叶于傍晚放在苗圃中,随摘随放,每公顷 900 ~ 1 200 片叶,清晨检查捕杀叶下幼虫,连续放 3 ~ 5 天,防效可达 95%。也可将桐叶浸于 90% 敌百虫 100 倍液后再放。

(4)人工捕杀。清晨巡视苗圃,发现断苗时,刨土捕杀幼虫。

(5)药剂防治。用 90% 敌百虫 100 倍液、75% 辛硫磷乳油 1 000 倍液喷雾,或将幼嫩多汁的鲜青草 25 ~ 40 kg 加 25% 西维因粉剂均匀混合,或将 90% 晶体敌百虫 0.5 kg 加水 2.5 ~ 5 kg,拌鲜草 50 kg,于傍晚撒于苗床上,防治 4 龄以上幼虫。

4. 金针虫类(鞘翅目叩甲科)

金针虫是鞘翅目叩头虫的幼虫。国内有记载的已有 10 多种,常对农林造成危害的有沟金针虫、细胸金针虫和褐纹金针虫。此类害虫以幼虫取食苗木刚播下的种子和苗木的根、茎，将根、茎咬食成纤维状，亦有的将身体钻入茎内危害，造成缺苗断垄。

1）发生规律

沟金针虫遍布河南各地，主要发生于土壤贫瘠、有机质缺乏的丘陵荒地、平原旱地的粉沙壤和粉沙黏壤土地区。

成虫体栗褐色，梭形，密被黄色绒毛。前胸背板半球形隆起，中央有微细纵沟，鞘翅上有纵沟。头和前胸不密接，可作叩头活动。幼虫体扁平，金黄色，背面中央有一条纵沟，尾端分二叉，末端稍向上弯。

每3年发生1代，以成虫或幼虫越冬，次年4月活动。成虫出土交配产卵，卵常产于植物附近表土中，卵期40天左右。5月上旬卵孵化，幼虫危害至6～7月间，钻入土壤深处越夏，秋季又上升表土为害，秋后越冬。越冬幼虫于次年2～3月开始危害加剧。老熟幼虫在8月下旬至9月中旬钻入深土层作土室化蛹，9月下旬羽化为成虫，成虫羽化后在原土室中栖息不动，至第3年2～3月才出土活动。

2）防治方法

在整地播种前，尤其是前茬为苜蓿地或新开垦的荒地，要测查土壤。根据各地经验，每公顷有金针虫15 000头以上或每平方米有2～3头即需防治。

（1）施用颗粒剂。在作苗床育苗时用3%呋喃丹颗粒剂10 g/m^2 施入床面表土层内，或用5%辛硫磷颗粒剂按30～37.5 kg/hm^2 施入表土层防治。

（2）药剂拌种。用种子重量1%的50%氯丹粉剂拌种，能起到防治效果。

（3）苗圃精耕细作以便通过机械损伤或将虫体翻出土表让鸟类捕食，以减轻虫口密度。加强苗圃管理，避免施用未腐熟的草粪等，限制成虫繁殖。

（二）幼树枝梢害虫及其防治

1. 主要枝梢害虫及发生规律

1）松梢小卷叶蛾（鳞翅目卷叶蛾科）

松梢小卷叶蛾分布于我国东北部、华北地区，主要危害油松，亦危害樟子松。幼虫蛀食新梢，使梢部枯萎而易于风折，影响生长。

成虫体红褐色，前翅狭长，有银白色条纹和钩状纹，后翅深褐色，有灰白色缘毛。幼虫头部及前胸背板褐色，胸、腹部红褐色，趾钩单序环，趾钩30～50个不等。蛹黄褐色，腹部第2～7节背面各有2列齿突，第8腹节背面只有1列齿突，臀棘12根。

一年发生1代，以幼虫在被害树梢内越冬。翌年4月下旬至5月上旬开始活动，多聚集在雄花序上取食，5月中旬全部蛀入当年新梢内取食髓部，在蛀孔处常吐丝黏连松脂物或覆盖物。每梢仅有1条虫。6月上旬至7月中旬为蛹发生期，幼虫化蛹于被害梢内，蛹期20天左右，7月上旬开始出现成虫。成虫产卵于松针内侧，卵期约10天。8月上旬出现新幼虫，幼虫孵化后先取食新梢表皮，然后蛀入梢内取食，至10月中旬幼虫开始越冬。

2）松梢螟（鳞翅目螟蛾科）

松梢螟在河南省主要分布于信阳、新县、罗山、南召、淅川、灵宝、卢氏等县（市）。危害油松、马尾松等的顶梢，侧梢受害较少。中央主梢被害后，侧梢丛生，树冠呈扫帚状。

成虫翅展22～23 mm。前翅暗褐色，有3条灰白色波纹状横带，中室有1条灰白色斑，外缘黑色，后翅灰白色。幼虫体长15～30 mm，头及前胸背板褐色，胴部白色，体节两侧有黑色毛片。

河南省每年发生2代,以幼虫越冬,次年4月越冬幼虫开始活动,转移到新梢内危害。蛀道较直,虫粪排在蛀道内。老熟幼虫转移到2年生梢中化蛹。5月中旬至7月下旬成虫羽化,卵多产于针叶基部。幼虫孵化后先自嫩梢下部蛀入,向上蛀食,到顶端后再向下蛀,少数蛀入球果内危害。第二代成虫8月上旬至9月下旬出现,这代幼虫危害至11月,在梢内越冬。

3)青杨天牛(鞘翅目天牛科)

青杨天牛主要分布于我国东北、华北和西北。河南主要分布在郑州、洛阳、开封、许昌等地。危害多种杨树。受害后的枝条形成瘿瘤,易被风折断。

成虫黑色,被淡黄色绒毛。头胸部背面两侧各有一条黄色纵带,每个鞘翅上各有4~5个橘黄色绒毛斑。幼虫体长10~15 mm,黄色,前胸背板两侧稍隆起,中间凹陷,在凹陷处有许多小颗粒组成“凸”字形纹。腹部背面有纺锤形步泡突。

一年发生1代,以老熟幼虫在枝条虫瘿中越冬,翌年3月上旬开始化蛹,3月下旬成虫羽化。成虫白天活动,取食叶片,产卵于马蹄形刻槽内。幼虫4月中旬孵化后,先向刻槽两侧的韧皮部与木质部间蛀孔道,然后蛀入木质部。被害处逐渐膨大,形成椭圆形虫瘿。

4)白杨透翅蛾(鳞翅目透翅蛾科)

河南省白杨透翅蛾主要分布于郑州市、中牟县、鄢陵县以及许昌县等地,危害杨、柳幼树及苗木枝干。

成虫体长11~22 mm,翅展22~38 mm,体似胡蜂,头、胸间有橙黄色鳞片,前翅窄长,黑褐色,中室与后缘略透明。后翅全部透明。腹部有5条橙黄色环节。幼虫体长30~33 mm,初龄幼虫淡红色,老熟时黄白色,臀节略骨化,背面有2个深褐色刺,略向背上方翘。

一年发生1代,以幼虫在枝干内越冬,翌年3~4月越冬幼虫开始活动,5~6月在隧道内化蛹,羽化时将蛹壳1/3带出孔外。成虫白天活动,产卵于芽腋、叶柄或旧虫孔内。幼虫孵化后蛀入皮层,随后蛀入木质部,在髓部向上蛀5 cm左右的纵直隧道。被害处肿胀,形成瘿瘤,易遭风折。幼虫秋后越冬。

2. 幼树枝梢害虫的防治

这类害虫的防治策略应以加强管理、保护当年新梢为目的,在调查越冬代成虫出现时期及卵孵化盛期的基础上,把害虫防治在蛀梢以前。

(1)大力营造针、阔叶混交林,实行科学管理。提倡封山育林,保护和发展天敌种群,造成一种有利于林木生长、不利于害虫发生的生态环境,以增强林木自身抗御能力。

(2)在幼林、人工林内加强抚育,使幼林提早郁闭,减少危害。结合护林,剪除被害枝梢,消灭越冬幼虫。

(3)成虫产卵及卵孵化盛期,每隔7天喷洒一次杀虫剂,连续喷2~3次。常用的药剂有40%乐果乳油、50%甲胺磷乳油、50%马拉硫磷1 000倍液、50%杀螟松乳油1 500倍液、2.5%杀虫菊酯乳油3 000倍液或85%~90%敌敌畏乳油30~80倍高浓度液喷洒于被害枝梢,毒杀幼虫,或用50%杀螟松+柴油(1∶5或1∶10)点滴虫孔防治白杨透翅蛾。对老熟幼虫可用75%辛硫磷或双丙磷2 000倍液喷杀。

(三)中壮林害虫及其防治

1. 枯叶蛾类(鳞翅目枯叶蛾科)

1)主要种类及发生规律

河南省在林区发生的枯叶蛾害虫主要有马尾松毛虫、油松毛虫、杨枯叶蛾、天幕毛虫、栎黄枯叶蛾、思茅松毛虫等。枯叶蛾类在河南一年发生1～2代,多数以幼虫越冬,少数以卵越冬。成虫多夜间活动,幼虫取食多种林木和果树叶片,有些幼虫有吐丝结网群居的习性,化蛹于丝茧内。下面以松毛虫为例加以说明。

马尾松毛虫是一种世界性大害虫。主要危害马尾松,目前发现它还危害黑松、湿地松、火炬松等。成虫体黄褐色或灰褐色;体长20～30 mm,雌蛾翅展60～74 mm,雄蛾翅展49～53 mm;前翅有5条深棕色横线,中间有一白色圆点,外横线由8个小黑点组成;后翅暗褐色。幼虫体长60～80 mm;老熟幼虫棕红色,胸部2～3节背面簇生蓝黑色毒毛带;腹部各节背面毛簇中有片毛状,先端呈齿状,体侧生有许多白色长毛。

河南一年发生2代,以3～4龄幼虫在树皮下越冬。翌年3月中旬越冬幼虫开始上树取食,4月中下旬为害最凶,常把针叶吃光。5月上旬至6月上旬结茧化蛹,5月中旬至6月上旬成虫羽化,产卵。成虫有趋光性,飞翔力较强。成虫产卵于针叶上,呈串状。5月下旬至6月中旬幼虫孵化,群集在针叶上取食。7月上旬幼虫老熟,7月中旬到8月上旬结茧化蛹,7月下旬至8月中旬成虫羽化产卵,8月上旬出现第二代幼虫,10月中旬进入树皮缝中越冬。

2)松毛虫的防治方法

由于松毛虫是历史性大害虫,在制订防治措施时,要坚持"预防为主、综合防治"的方针,大力营造混交林,积极开展生物防治,合理使用化学农药,进行综合性大面积防治,达到逐步控制或消灭虫灾的目的。

(1)加强测报工作,把害虫及时消灭在猖獗之前。

(2)用塑料布、毒绳、纸裙等阻止越冬幼虫上树危害,也可人工摘除虫茧、卵块,捕杀幼虫。

(3)用松毛虫干菌菌剂防治3～4龄越冬后的幼虫。

(4)用烟剂防治越冬前幼龄幼虫。

(5)保护和利用天敌。于各代产卵初期、盛期、末期分批释放松毛虫赤眼蜂。放蜂量为每公顷放赤眼蜂45万～75万头、平腹小蜂1.5万～3.0万头。也可利用益鸟大面积防治。

(6)营造混交林或异龄林。

(7)药剂防治。用25%的马拉硫磷超低容量制剂、25%辛硫磷超低容量制剂等3～3.75 L/hm^2,兑水进行超低容量喷雾;25%杀螟松微胶囊剂2.5～3.75 L/hm^2、20%氰戊菊酯乳油30～60 mL/hm^2、20%灭幼脲Ⅲ号胶悬剂240～300 mL/hm^2,加水稀释进行低容量或超低容量喷雾,防治3～5龄松毛虫;也可每公顷用柴油3 L加2.5%溴氰菊酯75 mL或20%氯氰菊酯、20%氰戊菊酯75～150 mL制成的油雾剂,用喷烟雾机进行喷烟雾防治3～4龄幼虫。

2. 尺蛾类(鳞翅目尺蛾科)

1)主要种类及发生规律

河南省林木中常见的尺蛾类有杨尺蠖、枣尺蠖、桑尺蠖、刺槐尺蠖、木橑尺蠖等。下面以杨尺蠖为例加以说明。

杨尺蠖分布于河南全省各地。主要危害杨、柳,也可危害榆、刺槐及苹果、梨、杏等。此虫发生期早,为害期短,幼虫发育快,食量大,常暴食成灾。

成虫雌蛾体长7～19 mm,无翅,灰褐色,触角丝状。腹部各节背面有数目不等的成排黑刺,刺尖端圆钝,腹末端臀板有突起和黑刺列。雄蛾体长10～15 mm。触角羽毛状,前翅淡灰褐色至黑褐色,从前缘至后缘有3条褐色波状横纹,中间一条不明显。幼虫体长22～40 mm。老龄幼虫灰褐色,腹部第二节两侧各有一个瘤状突起,腹纵线均为白色。气门线一般为淡黄色。

一年发生1代，以蛹在土中越冬。翌年2月成虫羽化。白天静伏在残枝落叶和杂草内，黄昏后开始活动，雌虫爬到树干与雄虫交尾。卵多产于树皮裂缝、断枝或芽基部，块状。卵期13～30天，幼虫孵化后取食花蕾、叶芽和嫩叶，然后吞食叶片，受惊后吐丝下垂，随风飘移危害其他林木。4月老熟幼虫陆续入土化蛹越夏和越冬。

2）尺蛾的防治方法

（1）冬季深翻土地，低温杀死越冬蛹。

（2）雌成虫羽化上树前，在树干基部6 cm处涂胶环，或培土成30～40 cm高的圆锥沙堆阻止成虫上树，或在树干基部用敌杀死毒笔画双环毒杀上树成虫。

（3）成虫发生期可用黑光灯诱杀。

（4）幼虫期化学防治。对低龄幼虫可用50%杀螟松乳油1 000～1 500倍液、2.5%溴氰菊酯乳油2 000～3 000倍液、90%敌百虫晶体800～2 000倍液、50%辛硫磷乳油2 000倍液、25%西维因可湿性粉剂300～500倍液喷雾。超低容量喷雾可用50%杀虫净油剂与柴油1∶1混配，每公顷用药15 kg，20%灭幼脲Ⅰ号胶悬剂，每公顷用量120～150 g（有效成分）。

3. 袋蛾类（鳞翅目袋蛾科）

1）主要种类及发生规律

常见的有大袋蛾、桉袋蛾、茶袋蛾、褐袋蛾、白囊袋蛾、黛袋蛾、蜡彩袋蛾、线散袋蛾等。在河南暴发成灾的主要是大袋蛾。下面以大袋蛾为例加以说明。

大袋蛾主要分布于河南、山东、安徽、陕西、山西、河北、江苏、浙江、湖北、湖南、江西、福建、广东、台湾、四川、贵州、云南等省。主要危害泡桐、刺槐、榆等树种，在大发生年份也危害棉花、玉米等农作物。

成虫雄虫体长15～20 mm，翅展35～44 mm，体黑褐色，飞行迅速，成虫雌虫体长22～30 mm，足与翅均退化，体软，乳白色；交尾时，雄虫飞落到雌虫袋上，将交尾器从袋口插入，沿蛹壳内壁与雌虫体间隙到达雌虫尾部交尾。幼虫初龄时黄色，少斑纹；3龄后能区别雌雄性，雌幼虫老熟时体长32～37 mm，雄幼虫体较小，黄褐色。蛹的雌雄有异：雌蛹头、胸的附属器均消失，枣红色；雄蛹赤褐色；第3～8腹节背板前缘各具一横列的刺突，腹末有臀棘1对，小而弯曲。

在华南地区一年发生2代。在河南一年发生1代，也有分化为2代的现象，但第二代幼虫因低温而不能越冬。

2）大袋蛾防治方法

（1）药物防治。大袋蛾的天敌种类、数量较多，寄生率高。因此，在防治上一定要本着减轻环境污染来选择农药和施药方式。对“四旁”林木要采取树干基部注射久效磷、甲胺磷、氧化乐果等内吸型农药的方式防治，对农田林网、农桐间作林以及行道树可采用飞机喷洒灭幼脲类农药或人工喷洒大袋蛾NPV、白僵菌、Bt等仿生剂和生物农药进行防治。

（2）交通干道两侧的行道树，要选择抗虫能力强的树种。

（3）苗木出圃前，要全部摘除虫袋。

（4）营造混交林。

（5）按照林业部颁布的《大袋蛾预测预报办法》进行预测预报，适时开展防治。

4. 毒蛾类(鳞翅目毒蛾科)

1)主要种类及发生规律

河南发生的毒蛾类害虫约 20 种,常见的有柳毒蛾、榆毒蛾、松毒蛾、舞毒蛾、侧柏毒蛾等。近年,在豫西发现泡桐茸毒蛾危害严重。现以舞毒蛾为例加以说明。

舞毒蛾是世界性的大害虫,在河南主要分布在林州市、洛宁县、信阳市、济源市等地,危害多种针阔叶树。

成虫雌蛾体淡黄色,前翅黄白色,上布褐色斑纹,其中有一“ < ”形纹极明显。后翅淡黄色。前后翅外缘均有 7 个深褐色斑点。雄蛾前翅暗褐色,翅面有暗褐色的横波状纹,翅中央有一个黑点,后翅暗褐色。老熟幼虫体长 60 mm,灰褐色,每体节上有 6 ~ 8 个瘤状突起,背面形成两排,前 5 对蓝色,后 6 对红色,各毛瘤上生许多黄黑色长毛,头部黄褐色,上有“八”字形黑纹。

一年发生 1 代,以卵形式在树干缝内越冬。翌年 4 月孵化。初孵幼虫有取食卵壳和群集取食嫩芽、幼叶习性。3 龄以后,幼虫白天下树潜伏在石缝或其他地被物下,傍晚上树取食危害。6 月结茧化蛹,7 月成虫羽化。成虫趋光性强,产卵于树干裂缝处,呈堆状,上覆一层黄色绒毛越冬。

2)毒蛾的防治方法

(1)封山育林,改善林地环境,营造混交林,注意调节林分郁闭度。加强抚育,合理采伐。

(2)人工摘卵、刮卵。幼虫初孵群集期人工清除幼虫。

(3)设置黑光灯诱杀成虫。

(4)保护、招引益鸟,释放寄生蜂。

(5)化学防治。幼虫孵化盛期喷施 50% 辛硫磷乳油 1 000 ~ 2 000 倍液,用 50% 杀螟松乳油 800 ~ 1 000 倍液喷杀榆毒蛾、柳毒蛾。

5. 叶甲类(鞘翅目叶甲科)

1)主要种类及发生规律

全世界已有记载的叶甲类害虫有 5 000 多种,我国记载有 2 400 种,河南省记载的有 50 多种。常见的有杨梢叶甲、白杨叶甲、柳蓝叶甲、榆绿叶甲、泡桐叶甲等,在平原防护林上危害较为严重。

叶甲类害虫成、幼虫均造成危害。成虫体小型至中型,圆形或长椭圆形,具金属光泽。复眼圆形。触角丝状或锯齿状,一般不超过体长的 1/2。跗节 5 节。幼虫体肥胖、粗短、胸足 3 对,有肉质刺及瘤状突起。有些种类腹部有伪足,但无趾钩。成、幼虫均取食叶片,有些成虫食叶、幼虫食根,食性较杂。幼虫在土中或植物表面化蛹,多数种类一年发生 1 代,有的种类一年 2 代或多代,多数以成虫越冬。现以泡桐叶甲为例加以说明。

泡桐叶甲在我国主要分布于河南、山东、山西、陕西、安徽、湖北、湖南、江苏、浙江、四川等省,主要危害泡桐、梓树、楸树。

成虫橙黄色,椭圆形,体长 12 mm,宽 10 mm,鞘翅背面凸起,中间有 2 条明显的淡黄色隆起线。鞘翅两侧向外扩展,形成明显的边缘。近末端 1/3 处各有一个大的椭圆形黑斑。卵橙黄色,椭圆形,竖立成堆。幼虫体长 10 mm,淡黄色,体节两侧各有一浅黄色肉刺突,末端两侧刺突较长,背面也有两个浅黄色肉刺突,向背后上方翘起,上附脱皮。蛹淡黄色,体长

9 mm，宽 6 mm，体侧各具 2 个三角形刺片。

该虫在河南一年发生 1 ~ 2 代，山区、丘陵、平原均有发生。成虫、幼虫均食叶危害。一年有两个危害高峰期，即 5 月下旬至 6 月中旬和 7 月下旬至 8 月中旬。雌、雄成虫均无趋光性。

2）叶甲的防治方法

（1）成、幼虫取食危害期，喷洒化学药剂。常用药剂有 80% 敌敌畏乳油或 90% 敌百虫晶体 1 000 ~ 2 000 倍液，40% 氧化乐果乳油 2 000 倍液，2.5% 敌杀死 8 000 ~ 10 000 倍液，50% 马拉硫磷或 25% 亚胺硫磷乳油 800 倍液。用 50% 久效磷乳油或 40% 氧化乐果乳油在树干基部打孔注药，胸径 10 cm 以下注药 3 ~ 6 mL，胸径 11 ~ 20 cm 注药 7 ~ 10 mL，胸径 21 cm 以上注药 12 ~ 15 mL。

（2）杨梢叶甲、白杨叶甲等老熟幼虫下树化蛹越冬期间，在树冠下进行土壤翻耕，或用 1% 对硫磷粉剂进行土壤处理。

（3）利用成、幼虫群集性强和具假死性的特点，可人工震落或摘除虫、卵枝捕杀。

（4）保护、利用天敌。如利用益蝽、蠋、大腿蜂、胡蜂、螳螂等进行防治。

（四）钻蛀类害虫

钻蛀类害虫多发生在成熟林阶段。因为在成熟林阶段，树木生长逐渐减慢，生长势减弱甚至停止生长，成熟林的枝、干乃至花、果都会受到这类害虫的侵害，这常是树木加速枯死的原因之一。常见的蛀干类害虫有小蠹虫、天牛、吉丁虫、木蠹蛾、透翅蛾和树蜂等。

1. 小蠹虫类（鞘翅目小蠹虫科）

1）发生规律

河南发生的小蠹类害虫约有 18 种。油松、马尾松、华山松发生较多。其中，六齿小蠹、十二齿小蠹在干燥松林里发生量占绝大多数。小蠹虫侵害树木常选择一定的部位和层次。大多数种类幼虫在树皮下发育，取食韧皮部和边材，少数种类生活在树皮内或木材内层。

成虫体小，圆柱形，色暗，头管短而不明显，触角短，锤状，鞘翅平直。前足胫节端部有一不活动短距，中后足有 2 枚。幼虫白色，常弯曲，无足。

多数种类以成虫越冬。天气转暖后越冬代成虫逐渐外出活动，一般取食树枝的韧皮部进行补充营养，后侵入树干皮下，开凿坑道，进行繁殖。多数每年发生 1 代，个别一年 2 代或多代。母虫坑道叫母坑，母虫一边筑坑一边产卵，卵依次孵化；幼虫坑道叫子坑，位于母坑两侧，与母坑垂直或成放射状。幼虫老熟后在子坑顶端筑室化蛹，成虫羽化后咬破树皮飞出。卵期一般 10 ~ 14 天，幼虫期 15 ~ 30 天，蛹期 10 ~ 14 天。

2）小蠹虫的防治方法

（1）及时伐除虫害木，伐后运出，剥皮水浸或进行药物处理。

（2）饵木诱杀。在先锋种或优势种入侵之前，伐少量衰弱木为饵木，每 800 m^2 放置 1 ~ 2 根，3 ~ 4 月和 6 月各放一批。在饵木上出现大量坑道时剥皮，杀灭饵木上的幼虫或在饵木上喷洒 1% α - 蒎烯。

（3）越冬代成虫扬飞入侵盛期，活立木喷洒 80% 敌敌畏乳油、40% 氧化乐果乳油、80% 磷胺乳油 100 ~ 200 倍液。衰弱木可根施 3% 呋喃丹粒剂，每株 200 g 或树干基部打孔注 40% 氧化乐果乳油、40% SN - 851 杀虫剂 10 倍液，每株用药 2 mL。

2. 天牛类（鞘翅目天牛科）

1）发生规律

天牛是林木生产上造成直接经济损失最严重的一大类群害虫。河南有记载的天牛类

100余种,常见的有桑天牛、星天牛、光肩星天牛、青杨天牛、桃红颈天牛、双条杉天牛、薄翅天牛、油桐八星天牛、家茸天牛、黄斑星天牛等。其中,双条杉天牛、薄翅天牛、油桐八星天牛主要分布在信阳、南阳的一些县区,家茸天牛在豫东、豫北较多,黄斑星天牛为河南省补充检疫对象,其他常见的种类基本上是全省的普发种。

天牛类成虫为圆柱形,略扁。触角长,等于或超过体长,至少为体长的1/2。复眼肾形,围于触角基部,少数种类凹陷很深。前胸背板两侧具刺突,有的则光滑,跗节为隐5节。幼虫圆筒形,稍扁,头褐色,常缩入前胸较深,前胸大,约等于中后胸之和,腹部10节,前6、7节背腹面有长圆形肉质突起,称为步泡突。

多为1~2年完成1代,以幼虫在鞘道内或以成虫越冬。成虫羽化后,啃食树木的枝梢嫩皮,造成枝梢枯死。幼虫钻蛀树木的枝干和根部;破坏输导组织,深入木质部蛀食不规则的孔道,使树势衰弱或加速死亡,并降低木材的工艺价值。

2)天牛的防治方法

对天牛类害虫的防治必须采用综合防治的方法,建立良性循环的林业生态系统。实施以林业措施为基础,生物防治、化学防治、物理防治、检疫措施相协调的综合办法。

(1)检疫控制。对可能携带危险性天牛传播的苗木、种条、幼树、原木、木材实行检疫。检疫有无天牛的卵槽、入侵孔、羽化孔、虫瘿、虫道和活虫体。

(2)加强林业技术措施,提高林分抗性。适地适树,营造混交林,避免大面积纯林,选用抗虫树种,如毛白杨、臭椿、泡桐、刺槐等可阻止光肩星天牛扩散。适时合理采伐,做到“两伐三净”:冬季疏伐,夏季卫生伐;间伐木材运输干净,冬季疏伐林内停放不超过一个月,夏季间伐不超过10天。

(3)保护、招引啄木鸟。每100 m左右设置4~5段巢木。

(4)人工捕杀成、幼虫或用饵木诱杀。如用受害严重、无价值的松树,注入百草枯、乙烯利或氯苯磷,刺激松脂分泌,以诱松天牛成虫产卵。

(5)药剂防治。对潜居在韧皮部下危害的幼龄幼虫,可用40%乐果乳油、20%蔬果磷乳油、40%氧化乐果、20%益果乳油、50%辛硫磷乳油、50%杀螟松乳油等100~200倍液加少量煤油(食盐或醋)涂抹被害枝干。对进入木质部危害的天牛可采用打孔注药方法防治,常用的药剂有50%马拉硫磷乳油、50%杀螟松乳油、40%氧化乐果乳油、25%亚胺硫磷乳油20~40倍液,或用磷化锌毒签、磷化铝片(丸)堵塞最下2~3个虫孔,然后用泥密封。成虫羽化期可在树冠或枝干上喷施40%氧化乐果乳油、25%西维因可湿性粉500~1 000倍液防治成虫。在郁闭度0.6以上的林分,可用741插管烟雾剂防治。

第三节　森林植物检疫

一、森林植物检疫基础知识

(一)森林植物检疫的概念

1.森林植物检疫

森林植物检疫是植物检疫工作的一个重要组成部分。它是根据国家和地方政府颁布的法律、法规、规章和办法。由法定的专门机构通过立法和执法手段,制止危险性林木病、虫从国外传入和在国内传播蔓延以及对局部蔓延的危险性病、虫采取封锁扑灭的措施,以保护林业生产安全。

2. 检疫对象

检疫对象是危险性病虫中的一部分。它必须经国家或地方政府通过检疫法规予以公布。森林植物检疫对象应同时符合下列条件:局部地区发生,通过检疫措施能够起到防止传播蔓延危害的作用;危险性病虫的寄主植物具有重要价值,适生范围广,繁殖扩散能力强,危害严重,难以根除;能随森林植物及其产品人为传播。

检疫对象不是一成不变的,国内森林植物检疫对象,由林业部根据疫情变化定期修订,各省定期修订本省补充检疫对象。检疫对象的确定应按照《森林植物检疫对象确定管理办法》的规定办理。

3. 应施检疫的森林植物及其产品

应施检疫的森林植物及其产品是指能够传带某种检疫对象和应检病、虫的森林植物及其产品,它是根据检疫对象的生活习性和传播方式来确定的。不同种类的病、虫危害不同种类的森林植物及其产品;反之,不同种类的森林植物及其产品所传带的病、虫种类也不一样。例如,落叶松种子广肩小蜂只能通过落叶松种子进行远距离传播,其应施检疫的森林植物及其产品只有落叶松种子一种;美国白蛾是一种杂食性害虫,能危害200多种植物,同时还可以通过包装材料、运载工具进行远距离传播,其应施检疫的森林植物及其产品就很多了,如桐、槭、桑、杨、柳、榆、臭椿等林木的苗木、原木以及包装材料、运载工具等。

4. 疫区和保护区

疫区和保护区是针对某种检疫对象而言的,凡是在局部地区有某种检疫对象发生的,就应划为该检疫对象的疫区,采取封锁扑灭措施,防止检疫对象传出。某种检疫对象发生地区已比较普遍,则应将未发生地区划为保护区,防止检疫对象传入。疫区和保护区的划定由省(自治区、直辖市)林业主管部门提出,报省(自治区、直辖市)人民政府批准,并报林业部备案。其改变和撤销程序与划定程序相同。

(二)森林植物检疫工作的重要性

森林植物检疫是一项防患于未然的工作。其重要性可以从理论上及历史经验教训中总结。

在自然界,每种病原物和害虫都有各自的地理分布范围,不同的国家和地区分布着各不相同的生物种群。在其漫长的历史发展进程中,逐渐达到了相对的平衡,所以很少暴发成灾,但一种有害生物一旦传入一个新区,就失去了原有生境条件的控制,有可能在短时期内暴发成灾。给林业生产带来不可估量的损失。病原物和害虫的传播、蔓延大体上有自然传播和人为传播两种途径:自然传播有一定的局限性,人为传播在病原物和害虫传播过程中起着重要的作用。森林植物检疫工作的主要任务就是要切断其传播途径。如果工作做得认真彻底,肯定可以保护一个地区的森林资源不受外来病虫的侵害,或不让本地区危险性病虫传出酿成更大的灾害。

在历史上,由于危险性林木病虫的传播、蔓延给林业生产带来重大损失的事件很多。如榆枯萎病,1918年以前只发生在荷兰、比利时和法国的北部,随着苗木的调运,该病逐渐向东扩散。1921年传入德国,1928年传入奥地利、波兰、瑞士和南斯拉夫,1929年传入捷克和罗马尼亚,1930年传入意大利,1936年传入苏联,进而传遍了整个欧洲。20年代末,美国从法国输入榆树原木，把榆枯萎病带入美洲大陆，很快蔓延开来。20世纪初，世界上大约有40%的榆树被此病所毁。又如美国白蛾，原是美国北部、加拿大南部地区一种危险性林木害虫。1940年由美国以蛹态通过包装物传入匈牙利，1948年传遍整个匈牙利及捷克南部和前南斯拉夫，1949年传到罗马尼亚，1951年传到奥地利，1952年传到苏联，1961年传到波兰，1945年从美国传到日本，1958年传到韩国，继而又传到朝鲜。1979年我国首次在辽宁省发现，集中在丹东和大连的11个县（市），1982年传到山东荣城，1984年传到陕西武功县，后来又传到河北秦皇岛，1994年又传入上海，危害面积逐年扩大，给我国林果业生产带来了很大威胁。

（三）森林植物检疫工作的特点和任务

1. 森林植物检疫工作的特点

（1）森林植物检疫是一项预防性的措施。

（2）森林植物检疫是一项政策性很强的工作。

（3）森林植物检疫是一项技术性很强的工作。

（4）森林植物检疫是一项跨国家、跨地区、跨系统、跨部门的工作。

2. 森林植物检疫工作的任务

森林植物检疫的主要任务是防止国际间以及国内局部地区发生的危险性病、虫，随着森林植物及其产品调运进行远距离传播。对于一个地区来说，既要防止其传入，又要防止其传出，即所谓的“既不引祸入境，又不染灾于人”。

我国的森林植物检疫工作分为对外和对内两部分。对外检疫包括进口检疫、出口检疫、旅客携带物检疫、国际邮包检疫和过境检疫等；对内检疫包括产地检疫、调运检疫、邮包检疫和检疫对象普查等。

（四）产地检疫和调运检疫

1. 产地检疫

查清供应种子、苗木或林产品产地的检疫对象的种类、危害及发生、发展情况，并采取处理措施，把检疫对象消灭在种苗生长期间或未调运之前，叫产地检疫。

生产、经营应施检疫的森林植物及其产品的单位和个人，在生产期间或调运之前向当地森检机构申请产地检疫，经森检员或兼职森检员现场检疫，合格者发给《产地检疫合格证》；不合格的发给《检疫处理通知单》，然后按规定进行除害处理。

2. 调运检疫

调运检疫包括森林植物及其产品在调运前的检疫和调运途中的复检、补检、验证、换证及对疫情的处理等工作。

森检机构应当按照《国内森林植物检疫技术规程》的规定受理报检和实施检疫，根据当地疫情普查资料、产地检疫合格证和现场检疫检验、室内检疫检验结果，确认是否带有森检对象、补充森检对象或者检疫要求中提出的危险性森林病、虫。对检疫合格的，发给《植物检疫证书》；对发现疫情的，发给《检疫处理通知单》，责令托运人在指定地点进行除害处理，合格后发给《植物检疫证书》；对无法进行彻底除害处理的，应停止调运，责令改变用途、控制使用或者就地销毁。

二、森林植物检疫检验方法

（一）常用的仪器设备

（1）抽样仪器：扦样器、扦样铲、样品筒、样品袋。

(2)分样仪器:分样器、分样铲、分样板、玻璃板、白瓷盘、镊子等。

(3)养虫仪器:养虫笼、养虫缸、植物生产箱等。

(4)培养病原菌仪器:恒温箱、干燥箱、冰箱、超净工作台、高压灭菌锅、离心机、天平接种环、酒精灯、漏斗、三角瓶、试管、培养皿等。

(5)检疫仪器:规格筛、种子发芽器、解剖刀、手锯、树皮铲、软 X 光机等。

(6)观察鉴定仪器:显微镜、解剖镜、放大镜、测微尺、血球计数板、切片机、刀片、载玻片、盖玻片等。

(二)抽样与分样

1. 抽样方法

从一批货物的堆垛中扦取一部分样品,叫做抽样。被扦取的那一部分货物叫做样品。常用的抽样方法有机械抽样、随机抽样、整群抽样、分层按比例抽样和两阶抽样。

2. 分样方法

室内检验时所用的样品数量很少,有时几粒、十几粒即可,要使这样少的检验样品具有代表性,还需要分样,分取试验样品的程序如下:

原始样品 → 分样 → 平均样品 → 继续分样 → 试验样品

检验种实害虫时常用的分样方法有四分法、铲取法和分样器分取法。

(三)检疫检验方法

1. 直观检验

利用肉眼或借助放大镜来直接识别病、虫的一种检验方法叫直观检验法,主要适用于外表症状比较明显的病害和症状及形态特征比较容易辨别的虫害。直观检验多用于现场检疫检验,它是其他检验方法的基础。检验种实虫害时,可通过被害症状加以辨别。常见的林木种实害虫引起的被害症状与健康种子的区别见表 7-1。

表 7-1　健康种实与被害种实的区别表

害虫名称	健康种实	被害种实
黄连木种子小蜂	种实饱满,蓝绿色	种实瘦小,红褐色
刺槐种子小蜂	种实饱满,褐色,有光泽	种子肥大,畸形,浅黄色,无光泽
紫穗槐豆象	种实饱满,褐色	种子干瘪,浅黄色,种基部有深色圆点
柠条豆象	种实饱满,褐色,有光泽	种子畸形,灰黑色,有许多似发霉斑点

2. 过筛检验

过筛检验是根据健康种子与虫体、虫卵、虫瘿、菌瘿、菌核等个体大小的不同,利用不同孔径的筛子把它们过筛分离开来的一种方法。

3. 解剖检验

解剖检验是把怀疑感染某一种病害或潜藏有某一种害虫的森林植物及其产品用工具剖开,然后再进行观察鉴定的一种方法。解剖检验通常适用于没有明显症状的病害初发阶段或潜伏在种实、苗木、木材内部的害虫的检验。

4. 比重检验

比重检验是根据健康种子与被害种子比重的不同,利用不同浓度的溶液或清水把它们分离漂选出来的方法。

5. 染色检验

染色检验是利用不同的化学药品对种子进行染色,然后根据种子表面颜色的变化来鉴别种子内有无害虫或病原物。

6. 漏斗分离检验

检查木材、苗木、种子和其他植物产品是否带有线虫时,最常用的一种方法就是贝尔曼漏斗法。即将植物产品制成碎片,放入垫有 2 ~4 层纱布的漏斗中,加水浸泡 10 ~24 h,将浸出液离心后,取沉淀液制片镜检。

7. 软 X 光检验

在森林植物检疫中,用解剖检验的方法检查潜藏在种子、苗木组织内的害虫,费工、费时且易损坏贵重的种子、苗木。利用软 X 光来检查,既方便又迅速,在荧光屏上可以清楚地看到种苗内部害虫的形态和所处的位置,并且可摄影存档,作为检疫问题处理的依据。

8. 荧光反应检验

由于植物细胞中含有各种核酸,核酸在紫外线的照射下能发出荧光,所以在黑暗条件下用紫外线照射植物组织,常呈现各种颜色的荧光。各种细胞、真菌、病毒、类菌原体也有荧光反应,且其发光能力比正常植物组织的荧光要强若干倍。荧光反应检验就是根据这一原理来检查植物是否感病的。

9. 洗涤检验

洗涤检验是把依附于植物及其产品表面的病原物用无菌水冲洗下来,再用离心机使洗涤液中的病原物沉淀,然后置于显微镜下观察或放在培养基上培养,以确定是哪种病原物。

10. 分离培养检验

许多病原菌潜伏于种子、苗木或其他林产品内部,不易发现和鉴定,但可以将洗涤检验、解剖检验获得的病原物置于培养基上进行分离培养,然后观察鉴定。

11. 萌芽检验

萌芽检验的方法只适用于种子。将种子种在土壤里或放在温箱里进行培养,当种子发芽后,就可以检查其带病的种类和感病百分率。

12. 接种检验

从种子、苗木或其他繁殖材料上获得的病原菌接种到同类健康植株上,让它发病,再根据发病后表现出来的症状及分离出来的病原菌进行鉴定,这种方法叫做柯赫氏法则。

此外,还有隔离试种检验、饲养观察检验、血清检验、噬菌体检验、电镜检验、生物化学反应检验、单克隆抗体检验等方法。

三、森林植物检疫除害处理方法

(一)药剂熏蒸

熏蒸消毒是森林植物检疫工作中一项重要的除害处理措施,种子、苗木、木材都可以进行熏蒸消毒,它是使用最多、效果最好的一种处理方法。

熏蒸杀虫是在密闭的环境条件下利用熏蒸剂挥发出来的有毒气体混合在空气中,达到一定浓度，通过害虫的呼吸系统进入组织内部使其中毒，终致死亡。

1. 影响熏蒸效果的主要因子

影响熏蒸效果的主要因子有：熏蒸剂理化性质，被熏蒸物体的性质，温度，湿度，气压，熏蒸场所的密闭程度，害虫种类和发育阶段，用药量和熏蒸时间等。

2. 几种常用熏蒸剂的性能及防治对象

常用的熏蒸剂有溴甲烷、磷化铝、氯化苦、氢氰酸、硫酰氟、二硫化碳和环氧乙烷等。植物检疫熏蒸处理主要应用溴甲烷。几种常用熏蒸剂的性质及防治对象见表 7-2。

表 7-2　几种常用熏蒸剂的性质及防治对象

熏蒸剂	分子式	主要理化性质	防治对象
溴甲烷	CH_3Br	常温下为无色气体，少量时无味，浓度高时微带香甜气味；气体比重 3.3，沸点 3.6 ℃，冰点 −95 ℃，不燃烧，不易溶于水	对多种害虫的各个虫态都有强烈的毒杀作用，对真菌、线虫、螨类、鼠类也有一定的毒效
硫酰氟	SO_2F_2	常温下为无色无味气体；气体比重 3.5，沸点 −55.2 ℃，冰点 −136 ℃，不燃烧，水中溶解度为 0.075%（25 ℃）	对各种害虫的各个虫态都有良好的毒杀作用，是熏杀白蚁的特效熏蒸剂
氯化苦	CCl_3NO_2	纯品为无色油状液体，在光线下变为黄色；气体比重 5.7，沸点 112 ℃，冰点 −64 ℃，不燃烧，难溶于水	常用于熏蒸仓库和土壤害虫，是熏蒸剂中用量最大、应用最普遍的品种
磷化氢	PH_3	无色略带蒜臭味气体，气体比重 1.2，沸点 −87.4 ℃，冰点 −133 ℃，占空气体积 1.79% 时即发生爆炸，微溶于冷水，不溶于热水	是一种高效仓库用杀虫熏蒸剂，对豆象、谷象等多种仓库害虫的各虫态都有很好的毒杀效果

3. 熏蒸剂的选择

由于各种熏蒸剂的理化性质不同，所以对被熏蒸的物品和害虫的作用也不一样。因此，在实际熏蒸时，要根据植物的种类、植物产品的性质、害虫的种类和害虫的不同发育阶段来选择相应的熏蒸剂。根据不同种类的森林植物及其产品来选用熏蒸剂，请参考表 7-3。根据不同种类的害虫来选择熏蒸剂，请参考表 7-4。

表 7-3　按不同种类的森林植物选用熏蒸剂

植物及产品名称	溴甲烷	氢氰酸	氯化苦	二硫化碳
亚热带植物、温室植物、针叶树、带土或栽培于花盆中的压条及接穗	可用	用于叶面粗糙和芽苞老化的植物	不可用	不可用
落叶后采集的插条	可用	可用	不可用	不可用
落叶后的嫁接苗和实生苗	可用	可用	不可用	休眠期间可用
各种植物的种子	可用	可用	除潮湿外可用	除潮湿外可用
容器、包装材料、运输工具、空仓	可用	可用	可用	可用

表 7-4　按不同种类的害虫选用熏蒸剂

害虫种类	溴甲烷	氢氰酸	氯化苦	二硫化碳
生活在植物表面和植物多汁部分的害虫，如粉蚧、吹绵蚧、蜡蚧等	可用	在苗木未萌动以前可用	不可用	不可用
种子及干果害虫，如象鼻虫类	可用	可用	可用	可用
种子及干果害虫，如小蜂类	可用	可用	可用	不可用
在苗木、鲜果、土壤内的害虫，如天牛、吉丁虫等	可用	不可用		

4. 熏蒸剂的安全使用

一切熏蒸剂对人都有剧烈的毒性，根据人对熏蒸剂的反应情况，可将它分成“警戒性”和“无警戒性”两种熏蒸剂。在进行熏蒸时必须根据熏蒸剂的理化性质，结合熏蒸场所的具体情况，规定操作程序并严格遵守执行。在施药、探毒、查漏、散毒及残药处理过程中都必须严防中毒。

（二）真空熏蒸

真空熏蒸实际上是减压熏蒸，即将密闭容器内的空气抽出，使密闭容器内的空气减少到一定程度，然后再输入一定剂量的熏蒸剂来达到杀虫灭菌的目的。

真空熏蒸时抽气减压有利于毒气分子的扩散渗透，促进了害虫的呼吸，加快害虫的中毒速度，从而大大缩短杀虫灭菌的时间。同时，由于施药、熏蒸、残余毒气的排放均在严格密封的条件下进行，杜绝了毒气的外逸，节省了熏蒸药剂，减少了环境污染，改善了工作条件。

真空熏蒸的应用范围很广，植物种子、苗木、花卉、土壤、中药材、标本、邮包等均可用真空熏蒸处理。

（三）微波加热杀虫灭菌

利用微波加热设备杀虫灭菌是森林植物检疫工作中一种新的除害处理方法，它具有杀虫灭菌速度快、效果好、无残毒、操作简便等优点。

微波加热杀虫灭菌的原理，是在微波电场的作用下，物质分子中的正负离子可有规则地沿着微波电场的方向排列，形成一端为阳极，另一端为阴极，并随着电磁场的交替变化而振荡，产生激烈的摩擦效应，即微波能转变为热能。也就是说，由于物质中极性分子的高速运动而产生的热能破坏了生物体的细胞结构，从而达到杀虫灭菌的效果。

由于微波能穿透力很强，杀虫效果比较彻底。不仅能杀死混杂在种子间的害虫，也能杀死蛀入种实内的害虫。用功率 0.5 kW 微波加热设备处理林木种子害虫，每次 0.5 ~ 0.75 kg，温度 60 ~ 70 ℃，可 100% 的杀死刺槐种子小蜂、紫穗槐豆象、柠条豆象的幼虫，对种子萌发率和苗期生长均无不良影响。

四、森林植物检疫对象

根据《植物检疫条例》和《植物检疫条例实施细则（林业部分）》的规定，由林业部制定国内森林植物检疫对象和应施检疫的森林植物及其产品名单，并根据疫情变化定期修订。1984 年，林业部发布的国内森林植物检疫对象有 20 种，应施检疫的森林植物及其产品和检疫检验、除害处理方法见表 7-5。1996 年重新修订以林护通字[1996]2 号令颁布列入检疫对象 35 种，录此供参考（见表 7-6）。

表 7-5　植物检疫对象检疫、除害处理方法一览表

病、虫名称	应施检疫的森林植物及其产品	产地调查时间、调查对象	室内检疫方法	除害处理方法	调运检疫合格标准
白杨透翅蛾 *Parathrene tabaniformis* Rottenberg	1～3 年生的杨、柳苗木、插条	4 月中旬至 5 月、8～9 月和冬季落叶后查虫瘿	直观检验、解剖检验	拣出带虫瘿的苗木，集中烧毁	带虫株率 0.1% 以下
杨干象 *Cryptorrhynchus lapathi* Linne	3～6 年生杨树的主干和枝条，新采伐的杨树原木	4～5 月中查排粪孔（幼虫），5 月下旬至 6 月上旬查蛹，7 月下旬至 9 月查卵	直观检验、解剖检验	喷洒 50% 久效磷 100～200 倍液，40% 氧化乐果 50～100 倍液。在圃地，可每隔 7～14 天喷一次	带虫株率 0.1% 以下
杨圆蚧 *Quadraspidiotus gigas* (Thiemet Gerneck)	杨树的苗木、幼树、原木和枝桠	全年均可查蚧壳	直观检验、染色镜检验	在圃地若虫活动时期喷洒 50% 杀螟松乳油、50% 磷胺乳油、25% 亚胺硫磷乳油 1 000 倍液，石硫合剂 1～1.5 波美度。调运时，喷 20 号石油乳剂 20～40 倍液，或用氰化钾: 硫酸: 水（1:1.5:3）熏蒸 1～2 h。对原木，用硫酰氟或溴甲烷每立方米 30～50 g 熏蒸 3～4 天，或剥皮处理	带虫株率 0.1% 以下
柳蛎盾蚧 *Lepidosaphes salicina* Borchs	杨、柳、榆、黄菠萝、丁香的苗木、幼树、原木、枝桠	全年均可查蚧壳	直观检验、染色镜检验	在圃地 5 月中旬至 7 月中旬每隔 7～10 天喷洒一次 50% 杀螟松乳油 600～800 倍液，40% 氧化乐果 1 000 倍液。调运时，对当年原木用氰化钾: 硫酸: 水（1:1.5:3）熏蒸 1～2 h，或剥皮处理；隔年的原木不必处理	带虫株率 0.1% 以下
日本松干蚧 *Matsucoccus matsumurae* (Kuwana)	赤松、马尾松、油松、黄松、黑松的苗木、大树、原木、小径材、枝桠、球果	浙江：3 月上旬至 5 月下旬，9 月上旬至 10 月下旬。辽宁：4 月中旬至 6 月上旬，7 月下旬至 9 月中旬查若虫	直观检验、制片检验	在圃地若虫显露期喷洒 1～1.5 波美度石灰硫磺合剂或卵囊盛期喷洒 50% 杀螟松乳油 200～300 倍液。调运时，原木、枝桠等作剥皮处理，销毁树皮。禁止疫区的苗木调往非疫区	带虫株率 0

续表 7-5

病、虫名称	应施检疫的森林植物及其产品	产地调查时间、调查对象	室内检疫方法	除害处理方法	调运检疫合格标准
松突圆蚧 *Hemiberlesia pitysophila* Takagi	马尾松、湿地松、黑松等松树苗木、球果及原木、枝桠	全年均可查蚧壳	直观检验、制片检验	在圃地拔除销毁带病苗木。原木、枝桠等调出疫区时，喷松脂柴油乳剂，或熏蒸处理。禁止疫区苗木、树等繁育、观赏材料调往非疫区	带虫株率0
美国白蛾 *Hyphantria cunea* (Drury)	法桐、槭、桑、杨、柳、榆、臭椿等100多种植物以及来自疫区的运输工具、包装物等	6月上旬至7月中旬、8月上旬至9月上旬查网幕，9月下旬至翌年6月、7月上旬至8月上旬查蛹	直观检验	人工摘除网幕并用95%敌百虫、80%敌敌畏800～1 000倍液喷杀幼虫；人工捕杀成虫；用硫酰氟、溴甲烷每立方米20～30 g熏蒸48 h灭蛹	带虫株率0
紫穗槐豆象 *Acanthoscelides pallidipennis* Motschulsky	紫穗槐种子	8月下旬至10月上旬查幼虫	直观检验、过筛检验、剖粒检验、比重检验、染色检验、软X光检验	用硫酰氟、溴甲烷每立方米30～35 g，磷化铝每立方米9～12 g，氯化苦每立方米30～40 mL(50～65 g)，熏蒸72～96 h	种子带虫率0.1%以下
柠条豆象 *Kytorrhinus immi Xtus* Motschulsky	柠条、毛条种子	5月上中旬在种荚上查卵，5月下旬至8月上旬查幼虫	直观检验、过筛检验、剖粒检验、比重检验、染色检验、软X光检验	药剂熏蒸同紫穗槐豆象。清水分离，种子与清水容积比1∶5，充分搅拌，静止10 min，捞取上层种子烧毁	种子带虫率0.1%以下
落叶松种子广肩小蜂 *Eurytoma laricis* Yano	当年及隔年的落叶松种子，未脱粒的落叶松球果	全年均可查幼虫	比重检验、剖粒检验、软X光检验	药剂熏蒸：用硫酰氟、溴甲烷45 g/m^3，熏蒸72 h。微波加热：60 ℃处理3 min	种子带虫率0.1%

续表 7-5

病、虫名称	应施检疫的森林植物及其产品	产地调查时间、调查对象	室内检疫方法	除害处理方法	调运检疫合格标准
黄连木种子小蜂 *Eurytoma plotnikovi* Nikolskaya	黄连木果实	8～9 月上旬查幼虫	直观检验、剖粒检验、比重检验、软 X 光检验	食用种子：用硫酰氟、溴甲烷 45 g/m^3 熏蒸 72 h，微波加热灭虫 60 ℃ 处理 3 min。分离漂洗，种实与水的容积比为 1:5，充分搅拌，静止 10 min，捞取上层种子烧毁，大批量时榨油处理。种用种子：用硫酰氟 60 g/m^3 熏蒸 72 h	种子带虫率 0.1% 以下
落叶松枯梢病 *Guignardia laricina* (sawada) Yamamoto et K. Ito	落叶松苗木、接穗	7 月中旬至 9 月下旬查病害症状	直观检验、切片镜检、分离培养检验、接种检验	集中销毁带病苗木。对怀疑有病的苗木、幼树喷洒 70% 托布津 1 000 倍液、65% 代森锌 4 000 倍液	感病株率 0.1% 以下
泡桐丛枝病（MLO）	泡桐的苗木、大树、种根	全年均可查丛枝或花叶型病变	直观检验，集中试种观察 1 年	禁止疫区的种根调往非疫区。在圃地发现病苗，集中销毁	感病株率 0.1% 以下
板栗疫病 *Cryphonectria parasitica*（Murr.）Barr.	栗属和栎属树种的苗木、接穗、原木、枝桠	5～9 月查病害症状	直观检验、分离培养检验，集中试种	禁止疫区的苗木调往非疫区。销毁带病苗木和严重病树。对发病轻的树木刮除病皮，喷洒 40% 福美砷 100～500 倍液	感病株率 0.1% 以下
枣疯病（MLO）	枣树、酸枣树的幼树、苗木、插条、接穗等繁殖材料	全年均可查病变	直观检验，集中试种观察 1 年	禁止疫区的苗木调往非疫区。在圃地发现病苗，集中销毁	感病株率 0.1% 以下
毛竹枯梢病 *Ceratosphaeria phyllostachydis* Zhang	毛竹的母竹、竹材、竹梢	7 月上旬至 8 月查病害症状	直观检验，分离培养检验	及时清除、销毁病竹，禁止疫区的母竹、竹材、竹梢调往其他无此病的竹产区	感病株率 0.1% 以下

续表 7-5

病、虫名称	应施检疫的森林植物及其产品	产地调查时间、调查对象	室内检疫方法	除害处理方法	调运检疫合格标准
松疱锈病 *Cronartium ribicora* J. C. Fischer Ex Rabenhorst	五针松苗木和13年生以下的幼树	4～6月和8～9月查病害症状	直观检验，切片染色镜检	在圃地发现可疑病株拔除销毁，对5～13年生病树，用松焦油或煤焦油涂抹病部	感病株率0.1%以下
杨树花叶病毒病(PMV)	杨树苗木，幼树、插条、萌芽	6月上中旬，7月下旬至9月查病害症状	直观、染色、诱发检验，集中试种	销毁感病苗木。对怀疑有病的苗木集中试种观察1年	感病株率0.1%以下
松材线虫病 *Bursaphelenchus xylophilus*(Steimeret et Buhrer) Nickle	松类苗木、幼树、原木、枝桠、板材、根桩	7～11月和翌年3月查死树或病树	漏斗分离检验、制片检验	销毁感病苗木。伐除感病松树、刨出根桩，用硫酰氟、溴甲烷30～50 g/m^3 熏蒸1天或水浸1年	感病株率0
国外松褐斑病 *Lecanosticta acicola*	各种松树的苗木和接穗	1年生苗11～12月，2年生以上苗全年查症状	直观检验、保湿培养检验	禁止疫区松苗、松树调往非疫区。在圃地发现病株拔除销毁	感病株率0

注：凡禁止调运的种苗，不适用调运检疫合格标准。

表 7-6 检疫对象

序号	病、虫名称
1	杨干象 *Cryptorrhynchus lapathi* Linne
2	杨干透翅蛾 *Sesia siningensis*(Hsu)
3	黄斑星天牛 *Anoplophora nobilis* Ganglbauer
4	松突圆蚧 *Hemiberlesia pitysophila* Takagi
5	日本松干蚧 *Matsucoccus matsumurae*(Kuwana)
6	湿地松粉蚧 *Oracella acuta*(Lobdell)Ferris
7	落叶松种子小蜂 *Eurytoma laricis* Yano
8	泰加大树蜂 *Urocerus gigas taiganus* Beson
9	大痣小蜂 *Megastigmus* spp.
10	柳蝙蛾 *Phassus excrescens* Butler
11	双钩异翅长蠹 *Heterobostrychus aequalis*(Waterhouse)
12	美国白蛾 *Hyphantria cunea*(Drury)
13	锈色粒肩天牛 *Apriona swainsoni*(Drury)
14	双条杉天牛 *Semanotus bifasciatus*(Motschulsky)
15	苹果绵蚜 *Eriosoma lanigerum*(Hausmann)
16	苹果蠹蛾 *Cydia pomonella*(L.)
17	梨圆蚧 *Quadraspidiotus perniciosus*(Comstock)
18	枣大球蚧 *Eulecanium gigantean*(Shinji)
19	杏仁蜂 *Eurytoma samsonovi* Wass.
20	松材线虫病 *Bursaphelenchus xylophilus*(Steiner & Bubrer)Nickle
21	松疱锈病 *Cronartium ribicola* J. C. Fischer ex Rabenhorst
22	松针红斑病 *Dothistroma Pini* Hulbarg
23	松针褐斑病 *Lecanosticta acicola*(Thum.)Sydow
24	冠瘿病 *Agrobacterium tumefaciens*(Smith and Townsend)Conn.
25	杨树花叶病毒 *Poplar mosaic virus*(PMV)
26	落叶松枯梢病 *Guignardia laricina*(Sawada)Yamamoto et K. Ito
27	毛竹枯梢病 *Ceratosphaeria hyllostachydis* Zhang
28	杉木缩顶病 *Pestalotiopsis guepinii*(Desm)Stey
29	桉树焦枯病 *Cylindrocladium scoparium* Morgan
30	猕猴桃溃疡病 *Pseudomonas syringae pv. actinidiae* Takikawa et al.
31	肉桂枝枯病 *Lasiodiplodia theobromae*(Pat)Griff et Marbl
32	板栗疫病 *Cryphonectria parasitica*(Murr.)Barr. Endothia parasitica(Murr.)P. J. Anderson & H. W. Anderson
33	香石竹枯萎病 *Fusarium oxysporum* Schlecht. F. sp. dianthi(Prill. Et Del.)Snyd. Et Hans.
34	菊花叶枯线虫病 *Aphelenchoides ritzemabosi*(Schwartz)Steiner.
35	柑橘溃疡病 *Xanthomonas citri*(Hasse)Dowson

第四节　森林防火

一、森林火灾的原因和种类

(一)森林火灾发生的原因

火源是引起森林火灾的主要原因。火源可分为两大类:天然火源和人为火源。

1. 天然火源

雷击火、陨石坠落、滚木自燃、泥炭自燃等都是天然火源。引起森林火灾的天然火源主要是雷击火,在我国主要发生在东北地区。雷击火占总火源比例的1%,但一旦着火,造成的森林损失相当严重。

2. 人为火源

人为火源是引起森林火灾的主要火源。一般可分为以下几种:

(1)生产性火源。烧灰积肥、烧荒烧垦、烧田边地角、狩猎、爆破、造林炼山等。我国的生产性火源的比重一般在60%～80%。

(2)非生产性火源。吸烟、迷信烧纸烧香、取暖、做饭、玩火、火攻驱兽等。

(3)其他火源。主要是有意纵火。

世界各国人为火源通常占总火源的90%以上,我国高达99%。我国各省主要火源季节分布见表7-7。

表7-7　我国各省防火季节中的主要火源分布

地区	省(区)	火灾发生月份	主要火源	一般火源
南部	广东、广西、福建、浙江、江西、湖南、湖北、贵州、云南、四川	1～4 2～3 11～12	烧荒、烧垦、烧灰、积肥炼山	吸烟、上坟烧纸、坏人放火、入山搞副业弄火、烧蜂、狩猎、其他
中、西部	安徽、江苏、山东、山西、陕西、河南、河北、甘肃、青岛	2～4 2～3 11～12	烧荒、烧垦、烧灰、积肥烧牧场(西北)	吸烟、上坟烧纸、烧山驱兽、坏人放火、入山搞副业弄火、其他
东北 内蒙古	辽宁、吉林、黑龙江、内蒙古	3～6 4～5 9～11 10	烧荒、吸烟、上坟烧纸、烧防火线	机车漏火、非法入山人员弄火、雷击火、烧牧场、其他
西北部	新疆	4～9 7～9	烧荒、烧牧场	吸烟、野外弄火、其他

(二)森林火灾的种类

了解森林火灾的种类对正确估计火灾的危害和可能引起的后果,组织扑火力量,采取扑救技术、选择扑火工具以及合理利用火烧迹地等都具有重要意义。根据火烧部位、火的蔓延速度、树木受害程度等一般将森林火灾分为地表火、树冠火和地下火三类。

1. 地表火(地面火)

火沿地表蔓延,烧毁地被物、幼树、灌木,烧伤乔木干基和裸露的树根。地表火影响林木生长,破坏林地生态环境,易引起大量的森林病虫害,有时造成大面积林木枯死。依火的蔓延速度和危害性质又分为以下两种:

(1)急进地表火。通常每小时可达几百米或1 km以上。这种火往往燃烧不均匀,危害较轻。

(2)稳进地表火。一般每小时几十米。火燃时间长,温度高,燃烧彻底,能烧毁所有地表物,对森林危害较重,严重影响林木生长。

2. 树冠火

由地表火或雷击火引起树冠燃烧,并沿树冠蔓延和扩展,上部能烧毁树叶,烧焦树枝和树干,下部能烧毁地被物、幼林和下木。这种火破坏性大,不易扑救。树冠火多发生在长期干旱的针叶幼、中龄林或针叶异龄林。依其蔓延情况又可分为两种:

(1)急进树冠火,又称狂热火。火焰在树冠上跳跃前进,蔓延速度快,顺风每小时可达8~25 km或更大。

(2)稳进树冠火,又称遍热火。火的蔓延速度较慢,顺风每小时可达5~8 km,燃烧彻底,温度高,火强度大,能将树叶、树枝和枯立木等烧尽,是危害森林最重的火灾。

3. 地下火

在林地腐殖质层或泥炭层中燃烧的火称为地下火。这种火在地表不见火焰,只有烟,可一直烧到矿物层和地下水层的上部。地下火蔓延速度缓慢,每小时仅4~5 m,温度高,破坏力强,持续时间长,不易扑救。

上述三种火灾以地表火分布最多,大约占90%以上,其次为树冠火,最少为地下火。河南省的森林火灾主要为地表火,针叶林有时发生树冠火,无地下火。

二、森林火灾的预防

我国森林防火的方针是“预防为主,积极消灭”,森林火灾的预防工作是防止森林火灾发生的先决条件,是一项群众性和科学技术性很强的工作。

(一)群众性护林防火

1. 建立健全各类护林防火组织

乡级以上人民政府建立护林防火指挥部,设立办公室,配备专职人员负责日常工作。国有林场和林区内的厂矿企业单位建立护林防火组织机构,由专人负责,划定责任区。在各类行政交界区建立不同类型的区域性联防组织,定期召开会议、交流经验、互通情况、互相支援。

2. 抓好护林防火宣传教育

利用各种会议、标语、广播、电视、电影、宣传车、宣传队及送户主通知书等多种形式深入宣传国家有关法律、政策和森林防火知识等,做到家喻户晓、深入人心。

3. 建立各类防火责任制度

防火责任制度包括承包责任制、入山管理制度、林区生产用火规定、巡护瞭望制度、护林联防制度、农户轮流值班制度、火情报告制度、奖惩制度等。此外,林区村组结合实际,还可制定出乡规民约。

4. 严格控制火源

按《森林防火条例》及当地政府的有关规定，严格履行入山检查和林区生产用火审批手续，在林区生产用火或行驶机动车辆等必须按规定采取防范措施，对违章弄火者，要依情节轻重给予严厉制裁和惩处。

（二）森林火灾预测预报

森林火灾的预测预报是贯彻"预防为主，积极消灭"方针的重要措施，也是进行营林用火和森林火灾监测与扑救的依据。

林火预测预报一般可分三种，即火险天气预报、林火发生预报和火行为预报。林火预测预报的方法主要有下面几种。

1. 综合指标法

在某地区无雨期越长、气温越高、空气越干燥、地被物湿度越小，森林燃烧性就越大。因此，根据无雨期的水汽饱和差、气温及降雨量的情况加以综合就可估计森林的燃烧性，划分火险等级，计算公式为：

$$T = \sum_{1}^{n} td$$

式中 T—— 综合指标；

n—— 降雨后的连旱天数；

t——13 时的空气温度，℃；

d——13 时的水汽饱和差，mb。

此方法简单，容易计算，应用也较广。

2. 实效湿度法

通常可燃物的易燃程度取决于含水量的大小，含水量又与空气湿度有密切关系。在判断空气湿度对可燃物含水量的影响时只用当天的湿度是不够的，必须考虑到前几天的湿度变化。计算公式为：

$$实效湿度(\%) = (1 - a)(a^0 h_0 + a^1 h_1 + a^2 h_2 + \cdots + a^n h_n)$$

式中 h_0—— 当日平均相对湿度；

h_1—— 前 1 天平均相对湿度；

h_2—— 前 2 天平均相对湿度；

h_n—— 前 n 天平均相对湿度；

a—— 经验系数(0.5)，$a^1, a^2, \cdots, a^n$ 分别代表 a 的几次方。

按上式计算结果可查表 7-8。

表 7-8 实效湿度和燃烧性关系表

等级	燃烧特性	实效湿度(%)
Ⅰ	不易燃	>60
Ⅱ	可燃	51 ~ 60
Ⅲ	易燃	41 ~ 50
Ⅳ	最易燃	30 ~ 40
Ⅴ	剧烈燃烧	<30

3. 双指标法

这种方法主要是根据多种气象因子的综合影响进行预报。森林燃烧过程包括两个阶段,即着火与蔓延,称为双指标法(见表 7-9)。

表 7-9　林火危险等级表

着火危险等级	燃烧特性	指标变化	蔓延危险等级	蔓延特性	指标变化
Ⅰ	不燃	0 ~ 30	1	不蔓延	0 ~ 20
Ⅱ	难燃	31 ~ 40	2	可蔓延	21 ~ 30
Ⅲ	可燃	41 ~ 50	3	易蔓延	31 ~ 40
Ⅳ	易燃	51 ~ 60	4	最易蔓延	41 ~ 50
Ⅴ	强燃	61 ~ 100	5	强烈蔓延	51 ~ 100

森林中枯枝落叶的干燥程度是影响着火的重要因素,这样可根据每天的最小相对湿度和最高气温来确定着火指标,火灾的蔓延与实效湿度和最大风速有关,因此实效湿度和最大风速可确定蔓延指标。最后用着火指标和蔓延指标来确定林火的危险等级。

(三)森林火灾监测

火灾监测包括及时发现火情、准确监测起火地点、迅速报警,做到早发现、早出动,实现打早、打小的目的。林火监测的方式主要有:

(1)瞭望台(哨)监测火情。主要利用瞭望台登高望远来观察火情、确定火场位置、增强森林火灾报警能力。

(2)地面巡护。主要由森林警察、护林员、民兵等人员负责:一是检查入山人员是否携带入山证,是否遵守防火规定;二是及时发现火情;三是发现小火立即予以扑灭或迅速报警。

(3)航空巡护。主要在烟火稀少、交通不便的偏远林区,采用航空巡护。其主要任务:一是发现和传递火情;二是监视和报告火灾发展趋势,并指挥如何扑灭火灾;三是空降跳伞人员灭火;四是运送灭火器材和其他物资。

(4)群众报警。河南等省结合林区实际,在山区村、组和深山独居户中发展瞭望户、报警员,开展群众报警活动。这在交通不便的偏远、深山林区具有重要作用。

(5)卫星监测。卫星监测林火主要是通过红外线扫描器和微波辐射仪来进行的。它巡护面积大、速度快,能准确确定大面积火场边界。

此外,还有红外探测、电视监测、雷电火监测等方式。

(四)森林防火技术措施

在制定防火技术措施时,必须从实际出发,结合各地特点,充分利用现有防火条件,采取综合措施。

1. 修建防火公路

有计划地逐年修筑防火公路,这是一项长远性的预防措施,既有利于输送灭火人员和灭火工具,迅速扑灭森林火灾,又可起到阻隔林火蔓延的作用。修建防火公路应封闭线网,尽可能与林区长远开发建设、木材生产相结合进行。从森林防火的角度要求,林区公路网的密度每公顷最少为 3 ~4 m,且要分布均匀,才能发挥应有作用。

2. 开设防火线

防火线是防止林火蔓延的有效措施，既可作为灭火的根据地和控制线，也可作为运送人力、物资的简易道路。防火线的种类主要有：①边防防火线，一般宽度为 50 ~ 100 m；②林缘防火线，一般宽度为 30 ~ 50 m；③林内防火线，一般宽度为 25 ~ 30 m；④道路两侧防火线，国家铁路两侧 30 ~ 50 m，公路两侧 8 ~ 10 m（侧沟外）。

人工幼林防火线一般宽度为 8 ~ 10 m。

3. 营造防火林带

防火林带主要是防止树冠火的蔓延。在针叶林内营造防火林带显得尤其重要。林带的设置宽度一般不应小于当地成熟林木的最大树高。树种可选择刺槐、泡桐、榆树、水曲柳、椴树、槭树、栓皮栎、油茶、茶树、忍冬、卫茅、接骨木等耐（抗）火树种。

4. 建立防火检查站

在林区交通要道口应设立防火检查站，设固定房屋，由专人负责，有入山手续，有公路栏杆。其任务主要是做好入山人员管理，严格控制火源。

5. 组建林区通信网

从发现火情到扑救森林火灾的全过程中，通信联络必须做到地面、地空畅通无阻，做到及时报告火情，有效地组织、指挥扑救工作。通信联络主要采用有线通信和无线通信。无线通信设备有短波电台、单边台、超短波调频电台等几种。要因地制宜，形成网络。

6. 加强森林经营，提高林分抗火性

（1）及时清理采伐剩余物，减少可燃物。

（2）加强森林抚育，改善林内卫生状况，提高林分抗火性。

（3）在荒山、荒地和林中空地及时造林更新，消除火灾策源地。

三、森林火灾的扑救及善后管理

（一）森林火灾的扑救原理和方法

森林火灾扑救原理是依据扑灭火灾的三要素：隔离可燃物；隔绝空气，或使空气中氧的浓度低于 14% ~18%；使可燃混合物的燃烧温度降低到自燃点以下，即利用隔离、窒息、冷却原理。

森林火灾的扑灭方法目前采用的有以下几种：

（1）扑打法。它是最简单、最原始、最常用的方法。适用于扑灭弱度、中等强度的地表火。一般用树枝、铁锹、扫帚等直接进行扑打。

（2）用土灭火法。此方法多用于枯枝落叶层较厚、林下杂乱物较多且林地土壤较疏松的地方。可以用铁锹、镐及机械等覆土灭火；国外采用移动式小功率喷土枪，每小时能扑灭 0.8 ~2.5 km 长的火线，比手工作业快 8 ~10 倍。

（3）用水灭火法。如果火场附近有水源，就可采用这种方法。用水灭火的机具主要有背负式灭火器、机动水泵、消防水车、飞机载水等。我国最近研制的一种胶囊灭火水枪，轻便实用，最远射程 10 m 左右，扑灭弱、中度的地表火效果较好。

（4）风力灭火法。利用风力灭火机的强风把燃烧放出的热量吹走，使温度降到燃点以下。风力灭火机适宜于扑灭强度和中等弱度的地表火。

（5）以火灭火法。在发生强烈火灾时，当已有的天然障碍物和人工防火线都不能阻挡又来不及在火头前方开设较宽的防火线时，采用在火头前方迎着火头点火，逆风蔓延，两个火头相遇时火即熄灭，这种方法灭火效率高，不需要特殊设备，但必须由具有丰富经验的人来掌握，否则易造成更大的火灾。在火头前方多远的距离点火合适，可按下面公式计算：

$$L = L_0 + L_n$$

式中　L——点火距离，m；

L_0——需要隔离带的宽度，m；

L_n——在火烧隔离带的时间内，火头蔓延的距离，m。

(6)爆炸灭火法。将炸药放在地面或埋在穴内，爆炸时产生大量的气浪，可将火头扑灭，并炸开3～4 m宽的生土带将余火隔开。此法适用于偏远林区发生大面积火灾、消防人员不足的情况下，或当森林杂乱物较多、林地土壤坚硬的地带。在扑灭树冠火时，也可将炸药埋在树的根部或缚在树干基部，通过爆炸将树木炸倒，阻挡树冠火的蔓延。利用爆炸法灭火，操作人员一定要经过严格训练，不能任意施用，以免造成生命危险。

(7)化学灭火法。即用化学药液或药粉进行灭火或阻滞火的蔓延。可用喷雾机具和飞机喷洒化学药剂灭火，特别是在人烟稀少、交通不便的偏远林区，利用飞机直接喷洒化学药剂进行灭火或阻火，收效甚大。目前，世界各国对化学灭火都比较重视，日益普遍，并趋向于研制高效率的长效灭火剂。

此外，还有航空灭火法、人工催化降水灭火法等。

(二)扑火组织指挥技术

1. 建立火场临时指挥部

在扑救森林火灾时，动员的人数多，应成立火场指挥部统一协调指挥。下设组织指挥、火情侦察、通信联络、车辆调度、物资供应、宣传发动、医疗救护等临时机构和负责人。

2. 指挥程序

首先要掌握火情。接到火情报告后，立即派出快速扑火队和火情侦察小组了解火灾发生的时间、具体区域、燃烧情况、火场天气情况、扑灭进展等情况，指挥部依此可迅速制订灭火计划，然后进一步组织计划的实施。

3. 扑火战略

(1)划分战略灭火地带。根据不同的火灾威胁程度划分为主、次扑救地带。

(2)牺牲局部，保存全局。为更多、更好地保护森林，在火势猛烈、人力不足的情况下，可采取牺牲局部林地保护全局的措施。

(3)集中优势兵力打歼灭战。影响林火的因素很多，每战必须从最坏处着想，组织足够的力量，重点布防，一举将火消灭，避免"加油战术"，造成劳民伤财的后果。

(4)要积极扑打，不能消极防御。

(5)抓住有利时机，速战速决。灭火有利时机有：初发火、逆风火、大风到来之前的火、出现有利灭火天气的火、下山火、夜间火。

(6)安全第一。灭火是一种紧张行动，特别是在大风天气下扑火要随时注意被烧伤，更要注意被火围住不能脱险的险情。

4. 扑火战术

(1)单点突破，长线对进突击战术。从同一个地点突入火线，兵分两路，在较长的单线火线上，向同一地点作对进突击，最后达到合围。

(2)多点突破、短线"钳"形突击战术。选择两个以上突破点突入火线,然后分别进行作战,形成"钳"形突击形势,分割火场,迅而歼之。

(3)四面包围,全线突击战术。适用于有足够兵力、扑打初期起火和小面积火的情况,其重点是扑打火头,并要兼顾蔓延强烈的一翼。

(4)递进分割,一线超越突击战术。这种战术,必须具备高度的机动能力,在地形有利时运用,分割地段要短,一般不超过 2 ~3 km。

5. 看守火场

这是防止火灾死灰复燃的重要手段,特别在交通不便的火场,留下必要的人力看守火场尤为重要。看守时间一般至少要在大部队撤出后,看守 24 h 以上,经最后检查验收才能撤出火场。

(三)森林火灾善后处理

1. 火灾面积调查

首先要测绘火场图,通过估测或罗盘仪实测,测出受灾范围,然后绘制成火烧迹地平面图。根据绘制的火场平面图或略图,采用方格纸、求积仪等方法计算出火场的面积。

2. 林木损失调查

(1)全面每木调查。火场面积较小,森林价值较高,经营强度高的火烧迹地,应根据不同树种测量每株树木的胸高、直径和树高。

(2)标准地调查。火场面积较大时可按林相、树种、林龄、郁闭度、林木被害情况等因素选择若干个有代表性的标准地进行调查。标准地的数量应以调查面积不小于被烧面积的1%来确定。在标准地内进行每木调查,根据树冠、树木形成层和树根的受害情况来确定林木损失程度。整个火场林木损失可用下式计算:

$$L = \frac{S_{总}}{S_{标}} \times M_{标}$$

式中 L——火场林木损失,m^3;

$S_{总}$——火场总面积,hm^2;

$S_{标}$——标准地面积,hm^2;

$M_{标}$——标准地立木材积,m^3。

3. 其他损失计算

(1)幼树损失。应统计总株数和总面积,其损失可按人工清理、造林和抚育所需要经费计算。

(2)经济林损失。统计总株数和总面积,损失应包括当年产量损失,造林、抚育费用及恢复到目前产量水平之前的损失等。

(3)烧毁楞场的原木及林产品损失。按其价格计算,并考虑火灾前后价格的差异。

(4)房屋及其他财产损失。按受害情况,以折旧价格计算。

(5)扑火费用。包括车辆、飞机、食品、工具、器材、衣服、电话费及其他物资损失等(按实际计算),还应包括扑火人员的临时生活补贴和伤亡人员的医疗、抚恤费等。

(6)烧死木的清理费用。

4. 火烧迹地的清理与更新

火烧后的迹地应尽快将烧死木采伐利用,对具有生命力的受伤木,应分别加以处理,将林内杂乱物清出林外烧毁，降低林分的燃烧性，防止引起病、虫害和新的火灾。火场清理后要及时更新，尽快恢复森林。

5. 建立森林火灾档案

森林火灾资料要做到“四清”，即森林火灾次数清、火灾面积清、火灾损失清、火灾发生条件清等。

四、主要灭火机具的使用方法

(一) 风力灭火机

风力灭火机是由去掉导板和锯链的油锯与风力机装备组成的。用风力灭火机产生的风，把燃烧时释放出来的热量带走，使温度降到燃点以下，从而达到灭火效果。这种灭火机不需要复杂的改装技术，结构简单，使用方便，而且可一机多用。

1. 使用灭火机的基本要领

一是灭火机手携机位于火线外侧距火焰 1 m 左右。灭火机出风口方向与火线走向呈 15°左右，并与火焰底部的地面构成 40°～45°；二是灭火时，左右摆动机体(摆动幅度在 1～1.5 m)，先从上摆动，用强风压住火势，并使可燃物向迹地内部飞散，回摆时用强风切割火焰底部，达到灭火的目的。如果火焰较弱，也可直接切割火焰底部灭火。

2. 使用风力灭火机的基本技术

风力灭火机的基本使用技术，概括为“割”、“压”、“顶”、“挑”、“扫”、“散”六个字。“割”即用强风切割火焰底部，使燃烧物质与火焰隔绝，并将部分明火熄灭；“压”即在火焰高度超过 1 m、采用双机或多机配合灭火时，用其中一台在前压迫火焰上部，使火焰降低，并使火锋倒向火烧迹地内侧，为切割火线的灭火机创造灭火条件；“顶”就是火焰高度超过 1.5 m，需用多机配合灭火时，除用一台灭火机“压”外，加用一台灭火机顶吹火焰中上部，与第一台灭火机配合，将火线压低；“挑”即在死地被物较厚的地段灭火，当一人用长钩或长棍挑动死地被物时，另一人将灭火机由后至前呈下弧形推动，用强风将火焰和已活动的小体积燃烧物吹进火烧迹地内侧；“扫”即用风力灭火机清理火场时，可用强风如扫帚一样将未燃尽物质斜扫进火烧迹地内，防止复燃；“散”即四机或五机配合灭强火时，则用一台灭火机直接向主机手上身和头部吹风散热降温以改变作业环境，有利于继续扑火。风力灭火机适应于扑灭中、弱强的火，但对较大的火不太适用。

(二) 二号灭火工具

用汽车废旧外轮胎，割去外层，将里层剪成 50～80 cm 长、1～2 cm 宽、0.12～0.15 cm 厚的胶皮条 20～30 根，用铆钉或铁丝固定在 1.2～1.5 m 长、3 cm 左右粗的木棍或硬塑料管上，即成二号灭火工具。

二号工具轻便、坚固、耐用、效果好，比树枝扑火的工效可提高 12% 左右。使用时，将工具斜向燃烧火焰成 45°角，一打一拖，可将火扑灭。切忌直上直下或猛起猛落扑打，以免助长火势或使火星向四处飞散，造成新的火种。

(三) 轴压式胶囊灭火器

该灭火器是由胶囊和水枪两部分组成的，其自重 2.5 kg，装水或化学灭火剂 18～20 kg，水枪靠手臂往复运动所产生的压力将水压出，射程 10～12 m，可连续喷射 4 min。特点是结构简单，操作方便，可用于扑救弱、中度的地表火或清理火场，与风力灭火机合用效果更好。

(四)SM－Q 型化学灭火器

该灭火器是利用从 3 个并联合金钢封桶体中的二氧化碳蒸发产生的压力将化学药剂喷出进行灭火。灭火器自重 10 kg、装药 10 kg,喷射距离为 12 ~ 14 m,一次连续喷射 0.7 ~ 4 min,喷射时间长短视喷嘴直径大小而异,可用于扑救中、弱度地表火、地下火、清理火场或打隔离带。缺点是重量较大、携带不便,在没有水源的地方,难以发挥作用。

第八章 森林经营与主伐更新

第一节 森林抚育采伐

一、抚育采伐的目的与任务

（一）抚育采伐的概念及目的

抚育间伐又称森林抚育采伐，是由幼林郁闭之后至森林主伐前的一个龄级止，为了给留存木创造良好的生长发育条件，根据林分中林木分化状况，采伐部分林木的森林抚育措施。由此可见，抚育采伐的目的在于通过采伐既可培育速生、丰产、优质的森林，使其更符合国民经济的要求，又可通过采伐获得一部分木材，实现早期利用木材的目的。在生产实践中不能片面强调通过采伐取得木材，而应根据森林生长发育状况进行抚育采伐。

（二）抚育采伐的任务

森林在国民经济中具有多种多样的作用，不同的林种、树种所起的作用不完全相同，因此抚育采伐的任务也不相同。总的说来，通过抚育采伐，应完成以下几项任务。

1. 按照经营要求，调整林分组成

森林起源可分两类：其一为人工更新，其二为天然更新。天然更新形成的林分，常常因树种组成复杂，发生主要树种被次要树种挤压和排挤，甚至酿成珍贵树种因受非目的树种挤压、生长不良而消失。通过抚育采伐，可以调节林分组成，降低非目的树种在林内的比重，从而使目的树种逐步占据优势。

2. 清除劣质林木，提高林分质量

森林从幼林形成至自然成熟，有 80% ~90% 的林木会因自然稀疏而枯死。由于是自然淘汰，枯死者未必材质低劣，保留者又并不都是干形良好、材质优良的木材。为此，利用采伐手段，实施有目的的选择，以人工措施取代自然稀疏，进行去劣存优，可提高林分质量。

3. 调整林分密度，缩短工艺成熟期

天然幼林常常呈现树种多、杂，密度大，分布不均匀的特点，人工幼林分布较为均匀，但随着年龄的增长，仍然要产生自然稀疏。自然稀疏可使林分密度得到一定程度的调节，但其速度缓慢。抚育采伐可使林木分布相对均匀，扩大留存木的营养空间，改善林木生态环境，加速枯枝落叶分解，提高林地肥力，促进林木生长，使森林培育年限大大缩短。

4. 实现早期利用，提高木材总利用量

抚育采伐可以有效地利用部分林木，这部分林木的材积，通常可以占该林分主伐时蓄积量的 30% ~ 50%，具有早期利用的特点。

5. 增强林木抗性，发挥森林多种效能

森林抚育采伐后，对森林火灾、森林病虫害的抗性增强，同时对雪压、雪折和风害的危害可以减少。

二、森林的生长发育阶段

(一)森林生长发育的一般概念

森林的生长和发育是森林生命过程中的两个方面:森林的生长是指林木个体体积的增长所引起的森林生物量的不断增加,森林的发育则是指从森林形成时起,经过幼壮龄达到成熟龄直到衰老死亡的整个生活期。

森林的生长是森林的量变,在此量变的基础上促进了森林的发育,引起了森林的质变。生长是发育的基础,正常的发育又是生长的保证。因此,森林的生长和发育是密切相关的。

(二)森林的生长

森林的生长是通过林木生长实现的,主要包括根生长、高生长和直径生长。

1. 林木根生长

林木在幼年期根系生长较快,一般超过地上部分的生长速度。根系在幼年期生长迅速,有助于林木早期生命活动的稳定,并为后来地上部分快速生长奠定基础。随着林木年龄的增长,林木根系生长速度则趋于平缓,并逐渐与地上部分生长维持一定的比例关系,当林木衰老而地上部分枯死时,其根系却能保持一个时期的寿命。

根系生长在一年中也有变化,并且它的年生长周期与地上部分不同。在春季,根系生长比地上部分开始得早,在土温达到 5 ℃以前即开始生长,并且很快到达第一次迅速生长期。以后地上部分迅速生长,这时根系生长趋于平缓。到秋季,地上部分生长趋于停止,根系生长又出现第二次快速生长时期,在北方一般是 10 月以后才缓慢下来。整个冬季,虽然林木进入休眠期,但少数阔叶树种的根系并不完全停止生长。

2. 林木高生长

林木高生长的快慢直接关系到木材生长周期的长短,故在营林活动中,常以林木高生长的速度作为造林树种选择及营林措施效果鉴定的重要标志。

林木高生长是由主枝生长点分生组织活动实现的。幼年期,高生长缓慢,随着树龄的增加,高生长逐渐加速,直至最大高生长量的出现,以后又逐渐缓慢下来。在天然林中,阳性树种(如马尾松、杨、落叶松、杉木及柳等)高生长最快时期约为 15 年,耐阴树种高生长最快时期来得较迟,甚至迟到 50 年以后。同一种树,人工林的高生长高峰期比天然林来得早。高生长速生期出现的迟早及持续期的长短关系到同一世代天然林各树种的层次结构。因此,确定经营措施时就必须考虑到这一因素。

林木的高生长过程是通过年生长积累实现的。高生长的年变化主要指林木发育小周期生长速度的变化,也叫季节变化。季节生长规律因树种而异:有些树种在短期内即可迅速完成高生长,如红松、红皮云杉和臭冷杉等,它们属于短速型;有一些树种几乎在整个生长季都生长,如白桦、落叶松等,它们属于持续型。

根据林木早期高生长速度的不同,可将树种分为速生树种和慢生树种。达到最大高生长量时期和停止生长期均较早的树种称速生树种;而达到最大生长量及停止生长时期较迟的树种称慢生树种。

3. 林木直径生长

林木直径生长是通过形成层分生组织活动实现的,它是构成林木材积的重要因素之一。其生长过程,既有与高生长相同之处,也有与高生长不同之处。在幼年期,其直径生长缓慢,随年龄增加而不断加速，直径生长最快期比高生长最快期稍后几年，但直径生长迅速期的持续时间却比高生长时间长得多。

速生树种直径生长最快期来得早，慢生树种则较晚。至于直径迅速生长的持续期，则速生树种比慢生树种短一些。在相同立地条件下，直径生长取决于营养面积，单株林木营养面积越大，直径生长越快。据研究，大多数树种是在展叶 3 ~ 21 天开始直径生长的，有些树种在 27 天以后开始直径生长，极少数树种在展叶前几天开始直径生长。

（三）森林的发育

为了经营工作的需要，通常按照年龄阶段将森林的发育过程划分为几个时期。

1. 幼龄时期

从幼树的树冠尚未郁闭至森林外观形成为止，通常称为幼龄林时期。一般相当于第Ⅰ龄时期。这一时期林木生长旺盛，个体间的分化逐渐显著，它是林木最年轻阶段，具有很大的可塑性，森林的特性也没有完全形成。此时如改变环境条件容易使幼林的特性得到相应的改变。

2. 竿材林时期

竿材林时期树木高生长特别旺盛，林木个体间的分化现象表现得更为显著。由于强烈的自然稀疏，减少了林木的数量，森林的抵抗力有所增强，森林的特性已基本形成。这一时期相当于第Ⅱ龄时期。

3. 中龄林时期

在中龄林时期，林木的高生长逐渐稳定下来，直径生长显著加快；林木开始开花、结实，对光的需要量也增大，对不良环境条件的抵抗力大大增强。该时期林木相当于第Ⅲ龄时期。

4. 近熟林时期

近熟林时期林木的高生长逐渐减慢，直径生长尚能维持在一定的水平上。该时期一般属于森林第Ⅳ龄时期。这时期林木的最大特点是光的需求量增大，结实很多，种子质量一般也很高。

5. 成熟林时期

成熟林时期林木结实量最多，生长速度降低，尤其是高生长下降更为显著。林木的树冠多呈圆形，林冠疏开，林下光照较以前充足，因此林下草本植物和灌木比较繁茂。这一时期是森林蓄积量最大的时期，相当于第Ⅴ ~ Ⅵ龄时期。

6. 过熟林时期

过熟林时期林木已经衰老，生长由缓慢趋于停止，抵抗外界条件的能力也大大降低，因而林内病腐木增加，枯立木和倒木增多，一般在第Ⅶ龄级以上。

三、林木分级

为反映林分中林木分化程度和各林木在林分中的地位、前途以及它们与营林生产的关系，人们提出划分林木生长级别的方法，并以此作为采伐选木的标准。广泛采用的方法有五级分类法和三级分类法。

（一）五级分类法（见图 8-1）

1. 优势木（或称Ⅰ级木）

优势木是树冠上部超出林冠层、树冠扩张、受光最充分、树干最高、直径最粗的林木。这类林木中树干通直者可作为培育对象；干形不良，树冠庞大且对邻近保留木有害的所谓“霸王木”以及有其他缺陷（弯干、扭旋或遭病虫害）的林木，则应砍除。

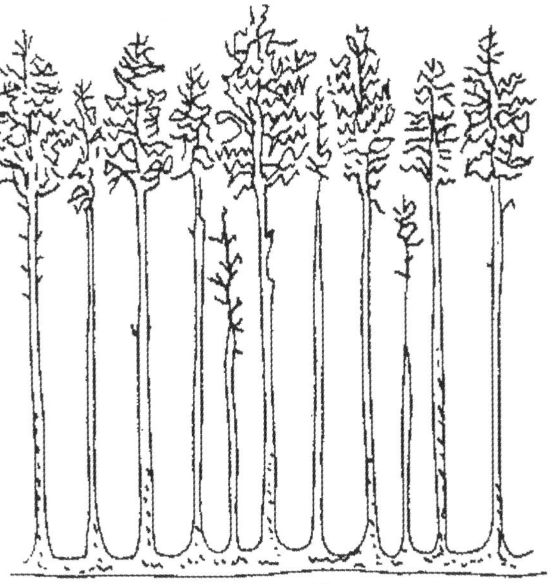

图 8-1　按生长状况进行的林木分级示意图

2. 次（亚）优势木（或称Ⅱ级木）

次（亚）优势木是树高和直径仅次于优势木，是林冠层主要组成者，能得到充分的上方光照，侧方常被邻近木所遮蔽的林木，这类林木多为培育木。在次优势木中，往往会出现一种细长、树冠狭小的林木，它受风吹动来回摇摆，能危害邻近的培育木，即所谓“鞭击木”，应作为砍伐对象。

3. 中等木（或称Ⅲ级木）

中等木的树高、直径和树冠的大小在林分中均为中等，由于它小于次生优势木，只能得到少量上方光，这类林木对邻近木能起促进整枝作用，少量的可作为培育木，当其受压时应逐步砍伐掉。

4. 被压木（或称Ⅳ级木）

被压木的树干细长，树冠狭小，通常被上层树冠遮挡，这类林木很少有发展前途，应在死亡前伐除。

5. 濒死木或枯死木（或称Ⅴ级木）

濒死木或枯死木是指处在林冠下，完全受压抑，得不到直射光，已枯死或即将枯死的林林，应当伐除。

五级分类法适用于中壮龄的同龄纯林，也可参照用于混交林，但不宜用于异龄林。

（二）三级分类法

天然混交林或复层林林木采用三级分类法。

1. 优良木或保留木

在生长发育上最合乎经营要求的林木是培育对象。树干圆满通直，天然整枝良好，树冠发育正常，生长旺盛。一般情况下，优良木多数处在林冠上部或中部。

2. 辅助木

能促进优良木天然整枝和形成良好的干形,并能起到保护和改良土壤的作用的林木称辅助木。这些林木中,当其妨碍培育木生长时,应在间伐过程中逐渐伐掉。

3. 有害木(砍伐木)

有害木(砍伐木)是妨碍优良木和辅助木生长的林木,或是干形弯曲、多杈、枯死、感染病虫害的林木。枯立木、多头木、弯曲木、濒死木等。

四、抚育采伐的种类与方法

(一)抚育采伐的种类

世界各国划分抚育采伐的种类不尽相同。我国 1957 年颁布的《森林抚育采伐规程》,把抚育采伐分为 4 类:透光伐、除伐、疏伐和生长伐。1978 年林业部重新颁布的《国有林抚育间伐、林分改造试行规程》分为透光抚育和生长抚育两类。1987 年林业部林业工业局颁布的《森林采伐更新管理办法及说明》中重申了透光伐和生长伐两种。1995 年国家技术监督局发布的《森林抚育规程》分为透光伐、疏伐、生长伐和卫生伐。

1. 透光伐(或称透光抚育)

透光抚育在幼龄林中进行。在混交林中,透光抚育以调整林分组成为主要任务。混交幼龄林通常由天然更新形成,目的树种常为非目的树种所压抑,因此必须实施透光抚育,伐去压抑目的树种的非目的树种、灌木、藤条,保证目的树种正常生长,使其在林分中占有尽可能高的比重。在纯林内,透光抚育的任务是伐去过密的质量较差的林木。

2. 疏伐

在中壮龄林中进行,伐除过密和生长不良的林木。

3. 生长伐

在近熟林中进行,伐除无培育前途的林木。

4. 卫生伐

卫生伐是为改善林内卫生状况的抚育间伐,一般情况下不单独进行,只是当林分突然遭受自然灾害如风、雪、雾凇、病虫等危害,大量林木被损害时,才单独进行。一般地说,砍伐量应以全部伐除受害木而不使林分郁闭度下降到 0.5 ~ 0.6 以下为原则,若受害木太多,全部伐除会导致森林环境破坏时,则应保留一些受害较轻的林木;若林分已失去进一步培育的价值,应考虑进行林分改造。

(二)抚育采伐的方法

1. 透光伐

透光伐的方法一般分全面透光伐、团状透光伐和带状透光伐三种。

1)全面透光伐

在全林中普遍清除妨碍目的树种生长的非目的树种、灌木、高草以及藤本植物。

2)团状透光伐

团状抚育是只在群团状更新的天然幼龄林树丛中全部或部分清除非目的树种以及灌木、草本、藤本植物。

3)带状透光伐

用于天然更新的针阔混交林保留带 3 ~ 4 m 和抚育带 1.0 ~ 2.0 m,只在抚育带内清除应伐对象。

2. 疏伐

1) 下层疏伐

用于同龄纯林。选定采伐木采用五级分类法比较适宜。按选间伐木的级别不同，可分为三种间伐强度：其一为弱度间伐——伐去Ⅴ级木、Ⅳ级木及少数长势不良的Ⅲ级木；其二为中度间伐——伐去Ⅴ级木、Ⅳ级木及大部分Ⅲ级木；其三为强度间伐——伐去Ⅴ级木、Ⅳ级木、大部分Ⅲ级木及部分影响优良木生长的Ⅱ级木和Ⅰ级木。

也有一种较轻的强度标准，即弱度地伐去全部Ⅴ级木，中度地伐去Ⅴ级和部分Ⅳ级木，强度地伐去全部Ⅴ级和全部Ⅳ级木。

2) 上层疏伐

主要是伐除那些妨碍培育木生长的霸王木、上一世代残留木及干形不良的优势木。

上层疏伐具有一定定向培育的意义，适用于针阔混交林、复层混交林及阔叶混交林。按其做法不同，有三种形式。

第一种形式是将林木分为以下类别：

培育对象——生长的大小和质量都最好的林木；

保护对象——下层木中起辅佐上层木生长的林木；

保留对象——生长在过大空间地和林窗下的乔木、小乔木；

砍伐对象——遮蔽优良木生长的林木。

第二种形式是将林木分为三级：

有前途的林木——发育正常、质量高，将来到成熟时能成为优势木和次优势木的林木；

有益木——如辅佐木、林窗下立木、伴生树种以及多数的Ⅲ级木；

有害木——妨碍优良木生长的林木。

第三种形式是最初不定精选木，强度小，在中龄期再选精选木，选木原则如下：

主林木——树干通直，树冠正常，列为培育对象的林木；

次层有害木——附属木（包括部分优势木），妨碍主林木生长者，应砍去；

次层有益木——主要为附属木，只要有益于主林木生长的一律保留；

无作用木——各层中的被压木，视对全林分的利害关系，可砍可留。

3) 综合疏伐

综合疏伐的伐除对象分布于林冠层的各个层次，方法比较灵活，选木时按三级法较适宜，或者先将生长关系密切的林木划分为植生组，然后在每个植生组内按三级法划分林木生长级，伐去有害木，保留有益木，培育优良木。用于反复多次不合理择伐所造成的复层混交林和天然混交林。用于天然更新的单层同龄林时伐除上层散生的上一世代的残留木和主林层中生长落后的林木。

4) 机械疏伐法

机械疏伐法确定保留木与砍伐木时，按隔行或隔株的原则进行，大体可分以下几种：隔行砍、隔株砍、隔行隔株砍、隔几行或隔几株（即保留几行或保留几株）砍。其目的是控制间伐强度，隔行隔株越多，强度就越小；反之，隔得越少，强度越大。适用于株行距整齐的人工林。

3. 生长伐

参照疏伐进行。

4. 卫生伐

伐除受害林木。

五、抚育采伐的技术指标

抚育采伐是一项比较复杂的经营技术措施,其效果优劣取决于各项技术指标拟定的是否有科学依据,实施是否合理。如果技术措施不当,不仅难以达到预定的目标,而且会造成相反的结果。

抚育采伐主要的技术指标有始伐期、间隔期和采伐强度三个方面。

(一)始伐期的确定

林分进行第一次抚育采伐的时间为始伐期(开始期)。始伐期是否适时,对林分未来生长发育影响很大。始伐过迟会造成林木过于密集、植株间相互挤压、树冠与树根生长受到抑制,从而导致林木生长量下降;始伐过早,则林木生长量与林木品质均会下降,还会造成企业经济亏损。确定始伐期常有以下几种方法。

1. 按树冠大小确定始伐期

树冠的大小可用树冠长度占全树高的百分比(称为冠高比)表示。一般冠高比大于1/3,林木生长良好;在1/3或更低时林木长势下降。所以,当林分中优势木冠高比在1/3左右时,即应开始采伐。

2. 按林木株数的径阶分布确定始伐期

林木株数径阶分布状况可反映出林分中林木分化程度以及彼此之间的竞争关系。一般密度过大,分化强烈,小径木株数愈多林分生长愈受抑制。当小径木(平均直径在0.8以下)株数占总株数的1/3时,可进行首次采伐。

3. 按林分直径离散度确定始伐期

林分直径离散度是指林分平均直径与最大、最小直径倍数之间的差距。离散度愈大说明直径分化愈明显。据研究,麻栎林的离散度在0.8~1.0时应开始抚育采伐。

4. 按林分胸径、材积连年生长量确定始伐期

林分胸径、材积生长量的大小与林木营养空间大小相联系。胸径、材积连年生长量过早下降,说明林木间相互拥挤,生长受到抑制,应施行首次采伐。

一般情况下,当纱林郁闭后目的树种受到非目的树种、灌木压制时进行透光伐。当郁闭度超过0.8、胸径连年生长量明显下降,枯立木和濒死木数量超过30%都应进行疏伐和生长伐。

(二)间隔期的确定

间隔期又称重复期,是指相邻两次采伐所间隔的年数。间隔期长短主要取决于林分郁闭度增长的速度快慢。当林分采伐若干年后,林分中树冠重新郁闭时,即应再次采伐。因此,林木生长速度对间伐间隔期的长短影响很大。喜光和速生树种的林分应比耐阴和慢性树种林分的间隔期短,立地条件优越的林分应比低劣立地条件林分的间隔期短,年龄小的林分应比年龄大的林分的间隔期短。

间隔期与采伐强度关系密切。一般强度大,间隔期则长;强度小,间隔期则短。其计算

公式为

$$n(\text{间隔年数}) = \frac{V_c(\text{采伐的材积})}{Z(\text{材积连年生长量})}$$

通常每次采伐量应略少于采伐期林木的生长量，不应超过这一时期的林木总生长量。

我国大多数树种如松树、杨树、云杉、栎树等，采伐间隔期为5～20年；速生树种如杉木等为3～5年。

(三)采伐强度的确定

1.抚育采伐强度表示方法

根据抚育采伐规程等规定，抚育采伐强度有株数法、蓄积法和断面积法三种表示法。

株数法以采伐木的株数(n)占伐前林分总株数(N)的百分比来表示采伐强度

$$P_n(\%) = \frac{n}{N} \times 100$$

蓄积法又称材积法，以采伐木的材积(v)占伐前林分总蓄积(V)的百分比来表示采伐强度

$$P_v(\%) = \frac{v}{V} \times 100$$

断面积法以采伐木的断面面积(g)占伐前林分总断面面积(G)的百分比来表示采伐强度

$$P_g(\%) = \frac{g}{G} \times 100$$

抚育采伐强度通常可分为4级，不同表示方法其分级范围略有差异，如表8-1所示。断面积法与材积法接近。

表8-1　不同采伐强度分级范围

强度等级	株数(%)	材积(%)
弱度	15～25	10～15
中度	26～35	16～25
强度	36～50	26～35
极强度	>50	35以上

2.采伐强度确定方法

采伐强度具体确定方法有定性确定法和定量采伐法两种。

1)定性确定法

定性确定法又包括以下三种方法：

(1)林分郁闭度法。人工林郁闭度达到0.9以上、中龄林在0.8以上、天然林在0.7以上时，林冠枝叶开始相互交错重叠，树冠发育受到影响，这时应开始采伐，砍去部分林木。在一般情况下，一次抚育采伐降低郁闭度不得超过0.2，并且不得造成林窗。抚育采伐后郁闭度不低于0.6。

(2)林木分级法或分类确定法。在人工林中进行抚育采伐，可采用五级分类法确定采伐强度。弱度疏伐为伐去林分中Ⅴ级木，中度疏伐为伐去林分中Ⅴ级和$Ⅳ_乙$级木，强度疏伐为伐去林分中Ⅳ级和Ⅴ级木。当采用综合抚育法时，有害木即为采伐对象，林分中只保留优良木、有益木。

（3）生长过程表确定法。林分生长过程表载有一定时期林木的枯损率，借用该枯损率可以提出相应的采伐强度。因为枯损率作为采伐强度较小，在使用时，可根据林分状况，经调整后使用最为合适，而且效果较好。

2）定量采伐法

定量采伐法是根据生态学与测树学原理，以数理统计学运算方法以及林分最终状态，在不同的生长阶段所确定林分保留株数的一类抚育方法。具体方法有下列几种：

（1）依据胸径与冠幅的相关性确定。林木的胸径与冠幅有较强的相关性，胸径增大，冠幅随之增大，单株占据营养空间也增大，单位面积可容纳的株数相应减少。人们在长期生产过程中，利用这一相关性，推算出单位林分每一时期最适密度指标。

河南农业大学李树人与信阳林业学校李斌超对大别山、桐柏山不同立地条件、不同林分的杉木、马尾松、黄山松、栎类的树冠与胸径的相关性进行了研究，得出这四个树种胸径与冠幅均呈直线相关关系，数学模型分别为：

杉木冠幅（C_w）与胸径（D）的回归方程和相关系数为

$$C_w = 0.852\,842 + 0.147\,249D$$

$$r = 0.986\,7$$

马尾松冠幅（C_w）与胸径（D）的回归方程和相关系数为

$$C_w = 0.058\,78 + 0.230\,28D$$

$$r = 0.976$$

黄山松冠幅（C_w）与胸径（D）的回归方程和相关系数为

$$C_w = 0.814\,605 + 0.156\,688D$$

$$r = 0.987\,7$$

栎树冠幅（C_w）与胸径（D）的回归方程和相关系数为

$$C_w = 0.877\,46 + 0.180\,22D$$

$$r = 0.987$$

根据冠幅（C_w）与胸径（D）的相互变化规律，编制出“河南省主要造林树种适宜密度表”（见表8-2）。

根据表8-2，在需要进行抚育采伐的林分内，通过标准地调查，可求算标准地平均胸径（$\overline{D}$）和实际密度（N）或林分蓄积量（V），然后在采伐适宜密度表相应树种内，对照相应径阶，查出适宜密度（n）。适宜密度应是林分抚育采伐后的保留密度，它与标准地实测密度之差，就是采伐量。

（2）依据树高与冠幅的相关规律确定。树高是表示林分生长发育的良好指标，它与冠幅（树冠直径）存在着一定的比例关系。树冠直径与树高的比值叫做树冠系数。树冠系数常因树种、年龄和林分密度而有一定程度变化。通常取 1/5 作为正常生长发育树木的树冠系数。

如果用 H 表示树高，则树木树冠直径应为 $H/5$，也就是说，林木彼此间适宜的株距为 $H/5$。这样就可以用下式来计算单株林木适宜的营养面积（A）

$$A(\mathrm{m}^2) = \left(\frac{H}{5}\right)^2$$

因此，只要求得林分平均高（$\overline{H}$）就可以求算出 1 hm^2 林地应保留林木株数

$$N = \frac{10\ 000}{(H/5)^2} = \frac{250\ 000}{H^2}$$

表 8-2　河南省主要造林树种适宜密度表　（单位：株/hm^2）

径阶(cm)	杉木	黄山松	马尾松	栎树
4	4 815	4 815	10 410	3 915
5	3 960	3 915	6 825	3 165
6	3 315	3 240	4 815	2 610
7	2 820	2 730	3 585	2 190
8	2 430	2 340	2 775	1 860
9	2 115	2 025	2 205	1 605
10	1 860	1 755	1 800	1 395
11	1 635	1 545	1 500	1 230
12	1 470	1 380	1 260	1 095
13	1 305	1 230	1 080	975
14	1 185	1 110	930	870
15	1 080	1 005	810	780
16	975	900	720	720
17	900	825	645	645
18	825	750	570	600
19	750	690	510	555
20	705	645	465	510
21	645		420	
22	600			

应当指出的是，树冠系数不是固定不变的，它常因树种和年龄发生一定程度的变化。例如，耐阴树种（冷杉、云杉）的树冠系数常为 1/6，阳性树种为 1/4。因此，在生产实践中，应根据林分的年龄和树种特性测定出合理的树冠系数，才能正确确定适宜的抚育采伐强度。

（3）依据密度与林分生长各变量之间关系确定。林分各项因子如单位面积产量、平均个体重、平均干材积以及林木直径等都随林木密度的变化而变化。因此，人们利用这种密度与林分生长各种变量的变化规律，应用数学分析和数理统计方法，拟定密度效应数学模型并绘成图像，作为确定抚育采伐各项技术指标的工具。这种图像是分树种绘制而成的，常称为密度控制图或密度管理图，该图除用于定量采伐外，还可用于资源调查、生长预测、造林设计等。

中国林业科学研究院刘景芳、童书振以南方 10 多个省的杉木为对象，经过大量调查，编制了应用范围较广泛的“实生杉木林分密度管理图”（见图 8-2）。图 8-2 由最大密度线、等树高线、密度管理线以及自然稀疏线组成。其中，最大密度线相当于饱和密度线，密度管理线相当于疏密度线，在森林经营中可以调节密度。例如，信阳某杉木实生林现有密度为 6 000 株/hm^2，林龄 5 年，上层高 4.5 m，规定上层高生长到密度管理线 0.6 时开始采伐，到 30 年生时进行主伐，求算始伐期、采伐次数及采伐强度、采伐间隔期、主伐时上层高、平均直径、主伐与采伐材积。

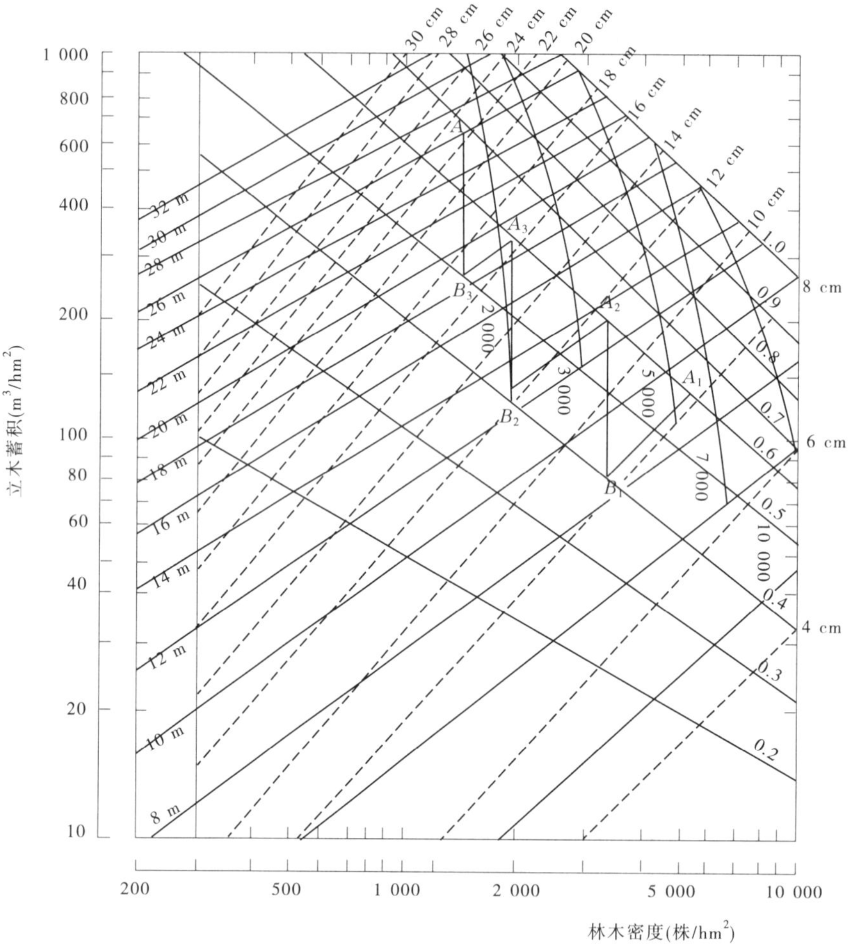

图 8-2 实生杉木林分密度管理图

根据林龄 5 年、高 4. 5 m，由“实生杉木林分密度管理图”查知，每公顷 6 000 株与密度管理线 0. 6 相当 A_2 处时，其上层高为 8. 7 m ，直径为 8. 3 cm，材积为 130 m^3，又查得上层高为 8. 7 m 时，林龄为 7 年生左右。自 A_1 点沿着 8 m 等树高线的走向，下降到密度管理线 0. 4 时，其交点 B_1 处的株数为 3 500 株，材积 87 m^3，直径 8. 9 cm，则始伐年龄为 7 年，采伐材积为 130 − 87 = 43(m^3)，材积采伐强度为 43 ÷ 130 × 100% = 33. 1%；采伐株数为 6 000 − 3 500 = 2 500(株)，株数采伐强度为 2 500 ÷ 6 000 × 100% = 41. 7% 。

当林分上层高又长到密度管理线 0. 6 即 A_2 处时，开始进行第二次采伐，采伐后下降到 B_2 处。依上法可知 A_2 处的上层高为 13. 2 m，直径为 11. 5 cm，材积为 205 m^3，林龄为 10 年。采伐后，B_2 处的直径为 12. 9 cm，材积为 145 m^3，株数为 2 000 株，则第二次采伐年龄为 10 年。间隔期为 3 年，采伐材积为 60 m^3，强度为 29. 3%，采伐株数为 1 500 株，强度为 42. 9% 。

依上法查知，第三次采伐应在 15 年时进行，间隔期为 5 年，采伐材积为 52 m^3，强度为 16. 0%，采伐株数为 500 株，强度为 25. 0% 。

杉木生长最快的时期一般为 5 ~ 15 年，此后生长将逐渐缓慢，并且每公顷株数已由原来的 6 000 株，经过三次采伐只保留 1 500 株，自然稀疏已不太明显，故 15 年以后可停止采伐。经过这样的系统采伐，30 年生时进入主伐，这时树高可达 26 m 左右，查“实生杉木林分密度管理图”上与 1 500 株相当的 A_4 处，可知直径为 22.4 cm，材积为 600 m^3，加上三次采伐材积 155 m^3，总材积可达 755 m^3。

六、主要林分的抚育采伐方法

（一）杉木、马尾松人工林抚育采伐方法

杉木在我国 9 省（区）栽培面积约 1 867 万 hm^2，需要抚育采伐的林分约占总面积的 70%。许多省（区）的不少生产单位、科研单位从 20 世纪 60 年代着手于杉木林抚育采伐的各项技术指标的研究，取得了可喜的成绩，现将杉木林抚育采伐的方法介绍于后。

1. 杉木林抚育采伐的开始年龄

杉木一般在栽后的 2 ~ 4 年开始速生，树冠、树高、直径都急剧增加。到 3 ~ 5 年生时，林冠开始郁闭，在 5 ~ 7 年生时，林冠已充分郁闭。众多研究结果表明，此时林木互相拥挤，地上部分和地下部分竞争激烈，林木开始分化。为扩大保留树木的营养空间，这时应及时调整林分密度，进行首次采伐。

2. 杉木林的抚育采伐强度和间隔期

确定适宜的采伐强度应当综合考虑经营目的、当地的经济条件、林分的初植密度、立地条件和林木的生长状况等因素。一般而言，培育大径材的林分，采伐强度应大一些，培育矿柱、电杆、椽、檩等中小径材，宜采用强度较低的多次少量弱度采伐方式。具体采伐次数、时间、采伐量（强度）见表 8-3。

表 8-3　人工杉木林抚育采伐次数、时间、强度、间隔期参考表

栽培地区	经营目的 立地条件	主伐年龄	造林密度（株/hm^2）	第一次抚育采伐		间隔年限	第二次抚育采伐		采伐时株数
				年龄	伐后株数		年龄	伐后株数	
山区	培育大径材 立地上等	25 ~ 30	2 500 ~ 3 000 3 000 ~ 4 500	9 ~ 11 6 ~ 9	1 200 ~ 1 800 1 950 ~ 2 550	5 ~ 6	11 ~ 15	1 200 ~ 1 800	1 200 ~ 1 800
山区	培育中径材 立地中上等	20 ~ 25	3 000 ~ 3 600 3 600 ~ 4 500	9 ~ 11 8 ~ 10	1 800 ~ 2 400 2 250 ~ 3 150	5 ~ 6	13 ~ 15	1 800 ~ 2 400	1 800 ~ 2 400
山区	培育小径材 立地中下等	20 左右	3 600 ~ 4 500 4 500 ~ 6 000	9 ~ 11 8 ~ 10	2 400 ~ 3 000 3 150 ~ 3 900	4 ~ 5	12 ~ 14	2 400 ~ 3 000	2 400 ~ 3 000
丘陵	培育中径材 立地中上等	20 左右	3 000 ~ 3 600 3 600 ~ 4 500	8 ~ 10 6 ~ 8	1 800 ~ 2 400 2 550 ~ 3 150	4 ~ 5	10 ~ 12	1 800 ~ 2 400	1 800 ~ 2 400
丘陵	培育小径材 立地中下等	15 ~ 20	3 600 ~ 4 500 4 500 ~ 6 000	8 ~ 10 6 ~ 8	2 400 ~ 3 000 3 150 ~ 3 900	4 ~ 5	10 ~ 12	2 400 ~ 3 000	2 400 ~ 3 000

3. 杉木林抚育采伐方法

我国大面积的杉木用材林基本上属于人工同龄纯林，常用下层抚育采伐法。下层抚育

采伐是根据林木生长级确定采伐强度的。例如，伐去Ⅴ级木和少量Ⅳ级木为弱度采伐，伐去Ⅴ级木和Ⅳ级木为中度采伐，伐去Ⅴ级木和Ⅳ级木、极少量Ⅲ级木为强度采伐。

（二）马尾松林的抚育采伐

马尾松是淮河以南山区分布较广的用材树种之一，初植时一般密度较大，尤其是飞播幼林、穴播或撒播林分，密度就更大一些，为了使这些林分尽快成材，必须进行抚育采伐。

1. 马尾松及松类林分抚育采伐开始期及间隔期

马尾松及松类林分的抚育采伐始期，一般在郁闭度 0.9 以上开始。这时枝叶交错、树冠挤压，林木自然整枝强度也逐渐增强，因此必须进行抚育采伐。实践证明，每公顷 2 700 ~ 4 500 株时，始伐期为 11 ~ 13 年；每公顷 4 500 ~ 9 000 株时，始伐期应为 8 ~ 9 年；每公顷 9 000 ~ 13 500 株时，始伐期以 7 ~ 8 年为宜。

松类间隔期一般以 3 ~ 5 年为宜，具体确定时应根据林分立地条件、经营集约程度、林分郁闭度、林分生长情况以及首次间伐强度来综合考虑。一般而言，若首次间伐强度大，间隔期应长；若立地条件好、交通便利、管理方便，间隔期可短，否则应长一些。

2. 抚育采伐强度

1）抚育采伐强度的表示方法

抚育采伐强度表示方法有三种，即株数表示法、材积表示法及断面积表示法。前面已有介绍，这里不再重述。

2）抚育采伐强度的确定

松类林分抚育采伐强度的确定主要是根据林分密度及林分生长情况来确定的。8 ~ 10 年生松林，抚育采伐强度以 10% ~ 15% 的弱度采伐为宜；16 ~ 20 年生时，林分进入竿材林时期，宜采用 20% ~ 30% 强度采伐；20 年以后，为加快林木直径生长速度，当林分再行采伐时，亦用 30% 强度采伐。

3. 抚育采伐方法

松类林分不同于其他林分，在采伐时，常采用上层抚育和下层抚育相结合的方法。在人工纯林内，广泛采用下层抚育采伐法。采伐对象为被压木、濒死木、无头（梢）木、干形弯曲木、扭曲木等。采伐应坚持砍小留大、砍密留稀、砍劣留优的"三砍三留"原则。

在以马尾松为主的混交林中，应以上层抚育采伐为主，采伐对象主要指那些影响马尾松生长的伴生树种。

对于飞播成林的松类林分，采用弱度综合抚育采伐法，本着伐密留稀、伐小留大、伐弯留直、量小次多、间隔短、勤抚育的原则进行。当飞播林密度较大，林分生长旺盛，飞播后 5 ~ 6 年可进行透光伐，伐后每公顷保留 5 250 ~ 6 000 株。10 年后进行第二次采伐，每公顷应保留 3 300 ~ 3 750 株。15 年后进行第三次采伐，每公顷保留 1 500 ~ 1 800 株（详见表 8-4）。

表 8-4　松类飞播林抚育采伐规格一览表

林龄	次数	规格		备注
		距离（m）	保留株数（株/ hm^2）	
6 年生	第一次	1 ~ 1.33	5 250 ~ 6 000	采伐薪柴
10 年生	第二次	1.7 ~ 2.0	3 300 ~ 3 750	采伐小径材
16 年生	第三次	2.3 ~ 2.7	1 500 ~ 1 800	采伐用材

第二节　次生林经营技术

一、次生林的特点

原始林经过采伐、火灾、开垦以及各种自然灾害的破坏后自然恢复形成的次生群落，称为次生林。次生林与原始林比较，有许多特点：

(1)树种单纯，多为阳性、中性树种。在次生林形成初期，常只适宜少数树种生长，因而群落组成中树种较为单纯。次生林的组成树种大多数为阳性和中性树种。

(2)林木层次结构简单。原始林破坏初期最先形成的次生林，林层结构较为简单，一般为单层。以后随着森林进一步的发展，耐阴性树种逐渐侵入，可逐渐形成复层林。

(3)林分状况复杂。次生林的林木分布状况与原始林很不相同，由于形成次生林的树种特性的差异和森林破坏情况的不同，有时呈单株散生，有时为群团状分布，有时呈簇状分布，有时分布比较均匀。在有些情况下，上述各种林分分布互相镶嵌，林分分布极其复杂。同时，林分中还出现大小不等的林间空地(或林窗)。

(4)中幼龄林和同龄林多。现有的次生林大多是近年来通过封山育林等营林措施形成的，因而林龄不大，大多数是中幼龄林，只有极少数为成熟、过熟林。

(5)早期速生。次生林的树种组成，绝大多数为速生、喜光的阳性树种。这些树种均为森林在遭受破坏后更新形成的，在幼树形成期，因光照比较充分，对幼树生长十分有利，使幼林早期生长迅速。次生林早期生长迅速，但寿命较短，达到生长量最高期较早，停止生长和衰老期也早。

(6)林分很不稳定。次生林分布多为人口密度大、交通较便利的地方，因而易受人为活动的干扰，群落很不稳定。从森林演替的理论而言，次生林可能向逆向或进展两个方面发展。现有的次生林都处于森林演替过程中的某一个演替阶段，都是不稳定的。从起源上来看，无性繁殖起源的林分多，也常有萌芽和实生林并存的林分。

二、河南省次生林的类型

(一)乔木萌芽型次生林

乔木萌芽型次生林一般在采伐迹地和火烧迹地上，经过人为进行封山育林后而形成，目前，大都郁闭成林，该类林分往往混杂有非目的树种和杂灌，林中一些珍贵树种受到非目的低价值树种、藤本植物的压抑，同时也有一些一根多干簇生木，如加上人为的经营管理，即可达到我们所期望的林分。

(二)稀疏林木、灌丛型次生林

稀疏林木、灌丛型次生林在整个河南省次生林中占有很大的比重。这类次生林为生长不良的稀疏乔木，郁闭度只有0.3左右。太行山、伏牛山两山系的乔木树种，一般多以壳斗科为主，其余为杨柳科和少数的松科树种。灌木为石棒子、映山红、胡枝子等。大别山、桐柏山两大山系的乔木树种中，主要是针叶树种(如马尾松、黄山松)占优势，其中混杂有阔叶树，如栎类、椴、槭和常绿树种青冈；灌木有胡枝子、白鹃梅、映山红等。

（三）灌木丛型次生林

灌木丛型次生林在河南省主要分布在浅山区、人口分布集中、人口密度大的地方，该类型多为森林破坏后，乔木树种短时期未能恢复，而一些灌木如胡枝子、黄荆、野皂荚等萌生所形成。该类次生林属于低产次生林，为改造对象。

（四）残存的过熟、成熟型次生林

残存的过熟、成熟型次生林主要分布在河南省四大山系的栾川、嵩县、卢氏、灵宝、宜阳、陕县、洛宁、鲁山、西峡、淅川、内乡、泌阳、南召、信阳、新县、罗山、商城、桐柏、济源、辉县、林州等深山县（市）区域内。其中，伏牛山境内所占比重最大，太行山区为最少。

这些成熟、过熟森林为河南省宝贵的森林资源。

三、次生林的经营技术

次生林的情况复杂，其质量、产量因林分结构特征有着很大的差异。因此，对于次生林经营，应遵循“抚育为主，抚育、改造、利用相结合”的原则。对于有培育前途的幼龄、中龄林分，应采取抚育采伐措施；对于低价值的林分，应采取改造措施。

对低价值次生林经营，应根据林分具体情况，做到宜改则改、宜补植则补植、宜引种则引种，具体方法如下：

（1）全部伐除，进行更新。这一措施适用于非目的树种占优势而无培育前途的残次林。郁闭度在0.3以下的疏林、多代萌芽更新的林分、病虫害及火灾严重的林分、年生长量低的林分应采取全部伐除、重新造林的改造措施。当森林面积较大时，为了防止水土流失，有利于幼树生长，应根据情况将森林规划成若干块状或带状的改造区和保留区分别改造。块状改造将改造区与保留区呈品字形排列；带状排列时，可将改造带和保留带等带间隔排列，待改造带林木开始郁闭时，再改造所有保留带，将森林分两次改造完。更新树种的选择是改造成功与否的关键。因此，在选择更新树种时，必须按照立地条件的状况选择适于改造区立地生长的树种，才能获得预期的效果。

（2）提高密度，改善树种组成。该法主要适用于有目的树种，但林分密度过小的低产林分。实施时，宜在林木分布较稀、林分郁闭度较小处栽植适于当地立地条件生长的树种，以达到既提高密度又改善林分组成的目的。在林分组成全为阔叶树时，选用价值较高的针叶树种进行补植，使其形成针阔混交林。补植的树种应根据立地条件、树种特性及林木的年龄来确定。例如，在阳坡陡坡、岗脊附近宜选用耐干旱瘠薄的树种；在沟谷、水湿地宜选用耐湿的树种等。如果原有的树种对当地生境条件很适宜，也可采用该树种进行补植。进行改造的林分年龄较大时，则应选择较为耐阴的树种进行补植。

（3）留优去劣，伐空植树。在树种多样、疏密不均而且有一定量优良目的树种的劣质低产林分，应首先对林分进行抚育采伐，伐去价值低的非目的树种，保留生长健壮的优良目的树种。然后在林冠下及林窗间栽植适宜的树种。对于树种选择，应根据具体情况而定。在阔叶林中，宜选用针叶树，使其形成复层异龄结构的针阔混交林。在立地条件较差的低产林中，应特别注意引进能改良土壤的树种，使其提高地力，促进林木生长，提高林分的单位面积产量。

（4）因地制宜，综合改造。由于次生林结构复杂，常常在劣质、低产林分中夹杂着小片优质的幼龄林和成熟林，甚至还有林间空地。在这样的林分内，因地制宜地分别采取相应的措施。例如,呈群团状分布的目的树种组成的优质幼、中龄林分可实施抚育采伐措施,对已达到成熟的林分应采取主伐更新措施,对林间空地应进行植苗造林,对劣质低产地段可采取具有针对性的改造方法。

(5)栽针保阔,封山育林。由于人为活动的影响,使森林遭到反复破坏,以致难于成林的森林地段,宜采取封山育林措施。在封山过程中,还应对森林进行抚育,注意保留价值较高的实生阔叶树,栽植部分优良的针叶树,使其成为针阔混交林。

第三节　低效林改造

一、低效林的类型和标准

低效林是指受人为因素的直接作用或诱导自然因素的影响,林分结构和稳定性失调,林木生长发育衰竭,系统功能退化或丧失,导致森林生态功能、林产品产量或生物量显著低于相同立地条件下林分平均水平的总称。

低效林在林种上包括防护林、用材林、经济林和薪炭林,在起源上包括人工林与天然林,在林分类型上包括乔木林和灌木林。

(一)低效林的类型

根据起源的不同,低效林可分为低效次生林和低效人工林。

低效次生林又分为残次林、劣质林、低效灌木林。残次林是受干扰破坏、林相残败、结构失调、郁闭度及植被覆盖度低、林地土壤侵蚀较严重、经济价值及生态功能低下的林分。劣质林是受不合理的利用,优良种质资源枯竭,保留下的种群遗传品质低劣、自然发育退化、失去经营培育价值的林分。低效灌木林是受干扰破坏,生态功能低下,失去经营培育价值的灌木林。

低效人工林又分为低效纯林、树种(种源)不适林、病虫危害林、经营不当林、衰退过熟林。低效纯林是生态效益或生物量(林产品产量)显著低于同类立地条件经营水平的单一树种的纯林。树种(种源)不适林是因树种或种源选择不当,未能做到适地适树,林木生长极差,功能与效益低,且无培育前途的林分。病虫危害林是受有害生物严重危害且难以恢复正常生长的林分(林带)。经营不当林是因经营措施不当、管理不善等原因,导致林木生长不良、林分(带)功能与效益显著低下的林分。衰退过熟林是进入衰老期、丧失自然更新能力、整体衰败的林分(林带)。

根据经营目标的不同,低效林可分为低效防护林和低质低产林。低效防护林是以发挥森林防护功能为主要经营目的且功能显著低下的林分。低质低产林是以林产品生产为主要经营目的且产量、质量显著低下的林分。

(二)低效林的标准

按照中华人民共和国林业行业标准《低效林改造技术规程》(LY/T 1690—2007)的具体要求,衡量低效林各类指标的参照标准是相同立地条件和经营水平的林分的平均值。衡量标准从通用标准、生态标准、经济标准三个方面进行。

1. 通用标准

凡符合下列条件之一者,可判定为低效林:

(1)林相残败,功能低下,并导致森林生态系统退化的林分;

(2)林分优良种质资源枯竭,具有自然繁育能力的优良林木个体数量<30 株/hm^2 的林分;

(3)林分生长量或生物量较同类立地条件平均水平低30%以上的林分;

(4)林分郁闭度<0.3 的中龄以上的林分;

(5)遭受严重病虫、干旱、洪涝及风、雪、火等自然灾害,受害死亡木(含濒死木)比重占单位面积株数20%以上的林分(林带);

(6)经过2次以上樵采、萌芽能力衰退的薪炭林;

(7)因过度砍伐、竹鞭腐烂死亡、老竹鞭蔸充塞林地等原因导致发笋率或新竹成竹率低的竹林;

(8)因未适地适树或种源不适而造成的低效林分。

2. 生态标准

以生态防护功能为主要经营目的的森林,符合下列条件之一的可判定为低效防护林:

(1)植被覆盖度<40%的中龄林以上的林分(降水量低于400 mm以下的区域,植被覆盖度<30%的中龄林);

(2)林地土壤侵蚀模数大于或等于中度(≥2 500 t/(km^2·a))的林分;

(3)营建于农田、牧场、海岸、沙区的防护林带,连续缺带20 m以上或现有密度小于合理经营密度20%以上,以及生长、结构不良,防护功能差的林带;

(4)受中度风蚀,沙质裸露,林相残败的防风固沙林;

(5)组成单一、结构不良、林相残败、防护功能低下、无培育前途的林分;

(6)林分衰败,生态防护功能显著下降的成熟、过熟林。

3. 经济标准

以林产品为主要经营目的,符合下列条件之一的可判定为低质、低产林:

(1)树高、蓄积生长量较同类立地条件林分的平均水平低30%以上;

(2)林分中目的树种组成比重占40%以下;

(3)商品材预期出材率低于50%;

(4)生产非木质林产品,连续3年产品产量较同类立地条件林分的平均水平低30%以上;

(5)生产非木质林产品,林木或品种退化,已不适应市场需求。

二、低效林的改造技术

低效林改造是为改善林分结构、开发林地生产潜力、提高林分质量和效益水平,对低效林采取的结构调整、树种更替、补植补播、封山育林、林分抚育、嫁接复壮等营林措施。

(一)低效林改造方式

1. 补植

(1)改造对象:适用于残次林、劣质林及低效灌木林。

(2)补植树种:防护林宜考虑通过补植形成混交林,商品林根据经营目标确定补植树种。

(3)补植方法:根据林地目的树种林木分布现状,确定补植方法,通常有均匀补植(现有林木分布比较均匀的林地)、块状补植(现有林木呈群团状分布、林中空地及林窗较多的林地)、林冠下补植(耐阴树种)、竹节沟补植等方法。

(4)补植密度:根据经营方向、现有株数和该类林分所处年龄阶段合理密度而定,补植后密度应达到该类林分合理密度的85%以上。

2. 封育

(1)改造对象:适用于有目的树种天然更新幼树、幼苗的林分,或具备天然更新能力的阔叶树母树分布,通过封育可望达到改造目的的低效林分。改造对象主要为残次林和低效灌木林。

(2)封育方法:对天然更新条件及现状较好的林分采取封禁育林,对自然更新有障碍的林地可辅以人工促进更新措施。

3. 更替

(1)改造对象:适用于残次林、劣质林、树种不适林、病虫危害林、衰退过熟林及经营不当林。

(2)更新树种:根据经营方向,本着适地适树适种源的原则确定。

(3)改造方法:将改造小班所有林木一次全部伐完或采用带状、块状逐步伐完并及时更新。视林分情况,可对改造小班进行全面改造,也可采用带状改造、块状改造等方法,通过2年以上的时间,逐步更替。

(4)限制条件:位于下列区域或地带的低效林不宜采取更替改造方式:

①生态重要等级为1级及生态脆弱性等级为1、2级区域(地段)内的低效林;

②海拔1 800 m以上中、高山地区的低效林;

③荒漠化、干热干旱河谷等自然条件恶劣地区及困难造林地的低效林;

④其他因素可能导致林地逆向发展而不宜进行更替改造的低效林。

4. 抚育

(1)改造对象:适用于低效纯林、经营不当林及病虫危害林。

(2)抚育方法:需要调整组成、密度或结构的林分,间密留稀,留优去劣,可采取透光抚育;需要调整林木生长空间,扩大单株营养面积,促进林木生长的林分,可采用生长抚育或育林择伐;对病虫危害林通过彻底清除受害木和病源木,改善林分卫生状况可望恢复林分健康发育的低效林,可采取卫生抚育或育林择伐。

(3)抚育强度:参见本章第一节。

5. 调整

(1)改造对象:适用于需要调整林分树种(品种)的低效纯林、树种不适林。

(2)调整树种:根据经营方向、目标和立地条件确定调整的树种或品种。生产非木质林产品的商品林侧重于市场需求的调研分析确定,生产木质林产品的商品林应充分考虑立地质量和树种生长特性。防护林宜通过调整改造培育为混交林。

(3)改造方法:可采取抽针补阔、间针育阔、栽针保阔等方法调整林分树种(品种)。抽针补阔是在改造的林分中,伐除部分针叶树木,并于空隙处补植阔叶树苗,达到改善林分树种结构、培育针阔混交林的目的,此种措施主要适用于针叶纯林;间针育阔是间伐部分针叶树木,采取森林抚育措施,培育林下已有的阔叶幼树,使之形成针阔混交林,此种措施主要适用于针叶林下有阔叶幼树(苗)更新的林分;栽针保阔是指对于阔叶纯林可栽植部分针叶树,保留有培养前途的部分阔叶树,形成针阔混交林。

(4)改造强度:一次性抚育采伐强度不宜超过林分蓄积的25%。

6. 复壮

(1)改造对象:适用于通过采取培育措施可望恢复正常生长的中幼龄林。

(2)改造方法:主要有施肥(土壤诊断缺肥为主要原因导致的低效林)、林木嫁接(品种或市场等其他原因导致的低效林)、平茬促萌(萌生能力较强的树种,受过度砍伐形成的低效林)、防旱排涝(因干旱、湿涝而导致的低效林)、松土除杂(因抚育管理不善,杂灌丛生,林地荒芜的低效幼龄林)等方法。

7. 综合改造

(1)改造对象:适用于残次林、劣质林、低效灌木林、低效纯林、树种不适林、病虫危害林及经营不当林。

(2)改造方法:通过采取补植、封育、抚育、调整等多种方式和带状改造、育林择伐、林冠下更新、群团状改造等措施提高林分质量。

育林择伐是为改善森林更新和林木生长的环境条件,伐除生长不良、有碍更新及林木生长、病腐木、虫害木、火烧木的树木,每次采伐强度不超过伐前蓄积量的25%,伐后郁闭度保留在0.3以上。

带(块)状改造是划出保留带(块)与改造带(块),伐除改造带(块)林木进行整地造林的改造方法。保留带(块)与改造带(块)的尺度根据林分状况和立地条件而定。

群团状改造是被改造的林分内,有培育前途的目的树种成群团状或块状分布时,采取抚育措施,培育目的树种,并对非目的树种分布的地块及林中空隙地,采取林冠下更新、空隙地造林的改造方法。

林冠下更新是采用在林冠下植苗、直播或天然下种等方法进行森林更新,待更新层形成后再伐去上层非培育对象的林木的改造方法。阴性或中性树种林冠下更新效果较好,郁闭度较低的林分也可采用一些阳性树种更新。

8. 低效林带改造

1)改造对象

出现下列情况的生态公益林带可列为改造对象:

(1)林木生长不良,达不到防护效果的;

(2)连续缺带20 m以上的;

(3)树种结构或层次结构不良的;

(4)病虫危害严重,病腐木超过20%的。

2)改造方式

(1)疏伐改造:主要适用于密度过大或病虫危害严重的林带。进行隔株择伐或隔带择伐,伐除过密林木和受害木。

(2)补植改造:主要适用于缺株断带严重的林带,用大苗进行补植。

(3)综合改造:主要适用于林带结构不良,没有成林希望的“小老头树”林带。伐除非目的林木,补植适宜树种,并通过松土、除草等抚育方法促进林木生长。

9. 效应带改造

效应带改造主要适用于林相残破的天然次生林和结构简单型的针叶纯林。根据生态演

替规律和生态位原理，在低效林内开拓效应带。效应带走向在坡度较大、水土流失较严重地区应与等高线平行。效应带与保留带等宽

$$a/2 + h \times \cot\theta < B < a/2 + h \times \cot\varphi$$

式中　B——带宽；

a——林木平均株距；

h——树冠长度；

θ——夏至正午时太阳高度角；

φ——夏至平均太阳高度角。

在开拓效应带时，要保留目的树种的幼苗幼树，同时对保留带进行抚育。在效应带和保留带上通过选择适宜的造林树种栽植人工更新层，使得生态位效益得以充分发挥。

（二）低效林改造技术要求

1. 工作流程

低效林改造必须在以下流程的控制下进行，即调查评价—作业设计—查验审批—施工与监理（监理反馈）—检查验收等。

2. 作业面积

根据林分的实际情况和评判标准确定改造的作业面积，但更新改造方式为更替时一次连片作业面积不得大于20 hm^2。

3. 布局配置

低效林改造应综合考虑改造区域林种、树种及空间上的科学、合理的布局与配置，通过改造实施，达到调整、优化林分结构的效果。

4. 技术措施

通过实地调查与低效林评判后，针对不同的低效林类型、成因和经营培育方向，以小班或林带为经营单元，确定适宜的经营培育方向、改造方式及具体的技术措施。除森林经营、造林等方面的常规技术要求外，在设计和实施中还应根据改造类型、方式及环境，考虑以下技术措施：

（1）树种调整重新配置的作业要求；

（2）水土严重流失区的集流蓄水、强化入渗的作业要求；

（3）水土严重流失区、风沙区的乔、灌、草配置技术及固土固沙技术的作业要求；

（4）病虫害发生区的林木及环境有害生物源处理技术的作业要求；

（5）长期水土流失，土地肥力贫瘠改良技术的作业要求；

（6）非木质林产品低效林的品种更换、嫁接、复壮等技术的作业要求。

5. 保护措施

低效林改造在设计和实施过程中，有针对性地采取以下保护措施：

（1）应注重生物多样性的保护，加强对国家级野生动、植物资源保护及其栖息地的保护，并应防止外来物种入侵而导致的生物污染；

（2）尽量控制对现有植被的破坏，采取的作业措施应避免或减少新的水土流失和风沙危害，防止改造过程对自然环境的不利作用和影响；

（3）严格控制病虫危害源的传播途径，进入改造区的种植材料要做好检疫，改造区的病虫危害木及残余物要及时进行隔离与处理，经检疫符合有关标准后方可流出改造区；

(4)林地坡度大于25°的低效林,改造中宜采用带状、块状的林地清理方式,以尽量减少改造过程中的水土流失;

(5)改造过程中不宜全面清林和炼山。

三、低效林改造作业设计

(一)设计要求

1. 设计单元与单位

低效林改造作业设计以小班为基本单元,以乡镇、场所等经营单位为设计文件的申报单位。作业设计需经县级及以上林业主管部门审核批准,是施工作业、施工监理和检查验收的主要依据。

2. 设计时限

作业设计的期限是一个作业年度,在批复后至次年底间实施有效。

(二)设计过程

1. 资料收集

含改造区域的相关资料,包括自然概况、近期森林经理调查、营造林总体规划、林业专项调查及社会经济等文字、图、表材料。

2. 外业调查

(1)对拟改造林地的林分状况进行全面调查,收集森林资源、立地条件、森林病虫害、种质资源、保护物种、作业条件等相关因子。

(2)对拟改造小班,林分应分小班面积设置1~3块面积为20 m×30 m至30 m×40 m的典型标准地或宽20 m、长50~150 m的样带(≤1 hm^2以下1块,1.01~5 hm^2 2块,5 hm^2以上3块);对拟改造的林带应分林带长度,设置1~3段长度为20~50 m的样带,进行林分因子、立地因子等方面的调查(调查项目见表8-5)。

3. 作业设计

按照低效林评判标准,通过对拟改造林地的立地条件和林分现状的评价,确定低效林类型、改造方式及技术要求,在现场进行初步设计的基础上,根据室内计算、分析与整理,完成各项内容技术措施的设计,编制设计说明书,并绘制设计图件。

(三)设计内容

作业设计应包括以下内容:

(1)改造区域自然环境和社会经济条件的调查与分析。

(2)改造区域森林资源的历史情况和现状的调查与评价。

(3)区域主要森林类型、立地类型的正常林分与低效林在林分质量、生态功能、经济价值等方面的对比评价。用材林侧重于立地指数评价,非木质林产品侧重于产量、价值评价,防护林(带)侧重于防护功能评价。

(4)低效林类型、分布与面积。

(5)低效林的改造方式和时间安排(确定到小班)。

(6)更新采伐、抚育采伐、卫生伐的采伐作业设计,包括采伐方式、对象、强度、株数、蓄积量、出材量、材种、伐区清理、病虫害处理及其他技术措施要求(确定到小班)。

(7)补植、更新、调整、复壮等营造林作业设计,包括种苗类型、林地清理、配置方式、作业时间、栽植技术、嫁接技术、复壮技术、抚育管理等方面内容(确定到小班)。

表 8-5　低效林小班现状调查与改造设计表

改造单位（乡镇）		林班号（村）				小班号	
图幅号		分类经营区划				小班面积（hm^2）	
林分现状	起源		林种			经营目标	
	林分组成			主要树种			
	林层		林龄			每公顷株数	
	郁闭度		植被覆盖度			林木分布状况	
	生长指标树种	平均高（m）	平均胸径（cm）	蓄积（m^3/hm^2）	经济树种产品	年产量（kg/hm^2）	品质
	主要病虫害		受害木（株数/hm^2）			死亡濒死木株数	
	具有天然更新能力的树种		优良母树（株数/hm^2）			幼树（苗）（株数/hm^2）	
	其他说明[1]						
立地条件	地貌类型		海拔			坡位	
	坡度		坡向			土壤类型	
	土层厚度（cm）		pH 值			土壤质地	
	地下水位（m）		侵蚀类型			侵蚀强度等级	
类型与成因	低效林类型			主要成因			
	林分评价[2]						
改造设计	改造年度		改造面积（hm^2）			改造方式	
	改造（调整、抚育）方法		补植树种			补植株数	
	保留树种			保留株数			
	采（疏）伐树种		采伐株数			采伐蓄积（m^3）	
	其他措施设计[3]						
作业要求	树种配置要求						
	水土保持措施						
	病（虫）源木处理						
	土壤改良措施						
	复壮技术措施						
	珍稀物种保护						
	环境保护措施						
备注							

调查者：　　　　　　　　设计者：　　　　　　调查设计日期：　年　月　日

注：1. 其他说明——除表中林分现状所列因子外，对评判低效林或改造设计有指示参考的说明；

2. 林分评价——根据低效林评判标准进行林分评价；

3. 其他措施设计——根据改造方式、方法确定的其他改造措施。

(8)用工量概算、改造费用概算、收支概算及物资消耗量计算(落实到小班)。

(9)生物多样性与环境保护措施(确定到小班)。

(10)施工作业管理与保障措施。

(四)设计文件组成

作业设计文件包括以下内容:

(1)作业设计说明书:对以上10项设计内容逐一说明;

(2)附图:

①低效林改造作业区森林资源现状图(林相图),比例尺1∶5 000 ~1∶10 000,反映区划、林种、树种等资源现状;

②低效林改造作业设计图,比例尺1∶5 000或1∶10 000,反映改造方式、采伐、营造林等方面的作业设计。

(3)附表:

①低效林小班现状调查与改造设计表(见表8-5);

②低效林改造小班作业设计一览表;

③低效林改造投资概算表。

四、低效林改造施工

(一)施工准备

经审批的作业设计是施工的主要依据,经营单位应根据设计的改造小班(地段)、施工时间安排,组织施工员进行现场踏勘,核实作业地块、改造方式以及抚育采伐、营造林、嫁接复壮、生物多样性与环境保护等技术措施的要求,做好器具、材料的准备,并明确每个改造小班、地段的作业指导员。

开展施工员的上岗培训,包括作业流程、改造方式、林木采伐、营造林等方面的技术要求。

采取抚育采伐、择伐作业的改造小班,严格按照设计要求,对采伐木逐一进行标记。

小班中有国家级保护物种的应在施工卡片中注明保护物种名称、分布、保护措施等。

(二)施工要求

严格按照作业设计的区域范围、作业面积、改造方式、营造林方法、生物多样性与环境保护措施等要求开展施工。

施工员在每个流程开始时进行现场示范和指导,让作业人员掌握有关技术要求。

改造作业中清除的带病虫源的林木、枝桠应及时就近隔离处理,防止病虫源的扩散与传播。

改造过程中采用的种子、苗木均应达到国家标准规定Ⅰ、Ⅱ级的要求。

按照设计要求保护好作业区内的国家级保护植物。

做好作业小班、地段的林地清理,创造有利于保留木、新植树苗的生长环境。

作业过程中做好护林防火与施工安全工作。

五、检查验收

(一)检查验收要求

各级林业部门应对审批的作业设计和施工质量组织检查验收。

(二)检查验收内容

根据设计文件组织检查验收。其内容主要包括：

(1)作业区的地点、范围、面积；

(2)改造方式；

(3)采伐作业实施情况；

(4)营造林作业实施情况；

(5)生物多样性与环境保护执行情况；

(6)病虫害防治等森林保护实施情况；

(7)其他改造技术要求的执行情况与效果；

(8)改造作业综合评价。

(三)检查验收标准

以作业设计要求及《森林采伐更新管理办法》、《造林技术规程》(GB/T 15776—1995)、《森林抚育规程》(GB/T 15781—1995)的有关规定为标准。

第四节　森林主伐与更新

森林主伐是对用材林的成熟林分或过熟林分进行采伐作业的一种营林活动,森林更新是重新恢复森林的一种营林活动。

根据森林更新方式的不同,将主伐分为皆伐、渐伐和择伐三种。根据森林法规定,防护林和特种用途林中的国防林、母树林、环境保护林、风景林,只准进行抚育和更新性采伐;特种用途林中的名胜古迹和革命纪念地的林木、自然保护区的森林,严禁采伐。

一、皆伐

皆伐是在伐区一次将全部林木伐光的一种采伐方法。皆伐迹地一般采用人工更新,在天然更新有保障的条件下也可采取人工促进天然更新。在人工更新有保障、天然更新可靠的条件下采用这种采伐方法。皆伐后迹地上形成同龄林。

这种采伐方式一次可获得较多木材,经济效益好。但是林地完全裸露,生态条件变化剧烈,环境容易恶化。为此,必须严格控制皆伐和皆伐面积。通常伐区面积在坡度0°～15°不超过20 hm^2,在16°～25°不超过10 hm^2,26°以上在北方不采伐。

根据环境条件和更新的特点,皆伐又可分带状皆伐和块状皆伐两种。

(一)带状皆伐

在地势比较平坦、天然更新比较可靠的地区可以采用带状皆伐。带状采伐的伐区窄而长,有利于天然更新。通常,带宽是树高的2～5倍,带长可横贯伐区。为了有利于保留林木的侧方下种,带的长边应与主风向相垂直,采伐方向(接连采伐带)应与主风方向相反。在山地,采伐带应沿等高线水平设置,采伐方向可自山下到山上。

带状皆伐的伐区排列可有两种形式:一种是连续带状,另一种是间隔带状。连续带状排列是一带接着一带采。第一带采伐后,天然下种有了足够的幼苗,紧接第一带进行第二带采伐,一直采伐下去。间隔带状采伐是在林地划分若干采伐带,可1、3、5带接连采伐,更新完成后再在2、4、6带接连采伐。

(二)块状皆伐

在地形比较复杂或林分呈片状混交的情况下,可采用块状皆伐。为照顾天然下种,块的形状尽可能采用长方形。为了保持水土、保护森林环境,块间应保持一定距离,以品字形排列为佳。为了控制水土流失,伐区面积一次不得超过5 hm^2,坡陡与立地条件差的地段一次采伐面积缩小到1～3 hm^2。

(三)皆伐更新

皆伐之后应当及时进行更新,通常在1～2年内完成,重新恢复森林的生产力。皆伐更新的方法有三种:天然更新、人工促进天然更新和人工更新。

天然更新是依靠自然力量恢复森林的一种更新方法。这一方法多在边远林区、劳力不足的条件下应用。要实现天然更新,必须具备足够的自然繁殖体和适宜更新的生态条件。为了保证有足够的自然繁殖体,可从三个方面入手:第一,缩小皆伐林带宽度,有利于两侧林墙下种;第二,在林木大量结实期(种子年)和林木种子成熟季采伐,在采伐时林地有较多的种子;第三,林木种实较大,靠风力传播完不成全面更新,采伐时可保留少量结实量大、品质优良的母树,弥补林墙下种的不足。

人工促进天然更新是以天然更新为主,辅以人工措施的更新方式。在天然更新过程中,如果辅助以人工措施,天然更新就更有保障。人工促进天然更新通常有两种措施:第一,人工补种或补植。天然更新数量不足,更新苗木分布不均匀,可以辅以人工补种或补植,以达到天然更新的数量指标。第二,人工整地。在伐前或伐后,为了使种子接触土壤,有利于发芽,可进行带状整地或穴状整地,在林下草本植物比较茂盛、枯枝落叶层比较厚的条件下,辅以人工整地效果比较好。第三,调整更新方向。依靠天然更新,往往是阳性树种占优势,目的树种的苗木可能不足,如果任其自然生长,势必会产生树种更替。这时通过抚育可除去妨碍目的树种苗木生长的其他幼苗幼树、灌木、杂草等,为目的树种生长创造条件。

人工更新最为可靠,苗木成活率高、生长快,从东北到西南已被广泛应用,并取得良好的效果。人工更新要切实做到适地适树,根据立地条件优劣选择相应树种。同时,树种搭配要多样化,并尽可能营造混交林。

二、渐伐

渐伐是在伐区上分期分批采伐林木的采伐方法。在一个伐区上分期分批采伐林木,有利于保护森林环境,也有利于天然更新,因而得到广泛应用。渐伐期限一般以一个龄级为限(10～20年),伐后形成同龄林。采伐的过程通常2～4次完成,典型的渐伐过程有预备伐、下种伐、受光伐和后伐四个过程。

预备伐是为更新准备条件的采伐。在郁闭度较高的林分内,为促进林木开花结实,可伐去25%～30%的林木,使林冠疏开,增加光照,为林木结实创造条件。

下种伐是在预备伐后几年,林木已经大量开花结实,这时再伐去10%～25%的结实量比较大的林木,保留郁闭度0.5左右起到下种作用,为林下更新创造条件。

受光伐是在林下幼苗幼树生长起来后，为给林下幼苗幼树创造适当的光照条件进行的采伐。这时再伐去10%～25%的林木，使林分郁闭度保持在0.3左右，林地既有较好的光照条件，又保持一定的森林环境。

后伐是在幼苗幼树接近郁闭时，将伐区上所有林木全部伐完的采伐。这时，上层林木已成为幼苗幼树生长的障碍，必须及时伐掉。

在实际应用中，不少林区采用二次渐伐的方法。第一次伐去一部分林木，促进林木开花结实和幼苗幼树的形成。当幼苗幼树将近郁闭时，再伐去保留的所有林木。

渐伐有利于保持森林环境和保护幼苗幼树，但采伐与集材比较困难。在劳力比较缺乏、人工更新有困难或人工更新效果差的林分应用效果最好。

三、择伐

在异龄林、复层林内，林木的大小和成熟很不一致，皆伐与渐伐不能应用，这时只能进行择伐。所谓择伐，就是按照一定规格和要求，定期采伐部分林木的采伐方式。

择伐可分为单株择伐和群状择伐两种。单株择伐是分散采伐单株的一种采伐方式，该方式采伐和集材困难，适宜于在特殊条件下应用。群状择伐是将林地划分成许多树木群，以群为单位进行采伐。这种方式使整个林分形成复层异龄林，而每个树群则是单层同龄林，采伐、集材比较方便。

择伐更新效果最好，尤其对耐阴树种更为有效。但是由于采伐、集材困难，经济效益低，因而只有在特殊林分中应用，如竹林、风景林、陡坡水土保持林等。

第五节　伐　木

伐木是森林采伐的主要内容之一，包括伐木工具、伐木方法和控制树倒方向等几个内容。

一、伐木的要求及注意事项

伐木方法直接关系到木材质量和集材作业效率，应当十分重视。伐木的基本要求有以下几点。

(一)按号伐木

在采伐过程中，有时要分期分批采伐，有时是进行择伐，皆伐中有时也要保留下种母树。因此，在采伐时应先有技术员打号，伐木时应按号伐木，不能乱砍滥伐，破坏森林资源。

(二)降低伐根

按号伐木时，首先要考虑从哪里下锯。下锯时要遵守尽可能降低伐根的原则。伐根离地面越低，木材生产量就越高，同时还有利于集材作业、改善林地卫生条件。伐根究竟保留多高为好要根据地形、使用的采伐工具、单人操作或双人操作而定。地势平坦、单人操作、使用油锯的伐根低一些，否则就高一些。通常，伐根降低到能够操作工具的下限为宜。

(三)控制倒向

控制倒向就是使伐倒木倒向一定的方向。林内树木密集，树冠相接，倾斜木、偏冠木也有相当数量，因此控制伐木倒向十分重要。只有控制好倒向，树木才能按一定的排列倒到预定的场地，然后进行打枝、集材等作业。如果任其自然，树木则横七竖八地胡乱堆压，一方面给打枝、集材造成困难，同时树倒时还易出现事故。倘若伐倒木倒在未伐木的树冠上形成“搭挂”、“摘挂”就更困难。因此，控制倒向是伐木者必须遵守的要点。

（四）避免损伤

伐木的过程是一个非常重要的过程，如果一时疏忽，就会造成摔断、劈裂、抽心或砸伤保留林木的后果。一株树的成材过程需要几十年甚至上百年时间，伐木时一瞬间的疏忽就有可能使一株良材变成废材。为了避免伐木中造成的损失，掌握倒向时要使树干避开林地的高埂、石块和大树的伐根，防止树干摔断，以树冠枝桠着地为好。伐木时要严格遵守操作规程，“下楂”要拉到一定深度，“上楂”要拉到与“下楂”相接处，防止由于锯口深度不够而需强用绳索拉倒的做法。

（五）确保安全

伐木时树倒落地面覆盖相当面积，有一定危险性。因此，作业者之间要保持相当距离，山地下坡工作人员要更远一些。另外，树倒时要喊号，以警告其他工作人员注意躲开。

二、伐木工具

锯、斧和楔子是伐木工作必备的三种常用的工具，这三种工具各有用途，要配合使用。目前已有了现代化的伐木机，使伐木械具由手工操作发展到自动化操作。

（一）锯

在伐木过程中，锯是一种主要伐木工具，它的用途是在树干基部切口，将树干锯断。根据利用的动力，将锯分为手工锯和动力锯两类。

手工锯可分为单人锯与双人锯两种。单人锯主要是弯把锯，弯把锯像南方砍柴用的砍刀。锯身前宽（约 115 mm）后窄（85 mm），长 560 ~ 1 040 mm，厚 1 ~ 2 mm。锯身一边开齿，锯齿向把手方向倾斜。锯身窄的一端延伸为把手。把手向下弯曲，其角度与锯齿斜角相当。弯把锯单人操作，手推时不做功，手拉时切断木材。弯把锯机动灵活，操作方便，效率较高，是小面积采伐的主要工具。双人锯又称大肚子锯。锯身长 1 200 ~ 1 600 mm，中间宽两端窄，两端装有把手。锯齿从中间分开各向把手方向倾斜。该锯双人操作，两向运动都可切割木材。大肚子锯除作伐木用外，还可用做解木板，便于民间使用，是小面积采伐和民间伐木的主要工具。

动力锯有油锯和电锯两种，其中以油锯较为方便，在采伐中应用多。油锯由发动机和锯切装置两部分组成。发动机是一种单缸二冲程风冷式小型汽油机，通过传动装置带动锯链切割木材。锯链由多个链节组成，每个链节上带有锯齿。发动机启动后，通过离合器带动链轮，由链轮带动锯链切割木材。油锯机体多用轻质铝合金制造，一人用手提着进行伐木作业，工作效率高。同时，油锯还可以打枝、造材，用途比较广泛。

（二）斧

斧是伐木不可缺少的工具，伐木者随身携带。伐木用斧是一种特制的工具，体薄刃利，重 2 kg 左右。在伐木时，斧可用于开“下楂”和打楔子，另外还可用于打枝。

（三）楔

楔是一端薄一端厚的铁制器物，宽 4 ~ 5 cm，长 10 cm，是伐木时拉“上楂”的加垫物。在“上楂”口打入楔子，一方面可以控制树倒方向，同时还可以防止拉“上楂”时夹锯。

(四)伐木机

伐木机是一种最现代化的采伐工具。它是由履带拖拉机和采伐臂两部分构成的。在特制的拖拉机上,装上一个数米长的长臂。长臂可以折叠和伸缩,可在水平方向和垂直方向任意活动。在臂末端装有上、下两个机械手。在伐木过程中,机臂可以伸进林内7 m以内的森林深处,用机械手抓住要伐的树木。上机械手抓住树干的中下部,以起固定作用;下机械手抓住树干的基部,并用锋利的剪刀从树干基部将树干剪断,然后举出林地,再将整株树木打成捆运出加工。这种伐木机效率很高且很安全,同时不破坏林地土壤,不损伤林地幼苗幼树,对于维护森林土壤和保护天然苗木极其有利。伐木机威力很大,可以剪断40 cm以上的树干。目前,美国和一些发达国家已开始应用。

三、伐木方法

伐木工作者必须掌握熟练的伐木方法和过程。伐木的过程主要有看号、判断树木自然倒向、拉“下楂”、拉“上楂”和辅助控制倒向等。看号伐木是采伐工作中的规定,一定要按号伐木,打号者为采伐木,未打号者为保留木。下面主要讨论判断树木自然倒向、拉“下楂”、拉“上楂”等几个技术问题。

(一)判断树木自然倒向

在伐木之前,伐木者首先要站到树下对树冠进行观察,来判断其自然倒向。根据树木自然倒向和规定倒向两个因素,才能确定“下楂”的方位。

判断树木自然倒向有两个依据:其一是树干倾斜情况,其二是树冠偏心情况。树干笔直、树冠均匀端正的树木较少,大部分树木都有树干倾斜和树冠偏冠现象。产生的原因主要有光照和风两个因子。在地势比较平坦的条件下,由于常年受主风的影响,树干、树冠往往顺风倾斜和偏冠;常年主风不太明显,干和冠常向阳光一方倾斜。

在山地,树干、树冠同样受上述两个因素的影响。生长在山脊的树木,树干、树冠受风和阳光的影响与平坦地区相同;生长在山坡上的树木,干和树冠的倾斜主要受山坡的影响。在山地,无论哪一个坡向,上坡位比下坡位地势高,上坡位的树木都比下坡位的树木绝对高度高。这样,上坡位的树木自然地对下坡位树木起到侧方遮光的作用。因此,山坡上的树木其干、冠都有自然向下坡向倾斜的趋向。

山谷通常风和光都比较弱,树干比较通直,树冠比较匀称。

树干、树冠的自然偏向通常就是树木的自然倒向。

(二)拉“下楂”

在判断树木自然倒向后,就可知道树木的自然倒向与采伐木规定倒向是否一致。如果二者一致,就可在自然倒向一方的树干基部拉“下楂”。如果自然倒向与伐木规定倒向不一致,就要看树干、树冠自然倾斜的程度。树干、树冠倾斜度大,人工措施不易改变其倒向者,就在自然倒向一侧拉“下楂”;树干、树冠倾斜度较小,人工措施可以改变树倒方向,这时可在伐木规定倒向拉“下楂”。

所谓“下楂”,就是在树倒方向树干基部开出的一个缺口(见图8-3)。“下楂”的部位应尽可能接近地面,以减低伐桩高度。“下楂”的深度依树干基部直径而定,通常为基部直径的1/4~1/3。

拉“下楂”的方法是:在确定的“下楂”部位处,先锯出“下楂”的下锯口,然后用斧子斜

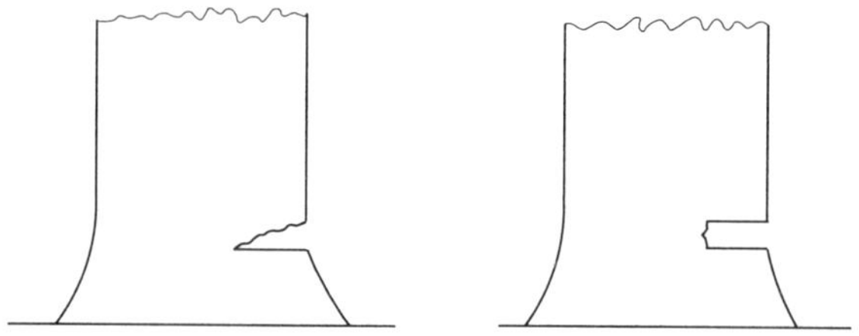

图 8-3 “下楂”的部位及形状示意图

开出“下楂”的上口，形成一个三角形的“下楂”。如果使用的是动力锯，切口比较容易，“下楂”的上、下口都用锯锯出，形状可为三角形，也可为矩形，然后用斧子抽片，即将两锯口中间的木片砍出来。这时，拉“下楂”工作完成。

树木被拉出“下楂”后，就失去了支撑平衡，使树木的重心向“下楂”方向偏移。这样，一方面可以控制树倒方向，同时还可以避免树倒时倒向树干，基部劈裂。

（三）拉“上楂”

所谓“上楂”，就是“下楂”背面的锯口。拉“上楂”就是在“下楂”背面下锯，将采伐木伐倒。“上楂”的锯口应与“下楂”的上锯口相平，过高浪费木材，过低不易控制树倒方向。

在拉“上楂”时，如果树干或树冠有一定倾斜度，倾斜方向又与规定方向相一致，下锯比较顺利，不会出现夹锯现象，“上楂”拉到一定深度树木会自然倒下。在平坦的地方树干比较通直，树冠比较匀称，拉“上楂”时有时会出现夹锯现象，这时可在“上楂”锯口加上楔子。在树木将要伐倒时，伐木者不能过早停锯离开，更不能用绳索或其他工具强行拉倒，这样易造成“抽心”。当伐口处开始发出纤维断裂响声时，伐木者方可停锯离开。这时伐木者同时要喊山（如“下山倒”等），以警告其他人员离开。

树木从失去平衡到倒下有一个过程，开始倾倒速度很慢，树木基干部倾倒更为迟缓，伐木者不必惊慌。

四、控制树倒方向

控制树倒方向是伐木过程中的重要环节，同时也是较难掌握的环节。只有控制好树倒方向，才有利于打枝、造材、集材工作的进行，同时也可避免工伤事故的发生。通常控制树倒方向的措施有如下几种。

（一）拉“下楂”控制

在伐木时，拉“下楂”及“抽片”可使树干支撑点向“下楂”一方移动，“上楂”拉到一定深度树木自然向“下楂”一方倾倒，以此来控制树倒方向。

（二）“留弦”控制

在伐木过程中，为了更好地控制树倒方向，在拉“下楂”的同时还要加“留弦”来共同控制倒向，这样效果更好。所谓“留弦”，是指“下楂”锯口与“上楂”锯口将要接近时所保留的尚未切断的木材断面。如果“留弦”的宽窄一致，树倒时弦位尚未切断的木材对树干拉力均匀，并且同时断裂，树干向“下楂”方向倒下；如果“留弦”左宽右窄（见图 8-4），树倒时弦位尚未切断的木材对树木拉力就不均匀，窄的一端先断裂，宽的一端后断裂，树干会向弦宽的方向倒下，在拉“下楂”基础上再向左方调整一定角度；如果“留弦”左窄右宽，树倒时会向右方偏斜一定角度。

（三）“上楂”加楔控制

通常拉“上楂”是在预定倒向背面的干基下锯。为了更可靠地控制树木倒向，可在“上楂”锯口处打入楔子。打楔处应在树倒方向的背面，并且边锯边打，迫使树干向“下楂”方向倾倒。打楔时应注意与拉“上楂”同步，不能强打楔子，以免造成树干劈裂。

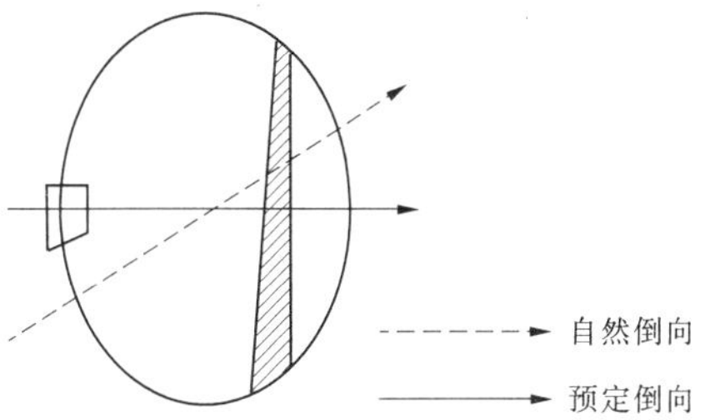

图 8-4　“留弦”示意图

（四）撑杆控制

在树干有一定倾斜或树冠有一定偏冠的情况下，靠上述方法不能可靠控制树倒方向时，可采用撑杆控制树倒方向。通常采用 4 ~5 m 长的有弹性的木杆，直径 8 ~ 10 cm。在“上楂”拉到一定程度时，在倒向的背面支撑上木杆。上支点在树干高度 3 ~4 m 处，下支点放在坚实的地面。当“上楂”即将拉完时，在木杆的中部用手往下拉木杆，使撑杆变弯，然后放手使撑杆变直。这样利用侧方支撑力使树干向着预定方向倒下。

（五）绳索控制

在城镇、村庄、街道、路旁及行人和建筑物比较多的地方，伐木时如果掌握不好树木倒向，易发生伤人或砸坏建筑物的事故。为了确保安全，常采用绳索控制树木倒向的方法。伐木前将绳子绑在树干上部，人站在树倒方向牵拉绳索，当树木快伐倒时，拉动绳子，使树木向拉力方向倒下。树木过于高大时，还可采用先锯大枝后采树干的伐木法，以减少对周围建筑物的损伤。这种伐木方法比较费工，不适于林区伐木。

第六节　打枝和造材

打枝和造材是伐木后紧接的工序。

一、打枝

打枝就是将伐倒木上的枝条全部紧贴树干表面除掉。打去枝桠的树干叫原条。

打枝是森林采伐的一个重要环节。伐倒木经过打枝之后才能造材，同时打枝后也有利于集材。

打枝有严格的技术要求。它要求将树上全部枝桠紧贴树干打平，不得留茬凸起，也不得形成凹陷。留茬凸起在集材时破坏林地土壤，形成凹陷易损伤树干木材。

打枝的工具主要是斧，有时也用锯。打枝用的斧是特制专用斧，斧体薄（重 2 ~2. 5 kg）而把长（90 ~100 cm）。用斧打枝，入斧方向应顺枝桠生长的方向，近平行于树干把枝条砍去。形成一个平滑的“白眼圈”。打枝不可逆枝条方向下斧，这样易损伤树干木材，在枝桠基部成凹陷，降低木材品质。

对于较大的枝桠，可先在枝桠基部“开楂”，即先顺枝条方向砍几斧，再垂直枝桠砍几斧，在枝基砍出一个缺口，再逐渐将枝桠砍去。这样，可避免夹斧、提高工作效率。对于过粗的枝桠,也可用锯锯掉。打枝的顺序应先从树干基部开始,一直打到树梢。

打枝要注意操作方法,操作不当容易伤腿、伤脚。操作时,人应站在树干一侧,用斧去砍另一侧的枝桠,可以避免工伤事故。对伐倒的大树,由于枝桠支撑,树干枝桠基部距地面较高,操作不方便时,可以站在树干上打枝。站在树干上打枝,首先要注意树干是否稳定,其次是先打非支撑枝,再打支撑枝。

打枝时最好一人一棵树,同时人与人之间要保持一定距离,有利于安全。

二、造材

造材就是按照国家规定或地方木材市场需要的木材标准,把原条截成原木的过程,

造材是一项技术性很强的工作,它直接关系到原木出材率和出材品质的高低。造材不合理可能将优质材变成低等材,好材变成废材,使经济效益降低。合理造材可以多出材、出好材,废材也能利用,提高经济效益。合理造材应做到以下几点:

(1)掌握市场各种用材规格的信息。掌握市场用材信息,就是根据需要造材,市场需要什么规格的材,就造什么规格的材,使造材与市场需求联系起来。同时还要沟通规格材以外的小径材、弯曲材、废材的销售渠道,做到各种材都有销路。

(2)提高木材出材率。出材率是指造材所得到的原木与所用原条材积比。出材率的高低是衡量造材工艺高低的标志。为了提高造材出材率,就要尽可能利用原条长度。按国家造材标准规定,梢头直径 6 cm 以上为规格材。实际上市场需要的小径木很多,小头直径 3 cm 以上的小径材(可做农具把柄)也很畅销。这样将可利用部分延长到梢头 3 cm,就可提高木材出材率。

(3)提高木材出材等级。木材等级高低不同,其经济价值也不同,提高木材出材等级,就是提高出材的经济效益。

一根原条的不同部位,其形、质有很大差别。在接近地面的基部,由于初期生长缓慢和受地形(坡度、坡向)的影响,往往形成弯曲和粗大的干基;在干基以上到枝下高的下半部,通常为粗大、通直、圆满、无节的优质良材;接近枝下高的一段为比较粗大、通直、少节的良材;着生枝条的树冠部位的树干,通常节疤多、尖削度大、直径小,木材的品质也比较差。这样,选材就应因材分段,将通直与弯曲的分开,将圆满度大、无节或少节的与尖削度大、多节疤的分开,将直径大的与直径小的分开。在造材过程中,还要尽可能延长Ⅰ级材的长度,缩小三等材及等外材的长度,以提高优质材的出材率及造材的经济效益。

造材的具体过程通常可分观察、量尺和锯截三个程序。所谓观察,就是根据造材者的经验,通过对原条的目测,初步确定原条各个部位适合造什么样材种(原木、枕木、板方材、坑木、民用建筑材等)。量尺就是根据造材者目测的估计,具体分段量尺,计算不同部位树段是否符合预计材种的长度。如果估测与量尺结果相符即可下锯;如果不符,要根据量尺结果重新提出造材方案,直至达到合理造材要求。量尺及造材方案确定后,把下锯位置标记在原条上。在标记下锯位置时,要留出 1.5~3.0 cm 的锯口,以免锯后减短材种长度。在锯截过程中,必须使锯身与原条轴线垂直,防止锯口偏斜,同时要防止锯截时劈裂,保证造材质量。

第七节　伐区作业方式与集材

一、伐区作业方式

伐区是确定森林采伐的林地;作业区是采用同一种集材方式的伐区。二者的划分通常是按山脉、河流等自然地形地势进行的。区划时,要进行伐区调查,按照树种和立地条件区划好采伐带,确定好采伐木与规定集材道、装车场的位置等伐区工艺设计,使之既有利于伐木和集材作业,又有利于更新和保护一定的森林环境。例如,为了便于天然更新或人工促进天然更新,阔叶树的种子粒小,易于飞散,采伐带宜宽些;针叶树的种子粒大,不易飞散,采伐带应窄些。采伐带宽对伐木、集材有利。采伐带窄势必对伐木、集材造成困难。所以,必须相互兼顾。

根据木材在集材中的形态不同,将伐区作业方式分为原木方式、原条方式和伐倒木方式三种。

(一)原木方式

木材在集材中的形态是原木。这种伐区作业方式是先将林木伐倒,并打枝、造材形成原木,然后再进行集材、归楞。伐木、打枝、造材、集材、归楞或装车等工序皆在伐区内进行,一般只依靠人力、畜力,是最古老的伐区作业方式。这种方式在大林区一般不多应用,但在我国南方或在地形复杂的小林区及其他深山区的森林采伐中,由于林分结构或地形条件等不便用机械作业,而仍在应用。

(二)原条方式

木材在集材中的形态是原条,即将林木伐倒,打枝形成原条后直接集材。这种方式的归楞或装车在伐区内进行,造材是在楞场或贮木场中进行,这样造材的效率和质量较高。但是,由于原条长、重量大,通常要依靠机械集材和装卸,并受到地形条件限制。因此,这种作业方式一般在大林区及森林采伐作业机械化程度高的林区应用较多。

(三)伐倒木方式

伐倒木方式在集材中的形态是伐倒木,即将林木伐倒后,不经打枝、造材,整株伐倒木直接集材,集中运到楞场或贮木场后再打枝、造材。这种作业方式可提高出材率且能充分利用梢头木和枝桠等采伐剩余物,又提高了功效,并有利于伐区清理。这种作业法在国外已开始得到应用,并在逐渐发展、完善,是未来发展的方向。

伐倒木作业法要求机械化集材。在一般拖拉机、绞盘机集材的条件下,由于整个树冠在林地拖拉,对林地土壤、幼苗和幼树破坏严重,必须采用人工更新,并有一定水土保持措施。目前出现了伐木机,使伐木、集材一体化。伐木机的长臂可以直接伸入林内,抓住树干并从树干基部将树干剪断,然后举出林地,并将整株树木打成捆直接装车运往加工厂。这种作业法实现了采伐、集材一体化,并使其由传统的地面作业发展成空中作业,不仅功效高、出材率高、小径材利用率高,而且对林地土壤、幼苗和幼树起到保护作用,是一种现代化的最理想的伐区作业法。

二、集材

根据伐区作业方式的不同,把分散在伐区中的伐倒木、原条、原木汇集到伐区楞场、装车场或推河场的作业叫做集材。集材是在伐区内进行的,一般在几十米到几百米之间集运。抓好集材是提高采伐经济效益的关键,因为在森林采伐中集材作业最困难,费用也高,一般占伐区作业总费用的60% ~70%,所以应抓住有利季节,尽快完成集材作业。否则拖延下去,伐倒木或原条、原木就成了“爬山树”(或叫“困山树”),腐朽变质,造成浪费。

集材作业有两种不同的分类方法:一是按集材对象的形态分为伐倒木集材、原条集材和原木集材,二是按使用的动力分为人力集材、畜力集材、滑道集材、拖拉机集材、绞盘机集材、架空索道集材、联合机集材和直升飞机或飞艇集材等。下面主要介绍人力集材和畜力集材及拖拉机集材和架空索道集材。

(一)人力集材和畜力集材

这种集材方法比较古老和落后,但在森林采伐中,由于有些地区的林分结构或地形条件复杂,不利于机械化作业,所以仍在应用。

人力集材可用肩扛,但劳动强度太大。通常利用“串坡”(溜山)和滑道集材。串坡是将山坡上的原木或原条,利用重力和坡度,用木棍撬拨或牵引使其滑下山坡,这种方法在南方林区叫做溜山。串坡要求一定的坡度和距离,一般在17°以上,几十米之内。当原条或原木被串放到较平缓的地方后,再用畜力或机械集运。串坡有一定难度,掌握不当就会损伤木材并破坏林地。同时,使用过程中一定要注意人身安全。滑道集材同串坡一样也是利用重力和坡度使原条、原木滑向山下,但所不同的是要修筑滑道。把原条、原木集中起来,一一由滑道串到山下。滑道有木滑道、冰雪滑道、竹滑道、水滑道、土滑道和塑料滑道等。我国北方地区冬季寒冷多利用冰雪滑道,而南方常用木滑道、竹滑道、土滑道等,滑道的坡度通常较串坡小些,并经常采取减速措施来减小滑速,从而避免对木材造成严重损伤。

在平缓林地上多使用畜力集材。常用的牲畜有牛、马、骡、驴和大象等。我国北方林区常用牛马套子集材,即用牛或马拉爬犁,将数根原条或原木的一头捆在爬犁横梁上,另一头拖在雪地上。通常以大头朝前,以便减少木材和地面的摩擦阻力。牛马套子集材充分利用了冰雪覆盖的条件,省工省力,效率较高,对于比较集中、数量较多的原条或原木是比较好的一种畜力集材方法;而对于较为零散、数量不多的原条或原木,常用较细的钢丝绳,一头套在木头上,另一头拴在牛马套上,让牛马拉走。畜力集材通常不需修集材道,但沿途不能有障碍物,如有倒木、灌丛、大石块等,必须事先清除掉。另外,千万不能放大坡,否则爬犁串坡,造成人畜伤亡。

(二)拖拉机集材和架空索道集材

使用拖拉机集材是目前我国林区的主要集材方式。在拖拉机的尾部装上绞盘机、搭载板或吊架。集材时不必用人工一根根地装,只需将钢索拴在原条上,开动绞盘机即可将原条的一端拉到搭载板上。到达楞场时只要将绞盘机的钢索松开,拖拉机稍向前一动,原条就可以卸落到地面上,既省工省力,又拉得多。由于搭载板或吊架离地面较高,拖拉机拖着原条行走时可以通过较小的障碍物,因而只需简单地将集材道上的大障碍物清走即可。集材道的坡度一般不超过20°,最好不要逆坡集材。为了增大装载量,并避免原条大头朝前增加阻力,通常以小头朝前。由于拖拉机拖着原条前进,原条大部分与地面接触,难免对林地有破坏作用。所以,在完成集材以后应及时对集材道进行修整。

在陡峭的山地无法使用拖拉机集材时,可用架空索道集材。架空索道以绞盘机为动力,以架空的钢索为轨道,将原条或原木吊运到楞场。一般是把一根钢索悬空架设在两个支架之间，一个支架位于起点，另一个支架位于终点，一个跑车在钢索上往返，下面吊着原条或原木。架空索道可以跨越峡谷、河流、沼泽，不受地形地势限制，也不存在破坏林地及幼苗幼树的问题。但是，架设索道拆卸和迁移都比较费时费力，因而当前应用的并不普遍。

以上几种集材方式中，除架空索道集材外，皆对森林更新有影响，这是必须注意的大问题。一方面，集材时常将原条、原木在林地上拖曳，造成对林地、幼苗、幼树及保留木的破坏。林地被压成一条条垄沟，幼苗、幼树被压伤、擦伤和折断。尤其是拖拉机集材，常把集材道压成很深的辙沟，导致水土流失。在阴雨天气，集材道泥泞时，常垫许多枝头、枝桠，并被深碾进土壤里，难以更新。因此，在集材作业中应千方百计地防止和减轻这些破坏作用。然而，集材时拖走枯枝落叶层，擦破土壤表层，林木种子落到上面，能够与土壤接触，发芽生根，形成幼苗幼树，反而有利于天然更新。

总之，集材作业直接或间接影响森林更新，在确定集材方式时必须兼顾到木材生产和森林更新两个任务，保护好林地和幼苗幼树，不能只顾经济效益，忽视生态效益。

第八节　伐区清理

采伐和集材之后，将遗留在伐区上的大量枝桠、废材、倒木、梢头木、腐朽木、藤条、灌木等采伐剩余物加以适当的清理叫做采伐迹地清理，又称伐区清理。它是森林主伐的最后一道工序，也是为迹地更新而采取的一项重要的森林经营措施。

一、伐区清理的重要性

（一）及时清理伐区有利于森林更新

主伐之后，伐区上散布的采伐剩余物会妨碍森林天然更新和人工更新，必须及时进行清理，改善天然下种和人工更新的条件，为种子的发芽、幼苗的成活以及幼苗、幼树的生长创造适宜的环境条件。

（二）改善迹地卫生状况，减少和杜绝森林火灾及病虫害的发生与蔓延

针叶树的采伐剩余物，特别容易着火，导致森林火灾。及时清理可以减免森林火灾发生的危险性。采伐剩余物是各种有害昆虫如小蠹虫、松树大象鼻虫、天牛、吉丁虫等以及各种有害寄生菌、腐生菌和啮齿类动物（如鼠类）寄居与繁殖的场所，因此及时清理采伐剩余物可以减免森林病虫害。

（三）改良土壤理化性状，提高土壤肥力

采伐剩余物中含有大量矿质营养元素（钙、磷、钾、镁等），火烧或腐烂之后，可以增加土壤中的灰分和有机质含量，从而改良土壤结构、降低酸度、增加透性、提高温度。同时还会引起土壤微生物在数量和种类上发生有利的变化，使土壤肥力得到提高。在山地，如阳坡、陡坡，通过适当的伐区清理，还可以防止水土流失。

（四）提高木材利用率，充分利用森林资源

采伐剩余物的数量是相当大的，据统计占采伐材积的 20% ~30%，将这些采伐剩余物运出，充分加以利用，对增加经济收入和支援国家建设具有重大意义。

二、迹地清理方法

迹地清理方法很多，归纳起来可分为运出利用法，堆积清理法和火烧法三种。具体应用

哪种方法主要取决于经济条件、立地条件和主伐方式等。

（一）运出利用法

将采伐剩余物运出利用是充分利用森林资源、提高木材利用率和节约木材的重要措施。因此，在少林或靠近村庄以及有条件的地区应尽可能地将凡能利用的采伐剩余物运出林地或就地加工，因故暂时不能运出时，要堆积在道路附近或林中空地上，并在防火季节到来前，在周围开出防火带或防火沟。

（二）堆积清理法

堆积清理法又叫腐烂法，即将采伐剩余物截成碎段，置于林地，任其腐烂的方法。该法可以减弱迹地土壤水分蒸发和阻截地表径流。同时，采伐剩余物腐烂后，还可增加土壤有机质的含量、提高土壤肥力。但是由于采伐剩余物覆盖地面，在一定程度上也会影响森林更新，还可能成为病虫害的发源地和增加森林火灾的危险性。该法通常又分为以下几种。

1. 堆腐法

把采伐剩余物截成碎段，聚成小堆，任其自然腐烂。堆的大小一般以长×宽×高不超过2 m×1.5 m×1 m为宜；堆与堆之间的距离以不影响更新为原则，一般每公顷可堆80～100堆；堆的位置应选在没有幼树的空地或低洼地上，侵蚀沟或机械集材后的集材道以填平为限；在坡地上，堆的方向以横山堆积为宜。但不要影响有正常排水作用的小河或小溪的流动。堆腐法适用于潮湿地、浅水地和火灾危险性较小的地区（如北方湿润的云、冷杉林），以及择伐、渐伐和抚育采伐的迹地上。幼树较多的皆伐迹地上也可采用。

2. 带腐法

皆伐迹地上多采用带状堆腐，带宽为1～1.5 m，高1 m，长度不等，呈水平带状堆积，带间距离视采伐剩余物多少而定，一般在20 m以上。带腐法具有省工、便于更新、防止水土流失等优点。在山地森林和特别贫瘠的石质土壤上，带腐法优点突出。

3. 撒铺法

撒铺法即将采伐剩余物截成长0.5～1 m的小段，均匀地撒铺在迹地上，任其腐烂。一般在干旱瘠薄的土壤或陡坡上应用，既可防止水土流失，又可增加土壤肥力。

（三）火烧法

火烧法是将采伐剩余物堆积成小堆，或平铺在迹地上点火烧掉。这种方法能改善林区的卫生状况、降低火灾的危险性、减少林地的病虫害和鼠类等动物的危害，并能消灭杂草、提高土壤肥力，有利于森林更新，但火烧法有时也会带来不良后果。如在阳坡、陡坡和干燥的环境条件下，火烧后林地裸露会使土壤变得更加干燥，甚至引起严重的水土流失；在过湿的情况下，如过度火烧会使土壤板结，降低透水性，并可能导致沼泽化现象。泥炭质的林地不宜采用火烧法，以免引起地下火。火烧法可分为堆烧法和全面火烧法两种。

1. 堆烧法

将采伐剩余物堆成若干堆，然后用火烧掉，或者在清理采伐剩余物的同时，把枝条逐渐投入火堆中。堆的大小一般以长×宽×高不超过3 m×2 m×1.5 m为宜。堆的数量以采伐剩余物的多少而定。堆最好避开母树、幼树和林墙，并应选择有良好母树条件且土层较厚的地区，同时应选择无风或空气湿度大的天气，并尽量在中午以前结束火烧工作。火烧时要有专人管理和严格的制度。火烧完毕，要用生土将余火完全埋灭，并把灰分与土壤搅拌，从而有利于落种发芽。

根据大兴安岭经验,在有落叶松种源的条件下,火势适中,烧后又进行适当处理的情况下,堆烧法是一种经济而有效的促进天然更新的措施。堆烧法主要应用于皆伐迹地,目前在美国得到普遍应用。

2. 全面火烧法

将采伐剩余物撒铺在迹地上用火烧掉。火烧之前,必须在迹地周围打好防火线,然后将迹地上的杂草、灌木等全部砍倒,与采伐剩余物一起平铺在地面上,待稍干燥后,再点火烧掉。

总之,在一个具体地区,不论应用何种清理方法,都应依自然和经济条件而定,做到随采伐随清理,而且是彻底清理,同时要结合清理伐区,把小头直径 5 cm 以上的梢头、侧枝、小径材以及一切有利用价值的小规格材挑出来,运出利用,也就是应千方百计地在清理林地中节约木材。

三、采伐剩余物的利用

森林采伐剩余物是森林资源的一部分,在工农业生产和人民生活中具有广泛的用途。在有条件的地区,应当充分加以利用。

据统计,采伐剩余物中树木梢头、枝桠的重量占树体总重量的 30% ~50% ,除较大的梢头、枝桠可加工制成小型工具、农具和小型家具外,还可以通过化学和物理方法加工制成许多产品,如制造纤维板、纸浆和人造纤维,提取栲胶、烧木炭和木材干馏等。有的细枝、树叶可加工成粗饲料。松根、松针能提取松香和松节油。有些林木的果实、种子能制取油脂和淀粉。许多植物的根、茎、叶、皮、花和果实可作为中药材等。

总之,我国是个少林的国家,充分利用采伐剩余物是提高资源利用率和节约木材的重要措施与途径之一。

第九章　森林测量

第一节　常用仪器的使用与校正

一、罗盘仪

罗盘仪用来确定直线的方向。它结构简单、轻便、易操作，虽精度不高，但能满足一般森林测量的要求，所以被广泛应用。

（一）罗盘仪的使用

罗盘仪主要由望远镜、磁针和度盘三部分组成。度盘最小分划值为30′或1°，每10°有一注记，注记形式有方位式和象限式两种。由0°按反时针注记到360°的为方位罗盘仪；以南北刻度为0°，分别向东、西注记至90°的为象限罗盘仪。

使用时将罗盘仪安置在测站，用垂球帽对中，手转动度盘，使盒内水准器气泡居中，旋紧球轴制动螺旋，这时仪器即已水平。然后转动望远镜，对准目标，慢慢松开举针螺旋，待磁针静止后，用其北端读数，读到度，估读到1/4度。读数应从小到大，此时读数结果即为测站到目标的磁方位角。

（二）罗盘仪的检验与校正

（1）磁针的两端是否平衡：使罗盘仪水平，当磁针静止时如有倾角，即为不平衡。可调节磁针南端铜线圈的位置，也可在较轻的一端涂少量蜂蜡，使其平衡。

（2）磁针是否灵敏：用铁器吸引磁针离开原位，拿走铁器，如磁针剧烈摆动后能很快静止于原位，则表明磁针灵敏，否则表示不灵敏，其原因可能为轴尖磨损、玛瑙轴圈磨损或磁针磁性衰退。校正时取出磁针，放于缝衣针顶，如此时磁针灵敏，说明轴尖磨损，可用油石将其磨尖即可；如磁针不灵敏，说明玛瑙圈磨损或磁针失磁；当检查玛瑙圈无磨损时，即为磁针失磁。磁针充磁可用电力充磁或用磁铁一端从磁针中央向磁针异极的一端滑动；重复滑动时，磁铁应远离磁针移向磁针中央。

（3）磁针是否有偏心：反复转动度盘，磁针两端读数之差在方位罗盘仪上始终应为180°，在象限罗盘仪上则应相等。如不满足以上条件，而在任何方向误差为一常数，则说明磁针弯曲，可取下磁针用小木锤敲直；如误差为一变数，则说明刻度圈中心与磁针顶针不重合，这叫偏心差，校正时找出两端读数差最大的地方，用扁嘴钳夹住顶针向中心纠正，反复检查多次，直至误差消除。也可用磁针两端的读数加（减）180°后取平均值，作为正确读数。

（4）十字丝位置应正确：在20 m处挂一垂球，罗盘仪整平后，调节十字丝的竖丝与垂球线重合，如不能完全重合，则应校正。方法是，松开十字丝环任意两个相邻的校正螺旋，转动十字丝环，直至竖丝与垂线完全重合，再旋紧校正螺旋。

（5）望远镜视准轴与度盘零直径应在同一竖直面内或相互平行：视准轴是望远镜物镜光心与十字丝交点的连线。如视准轴达不到上述要求，则使观测结果产生一系统误差，林业上称此为罗差。检验时,用一细绳与零直径完全重合,将此绳延长 5 ~ 6 m,搭在另一横线上,在一端吊一重物,使其下垂,并保证此线在同一竖直面内,保持度盘原位,通过望远镜瞄准下垂线,若十字丝纵丝与垂线不重合,说明有罗差。校正时,调节支架上相邻的两个校正螺旋,改变视准轴,消除罗差,或在观测值中加或减一改正数。

二、水准仪

水准仪可配合水准尺进行水准测量,确定地面点的高程,在较平坦地区,也可进行视距测量。它的型号很多,常用的是 DS_3 型微倾水准仪。

(一)水准仪(DS_3 型)的使用

水准仪由望远镜、水准器和基座三部分组成。使用时将其架于测站。测站应选在通视良好、土壤坚硬并距两个测点距离大体相等的地点。安置时应使架头基本水平,再拧紧连接螺旋。调平时,首先用两手同时转动两个脚螺旋,这时气泡移动方向与左手拇指运动方向相同,而与右手拇指转向相反,移至圆水准器一边,这时气泡与另一脚螺旋的连线应垂直于这两个脚螺旋的连线。再调节另一脚螺旋,使气泡居中,在测站分别放尺垫,水准尺立于尺垫上。用望远镜准确对准目标,制动望远镜,用微倾螺旋调节长水准管,使气泡居中,消除视差。用十字丝横丝准确读数,直接读出米、分米、厘米,估读到毫米。读后转动望远镜,同法观测下一目标。这种观测,在观测前进方向后面的读数叫后视读数,前方的叫前视读数。两点的高差为后视读数与前视读数之差,值为正,说明前视点低于后视点,反之说明前视点高于后视点。前后视点各观测一次后,改变仪器高(将仪器升高或降低 10 cm 以上),重复观测一次,两次观测的高差差值小于 6 mm 时,取其平均值作为两测点的高差。前视点高程等于后视点高程加两点的平均高差。

如果要测出许多点的高程,可组成闭合水准路线或附合水准路线分段观测。

(二)水准仪的检验与校正

(1)圆水准器轴应平行于仪器竖轴:检验时整平仪器后,将照准部转动 180°,如气泡偏离中心,说明两者不平行。校正时调节圆水准器下的校正螺旋,使气泡退回偏离中心点的一半,再转动脚螺旋,改正另一半。这种校正应反复进行,直至仪器在任何位置气泡都居中。

(2)十字丝位置应正确:主要指在仪器竖轴垂直时,十字丝横丝应水平。检验时整平仪器,使长水准管气泡居中,然后在远处瞄准一明显点,制动望远镜和照准部,调节望远镜微动螺旋,如瞄准点有时偏离横丝,则说明位置不正确。校正时放松与十字丝环相邻的两个校正螺旋,转动十字丝环,使以上条件满足,再拧紧校正螺旋。

(3)视准轴应平行于长水准管轴:检验时在平坦地面选相距约 80 m 的两点 A、B,分别打桩,先架仪器于 AB 中点,用改变仪器高法测出 A 与 B 的平均高差 h_{AB},然后移仪器到 A 点近处,当气泡居中时,读后视读数 a,由此可算出视线水平时 B 尺的读数应为 $b = a - h_{AB}$,如读数不符,说明应校正。这时转动微倾螺旋,使中丝准确对准 b 后,调节水准管校正螺旋,使气泡居中,这样反复进行,直至完全符合要求。

三、平板仪

平板仪有大平板仪和小平板仪,常用的是小平板仪。它可用图解法测定水平角,也可测定竖直角。

(一)平板仪的使用

平板仪包括平板、三角架、照准仪及移点器和方框罗针等部分。使用时先安置三角架于测站,架头基本水平,高度适宜,要便于测绘。进行粗略定向后,用移点器进行对中,使图上的点与测点对应。对中允许误差为测图比例尺精度的1/2。然后整平,靠安平螺旋使照准仪直尺上的水准器气泡居中,也可用水准器进行。没有安平螺旋的平板仪,靠三脚架或搬动图板来整平。最后进行定向,用照准仪直尺的斜边紧贴图上已知直线,转动图板来瞄准地面相应的已知点,使十字丝交点与目标重合即可。一般定向用较远的已知边进行,用不同方向的另一已知边检查,达到准确定向后可固定平板,开始测量。

(二)平板仪的检验与校正

(1)图板要稳定水平:整平图板后,用照准仪瞄准远处任一点,沿直尺画一直线,用手轻按图板一角,使视线离开瞄准点,放手后如果十字丝交点仍对准原点,则图板稳定,否则应送工厂修理。当校正好的直尺在图板任何一处都与图板紧贴时,说明图板平整,否则也应修理。

(2)照准仪直尺的斜边应成一直线:检验时在图板上沿直尺边轻画一直线与直尺相等,然后调转直尺,使两端点对准已画直线两端点,再画一直线,如两直线不完全重合,则应送工厂修理。

(3)照准仪直尺上的水准管轴应平行于直尺底面:检验时照准仪放在图板中心,使直尺与两个脚螺旋连线平行,并沿直尺画一直线,调节脚螺旋使气泡居中,再倒转照准仪,仍使直尺紧贴直线,此时气泡若不居中,则应校正。校正时可用水准管校正螺旋,使气泡退回偏差的一半,另一半用脚螺旋校正。如此反复多次,直到满足上述条件为止。

(4)视准轴应垂直于横轴:在平坦地段选一目标,整平图板后瞄准目标,沿直尺画一直线,并在靠近观测者一方标定一点,将照准仪调头,使直尺仍紧贴所画直线,瞄准原目标后再画一直线,若两直线不完全重合,则应校正。校正时将照准仪的直尺边放在两条直线夹角的平分线上,调节十字丝校正螺旋,使十字丝的交点对准远处目标,再拧紧校正螺旋。

(5)对点器的检验和校正:整平图板后使对点器的缺口对准图板上一点 A,标出垂球所对的地面点,将对点器绕 A 点旋转 90°~180°,若此时垂球离开原地面点,则应校正。校正时可移动移点器上挂垂球线的位置,使垂球对准地面点,如此反复几次即可。

第二节 平面图测绘

把测区内各种地物按照垂直投影的方法,投影到水平面内,并按比例尺缩小,用相应的符号描绘下来,得到的相似图形即为该区的平面图。其中不能按比例描绘的地物,可用规定的符号表示。测绘平面图常用罗盘仪、平板仪和经纬仪。

一、罗盘仪测量

罗盘仪常用来确定直线的方向,也可进行控制测量和碎部测量。

(一)直线的定向

要确定地面点平面位置,就必须知道它与已知点连线的方向和距离。这种确定两点间直线方向的工作叫直线定向。直线的方向常用该直线的方位角表示。

(1)方位角:是指从标准方向北端按顺时针方向到已知直线所夹的水平角。在普通测量中,常用的标准方向有:

真子午线方向:是指通过地面点真子午线的切线方向。以此为标准方向,就得到该直线的真方位角,常用 A 表示。

磁子午线方向:是指该点磁针自由静止时所指的方向。由此可得到直线的磁方位角,常用 M 表示。

纵坐标轴方向:是测量中建立的平面直角坐标系的纵轴方向。这样得到的是坐标方位角,常用 α 表示。

因地球南北极与磁南北极不重合,所以过地面点的真子午线与磁子午线常有一夹角,这就叫磁偏角,常用 δ 表示。当磁子午线在真子午线东边时,磁偏角为正,西偏时为负。这样,用过该点的真子午线和磁子午线作标准方向来表示同一直线的真方位角和磁方位角时,它们的值就相差一个磁偏角,也就是说,只要知道一条已知直线的磁方位角和磁偏角,就可推算该直线的真方位角(见图 9-1)。

直线方向的表示,有时还用象限角。它是指由标准方向南端或北端到已知直线所夹的锐角。所以象限角不但要写出角值,还应注明该直线所在的象限,如图 9-2 所示,直线 AB 的象限角应为北偏东 45°或 N45°E。

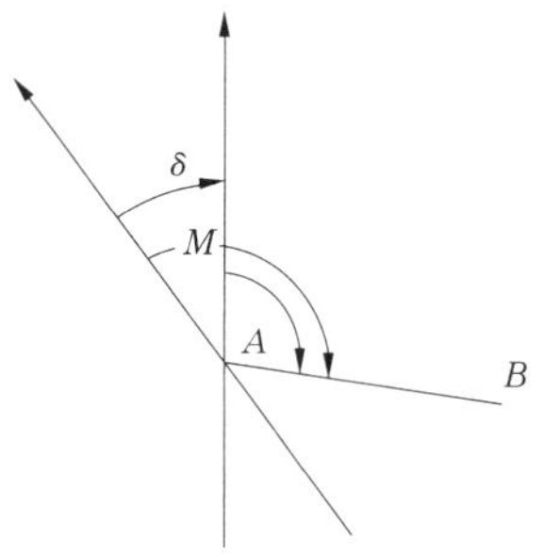

图 9-1　真方位角、磁方位角与磁偏角

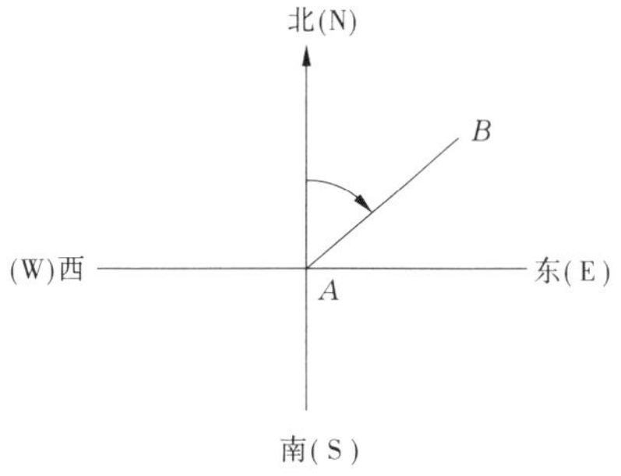

图 9-2　象限角

因为象限角和方位角都从标准方向算起,所以它们可相互换算。

因直线有方向,一条直线相反方向的方位角叫该直线的反方位角。同一直线,正反方位角相差 180°。

(2)磁方位角的观测:测定直线 AB 的磁方位角时,架罗盘仪于 A 点,经过对中整平后,瞄准 B 点目标,打开举针螺旋,待磁针静止时,读出磁针北端或南端所指的度数即为该直线的磁方位角。为了提高精度,可用同法架罗盘仪于 B 点,测出 BA 直线的方位角,二者应相差 180°,如果有误差,不应大于 0.5°。在误差允许范围内,用两次观测之和加上或减去 180°的平均值,作为 AB 直线的磁方位角。

(二)罗盘仪控制测量

用罗盘仪测绘平面图时,为了防止测量误差的传递和积累,先在测区内选择一些控制点,先测出这些控制点的位置,经过平差,再以这些点为基础,进行周围地物测量。测定这些控制点位置的过程叫控制测量,而测绘控制点周围地物的过程叫碎部测量。

将测区内各控制点用直线连接起来,就会形成各种闭合多边形或多边折线。形成一个闭合导线的就叫闭合导线控制测量。

闭合导线控制测量的步骤如下。

1. 踏勘和选点

踏勘的目的是了解测区的位置、地形、面积和范围,根据地形变化和范围确定控制形式与控制点的数量,并初步选定控制点位置。控制点应满足下列条件:

(1)应位于地势开阔、土质坚硬、通视良好的地段,控制作用要强,量距方便,且便于安置仪器。

(2)相邻的两点必须通视,并远离高压线。

(3)边长一般在 50 ~ 150 m,且各边长大体相等。

(4)在测区内分布比较均匀。

选好点后,打上木桩作为标记,顶端画一"十"字,以示点位,按顺序编号,并绘出草图。

2. 用皮尺或钢尺量距

往返各量一次,两次丈量结果之差与平均数之比,称为相对误差,一般不应超过 1/200。地面坡度小于 3°时,可用此平均值代表两点的水平距离;当坡度较大时,可采用平量法,即每次丈量时,都使尺子成水平状态,最后将各段结果相加,计算相对误差和平均值(见图 9-3)。也可用斜量法,最后测出两点间的竖直角,按下式计算水平距:

$$D = D'\cos\alpha \tag{9-1}$$

式中　D——水平距;

D'——斜距;

α——两点间的竖直角。

如果两点间不便直接量距,可进行视距测量,测出尺间隔 L 和竖直角 α,按下式计算水平距 D:

$$D = 100L\cos^2\alpha + c \tag{9-2}$$

当 α 小于 3°时,则可用 $D = 100L + c$。

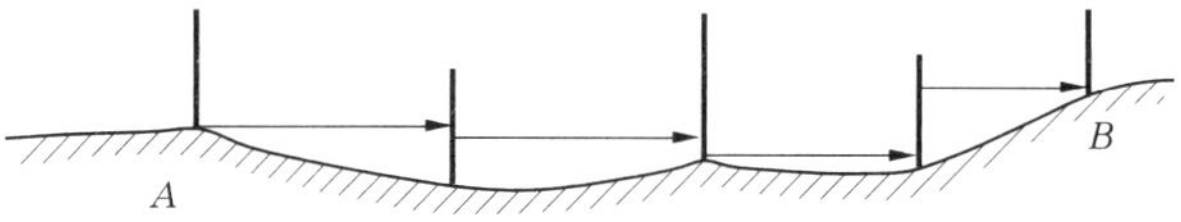

图 9-3　平量法量距

当用内对光望远镜进行视距测量时,c 值为 0;用罗盘仪时,c 值为 0.3 m。

3. 测磁方位角

按磁方位角观测法,依次测出各边的磁方位角和反磁方位角,在允许误差范围内,记入相应表格中,并算出平均方位角,如表 9-1 所示。

4. 作图与图解平差

在图纸适当位置标定起始点 1,通过 1 画出平行于图纸两边的直线为磁子午线 NS,将导线各边的磁方位角换算成象限角,将分度器的中心对准 1,使磁子午线在分度器上的读数等于 1—2 边的象限角,沿底边画直线,并以 1 为起点,按 1—2 边边长和作图比例在此直线上截取相应长度就得到 2′点,即为 2 点的观测位置。绘 2—3 边时,仍在 1 点使分度器中心对准1点,使子午线在分度器上的读数等于2—3边的象限角,沿分度器的直线边放一三角板,使直角边紧贴分度器底边,用一直尺紧贴三角板的另一直角边,压紧直尺,拿走分度器,使三角板沿直尺向2′点平移(见图9-4),当通过2′点时,沿三角板另一直角边绘出直线,并按2—3边长和比例尺,在此直线上截出相应长度就得到3′点,此即为3点的观测位置,依此可绘出其他各点4′、5′和1′。

表9-1　罗盘仪视距测量记录表

仪器号码:01012　　　　观测者:　　　　记录:

时间:　　　年　　月　　日

测站	观测点	磁方位角		视距尺读数		视距	尺间隔平均数	竖直角		水平距离	备注
		观测值	平均	下丝	上丝	下-上		读数	平均数		
1	5	264°00′		1.706	0.512	1.194		0°30′			
	2	8°15′	8°22′	1.693	0.672	1.021	1.020	1°30′	1°38′	102.00	
2	1	188°30′		1.562	0.543	1.019		1°45′			
	3	329°45′	329°38′	1.243	0.620	0.623	0.621	1°30′	1°22′	62.10	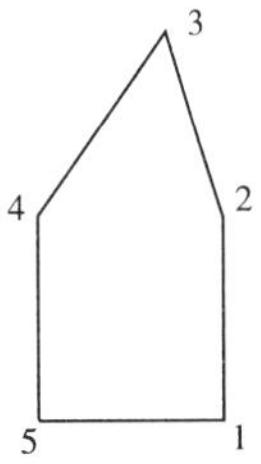
3	2	149°30′		1.160	0.541	0.619		1°15′			
	4	229°00′	229°15′	2.250	0.480	1.770	1.772	1°15′	1°08′	177.2	
4	3	49°30′		2.502	0.728	1.774		1°00′			
	5	186°30′	186°30′	1.682	0.652	1.030	1.030	0°30′	0°22′	103.0	
5	4	6°30′		1.734	0.704	1.030		0°15′			
	1	84°15′	84°08′	1.701	0.611	1.190	1.192	0°30′	0°30′	119.20	

由于测量和作图存在误差,往往1′点不能和1点重合。这时1′—1直线长所代表的实际距离与导线全长之比叫导线相对闭合差。该值大于1/200时,应检查误差原因,给予改正或重测;小于1/200时,可图解平差。平差时将导线全长按一定比例缩小画一直线,按各边长成比例依次截取线段,得到2′、3′、4′、5′和1′点,过1′点作该直线的垂线,使其长等于1′—1,得到1点,连接1—1,分别过2′、3′、4′、5′点作1′—1的平行线与1—1直线相交,得交点2、3、4、5。这时,2′—2,…,5′—5直线长即为各点改正值(见图9-5)。然后过闭合导线各点作平行于1—1′的平行线,按1—1′的方向,在平行线上分别截取相应的改正值,就得到2、3、4、5各点在图上的相应位置。

(三)罗盘仪碎部测量

碎部测量的方法很多,常用以下几种。

1. 极坐标法

以图纸上改正后的控制点为测站,分别测出周围地物的特征点与测站连线的磁方位角和距离,以控制点为原点,即可按比例依次绘出各点的位置(方法同控制点展绘法)。如图9-6所示,欲测出控制点A近处房子的位置,先选定房角a、b、c三点为特征点,测出A—a、A—b、A—c三直线的磁方位角和距离,就可在图纸上按比例画出房子的位置。

2. 交会法

交会法分为角度交会法和距离交会法。角度交会法常在量距不方便时应用。如图 9-7 所示，要测出河对岸大树 a 的位置，可在控制点 A、B 两测站分别测出 A—a 和B—a的磁方位角，在图纸上按此方位角分别画出方向线 A—a 和 B—a，它们的交点 a 即为大树的位置。距离交会常在便于量距的情况下应用。如大树 a'距 A、B 很近，可很快量出 A—a'和 B—a'的距离，再分别以 A、B 为圆心、所量相应长度为半径（按比例缩小）作弧，两弧交点即为大树 a'的位置。

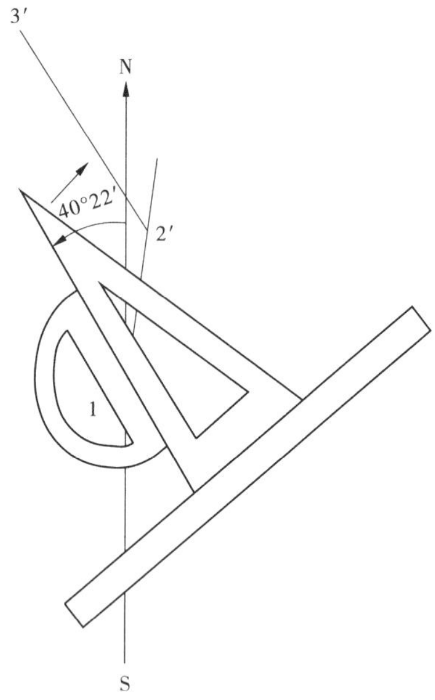

图 9-4 绘导线点的方法

3. 闭合导线法

当被测地物为一不易进入内部的闭合多边形时，可用此法测出其周界。具体测法是，先用距此地物周围最近的一个控制点为测站，测出它与该地物周界上一个特征点连线的磁方位角和距离，按比例将其绘在图上，然后依次在其周界上选出特征点，分别按极坐标法测出其位置，直至绕测该地物一周即可。

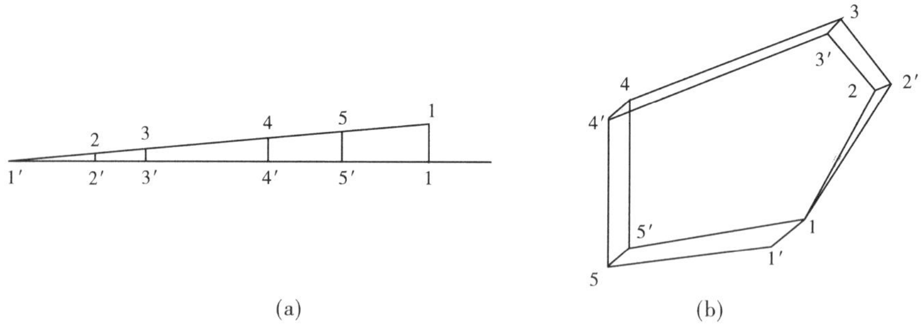

图 9-5 图解平差法示意图

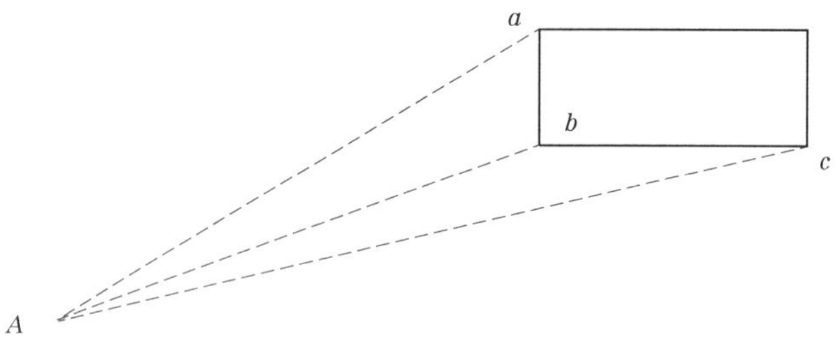

图 9-6 极坐标测量法

二、平板仪测量

平板仪测量可用来加密控制点，也可进行图根控制测量，其测量方法包括平板仪导线测量和平板仪交会法测量。常用的是平板仪导线测量。

(一) 平板仪导线测量

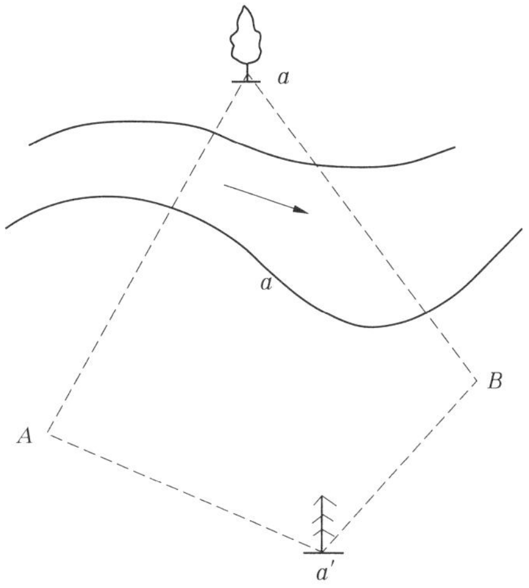

图 9-7　交会法碎部测量

按照各导线点连接所成的图形,可分为闭合导线、附合导线和支导线。而最常用的是闭合导线测量。平板仪闭合导线测量的方法和要求基本同罗盘仪导线测量。不同的是,应用该法时各导线点在图纸上的位置是用极坐标法实地直接测得,测图前图板定向用罗针进行。如图 9-8 所示,要测出 A、B、C、D 四个导线点的位置,首先在图纸上标定 A 的位置 a,并钉一细针,a 的位置要适当,要保证图纸上能按比例画出所有导线点的位置。同时平行于图纸两边画一直线,作为磁子午线 NS。然后架平板仪于 A 点,用 a 点对中,整平后用罗针盒的一边与图纸上的磁子午线紧贴,转动图板,使磁针精确对准南北方向后固定图板,用照准仪直尺一端靠近 a 点细针,转动直尺另一端,使照准仪准确对准目标 B,往返量出 A—B水平距离,相对误差在 1/200 内时取平均值,按比例缩小,在这个方向线上就可点出 B 点在图纸上的位置 b,然后移平板仪于 B,用 b 点对中、整平,用 b—a 线定向后瞄准 c。这样,就可采用同法依次标出 C、D 点在图上的位置 c、d。当最后在 D 点标出 A 点在图上的位置 a'时,往往 a 和 a'不能重合,它们之间的距离即为平板仪导线测量的绝对误差,可按罗盘仪导线测量方法算出相对闭合差进行检验和调整。

平板仪导线测量因误差较大,导线点一般不宜超过 5 个。

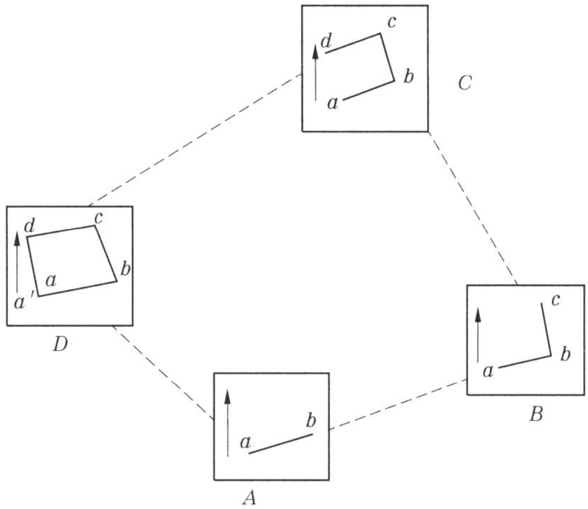

图 9-8　平板仪导线测量示意图

(二) 平板仪碎部测量

平板仪可配合经纬仪进行碎部测量,也可单独进行碎部测量,其方法有如下几种。

1. 极坐标法

方法同导线点测量。只要待测点便于量距,都可用此法。

2. 前方交会法

如图 9-9 所示，要测出 D 点位置，A、B 两点为已知点，在图上的位置分别为 a、b。测绘时先以 A 点为测站，用 $a—b$ 进行定向，画出 $A—D$ 的方向线 $a—d$。然后移平板于 B 点，同法画出方向线 $b—d$。而 $a—d$ 和 $b—d$ 的交点 d，即为 D 点在图上的位置。

3. 侧方交会法

如图 9-10 所示，图上已有 A、B 点的位置 a、b，要测出 C 点的位置，先架平板仪于 A 点，用 $a—b$ 定向后瞄准 C 点，画出方向线 $a—c'$；移动平板仪于 C 点，目估 A 点与 C 点间的距离，按比例大体在 $a—c'$ 直线上定出 C 点位置 c''，并用它进行对中。用 $c—a$ 定向后，用直尺边前方靠近 b 点，移动后边，使望远镜十字丝交点对准 B 点，直尺边与 $a—c'$ 直线的交点 c，即为 C 点在图上的位置。前方和侧方交会法，往往用于点不易到达的碎部测量中。

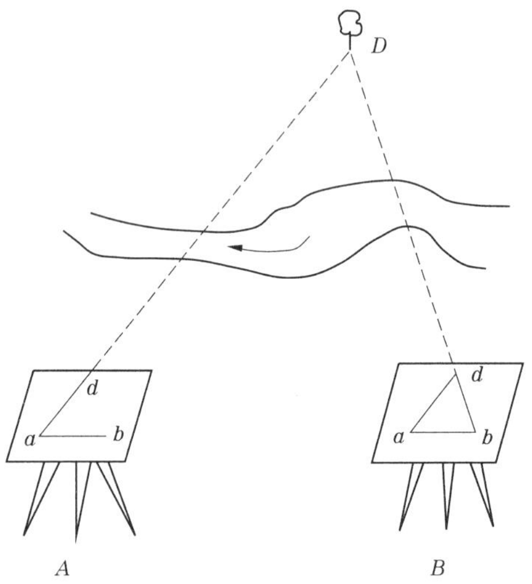

图 9-9　前方交会法

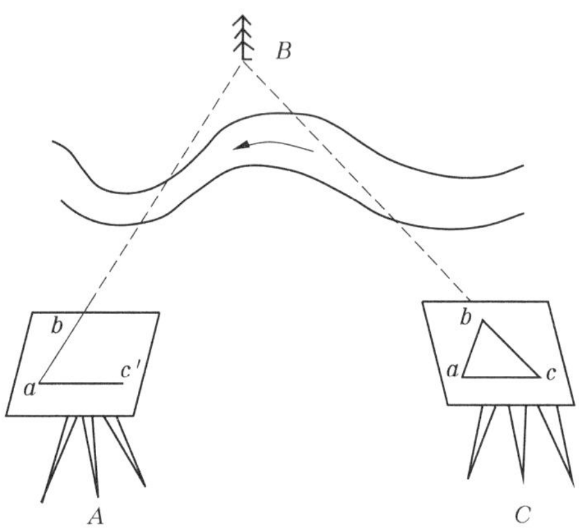

图 9-10　侧方交会法

4. 后方交会法

如图 9-11 所示，A、B、C 三点在图上的相应位置 a、b、c 已知，要确定 P 点在图上的位置时，可用此法。架平板仪于 P 点，整平，粗略定向后在弧板上放一张透明纸，在纸上大体标出 P 的位置 p'，通过 p' 分别瞄准 A、B、C 三点，画出相应方向线 $p'—c'$、$p'—a'$ 和 $p'—b'$，然后转动透明纸，使各条方向线同时准确相应通过图上 a、b、c 三点，这时将 p' 点刺在图上，即为 P 点在图上的位置。最后应进行检查，用 P 点精确对中、整平，用距 P 点最远的一点定向，用第四个已知方向进行检查，此方向线的误差不应超过 0.3 mm。

当未知点在三个已知点一侧时，可用单圆法确定它在图上的位置。如图 9-12 所示，A、B、C 三点在图上的位置分别为 a、b、c，P 点在它们南侧。要确定 P 点在图上的位置，第一步，先架平板仪于 B 点，经过整平后，用 b 点对准地面 P 点，将照准仪直尺紧贴 ba 边，转动图板，使十字丝交点对准地面 A 点后，固定平板，再将直尺一端紧贴 b 点，转动另一端使十字丝交点对准地面 C 点后，画方向线 bm，如图 9-12(a)所示。第二步，用图上 a 点与地面 P 点对中，整平图板，将直尺紧靠 ab 边，照准地面 B 点，固定平板，在 a 点立一钢针，使直尺一端紧靠 a 点转动另一端，使望远镜十字丝交点对准地面 C 点，画出方向线 an，如图 9-12(b)所示。bm 和 an 两方向线必交于 E 点。最后连接图上 cE 两点并延长，使直尺边紧贴此线，转动图

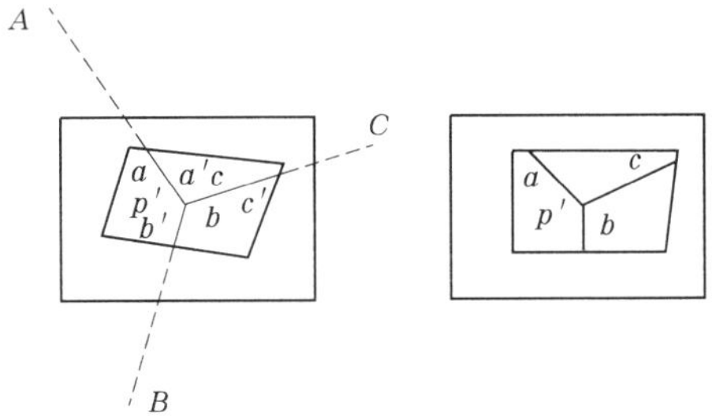

图 9-11　透明纸法

板,瞄准地面 C 点,固定图板,将直尺前端紧贴 a 点,转动另一端瞄准地面 A 点,此时直尺边与 cE 延长线的交点 p',即为地面点 P 在图上的位置,如图 9-12(c)所示。为了检查有无误差,可用 $p'b$ 进行检查。

单圆法测量的原理是,当 P 点在 A、B、C 三点一侧时,可过 A、P、B 作大圆,如图 9-13 所示,连接 PC 的直线交圆于 E 点,按几何定理可知 $\angle APE=\angle EBA$, $\angle EPB=\angle EAB$,所以 bm 和 an 两条直线即为 AE 和 BE 的相似形。这样 $\angle abm=\angle APC$, $\angle nab=\angle CPB$。

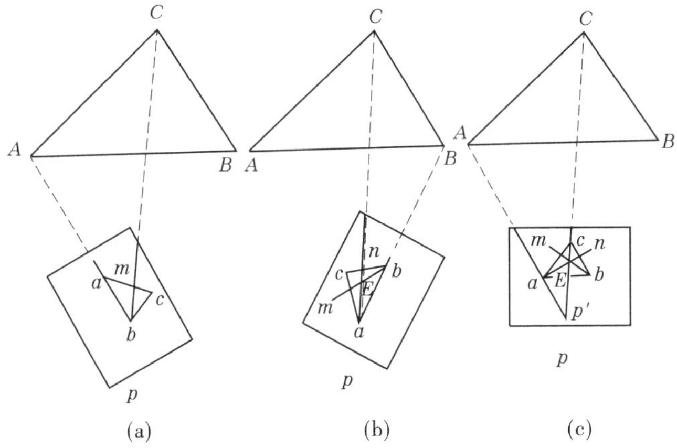

图 9-12　单圆法

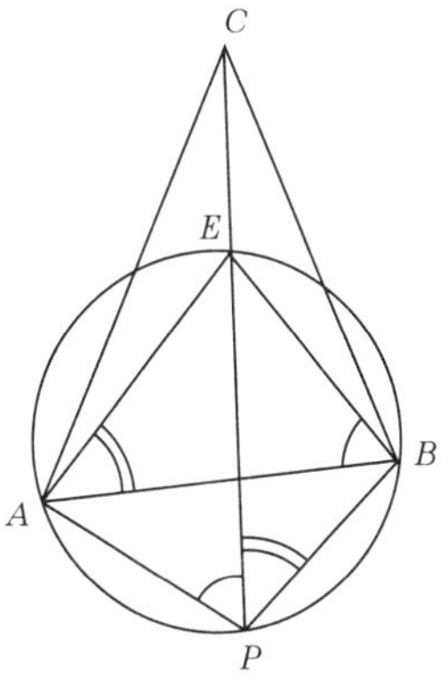

图 9-13　单圆法作图原理

第三节　地形图应用

随着我国测绘事业的发展,各地中小比例尺地形图的测绘都相继完成,林业生产和科研所需的地形图,大部分可直接从主管单位获得,所以,如何使用地形图已成为林业生产中必须掌握的一项基本技能。为了更好地使用地形图,应该了解中小比例尺地形图的分幅与编号方法。

一、地形图的分幅与编号

(一)1∶100 万地形图的分幅与编号

在赤道以北,1∶100 万地形图,是从东经 180°起,按经差 6°、纬差 4°,将地球表面分为 60 个纵行、22 个横行,纵行排号依次用阿拉伯数字 1,2,…,60 表示;横行排号从赤道向北依次用英文字母 A,B,…,V 表示,这样,每一个小梯形就是一幅 1∶100 万的地形图。每幅图的编号,由它所在的横行字母和纵行数字组成,横行字母在前,纵行数字在后,中间画一短线。

在我国,如果知道某地经纬度,就可按下式算出它所在的纵行和横行的行数:

$$纵行行数 = \frac{\lambda}{6°}(取整数) + 31$$

$$横行行数 = \frac{\varphi}{4°}(取整数) + 1$$

式中　λ——该地的经度;

φ——该地的纬度。

知道行数就可算出该地所在地形图的编号。例如,已知郑州市的经度为东经 113°40′10″,纬度为北纬 34°48′55″,它在 1∶100 万地形图的纵行和横行的行数为:

$$纵行行数 = \frac{113°40'10''}{6°}(取整数) + 31 = 49$$

$$横行行数 = \frac{34°48'55''}{4°}(取整数) + 1 = 9(代表字母为 \mathrm{I})$$

所以它的图幅编号为 I -49。

(二)1∶10 万地形图的分幅与编号

1∶10 万地形图是将每幅 1∶100 万地形图按经差 30′、纬差 20′分为 144 幅所得,序号分别用 1,2,3,…,144 表示,排列的顺序是从左到右,从上到下;编号是在 1∶100 万地形图编号后画一短线,加上相应的序号。如果知道某地的经纬度,就可按下式算出它的序号:

$$序号 = \frac{\varphi_{左上} - \varphi}{20'} \times 12 + \frac{\lambda - \lambda_{左上}}{30'} + 1$$

式中　$\lambda_{左上}$——该地所在 1∶100 万地形图左上角的经度;

$\varphi_{左上}$——该地所在 1∶100 万地形图左上角的纬度。

例如,要求郑州市所在 1∶10 万地形图的序号,将郑州市经、纬度代入上式,则有:

$$\lambda_{左上} = (49 - 31) \times 6° = 108°$$

$$\varphi_{左上} = 9 \times 4° = 36°$$

$$序号 = \frac{\varphi_{左上} - \varphi}{20'}(取整数) \times 12 + \frac{\lambda - \lambda_{左上}}{30'}(取整数) + 1$$

$$= \frac{36° - 34°48'55''}{20'} \times 12 + \frac{113°40'10'' - 108°}{30'} + 1 = 48$$

所以它在 1∶10 万地形图上的编号为 I -49 -48。

另外,我国任何一个地区 1∶10 万地形图的序号,也可用表 9-2 来查找。

例如,要查找郑州市 1∶10 万地形图的序号,先在表下方找到 113°30′与 114°之间,往上看对着表的第 12 纵行,在表右侧找到纬度 34°30′与 35°之间,向左对着表的第 4 横行,纵行与横行相交处为48,即为它的序号,加上它所在 1∶100 万地形图的编号,即为它在 1∶10 万地形图上的编号 I -49 -48。

(三)1∶5万与 1∶2.5 万地形图的分幅与编号

如图 9-14 所示,把每幅 1∶10 万地形图按经差 15′、纬差 10′分为 4 幅,序号分别用 A,B,C,D 表示。在相应的 1∶10 万地形图编号后画一短线,加上它的序号,即为 1∶5万地形图的编号。再把每幅 1∶5万地形图按经差 7′30″、纬差 5′分为 4 幅，序号分别用 1，2，3，4 表示，将此序号加在 1∶5万地形图编号后，中间画一短线即为 1∶2.5 万地形图的编号。如I－49－48－A－4。

（四）1∶1万地形图的分幅与编号

把每幅 1∶10 万的地形图按经差 3′45″、纬差 2′30″分为 8 行 8 列，并分别给以序号（1），（2），…，（64），序号排列从左到右，从上到下，将此序号加在 1∶10 万地形图编号后，中间加一短线，即为 1∶1万地形图的编号。

表 9-2　1∶10 万地形图序号查对表

纵行号↓

1	2	3	4	5	6	7	8	9	10	11	12
13	14	15	16	17	18	19	20	21	22	23	24
25	26	27	28	29	30	31	32	33	34	35	36
37	38	39	40	41	42	43	44	45	46	47	48
49	50	51	52	53	54	55	56	57	58	59	60
61	62	63	64	65	66	67	68	69	70	71	72
73	74	75	76	77	78	79	80	81	82	83	84
85	86	87	88	89	90	91	92	93	94	95	96
97	98	99	100	101	102	103	104	105	106	107	108
109	110	111	112	113	114	115	116	117	118	119	120
121	122	123	124	125	126	127	128	129	130	131	132
133	134	135	136	137	138	139	140	141	142	143	144

纬度（←横行号）

N	M	L	K	J	I	H	G	F	E
56°	52°	48°	44°	40°	36°	32°	28°	24°	20°
40′	40′	40′	40′	40′	40′	40′	40′	40′	40′
20′	20′	20′	20′	20′	20′	20′	20′	20′	20′
55°	51°	47°	43°	39°	35°	31°	27°	23°	19°
40′	40′	40′	40′	40′	40′	40′	40′	40′	40′
20′	20′	20′	20′	20′	20′	20′	20′	20′	20′
54°	50°	46°	42°	38°	34°	30°	26°	22°	18°
40′	40′	40′	40′	40′	40′	40′	40′	40′	40′
20′	20′	20′	20′	20′	20′	20′	20′	20′	20′
53°	49°	45°	41°	37°	33°	29°	25°	21°	17°
40′	40′	40′	40′	40′	40′	40′	40′	40′	40′
20′	20′	20′	20′	20′	20′	20′	20′	20′	20′
52°	48°	44°	40°	36°	32°	28°	24°	20°	16°

经度

43	72°	30′	73°	30′	74°	30′	75°	30′	76°	30′	77°	30′	78°
44	78°	30′	79°	30′	80°	30′	81°	30′	82°	30′	83°	30′	84°
45	84°	30′	85°	30′	86°	30′	87°	30′	88°	30′	89°	30′	90°
46	90°	30′	91°	30′	92°	30′	93°	30′	94°	30′	95°	30′	96°
47	96°	30′	97°	30′	98°	30′	99°	30′	100°	30′	101°	30′	102°
48	102°	30′	103°	30′	104°	30′	105°	30′	106°	30′	107°	30′	108°
49	108°	30′	109°	30′	110°	30′	111°	30′	112°	30′	113°	30′	114°
50	114°	30′	115°	30′	116°	30′	117°	30′	118°	30′	119°	30′	120°
51	120°	30′	121°	30′	122°	30′	123°	30′	124°	30′	125°	30′	126°
52	126°	30′	127°	30′	128°	30′	129°	30′	130°	30′	131°	30′	132°
53	132°	30′	133°	30′	134°	30′	135°	30′	136°	30′	137°	30′	138°

如果已知某地经纬度，要知该地所在 1∶1万地形图的编号，其方法是，先算出该地 1∶10 万地形图的编号，然后按下式计算它的序号：

$$序号 = \frac{\varphi_{左上} - \varphi}{2.5'}(取整数) \times 8 + \frac{\lambda - \lambda_{左上}}{3.75'}(取整数) + 1$$

式中，$\varphi_{左上}$和$\lambda_{左上}$分别为该地所在 1∶10 万地形图左上角的纬度和经度。因为 1∶10 万地形图是按经差 30′、纬差 20′分幅的，所以，$\varphi_{左上}$的值一定为一整度数或某度 20′、某度 40′；$\lambda_{左上}$

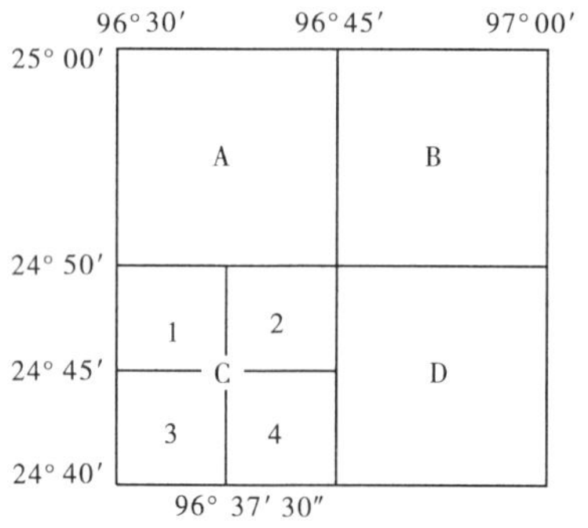

图 9-14　1∶5万与 1∶2.5 万地形图的分幅与编号

的值应为某度或某度 30′。

例如,郑州市 1∶1万地形图的序号即为:

$$序号 = \frac{35° - 34°48'55''}{2.5'} \times 8 + \frac{113°40'10'' - 113°30'}{3.75'} + 1$$

$$= \frac{11'05''}{2.5'}(取整数) \times 8 + \frac{10'10''}{3.75'}(取整数) + 1$$

$$= 35$$

所以,郑州市 1∶1万地形图的编号就为 I -49 -48(35)。

上述 1∶10 万至 1∶1万地形图的分幅与编号方法如表 9-3 所示。

表 9-3　1∶10 万至 1∶1万地形图分幅与编号

比例尺	图幅大小		十万分之一图幅中所包含的图幅数	图幅编号
	经差	纬差		
1∶10 万	30′	20′	1	Ⅰ -49 -48
1∶5万	15′	10′	4	Ⅰ -49 -48 - A
1∶2.5 万	7′30″	5′	16	Ⅰ -49 -48 - A -4
1∶1万	3′45″	2′30″	64	Ⅰ -49 -48(35)

二、地形图上距离和方位角测量

(一)地形图上量距

在地形图上测量两地实际距离,可用直尺和三角板,量出两地的图面距离,乘以该图比例尺分母,换算成米(m)或千米(km)。如果地形图保存时间过长,纸质变形,则应用图内的比例尺进行换算。如果要求图面上一条曲线或折线所代表的实际距离,可用一条细线沿此线放好,再拉直进行量算。这样求得的是两地的水平距离,要换算成斜距,可用下式:

$$D' = \frac{D}{\cos\alpha}$$

式中　D'——两地的斜距;

D——两地的水平距离;

α——两地的竖直角。

例如,在 1∶5万地形图上,量得两地的距离为 5 cm,则实地距离为:

$$5\ \text{cm}\times 50\ 000=250\ 000\ \text{cm}=2\ 500\ \text{m}$$

(二)求算方位角

大比例尺地形图上都注有磁北方向，在此类地形图上求算一直线的磁方位角，可过该直线端点作磁北方向的平行线，用量角器量出两线的夹角，即为该直线的磁方位角。

在中、小比例尺地形图上，内图廓线的上、下方，分别画有一小圆圈，注有 p'（磁北）和 p（磁南），这两点的连线即为该图的磁子午线。根据上法就可求出一条直线的磁方位角。

同时，在图的下方都画有三北方向，即真子午线方向、磁子午线方向和坐标纵轴方向。在图内，要求算一直线的方位角，就可根据它们之间的关系，先量算出它的磁方位角，然后进行换算。三北方向的关系是：

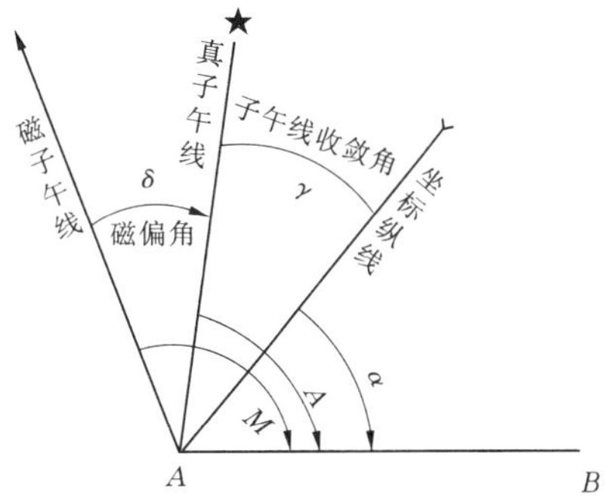

图 9-15　三北方向图

(1)真子午线与磁子午线的夹角，叫磁偏角，常用 δ 表示(见图 9-15)。

(2)真子午线与坐标纵线的夹角叫子午线收敛角，常以 γ 表示。以真子午线为准，坐标纵线西偏为负，东偏为正。

(3)磁子午线与坐标纵线的夹角，叫磁坐偏角(方向改正角)。以坐标纵线为准，磁子午线东偏为正，西偏为负。

如果直线 AB 的真方位角(与真子午线的夹角)为 A，磁方位角为 M，坐标方位角为 α，那么，它们三者的关系如下：

$$A=M+\delta=\alpha+\gamma$$

例如，一直线的磁方位角为 31°30′，磁偏角为 1°20′，子午线收敛角为 －1°15′，那么，该直线的真方位角和坐标方位角为：

$$A=M+\delta=31°30'+1°20'=32°50'$$

$$\alpha=A-\gamma=32°50'-(-1°15')=32°50'+1°15'=34°05'$$

三、地形图上高程及坡度的确定

(一)高程的确定

当某点在某等高线上时，它的高程就等于该等高线所代表的高程，因为地形图上的高程只注记在计曲线上，这样就可根据该地形图的等高距和计曲线高程，推算任何一条等高线的高程。如果该点在两条等高线之间，可过此点作一与上下等高线近似垂直的直线，如图 9-16 所示，与两等高线相交于 AB，量出 AB 长和 OA 或 OB 长，则 O 点的高程 H_O 为：

$$H_O=H_A+\frac{\text{等高距}}{AB}\times OA \tag{9-3}$$

(二)坡度的确定

在地形图上都注有坡度尺，所以任何一条直线或两地之间的坡度，都可用坡度尺或高程来计算。

用坡度尺一般可直接求出相邻两条或六条等高线上两点的坡度。如图 9-17 所示，用两脚规或纸条，量出两点间的距离，在坡度尺上找出相应的水平距离(坡度尺上纵轴长)，在坡度尺横轴上，可根据注记，直接读出或算出对应的坡度值。

要计算两点间的坡度，可根据前述方法，先求出两点间的距离和高程，再按下式计算出坡度：

$$i = \tan\alpha = \frac{h}{D} \tag{9-4}$$

式中　i——两点间的百分比坡度；

α——两点间的竖直角；

h——两点间的高差；

D——两点间的水平距。

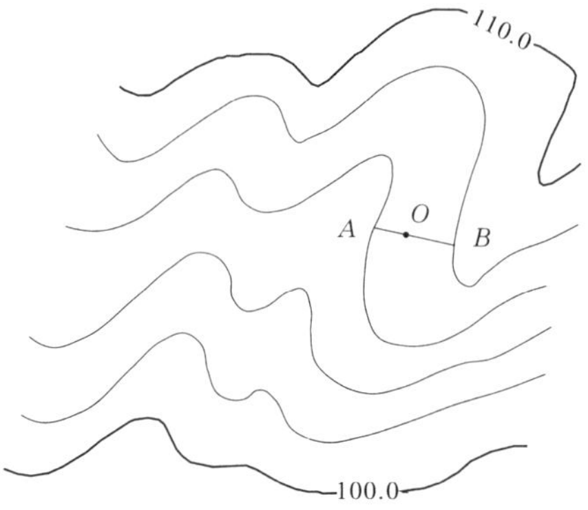

图 9-16　高程的确定

(三)测定某地区平均坡度

在林业生产中，往往要知道一个地区或一个小班的平均坡度，以便进行土地类型划分或对土地进行坡度分级，这时可按下式计算：

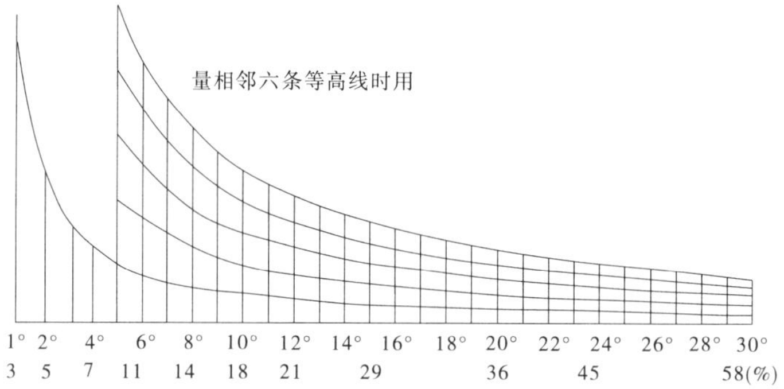

图 9-17　坡度尺

$$\tan\alpha = \frac{h\sum L \cdot M}{P} \tag{9-5}$$

式中　h——等高距；

$\sum L$——地形图上该地区包含的等高线总长度；

P——该地区面积；

M——该地形图比例尺的分母；

α——该地区的竖直角（坡度）。

例如，在 1∶10 000 地形图上，面积为 2.01 km^2 的小班内，所含等高线的总长度为 1 242 mm，等高距为 10 m，求该小班的平均坡度，代入上式得：

$$\tan\alpha = \frac{10 \times 1.242 \times 10\ 000}{2\ 010\ 000} = 0.061\ 7$$

由此可得该地区平均坡度 α 为 3°31′。

四、地形图转绘平面图

地形图是一种按一定的比例尺表示地物、地貌平面位置和高程的正射投影图，地物的平面位置用特定符号来表示；地貌的各种特征用等高线表示。在林业生产中，为了便于进行各种区划和规划,突出规划内容,往往需要将地形图转绘为平面图,其方法有蒙绘法和方格法两种。

(一)蒙绘法

蒙绘法即用透明纸或透明薄膜覆盖在地形图上,在平坦的桌面或透图台上,逐一将地形图上各种地物符号和权属界线描绘下来。描绘时按内容逐一分片进行,同时要注意,表示地物的符号分为三类。一类为依比例符号,它既能反映地物的大小,又能反映地物的位置,这类符号描绘时不能变形。另一类为非依比例符号,它只反映地物的位置,而不能反映地物的大小,描绘这类符号,不能移位,它的位置一般是该符号的几何中心。第三类为半依比例符号,它只能反映地物大小的一部分,如单线河流、渠道、道路等,只能反映出这些地物的长度,而不能代表它们的宽度,描绘这类符号,位置不能移动,线条粗细应适当。描绘顺序应从整个图的左上角开始,由上到下,从左到右,暂不描绘和描绘好的部分,都应用纸盖起来,以免弄脏。最后进行图名整饰、注记和书写等工作。整个描绘,只描绘地物符号和各种必要的注记,不描绘等高线。

(二)方格法

当原地形图比例过小,不便使用时,可用方格法将原地形图放大成所需的平面图。其方法是,根据需要确定放大倍数,按照这个倍数,在原地形图上和绘图纸上打出相应的方格。例如,要将1∶5万的地形图转绘成1∶1万的平面图,若在1∶5万的地物图上按2 cm×2 cm打方格时,则在绘图纸上首先要按10 cm×10 cm打方格,并对方格线按顺序进行编号,然后按照相似形原理,用目估或量距的方法,逐一确定地形图上各种地物符号的特征点转绘时的相应位置,并按照一般绘图原理和方法逐步进行。转绘顺序既可按内容逐步进行,如先村镇,后水系、权属界、道路等;也可按方格逐格进行,即从上到下,从左到右,一个方格内的地物绘完后,再绘第二格、第三格……最后进行图面整饰和注记。这种方法在转绘时,依比例符号应按放大比例转绘;非依比例符号不能按放大比例转绘,只保留它的准确位置,大小按成图比例尺确定;半依比例符号的线条的粗细,也应与比例尺要求相适应,不能按比例加粗。

第四节　常用林业图的绘制

一、林业基本图

林业基本图是一种反映林场、乡、林业经营单位基本情况的专用图纸。它的绘制一般用1∶1万的地形图作为底图;当以县为单位时,可用1∶5万的地形图作为底图。绘制时应用硬度适宜的铅笔,分别调绘出各种权属界线,如场界、小班界、村界等;同时调绘出各种新增加的与林业生产有关的各种地物,如瞭望台、林区公路、水库、营林点等。调绘应到现场,逐一进行,方法可用目估内插法、定向截距法、交会法等。调绘完毕,经过检查,认为内容完备无误后,再用映绘复制的方法,逐一透绘到新图面上去。透绘时从左上角逐步向下、向右进行,顺序是先权属界线;再线形地物,如山脉线、河流、道路等;后各种规则地物,如房屋、瞭望台、营林点、气象站、水库等;最后进行各种注记,注明各种地物名称,同时进行图面整饰,标注有关符号,绘出比例尺,注明调绘时间和绘图者。全图描绘完毕,要反复进行检查,当认为完整无误后,就可着墨。着墨时林班线的着墨宽度要大于场界,小班着墨宽度在图面上能显现出来即可。同时用分子式的分子注出林班号和小班号,分母为林班、小班面积,并尽量使其处于林班、小班的中间位置。当林班、小班面积过小时,可写在邻近小班内,并用箭头指示。在境界线上有道路时,要指示和注记出它的去向。对图内各种主要地物也应作出注记。最后进行整饰,标注图名、调查机关、绘图者、成图时间、比例尺、内外图廓线、图例等。着墨完毕应由专人进行详细检查,认为无错位、无漏绘和其他错误时,可根据需要进行复制。

二、林相图

林相图的绘制可用基本图作为底图,但地物可根据需要有所增减。与林业生产有关的,如采伐迹地、火烧迹地、疏林地、未成林地等都应标出,而与林业生产无关的可省略。然后映绘在白色绘图纸上,按照地物内容和不同林相进行着色,其中河流、湖泊、水库用蓝色,铁路、山脊用黑色,道路用棕色。有林地的着色以小班为单位,天然林和人工林分别分为 3 个龄级,即幼龄林、中龄林和成、过熟林,应分别用不同的色相或不同的明度、纯度来表示,各龄组的色层应深浅分明,如缺少一个或两个龄组时,也不可任意改变图例中规定的颜色。各种颜色都应在图例中作出相应的注记;在小班内,还应注出小班调查因子式,如下式:

$$\frac{\text{小班号}-\text{面积}}{\text{疏密度}-\text{地位级}}$$

式中的横线应与图廓线平行。面积小的小班不能注记时,可只写小班号。

与四邻用地相接的境界及行政界线,根据图例进行着色;通过林区县以上的行政境界,必须按规定分两个色层着色。

林相图的最大图幅以 160 cm×120 cm 为宜。若面积过大,应缩小林相图比例尺或分幅制图。一般以林场、乡、经营所为基本绘图单位,图例符号按《林业地图图式》中的规定绘制。

绘制完毕,应进行详细检查,防止错绘、漏绘,最后进行整饰和各种图外注记,其要求和方法同基本图。

三、规划设计图

各种林业规划设计图是专业用图,根据各专业的不同特点和要求,其绘制方法和内容也会有所不同,但在图上都应能定位、定性地反映出规划地区的自然面貌和社会经济状况,反映出各种土地利用方向和规划,及各种林业生产的布局和规划。

编制规划图时,可用基本图作为底图,将规划区域按需要的比例尺进行复制和放大。放大可利用复印法和方格法。凡放大后,主要地貌、地物与实际差别较大或有较多的遗漏,不能满足规划要求时,可进行现场补测和修测,这时可用原图上的地物进行定位,采用目估、步测、交会等方法,将与规划有关的各种地物和地貌特征补测上去。补测应按照从大到小、先高后低、先主要后次要的原则依次进行。绘图时要注意比例和位置,现场进行核实和检查,防止出现错误。最后进行室内清绘,使它成为完整的工作底图,然后用硬度适宜的铅笔,在底图上绘制规划设计内容。

规划设计内容包括生产类型的规划设计和附属设施的规划设计。进行生产类型规划时,先到现场或在室内根据地貌特征,用不同形式的虚线画出类型区范围,再用象征性的符号填充,以示区别,符号间隔应适当,大小应与比例尺相适应,做到清晰美观;也可用不同间隔的线条来填充，线条粗细应适当，做到对比明显、清晰。无论是符号还是线条，应尽可能按《林业地图图式》的规定去绘，当图式中没有这些符号时，可根据需要制定，并在图例中注明这些符号的含义。附属设施的规划设计，在图面上可用规定的比例符号和非比例符号表示，为了与原来的设施相区别，对新设施可采用注记的方式加以说明，也可附加不同的符号以示区别，符号要简明，不可过多。总之，规划内容在图面上要做到定位、定性、定量、明确。草图绘好后，应提交有关单位或组织对规划图进行反复讨论和审查，并根据各方面意见进行必要的修改，待审查通过后，可对图面进行必要的整饰、注记和清绘，其工作方法和步骤同基本图的绘制。最后进行着墨等工作，并填写图名、规划设计机关、绘图者、成图时间等，并根据需要进行复制。对规划项目还要现场详细填表登记，以补图之不足，便于今后实施。

四、施工图

施工图是规划图的附件，它是规划实施过程中，各项生产过程如何进行、有关质量标准和应达到规格的指导性文件。因此，凡生产过程中的各个环节，都应有必要的施工图，能够定位、定量地指导生产过程，以便生产人员掌握和实施。所以对施工图的要求是：图件完整，线条清晰、准确，易读、易掌握。

任何一个生产过程都是在三维空间进行的，即有前后、左右和上下三个方向的标准，所以任何一个生产过程的施工图，都由许多三个方向的断面图组成，即横断面图、纵断面图和正射投影图。施工图的绘制，应从总体到局部、从大到小，首先从总体规划断面图开始，直到各个细微的生产环节，凡是具有一定的规格要求和标准，能够用图面表达清楚的生产过程，都要绘制一定大小的施工图，以保障生产顺利进行，保证施工质量。

纵断面图的绘制，往往用一个水平方向作横坐标（见图 9-18），用垂直方向作纵坐标，根据图的大小，纵、横坐标可用同一比例尺，也可用不同比例尺，如道路、渠道的纵断面图，水平距离变化大，垂直方向变化小时，为了突出垂直方向地形的变化状况，以便准确地计算土方量和掌握施工标准，纵坐标比例尺可加大，横坐标比例尺可小些。然后根据各个生产过程中各个生产要素的坐标值，标出它的点位，用一定的线条连接起来，如图 9-18 中的渠底线、水面线、渠顶线和地面线就组成了水渠纵断面图。横断面图是纵断面图的补充，是表示垂直方向和另一个水平方向的设计规格，是横断面的相似形，绘制时纵轴和横轴的比例尺一致，并应在图面用数字注明各生产要素，如图 9-19 所示。正射投影图与以上两图相配合，它表示

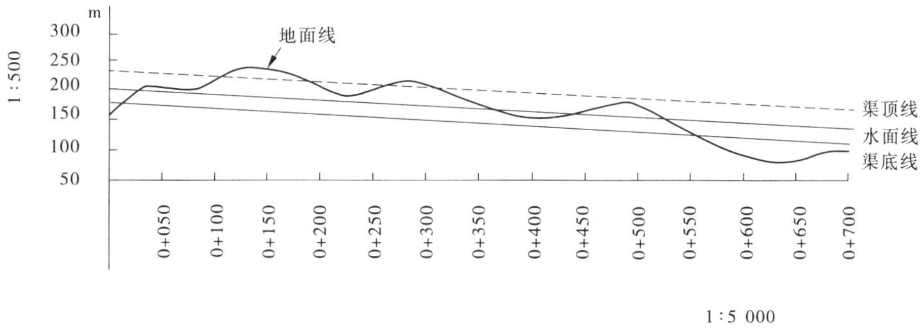

图 9-18　渠道纵断面图

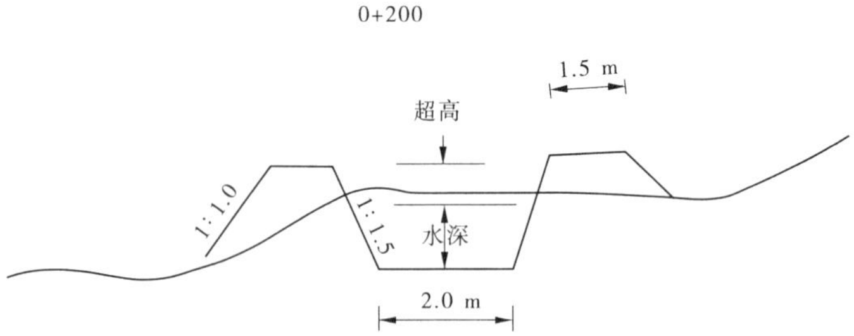

图 9-19　渠道横断面图

各生产环节在水平面的变化及应达到的标准。它以纵横断面图的中心为原点，用一水平方向为横坐标，用与这个方向垂直的另一方向为纵坐标，按照生产的标准或设计规格，按比例绘制，也可不按比例绘制而用数字注明规格大小，如图 9-20 所示，用不同的符号来代表树木的垂直投影，以表示林带栽植时各树种的位置及株行距。有些生产过程不能完全用断面图说明时，还需加必要的文字说明，或用简单的示意图来加以补充。施工图都应在图下方写出图名，有时还要画出图例，注明各个方向的长、宽、高和单位。

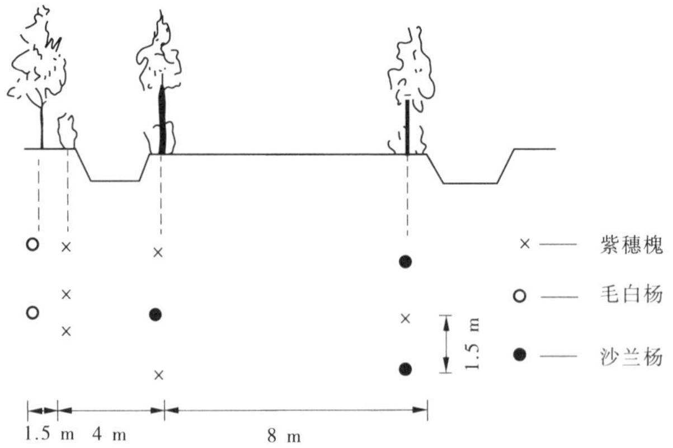

图 9-20　护路林横断面图

绘制施工图可根据图形的大小和复杂程度直接绘制；或先绘出铅笔底图，经过检查和修改，再进行着墨，然后根据需要进行复制。

第五节　面积求算

林地面积是指该地块在水平面的垂直投影面积，它是森林经营管理、造林、各种规划设计及各项林业生产中必不可少的统计资料，而利用地形图求算面积，方便、简单、准确，省工省时，因此应用广泛。

用地形图求算面积的方法有以下几种。

一、解析法

它是将要求算面积的图形分为许多比较规则的几何图形，利用各种几何公式，求出各部面积，最后累加成整个图形面积，再乘以该图比例尺分母的平方，就得到该图形实际面积。

此方法适用于由各种折线组成的图形，有一定的精度保证。

二、透明方格纸和各种透明胶片法

它简单方便，但有一定的误差，按照使用的材料和方法可分为网格法和平行线胶片法两种。

（一）网格法

用一张透明方格纸，蒙在待测图形上，如图9-21所示，并上下、左右移动方格纸，使落入该图形内的整方格数最多，然后按顺序数图形内的整方格数，再将半方格目估合并为整方格，统计出它们的总个数，两者的总和乘以方格面积和比例尺分母的平方，即得实地面积。如图9-21所示，可合计为6.5个整方格。如果透明方格纸以1 mm^2 为单位时，也可先数1 cm^2 的方格，接着数0.5 cm^2、0.25 cm^2 的方格直到1 mm^2 的方格，然后将各自的方格数乘以方格面积进行累加，得到该图形图面面积，再乘以比例尺分母的平方就得到该图形实际面积。

方格法求算面积一定要仔细，防止重复数，同时目估合并要准确。

目前有一种特制的网点板，它是按照一定的间距在透明胶片上点上许多点，组成网点，网点间距通常有2 mm、4 mm、5 mm、1 cm等规格，用它来求算面积，方法和步骤基本同透明方格纸法，可以将每一个点看做是方格的中心，用点数代替方格数，而将边界的点数折半，求得总点数，再乘以间距的平方及比例尺分母的平方，得到该图形的实际面积。

（二）平行线法

该法是用一张事先按照一定间距画有许多平行线的透明纸或胶片，蒙在待测图形上，如图9-22所示，使图形上的 A、B 两点，分别位于任意两条平行线之间，这时，就可以看做将整个图形分成了许多梯形和上下两个三角形。如果平行线的间距及三角形的高均为 h，则有

$$
\begin{aligned}
s &= a_1b_1 \times h + a_2b_2 \times h + \cdots + a_nb_n \times h \\
&= h \times (a_1b_1 + a_2b_2 + \cdots + a_nb_n)
\end{aligned}
$$

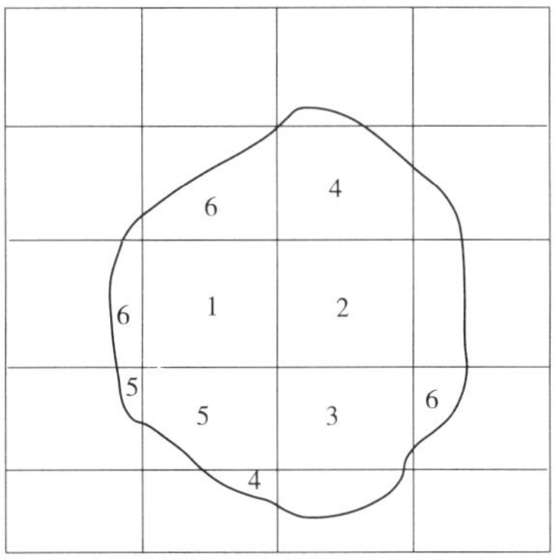

图9-21　网格法

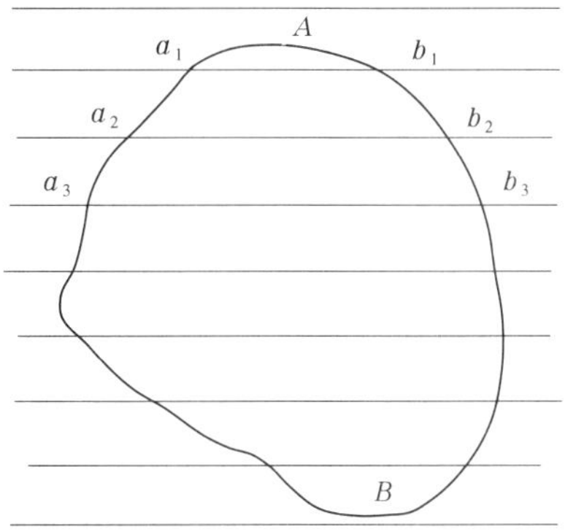

图9-22　平行线法

这样，只要量出图形内所有平行线的总长度，再乘以平行线的间距，就得到该图形的图面面积，由此可算出它的实际面积。

常用的平行线胶片，其平行线间距可采用2 mm、4 mm、5 mm等，间距大则求算方便，但误差较大；间距小则误差小，但增加了工作量，所以，用此法求算面积时，可根据图形的大小，选用间距适当的平行线胶片。

三、机械法

求算面积常用的仪器为求积仪,它结构简单,操作方便,有较高的求算精度。

(一)求积仪的构造

常用的求积仪是极点求积仪(也叫定极求积仪),它由极臂、航臂及计数装置三部分组成,如图 9-23 所示。极臂一端装有重锤,在它中心有一短针,即求积仪的极点,另一端有一球头短轴,与航臂相连。航臂一端有航针,旁边附有手柄和小圆柱体,另一端附有结合套和计数装置,计数装置由游标、计数小轮和计数圆盘三部分组成。计数小轮共分为 100 个小格,每 10 格有一注记;计数圆盘分为 10 格,计数小轮每转动一周,计数圆盘转动一格,游标是将计数小轮的 9 格长度分为 10 格,所以每格和计数小轮一格相差 1/10,这样就可读出计数小轮上的 1/10。因此,求积仪的读数装置可读出 4 位数字,即从游标上读出个位,从计数小轮上读出十位和百位,记数圆盘上读出千位。

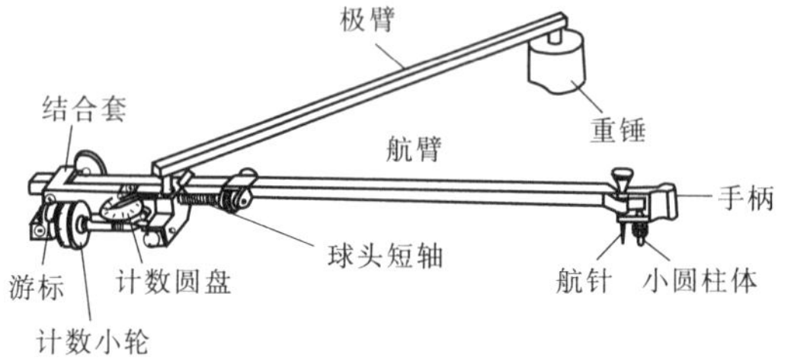

图 9-23　求积仪的构造

(二)求积仪的使用

用求积仪在地形图上求算面积时,首先将图纸铺在平滑图板上,将极点刺在待测图形外,将极臂另一端的球头短轴插入航臂上的圆孔,调节航臂另一端的小圆柱体,使航针与纸面距离适当(过低在运行时会划破图纸,过高不易扫描图形)。在图形边界选择一合适点作出记号,作为起点,将计数装置上第一次读数,作为始读数 n_1;手持手柄牵引航针按顺时针方向匀速沿图形边界扫描一周,回到起始点后第二次读数,得到 n_2,即可按下列公式计算该图形面积:

$$S = C(n_2 - n_1) \tag{9-6}$$

式中　S——图形面积;

C——求积仪的单位分划值;

n_1——始读数;

n_2——末读数。

C 值的大小可从该求积仪的附表中直接查得,或者用求积仪的附件校正尺来求算,它分为绝对 C 值和相对 C 值。绝对 C 值是该求积仪在 1:1的地形图上运行一个最小分划时所代表的面积;相对 C 值是在一定比例的地形图上求算面积时它所代表的实际面积,所以二者的关系为:

$$C_{相} = C_{绝} \times M^2 \tag{9-7}$$

式中　M——该地形图比例尺的分母。

每一个求积仪的 C 值是一定的(定臂求积仪),所以求积仪盒内的附表不能混用。

例如,在 1∶5 000 的地形图上,求积仪绕测一林班边界一周,n_1 为 1 240,n_2 为 3 058,求该林班面积。

先从该求积仪的附表中查得,在 1∶5 000 的地形图上求算面积时,该求积仪的相对 C 值为 10 m^2,代入公式

$$S = C \times (n_2 - n_1) = 10\ m^2 \times (3\ 058 - 1\ 240) = 18\ 180\ m^2 = 1.818\ hm^2$$

以上方法是极点在图形之外时求积仪求算面积的方法。当极点在图形内时,则利用公式

$$S = C(n_2 - n_1) + Q \tag{9-8}$$

式中　Q——求积仪的基圆面积,可从附表中查出;

其他符号含义同前。

求积仪使用时应注意以下问题:

(1)使用前应检查盒中的附表号码是否与仪器号码一致。当无附表或初次使用该求积仪时,则需求 C 值或对 C 值进行检验。方法是将该求积仪检验尺一端的细针刺入图纸,将航针刺入检验尺另一端的小孔,在正对端点细线的地方作一记号,用航针转动检验尺一周,该圆面积一般为 10 000 mm^2,也可在附表中查取。这样,根据 n_1 和 n_2 的值及该求积仪检验尺转动一周的面积,就可求出该求积仪的 C 值。另外,也可用求积仪在方格纸上绕测 10 cm × 10 cm 或 5 cm × 5 cm 的方格一周,来计算求积仪的 C 值。

(2)极点位置要合适。选定极点时,应先试绕一周,要保证航针能到达图形边界任一处,并使航臂与极臂的夹角始终保持在 30° ~ 150°,满足以上条件,可认为极点位置适当。

(3)在绕测过程中,应注意计数圆盘的读数,在绕测过程中,指针每通过 0 点一次,应在末读数上加 10 000 作为 n_2 的值。

(4)每一图形应至少量测两次,即用轮左和轮右(测轮在航针与极点连线的左侧为轮左,右侧为轮右)两种仪器位置各绕测一次,两次读数差的允许误差为:在 150 分划以内,允许误差为 1 分划;在 150 ~ 300 分划以内,允许误差为 2 分划;在 300 分划以内,允许误差为 $(n_2 - n_1)/300$。在允许误差范围内,取两次读数差的平均值来计算面积。

(5)为了减少误差,求积仪在绕测过程中速度应均匀适当,并保证航针不离开图形边界。

(三)控制法求算面积(沙维奇法)

在一张地形图上,要求算一个已知面积的图形内许多小图形的面积时,可用此法。如图 9-24 所示,要求算在地形图上一个公里格网内几个小班Ⅰ、Ⅱ、Ⅲ、Ⅳ的面积时,首先用极点在图形之外,绕测公里格网一周,得到 n_1 和 n_2,然后依次绕测各小班一周,分别得到读数 n'_2 和 n'_1、n''_2 和 n''_1、…、n''''_2 和 n''''_1。如果用 A 和 A_1、A_2、A_3、A_4 分别代表公里格网面积和各小班面积,根据求积仪极点在图形之外求算面积的公式,可以得到

$$A = C(n_2 - n_1)$$

$$A_1 = C(n'_2 - n'_1)$$

$$A_2 = C(n''_2 - n''_1)$$

$$\cdots$$

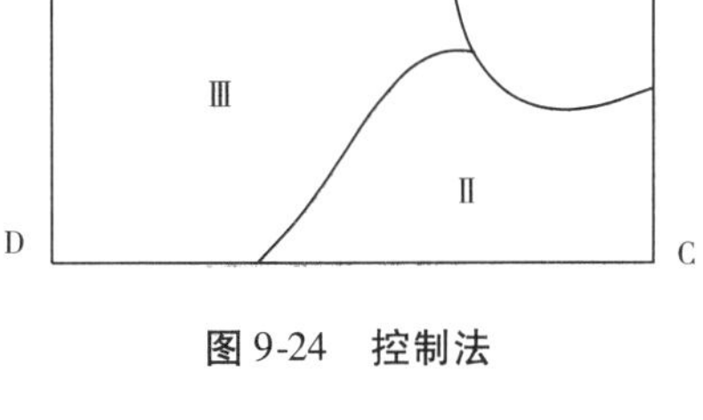

图 9-24　控制法

$$A_4 = C(n''''_2 - n''''_1)$$

$$\because C = \frac{A}{n_2 - n_1}$$

$$\therefore A_1 = \frac{A}{n_2 - n_1} \times (n'_2 - n'_1)$$

$$A_2 = \frac{A}{n_2 - n_1} \times (n''_2 - n''_1)$$

$$\cdots$$

$$A_4 = \frac{A}{n_2 - n_1} \times (n''''_2 - n''''_1)$$

在地形图上，公里格网的面积已知等于 1 km^2，所以就不必计算该求积仪的 C 值，可直接算出各小班的面积；最后对各小班的面积也不需平差，它们的面积之和必然等于公里格网的面积。同时，在量测过程中，各小班的面积计算，只受公里格网面积的控制，不受图纸伸缩变形的影响，因此能够保证求算精度，这就是控制法求算面积的优点。

用控制法求算面积时，用做控制的图形可以是一个或几个相连的公里格网，也可以是一个已知面积的图形。不管什么样的图形，都应该至少用轮左和轮右位置各绕测一次，当两次读数的误差在允许范围内时，取其平均值来计算面积；当误差超过允许误差时要重测，直到取得满意结果。

第六节　渠道测量

苗圃、果园和速生丰产林基地，一般都要修建渠道来改善经营条件，以便旱能浇、涝能排，保证苗木和林木的速生高产。因此，渠道测量是林业生产中的一项基本工作。下面分别介绍有关渠道测量的各项内容。

一、渠道选线

渠道选线，就是选择渠道中线的最佳位置，其位置是否合理直接影响着渠道的效益、投资和工程量大小、渠道安全等。渠道选线要遵循以下原则：

(1)渠道应设置在灌区的最高处、排区的最低处，沿途土壤渗漏性要小，结构坚实，且无漏水层。

(2)沿途地形自然坡度变化要小，尽量避开突升、突降坡段和大的障碍物。

(3)渠道应大弯就势、小弯取直，尽量保持渠道通直，在保证受益面积最大、投资最小的情况下配置合理的渠系数量。

(4)排、灌渠系一般应配套、相通，排水渠应尽量与自然河流相通，以保证排、灌畅通。

(5)平原地区渠道应避免与国家公路、铁路多次交叉，山区渠道应避开有泥石流危险和易发生滑坡的地段。

渠道选线可利用现有地形图，并收集有关地段的地质、水文、交通、林业资料，在图上初选，实地对照选择。无地形图时，可采用现场踏勘，也可采用现场踏勘与地形图上选线相结合的方法一次完成。如有多条线路可选择，可在现场反复比较、商讨，选择一条最理想的线路。最后，在选定的路线上每隔一定距离竖立标志，绘出草图。

二、渠道中线测量

渠道初步定线后，根据渠道方向，从渠首或渠尾开始，平坦地区每隔 50 m 或 100 m 分段量距；地形复杂地区每隔 10 m 或 20 m 分段量距，往返各量一次，相对误差不应超过 1/500。量距中，在各段端点打桩（里程桩），对桩依次编号，起点桩编为 0 + 0000，“ + ”号前边数为公里数，“ + ”后为米数。若桩距为 50 m，第二桩编号即为 0 + 050，其余依次类推，直到终点。若在相邻两桩间有地形复杂地段，如突变点、固定的障碍物、重要地物（如道路、桥涵、沟壑或弯道等），则应加桩。加桩应按加桩点的位置进行编号，如在距起点 1 235 m 处有一加桩，它的编号应为 1 + 235；加桩后的另一桩，编号应补足到 50 m，即补成整桩号 1 + 250。里程桩都应打在渠道中线位置上。

转向角是后段直线的延长线与前段直线所夹的水平角，其可用经纬仪或罗盘仪测量（方法见经纬仪、罗盘仪测量），并应做好记录。在量距、打桩、测角的同时，绘出草图，标明里程桩、加桩位置，用箭头表示转折方向，注上偏角（转向角），并目估勾绘各桩两侧地形，供设计时参考。

三、弯道放样

渠道转弯时，为了防止在渠道中形成冲刷和淤积，弯道应成一圆弧，将这一段圆弧标定在实地，叫弯道放样。小型渠道，可用简易打弯道法进行这一工作。如图 9-25 所示，先从中线转折点 O 起，任取等切线 OA 和 OB（根据转折角大小而定，一般为 20 ~ 40 m），再将切线以适当长等分，在等分点打桩，依次编号为 a、b、c、… 和 a'、b'、c'、…。然后在 A、B、O 三点立花杆，三人为一组，第一次二人持花杆分别立于 a、a' 点，指挥另一人移动花杆于 aB 直线和 $a'A$ 直线的交点，即 1 点；第二次二人分别移到 b、b' 点，同法确定 2 点，这样可依次确定 3、4、… 点，最后用圆滑曲线将 1、2、3、4、… 各点连接起来，即完成弯道放样。

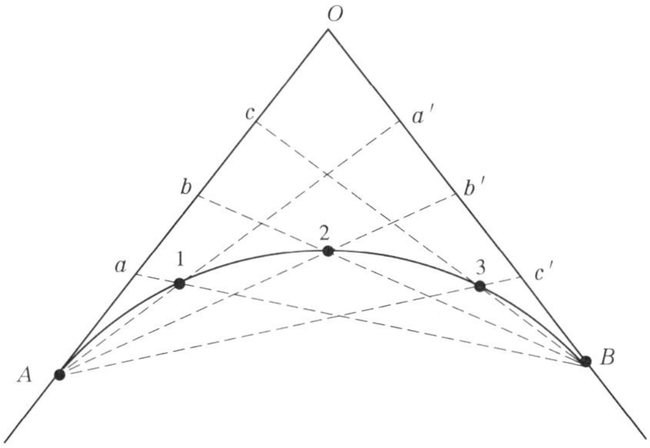

图 9-25　简易打弯道法

四、纵断面水准测量及绘图

纵断面水准测量及绘图目的是测出各里程桩的高程，结合各桩的水平距离绘制渠道中线纵断面图，反映渠道沿线地形的起伏变化，为渠道设计、土石方量计算提供依据。

(一)纵断面水准测量

可分两组同时进行。一组进行等外或四等水准测量,在渠道沿途每隔 1 ~2 km 埋设临时性或固定标志,采取路线水准测量的方法,测出各点高程。等外水准测量时,在渠道两端分别与国家水准点连测,按 $f_n = \pm 30\sqrt{L}$ mm 或 $\pm 9\sqrt{n}$ mm 计算允许误差(式中 L 为水准路线长度,以 km 计;n 为测站数)。在允许误差范围内,将闭合差按与长度或测站多少成正比的形式,进行反号改正,算出各水准点高程。

另一组进行各桩高程测量。通常分段进行,如图 9-26 所示。第一段以渠道起点或终点作后视点,段末的里程桩为前视点,这点也为转点(传递高程),这两点之间如还有里程桩或加桩,则作为中间点。设测点后,选择合适地段作测站,架仪器在测站上,后视起点,得后视读数 a_1,转动望远镜读取前视读数 b_1,再分别读取各中间点读数。第一段后视点高程可通过第一组测量结果计算,这样就可依次计算出各桩高程:

$$视线高程 = H_1 + a_1$$

$$前视点(转点)高程 = (H_1 + a_1) - b_1$$

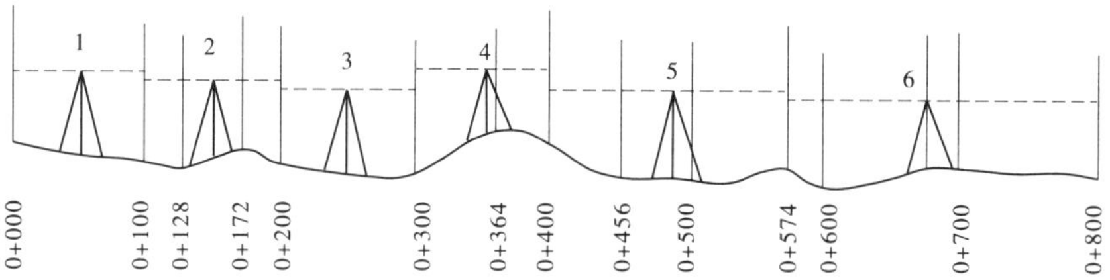

图 9-26　纵断面水准测量

各中间点高程就等于视线高程减去各点读数。在观测过程中,应进行测站校核,在允许误差范围内,移动仪器到第二测站,进行第二段观测,这时第一段的前视点即变为后视点,用第二段末点为前视点,依次进行,直至终点。当渠道较长时,应每隔一定距离,与国家水准点或第一组建立的水准点进行连测,并按附合水准路线测量进行校核,分别计算闭合差和容许误差:

闭合差　　$f = H_B - H_A$

容许闭合差　　$f_{h容} = \pm 40\sqrt{L}$ mm(一般地区)

$f_{h容} = \pm 12\sqrt{n}$ mm(山区)

式中　H_B、H_A——进行路线校核时连测点的高程;

L——水准路线长度,以 km 计;

n——测站数。

在容许误差范围内,即 $f_{h容} > f_h$ 时,分段进行高差改正值的计算,即

$$某一测段的高差改正值 = -\frac{闭合差}{全长} \times 某段距离$$

按测站计算时则为

$$某一测段的高差改正值 = -\frac{闭合差}{测站总数} \times 某段测站数$$

在各段或各测站内，改正值可平均分配，各里程桩的高程加改正值后，即为各里程桩的真正高程。

各测段闭合差超过容许值时，应先进行核算，检查计算过程和公式运用有无错误。当证明计算无误时，就要进行重测。

（二）绘制纵断面图

根据纵断面水准测量的结果，用竖轴代表高程，横轴代表水平距离绘图。为了比较明显地表示出沿途地形的高程变化，竖轴的比例尺可大些，多采用 1∶100 或 1∶200；横轴的比例尺可小些，多用 1∶1 000、1∶2 000 或 1∶50 000。在纵断面图下方，画出几个横格，分别填上里程桩的水平距离，绘出中线的纵断面、实测的各里程桩高程以及有关设计数据和计算数据，样式如图 9-27 所示。

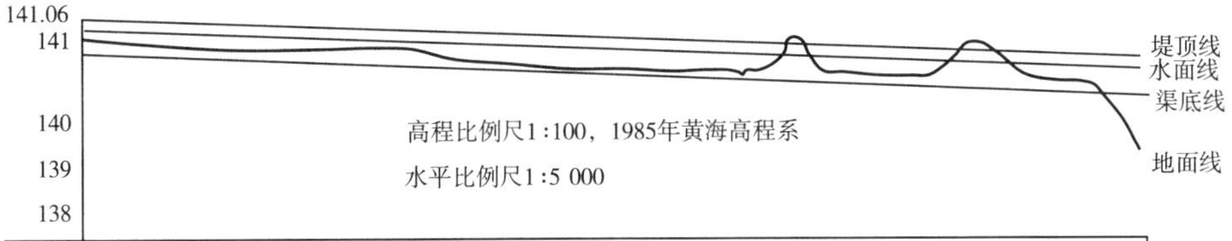

坡度	1/1 000																					
挖土	0.14	0.17	0.16	0.12	0.17	0.21	0.16	0.22	0.11	0.20	0.11	0.04	0.06	0.20	0.82	0.05	0.09	0.08	0.82	0.16	0.20	
填土																						0.82
渠底高程	140.66	140.61	140.56	140.51	140.46	140.41	140.36	140.31	140.26	140.21	140.16	140.11	140.06	140.01	139.98	139.96	139.91	139.86	139.81	139.76	139.71	139.66
地面高程	140.80	140.78	140.72	140.63	140.63	140.62	140.52	140.53	140.37	140.41	140.27	140.15	140.12	140.21	140.80	140.01	100.00	139.94	140.63	139.92	139.91	138.80
桩号	0+000	0+050	0+100	0+150	0+200	0+250	0+300	0+350	0+400	0+450	0+500	0+550	0+600	0+650	0+680	0+700	0+750	0+800	0+850	0+900	0+950	0+000

图 9-27　渠道纵断面图

最下边一栏从左向右，按比例尺注明里程桩和加桩的位置与编号。地面高程为纵断面水准测量测定的各里程桩的绝对高程（或假定高程）。图内的坡度是渠底的纵坡（比降）。比降的大小直接影响着水的流速，流速过大，将在渠底产生冲刷；过小则会形成淤积。选择最适的比降，应从渠道的流量、土壤、渠道的级别、地形等因子考虑。表 9-4、表 9-5、表 9-6 所提供的渠道常用比降可供参考。

表 9-4　渠道的等级与比降

渠道级别	干 渠	支 渠	斗 农 渠
比 降	$\frac{1}{3\,000} \sim \frac{1}{5\,000}$	$\frac{1}{1\,000} \sim \frac{1}{3\,000}$	$\frac{1}{500} \sim \frac{1}{1\,000}$

当渠道较长、地形较复杂、比降过大时，可在渠道适当部位修建不同规格的跌水，也可分段设计不同的比降。

渠底高程可通过渠首或渠道终点高程与渠底纵坡和各桩水平距离计算。渠首高程可由水源高程确定，渠道终点高程可按灌溉农田高程加 0. 1 m 计算。

表 9-5　土壤的性质与渠道比降

土壤	沙壤土	黏土	腐殖质土	砾土	重黏土
比降	$\frac{1}{6\ 000}$	$\frac{1}{2\ 000}$	$\frac{1}{1\ 000}$	$\frac{1}{250}$	$\frac{1}{150}$

表 9-6　渠道流量与比降

流量(m^3/s)	<0.5	2	4~6	8	10
比降	$\frac{1}{200}\sim\frac{1}{1\ 000}$	$\frac{1}{2\ 500}$	$\frac{1}{3\ 000}$	$\frac{1}{4\ 000}$	$\frac{1}{5\ 000}$

挖土和填土由地面高程与渠底高程计算。水面线是根据流量、流速和横断面计算的水深加渠底高程而绘制的(在有水工建筑时,应考虑水头损失)。堤顶线依据水面线加渠道超高绘制。超高决定于流量和渠道级别,一般渠道的超高可参考表 9-7。

表 9-7　渠道超高与渠顶宽参考表

流量(m^3/s)	<0.5	0.5~1.0	1.0~5.0
超高(m)	0.2~0.3	0.2~0.3	0.3~0.4
渠顶宽(m)	0.5~0.8	0.8~1.0	1.0~1.5

五、横断面测量及绘图

横断面测量是测出各里程桩两侧垂直于渠道中线范围内的地面高程,按水平距离与高程绘出横断面图,为渠道横断面设计和土石方计算提供依据。

(一)横断面测量

横断面测量以各里程桩和加桩为中心,根据需要分别垂直于渠道中线,向左右两侧各测出 5~10 m 范围内各地形变换点的高程与水平距离。具体方法如图 9-28 所示。

首先在测量范围内地形变换点插测钎,量出各点到该里程桩的水平距离,以水流方向为准,左侧为左断面,右侧为右断面,分别记为左 10.0、6.0,右 1.5、5.5、8.0、10.0;然后选择理想点作为测站,架水准仪于测站上,后视 0+150 桩,前视 0+200 桩,将这两个横断面上各地形变换点作为中间点依次测完,用后视点算出视线高程,其他各点高程就可分别算出。

横断面水准测量,对小型渠道也可用手持水准仪进行。在观测时,视线高程为观测者的眼高加中桩读数,此值减去各点读数即为各点高程。横断面水准测量应边测、边记、边绘草图,逐站测到终点。根据观测结果,在室内绘制横断面图。

(二)横断面图的绘制

横断面图绘制方法基本同纵断面图。不同的是,为了便于计算横断面面积,水平距离和高程可采用相同的比例尺,一般为 1:100 或 1:200。图 9-29 是根据 0+150 中心桩测量的结果绘制的横断面图。

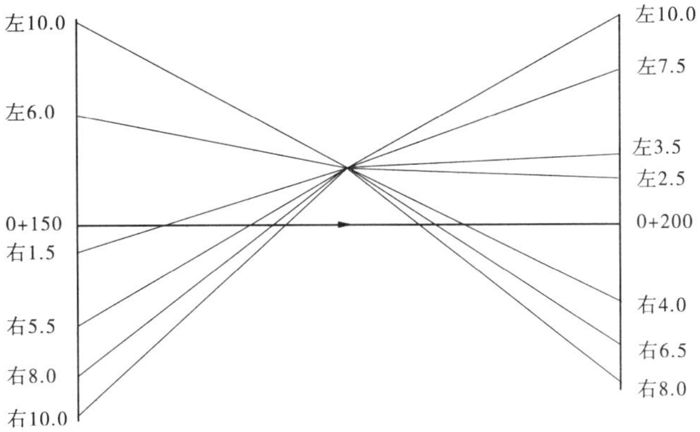

图 9-28　横断面水准测量

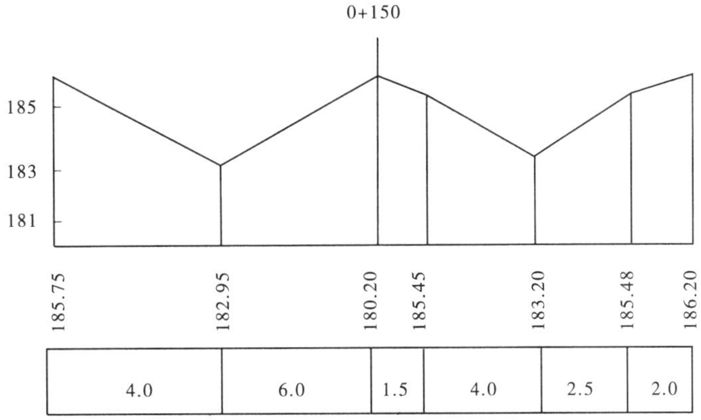

图 9-29　0+150 桩横断面图

六、横断面设计

渠道横断面设计是要确定渠道的边坡、底宽、渠道的超高与渠顶宽等，这些都与渠道的流量有关。在进行渠道横断面设计时，应先确定渠道的流量。一般渠道的流量可按下式计算：

$$Q = \frac{mA}{3\,600Tt\eta} \tag{9-9}$$

式中　Q——渠道流量（包括损失流量），m^3/s；

m——灌区内一次高峰灌水量，m^3/hm^2；

A——灌溉面积，hm^2；

T——灌一次水所需天数；

t——每昼夜灌溉时数；

η——渠系利用系数，一般为 0.7。

渠道边坡，指渠道斜边的坡度，可根据渠道土质确定。黏性大的土壤，边坡可用 1∶1；沙性大的土壤，可采用 1∶1.5；沙土用 1∶1.75 或 1∶2.0。

一般渠道横断面的设计参数，可根据流量、纵坡比降、边坡系数，参考表 9-8 确定。

表 9-8　渠道经济断面表

（单位：m）

边坡	1:0.5												1:1						1:1.5					
纵坡	1/500		1/750		1/1 000		1/1 500		1/2 000		1/3 000		1/1 000		1/2 000		1/3 000		1/1 000		1/2 000		1/3 000	
流量（m^3/s）	底宽	水深	底宽	水深	底宽	水深	底宽	水深	底宽	水深	底宽	水深	底宽	水深	底宽	水深	底宽	水深	底宽	水深	底宽	水深	底宽	水深
0.01	0.17	0.16	0.19	0.17	0.20	0.18																		
0.02	0.23	0.20	0.24	0.22	0.26	0.23	0.28	0.24																
0.03	0.26	0.23	0.28	0.25	0.30	0.26	0.31	0.28																
0.04	0.28	0.26	0.30	0.29	0.32	0.29	0.34	0.32																
0.05	0.31	0.28	0.32	0.31	0.34	0.32	0.36	0.35																
0.06	0.32	0.30	0.34	0.33	0.36	0.35	0.41	0.36																
0.07	0.34	0.32	0.37	0.34	0.40	0.36	0.43	0.38																
0.08	0.35	0.34	0.39	0.36	0.43	0.37	0.46	0.40																
0.09	0.36	0.36	0.40	0.38	0.45	0.39	0.48	0.41																
0.10	0.40	0.36	0.42	0.39	0.47	0.40	0.50	0.42	0.51	0.44	0.57	0.48	0.32	0.39	0.35	0.42	0.38	0.46	0.22	0.37	0.25	0.41	0.27	0.44
0.15			0.48	0.45	0.52	0.45	0.56	0.48	0.61	0.52	0.65	0.56												
0.20			0.54	0.50	0.59	0.51	0.63	0.54	0.70	0.57	0.73	0.62	0.40	0.48	0.46	0.56	0.50	0.60	0.28	0.47	0.33	0.54	0.35	0.57
0.25					0.65	0.55	0.69	0.58	0.71	0.63	0.82	0.67												
0.30					0.69	0.57	0.74	0.63	0.82	0.66	0.89	0.72	0.47	0.57	0.55	0.66	0.59	0.71	0.33	0.54	0.38	0.63	0.41	0.67
0.35							0.81	0.66	0.88	0.71	0.95	0.77												
0.40							0.86	0.68	0.91	0.74	0.99	0.79	0.53	0.64	0.61	0.73	0.65	0.78	0.36	0.60	0.42	0.69	0.45	0.74
0.45							0.89	0.72	0.95	0.77	1.04	0.84												
0.50							0.92	0.75	0.99	0.80	1.07	0.87	0.58	0.70	0.65	0.79	0.70	0.84	0.39	0.65	0.46	0.75	0.49	0.80
0.60									1.06	0.87	1.13	0.93	0.61	0.74	0.70	0.84	0.75	0.90	0.42	0.70	0.48	0.79	0.52	0.85
0.70									1.11	0.97	1.20	0.98			0.73	0.88	0.79	0.95	0.45	0.74	0.50	0.83	0.55	0.90
0.80									1.18	0.95	1.27	1.03			0.76	0.92	0.83	1.00	0.47	0.77	0.53	0.88	0.57	0.94
0.90									1.24	1.00	1.32	1.08			0.80	0.97	0.87	1.04	0.49	0.81	0.56	0.92	0.60	0.99
1.00									1.28	1.04	1.39	1.12			0.83	1.00	0.91	1.09	0.51	0.84	0.58	0.95	0.63	1.03
1.10											1.41	1.15												
1.20											1.48	1.20												
1.30											1.52	1.23												
1.40											1.57	1.27												
1.50											1.60	1.30												
1.60																								

七、渠道土方量计算及放样

(一)土方计算

渠道施工中,必须挖高填低,为了做好经费和劳力预算,还应进行土方量计算。

计算土方前,先将设计的渠道横断面绘在一张透明纸上,然后将它套在各桩横断面图上,从中心桩量该桩的挖填深度,使之与设计断面的渠底线一致(见图9-30),这时设计断面线与地面线的交点 M、N 和 A、B 所包围的面积即为挖方面积,地面线上的面积即为填高面积,M、N 即为开挖点。这样,就可用透明方格纸法、纵距和法或求积仪计算挖方和填方面积,然后按下式计算土方量:

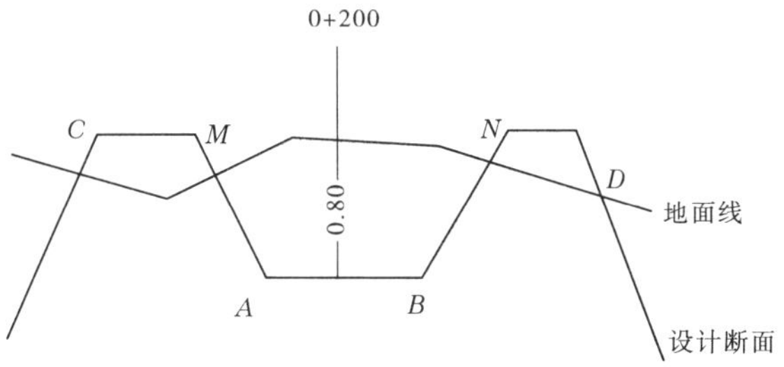

图9-30　土方计算

$$V = \frac{A_1 + A_2}{2} \times D \tag{9-10}$$

式中　A_1、A_2——相邻两横断面挖方或填方的面积;

D——两桩之间的距离;

V——两桩间挖方或填方土方量。

将所有两桩间土方量相加,即得渠道总土方量。

(二)渠道放样

在渠道开挖前,把渠道的设计断面标定在实地,叫渠道放样。

步骤:先将中线桩的挖填深度标定在桩的明显位置,其数值可在纵断面图上查得。然后注出边桩和外角桩的位置。斜边与地面的交点(如图9-30中的 M、N 点)为边桩,外斜坡与地面的交点(如图9-30中的 C、D 点)为外坡角桩,它们分别可从土方计算图上查得。从中线桩垂直于渠道,按比例量出相应距离,即得各桩的地面位置,把相邻两边桩、两外角桩用白灰线连起来,便得到渠道的开挖线和填高线。为了保证施工的准确性,也可在这些点按照填高断面,用细杆和细绳搭成相应的施工坡架,作为填方的依据,便于群众施工。在施工过程中,应经常检查边坡的大小,防止开挖变形。发现问题,及时纠正。工程结束,应组织检查验收。

第十章　测　树

第一节　单株树木材积的测定

一、伐倒木材积的测定

(一)测定伐倒木材积的公式

树木伐倒后,砍去枝桠,留下的树干称为伐倒木。伐倒木材积常用以下两种公式测定。

1. 中央断面近似求积式

计算公式如下:

$$V = g_{\frac{1}{2}} \cdot L = \frac{\pi}{4}\left(\frac{d_{\frac{1}{2}}}{100}\right)^2 \cdot L = 0.785\ 4\left(\frac{d_{\frac{1}{2}}}{100}\right)^2 \cdot L \tag{10-1}$$

式中　V——树干材积,m^3;

$g_{\frac{1}{2}}$——树干中央处的断面积,m^2;

L——树干长度,m;

$d_{\frac{1}{2}}$——树干中央处的直径,cm。

2. 中央断面区分求积式

将树干区分为等长(L)的若干段,用中央断面近似求积式计算各段的材积,不足一区分段长的梢头用圆锥体积公式计算材积,把各段材积(包括梢头材积)加在一起,即为整个树干的材积。一般按 2 m 或 1 m 等长,由树干基部向树梢区分。计算公式为:

$$\begin{aligned} V &= g_1 L + g_2 L + \cdots + g_n L + \frac{1}{3}g'L' \\ &= (g_1 + g_2 + \cdots + g_n)L + \frac{1}{3}g'L' \end{aligned} \tag{10-2}$$

式中　V——树干材积,m^3;

$g_1, g_2, \cdots, g_n$——各区分段中央断面积,m^2;

L——区分段长度,m;

g'——梢头底断面积,m^2;

L'——梢头长度,m。

在实际工作中,各区分段材积和梢头材积可根据其长度与直径,从“区分段材积表”(表 10-1)和“梢头材积表”(表 10-2)中查得。

(二)原条材积的测定

将树木伐倒,去枝、剥皮,截去直径不足 6 cm 的梢头后,所剩下的树干叫原条。杉原条材积的测定可根据检尺长度和检尺径直接从“杉原条材积表”(表 10-3)中查得。

表 10-1 2 m 区分段材积表 （单位：m^3）

D(cm)	0.0	0.1	0.2	0.3	0.4	0.5	0.6	0.7	0.8	0.9
1	0.000 2	0.000 2	0.000 2	0.000 3	0.000 3	0.000 4	0.000 4	0.000 5	0.000 5	0.000 6
2	0.000 6	0.000 7	0.000 8	0.000 8	0.000 9	0.001 0	0.001 1	0.001 1	0.001 2	0.001 3
3	0.001 4	0.001 5	0.001 6	0.001 7	0.001 8	0.001 9	0.002 0	0.002 2	0.002 3	0.002 4
4	0.002 5	0.002 6	0.002 8	0.002 9	0.003 0	0.003 2	0.003 3	0.003 5	0.003 6	0.003 8
5	0.003 9	0.004 1	0.004 2	0.004 4	0.004 6	0.004 8	0.004 9	0.005 1	0.005 3	0.005 5
6	0.005 7	0.005 8	0.006 0	0.006 2	0.006 4	0.006 6	0.006 8	0.007 1	0.007 3	0.007 5
7	0.007 7	0.007 9	0.008 1	0.008 4	0.008 6	0.008 8	0.009 1	0.009 3	0.009 6	0.009 8
8	0.010 1	0.010 3	0.010 6	0.010 8	0.011 1	0.011 3	0.011 6	0.011 9	0.012 2	0.012 4
9	0.012 7	0.013 0	0.013 3	0.013 6	0.013 9	0.014 2	0.014 5	0.014 8	0.015 1	0.015 4
10	0.015 7	0.016 0	0.016 3	0.016 7	0.017 0	0.017 3	0.017 6	0.018 0	0.018 3	0.018 7
11	0.019 0	0.019 4	0.019 7	0.020 1	0.020 4	0.020 8	0.021 1	0.021 5	0.021 9	0.022 2
12	0.022 6	0.023 0	0.023 4	0.023 8	0.024 2	0.024 5	0.024 9	0.025 3	0.025 7	0.026 1
13	0.026 5	0.027 0	0.027 4	0.027 8	0.028 2	0.028 6	0.029 1	0.029 5	0.029 9	0.030 3
14	0.030 8	0.031 2	0.031 7	0.032 1	0.032 6	0.033 0	0.033 5	0.033 9	0.034 4	0.034 9
15	0.035 3	0.035 8	0.036 3	0.036 8	0.037 3	0.037 7	0.038 2	0.038 7	0.039 2	0.039 7
16	0.040 2	0.040 7	0.041 2	0.041 7	0.042 2	0.042 8	0.043 3	0.043 8	0.044 3	0.044 9
17	0.045 4	0.045 9	0.046 5	0.047 0	0.047 6	0.048 1	0.048 7	0.049 2	0.049 8	0.050 3
18	0.050 9	0.051 5	0.052 0	0.052 6	0.053 2	0.053 8	0.054 3	0.054 9	0.055 5	0.056 1
19	0.056 7	0.057 3	0.057 9	0.058 5	0.059 1	0.059 7	0.060 8	0.061 0	0.061 6	0.062 2
20	0.062 8	0.063 5	0.064 1	0.064 7	0.065 4	0.066 0	0.066 7	0.067 3	0.068 0	0.068 6
21	0.069 3	0.069 9	0.070 6	0.071 3	0.071 9	0.072 6	0.073 3	0.074 0	0.074 6	0.075 3
22	0.076 0	0.076 7	0.077 4	0.078 1	0.078 8	0.079 5	0.080 2	0.080 9	0.081 7	0.082 4
23	0.083 1	0.083 8	0.084 5	0.085 3	0.086 0	0.086 7	0.087 5	0.088 2	0.089 0	0.089 7
24	0.090 5	0.091 2	0.092 0	0.092 8	0.093 5	0.094 3	0.095 1	0.095 8	0.096 6	0.097 4
25	0.098 2	0.099 0	0.099 8	0.100 5	0.101 3	0.102 1	0.102 9	0.103 7	0.104 5	0.105 4
26	0.106 2	0.107 0	0.107 8	0.108 7	0.109 5	0.110 3	0.111 1	0.112 0	0.112 8	0.113 7
27	0.114 5	0.115 4	0.116 2	0.117 1	0.117 9	0.118 8	0.119 7	0.120 5	0.121 4	0.122 3
28	0.123 2	0.124 0	0.124 9	0.125 8	0.126 7	0.127 6	0.128 5	0.129 4	0.130 3	0.131 2
29	0.132 1	0.133 0	0.133 9	0.134 9	0.135 8	0.136 7	0.137 6	0.138 6	0.139 5	0.140 4
30	0.141 4	0.142 3	0.143 3	0.144 2	0.145 2	0.146 1	0.147 1	0.148 0	0.149 0	0.150 0
31	0.151 0	0.151 9	0.152 9	0.153 9	0.154 9	0.155 9	0.156 9	0.157 8	0.158 8	0.159 8
32	0.160 8	0.161 9	0.162 9	0.163 9	0.164 9	0.165 9	0.166 9	0.168 0	0.169 0	0.170 0
33	0.171 1	0.172 1	0.173 1	0.174 2	0.175 2	0.176 8	0.177 3	0.178 4	0.179 5	0.180 5
34	0.181 6	0.182 7	0.183 7	0.184 8	0.185 9	0.187 0	0.188 0	0.189 1	0.190 2	0.191 3
35	0.192 4	0.193 5	0.194 6	0.195 7	0.196 8	0.198 0	0.199 1	0.200 2	0.201 3	0.202 4
36	0.203 6	0.204 7	0.205 8	0.207 0	0.208 1	0.209 3	0.210 4	0.211 6	0.212 7	0.213 9
37	0.215 0	0.216 2	0.217 4	0.218 5	0.219 7	0.220 9	0.222 1	0.223 3	0.224 4	0.225 6
38	0.226 8	0.228 0	0.229 2	0.230 4	0.231 6	0.232 8	0.234 0	0.235 3	0.236 5	0.237 7
39	0.238 9	0.240 1	0.241 4	0.242 6	0.243 8	0.245 1	0.246 3	0.247 6	0.248 8	0.250 1
40	0.251 3	0.252 6	0.253 8	0.255 1	0.256 4	0.257 6	0.258 9	0.260 6	0.261 5	0.262 8
41	0.264 1	0.265 3	0.266 6	0.267 9	0.269 2	0.270 5	0.271 8	0.273 1	0.274 5	0.275 8
42	0.277 1	0.278 4	0.279 7	0.281 1	0.282 4	0.283 7	0.285 1	0.286 4	0.287 7	0.289 1

表 10-2　梢头材积表

（单位：m^3）

底径（cm）	梢长（m）													
	0.2	0.4	0.6	0.8	1.0	1.2	1.4	1.6	1.8	2.0	2.2	2.4	2.6	2.8
1.2	0.000 0	0.000 0	0.000 0	0.000 0	0.000 0	0.000 0	0.000 0	0.000 1	0.000 1	0.000 1	0.000 1	0.000 1	0.000 1	0.000 1
1.4	0.000 0	0.000 0	0.000 0	0.000 0	0.000 0	0.000 1	0.000 1	0.000 1	0.000 1	0.000 1	0.000 1	0.000 1	0.000 1	0.000 1
1.6	0.000 0	0.000 0	0.000 0	0.000 1	0.000 1	0.000 1	0.000 1	0.000 1	0.000 1	0.000 1	0.000 1	0.000 2	0.000 2	0.000 2
1.8	0.000 0	0.000 0	0.000 1	0.000 1	0.000 1	0.000 1	0.000 1	0.000 1	0.000 2	0.000 2	0.000 2	0.000 2	0.000 2	0.000 2
2.0	0.000 0	0.000 0	0.000 1	0.000 1	0.000 1	0.000 1	0.000 1	0.000 2	0.000 2	0.000 2	0.000 2	0.000 2	0.000 3	0.000 3
2.2	0.000 0	0.000 1	0.000 1	0.000 1	0.000 1	0.000 2	0.000 2	0.000 2	0.000 2	0.000 3	0.000 3	0.000 3	0.000 3	0.000 4
2.4	0.000 0	0.000 1	0.000 1	0.000 1	0.000 1	0.000 2	0.000 2	0.000 2	0.000 3	0.000 3	0.000 3	0.000 4	0.000 4	0.000 4
2.6	0.000 0	0.000 1	0.000 1	0.000 1	0.000 2	0.000 2	0.000 2	0.000 3	0.000 3	0.000 4	0.000 4	0.000 4	0.000 5	0.000 5
2.8	0.000 0	0.000 1	0.000 1	0.000 2	0.000 2	0.000 2	0.000 3	0.000 3	0.000 4	0.000 4	0.000 5	0.000 5	0.000 5	0.000 6
3.0	0.000 0	0.000 1	0.000 1	0.000 2	0.000 2	0.000 3	0.000 3	0.000 4	0.000 4	0.000 5	0.000 5	0.000 6	0.000 6	0.000 7
3.2	0.000 1	0.000 1	0.000 2	0.000 2	0.000 3	0.000 3	0.000 4	0.000 4	0.000 5	0.000 5	0.000 6	0.000 6	0.000 7	0.000 7
3.4	0.000 1	0.000 1	0.000 2	0.000 2	0.000 3	0.000 4	0.000 4	0.000 5	0.000 5	0.000 6	0.000 7	0.000 7	0.000 8	0.000 8
3.6	0.000 1	0.000 1	0.000 2	0.000 3	0.000 3	0.000 4	0.000 5	0.000 5	0.000 6	0.000 7	0.000 7	0.000 8	0.000 8	0.001 0
3.8	0.000 1	0.000 2	0.000 2	0.000 3	0.000 4	0.000 5	0.000 5	0.000 6	0.000 7	0.000 8	0.000 8	0.000 9	0.001 0	0.001 1
4.0	0.000 1	0.000 2	0.000 3	0.000 3	0.000 4	0.000 5	0.000 6	0.000 7	0.000 8	0.000 8	0.000 9	0.001 0	0.001 1	0.001 2
4.2	0.000 1	0.000 2	0.000 3	0.000 4	0.000 5	0.000 6	0.000 6	0.000 7	0.000 8	0.000 9	0.001 0	0.001 1	0.001 2	0.001 3
4.4	0.000 1	0.000 2	0.000 3	0.000 4	0.000 5	0.000 6	0.000 7	0.000 8	0.000 9	0.001 0	0.001 1	0.001 2	0.001 3	0.001 4
4.6	0.000 1	0.000 2	0.000 3	0.000 4	0.000 6	0.000 7	0.000 8	0.000 9	0.001 0	0.001 1	0.001 2	0.001 3	0.001 4	0.001 5
4.8	0.000 1	0.000 2	0.000 4	0.000 5	0.000 6	0.000 7	0.000 8	0.001 0	0.001 1	0.001 2	0.001 3	0.001 4	0.001 6	0.001 7
5.0	0.000 1	0.000 2	0.000 4	0.000 5	0.000 7	0.000 8	0.000 9	0.001 0	0.001 2	0.001 3	0.001 4	0.001 6	0.001 7	0.001 8
5.2	0.000 1	0.000 3	0.000 4	0.000 6	0.000 7	0.000 8	0.001 0	0.001 1	0.001 3	0.001 4	0.001 6	0.001 7	0.001 8	0.002 0
5.4	0.000 2	0.000 3	0.000 5	0.000 6	0.000 8	0.000 9	0.001 1	0.001 2	0.001 4	0.001 5	0.001 7	0.001 8	0.002 0	0.002 1
5.6	0.000 2	0.000 3	0.000 5	0.000 7	0.000 9	0.001 0	0.001 1	0.001 3	0.001 5	0.001 6	0.001 8	0.002 0	0.002 1	0.002 3
5.8	0.000 2	0.000 4	0.000 5	0.000 7	0.000 9	0.001 0	0.001 2	0.001 4	0.001 6	0.001 8	0.001 9	0.002 1	0.002 3	0.002 5
6.0	0.000 2	0.000 4	0.000 6	0.000 8	0.000 9	0.001 1	0.001 3	0.001 5	0.001 7	0.001 9	0.002 1	0.002 3	0.002 5	0.002 6

表 10-3　杉原条材积表(GB 4815—84)

检尺径(cm)	检尺长(m)												
	5	6	7	8	9	10	11	12	13	14	15	16	17
	材积(m^3)												
8	0.025	0.029	0.034	0.039	0.044	0.049							
10	0.039	0.046	0.053	0.060	0.067	0.074	0.082	0.089	0.096	0.103	0.110	0.117	0.124
12	0.051	0.061	0.070	0.079	0.089	0.098	0.108	0.117	0.126	0.136	0.145	0.154	0.164
14	0.065	0.077	0.089	0.101	0.113	0.125	0.137	0.149	0.161	0.173	0.185	0.197	0.209
16	0.081	0.096	0.111	0.126	0.141	0.155	0.170	0.185	0.200	0.215	0.230	0.244	0.259
18	0.099	0.117	0.135	0.153	0.171	0.189	0.207	0.225	0.243	0.261	0.279	0.207	0.315
20		0.140	0.161	0.183	0.204	0.226	0.247	0.269	0.290	0.312	0.333	0.355	0.376
22		0.164	0.190	0.215	0.240	0.266	0.291	0.316	0.342	0.367	0.393	0.418	0.443
24		0.191	0.221	0.250	0.280	0.309	0.339	0.368	0.398	0.427	0.457	0.486	0.516
26		0.220	0.254	0.288	0.322	0.356	0.390	0.424	0.458	0.491	0.525	0.559	0.593
28			0.289	0.328	0.367	0.406	0.444	0.488	0.522	0.560	0.599	0.638	0.676
30			0.327	0.371	0.415	0.459	0.502	0.546	0.590	0.634	0.678	0.721	0.765
32				0.417	0.466	0.515	0.564	0.613	0.663	0.712	0.761	0.810	0.859
34				0.465	0.520	0.575	0.630	0.684	0.739	0.794	0.849	0.904	0.959
36					0.577	0.638	0.699	0.759	0.820	0.881	0.942	1.003	1.064
38					0.637	0.704	0.771	0.838	0.905	0.973	1.040	1.107	1.174
40						0.773	0.847	0.921	0.995	1.069	1.142	1.216	1.290
42						0.846	0.927	1.008	1.088	1.169	1.250	1.331	1.411
44									1.186	1.274	1.362	1.450	1.538
46									1.288	1.384	1.479	1.575	1.670
48									1.394	1.498	1.601	1.705	1.808
50									1.505	1.616	1.728	1.840	1.951
52										1.739	1.860	1.980	2.100
54										1.867	1.996	2.125	2.254
56											2.137	2.275	2.413
58											2.283	2.431	2.578
60											2.434	2.592	2.749

原条长度的测量是从大头锯口(或斧口)量至梢端短径 6 cm(实足去皮短径)处为止,以 1 m 进位,不足 1 m 者由梢端舍去不计。取整以后的长度为检尺长。如一原条量得实际长度为 11.78 m,则检尺长为 11.0 m。

直径的测定是在离大头斧口(或锯口)2.5 m 处量取去皮直径,以 2 cm 进位,不足 2 cm 时 1 cm 进位,不足 1 cm 时都舍去。进舍后的直径为检尺径。

(三)原木材积的测定

原木是按国家规定的木材标准截成的木段。原木材积的测算步骤如下。

1. 原木长度的测定

原木长度的检尺以原木标准规定为依据,在原木大小头两端断面之间相距最短处取直检量。若量得的实际长度小于原木标准规定的检尺长,但不超过负公差时,仍按原木规定的长度计算;若超过负公差,则按小一级长度计算。

2. 原木直径的测定

在小头断面过中心量取最短去皮直径,经进舍后为检尺径。以 2 cm 为一个增进单位,实际尺寸不足 2 cm 时,足 1 cm 都增进,不足 1 cm 都舍去。当小头断面形状不规整时,过小头断面中心先量取去皮短径,再过短径中心垂直量取去皮长径。若短径不足 26 cm,其长、短径之差在 2 cm 以上者;或短径在 26 cm 以上,其长、短径之差在 4 cm 以上者,以长、短径的平均值按 2 cm 整化后的直径作为检尺径。双心材、三心材以及中间细两头膨大的原木,其检尺径均在树干正常部位(最细处)量取。双桠树的两个干岔,如在同一检尺长范围者,以较大一个断面量取直径;如不在同一检尺长范围者,以较长干岔的断面量取直径。小头断面劈裂,检尺径减去劈裂间隙后计算材积。

3. 原木材积的计算

原木材积可根据原木检尺长和检尺径直接从“原木材积表”(表 10-4)中查得。

二、立木材积的测定

测定立木材积主要采用形数法和平均实验形数法。

(一)用形数法计算材积

形数也称胸高形数,它是树干材积与以胸高断面积为底、树高为高的圆柱体体积之比,用 $f_{1.3}$ 表示(1.3 表示胸高位置)。其计算公式为:

$$f_{1.3} = \frac{V_{干}}{g_{1.3}h}$$

因此,立木材积可按下式计算:

$$V_{干} = g_{1.3}hf_{1.3} \qquad (10\text{-}3)$$

式中　$V_{干}$——树干材积,m^3;

$g_{1.3}$——胸高断面积,m^2;

h——树高,m。

胸高断面积可通过测定胸高直径 $d_{1.3}$,按 $g_{1.3} = \frac{\pi}{4}\left(\frac{d_{1.3}}{100}\right)^2$ 的公式算出;树高用测高器测出;形数 $f_{1.3}$ 可通过形率计算。

形率是树干上一定部位的直径与胸高直径的比值,一般用 q 表示。最常用的形率为 1/2

树高处的直径与胸高直径的比值，即

$$q_2 = \frac{d_{\frac{1}{2}}}{d_{1.3}} \tag{10-4}$$

德国林学家希费尔提出求形数的经验公式为：

$$f_{1.3} = 0.66q_2^2 + \frac{0.32}{q_2 h} + 0.140 \tag{10-5}$$

表 10-4　原木材积表（GB 4814—84）

检尺径（cm）	检尺长（m）										
	2.0	2.2	2.4	2.5	2.6	2.8	3.0	3.2	3.4	3.6	3.8
	材积（m^3）										
4	0.004 1	0.004 7	0.005 3	0.005 6	0.005 9	0.006 6	0.007 3	0.008 0	0.008 8	0.009 6	0.010 4
6	0.007 9	0.008 9	0.010 0	0.010 5	0.011 1	0.012 2	0.013 4	0.014 7	0.016 0	0.017 3	0.018 7
8	0.013	0.015	0.016	0.017	0.018	0.020	0.021	0.023	0.025	0.027	0.029
10	0.019	0.022	0.024	0.025	0.026	0.029	0.031	0.034	0.037	0.040	0.042
12	0.027	0.030	0.033	0.035	0.037	0.040	0.043	0.047	0.050	0.054	0.058
14	0.036	0.040	0.045	0.047	0.049	0.054	0.058	0.063	0.068	0.073	0.078
16	0.047	0.052	0.058	0.060	0.063	0.069	0.075	0.081	0.087	0.093	0.100
18	0.059	0.065	0.072	0.076	0.079	0.086	0.093	0.101	0.108	0.116	0.124
20	0.072	0.080	0.088	0.092	0.097	0.105	0.114	0.123	0.132	0.141	0.151
22	0.086	0.096	0.106	0.111	0.116	0.126	0.137	0.147	0.158	0.169	0.180
24	0.102	0.114	0.125	0.131	0.137	0.149	0.161	0.174	0.186	0.199	0.212
26	0.120	0.133	0.146	0.153	0.160	0.174	0.188	0.203	0.217	0.232	0.247
28	0.138	0.154	0.169	0.177	0.185	0.201	0.217	0.234	0.250	0.267	0.284
30	0.158	0.176	0.193	0.202	0.211	0.230	0.248	0.267	0.286	0.305	0.324
32	0.180	0.199	0.219	0.230	0.240	0.260	0.281	0.302	0.324	0.345	0.367
34	0.202	0.224	0.247	0.258	0.270	0.293	0.316	0.340	0.364	0.388	0.412
36	0.226	0.251	0.276	0.289	0.302	0.327	0.353	0.380	0.406	0.433	0.460
38	0.252	0.279	0.307	0.321	0.335	0.364	0.393	0.422	0.451	0.481	0.510
40	0.278	0.309	0.340	0.355	0.371	0.402	0.434	0.466	0.498	0.531	0.564
42	0.306	0.340	0.374	0.391	0.408	0.442	0.477	0.512	0.548	0.583	0.619
44	0.336	0.372	0.409	0.428	0.447	0.484	0.522	0.561	0.599	0.638	0.678
46	0.367	0.406	0.447	0.467	0.487	0.528	0.570	0.612	0.654	0.696	0.739
48	0.399	0.442	0.486	0.508	0.530	0.574	0.619	0.665	0.710	0.756	0.802
50	0.432	0.479	0.526	0.550	0.574	0.622	0.671	0.720	0.769	0.819	0.869
52	0.467	0.518	0.569	0.594	0.620	0.672	0.724	0.777	0.830	0.884	0.938
54	0.503	0.558	0.613	0.640	0.668	0.724	0.780	0.837	0.894	0.951	1.009
56	0.541	0.599	0.658	0.688	0.718	0.777	0.838	0.899	0.960	1.021	1.083
58	0.580	0.642	0.705	0.737	0.769	0.833	0.898	0.963	1.028	1.094	1.160
60	0.620	0.687	0.754	0.788	0.822	0.890	0.959	1.029	1.099	1.169	1.239

其中 h 为树高。此式适用于所有树种，且误差不超过 ±3%。

经研究证明，针叶树的形数在 0.5 左右，阔叶树的形数在 0.45 左右。

例如：已知一株落叶松，树高 27.9 m，胸径 35.3 cm（相应的胸高断面积为 0.097 87 m^2），中央直径 22.8 cm，求材积的步骤如下。

（1）计算形率 q_2。

$$q_2 = \frac{d_{\frac{1}{2}}}{d_{1.3}} = \frac{22.8}{35.3} = 0.65$$

（2）求形数 $f_{1.3}$。

$$f_{1.3} = 0.66q_2^2 + \frac{0.32}{q_2 h} + 0.140$$

$$= 0.66 \times 0.65^2 + \frac{0.32}{0.65 \times 27.9} + 0.140$$

$$= 0.437$$

（3）计算材积。

$$V_{干} = g_{1.3}hf_{1.3} = 0.097\ 87 \times 27.9 \times 0.437 = 1.193\ 3(m^3)$$

（二）用平均实验形数法求材积

南京林业大学林昌庚教授根据对大量实测材积的验算得出一种干形指标，叫实验形数，其计算公式为：

$$f_{\partial} = \frac{V_{干}}{g_{1.3}(h+3)} \tag{10-6}$$

式中　f_{∂}——实验形数；

$V_{干}$——树干材积，m^3；

$g_{1.3}$——胸高断面积，m^2；

h——树高，m。

一般实验形数的变化范围为 0.38～0.46，而绝大多数集中在 0.40～0.44。为此，将各类树种分为 6 个干形级，如表 10-5 所示，应用时直接查表即可。

表 10-5　主要乔木树种平均实验形数表

干形级	平均实验形数（f_{∂}）	适用的树种
Ⅰ	0.45	云南松、冷杉及一般强阴性针叶树种
Ⅱ	0.43	实生杉木、云杉及一般阴性针叶树种
Ⅲ	0.42	杉木（不分起源）、红松、华山松、黄山松及中性针叶树种和一般阔叶树种
Ⅳ	0.41	插条杉木、落叶松、樟子松、油松、赤松、黑松及一般阳性针叶树种
Ⅴ	0.40	一般阔叶树，如杨、柳、桦、水曲柳、柞、栎、青冈、刺槐、榆、樟等
Ⅵ	0.39	马尾松及一般强阳性针叶树种

由平均实验形数 f_{∂} 定义式可得：

$$V_{干} = g_{1.3}(h+3)f_{\partial}$$

把上例的材料,用平均实验形数法计算材积。

查表10-5,落叶松的平均实验形数为0.41,其材积即为

$$V_{干}=g_{1.3}(h+3)f_{\partial}=0.097\ 87\times0.41\times(27.9+3)=1.239\ 9(m^3)$$

第二节 林分蓄积量和材种出材量的测定

一、林分结构规律

林分是指内部结构特征大体相同而又与其四周有明显区别的森林地段。所谓内部结构特征,是指林木的起源、林相、树种组成、林龄、立地质量和郁闭度等。在林业生产中通常把林分作为调查单位或经营单位。一个林分可由一个或数个森林分子组成。森林分子是指在同一立地条件下生长发育起来的同一起源、同一树种和同一年龄世代的林木。例如同年栽植的一片落叶松纯林就是一个森林分子。在单层的同龄混交林中,林分由两个树种组成,该林分就包含两个森林分子。而在异龄复层混交林中,某一树种是由不同年龄世代的林木组成,对该树种来说,有几个年龄世代就有几个森林分子。林分调查常常按森林分子进行,然后综合各森林分子调查因子以确定被调查林分的调查因子。所以,研究和掌握森林分子的结构规律非常重要。

(一)林木直径分布规律

一般是中等粗度的株数最多,向两极(最粗、最细)分布的株数逐渐减少,近似正态分布。森林分子中最大直径为平均直径的1.6~1.7倍,最小直径为平均直径的0.4~0.5倍。利用这种直径经验转化系数,可目测森林分子的平均直径。例如:在某一成熟林内找到最大的树木直径为38 cm,则其平均直径约为22.4 cm(38 cm÷1.7)。

(二)树高分布规律

大量研究发现,在同一径阶内接近径阶平均高的林木株数最多,较高、较矮林木的株数渐少,近似正态分布,而且株数最多的径阶平均高接近森林分子平均高。设整个森林分子的平均高为1.0,则最高林木的高度为平均高的1.16倍,最低林木为平均高的0.6~0.7倍。它可以帮助目测或检查森林分子平均高。

(三)材积变化规律

森林分子的材积变化较大,一般在近熟林以上的林分中,最大树木的材积为平均树木材积的2.5倍,而最小树木的材积约为平均树木材积的0.2倍。由于材积变化较大,由材积变化范围推出平均木的材积很不准确,实践中很少采用。

二、标准地调查

(一)标准地的选取原则

(1)标准地必须具有广泛的代表性。

(2)标准地不能跨越林分。

(3)标准地应避开林缘、林班线、防火线、路旁、河边以及容易遭受人为破坏的地方。

(4)标准地内树种、密度应分布均匀。

（二）标准地设置

标准地的形状一般为长方形或正方形。标准地面积是根据标准地上的林木株数来确定的，一般近、成、过熟林为200株以上，中龄林为250株以上，幼龄林为300株以上。实际调查时，常机械设置不同大小的标准地30～50块以上，实测胸径和树高后，计算蓄积量，求出变动系数，选择蓄积量变动系数趋于稳定处的相应面积作为设置标准地面积大小的依据。河南人工林调查表明，标准地面积以0.05～0.06 hm^2（500～600 m^2）为宜。

（三）标准地测量

一般用罗盘仪测角，皮尺量距。林地坡度超过5°时，要改算为水平距。境界测量的闭合差一般不超过总长的1/200。

（四）标准地调查

1. 每木检尺

每木检尺就是测定标准地中每株树的胸径，按径阶统计记录。首先确定径阶范围，平均直径12 cm以上时，以4 cm为一个径阶；6～12 cm时，以2 cm为一个径阶；平均直径小于6 cm时，以1 cm为一个径阶整化统计。其次确定起测径阶，起测径阶是指检尺的最小径阶，一般在幼、中龄中用平均直径的0.4倍作为起测径阶；近、成、过熟林中起测径阶可定为8 cm或12 cm。小于起测径阶的树木作为幼树统计。每木检尺结果填入表10-6中。

2. 林分平均直径的计算

根据每木检尺结果，利用公式 $g = \frac{\pi}{4}\left(\frac{d}{100}\right)^2$ 算出每个径阶的单株断面积；乘以各径阶的株数得径阶断面积（G）；各径阶断面积相加，得标准地总断面积（$\sum G$），除以标准地总株数（N），即得单株平均断面积（$\bar{g}$），再利用公式 $\bar{d} = 100 \times \sqrt{\frac{4}{\pi} \times \bar{g}}$ 算出林分平均直径。

3. 树高测定

在标准地内按径阶实测树木的胸径和树高，其株数一般不少于20～25株，平均直径所在的径阶3～5株，两端径阶1～2株。树高精确到0.1 m，胸径精确到0.1 cm；再用算术平均法计算出各径阶的平均直径和平均高，然后在方格纸上以横坐标表示直径，纵坐标表示树高，点绘树高—直径散点图，并用曲线尺绘出一条匀滑的树高曲线图，如图10-1所示。树高曲线图上，对应于林分平均直径的树高即为林分平均高。精度要求不高时，可在林分中选测3～5株接近平均直径的林木树高，按算术平均法计算林分平均高。

4. 选伐标准木

根据求得的平均直径和平均高，在标准地内或附近属同一林分的地段中，选出与上述指标相当的树木叫标准木。选择的标准木的误差，其高度在20 m以下时不得超过±0.5 m，20 m以上时不得超过±1 m；胸径2 cm径阶不得超过±0.5 cm，4 cm径阶不得超过±1.0 cm。标准木选出后伐倒，按中央断面区分求积法进行求积。按国家木材标准造材。

5. 郁闭度与疏密度的测定

郁闭度是林冠垂直投影面积与林地面积之比值。生产中多采用目测法测定。

疏密度是现实林分每公顷胸高断面积与相同条件下标准林分胸高断面积之比值。标准林分是“某一树种在一定年龄、一定立地条件下最完善和最大限度地利用了所占空间的

表 10-6 标准地调查记录

河南省 商城 县 黄柏山 林场(乡) 黄柏山 营林区(大队) ____

林班(村)3 小班(小地名) No. 2 标准地号 No. 2 样地形状及面积 长方形,600 (m^2)

样地所在地类 有林地 林分类型 杉木纯林 样地更新情况 ____

林分起源 人工植苗 林副产品资源 ____

坡向 东南 坡位 上 坡度 25° 海拔高 800 m

土壤:黄棕壤,50 cm 厚。下木:菝葜、胡枝子等。草本:淡竹叶等。

样 地 调 查 因 子

树种组成	郁闭度	优势树种	龄级年龄	平均直径(cm)	平均树高(m)	地位级	组成树种	样地蓄积(m^3)		毛竹株数
								活立木	枯立木	
10 杉	0.8	杉木	Ⅳ/20	13.6	12.5		杉木	8.507 9		

经营措施意见:

疏伐。

调查者 刘德炳 计算者 刘德炳

1984 年 6 月 1 日 1984 年 6 月 10 日

每 木 检 尺 记 录 (树种:杉木)

径阶	株数				断面积	材积	备注
	经济树	半经济树	薪材树	合计			
4							
6	正			5	0.014 1	0.038 5	平均断面积
8	正下	一		9	0.045 2	0.153 9	$(\bar{g})=\frac{1.624\ 4}{111}$
10	正正正	丅		17	0.133 5	0.533 8	
12	正正正正正	下		28	0.316 7	1.433 6	$=0.014\ 6(m^2)$
14	正正正正正			25	0.384 8	1.920 0	平均直径
16	正正	丅		12	0.241 3	1.321 2	$(\bar{d})=13.6(cm)$
18	正			5	0.127 2	0.749 0	
20	正			5	0.157 1	0.982 0	
22	下			3	0.114 0	0.753 9	
24	丅			2	0.090 5	0.622 0	
26							
28							
30							
32							
34							
36							
合计	103	8		111	1.624 4	8.507 9	

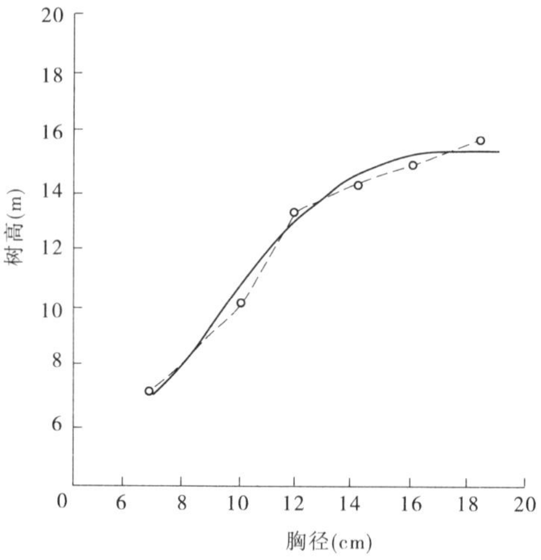

图 10-1　树高曲线图

林分”。该林分疏密度为 1.0。以标准林分每公顷总断面积和蓄积量制成的数表，称标准表。林分的疏密度可通过测出林分的平均高和每公顷断面积，查相应树种的标准表得标准林分的每公顷断面积而求得。生产实际中也可参考郁闭度和疏密度的一般关系来推算。通常，成、过熟林郁闭度要比疏密度小 0.1 ~0.2，树冠扩张的阔叶林以及幼林的郁闭度要比疏密度大 0.1 ~0.2；而中龄林的郁闭度近似等于疏密度。

6. 计算树种组成

树种组成说明某一林分中各个树种的蓄积量占总蓄积量的比重。如马尾松和麻栎组成的混交林，马尾松蓄积量为 150 m^3，麻栎为 45 m^3，则各自组成系数为：马尾松：$\frac{150}{195}=0.77$；麻栎：$\frac{45}{195}=0.23$。

记录时，优势树种在前，次要树种在后，树种组成为 8 松 2 麻。

蓄积量达不到林分总蓄积量的 5%，而又大于 2% 的树种在组成式后面用“ + ”号表示；蓄积量小于林分总蓄积量 2% 的树种在组成式后面用“ - ”号表示。树种组成还可用各树种的胸高断面积来确定。

7. 确定林龄和龄级

林龄即林分的平均年龄，通常用优势树种林木的平均年龄代表。林木生长周期长，林龄一般用龄级表示。林业生产中常把龄级归并为龄组。各林木间的年龄一般不超过一个龄级者，称为同龄林。

确定林龄，可先查伐根上年轮数，再加上至伐根高度的苗龄；某些针叶树种可查枝轮；混交林可在林内查若干株平均木年龄求平均年龄，作为该林分的年龄。

8. 立地质量评定

一般评定立地质量的指标有两种：

(1)地位级。分树种按林分平均年龄和平均高的关系编制的表叫地位级表。一般是将同树种的林分生产力按平均高的变动幅度划分为 5 ~7 级，分别用罗马数字 Ⅰ、Ⅱ、Ⅲ、… 表示。Ⅰ地位级生产力最高，依次下降。使用时，根据测定的林分平均年龄和平均高可在相应的地位级表上查出地位级。

(2)地位指数。将林分基准年龄(或称指数年龄)上层木所能达到的平均高度作为评定立地质量的指标,称立地指数。分别树种按林分优势木平均高与年龄的关系编制的表叫地位指数表。用此表数据绘制的曲线叫地位指数曲线。使用时,在林分中测定3~5株最大树高及其年龄。求出树高和年龄的平均值,即可从表中或曲线图上查出相应的地位指数。

三、林分蓄积量测定

一定面积上的树木材积数量叫蓄积量。其测定方法很多,现介绍最常用的三种。

(一)平均标准木法

平均标准木法就是在标准地中按森林分子选出与其平均胸径、平均树高都相同的树木作为标准木,然后伐倒区分求积,以此推算林分(标准地)蓄积量的方法。其具体做法如标准地调查中所述。根据平均标准木材积计算林分(标准地)蓄积量的公式为:

$$M = NV \tag{10-7}$$

式中　M——标准地蓄积量,m^3;

V——标准木单株材积,m^3;

N——标准地林木株数。

为了消除误差,可将推算公式改为:

$$M = \frac{G}{g}V \tag{10-8}$$

式中　G——标准地林木胸高总断面积,m^2;

g——标准木胸高断面积,m^2;

V——标准木材积,m^3。

计算过程见表10-7。

表10-7　用平均标准木法计算蓄积量表

树种:杉木　标准地面积:0.1 hm^2　标准地号:012

径阶	株数	计算的平均标准木	实际标准木	标准地蓄积量
4 6 8 10 12 14 16 18 20	3 15 36 51 50 38 20 5 1	$\bar{g} = \frac{2.3390}{219}$ $= 0.01068(m^2)$ $\bar{d} = 11.7$ cm $\bar{h} = 12.7$ m	$d = 11.8$ cm $H = 12.5$ m $g = 0.01094$ m^2 $V = 0.0667$ m^3	$M = \frac{2.3390}{0.01094} \times 0.0667$ $= 14.47(m^3)$ 每公顷蓄积量 $M = \frac{14.47}{0.1}$ $= 144.7(m^3/hm^2)$
合计		219		

为了准确起见，可多选几株标准木进行平均，而后推算林分蓄积量。

（二）立木材积表法

用标准木法测定蓄积量常要伐树，工作量较大。实际工作中，多利用已经编制好的立木材积表来测定。

1. 一元材积表法

一元材积表是根据材积与胸径一个因子的相关关系而编制的数表。由于在不同条件下，胸径相同的林木，其树高差别较大，因而一元材积表只能在较小范围内使用，所以又称地方材积表。使用时，根据每木检尺材料查相应树种的材积表。查出各径阶单株材积，乘以径阶检尺株数即得各径阶材积，再合计为标准地蓄积量，除以标准地面积即得每公顷蓄积量。具体计算过程见表 10-8。

根据表 10-8，则每公顷蓄积量为

$$2.6514\ \mathrm{m}^3 \div 0.06 = 44.19\ \mathrm{m}^3$$

表 10-8　一元材积表计算蓄积量表

树种：油松　标准地面积：0.06 hm^2

径阶	株数	单株材积（m^3）	径阶材积（m^3）
6	6	0.007 2	0.043 2
8	10	0.015 2	0.152 0
10	8	0.027 7	0.221 6
12	10	0.043 0	0.430 0
14	13	0.065 4	0.850 2
16	4	0.093 0	0.372 0
18	2	0.125 8	0.251 6
20	2	0.165 4	0.330 8
合计	55		2.651 4

将河南省分树种编制的一元立木材积表摘录于此，供参考使用（见表 10-9、表 10-10）。

2. 二元材积表法

二元材积表是根据材积与胸径、树高两个因子之间的相关关系而编制的。其适用范围较广，所以又叫一般材积表。使用时，除每木检尺外，还要测定各径阶的树高，绘制树高曲线，由曲线上查出各径阶的平均高；根据径阶和径阶平均高，即可从相应树种的二元材积表上查出各径阶的单株材积，其他同一元材积表法。现将河南省编制的杉木、刺槐二元立木材积表摘录于此，见表 10-11、表 10-12。

值得强调的是，材积表上各径阶的材积是理论平均材积，在进行大量立木材积计算时，由于正负可以互相抵消，精度较高，所以材积表只适用于大量立木材积的计算。若用材积表计算单株材积则会产生很大的误差，因此不能用来计算单株树木的材积。

表 10-9　河南省平原主要树种一元立木材积表

径阶(cm)	树种						
	毛白杨	加拿大杨	大官杨	泡桐	刺槐	榆树	柳树
	材积(m^3)						
4	0.0043	0.0039	0.0048	0.0036	0.0050	0.0041	0.0047
6	0.0112	0.0104	0.0122	0.0091	0.0124	0.0107	0.0112
8	0.0221	0.0209	0.0236	0.0173	0.0236	0.0212	0.0210
10	0.0374	0.0358	0.0394	0.0286	0.0300	0.0362	0.0341
12	0.0575	0.0555	0.0600	0.0431	0.0587	0.0599	0.0507
14	0.0827	0.0855	0.0855	0.0611	0.0829	0.0808	0.0708
16	0.1134	0.1111	0.1162	0.0825	0.1119	0.1112	0.0946
18	0.1497	0.1476	0.1524	0.1075	0.1457	0.1473	0.1223
20	0.1919	0.1903	0.1942	0.1363	0.1846	0.1894	0.1537
22	0.2426	0.2394	0.2417	0.1689	0.2286	0.2378	0.1891
24	0.2950	0.2954	0.2953	0.2055	0.2779	0.2927	0.2284
26	0.3563	0.3583	0.3540	0.2461	0.3326	0.3544	0.2718
28	0.4244	0.4284	0.4209	0.2908	0.3928	0.4231	0.3193
30	0.4993	0.5059	0.4933	0.3396	0.4586	0.4988	0.3710
32	0.5815	0.5914	0.5722	0.3928	0.5301	0.5820	0.4268
34	0.6707	0.6842	0.6578	0.4502	0.6073	0.6726	0.4869
36	0.7676	0.7854	0.7502	0.5121	0.6905	0.7710	0.5513
38	0.8720	0.8948	0.8492	0.5784	0.7795	0.8773	0.6201
40	0.9781	1.0127	0.9558	0.6492	0.8746	0.9916	0.6932
42	1.1042	1.1391	1.0693	0.7246	0.9849	0.1142	0.7707
44	1.2323	1.2743	1.1900	0.8046	1.0832	1.2451	0.8527
46	1.3684	1.4186	1.3181	0.8906	1.1969	1.3843	0.9392
48	1.5130	1.5719	1.4537	0.9787	1.3168	1.5327	1.0301
50	1.6659	1.7346	1.5967	1.0730	1.4432	1.6897	1.1258

表 10-10 河南省山区主要树种一元立木材积表

径阶(cm)	树种				
	杉木	马尾松	油松	刺槐	阔杂
	材积(m^3)				
5	0.004 6	0.004 7	0.004 5	0.007 4	0.005 7
6	0.007 7	0.007 3	0.007 6	0.011 5	0.009 2
7	0.011 9	0.010 7	0.011 5	0.017 1	0.013 3
8	0.017 1	0.015 0	0.016 2	0.023 9	0.018 7
9	0.023 9	0.020 1	0.021 9	0.032 1	0.025 0
10	0.031 4	0.026 0	0.029 2	0.041 7	0.032 5
11	0.040 8	0.032 9	0.037 5	0.053 3	0.041 3
12	0.051 2	0.040 8	0.047 1	0.065 7	0.051 4
13	0.062 9	0.050 0	0.058 1	0.080 3	0.062 4
14	0.076 8	0.060 2	0.070 6	0.096 2	0.074 7
15	0.092 6	0.071 0	0.083 6	0.113 9	0.088 5
16	0.110 1	0.083 7	0.099 5	0.133 5	0.103 8
17	0.128 3	0.096 8	0.116 5	0.155 2	0.120 6
18	0.149 8	0.112 3	0.134 5	0.177 8	0.139 1
19	0.172 1	0.127 9	0.154 8	0.201 1	0.158 0
20	0.196 4	0.146 2	0.176 3	0.227 5	0.179 9
21	0.222 8	0.164 7	0.199 6	0.255 0	0.202 0
22	0.251 2	0.184 6	0.226 5	0.284 9	0.227 4
23	0.280 1	0.205 9	0.251 9	0.315 9	0.253 0
24	0.311 0	0.228 7	0.281 0	0.346 8	0.280 3
25	0.343 9	0.253 0	0.312 1	0.381 5	0.309 4
26	0.378 9	0.278 9	0.343 0	0.416 0	0.340 3
27	0.415 0	0.303 9	0.378 2	0.452 4	0.373 1
28	0.452 7	0.332 9	0.413 1	0.487 9	0.407 8
29	0.491 2	0.363 6	0.449 8	0.525 1	0.444 4
30	0.531 6	0.393 1	0.488 6	0.563 7	0.480 1
31	0.572 3	0.427 1	0.529 4	0.603 8	0.520 7
32	0.618 4	0.459 6	0.572 2	0.642 2	0.560 0
33	0.664 8	0.493 6	0.617 2	0.685 1	0.604 6
34	0.709 2	0.532 8	0.664 2	0.726 0	0.647 6
35	0.755 2	0.570 0	0.709 6	0.768 0	0.692 5
36	0.803 0	0.608 8	0.760 9	0.811 2	0.739 2
37	0.852 4	0.649 2	0.810 2	0.855 6	0.787 7
38	0.903 5	0.691 2	0.865 9	0.901 0	0.838 2
39	0.950 9	0.734 8	0.919 2	0.947 6	0.890 6
40		0.780 1	0.974 4	0.995 4	0.940 0
41		0.827 1	1.031 6	1.044 3	0.996 1
42		0.870 3	1.090 8	1.094 3	1.054 3
43		0.920 5	1.152 1	1.145 4	1.108 7
44		0.966 6	1.215 4	1.197 7	1.170 7
45		1.013 9	1.274 6	1.251 1	1.225 5
46		1.062 5	1.341 8	1.305 7	1.294 5
47		1.112 5	1.404 5	1.361 3	1.355 9
48		1.163 8	1.475 7	1.418 1	1.418 8

表 10-11 河南省杉木二元立木材积表(DB/410000 B68 002—88)

$$V=0.000\ 078\ 178\cdot D_{围}^{1.807\ 965\ 004\ 048\ 364}\cdot H^{0.962\ 576\ 114\ 026\ 037\ 9}$$

胸径(cm)	树高(m)											
	3	4	5	6	7	8	9	10	11	12	13	14
	材积(m³)											
4	0.002 8	0.003 6	0.004 5	0.005 4	0.006 2	0.007 1						
6	0.005 7	0.007 6	0.009 4	0.011 2	0.013 0	0.014 8	0.016 5	0.018 3				
8	0.009 7	0.012 7	0.015 8	0.018 8	0.021 8	0.024 8	0.027 8	0.030 8	0.033 7	0.036 7		
10	0.014 5	0.019 1	0.023 7	0.028 2	0.032 7	0.037 2	0.041 6	0.046 1	0.050 5	0.054 9	0.059 3	0.063 7
12	0.020 1	0.026 5	0.032 9	0.039 2	0.045 5	0.051 7	0.057 9	0.064 1	0.070 2	0.076 4	0.082 5	0.088 6
14		0.035 1	0.043 5	0.051 8	0.060 1	0.068 3	0.076 5	0.084 7	0.092 8	0.100 9	0.109 0	0.117 1
16		0.044 6	0.055 3	0.065 9	0.076 5	0.087 0	0.097 4	0.107 8	0.118 2	0.128 5	0.138 8	0.149 0
18			0.068 5	0.081 6	0.094 6	0.107 6	0.120 5	0.133 4	0.146 2	0.159 0	0.171 7	0.184 4
20			0.082 8	0.098 7	0.114 5	0.130 2	0.145 8	0.161 4	0.178 9	0.192 4	0.207 8	0.223 1
22				0.117 3	0.136 0	0.154 7	0.173 2	0.191 7	0.210 2	0.228 5	0.246 8	0.265 1
24				0.137 2	0.159 2	0.181 0	0.202 8	0.224 4	0.246 0	0.267 5	0.288 9	0.310 2
26					0.184 0	0.209 2	0.234 3	0.259 3	0.284 3	0.309 1	0.333 9	0.358 5
28					0.210 4	0.239 2	0.267 9	0.296 5	0.325 0	0.353 4	0.381 7	0.410 0
30						0.271 0	0.303 5	0.335 9	0.368 2	0.400 4	0.432 4	0.464 4
32								0.377 5	0.413 8	0.449 9	0.486 0	0.521 9
34										0.502 0	0.542 3	0.582 3
36												0.645 7

注：------表示材积表的扩大使用范围。

表 10-12　河南省刺槐二元立木材积表（DB/410000 B68 001—88）

$V = 0.000\,066\,125 \cdot D_{围}^{1.825\,716\,067\,631\,563} \cdot H^{0.956\,442\,809\,538\,439\,8}$

胸径(cm)	树高(m)									
	4	5	6	7	8	9	10	11	12	13
	材积(m³)									
4	0.003 1	0.003 9	0.004 6	0.005 3	0.006 1	0.006 8	0.007 5			
6	0.006 6	0.008 1	0.009 7	0.011 2	0.012 7	0.014 2	0.015 8	0.017 3		
8	0.011 1	0.013 7	0.016 3	0.018 9	0.021 5	0.024 1	0.026 6	0.029 2	0.031 7	
10	0.016 7	0.020 6	0.024 6	0.028 5	0.032 8	0.036 2	0.040 0	0.043 9	0.047 7	0.051 5
12	0.023 3	0.028 8	0.034 3	0.039 7	0.045 1	0.050 5	0.055 9	0.061 2	0.066 5	0.071 8
14		0.038 1	0.045 4	0.052 6	0.059 8	0.066 9	0.074 0	0.081 1	0.088 1	0.095 1
16			0.057 9	0.067 1	0.076 3	0.085 4	0.094 4	0.103 5	0.112 4	0.121 4
18				0.083 3	0.094 6	0.105 9	0.117 1	0.128 3	0.139 4	0.150 5
20					0.114 7	0.128 3	0.141 9	0.155 5	0.169 0	0.182 4
22					0.136 5	0.152 7	0.168 9	0.185 0	0.201 1	0.217 4
24						0.179 0	0.198 0	0.216 9	0.235 7	0.254 5
26							0.229 2	0.251 0	0.272 8	0.294 5
28								0.287 4	0.312 3	0.337 2
30								0.326 0	0.354 3	0.382 5
32									0.393 6	0.430 3
34									0.445 2	0.480 7
36										0.533 5
38										0.588 9
40										

注：------表示材积的扩大使用范围。

（三）利用伐根材积表测定立木材积[1]

1. 伐根一元材积表

1）编制方法

伐根一元材积表根据在河南省调查和收集的 4 430 株样木资料，先通过回归分析，建立根径与胸径相关关系的数学模型，求出与根径相对应的胸径，然后将胸径代入相应的立木材积计算公式，计算出其材积。

2）计量单位

（1）根径（D_r）：伐根高 0 cm 处的树干带皮直径，计量单位为 cm。

（2）胸径（$D_{1.3}$）：根径起 1.3 m 处的树干带皮直径，计量单位为 cm。

（3）平均树高（$\overline{H}$）：各径级中值的平均树高，计量单位为 m。

（4）材积（V）：即树干材积，不包括枝杈材积，计量单位为 m^3。

3）材积计算公式

（1）山区树种伐根一元材积计算公式，见表 10-13。

[1] 注：节选自光增云主编的《材积表实用手册》，中原农民出版社 2000 年版。

表 10-13 山区树种伐根一元材积计算公式

树种	伐根一元材积计算公式
杉木	$V=0.000\,058\,777\,042(0.971\,74D_{1.3}-0.053\,3)^{1.969\,983\,1}\overline{H}^{0.896\,461\,57}$ $\overline{H}=0.422\,57+0.750\,580(0.971\,74D_{1.3}-0.053\,3)-0.009\,124\,4(0.971\,74D_{1.3}-0.053\,3)^2$ $D_{1.3}=0.768\,550\,2D_r^{0.992\,358\,1}$
马尾松	$V=0.000\,063\,041(0.969\,15D_{1.3}-0.062\,5)^{1.817\,694}\overline{H}^{1.009\,344}$ $\overline{H}=1.699\,44+0.481\,195(0.969\,15D_{1.3}-0.062\,5)-0.003\,881\,2(0.969\,15D_{1.3}-0.062\,5)^2$ $D_{1.3}=0.607\,823\,9D_r^{1.084\,488}$
油松	$V=0.000\,093\,059(0.983\,17D_{1.3}-0.315\,3)^{1.992\,682}\overline{H}^{0.671\,166\,1}$ $\overline{H}=0.450\,60+0.621\,517(0.983\,17D_{1.3}-0.315\,3)-0.005\,174\,8(0.983\,17D_{1.3}-0.315\,3)^2$ $D_{1.3}=0.607\,823\,9D_r^{1.084\,488}$
刺槐	$V=0.000\,071\,182\,29(0.974\,91D_{1.3}-0.022\,5)^{1.941\,487\,4}\overline{H}^{0.844\,870\,8}$ $\overline{H}=1.783\,16+0.903\,745(0.974\,91D_{1.3}-0.022\,5)-0.013\,611\,9(0.974\,91D_{1.3}-0.022\,5)^2$ $D_{1.3}=-0.892\,211\,9+0.898\,185\,8D_r-0.002\,434\,433D_r^2$
阔杂	$V=0.000\,067\,238(0.966\,78D_{1.3}+0.164\,7)^{2.041\,162}\overline{H}^{0.712\,836\,8}$ $\overline{H}=2.821\,31+0.563\,109(0.966\,78D_{1.3}+0.164\,7)-0.005\,069\,2(0.966\,78D_{1.3}+0.164\,7)^2$ $D_{1.3}=0.708\,120\,6D_r^{1.029\,892}$

注：阔杂胸径 $D_{1.3}\leqslant 60$ cm 时用以上公式和参数，阔杂胸径 $D_{1.3}>60$ cm 时用下列公式：

$V=-0.685\,546\,9+0.015\,510\,56D_{1.3}+0.000\,528\,156\,8D_{1.3}^2$

$D_{1.3}=0.708\,120\,6D_r^{1.029\,892}$

（2）平原及“四旁”树种伐根一元材积计算公式，见表 10-14。

表 10-14 平原及“四旁”树种伐根一元材积计算公式

树种	伐根一元材积计算公式
杨类	(1) $\lg V=-3.785\,46+2.358\,55\lg D_{1.3}$ (2) $D_{1.3}=-1.675\,415+0.936\,340\,3D_r-0.001\,614\,72D_r^2$
泡桐	(1) $\lg V=-3.795\,24+2.251\,85\lg D_{1.3}$ (2) $D_{1.3}=0.681\,815\,1D_r^{1.036\,033}$
刺槐	(1) $\lg V=-3.653\,50+2.244\,19\lg D_{1.3}$ (2) $D_{1.3}=-0.242\,858\,9+0.855\,552\,7D_r-0.002\,780\,676D_r^2$
榆树	(1) $\lg V=-3.830\,01+2.388\,40\lg D_{1.3}$ (2) $D_{1.3}=0.820\,627D_r^{0.978\,038\,8}$
阔杂	(1) $\lg V=-3.640\,56+2.173\,08\lg D_{1.3}$ (2) $D_{1.3}=0.799\,195\,1D_r^{0.994\,807\,5}$

注：①$D_{1.3}\leqslant 32$ cm 时用以上公式和参数；

②32 cm $<D_{1.3}\leqslant 36$ cm 时，式（1）中 $D_{1.3}$ 均取 $(D_{1.3}-32)\div 2+32$；

③$D_{1.3}>36$ cm 时，式（1）中 $D_{1.3}$ 均取 $D_{1.3}-2$。

几个树种组的伐根一元材积表详见表 10-15 ~ 表 10-24。

表 10-15　山区杉木伐根一元材积表　（材积：m^3）

根径(cm)	0.0	0.1	0.2	0.3	0.4	0.5	0.6	0.7	0.8	0.9
5	0.002 0	0.002 2	0.002 2	0.002 3	0.002 5	0.002 7	0.002 7	0.002 8	0.003 0	0.003 2
6	0.003 2	0.003 4	0.003 6	0.003 8	0.003 8	0.004 1	0.004 3	0.004 5	0.004 8	0.004 8
7	0.005 1	0.005 3	0.005 6	0.005 6	0.005 9	0.006 2	0.006 5	0.006 5	0.006 8	0.007 1
8	0.007 4	0.007 4	0.007 8	0.008 1	0.008 5	0.008 5	0.008 8	0.009 2	0.009 6	0.009 6
9	0.010 0	0.010 4	0.010 8	0.010 8	0.011 3	0.011 7	0.012 2	0.012 2	0.012 6	0.013 1
10	0.013 6	0.013 6	0.014 1	0.014 6	0.015 1	0.015 1	0.015 6	0.016 2	0.016 7	0.016 7
11	0.017 3	0.017 8	0.018 4	0.018 4	0.019 0	0.019 6	0.019 6	0.020 3	0.020 9	0.021 5
12	0.021 5	0.022 2	0.022 9	0.023 6	0.023 6	0.024 2	0.025 0	0.025 7	0.025 7	0.026 4
13	0.027 2	0.027 9	0.027 9	0.028 7	0.029 5	0.030 3	0.030 3	0.031 1	0.031 9	0.032 7
14	0.032 7	0.033 6	0.034 5	0.035 3	0.035 3	0.036 2	0.037 1	0.038 1	0.038 1	0.039 0
15	0.039 9	0.040 9	0.040 9	0.041 9	0.042 9	0.043 9	0.043 9	0.044 9	0.045 9	0.047 0
16	0.047 0	0.048 0	0.049 1	0.050 2	0.050 2	0.051 3	0.052 4	0.053 5	0.053 5	0.054 7
17	0.055 8	0.057 0	0.057 0	0.058 2	0.059 4	0.060 6	0.060 6	0.061 9	0.063 1	0.064 4
18	0.064 4	0.065 7	0.067 0	0.068 3	0.068 3	0.069 6	0.071 0	0.072 3	0.072 3	0.073 7
19	0.075 1	0.076 5	0.076 5	0.077 9	0.079 4	0.080 8	0.080 8	0.082 3	0.083 8	0.083 8
20	0.085 3	0.086 8	0.088 3	0.088 3	0.089 9	0.091 4	0.093 0	0.093 0	0.094 6	0.096 2
21	0.097 8	0.097 8	0.099 5	0.101 1	0.102 8	0.102 8	0.104 5	0.106 2	0.107 9	0.107 9
22	0.109 7	0.111 4	0.113 2	0.113 2	0.115 0	0.116 8	0.118 6	0.118 6	0.120 5	0.122 3
23	0.124 2	0.124 2	0.126 1	0.128 0	0.129 9	0.129 9	0.131 8	0.133 8	0.135 8	0.135 8
24	0.137 7	0.139 7	0.141 8	0.141 8	0.143 8	0.145 9	0.145 9	0.147 9	0.150 0	0.152 1
25	0.152 1	0.154 2	0.156 4	0.158 5	0.158 5	0.160 7	0.162 9	0.165 1	0.165 1	0.167 3
26	0.169 5	0.171 8	0.171 8	0.174 1	0.176 4	0.178 7	0.178 7	0.181 0	0.183 3	0.185 7
27	0.185 7	0.188 1	0.190 4	0.192 8	0.192 8	0.195 3	0.197 7	0.200 2	0.200 2	0.202 6
28	0.205 1	0.207 6	0.207 6	0.210 2	0.212 7	0.215 2	0.215 2	0.217 8	0.220 4	0.220 4
29	0.223 0	0.225 6	0.228 3	0.228 3	0.230 9	0.233 6	0.236 3	0.236 3	0.239 0	0.241 7
30	0.244 5	0.244 5	0.247 2	0.250 0	0.252 8	0.252 8	0.255 6	0.258 4	0.261 3	0.261 3
31	0.264 1	0.267 0	0.269 9	0.269 9	0.272 8	0.275 7	0.278 7	0.278 7	0.281 6	0.284 6
32	0.287 6	0.287 6	0.290 6	0.293 6	0.293 6	0.296 6	0.299 7	0.302 8	0.302 8	0.305 8
33	0.308 9	0.312 1	0.312 1	0.315 2	0.318 3	0.321 5	0.321 5	0.324 7	0.327 9	0.331 1

表 10-16 山区马尾松伐根一元材积表 （材积：m^3）

根径(cm)	0.0	0.1	0.2	0.3	0.4	0.5	0.6	0.7	0.8	0.9
5	0.001 8	0.002 0	0.002 0	0.002 1	0.002 2	0.002 4	0.002 4	0.002 5	0.002 7	0.002 8
6	0.002 8	0.003 0	0.003 2	0.003 3	0.003 5	0.003 5	0.003 7	0.003 9	0.004 1	0.004 1
7	0.004 3	0.004 5	0.004 7	0.004 7	0.004 9	0.005 2	0.005 4	0.005 6	0.005 6	0.005 9
8	0.006 1	0.006 4	0.006 7	0.006 7	0.006 9	0.007 2	0.007 5	0.007 5	0.007 8	0.008 1
9	0.008 4	0.008 7	0.008 7	0.009 1	0.009 4	0.009 7	0.010 1	0.010 1	0.010 4	0.010 8
10	0.011 1	0.011 5	0.011 5	0.011 9	0.012 3	0.012 7	0.013 1	0.013 1	0.013 5	0.013 9
11	0.014 3	0.014 8	0.014 8	0.015 2	0.015 7	0.016 1	0.016 6	0.017 1	0.017 1	0.017 6
12	0.018 1	0.018 6	0.019 1	0.019 1	0.019 6	0.020 1	0.020 7	0.021 2	0.021 8	0.021 8
13	0.022 3	0.022 9	0.023 5	0.024 1	0.024 1	0.024 7	0.025 3	0.025 9	0.026 5	0.027 2
14	0.027 2	0.027 8	0.028 5	0.029 1	0.029 8	0.029 8	0.030 5	0.031 2	0.031 9	0.032 6
15	0.033 3	0.033 3	0.034 1	0.034 8	0.035 5	0.036 3	0.037 1	0.037 1	0.037 9	0.038 6
16	0.039 4	0.040 3	0.041 1	0.041 1	0.041 9	0.042 7	0.043 6	0.044 5	0.045 3	0.045 3
17	0.046 2	0.047 1	0.048 0	0.048 9	0.049 8	0.049 8	0.050 8	0.051 7	0.052 7	0.053 6
18	0.054 6	0.055 6	0.055 6	0.056 6	0.057 6	0.058 6	0.059 6	0.060 7	0.060 7	0.061 7
19	0.062 8	0.063 9	0.064 9	0.066 0	0.066 0	0.067 1	0.068 3	0.069 4	0.070 5	0.071 7
20	0.072 8	0.072 8	0.074 0	0.075 2	0.076 4	0.077 6	0.078 8	0.080 0	0.080 0	0.081 3
21	0.082 5	0.083 8	0.085 1	0.086 4	0.086 4	0.087 7	0.089 0	0.090 3	0.091 6	0.093 0
22	0.094 3	0.094 3	0.095 7	0.097 1	0.098 5	0.099 9	0.101 3	0.102 7	0.102 7	0.104 1
23	0.105 6	0.107 0	0.108 5	0.110 0	0.111 5	0.113 0	0.113 0	0.114 5	0.116 1	0.117 6
24	0.119 2	0.120 7	0.122 3	0.122 3	0.123 9	0.125 5	0.127 1	0.128 8	0.130 4	0.132 1
25	0.132 1	0.133 7	0.135 4	0.137 1	0.138 8	0.140 5	0.142 3	0.144 0	0.144 0	0.145 8
26	0.147 5	0.149 3	0.151 1	0.152 9	0.154 7	0.154 7	0.156 5	0.158 4	0.160 2	0.162 1
27	0.164 0	0.165 9	0.167 8	0.167 8	0.169 7	0.171 6	0.173 5	0.175 5	0.177 5	0.179 4
28	0.181 4	0.181 4	0.183 4	0.185 5	0.187 5	0.189 5	0.191 6	0.193 7	0.195 7	0.195 7
29	0.197 8	0.199 9	0.202 0	0.204 2	0.206 3	0.208 5	0.210 6	0.210 6	0.212 8	0.215 0
30	0.217 2	0.219 5	0.221 7	0.223 9	0.226 2	0.226 2	0.228 5	0.230 7	0.233 0	0.235 4
31	0.237 7	0.240 0	0.242 4	0.242 4	0.244 7	0.247 1	0.249 5	0.251 9	0.254 3	0.256 7
32	0.259 2	0.261 6	0.261 6	0.264 1	0.266 6	0.269 1	0.271 6	0.274 1	0.276 6	0.279 1
33	0.281 7	0.281 7	0.284 3	0.286 8	0.289 4	0.292 1	0.294 7	0.297 3	0.299 9	0.299 9

表 10-17　山区油松伐根一元材积表　　（材积：m^3）

根径(cm)	0.0	0.1	0.2	0.3	0.4	0.5	0.6	0.7	0.8	0.9
5	0.001 6	0.001 7	0.001 7	0.001 9	0.002 0	0.002 2	0.002 2	0.002 3	0.002 5	0.002 6
6	0.002 6	0.002 8	0.003 0	0.003 2	0.003 4	0.003 4	0.003 6	0.003 8	0.004 0	0.004 0
7	0.004 3	0.004 5	0.004 7	0.004 7	0.005 0	0.005 2	0.005 5	0.005 8	0.005 8	0.006 1
8	0.006 4	0.006 7	0.007 0	0.007 0	0.007 3	0.007 6	0.007 9	0.007 9	0.008 3	0.008 6
9	0.009 0	0.009 4	0.009 4	0.009 8	0.010 2	0.010 6	0.011 0	0.011 0	0.011 4	0.011 8
10	0.012 2	0.012 7	0.012 7	0.013 1	0.013 6	0.014 1	0.014 6	0.014 6	0.015 1	0.015 6
11	0.016 1	0.016 6	0.016 6	0.017 2	0.017 7	0.018 3	0.018 9	0.019 4	0.019 4	0.020 0
12	0.020 6	0.021 2	0.021 9	0.021 9	0.022 5	0.023 2	0.023 8	0.024 5	0.025 2	0.025 2
13	0.025 9	0.026 6	0.027 3	0.028 0	0.028 0	0.028 7	0.029 5	0.030 3	0.031 0	0.031 8
14	0.031 8	0.032 6	0.033 4	0.034 2	0.035 1	0.035 1	0.035 9	0.036 8	0.037 6	0.038 5
15	0.039 4	0.039 4	0.040 3	0.041 3	0.042 2	0.043 1	0.044 1	0.044 1	0.045 1	0.046 0
16	0.047 0	0.048 0	0.049 1	0.049 1	0.050 1	0.051 1	0.052 2	0.053 3	0.054 4	0.054 4
17	0.055 5	0.056 6	0.057 7	0.058 8	0.060 0	0.060 0	0.061 2	0.062 3	0.063 5	0.064 8
18	0.066 0	0.067 2	0.067 2	0.068 5	0.069 7	0.071 0	0.072 3	0.073 6	0.073 6	0.074 9
19	0.076 2	0.077 6	0.078 9	0.080 3	0.080 3	0.081 7	0.083 1	0.084 5	0.085 9	0.087 4
20	0.088 9	0.088 9	0.090 3	0.091 8	0.093 3	0.094 8	0.096 4	0.097 9	0.097 9	0.099 5
21	0.101 0	0.102 6	0.104 2	0.105 9	0.105 9	0.107 5	0.109 1	0.110 8	0.112 5	0.114 2
22	0.115 9	0.115 9	0.117 6	0.119 3	0.121 1	0.122 9	0.124 6	0.126 4	0.126 4	0.128 2
23	0.130 1	0.131 9	0.133 8	0.135 7	0.137 5	0.139 4	0.139 4	0.141 4	0.143 3	0.145 2
24	0.147 2	0.149 2	0.151 2	0.151 2	0.153 2	0.155 2	0.157 3	0.159 3	0.161 4	0.163 5
25	0.163 5	0.165 6	0.167 7	0.169 9	0.172 0	0.174 2	0.176 4	0.178 6	0.178 6	0.180 8
26	0.183 0	0.185 3	0.187 5	0.189 8	0.192 1	0.192 1	0.194 4	0.196 7	0.199 1	0.201 4
27	0.203 8	0.206 2	0.208 6	0.208 6	0.211 0	0.213 5	0.215 9	0.218 4	0.220 9	0.223 4
28	0.225 9	0.225 9	0.228 5	0.231 0	0.233 6	0.236 2	0.238 8	0.241 4	0.244 0	0.244 0
29	0.246 7	0.249 4	0.252 0	0.254 7	0.257 5	0.260 2	0.262 9	0.262 9	0.265 7	0.268 5
30	0.271 3	0.274 1	0.276 9	0.279 8	0.282 6	0.282 6	0.285 5	0.288 4	0.291 3	0.294 3
31	0.297 2	0.300 2	0.303 2	0.303 2	0.306 2	0.309 2	0.312 2	0.315 2	0.318 3	0.321 4
32	0.324 5	0.327 6	0.327 6	0.330 7	0.333 9	0.337 0	0.340 2	0.343 4	0.346 6	0.349 9
33	0.353 1	0.353 1	0.356 4	0.359 7	0.363 0	0.366 3	0.369 6	0.372 9	0.376 3	0.376 3

表 10-18　山区刺槐伐根一元材积表　（材积：m^3）

根径(cm)	0.0	0.1	0.2	0.3	0.4	0.5	0.6	0.7	0.8	0.9
5	0.002 8	0.003 0	0.003 2	0.003 4	0.003 7	0.003 9	0.004 1	0.004 1	0.004 4	0.004 7
6	0.004 9	0.005 2	0.005 5	0.005 8	0.006 1	0.006 1	0.006 5	0.006 8	0.007 1	0.007 5
7	0.007 9	0.008 2	0.008 2	0.008 6	0.009 0	0.009 4	0.009 8	0.010 3	0.010 7	0.011 2
8	0.011 2	0.011 6	0.012 1	0.012 6	0.013 1	0.013 6	0.014 1	0.014 1	0.014 7	0.015 2
9	0.015 8	0.016 4	0.016 9	0.017 5	0.017 5	0.018 2	0.018 8	0.019 4	0.020 1	0.020 7
10	0.020 7	0.021 4	0.022 1	0.022 8	0.023 5	0.024 2	0.025 0	0.025 0	0.025 7	0.026 5
11	0.027 3	0.028 1	0.028 9	0.028 9	0.029 7	0.030 6	0.031 4	0.032 3	0.033 2	0.034 1
12	0.034 1	0.035 0	0.035 9	0.036 8	0.037 8	0.038 7	0.038 7	0.039 7	0.040 7	0.041 7
13	0.042 8	0.043 8	0.043 8	0.044 8	0.045 9	0.047 0	0.048 1	0.049 2	0.049 2	0.050 3
14	0.051 5	0.052 6	0.053 8	0.055 0	0.055 0	0.056 2	0.057 4	0.058 7	0.059 9	0.061 2
15	0.061 2	0.062 5	0.063 8	0.065 1	0.066 4	0.066 4	0.067 7	0.069 1	0.070 5	0.071 9
16	0.073 3	0.073 3	0.074 7	0.076 1	0.077 6	0.079 0	0.079 0	0.080 5	0.082 0	0.083 5
17	0.085 1	0.086 6	0.086 6	0.088 2	0.089 8	0.091 4	0.093 0	0.093 0	0.094 6	0.096 2
18	0.097 9	0.099 6	0.099 6	0.101 3	0.103 0	0.104 7	0.106 4	0.108 2	0.108 2	0.110 0
19	0.111 8	0.113 6	0.115 4	0.115 4	0.117 2	0.119 1	0.120 9	0.122 8	0.122 8	0.124 7
20	0.126 6	0.128 6	0.130 5	0.130 5	0.132 5	0.134 5	0.136 5	0.138 5	0.138 5	0.140 5
21	0.142 5	0.144 6	0.146 7	0.146 7	0.148 8	0.150 9	0.153 0	0.155 1	0.155 1	0.157 3
22	0.159 5	0.161 7	0.161 7	0.163 9	0.166 1	0.168 3	0.170 6	0.170 6	0.172 8	0.175 1
23	0.177 4	0.179 7	0.179 7	0.182 1	0.184 4	0.186 8	0.186 8	0.189 2	0.191 6	0.194 0
24	0.196 4	0.196 4	0.198 8	0.201 3	0.203 8	0.206 2	0.206 2	0.208 7	0.211 3	0.213 8
25	0.213 8	0.216 3	0.218 9	0.221 5	0.224 1	0.224 1	0.226 7	0.229 3	0.231 9	0.231 9
26	0.234 6	0.237 3	0.240 0	0.240 0	0.242 7	0.245 4	0.248 1	0.250 8	0.250 8	0.253 6
27	0.256 4	0.259 2	0.259 2	0.262 0	0.264 8	0.267 6	0.267 6	0.270 5	0.273 3	0.276 2
28	0.276 2	0.279 1	0.282 0	0.284 9	0.287 8	0.287 8	0.290 8	0.293 7	0.296 7	0.296 7
29	0.299 7	0.302 7	0.305 7	0.305 7	0.308 7	0.311 8	0.314 8	0.314 8	0.317 9	0.321 0
30	0.324 1	0.324 1	0.327 2	0.330 3	0.333 4	0.333 4	0.336 6	0.339 7	0.342 9	0.342 9
31	0.346 1	0.349 3	0.352 5	0.352 5	0.355 7	0.359 0	0.362 2	0.362 2	0.365 5	0.368 8
32	0.372 0	0.372 0	0.375 3	0.378 7	0.382 0	0.382 0	0.385 3	0.388 7	0.388 7	0.392 0
33	0.395 4	0.398 8	0.398 8	0.402 2	0.405 6	0.409 0	0.409 0	0.412 4	0.415 8	0.419 3

表 10-19　山区阔杂伐根一元材积表　　（材积：m^3）

根径(cm)	0.0	0.1	0.2	0.3	0.4	0.5	0.6	0.7	0.8	0.9
5	0.003 1	0.003 3	0.003 4	0.003 4	0.003 7	0.003 9	0.004 1	0.004 3	0.004 3	0.004 5
6	0.004 8	0.005 0	0.005 0	0.005 3	0.005 5	0.005 8	0.005 8	0.006 1	0.006 3	0.006 6
7	0.006 9	0.006 9	0.007 2	0.007 5	0.007 9	0.007 9	0.008 2	0.008 5	0.008 9	0.009 2
8	0.009 2	0.009 6	0.010 0	0.010 4	0.010 4	0.010 7	0.011 1	0.011 5	0.012 0	0.012 0
9	0.012 4	0.012 8	0.013 3	0.013 3	0.013 7	0.014 2	0.014 6	0.015 1	0.015 1	0.015 6
10	0.016 1	0.016 6	0.016 6	0.017 1	0.017 7	0.018 2	0.018 7	0.018 7	0.019 3	0.019 9
11	0.020 4	0.020 4	0.021 0	0.021 6	0.022 2	0.022 9	0.022 9	0.023 5	0.024 1	0.024 8
12	0.025 4	0.025 4	0.026 1	0.026 8	0.027 5	0.027 5	0.028 2	0.028 9	0.029 6	0.030 3
13	0.030 3	0.031 1	0.031 8	0.032 6	0.033 4	0.033 4	0.034 2	0.035 0	0.035 8	0.035 8
14	0.036 6	0.037 4	0.038 3	0.039 1	0.039 1	0.040 0	0.040 9	0.041 8	0.042 7	0.042 7
15	0.043 6	0.044 5	0.045 5	0.046 4	0.046 4	0.047 4	0.048 3	0.049 3	0.050 3	0.050 3
16	0.051 3	0.052 4	0.053 4	0.053 4	0.054 4	0.055 5	0.056 6	0.057 6	0.057 6	0.058 7
17	0.059 8	0.061 0	0.062 1	0.062 1	0.063 2	0.064 4	0.065 6	0.066 8	0.066 8	0.068 0
18	0.069 2	0.070 4	0.071 6	0.071 6	0.072 9	0.074 1	0.075 4	0.076 7	0.076 7	0.078 0
19	0.079 3	0.080 6	0.082 0	0.082 0	0.083 3	0.084 7	0.086 1	0.086 1	0.087 5	0.088 9
20	0.090 3	0.091 7	0.091 7	0.093 2	0.094 6	0.096 1	0.097 6	0.097 6	0.099 1	0.100 6
21	0.102 1	0.103 7	0.103 7	0.105 2	0.106 8	0.108 4	0.110 0	0.110 0	0.111 6	0.113 2
22	0.114 9	0.116 5	0.116 5	0.118 2	0.119 9	0.121 6	0.123 3	0.123 3	0.125 0	0.126 7
23	0.128 5	0.130 2	0.130 2	0.132 0	0.133 8	0.135 6	0.137 4	0.137 4	0.139 3	0.141 1
24	0.143 0	0.144 9	0.144 9	0.146 8	0.148 7	0.150 6	0.152 5	0.154 5	0.154 5	0.156 5
25	0.158 5	0.160 5	0.162 5	0.162 5	0.164 5	0.166 5	0.168 6	0.170 7	0.170 7	0.172 7
26	0.174 8	0.177 0	0.179 1	0.179 1	0.181 2	0.183 4	0.185 6	0.187 8	0.187 8	0.190 0
27	0.192 2	0.194 4	0.196 7	0.196 7	0.198 9	0.201 2	0.203 5	0.205 8	0.205 8	0.208 1
28	0.210 5	0.212 8	0.215 2	0.215 2	0.217 6	0.220 0	0.222 4	0.224 8	0.224 8	0.227 3
29	0.229 8	0.232 2	0.234 7	0.237 2	0.237 2	0.239 8	0.242 3	0.244 9	0.247 4	0.247 4
30	0.250 0	0.252 6	0.255 2	0.257 9	0.257 9	0.260 5	0.263 2	0.265 8	0.268 5	0.268 5
31	0.271 2	0.274 0	0.276 7	0.279 5	0.279 5	0.282 2	0.285 0	0.287 8	0.290 6	0.293 5
32	0.293 5	0.296 3	0.299 2	0.302 1	0.305 0	0.305 0	0.307 9	0.310 8	0.313 8	0.316 7
33	0.316 7	0.319 7	0.322 7	0.325 7	0.328 7	0.328 7	0.331 7	0.334 8	0.337 9	0.340 9

表 10-20　平原及“四旁”杨类伐根一元材积表　（材积：m^3）

根径(cm)	0.0	0.1	0.2	0.3	0.4	0.5	0.6	0.7	0.8	0.9
5	0.002 2	0.002 4	0.002 4	0.002 5	0.002 7	0.002 9	0.003 1	0.003 4	0.003 6	0.003 8
6	0.004 1	0.004 3	0.004 6	0.004 8	0.005 1	0.005 1	0.005 4	0.005 7	0.006 0	0.006 3
7	0.006 6	0.007 0	0.007 3	0.007 6	0.008 0	0.008 4	0.008 4	0.008 7	0.009 1	0.009 5
8	0.009 9	0.010 4	0.010 8	0.011 2	0.011 7	0.012 1	0.012 6	0.012 6	0.013 1	0.013 5
9	0.014 0	0.014 6	0.015 1	0.015 6	0.016 1	0.016 7	0.017 2	0.017 8	0.017 8	0.018 4
10	0.019 0	0.019 6	0.020 2	0.020 8	0.021 5	0.022 1	0.022 8	0.023 4	0.023 4	0.024 1
11	0.024 8	0.025 5	0.026 2	0.026 9	0.027 7	0.028 4	0.029 2	0.030 0	0.030 0	0.030 7
12	0.031 5	0.032 3	0.033 2	0.034 0	0.034 8	0.035 7	0.036 5	0.037 4	0.037 4	0.038 3
13	0.039 2	0.040 1	0.041 0	0.042 0	0.042 9	0.043 9	0.044 9	0.044 9	0.045 9	0.046 9
14	0.047 9	0.048 9	0.049 9	0.051 0	0.052 0	0.053 1	0.054 2	0.054 2	0.055 3	0.056 4
15	0.057 5	0.058 7	0.059 8	0.061 0	0.062 1	0.062 1	0.063 3	0.064 5	0.065 8	0.067 0
16	0.068 2	0.069 5	0.070 7	0.072 0	0.072 0	0.073 3	0.074 6	0.075 9	0.077 3	0.078 6
17	0.080 0	0.081 4	0.082 7	0.082 7	0.084 1	0.085 6	0.087 0	0.088 4	0.089 9	0.091 4
18	0.092 8	0.092 8	0.094 3	0.095 8	0.097 4	0.098 9	0.100 5	0.102 0	0.103 6	0.103 6
19	0.105 2	0.106 8	0.108 4	0.110 1	0.111 7	0.113 4	0.115 1	0.115 1	0.116 7	0.118 5
20	0.120 2	0.121 9	0.123 7	0.125 4	0.127 2	0.127 2	0.129 0	0.130 8	0.132 6	0.134 5
21	0.136 3	0.138 2	0.138 2	0.140 1	0.142 0	0.143 9	0.145 8	0.147 7	0.149 7	0.151 6
22	0.151 6	0.153 6	0.155 6	0.157 6	0.159 7	0.161 7	0.163 8	0.163 8	0.165 8	0.167 9
23	0.170 0	0.172 2	0.174 3	0.176 4	0.178 6	0.178 6	0.180 8	0.183 0	0.185 2	0.187 4
24	0.189 6	0.191 9	0.191 9	0.194 2	0.196 5	0.198 8	0.201 1	0.203 4	0.205 8	0.205 8
25	0.208 1	0.210 5	0.212 9	0.215 3	0.217 7	0.220 2	0.220 2	0.222 6	0.225 1	0.227 6
26	0.230 1	0.232 6	0.232 6	0.235 2	0.237 7	0.240 3	0.242 9	0.245 5	0.248 1	0.248 1
27	0.250 7	0.253 4	0.256 0	0.258 7	0.261 4	0.264 1	0.264 1	0.266 8	0.269 6	0.272 3
28	0.275 1	0.277 9	0.277 9	0.280 7	0.283 5	0.286 4	0.289 2	0.292 1	0.295 0	0.295 0
29	0.297 9	0.300 8	0.303 8	0.306 7	0.309 7	0.309 7	0.312 7	0.315 7	0.318 7	0.321 8
30	0.324 8	0.324 8	0.327 9	0.331 0	0.334 1	0.337 2	0.340 4	0.340 4	0.343 5	0.346 7
31	0.349 9	0.353 1	0.356 3	0.359 5	0.359 5	0.362 8	0.366 1	0.369 4	0.372 7	0.376 0
32	0.376 0	0.379 3	0.382 7	0.386 1	0.389 5	0.392 9	0.392 9	0.396 3	0.399 8	0.403 2
33	0.406 7	0.406 7	0.410 2	0.413 7	0.417 2	0.420 8	0.424 4	0.424 4	0.427 9	0.431 5

表 10-21　平原及“四旁”泡桐伐根一元材积表　（材积：m^3）

根径(cm)	0.0	0.1	0.2	0.3	0.4	0.5	0.6	0.7	0.8	0.9
5	0.002 9	0.003 0	0.003 2	0.003 2	0.003 4	0.003 6	0.003 8	0.003 8	0.004 1	0.004 3
6	0.004 5	0.004 5	0.004 7	0.005 0	0.005 2	0.005 2	0.005 5	0.005 7	0.006 0	0.006 0
7	0.006 3	0.006 6	0.006 9	0.006 9	0.007 1	0.007 4	0.007 8	0.008 1	0.008 1	0.008 4
8	0.008 7	0.009 1	0.009 1	0.009 4	0.009 8	0.010 1	0.010 1	0.010 5	0.010 8	0.011 2
9	0.011 2	0.011 6	0.012 0	0.012 4	0.012 4	0.012 8	0.013 2	0.013 7	0.014 1	0.014 1
10	0.014 5	0.015 0	0.015 4	0.015 4	0.015 9	0.016 4	0.016 8	0.016 8	0.017 3	0.017 8
11	0.018 3	0.018 8	0.018 8	0.019 3	0.019 8	0.020 4	0.020 4	0.020 9	0.021 5	0.022 0
12	0.022 0	0.022 6	0.023 1	0.023 7	0.024 3	0.024 3	0.024 9	0.025 5	0.026 1	0.026 1
13	0.026 7	0.027 3	0.028 0	0.028 6	0.028 6	0.029 3	0.029 9	0.030 6	0.030 6	0.031 3
14	0.031 9	0.032 6	0.033 3	0.033 3	0.034 0	0.034 7	0.035 5	0.035 5	0.036 2	0.036 9
15	0.037 7	0.038 4	0.038 4	0.039 2	0.040 0	0.040 8	0.040 8	0.041 5	0.042 3	0.043 1
16	0.044 0	0.044 0	0.044 8	0.045 6	0.046 4	0.046 4	0.047 3	0.048 2	0.049 0	0.049 9
17	0.049 9	0.050 8	0.051 7	0.052 6	0.052 6	0.053 5	0.054 4	0.055 3	0.056 2	0.056 2
18	0.057 2	0.058 1	0.059 1	0.060 1	0.060 1	0.061 0	0.062 0	0.063 0	0.063 0	0.064 0
19	0.065 0	0.066 1	0.067 1	0.067 1	0.068 1	0.069 2	0.070 2	0.071 3	0.071 3	0.072 4
20	0.073 5	0.074 6	0.074 6	0.075 7	0.076 8	0.077 9	0.079 0	0.079 0	0.080 2	0.081 3
21	0.082 5	0.083 6	0.083 6	0.084 8	0.086 0	0.087 2	0.088 4	0.088 4	0.089 6	0.090 8
22	0.092 0	0.092 0	0.093 3	0.094 5	0.095 8	0.097 0	0.097 0	0.098 3	0.099 6	0.100 9
23	0.102 2	0.102 2	0.103 5	0.104 8	0.106 2	0.107 5	0.107 5	0.108 9	0.110 2	0.111 6
24	0.111 6	0.113 0	0.114 4	0.115 7	0.117 2	0.117 2	0.118 6	0.120 0	0.121 4	0.122 9
25	0.122 9	0.124 3	0.125 8	0.127 3	0.128 7	0.128 7	0.130 2	0.131 7	0.133 2	0.134 8
26	0.134 8	0.136 3	0.137 8	0.139 4	0.140 9	0.140 9	0.142 5	0.144 1	0.145 7	0.147 3
27	0.147 3	0.148 9	0.150 5	0.152 1	0.152 1	0.153 8	0.155 4	0.157 1	0.158 7	0.158 7
28	0.160 4	0.162 1	0.163 8	0.165 5	0.165 5	0.167 2	0.168 9	0.170 7	0.172 4	0.172 4
29	0.174 2	0.175 9	0.177 7	0.179 5	0.179 5	0.181 3	0.183 1	0.184 9	0.186 7	0.186 7
30	0.188 5	0.190 4	0.192 2	0.194 1	0.194 1	0.196 0	0.197 9	0.199 8	0.201 7	0.201 7
31	0.203 6	0.205 5	0.207 4	0.209 4	0.209 4	0.211 3	0.213 3	0.215 3	0.217 2	0.217 2
32	0.219 2	0.221 2	0.223 2	0.225 3	0.225 3	0.227 3	0.229 4	0.231 4	0.233 5	0.233 5
33	0.235 5	0.237 6	0.239 7	0.241 8	0.241 8	0.243 9	0.246 1	0.248 2	0.250 4	0.250 4

表 10-22 平原及“四旁”刺槐伐根一元材积表 （材积：m^3）

根径(cm)	0.0	0.1	0.2	0.3	0.4	0.5	0.6	0.7	0.8	0.9
5	0.005 0	0.005 0	0.005 3	0.005 6	0.005 9	0.006 2	0.006 5	0.006 5	0.006 8	0.007 2
6	0.007 5	0.007 9	0.008 2	0.008 2	0.008 6	0.009 0	0.009 4	0.009 8	0.009 8	0.010 2
7	0.010 6	0.011 0	0.011 5	0.011 9	0.011 9	0.012 4	0.012 9	0.013 3	0.013 8	0.013 8
8	0.014 3	0.014 8	0.015 3	0.015 9	0.015 9	0.016 4	0.016 9	0.017 5	0.018 1	0.018 6
9	0.018 6	0.019 2	0.019 8	0.020 4	0.021 0	0.021 0	0.021 7	0.022 3	0.023 0	0.023 6
10	0.023 6	0.024 3	0.025 0	0.025 6	0.026 3	0.026 3	0.027 1	0.027 8	0.028 5	0.029 2
11	0.029 2	0.030 0	0.030 8	0.031 5	0.031 5	0.032 3	0.033 1	0.033 9	0.034 7	0.034 7
12	0.035 6	0.036 4	0.037 2	0.038 1	0.038 1	0.039 0	0.039 8	0.040 7	0.041 6	0.041 6
13	0.042 6	0.043 5	0.044 4	0.044 4	0.045 4	0.046 3	0.047 3	0.048 3	0.048 3	0.049 2
14	0.050 3	0.051 3	0.051 3	0.052 3	0.053 3	0.054 4	0.055 4	0.055 4	0.056 5	0.057 6
15	0.058 7	0.058 7	0.059 8	0.060 9	0.062 0	0.063 1	0.063 1	0.064 3	0.065 5	0.066 6
16	0.066 6	0.067 8	0.069 0	0.070 2	0.070 2	0.071 4	0.072 7	0.073 9	0.073 9	0.075 2
17	0.076 4	0.077 7	0.079 0	0.079 0	0.080 3	0.081 6	0.082 9	0.082 9	0.084 2	0.085 6
18	0.087 0	0.087 0	0.088 3	0.089 7	0.091 1	0.091 1	0.092 5	0.093 9	0.095 4	0.095 4
19	0.096 8	0.098 3	0.099 7	0.099 7	0.101 2	0.102 7	0.104 2	0.104 2	0.105 7	0.107 2
20	0.108 8	0.108 8	0.110 3	0.111 9	0.113 5	0.113 5	0.115 0	0.116 6	0.116 6	0.118 3
21	0.119 9	0.121 5	0.121 5	0.123 2	0.124 8	0.126 5	0.126 5	0.128 2	0.129 9	0.131 6
22	0.131 6	0.133 3	0.135 1	0.136 8	0.136 8	0.138 6	0.140 3	0.140 3	0.142 1	0.143 9
23	0.145 7	0.145 7	0.147 6	0.149 4	0.151 2	0.151 2	0.153 1	0.155 0	0.155 0	0.156 9
24	0.158 8	0.160 7	0.160 7	0.162 6	0.164 5	0.164 5	0.166 5	0.168 5	0.170 4	0.170 4
25	0.172 4	0.174 4	0.176 4	0.176 4	0.178 5	0.180 5	0.180 5	0.182 5	0.184 6	0.186 7
26	0.186 7	0.188 8	0.190 9	0.190 9	0.193 0	0.195 1	0.195 1	0.197 3	0.199 4	0.201 6
27	0.201 6	0.203 8	0.206 0	0.206 0	0.208 2	0.210 4	0.212 6	0.212 6	0.214 9	0.217 1
28	0.217 1	0.219 4	0.221 7	0.221 7	0.224 0	0.226 3	0.228 6	0.228 6	0.231 0	0.233 3
29	0.233 3	0.235 7	0.238 1	0.238 1	0.240 5	0.242 9	0.242 9	0.245 3	0.247 7	0.250 2
30	0.250 2	0.252 6	0.255 1	0.255 1	0.257 6	0.260 1	0.260 1	0.262 6	0.265 1	0.265 1
31	0.267 7	0.270 2	0.270 2	0.272 8	0.275 4	0.275 4	0.277 9	0.280 5	0.283 2	0.283 2
32	0.285 8	0.288 4	0.288 4	0.291 1	0.293 8	0.293 8	0.296 5	0.299 2	0.299 2	0.301 9
33	0.304 6	0.304 6	0.307 4	0.310 1	0.310 1	0.312 9	0.315 7	0.315 7	0.318 5	0.321 3

表 10-23　平原及"四旁"榆树伐根一元材积表　（材积：m^3）

根径(cm)	0.0	0.1	0.2	0.3	0.4	0.5	0.6	0.7	0.8	0.9
5	0.004 1	0.004 1	0.004 3	0.004 6	0.004 8	0.004 8	0.005 1	0.005 4	0.005 7	0.006 0
6	0.006 0	0.006 3	0.006 6	0.006 9	0.006 9	0.007 2	0.007 6	0.007 9	0.008 3	0.008 3
7	0.008 7	0.009 1	0.009 4	0.009 4	0.009 8	0.010 3	0.010 7	0.010 7	0.011 1	0.011 5
8	0.012 0	0.012 0	0.012 5	0.012 9	0.013 4	0.013 9	0.013 9	0.014 4	0.014 9	0.015 4
9	0.015 4	0.016 0	0.016 5	0.017 1	0.017 1	0.017 6	0.018 2	0.018 8	0.018 8	0.019 4
10	0.020 0	0.020 6	0.021 2	0.021 2	0.021 9	0.022 5	0.023 2	0.023 2	0.023 9	0.024 5
11	0.025 2	0.025 2	0.025 9	0.026 7	0.027 4	0.027 4	0.028 1	0.028 9	0.029 6	0.029 6
12	0.030 4	0.031 2	0.032 0	0.032 8	0.032 8	0.033 6	0.034 5	0.035 3	0.035 3	0.036 2
13	0.037 0	0.037 9	0.037 9	0.038 8	0.039 7	0.040 6	0.040 6	0.041 6	0.042 5	0.043 5
14	0.043 5	0.044 4	0.045 4	0.046 4	0.046 4	0.047 4	0.048 4	0.049 5	0.049 5	0.050 5
15	0.051 6	0.052 6	0.052 6	0.053 7	0.054 8	0.055 9	0.057 0	0.057 0	0.058 2	0.059 3
16	0.060 5	0.060 5	0.061 6	0.062 8	0.064 0	0.064 0	0.065 2	0.066 5	0.067 7	0.067 7
17	0.068 9	0.070 2	0.071 5	0.071 5	0.072 8	0.074 1	0.075 4	0.075 4	0.076 7	0.078 1
18	0.079 4	0.079 4	0.080 8	0.082 2	0.083 6	0.083 6	0.085 0	0.086 4	0.087 9	0.087 9
19	0.089 3	0.090 8	0.092 3	0.092 3	0.093 8	0.095 3	0.096 8	0.096 8	0.098 3	0.099 9
20	0.101 5	0.101 5	0.103 0	0.104 6	0.106 2	0.106 2	0.107 9	0.109 5	0.111 2	0.111 2
21	0.112 8	0.114 5	0.116 2	0.116 2	0.117 9	0.119 6	0.121 4	0.121 4	0.123 1	0.124 9
22	0.126 7	0.126 7	0.128 5	0.130 3	0.132 1	0.132 1	0.133 9	0.135 8	0.137 7	0.137 7
23	0.139 6	0.141 5	0.143 4	0.143 4	0.145 3	0.147 3	0.149 2	0.149 2	0.151 2	0.153 2
24	0.155 2	0.155 2	0.157 2	0.159 3	0.161 3	0.161 3	0.163 4	0.165 5	0.167 6	0.167 6
25	0.169 7	0.171 8	0.173 9	0.173 9	0.176 1	0.178 3	0.180 5	0.180 5	0.182 7	0.184 9
26	0.187 1	0.187 1	0.189 4	0.191 7	0.194 0	0.194 0	0.196 3	0.198 6	0.200 9	0.200 9
27	0.203 3	0.205 6	0.208 0	0.208 0	0.210 4	0.212 8	0.215 2	0.215 2	0.217 7	0.220 1
28	0.222 6	0.222 6	0.225 1	0.227 6	0.230 1	0.230 1	0.232 7	0.235 2	0.237 8	0.237 8
29	0.240 4	0.243 0	0.245 6	0.245 6	0.248 3	0.250 9	0.250 9	0.253 6	0.256 3	0.259 0
30	0.259 0	0.261 7	0.264 4	0.267 2	0.267 2	0.270 0	0.272 8	0.275 6	0.275 6	0.278 4
31	0.281 2	0.284 1	0.284 1	0.286 9	0.289 8	0.292 7	0.292 7	0.295 7	0.298 6	0.301 6
32	0.301 6	0.304 5	0.307 5	0.310 5	0.310 5	0.313 6	0.316 6	0.319 6	0.319 6	0.322 7
33	0.325 8	0.328 9	0.328 9	0.332 0	0.335 2	0.338 4	0.338 4	0.341 5	0.344 7	0.344 7

表 10-24　平原及“四旁”阔杂伐根一元材积表　（材积：m^3）

根径(cm)	0.0	0.1	0.2	0.3	0.4	0.5	0.6	0.7	0.8	0.9
5	0.004 7	0.004 7	0.004 9	0.005 2	0.005 4	0.005 7	0.005 7	0.006 0	0.006 3	0.006 6
6	0.006 9	0.006 9	0.007 2	0.007 6	0.007 9	0.007 9	0.008 2	0.008 6	0.008 9	0.009 3
7	0.009 3	0.009 7	0.010 0	0.010 4	0.010 8	0.010 8	0.011 2	0.011 6	0.012 1	0.012 1
8	0.012 5	0.012 9	0.013 4	0.013 8	0.013 8	0.014 3	0.014 7	0.015 2	0.015 7	0.015 7
9	0.016 2	0.016 7	0.017 2	0.017 2	0.017 7	0.018 2	0.018 8	0.019 3	0.019 3	0.019 9
10	0.020 4	0.021 0	0.021 6	0.021 6	0.022 1	0.022 7	0.023 3	0.023 3	0.023 9	0.024 6
11	0.025 2	0.025 8	0.025 8	0.026 5	0.027 1	0.027 8	0.028 4	0.028 4	0.029 1	0.029 8
12	0.030 5	0.030 5	0.031 2	0.031 9	0.032 6	0.033 3	0.033 3	0.034 1	0.034 8	0.035 6
13	0.036 3	0.036 3	0.037 1	0.037 9	0.038 7	0.038 7	0.039 5	0.040 3	0.041 1	0.041 9
14	0.041 9	0.042 8	0.043 6	0.044 4	0.045 3	0.045 3	0.046 2	0.047 1	0.047 9	0.047 9
15	0.048 8	0.049 7	0.050 7	0.051 6	0.051 6	0.052 5	0.053 4	0.054 4	0.054 4	0.055 3
16	0.056 3	0.057 3	0.058 3	0.058 3	0.059 3	0.060 3	0.061 3	0.062 3	0.062 3	0.063 3
17	0.064 4	0.065 4	0.065 4	0.066 5	0.067 5	0.068 6	0.069 7	0.069 7	0.070 8	0.071 9
18	0.073 0	0.073 0	0.074 1	0.075 3	0.076 4	0.077 6	0.077 6	0.078 7	0.079 9	0.081 1
19	0.082 3	0.082 3	0.083 5	0.084 7	0.085 9	0.085 9	0.087 1	0.088 3	0.089 6	0.090 8
20	0.090 8	0.092 1	0.093 4	0.094 6	0.095 9	0.095 9	0.097 2	0.098 5	0.099 9	0.099 9
21	0.101 2	0.102 5	0.103 9	0.105 2	0.105 2	0.106 6	0.108 0	0.109 4	0.109 4	0.110 7
22	0.112 2	0.113 6	0.115 0	0.115 0	0.116 4	0.117 9	0.119 3	0.119 3	0.120 8	0.122 2
23	0.123 7	0.125 2	0.125 2	0.126 7	0.128 2	0.129 7	0.131 3	0.131 3	0.132 8	0.134 4
24	0.135 9	0.135 9	0.137 5	0.139 1	0.140 7	0.142 3	0.142 3	0.143 9	0.145 5	0.147 1
25	0.147 1	0.148 7	0.150 4	0.152 0	0.153 7	0.153 7	0.155 4	0.157 1	0.158 8	0.160 5
26	0.160 5	0.162 2	0.163 9	0.165 6	0.165 6	0.167 4	0.169 1	0.170 9	0.172 7	0.172 7
27	0.174 5	0.176 2	0.178 0	0.178 0	0.179 9	0.181 7	0.183 5	0.185 4	0.185 4	0.187 2
28	0.189 1	0.190 9	0.190 9	0.192 8	0.194 7	0.196 6	0.198 5	0.198 5	0.200 5	0.202 4
29	0.204 3	0.206 3	0.206 3	0.208 2	0.210 2	0.212 2	0.212 2	0.214 2	0.216 2	0.218 2
30	0.220 2	0.220 2	0.222 3	0.224 3	0.226 4	0.226 4	0.228 4	0.230 5	0.232 6	0.234 7
31	0.234 7	0.236 8	0.238 9	0.241 0	0.241 0	0.243 2	0.245 3	0.247 5	0.249 6	0.249 6
32	0.251 8	0.254 0	0.256 2	0.258 4	0.258 4	0.260 6	0.262 8	0.265 1	0.265 1	0.267 3
33	0.269 6	0.271 8	0.274 1	0.274 1	0.276 4	0.278 7	0.281 0	0.281 0	0.283 3	0.285 6

4)使用说明

(1)测量根径:在伐根高 0 cm 处,用围尺实测带皮根径,以 cm 为单位,量至 mm。

(2)伐根一元材积的查算:

①在测得立木的根径后,查伐根材积表中相应根径的材积,即为该立木材积。

例 1:1 株根径为 20 cm 的油松立木材积,直接从表中查得材积为 0.088 9 m^3。

例 2:1 株根径为 19.2 cm 的泡桐立木材积,直接从表中查得材积为 0.067 1 m^3。

②直接将测得的根径代入相应的材积计算公式,求算其立木材积。

2. 伐根二元材积表

1)编制方法

伐根二元材积表根据在河南省调查和收集的 2 221 株样木资料,先通过回归分析,建立根径与胸径相关关系的数学模型,求出与根径相对应的胸径,然后将胸径代入相应的立木材积计算公式,计算出其材积。

2)计量单位

(1)根径(D_r):伐根高 0 cm 处的树干带皮直径,计量单位为 cm。

(2)胸径($D_{1.3}$):根径起 1.3 m 处的树干带皮直径,计量单位为 cm。

(3)树高(H):从根径起至树梢的高度,计量单位为 m。

(4)材积(V):即树干材积,不包括枝杈材积,计量单位为 m^3。

3)材积计算公式

伐根二元材积计算公式见表 10-25。

表 10-25 伐根二元材积计算公式

树种	伐根二元材积计算公式
杉木	$V=0.000\ 058\ 777\ 042(0.971\ 74D_{1.3}-0.053\ 3)^{1.969\ 983\ 1}H^{0.896\ 461\ 57}$ $D_{1.3}=0.768\ 550\ 2D_r^{0.992\ 358\ 1}$
马尾松	$V=0.000\ 062\ 341\ 803(0.969\ 15D_{1.3}-0.062\ 5)^{1.855\ 149\ 7}H^{0.956\ 824\ 92}$ $D_{1.3}=0.607\ 823\ 9D_r^{1.084\ 488}$
油松	$V=0.000\ 076\ 051\ 908(0.983\ 17D_{1.3}-0.315\ 3)^{1.903\ 033\ 9}H^{0.860\ 550\ 52}$ $D_{1.3}=0.607\ 823\ 9D_r^{1.084\ 488}$
刺槐	$V=0.000\ 071\ 182\ 290(0.974\ 91D_{1.3}-0.022\ 5)^{1.941\ 487\ 4}H^{0.814\ 870\ 80}$ $D_{1.3}=-0.741\ 149\ 9+0.901\ 340\ 5D_r-0.003\ 433\ 108D_r^2$
阔叶树	$V=0.000\ 057\ 468\ 552(0.966\ 78D_{1.3}+0.164\ 7)^{1.915\ 559\ 0}H^{0.926\ 597\ 20}$ $D_{1.3}=0.724\ 666D_r^{1.024\ 34}$

4)使用说明

(1)测量根径:在伐根高 0 cm 处,用围尺实测带皮根径,以 cm 为单位,量至 mm。

(2)确定被伐木树高:林木被采伐后,现地只留下伐根,树高无法直接测定。在实际工作中,可用下面两种方法确定树高值。

①树高曲线法:首先在被伐木所在的林分或者在被伐木周围同立地条件、同树(品)种、

同年龄的林分中，量测一定数量（最少25株）林木的根径和树高。各径阶应量测的数量见表10-26。

表10-26　各径阶应量测根径和树高的株数参考表

径阶分类	最小径阶	一般径阶	中间径阶	一般径阶	最大径阶
株数	1	2,3,4	5	4,3,2	1

根据量测的根径和树高，绘制根径与树高关系曲线，然后根据被伐木的根径从树高曲线上求得相应的树高。

另外，也可以把量测的根径和树高输入可编程序的计算器中进行回归分析，筛选出相关数学模型，然后将被伐木的根径代入数学模型中，求出相应的树高。

②平均值法：在被伐木所在的林分内选取3～5株与被伐木根径相同的活立木，实测树高，并求平均值，用该平均值作为被伐木的树高。

树高以m为单位，精确到0.01 m。

（3）伐根二元材积的查算。

①在测得立木的根径、树高后，查伐根材积表中相应根径、树高的材积即为该立木的材积。若根径、树高或根径和树高与表中根径、树高不一致，则使用内插法计算立木的材积。

例1：1株根径为16 cm、树高为10 m的杉木立木的材积，可直接从表中查出，为0.058 m^3。

例2：1株根径为20.6 cm、树高为13 m的马尾松立木材积的查算：从表中先查出根径为20 cm、树高为13 m的立木材积为0.112 m^3，再查出根径为21 cm、树高为13 m的立木材积为0.123 m^3，则该立木的材积为：

$$0.112+(0.123-0.112)\times 0.6\approx 0.119(m^3)$$

例3：1株根径为28 cm、树高为16.8 m的油松立木材积的查算：从表中先查出根径为28 cm、树高为16 m的立木材积为0.294 m^3，再查出根径为28 cm、树高为17 m的立木材积为0.310 m^3，则该立木的材积为：

$$0.294+(0.310-0.294)\times 0.8\approx 0.307(m^3)$$

例4：1株根径为21.6 cm、树高为15.3 m的刺槐立木材积的查算：从表中先查出根径为21 cm、树高为15 m的立木材积为0.145 m^3，查出根径为22 cm、树高为15 m的立木材积为0.157 m^3，计算出根径为21.6 cm、树高为15 m的立木材积为：

$$0.145+(0.157-0.145)\times 0.6\approx 0.152(m^3)$$

再查出根径为21 cm、树高为16 m的立木材积为0.153 m^3，查出根径为22 cm、树高为16 m的立木材积为0.166 m^3，计算出根径为21.6 cm、树高为16 m的立木材积为：

$$0.153+(0.166-0.153)\times 0.6\approx 0.161(m^3)$$

则该立木的材积为：

$$0.152+(0.161-0.152)\times 0.3\approx 0.155(m^3)$$

②直接将测得的根径、树高代入相应的材积计算公式，求算其立木材积。（实际应用较少，故表略，有兴趣的读者可参考《材积表实用手册》。）

四、材种出材量的测定

森林调查工作不仅要调查森林蓄积量，对近期内将要采伐的蓄积量还必须提供各个材种的蓄积量。各材种蓄积量叫材种出材量。目前生产上常用样木造材法测定材种出材量，其步骤如下。

（一）样木数量的确定与造材

在标准地内随机或机械抽取林木总株数的 20% ~25% 树木作为样木，将其伐倒，合理造材，并用伐倒木求积公式（或从原木材积表中查出）求得各材种带皮、去皮材积。

（二）计算各径阶样本各材种平均出材率

分别径阶汇总样木造材结果，以径阶样本带皮总材积为 100%，计算各材种去皮材积占带皮总材积的百分数，即为各径阶各材种平均出材率，如表 10-27 所示。

表 10-27　径阶各材种平均出材率计算　　（径阶:16 cm）

样木号次	样木			各材种出材量（m^3）					
	胸径（cm）	高度（m）	带皮材积（m^3）	经济用材（去皮）				薪材	废材
				加工用原木	采掘坑木	小杆	合计		
1	14.2	10.0	0.079	—	0.056	0.009	0.065	0.009	0.005
6	17.2	12.2	0.142	—	0.100	0.017	0.117	0.016	0.009
9	15.8	11.1	0.108	—	0.076	0.013	0.089	0.012	0.007
合计	—	—	0.329	—	0.232	0.039	0.271	0.037	0.021
平均出材率（%）			100		71	12	83	11	6

（三）计算各径阶各材种出材量

各径阶总材积乘以各径阶各材种平均出材率，得各径阶各材种出材量，如表 10-28 所示。如上例 16 cm 径阶的总材积为 1.482 m^3，则该径阶坑木的出材量为：

$$1.482\ m^3 \times 71\% = 1.052\ m^3$$

（四）计算林分（或标准地）各材种出材量

合计各径阶同名材种出材量，即为林分（或标准地）各材种出材量，如表 10-28 所示。

表 10-28　出材量计算

径阶	株数	径阶蓄积量（m^3）	材种出材量（m^3）					
			经济用材				薪材	废材
			加工用原木	坑木	小杆	合计		
16	13	1.482	—	1.052	0.178	1.230	0.163	0.089
20	29	9.588	4.504	2.875	0.676	8.053	1.155	0.380
24	35	18.139	13.060	—	2.357	15.417	2.357	0.365
28	23	17.119	11.985	2.567	—	14.552	2.055	0.512
合计	100	46.328	29.549	6.494	3.211	39.252	5.730	1.346

第三节　生长量测定

一、单株树木生长量测定

（一）树木生长量的概念

在一定间隔期内，树木的直径、树高、材积等调查因子所发生的变化叫生长，变化的数量叫生长量。生长量可分5种，下面分别介绍。

1. 总生长量

总生长量是指树木自种植开始到调查时止的生长总量。

2. 定期生长量

定期生长量是指树木在一定期间内的生长量。若设树木现在的材积为 V_a，n 年前的材积为 V_{a-n}，则 n 年间的定期生长量为 $V_a - V_{a-n}$。

3. 总平均生长量（Q_V）

简称平均生长量，是总生长量被树木年龄所除之商，即 $Q_V = \dfrac{V_a}{a}$。

4. 定期平均生长量

定期生长量被定期年数所除之商，即$\dfrac{V_a - V_{a-n}}{n}$。

5. 连年生长量（Z_V）

连年生长量指树木某一年间的生长量，即 $Z_V = V_a - V_{a-1}$。生长缓慢的树种，连年生长量很小，测定又困难，常用定期平均生长量代替。

例如，一株油松，20年时的材积为0.078 m³，30年时的材积为0.107 8 m³，则各种生长量是：30年时的总生长量为 $V_a = 0.107\ 8\ \text{m}^3$，30年的平均生长量为 $Q = \dfrac{0.107\ 8}{30} = 0.003\ 6$（m³），20～30年间的定期生长量为 $0.107\ 8 - 0.007\ 8 = 0.100\ 0$（m³），连年生长量为 $Z_V = \dfrac{0.100\ 0}{10} = 0.010$（m³）。

连年生长量与平均生长量的关系是：

（1）幼年时期，连年生长量和平均生长量随年龄的增加而增加，连年生长量增加的速度快。

（2）连年生长量达最高峰的年龄比平均生长量早。

（3）平均生长量达最高峰时，与连年生长量相交，这时的年龄叫数量成熟龄。

（4）在平均生长量达最高峰以后，连年生长量永远小于平均生长量。

在连年生长量与平均生长量相交后，采伐的木材最多，在此之前采伐会造成经济损失。

（二）立木材积生长量测定

立木材积生长量常通过测定材积生长率来计算。材积生长率（P_V）用施耐德公式计算：

$$P_V = \frac{K}{nd} \times 100\% \tag{10-9}$$

式中　P_V——材积生长率；

n——胸高外侧 1 cm 半径上的年轮数；

d——现有去皮胸径，cm；

K——立木生长势常数（从表 10-29 中可查出）。

表 10-29　施耐德公式"K"值查定表

树冠长占树高的百分比（%）	树高生长势					
	停止	迟缓	中等	良好	优良	旺盛
>50	400	470	530	600	670	730
25～50	400	500	570	630	700	770
<25	400	530	600	670	730	800

再通过下式计算材积连年生长量（Z_V），即

$$Z_V = VP_V \tag{10-10}$$

式中　V——树木材积；

Z_V——材积连年生长量。

现举例说明测算方法。

已知，一株生长良好的马尾松，树冠长度大于树高的一半，带皮胸径 25.4 cm，材积为 0.370 5 m^3，用生长锥或砍口的方法测得胸高处的皮厚 1.4 cm，胸高处外侧 1 cm 半径上的年轮数为 8 个。

根据树木生长情况由表 10-29 中查得 $K=600$，则

材积生长率　$P_V=\frac{K}{nd}\times 100\% =\frac{600}{8\times(25.4-2\times 1.4)\times 100}\times 100\% =3.32\%$

材积连年生长量　$Z_V=VP_V=0.370\ 5\times 3.32\% =0.012\ 3(m^3)$

（三）树干解析

把树木伐倒区分成若干段，分析其胸径、树高、材积等的变化规律和生长过程的方法叫树干解析。供分析的树木，叫解析木。树干解析是当前研究树木生长过程的基本方法之一。具体方法步骤如下。

1. 外业工作

第一，做好准备工作。如标明胸高位置和南（北）方向等。调查内容记入树干解析表（见表 10-30）。

第二，解析木的伐倒与测定。解析木应在贴地面根颈处伐倒；伐倒后立即沿树干标明南向或北向，并用粉笔延长到整个树干。按解析表要求进行量测和记载，然后，砍去树桠。

第三，解析木区分。7 m 以上按 2 m、7 m 以下按 1 m 区分段进行区分。为了使胸高 1.3 m 处直径作中央直径，2 m 区分时，第一段长为 2.6 m，其余由根颈向梢头方向依次区分，各段为 2 m，最后不足 2 m 部分作梢头，标明梢头底断面的位置。

表 10-30　树干解析表

解析木号：

解析木所在林分的调查

河南 省 卢氏 县　　林　龄 38 年　　为马尾松，下部为栎类，生长发育很好

林　场 ________　　平均树高____ m 平均直径____ cm

分　区 ________　　地位级 ________　　地被物 黄栌、盐肤木、黄檀、白茅等

林　班 ________　　郁闭度 0.6　　土壤母质与岩石 黑云母、片麻岩

标准地号 ________　　每公顷蓄积 ________ m^3　　土　壤 其上发育起来的轻沙壤土

林木起源 天然下种　　经济材 ________ %　　位置与地形 海拔 1 000 m，大山环抱

林木组成 10 松　　林分特征 森林环境很好，山坡中部　　相对高 100 ~ 150 m

解析木鉴定

树种 马尾松 年龄 38 年　　形率：q_0 — $q_{\frac{1}{4}}$ — $q_{\frac{1}{2}}$ — $q_{\frac{3}{4}}$ —　　伐根病腐直径 ________ cm

生长情况 ________　　形数：带皮 0.41 去皮 0.52　　病腐分布高度 ________ cm

树高 17.5 m 带皮胸径 20.7 cm　　经济材部分长度 13.6 m　　病腐材积 ________ m^3 ________ %

根颈直径 23.8 cm，中央直径 15.3 cm　　经济材部分小头直径 6.8 cm　　树高最近 5 年生长量 1.7 m

1/4 处直径__cm，3/4 处直径__cm　　经济材材积 0.280 0 m^3　　胸径最近 5 年生长量 2.0 cm

树干材积：带皮 0.287 0 m^3　　占树干总材积 77.6 %　　材积平均生长量 0.001 0 m^3

去皮 0.264 6 m^3　　梢头材积 0.007 0 m^3 2.4 %　　连年生长量 0.005 0 m^3，生长率 1.93 %

树冠特征

树冠投影：从北到南 4.4 m，从西到东 8.3 m

树冠投影面积 36.5 m^2，树冠长度 8.0 m，占干长 46 %

第一个活枝以下的长度 ________ m

第一个死枝以下的长度 ________ m

占干长 ________ %

枝条材积 0.008 5 m^3　　占树干材积 3 %

树冠投影图

量测时间 ________

量测者签名 ________

计算时间 ________

计算者签名 ________

解析木与邻接木相关位置平面图

解析木之邻接木的记载

树种	位于解析木的方向	与解析木距离（m）	树高（m）	胸径（cm）	生长状况
马尾松	E80°N	4.6	8.5	16	
马尾松	N50°E	5.0	14.0	20	
马尾松	N85°E	3.2	10.0	12	
马尾松	S80°E	2.6	13.5	20	

续表 10-30

直径和树高生长过程计算表

圆盘号	圆盘高度(m)/年轮数	树木达到各高度时的年龄	各龄阶的直径(cm)													
			直径方向	38 带皮	38 去皮	35	30	25	20	15	10	5				
0	0.0/38	0	北—南	22.1	19.3	19.4	18.4	16.2	14.1	12.2	7.7	4.2				
			西—东	25.4	22.8	22.4	21.6	18.7	16.1	12.1	8.3	4.1				
			平 均	23.8	21.1	20.8	20.0	17.5	15.1	12.1	8.0	4.2				
1	1.3/35	3	北—南	20.2	18.5	18.0	17.3	15.2	12.7	10.2	6.4	2.2				
			西—东	21.2	20.1	19.8	19.0	16.8	13.7	10.4	6.5	2.7				
			平 均	20.7	19.3	18.9	18.2	16.0	13.2	10.3	6.5	2.5				
2	3.6/33	5	北—南	18.7	18.2	17.8	17.0	14.8	12.3	8.9	4.2					
			西—东	19.9	19.1	18.7	17.8	15.4	12.5	8.7	4.1					
			平 均	19.3	18.7	18.3	17.4	15.1	12.4	8.8	4.2					
3	5.6/29	9	北—南	17.3	16.7	16.4	15.5	12.4	9.3	5.5	0.8					
			西—东	17.4	17.1	16.5	15.4	12.8	9.6	5.6	0.9					
			平 均	17.4	16.9	16.5	15.5	12.6	9.5	5.6	0.9					
4	7.6/27	11	北—南	15.9	15.5	15.3	13.9	11.6	8.0	3.8						
			西—东	15.4	15.2	14.9	13.2	11.4	8.1	4.0						
			平 均	15.7	15.4	15.1	13.6	11.5	8.1	3.9						
5	9.6/24	14	北—南	13.6	13.3	12.9	11.2	8.6	5.4	1.6						
			西—东	13.6	13.2	12.9	11.0	8.6	5.4	2.2						
			平 均	13.6	13.3	12.9	11.1	8.6	5.4	1.9						
6	11.6/21	17	北—南	10.0	9.8	9.4	7.3	5.0	2.5							
			西—东	10.1	9.8	9.5	7.3	5.0	2.5							
			平 均	10.1	9.8	9.5	7.3	5.0	2.5							
7	13.6/15	23	北—南	7.0	6.8	5.9	4.1	1.1								
			西—东	6.6	6.4	5.7	4.0	1.2								
			平 均	6.8	6.6	5.8	4.1	1.2								
8	15.6/10	28	北—南	3.6	3.3	2.9	1.5									
			西—东	3.7	3.4	2.9	1.5									
			平 均	3.7	3.4	2.9	1.5									
9	16.6/4	34		1.2	1.1	0.5										
				1.2	1.1	0.5										
				1.2	1.1	0.5										
各龄阶的树高(m)				17.3	17.5	16.8	16.0	14.4	12.3	10.0	6.5	3.6				
各龄阶的梢头长度(m)				0.9	0.9	0.2	1.4	1.3	1.7	1.4	1.9	1.0				
各龄阶的梢头底直径(cm)				1.2	1.1	0.5	2.8	3.1	4.0	3.0	2.6	1.1				

续表 10-30

断面积和材积生长过程计算表

圆盘号	区分段长度(m)	各龄阶的断面积(m^2)											
		38		35	30	25	20	15	10	5			
		带皮	去皮										
1	2.6	0.033 7	0.029 3	0.028 1	0.026 0	0.020 1	0.013 6	0.008 3	0.003 3	0.000 5			
2	2.0	0.029 3	0.027 5	0.026 3	0.023 8	0.017 9	0.012 1	0.006 1	0.001 4				
3	2.0	0.023 8	0.022 4	0.021 4	0.018 9	0.012 5	0.007 1	0.002 5					
4	2.0	0.019 4	0.018 6	0.017 9	0.014 5	0.010 4	0.005 2	0.001 2					
5	2.0	0.014 5	0.013 9	0.012 1	0.009 7	0.005 8	0.002 3						
6	2.0	0.008 0	0.007 5	0.007 1	0.004 2	0.002 0							
7	2.0	0.003 6	0.003 4	0.002 6	0.001 3								
8	2.0	0.001 1	0.000 9	0.000 7									
9													
10													
梢底		0.000 7	0.000 1	0	0.000 6	0.000 8	0.001 3	0.000 7	0.000 5	0.000 1			
2 m 区分段的断面积合计		0.099 7	0.094 2	0.089 1	0.072 4	0.048 6	0.026 7	0.009 8	0.001 4				
2 m 区分段的材积(m^3)		0.199 4	0.188 4	0.178 2	0.144 8	0.097 2	0.053 4	0.019 6	0.002 8				
2.6 m 区分段的材积(m^3)		0.087 6	0.076 2	0.073 1	0.062 6	0.052 3	0.035 4	0.021 6	0.008 6	0.001 3			
梢头材积(m^3)		0.000 3	0.000 3	0	0.002 8	0.007 8	0.007 3	0.003 3	0.003 2	0.000 3			
树干总材积(m^3)		0.287 0	0.264 6	0.251 3	0.021 7	0.150 0	0.089 5	0.041 5	0.011 7	0.001 3			

结论

龄阶	胸径生长(cm)			树高生长(m)			材积生长(m^3)				形数	说明
	直径	平均生长	连年生长	树高	平均生长	连年生长	材积	平均生长	连年生长	生长率(%)		
5	2.5	0.50	0.80	3.6	0.72	0.58	0.001 3	0.000 3	0.002 08	32.0	0.72	生长正常，干形较完满，生长量在河南马尾松中属于中等。连年生长量在30年左右达最高期，平均生长量在35年左右达最高期，符合河南省马尾松数量成熟龄的一般规律。 此树目前生长渐趋衰退，材积生长率由初期的32%下降到1.7%
10	6.5	0.65	0.76	6.5	0.65	0.70	0.001 7	0.000 3	0.005 96	22.4	0.54	
15	10.3	0.68	0.58	10.0	0.67	0.46	0.041 5	0.001 17	0.009 62	14.7	0.50	
20	13.2	0.66	0.56	12.3	0.62	0.42	0.089 5	0.002 77	0.012 10	10.1	0.53	
25	16.0	0.64	0.44	14.4	0.58	0.30	0.150 0	0.004 48	0.012 54	7.1	0.52	
30	18.2	0.61	0.14	16.0	0.53	0.16	0.212 7	0.006 00	0.006 17	3.3	0.51	
35	18.9	0.54	0.13	16.8	0.48	0.23	0.251 3	0.007 09	0.004 42	1.7	0.53	
38	19.3	0.51		1.75	0.46		0.265 4	0.007 18			0.52	
(38)	20.7	~		17.5	~		0.287 0	0.006 96			0.49	

续表 10-30

生长过程略图
备考:

如树高为 17.5 m,梢底在 16.6 m,梢长 0.9 m。全树区分完毕,要详细检查,无误时,可在各区分段中央和梢底位置处截取圆盘。圆盘向根颈一面应恰好在各段的中央位置上,以此面作工作面。圆盘厚度 2 ~5 cm。圆盘截取后,在非工作面自下向上顺序编号,并标明南北向,根颈处圆盘为“0”号,注明树种、采集地点和日期;胸高处圆盘为“1”号,依次向梢端方向为 2、3、…,直至梢头。

2. 内业工作

第一,数年轮,划龄阶。圆盘工作面刨光后,数年轮。通过髓心作南北与东西两条直线;若年轮太窄,辨别不清,可用水或煤油涂湿,用放大镜观察。

“0”号圆盘年轮数法:自髓心沿着两条垂直线的 4 个半径向外数年轮。若以 5 年为一个龄阶,就在半径上每隔 5 年插一大头针,4 个半径方向上插的大头针应在同一个年轮上;最后,不足一个龄阶时,仍作一龄阶。“0”号以上各圆盘年轮数法与“0”相反,是自外边向内数,便于与“0”号盘的年份相符。划出“0”号圆盘上不足一个龄阶的最后几个年轮数。然后,再按龄阶向髓心数,最后,不够整龄阶时,均作为这个圆盘上最小龄阶。

第二,测算圆盘上各龄阶的直径。在圆盘上按龄阶测量东西、南北两方向的直径,记入树干解析表的直径和树高生长过程表中。量测顺序是从最大龄阶依次测定。

第三,推算各龄阶的树高、梢头和梢底直径。

(1)计算各龄阶树高:根据各断面上年轮数和断面高的差数作树高生长曲线图,求出龄阶树高。其方法是:先求出生长达各断面高的年数。

如:生长到 1.3 m 高需要 38 − 35 = 3(年),生长到 3.6 m 高需 38 − 33 = 5(年),其余类推。

用上述树高和年龄数作年龄—树高生长曲线图,由此图查出各龄阶树高。

(2)计算梢长及梢底直径:各龄阶的树高与整个树干长一样,不一定恰好区分完毕,常有梢头。为精确计算各龄阶材积,必须算出梢长及梢底直径。各龄阶梢长有下列情况:

①梢长大于 1 m:如 30 年生全高 16 m,梢头应在 14.6 m 处,则梢长为 16 m − 14.6 m =

1.4 m。

②梢长等于1 m：如5年生全高为3.6 m，而梢底应在2.6 m处，则梢长应为3.6 m－2.6 m＝1 m。

③梢长小于1 m：如35年生全高为16.8 m，梢底在16.6 m，则梢长为16.8 m－16.6 m＝0.2 m。

各种情况的梢底直径，可直接从树干纵剖面图中读出各龄阶梢头长和按比例量出梢底直径。也可以进行计算，如图10-2所示。

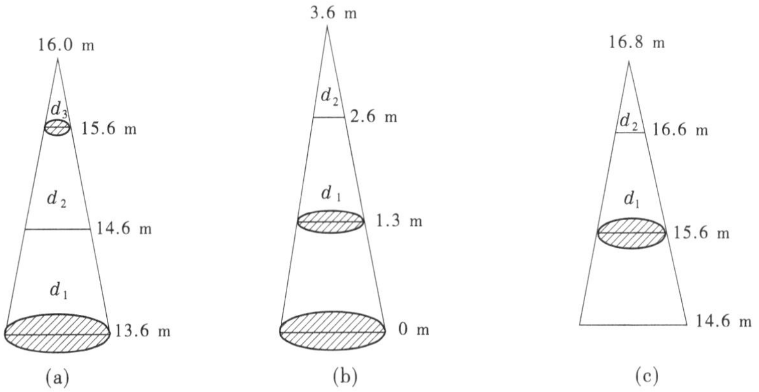

图10-2　梢底直径计算示意图

不论按1 m或2 m区分，梢底直径可按下述公式计算：

梢长大于半个区分长时

$$d_2 = \frac{d_1 + d_3}{2}$$

梢长等于或小于半个区分段长时

$$d_2 = d_1 \times \frac{\text{梢长}}{\text{梢长} + \text{半区分段长}}$$

第四，各龄阶断面积及材积的计算：先将直径生长过程表中各中央断面的直径及梢底直径查算成圆面积，按龄阶和区分段转抄入断面积和材积生长过程计算表内。各区分段面积乘以区分段长即为材积。梢头材积用圆锥体体积公式计算，或查梢头材积表。

各龄阶材积的总计，即2.6 m区分段材积、2 m区分段材积合计及梢头材积三者总和。

第五，树干生长过程的综合计算：在已取得各龄阶直径、树高及材积生长的数据后，可进行平均生长、连年生长、形数及材积连年生长率的计算。这些计算过程都在树干解析结论表中进行。

（1）计算材积生长率，计算公式为：

$$P_V = \frac{V_a - V_{a-n}}{V_a + V_{a-n}} \times \frac{200}{n} \tag{10-11}$$

式中　P_V——材积生长率（%）；

n——年数（两龄阶年龄之差）；

V_a——现在的材积；

V_{a-n}——n年前的材积。

如:38 年龄阶的去皮材积为 $0.2646\ m^3$,35 年龄阶的材积为 $0.2513\ m^3$,则材积连年生长率(%)为

$$\begin{aligned}P_V &= \frac{0.2646-0.2513}{0.2646+0.2513}\times\frac{200}{3}\\ &= \frac{0.0133}{0.5159}\times 66.6\\ &= 1.72\end{aligned}$$

(2)计算形数,计算公式为:

$$f=\frac{V}{g_{1.3}h} \tag{10-12}$$

如 35 年生的形数为　$f=\dfrac{0.2497}{0.0281\times 16.8}=0.53$

(3)绘制生长曲线与树干解析图:为便于分析比较,在进行树干解析的一系列计算工作之后,用表中的数据分别作出各项生长曲线和树干纵断面图。

最后,根据数据图表进行综合分析,写出该解析木的说明书。

二、林分生长量测定

在林分生长过程中,活着的林木逐年增加其材积,因而林分蓄积量不断增加。但另一部分林木因自然稀疏、抚育采伐或病虫等灾害而减少林分蓄积量。因此,测定林分生长量除了要测定活立木的生长量外,还要测定由各种原因而减少的枯损量和采伐量。

有关林分生长量的指标有:

总生长量:林分中全部林木在调查期间生长的总材积。

纯生长量:总生长量减去调查期内枯损量以后生长的总材积。

净增量:指期末与期初两次调查的材积差,通常称林分生长量。

枯损量:指调查期内因各种原因自然死亡的林木材积总和。

采伐量:一般指间伐的材积。

进界生长量:期初调查时未达起测径阶的树木,在期末调查时达到了起测径阶范围的材积。

测定林分生长量通常采用以下几种方法。

(一)固定标准地法

在林分内设置固定标准地,每隔一定年限(5 年或 10 年)测定一次,根据前后两次测定的数据求出各种生长量。

例如,林分两次调查数据如表 10-31 所示,据此则有:

表 10-31　固定标准地两次调查表

调查因子	年龄（年）	平均高（m）	平均直径（cm）	断面积总和（m^2）	蓄积量（m^3）	已采伐的断面积（m^2）	已采伐的蓄积量（m^3）
第一次	50	22.8	24.5	29.0	280	—	—
第二次	60	25.0	26.4	31.2	321	2.1	29

林分蓄积平均生长量

$$\Delta M = \frac{M_A + c}{A} = \frac{321 + 29}{60} = 5.83\ (\mathrm{m}^3)$$

林分蓄积连年生长量

$$Z_M = \frac{M_A - M_{A-N} + c}{N} = \frac{321 - 280 + 29}{10} = 7.00\ (\mathrm{m}^3)$$

树高平均生长量

$$\Delta H = \frac{H_A}{A} = \frac{25}{60} = 0.42\ (\mathrm{m})$$

树高连年生长量

$$Z_H = \frac{H_A - H_{A-N}}{N} = \frac{25.0 - 22.8}{10} = 0.22\ (\mathrm{m})$$

直径平均生长量

$$\Delta D = \frac{D_A}{A} = \frac{26.4}{60} = 0.44\ (\mathrm{cm})$$

直径连年生长量

$$Z_D = \frac{D_A - D_{A-N}}{N} = \frac{26.4 - 24.5}{10} = 0.19\ (\mathrm{cm})$$

(二)材积差法

将一元材积表中胸径每相差 1 cm 的材积差数,作为现实林分中林木胸径每生长 1 cm 时所增加的材积生长量,据此计算林分蓄积生长量的方法称为材积差法。

1. 收集资料编制林分胸径生长量表

在调查地区随机或机械抽取样木 100 株以上。对每株样木实测带皮胸径(D)(精确到 0.1 cm)、树皮厚度(B)(精确到 0.1 cm)、最近 n 个年轮的宽度(L)(精确到 0.01 cm),登记入表 10-32。

表 10-32 马尾松胸径生长量调查表 (单位:cm)

树号	胸径(D)	胸高皮厚(B)			5 个年轮的宽度(L)		
		南	北	合计	南	北	平均
1	12.7	0.6	0.6	1.2	0.75	0.65	0.70
…	…	…	…	…	…	…	…
…	…	…	…	…	…	…	…

将收集的样本资料按径阶分组整理如表 10-33 所示。

(1)计算胸径生长量:将分组资料转抄于表 10-34 中,计算各栏数字。去皮胸径(D') = $D - 2B$,即(3)栏 − (4)栏 = (5)栏;5 年中期的去皮胸径(D'') = $D' - L$,即(5)栏 − (6)栏 = (7)栏;5 年间去皮胸径连年生长量(Z'_A) = $2L \div 5$,即 2 × (6)栏 ÷ 5 = (8)栏;树皮系数(K_B) = $\sum D / \sum D'$ = 175.1 ÷ 159.7 = 1.096;5 年中期的带皮胸径($D_{带}$) = $D'' \times K_B$,即(7)栏 × 1.096 = (9)栏;5 年间的带皮胸径连年生长量 $Z_A = Z'_A \times K_B$,即(8)栏 × 1.096 = (10)栏。

表 10-33　分组统计表　　径阶:6 株数:4

树号	胸径(D)	2 倍皮厚(2B)	5 个年轮宽度(L)
4	6.1	0.8	0.40
7	5.9	0.7	0.61
15	6.4	0.9	0.72
24	6.2	0.6	0.76
合计	24.6	3.0	2.49
平均	6.2	0.8	0.76

(2)编制胸径生长量表:将表 10-34 中(2)、(9)栏和(10)栏的数字作胸径生长量曲线,即以 5 年中期的带皮胸径作横坐标,以带皮胸径生长量作纵坐标绘制胸径生长量曲线如图 10-3 所示。在此曲线图上查出各径阶中值所对应的胸径生长量,编制胸径生长量表(表 10-34);或根据曲线选择线性方程,用最小二乘法求解方程中的参数,求得的经验方程为:

$$Z_A = 0.2559 + 0.11423D - 0.00197D^2$$

将各径阶中值代入所求出的经验方程,计算各径阶生长量,列表即为胸径连年生长量表(见表 10-35)。

表 10-34　马尾松胸径生长量计算表

径阶	株数	平均带皮胸径	二倍皮厚	去皮胸径	5 个年轮宽度	5 年中期的去皮胸径	5 年间去皮胸径连年生长量	5 年中期的带皮胸径	5 年间带皮胸径连年生长量
D (1)	n (2)	D (3)	$2B$ (4)	D' (5)	L (6)	D'' (7)	Z'_A (8)	$D_{带}$ (9)	Z_A (10)
6	4	6.2	0.8	5.4	0.62	4.78	0.248	5.24	0.272
8	9	8.1	0.9	7.2	0.95	6.25	0.380	6.85	0.416
10	7	9.5	1.1	8.4	1.27	7.13	0.508	7.81	0.557
12	16	11.7	1.2	10.5	1.54	8.96	0.616	9.82	0.675
14	17	13.6	1.2	12.4	1.85	10.55	0.740	11.56	0.811
16	15	15.9	1.3	14.6	2.11	12.49	0.844	13.69	0.925
18	6	18.1	1.4	16.7	2.40	14.30	0.960	15.67	1.052
20	9	20.1	1.6	18.5	2.57	15.93	1.028	17.46	1.127
22	6	21.9	1.8	20.1	2.75	17.35	1.100	19.02	1.206
24	7	24.1	2.0	22.1	2.93	19.17	1.720	21.07	1.285
26	4	25.9	2.1	23.8	3.02	20.78	1.208	22.77	1.324
合计	100	175.1		159.7					

$$K_B = \frac{\sum D}{\sum D'} = \frac{175.1}{159.7} = 1.096$$

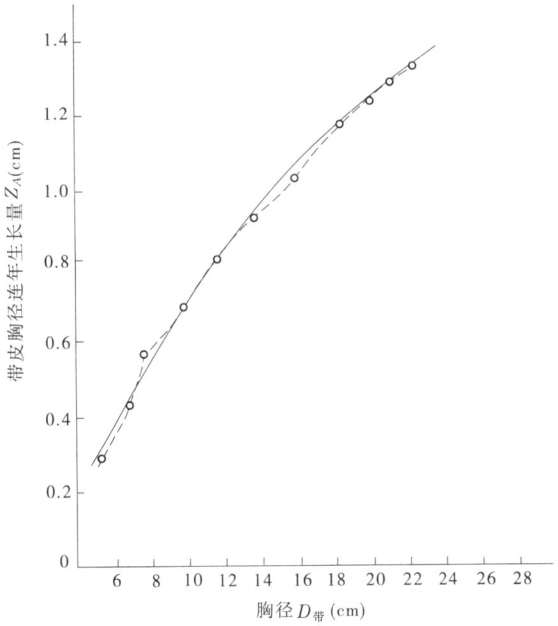

图 10-3　胸径生长量曲线图

表 10-35　马尾松胸径连年生长量表　　(单位:cm)

径阶	6	8	10	12	14	16	18	20	22	24	26
胸径生长量	0.355	0.532	0.689	0.831	0.957	1.067	1.162	1.241	1.304	1.351	1.382

2. 计算林分蓄积生长量

用表 10-36 材料说明计算过程。

表 10-36　材积差法计算林分蓄积生长量表

径阶	株数	单株材积(m^3)	材积差(m^3)	平均材积差(m^3)	1 cm 材积差(m^3)	胸径生长量(cm)	单株材积生长量(m^3)	径阶材积生长量(m^3)	样地材积(m^3)
(1)	(2)	(3)	(4)	(5)	(6)	(7)	(8)	(9)	(10)
6		0.009 36	0.009 44			0.355			
8	11	0.018 80	0.013 04	0.011 24	0.005 620	0.532	0.002 990	0.032 890	0.206 80
10	14	0.031 84	0.017 30	0.015 17	0.007 585	0.689	0.005 226	0.073 164	0.445 76
12	19	0.049 14	0.021 95	0.019 63	0.009 813	0.881	0.008 156	0.154 964	0.933 66
14	25	0.071 09	0.026 71	0.024 33	0.012 165	0.957	0.011 642	0.291 050	1.777 25
16	23	0.097 80	0.031 81	0.029 26	0.014 680	1.067	0.015 610	0.359 030	2.249 40
18	17	0.129 60	0.036 98	0.034 40	0.017 200	1.162	0.019 986	0.339 762	2.203 37
20	15	0.166 59	0.042 38	0.039 68	0.019 840	1.241	0.024 621	0.369 315	2.498 85
22	10	0.208 97	0.047 66	0.045 02	0.022 510	1.304	0.029 353	0.293 530	2.089 70
24	9	0.256 63	0.052 92	0.050 29	0.025 145	1.351	0.033 971	0.305 739	2.309 67
26		0.309 55				1.382			
合计	143							2.219 44	14.714 46

在表 10-36 中，株数由每木检尺测得，单株材积系查适用的一元材积表所得，胸径生长量转自表 10-35，1 cm 材积差是根据一元材积表计算出来的，计算公式为：

$$\Delta V = \frac{1}{2C}(V_2 - V_1) \tag{10-13}$$

式中　ΔV——1 cm 材积差，m^3；

C——径阶的大小，cm；

V_2——比该径阶大一个径阶的单株材积，m^3；

V_1——比该径阶小一个径阶的单株材积，m^3。

以 12 径阶为例，平均 1 cm 材积差为

$$\Delta V_{12} = \frac{1}{2 \times 2} \times (0.071\ 09 - 0.031\ 84) = 0.009\ 813(m^3)$$

各径阶胸径生长量乘以该径阶 1 cm 材积差，即得各径阶单株材积生长量；再乘以径阶株数，得各径阶的材积生长量；各径阶材积生长量之和即为林分蓄积生长量。

样地材积的计算，先由各径阶单株材积乘上各径阶的株数得径阶材积，各径阶材积合计得样地材积。

根据表 10-36 知，样地材积连年生长量 $Z_m = 2.219\ 44\ m^3$，样地材积 $M = 14.714\ 46\ m^3$，则蓄积生长率

$$P_m = \frac{Z_m}{M} \times 100\% = \frac{2.219\ 44}{14.714\ 46} \times 100\% = 15.08\%$$

而每公顷平均蓄积连年生长量为样地材积连年生长量 ÷ 样地面积，即

$$2.219\ 44 \div 0.1 = 22.194\ 4(m^3/hm^2)$$

应用材积差法计算林分蓄积量必须具备两个前提条件：一是要有适用于本地区的一元材积表；二是要求待测林分期初与期末树高曲线无显著差异，否则将会引起较大的误差。

第四节　森林生物量测定

树木或林分内林木的干重统称生物量。它是树木或林木在其生长过程中所生产的干物质积累量，又称现存量。

一、单株树木生物量测定

常用收割法进行。

（一）树干生物量的测定

设树干鲜重为 $\overline{W}_{鲜}$，干重率为 P，则干重 $\overline{W}$ 为：

$$\overline{W} = \overline{W}_{鲜} \times P \tag{10-14}$$

式中

$$\overline{W}_{鲜} = \overline{V}/V \times W_{鲜}$$

$$P = \frac{W'}{W_{鲜}} \times 100\%$$

其中　$\overline{V}$——各区分段材积合计；

V——各圆盘材积合计；

$W_{鲜}$——各圆盘取样的鲜重合计；

W'——各圆盘取样的绝对干重合计。

具体做法是：首先，伐倒树木，净干部分按 1 m 或 2 m（或相对等长）进行区分，按中央断面积区分求积式计算各段材积；同时，在每个分段的两端截取圆盘，立即称重，并计算各圆盘的材积；再在每圆盘上取扇形样品 10～20 g 称重，烘至恒重，用下式计算出各圆盘的绝对干重：

$$圆盘干重 = 圆盘鲜重 \times \frac{样品干重}{样品鲜重}$$

然后把计算结果和测定结果代入上述计算式求得树木的绝对干重。

（二）树枝生物量的测定

多采用分级平均标准枝法。将树冠按等长分成上、中、下三层，沿树干依次砍下各层的枝条，去掉树叶，立即称其鲜重。从每一层中各选出 1～3 条具有平均基径、生长中等的枝条作为标准枝称重；并按比例抽取 10～20 g 样品，烘至恒重，求出干重率（P），计算出标准枝的干重，各层的干重则为：

$$层干重 = 层鲜重 \times \frac{标准枝干重}{标准枝鲜重}$$

合计各层枝的干重为全树枝条干重。

（三）树叶生物量的测定

常用的方法有以下三种。

1. 平均标准枝法

适用于树枝较少的树木。先查数整个树冠的枝条数目，选择几枝叶重近似平均叶重的枝条，测定其枝条上的叶鲜重，并抽取 20 g 左右的叶烘至恒重，即可计算。

$$全树叶总鲜重 = \frac{总枝数}{标准枝数} \times 标准枝的叶总鲜重$$

$$全树叶总干重 = \frac{总枝数}{标准枝数} \times 标准枝的叶总干重$$

2. 分层标准枝法

将树冠分为上、中、下三层，在每层之中用平均标准枝法取样测算，求出每一层的叶鲜重与叶干重，三层合计即为全树的叶鲜重和叶干重。

3. 随机样枝法

适用于枝条在 100 条以上的大树。将全树枝条编号，按机械抽样办法抽取样枝，即每隔若干枝抽一枝，称其叶鲜重，并取样烘干，求出各样枝的叶干重。把所抽样枝的叶鲜重和叶干重进行平均，求出平均叶鲜重和叶干重，再乘以总枝数即得全树的叶鲜重和叶干重。

（四）叶面积的测定

1. 规则叶形的叶面积测定

具有几何图形如三角形、圆形等叶的树种，其叶面积可按有关几何图形求面积的方法计算。

2. 不规则叶面积测定

（1）重量比法：把每个叶子的叶形大小轮廓描在厚薄均匀、质量一致的纸上，然后剪下叶形纸，随机抽取 30 片，一一分别称重，用求积仪或方格纸求算面积，并求出单位重量的叶面积，以此数值分别乘以每片纸的重量即得每片叶的叶面积。

若叶片较大，则可将其分成三角形、正方形、长方形，分别称重，并用有关几何图形计算叶面积，然后相加。

（2）叶面积（S）与叶重（W）回归法：随机抽取 300 片左右（越多越好）的叶子，一一测面积和叶重，以此数值建立回归方程。然后只需测定叶重即可代入公式求得叶面积。

（五）花的生物量测定

首先调查开花率，然后将花全部摘掉并分全开、半开、花蕾三级，分别称其重量。每级随机抽取 250 ~ 500 g，烘干称重，则每级花的干重为：

$$W = W_{鲜} \times P$$

三级干重相加即为花的总生物量。

（六）果实生物量的测定

首先，称全部果实的鲜重；然后，随机抽取 250 ~ 500 g 鲜果样品，烘干称重，求出干重率，以此推算生物量。

（七）树根生物量的测定

将树木根系分层次挖出，分别根颈（树桩）、粗根（ > 4 cm）、中根（4 ~ 1.5 cm）、小根（1.5 ~ 0.5 cm）、细根（ < 0.5 cm）收集称鲜重，并抽取样品烘干至恒重，计算干重率，推算树根生物量。

上述干、枝、叶、花、果和根生物量相加即为单株树木的生物量，即

$$W = 根 + 干 + 枝 + 叶 + 花 + 果$$

二、林分生物量测定

常用标准地法（样地法）。其做法为：先按研究目的选择标准地，面积 0.04 ~ 0.06 hm^2，形状以长方形或正方形为宜，标准地作业要求同前。

（一）选伐标准木

选伐标准木可用以下两种方法：

（1）平均标准木法。每块标准地伐一株标准木。

（2）径阶平均标准木法。按径阶中值每个径阶选出一株平均标准木。

（二）计算样地生物量

标准木伐倒后，首先按单株树木生物量的测定方法测定干、枝、叶、花、果、根生物量，然后按以下方法计算样地的生物量。

（1）平均标准木法。计算公式如下：

$$W = W_{标} \times \frac{G}{g} \tag{10-15}$$

式中　G——标准地林木总断面积；

g——标准木断面积；

$W_{标}$——标准木重量；

W——标准地生物量。

（2）径阶平均标准木法。计算公式如下：

$$W_{径阶} = W_{标} \times \frac{G_{径阶}}{g_{标}} \quad (10\text{-}16)$$

式中 $W_{径阶}$——任一径阶的生物量；

$W_{标}$——该径阶平均标准木重量；

$G_{径阶}$——径阶总断面积；

$g_{标}$——径阶标准木断面积。

其计算格式如表 10-37 所示。各径阶生物量合计为样地生物量，再除以样地面积即得单位面积生物量。

表 10-37 径阶平均标准木法计算林分生物量

径阶(cm)	G/g	径阶平均木生物量(kg)	径阶生物量(kg)
8	55.907 9	7.76	433.85
10	57.109 1	15.86	905.75
12	38.647 7	30.19	1 166.77
14	38.358 1	47.27	1 813.19
16	27.401 9	90.74	2 486.45
18	4.234 6	78.69	333.22
合计			7 139.23

(3)回归估测法。目前多采用回归估测法测定林分生物量。据英国 J. S. Huxley 的理论，生物体各部分器官之间普遍存在着相对生长规律，这种规律可用数学式表示。据研究，树木的全重或各部分重量与胸径之间存在着如下关系：

$$W = aD^b \quad 或 \quad W = a(D^2H)^b \quad (10\text{-}17)$$

式中 W——树干或枝条或叶等的重量；

D——胸径；

H——树高；

a、b——待定系数。

在标准地内(或若干标准地内)，选伐一定数量的样本，测定各部分生物量，根据式(10-17)建立回归方程。式(10-17)两边取对数

$$\lg W = \lg a + b\lg D$$

$$或 \quad \lg W = \lg a + b\lg(D^2H)$$

经研究，河南省黄柏山林场的杉木单株生物量与胸径方程为：

$$W = 0.114\,5D^{2.384\,3}$$

将每木检尺的各径阶中值代入上式，并乘以各径阶的检尺株数得相应径阶生物量，各径阶生物量合计即为样地生物量，则每公顷生物量即为样地生物量除以以公顷为单位的样地面积。

据河南省薪炭林研究协作组研究，$W = aD^b$ 适用于河南省马尾松、麻栎、刺槐、榆树乔薪两用林生物量的计算。不同树种各器官平均胸径—生物量回归方程详见表 10-38。

表 10-38　平均胸径—生物量回归方程一览表

树种	类别	回归方程 $W = aD^b$	相关系数
马尾松	干重	$W_1 = 0.028\ 57D^{3.092\ 44}$	0.821 07
	枝重	$W_2 = 0.098\ 22D^{2.574\ 88}$	0.910 56
	叶重	$W_3 = 0.392\ 78D^{1.198\ 64}$	0.865 44
	根重	$W_4 = 0.073\ 18D^{2.543\ 02}$	0.891 37
麻栎	干重	$W_1 = 0.282\ 81D^{2.430\ 22}$	0.915 75
	枝重	$W_2 = 0.003\ 11D^{3.728\ 15}$	0.875 31
	叶重	$W_3 = 0.047\ 20D^{2.454\ 24}$	0.812 67
	根重	$W_4 = 0.251\ 47D^{2.151\ 38}$	0.849 60
刺槐	干重	$W_1 = 0.756\ 58D^{1.971\ 34}$	0.974 54
	枝重	$W_2 = 0.225\ 18D^{2.044\ 08}$	0.875 05
	叶重	$W_3 = 0.009\ 16D^{3.039\ 24}$	0.832 19
	根重	$W_4 = 0.636\ 54D^{1.598\ 41}$	0.890 71
榆树	干重	$W_1 = 0.507\ 74D^{2.176\ 45}$	0.926 13
	枝重	$W_2 = 0.324\ 69D^{2.013\ 28}$	0.809 30
	叶重	$W_3 = 0.174\ 31D^{1.953\ 64}$	0.835 07
	根重	$W_4 = 0.057\ 30D^{2.617\ 74}$	0.868 15

据有关研究分析，泡桐地上部分生物量（树干、枝、叶、皮、花、果）、根生物量、全株叶面积与胸径平方和树高的乘积均存在密切相关关系，相关系数 r 均达到 0.9 以上。

各自的回归方程见表 10-39。

表 10-39　泡桐各部分生物量与平均胸径和树高的回归方程

类别	回归方程	相关系数
干重	$\lg W_s = 0.923\ 4\lg D^2H - 1.771\ 3$	0.998 0
枝重	$\lg W_{Br} = 1.097\ 7\lg D^2H - 2.607\ 1$	0.933 6
皮重	$\lg W_{Ba} = 0.929\ 6\lg D^2H - 2.386\ 7$	0.996 3
根重	$\lg W_R = 0.696\ 6\lg D^2H - 1.190\ 0$	0.931 5
花重	$\lg W_{FL} = 1.474\ 2\lg D^2H - 5.280\ 1$	0.958 7
果重	$\lg W_{Fr} = 0.834\ 1\lg D^2H - 4.219\ 3$	0.974 0
叶重	$\lg W_L = 0.794\ 5\lg D^2H - 1.858\ 0$	0.993 0
叶面积	$\lg A_F = 0.764\ 8\lg D^2H - 0.724\ 1$	0.941 3
地上总量	$\lg W_o = 0.968\ 9\lg D^2H - 1.632\ 9$	0.998 2
全株总量	$\lg W = 0.892\ 5\lg D^2H - 1.240\ 9$	0.998 2

第五节　地位指数表的编制方法

地位指数表是根据林分优势木平均高与林分平均年龄之间的相关规律编制的,表示某树种所在立地生产力高低的地位质量评定数表。通常以标准年龄为基准,按林分优势木平均高度变化的幅度划分为若干个等级,并以该年龄优势高的绝对值(例如:8,10,12,…)作为指数。地位指数表的主要优点如下:

(1)由于采用上层优势木的树高作为指标,不受正常抚育伐的影响,受疏密度的影响与平均直径相比也要小得多。因此,用地位指数评定立地生产力,较为准确和稳定。

(2)地位指数表用优势木高的绝对值来反映生产力等级,以直观的数字反映立地质量的优劣程度,概括性强,一目了然。

(3)在用表过程中,如发现地位指数不能满足应用地区的最高或最低的要求时,可按相同的指数级距予以补充。

值得指出的是,地位指数表只适用于不采取上层抚育伐和无"拔大毛"经营习惯的单层人工纯林。

一、编表材料的收集

(一)标准地数量

编表的标准地数量为210~300个,每一个龄阶不少于30个,曲线两端龄阶必取。

(二)标准地的选择

标准地要在起源相同、疏密度在0.5以上、未遭破坏的各种立地条件的林分中选取,其中最好和最差立地条件的标准地资料不能缺少,以便能正确控制地位指数等级的变化幅度,成、过熟林标准地立木株数不少于150株,标准地面积一般不小于0.06 hm^2。

(三)标准地调查

1. 主要测树因子的调查

(1)林分优势木因子测定:在标准地100 m^2 内选几株最高(或最粗)的树木测高和直径,按算术平均法求算林分优势木的平均高和平均直径。

(2)林分平均因子测定:为了使标准地在编制其他林业用表和研究森林生态环境中发挥更大的作用,要求在标准地内进行每木检尺,计算林分平均直径,测定林分平均高、郁闭度、平均年龄等。

(3)平均年龄的确定:伐倒1~2株生长正常的林木(用优势木平均木或结合作为解析木),在根颈处查数年轮。人工林还可根据造林年限确定年龄。

(4)解析木的选取:为了分析优势高的生长规律和检验所编地位指数表的质量,凡林分年龄大于标准年龄的标准地,应选取平均优势木一株做树干解析。

2. 标准地立地因子的调查

为了配合多因子数量化地位指数表的编制,对每个标准地均应调查土壤、海拔、地形地势、林下植物等项目。

二、编表资料的检查与整理

（一）可疑数据的舍弃

在编表之前，要将各地的外业资料进行汇总，舍弃疏密度 0.5 以下和不同起源的可疑数据。

（二）数据筛选

根据所有标准地的优势木平均高—平均年龄曲线的 3 倍标准差进行筛选。现以河南省丘陵山区刺槐地位指数表的编制为例来说明数据筛选的方法、步骤。

首先，将标准地按 2 年为一个龄阶归类，求算平均年龄和优势木平均高，以龄阶平均年龄（A）为横轴，优势木树高（H_i）为纵轴，用手描法画出优势木树高随年龄变化的曲线。在曲线上查得相同年龄各标准地优势木树高的理论值（简称图解曲线树高值），与各标准地优势木树高实际值比较，计算各龄组的回归标准差（S_{Ai}）

$$S_{Ai} = \sqrt{\frac{\sum (H_i - \hat{H}_i)^2}{n}} \tag{10-18}$$

式中　H_i——i 龄阶中各标准地优势木平均高；

$\hat{H}_i$——与标准地年龄相应的树高理论值；

n——各龄阶优势木平均高的株数。

其次，求各龄阶标准差的理论值，即以年龄为横坐标，各龄阶标准差为纵坐标，将各龄阶的标准差实际值点在方格纸上，连接各坐标点成折线，然后作出手描平均曲线。从曲线上查出各龄阶标准差的理论值。标准差的实际值与理论值见表 10-40。

表 10-40　图解曲线树高值及标准差

龄阶	2	4	6	8	10	12	14	16	18	20	22	24	26
图解曲线树高值 $\hat{H}_i$	2.5	4.5	6.2	7.8	8.7	9.6	10.2	11.2	12.1	12.9	13.7	14.5	15.1
标准差实际值	1.19	1.45	1.73	2.09	2.28	2.54	2.41	2.22	2.40	2.42	2.60	1.77	3.33
标准差理论值	1.19	1.46	1.78	2.10	2.28	2.36	2.42	2.43	2.44	2.45	2.46	2.46	2.47

再次，计算各龄阶标准差理论值的 3 倍标准差的上、下限，对落在限外的观测值全部舍去。

通过以上筛选，最后选出 509 对树高—年龄数据作为编制地位指数表的基本材料。

（三）编表材料的整理

1. 求算各龄阶平均值

将编表材料按龄阶归类，求算各龄阶平均年龄和平均优势高作为编制地位指数表的原始材料，如表 10-41 所示。

2. 登记标准地测树因子和立地因子明细表，以备他用

此外，对外业中收集的林分优势木、平均木和解析木资料进行整理，内业中用做分析优势高生长过程规律的参照资料和检验编表精度，它们在各龄阶中的分布如表 10-42 所示。

表 10-41　编制地位指数表的基本材料

编号	1	2	3	4	5	6	7	8	9	10	11	12	13
龄阶	2	4	6	8	10	12	14	16	18	20	22	24	26
平均年龄 $\overline{A}$	2	4	6	7.9	10	12	14	15.9	17.9	19.7	21.6	23.3	25.4
平均高 $\overline{H}$	2.50	4.53	6.20	7.67	8.70	9.27	9.88	10.86	12.10	13.54	13.65	14.38	17.02
n	34	34	35	39	36	37	30	38	54	86	37	39	10

注：n 为数据对数。

表 10-42　解析径阶株数

龄阶	2	4	6	8	10	12	14	16	18	20	22	24	26
株数	40	40	40	40	40	40	36	36	33	26	19	10	1
树高平均值	2.08	3.98	5.69	7.17	8.35	9.48	10.08	10.84	11.78	12.82	13.35	14.28	12.6

三、导向曲线的配合

各林分优势木平均高与年龄的相关曲线称为导向曲线。在编制地位指数表时，这条曲线起导向作用。

可供选择的数学模型很多，经初步分析，选用以下 4 个模型：

$$H = a + b\lg A \tag{10-19}$$

$$H = a + bA + cA^2 \tag{10-20}$$

$$H = a + b\lg A + c(\lg A)^2 \tag{10-21}$$

$$H = a(1 - e^{-bA})^c \tag{10-22}$$

式中　H——树高；

A——年龄；

a,b,c——待定参数。

拟合结果列入表 10-43。

从表 10-43 中可以看出，公式（10-22）的相关指数最大，残差平方和最小，回归效果最好，所以决定采用该式，即

$$H = 61.792\,100 \times (1 - e^{-0.006\,121\,36A})^{0.709\,4} \tag{10-23}$$

表 10-43　4 个模型的参数、相关指数、残差平方和

数学模型	参数			相关指数 r	残差平方和
	a	b	c		
$H = a + b\lg A$	-2.483 499	11.821 26		0.972	363.782
$H = a + bA + cA^2$	1.731 996	0.724 827	-0.007 289 22	0.992	113.052 5
$H = a + b\lg A + c(\lg A)^2$	2.412 451	-1.193 569	7.310 174	0.992	108.917 9
$H = a(1 - e^{-bA})^c$	61.792 100	0.006 121 36	0.709 400	0.993	94.283 7

四、标准年龄与指数级距的分析确定

（一）标准年龄（基准年龄）

确定导向曲线后，要在导向曲线的基础上展开各级指数曲线，合理确定标准年龄和指数级距。

根据对刺槐资料的初步分析结果，确定标准年龄为 12 年。

（二）指数级距的确定

为了既保证精度又便于应用，指数级距通常以不超过 10 个等级为宜。确定级距主要考虑编表地区内标准年龄时的优势高变动幅度。

根据刺槐的资料，在拟定的标准年龄（12 年）时，优势木平均高的变动幅度为 12.7 m，因此指数级距定为 2 m。

五、确定各等级地位指数曲线，编制地位指数表

以导向曲线为基础，导出各等级地位指数曲线。其方法有平移法、利用树高标准差或变动系数调整法、比例法、图解法、相对树高曲线法。现以标准差调整法为例说明具体做法。

（一）各龄阶标准差实际值的计算

将 509 对数据按 2 年一个龄阶归类求其平均年龄，将各龄阶的平均年龄代入式（10-23）中，求出优势木平均高（理论值）。各龄阶的各个树高实际值与理论值相减，求其平方和与标准差（实际值），结果见表 10-44，其计算公式为：

$$S_i = \sqrt{\frac{\sum_{i=1}^{n}(H_i - \hat{H}_i)^2}{n}} \tag{10-24}$$

式中　S_i——各龄阶的标准差；

H_i——各标准地优势木平均高；

$\hat{H}_i$——相应龄阶的导向曲线上优势木理论高；

n——各龄阶的标准地数（数据个数）。

（二）各龄阶标准差的曲线调整

1. 各龄阶标准差对年龄的回归方程

所求得的各龄阶的标准差实际值不能作为展开各级指数曲线的依据。因为在导向曲线的基础上，按标准差展开得出的各级指数曲线必须是与导向曲线有相同的趋势与起伏，各龄

表 10-44　各龄阶标准差的实际值

龄阶	2	4	6	7	8	10	12	14	15	16
n	34	34	35	5	34	35	36	29	5	23
S（实际值）	1.21	1.45	1.76	2.75	2.04	2.11	2.43	2.49	2.49	2.25
龄阶	17	18	19	20	21	22	23	24	25	26
n	8	46	24	62	16	21	26	13	6	4
S（实际值）	2.71	2.36	2.43	2.30	3.11	2.19	1.50	2.38	2.63	3.28

阶的各级指数曲线之间的级距，要由修匀的标准差进行推导。为此，对上述算出的各龄阶的标准差必须进行曲线整列，各龄阶的标准差（S）用公式 $S=a+b\lg A$ 配合回归方程。根据表10-44中的数据求出的回归方程为：

$$S=0.97749638+1.0836379\lg A\quad(r=0.7277)\tag{10-25}$$

2. 计算各龄阶标准差的理论值

将各龄阶中值代入式（10-25）中求出各龄阶标准差的理论值（见表10-45）。

表10-45　各龄阶标准差理论值（S_{Ai}）

龄阶	2	4	6	8	10	12	14	16	18	20	22	24	26
标准差	1.30	1.63	1.82	1.96	2.06	2.15	2.22	2.28	2.34	2.38	2.43	2.47	2.51

（三）导出各级地位指数曲线，编制地位指数表

在标准年龄（12年）时导向曲线上的树高值为9.45 m。因本次将指数值取偶数整数米，则导向曲线在标准年龄时的指数值9.45 m抬高到10 m。地位指数10的其余各龄阶的树高值按下列公式导出：

$$H_{si}=H_{ki}\pm\left[(H_{so}-H_{ko})\frac{S_{Ai}}{S_{Ao}}\right]\tag{10-26}$$

式中　H_{si}——欲求算的S指数级i龄阶的树高值；

H_{ki}——导向曲线上第i个龄阶的树高值；

H_{so}——S指数级标准年龄时的树高，即该级的指数值；

H_{ko}——导向曲线上标准年龄时的树高；

S_{Ao}——标准年龄龄阶回归标准差（理论值）；

S_{Ai}——各龄阶回归标准差。

令$\frac{H_{so}-H_{ko}}{S_{Ao}}=K_s$（调整因数），如10指数级$K_s=\frac{10-9.45}{2.15}=0.2558$。据此10指数级经过调整的数值如表10-46所示。

表10-46　10指数级调整表

龄阶	2	4	6	8	10	12	14	16	18	20	22	24	26
导向曲线上各龄阶的树高值（H_{ki}）	2.71	4.41	5.85	7.15	8.34	9.45	10.49	11.49	12.43	13.34	14.21	15.06	15.87
各龄阶标准差理论值（S_{Ai}）	1.30	1.63	1.82	1.96	2.06	2.15	2.22	2.28	2.34	2.38	2.43	2.47	2.51
各龄阶的调整值 K_sS_{Ai}	0.33	0.42	0.47	0.50	0.53	0.55	0.57	0.58	0.60	0.61	0.62	0.63	0.64
10指数级各龄阶的树高值 $H_{si}=H_{ki}+K_sS_{Ai}$	3.04	4.83	6.32	7.65	8.87	10.00	11.06	12.07	13.03	13.95	14.83	15.69	16.51

其余各指数级曲线各龄阶树高值均按相同的方法导出。但在实际工作中，因为各指数级均为2 m，为了计算简便，通常以最先导出的距导向曲线最近的整数指数级曲线为基础，逐一算出其上、下各指数级曲线的各龄阶树高值。本例以10指数级为基础，向上逐一算出

12、14、16 和向下逐一算出 8、6、4 各指数级曲线值。

调整因数 $K=\frac{2.0}{2.15}=0.93$，则每相差一级的调整值为 $KS_{Ai}=0.93S_{Ai}$，各级地位指数曲线各龄阶树高值见表 10-47，河南省丘陵山区地位指数表见表 10-48。

表 10-47　各级地位指数曲线各龄阶树高值

标准年龄 12 年，级距 2 m，指数木 6 株

地位指数	龄阶												
	2	4	6	8	10	12	14	16	18	20	22	24	26
	树高												
16	6.67	9.39	11.42	13.14	14.63	16	17.27	18.46	19.57	20.61	21.64	22.59	23.53
14	5.46	7.87	9.72	11.31	12.71	14	15.20	16.33	17.39	18.39	19.37	20.29	21.19
12	4.25	6.35	8.02	9.48	10.79	12	13.13	14.20	15.21	16.17	17.10	17.99	18.85
10	3.04	4.83	6.32	7.65	8.87	10	11.06	12.07	13.03	13.95	14.83	15.69	16.51
S_{Ai}	1.30	1.63	1.82	1.96	2.06	2.15	2.22	2.28	2.34	2.38	2.43	2.47	2.51
每相差一级的调整值	1.21	1.52	1.70	1.83	1.92	2.00	2.07	2.13	2.18	2.22	2.27	2.30	2.34
8	1.83	3.31	4.62	5.82	6.95	8	8.99	9.94	10.85	11.73	12.56	13.39	14.17
6	0.62	1.79	2.92	3.99	5.03	6	6.92	7.81	8.67	9.51	10.29	11.09	11.83
4		0.27	1.22	2.16	3.11	4	4.85	5.68	6.49	7.29	8.02	8.79	9.49

表 10-48　河南省丘陵山区刺槐地位指数表

标准年龄 12 年，级距 2 m，指数木 6 株

龄阶	地位指数						
	4	6	8	10	12	14	16
	树高						
2		0.01～1.20	1.2～2.4	2.4～3.7	3.7～4.9	4.9～6.1	6.1～7.3
4		1.0～2.6	2.6～4.1	4.1～5.6	5.6～7.1	7.1～8.6	8.6～10.2
6	0.4～2.1	2.1～3.8	3.8～5.5	5.5～7.2	7.2～8.9	8.9～10.6	10.6～12.3
8	1.2～3.1	3.1～4.9	4.9～6.7	6.7～8.6	8.6～10.4	10.4～12.2	12.2～14.1
10	2.1～4.0	4.0～5.9	5.9～7.9	7.9～9.8	9.8～11.7	11.7～13.6	13.6～15.6
12	3.0～5.0	5.0～7.0	7.0～9.0	9.0～11.0	11.0～13.0	13.0～15.0	15.0～17.0
14	3.8～5.9	5.9～8.0	8.0～10.0	10.0～12.1	12.1～14.1	14.1～16.2	16.2～18.3
16	4.6～6.7	6.7～8.9	8.9～11.0	11.0～13.1	13.1～15.3	15.3～17.4	17.4～19.6
18	5.4～7.6	7.6～9.8	9.8～11.9	11.9～14.1	14.1～16.3	16.3～18.5	18.5～20.7
20	6.1～8.4	8.4～10.6	10.6～12.8	12.8～15.1	15.1～17.3	17.3～19.5	19.5～21.8
22	6.8～9.1	9.1～11.4	11.4～13.7	13.7～15.9	15.9～18.2	18.2～20.5	20.5～22.8
24	7.6～9.9	9.9～12.2	12.2～14.5	14.5～16.8	16.8～19.1	19.1～21.4	21.4～23.8
26	8.3～10.6	10.6～13.0	13.0～15.3	15.3～17.7	17.7～20.0	20.0～22.3	22.3～24.7

六、地位指数曲线的检验

地位指数表的精度最好用固定标准地长期观测资料对比检验，若无固定标准地，可用优势木树干解析资料代替。

（一）导向曲线的拟合显著性检验（用 X^2 检验法）

将优势高树干解析木按标准年龄时的树高分组，分别计算出各组、各龄阶的平均树高，再查地位指数表（或用数式法），将其改换成标准年龄的树高（即立地指数序列），以各组平均地位指数值作为理论值，对各龄阶的地位指数作 $X^2_{0.05}$ 检验，当各组的 X^2_i 值均小于 $X^2_{0.05}$ 时即符合要求。下面以刺槐的资料为例说明具体步骤。

第一，将 33 株年龄大于 16 年生的优势木解析木，按 12 年生的树高分为 5 组：3.0～4.9 m、5.0～6.9 m、7.0～8.9 m、9.0～10.9 m、11.0～12.9 m，取每组的均值列入表 10-49。

表 10-49　检验所用资料

龄阶	组号					导向曲线上的树高理论值	$S(t)$
	1	2	3	4	5		
2	0.50	1.04	2.40	2.26	2.52	2.71	1.30
4	1.30	1.91	4.21	4.27	4.27	4.41	1.63
6	2.00	2.93	5.48	6.16	6.74	5.85	1.82
8	2.75	4.10	6.55	7.68	8.10	7.15	1.96
10	3.25	5.23	7.53	8.91	9.75	8.34	2.06
12	3.67	6.34	8.34	10.01	11.68	9.45	2.15
14	4.00	7.27	9.58	10.79	12.65	10.49	2.22
16	4.30	8.18	10.48	11.62	13.38	11.49	2.28

第二，用下列公式计算出各组各龄阶的地位指数：

$$h_{(to)} = H_{(to)} - S_{(to)} \times \left(\frac{H_{(t)} - h_{(t)}}{S_{(t)}}\right) \tag{10-27}$$

式中　$h_{(to)}$——地位指数；

$H_{(to)}$——标准年龄时导向曲线上树高理论值（本例为 9.45 m）；

$S_{(to)}$——标准年龄时标准差的理论值（本例为 2.15）；

$H_{(t)}$——导向曲线上各龄阶的树高；

$h_{(t)}$——各组各龄阶优势木解析木平均高；

$S_{(t)}$——各龄阶标准差理论值。

例如，第一组 2 龄阶的地位指数为

$$h_{(to)} = 9.45 - 2.15 \times \left(\frac{2.71 - 0.50}{1.30}\right) = 5.8$$

其他各组龄阶的计算结果见表 10-50。

第三，计算各组优势木的 X^2 值，公式为：

$$X_i^2 = \frac{\sum_{j=1}^{n_i}(h_{12}(i,t_j) - \overline{h_{12}}(i))^2}{\overline{h_{12}}(i)} \quad (i = 1,2,\cdots,l) \tag{10-28}$$

式中　X_i^2——第 i 组优势木的 X^2 值；

$h_{12}(i,t_j)$——第 i 组优势木第 t_j 年的地位指数；

n_i——第 i 组优势木的观测年次；

$\overline{h_{12}}(i)$——第 i 组优势木的地位指数理论值，按下式计算：

$$\overline{h_{12}}(i) = \frac{\sum_{j=i}^{n_i} h_{12}(i,t_j)}{n_i} \tag{10-29}$$

例如，第 1 组

$$\overline{h_{12}}(i) = \frac{5.8 + 5.3 + \cdots + 2.7}{8} = 4.29$$

$$X_1^2 = \frac{(5.8 - 4.29)^2 + (5.3 - 4.29)^2 + \cdots + (2.7 - 4.29)^2}{4.29} = 1.83$$

第四，结论：由于所有的 X_i^2 都小于 $X_{0.05}^2$（自由度为 $n_i - 1$，见表 10-51），说明树高生长曲线符合树高实际生长进程，所配的导向曲线符合要求。

表 10-50　地位指数序列及其检验　　（单位：m）

年龄	组号					误差（S_{tj}）
	1	2	3	4	5	
2	5.8	6.7	8.9	8.7	9.1	1.06
4	5.3	6.2	9.3	9.3	9.3	0.79
6	4.9	6.0	9.0	9.8	10.5	0.33
8	4.6	6.1	8.8	10.0	10.5	0.23
10	4.1	6.2	8.6	10.0	10.9	0.45
12	3.7	6.3	8.3	10.0	11.7	1.38
14	3.2	6.3	8.6	9.7	11.5	1.43
16	2.7	6.3	8.5	9.6	11.2	1.72
均值（$\overline{h_{12}}(i)$）	4.29	6.26	8.75	9.64	10.59	—

（二）地位指数表的适用精度检验

仍利用导向曲线 X^2 检验时计算的解析木分组数据，按下列公式计算各龄阶地位指数的估测误差：

$$S_{(tj)} = \sqrt{\frac{\sum_{i=1}^{l}\left[h_{12}(i,t_j) - \bar{h}_{12}(i)\right]^2}{n}} \tag{10-30}$$

式中　n——优势木解析所分的组数。

表 10-51　X^2 检验表

数据	编号	X^2	自由度	$X^2_{0.05}$
33 株解析木分为 5 组	1	1.83	$n_i-1=8-1=7$	14.067
	2	0.05		14.067
	3	0.08		14.067
	4	0.15		14.067
	5	0.61		14.067

如例中 2 龄阶的地位指数估测误差为：

$$S_{(n')}=\sqrt{\frac{(5.8-4.29)^2+(6.7-6.26)^2+(8.9-8.75)^2+(8.7-9.64)^2+(9.1-10.59)^2}{5}}$$
$$=1.06$$

依同法可计算出各龄阶地位指数的估测误差。

以上计算结果，若各龄阶的估测误差均不超过一个指数级距（例中为 2 m），一般认为所编地位指数表可以应用。

第六节　数量化地位指数表的编制方法

数量化地位指数表是将对地位指数有显著影响的立地因子（项目），划分成不同的等级（类目）并数量化，用多元回归分析方法求得各类目得分值，用于评定林地或无林地立地质量等级的数表。使用这种数表只要测定林地或无林地上几个主要的立地因子，根据各项测定结果，在该表中查得各因子的得分值，然后总加起来，就可得出该土地立地质量的指数值。这样就使有林地与无林地在立地质量评价有了统一的标准。

一个树种的数量化地位指数表，通常在该树种地位指数表的基础上编制。为了减少外业工作量、统一方法和提高数表质量，最好与地位指数表同时编制。其编表区域可与地位指数表一致，或在地位指数表编表区域内再划分若干个数量化地位指数表的编表单元。

一、资料的收集与整理

在编表区域内，首先根据不同的立地条件，选择年龄较大的林分作临时标准地，标准地内的立地条件要基本一致。每块标准地内选测 6 株最高（或最粗）的优势木（100 m^2 内一株）树高，其平均值作为优势木平均高。然后调查并记载该标准地的坡向、坡度、海拔、坡位、坡形、母岩、母质、土壤种类及厚度、腐殖质层厚度等立地因子。在选择标准地时，好、中、差的林分，各种立地条件的林分都要选，且数量要尽量做到大致相等。

标准地的数量，一般不少于类目数的 5 倍。如选择 6 个项目 17 个类目，则标准地的数量应在 85 块以上。

计算时，把立地因子作为自变量，与因变量——地位指数（y）建立回归方程，需根据各标准地的优势木平均高和林分平均年龄，从相应的地位指数表中查出各标准地的地位指数。

二、编表方法

编制数量化地位指数表一般采用数量化理论（Ⅰ）的方法。

（一）项目的选择与类目的划分

选择项目的原则，要因地制宜，从影响林木生长的多种因子中挑选一批与林木生长发育最密切的主导因子（如坡向、坡位、海拔、土层厚度等）作为项目，再根据各因子（项目）对地位指数影响的大小划分成不同的等级（类目）。类目的划分必须掌握影响生长的临界值。

（二）数量化理论（Ⅰ）模型的建立

数量化理论（Ⅰ）是以立地因子（项目）$X_1, X_2, X_3, \cdots, X_m$ 为自变量，以树高或地位指数 Y_i 为因变量（这里为地位指数）建立的数学模型。设第一个项目 X_1 有 r_1 个类目为 C_{11}，$C_{12}, \cdots, C_{1r_1}$，第二个项目 X_2 有 r_2 个类目为 $C_{21}, C_{22}, \cdots, C_{2r_2}, \cdots$，第 m 个项目 X_m 有 r_m 个类目为 $C_{m_1}, C_{m_2}, \cdots, C_{mr_m}$，总共有 $\sum_{j=1}^{m} r_j = P$ 个类目。假定调查了 n 块标准地，测定的结果记入项目、类目反应表中（见表 10-52）。表中的 Y_i 是第 i 块 标准地的地位指数值，$\delta_i(j,k)$（$i = 1, 2, \cdots, n; j = 1, 2, \cdots, m; k = 1, 2, \cdots, r_j$）称为 j 项目之 k 类目在第 i 块标准地中的反应，它的值由下式给出

$$\delta_i(j,k) = \begin{cases} 1 & \text{当第 } i \text{ 块标准地中第 } j \text{ 项目属于第 } k \text{ 个类目时} \\ 0 & \text{否则} \end{cases} \tag{10-31}$$

表 10-52　项目、类目反应类表

标准地号	X_1				X_2				…	X_m				地位指数 Y_i (m)
	C_{11}	C_{12}	…	C_{1r_1}	C_{21}	C_{22}	…	C_{2r_1}	…	C_{m_1}	C_{m_2}	…	C_{mr_m}	
1	$\delta_1(1,1)$	$\delta_1(1,2)$	…	$\delta_1(1,r_1)$	$\delta_1(2,1)$	$\delta_1(2,2)$	…	$\delta_1(2,r_2)$	…	$\delta_1(m,1)$	$\delta_1(m,2)$	…	$\delta_1(m,r_m)$	Y_1
2	$\delta_2(1,1)$	$\delta_2(1,2)$	…	$\delta_2(1,r_1)$	$\delta_2(2,1)$	$\delta_2(2,2)$	…	$\delta_2(2,r_2)$	…	$\delta_2(m,1)$	$\delta_2(m,2)$	…	$\delta_2(m,r_m)$	Y_2
⋮									…				⋮	
n	$\delta_n(1,1)$	$\delta_n(1,2)$	…	$\delta_n(1,r_1)$	$\delta_n(2,1)$	$\delta_n(2,2)$	…	$\delta_n(2,r_2)$	…	$\delta_n(m,1)$	$\delta_n(m,2)$	…	$\delta_n(m,r_m)$	Y_m

由所有 $\delta_i(j,k)$ 构成 $n \times p$ 阶矩阵记为：

$$X = \begin{bmatrix} \delta_1(1,1) \cdots \delta_1(1,r_1) & \delta_1(2,1) \cdots \delta_1(2,r_2) \cdots \delta_1(m,1) \cdots \delta_1(m,r_m) \\ \delta_2(1,1) \cdots \delta_2(1,r_1) & \delta_2(2,1) \cdots \delta_2(2,r_2) \cdots \delta_2(m,1) \cdots \delta_2(m,r_m) \\ & \vdots \\ \delta_n(1,1) \cdots \delta_n(1,r_1) & \delta_n(2,1) \cdots \delta_n(2,r_2) \cdots \delta_n(m,1) \cdots \delta_n(m,r_m) \end{bmatrix}$$

称为反应矩阵。

在数量化理论（Ⅰ）中，因变量与各项目、类目的反应间遵从线性模型

$$Y_i = \sum_{j=1}^{m} \sum_{k=1}^{r_j} \hat{C}_{jk} \delta_i(j,k) + \varepsilon_i \quad (i = 1, 2, \cdots, n) \tag{10-32}$$

式中　C_{jk}——j 项目之 k 类目的系数（称得分）；

ε_i——第 i 次测定中的随机误差。

上述模型是用以计算 Y_i 的数量理论（Ⅰ）模型，用最小二乘原理求出 C_{jk} 的最小二乘估计值，可得预测模型：

$$\hat{Y}_i = \sum_{j=1}^{m}\sum_{k=1}^{r_j}\hat{C}_{jk}\delta_i(j,k) \tag{10-33}$$

式中　$\delta_i(j,k)$——样本类目中的反应；

$\hat{C}_{jk}$——类目得分值；

$\hat{Y}_i$——Y_i 的估计值。

（三）数量化表的计算

先将各项目的类目建立反应矩阵，通过电子计算机解下列估计值：

$$X^{\mathrm{T}}X\hat{C} = X^{\mathrm{T}}Y \tag{10-34}$$

式中　X——反应矩阵，即反应表中元素“1”或“0”组成的矩阵；

X^{T}——X 的转置矩阵；

$\hat{C}$——得分 $\hat{C}_{jk}$ 所形成的列矩阵；

Y——样本的因变量（地位指数）所形成的列矩阵。

在数量化理论（Ⅰ）中，最多只能有 $\sum_{j=1}^{m} r_j - m + 1$ 个方程与线性无关（即最多只能有 $\sum_{j=1}^{m} r_j - m + 1$ 个独立方程）。如选取 7 个项目 27 个类目，那么在组成的 27 个方程中，最多只有 21（27 −7 +1）个方程与线性无关，故需在原来的 27 个方程中划去 6 个方程，这样才能唯一地解出 C_{jk}，从而完成对 X_j 的数量化。为了方便，从 $j=2,3,\cdots,7$ 项目中删除 j 项的第一个类目方程，使得 $\hat{C}_{jk}=0$，这样可以解出 21 个得分值 $\hat{C}_{jk}$，这样，除第一个项目的每个类目都有得分值外，其他各项目的第一个类目得分值均为“0”。

通过电子计算机解出各项目各类目的得分值，即可编制出数量化地位指数表。例如慕阜山林区杉木数量化地位指数表（见表 10-53）。

表 10-53 中的得分范围由各项目中的最大得分值减最小得分值而得。

标准差（剩余标准差）的计算公式为：

$$S_{余} = \sqrt{\frac{Q}{n-m-1}} \tag{10-35}$$

式中　Q——残差平方和或叫剩余平方和，用下式计算：

$$Q = \sum_{i=1}^{n}(Y_i - \hat{Y}_i)^2$$

其中 $\hat{Y}_i$ 为根据式（10-33）求出的各标准地地位指数的估计值，Y_i 为各标准地的实际地位指数值。

复相关系数为：

$$R_{ym} = \sqrt{\frac{L_{yy} - Q}{L_{yy}}} \tag{10-36}$$

式中　L_{yy}——总平方和，用下式计算：

$$L_{yy} = \sum (Y_i - \bar{y})^2 = \sum Y_i^2 - \frac{(\sum Y_i)^2}{n}$$

表 10-53　**杉木数量化地位指数表**　（$n=111$，即 111 块标准地）

项目	类目	得分值				偏相关系数/得分范围
		X_1	X_2	X_3	X_4	
立地基底	花岗岩	13.22	13.45	15.13	17.10	0.778 9/5.60
	第四纪红土	14.27	16.45	16.71	18.90	
	石灰岩边缘	14.29	14.37	14.56	16.84	
	砂页岩	13.77	14.38	14.57	16.67	
	石灰岩	10.75	10.83	11.02	13.30	
立地形态结构	低丘		0	0	0	0.779 4/3.07
	山洼		-0.09	-0.38	-0.65	
	坡地		-0.08	-0.27	-0.60	
	岗丘		-2.18	-2.44	-2.68	
	山脊与近脊		-5.95	-3.08	-3.07	
生物气候条件	亚热性湿润（海拔≤900 m）			0	0	0.690 2/2.57
	次亚热性湿润（900~1 300 m）			-2.39	-2.57	
立地表层特征	腐殖质层厚（>20 cm）				0	0.545 8/1.96
	腐殖质层薄（≤20 cm）				-1.96	
复相关系数		0.499 9	0.785 8	0.821 5	0.875 9	
剩余标准差		1.210	0.927	0.859	0.730	

偏相关系数 R_u 是扣除了 X_u 以外其他自变量的影响之后 X_u 与 y 的相关，其计算方法如下：

（1）求出第 i 个标准地（样本）中第 j 个项目的定量数据。公式为：

$$X_i^{(j)} = \sum_{k=1}^{r_j} \hat{C}_{jk}\delta_i(j,k) \tag{10-37}$$

式中，$i=1,2,\cdots,n$；$j=1,2,\cdots,m$。

（2）令

$$S_{uv} = \sum_{i=1}^{n} (X_i^{(u)} - \overline{X}^{(u)})(X_i^{(v)} - \overline{X}^{(v)}) \tag{10-38}$$

式中，u、$v=1,2,\cdots,m,m+1$；$X_i^{(m+1)} = Y_i$；$\overline{X}^{(u)} = \frac{1}{n}\sum_{i=1}^{n} X_i^{(u)}$。

(3)建立 $m+1$ 个变量之间的样本相关矩阵,有

$$R=\begin{bmatrix} r_{11} & r_{12} & \cdots & r_{1m+1} \\ r_{21} & r_{22} & \cdots & r_{2m+1} \\ \vdots & \vdots & & \vdots \\ r_{m+1\,1} & r_{m+1\,2} & \cdots & r_{m+1\,m+1} \end{bmatrix} \tag{10-39}$$

其中,$r_{uv}=\dfrac{S_{uv}}{\sqrt{S_{uu}S_{vv}}}$($u$、$v=1,2,\cdots,m,m+1$),为各项目两两间的相关系数。

以 C_{uv} 表示 R 的逆矩阵 R^{-1} 中的元素,则第 u 个变量与因变量 Y 之间的偏相关系数为:

$$R_u=\frac{-C_{u\,m+1}}{\sqrt{C_{uu}\cdot C_{m+1\,m+1}}} \tag{10-40}$$

三、数量化地位指数表的检验与评价

(一)复相关系数 R_{ym} 的 t 检验

复相关系数愈大,说明自变量对 y 的预估效果愈好。但是复相关系数的大小与项目、类目及标准地的数量有关,因此必须作 t 检验。t 是服从自由度为 $n-m-1$ 的 t 分布统计量。在给定显著水平 a 下,可在 t 分布表中查得与 a 相对应的临界值 t_a。若 $t>t_a$,则效果好;反之,则效果不好。复相关系数 t 检验的公式为:

$$t=\frac{R_{ym}\sqrt{n-m-1}}{\sqrt{1-R_{ym}^2}} \tag{10-41}$$

例如,表 10-53 中的复相关系数为 0.875 9,$m=4$,$n=111$,则

$$t=\frac{0.875\,9\times\sqrt{111-4-1}}{\sqrt{1-0.875\,9^2}}=18.690\,3$$

当 $a=0.05$,自由度为 $111-4-1=106$ 时,查得 $t_{0.05}=1.980$;当 $a=0.01$,自由度为 106 时,查得 $t_{0.01}=2.617$。因为 $t>t_{0.01}$,说明自变量对 Y 的预估效果是好的。

(二)偏相关系数 R_u 的 t 检验

对 R_u 作 t 检验,以检验 X_u 贡献的显著性。T 值愈大该因子就愈重要。根据经验,当 $T>1$ 时,该因子对 Y 就有一定影响;$T>2$ 时,即可将 X_u 看做是主要因子。T 值为用偏相关系数计算的 t_u。偏相关系数 t 检验的公式为:

$$t_u=\frac{R_u\sqrt{n-m-1}}{\sqrt{1-R_u^2}} \tag{10-42}$$

据表 10-53 的结果可算得:

$$t_1=\frac{0.778\,9\times\sqrt{111-4-1}}{\sqrt{1-0.778\,9^2}}=12.786\,9$$

$$t_2=13.807\,8$$

$$t_3=9.920\,2$$

$$t_4=6.606\,4$$

由此说明 4 个因子均为重要因子。

自变量重要性的大小，还可由各因子的得分范围大小进行评定，得分范围大者则重要，这是一个既直观又便于计算的评定因子重要性大小的指标。

（三）残差的分布

用预测模型来估计的各样地地位指数值 $\hat{Y}_i$ 和实际地位指数 Y_i 之差称为残差，用 $\Delta_i=(Y_i-\hat{Y}_i)(i=1,2,\cdots,n)$ 表示。首先计算各个残差值，然后对 n 个残差值进行正态检验，若 n 个残差的分布为正态或近似正态，则说明建立的数量化模型预测精度是高的。

第七节　林分密度管理图的编制方法

林分的株数密度与林分材积生长存在两种重要效应：一是林木个体平均材积（V）随密度（N）的增加而减小，叫竞争密度效应；二是林分每公顷蓄积量（M）随密度（N）的增大而增加，但当密度增加到一定限度时，蓄积量保持稳定，如果密度再增加，则会引起自然稀疏，蓄积量减少，叫产量密度效应。林分密度管理图，就是以这两种密度效应为理论基础，根据林分密度与各测树因子之间的相关关系建立数学模型而绘制的图。

林分密度管理图是在双对数坐标纸上，以单位面积株数密度为横轴，单位面积林分蓄积量为纵轴，由 5 组生长曲线绘制而成。这 5 组曲线是等树高线、等疏密度线、饱和密度线、自然稀疏线和等直径线。

一、编表资料的收集与整理

（一）外业资料收集

1. 选择标准地

所选择的标准地必须是未经人为或天然破坏的林分。间伐过的林分，若为下层间伐的可以选用，但必须经过 3 ~5 年，林相基本上已经恢复后；上层间伐或综合间伐的林分则不能选用。同时，标准地应以单层纯林为原则；若是混交林，其目的树种组成应在 7 成以上。

2. 标准地调查

调查因子至少要包括平均高、上层高（优势木平均高）、平均直径、平均断面积、单位面积株数、单位面积蓄积量，其中上层高的测定以每 100 m^2 内选测一株优势木为原则，一般每块标准地选测 5 ~6 株优势木及亚优势木。

3. 标准地数量

应按所编林分密度图的范围而定，具有充分的代表性。具体数量应根据地区范围树高级级数的多少确定，一般每个树高级应在 30 块以上。

4. 株数

在每个树高级内，所选标准地必须包括由密到稀并有一定差距的疏密不等的林分。

5. 标准地测量、调查

按常规方法进行。

（二）编表资料整理

根据外业收集的资料，计算标准地平均单株材积、平均直径、平均优势高，统计标准地株数,计算标准地材积,推算出每公顷的株数和蓄积量。平均优势高按 2 m 一个树高级归类,平均直径按 2 cm 一个直径级归类,分别统计上述指标。

二、林分密度管理图的编制方法

编制方法很多。现将中国林业科学研究院林研所编制杉木实生林分密度管理图的方法介绍如下。

共收集标准地材料 992 块。

(一)饱和密度线(也叫最大密度线)

饱和密度线是林分在各个生长阶段中,单位面积蓄积量最高(M_m)与相应株数最多(N_m)时的关系曲线,数学模型为

$$M_m = A_1 N_m^{-B_1} \quad 或 \quad \lg M_m = \lg A_1 - B_1 \lg N_m \tag{10-43}$$

式中,A_1、B_1 为参数。此式在双对数纸上呈直线,表明单位面积蓄积量随株数的减少而增高。其计算步骤如下:

首先,以杉木蓄积量标准表为尺度,选出疏密度 0.7 以上的标准地 455 块,然后以 500 株为组距进行分组,按组计算出单位面积株数和蓄积量如表 10-54 所示。

表 10-54　单位面积株数和蓄积量平均值

顺序号	株数级	标准地数	平均株数(株/hm^2)	平均蓄积量(m^3/hm^2)
1	1 000	5	1 109	442
2	1 500	36	1 501	463
3	2 000	45	1 999	370
4	2 500	73	2 500	269
5	3 000	71	3 023	269
6	3 500	77	3 502	172
7	4 000	50	3 990	150
8	4 500	30	4 488	122
9	5 000	31	4 974	152
10	5 500	23	5 465	137
11	6 000	14	5 957	117

其次,利用表 10-54 中各平均值,以最小二乘法求算经验式。

将 $M = AN^{-B}$ 写成对数式,即

$$\lg M = \lg A - B\lg N \tag{10-44}$$

式中　M——平均蓄积量;

N——平均株数;

A、B——参数。

再将式(10-44)变成直线式。令 $\lg M = y$,$\lg N = x$,$\lg A = a$,$-B = b$,则式(10-44)变成下式

$$y = a + bx$$

由表 10-54 可计算出：$n = 11$，$\bar{x} = 3.492$，$\bar{y} = 2.330$，$\sum x = 38.407$，$\sum x^2 = 134.668$，$\sum y = 25.631$，$\sum y^2 = 60.232$，$\sum xy = 88.974$。

将上列数值代入以下各公式：

$$L_{xx} = \sum x^2 - \frac{1}{n}(\sum x)^2 = 134.668 - \frac{38.407^2}{11} = 0.568$$

$$L_{yy} = \sum y^2 - \frac{1}{n}(\sum y)^2 = 60.232 - \frac{25.631^2}{11} = 0.510$$

$$L_{xy} = \sum xy - \frac{1}{n}(\sum x \cdot \sum y) = 88.974 - \frac{38.407 \times 25.631}{11} = -0.518$$

相关系数为：

$$r = \frac{L_{xy}}{\sqrt{L_{xx}L_{yy}}} = \frac{-0.518}{\sqrt{0.568 \times 0.510}} = -0.963$$

$$b = \frac{L_{xy}}{L_{xx}} = \frac{-0.518}{0.568} = 0.912 = -B(\text{斜率})$$

$$B = 0.912$$

$$a = \bar{y} - \overline{bx} = 2.330 - (-0.912) \times 3.492 = 5.515 = \lg A$$

$$A = 327\ 340.69$$

将 A、B 值代入式(10-44)中得下列经验式：

$$\left.\begin{aligned} M &= 327\ 340.69N^{-0.912} \\ \text{或}\quad \lg M &= 5.515 - 0.912\lg N \end{aligned}\right\} \tag{10-45}$$

再次，求算平均密度线。根据式(10-45)计算回归曲线值，并利用公式 $S = \sqrt{\sum(y-\hat{y})^2/n-2}$ 求出标准差 S，在加减一个标准差范围内，在 455 块标准地中选取标准地 93 块，按株数从密到稀的顺序，用最小二乘法求算平均密度经验式和相关系数 r：

$$\left.\begin{aligned} M &= 468\ 705.45N^{-0.957\,9} \\ \text{或}\quad \lg M &= 5.670\,9 - 0.957\,9\lg N \\ r &= 0.967\,5 \end{aligned}\right\} \tag{10-46}$$

最后，求算饱和密度线。先将上述平均密度线绘制在双对数纸上，并点绘疏密度 0.7 以上的标准地，然后用平移提高法选取蓄积量最大、株数最多的标准地，为 315 号，其 $M_m = 893$ m^3，$N_m = 2\ 835$ 株，将平均密度线平移(即斜率不变，$B = B_1$)提高到此点，即得最大密度线(饱和密度线)。其最大密度线经验式为：

$$\left.\begin{aligned} M_m &= 1\ 811\ 557.158N_m^{-0.957\,9} \\ \text{或}\quad \lg M_m &= 6.258\,052 - 0.957\,9\lg N_m \end{aligned}\right\} \tag{10-47}$$

其中，A_1 值是将最大密度的标准地中 M_m 及 N_m 值代入式(10-43)中求得的，等于 1 811 557.158。

(二)等树高线和等直径线

等树高线和等直径线是表明在林分上层高和平均直径相等的情况下，平均单株材积(V)或单位面积蓄积量(M)随株数(N)的变化而变化的关系曲线。

根据试验，杉木的数学模型以采用幂乘式 $M = AN^B$ 较好。其计算方法如下：

首先,将所有参加制图的标准地,按树高级(2 m 为一级)和直径级(2 cm 为一级)进行分组。

其次,根据公式 $M = AN^{B}$(或 $\lg M = \lg A + B\lg N$)及 $M = A'N^{B'}$(或 $\lg M = \lg A' + B'\lg N$),分别将各树高级、各直径级中各标准地的密度与蓄积量成对值进行回归计算,即用最小二乘法求出各树高级和直径级的参数 A、B、A'、B' 值(A、B 代表等树高线参数,A'、B' 代表等直径线参数),结果见表 10-55。

表 10-55　等树高线及等直径线中 A、B、A'、B' 及 r 的数值

树高级(m)	平均上层高(m)	标准地数	A	B	相关系数(r)	直径级(cm)	平均直径(cm)	标准地数	A'	B'	相关系数(r)
4	4.6	29	0.105 24	0.654 94	0.862 4	4	4.3	23	0.152 96	0.552 18	0.566 7
6	5.9	61	0.037 91	0.849 43	0.972 9	6	6.3	87	0.004 99	1.077 22	0.960 3
8	8.0	116	0.067 43	0.854 58	0.906 0	8	8.0	145	0.005 90	1.141 08	0.963 1
10	10.0	117	0.197 88	0.794 13	0.881 4	10	9.9	159	0.015 56	1.107 54	0.930 8
12	11.8	142	1.040 22	0.632 17	0.887 9	12	11.9	159	0.070 22	0.986 94	0.906 3
14	13.8	121	0.553 21	0.760 25	0.912 0	14	13.9	123	0.037 25	1.129 44	0.930 6
16	15.9	82	2.339 71	0.602 27	0.804 3	16	15.9	108	0.052 09	1.138 44	0.950 0
18	17.9	70	1.796 14	0.683 25	0.895 0	18	17.9	80	0.060 62	1.168 25	0.953 6
20	19.9	51	3.276 22	0.627 09	0.695 2	20	19.9	41	0.055 79	1.231 83	0.933 0
22	21.8	32	6.360 63	0.565 46	0.783 5	22	22.0	15	0.083 01	1.213 72	0.909 3
24	23.6	23	5.274 13	0.619 29	0.876 6	24	23.4	5	0.037 02	1.368 99	0.992 4
26	25.8	12	39.912 77	0.364 88	0.644 3	26	25.6	4	0.310 67	1.085 45	0.936 2
28	28.2	4	36.435 10	0.393 60	0.674 3						

再次,根据表 10-55 中参数 A、B、A'、B' 的值所计算的各等量线绘制在双对数纸上不整齐,必须调整使其规律一致。由表 10-55 可看出,无论是等树高线参数 A、B 或是等直径线参数 A'、B' 均随林分生长而变化,其基本规律是,等树高线的 A 值随树高的增加而增大,而 B 值是随树高的增加而减小。等直径线的 A' 及 B' 值,均随直径的增加而增大,两个等量线参数的数学模型亦适合幂乘式

$$A = a_1\overline{H}_{上}^{b_1} \quad 或 \quad \lg A = \lg a_1 + b_1\lg\overline{H}_{上} \tag{10-48}$$

$$B = a_2\overline{H}_{上}^{b_2} \quad 或 \quad \lg B = \lg a_2 + b_2\lg\overline{H}_{上} \tag{10-49}$$

$$A' = a_1'\overline{D}^{b_1'} \quad 或 \quad \lg A' = \lg a_1' + b_1'\lg\overline{D} \tag{10-50}$$

$$B' = a'\overline{D}^{b_2'} \quad 或 \quad \lg B' = \lg a_2' + b_2'\lg\overline{D} \tag{10-51}$$

式中　$\overline{H}_{上}$——平均上层高;

$\overline{D}$——平均直径。

根据式(10-48)~式(10-51),用最小二乘法求算修匀参数 a_1、b_1、a_2、b_2、a_1'、b_1'、a_2'、b_2'

值。在计算过程中，因树高级 28、直径级 4 表现的规律性不强，故舍弃；又因树高级 4、6 和直径级 4、6 处于幼龄林阶段，受株数密度影响不大，生长不稳定，规律表现不一致，故对其 A 及 A'进行个别调整，计算结果见表 10-56。

然后，将表 10-56 中的修匀参数 a_1、b_1、a_2、b_2、a_1'、b_1'、a_2'、b_2'分别代入式(10-48)~式(10-51)中，即可求出修匀后的等树高线参数 A、B 值及等直径线参数 A'、B'值。例如，求算树高 10 m 时的参数 A、B 值，已知 $a_1 = 1.063 \times 10^{-4}$，$b_1 = 3.551\ 54$，$\overline{H}_{上} = 10$ m，将 a_1、b_1、$\overline{H}_{上}$ 值代入式(10-48)中得：

$$A = 0.000\ 106\ 3 \times 10^{3.551\ 54} = 0.378\ 51$$

又已知：$a_2 = 1.297\ 51$，$b_2 = -0.267\ 50$，$\overline{H}_{上} = 10$ m，将 a_2、b_2、$\overline{H}_{上}$ 代入式(10-49)中得：

$$B = 1.297\ 51 \times 10^{-0.267\ 50} = 0.700\ 83$$

依次类推求出修匀后各树高级 A、B 值及各直径级 A'、B'值如表 10-57 所示。

表 10-56　等树高线及等直径线 a_1、b_1、a_2、b_2、a'_1、b'_1、a'_2、b'_2 的修正值

等高级(m)	$A = a_1\ \overline{H}_{上}^{b_1}$		$B = a_2\ \overline{H}_{上}^{b_2}$		直径级(cm)	$A' = a_1\overline{H}_{上}^{b_1'}$		$B' = a_2'\overline{H}_{上}^{b_2'}$	
	a_1	b_1	a_2	b_2		a_1'	b_1'	a_2'	b_2'
4~6	6.88×10^{-5}	3.749 15	1.297 51	−0.267 50	4~6	3.431×10^{-4}	1.585 63	0.888 85	0.095 03
8 以上	1.063×10^{-4}	3.551 54			8 以上	8.825×10^{-5}	2.249 09		

表 10-57　树高级及直径的 A、B、A'、B'值

树高级(m)	A	B	直径级(cm)	A'	B'
4	0.012 44	0.895 49	4	0.003 09	1.014 01
6	0.056 88	0.803 44	6	0.005 88	1.053 81
8	0.171 35	0.743 93	8	0.009 48	1.083 05
10	0.378 51	0.700 83	10	0.015 66	1.106 26
12	0.723 25	0.667 47	12	0.023 60	1.125 60
14	1.250 41	0.640 50	14	0.033 38	1.142 21
16	2.009 16	0.618 05	16	0.045 60	1.156 79
18	3.052 70	0.598 86	18	0.058 47	1.169 81
20	4.438 06	0.582 22	20	0.074 45	1.181 59
22	6.225 88	0.567 56	22	0.092 25	1.192 34
24	8.480 25	0.554 50	24	0.112 19	1.202 24
26	11.268 54	0.542 76	26	0.134 32	1.211 42
28	14.661 31	0.532 10	28	0.158 68	1.219 98
30	18.732 19	0.522 37	30	0.185 31	1.228 00

最后，根据表 10-57，将 A、B 值代入 $M = AN^B$ 式中，将 A'、B'值代入 $M = A'N^{B'}$式中，求出

各树高级和直径级不同密度的相应蓄积量，将其绘在双对数纸上，即为等树高线和等直径线。

(三) 等疏密度线(也叫密度管理线)

等疏密度线是森林经营中调节林分密度的管理线。它是以各等树高线的最大蓄积量为1，沿各等高线以10分法的比数下降为0.9、0.8、0.7、…，将相同比数连成线而得。计算方法如下述。

因为最大密度线的数学模型为 $M_m = A_1 N_m^{-B_1}$，各等树高线的最大密度数学模型为 $M_m = AN_m^B$，则 $A_1 N_m^{-B_1} = AM_m^B$，$AN_m^{B+B_1} = A_1$，所以

$$N_m = \left(\frac{A_1}{A}\right)^{\frac{1}{B+B_1}} \tag{10-52}$$

将 N_m 值代入 $M_m = A_1 N_m^{-B_1}$ 或 $M_m = AN_m^B$ 中，求出各等树高线最大密度的 M_m 值，然后乘以密度比数($\rho = 0.9$、0.8、0.7、…)，即为各等树高线不同密度比数的蓄积量 M_ρ ($M_\rho = \rho M_m$)。

例如，求算20 m等树高线上的最大密度蓄积量(M_m)及密度比数0.9、0.8时的蓄积量(M_ρ)的值。

已知最大密度线 $A_1 = 1\ 811\ 557.158$，$-B_1 = -0.957\ 9$，$B_1 = 0.957\ 9$，由表10-57知20 m等树高线上，$A = 4.438\ 06$，$B = 0.582\ 22$，将 A_1、B_1、A、B 代入式(10-52)中，可得20 m等树高线的最大密度株数(N_m)如下：

$$N_m = \left(\frac{A_1}{A}\right)^{\frac{1}{(B+B_1)}} = \left(\frac{1\ 811\ 557.158}{4.438\ 06}\right)^{\frac{1}{0.957\ 9+0.582\ 2}}$$

$$= 408\ 186^{0.649\ 3} = 4\ 397(\text{株})$$

将 N_m、A、B 值代入 $M_m = AN_m^B$ 中得：

$$M_m = 4.438\ 06 \times 4\ 397^{0.582\ 22} = 586.6(\text{m}^3)$$

当密度比数为0.9时，$M_{0.9} = 586.6 \times 0.9 = 527.9(\text{m}^3)$；当密度比数为0.8时，$M_{0.8} = 586.6 \times 0.8 = 469.3(\text{m}^3)$，余类推。

将各等树高线，依上法算出不同密度比数的蓄积量后，点绘在双对数纸上，然后将相同密度比数各点连成线即为各条等疏密度线。

(四) 自然稀疏线

林木株数随着生长而日益减少的过程，称为自然稀疏现象。在自然稀疏过程中，单株材积(V)及单位面积蓄积量(M)均随密度(N)的减少而增加。表示此规律的数学模型，一般多采用密度效应倒数二项式方程，即

$$V = AN^{-1} - B \tag{10-53}$$

式(10-53)的两边乘以单位面积株数(N)得：

$$M = A - BN \tag{10-54}$$

因每条自然稀疏线都与最大密度线相切于一点，故式(10-54)中的参数 A、B 值，必须借用已知的最大密度线数学模型 $M_m = A_1 N_m^{-B_1}$ 的关系推导。经验算得：

$$M = A_1(B_1 + 1)\left(\frac{B_1}{B_1 + 1}\right)^{-B_1}\left(1 - \frac{N}{N_0}\right)N_0^{-B_1}$$

设 $K_1=A_1(B_1+1)\left(\frac{B}{B_1+1}\right)^{-B_1}$ 是常数，且，则 $K_2=\left(1-\frac{N}{N_0}\right)N_0^{-B_1}$，则

$$M=K_1\cdot K_2 \tag{10-55}$$

例如，求算每公顷初植密度 10 000 株的自然稀疏线。已知最大密度线参数为 $A_1=1\ 811\ 557.158$，$B_1=0.957\ 9$，初植密度 $N_0=10\ 000$，$N=$ 任意密度，则

$$\text{常数项 } K_1=1\ 811\ 557.158\times(1.957\ 9+1)\left(\frac{0.957\ 9}{0.957\ 9+1}\right)^{-0.957\ 9}$$
$$=1\ 811\ 557.158\times1.957\ 9\times1.983\ 350\ 8$$
$$=7\ 034\ 643.34$$

设 $N=9\ 500$ 株，则

$$K_2=\left(1-\frac{9\ 500}{10\ 000}\right)\times10\ 000^{-0.957\ 9}=0.05\times0.000\ 147\ 366\ 92=7.368\ 346\times10^{-6}$$

当 $N=9\ 000,8\ 500,\cdots,5\ 000$ 时，依上法一一算出 K_2 值，并将算出的自然稀疏过程列入表 10-58 中。

表 10-58　K_2 值及自然稀疏过程

N	K_2	$M=K_1K_2$
9 500	$7.368\ 346\times10^{-6}$	51.8
9 000	$1.473\ 669\ 2\times10^{-5}$	103.7
8 500	$2.210\ 503\ 8\times10^{-5}$	155.5
8 000	$2.947\ 338\ 4\times10^{-5}$	207.3
7 500	$3.684\ 173\times10^{-5}$	259.2
7 000	$4.421\ 007\ 6\times10^{-5}$	311.0
6 500	$5.157\ 842\ 2\times10^{-5}$	362.8
6 000	$5.894\ 676\ 8\times10^{-5}$	414.7
5 500	$6.631\ 511\ 4\times10^{-5}$	466.5
5 000	$7.368\ 346\times10^{-5}$	518.3

依同法计算出初植密度为 7 000 株、5 000 株、…时各条自然稀疏关系值，然后将其点绘在双对数纸上，即为各条不同初植密度的自然稀疏线。

将上述饱和密度线、等树高线、等直径线、等疏密度线及自然稀疏线集中绘在双对数纸上，便构成林分密度管理图，如图 10-4 所示。

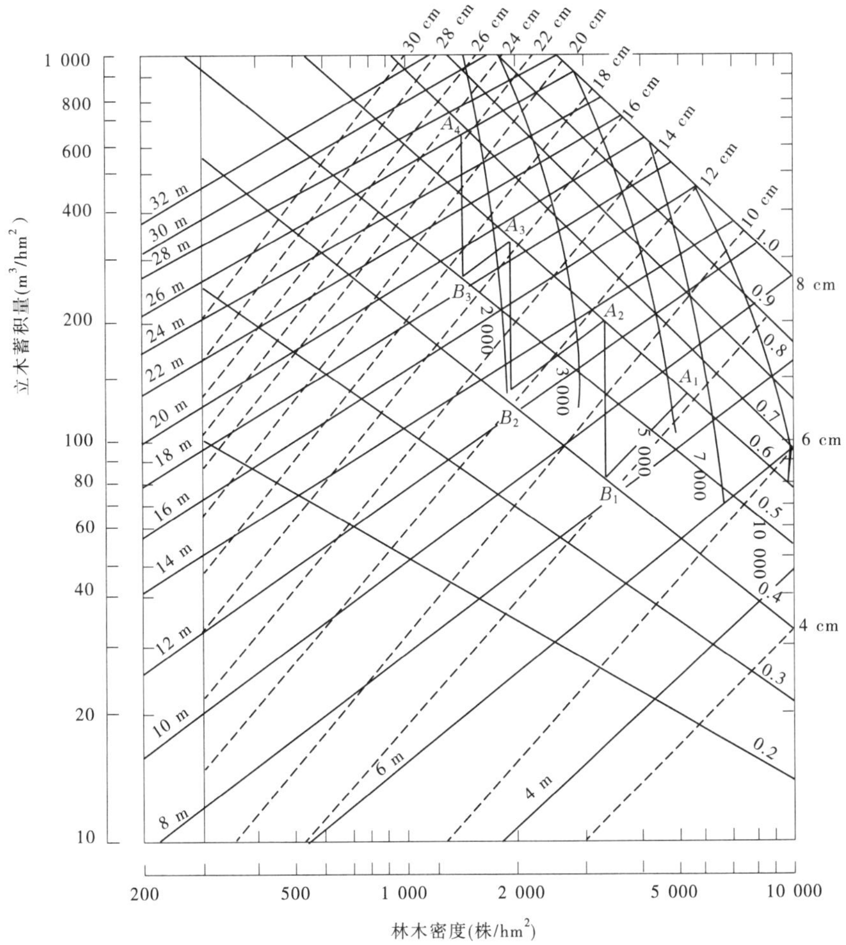

图 10-4　杉木实生林林分密度管理图

第十一章　林业调查

林业调查就是根据生态环境建设、林业生产、森林经营管理、科学研究等的需要，采用相应的技术方法和标准，按照确定的时空尺度，对森林资源分布、数量、质量、结构和动态变化，以及相关的自然和社会经济条件等数据进行采集、统计、分析与评价的工作。

林业调查体系、内容、方法、技术手段、成果形式等，是随着信息技术的发展、国家对林业建设和发展的宏观要求，在林业生产、管理实践中逐步建立和完善的。中国大规模的林业调查经过50多年的发展，初步形成了符合我国国情、林情的较为完整的调查体系。根据调查目的、内容、技术方法等可划分为森林资源清查（一类调查）、森林资源规划设计调查（二类调查）、森林作业设计调查（三类调查）、年度森林资源专项调查（核（调）查）和专业调查等5大类。

第一节　森林资源清查

全国森林资源清查是以掌握宏观森林资源现状与动态为目的，以省（区、市）为单位，利用固定样地为主进行定期复查的森林资源调查方法。它是以概率统计理论为基础，通过设置固定样地进行连续多期清查的抽样调查方法，一般称为“森林资源连续清查”（Continuous Forest Inventory，CFI）。

森林资源清查作为重要的林业实践活动和基础工作，在全国生态环境建设、林业生产、森林经营管理、科学研究等方面越来越体现出不可替代的基础作用。森林资源清查的内涵、目的与任务、地位及其作用，与森林在社会经济持续协调发展、生态环境建设和保护中的定位密切相关，与森林经营管理技术水平、利用途径和方式等相适应。与此同时，随着以生态环境建设为主的林业发展战略的全面实施，以及“3S”技术为核心的信息技术自身发展、抽样技术在森林资源调查中的广泛应用，森林资源清查范围、内容、成果形式及其利用途径也在不断扩大。因此，我国森林资源清查工作，也是一个不断发展和完善的过程。

一、森林资源清查的目的与作用

任何森林资源清查都与一定地域相关联。森林资源连续清查体系可依调查目的，分别在场、县（市、区）、省（区、市）、国家等不同地域范围内建立，但一般只能对建立体系的范围提供可靠的森林资源数据估计。而这种对特定范围的估计，远比同样范围内用细部调查数据的积累结果可靠和快速，地域范围越大，效率越高。森林资源清查能以较少的人力、财力和物力在较短的时间内准确查清全国及各省（区、市）的森林资源状况和消长变化，积累大量可比的森林资源信息。我国目前开展的森林资源清查属于宏观的森林资源监测，在国家林业建设中具有不可动摇的地位，任何其他调查都不能代替。全国森林资源连续清查体系自1977年建立以来，经过多次复查，其清查成果为国家制定和调整林业方针政策、决策提供了科学依据，对强化资源管理，促进我国林业持续、快速、健康发展作出了积极贡献。同时，森林资源清查成果内容丰富，具有较强的可靠性、连续可比性、系统性和实用性，很快得到国家和地方的普遍认同与应用。

森林资源清查的目的与作用服从于特定时期国家、地区、部门以及相关利益团体对林业发展和森林资源培育、经营、保护与利用的具体要求。森林资源清查的目的是综合的、多样化的、动态变化的。概括起来，森林资源清查的主要目的可区分为以下几个方面：

（1）为制定国家发展战略提供依据。

（2）为调整林业发展方针和政策提供决策依据。

（3）为全国生态质量监测提供重要数据。

（4）为编制国家和地方林业区划提供基础数据。

（5）为编制林业发展规划提供直接信息。

（6）为满足森林经营宏观管理提供决策依据。

（7）对林业重点工程实施效果监测与评价。

（8）对森林经营效果进行监测与评价。

（9）对影响与制约林业发展的因素综合评价。

森林资源清查可以查清土地利用与覆盖、立地与土壤、森林基本特征、森林生态服务功能，以及监测土地利用类型和森林资源动态变化关键因素，并通过绘制森林分布图、汇总森林资源现状数据、分析前后期的资源动态变化数据等，从而为生态保护、林业建设和森林资源的保护与发展提供基础信息。因此，加强森林资源清查工作，已成为当今各级政府和林业部门以及森林经营单位为实现现代化森林经营管理必不可少的重要环节与基础工作。

二、森林资源清查的任务

我国森林资源清查的任务和内容也是不断发展变化的。从2004年国家林业局颁布的《国家森林资源连续清查技术规定》来看，已经反映出这种变化。目前的调查内容可以划分为以下5个方面：

（1）土地利用与覆盖。包括的要素有土地类型、植被类型、湿地类型和土地退化4个方面，其任务是通过连续清查的方式，及时查清和掌握土地利用类型动态变化、土地植被现状及其覆盖变化、湿地和土地退化类型及其退化程度。

（2）立地与土壤。包括的内容涉及地形地貌、坡向坡位，以及相应的土壤类型和土层厚度等反映森林立地与土地生产力的因素。其任务在于从宏观上及时了解和掌握影响森林资源分布的地理、土壤条件及其分布特征。

（3）森林特征。包括树种、龄组、森林结构和生物多样性等直接反映森林资源基本特征的因子。其任务是通过上述因子的连续清查，直接或间接地查清森林资源树种、龄级等结构，生长量、枯损量等森林生长指标，以及森林面积和蓄积现状、样地所反映的森林管理归属等，结合历次清查数据，及时反映出上述因子的动态变化规律及其趋势。

（4）森林功能。从森林经营主导功能和森林生态系统环境服务功能角度，通过商品林和生态公益林、森林功能的关键因子、森林健康状况、生物多样性等内容的连续清查，及时查清和了解公益林、商品林分布格局和变化，掌握森林生态系统健康状况、病虫鼠害以及外来有害生物等受危害的主要类型及其程度、生物多样性保护效果及其面临的主要威胁。

（5）其他因素。包括调查样地所处的流域、气候带，以及引起土地利用类型变化的影响因素等。其任务是为进一步统计分析森林资源按照流域、气候带等现状及其动态变化规律提供基本信息,查清引起土地资源利用变化的社会、自然因素。

三、样地调查程序

由于森林资源清查的样地调查工作都属于野外作业,所以一般也将样地调查称为“外业调查”。从操作流程来看,样地调查主要包括样地定位与测设、样木因子调查、样地因子调查 4 个部分(见图 11-1)。

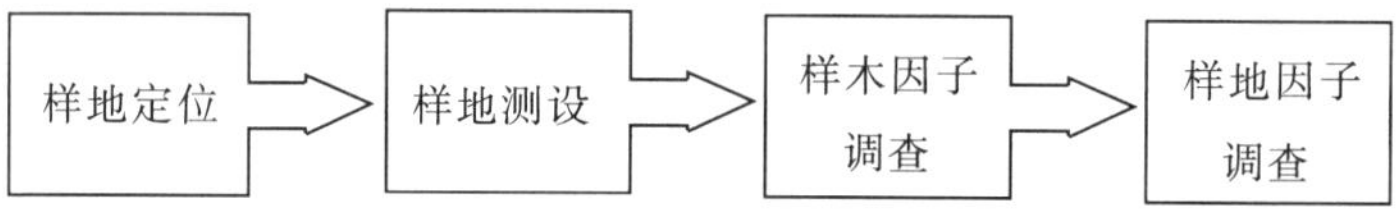

图 11-1　样地调查流程示意图

在开展森林资源清查的外业调查工作之前,还需要做一系列的前期准备工作,具体包括:

(1)组织准备。省级林业主管部门成立森林资源清查领导小组和办公室,组织调查队伍,成立有关质量管理机构。

(2)技术准备。各省连续清查领导小组办公室组织制订工作方案、技术方案和操作细则,并按质量管理要求组织技术培训。

(3)其他准备。包括调查表格和地形图等图面材料的准备、各种调查工具和仪器的准备、各种调查和规划成果及其他有关资料的收集等。

四、样地调查步骤

根据样地类别,各类样地调查步骤如下。

(一)复测样地

复测样地是指达到复位标准,已复位的地面实测样地。该类样地的调查步骤为:①通过向导带领或 GPS 导航、定位,对照样地复位条件,确认样地复位;②绘制样地引点位置图;③样地标志加固;④回采 GPS 样地坐标;⑤复位情况说明、测绘样地位置图、测定三个定位物并记载;⑥样地周界复测;⑦测绘样木位置图;⑧复查期样地变化调查、样地因子调查、样地测树、平均高和优势高调查、更新情况调查、植被调查、森林灾害情况调查等;⑨检查有无缺漏项。

(二)改设样地

改设样地是指前期设置的地面样地,本期复查未复位而重新设置的地面固定样地。调查步骤为:①上报国家林业局,得到批准后改设;②用罗盘仪引线定位或 GPS 定位;③埋设固定标志;④回采 GPS 样地坐标;⑤未复位情况说明、测绘样地位置图、测定三个定位物并记载;⑥样地周界测量;⑦测绘样木位置图;⑧样地因子调查、样地测树、平均高和优势高调查、更新情况调查、植被调查、森林灾害情况调查等;⑨检查有无缺漏项。

(三)放弃样地

放弃样地是指只有样地号,但由于某种原因(如军事禁区)而无法进行现地调查的样地。该类样地的调查步骤为:①上报国家林业局,得到批准后放弃;②在复位情况说明栏中,填明放弃原因。

(四)目测样地

目测样地是指由于地形条件限制无法进行周界测量和每木检尺,只能用目测方法测定林分主要因子的样地。调查步骤为:①复位情况说明;②目测调查各地类的相关内容。

五、样地定位

(一)复位样地定位

根据前期样地位置记录描述和GPS坐标,采用GPS导航、引线定位和向导带路等多种方法,尽可能直接找到原设固定样地,并采集样地西南角点的GPS坐标值。当直接找到前期测设的样地并符合复位条件时,不需重新引点定位,只需利用保存的标志准确确定样地的位置,同时转抄原引线记录,转绘样地位置图(示意图),增加新的标志物,删除废弃标志物。当复位样地是重新引线确定时,要重新填写样地引线测量记录,并绘制样地位置图。

为在下次复查中更好地使用GPS定位,对样地西南角点(样点)的地理坐标进行回采,并分别记录在样地调查因子记录表的GPS纵坐标、GPS横坐标栏内。当回采坐标与前期记录坐标相差在10 m以内,转抄前期GPS坐标。

用GPS回采坐标要进行两次。第一次,把GPS放在样点上,坐标值相对稳定(一般20 min)后,记下样点坐标。然后,走出50～100 m,再找第一次回采的坐标,若第二次坐标显示的点距样点在10 m以内,就认可第一次回采的坐标值。否则,重新回采。

西南角点无法回采,回采其他角点;四个角点都无法回采,采用地形图坐标。但要在“复位情况及其他有关说明”栏中说明移动的原因、角点。

原来的实测样地因特殊原因需要改为目测的,必须严格执行审核审批制度。由调查人员将有关情况逐级上报至省清查办公室,由省清查办报华东林业调查规划设计院审核后,再报国家林业局审批。

(二)改设样地定位

为了提高样地复位率,须严格控制样地改设,实行样地改设逐级申报制度。调查时确未复位,必须查明原因后及时将有关情况逐级上报至省清查办公室,由省清查办报华东林业调查规划设计院审核后,再报国家林业局审批,同意后方可改设。改设样地用罗盘仪引线定位或用GPS辅助定位。禁止用GPS直接定位或目视定位。

1. 用罗盘仪引线定位

1)引点选择

选择样点周围(500 m范围内)具有永久性的明显地物标,如国测三角点、孤立山峰(无标高山峰等高线围在2 mm以内)、独立建筑物(中心点)、永久性河渠交叉口、河流与道路交叉口、桥或涵洞(中心点)、(水库、塘堰)坝(堤)的中心点等。

2)引线距离的量取

在地形图上,通过引点、样点作直线,用直尺量引点、样点间的直线长度,据图面比例尺换算为地面距离,即得引点到样点的引线实地距离。

3)磁方位角的量取

在地形图上,以引点A为起点,连接引点A和样点B并延长至C,以样点B为中心,以坐标纵线北端为起始沿顺时针方向量出至延长线的夹角，即为引点 A 到样点 B 的坐标方位角（见图 11-2）。坐标方位角加或减方向改正角即得到磁方位角。

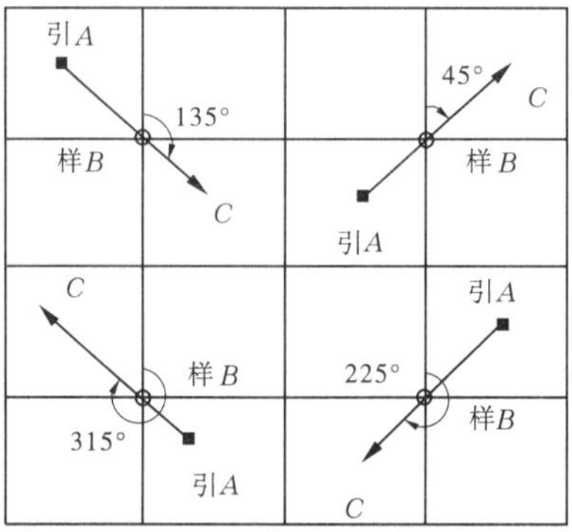

图 11-2　引点在不同象限坐标方位角量测示意图

4）引线测量

按量取的水平距离和磁方位角，从引点开始，用罗盘仪（需进行罗差改正）测磁方位角，用视距或皮尺量测距离。量测距离时，凡坡度≥5°时，应改算为水平距离，皮尺量距者，用“斜距改算水平距离表”改算；罗盘仪视距者，用“罗盘仪视距表”改算。如果使用带有三角函数的计算器，可按下列公式进行改算：

（1）罗盘仪视距。计算公式如下：

$$L = S \cdot \cos^2\alpha$$

式中　L——水平距离；

S——视距；

α——倾斜角，从罗盘仪垂直度盘上读出。

例如：视距 100 m，倾斜角 10°，改为水平距离则为：

$$L = 100 \cdot \cos^2 10^\circ = 96.98(\mathrm{m})$$

如由水平距离改为视距的斜距则公式为：

$$S = L/\cos^2\alpha$$

如上例：$S = 96.98/\cos^2 10^\circ = 99.995 \approx 100(\mathrm{m})$

（2）皮尺量距。

斜距改为水平距离公式：　$L = S \cdot \cos\alpha$

水平距离改为斜距公式：　$S = L/\cos\alpha$

式中　L——水平距离：

S——用皮尺拉的斜距；

α——倾斜角。

例如，皮尺拉斜距 100 m，倾斜角 10°，改后水平距离则为：

$$L = 100 \times \cos 10^\circ = 98.48(\mathrm{m})$$

如上例水平距离改为皮尺拉的斜距则为：

$$S = 98.48/\cos 10^\circ = 100(\mathrm{m})$$

将各测点测量结果记入样地调查记录中的“引线测量记录”中。引线如遇到建筑物或其他无法直线通过的障碍物时,要转角绕过障碍物,准确回到原引线上引点。如无法绕过,则另选引点,不许用目估。

5)埋设引点桩

在引点处埋设6 cm×8 cm×50 cm预制水泥桩,埋入地下40 cm,露出地面10 cm,上用红油漆书写“引”字和样地号,如“引10011”。引点处如不能埋桩,可利用固定地物作标记,并用红油漆在其上书写上述字样;或移至最近能埋桩处,在调查表上注明移动的距离和磁方位角(不含罗差)。

6)绘样地引点位置图和样地位置图

参考地形图和现地情况绘制样地位置与引点草图,重点绘制引点周围与样地周围的明显固定地物标(至少要绘出一个),并说明从附近村庄到引点、样点的最佳途径和样地四周特征,如图11-3、图11-4所示。

引点特征说明:由田家庄西行约0.5 km,过西北河叉与小路叉口即为引点。

样地特征说明:样地西南角点西北30 m有1机井房,样地东南有一独立泡桐(胸径50 cm)。

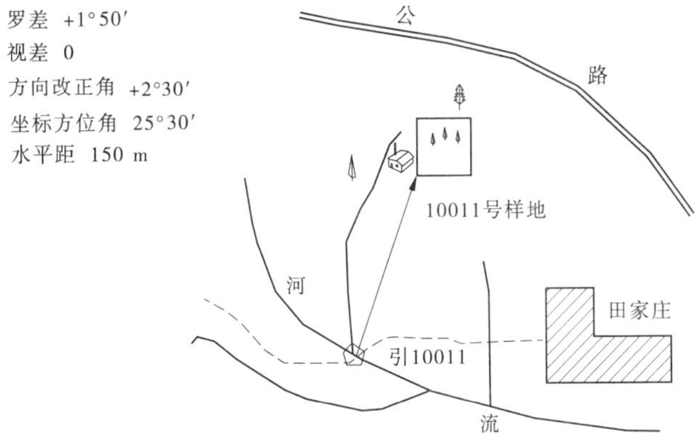

图11-3　样地引点位置图

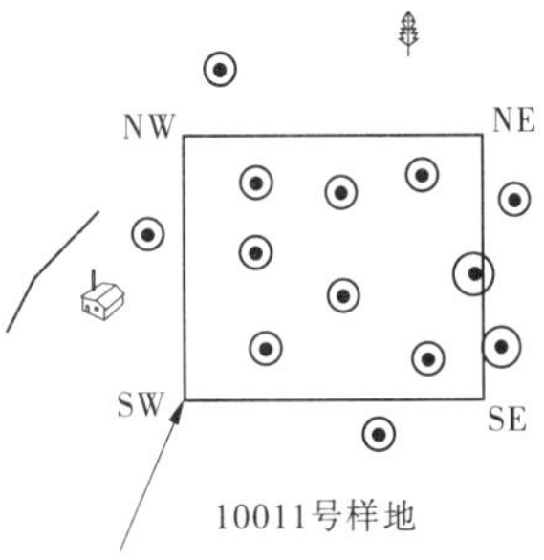

图11-4　样地位置图

2. 用GPS辅助定位

为保证改设样地的位置不受人为影响,采用GPS辅助定位时,原则上必须在离样点理论位置大约50 m范围内确定辅助引点(明显地物)。先用GPS采得辅助引点坐标,将辅助引点标注在地形图上,再用罗盘仪进行引线定位。

六、样地测设

(一)样地周界测量

1. 复位样地

根据原“样地周界测量记录”,利用现有固定标志(如原样地的角桩、土坑、刮皮树、固定样木、定位物等)进行复测校正。

对有树样地进行周界测量时,一般以样地西南角点为起点,测定样地的四边和其他三个角点,其周界测量误差小于1/100,即113.12 cm。在修复周界的测量过程中,应认真识别界内界外树木,使原样木尽量复位。注意切忌把原样地内编号固定树木排除到样地外,原样地外树木进入样地也要慎重对待，尽量少出现多测木、漏测木和错测木。

凡有树样地均须进行周界复测，同时填写“样地周界测量记录”。

2. 改设样地

改设样地要进行周界测量。引线终点为西南角点。样地采用正方形，面积 0.08 hm^2，边长 28.28 m。在西南角点架设罗盘仪，按 0°—90°—180°—270°测设周界（罗盘读数加罗差）。边长用皮尺拉距，坡度在 5°以上时，需将斜距改算为水平距离。使用带有三角函数的计算器，用拉皮尺的斜距改平距、平距改斜距公式，根据测得的倾斜角计算；或查数表改正。同时填写“样地周界测量记录”。罗盘读数减去罗差记入方位角栏，即按 0°、90°、180°、270°记载。

样地周界测量闭合差小于 1/200，即 56.56 cm。

（二）几种特殊情况的处理

1. 样地落在城区、村镇

因建筑物障碍无法设置样地，可区别情况作如下处理并在样地测量记录中说明：

（1）若样地可测出三个角点，第四个角点可用已知点交会测出。

（2）若样地可测出两个角点，亦即只能测出一条边，可用已知点转角绕过障碍物测出第三和第四个角点。

（3）若样地只能测出一个角点或四个角点均落在建筑物上，无法测设，可目测确定样地边界，确定四个角点位置，若样地范围内有样木，必须准确确定界内外树木。

2. 样地落于水面附近

落于水面附近的样地，若经目测样地全部落入水面内，不作样地测量，但要注明落入水面内，并作水域调查记载；若经过目测，样地还跨部分陆地，则应测设样地。

3. 样地落于较大库湖

明显落入黄河、淮河、宿鸭湖、丹江水库等较大河流、湖泊、水库的水面、新滩地上等无法到达的样地，不作样地测量，各种因子进行目测，并在样地测量记录中说明，样地类别仍填写“复测样地”，其 GPS 坐标填写地形图坐标。能到达的滩地则必须设置样地。

4. 样地落入军事禁地

可以不设样地，各项因子可通过访问补救，或委托军事禁地人员按细则要求代为调查，否则申请按放弃样地处理。

（三）样地固定标志的修复加固和设置

复测样地固定标志存在的要修复加固，缺少的和改设样地标志要进行设置。所有样地固定标志的内容和要求如下。

1. 埋水泥桩

样地四个角点确定以后，凡有林地和疏林地样地在四个角点埋设水泥标桩；其余样地只在西南角点埋设一个水泥桩，若前期水泥桩还在，可改埋在其他角点，水泥桩所埋位置必须在“复位情况及其他有关说明”栏中注明。水泥桩埋入地下 30 cm（平原 40 cm），外露 20 cm（平原 10 cm），使桩顶的中心点正好是角点。在面向样地一面用红油漆书写新样地号、角点位置（西南为 SW，西北为 NW，东北为 NE，东南为 SE）和时间（年度）。若某一角点落在裸岩上，可直接在岩石上画一“十”字，以其中心为角点位置，并在右上角用红油漆书写样地号、角点位置。若角点落在永久性明显地物（如桥、房屋等）上，也可以直接以地物标志角点。

若某一角点由于其他原因无法埋桩,可就近移动到能埋桩的地方,同时必须在“复位情况及其他有关说明”栏中注明移动的距离和磁方位角(减去罗差)及移动的原因,在样地位置图上绘明标桩的位置与移动距离。

2. 挖土坑

有林地、疏林样地在东北角距角点50 cm沿边界线外侧各挖两个50 cm长、30 cm宽、40 cm深的角坑。如有某一角由于岩石等原因不能挖坑,可改在其他角,但要在“复位情况及其他有关说明”栏中说明移动的原因、角点。

3. 量测定位物(树)

在西南角点附近(一般不超过引线距离)确定三个定位物(树),测西南角点到三个定位物(树)的磁方位角(罗盘读数减去罗差)、水平距,其结果填入“样地西南角定位物(树)”调查记录中。在定位物(树)面向样地一侧用红漆标记测点位置(“十”字)和编号,编号按①、②、③标记。定位树尽量用样地外树木,若用样地内样木作定位树,应在“样地特征说明”中注明样木号。“样地特征说明”中还应填写定位物(树)的特征。若西南角点无法测定定位物(树),可在其他三个角点量测定位物(树),并在“样地特征说明”中注明。

4. 刮树皮、涂红油漆

为了便于检尺和今后复查,样地边界外侧的树木在面向样地一侧的1.5 m处逐株刮皮(竹子不刮),涂红油漆。平原样地边界外侧的树木不刮皮,但要在面向样地一侧的1.5 m高处用红油漆涂5 cm宽红带。

七、样木因子调查

样地定位与测设工作结束后,一般首先进行样木因子调查。对于森林资源清查中的固定样地,除了样地位置和周界必须固定外,每株样木及其胸径检尺位置也必须固定。因此,在样木因子调查的同时,还包括对样木进行定位测量。对于复测样地,还涉及对前期样木的复位。样木复位是样地调查的又一重要环节。

从复位调查的角度出发,在森林资源清查中将检尺样木分为以下12种类型:①保留木:前期调查为活立木,本期调查时已复位的活立木;②进界木:前期调查不够检尺,本期调查已生长到够检尺胸径(≥5 cm)的活立木;③普通木(大树移植木):间隔期内大树(胸径≥5 cm)移栽,林木带蓄积进入样地,直径超越正常生长规律增加,明显不是正常进界的样木;④枯立木:前期调查为活立木,本期调查时已枯死的立木;⑤采伐木:前期调查为活立木,本期调查时已被采伐的样木;⑥枯倒木:前期调查为活立木,本期调查时已枯死的倒木;⑦漏测木:前期调查时已达起测胸径而被漏检的活立木;⑧多测木:前期为检尺样木,本期调查时发现位于界外或重复检尺或不属于检尺对象的样木;⑨胸径错测木:两期胸径之差明显大于或小于平均生长量的活立木;⑩树种错测木:两期调查树种名称不相同,确定为前期树种判定有错的活立木;⑪类型错测木:前期检尺类型判定有错的样木,特指前期错定为采伐木、枯立木、枯倒木而本期调查时仍然存活的复位样木;⑫活立木:指复测样地上未复位的保留木和新增检尺对象(如经济乔木树种)的样木。

在样木因子调查和样木定位测量过程中,一般应首先对前期的所有样木进行复位,然后再考虑新测样木。

对于新设样地,样木检尺类型分活立木、枯立木、枯倒木3类。通常只要求对活立木进行编号和检尺,枯立木、枯倒木不检尺。

样地内所有检尺样木都应统一设置识别标志,如样木标牌。标牌位置一般应在树干基部不显眼的地方,以防止标志遭到破坏或引起特殊对待。胸高位置可通过画油漆线或其他方法予以固定。

样地因子调查主要包括以下几项。

(一)样木号

胸径≥5 cm 的检尺样木都要以样地为单元进行编号,并长期保持不变。对于新设样地,检尺样木从 1 开始编号,要求做到不重不漏;对于复测样地,复位样木的编号保持不变,样木被采伐或枯死后,原有编号原则上不再使用,新测样木接前期的最大号续编。

(二)立木类型

在森林资源清查中,样木按立木类型分为林木、散生木、"四旁"树 3 类。

1. 林木

林木指生长在有林地(不含竹林)和疏林地中的树木。

2. 散生木

散生木指生长在竹林、灌木林地、未成林造林地、无立木林地、宜林地和辅助生产用地上达到检尺要求的林木,以及幼中林上层不同世代的高大树木(霸王木等)。

3. "四旁"树

"四旁"树指生长在非林地中宅旁、村旁、路旁、水旁等栽植的面积不到 0.067 hm^2 的各种竹丛、林木。我省"四旁"树类型分为下列 4 种。

(1)村镇树:指村镇、城市、独立机构、工矿区栽植的树木。村镇树再分为村庄树和城镇树。村庄树是指生长在村庄内房前屋后的树木。城镇树是生长在乡镇以上城镇建城区的树木。独立机构、工矿区内的树木按城镇树调查。

(2)间作树:指农林间作区耕地内间种的树木。农林间作区内面积小于 0.066 7 hm^2 的成片林木亦按间作树调查。农田林网内又实行农林间作者,统一按间作树调查。

(3)林网树:按一定规格设计栽植,网格面积在 20 hm^2 以下(高产区和稻区网格面积不得超过 26.67 hm^2,沙区网格面积不得超过 13.33 hm^2)的树木。

(4)零星树:除村镇、林网、间作树外,在耕地、田埂、水旁、路旁、渠旁等零星或成带栽植的树木及非农林间作区 0.066 7 hm^2 以下的片林,统一按零星树调查。

(三)检尺类型

检尺类型分为保留木、进界木、普通木、枯立木、采伐木、枯倒木、漏测木、多测木、胸径错测木、树种错测木、类型错测木、活立木 12 类,具体划分标准见前述内容。

(四)树种(组)

所有检尺样木都要调查记载树种或树种组。外业调查样木树种时,记载树种或树种组的代码。调查样地的优势树种时,应按该树种蓄积占样地总蓄积 65% 以上确定。样地无蓄积或蓄积很少的幼龄林和未成林地时,可按株数的组成比例确定;如树种很多分不清优势时,可将树种合并为树种组记载。河南省树种组划分如下:

针叶树种(组)包括冷杉、铁杉、油杉、落叶松(包括日本落叶松、华北落叶松等)、黑松、油松(包括油松、白皮松等)、华山松、马尾松、黄山松、国外松(湿地松、火炬松)、其他松类和杉木、柳杉、水杉(包括水杉、落羽杉等)、池杉、柏木(包括侧柏、柏木、桧柏等柏科树种)、紫杉(红豆杉)、其他杉类。

阔叶树种(组)包括栎类(除板栗、蚕柞外壳斗科树种,如麻栎、栓皮栎、锐齿栎、短柄枹、槲栎、僵子栎、茅栗等)、白桦(包括白桦、红桦等)、枫桦、水曲柳、胡桃楸、楠木、榆树、刺槐、木荷、枫香、其他硬阔类和椴树、檫木、毛白杨、其他杨类(包括沙兰杨、中林46、72杨、69杨、107杨、108杨等品种和无性系类型。不含山杨)、柳树、泡桐、楝树、其他软阔类、针叶混(针叶混交林中组成树种优势不明显的各树种)、阔叶混(阔叶混交林中组成树种优势不明显的各树种)、针阔混(针阔混交林中组成树种优势不明显的各树种)。

竹林树种(组)包括毛竹(包括毛竹、刚竹等大径竹)、散生杂竹类(包括淡竹、桂竹等散生小径竹)和丛生杂竹类(包括淡竹、桂竹等丛生小径竹)。

经济树种(组)(含经济乔木树种、经济灌木树种及经济藤本树种)包括:①果树类:柑橘类(灌)、苹果、梨、桃、李、杏、枣、山楂、柿、核桃、板栗、猕猴桃(藤)、石榴(灌)、葡萄(藤)、其他;②食用原料类:油茶(灌)、文冠果、茶树(灌)、花椒(灌)、八角(灌)、桂花、其他;③药材类:杜仲、厚朴、枸杞(灌)、银杏、黄柏、连翘(灌)、栀子(灌)、辛夷、山茱萸(灌)、三桠、乌药(灌)、金银花(藤)、其他;④林化工业原料类:漆树、油桐、乌桕、棕榈、白蜡树、黄连木、其他;⑤其他经济类:蚕桑(灌)、蚕柞(灌)、杞柳(灌)、紫穗槐(灌)、白蜡(条、灌)、其他。

其他灌木树种(组)(含其他藤本树种)包括柳灌、小檗、栎灌、桃金娘、竹灌、酸枣、荆条、胡枝子类、黄栌、山皂角、山胡椒、马桑、绣线菊、观赏类灌木(包括各种观赏灌木)、绿篱类灌木(包括黄杨、女贞等)和其他灌木。

(五)胸径

胸径是森林资源清查中最重要的定量调查因子。统一用钢围尺测量样木胸径,以厘米(cm)为单位,记载到小数点后一位。胸径 <20 cm 的样木,测量误差应小于 0.3 cm;胸径≥20 cm 的样木,测量误差应小于 1.5%。检尺位置为树干距上坡根颈 1.3 m 高度(长度)处,并且长期固定不变。

(六)树高

树高是影响样木和样地材积估计的重要因子之一。在目前我国的森林资源清查中,仍普遍采用一元立木材积表法计算样木材积,因此还没有把树高这一因子摆到与胸径同等重要的位置,一般只要求调查 3~5 株平均木的树高,并由此得到林分的平均树高。

树高的测量可采用测高器、测杆、罗盘仪等工具,要求以米(m)为单位,记载到小数点后一位。当树高 <10 m 时,测量误差应小于 3%;当树高≥10 m 时,测量误差应小于 5%。

(七)采伐管理类型

按照林木采伐管理要求,将所有检尺样木分为 4 类:①林业部门管理树木:采伐时由林业主管部门依照有关规定审核发放采伐许可证的树木,包括国有企业事业单位、机关、团体、部队、学校和其他企业事业单位的树木,以及农村集体经济组织、农民自留山和个人承包集体的树木;②铁路公路管理树木:分布在铁路、公路两旁,采伐时由铁路、公路有关主管部门依照有关规定审核发放采伐许可证的树木;③城镇管理树木:分布在城镇建城区范围内(除特别规定外),采伐时由城镇有关主管部门依照有关规定审核发放采伐许可证的树木;④农村居民树木:采伐时不需要申请采伐许可证的农村居民自留地和房前屋后个人所有的零星树木。

采伐管理类型的调查结合林木权属调查同时开展,主要是通过访谈形式,找当地熟悉情况的人（如林业站工作人员、乡村护林员等）进行了解。

（八）林层

林层是反映森林结构的重要特征因子。对于乔木林地，要求根据林分的结构特征，确定是否为单层林或复层林，同时在样木调查时也要求确定每株样木所处的林层。

根据有关技术标准，划分复层林应同时具备以下 4 个条件：①各林层每公顷蓄积量不少于 30 m^3；②主林层、次林层平均高相差 20% 以上；③各林层平均胸径在 8 cm 以上；④主林层郁闭度不小于 0.30，次林层郁闭度不小于 0.20。在外业调查实际操作中，主要靠目测调查来评定上述有关因子，其中的蓄积量一般结合断面积和目测调查进行估计。达不到上述要求的林分，都划定为单层林。

（九）方位角、水平距离

方位角和水平距离反映样木在样地范围的位置，是样木定位测量的主要因子。枯立木、采伐木、枯倒木、多测木以外的检尺样木均应测量磁方位角（罗盘读数减去罗差）和水平距离。

样木方位角和水平距离的测定，原则上要求以样地中心点为基点，采用罗盘仪和皮尺进行测量。为方便测量，可以选择四个角点中的任何一个为基点进行定位，但需在备注栏中记载清楚，如“SW”、“NE”。方位角以度（°）为单位，水平距离以米（m）为单位，均保留 1 位小数。

为了直观反映样木在样地中的位置，应该根据每株样木的方位角和水平距绘制 1∶200 样木位置图，标绘符号为“⊙”加树号。2 株以上样木同蔸的，在符号内加相应株数的点数，并在相对应方位标明树号。对于样地内有标识作用的明显地物和地类分界线，也应标示在样木位置图上，方便下期样木复位。

样木位置图要在现地完成绘制。

八、样地因子调查

样地因子调查是样地调查的重要组成部分。样木因子调查主要解决林木蓄积及其生长与消耗问题，森林资源清查的大部分信息都是通过样地因子来体现的。

下面分别根据调查内容，对样地因子调查方法进行阐述。

（一）土地利用与覆盖调查

土地利用与覆盖包括土地类型（以下简称地类）、植被类型、植被总覆盖度、灌木覆盖度、灌木平均高、草本覆盖度、草本平均高共计 7 项调查因子。

1. 地类

地类是根据土地的覆盖和利用状况综合划定的类型，包括林地和非林地 2 个一级地类。其中，河南省林地划分为 8 个二级地类、12 个三级地类（见表 11-1）。地类划分的最小面积为0.066 7 hm^2。

地类是重要的样地调查因子之一。在我国森林资源清查中，地类的确定方法有两种：①面积优势法，以样地范围内面积最大且连续面积（含外延面积）0.066 7 hm^2 以上的地类确定为该样地的地类；当两个地类面积相等时，以靠近西南角的地类或外延面积最大的地类为准；当存在 3 个或 3 个以上地类时，首先应按上述规则确定一级地类是林地还是非林地，然后再确定二级地类是有林地还是非有林地，最后再确定三级地类。②点定地类法，以固定样地西南角点或中心点所在地类确定为该样地的地类；若西南角点或中心点所在地类面积不足0.066 7 hm^2，则按面积优势法将样地范围内面积最大的地类确定为样地地类，存在多个地类时的处理方法与面积优势法相同。

表 11-1　地类划分表

一级	二级	三级
林地	有林地	乔木林
		竹林
	疏林地	
	灌木林地	国家特别规定灌木林地
		其他灌木林地
	未成林地	未成林造林地
		未成林封育地
	苗圃地	
	无立木林地	采伐迹地
		火烧迹地
		其他无立木林地
	宜林地	宜林荒山荒地
		宜林沙荒地
		其他宜林地
	林业辅助生产用地	
非林地	耕地	
	牧草地	
	水域	
	未利用地	
	建设用地	工矿建设用地
		城乡居民建设用地
		交通建设用地
		其他用地

2. 植被类型

在我国森林资源清查中，植被类型的确定方法有两种：一是面积优势法，二是点定法。按面积优势法确定样地所属植被类型，在实际调查中常用代码进行记录。植被类型与地类是高度相关的两个因子，调查时应注意其相互关系，避免出现矛盾。当采用按点确定植被类型时，植被类型与地类的确定对象应保持一致。当地类为疏林地时，其植被类型应按根据分布区域和树种属性归入到相应的针叶林或阔叶林中。在植被类型调查中，主要依据《中国植被》分类系统，将植被分为自然植被和栽培植被 2 类别，其中：自然植被分 9 个植被型组、

31 个植被型;栽培植被分 3 个植被型组、11 个植被型。在实际调查当中,各地一般要参照《中国植被》分类系统中的植被亚型和群系组制定适合的操作方法。

3. 植被总覆盖度

植被总覆盖度是指样地内乔灌草垂直投影覆盖面积与样地面积的比例。通常一种方法是采用对角线截距抽样或目测方法调查,另一种方法是根据郁闭度与灌木和草本覆盖度的重叠情况综合确定,按百分比记载,精确到 5%。在样地因子调查中,植被总覆盖度确定通常根据实际的调查来确定相对应的方法。

4. 灌木覆盖度

灌木覆盖度是指样地内灌木树冠垂直投影覆盖面积与样地面积的比例。采用对角线截距抽样或目测方法调查,按百分比记载,精确到 5%。在样地因子调查中,灌木覆盖度确定通常根据实际的调查来确定相对应的方法。

5. 灌木平均高

灌木平均高是指样地内灌木层的平均高度。采用目测方法调查,以米(m)为单位,记载到小数点后一位。

6. 草本覆盖度

草本覆盖度是指样地内草本植物垂直投影覆盖面积与样地面积的比例。采用对角线截距抽样或目测方法调查,按百分比记载,精确到 5%。在样地因子调查中,草本覆盖度确定通常根据实际的调查来确定相对应的方法。

7. 草本平均高

草本平均高是指样地内草本层的平均高度。采用目测方法调查,以米(m)为单位,记载到小数点后一位。

(二)立地与土壤

立地与土壤主要包括地貌、坡向、坡位、坡度、土壤名称、土壤厚度、腐殖质厚度、枯枝落叶厚度共计 8 项调查因子。

1. 地貌

地貌是地球表面各种起伏形态的统称,是重要的地形因子之一。我国地貌类型复杂多样,不同地貌部位对森林立地条件的影响是很大的,因而在样地因子调查中要对地貌进行调查。在森林资源清查中,将地貌分为山地、丘陵和平原 3 大类型,其中山地又按海拔高度分为极高山、高山、中山、低山 4 类:①极高山:海拔≥5 000 m;②高山:海拔为 3 500 ~4 999 m;③中山:海拔为 1 000 ~3 499 m;④低山:海拔 <1 000 m;⑤丘陵:没有明显的脉络,坡度较缓和,且相对高差小于 100 m;⑥平原:平坦开阔,起伏很小。地貌一般应根据数十甚至数百平方千米的大范围来确定。

2. 坡向

坡向是影响立地条件尤其是光热条件的重要地形因子之一,在山地条件下,温度随坡向不同发生变化,因而对森林的分布有很大影响,在森林资源清查中,根据样地范围的地面朝向确定为以下坡向:①北坡:方位角 338° ~360°,0° ~22°;②东北坡:方位角 23° ~67°;③东坡:方位角 68° ~112°;④东南坡:方位角 113° ~157°;⑤南坡:方位角 158° ~202°;⑥西南坡:方位角 203° ~247°;⑦西坡:方位角 248° ~292°;⑧西北坡:方位角 293° ~337°。对于坡度 <5°的地段,坡向因子按“无坡向”记载。

3. 坡位

坡位是影响立地条件尤其是水分条件的重要地形因子。在样地因子调查中,一般按中地形调查记载,分脊、上、中、下、谷5个坡位:①脊部:山脉的分水线及其两侧各下降垂直高度15 m的范围;②上坡:从脊部以下至山谷范围内的山坡三等分后的最上等分部位;③中坡:三等分的中坡位;④下坡:三等分的下坡位;⑤山谷(或山洼):汇水线两侧的谷地,若样地处于其他部位中出现的局部山洼,也应按山谷记载。处于平原和台地上的样地坡位按"平地"记载。

4. 坡度

坡度也是影响水分条件的重要地形因子,在森林资源清查中一般用样地范围内的平均坡度记载并记载到度(°)。根据坡度大小分为平、缓、斜、陡、急、险6级:①平坡:<5°;②缓坡:5°~14°;③斜坡:15°~24°;④陡坡:25°~34°;⑤急坡:35°~44°;⑥险坡:≥45°。

5. 土壤名称

土壤名称是最重要的土壤调查因子。为了掌握样地森林土壤与森林分布、林木生长发育的关系,在样地因子调查中,要调查样地地类所属土类,并用代码记载。根据我省实际,在《国家森林资源连续清查技术规定》的基础上增加了黄褐土、新积土、石质土和粗骨土、红黏土,全省共18个土类,见表11-2。

表11-2 土类名称

土类	黄褐土、盐土、黄棕壤、碱土、棕壤、盐碱土、褐土、紫色土、沼泽土、风沙土、水稻土、火山灰土、新积土、石质土和粗骨土、潮土、红黏土、砂姜黑土、山地草甸土

(1)黄褐土:主要分布在沙河干流以南,伏牛山、桐柏山、大别山海拔500 m以下的低丘、缓岗及阶地上。

(2)黄棕壤:主要分布在伏牛山南坡与大别山、桐柏山海拔1 300 m以下的山地。

(3)棕壤:主要分布在豫西北部的太行山区与豫西伏牛山区800~1 000 m以上的中山,以及豫南大别山、桐柏山地1 000 m以上。从垂直带谱看,伏北和太行山下部与褐土相连,伏南和大别桐柏山地下部与黄棕壤相连,其上部往往与山地草甸土相接。

(4)褐土:主要分布在伏牛山主脉与沙河、汾泉河一线以北,京广线以西的广大地区。

(5)沼泽土:主要分布在太行山东侧山前交接洼地的碟形洼地中。

(6)水稻土:集中分布在淮南地区、豫西伏牛山区及豫北太行山区较大河流沿岸、峡谷、盆地及山前交接洼地,凡有水源可资灌溉者均有水稻土分布,但较零星。

(7)新积土:主要分布在河流两侧的新滩地上,经常被河流涨水时所淹没,新积土在任何气候下均可出现,故我省各地均有分布。

(8)潮土:主要分布在我省东部黄、淮、海冲积平原,西以京广线为界与褐土相连,另外淮河干流以南,唐、白河,伊、洛河,沁、蟒河诸河流沿岸及沙河、颍河上游多呈带状小面积分布。

(9)砂姜黑土:主要分布在伏牛山、桐柏山的东部,大别山北部的淮北平原的低洼地区及南阳盆地中南部。

(10)盐土:集中分布在豫东北黄淮海冲积平原中的交接背河洼地、槽形与碟形洼地。多呈斑状、条带状与潮土插花分布,并常与盐碱土、碱土呈复区。

(11)碱土:分布于盐土和盐碱土类的稍高地形部位。

(12)盐碱土:盐碱土与盐土、碱土插花分布,主要分布豫东、豫东北黄河与卫河沿岸冲积平原上的二坡地和一些槽形、碟形洼地的老盐碱地上。

(13)紫色土:集中分布在伏牛山南侧的低山丘陵,呈狭长的带状。

(14)风沙土:主要分布在黄河历代变迁的故道滩地,是由主流挟带的沙质沉积物再经风力搬运而形成的,在豫北、豫东黄河故道均有分布。

(15)火山灰土:主要分布在豫西熊耳山与外方山的余脉和太行山东侧余脉低山丘陵地区。

(16)石质土、粗骨土:是在大别山、桐柏山、伏牛山等地区,可见到的无植被防护或生长稀疏植被的薄层山丘土壤。石质土多分布于母质坚实度大、山坡陡峻的花岗岩、板岩、硅质砂岩、石灰岩地区;粗骨土则多分布于坡度稍缓、母质松软易碎、硬度较小的页岩、千枚岩地区。表层以岩石碎片为主。

(17)红黏土:主要分布于洛阳、三门峡、鹤壁、新乡西部、郑州西部、平顶山、南阳和信阳。

(18)山地草甸土:多分布在1 500 ~2 500 m的中山平缓山顶,位于棕壤之上。

6. *土壤厚度*

在样地因子调查中,必须进行样地地类所属土类的土壤厚度的调查。土壤厚度应通过在样地内挖土壤剖面图确定,按厘米(cm)记载。样地内土壤的A+B层厚度,当有BC过渡层时,应为A+B+BC/2的厚度,土壤厚度一般分为厚、中、薄3级,划分标准因气候带而异,厚度等级见表11-3。

表11-3　土层厚度等级

等级	土层厚度(cm)	
	亚热带山地丘陵	亚热带高山、南温带
厚	≥80	≥60
中	40 ~ 79	30 ~ 59
薄	<40	<30

土壤剖面层次划分为A_0层、A层、B层、C层、D层。

A_0层:枯枝落叶层(枝叶常未分解或半分解的植物残体)。

A层:腐殖质层,凋落物已分解成泥状,表面颜色明显较黑,当有AB层时该A层厚度为A+AB/2。

B层:淀积层(通常的心土层)。

AB层:当A层与B层分界不明显时,可增划分AB层(过渡层)。土层厚度=A+B或A+AB+B,A_0层厚度不计入土层。

C层:母质层。为已风化的母岩碎屑层,但未完全成为土壤。

D层:母岩层。

7. *腐殖质厚度*

腐殖质厚度是指样地内土壤的A层厚度,当有AB层时,应为A+AB/2的厚度。在调查中，常把样地地类所属土类的腐殖层厚度记载到厘米（cm）。

腐殖质厚度一般也分厚、中、薄 3 级，划分标准为：①厚：≥20 cm；②中：10 ~ 19 cm；③薄：<10 cm。

8. 枯枝落叶厚度

枯枝落叶厚度是指样地内枯枝落叶层的厚度。在样地因子调查中，样地地类上的枯枝落叶层厚度通常记载到厘米（cm）。枯枝落叶厚度按厚、中、薄 3 级的划分标准为：①厚：≥10 cm；②中：5 ~ 9 cm；③薄：<5 cm。

（三）林分特征

林分特征包括树种（组）、起源、平均年龄、龄组、郁闭度、平均胸径、平均树高、平均株数、单位蓄积、群落结构、林层结构、树种结构、自然度、可及度等调查因子。

1. 树种（组）

林分的树种组成，指乔木树种所占的比例，以十分法表示。在样地因子调查中，计算各树种的比例的方法略有不同。调查乔木林样地的优势树种时，应按该树种蓄积占样地总蓄积 65% 以上确定。当为无蓄积或蓄积很少的幼龄林时，可按株数的组成比例确定；如树种很多分不清优势时，可将树种合并为树种组记载。调查红树林、竹林、疏林、灌木林和未成林地的优势树种时，也参照乔木林样地的划分标准，依据蓄积或株数确定。在目前的森林资源清查中，树种（组）分为以下 5 类：

（1）乔木树种组。包括针叶树种和阔叶树种两大类，具体树种分类参见前面“样木因子调查”部分的有关内容；当某一树种（组）占不到优势时，可以合并为针叶混交林、阔叶混交林或针阔混交林调查记载。

（2）红树林树种组。根据我国红树林资源的现状，红树林树种分为白骨壤、桐花树、秋茄、红海榄、其他红树林树种等。

（3）竹林树种组。根据我国竹林资源的现状，将竹林树种分为毛竹和杂竹 2 类，其中杂竹又按其生长特性分为散生、丛生、混生 3 类。

（4）经济树种组。考虑到森林资源清查数据的可比性，经济树种组仍然单列为一类，其中又分为果树类（柑橘、苹果、梨、桃、李等）、食用原料类（油茶、茶叶、咖啡、可可、花椒等）、药材类（杜仲、厚朴、银杏、枸杞、黄柏等）、林化工业原料类（漆树、油桐、乌桕、棕榈、橡胶等）、其他经济类（蚕桑、蚕柞等）等 5 个亚类。

（5）其他灌木树种。指除经济灌木树种以外的灌木树种，包括梭梭、白刺、盐豆木、柳灌、小檗、杜鹃、栎灌、桃金娘、水柏枝、松灌、竹灌、其他灌木树种等。

2. 起源

起源是指森林发生形成的特点。一般分天然和人工两大类。天然是指天然下种、人工促进天然更新或萌生起源；人工是指由植苗（包括植苗、分殖、扦插）、直播（穴播或条播）或飞播方式形成，包括人工林采伐后萌生形成。天然林和人工林，在生长速度、林分结构诸方面均有不同，在经营上就区别对待，故在样地因子调查中，要依据相关标准，进行起源的确定并用代码记载。除有林地以外，疏林地、灌木林地和未成林地都要求调查记载起源。

3. 平均年龄

在样地因子调查中，要对于乔木林、疏林地、人工灌木林地和未成林造林地等记载平均年龄。一般来说，平均年龄的记载方法是不尽相同的：如乔木林的平均年龄为主林层优势树种平均年龄；对于人工林，可直接在前期平均年龄基础上加上间隔期长度；对于天然林，不能简单加上间隔期长度，应综合考虑进界木、采伐木和枯死木情况及前后期平均胸径的变化，如果后期平均胸径还小于前期，则年龄也应小于前期。除乔木林以外，疏林地、人工灌木林地和未成林造林地都应调查记载平均年龄。

4. 龄组

在样地因子调查中，对于乔木林，根据平均年龄与起源确定龄组，并用代码记载。各树种(组)的龄级期限和龄组的划分标准见表 11-4。

乔木林的龄级与龄组根据主林层优势树种(组)的平均年龄确定；对于混交林，龄组的确定应综合考虑主要和次要树种的平均年龄。速生丰产用材林和短轮伐期用材林树种的龄级期限与龄组的划分标准见表 11-4，其余林种相应树种(组)的龄级期限和龄组的划分标准见表 11-5。

表 11-4　速生丰产用材林及短轮伐期用材林树种(组)龄级期限与龄组划分　(单位:a)

树种(组)	培育目的	龄级期限	龄组划分					依据
			幼龄林	中龄林	近熟林	成熟林	过熟林	
其他杨类	纸浆原料	1	2 以下	3 ~ 4	5 ~ 6	7 ~ 8	8 以上	参考山东省地方标准《杨树速生丰产用材林》DB/3700 B66001—89
柳树		1	2 以下	3 ~ 4	5 ~ 6	7 ~ 8	8 以上	
刺槐		1	2 以下	3 ~ 4	5 ~ 6	7 ~ 8	8 以上	
毛白杨	胶合板材	5	5 以下	6 ~ 10	11 ~ 15	16 ~ 20	21 以上	
其他杨类、泡桐		2	2 以下	3 ~ 6	7 ~ 10	11 ~ 14	15 以上	
毛白杨	建筑用材	2	4 以下	5 ~ 8	9 ~ 12	13 ~ 16	16 以上	
其他杨类、泡桐		2	2 以下	3 ~ 6	7 ~ 8	9 ~ 10	10 以上	
其他			参照相近树种					

注：有速生丰产用材林和短轮伐期用材林规划设计的，方可确定为相应的林种。

5. 郁闭度

郁闭度是指林冠闭锁的程度，即有林地或疏林地样地内乔木树冠垂直投影覆盖面积与样地面积的比例，用小数表示。郁闭度分为 4 级：高度郁闭，1. 0 ~ 0. 9；中度郁闭，0. 8 ~ 0. 6；弱度郁闭，0. 5 ~ 0. 3；疏林，0. 2 ~ 0. 1。

郁闭度的确定通常有两种方法：一是采用对角线截距抽样(即每隔 2 m 设一个观测点，有树冠遮蔽时算一个郁闭点，用两条对角线上的郁闭点总数除以观测点总数而得)；另一个方法是采用目测方法调查。二者均将郁闭度记载到小数点后二位。当郁闭度较小时，通常适宜采用平均冠幅法测定，即用样地内林木平均冠幅面积乘以林木株数得到树冠覆盖面积，再除以样地面积得到郁闭度；当样地内包含 2 个以上地类，郁闭度应按对应的有林地或疏林地范围来测算；当实际郁闭度达不到 0. 20，但保存率达到 80% 以上生长稳定的人工幼林，郁闭度按 0. 20 记载。

6. 平均胸径

对于乔木林，应根据主林层优势树种的每木检尺胸径，采用平方平均法计算平均胸径，以厘米(cm)为单位，记载到小数点后一位。对于竹林和由主干明显的乔木树种构成的红树林，也要目测或结合部分实测调查和记载平均胸径。

表 11-5　河南省主要优势树种(组)龄组划分　(单位:a)

树种	起源	龄级划分	龄组划分(龄级/年限)				
			幼龄林	中龄林	近熟林	成熟林	过熟林
侧柏、桧柏、柏木	天然	20	Ⅰ-Ⅱ/1~40	Ⅲ/41~60	Ⅳ/61~80	Ⅴ-Ⅵ/81~120	Ⅶ/121 以上
侧柏、桧柏、柏木	人工	20	Ⅰ/1~20	Ⅱ/21~40	Ⅲ/41~60	Ⅳ/61~80	Ⅴ/81 以上
落叶松	天然	20	Ⅰ-Ⅱ/1~40	Ⅲ/41~60	Ⅳ/61~80	Ⅴ-Ⅵ/81~120	Ⅶ/121 以上
落叶松	人工	10	Ⅰ-Ⅱ/1~20	Ⅲ/21~30	Ⅳ/31~40	Ⅴ-Ⅵ/41~60	Ⅶ/61 以上
油松、华山松、马尾松、黄山松、国外松	天然	10	Ⅰ-Ⅲ/1~30	Ⅳ-Ⅴ/31~50	Ⅵ/51~60	Ⅶ-Ⅷ/61~80	Ⅸ/81 以上
油松、华山松、马尾松、黄山松、国外松	人工	10	Ⅰ-Ⅱ/1~20	Ⅲ/21~30	Ⅳ/31~40	Ⅴ-Ⅵ/41~60	Ⅶ/61 以上
栎类、椴、水曲柳、胡桃楸、其他硬阔	天然	20	Ⅰ-Ⅱ/1~40	Ⅲ/41~60	Ⅳ/61~80	Ⅴ-Ⅵ/81~120	Ⅶ/121 以上
栎类、椴、水曲柳、胡桃楸、其他硬阔	人工(萌生)	10	Ⅰ-Ⅱ/1~20	Ⅲ-Ⅳ/21~40	Ⅴ/41~50	Ⅵ-Ⅶ/51~70	Ⅷ/71 以上
桦木、榆、枫香	天然	10	Ⅰ-Ⅱ/1~20	Ⅲ-Ⅳ/21~40	Ⅴ/41~50	Ⅵ-Ⅶ/51~70	Ⅷ/71 以上
桦木、榆、枫香	人工(萌生)	10	Ⅰ/1~10	Ⅱ/11~20	Ⅲ/21~30	Ⅳ-Ⅴ/31~50	Ⅵ/51 以上
杨、柳、泡桐、刺槐、枫杨、软阔	天然	5	Ⅰ-Ⅱ/1~10	Ⅲ/11~15	Ⅳ/16~20	Ⅴ-Ⅵ/21~30	Ⅶ/31 以上
杨、柳、泡桐、刺槐、枫杨、软阔	人工(萌生)	5	Ⅰ/1~5	Ⅱ/6~10	Ⅲ/11~15	Ⅳ-Ⅴ/16~25	Ⅵ/26 以上
杉木、柳杉、水杉	人工	5	Ⅰ-Ⅱ/1~10	Ⅲ-Ⅳ/11~20	Ⅴ/21~25	Ⅵ-Ⅶ/26~35	Ⅷ/36 以上
毛竹、刚竹、淡竹、桂竹	人工	2	Ⅰ/1~2	Ⅱ/3~4	Ⅲ/5~6	Ⅳ-Ⅴ/7~10	Ⅵ/11 以上

注:乔木经济树种,山区按硬阔,平原按软阔划分龄级、龄组;飞播林同人工林。

7. 平均树高

对于乔木林,应根据平均胸径大小,在主林层优势树种中选择 3~5 株平均样木测定树高,采用算术平均法计算平均树高,以米(m)为单位,记载到小数点后一位。对于竹林和红树林,也要调查和记载平均高度。

8. 平均株数

平均株数指乔木林达到检尺标准(胸径≥5 cm)的单位面积活立木总株数。该项指标不在现地调查,而是根据每木检尺结果直接计算。

9. 单位蓄积

平均蓄积指乔木林达到检尺标准(胸径≥5 cm)的活立木单位面积蓄积。对于所有的实测样地,该项指标根据每木检尺结果直接计算;对于目测样地,要求根据前期目测蓄积以及样地的消长变化情况估测样地活立木蓄积量。

10. 群落结构

群落结构是反映森林植物群落按乔、灌、草层次结构完整性程度的重要指标。森林群落结构分为3类,划分标准见表11-6。在外业调查具体划分乔木林群落结构时,下木(含灌木和层外幼树)或地被物(含草本、苔藓和地衣)的覆盖度≥20%,才划定为一个独立的植被层;下木和地被物的覆盖度均在5%以上,且合计≥20%时,合并为一个植被层参与评定,群落结构类型确定为“较完整结构”。

表11-6　群落结构类型划分标准

群落结构类型	划分标准
完整结构	具有乔木层、下木层、地被物层(含草本、苔藓、地衣)3个层次的林分
较完整结构	具有乔木层和其他1个植被层的林分
简单结构	只有乔木1个植被层的林分

11. 林层结构

林层是反映森林结构的又一重要特征指标。对于乔木林地,要求根据林分的结构特征,确定是否为单层林或复层林。复层林的划分标准参见前面“样木因子调查”部分的有关内容。

12. 树种结构

树种结构是反映乔木林针阔叶树种组成和混交状况的重要因子,也是评定森林生态功能的主要因子之一。树种结构共分7个类型:①针叶纯林(单个针叶树种蓄积≥90%);②阔叶纯林(单个阔叶树种蓄积≥90%);③针叶相对纯林(单个针叶树种蓄积占65%~90%);④阔叶相对纯林(单个阔叶树种蓄积占65%~90%);⑤针叶混交林(针叶树种总蓄积≥65%);⑥针阔混交林(针叶树种或阔叶树种总蓄积占35%~65%);⑦阔叶混交林(阔叶树种总蓄积≥65%)。

树种结构与优势树种是高度相关的两项林分特征因子,在调查中必须注意其相互关系。一是优势树种划分是按≥65%的定量标准,而树种结构对≥65%的情况还细分为65%~90%和≥90%两类;二是优势树种可以是单个树种或树种组(如栎类可以包含多个栎类树种),而树种结构的划分是针对单个树种,反映树种的多样性。

13. 自然度

自然度是反映现实森林类型与地带性原始顶级森林类型差异程度的指标。原始森林的自然度最高,高度集约经营的人工林自然度最低。在森林资源调查中,将森林按自然度划分为5级,具体划分标准见表11-7。

表 11-7　自然度划分标准

自然度	划分标准	
	演替阶段与植被类型特征	人为干扰程度
Ⅰ	以顶级建群树种为主，基本上处于原始状态的森林类型	原始或基本上无人为干扰
Ⅱ	处于天然森林类型或演替后期的次生森林类型，以地带性顶级适应值较高的树种为主，顶级树种明显可见	有明显人为干扰，采伐强度不超过 10%
Ⅲ	处于次生演替的后期阶段，先锋树种为主，也可见顶级树种出现	人为干扰较大，采伐强度 10% ~30%
Ⅳ	演替逆行，处于极为残次的次生林阶段，未见顶级树种出现，未形成完整的乔、灌、草多层结构	人为干扰很大，采伐强度 30% ~70%，主林层几乎不存
Ⅴ	地带性森林类型几乎破坏殆尽，处于难以恢复的逆行演替后期，包括各种人工森林类型	人为干扰强度极大且持续。经常性采伐

14. 可及度

可及度是反映用材林近熟林、成熟林和过熟林采伐利用条件的指标，一般分为 3 级：①即可及：已经具备采伐、集材和运输条件；②将可及：近期将可具备采伐、集材和运输条件；③不可及：因地形或经济原因短期内不具备采伐、集材和运输条件。

（四）森林功能

森林功能方面的调查因子包括林种、森林类别、公益林类型、公益林保护等级、商品林经营等级、森林生态功能等级、森林生态功能等。

1. 林种

在样地因子调查中，对有林地、疏林地和灌木林地，要进行林种的调查，并用亚林种代码记载。根据经营目标的不同，将森林分为防护林、特种用途林、用材林、薪炭林、经济林 5 个林种和 23 个亚林种，见表 11-8（标准详见《国家森林资源连续清查技术规定》）。具体调查时，对有林地、疏林地和灌木林地都要求按标准确定林种。

2. 森林类别

森林类别是反映森林分类经营的样地因子。在林业分类经营区划中，按主导功能的不同将所有林地分为生态公益林地和商品林地 2 个类别：①生态公益林是以保护和改善人类生存环境、维持生态平衡、保存物种资源、科学实验、森林旅游、国土保安等需要为主要经营目的的有林地、疏林地、灌木林地和其他林地，包括防护林和特种用途林。②商品林是以生产木材、竹材、薪材、干鲜果品和其他工业原料等为主要经营目的的有林地、疏林地、灌木林地和其他林地，包括用材林、薪炭林和经济林。

表 11-8　林种分类系统

森林类别	林种	亚林种
生态公益林(地)	防护林	水源涵养林
		水土保持林
		防风固沙林
		农田牧场防护林
		护岸林
		护路林
		其他防护林
	特种用途林	国防林
		实验林
		母树林
		环境保护林
		风景林
		名胜古迹和革命纪念林
		自然保护林
商品林(地)	用材林	短轮伐期用材林
		速生丰产用材林
		一般用材林
	薪炭林	薪炭林
	经济林	果树林
		食用原料林
		林化工业原料林
		药用林
		其他经济林

3. 公益林类型

公益林类型划分为国家公益林和地方公益林：①国家公益林是由地方人民政府根据国家有关规定划定，并经国务院林业主管部门核查认定的公益林。②地方公益林是由各级地方人民政府根据国家和地方的有关规定划定，并经地方林业主管部门核查认定的公益林。国家公益林划分标准按国务院林业主管部门的有关规定执行。目前，森林类别中的国家公益林，以按照国家林业局和财政部联合颁发的《重点公益林区划界定办法》(林策发[2004]94 号)进行区划界定的结果为依据进行调查记载。对于 2001 年公益林试点中已经兑现了国家公益林补偿政策的林地，也计入国家公益林。

4. 公益林保护等级

公益林按保护等级划分为特殊、重点和一般 3 个等级，划分标准执行《生态公益林建设规划设计通则》(GB/T 18337.2—2001)和国务院林业主管部门的有关规定。国家公益林按照生态区位差异一般分为特殊公益林和重点公益林，地方公益林按照生态区位差异一般分为重点公益林和一般公益林。

5. 商品林经营等级

在样地因子调查中,对森林类别确定为商品林的有林地、疏林地和灌木林地,通常要根据经营状况调查确定经营等级并用代码填写。按经营状况,商品林划分为好、中、差 3 个等级,评定标准见表 11-9。具体调查时,对森林类别划定为商品林的样地,都要确定商品林经营等级。

表 11-9　商品林经营等级评定标准

经营等级	评定条件	
	用材林、薪炭林	经济林
好	经营措施正确、及时,经营强度适当,经营后林分生产力和质量提高	定期进行垦复、修枝、施肥、灌溉、病虫害防治等经营管理措施,生长旺盛,产量高
中	经营措施正确、尚及时,经营强度尚可,经营后林分生产力和质量有所改善	经营水平介于中间,产量一般
差	经营措施不及时或很少进行经营管理,林分生产力未得到发挥,质量较差	很少进行经营管理,处于荒芜或半荒芜状态,产量很低

6. 森林生态功能

森林生态功能是指森林生态系统及其生态过程所形成的有利于人类生存与发展的生态环境条件和效用,包括水源涵养功能、水土保持功能、气候调节功能、环境净化功能、生物多样性保护功能等。通过利用反映森林生物量(目前暂采用蓄积量)、生物多样性和森林结构的有关特征因子,按相对重要性来综合评定森林生态功能等级。各项评价因子及分类标准见表 11-10。森林生态功能等级不在外业调查时确定,而是在内业统计时根据 8 项评定因子统一计算。

表 11-10　森林生态功能评价因子及类型划分标准

评价因子	类型划分标准			权重
	Ⅰ	Ⅱ	Ⅲ	
1. 森林蓄积量	≥150 m^3/hm^2	50 ~ 149 m^3/hm^2	<50 m^3/hm^2	0.20
2. 森林自然度	1,2	3,4	5	0.15
3. 森林群落结构	1	2	3	0.15
4. 树种结构	6,7	3,4,5	1,2	0.15
5. 植被总覆盖度	≥70%	50% ~69%	<50%	0.10
6. 郁闭度	≥0.70	0.40 ~0.69	0.20 ~0.39	0.10
7. 平均树高	≥15.0 m	5.0 ~14.9 m	<5.0 m	0.10
8. 枯枝落叶厚度等级	1	2	3	0.05

注:竹林蓄积量统一按类型Ⅱ确定,评价因子划分标准见相应的表或根据调查计算求得。

评定森林生态功能时,先按下式计算综合得分:

$$Y = \sum_{i=1}^{8} W_i X_i$$

式中　X_i——第 i 项评价因子的类型得分值(类型Ⅰ、Ⅱ、Ⅲ分别取1、2、3);

W_i——各评价因子的权重。

然后根据综合得分值按表11-11评定生态功能等级。

表11-11　森林生态功能等级评定标准

功能等级	综合得分值
好	<1.5
中	1.5~2.4
差	≥2.5

另外,将综合得分值的倒数定义为森林生态功能指数:

$$K = \frac{1}{\sum W_i X_i}$$

并以此作为评定森林生态功能的定量指标。该指数值小于等于1,数值越大,表明森林生态功能越好。

(五)生态状况

生态状况方面的调查因子包括湿地类型、湿地保护等级、荒漠化类型、荒漠化程度、沙化类型、沙化程度、森林健康等级、森林灾害类型、森林灾害等级等。

1. 湿地类型

湿地是指天然的或人工的、永久的或暂时的沼泽地、泥炭地、水域地带,带有静止或流动、淡水或半咸水及咸水水体,包括低潮时水深不超过6 m的海域。沼泽、泥炭地、湿草甸、湖泊、河流、滞蓄洪区、河口三角洲、滩涂、水库、池塘、水稻田以及低潮时水深浅于6 m的海域地带等均属于湿地范畴。

湿地调查范围包括面积8 hm^2 以上的面状湿地(如湖泊、沼泽等)和宽度10 m以上、长度5 km以上的线状湿地(如河流、灌渠等)。

湿地类型划分为5大类38个小类,具体划分标准见《国家森林资源连续清查技术规定》。河南湿地类型划分为4个湿地类21个湿地型(见表11-12)。

2. 湿地保护等级

在样地因子调查中,通常要调查样地所在湿地类型的保护等级并用代码记载。湿地类型按保护程度分为以下5级:①Ⅰ级:湿地类型落在国家级自然保护区内;②Ⅱ级:湿地类型落在省级自然保护区内;③Ⅲ级:湿地类型落在地(市)级自然保护区内;④Ⅳ级:湿地类型落在县级自然保护区内;⑤Ⅴ级:湿地类型落在非自然保护区内。

3. 荒漠化类型

荒漠化是指包括气候变异和人为活动在内的种种因素造成的干旱、半干旱和亚湿润干旱地区的土地退化。按造成土地荒漠化的主要自然因素,划分以下主要荒漠化类型:①风蚀:指由于风的作用使地表土壤物质脱离地表被搬运现象及气流中颗粒对地表的磨蚀作用;②水蚀:指由于大气降水,尤其是降雨所导致的土壤搬运和沉积过程;③盐渍化:指地下水、地表水带来的对植物有害的易溶盐分在土壤中积累引起的土壤生产力下降；④冻融：指温度在0 ℃左右及其以下变化时，对土体所造成的机械破坏作用。在森林资源清查中，要进行样地所在的荒漠化或非荒漠化土地类型的调查和记载。

表 11-12　河南省湿地类型代码

湿地类	湿地型
河流湿地	永久性河流
	季节性或间歇性河流
	泛洪平原湿地
湖泊湿地	永久性淡水湖
	季节性淡水湖
	永久性咸水湖
	季节性咸水湖
沼泽湿地	藓类沼泽
	草本沼泽
	灌丛沼泽
	森林沼泽
	淡水泉
人工湿地	蓄水区
	运河、输水河
	淡水养殖池塘
	农用池塘
	灌溉用沟、渠
	稻田
	采矿性积水区
	废水处理场所
	城市性景观和娱乐水面
非湿地	

按造成土地荒漠化的主导自然因素划分荒漠化类型，我省主要有风蚀、盐渍化和非荒漠化土地 3 种类型，分布在南乐、范县和台前 3 个县的部分乡、镇境内。

4. 荒漠化程度

荒漠化程度反映土地荒漠化的严重程度及恢复其生产力和生态系统功能的难易状况。在森林资源清查中，对确定为荒漠化土地的样地，要利用调查记录表综合确定荒漠化程度等级并用代码记载。针对不同的荒漠化类型和土地类型（地类），采用不同的评价指标和方法评定荒漠化程度，一般分为轻度、中度、重度和极重度 4 级。

1)风蚀

风蚀荒漠化的评定标准见表11-13和表11-14。

表11-13 非耕地风蚀荒漠化程度评定标准

地类	植被覆盖度(%)	土壤质地	石砾含量(%)	覆沙厚度(cm)	地表形态
林地 牧草地 未利用地	<10 (40)	黏土 (1)	<1 (1)	≥100 (15)	地表平坦或沙丘高度≤2 m (6)
	10~29 (30)	壤土 (5)	1~14 (5)	50~99 (11)	沙丘高度2.1~5.0 m (12.5)
	30~49 (20)	沙壤土 (10)	15~29 (10)	20~49 (7.5)	沙丘高度5.1~10 m (19)
	50~69 (10)	壤沙土 (15)	30~49 (15)	5~19 (4)	戈壁、风蚀劣地、裸土地或沙丘高>10 m(25)
	≥70 (4)	沙土 (20)	≥50 (20)	<5 (1)	

注:根据各指标评分(括号中数字,下同)之和,按以下标准确定荒漠化程度:非荒漠化≤18,轻度19~37,中度38~61,重度62~84,极重度≥85。

表11-14 耕地风蚀荒漠化程度评定标准

地类	作物产量下降率(%)	土壤质地	石砾含量(%)	有效土层(表土层+心土层)厚度(cm)
耕地	<5(4)	黏土(2)	<1(2)	>70(2)
	5~14(10)	壤土(9)	1~9(9)	40~70(6)
	15~34(20)	沙壤土(17.5)	10~19(17.5)	25~39(12.5)
	35~74(30)	壤沙土(26)	20~29(26)	10~24(19)
	≥75(40)	沙土(35)	≥30(35)	<10(25)

注:1. 作物产量下降率指作物现实产量与同年度该地区非荒漠化耕地在正常生产水平下产量相比下降的百分比;

2. 根据各指标评分之和,按以下标准确定荒漠化程度:非荒漠化≤15,轻度16~35,中度36~60,重度61~84,极重度≥85。

2)盐渍化

(1)盐渍化草地、林地和未利用地地面调查评价指标。

轻度:土壤含盐量0.1%~0.3%,地面可见少量盐碱斑(≤20%),有耐盐碱植物出现,植被盖度≥36%。

中度:土壤含盐量0.3%~0.7%,地面出现较多的盐碱斑(21%~40%),耐盐碱植物大量出现,一些乔木不能生长,植被盖度21%~35%。

重度:土壤含盐量0.7%~1.0%,41%~60%的地表为盐碱斑,大部分为耐盐碱植物,多数乔木不能生长,只能生长柽柳等,植被盖度10%~20%,难于开发利用。

极重度:土壤含盐量>1.0%,≥61%的地表为盐碱斑,几乎无植被(植盖度<10%),极难开发利用。

(2)盐渍化耕地地面调查评价指标。

轻度：土壤含盐量0.1%～0.3%，盐碱斑占地面积≤15%，一般只危害作物苗期，缺苗10%～20%，大豆、绿豆、小麦、玉米等轻度耐盐作物能生长，产量有所下降（≤15%），改良较容易。

中度：土壤含盐量0.3%～0.7%，盐碱斑占地面积16%～30%，较耐盐作物如向日葵、甜菜、水稻、苜蓿等尚能生长，缺苗21%～30%，产量下降较大（16%～35%），需要水利改良措施。

重度：盐碱斑占地面积31%以上，作物难于生长，一般不作耕地使用。

极重度：极度重盐渍化土地不适合作物生长。

5. 沙化类型

沙化是指由于各种因素形成的、以沙质地表为主要标志的土地退化。我省沙化土地分布于10个省辖市的44个县（市、区）的部分乡、镇境内，见表11-15。

表11-15 河南省沙化土地分布

序号	省辖市	县（市、区）	
		个数	县（市、区）名称
1	郑州市	5	管城回族区、金水区、惠济区、中牟县、新郑市
2	开封市	6	开封郊区、杞县、通许县、尉氏县、开封县、兰考县
3	安阳市	2	滑县、内黄县
4	鹤壁市	2	浚县、淇县
5	新乡市	7	新乡县、原阳县、延津县、封丘县、长垣县、卫辉市、辉县市
6	焦作市	3	武陟县、温县、孟州市
7	濮阳市	6	华龙区、清丰县、南乐县、范县、台前县、濮阳县
8	许昌市	1	鄢陵县
9	商丘市	7	梁园区、睢阳区、民权县、睢县、宁陵县、虞城县、夏邑县
10	周口市	5	川汇区、扶沟县、西华县、太康县、淮阳县
合计	10	44	

土地沙化监测范围内的土地分为沙化土地、有明显沙化趋势的土地和非沙化土地3个类型。

1）沙化土地

沙化土地划分为以下5大类：

（1）流动沙地（丘）：指土壤质地为沙质，植被盖度小于10%，地表沙物质常处于流动状态的沙地或沙丘。

（2）半固定沙地（丘）：指土壤质地为沙质，植被盖度10%～29%（但乔木林冠下无其他植被时，郁闭度＜0.50），且分布比较均匀，风沙流活动受阻，但流沙纹理仍普遍存在的沙丘或沙地。进一步划分为：

人工半固定沙地：通过人工措施（人工种植乔灌草、飞播、封育等生物措施）治理的半固定沙地。

天然半固定沙地：植被起源为天然的半固定沙地。

(3)固定沙地(丘)：指土壤质地为沙质，植被盖度≥30%(但乔木林冠下无其他植被时，郁闭度≥0.50)，风沙活动不明显，地表稳定或基本稳定的沙丘或沙地。固定沙地分为：

人工固定沙地：通过人工措施(人工种植乔灌草、飞播、封育等生物措施)治理的固定沙地。

天然固定沙地：植被起源为天然的固定沙地。

(4)沙化耕地：主要指没有防护措施及灌溉条件，经常受风沙危害，作物产量低而不稳的沙质耕地，包括沙改田。沙改田指在固定、半固定和流动沙丘(地)上开垦的农田，这种土地一般通体为沙质，土壤性状尚未发生本质的变化，通常作为长期农业开发用地，但风沙活动仍对作物生长有较大影响，如不采取特殊措施，农作物产量通常较低且不稳。

(5)非生物治沙工程地：指单独以非生物手段固定或半固定的沙丘或沙地，如机械沙障及以土石和其他材料固定的沙地。在非生物治沙工程地上又采用生物措施的，应划为相应的固定或半固定沙地(丘)。

2)有明显沙化趋势的土地

指干旱、半干旱和亚湿润干旱地区，由于土地过度利用或水资源匮乏等原因形成的临界于沙化的土地。草地、林地上的土壤表层为土质，原生土壤剖面基本完整，尚无明显的风蚀和流沙堆积形态，但植被严重退化，土壤表层腐殖质基本丧失；耕地上以偶见流沙点或风蚀斑为标志。

3)非沙化土地

非沙化土地指沙化土地和有明显沙化趋势的土地以外的其他土地。

6. 沙化程度

沙化土地按沙化程度分为轻度、中度、重度和极重度4级。

(1)轻度：植被盖度≥40%(极干旱、干旱、半干旱区)或≥50%(其他气候类型区)，基本无风沙流活动的沙化土地，或一般年景作物能正常生长、缺苗较少(一般少于20%)的沙化耕地。

(2)中度：植被盖度25%～40%(极干旱、干旱、半干旱区)或30%～50%(其他气候类型区)，风沙流活动不明显的沙化土地，或作物长势不旺、缺苗较多(一般20%～30%)且分布不均的沙化耕地。

(3)重度：植被盖度10%～25%(极干旱、干旱、半干旱区)或10%～30%(其他气候类型区)，风沙流活动明显或流沙纹理明显可见的沙化土地或植被盖度≥10%的风蚀残丘、风蚀劣地及戈壁，或作物生长很差、缺苗率≥30%的沙化耕地。

(4)极重度：植被盖度<10%的各类沙化土地(不含沙化耕地)，包括植被盖度<10%的风蚀残丘、风蚀劣地。

在森林资源清查中，沙化类型和沙化程度均按样地范围进行调查与评定。

7. 森林健康等级

在森林资源清查中，对有林地和国家特别规定的灌木林地，通常要按技术标准进行森林健康等级的调查并用代码填写。根据林木的生长发育、外观表象特征及受灾情况综合评定森林健康状况，分为健康、亚健康、中健康、不健康4个等级，见表11-16。

表11-16　森林健康等级评定标准

健康等级	评定标准
健康	林木生长发育良好，枝干发达，树叶大小和色泽正常，能正常结实和繁殖，未受任何灾害
亚健康	林木生长发育较好，树叶偶见发黄、褪色或非正常脱落（发生率10%以下），结实和繁殖受到一定程度的影响，未受灾或轻度受灾
中健康	林木生长发育一般，树叶存在发黄、褪色或非正常脱落现象（发生率10%～30%），结实和繁殖受到抑制，或受到中度灾害
不健康	林木生长发育达不到正常状态，树叶多见发黄、褪色或非正常脱落（发生率30%以上），生长明显受到抑制，不能结实和繁殖，或受到重度灾害

8. 森林灾害类型

森林灾害类型包括森林病虫害、火灾、气候灾害和其他灾害4大类。其中，病虫害又分病害和虫害2种，气候灾害又分风灾、雪灾、水灾、旱灾4种。

9. 森林灾害等级

森林灾害等级是指样地内林木遭受灾害的严重程度，按受害（死亡、折断、翻倒等）立木株数分为4个等级，评定标准见表11-17。

表11-17　森林灾害等级评定标准与代码

等级	评定标准		
	森林病虫害	森林火灾	气候灾害和其他
无	受害立木株数10%以下	未成灾	未成灾
轻	受害立木株数10%～29%	受害立木20%以下，仍能恢复生长	受害立木株数20%以下
中	受害立木株数30%～59%	受害立木20%～49%，生长受到明显的抑制	受害立木株数20%～59%
重	受害立木株数60%以上	受害立木50%以上，以濒死木和死亡木为主	受害立木株数60%以上

（六）其他内容

除以上5个方面的调查内容外，样地因子还包括流域、林区、气候带、土地权属和林木权属、工程类别、“四旁”树株数、竹类株数、天然更新等级、地类面积等级、地类变化原因、样地类别、有无特殊对待以及其他样地因子等方面的信息。

1. 流域

在森林资源清查中，将全国流域分为松花江（黑龙江）、辽河、海河、黄河、长江、淮河和珠江7大流域，河南省跨海河、黄河、长江和淮河4大流域（见表11-18）。在调查时要根据样地实际位置，查阅地形图或遥感影像图来确定所属流域，填写流域名称及代码。特别是跨流域的县(市、区),如卢氏、汝阳、登封、荥阳、唐河等县(市、区),要对样地所在流域仔细加以甄别。

表 11-18 流域代码

流域	二级流域
海河	海河
黄河	中游区间
	下游区间(荥阳桃花峪为中下游分界处)
长江	汉江
	长江下游干流区间
淮河	淮河

2. 林区

根据统计分析的需要,全国划为东北内蒙古林区、西南高山林区、东南低山丘陵林区、西北高山林区 4 大林区,每个林区的具体范围按国务院林业主管部门的有关要求执行。在样地因子调查中,林区由内业统计人员根据各林区所包括的县(市、区)名单用代码统一赋值,外业人员不必填写。

3. 气候带

热量是森林不可缺少的重要生活条件,它不仅关系着森林的各种生理活动与生长发育,而且影响着森林的地理分布。每个树种的分布都在一定温度范围内,因而在样地因子调查中,要对样地范围的气候带信息进行记录,按样地落入具体气候带填写。

根据综合气候区划,将全国分为 9 个气候带(北温带、中温带、南温带、北亚热带、中亚热带、南亚热带、北热带、中热带、南热带)和 1 个高原气候区。我省跨 2 个气候带,以伏牛山主脊和淮河干流为界,以北属于南温带,以南属于北亚热带。按行政界线划分,南温带南缘大致为卢氏、栾川、嵩县、鲁山、舞钢、遂平、驿城、汝南、正阳、息县、淮滨等 11 个县(市、区)的南界;靠北亚热带北缘的县(区)有西峡、内乡、南召、方城、泌阳、确山、平桥、罗山、光山、潢川、固始等 11 个县(市、区)。

4. 权属

在样地因子调查中,权属分为土地权属和林木权属 2 大类。土地权属分国有和集体,林木权属分国有、集体、个人和其他(合资、合作、合股、联营等)。权属的确定方法是以林权证为主要依据,通过查阅相关资料、走访座谈等形式进行填写。

5. 工程类别

为了满足国家六大林业重点工程森林资源管理和生态状况评价的需要,在样地调查中进行工程类别的调查。通过查阅验收、设计、规划等材料确定样地所在的工程类别后并用代码记录。我省分天然林资源保护工程、"三北"及长江流域等重点防护林体系建设工程、退耕还林工程、野生动植物保护及自然保护区建设工程、速生丰产林基地建设工程、其他林业工程(六大林业重点工程之外)和非工程。工程类别以 2000 年为界,之前的归非工程;2000 年 1 月以后的,根据规划设计确定,有省级(含省级)以上投资的为工程,其余为非工程。林业工程类别分类标准与代码见表 11-19。

表 11-19 林业工程类别分类标准与代码

工程类别	
天然林资源保护工程	黄河上中游地区
"三北"及长江流域等重点防护林体系建设工程	长江中下游防护林
	淮河太湖流域防护林
	太行山绿化
	平原绿化
退耕还林工程	
野生动植物保护及自然保护区建设工程	国家级自然保护区
	地方级自然保护区
速生丰产林基地建设工程	
其他林业工程(六大林业重点工程之外的工程,不包括一般造林)	
非工程	

6. "四旁"树株数

"四旁"树株数包括样地内达到及未达检尺胸径的"四旁"树之和。未达检尺胸径的"四旁"树,要求针叶树树高在 0.3 m(北方)以上,阔叶树树高在 0.5 m(北方)以上。

7. 竹类株数

竹类株数包括毛竹林分株数、毛竹散生株数、杂竹株数三项因子,要求调查记载样地范围内的株数。毛竹林的株数调查,一般要求对样地范围内的毛竹全部计数;如果样地面积过大,也可通过调查部分面积(如 10 m×10 m 样方)内的株数推算整个样地。乔木林、灌木林或疏林中的散生毛竹,则必须计数样地范围内的全部株数。杂竹(胸径≥2 cm)株数调查,需视竹类特性而定,对于丛生竹,一般要求先计数样地范围内的丛数,再抽取 3 丛左右调查每丛株数,然后推算整个样地株数;对于散生竹和混生竹,一般通过调查部分面积(如 5 m×5 m 或 10 m×10 m 样方)内的株数推算整个样地。

8. 天然更新等级

在森林资源清查中,对于疏林地、灌木林地(国家特别规定灌木林地除外)、无立木林地和宜林地,应调查天然更新情况。天然更新等级根据幼苗各高度级的天然更新株数确定,见表 11-20。

表 11-20 天然更新等级评定标准与代码 (单位:株/hm^2)

等级	幼苗高度级(cm)		
	<30	30~49	≥50
良好	≥5 000	≥3 000	≥2 500
中等	3 000~4 999	1 000~2 999	500~2 499
不良	<3 000	<1 000	<500

9. 地类面积等级

地类面积等级是反映地类分布破碎化程度的一项指标，按样地所在地类的连片面积大小确定。当连片面积较大且有遥感资料可用时，要尽量采用遥感资料确定。

根据地类面积大小，一般分为 7 级：① $<1.0\ hm^2$；② $1.0\sim4.9\ hm^2$；③ $5.0\sim9.9\ hm^2$；④ $10\sim19\ hm^2$；⑤ $20\sim49\ hm^2$；⑥ $50\sim99\ hm^2$；⑦ $\geqslant100\ hm^2$。

10. 地类变化原因

地类是重要的样地调查因子，地类变化也日益成为关注的焦点。为了便于样地地类变化的分析，对所有地类发生变化或者间隔期内地类有过变化的样地都要求调查地类变化原因（见表 11-21），特别注意调查非林地转变为林地的变化原因。具体划分标准见《国家森林资源连续清查技术规定》。

表 11-21　地类变化原因分类

地类变化原因类别			前期地类	后期地类	直接原因
人为因素	采伐		有林地	采伐迹地或疏林地、宜林地	采伐
			疏林地、灌木林地	采伐迹地、宜林地	
	造林更新	人工造林	宜林地或其他无立木林地	有林地、未成林造林地、疏林地、人工灌木林地	人工造林
		人工更新Ⅰ	火烧迹地、采伐迹地	有林地、疏林地、未成林造林地、人工灌木林地	迹地上人工造林
		人工更新Ⅱ	有林地、疏林地、未成林造林地、人工灌木林地	有林地、疏林地、未成林造林地、人工灌木林地	采伐和更新（必须存在采伐和人工更新的过程）
		造林更新失败	宜林地或迹地	宜林地或迹地	进行过人工造林或更新
		飞播造林	宜林地、无立木林地	有林地、灌木林地、疏林地、未成林造林地	飞播造林
	种植结构调整		非林地/有林地、灌木林地、疏林地、未成林造林地	有林地、灌木林地、疏林地、未成林造林地、非林地	发生在原非林地上，属于积极的人为行为（或相反）
	规划调整	退耕还林	耕地	有林地、未成林造林地、人工灌木林地	纳入退耕还林计划
		其他规划调整	林地	非林地（如牧草地等）	县级以上人民政府批准
			非林地（如牧草地等）	林地	
	征占用林地		林地	非林地	征用或占用，合法、手续齐备
	毁林开荒		林地	耕地	非法行为
	其他人为原因		林地	非林地（不含耕地）或林地	非法占用或以上不能包括的人为因素。前期调查的“四旁”林分，若仅是达到或达不到有林地标准而引起地类变化

续表 11-21

地类变化原因类别			前期地类	后期地类	直接原因
灾害因素	火灾		有林地、疏林地、灌木林、未成造林地等	疏林地、火烧迹地等	人为或自然火灾
	病虫害		有林地、疏林地、灌木林、未成造林地等	疏林地、灌木林地、宜林地	病虫害严重危害
	冻害		有林地、疏林地、灌木林、未成造林地等	疏林地、灌木林地、宜林地等	冰冻或低温使植物受害
	雪灾		有林地、疏林地、灌木林、未成造林地等	疏林地、灌木林地、宜林地等	雪灾
	其他灾害		有林地、疏林地、灌木林、未成造林地等	疏林地、灌木林地、宜林地等	风、水、旱灾等
自然因素	天然更新	封山育林	林地中的非有林地	有林地、未成林封育地、灌木林地等	采取了积极的封山育林措施
		其他天然更新	林地中的非有林地	有林地、未成林封育地、灌木林地等	未采取封山育林措施
	自然变化				森林自然演替
	其他自然因素				如滑坡、崩岗、淤积等
调查因素	样地未复位				本期样地未复位
	特殊对待				样地状况与周边明显不同
	前期误判				前期地类确定明显错误
	标准变化				仅因技术标准改变
其他因素			非林地	非林地	非林地之间转变

11. 样地类别

森林资源清查样地包括地面调查样地和遥感判读样地两大类，其中地面调查样地再细分为复测样地、增设样地、改设样地、目测样地、放弃样地、临时样地 6 种：①复测样地：指达到复位标准，已复位的地面实测样地；②增设样地：指本期新增设的地面固定样地；③改设样地：指前期设置的地面样地，本期复查未复位而重新设置的地面固定样地；④目测样地：指由于地形条件限制无法进行周界测量和每木检尺，只能用目测方法测定林分主要因子的样地；⑤放弃样地：指只有样地号，但由于某种原因（如军事禁区）而无法进行现地调查的样地；⑥临时样地：指不要求做固定标志，下期不复测的地面样地。

12. 有无特殊对待

特殊对待是指人为有意识地对样地所在范围采取人工造林或封禁保护等措施。特殊对待是森林资源清查能否客观反映现实森林资源状况的潜在影响因素，必须引起高度重视。在对样地进行各项调查之前，要求对样地内和样地周围较大范围内的人为活动情况作对比分析。如果存在人为特殊对待现象，除在调查表中按规定记载外，还应逐级上报。对于有特殊对待的样地，内业统计时应单独研究处理方案。

13. 其他样地因子

除上述样地因子外，还有样地号、调查日期以及反映样地位置信息的有关因子，包括县代码、地形图图幅号、样地纵横坐标、样地 GPS 实测坐标等。其中的 GPS 实测坐标，实际定位精度已能达到 10 m 左右,可为下次调查提供重要的复位依据。

九、我国森林资源清查的发展趋势

森林资源清查是林业发展和生态建设的一项十分重要的基础性工作,是我国森林资源监测体系的重要组成,是《森林法》赋予林业部门的重要职责。我国于 20 世纪 70 年代开始进行全国森林资源清查,经过 30 年的优化与完善,初步形成了一套与中国林业发展相适应的森林资源宏观监测体系,积累了极为丰富的森林资源信息,为制定与调整林业方针政策、参与国际林业交流与合作提供了宝贵的基础资料,为林业建设作出了巨大贡献。

进入 21 世纪以来,随着林业"双属性"重要论断和"三生态"总体战略思想的确立,我国林业正在经历由以木材生产为主向以生态建设为主的历史性转变,生态建设正处于"治理与破坏"相持的关键阶段,给包括森林资源清查在内的森林资源监测体系提出了新的信息需求。森林资源清查必须跟上当前我国林业发展的步伐,从我国的国情、林情出发,落实科学发展观,贯彻《中共中央国务院关于加快林业发展的决定》精神,准确把握世界森林资源监测的发展脉搏,充分借鉴世界森林资源清查的成果经验和先进的技术方法,不断地完善清查体系和技术方法,以适应时代的发展要求。

(一)调查体系由森林资源调查向多资源综合监测发展

到 2008 年,全国已经开展了 7 次森林资源清查工作,覆盖除香港、澳门和台湾以外的国土区域,调查周期为 5 年。综观以往各次森林资源清查,着重于对森林资源的调查。除了全国森林资源清查外,我国还开展了荒漠化/沙化/石漠化监测、湿地资源监测、野生动植物资源调查、森林生态定位监测、森林火灾监测及森林病虫鼠害等全国性调查监测工作。由于各类监测是在不同的历史阶段,随着社会经济的发展和人们认识水平的不断提高,为满足社会和人们不同需要而逐渐形成的,因此形成了目前各成一体、手段各异、发展不一、相对独立的格局。这种格局在一定程度上造成技术标准的不协调、资源共享困难和监测资源的重复性建设。根据我国林业发展的进程,基于国家森林资源清查技术体系,对现有全国性调查与监测资源进行整合,与森林资源清查进行合并,构建新的调查体系,即森林资源与生态状况综合监测体系,是我国森林资源调查与监测行业发展的必然趋势。

新的森林资源与生态状况综合监测体系将打破现有同行业不同部门分头管理的现状,逐步实现各部门一体化协作。整合调查、监测资源,将重组原有的多种调查方法体系,把与生态状况监测有关的各种自然资源调查结合在同一抽样框架上进行,提高信息间的有机联系,从而能通过信息共享,增加和提高产出的数量与质量,丰富产出成果,成果综合性更强,为相关部门和组织提供综合性服务,降低成本,达到高效的目的,而且还可扩大系统维护的资金投入渠道,增强系统在宏观决策中的重要作用。

(二)调查方法由常规地面调查向高新技术综合应用发展

新技术应用是提高森林资源清查能力的关键因素。森林资源清查目标和变量的不断扩展与增加,跨部门乃至全球信息共享的需求,使森林资源清查成为一项庞大而复杂的系统工程。保证监测信息的及时性是监测工作的灵魂。及时发现问题,提供信息支持,做到及时决策,是检验系统反应能力、灵敏度和先进与否的重要标志。目前,卫星遥感、航空遥感、GPS、GIS、数据库技术及计算机网络技术等高新技术在林业发达国家得到不同程度应用。

我国森林资源清查仍实行以传统的地面固定样地调查为主体的抽样调查体系，布设间距多以 4 km×4 km 为主。从第五次森林资源清查开始引入卫星遥感，多数按 2 km×2 km 间距设置遥感判读样地，与固定样地构成二阶分层抽样，但主要清查成果仍是单纯依靠地面固定样地调查资料得出的。因此，完善现有的地面固定样地调查技术，向基于 GPS 基础控制网的高新技术综合应用发展是森林资源连续清查体系建设的一个重要内容。

在地面调查中大力推广使用高精度手持罗盘仪、超声波或红外线测距仪、激光测高器、数据采集器和全球定位仪等调查工具，可以大量减少野外调查工作量。遥感技术的发展促进了信息获取技术的进步，充分利用现有卫星数据多时间（旬、日）、空间（从公里级到米级）和高光谱分辨率的特点，与航空像片、野外样地相结合采用多阶抽样设计，达到减少地面固定样地数量，降低调查成本，保证重点样地调查质量的目的。要着重研究样地调查数据与卫星样地/航空判断样地之间的递阶统计关系，选取适用的数学模型，并逐步应用到森林资源清查及其他监测项目中。

（三）调查内容由林木资源向多资源、多目标、多效益监测发展

调查对象属性因子的设计是调查目的的具体反映，也是人们对调查对象认识程度的客观体现。森林不仅仅提供林木资源，在调节气候、涵养水源、防止土地退化、保护生物多样性、保护自然遗产、维护生态平衡等方面蕴含着巨大的价值。从目前我国现行森林资源清查的调查因子设置上看，由于沿袭了过去以木材生产为主时期形成的思想观念，林木资源方面的因子较多，大多数的因子仍然停留于静态属性范畴，而且局限于调查对象所反映出的表象特征。尽管也涉及一些生态状况的因子，但总体偏少，指标细化不够，调查因子之间关联性也不强，而这些调查内容，无论从林业部门和整个国家经济的持续发展或参与全球森林资源评价等国际活动来看，都是迫切需要的。

森林作为陆地生态系统的主体，是一个多资源、多功能的综合体。调查内容的扩展，首先是调查对象的变化，从以林木为主上升到关注整个森林群落及其所处的周围环境，把森林及其环境看做一个功能系统。调查内容向多资源的扩展，包括森林生产力、林产品、湿地资源、沙化/荒漠化/石漠化土地资源和野生动植物资源等．调查内容向多效益的扩展，主要是森林生态状况及其生态功能的调查，涉及样地内生物多样性、森林健康、生态功能以及工程建设效果等监测内容和信息产出。通过多资源、多效益监测，追踪我国森林植被恢复与重建过程，全面监测森林的数量、质量、功能和效益。

（四）分析评价由侧重森林资源向森林资源与生态状况综合评价发展

评价是利用指标将目标对象的结构和功能简化、量化，通过对表面数据和现象的处理，抽象出目标对象内部本质的变化规律及其联系，最终以一个简单的数值（或经济价值）来表达，为决策者提供信息支持。评价能力的高低取决于 3 个因素：①基础数据组成；②数据分析与处理能力；③评价指标体系建设。我国积累了极为丰富的森林资源和生态状况信息，要让信息使用者从一大堆复杂数据中掌握森林资源现状以及森林资源与生态建设的关系，必须建立有效的评价理论和方法。根据我国新的形势，国家林业发展和国家林业重点工程建设对森林资源清查的信息需求，综合评价内容包括森林经济效益评价、生态效益评价、社会效益评价和林业可持续发展能力评价。

现行森林资源清查中，监测信息的分析评价尚未跟上调查项目和内容扩展的步伐，仍然侧重于森林面积、蓄积现状及消长变化的单一森林资源评价，还没有建立一套完善、科学的多资源与多效益评价指标体系，无法实现对监测对象的综合评价，不能满足全国林业行业与生态建设部门、社会公众和相关国际组织对森林资源及其生态状况的全面系统的深层次信息需求。综合评价指标体系建设中，从以林业为主向林业与社会经济并重，以森林资源为主向森林资源与生态状况并重，以数量指标为主向数量与质量指标并重转变，逐步实现对林业可持续发展指标的评价，使对森林资源和生态状况的调查与监测具备数量化的意义，是今后指标体系发展的主要方向。

分析评价由单一森林资源评价向多资源、多效益综合评价发展，客观上要求增强数据分析处理的能力和信息管理水平。这就需要充分利用现有的森林资源和生态状况信息，以及森林定位观测、林业科研、成果推广、林业生产统计等各种林业信息数据，统一数据标准和信息分类标准，充分应用数据库技术、GIS 技术和模型技术等，研究开发信息管理和数据处理分析技术，建立智能化的信息处理与专家分析系统、信息管理与服务系统，改变以统计分析为主的局面，挖掘信息潜力，保证动态分析的连续性、灵活性，产出信息的综合性、一致性。

总之，我国林业战略调整与快速发展为森林资源清查的健康发展提供了良好的条件和机遇，同时也提出了新的使命和新的课题。密切跟踪国际森林资源监测的发展趋势，转变观念、强化领导、精心组织、狠抓落实，健全国家森林资源清查的组织管理机构和实施机构，形成多级管理网络；加强基础设施建设，为外业调查、综合分析评价和共享服务配置必需的技术装备、基础资料和计算机软硬件设施；加强资金支持力度，完善投资政策和机制，拓宽投资渠道，确保经费来源的稳定性；加强监测队伍建设，建立一支能吃苦、敢打硬仗的监测队伍等，已成为森林资源清查体系建设迫切需要解决的问题和首要任务。将森林资源清查建成与国家林业发展和生态建设相适应的，世界先进的，功能齐全、内容丰富、结构合理、组织协调的系统化、规范化和网络化的综合服务体系，形成健全的综合监测管理、技术及保障系统，快速反应、高效准确的综合监测系统，全方位、多学科、集成管理与各部门共享的基础信息平台和多功能、多目标、多任务的综合评价与决策服务系统，将是我国森林资源清查的发展趋势。

第二节　森林资源规划设计调查

森林资源规划设计调查，简称二类调查，是以国有林业局（场）、自然保护区、森林公园等森林经营单位或县级行政区域为调查单位，以满足森林经营方案、总体设计、林业区划与规划设计需要而进行的森林资源调查。其主要任务是查清调查区内森林、林地和林木资源的种类、数量、质量与分布，客观反映调查区自然、社会经济条件，综合分析与评价森林资源及经营管理现状，提出对森林资源培育、保护与利用的意见。调查成果是建立或更新森林资源档案，制定森林采伐限额，进行林业工程规划设计和森林资源管理的基础，也是制定区域国民经济发展规划和林业发展规划，实行森林生态效益补偿和森林资源资产化管理，指导和规范森林科学经营的重要依据。

二类调查是经营性调查，一般每 10 年进行一次。二类调查目前普遍采用回归估计、抽样控制总体和小班目测调查的技术方法。随着遥感技术的发展和进步，利用高分辨率遥感图像（如 SPOT5）结合地面调查的方式开展二类调查，不仅极大地减少了外业调查的工作量，也提高了调查成果的质量和精度。

一、调查范围、内容、方法及精度要求

（一）调查范围

森林经营单位（国有林场等）调查该单位所有和经营管理的土地，县级行政单位调查县级行政范围内所有的森林、林木和林地。

（二）调查内容

（1）核对森林经营单位的境界线，并在经营管理范围内进行或调整（复查）经营区划。

（2）调查各种林地和各森林类别（生态公益林地和商品林地）的面积及权属（生态公益林地包括事权）。

（3）调查林地上各类森林、林木蓄积。

（4）调查“四旁”树株数、蓄积、林木占地面积。

（5）调查与森林资源有关的自然地理环境和生态环境因素。

（6）调查森林经营条件、前期主要经营措施与经营成效。

（三）调查方法

应用 RS、GIS 和 GPS 技术，采用卫星影像室内判读区划，外业实地调查小班属性的方法。

1. 区划

利用最近 3 年拍摄的 SPOT5 卫星遥感图像，依据光谱特征建标判读，室内在 DLG 上全面进行小班区划，小班调查时进行修正。

2. 面积求算

应用 ArcGIS 求算面积。

3. 小班属性调查

（1）小班因子及蓄积量调查，采用小班调查的方法。

（2）“四旁”树调查。

村镇树调查：采用以固定面积为单元随机抽样调查的方法。

农田林网、农林间作调查：采用典型标准地（段、行）或线状抽样的方法进行调查。

零星树调查：在小班内的随机抽取一定比例树木进行调查。

（四）精度要求

1. 系统抽样调查精度（可靠性 95%）

以商品林为主的经营单位或县级行政单位总体蓄积量控制精度 90% 以上，以公益林为主的经营单位或县级行政单位总体蓄积量控制精度 85% 以上，自然保护区、森林公园总体蓄积量控制精度 80% 以上。

2. 小班区划调绘误差

（1）以行政界线、明显地物界作区划界定，调绘误差应小于图上距离 0.3 mm。

（2）以不明显地物界作区划界定，调绘误差应小于图上距离 0.5 mm。

（3）外业调查拆分、合并小班，小班线移动符合小班划分条件和要求。

3. 小班调查精度

主要小班测树调查因子允许误差分Ⅰ、Ⅱ、Ⅲ三个等级，见表 11-22。

表 11-22　主要小班测树调查因子允许误差

调查因子	允许误差(%)		
	Ⅰ级	Ⅱ级	Ⅲ级
小班面积	5	5	5
树种组成	5	10	20
平均树高	5	10	15
平均胸径	5	10	15
平均年龄	10	15	20
郁闭度	5	10	15
每公顷断面面积	5	10	15
每公顷蓄积量	15	20	25
每公顷株数	5	10	15

(1)国有森林经营单位商品林小班允许误差采用等级“Ⅰ级”。

(2)一般区(县)级行政单位的商品林小班、所有单位的一般生态公益林小班允许误差采用等级“Ⅱ级”。

(3)自然保护区、森林公园和其他特殊、重点生态公益林小班误差采用等级“Ⅲ级”。

(4)小班权属、地类、林种、树种、起源不得有误。

二、技术标准

(一)土地类型

1. 分类系统

土地类型(以下简称地类)是根据土地的覆盖和利用状况综合划定的类型,包括林地和非林地 2 个一级地类。其中,林地划分为 8 个二级地类、12 个三级地类、4 个四级地类;非林地划分为 6 个二级地类、11 个三级地类(见表 11-23)。地类划分的最小面积为 0.067 hm^2。

1)林地

林地分为有林地、疏林地、灌木林地、未成林地、苗圃地、无立木林地、宜林地和辅助生产林地。

(1)有林地:连续面积大于 0.067 hm^2、郁闭度≥0.20、附着有森林植被,或人工造林和飞播造林达到成林年限,单位面积保存株数达到合理造林密度 80% 以上的林地,包括乔木林和竹林。

(2)疏林地:附着有乔木树种,连续面积大于 0.067 hm^2、郁闭度为 0.10～0.19 的林地。

(3)灌木林地:附着有灌木树种或因生境恶劣矮化成灌木型的乔木树种以及胸径小于 2 cm的小杂竹丛,以经营灌木林为目的或起防护作用,连续面积大于 0.067 hm^2、覆盖度在 30% 以上的林地,分为国家特别规定灌木林和其他灌木林。其中,灌木林带行数应在 2 行以上且行距≤2 m;当林带的缺损长度超过林带宽度 3 倍时,应视为两条林带;两平行灌木林带的带距≤4 m 时按片状灌木林调查。

表 11-23　土地分类系统

	一级地类	二级地类	三级地类	四级地类
土地	林地	1. 有林地	乔木林	纯林
				混交林
			竹林	
		2. 疏林地		
		3. 灌木林地	国家特别规定灌木林地	乔木上限灌木林
				灌木经济林
			其他灌木林地	
		4. 未成林地	人工造林未成林地	
			封育未成林地	
		5. 苗圃地		
		6. 无立木林地	采伐迹地	
			火烧迹地	
			其他无立木林地	
		7. 宜林地	宜林荒山荒地	
			宜林沙荒地	
			其他宜林地	
		8. 辅助生产林地		
	非林地	1. 耕地	已林网耕地	
			已间作耕地	
			未林网间作耕地	
			不宜林网间作耕地	
		2. 牧草地		
		3. 水域	河流	
			湖泊	
		4. 未利用地		
		5. 建设用地	铁路	
			公路	
			城镇建设用地	
			村庄建设用地	
			其他建设用地	
		6. 其他非林地		

(4)未成林地。

人工造林未成林地:人工造林(包括植苗、穴播或条播、分殖造林)和飞播造林(包括模拟飞播)后不到成林年限,造林成效符合下列条件之一,分布均匀,尚未郁闭但有成林希望的林地:人工造林当年造林成活率 85% 以上或保存率 80% 以上,飞播造林后成苗调查苗木 3 000 株/hm^2 以上且分布均匀。

封育未成林地:采取封山育林或人工促进天然更新后,不超过成林年限,天然更新等级中等以上,尚未郁闭但有成林希望的林地。

(5)苗圃地:连续育苗 3 年以上,固定的林木、花卉育苗用地,不包括母树林、种子园、采穗圃、种质基地等种子、种条生产用地以及种子加工、储藏等设施用地。

(6)无立木林地:包括采伐迹地、火烧迹地和其他无立木林地。

(7)宜林地:包括宜林荒山荒地、宜林沙荒地和其他宜林地。

(8)辅助生产林地:直接为林业生产服务的工程设施与配套设施用地和其他有林地权属证明的土地。

2)非林地

非林地指林地以外的土地,包括耕地、牧草地、水域、未利用地、建设用地和其他非林地等。

(二)森林(林地)类别及生态区位

1. 森林(林地)类别划分

除辅助生产林地外,其他林地(有林地、疏林地、灌木林地、未成林造林地、苗圃地、无立木林地、宜林地)需划分森林类别。按照主导功能的不同将森林(含林地)分为生态公益林(地)和商品林(地)两个大类别。

(1)生态公益林(地):以保护和改善人类生存环境、维持生态平衡、保存种质资源、科学实验、森林旅游、国土保安等需要为主要经营目的的森林、林木、林地。

(2)商品林(地):以生产木材、竹材、薪材、干鲜果品和其他工业原料等为主要经营目的的森林、林木、林地。

2. 公益林生态区位

公益林生态区位标准执行《国家林业局财政部重点公益林区划界定办法》和《河南省省级公益林区划界定办法》。区位名称为具体地理名称,如"黄河"、"丹江口水库"等。若生态区位是水土流失区和泛风沙区者,区位名称为生态区位分类名称,即水土流失区或泛风沙区。当生态区位是其他者,区位名称为地名,国有的为场名,非国有的为行政村名。

(三)林种

1. 分类系统

有林地、疏林地和灌木林地根据经营目标的不同分为5个林种、23个亚林种,分类系统见表11-9。

1)防护林

防护林是指以发挥生态防护功能为主要目的的森林、林木和灌木林。

(1)水源涵养林:以涵养水源、改善水文状况、调节区域水分循环,防止河流、湖泊、水库淤塞,以及保护饮用水水源为主要目的的森林、林木和灌木林。具有下列条件之一者,可划为水源涵养林:

①流程在500 km以上的江河发源地汇水区,主流与一级、二级支流两岸山地自然地形中的第一层山脊以内,如伊河、淮河及其支流汝河、沙河、洪河、颍河等的源头处的森林、林木和灌木林。

②流程在500 km以下的河流,但所处地域雨水集中,对下游工农业生产有重要影响,其河流发源地汇水区及主流、一级支流两岸山地(如白河、唐河、湍河、老灌河等)自然地形中的第一层山脊以内的森林、林木和灌木林。

③大中型水库与湖泊(大型:库容1.0亿m^3以上,中型:0.1亿~1.0亿m^3)周围山地自然地形第一层山脊以内或平地1 000 m以内,小型水库与湖泊周围自然地形第一层山脊以内或平地250 m以内的森林、林木和灌木林。

④保护城镇饮用水源的森林、林木和灌木林。

(2)水土保持林:以减缓地表径流、减少冲刷、防止水土流失、保持和恢复土地肥力为主要目的的森林、林木和灌木林。具备下列条件之一者,可划为水土保持林:

①大别山、桐柏山区坡度≥40°;伏牛山、太行山区坡度≥36°,森林采伐后会引起严重水土流失的森林、林木和灌木林。

②因土层瘠薄,岩石裸露,采伐后难以更新或生态环境难以恢复的森林、林木和灌木林。

③土壤侵蚀严重的黄土丘陵区塬面,侵蚀沟、石质山区沟坡、地质结构疏松等易发生泥石流地段的森林、林木和灌木林。

④主要山脊分水岭两侧各 300 m 范围内的森林、林木和灌木林。

(3)防风固沙林:以降低风速、防止或减缓风蚀、固定沙地,以及保护耕地、果园、经济作物、牧场免受风沙侵袭为主要目的的森林、林木和灌木林。具备下列条件之一者,可以划为防风固沙林:

①强度风蚀地区,常见流动、半流动沙地(丘、垄)地段的。

②与沙地交界 250 m 以内的。

③其他风沙危害严重地区的。

(4)农田牧场防护林:以保护农田、牧场减免自然灾害,改善自然环境,保障农、牧业生产条件为主要目的的森林、林木和灌木林。具备下列条件之一者,可以划为农田牧场防护林:

①农田、草牧场境界外 100 m 范围内,与沙质地区接壤 250 ~ 500 m 范围内的。

②为防止、减轻自然灾害在田间、草牧场、阶地、低丘、岗地等处设置的林带、林网、片林。

(5)护岸林:以防止河岸、湖岸冲刷崩塌与固定河床为主要目的的森林、林木和灌木林。具备下列条件之一者,可以划为护岸林:

①主要河流两岸各 200 m 及其主要支流两岸各 50 m 范围内的,包括河床中的雁翅林。

②堤岸、干渠两侧各 10 m 范围内的。

(6)护路林:以保护铁路、公路免受风、沙、水、雪侵害为主要目的的森林、林木和灌木林。具备下列条件之一者,可以划为护路林:

①林区、山区国道及干线铁路路基与两侧(设有防火线的在防火线以外)的山坡或平坦地区各 200 m 以内,非林区、丘岗、平地和沙区国道及干线铁路路基与两侧(设有防火线的在防火线以外)各 50 m 以内的。

②林区、山区、沙区的省、县级道路和支线铁路路基与两侧(设有防火线的在防火线以外)各 50 m 以内,其他地区 10 m 范围内的。

(7)其他防护林:以防火、防雪、防雾、防烟、护鱼等其他防护作用为主要目的的森林、林木和灌木林。

2)特种用途林

以保存物种资源、保护生态环境,用于国防、森林旅游和科学实验等为主要经营目的的森林、林木和灌木林。

(1)国防林:以掩护军事设施和用做军事屏障为主要目的的森林、林木和灌木林。

(2)实验林:以提供教学或科学实验场所为主要目的的森林、林木和灌木林,包括科研试验林、教学实习林、科普教育林、定位观测林等。

（3）母树林：以培育优良种子为主要目的的森林、林木和灌木林，包括母树林、种子园、子代测定林、采穗圃、采根圃、树木园、种质资源和基因保存林等。

（4）环境保护林：以净化空气、防止污染、降低噪音、改善环境为主要目的的有林地，包括城市及城郊接合部、工矿企业内、居民区与村镇绿化区的森林、林木、灌木林。

（5）风景林：以满足人类生态需求、美化环境为主要目的，分布在风景名胜区、森林公园、度假区、狩猎场、城市公园、乡村公园及游览场所内的森林、林木和灌木林。

（6）名胜古迹和革命纪念林：位于名胜古迹和革命纪念地，包括自然与文化遗产地、历史与革命遗址地的森林、林木和灌木林，以及纪念林、文化林、古树名木等。

（7）自然保护区林：各级自然保护区、自然保护小区内以保护和恢复典型生态系统和珍贵、稀有动植物资源及栖息地或原生地，或者保存和重建自然遗产与自然景观为主要目的的森林、林木和灌木林。

3）用材林

以生产木材或竹材为主要目的的森林、林木和灌木林。

（1）短轮伐期工业原料用材林：以生产纸浆材及特殊工业用木质原料为主要目的，按照工程项目管理，采取集约经营与定向培育的森林、林木和灌木林。

（2）速生丰产用材林：通过使用良种壮苗和实施集约经营，缩短培育周期，获取最佳经济效益，森林生长指标达到相应树种速生丰产林国家（行业）标准的森林。

（3）一般用材林：其他以生产木材和竹材为主要目的的森林、林木。

4）薪炭林

以生产热能燃料为主要经营目的的森林、林木和灌木林。

5）经济林

以生产油料、干鲜果品、林化工业原料、药材及其他副特产品为主要经营目的的森林、林木和灌木林。

（1）果品林：以生产各种干、鲜果品为主要目的的森林、林木和灌木林。如柑橘、苹果、梨、桃、枣、柿、板栗、葡萄、山楂、杏等。

（2）食用原料林：以生产食用油料、饮料、调料、香料等为主要目的的森林、林木和灌木林。如油茶、核桃、黄连木、茶、猕猴桃、花椒、桂花等。

（3）林化工业原料林：以生产树脂、橡胶、木栓、单宁等非木质林产化工原料为主要目的的森林、林木和灌木林。如漆树、油桐、乌桕等。

（4）药用林：以生产药材、药用原料为主要目的的森林、林木和灌木林。如杜仲、银杏、山茱萸、辛夷等。

（5）其他经济林：以生产其他林副、特产品为主要目的的森林、林木和灌木林。如香椿、（蚕）桑、（蚕）柞、白蜡（条、杆）、柳（杆）、桑（杈）、紫穗槐等。

2. 林种优先级

当某地块同时满足一个以上林种划分条件时，应根据先生态公益林、后商品林的原则区划。商品林按适地适树原则确定，公益林按以下优先顺序确定：国防林、自然保护区林、名胜古迹和革命纪念林、风景林、环境保护林、母树林、实验林、护岸林、护路林、水土保持林、水源涵养林、防风固沙林、农田牧场防护林、其他防护林。

（四）树种（组）、优势树种（组）与树种组成

1. 树种（组）

1）用材乔木树种组

冷杉（包括铁杉、冷杉）、柏木（包括侧柏、柏木、桧柏等柏科树种）、落叶松（包括日本落叶松、华北落叶松等）、油松（包括油松、华山松、黑松等）、马尾松（包括马尾松、黄山松等）、国外松（包括火炬松、湿地松等）、杉木、水杉（包括水杉、池杉、落羽杉、柳杉等）、栎类（除板栗、蚕柞外壳斗科树种，如麻栎、栓皮栎、锐齿栎、短柄枹、槲栎、僵子木、茅栗等）、桦木（包括白桦、红桦等）、刺槐、白榆、泡桐、毛白杨、其他杨类（包括沙兰杨、中林 46、72 杨、69 杨、107 杨、108 杨等品种和无性系类型（不含山杨））、软阔、硬阔、针叶混（针叶混交林中组成树种优势不明显的各树种）、针阔混（针阔混交林中组成树种优势不明显的各树种）。

2）竹类组

毛竹：包括毛竹、刚竹等大径竹。

杂竹：包括淡竹、桂竹等小径竹。

3）经济乔木树种组

苹果、梨树、杏树（包括李、桃、杏李）、柑橘、山楂、柿树、枣树、板栗、核桃、油桐、漆树、乌桕、杜仲、银杏、蚕柞、白蜡、其他乔木经济树种（包括上述以外的乔木经济树种）。

4）灌木树种组（含藤本经济树种）

（1）经济灌木树种组：油茶、茶树、花椒、杞柳（包括柽柳等）、紫穗槐、山茱萸、连翘、金银花、栀子、石榴、葡萄、猕猴桃、其他经济灌木。

（2）一般灌木树种组：酸枣、荆条、山皂角、黄栌、胡枝子类、山胡椒、马桑、观赏灌木（包括各种观赏灌木）、绿篱（包括黄杨、女贞等）、其他一般灌木树种。

2. 优势树种（组）

在用材树乔木林、疏林小班中，树种（组）蓄积量占小班总蓄积量 65% 以上的确定为优势树种（组）。

未达到起测胸径的幼龄林、竹林、未成林造林地小班，按株数组成比例确定，株数占总株数最多的树种（组）为小班的优势树种（组）。

经济树乔木林、灌木林按株数或丛数比例确定，株数或丛数占总株数或丛数最多的树种（组）为小班的优势树种（组）。

3. 树种组成

乔木林、竹林分别计算小班各树种所占比例，按十分法确定树种组成。从大到小排列，树种前加比例系数，如“7 马 2 栎 1 杉”。系数相等时，根据小班各树种的经营目的或经济价值的重要性依次排列，如“5 马 5 栎”。组成比达不到 5% 的树种，树种前用“ + ”、“ − ”表示，≥3% 的计“ + ”，<3% 的计“ − ”。灌木林、疏林、未成林造林地不计树种组成。

（五）龄级、龄组、生产期与竹度

1. 龄级与龄组

以优势树种的平均年龄作为乔木林、竹林的平均年龄，以此确定龄级、龄组；针阔混按针叶树年龄确定龄级、龄组。

龄组分为幼龄林、中龄林、近熟林、成熟林、过熟林。按表 11-5 的标准执行。

2. 生产期

经济林划分为产前期、初产期、盛产期和衰产期4个生产期。

产前期：定植后至尚未开花结实的经济林。

初产期：开始结果尚未进入大量结实阶段的经济林。

盛产期：产量达高峰期的经济林。

衰产期：虽有结实能力，但产量明显降低的经济林。

河南省主要经济树种生产期划分见表11-24。

表11-24　河南省主要经济树种生产期划分　（单位：a）

树种	产前期	初产期	盛产期	衰产期
桃	1～2	3	4～15	16以上
苹果	1～3	4	5～25	26以上
李、杏	1～2	3	4～25	26以上
葡萄、猕猴桃	1～2	3	4～35	36以上
梨	1～2	3	4～30	31以上
樱桃	1～2	3～4	5～25	26以上
石榴	1～3	4	5～40	41以上
山楂	1～3	4	5～50	51以上
核桃	1～3	4～6	7～50	51以上
枣	1～2	3～5	6～80	81以上
柿	1～3	4～5	6～60	61以上
板栗	1～3	4～5	6～50	51以上
银杏	1～5	6～7	8～100	101以上
杜仲	1～5	6～7	8～30	30以上
辛夷	1～5	6～14	15～100	101以上
山茱萸	1～5	6～8	8～150	151以上

注：1. 表中未列入的树种，结合当地实际情况，参考该表树种调查记载。

2. 产前期1～2年的经济树种人工造林成林年限为2年，其他产前期的经济树种成林年限为3年。

3. 竹度

竹林的龄级按竹度确定。一个大小年的周期一般为2年，称为一度。一度为幼龄竹，二、三度为壮龄竹，四度以上为老龄竹。

（六）立地因子

1. 地貌

中山：海拔为1 000 m以上的山地。

低山：海拔小于1 000 m的山地。

丘陵：没有明显的脉络，坡度较缓和，且相对高差小于100 m。

平原：平坦开阔，起伏很小。

2. 坡度

Ⅰ级为平坡0°～5°，Ⅱ级为缓坡6°～15°，Ⅲ级为斜坡16°～25°，Ⅳ级为陡坡26°～35°，

Ⅴ级为急坡36°～45°，Ⅵ级为险坡46°以上。

3. 坡向

分东、南、西、北、东北、东南、西北、西南及无坡向9个方位。

4. 坡位

分脊、上、中、下、谷、平地6个坡位。

5. 土壤

1）土壤名称

土壤名称只调查记载土类，河南省主要土类有黄棕壤、黄褐土、棕壤、山地草甸土、褐土、潮土、砂姜黑土、沼泽土、盐土、盐碱土、碱土、水稻土、红黏土、紫色土、火山灰土、风沙土、新积土、石质土、粗骨土。

2）腐殖质层厚度和土层厚度

（1）腐殖质层厚度。腐殖质层厚度分为三级：厚（>5 cm），中（2～4.9 cm），薄（<2 cm）。

（2）土层厚度。土层厚度根据土壤的A层+B层或表土层+心土层厚度确定，分为三级：厚层土（≥60 cm），中层土（30～59 cm），薄层土（<30 cm）。

（七）其他标准

1. 权属

权属包括所有权和使用权（经营权），分为林地所有权、林地使用权和林木所有权、林木使用权。只调查林地所有权、林木使用权、林地使用权。

（1）林地所有权：分为国有和集体。

（2）林木使用权：分为国有、集体、个人、承包租赁和其他。

（3）林地使用权：分为国有、集体、个人、承包租赁和其他。

2. 起源

分为天然林、人工林和飞播林。

3. 径阶与径级组

林木调查起测胸径为5.0 cm，以2 cm为一径阶距并采取上限排外法。

按径阶划分径级组的标准为：小径组6～12 cm，中径组14～24 cm，大径组26～36 cm，特大径组38 cm以上。

4. 天然更新等级

天然更新等级根据幼苗各高度级的天然更新株数确定，见表11-20。

5. 林层结构

林层结构分为单层林和复层林。复林层划分应同时满足以下4个条件：

（1）各林层每公顷蓄积量不小于30 m^3。

（2）相邻林层间林木平均高相差20%以上。

（3）各林层平均胸径在8 cm以上。

（4）主林层郁闭度大于0.30，其他林层郁闭度大于0.20。

6. 郁闭度、覆盖度

（1）郁闭度：森林中乔木树冠彼此相接，遮蔽地面的程度。即单位面积上立木树冠投影面积之和与该面积的比值，用十分法表示。复层林测定分层郁闭度和总郁闭度，总郁闭度不能大于 1.0。郁闭度的测定采用树冠投影点观测。

郁闭度等级分为高、中、低三级。

高:郁闭度 0.70 以上。

中:郁闭度 0.40～0.69。

低:郁闭度 0.20～0.39。

(2)覆盖度:也称盖度,指植被覆盖地面的百分率。

覆盖度等级分为密、中、疏三级。

密:覆盖度 70% 以上。

中:覆盖度 50%～69%。

疏:覆盖度 30%～49%。

7. 群落结构类型

完整结构:具有乔木层、下木层、草本层和地被物层 4 个植被层的森林。

复杂结构:具有乔木层和其他 1～2 个植被层的森林。

简单结构:只有乔木 1 个植被层的森林。

8. 自然度

天然林按照植被状况与原始顶极群落的差异,或次生群落位于演替中的阶段划为 3 级。

Ⅰ:原始或受人为影响很小而处于基本原始的植被。

Ⅱ:有明显人为干扰的天然植被或处于演替中期或后期的次生群落。

Ⅲ:人为干扰很大,演替逆行处于极为残次的次生植被阶段或天然植被几乎破坏殆尽,难以恢复的逆行演替后期。

9. 工程类别

分天然林保护工程、退耕还林工程、长江淮河防护林工程、太行山绿化工程、防沙治沙工程、自然保护区建设工程、外资造林工程、其他工程和非工程。

10. 散生木和"四旁"树

1)散生木

生长在竹林地、灌木林地、未成林造林地、无立木林地、宜林地和辅助生产用地上达到检尺径的林木,以及散生在幼林中的高大林木。

2)"四旁"树

"四旁"树是在宅旁、村旁、路旁、水旁等栽植的面积不到 0.067 hm^2 的各种竹丛、林木。河南省"四旁"树类型分为下列 4 种。

(1)村镇树:指村镇、城市、独立机构、工矿区栽植的树木。村镇树再分为村庄树和城镇树。

村庄树是指生长在村庄内房前屋后的树木。

城镇树是生长在乡镇以上城镇建城区的树木。独立机构、工矿区内的树木按城镇树调查。

(2)间作树:指农林间作区耕地内间种的树木。农林间作区内面积小于 0.067 hm^2 的成片林木亦按间作树调查。农田林网内又实行农林间作者,统一按间作树调查。

(3)林网树:按一定规格设计栽植,网格面积在 20 hm^2 以下(高产区和稻区网格面积不得超过 26.67 hm^2,沙区网格面积不得超过 13.33 hm^2)的树木。

(4)零星树:除村镇、林网、间作树外,在耕地、田埂、水旁、路旁、渠旁等零星或成带栽植的树木及非农林间作区 0.067 hm^2 以下的片林,统一按零星树调查。

3)"四旁"树占地折算标准

"四旁"树木林冠的地面水平投影面积即为占地面积。成带、成片栽植的树木占地面积按其投影的几何形状求算。其他"四旁"树占地面积按 1 650 株/hm^2 计,其中,"四旁"竹子每 1 m^2 折合 1 株"四旁"树;"四旁"灌木一丛算 1 株"四旁"树,分不清时每 1 m^2 折合 1 株"四旁"树。

11. 森林覆盖率与林木绿化率

(1)森林覆盖率计算公式如下:

$$森林覆盖率=\frac{有林地面积}{土地总面积}\times100\%+\frac{国家特别规定灌木林面积}{土地总面积}\times100\%$$

(2)林木绿化率计算公式如下:

$$林木绿化率=\frac{有林地面积}{土地总面积}\times100\%+\frac{灌木林面积}{土地总面积}\times100\%+\frac{“四旁”树占地面积}{土地总面积}\times100\%$$

三、森林经营区划

(一)经营区划系统

(1)经营单位区划系统:林场→工区(营林区、功能区)→林班→小班。

(2)县级行政单位区划系统:县(市、区)→乡(镇、场)→行政村(林班)→小班。

经营区划界线同行政界线保持一致。对过去已区划的界线,应相对固定,无特殊情况不宜更改。

(二)林班区划

林班区划原则上采用自然区划或综合区划,地形平坦等地物点不明显的地区,可以采用人工区划。林班面积一般为 100 ~ 500 hm^2。自然保护区和生态公益林的林班面积根据需要可适当放大。林班号(村)以场(乡)为单位统一编号,工区的林班号应保持连续性,由西向东、从北到南以阿拉伯数字顺序编号。

(三)区划要求

(1)县、林场、乡、管理局、管理站、行政村应维持现行管辖界线。国有林场的林班是永久性经营单位,对过去已区划的林班,无特殊情况不宜更改。

(2)国有林场应在有关境界上竖立不同的标牌、标桩等标志,在人工区划或自然区划界线不太明显的林班线的交叉点上埋设林班标,在不同权属的边界与铁路、公路及县道相交的路旁设立标牌。标牌、标桩的材料,以坚实耐用为原则。

(3)根据现有材料,将场(乡)、管理局、管理站、工区、林班(行政村)界线转绘到地形图(DLG)上,在地形图上区划小班。在小班调查时,只对小班区划界线进行现地修正。

(4)各县(市、区)区划后,编制乡镇(场)、行政村代码表。从北到南、自西而东顺序编排。乡镇(场)代码以县(市、区)为单位,2 位代码。行政村代码以乡镇为单位,3 位代码。

(四)森林分类区划

森林分类区划是在综合考虑国家和区域生态、社会与经济需求后,依据国民经济发展规划、林业发展规划、林业区划等宏观规划成果进行的区划。森林分类区划以小班为单位,根据《国家林业局　财政部重点公益林区划界定办法》和《河南省省级公益林区划界定办法》，在已有森林分类区划成果的基础上，划分森林类别。

（五）小班划分条件

小班是森林资源规划设计调查、统计和经营管理的基本单位，小班划分应尽量以明显地形地物界线为界，同时兼顾资源调查和经营管理的需要考虑下列基本条件：

（1）权属不同。

（2）森林类别及林种不同。

（3）生态公益林的事权不同。

（4）林业工程类别不同。

（5）地类不同。

（6）起源不同。

（7）优势树种（组）比例相差两成以上。

（8）Ⅵ龄级以下相差一个龄级，Ⅶ龄级以上相差两个龄级。

（9）商品林郁闭度相差0.20以上，公益林相差一个郁闭度级，灌木林相差一个覆盖度级。

（10）“四旁”树类型不同。

（11）林带宽度不同。

（12）农林间作类型不同。

（六）小班划分方法

1. 小班划分

重新区划小班，将土地区划为林地和非林地，对林地逐小班进行区划。对非林业用地区划出村镇和间作小班（图斑），其余非林业用地合并作为1个小班，命名为剩余小班。以上小班（图斑）为面状。

平原区林带（带宽50 m以下）按线状小班（图斑）区划。

行政村边界上的林带，以图上界线为准归属调查。

内业区划用ArcGIS以SPOT5卫星影像为底图在DLG上进行区划。按照县（林场）、乡（工区）、村（林班）、小班次序，从大到小区划，县、乡、村界，依据各县提供的界线区划，并对不合理的界线进行修正。行政界线内区划确定后，外业调查一般不再改动，改变行政隶属关系的单位，如新建行政单位、扩大或减小辖区面积，全县统一调整。

小班区划时，对不同景幅区划人员必须到野外踏查。以卫星遥感影像景幅或融合裁切后的景幅为单元，每景选择3～5条能覆盖区域内所有地类和树种（组）、色调齐全且有代表性的踏查线路。区划人员根据SPOT5卫星遥感影像图斑的形状、大小、色调和颜色、结构纹理、阴影、布局、质感等特征，并考虑卫星遥感影像拍摄的物候期，分地类、树种（组）采集地面实况照片，建立自己的判读标志样片库。根据判读标志，参照小班区划条件进行区划。

山区小班应尽量利用明显的地形、地物，如河流、山脊等自然界线作为小班界线；平原地区小班尽量利用现有固定道路、沟渠、河流等明显界线作为小班界线。城镇、村庄和其他建设用地内的绿地，不划分小班。内业区划通过专人验收后，打印外业调查手图。

外业调查时，调查人员根据实际情况修改小班界线。小班界线修正时，需认真对比实地和卫星影像，访问熟悉的人员，按照小班区划条件，在地形图上确定小班界线。卫星影像上确实分不清时，如异物同谱现象、阴影、云层遮盖等，采用对坡调绘法或借助 GPS 现地确定界线，合并、拆分或移动小班界线，并记录清变动的小班。

小班界线确定后，及时着墨。面状小班界线用黑实线，线宽 0.2 mm，小班中间注明小班号，村镇小班中间加斜线。线状小班，用宽 0.5 mm 黑实线表示，中间线上注明小班号。内业整理时，在计算机上矢量化，矢量化小班必须与调查记录表一一对应。

各种境界线图式，成图时按照《林业地图图式》确定。

2. 小班面积

(1)有林地、疏林地、灌木林地、未成林造林地、苗圃地：商品林小班最大面积为 25 hm^2，生态公益林小班面积一般不应大于 45 hm^2。

山区小班最小面积一般不小于 0.25 hm^2。对于面积在 0.067 hm^2 以上而不满足最小小班面积要求的，仍应按小班调查要求调查、记载，在图上标明位置。小班地形破碎、地类两个以上时，各地类总面积大于或等于 0.067 hm^2 时，可以划分复合小班，实测或目估所占比例，记入小班调查表备注栏中。

平原小班最小面积 0.067 hm^2。

(2)无立木林地、宜林地、辅助生产林地和非林地小班(图斑)最大面积不限。

3. 小班编号与转绘

以林班(村)为单位，由西向东、自北而南用阿拉伯数字编号。

将以往林业工程区划的小班转绘到工作手图上，并标注工程类别。调查时以小班现状为准。

四、森林调查

(一)小班调查方法

小班非测树因子调查用设调查点的方法进行。在小班内设 2～3 个有代表性的点，调查小班非测树因子。

小班测树因子调查方法采用样地实测法和目测法。

(1)样地实测法：适用于林带、林相整齐的人工片林。在小班范围内，随机布设样地(带)，在样地(带)内实测各项调查因子，由此推算小班调查因子，查一元材积表求算小班蓄积。无蓄积量小班调查株数、优势树种、平均高、平均年龄、郁闭度、生长状况等森林小班因子。布设的样地(带)应符合随机原则，样地(带)数量视小班面积而定(见表 11-25)。

表 11-25　样地(带)个数参考表

面积(hm^2)	3 以下	4～7	8～12	13 以上
个数	1	2	3	4

(2)目测法：适用于有林地小班调查。调查前，调查员要通过 25 块以上的标准地目测练习和一个林班的小班目测调查练习，并经过考核，各项调查因子目测的数据 80% 项次以上达到允许的精度要求时，才可以进行目测调查。

小班目测调查时，必须深入小班内部，选择有代表性的调查点进行调查。利用角规样地或固定面积样地以及其他方法进行实测，用以辅助目测。目测调查点数视小班面积而定

（见表 11-26）。

表 11-26　小班角规绕测点数参考表

面积（hm^2）	3 以下	4～7	8～12	13 以上
点数	2	3	4	5

（二）森林小班调查表记载

森林小班调查表如表 11-27 所示。

表 11-27　森林小班调查表

________县（场）________乡（工区、场）________村（林班）　图幅号________卫片号________

小班号	小班面积	地类	前期地类	林地所有权	林地使用权	林木使用权	林种	森林类别	事权	保护等级	生态区位	区位名称	工程类别	林层	群落结构	自然度	地貌	坡向	坡度	坡位	海拔	土壤				优势树种						郁闭度/盖度	经济林生产阶段	竹度	每公顷蓄积量			植被调查			小班特点及备注
																						名称	厚度	质地	砾石含量	树种	起源	年龄	龄级	平均高	平均胸径				森林	疏林	散生木	下木名称	地被物名	总盖度	

1. 表首

记载小班所在位置，填写县（林场）、管理局、管理站、乡（工区、场）、村（林班）、图幅号和卫片号等。

2. 内容

（1）小班号：用阿拉伯数字填写，如：1，2，3，…。复合小班按不同地类分行填写，小班号加小数，如：13.1，13.2，13.3，…。

（2）小班面积：以公顷（hm^2）为单位，保留 2 位小数。面状小班转抄 GIS 计算的面积，线状小班填写实际调查面积。

（3）地类：林地小班填写，按最低一级地类调查确定。如纯林、竹林、疏林地、采伐迹地、灌木经济林等。

（4）前期地类：平原地区所有林地均按地类标准填写"前期地类"项。

（5）权属：分别土地所有权和使用权、林木使用权调查记载。

（6）林种：根据林种划分技术标准调查确定，按林种加亚林种填写。

（7）森林类别：按生态公益林（地）和商品林（地）填写。

（8）事权、保护等级：事权按国家级、省级和省以下填写。保护等级按重点和一般填写。

（9）生态区位、区位名称：按技术标准确定生态区位填写。

（10）工程类别：分别天然林保护工程、退耕还林工程、长江淮河防护林工程、太行山绿化工程、防沙治沙工程、自然保护区建设工程、外资造林工程、其他工程参照设计图填写。

（11）林层：商品林按林层划分条件确定是否分层，按单林层和复林层填写。

（12）群落结构：公益林根据植被的层次多少确定群落结构类型。

（13）自然度：天然林根据干扰的强弱程度记载到级，如Ⅰ。

（14）地形地势（可在 DLG 上读取）地貌：分别中山、低山、丘陵和平原记载。海拔：记载小班的海拔分布范围,如 450 ~ 560 m。坡向和坡位:记载小班主要坡向和坡位。坡度:目测小班平均坡度,如 16°。

(15)土壤:一般情况,挖一个辅助剖面(厚土型要挖 60 cm 以上)记载土类、土层厚度(A + B 层或耕作层 + 心土层)、质地(分沙土、沙壤土、壤土、黏土等)、砾石含量等。

(16)优势树种项(包括树种、起源、年龄、龄级、平均高、平均胸径)、郁闭度/盖度、经济林生产阶段、竹度、每公顷蓄积量(包括森林、疏林、散生木)根据调查结果填写。

(17)植被调查:记载下木、活地被物的主要种类(1 种)、总盖度等。

(18)小班特点及备注:记载林地卫生、林木(苗木)受病虫危害和火灾危害、人为破坏、林内枯倒木分布与数量、过往经营活动情况,以及野生珍稀植物名称、数量、分布状况等。林木病虫害应调查记载林木病虫害的有无以及病虫种类、危害程度。森林火灾应调查记载森林火灾发生的时间、受害面积、损失蓄积。

3. 表尾

填写调查者、检查者姓名,记录调查、检查时间。

(三)小班森林因子调查

1. 用材树乔木林、疏林地小班

(1)角规调查点的确定。小班调查时,必须深入小班内部,选择有代表性的调查点,设置角规绕测样地进行调查,按表 11-27 确定角规绕测点数。小班平均坡度在 45°以上的小班,各项因子允许目测。

绕测点应设小木桩,以备检查。记录绕测点 GPS 坐标。

(2)角规绕测。以样点为中心,利用断面积因子等于 1 的角规,对直径 5 cm 以上的树木逐株绕测一周,凡相割者记 1 株,相切者记 0.5 株,不相割也不相切者不计数。对于临界树和看不到胸径的树,要实测角规点到树干中心的斜距和胸径,斜距大于胸径的 50 倍时不计;小于胸径的 50 倍时记 1 株;相等时记 0.5 株。每个点应绕测两次,取平均值。两次测值相差不得超过 1/10,否则重新测定。绕测结果分树种记入“测量”栏。当坡度大于 12°时,要进行坡度改正,结果记入“改正”栏。倒木要实测角规点到树干基部的斜距和胸径,按上述方法计数。

(3)平均高和平均直径测定。在角规点上选择各树种组的平均木,测定其树高和胸径,取一位小数。若小班绕测点有 2 个时,优势树种每点测 2 株取平均值,组成树种测 1 株,绕测点有 3 个以上时,各树种组均测 1 株。

(4)郁闭度测定。以角规点为中心向东、西、南、北四个方向各走 25 步,用抬头望法确定郁闭度,并记载在角规绕测表上,最后取各点平均数记入小班调查簿优势树种栏内。

(5)林龄测定。小班内各树种(组)均需测定林龄,人工林根据造林年度确定,以一年为单位,计算时注意加苗龄;天然林要根据冠形、树皮、树高、直径、立地条件等因子目测确定,如有伐根,可查数年轮作参考。

(6)起源。现地观察和访问确定。

(7)计算小班每公顷蓄积量。

①树种平均高与平均直径:分树种按加权平均法计算,即

$$\overline{H}_i = \frac{\sum H_i G_i}{\sum G_i}$$

$$\overline{D_i} = \frac{\sum D_i G_i}{\sum G_i}$$

式中　$\overline{H_i}$——树种平均高；

$\overline{D_i}$——树种平均直径；

H_i——该树种各绕测点树高；

D_i——各绕测点直径；

G_i——各绕测点断面面积；

$\sum G_i$——该树种总断面面积。

②平均形高($\overline{FH}$)：根据树种平均直径(径阶)和平均高由形高表查得。平均高与表中高不符时，可用内插法计算。形高取三位小数。

③每公顷蓄积量：按下式计算

$$\overline{G_i} = \frac{\sum G_i}{n}$$

$$\overline{M_i} = \overline{FH_i} \times \overline{G_i}$$

式中　$\sum G_i$——各个绕测点断面面积总和；

n——绕测点数；

$\overline{G_i}$——树种平均每公顷断面面积；

$\overline{FH_i}$——平均形高；

$\overline{M_i}$——树种平均每公顷蓄积(取整数)。

以上各因子计算检查无误后，转入小班调查簿林木调查栏内。

散生木，分树种按上述方法计算。角规绕测记录表填不下时，可另续。

(8)树种组成。各树种每公顷蓄积量占小班每公顷蓄积量的百分比即为各树种的组成系数，用十分法记载。填入备注栏内。

(9)优势树种(组)。按优势树种(组)划分标准确定，填入优势树种栏内。

(10)小班起源、年龄、龄组、平均直径、平均高均按优势树种填写，记入优势树种栏。阔叶混交、针叶混交、针阔混交按组成比最大的一个树种组填写。

(11)林带和不适宜角规绕测的片林，采用标准地调查法(参照目测练习标准地的调查方法)或样带调查法，调查计算小班森林因子，填写"森林小班样带调查记录"和"森林小班调查表"。工程造林(省级以上工程)林带和达到有林地标准的林带线状小班，按农田林网树(林带)调查方法进行调查，即每条林带抽取 20 m 样段调查，分别填写"'四旁'树、林带小班调查表"和"森林小班调查表"。

①样带的面积与布设方法。

样带数量的确定：样带的数量根据小班面积查表 11-25 确定。

样带的布设方法、形状及面积：第一个样带在林带中随机定点，其余按等距离在林内机械布设，使之分布均匀。

样带以林带中垂直截取标准行的方式确定，可截取一至数行树木，但面积不得少于 133 m^2。

量测样带长、宽时，应从树根起两边各增加半个株行距。样带的面积计算公式为：

$$样带面积(hm^2)=样带长(m)\times样带宽(m)\times0.0001$$

在一个小班内所设样带等长、等宽。

②样带的调查：分树种(组)进行每木检尺(径阶)，记载森林样带调查记录表。

③每公顷株数、蓄积和小班蓄积的计算：首先应计算出全小班所有样带的总面积和各树种各径阶株数，查相应的一元材积表，求出全小班样带的各树种蓄积。用这些蓄积分别除以样带总面积，得小班各树种的每公顷蓄积。各树种每公顷蓄积之和，即为小班每公顷蓄积。计算公式为：

$$\sum A_i = [\sum (L_i \times W_i)] \times 0.0001$$

$$M_j = V_{ij} / \sum A_i$$

$$\overline{M} = \sum M_j$$

$$M = \overline{M} \times A = \sum (M_j \times A)$$

式中　$\sum A_i$——小班内各样带面积之和；

A——小班面积；

L_i、W_i——某小样带的长和宽；

V_{ij}——某树种的各样带蓄积之和；

M_j——某树种的小班每公顷蓄积；

$\overline{M}$——小班平均每公顷蓄积(各树种之和)；

M——全小班蓄积。

同样，用全小班各样带的株数之和除以小样方面积之和，即得小班每公顷株数。

上述计算中，各数据应精确到：L_i、W_i，0.1 m；A_i，0.0001 hm^2；V_{ij}，0.0001 m^3；M_j、$\overline{M}$，1 m^3；M，1 m^3；株数，1 株。

④平均胸径、平均高：每个样带各树种分别计算算术平均胸径(D_{ij})，在样带内找一株胸径与平均直径最接近的树木(生长正常，树种相同)，用测高仪测量其树高，作为该样带该树种平均高(H_{ij})。按照各树种在样带间出现的频数(N_j)计算其小班平均胸径(D_j)和平均高(H_j)，计算公式为：

$$D_j = \sum D_{ij} / N_j$$

$$H_j = \sum H_{ij} / N_j$$

小班平均胸径、平均高分别以优势树种平均胸径、平均高确定。树种优势不明显的，用加权法求算小班平均胸径、平均高，各树种频数(N_j)即为权重。

⑤其他森林因子调查：小班内散生木，分树种按上述方法计算。样带调查记录表填不下时，可另续。

2. 无蓄积幼林、未成林造林地小班

未成林造林地小班，即将进入郁闭或郁闭度不够乔木林标准，而株数达到乔木林标准，或已郁闭但树木达不到检尺标准的幼林(即无蓄积的幼林)小班。除基本情况外，起源、优势树种(组)、树种组成、每公顷株数、平均高、胸径(地径)等项应调查记载。在小班林分特点、健康状况栏内说明整地方法、规格、造林年度、造林初植密度、成活率或保存率、混交比、生长情况等。

3. 林种为经济林的乔木林地小班

小班调查除基本情况和乔木林有关因子外（鲜果类经济树及其他类主干高度小于 2 m 的经济树不检尺，干果类经济树及其他类主干高度大于等于 2 m 的经济树检尺），还要调查主栽品种、年龄、株行距、生产阶段、生长状况（按好、中、差三级记载）。主栽品种、年龄、株行距、生长状况记入备注栏。

4. 竹林小班

小班调查除基本情况外，还要调查以下内容：

(1)大径竹（毛竹、刚竹等）：沿临时调查线设 3 个以上 10 m×10 m 样方，调查竹种、起源、年龄（竹度）、株数推算平均每公顷株数、小班株数。

(2)小径竹：沿临时调查线设 2 个以上 2 m×2 m 小样方，调查内容同大径竹。

5. 母树林、种子园小班

(1)母树林。母树林是采种母树林的简称，是专为生产良种的乔木林。其调查内容除基本情况外，应调查树种、年龄、起源、组成、郁闭度、种子产量、质量等。种子产量、质量及采取过何种经营管理措施记入小班林分特点栏内。

(2)种子园。种子园是用优树或优良无性系的枝条或用种子培育的苗木，按合理方式配置，生产具有优良遗传品质的林木种子场所。除基本情况调查外，应调查树种、年龄、起源、组成、郁闭度、种子产量、质量等。以上调查内容记入小班林分特点栏中。

6. 宜林地、无立木林地小班

只进行基本情况调查。

7. 灌木林小班

除调查基本情况以外，还应在小班有代表性的地段设一个 10 m×10 m 的样方，调查灌木林的林种、优势种、盖度、起源、平均高度等。灌木经济林还要调查生产阶段。

8. 散生木调查

林地（有林地、苗圃地、灌木林地、未成林造林地、无立木林地、宜林地、辅助生产用地）中的散生木，设 1～2 个样点，以角规辅助目测每公顷株数、蓄积量，取平均值作为小班调查平均值，并计算全小班株数、蓄积。

9. 辅助生产林地小班

除调查记载基本情况外，在小班特点栏内记载辅助生产林地的类型、用途、利用或保养现状。

各类小班应调查项目见表 11-28。

表 11-28　不同地类森林小班调查因子

地类调查项目	乔木林	竹林	疏林地	国家特别规定灌木林	其他灌木林	人工造林未成林地	封育未成林地	苗圃地	采伐迹地	火烧迹地	宜林地	其他无立木林地	辅助生产林地
空间位置	1,2	1,2	1,2	1,2	1,2	1,2	1,2	1,2	1,2	1,2	1,2	1,2	1,2
权属	1,2	1,2	1,2	1,2	1,2	1,2	1,2	1,2	1,2	1,2	1,2	1,2	1,2
地类	1,2	1,2	1,2	1,2	1,2	1,2	1,2	1,2	1,2	1,2	1,2	1,2	1,2
前期地类（平原）	1,2	1,2	1,2	1,2	1,2	1,2	1,2	1,2	1,2	1,2	1,2	1,2	1,2

续表 11-28

地类调查项目	乔木林	竹林	疏林地	国家特别规定灌木林	其他灌木林	人工造林未成林地	封育未成林地	苗圃地	采伐迹地	火烧迹地	宜林地	其他无立木林地	辅助生产林地
工程类别	1,2	1,2	1,2	1,2	1,2	1,2	1,2		1,2	1,2	1,2	1,2	
森林类别	1,2	1,2	1,2	1,2	1,2	1,2	1,2	1,2	1,2	1,2	1,2	1,2	
事权	2	2	2	2	2	2	2		2	2	2	2	
保护等级	2	2	2	2	2	2	2		2	2	2	2	
生态区位	2	2	2	2	2	2	2		2	2	2	2	
区位名称	2	2	2	2	2	2	2		2	2	2	2	
林层	1												
群落结构	2												
自然度	1,2	1,2	1,2	1,2	1,2								
自然条件	1,2	1,2	1,2	1,2	1,2	1,2	1,2		1,2	1,2	1,2	1,2	
优势树种(组)	1,2	1,2	1,2	1,2	1,2	1,2	1,2						
树种组成	1,2	1	1,2	1,2	1,2	1	1						
林种	1,2	1,2	1,2	1,2	1,2								
起源	1,2	1,2	1,2	1,2	1,2	1,2	1,2						
平均年龄	1,2	1,2	1,2	1		1,2	1,2						
平均树高	1,2	1,2	1,2	1,2	1,2	1,2	1,2						
平均胸径	1,2	1,2	1,2										
郁闭度	1,2	1,2	1,2										
盖度				1,2	1,2								
每公顷株数	1	1	1			1,2	1,2						
散生木				1,2	1,2	1,2	1,2		1,2	1,2	1,2	1,2	
每公顷蓄积量	1,2	1,2	1,2										
下木植被	1,2	1,2	1,2	1,2	1,2	1,2	1,2		1,2	1,2	1,2	1,2	
调查日期	1,2	1,2	1,2	1,2	1,2	1,2	1,2	1,2	1,2	1,2	1,2	1,2	1,2
调查员姓名	1,2	1,2	1,2	1,2	1,2	1,2	1,2	1,2	1,2	1,2	1,2	1,2	1,2

注:1 为商品林,2 为公益林。

五、"四旁"树调查

(一)"四旁"树调查方法

1. 村镇树调查方法

(1)县(市、区)建成区小班调查。在卫星影像上随机划出 25 hm^2 左右(误差 10% 以内)的图斑,在图斑所涉及的地面范围内,实测调查。计算单位面积各调查因子数值,推算全小班调查因子数值,填表。

(2)乡镇建成区小班调查。在一个县(市、区)范围内随机均匀确定 3 个乡镇,每个乡镇抽取建成区 4 000 m² 左右(误差 10% 以内),调查方法同县(市、区)建成区小班调查。将样本各调查值合计,计算单位面积各调查因子数值,以此推算全县(市、区)每个乡镇建成区小班调查因子数值,填表。

(3)村庄小班调查。以乡镇为单位随机均匀确定 3 个村庄小班,每个村小班抽取居民区 2 000 m² 左右(误差 10% 以内),调查方法同县(市、区)建成区小班调查。将样本各调查值合计,计算单位面积各调查因子数值,以此推算全乡镇每个村庄小班调查因子数值,填表。

2. 农田林网树(林带)调查方法

在调查时在每个林段中有代表性的地段选取 20 m 进行调查。达到有林地标准的林带,注意调查森林小班各项因子。

3. 农林间作树调查方法

调查时深入小班,10 行以下的抽 2 行,10 行以上(含 10 行)的抽 3 行进行每木检尺调查。抽取的样行要分布均匀,具有代表性。乔木经济树、灌木、竹子查数株数,或设样段调查,样段面积应不少于小班面积的 10%。

4. 零星树调查方法

以行政村为单位抽样调查记载,在行政村内“剩余小班”内均匀布设 5 个 100 m×100 m 的样地,进行每木检尺调查。

(二)“四旁”树调查

1.“四旁”树、林带小班调查表记录

“四旁”树、林带小班调查表见表 11-29。

表 11-29　“四旁”树、林带小班调查表

______县(市、区)______乡(镇、农场)______村　　图幅号______卫片号 ______(单位:hm²、m、cm、株)

<table>
<tr><td rowspan="4">小班号</td><td rowspan="4">小班面积</td><td rowspan="4">“四旁”树类型</td><td rowspan="4">抽样面积</td><td rowspan="4">林带长度</td><td rowspan="4">林带宽度</td><td rowspan="4">林带行数</td><td rowspan="4">间作单株平均冠幅</td><td rowspan="4">林占地面积</td><td rowspan="4">树种</td><td colspan="9">抽样调查</td><td rowspan="4">备注</td></tr>
<tr><td><5 cm</td><td colspan="5">5 cm 以上</td><td rowspan="3">经济树株数</td><td rowspan="3">灌木株数</td><td rowspan="3">竹子株数</td></tr>
<tr><td rowspan="2">株数</td><td rowspan="2">株数</td><td colspan="4">胸径测量记录</td></tr>
<tr><td>平均</td><td>1</td><td>2</td><td>3</td></tr>
<tr><td></td><td></td><td></td><td></td><td></td><td></td><td></td><td></td><td></td><td></td><td></td><td></td><td></td><td></td><td></td><td></td><td></td><td></td><td></td><td></td></tr>
</table>

1)表首

填写小班位置,包括县(市、区)、乡(镇、农场、办事处)、行政村(农场分场、社区)、图幅号、卫片号。

2)内容

(1)小班号:用阿拉伯数字填写,如:1,2,3,…。

(2)小班面积:以公顷(hm²)为单位,保留 2 位小数。面状小班转抄 GIS 计算的面积,线状小班,填写实际调查面积。

(3)“四旁”树类型:按“村庄树”、“城镇树”、“林网树”、“间作树”、“零星树”填写。达到林地标准的,该栏填写地类,如:“纯林”、“混交林”等。

(4)抽样面积:以公顷(hm²)为单位,保留 3 位小数。若小班内树木全部调查,抽样面积栏应为全小班面积。

(5)林带长度、宽度、行数:填写全林带的长、宽和行数,长、宽以米(m)为单位,保留整数。

(6)间作单株平均冠幅:以米(m)为单位,保留整数。

(7)林占地面积:计算样本林占地面积,以公顷(hm^2)为单位,保留3位小数。农田林网(林带)按林带长度乘以林带宽度计算;农林间作按单株平均冠幅乘以间作株数计算,或根据间作树覆盖度计算;村镇树和零星树占地面积按1 650株/hm^2计。

(8)树种:按树种(组)名称分行填写。

(9)小班株数、蓄积:由计算机完成。

(10)抽样调查:用材树按树种(组)分别小于5 cm和5 cm以上株数记录,填写3株5 cm以上树木的胸径,并计算平均值。胸径以厘米(cm)为单位,保留1位小数。经济树、灌木、竹子株数不分树种(组),对应小班号行填写。

3)表尾

填写调查者、检查者姓名,记录调查、检查时间。

2. 树木调查

(1)树木株数调查。在样本单元内分别用材树、经济树、灌木、竹子调查株数。用材树按不同树种(组)分别小于5 cm和5 cm以上株数调查,丛状幼树一丛算一株,分不清时,1 m^2算一株。经济树、灌木、竹子调查不分树种(组),灌木、小径竹1 m^2计一株。

调查时用草稿纸以"正"字划计,样本调查完后整理记株数。

(2)胸径、树高调查。在调查过程中,5 cm以上的用材树,对每个树种(组)目视选取3株胸径中庸且干形完好的树木,测量记录其胸径。达到有林地标准的林带,目测记录平均树高。

(3)样本标记。样本调查完后,现地要留下标记,以备检查。

3. 小班株数、蓄积计算

由计算机按一元材积表计算。

(1)小班用材树株数、蓄积量的计算。分树种(组)计算单位面积株数、蓄积,乘以小班总面积,求得小班各树种株数、蓄积。

(2)小班经济树、灌木、竹子株数计算方法同用材树株数计算方法。

六、调查总体蓄积量控制

(一)控制精度要求

(1)以经营单位或县级行政单位为总体进行总体蓄积量抽样控制。调查面积小于5 000 hm^2或森林覆盖率小于15%的单位可以不进行抽样控制,也可以与相邻经营单位联合进行抽样控制,但应保证控制范围内调查方法和调查时间的一致性。

(2)总体抽样控制精度根据单位性质确定:以商品林为主的经营单位或县级行政单位为90%,以公益林为主的经营单位或县级行政单位为85%,自然保护区、森林公园为80%。

(3)在抽样总体内,采用系统抽样方法进行抽样控制调查,样地数量要满足抽样控制精度要求。

(4)基本要求。

①预估总体蓄积量变动系数,系统布设样点,用角规控制检尺样点进行蓄积量和地类调

查。

②调查地区系统抽样调查的有林地、疏林地面积和系统抽样蓄积与其控制范围内小班调查值相差(累偏)在 ±1 倍允许误差范围内时为符合精度要求,以小班调查数据为准统计资源;累偏在 ±(1 ~3)倍允许误差范围内时,以系统抽样调查数据为准,对小班调查数据进行修正;累偏超出 ±3 倍允许误差范围时,应重新调查。

(二)样点及点间距

1. 样点数量计算

在分析调查地区森林资源的基础上,利用近期抽样调查或预备调查资料预估蓄积量变动系数(C),计算样点数(n)。

$$C = (\text{最大每公顷蓄积} - 0)/(6 \times \text{平均每公顷蓄积}) \times 100\%$$

则:

$$n = \frac{t^2C^2}{E^2} \times 110\%$$

式中 E——允许误差,为 0.1(精度 90%);

t——可靠性指标(95%时,$t = 1.96$)。

当计算的样点数(n)县少于 680(林场少于 170)时,为保证县(林场)主要地类面积成数的精度,应按 680(170)布点。

2. 点间距

计算点间距(L):

$$L = \sqrt{\frac{S}{n} \times 10\,000}$$

式中 S——面积,hm^2;

n——计算的样点数。

将计算的点间距(L,单位:m)取百位整数(如 860 取整为 800)作为布点的点间距。

(三)样点布设及样地调查

1. 布点

按照点间距,在 DLG 上用 ArcGIS 布点或手工在地形图上布点。

(1)在县(林场、森林经营单位)范围内区分间距为 L 的网格,各网格的交叉点即为布设的样点。

(2)样点编号。按照自北向南、自西向东的顺序以控制区为单位用阿拉伯数字统一编号,打印各样点号及其纵横坐标。

2. 样地定位

利用 GPS 定位将地形图上所布点的纵横坐标输入 GPS(注意六度带参数转换),进行导航定位。

3. 样地测设

以样点为中心设角规控制检尺样地。

4. 系统控制样地调查

调查填写"角规控制检尺表"。

1)地类(面积成数)调查

所布样点均为成数点,要观察点周围 0.1 ~0.2 hm^2 范围内的主要地类,记入角规控制检尺表地类栏内。

2）蓄积量调查

（1）角规控制检尺。以样点为中心，利用断面积因子等于 1（$f_g=1$）的角规，对直径 5 cm 以上的树木逐株绕测一周，凡相割者计一株，相切者计半株，不相割也不相切者不计数。若辨别不清时，实测测点至被测木的斜距（L）和该树的胸径（D），若 $L<50D$ 者计一株，$L>50D$ 者不计数，$L=50D$ 者记半株。同时，对计数树木分树种进行检尺，按 2 cm 一个径阶整化登记记入角规控制检尺表断面积“测量”栏。当坡度大于 12°时，要查附表进行坡度改正，结果记入“改正”栏。

（2）径阶平均高测定。分树种选测一株径阶平均木的树高作为径阶平均高。

（3）蓄积量计算。分树种根据径阶平均高和径阶查相应树种的二元立木形高表，按下式计算径阶材积（V_i）

$$V_i = FH_i \cdot G_i$$

式中　FH_i——径阶形高；

G_i——径阶绕测断面积即计数株数。

各径阶材积合计即为该树种材积（取小数点四位），各树种材积之和即为样地每公顷蓄积量（取整数）。

5. 样地标志（有蓄积量调查样地）

设置样地标志。

（四）预估抽样精度和小班蓄积调查累偏情况

每个受控制的县（市、区）调查完后，都要粗算本单位抽样精度及小班蓄积累偏情况，以便及时发现问题纠正错误。主要县（市、区）（蓄积量较大）精度达不到 85% 和 80% 时，要考虑补设样地。补设样地也要遵循均匀、等概的原则。

七、内业计算汇总

（一）外业调查材料的系统检查和录入

（1）检查地形图上的各种境界线是否完整、准确，清绘、注记是否正确、清楚。

（2）角控点材料的记载、计算是否正确。

（3）小班调查表的小班个数是否与地形图上调绘的小班个数相符。其记载、计算是否正确，有无错、漏、不清项或前后项矛盾。

（4）小班面积、蓄积和“四旁”树调查表有关数据计算后，录入计算机，建立数据库，统计汇总。

（二）面积求算

1. 面积求算方法

面状图斑面积，包括省、省辖市、县（市、区）、乡（镇、场）、村（林班）、面状小班面积，用 ArcGIS 求算。线状小班面积用实地调查数据。已完成的县（市、区），将全部小班转到计算机上，重新求算面积。各种图斑均要生成 GIS 图形库，并与小班一一对应导入图斑数据库。

小班中各地类面积，按调查比例计算。

面积以公顷（hm^2）为单位，小班面积及林占地面积保留 2 位小数，行政村（林班）面积保留整数。当行政村（林班）合计值不等于整数时，四舍五入取整数，然后调整小班面积的尾数，直至小班面积相加等于行政村（林班）面积（整数）。

2. 面积控制

按行政级别用理论面积控制图幅面积，即省→省辖市→县（市、区）→乡（镇、场）→村（林班）→小班。

控制精度要求：

（1）各乡（镇、场）总面积之和与县理论总面积之差不应大于1/200。

（2）各村（林班）总面积之和与乡（镇、场）理论总面积之差不应大于1/150。

（3）各村（林班）内小班面积之和与村（林班）理论面积之差不应大于1/100。

在上述允许误差范围内可以进行平差。

3. 面积汇总

各级行政单位面积以小班面积为准逐级向上汇总。

4. 成数抽样面积计算

成数：

$$P_i = \frac{n_i}{n}$$

成数误差：

$$\Delta P_i = t \cdot \sqrt{\frac{P_i(1 - P_i)}{n - 1}}$$

相对误差：

$$E_{pi} = E_{Ai} = t \cdot \sqrt{\frac{(1 - P_i)}{P_i(n - 1)}}$$

估计精度：

$$P_{ci} = 1 - E_{pi}$$

面积误差：

$$\Delta A_i = A \cdot \Delta P_i$$

面积估计值：

$$\hat{A}_i = A \cdot P_i$$

面积置信区间：

$$\hat{A}_i \pm \Delta A_i$$

式中　n——总样点数；

n_i——某地类样点数；

t——可靠性指标，$t = 1.96$；

A——总体面积。

（三）蓄积量、株数计算

由计算机完成蓄积量、株数计算。

（1）森林小班蓄积量、散生木蓄积量、灌木和竹林株数计算。

①蓄积计算：小班各树种每公顷蓄积量及全小班各组成树种蓄积量均取整数。各组成树种每公顷蓄积量之和乘小班有林面积得小班蓄积量。当小班组成树种蓄积量相加尾数与

小班蓄积尾数不等时，以小班蓄积量作控制，调整组成树种蓄积量尾数。

②株数计算：用树种每公顷株数乘小班面积，得小班各树种株数，合计得小班总株数，以株为单位，全小班取整数。

(2)"四旁"树小班蓄积量、灌木和竹林株数计算。

(3)抽样蓄积计算。按简单随机抽样公式计算样本特征数、抽样总蓄积和变动区间。

平均每公顷蓄积量：

$$\overline{M} = \frac{\sum M_i}{n}$$

标准差：

$$S_M = \sqrt{\frac{1}{n-1} \cdot \left[\sum M_i^2 - \frac{(\sum M_i)^2}{n} \right]}$$

标准误差：

$$S_{\overline{M}} = \frac{S_M}{\sqrt{n}}$$

绝对误差：

$$\Delta\overline{M} = t \cdot S_{\overline{M}}$$

相对误差：

$$E = \frac{\Delta\overline{M}}{\overline{M}}$$

抽样精度：

$$P_c = 1 - E$$

总体估计值：

$$M = \overline{M} \cdot A$$

总体误差限：

$$\Delta M = \Delta\overline{M} \cdot A$$

总蓄积量的置信区间：

$$M \pm \Delta M$$

式中　n——样本单元数；

M_i——样本单元蓄积量；

t——可靠性指标，95%的可靠性，$t = 1.96$；

A——总体面积。

(4)抽样调查范围内小班调查蓄积量与抽样总体蓄积量比较，如落入抽样蓄积变动区间，方可按小班调查蓄积量逐级汇总林班(行政村)、林区、全场(乡)蓄积数字。否则，应检查修正小班数字或返工。

(四)资源汇总表编制

按以下各项要求得出以行政村(林班)为单位的各类统计表，将各表的行政村(林班)分项数值相加可逐级汇总至乡、县或工区、林场。各级合计栏列在表首行。

1. 各类土地面积统计表

分林地使用权、森林类别统计，计算森林覆盖率，林木绿化率(见表11-30)。

2. 各类森林、林木面积蓄积统计表

按林木使用权统计,加上“四旁”树株数、蓄积,并计入活立木蓄积量(见表 11-31)。

表 11-30 各类土地面积统计表 (单位:hm^2、%)

<table>
<tr><td rowspan="4">统计单位</td><td rowspan="4">林地使用权</td><td rowspan="4">森林类别</td><td rowspan="4">总面积</td><td colspan="24">林地</td><td rowspan="4">非林地</td><td rowspan="4">森林覆盖率</td><td rowspan="4">林木绿化率</td></tr>
<tr><td rowspan="3">合计</td><td colspan="5">有林地</td><td rowspan="3">疏林地</td><td colspan="4">灌木林地</td><td colspan="3">未成林造林地</td><td rowspan="3">苗圃地</td><td colspan="4">无立木林地</td><td colspan="4">宜林地</td><td rowspan="3">辅助生产林地小计</td></tr>
<tr><td rowspan="2">小计</td><td colspan="3">乔木林地</td><td rowspan="2">竹林</td><td rowspan="2">小计</td><td colspan="2">国家特别规定灌木林</td><td rowspan="2">其他灌木林</td><td rowspan="2">小计</td><td rowspan="2">人工造林未成林地</td><td rowspan="2">封育未成林地</td><td rowspan="2">小计</td><td rowspan="2">采伐迹地</td><td rowspan="2">火烧迹地</td><td rowspan="2">其他无立木林地</td><td rowspan="2">小计</td><td rowspan="2">宜林荒山荒地</td><td rowspan="2">宜林沙荒地</td><td rowspan="2">其他宜林地</td></tr>
<tr><td>小计</td><td>纯林</td><td>混交林</td><td>乔木上限灌木林</td><td>灌木经济林</td></tr>
<tr><td></td><td></td><td></td><td></td><td></td><td></td><td></td><td></td><td></td><td></td><td></td><td></td><td></td><td></td><td></td><td></td><td></td><td></td><td></td><td></td><td></td><td></td><td></td><td></td><td></td><td></td><td></td><td></td><td></td><td></td><td></td></tr>
</table>

表 11-31 各类森林、林木面积蓄积统计表 (单位:hm^2、m^2、百株)

<table>
<tr><td rowspan="4">统计单位</td><td rowspan="4">林木使用权</td><td rowspan="4">活立木总蓄积量</td><td colspan="9">有林地</td><td colspan="2" rowspan="3">散生木</td><td colspan="2" rowspan="3">疏林</td><td colspan="2" rowspan="3">“四旁”树</td></tr>
<tr><td rowspan="3">面积合计</td><td colspan="6">乔木林地</td><td colspan="2" rowspan="2">竹林</td></tr>
<tr><td colspan="2">小计</td><td colspan="2">纯林</td><td colspan="2">混交林</td></tr>
<tr><td>面积</td><td>蓄积</td><td>面积</td><td>蓄积</td><td>面积</td><td>蓄积</td><td>面积</td><td>株数</td><td>面积</td><td>蓄积</td><td>株数</td><td>蓄积</td><td>株数</td><td>蓄积</td></tr>
<tr><td></td><td></td><td></td><td></td><td></td><td></td><td></td><td></td><td></td><td></td><td></td><td></td><td></td><td></td><td></td><td></td><td></td><td></td></tr>
</table>

3. 各林种按龄组面积蓄积统计表

分林种、亚林种统计。注意加竹林、疏林、灌木林(见表 11-32)。

表 11-32 林种统计表 (单位:hm^2、m^2、百株)

<table>
<tr><td rowspan="4">统计单位</td><td rowspan="4">林种</td><td rowspan="4">亚林种</td><td rowspan="4">活立木总蓄积量</td><td colspan="15">有林地</td><td colspan="2" rowspan="3">疏林</td><td colspan="4">灌木林</td></tr>
<tr><td rowspan="2">小计</td><td colspan="12">乔木林</td><td colspan="2" rowspan="2">竹林</td><td rowspan="2">小计</td><td colspan="2">国家特别规定灌木林</td><td rowspan="2">其他灌木林</td></tr>
<tr><td colspan="2">小计</td><td colspan="2">幼龄林</td><td colspan="2">中龄林</td><td colspan="2">近熟林</td><td colspan="2">成熟林</td><td colspan="2">过熟林</td><td>乔木上限灌木林</td><td>灌木经济林</td></tr>
<tr><td>面积</td><td>面积</td><td>蓄积</td><td>面积</td><td>蓄积</td><td>面积</td><td>蓄积</td><td>面积</td><td>蓄积</td><td>面积</td><td>蓄积</td><td>面积</td><td>蓄积</td><td>面积</td><td>株数</td><td>面积</td><td>蓄积</td><td>面积</td><td>面积</td><td>面积</td><td>面积</td></tr>
<tr><td></td><td></td><td></td><td></td><td></td><td></td><td></td><td></td><td></td><td></td><td></td><td></td><td></td><td></td><td></td><td></td><td></td><td></td><td></td><td></td><td></td><td></td><td></td><td></td><td></td></tr>
</table>

4. 乔木林面积蓄积按龄组统计表

分起源、优势树种、纯林、混交林,按龄组统计面积、蓄积(见表 11-33)。

5. 生态公益林(地)统计表

分工程类别、事权、保护等级,按不同地类进行统计(见表 11-34)。

表 11-33　乔木林面积蓄积按龄组统计表　（单位：hm^2、m^3）

<table>
<tr><th rowspan="2">统计单位</th><th rowspan="2">起源</th><th rowspan="2">优势树种</th><th rowspan="2">乔木林</th><th colspan="2">小计</th><th colspan="2">幼龄林</th><th colspan="2">中龄林</th><th colspan="2">近熟林</th><th colspan="2">成熟林</th><th colspan="2">过熟林</th></tr>
<tr><th>面积</th><th>蓄积</th><th>面积</th><th>蓄积</th><th>面积</th><th>蓄积</th><th>面积</th><th>蓄积</th><th>面积</th><th>蓄积</th><th>面积</th><th>蓄积</th></tr>
<tr><td></td><td></td><td></td><td></td><td></td><td></td><td></td><td></td><td></td><td></td><td></td><td></td><td></td><td></td><td></td><td></td></tr>
</table>

表 11-34　生态公益林（地）统计表　（单位：hm^2）

<table>
<tr><th rowspan="4">统计单位</th><th rowspan="4">工程类别</th><th rowspan="4">事权等级</th><th rowspan="4">保护等级</th><th rowspan="4">总面积</th><th colspan="23">生态公益林（地）</th></tr>
<tr><th rowspan="3">合计</th><th colspan="5">有林地</th><th rowspan="3">疏林地</th><th colspan="4">灌木林地</th><th colspan="3">未成林造林地</th><th rowspan="3">苗圃地</th><th colspan="4">无立木林地</th><th colspan="4">宜林地</th></tr>
<tr><th rowspan="2">小计</th><th colspan="3">乔木林地</th><th rowspan="2">竹林</th><th rowspan="2">小计</th><th colspan="2">国家特别规定灌木林</th><th rowspan="2">其他灌木林</th><th rowspan="2">小计</th><th rowspan="2">人工造林未成林地</th><th rowspan="2">封育未成林地</th><th rowspan="2">小计</th><th rowspan="2">采伐迹地</th><th rowspan="2">火烧迹地</th><th rowspan="2">其他无立木林地</th><th rowspan="2">小计</th><th rowspan="2">宜林荒山荒地</th><th rowspan="2">宜林沙荒地</th><th rowspan="2">其他宜林地</th></tr>
<tr><th>小计</th><th>纯林</th><th>混交林</th><th>乔木上限灌木林</th><th>灌木经济林</th></tr>
<tr><td></td><td></td><td></td><td></td><td></td><td></td><td></td><td></td><td></td><td></td><td></td><td></td><td></td><td></td><td></td><td></td><td></td><td></td><td></td><td></td><td></td><td></td><td></td><td></td><td></td><td></td><td></td><td></td></tr>
</table>

6. 用材林面积蓄积按龄级统计表

分林木使用权、亚林种、优势树种，按龄级统计面积、蓄积（见表 11-35）。

表 11-35　用材林面积蓄积按龄级统计表　（单位：hm^2、m^3）

<table>
<tr><th rowspan="2">统计单位</th><th rowspan="2">林木使用权</th><th rowspan="2">亚林种</th><th rowspan="2">优势树种</th><th colspan="2">合计</th><th colspan="2">Ⅰ龄级</th><th colspan="2">Ⅱ龄级</th><th colspan="2">Ⅲ龄级</th><th colspan="2">Ⅳ龄级</th><th colspan="2">Ⅴ龄级</th><th colspan="2">Ⅵ龄级</th><th colspan="2">Ⅶ龄级</th><th colspan="2">Ⅷ以上龄级</th></tr>
<tr><th>面积</th><th>蓄积</th><th>面积</th><th>蓄积</th><th>面积</th><th>蓄积</th><th>面积</th><th>蓄积</th><th>面积</th><th>蓄积</th><th>面积</th><th>蓄积</th><th>面积</th><th>蓄积</th><th>面积</th><th>蓄积</th><th>面积</th><th>蓄积</th></tr>
<tr><td></td><td></td><td></td><td></td><td></td><td></td><td></td><td></td><td></td><td></td><td></td><td></td><td></td><td></td><td></td><td></td><td></td><td></td><td></td><td></td><td></td><td></td></tr>
</table>

7. 经济林面积统计表

分林木使用权、起源，分乔木、灌木，按生产阶段统计面积（见表 11-36）。

表 11-36　经济林统计表　（单位：hm^2、百株）

<table>
<tr><th rowspan="3">统计单位</th><th rowspan="3">林木使用权</th><th rowspan="3">起源</th><th colspan="10">乔木</th><th colspan="5">灌木</th></tr>
<tr><th colspan="2">合计</th><th colspan="2">产前期</th><th colspan="2">初产期</th><th colspan="2">盛产期</th><th colspan="2">衰产期</th><th rowspan="2">合计</th><th rowspan="2">产前期</th><th rowspan="2">初产期</th><th rowspan="2">盛产期</th><th rowspan="2">衰产期</th></tr>
<tr><th>面积</th><th>株数</th><th>面积</th><th>株数</th><th>面积</th><th>株数</th><th>面积</th><th>株数</th><th>面积</th><th>株数</th></tr>
<tr><td></td><td></td><td></td><td></td><td></td><td></td><td></td><td></td><td></td><td></td><td></td><td></td><td></td><td></td><td></td><td></td><td></td><td></td></tr>
</table>

8. 竹林面积统计表

分起源、林种统计毛竹林、杂竹面积、株数和散生毛竹株数。毛竹林毛竹株数分龄级统计(见表 11-37)。

表 11-37　竹林统计表　（单位：hm^2、百株）

统计单位	起源	林种	合计		毛竹林					杂竹		散生毛竹
			面积	株数	面积	株数				面积	株数	株数
						小计	幼龄竹	壮龄竹	老龄竹			

9. 灌木林面积统计表

分林木使用权、起源、优势树种，以及乔木上限灌木林、灌木经济林、其他灌木林，按盖度级统计面积(见表 11-38)。

表 11-38　灌木林统计表　（单位：hm^2）

统计单位	林木使用权	起源	优势树种	合计				国家特别规定灌木林								其他灌木林			
				合计	疏	中	密	乔木上限灌木林				灌木经济林				小计	疏	中	密
								小计	疏	中	密	小计	疏	中	密				

10. “四旁”树各类型林占地面积统计表

分“四旁”树类型统计占地面积(见表 11-39)。

表 11-39　“四旁”树各类型林占地面积统计表　（单位：hm^2）

统计单位	林占地面积合计	农田林网林占地面积	农林间作		村镇树林占地面积		零星树
			面积	林占地面积	村庄树	城镇树	林占地面积

11. “四旁”树各类型各树种株数、蓄积统计表

分“四旁”树类型、树种(组)，按用材树株数、蓄积与经济树、灌木、竹子株数统计。用材树株数分 <5 cm 和≥5 cm 株数(见表 11-40)。

表 11-40　“四旁”树各类型各树种株数、蓄积统计表　（单位：百株、m^3）

统计单位	“四旁”树类型	树种(组)	合计		<5 cm	≥5 cm		经济树株数	灌木株数	竹子株数
			株数	蓄积	株数	株数	蓄积			

12. 平原区林地面积按前期地类统计表

平原区林地面积分前期地类、森林类别统计各地类面积。该表以县(市、区)为单位统计(见表 11-41)。

表 11-41　平原区林地面积按前期地类统计表　　（单位：hm^2）

<table>
<tr><th rowspan="4">统计单位</th><th rowspan="4">前期地类</th><th rowspan="4">总面积</th><th colspan="24">林地</th></tr>
<tr><th rowspan="3">合计</th><th colspan="5">有林地</th><th rowspan="3">疏林地</th><th colspan="4">灌木林地</th><th colspan="3">未成林造林地</th><th rowspan="3">苗圃地</th><th colspan="4">无立木林地</th><th colspan="4">宜林地</th><th rowspan="3">辅助生产林地小计</th></tr>
<tr><th rowspan="2">小计</th><th colspan="3">乔木林地</th><th rowspan="2">竹林</th><th rowspan="2">小计</th><th colspan="2">国家特别规定灌木林</th><th rowspan="2">其他灌木林</th><th rowspan="2">小计</th><th rowspan="2">人工造林未成林地</th><th rowspan="2">封育未成林地</th><th rowspan="2">小计</th><th rowspan="2">采伐迹地</th><th rowspan="2">火烧迹地</th><th rowspan="2">其他无立木林地</th><th rowspan="2">小计</th><th rowspan="2">宜林荒山荒地</th><th rowspan="2">宜林沙荒地</th><th rowspan="2">其他宜林地</th></tr>
<tr><th>小计</th><th>纯林</th><th>混交林</th><th>乔木上限灌木林</th><th>灌木经济林</th></tr>
<tr><td></td><td></td><td></td><td></td><td></td><td></td><td></td><td></td><td></td><td></td><td></td><td></td><td></td><td></td><td></td><td></td><td></td><td></td><td></td><td></td><td></td><td></td><td></td><td></td><td></td><td></td><td></td></tr>
</table>

(五)图面材料编绘

用 GIS 编绘图面材料，以 DLG 为地图，将所形成的小班 GIS 图形库（包括各级区划界线）叠加到 DLG 上进行编绘，打印各种成果图。

1. 绘制基本要求

1）基本图

(1)以乡（场）为单位编绘，山区比例尺 1∶25 000，平原比例尺 1∶10 000，一个乡面积小时，可与相邻乡联合编绘。

(2)基本图的主要内容包括：境界线、林班线、小班线、河流、水库、道路（公路、主要小路）、居民点（林场场部、工区及护林点所在地、内部居民点及相邻的乡、行政村等）、独立地物（如桥梁、防火线、瞭望台等）、主要地貌（如主要山峰、山隘、山脊线、高程点等）及地类。

(3)基本图注记。

林班注记：$\frac{\text{林班号}}{\text{林班面积}}$，注记在林班中央。

小班注记：

乔木林（不包括经济林、薪炭林、竹林）小班：$\frac{\text{小班号}}{\text{小班面积}}$；

疏林地小班：除用分式注记外，右边加优势树种符号；

薪炭林小班：除用分式注记外，右边加薪炭林符号；

线状小班：用符号表示不注记；

其他小班：除用分式注记外，右边加地类符号。

地名注记：包括县、乡或林场所在地及其他居民点，相邻的省、县、乡、河谷、水库名、山峰名及高程等。

(4)制图要求及图面整饰参照第“2”项。

2）林相图

(1)林相图以乡（场）为单位绘制。用基本图为底图进行绘制。

(2)注记。

林班注记：只记林班号。

小班注记:小班均不注记面积。乔木林(不包括经济林、薪炭林、竹林),用分式标记,小班号、龄级为分子,郁闭度为分母,右边再加森林起源(天然林为T、人工林为R、飞播林为F)。如

$$\frac{2-\prod}{0.6}_{T}$$

疏林地、经济林、竹林:小班号右边加树种符号;

薪炭林:小班号右边加薪炭林符号;

线状小班:同基本图;

其他小班:小班号右边加地类符号。

(3)着色。乔木林(经济林、薪炭林、竹林除外)小班按优势树种全小班着色,并按龄组分别着深浅不同的色调:幼龄林,浅色;中龄林,中等色;近、成、过熟林,深色。

经济林、薪炭林、防护林、特用林、竹林全小班以林种着色。

其他小班仅注记小班号及地类符号。

河流、水库、湖面、水塘等水面着浅蓝色,公路着棕色,四周界线着紫红色(分内深外浅两层着色)。

(4)制图要求及图面整饰参照第"2"项。

3)森林分布图

(1)以县场为单位绘制,比例尺县1:100 000、国有林场1:50 000。

(2)用1:100 000(1:50 000)地形图作底图,在林相图的基础上进行综合、取舍编绘而成。在森林分布图上大于4 mm^2 的非森林小班界均需绘出。但大于4 mm^2 的森林小班,则不绘出小班界,仅根据林相图着色区分。

(3)图的主要内容与林相图相同。

(4)注记。

林班注记:只记林班号。

小班注记:小班均不注记面积、小班号,只绘林种或地类符号,并按林种或优势树种组进行着色。森林(不包括经济林、薪炭林、竹林)只以起源注记T(天然)、R(人工)、F(飞播)。疏林地只注记优势树种符号,经济林、竹林只注记树种和竹林符号,薪炭林只注记林种符号。

(5)着色参照林相图着色及《林业地图图式》。

(6)制图要求及图面整饰参照第"2"项。

4)森林分类区划图

(1)以县场为单位绘制,比例尺县1:100 000、国有林场1:50 000。

(2)用1:100 000(1:50 000)地形图作底图,在林相图的基础上进行综合、取舍编绘而成。该图分工程区、森林类别、生态公益林保护等级和事权等级着色。

2. 制图要求及图面整饰

(1)线划光实,墨划黑润,符号端正,层次分明,各种线划、符号的间距应保持0.2 mm,跑线误差不得超过±0.5 mm。

(2)图面注记和符号,清楚端正,大小按级别规定。

(3)图框纵横线成直角,内图廓边长误差不得超过±0.2 mm,两对角线之差不得超过±0.3 mm,图框分内、外图廓,两线间标公里网。

(4)图名在图廓上方写出××县××乡××图,用宋体或隶书,字体大小视图幅而定,若图框内空旷,也可写在图廓内上方。

(5)图框内下方适当地方绘图例、总面积、调查时间、比例尺。

(6)图框外右下方注明调查单位、负责人、制图日期、制图人。

(六)编制森林资源规划设计调查报告

调查报告主要内容如下。

1. 前言

简述任务来源、要求、任务、工作依据、完成工作量,用具体的数据说明调查深度、成果质量和精度。

2. 调查单位基本情况

(1)行政区位置、地理位置、生态区位。

(2)自然条件概况。

(3)社会经济情况。

(4)植被分布特点。

(5)林业生产基本情况。

(6)林业在当地经济社会和生态建设中的地位。

3. 组织管理、调查方法和调查成果精度

(1)组织管理情况。

(2)林业区划。

(3)技术路线。

(4)调查方法。

4. 森林资源现状评价与分析

(1)土地资源状况。

(2)森林资源状况。

(3)森林资源特点。

(4)森林资源动态变化。

(5)各项林业工程实施效果。

5. 森林资源保护和利用存在的问题与建议

(1)森林资源数量、质量和结构方面。

(2)森林资源管护方面。

(3)各项林业工程实施方面。

(4)森林资源信息化管理方面。

(5)其他方面。

6. 附表

以县(市、区)为单位的资源统计表。

7. 附件

包括有关文件、会议纪要、成果审定意见等。

八、建立森林资源档案

(一)资源档案的建立

为准确掌握森林资源的数量和质量,对资源消耗和营造林成果进行管理与监督,为编制林业规划、计划、设计和森林经营方案提供可行可靠的资源数据，在森林资源规划、设计、调查之后，要及时建立森林资源档案，要设管理机构或专职管理人员。各县（市、区）或林场均应利用计算机建立森林资源档案。

（二）资源档案的更新

建立森林资源档案采取逐步实施方法，当前主要对调查地区建立小班档案。林场（乡）级森林资源档案包括四项内容。

1. 小班档案

1）建档

用计算机根据小班调查簿，建立小班电子档案（小班数据库）。

2）管理

管理人员每年都要对本区的各小班地类面积、森林蓄积量的变化原因、数量、位置进行实地调查了解，并及时登记到小班档案更新调查表上，并在结算后转到小班档案相应栏内。小班档案更新调查注意事项如下：

（1）造林、幼林抚育施工情况登记到施工栏。

（2）采伐利用情况包括抚育间伐、低产林改造（抚育、皆伐）、主伐情况登记记入采伐利用情况栏。

（3）小班森林因子的净生长率栏要根据固定标准或固定样地的实测调查，计算后填入。

（4）小班如无开展活动或无偷伐破坏、自然灾害时，可按该优势树种、该龄组的净生长率计算结果填写。

（5）年终及时更新小班图形库、属性库因，统计、结算更新结果。

2. 森林资源变化及林业经营、生产活动台账

1）森林资源变化台账

表式同资源现状六个表，但在记录时，以行政村（林班）为单位记载增（+）、减（-）数字，最后结算，统计出本年度数字，即下年初资源现状（六个表同上）。

2）森林经营、生产活动台账

以行政村（林班）为单位进行统计，各经营单位可以根据实际情况自行设计表式。

3. 森林资源现状统计

每年根据森林资源消长变化，统计如下表格。

（1）各类土地面积统计表（表 11-30）。

（2）各类蓄积统计表（表 11-31）。

（3）林种统计表（表 11-32）。

（4）经济林统计表（表 11-36）。

（5）竹林统计表（表 11-37）。

（6）灌木林统计表（表 11-38）。

4. 基本图、林相图

当林地变化时，要及时绘制基本图和林相图。以乡（场）为单位编制，比例尺：山区 1∶25 000、平原 1∶10 000。

第三节　专业调查

林业专业调查包括林业土壤调查、立地类型调查、森林更新调查、森林病虫害调查、编制林业数表调查、森林生长调查、森林多种计量调查与评价、野生经济植物资源调查、野生动物资源调查、林业经济调查、森林典型设计、森林经营类型设计、风景资源调查和林业专业调查技术工作管理等内容,部分内容是一类、二类、三类和年度核(调)查的重要组成部分。林业专业调查的内容取决于具体调查目的和任务,其调查成果直接为林业调查、区划、规划、设计和林业生产建设等提供基础数据。本节重点介绍林业土壤调查、立地类型调查、森林病虫害调查和风景资源调查。

一、林业土壤调查

(一)林业土壤调查的目的和任务

林业土壤包括有林地和宜林地土壤,林业土壤资源是森林资源的重要组成部分。土壤调查的目的在于查清土壤资源,为立地类型划分、林业区划、规划和造林、经营设计提供科学依据。

林业土壤调查的主要任务是查清土壤类型,确定土类、亚类、土属、土种和变种以及成土过程、分布规律等,并对质量给予综合评价。林业土壤调查侧重于查清土壤与森林分布、林木生长的关系,不同造林树种对土壤条件的要求和各种林业土壤管理措施。

(二)林业土壤调查方法

林业土壤调查一般分为概查和详查两种。

1. 概查

概查是选择有代表性线路作路线调查,其任务是查清土壤类型随地形地势变化的空间分布规律性,并确定土壤分布图的制图单元和编制土壤分类系统表,同时为划分立地类型收集土壤基础资料。

2. 详查

详查是根据不同要求,与有关专业协同进行逐地逐块的全区域调查,如在森林资源调查和造林调查设计时,结合林木标准地、植物样地等设置土坑作剖面调查。

(三)森林土壤调查

1. 剖面设置

选择植被具有代表性,地形条件(坡向、坡度、坡位等)具有代表性,小地形较完整,无近期崩塌或严重侵蚀,距树干 1 ~2 m 以外的地方设置剖面。不能设在路旁或植被遭受明显破坏的地方。

2. 剖面规格

(1)主剖面:长 1.5 ~2.0 m,宽 0.8 m,深至母质层。如母质和土壤层次难辨时,可深至 1.5 ~2.0 m。

(2)对照剖面:长 1.0 m,宽 0.5 m,深 0.8 m(或到 B 层)。

剖面的观察面在平地时应向阳,在坡地上应与坡向一致,其三侧均与水平地面垂直,且与观察面相对的一侧挖成阶梯状,以便于下坑观察。挖剖面时,表土与心土应分别放在剖面两旁，必要时调查完毕后按原层次填平土坑。在小班调查中确定土种分布边界时，可辅以土钻。

3. 剖面数量

每土种设主剖面 1 个，对照剖面 1 个以上。打土钻数量视情况而定。

4. 土壤剖面调查记载

1）剖面结构类型

A—D 型：发育不完善，年龄最轻，经常受侵蚀或坡积作用很强的土壤。

A—C 型：发育年龄较长而成土作用较弱的土壤。

A—B—C 型：发育完善的土壤。

2）剖面层次（发生层次）记载

A_0 层（枯枝落叶层）：一般有软腐殖质型、中等腐殖质型和粗腐殖质型 3 种，根据枝叶分解情况可分 A_0（由新鲜凋落物或苔藓组成，未分解）、A'_0（已开始分解，但仍能辨认原形）、A''_0（分解较强，已不能辨认原形）亚层。

A_1 层（腐殖质积蓄层）：土壤疏松，颜色较暗。根据腐殖质多少和土壤性状可划出 A'_1、A''_1、A'''_1 等亚层。在生草作用很强时，也可划出 A_s 层（生草层或草根盘结层）。

A_2 层（灰化层）：颜色浅，典型者为灰白色。

B 层（淀积层）：湿润地区淀积层主要为铁铝化合物，以棕色为主；干旱地区淀积层有碳酸盐类、石膏等，颜色较浅。根据淀积物质多少和土壤性状可进一步分 B_1、B_2、B_3 亚层。

C 层（母质层）：根据风化强度、组成粗细不同可划出 C_1、C_2、C_3 等亚层。

D 层（基岩层）：未风化或半风化的石质层。

在土壤正常发育情况下，按上述发生层次调查记载。特殊情况下，会出现泥炭层和潜育层。

A_p（泥炭层）：强度分解但尚未彻底矿化的有机质，暗棕褐色，质地松软，手摸有滑腻感。

G 层（潜育层）：根据潜育强度不同呈现灰蓝色或污灰色的层次或斑点，并有铁锈纹。潜育层可在各层中出现，一般用 A_g、B_g、C_g 表示，作用较弱时用 $A_{(g)}$、$B_{(g)}$、$C_{(g)}$ 表示。潜育极强时直接用 G 表示。

过渡层：各土层逐渐过渡，具有两个发生层次性状时，用 AB、BC、A_1A_2 等两层符号表示。

3）各发生层次性态记载

（1）厚度：连接记载各层厚度，如 A_0：0～5、A_1：5～20、B：20～50、…，最下面一层记到土坑挖到的深度。

（2）颜色：确定主要和次要颜色，次要在前，主要在后，如灰棕色；如果还有再次的黄色，则写为带黄色的灰棕色。

确定颜色应以土壤剖面自然色泽为准，不应在手中磨碎确定。颜色类型如图 11-5 所示。

（3）质地：分为黏土、重壤土、中壤土、轻壤土、沙壤土、沙土 6 级。调查平原沙区土壤时，可将沙土再进一步划分为粗沙土、细沙土、粉沙土。野外按下列标准划分。

黏土：湿时可搓成 3 mm 粗的细条，并可弯成环而无裂纹，用手捻有滑腻感；干时坚实，用小刀可划出光滑线条。又可分为轻黏土、中黏土、重黏土 3 种。

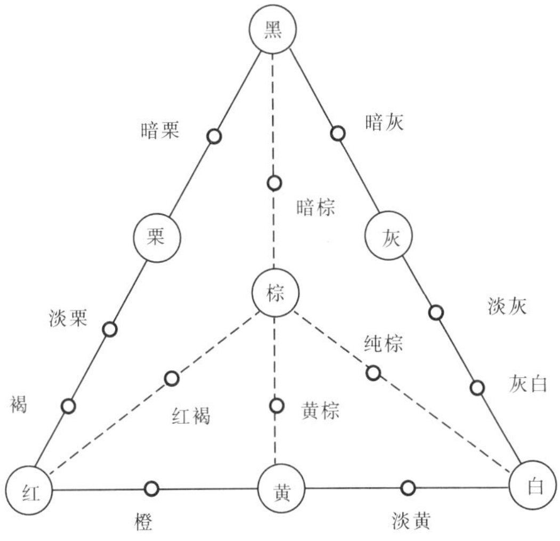

图 11-5 土壤颜色示意图

重壤土:湿时能搓成 3 mm 粗的细条,弯成环微有裂纹。

中壤土:搓 3 mm 粗的细条,弯成环明显开裂。

轻壤土:搓 3 mm 粗的细条,不能成环。

沙壤土:湿时能搓成团,不能成细条,含较多的沙粒。

沙土:湿时不能成团,干时分散为单粒。其中,粗沙土:沙粒直径 0.25 ~1 mm;细沙土:直径 0.05 ~0.25 mm;粉沙土:直径 0.005 ~0.05 mm。

土层内如有石砾或砂姜(直径 1 mm 以上)夹杂时,含量 30% ~50% 时为轻砾石,51% ~70% 为中砾石,70% 以上者为重砾石。

(4)结构,有以下几种。

粉状:直径 0.25 ~0.5 mm 的单粒。

屑状:直径 0.5 ~1.0 mm 不规则的单粒。

粒状:直径 1.0 ~3.0 mm 近圆形颗粒。有机质多时,许多颗黏黏结形成松散的团粒结构。

块状:直径 3.0 ~10.0 mm,且有一定厚度,有形状不规则的边和面。

片状(或层状):由薄的层片组成。

核状:直径在 5 mm 以上有明显棱角而又略成球形。

柱状:形状规则,有明显光滑的垂直侧面。

(5)湿度,分为 5 级。

干:以手握之感觉不到土壤中有水分。

潮:以手握之有潮湿感。

湿:以手挤压,土块上留有手印。

重湿:以手挤压无水流出,在手上留有明显水湿印痕。

极湿:以手压有多量水分流出。

(6)紧密度,分为 5 级。

疏松:稍用力就可将小刀插入土层。

稍紧：用力不大可将小刀插入土层深部。

较紧：用力不大，小刀能插入土层 2 ~ 3 cm。

紧密：用力较大，小刀才能插入土层 1 ~ 2 cm。

极紧：用力很大，小刀才能插入土中。

以上均指土体而言，如因石块过多、根系盘结引起的紧密度应加以说明。

(7)新生体：指成土过程中通过移动聚积形成的各种物质。主要有以下两种。

石灰质新生体：常见于干旱地区，主要有石灰结核、假菌丝体、结皮、砂姜石、霉状物等。

铁质新生体：常见于酸性土壤及沼泽化土壤中，有锈斑、铁子、铁结核、铁盘、亚铁斑点、铁锰胶膜等，其他如石膏薄层、硅酸粉末等。

(8)侵入体：主要为大小不同的石块、石粒、卵石、砖瓦、炭屑等。石块：直径大于 10 mm；角砾：直径为 3 ~ 10 mm；石粒：直径 1 ~ 3 mm。

(9)pH 值：用比色法测定。酸性和中性土壤用 pH 值 4 ~ 8 混合指示剂；碱性或石灰土用 pH 值 7 ~ 9 混合指示剂。pH 值 <4.5 为强酸性，4.5 ~ 5.5 为酸性，5.5 ~ 6.5 为微酸性，6.5 ~ 7.5 为中性，7.5 ~ 8.5 为微碱性，8.5 ~ 9.5 为碱性，9.5 以上为强碱性。

(10)植根分布情况：根据其密集程度按多、中、少记载。在剖面某层上，植根分布面积小于 30% 为少，31% ~ 60% 为中，大于 60% 时为多。

(11)生物活动情况：主要指土壤微生物和蚯蚓等无脊椎动物的活动，按照明显、不明显记载。

(12)层次过渡情况：按明显、逐渐过渡、不明显记载。

(13)碳酸盐反应：用 10% 盐酸（1 ~ 3 滴）直接滴在土壤上，观察泡沫反应：发出剧烈沸腾的气泡，响声较大，历时较久的，记强（+ + +）；发出明显的大气泡，但很快消失的，记中（+ +）；徐徐放小气泡的，记微（+）；根本无气泡的，记无（0）。

5. 其他综合因子的调查

(1)土壤侵蚀情况和沙化分级标准：土壤侵蚀情况和沙化分级标准按表 11-42 执行。

表 11-42　土壤侵蚀情况和沙化分级标准

强度	片蚀	沟蚀	崩塌蚀	风蚀	沙化
	植物覆盖度（%）	侵蚀沟面积占总面积（%）	崩塌面积占山丘面积（%）	表土风蚀程度	浮沙覆盖情况
轻度	>70	<10	<10	细土中有明显沙粒	浮沙厚 <3 cm
中度	30 ~ 70	10 ~ 25	10 ~ 20	表土侵蚀不足 5 cm	浮沙厚 3 ~ 10 cm
强度	<30	25 ~ 50	20 ~ 30	表土侵蚀 5 ~ 15 cm	浮沙厚 >10 cm
剧烈		>50	>30		局部出现小沙丘

(2)岩石裸露情况：估计并记载裸岩占地表面积的百分率，并记载岩石种类。

(3)地下水和地表水：记载季节性或永久性地下水位的深度。

(4)沼泽化、盐碱化：沼泽化用潜育作用强弱表示，其标准是：某层中有灰蓝色斑点、锈斑为“弱”；灰蓝色斑点占优势为“中”；有灰蓝色潜育层出现为“强”。测定方法是：土块上加稀盐酸后，再滴加 1.5% 赤血盐呈蓝色，潜育程度为弱；不加稀盐酸，仅滴加 1.5% 赤血盐呈蓝绿色为中度潜育;呈蓝色为强度潜育。

盐碱化要用盐分速测箱测定盐化和碱化程度,并记载。

(5)其他项目按土壤调查记录表(表 11-43)和有林地植被调查表(表 11-44)、宜林荒山荒地植被调查表(表 11-45)的内容要求进行调查并记载。

表 11-43　土壤调查记录表

土壤剖面号码＿＿＿＿＿＿＿＿航片或图幅号＿＿＿＿＿＿＿＿

调查日期＿＿＿＿＿＿＿＿天气＿＿＿＿＿＿＿＿标准地号＿＿＿＿＿＿＿＿

地　点＿＿＿＿＿＿＿＿＿＿＿＿＿＿＿＿

大地形＿＿＿＿＿＿＿＿中小地形＿＿＿＿＿＿＿＿山地开阔程度＿＿＿＿＿＿＿＿

剖面位置＿＿＿＿＿＿＿＿海拔及相对高程＿＿＿＿＿＿＿＿坡向坡度＿＿＿＿＿＿＿＿

碳酸盐反应的深度和特点(强/弱)＿＿＿＿＿＿＿＿

母质及母岩＿＿＿＿＿＿＿＿

地下水位深度及地表水＿＿＿＿＿＿＿＿

沼泽化、盐碱化的特征＿＿＿＿＿＿＿＿

土壤侵蚀情况、岩石裸露情况＿＿＿＿＿＿＿＿

土壤障碍层出现部位、特征＿＿＿＿＿＿＿＿

土壤野外定名＿＿＿＿＿＿＿＿

土壤最后确定名称＿＿＿＿＿＿＿＿

剖面素描	发生层	深度(cm)	层次过渡	湿度	颜色	质地	结构	孔隙	生物		紧实度	新生体		侵入体	酸碱度	HCl反应	其他
									根系	其他		种类	多少				
采样概况(数量等)																	

土壤剖面特点

土层厚度(cm)	A_1 层厚度(cm)	A + AB 层厚度(cm)	石质含量(%)	植物根系分布	障碍层厚度(cm)

土壤野外测定结果(含水量、容重等)	
土壤肥力评定	

(四)土壤标本的采集和分析化验

1. 分析标本

每土种选有代表性剖面 3 个,由下往上逐层取样,每袋 1 kg,作分析标本。

2. 纸盒标本

供校正、评比、比土时用。采样时尽量保持原状和代表性。

3. 土壤分析

土壤分析项目根据林业土壤调查任务和土壤特性确定。现场应测定土壤含水量和土壤容重。

表 11-44　有林地植被调查表

乔木树种							
调查因子	林木组成	优势树种			地位级（地位指数）	郁闭度（疏密度、株行距）	蓄积量（m^3/hm^2、株$/hm^2$）
		林龄	平均高（m）	平均直径（cm）			
目测							
实测							

幼树______

下木______

活地被物（半灌木、杂草和苔藓类）______

层外植物______

指标植物______

其他（林分特点、经营意见）

表 11-45　宜林荒山荒地植被调查表

灌木总盖度

种类	平均高度（m）	多度	频度	分布情况	生长势

草本总覆盖度（含地衣、苔藓）

种类	平均高度（cm）	多度	频度	分布情况	生长势

指示植物______

群落名称______

其他（根系概况、土壤管理意见）______

（五）土壤肥力评定

主要根据以下几个因素进行评定。

（1）化学因素。包括腐殖质含量、厚度、酸碱度、全氮、速效磷、速效钾含量和其他矿物质成分等。

（2）物理因素。包括土层厚度、湿度、含水量、地下水位、质地、石质含量、容重、紧实度等。

（3）生物因素和生物生长量。包括蚯蚓或微生物活动情况，林木年平均生长量，地位级、地位指数和其他草、灌种类及生物量等。

（4）障碍因素。包括潜育层、钙积层（砂姜层）、铁盘层、碱化或积盐层等。

（六）土壤图的绘制

1. 手工制图

1）草图绘制

透明草图由小班调绘者提供。野外调查时，在草图上标明主剖面、对照剖面位置和土种界线。及时清绘土种分布线。一个制图单位调查结束后，应根据化验（速测）和文献资料审定土种及其界线。

2）转绘

以县、乡或林场、工区为单位，将清绘审定过的草图转绘到透明底图上。

3）土壤图的内容

主要包括土壤基层分类的代号及制图单元、界线，有关符号或图式，主要剖面位置，行政界线、居民点、道路、山脊、河流、主要地类界等。

4）着色

归并土种的亚类、土类，然后着色。以不同颜色表示土类，各色相间要明显、清晰、协调。同一土类中的亚类用暗、淡色调表示，土种用加线条法表示。

5）求积

用求积仪或查网点板法求出各种土种、土属、亚类、土类面积和调查区总面积。

2. 计算机制图

利用 PDA、地理信息系统（如 ArcGis、SuperMap）或计算机制图软件（如 AutoCAD），将手工制图过程交由计算机处理（参见第十八章）。

（七）土壤调查成果

土壤调查成果主要文件为土壤调查报告，附件有土壤分布图、土壤分类系统表、土壤理化分析结果汇总表。

土壤调查报告应包括如下内容。

（1）调查地区行政位置，内、外业工作方法，工作量及参加人数等。

（2）自然地理概况：地理位置、气候、地质、地貌、植被、水文等，及其对土壤形成的影响。

（3）土壤形成特征：分类原则、分类表，并按土类、亚类分别叙述其分布规律、形成过程、理化特性等。

（4）土壤肥力评价和土地利用意见：按土壤类型进行评价，提出经营利用、更新造林等意见。

河南省土壤分为 7 个土纲、13 个亚纲、19 个土类、44 个亚类、150 个土属，详见表 11-46（河南农业大学魏克循教授提供）。

表 11-46　河南省土壤分类系统

<table>
<tr><th>土纲</th><th>亚纲</th><th>土类</th><th>亚类</th><th>土属</th></tr>
<tr><td rowspan="10">铁硅铝土</td><td rowspan="10">湿润铁硅铝土</td><td rowspan="10">黄棕壤</td><td rowspan="5">黄棕壤</td><td>硅酸质黄棕壤</td></tr>
<tr><td>硅铝钾质黄棕壤</td></tr>
<tr><td>硅镁铁质黄棕壤</td></tr>
<tr><td>沙泥质黄棕壤</td></tr>
<tr><td>硅质黄棕壤</td></tr>
<tr><td rowspan="5">黄棕壤性土</td><td>黄棕壤性土</td></tr>
<tr><td>硅铝质黄棕壤性土</td></tr>
<tr><td>硅铝钾质黄棕壤性土</td></tr>
<tr><td>沙泥质黄棕壤性土</td></tr>
<tr><td>硅质黄棕壤性土</td></tr>
</table>

续表 11-46

土纲	亚纲	土类	亚类	土属
铁硅铝土	半湿润铁硅铝土	黄褐土	黄褐土	黄土质黄褐土 砂姜黄土质黄褐土 红土质黄褐土 洪冲积黄褐土 钙质黄褐土
			白浆黄褐土	黄土质白浆黄褐土
			黄褐土性土	黄土质黄褐土性土 洪冲积黄褐土性土 沙泥质黄褐土性土 钙质黄褐土性土
硅铝土	湿润硅铝土	棕壤	棕壤	黄土质棕壤 硅铝质棕壤 硅铝钾质棕壤 硅镁铁质棕壤 沙泥质棕壤 硅质棕壤 钙质棕壤
			白浆化棕壤	硅铝质白浆化棕壤
			棕壤性土	黄土质棕壤性土 硅铝质棕壤性土 硅铝钾质棕壤性土 硅镁铁质棕壤性土 沙泥质棕壤性土 硅质棕壤性土 钙质棕壤性土
	常湿润硅铝土	山地草甸土（腐棕土）	饱和山地草甸土	硅铝质饱和山地草甸土 硅铝钾质饱和山地草甸土 钙质饱和山地草甸土
	半干润硅铝土	褐土	褐土	黄土质褐土 砂姜黄土质褐土 洪积褐土 红黄土质褐土 砂姜红黄土质褐土 钙质褐土
			淋溶褐土	黄土质淋溶褐土 红黄土质淋溶褐土 洪积淋溶褐土 沙泥质硅铝质淋溶褐土 硅铝钾质淋溶褐土 沙泥质淋溶褐土 钙质淋溶褐土 硅质淋溶褐土

续表 11-46

土纲	亚纲	土类	亚类	土属
硅铝土	半干润硅铝土	褐土	石灰性褐土	黄土质石灰性褐土 砂姜黄土质石灰性褐土 红黄土质石灰性褐土 砂姜红黄土质灰性褐土 洪积石灰性褐土 沙泥质石灰性褐土 钙质石灰性褐土
硅铝土	半干润硅铝土	褐土	潮褐土	洪积潮褐土 冲积潮褐土
硅铝土	半干润硅铝土	褐土	褐土性土	黄土质褐土性土 砂姜黄土质褐土性土 红黄土质褐土性土 砂姜红黄土质褐土性土 洪积褐土性土 堆垫褐土性土 覆盖褐土性土 硅铝质褐土性土 硅铝钾质褐土性土 硅镁铁质褐土性土 沙泥质褐土性土 钙质褐土性土 硅质褐土性土
半水成土	淡半水成土	潮土	潮土	沙质潮土 轻壤质潮土 壤质潮土 沙质潮土 黑底潮土 洪积潮土
半水成土	淡半水成土	潮土	灰潮土	沙质灰潮土 轻壤质灰潮土 壤质灰潮土 黏质灰潮土 洪积灰潮土
半水成土	淡半水成土	潮土	湿潮土	洪积湿潮土 冲积湿潮土
半水成土	淡半水成土	潮土	灌淤潮土	壤质灌淤潮土 黏质灌淤潮土

续表 11-46

土纲	亚纲	土类	亚类	土属
半水成土	暗半水成土	砂姜黑土	砂姜黑土	砂姜黑土 青黑土 覆盖砂姜黑土
半水成土	暗半水成土	砂姜黑土	漂白砂姜黑土	漂白砂姜黑土
半水成土	暗半水成土	砂姜黑土	石灰性砂姜黑土	石灰性砂姜黑土 石灰性青土 覆盖石灰性砂姜黑土
水成土	水成土	沼泽土	草甸沼泽土	洪积草甸沼泽土
盐碱土	盐土	盐土	潮盐化土	氯化物潮盐化土 硫酸盐潮盐化土
盐碱土	盐土	盐土	潮盐土	氯化物潮盐土 硫酸盐潮盐土
盐碱土	碱土	盐碱土	潮盐碱化土	苏打潮盐碱化土 氯化物潮盐碱化土 硫酸盐潮盐碱化土
盐碱土	碱土	盐碱土	潮盐碱土	氯化物潮盐碱土
盐碱土	碱土	碱土	盐化潮碱土	苏打盐化潮碱土 氯化物盐化潮碱土 硫酸盐盐化潮碱土
人为土	水耕人为土	水稻土	淹育型水稻土	黄棕壤性淹育型水稻土 黄褐土性淹育型水稻土 砂姜黑土性淹育型水稻土 潮土性淹育型水稻土
人为土	水耕人为土	水稻土	潴育型水稻土	黄棕壤性潴育型水稻土 黄褐土性潴育型水稻土 砂姜黑土性潴育型水稻土 潮土性潴育型水稻土
人为土	水耕人为土	水稻土	潜育型水稻土	黄棕壤性潜育型水稻土 黄褐土性潜育型水稻土 潮土性潜育型水稻土
人为土	水耕人为土	水稻土	漂白型水稻土	黄褐土性漂白型水稻土 砂姜黑土性漂白型水稻土
人为土	水耕人为土	水稻土	沼泽型水稻土	黄棕壤性沼泽型水稻土
初育土	土质初育土	红黏土	红黏土	红黏土 砂姜红黏土
初育土	土质初育土	红黏土	石灰性红黏土	石灰性红黏土 砂姜石灰性红黏土
初育土	土质初育土	风沙土	草甸风沙土	流动风沙土 半固定风沙土 固定风沙土

续表 11-46

土纲	亚纲	土类	亚类	土属
初育土	土质初育土	新积土	新积土	洪积新积土 冲积新积土
			石灰性新积土	洪积石灰性新积土 冲积石灰性新积土
	石质初育土	紫色土	紫色土	砂质紫色土 泥质紫色土
			石灰性紫色土	砂质石灰性紫色土 泥质石灰性紫色土
		火山灰土	基性岩火山灰土	硅镁铁质火山灰土
		石质土	石质土	硅铝质石质土 硅镁铁质石质土 沙泥质石质土 硅质石质土
			石灰性石质土	钙质石质土
		粗骨土	粗骨土	硅铝质粗骨土 硅铝钾质粗骨土 硅镁铁质粗骨土 沙泥质粗骨土 硅质粗骨土
			石灰性粗骨土	石灰性粗骨土 沙泥质石灰性粗骨土

二、立地类型调查

立地是林木生长的土地及其空间。立地条件是对林木生长有影响的各个环境因子的综合。立地类型是地域上不相连接，但立地条件基本相同，林地生产潜力基本一致的地段的组合。立地类型调查的目的，是研究调查地区林业用地的地形、土壤、气候、生物等生态因子的分布规律及其与森林植物群落的组成、结构、生长、分布和演替规律的关系以及植物群落间的相互关系。准确地划分立地类型是划分造林类型、森林经营类型和进行其他专业调查的基础。

立地类型调查常采用面上路线调查和点上标准地调查。山区通过从谷底向山脊的森林立地梯度变化规律调查，可掌握立地类型随地形引起的自然条件变化规律性；在平原或平缓台地、丘陵地区，通过森林立地纬度变化规律调查，掌握森林立地水平地带分布规律。点上标准地调查可以全面掌握各立地类型的立木组成、生长状况，其他植被层、地形、土壤、幼树更新等的基本特征以及它们间的相互关系，从中分析出制约各立地类型（或林型）立木生产力、更新、病虫害以及采伐后演替方向的主要因素，并提出不同立地类型（或林型）的营造林技术措施。

（一）准备工作

（1）准备调查地区新编 1∶25 000 或 1∶10 000 地形图或近期大比例尺航测照片。

(2)准备调查地区林相图。

(3)收集该区以往土壤、植被、地质、水文及近 10 年气象资料。

(4)物品准备:调查表格、海拔仪、手持罗盘、测高器、GPS 或 PDA、围尺、钢卷尺、角规、生长锥、植物鉴定工具书、标本夹、标本袋、土壤调查用具、文具等。

(二)路线调查

1. 路线选择

调查前应先在地形图或航片上设计 3 ~5 条调查线。调查线选择原则是:

(1)通过调查区的河床、河谷、阶地、起伏丘陵及台地侵蚀区。

(2)通过中、低山地区,应与山脉主脊、分水岭或等高线垂直。

(3)通过各主要森林植被类型区和主要植物群落及各主要坡向等。

2. 外业调查

外业调查采用目测(无林地采用小样方调查)进行分段调查记载,段宽一般为 20 ~40 m。调查时,沿拟定的路线前进,遇见地形、森林植物群落、土壤种类等主要调查因子有明显变化时,就应分段,并在地形图、航片上标记位置,以便在同一个立地类型内全面设置各优势树种林分的标准地。

路线调查分段编号记载,主要项目按"立地类型路线调查表"的内容要求进行,主要项目包括:

(1)路线方向和调查段长度,并绘制路线剖面图和平面图。

(2)地形和小气候特征,土壤剖面主要特征及土壤名称。

(3)天然林林分的树种组成、平均年龄、平均高、优势木平均高及平均直径、郁闭度、每公顷蓄积量等;人工林除记载年龄、平均高、优势木平均高及平均直径、郁闭度、每公顷蓄积量外,还需记载混交比和混交方式;疏林和散生木除记载上述因子外,还应说明树木生长情况,有无发展前途等。

(4)有林地、无林地天然更新情况(良好、中等、不良),树种分布状况、生长情况、人工更新情况(保存率),树种、高、径生长情况。

(5)有林地、无林地下木(或灌木)及草本、层外植物的盖度、分布、主要种类、多度、高度、指示意义及其对更新和乔木生长的影响等。

(6)人为活动及自然灾害对林木生长的影响等。

(7)小结:说明该段的主要特点、植物群落演替趋向、经营利用意见或适宜营造的林种和树种,初拟立地类型名称。

(三)标准地调查

为进一步分析每个立地类型的特点和每个立地类型内各个植物群落类型的形成与发展规律,各因子间的相互关系,鉴别土地生产力,拟定林业经营措施,必须在每个立地类型的每个植物群落的典型地段设置标准地,进行实测调查。

1. 标准地面积

一般按 0.06 ~0.1 hm^2 设置,周界测量误差不得大于 1/200。无林地设置 4 ~10 m^2 样方。如为复合的镶嵌群落,应设置面积等于上述标准地面积的调查带。

2. 标准地数量

有林地每个植物群落类型小样方不得少于 3 块,无林地每个植物群落类型小样方亦不得少于3个。

3. 标准地调查

标准地必须详细实测记载，主要项目有以下几项。

(1)标准地周围情况：主要记载与标准地相邻地区的植物群落类型名称，如在附近有道路、河流等亦应注明。

(2)地形地势：所在大、中地形位置，海拔、坡向、坡位、坡度、坡形、开阔度等。

(3)岩石及地质条件：母岩、母质种类等。

(4)水分条件：记载水分来源(分大气降水、地下水)，地下水位深度及土壤水分状况等。

(5)小气候特征：根据感觉和观察及指示植物的生态类型，记载光照强度(分强、中、弱)和空气湿度等。

(6)土壤调查：必须按土壤调查技术要求详细记载剖面各项因子。每个立地类型要采集3个纸盒标本和分析标本，以供分析土壤理化特性用。对无林地特别要注意记载土层厚度、腐殖质层厚度、质地、障碍层情况等。

(7)乔木调查：按立地类型标准地调查的项目进行每木检尺，计算有关因子；分树种调查；按中央直径多选、两端少选的原则，选择总株数的1/10实测树高和胸径，绘制树高曲线；伐倒平均标准木和优势木各一株做树干解析，分析生长规律。人工林查数一定数量的株行距，调查造林密度、混交比、混交方式、保存率等。疏林应调查记载树木种类等，并说明有无发展前途。有林地还应实测一定株数的优势木高。

(8)更新调查：采用实测和目测相结合的方法进行。首先在标准地内用五点取样法设置2 m×2 m样方5块，分树种、高度组、起源、健康状况逐株调查，并在每个树种的各高度组选出3～4株幼树，求平均年龄，最后作出更新评定(分良好、中等、不良)。有人工更新的可采用标准行进行调查。对飞播造林应调查其种类、生长分布情况，并评定等级。

(9)下木、草本、层外植物：用目测方法进行调查，多度按目前世界通用的多度级记载，其标准如表11-47所示。

表11-47　植被多度级

多度级代号	特征	相当于覆盖度(%)
SOC	植株盖满或几乎盖满标准地，地上部分互相衔接	76～100
COP^3	植株遇见很多，但个体未完全衔接	51～75
COP^2	植株遇见较多	26～50
COP^1	植株遇见尚多	6～25
SP	植株散生，数量不多	1～5
SOL	植株只个别遇到	1
U_n	在标准地内偶然遇到1～2株	个别

生活强度：分良好、中等和不良三级。

物候相：记录调查时各个种的生长发育阶段，用符号表示：

营养期：一

孕蕾期：A　　果熟：#

花初期：⊃　　果落：×

花盛开：O　　结实后营养期：~ ~ ~
花　谢：C　　落叶（木本）：=
开始结实：+　　凋谢枯萎（一年生草本）：=
　　开始第二个生长季（多年生草本）：=

（10）人为活动及自然灾害：记载采伐、抚育、砍灌、放牧、林副产品采集等方面人为活动及火灾、病虫害、动物活动对林本生长更新的影响。

（11）小结：根据上述调查，归纳出该植物群落类型的主要特点。对有林地要说明林分生长发育情况，经济利用价值，树种稳定程度，采伐后可能更替的方向，是否有必要改变更新树种，具体措施等；对无林地要说明宜林性质，野外提出适宜的造林树种。对过去采取的经营利用措施要进行评价，并提出今后应采取的措施；初步确定类型和植物群落类型名称。

（四）编制初步立地类型表

外业调查进行到一定阶段，根据路线调查和部分标准地调查材料，先编出一个初步的立地类型表，集中反映各个立地类型的主要特点和一个立地类型内出现的植物群落类型情况，为后期工作提供初步依据：更明确收集材料的目的性；可以有针对性地验证类型划分的正确程度，使立地类型表不断得到充实、完善；用统计分析结合实地观察的科学论证方法，获得各项因子更有代表性的资料。

（五）树种特性调查

要为某地区的营林、造林工作提供有关树种生态、生物学特性的基本材料，需要进行树种特性调查，主要调查项目有生境、植株和经济意义三部分，具体按“树种生物生态学特性调查表”的内容要求进行调查。

（六）采集植物标本

在路线或标准地调查的同时应随时采集植物标本，每种 3 份。

（七）内业材料整理和调查成果

1. 立地类型的分类和命名

1）立地分类系统

立地分类系统要和区划系统连接，基层分类单位应在县级区划的基础上，对有林地、无林地统一进行立地分类，使立地类型的划分和当地林业发展方向保持一致，便于组织、指导林业生产。

应用体系中的立地分类分两级，即立地类型组、立地类型。

2）划分立地类型的原则和依据

立地类型划分应以调查地区内决定森林生产潜力、影响森林经营效果的主导因子为依据。在山地和丘陵地区，影响林木生长的主要因子是海拔、坡向、坡位、坡度、坡形、开阔度、土壤种类、土层厚度、腐殖质厚度、基岩性质等；平原地区以土壤种类、土壤根系分布层质地、土层分布状况和夹沙（壤）层厚度及出现的深度、水文条件、地下水位、盐碱化程度、洪水淹没的状况等为主；沙地以沙丘类型、水文条件、障碍层情况以及盐碱化程度等为主。

立地类型组一般以局部地形划分。

河南省划分立地类型的主要依据是地形、地貌、土壤、地下水位等。各种标准如下。

（1）地貌：中山，海拔 >1 000 m，相对高差 500 m 左右；低山，海拔 500 ~ 1 000 m，相对高差 200 ~ 500 m；丘陵，没有明显的脉络，坡度较缓和，海拔 <500 m，相对高差 50 ~ 100 m；平

原,平坦开阔,起伏很小,海拔<100 m,相对高差<50 m左右。

(2)坡度:Ⅰ级为平坡0~5°,Ⅱ级为缓坡6°~15°,Ⅲ级为斜坡16°~25°,Ⅳ级为陡坡26°~35°,Ⅴ级为急坡36°~45°,Ⅵ级为险坡46°以上。

(3)坡向:分东、南、西、北、东北、东南、西北、西南及无坡向九个方位。阴坡包括东、北、东北、西北,阳坡包括南、西、东南、西南。无坡向视情况归入阴坡或阳坡。

(4)坡位:分脊、上、中、下、谷、平地六个坡位。

(5)沙地:沙丘,高度>3 m;平沙地,地势低平,间有低于3 m的小型沙丘。

(6)土层厚度:根据土壤的A层+B层或表土层+心土层厚度确定,分为三级:厚层土(≥60 cm),中层土(30~59 cm),薄层土(<30 cm)。

(7)土壤质地:分沙土、沙壤土、轻壤土、中壤土、重壤土、黏土。

(8)土壤盐分含量:盐碱土,含盐量>0.6%,pH值>8.5;非盐碱土,含盐量≤0.6%,pH值≤8.5。

(9)地下水位:深位>2 m,浅位≤2 m。

(10)砾石(砂姜)含量:含直径1 mm以上的石砾、角砾、石块或砂姜30%~70%为多,<30%为少;直径>1 mm的砾石含量在71%以上,以石砾、角砾(直径1~10 mm)为主属粗骨土,以石块或砂姜(直径>10 mm)为主属石质土。

3)立地类型的命名

立地类型的命名必须准确反映林地质量,通俗易懂,便于生产单位掌握。可根据地形、土壤、植被3项因子的特点命名。如其中一个或两个因子特别突出时,则可按一两个明显因子命名。山区丘陵区如阳坡薄土型,平原区如厚层夹壤沙土型等。

立地类型组的命名根据坡度级、坡位或坡形等命名,如陡坡组、下坡组、山洼组等。

2. 内业材料整理

首先,整理植物标本,并进行鉴定,写清中文和拉丁文名。

其次,进行立地类型材料的整理分析。对划为同一立地类型的调查材料应进行各因子的汇总统计。在一个立地类型内存在有一个或多个有林地植物群落类型时,应把每个植物群落类型的标准地材料按测树调查内业要求,整理出立木测树因子,并用同一植物群落类型的标准地材料绘出树高、直径与年龄的相关曲线图,以立木因子检查立地类型划分是否正确。其允许变动范围为:树高±(3.5%~10%),直径±(10%~15%),超限者应检查原因。对比不同群落经营价值及生产力,找出该立地类型的目的林分。最后从汇总统计分析的材料中概括出各立地类型的地形地势、土壤名称和典型剖面特征及立木因子、更新、植被等特征。

3. 调查成果

(1)立地类型表。

(2)立地类型分布图。

(3)调查报告:主要包括自然地理概况、地理位置、气象、水文、地形地势情况;土壤、植被分布情况;社会经济条件;主要乔、灌木种类的生物、生态学特性;划分立地类型的原则、依据、方法、分类系统、工作量和质量等;详细描述每个立地类型(包括其中的不同植物群落类型)的特征,作出评价和生产力预估,提出经营利用意见和具体措施等。

所用调查表式见表11-48~表11-52。

表 11-48　立地类型路线调查表

调查线号

线路方向

路线调查剖面图和平面图

调查段号＿＿＿＿＿＿＿＿本段距离＿＿＿＿＿＿＿＿

调查地点＿＿＿＿县(市、区)＿＿＿＿乡(镇、林场)＿＿＿＿村(工区)

地形地势:坡向＿＿＿＿坡位＿＿＿＿坡度＿＿＿＿海拔＿＿＿＿

小气候特征＿＿＿＿＿＿＿＿

林木调查因子

树种组成	平均年龄	平均树高	优势木平均高	平均直径	地位级	郁闭度	蓄积量(m^3/hm^2)

人工林混交比和混交方式

疏林、散生木树木生长情况,有无发展前途

天然(或人工)更新情况

下木或灌木(总盖度、种类、分布情况、多度、高度、指示意义等)

层外植物种类分布情况、对林木生长影响等

草本植物(总盖度、种类、分布情况、多度、高度、指示意义等)

母岩及成土母质＿＿＿＿＿＿＿＿

沼泽化或盐碱化特征＿＿＿＿＿＿＿＿

土壤侵蚀情况＿＿＿＿＿＿＿＿

土壤名称＿＿＿＿＿＿＿＿

土壤剖面主要特点:

其他(林分特点、人为活动和自然灾害对林木的影响及经营意见等)

立地类型　　　　植物群落类型名称

调查日期　　　　年　　月　　日　　　　调查者

表 11-49 立地类型标准地调查表

标准地号____________标准地面积____________天气____________________ 调查日期______________

立地类型、植物群落类型名称____

自然地理概况:地理位置________县(市、区)________乡(镇、林场)________ 村(工区)______________

地形地势:坡向________坡位________坡度______坡形______开阔度______ 海拔(绝对/相对)________

标准地所在大、中地形的位置及其小地形、微地形变化情况 ____________________________________

水分条件及地下水位________________________ 小气候特征__________________________________

土壤:母岩、母质______________________________ 土壤侵蚀情况________________________________

沼泽化或盐碱化特征 ____

剖面记载 剖面号________________________

<table>
<tr><td rowspan="2">剖面图深度比例
1:10</td><td colspan="2">土壤层次</td><td rowspan="2">剖面说明:颜色、过渡情况、质地、石砾含量、结构、松紧度、适度、新生体、侵入体、碳酸盐反应、pH 值、生物活动及根系分布情况</td></tr>
<tr><td>代号</td><td>厚度</td></tr>
<tr><td>10
20</td><td></td><td></td><td></td></tr>
</table>

土壤剖面特点

<table>
<tr><td rowspan="2">土壤厚度</td><td rowspan="2">主要颜色</td><td rowspan="2">机械组成</td><td rowspan="2">石砾含量</td><td rowspan="2">结构</td><td rowspan="2">松紧度</td><td rowspan="2">湿度</td><td rowspan="2">pH 值</td><td colspan="2">根系分布深度</td></tr>
<tr><td>最多的</td><td>最深的</td></tr>
<tr><td></td><td></td><td></td><td></td><td></td><td></td><td></td><td></td><td></td><td></td></tr>
</table>

障碍层情况__________________土壤野外定名__________________ 土壤校正名________________

土壤肥力评价

采样深度____ 样品个数________________________________

林分:起源________________总郁闭度________________各林冠层郁闭度 Ⅰ______Ⅱ______ Ⅲ______

林木分布情况______________________ 平均距离(或株行距)____________________________________

树种组成(混交比 混交方式)____

平均年龄____________平均胸径____________平均树高____________ 6 株优势木平均高 ____________

每公顷蓄积量__________________ 疏密度________________地位级或地位指数级________________

经济材出材率 ____

续表 11-49

分别树种记载表

树种	林层	株树	年龄	树高(m)		胸径(cm)		断面积(cm²)	蓄积量(m³/hm²)	生长情况	枯立木株树占总株数(%)	其他
				平均	优势	平均	最大					

混交灌木种类__________从幅__________从高__________生长情况______________

造林措施及抚育措施____

造林保存率____

林内卫生情况____

每木调查记录

树种________________

径阶	分别材种					分别病种			枯立木	倒木
	用材树	半用材树	薪材树	株数合计	断面面积(cm²)				株数/材积(m³)	株数/材积(m³)
小计										
平均胸径		平均树高				每公顷			每公顷	
平均断面积		单株材积				病腐材积占总材积(%)				
每公顷株数										
每公顷蓄积量						病腐株数占总株数(%)				
每公顷断面积										
平均年龄										
出材率			组成							

每木测高记录

树高/胸径

径阶	树种					
	1	2	3	4	合计	平均

组成为 1 以下的树种测高记录

树种	平均胸径(cm)	实测高(m)				
		1	2	3	合计	平均

续表 11-49

优势木测高记录　　　　　　（单位:m）

树种	1	2	3	合计	平均

第　号标准地树高曲线图

树高																

胸径

各树种各径阶树高一览表

径阶 / 树种											平均树高

更新评定(更新等级、有无成林希望、成败原因等)

幼树调查记载表

样地面积　　　样地数

树种	高度组（cm）	实生苗株数				萌生苗株数				分布情况
		平均年龄	健康	不健康	小计	平均年龄	健康	不健康	小计	
	≤30									
	31～50									
	>50									
	小计									
	≤30									
	31～50									
	>50									
	小计									
合计										

下木

总盖度＿＿＿＿＿＿＿＿＿＿分布状况＿＿＿＿＿＿＿＿＿＿

各层覆盖度、高度Ⅰ＿＿＿＿＿＿Ⅱ＿＿＿＿＿＿Ⅲ＿＿＿＿＿＿

续表 11-49

分种记载表

种类	层次	多度	生活强度	高度(m)		物候相	其他
				最高	平均		
							对林木生长、更新的影响,成土作用,指示意义等

无林地灌木

总盖度________________分布情况________________

小样地数量________个,小样地面积________ m^2,样地总面积________ m^2

灌木样地记载表

样地号 / 高度(m) / 种类	1					2					总计	起源	其他
	0.5以下	0.6~1.0	1.1~2.5	2.6以上	小计	0.5以下	0.6~1.0	1.1~2.5	2.6以上	小计			
													对造林的影响及指示意义等

草本

总盖度________________分布状况________________

主要种类	层次	多度	高度(m)	生活强度	物候相	其他
						对林木生长、更新的影响,成土作用,指示意义等

层外植物

藤本

密度________________分布状况________________

主要种类	多度	高度(m)	底径(cm)	革质或木质	被攀缘植物				林木被攀缘株数(%)	其他
					树冠	树干	下木	草本		
										对林木生长、发育、更新的影响等

附生和寄生植物记载表

主要种类	密度	附着树种	附着部位	生活强度	其他
					对林木生长发育影响等

人为活动及自然灾害

____

结语和意见

____

调查者:________________

表 11-50　树种生物生态学特性调查表

调查木号

树种学名______________________________普通名______________________________

调查日期__________________年__________________月__________________日

地点__________县(市、区)__________乡(镇、林场)__________村(工区)__________

Ⅰ生境

海拔________________坡向________________坡度________________坡位________________

小气候____

土壤名称______________________________土壤剖面号______________________________

土壤特点____

土层厚度(cm)	腐殖质层厚度(cm)	机械组成	石砾含量	结构	松紧度	母质与母岩	湿度	pH 值	其他

死地被物层　　盖度____________厚度____________地下水位深度____________

土壤侵蚀情况

标准地或调查段号

立地类型和植被群落类型名称

林木因子(根据标准地或调查段等)

树种组成	林龄	疏密度	地位级	地位指数级	郁闭度	其他(林木平均间距及分布等)

调查木周围更新情况

灌木层、草本层记载

灌木层				草本层(或地被物层)			
总盖度	平均高(m)	分布状况	主要种类及其多度	总盖度	平均高(m)	分布状况	主要种类及其多度

Ⅱ植株

(一)地上部分

植株年龄__________高度__________m 胸径__________cm 解析木号________________

枝下高__________m　树冠形状__________m　长度__________m　冠幅 E __________m

S __________m　W __________m　N __________m　枝叶结构__________树皮颜色__________

光泽__________厚度__________cm　开裂形状__________附生寄生植物______________

物候记载(抽芽、开花、花谢、结实、果熟、果落、落叶等时间)

____

续表 11-50

（二）根系

根系类型____________主根（或支根）深度____________m

根系最多深度____________m 主根（或最大支根）最大直径____________cm

最多直径范围________________________cm

根系周幅　E________m　S________m　W________m　N________m

根系纵剖面图编号______________________________

经济意义及其他

调查者____________

表 11-51　立地类型因子汇总表

立地类型名称

标准地或调查段号	地形							土壤									
	海拔（m）	坡向	坡位	坡度	坡形	开阔度	中、小地形	总厚度（cm）	A或AB B 厚度（cm）	腐殖质含量	pH值	碳酸盐反应	质地	石砾含量	湿度	地下水位深度（m）	母质

灌（下）木			草本		更新树种（株/hm^2）	乔木现状								备注
总盖度	平均高（m）	优势种及多度	总盖度	优势种及多度		树种组成	平均年龄	平均直径（cm）	平均高 优势木平均高（m）	蓄积量（m^3/hm^2）	疏密度	地位级 地位指数级	经济出材率	疏林、散生木种类及每公顷株数	

表 11-52　立地类型表

立地类型名称	立地类型代号	地形地势	土壤	植物群落类型名称	树种组成	年龄	平均高 优势木平均高（m）	平均胸径（cm）	地位级 地位指数级	更新	灌（下）木	草本	经营利用意见
1	2	3	4	5	6	7	8	9	10	11	12	13	14
		海拔、范围、坡向、坡位、坡度、坡形、开阔度	名称、土层厚度、腐殖质层厚度、机械组成、土壤湿度、石砾含量、pH值							树种、分布状况、更新评定等级	总盖度、种类、每种平均高、多度	总盖度、种类、多度	造林树种培育目的和经营利用意见

三、森林病虫害调查

(一)森林病虫害调查的目的

摸清调查地区各主要林分类型的主要病虫害种类、数量、危害情况、分布区域、生态条件和发生发展规律,以及调查林内卫生状况和害虫的天敌种类、数量及应用的可能性等,为森林经营和森林病虫害防治设计提供科学依据。

(二)森林病虫害调查方法与内容

1. 踏查

踏查的目的:初步了解调查区域内各种林木病虫害的种类、数量、分布、危害情况。

踏查路线:利用林班线、林间大小道路,注意穿过各主要森林类型。实际踏查路线应绘在地图上,踏查时沿拟定的工作线(应向两侧各延伸一定距离),用目测法调查林内卫生状况,主要病虫害种类、分布特点,株数被害率、被害程度、蔓延趋势,并确定详查地点。踏查中应绘制踏查图,标明优势树种、组成、树高、林龄、郁闭度、海拔以及调查段的距离等。有关内容填入"森林病虫害路线调查记录表"(表11-53)。

表11-53　森林病虫害路线调查记录表

调查线号__________调查段号__________本段距离__________

调查地点______省(市、自治区)______县(市、区)______乡(镇、林场)

地形地势____________________

坡度__________坡向__________海拔__________m

林木调查因子

组成	林层	林龄	平均树高(m)	平均直径(cm)	地位级	疏密度(郁闭度)	蓄积量(m^3)

各树种的病虫害种类、被害率、危害程度、发生原因、林内卫生状况、天敌种类及数量__________

____

幼树　树种、组成、生长状况、每公顷株数、病虫害危害情况及发生原因__________

____

下木　种类、盖度____________________

植被　种类、总盖度____________________

土壤名称____________________

其他(林分特点、人为活动情况及经营意见)____________________

调查日期__________调查者__________

2. 标准地调查

在确定详查的地点上选设标准地进行详细调查,进一步查清病虫害种类、数量、危害程度,发生发展的原因,病虫害对林木所造成的损失以及病虫害的发生与生态环境的关系。

1)标准地大小

成、过熟林,标准地目的树种株数 100 株以上,中、近熟林 200 株以上,幼龄林 250 株以上。林地面积小而且分散的散生林,株数不得低于 100 株。经济林株高 2 m 以上的不少于 30 株,株高 1 m 以下的不少于 50 株。标准地形状以正方形或长方形为宜。如用于分析病虫害的发生与生境的关系,则应按林分类型(或林型)、林龄、树种组成、郁闭度、海拔、坡向等项因子选设标准地。每个因子的标准地数量以 2 ~3 块为宜。调查病虫害标准地也可以与林型或其他类型标准地结合。

2)标准地的数量

一个调查总体(县、林场、局)的标准地数量不少于 50 块。

3)标准地的要求

选择的标准地要注意林分因子和立地条件应一致,标准地的位置用红线标在地图上。

4)标准地病虫害调查

(1)病害调查:在标准地内进行每木检尺,按健康木、受害木、衰弱木分别记载,最后求算株数感病率。

叶部及枝条病害:在感病林木中选 3 ~5 株样木,在样木树冠南北方向的上、中、下 3 个部位共选取 6 个样枝,调查感病情况,确定树冠及枝条被害程度。树冠被害程度划分为 3 级,即轻微:被害叶片数占总叶片数的 20% 以下,记为“ + ”;中等:被害叶片数占总叶片数的 21% ~50% ,记为“ + + ”;严重:被害叶片数占总叶片数的 51% 以上,记为“ + + + ”。枝条被害程度划分为 3 级,即轻微:被害枝条数占总枝条数的 10% 以下,记为“ + ”;中等:被害枝条数占总枝条数的 11% ~25% ,记为“ + + ”;严重:被害枝条数占总枝条数的 26% 以上,记为“ + + + ”。

树干腐朽:在标准地每木分级检尺的基础上,每种病害应伐 3 株病腐标准木进行解析。具体做法是:病树伐倒后,按标准木区分方法进行区分量测,并将其锯断,检查腐朽情况,量取各断面腐朽直径,记载腐朽长度,直至不见腐朽止,估计蔓延高度。最后绘树干病腐分布图及典型的病腐断面图。内业计算出病腐木带皮树干腐朽材积和因腐朽造成经济损失的材积及其各占树干材积的百分率。

果实或种子病害:被害株中选 3 株样木,每株树上在南北方向的上、中、下部位各选10 ~20 个果实,计算果实被害率,记载果实被害程度。被害程度分 3 级,即轻微:果实或种子 20% 以下受害;中等:果实或种子 21% ~40% 受害;严重:果实或种子 41% 以上受害。

根部病害:在调查中发现苗木或新植幼树地上部分立枯时,应在发现病害的地方设 3 m×3 m 样方,全部挖出幼苗或幼树根部进行分析,确定病害种类、受害根之数量及受害程度。根部受害程度分 3 级,即轻微:主根 1/3 以下被害,记为“ + ”;中等:主根 1/3 ~2/3 受害,记为“ + + ”;严重:主根 2/3 以上受害,记为“ + + + ”。

(2)虫害调查:标准地每木分级检尺后,统计被害林木株数。

叶部害虫:在被害木中选取 5 株样木,在样木树冠南北方向的上、中、下部共选 6 个样枝,确定害虫种类,调查虫口密度,记载树冠受害程度。树冠受害程度分 3 级,即轻微:树冠上被害叶片数为总叶片数的 1/3 以下,记为“ + ”;中等:树冠上被害叶片数为总叶片数的 1/3 ~2/3,记为“ + + ”;严重:树冠上被害叶片数为总叶片数的 2/3 以上,记为“ + + + ”。

树干害虫：在标准地上按健康木、衰弱木、濒死木进行每木检尺。从衰弱木、濒死木中各选1株样木伐倒，从伐根至树梢刮下一条10 cm宽的树皮，详细调查各种害虫在树干上的分布情况，并在树干南北方向的上、中、下部各取20 cm×50 cm的样方，查明害虫种类、数量、虫态，统计出每10 cm^2 平均虫口密度。对天牛和吉丁虫类应调查1 m长干材内的虫眼数，确定材质等级（一等材：不许有虫眼；二等材：1～20个虫眼；三等材：21个虫眼以上）。

枝梢害虫：主要在幼龄林中进行调查。在被害林木中选3株样木，在树冠南北方向的上、中、下部共选6个样枝，查清害虫种类、虫口密度、被害程度。枝梢被害程度分3级，即轻微：被害枝梢数占总枝梢数的1/3以下，记为"＋"；中等：被害枝梢数为总枝梢数的1/3～2/3，记为"＋＋"；严重：被害枝梢数为总枝梢数的2/3以上，记为"＋＋＋"。

果实或种子害虫：林木分级检尺后，在受害株中选3株样木，在树冠南北方向的上、中、下部各选10～20个球果或坚果（共选60～120个果实），查清害虫种类、虫口密度、受害程度。果实受害程度分3级，即轻微：果实或种子20%以下受害，记为"＋"；中等：果实或种子21%～40%受害，记为"＋＋"；严重：果实或种子41%以上受害，记为"＋＋＋"。

地下害虫：主要在预备造林地、人工或天然幼林、苗圃等处进行。可结合土壤调查或在工作线上按一定距离挖土坑分层调查。样坑面积为1.0 m×1.0 m，坑深至母岩。样坑数量：调查面积为5 hm^2 以下时挖5个坑，6～20 hm^2 时挖坑6～10个，21～30 hm^2 时挖坑11～15个，31～50 hm^2 时挖坑16～20个，50 hm^2 以上时挖坑21～30个。查清害虫种类、虫口密度等。

5）苗圃地病虫害调查

在感染病虫害的圃地设置标准地，调查面积占总面积的0.1%。查清苗木感染病虫害的程度及其原因，记载病虫种类，同时查明苗圃设置年代、位置、土壤、卫生状况，种子来源、种子质量、种子处理及土壤消毒方法、药剂种类，整地、播种日期及方法，覆盖方法及材料，遮阴方法及日期，苗圃周围植物种类，苗木抚育管理及过往病虫害发生史及防治方法。

6）害虫天敌昆虫、天敌鸟类调查

对害虫天敌的调查应准确查清昆虫天敌的名称、取食害虫方式（扑食性或寄食性）、数量、寄生率，并提出利用天敌的可能性；调查益鸟的种类、分布、数量及其捕食害虫的效率，提出保护利用益鸟的措施。

3. 成果内容

森林病虫害调查结束后应提交下列成果：

（1）鉴定害虫、病原菌、天敌昆虫与天敌鸟类名称，制作病虫害标本，编写工作地区的病虫害、天敌昆虫与鸟类名录。

（2）编写调查报告。内容主要有：调查地区的自然地理、气象、水文、土壤、植被分布情况及社会经济状况，过往经营沿革，各种林分病虫害种类及其危害情况，森林病虫害发生原因及其发展趋势，提出病虫害的综合防治措施。

（3）绘制病虫害分布图。

病虫害调查用表格式如表11-54～表11-62所示，其中表11-54为任何一项病虫害调查必用之表，表11-55～表11-61省略了表11-54的相同内容。

表 11-54　天然林、人工林病虫害调查表

________省(市、自治区)________县(市、区)________乡(镇、林场)________村(林班)________小班

标准地号________________标准地面积________________

林分因子

组成	地位级	平均林龄	疏密度(郁闭度)	平均树高(m)	平均直径(m)	蓄积量(m^3)	林型或林分类型

幼树____

下木____

地被物______________________________________

土壤____

地形地势____________海拔____________m　坡度____________坡向____________

林内卫生状况__________________________________

病虫害种类及危害情况____________________________

病虫害发生时间、原因及发展趋势______________________

____

调查日期____________调查者____________

每木调查记录

序号	树种	直径	林木状况			枯立木	倒木	虫害种类	危害部位	程度	备注(天敌)
			健康	衰弱	濒死						
合计											

平均直径____________cm　平均树高____________m　每公顷株数/蓄积____________m^3

调查日期____________调查者____________

表 11-55　病腐木分析表

标准地号＿＿＿＿＿＿＿＿标准样木号＿＿＿＿＿＿＿＿
树种＿＿＿＿＿　直径＿＿＿＿＿ cm　树高＿＿＿＿＿ m　年龄＿＿＿＿＿年
病害名称＿＿＿＿＿＿＿＿病原菌(学名)＿＿＿＿＿＿＿＿
林木生长状况及病害症状＿＿＿＿＿＿＿＿

＿＿＿＿＿＿＿＿

＿＿＿＿＿＿＿＿

树干状况(外貌、枝条伤口、节子愈合情况、病菌和虫害感染情况及其他)

＿＿＿＿＿＿＿＿

＿＿＿＿＿＿＿＿

根部特征＿＿＿＿＿＿＿＿

＿＿＿＿＿＿＿＿

腐朽高度＿＿＿＿＿ m　腐朽直径＿＿＿＿＿ cm
变色高度＿＿＿＿＿ m　变色直径＿＿＿＿＿ cm
纯腐朽材积＿＿＿＿＿ m^3　占树干材积＿＿＿＿＿%
经济材损失材积＿＿＿＿＿ m^3　占树干材积＿＿＿＿＿%

调查日期＿＿＿＿＿调查者＿＿＿＿＿

病腐木详细分析表

伐根以上高度(m)	直径(cm)		材积(m^3)		子实体数及着生位置	变色或腐朽情况
	树干	腐朽	树干	腐朽		
0						
1						
3						
⋮						
合计						

表 11-56　蛀干害虫调查表

标准地号＿＿＿＿＿树种＿＿＿＿＿每木检尺等级＿＿＿＿＿
林木生长衰弱的原因＿＿＿＿＿＿＿＿
林木生长状况＿＿＿＿＿＿＿＿
树高＿＿＿＿＿ m　胸径＿＿＿＿＿ cm　树龄＿＿＿＿＿年
主要虫害名称、发育阶段及其在树干上的分布＿＿＿＿＿＿＿＿

＿＿＿＿＿＿＿＿

根颈虫害的危害情况＿＿＿＿＿＿＿＿

＿＿＿＿＿＿＿＿

被害区域样方面积内害虫数量表

标准地号＿＿＿＿＿标准木号＿＿＿＿＿

小蠹虫数量/100 cm^2						天牛、象鼻虫、吉丁虫数量/100 cm^2					天敌名称
虫害名称	样方号	穴数	母虫道	羽化孔	蛹及成虫	幼虫	害虫名称	样方号	幼虫	通入木质部虫道数	蛹	

调查日期＿＿＿＿＿调查者＿＿＿＿＿

表 11-57　叶部、枝条病害调查表

标准地号__________标准木号__________

树种	病害名称	感病阶段	调查部位	调查样枝叶片数						平均感病叶(%)	被害等级	调查枝条数						平均感病枝(%)	被害等级
				健康		衰弱		死亡				健康		衰弱		死亡			
				叶片	%	叶片	%					枝条	%	枝条	%	枝条	%		

调查日期__________调查者__________

表 11-58　果实、种子病虫害调查表

标准地号__________标准木号__________

树种	果实种子种类	调查部位	调查果实、种子的数量					被害等级	病虫害名称	虫态	平均虫口密度	天敌名称及数量	备注
			健康		受害		合计						
			个数	%	个数	%	个数						

调查日期__________调查者__________

表 11-59　食叶害虫调查表

标准地号__________

树数号	树种	害虫名称	虫态	调查部位	样枝虫害数					样株枝条总数	每株虫口数	被害叶片(%)	被害等级	天敌	备注
					健康	死亡	寄生主	其他	合计						

调查日期__________调查者__________

表 11-60　枝、梢病虫害调查表

标准地号	林分因子	调查株数	被害株数	被害率(%)	病虫害名称	备注

被害原因及发展趋势

树数号	树种	树龄	调查总枝梢数						被害等级	虫口密度	害虫名称	天敌名称
			健康		受害		合计					
			枝梢数	%	枝梢数	%	枝梢数	%				

调查日期__________调查者__________

表 11-61 地下害虫调查表

________省(市、自治区)________县(市、区)________乡(镇、林场)________村(林班)________小班

样坑号	样坑面积及深度	地形地势	土壤概况	植被	虫害名称	害虫寄居深度	虫态	害虫数量	天敌名称	备注

调查日期____________调查者____________

表 11-62 苗圃调查表

________省(市、自治区)________县(市、区)________乡(镇、林场)

苗圃位置____________苗圃面积____________苗圃设置日期____________

苗圃记载事项(根据技术规定 条记载)

苗圃略图

样地号	样地面积	样地上的苗木			其中分病虫害种类的被害苗木								天敌	备注
		健康	被害	死亡	立枯病									
					被害	死亡								

调查日期____________调查者____________

四、林区风景资源调查

(一)原则和指导思想

凡分布在国有林区、国有林业企业局和林场施业区内以及集体林区具有旅游价值的各种自然与人文景物,包括地理景观、古建筑以及当地人民的良好风俗等,都属于林区风景资源。

通过风景资源调查与评价,可以合理区划风景区并进行论证,同时根据持续发展的原则,科学编制开发利用规划方案(森林经营方案),从而把林区风景资源保护好、利用好。

调查方法可以采用路线考察、典型调查、查阅历史文献、座谈访问、景物实际调查等多种方法。

(二)基本情况调查

1. 自然地理条件调查

该调查包括位置、面积、山系、水系、大地貌和中地貌范围;地质情况,如地质年代、地质形成期,特殊地貌及生成原因,古地貌遗址,地形地势等。

2. 气候条件调查

包括温度、湿度、光照、降水、霜、雪、风以及小气候特点等。

(三)风景资源调查

(1)乔灌林景观:可以山体植物带谱或不同林分类型为单位进行。主要记载:观赏树种及其外观特点、叶色、叶形及形成的景观;花期及花冠(花序)形、色,花量及形成的景观和可

采程度;果实的形、色、果期、果量,形成的景观,可食(可观赏)程度与可及程度等。

(2)森林浴林:对能排放某种可抑制、毒杀某些病菌、毒素的化学物质或有益于人体的芳香气味的乔灌木林分,要调查树种、排放的气体成分、对游人身心的健康和治疗作用及其机制等。

(3)观赏植物:要记载种类、分布范围及数量、花期、可采程度。

(4)药用植物:要调查记载种类、药用价值、分布范围及可采程度。

(5)珍稀保护植物:调查区的国家级和省级保护植物以及古、大、稀树木和特异形状的树木,珍、稀菌类等都要调查。如已有资料,可作补充调查,并列出珍稀保护植物名录,提出应采取的保护措施;如无资料,则需重新调查。调查的主要内容有树种、分布位置、株数、保护级别及生长现状。对生长现状调查应测定最大株、最小株、树龄、高度、胸径、材积、树干、树冠形状、生长特性及生长发育规律、科学价值与观赏价值等。

(6)动物:调查范围内动物区系成分,按动物分类系统列出当地常栖及季节性栖息的动物种类。对一、二类保护及珍稀兽、鸟类的种类,调查记载数量、栖息环境、经常出没地点、活动规律和保护工作现状。

(7)地貌景物:包括悬崖、陡壁、怪石、溶洞等的可观度。调查记载山名、海拔、母岩性质、坡度、相对高差、地貌(高山、峡谷、中山)、山势走向等。对特异山(石)景,还应记载奇峰、怪石的位置,生成原因、数量、分布特点(群状或零星孤立景物)、体态大小,溶(山)洞的深度、广度、位置、形成原因、洞内景物特点及可览度。可远眺湖、河流、原野、林海、日出、日落、云海、雾海的场所等。

(8)林区水文景物:主要包括调查范围内或与其毗邻的天然与人工湖泊(水库)、瀑布、溪流、各种泉水、湖泊和河流的滩地等。对于水库、湖泊,要调查其位置、海拔、成因、当地名称、水面涨落时面积及水深(最深、最浅、一般)、水源、水质及可用性、季节变化、形成景观及可览程度等。对于河、湖滩地,要调查其位置、形状、组成物质与环境,滩底岩性与坡度、坡向、海拔、相对高差、滩面面积与季节性变化、洪水及枯水月、游憩价值。对于瀑布要调查其位置、母岩、形成原因、海拔、瀑布高度、观览度、水量及厚度(整体、断段)、水源及季节变化、景观特点与可览度。对于溪流,要调查其位置、长度、发源、坡降比、所属水系、流量、季节水量变化、水质、可否饮用、可用价值及可览度。对于泉水,要调查其位置、年流量、水量季节变化、水质(成分及水面温)及效用(饮用矿泉或医疗矿泉),可否作一般浴泳温泉及疗养泉水。

(9)古建筑物:要调查区内古建筑种类和状况、建筑风格及艺术价值、建筑年代与历史、分布情况及占地面积、目前吸引游人情况等。

(10)可借景物:不属于林场(或县、乡)范围,但在该场范围内具备观赏条件的自然与人工景物均属可借景物。调查时主要记载可借景物的种类、名称、距离、景观及可在本区吸引游人的数量等。

(四)风景资源与风景区景色评价

(1)风景要素(景素)评价:就是单项景物的可览度评价。根据景物吸引游人的程度可分为三等。

第一等:景色绝妙,举世罕见,即上上景。

第二等:景色绝妙,比较少见,即上景。

第三等:景象美丽,即中景。

(2)风景区景色评价:就是确定风景区的等级。共分为四级。

第一级:奇景。由众多举世罕见的绝妙的上上景组成,足让游人叹为观止,如痴如醉。

第二级:胜景。由上上景和上景组成或由众多不同特质的上等景素组成,多景相连,丰富多彩,引人入胜,美不胜收。

第三级:美景。由上等或中等景素为主景组成的风景区。有胜可览,环境优雅。或以山水、森林为环境,有楼、台、亭、榭或其他古建筑名胜和历史陈迹,美丽的神话、传说;或有珍异动物,奇花异草,古树、大树、珍稀树木,名药、佳果等供人游赏观览、沐浴。总之,可使游人心旷神怡,顿忘愁烦。

第四级:佳境。在城镇、工矿附近,由大片林木构成的森林环境,或有山、水、高大建筑(包括借景)陪衬。区内有各种文化娱乐设施,环境优雅,游人可在此得到休息,以解劳烦。

(五)林区风景区的障碍因素调查与分析

1. 障碍因素调查

主要调查不利于开放旅游的自然与社会因素。

(1)多发性灾害性气候:如8级以上大风种类以及风沙、尘暴、雪暴、暴雨、冰雹等出现的季节及月份、频率、强度、危害程度。

(2)强烈地震、山洪、山崩、石洪、泥石流等出现的季节、月份、频率、强度、危害情况。

(3)有害人体健康的地质、地理、生物、气候的种类、成因、强度、危害程度、出现时间等。

(4)大气、水质污染的种类、危害性质与程度及发展趋势等。

(5)不利于开放旅游的恶性传染病的病源或传播情况,以及不利于开放的地方风俗习惯等。

2. 障碍因素分析

主要分析障碍因素的种类对旅游事业的危害性质及程度,分析为消除障碍因素所必需的投入及其与经济收益、社会效益的比较评价。若障碍因素无法消解,对游人身心健康有严重危害,或为消解障碍因素的投入长期大于收益的风景区,不论景级高低,均为不可开发区。

(六)风景区区划和计划任务书的编写

经过调查评价,对有开发利用价值和条件的风景区要作出风景区划,编写任务书,并报上级审批。

1. 风景区区划应遵循的原则

(1)旅游区与生活区分开。

(2)一切重要景素都要划入游览区。

(3)不同特质的景素应单独设立景区。

(4)景区是风景区内的独立单元,每个景区都应有明显特质的主要景素和若干近似或相谐景素,一个景区内所含各景素的特质必须协调或至少不相悖。

(5)每个景区的面积都应有一定的游人容量。

(6)为了开展旅游事业的需要,针对该风景区现有景素的特质与分布情况,可以增设人工景素,甚至人工景区,以烘托自然景素和已有的人工景素。

2. 林区风景区计划任务书的编写

(1)主要内容:以该风景区的区划报告为基本依据,包括:风景区范围,其中包括开放旅游区与生活区范围;风景区总面积,其中包括游览区及风景区面积;分阶段开放旅游的范围、面积、游人控制数量；为适应分阶段开放旅游的需要必须增添的交通、饮食、住宿及管理设施（列表说明）；风景区建设基金远景概算与分期概算。

（2）应遵循的原则：因地制宜，因陋就简，先易后难，全面规划；保持与发展林区风光的原有特点和风貌；保持区内生态平衡和森林环境；控制游人数量，保证游人安全，保护好风景资源；由林业部门统一管理，在经营上组织好有关单位的横向联合，安排好区内群众的生活与生活门路。

（七）风景区经营方案的编写提纲

林区风景区经营方案的编写以林区风景区计划任务书为基本依据，主要内容包括：

（1）基本条件。包括地理位置、自然条件、社会经济条件、主要景素及其等级论述等。

（2）建设目标与开发前景。

（3）景素建设与开发规划。包括现有自然与人工景素的维修、增饰计划，人工制景规划。

（4）交通设施建设计划。

（5）食宿及其他服务设施增设计划。

（6）各种经营项目发展计划。

（7）管理设施与机构设置计划。

（8）分项建设与设施的分期实施计划。

（9）各项建设的主要技术经济指标与技术设计纲领。

（10）各项工程建设与设施资金概算。

（11）经济效益与社会效益预估。

（12）各种必要的图面材料。主要有基本图与风景位置图、全风景区的景观图、主要景素的图片或录像资料、为主要风景设置的景观图等。

（13）各种必要的表格资料。

（14）其他必要的文字、图面资料。

第四节 森林经营方案编制

《中华人民共和国森林法》第十三条规定，国有林业企业事业单位和自然保护区，应当根据林业长远规划编制森林经营方案，报上级主管部门批准后实行。林业主管部门应当指导农村集体经济组织和国有的农场、牧场、工矿企业等单位编制森林经营方案。为贯彻落实《中共中央国务院关于加快林业发展的决定》的有关精神，推进森林可持续经营工作，引导森林经营主体科学编制和实施森林经营方案，根据《中华人民共和国森林法》和《中华人民共和国森林法实施条例》的有关规定，同时依据《森林经营方案编制与实施纲要（试行）》（林资发［2006］227 号）精神，介绍森林经营方案编制的技术和方法。

森林经营方案是森林经营主体为了科学、合理、有序地经营森林，充分发挥森林的生态、经济效益和社会效益，根据森林资源状况和社会、经济、自然条件，编制的森林培育、保护和利用的中长期规划，以及对生产顺序和经营利用措施的规划设计。

森林经营方案是森林经营主体和林业主管部门经营管理森林的重要依据。编制和实施森林经营方案是一项法定性工作。科学编制森林经营方案，是加强森林的科学经营，实现森林可持续发展的重要手段；是森林经营主体制定年度计划、组织经营活动、安排林业生产和林业主管部门实施森林资源管理、监督检查森林经营活动的重要依据；是建立高效、透明、科学、有序的森林资源经营管理体系的重要载体；是巩固林权制度改革成果、落实林权所有者经营自主权的重要保障；是推进完备的森林生态体系、发达的林业产业体系、繁荣的森林生态文化体系建设的基础性工作。

森林经营方案是科学经营与合理利用森林资源，实现森林永续利用、制定森林采伐限额，编制林业中长期及年度计划，组织森林经营，安排林业生产和上级主管部门监督检查与考核有关管理部门及经营单位林业工作的主要依据。

森林经营方案每 10 年编制一次，有条件的县（市、区）、场和以工业原料林为主要经营对象的单位可每 5 年编制一次。

一、编制森林经营方案的指导思想、主要内容及其审批

（一）指导思想

编制森林经营方案的指导思想是：认真贯彻执行《中华人民共和国森林法》，坚持实行“以营林为基础，普遍护林，大力造林，采育结合，永续利用”的方针；坚持以科学发展观统领全局，以林区体制改革创新为动力，坚持保护和发展并重，以森林可持续经营理论为依据，以培育健康、稳定、高效的森林生态系统为目标，在抓好资源保护、林区经济总量增长的基础上，通过严格保护、积极发展、科学经营、持续利用森林资源，提高森林资源质量、增强森林生产力和森林生态系统的整体功能，不断提高林区的可持续发展能力，同时继续推进以改善民生为重点的林区建设，统筹兼顾林区社会事业的协调发展，建立和保持良好的森林生态环境，努力加快富裕和谐生态文明新林区建设；积极开展林业多种资源和木材的综合利用，发展商品生产；充分发挥森林的综合效益。

（二）基本原则

森林经营方案编制与实施要坚持资源、环境和经济社会发展协调，坚持所有者、经营者和管理者责、权、利统一，坚持与分区施策、分类管理政策衔接，坚持保护、发展与利用森林资源并重，坚持生态效益优先、经济效益和社会效益统筹的原则。

森林经营方案编制与实施要有利于优化森林资源结构，提高林地生产力；有利于维护森林生态系统稳定，提高森林生态系统的整体功能；有利于保护生物多样性，改善野生动植物的栖息环境；有利于提高森林经营者的经济效益，改善林区经济社会状况，促进人与自然和谐发展。

（三）主要依据

（1）上级主管部门下达的编制经营方案的文件与规定。

（2）全国和全省林业发展目标、国家重点工程和省级林业重点工程建设内容、地方政府批准实施的区域社会经济发展规划。

（3）当地的林业区划和林业发展规划。

（4）二类调查成果和森林资源档案资料及相关基础数表。

（5）有关大、中型建设项目的可行性研究和总体规划。

（6）国家有关方针、政策、法规与技术标准，地方的有关规定。

（7）依据《森林资源档案管理办法》及有关办法进行档案管理更新，并经主管部门验收

合格的当年森林资源档案材料。

(8)林业经营管理方面的先进经验、规划设计成果和科研新成就等。

(四)编制森林经营方案的组织形式

(1)编制森林经营方案由森林经营单位和调查设计部门共同负责。参加单位应抽调领导成员及有关负责人共同组成领导小组,研究并确定编案单位的经营方针、目标和原则要求,解决有关行政和技术方面的主要问题。

(2)森林经营方案由具有相应资质的林业调查设计部门负责编制或负责业务技术指导工作。为便于经营方案的执行,经营单位应抽调生产技术人员参加调查和编制经营方案的全过程。

(3)调查设计实行技术责任制。调查设计部门应指定技术总负责人和调查、设计等专业的负责人负责技术把关。调查设计成果应分别由技术总负责人、专业负责人以及设计部门和经营单位领导人签名盖章。

(五)森林经营方案编制方法和手段

(1)森林经营方案编制应以生态系统经营理论为指导,积极应用林学、经济学、生态学、计算机技术等科学方法和技术手段,进行系统分析、综合评价、科学决策和规划设计,确保森林经营方案的科学性、先进性和可行性。

(2)森林经营决策应针对森林经营周期长、功能多样、受外部环境影响大等特点,分别不同侧重点对森林结构调整和经营规模提出多个备选方案,进行多方案比选。

①每个备选方案应测算和评价一个半经营周期内的森林资源动态变化、木材及林产品生产能力、投入与产出等指标。

②每个备选方案应对水土保持、生物多样性保护、地力维持、森林健康维护等进行长周期的生态影响评估。

③每个备选方案应对社区服务、社区就业、森林文化宗教价值维护等进行长周期的社会影响评估。

(六)森林经营方案编制的公众参与制度

按照国家林业局《森林经营方案编制与实施纲要》的要求,森林经营方案编制应采取参与式规划方式,建立公众参与机制,在不同层面上,充分考虑当地居民和利益相关者的生存与发展需求,保障其在森林经营管理中的知情权和参与权,使公众参与式管理制度化。

(七)森林经营方案的审议和审批

(1)除在编案工作开展前召开的森林调查会议外,在森林经营方案编制完成后,要召开审查会议,邀请有关专家和主要技术人员共同审议。会议由省林业厅主管部门主持,有关经营单位及调查设计单位参加。

(2)森林经营方案经审定后,由林业局或林场报上一级林业主管部门批准,并对各项设计项目的实施作组织安排。

(八)森林经营方案的实施与监测

(1)编案单位为森林经营方案的实施主体,应严格按照森林经营方案规划设计的各项任务和年度安排制定年度计划,编制作业设计,组织并开展各项经营活动。

(2)森林经营单位应建立森林经营成效监测体系,监测森林经营方案的执行情况,并依据年度计划和有关标准、规定,验收森林经营的作业成果。

（九）森林经营方案的评估与调整

（1）森林经营单位应根据监测结果和相关森林可持续经营标准与指标体系，定期评价森林经营方案的实施效果，评估森林可持续经营状况，鼓励由社会第三方进行森林可持续经营认证。

（2）森林经营单位可在经理期内依据监测、评估结果对森林经营方案进行适当调整。其中对经营目标、森林分类区划、采伐利用规划等内容进行重大调整时，应报原森林经营方案批准单位重新批复，并按照相关要求进行备案。

（十）森林经营方案管理与监督

（1）各级林业主管部门应切实加强森林经营方案编制与实施的管理，定期对编案单位实施森林经营方案的情况和效果进行监督检查。

（2）森林经营方案是编制森林采伐限额的主要依据。各级林业主管部门应将森林经营方案作为编制森林采伐限额、下达年度木材生产计划的重要依据，原则上森林采伐限额和木材生产计划按依法批准的森林经营方案确定。

二、编案单位和编制程序

（一）森林经营方案编制单位及类型

从事森林经营、管理，范围明确，产权明晰的单位或组织为森林经营方案编制单位。依据其性质和规模分为以下几种编案单位。

1. 一类编案单位

国有林场（含农牧场、矿务局林场、省林业技术学院实验林场等）、国有林良种采育场、自然保护区、森林公园等国有林经营单位。

2. 二类编案单位

达到一定规模的集体林组织、非公有制经营主体。

3. 三类编案单位

其他集体林组织或非公有制经营主体，以县为编案单位。

（二）森林经营方案编制类型

一类编案单位应依据有关规定组织编制森林经营方案，二类编案单位可在当地林业主管部门指导下组织编制简明森林经营方案，三类编案单位由县级林业主管部门组织编制规划性质森林经营方案。

本节重点阐述森林经营方案的编制。编制简明森林经营方案和规划性质森林经营方案，可参照本节内容以及国家林业局《简明森林经营方案编制技术规程》的要求进行。

（三）森林经营方案编制工作组织

编案工作组以编案单位为主，林业调查规划设计单位、林权所有者代表及林业主管部门代表和社区代表共同参加。在方案编制的过程中要充分尊重森林经营者的自主权，林业部门负责政策把关和协调，规划设计单位负责技术服务。具体工作应由具有林业调查规划设计资质的单位承担。一类和三类编案单位应由具有乙级以上林业调查规划设计资质的单位承担，二类编案单位应由具有丙级以上林业调查规划设计资质的单位承担。

（四）森林经营方案编制的主要程序

1. 编案准备

包括组织准备，基础资料收集及编案相关调查，确定技术经济指标，编写工作方案和技术方案。

2. 系统评价

对上一经理期森林经营方案执行情况进行总结，对本经理期的经营环境、森林资源现状、经营需求趋势和经营管理要求等方面进行系统分析，明确经营目标、编案深度与广度及重点内容，以及森林经营方案需要解决的主要问题。经营单位要广泛参与评价，并提出经营意见。

3. 经营决策

在系统分析的基础上，分不同侧重点提出若干备选方案，对每个备选方案进行投入产出分析、生态与社会影响评估，选出最佳方案。

4. 公众参与

广泛征求管理部门、经营单位和其他利益相关者（包括所有者、参与者、使用者、关注者）的意见，以适当调整后的最佳方案作为规划设计的依据。

5. 规划设计

在最佳方案控制下，进行各项森林经营规划设计，编写方案文本。

6. 评审修改

按照森林经营方案管理的相关要求进行成果送审，并根据评审意见进行修改、定稿。

三、编案内容和深度要求

（一）经营方案编制内容

1. 森林经营方案内容

一般包括森林资源与经营评价，森林经营方针与经营目标，森林功能区划、森林分类与经营类型，森林经营，非木质资源经营，森林健康与保护，森林经营基础设施建设与维护，投资估算与效益分析，森林经营的生态与社会影响评估，方案实施的保障措施等主要内容。

2. 简明森林经营方案内容

一般包括森林资源与经营评价、森林经营目标与布局、森林经营、森林保护、森林经营基础设施维护、效益分析等主要内容。

3. 规划性质森林经营方案内容

一般包括森林资源与经营评价，森林经营方针、目标与布局，森林功能区划与森林分类，森林经营，森林健康与保护，投资估算与效益分析，森林经营的生态与社会评估等主要内容。

（二）森林经营方案编制深度要求

森林经营方案编制深度依据编案单位类型、经营性质与经营目标确定。

（1）森林经营方案应将经理期内前 3 ~ 5 年的森林经营任务和指标按经营类型分解到年度，并挑选适宜的作业小班；后期经营规划指标分解到年度。在方案实施时按 2 ~ 3 年为一个时段滚动落实到作业小班。

（2）简明森林经营方案应将森林采伐和更新等任务分解到年度，规划到作业小班，其他经营规划任务落实到年度。

（3）规划性质经营方案应将森林经营规划任务和指标按经营类型落实到年度，并明确主要经营措施。

四、信息采集与补充调查

（一）编案数据要求

编制森林经营方案必须建立在翔实、准确的森林资源信息基础上，包括近期二类调查成果、及时更新的森林资源档案、专业技术档案等。在编案前 2 年内完成的二类调查，应对森林资源档案进行核实，更新到编案年度。编案前 3 ~ 5 年完成的二类调查，需根据森林资源档案，组织补充调查更新资源数据。调查时效超过 5 年的编案单位，应重新进行森林资源调查。其调查方法严格按照国家林业局 2003 年 4 月最新颁布的《森林资源规划设计调查主要技术规定》和《河南省森林资源规划设计调查技术操作细则》执行。

（二）信息采集

信息采集工作必须与二类调查和以往的专业调查衔接起来，并注重收集有关国家、行业和地方标准，政策与技术性规定和档案资料。如有特殊原因或编案特定要求，应在编案工作开展前根据需要与可能性进行较详细的专业调查、补充调查和访问座谈。

（三）专项调查

专项调查应依据国家林业局和省颁发的有关规定（标准）执行。森林经营方案编制的专项调查一般包括立地类型、森林生长量（率）、资源消耗量、出材量、林分出材率、种质资源及珍稀动植物、天然更新、人工更新、土壤、森林病虫害及有害生物、森林火灾、气象、水文、地质以及森林多种效益计量调查等项专业调查。对于本经理期内经营小班还要进行可及度和出材等级调查。各项专项调查，执行原林业部制定的《林业专业调查主要技术规定》和其他有关专项调查技术规定（或实施细则）。可参考本章第三节。以往或其他地区的专业调查成果经实地验证合格后也可以用于编案。

各地在开展二类调查时，应根据当地森林资源的特点和调查的目的等，对调查的内容及其详细程度有所侧重。

（1）以森林主伐利用为主的地区，应着重对地形、可及性，以及用材林的近、成、过熟林测树因子等进行调查。

（2）以森林抚育改造为主的地区，应着重对幼中龄林的密度、林木生长发育状况等林分因子以及立地条件进行调查。

（3）以更新造林为主的地区，应着重对土壤、水资源等条件、天然更新状况等进行调查，以做到适地适树，保证更新造林质量。

（4）以自然保护区为主的地区，应着重调查被保护对象种类、分布、数量、质量、自然性以及受威胁状况等。

（5）以防护、旅游等生态公益效能为主的林区，应分别不同的类型，着重调查与发挥森林生态公益效能有关的林木因子、立地因子和其他因子。

（四）森林经营数表

编案前应广泛收集或编制适用于经营单位的森林经营数表（模型），如立地指数表（模型）、林分生长过程表（林分收获表）、林分生长率表（模型）、林分材种出材率表、经济林收获表（或收获预测模型）等。各种数表需在实地检验并经有关主管部门同意后使用。

(五)补充调查内容

补充调查应根据森林经营单位的编案要求、森林资源与经营特点、现有基础资料的时效性和可靠性等情况确定调查重点。调查内容一般包括以下几项。

1. 林区多资源调查

如森林经济动植物资源、伐区"三剩资源"、森林旅游资源、林区水资源和其他可开发利用资源等。

2. 森林经营情况调查

重点调查与了解种苗生产、造林更新、抚育间伐、林分改造及森林采伐等经营活动的技术参数、技术措施和经营效果等内容。

3. 社会经济与市场调查

重点调查和了解国家与地方的金融、税收、投资及林业经济政策,区域社会经济发展状况,国有林业局(场)的社会与经济基本情况,林业经济状况与产业结构,林区多资源开发利用情况,林副产品生产成本、价格与供应状况,森林经营活动的各项作业综合成本与效益,林业建设投资和主要林副产品的市场容量、市场价格、市场销售和竞争情况等内容。

4. 生产设施与设备调查

主要侧重于调查了解与森林经营、保护和利用等有关的生产性基础设施及设备的数量、质量、分布和使用情况。

5. 其他调查

根据需要进行苗圃、母树林和种子园以及新建、改扩建场址用地的勘测。

五、林业系统分析与评价

(一)森林资源现状分析与评价

根据二类调查或修正的资源现状进行分类统计分析,对现有资源状况从不同角度进行分析评价,从而找出资源特点及其消长变化情况,为制定经营方针、规划设计经营措施、合理经营利用提供依据。

1. 森林资源现状

主要包括以下内容:

(1)各类土地面积:包括总土地面积、林业用地和非林业用地面积及其比重、森林覆盖率。在林业用地中,分有林地、无林地、未成林造林地、疏林地、灌木林地、苗圃地的面积及其比重进行统计。在有林地中,分用材林、防护林、特用林、薪炭林、经济林和竹林的面积及其比重进行统计。

(2)各类蓄积:包括活立木总蓄积量,各类蓄积及其占总蓄积量的比重;分林种的总蓄积量,各优势树种的蓄积量及其所占的比重;有林地各优势树种分龄组面积、蓄积分配情况;各个林种区各优势树种分龄组面积、蓄积分配情况。

(3)生长量与生长率:说明林分各优势树种及其分别龄组的平均生长量、生长率和连年生长量、生长率,同时计算经营单位平均生长量、生长率和连年生长量、生长率。

2. 森林资源评价

(1)森林覆盖率、林木绿化率(林木覆盖率)、林地利用率(有林地占林业用地的百分比)、有林地平均郁闭度、造林保存率、森林面积、蓄积年净增率的计算与评价,其中森林面积、蓄积年净增率按下式计算：

$$P_S = \sqrt[n]{\frac{S_n}{S_0}} - 1$$

式中　P_S——年净增率(%)；

n——间隔期(两次调查间隔的年数)；

S_n——期末数据；

S_0——期初数据。

$$\text{森林覆盖率} = \frac{\text{有林地面积}}{\text{土地总面积}} \times 100\% + \frac{\text{国家特别规定灌木林地面积}}{\text{土地总面积}} \times 100\%$$

$$\text{林木绿化率} = \frac{\text{有林地面积}}{\text{土地总面积}} \times 100\% + \frac{\text{国家特别规定灌木林地面积}}{\text{土地总面积}} \times 100\% + \frac{\text{其他灌木林地面积}}{\text{土地总面积}} \times 100\% + \frac{\text{“四旁”树占地面积}}{\text{土地总面积}} \times 100\%$$

(2)森林资源结构状况的评价：包括优势树种(组)面积、蓄积比例、林龄结构、径阶结构等。

(3)森林生产率的统计与评价：包括有林地单位面积蓄积量、生长量，优势树种(组)生长率以及主要林副产品的单产等。

(二)林业系统分析

林业系统分析是经营方案编制工作的基础和出发点。通过对编案对象的外部环境和内部各子系统的分析、评价及结构解析，以及对以往(主要是前一个经理期)经营管理状况的分析，进一步明确其优势条件、发展潜力和存在的主要问题，提出本次经营方案编制需重点对待或解决的要点(主要问题)，使经营方案具有针对性。

林业系统分析主要应包括森林经营环境分析、森林生态系统分析与评价、经营状况评价和林业系统诊断等内容。

(三)经营环境分析

经营环境分析应对国有林业局(场)所处的自然、社会与经济环境进行定性或定量分析，找出影响森林经营管理的有利环境因子、潜力因子和障碍因子，以及森林经营对环境的影响程度。

环境分析的内容应根据各地情况具体确定，但一般应分自然环境、社会环境和经济环境进行分析。

(四)森林生态系统分析与评价

森林经营方案编制应全面进行森林生态系统分析与森林可持续经营评价。

森林生态系统分析重点包括森林资源数量、质量、分布、结构及其动态变化，森林生态系统完整性、森林健康与生物多样性状况；森林提供木质与非木质林产品的能力；森林保持水土、涵养水源、游憩服务、劳动就业等生态与社会服务功能；林业有害生物、森林病虫害、森林火灾和地力衰退状况等。

森林可持续经营评价应参照国家、区域或经营单位等不同层次的森林可持续经营标准与指标，重点包括维持森林生态系统生产力、保持森林健康与活力、保护生物多样性、发挥社会效益等方面的优势、潜力和问题，编案单位的经营管理能力、机制，森林经营基础设施等条件。

(五) 前期森林经营效果评价

前期森林经营状况评价应侧重于分析经营单位内部的管理体制、经营机制、职工队伍、产业结构、林业资产与森林经营等方面的成功经验及存在的问题，实事求是地评价前一个经理期的经营效果，总结森林经营管理的经验教训。对以往森林经营方案实施效果的评价应包括：经营目标和任务完成情况（森林覆盖率变化、森林蓄积总量消长、林种结构和树种结构调整情况等）、经验与问题的分析（森林资源培育、森林资源保护、林业生态建设成就、生态及物种保护、经济效益和社会贡献等）、存在问题分析。

(六) 经营管理决策分析

森林经营方案编制应全面分析国家、区域和社区对森林经营的经济、社会与生态需求，找出外部环境对森林经营管理的影响因素和影响程度。重点分析相关森林经营政策、林业管理制度的约束与要求，当地居民生产生活和相关利益者对森林经营的需求及依赖程度，生态安全与森林健康对森林多目标经营要求和限制等，以生态、经济、社会三大效益统筹兼顾和协调发展的经营理念确定经营战略。

六、森林经营目标与方针

(一) 森林经营目标

森林经营目标应当作为当地国民经济发展目标的重要组成部分，并与国家、区域森林可持续经营标准和指标体系相衔接。根据当地自然条件、社会经济条件及森林资源特点，结合当地和国家需要。提出规划期内主要培育什么林种、什么材种，主要满足何种需要兼顾发挥森林的多种效益；同时还要提出本经理期末要达到的主要发展目标，如森林覆盖率、活立木蓄积量、生长量（生长率）、木材年产量、年产值、林龄结构和树种结构、森林健康与生物多样性目标、林产品供给和森林综合效益发挥以及实现“青山常在、永续利用”的程度等。经营目标要尽量具体化和定量化，应先有实物量，再计算价值量，还应有综合效益目标。

(二) 森林经营方针

根据“以营林为基础，普遍护林，大力造林，采育结合，永续利用”的林业建设总方针和“以林为主，多种经营，综合利用，以短养长”的经营方针，结合当地自然特点和森林资源现状提出本经理期的经营方针。

七、森林区划与组织森林经营类型

(一) 森林功能区划

第一、三类编案单位应按照《全国森林资源经营管理分区施策导则》的要求，以区域为单元进行森林功能区划。包括森林集水区区划、生态景观区划、生物多样性保护区划、野生植物保护区划、野生动物保护区划、人文遗产保护区划、森林游憩区划、森林火险区划、有害生物防控区划等。具有下列一种或多种属性的高保护价值区域应优先区划出来：

(1) 在全球或国家水平上，具有重要保护价值的生物多样性（如地方特有种、濒危种、残遗种）显著富集的区域。

(2) 在全球或国家水平上，具有重要保护意义的主要物种仍基本保持自然分布格局的大片森林景观区域。

(3) 珍稀、受威胁或濒危生态系统区域。

(4)提供生态服务功能(如集水区保护、土壤侵蚀控制)的区域。

(5)满足当地社区生存、健康等基本需求的区域。

(6)对当地社区的传统文化特性具有重要意义的区域。

根据《全国森林资源经营管理分区施策导则》,河南省分属黄土高原与太行山区、华北与长江中下游丘陵平原区、南方山地丘陵区等三个森林资源经营管理区,黄土高原、太行山与燕山山地、丘陵平原、秦巴山地等四个亚区。分区范围见表11-63。

表11-63　河南省森林资源经营管理分区范围表

区	亚区	省辖市	县(市、区)
黄土高原与太行山区	黄土高原亚区	三门峡市	灵宝、陕县、湖滨区、渑池、义马
		洛阳市	新安、孟津
		郑州市	巩义、荥阳、上街区
	太行山与燕山山地亚区	安阳市	林州
		鹤壁市	淇县、鹤山区、山城区、淇滨区
		新乡市	辉县、卫辉、凤泉区
		焦作市	修武、山阳区、中站区
		济源市	济源
华北与长江中下游丘陵平原区	丘陵平原亚区	郑州市	中牟、新郑、金水区、管城区、二七区、中原区、惠济区
		开封市	开封县、兰考、杞县、通许、尉氏、鼓楼区、龙亭区、禹王台区、顺河区、金明区
		洛阳市	偃师、西工区、涧西区、老城区、瀍河区、洛龙区、吉利区
		平顶山市	叶县、郏县、卫东区、湛河区
		安阳市	安阳县、内黄县、汤阴县、滑县、文峰区、北关区、殷都区、龙安区
		鹤壁市	浚县
		新乡市	新乡县、获嘉、原阳、延津、封丘、长垣、卫滨区、红旗区、牧野区
		焦作市	武陟、博爱、温县、沁阳、孟州、解放区、马村区
		濮阳市	濮阳县、清丰、南乐、范县、台前、华龙区
		许昌市	许昌县、鄢陵、襄城、长葛、魏都区
		漯河市	舞阳、临颍、郾城区、源汇区、召陵区
		商丘市	夏邑、虞城、柘城、宁陵、民权、睢县、永城、梁园区、睢阳区
		周口市	淮阳、鹿邑、扶沟、沈丘、太康、郸城、西华、商水、项城、川汇区
		驻马店市	西平、遂平、上蔡、新蔡、平舆、正阳、汝南、驿城区
		南阳市	新野、社旗、唐河、邓州、卧龙区、宛城区
		信阳市	息县、固始、淮滨
南方山地丘陵区	秦巴山地亚区	三门峡市	卢氏
		洛阳市	栾川、嵩县、洛宁、宜阳、伊川、汝阳
		郑州市	登封、新密
		平顶山市	宝丰、鲁山、汝州、舞钢、石龙区、新华区
		许昌市	禹州
		驻马店市	确山、泌阳
		南阳市	西峡、淅川、内乡、南召、方城、镇平、桐柏
		信阳市	罗山、光山、商城、新县、潢川、浉河区、平桥区

(二)森林经营分类区划

编案单位应以小班为单元,按照森林分类经营的要求进行公益林和商品林区划。国家公益林按照《重点公益林区划界定办法》的要求划定;一般公益林和商品林原则上根据国家、地方相关规定,已有规划以及经营者意愿划定。

(三)森林经营类型组织

1. 森林资源经营管理类型

森林资源经营管理类型的分类指标以加强生态保护和适度服务地方经济为宗旨,选取生态重要性和区域生态敏感性两个层面的指标群进行分类。

(1)生态重要性等级。生态重要性标志着某一区域(或区段)对维持地区生态安全的重要程度及森林在某一区域所表现出的生态功能的大小。生态重要性分为生态重要性高(A级)、生态重要性较高(B级)、生态重要性一般(C级)和生态重要性较低(D级)4级,分别对应的生态功能的重要程度为生态功能很重要、重要、较重要和一般,见表11-64。

表11-64　森林资源经营管理类型生态重要性指标群等级划分

区域	区域景观	生态重要性等级			
		A	B	C	D
黄土高原与太行山区	农田与草原		面积大,集中连片	面积较大,但交错分布	零星分布
	自然保护区	核心区和缓冲区	实验区		
	森林公园	生态保护区	游览区	生活服务区	
	道路		山区国道、省主干线两侧一面坡以内,平地国道、省道两侧100 m以内;平原地区两侧6~12 m以内地段	县、乡村及以下级公路两侧	
	山体部位	重要分水岭的山顶、山帽或山脊	其他山体的山顶、山脊	山体中上部	下部与山谷
	河流	黄河、渭河、汾河两侧自然地形第一层山脊以内地段	其他河流发源地汇水区及中上游两侧	其他河流中上游两侧	
	黄土区域	梁、峁	塬	坡面	沟壑
华北与长江中下游丘陵平原区	河流	长江、黄河、淮河、海河、大凌河、滦河、沭河、沂河、泗河两侧自然地形第一层山脊之内	长江、黄河、淮河、海河支流两侧500 m内	其他河流中上游两侧1 000 m以外	其他河流中上游两侧1 000 m以外
	湖库	太湖、洪泽湖第一层山脊以内和平坦处2 km^2 以内地段	太湖、洪泽湖周边500~1 000 m的地段	其他湖库周边及太湖、洪泽湖周边1 000 m以外的地段	

续表 11-64

区域	区域景观	生态重要性等级			
		A	B	C	D
华北与长江中下游丘陵平原区	道路		山区国道、省主干线两侧一面坡以内,平地国道、省道两侧 100 m 以内;平原地区两侧 6 ~ 12 m 以内地段	县、乡村及以下级公路两侧	
	自然保护区	核心区与缓冲区	实验区		
	森林公园	生态保护区	游览区	生活服务区	
	农田与草原		面积大,集中连片	面积较大,但交错分布	零星分布
	海岸线	海岸线与台风方向垂直	海岸线与台风方向形成非垂直的夹角	海岸线与台风方向平行	
南方山地丘陵区	河流	长江、钱塘江、闽江、赣江、湘江、沅江、瓯江、资水两侧自然地形第一层山脊之内	长江、钱塘江、闽江、赣江、湘江、沅江支流两侧 500 m 内	其他河流中上游两侧1 000 m 以外	其他河流中上游两侧 1 000 m 以外
	道路		山区国道、省主干线两侧一面坡以内,平地国道、省道两侧 100 m 以内;平原地区两侧 6 ~ 12 m 以内地段	县、乡村及以下级公路两侧	
	自然保护区	核心区与缓冲区	实验区		
	森林公园	生态保护区	游览区	生活服务区	
	湖库	太湖、洪泽湖、升钟水库、黑龙潭水库第一层山脊以内和平坦处 2 km^2 以内地段	太湖、洪泽湖、升钟水库、黑龙潭水库周边 500 ~ 1 000 m 的地段	其他湖库周边及太湖、洪泽湖、升钟水库、黑龙潭水库周边 1 000 m 以外的地段	
	山体部位	重要分水岭的山顶、山帽或山脊	其他山体的山顶、山脊	山体中上部	下部与山谷
	河口湿地	国际、国家重要湿地内的森林	国际、国家重要湿地两侧 500 m 以内的森林	国际、国家重要湿地两侧 500 m 以外,及其他湿地的森林	
	海岸线	海岸线与台风方向垂直	海岸线与台风方向形成非垂直的夹角	海岸线与台风方向平行	

(2)生态敏感性等级。生态敏感性是指自然因素决定下的区域生境对自然和人为因素干扰的反应程度。根据区域生态敏感性的自然状况和抗干扰能力,生态敏感性分为脆弱区(1 级)、亚脆弱区(2 级)、亚稳定区(3 级)和稳定区(4 级)4 级,见表 11-65。

表 11-65　森林资源经营管理类型生态敏感性指标群等级划分

区域	因子	区域敏感性等级			
		1	2	3	4
黄土高原与太行山区	坡度	≥36°	31°～35°	26°～30°	≤25°
	植被自然度	原始或人为影响很小而处于基本原始的植被	有明显人为干扰或处于演替中期或后期的次生群落	人为干扰大，演替逆行，极为残次状态	人工植被
	土壤水蚀程度	严重侵蚀，沟壑密度 >3 km/km^2，沟蚀面积 >21%	强度侵蚀，沟壑密度 1～3 km/km^2，沟蚀面积 15%～20%	中度侵蚀，沟壑密度 <1 km/km^2，沟蚀面积 <10%	轻度或无明显侵蚀，表土层基本完整
	土壤风蚀程度	极强度风蚀（广布沙丘、沙垄，流动性大）	强度风蚀（有流动或半固定沙丘或风蚀残丘）	中度风蚀（常见半固定、固定沙地、沙垄或沙质土）	轻、微度风蚀
	土壤厚度	跳石塘	薄	中	厚
	裸岩率	>51%	41%～50%	21%～40%	≤20%
华北与长江中下游丘陵平原区	坡度	≥36°	31°～35°	26°～30°	≤25°
	植被自然度	原始或人为影响很小而处于基本原始的植被	有明显人为干扰或处于演替中期或后期的次生群落	人为干扰大，演替逆行，极为残次状态	人工植被
	裸岩率	>51%	41%～50%	21%～40%	≤20%
	土壤厚度	跳石塘	薄	中	厚
	海岸基质类型	沙质海岸线 200 m 以内或泥质海岸线 100 m 以内	沙质海岸线 200 m 以外 500 m 以内或泥质海岸线 100 m 以外 300 m 以内	砾质	基岩完整
南方山地丘陵区	坡度	≥46°	36°～45°	26°～35°	≤25°
	凋落物干湿状况	干热、连续	干热、间断	湿冷、连续	湿冷、间断
	植被自然度	原始或人为影响很小而处于基本原始的植被	有明显人为干扰或处于演替中期或后期的次生群落	人为干扰大，演替逆行，极为残次状态	人工植被
	土壤水蚀程度	表土层无保留，心土层裸露受剥蚀，沟壑密度 >2 km/km^2，沟蚀面积 >15%	表土层保留厚度 <1/2，心土层和母质层完整，沟壑密度 <2 km/km^2，沟蚀面积 <15%	表土层开始受剥蚀，心土层和母质层完整	表土层完整
	土壤厚度		薄	中	厚
	裸岩率	>51%	41%～50%	21%～40%	≤20%
	植被盖度	≤0.1	0.2～0.3	0.4～0.5	>0.6

续表 11-65

区	因子	区域敏感性等级			
		1	2	3	4
南方山地丘陵区	海岸基质类型	沙质海岸线 200 m 以内或泥质海岸线 100 m 以内	沙质海岸线 200 m 以外 500 m 以内或泥质海岸线 100 m 以外 300 m 以内	砾质	基岩完整

(3)森林资源经营管理类型分类。依据生态重要性级和区域生态敏感级指标交叉组合,形成森林资源经营管理的 16 个类型(见表 11-66),并根据社会经济要求和森林经营管理的主导方向,分为严格保护、重点保护、保护经营和集约经营 4 个类型组(各类型组与林种、亚林种的关系见表 11-67)。

表 11-66 森林资源经营管理分类

指标层	生态重要性等级(生态价值级)				
	级别	A	B	C	D
区域生态敏感性等级(生态脆弱级)	1	A1	B1	C1	D1
	2	A2	B2	C2	D2
	3	A3	B3	C3	D3
	4	A4	B4	C4	D4

表 11-67 森林资源经营管理类型组和林种、亚林种间的关系

类型组	林种	亚林种
严格保护类型组	防护林	(1)处于脆弱区且生态重要性高或较高,以及处于亚脆弱区且生态重要性高的水源涵养林、水土保持林、防风固沙林、农田牧场防护林和护岸林 (2)处于脆弱区且生态重要性较高护路林
	特种用途林	(1)所有区位的国防林、名胜古迹和革命纪念林 (2)森林公园和风景名胜区中生态保护区的森林 (3)自然保护区中核心区和缓冲区的森林
重点保护类型组	防护林	(1)处于脆弱区且生态重要性一般或较低,处于亚脆弱区且生态重要性高、较高或一般,以及处于亚稳定区且生态重要性高的水源涵养林、水土保持林、防风固沙林、农田牧场防护林和护岸林 (2)处于脆弱区且生态重要性一般,以及处于亚脆弱区且生态重要性较高或一般的护路林
	特种用途林	(1)所有区位的环境保护林 (2)森林公园和风景名胜区中游览区的森林及其他风景林 (3) 自然保护区中实验区的森林

续表 11-67

类型组	林种	亚林种
保护经营类型组	防护林	(1)处于亚脆弱区且生态重要性较低,处于亚稳定区且生态重要性较高或一般,以及处于稳定区且生态重要性高或较高的水源涵养林、水土保持林、防风固沙林、农田牧场防护林和护岸林 (2)处于亚稳定区且生态重要性较高或一般,以及处于稳定区且生态重要性较高的护路林
	特种用途林	森林公园和风景名胜区中服务区的森林
	用材林	处于亚稳定区的一般用材林
	薪炭林	处于亚稳定区的薪炭林
	经济林	处于亚稳定区的经济林,自然度高和较高的经济林
集约经营类型组	防护林	(1)处于亚稳定区且生态重要性较低,以及处于稳定区且生态重要性一般和较低的水源涵养林、水土保持林、农田牧场防护林和护岸林 (2)处于稳定区且生态重要性较低的防风固沙林 (3)处于稳定区且生态重要性一般的护路林
	用材林	(1)处于稳定区的一般用材林 (2)所有区位的短轮伐期工业原料用材林和速生丰产用材林
	薪炭林	处于稳定区的薪炭林
	经济林	处于稳定区的经济林,自然度一般的经济林,人工经济林

经营单位也可根据实际情况划分林种区。林种区是在地域上一般相互连接,林种相同(或基本相同),以林班(行政村)界线为境界的地域范围。举例如下:

某场把海拔 650 m 以下,立地条件较好,适于发展以杉木为主的用材林的林区划为用材林种区,其面积 861.6 hm^2,占全场总面积的 63.3%。蓄积 83 105 m^3,占全场总蓄积的 71.7%,包括 10 个林班。

把海拔 650 m 以上,坡度陡峻,溪沟两旁及山顶部分划为防护林种区,面积 468 hm^2,占全场总面积的 34.5%;蓄积 32 800 m^3,占全场总蓄积 28.3%,含 5 个林班。

把海拔较低,立地条件较好,适于发展杜仲、厚朴、黄柏等为主的缓坡地划为特种经济林种区,其面积 31.2 hm^2,占 2.2%,含 2 个林班。

2. 组织森林经营类型

森林经营类型是森林经营规划设计的高度概括,也是经营决策的主要内容之一。编案单位在功能区划和森林分类的基础上,以小班为单元组织森林经营类型。综合考虑生态区位及其重要性、林权、经营目标一致性等因素,将经营目的、经营周期、经营管理水平、立地质量和技术特征相同或相似的小班组成一类经营类型,作为基本规划设计单元。

(1)黄土高原亚区。在黄河上中游水土流失重点区,严格控制采伐利用;对山地天然次生林进行保护性经营,提高森林资源质量。

严格保护类型组经营主要目标是提高森林保持水土、涵养水源作用,减少向黄河输送的泥沙量,确保黄河等流域的生态安全,保护油松、华山松、侧柏、桧柏、白蜡、槭树、椴树、栎类等天然林群落。除卫生伐外,禁止其他采伐。

重点保护类型组经营应注重人工促进天然次生林生长发育,可以采取低强度的抚育采伐、改造采伐和更新采伐等措施。

保护经营类型组经营可在确保不造成水土流失的前提下,生产部分木材等林产品。天然林推行疏伐体制,实行梯度经营,人工林实行带状或群状择伐,保留天然更新下木,人工促进天然更新,对较稳定区域的残次天然林、天然灌木林进行带状皆伐改造,提高其固土和利用的价值。

集约经营类型组经营可在保证不明显减低水土保持功能的前提下,进行生产经营活动。可以采取强度择伐、小面积皆伐等不同措施进行抚育间伐与主伐。

(2)太行山与燕山山地亚区。森林资源经营管理应重点保护山区天然次生林,采取封育结合等措施,促进森林生长发育,提高生态防护功能。同时,保护好生态脆弱地带的乔灌植被,在立地条件较好地带经营水土保持林、水源涵养林和一般用材林等人工林。在避免造成水土流失的前提下,进行小规模的木材生产。

严格保护类型组经营主要目标是提高森林保持水土、涵养水源和防风阻沙等生态功能,确保京津周围生态安全,保护栓皮栎林、侧柏林、油松林等典型暖温带天然林群落。原则上对森林控制采伐。

重点保护类型组主要为石质山地人为干扰较大的天然次生林、人工水保和水源涵养林等。森林经营以低强度的改造采伐、更新采伐和人工促进天然更新为主。

保护经营类型组经营可在确保生态防护功能不下降的前提下,生产部分木材和非木质林产品,特别是针对该亚区纯林面积大的特点,推行疏伐体制,形成复层结构;人工林实行带状或群状择伐,提高其防护和利用的价值。

集约经营类型组经营可在保证不明显减低生态防护功能的前提下,进行定向的用材林经营和薪炭林经营。采用强度择伐和小面积皆伐等不同措施进行抚育间伐与主伐。

(3)丘陵平原亚区。森林资源经营管理重点是发展种植林业,对少量山地丘陵加快生态恢复,抢救性地保留镶嵌在农田、低山丘陵的天然植被,使其成为农业区的生态岛和生物避难所,保持植被的连通性。对城镇近郊的森林应根据绿化、美化的要求进行经营管理,以满足城镇建设和城市居民生活的需要。在路河沟渠旁、农田林网、滩涂、村屯周边发展防护林或用材林,以集约经营为主,根据利用目的确定经营周期和培育方式。

严格保护类型组经营应注意保护生态孤岛、保护生物避难所,禁止采伐。

重点保护类型组经营应注意完善森林(林带)结构,在确保生态功能充分发挥的前提下,可进行择伐、隔带(株)更新。

保护经营类型组经营可在确保农区生态安全的前提下,生产木材和薪材。采取中强度间伐抚育、皆伐等方式更新。

集约经营类型组以经营速生丰产林和工业原料林为主。次生林抚育和主伐采取低强度间伐、择伐,人工林抚育和利用采取高强度间伐和皆伐为主的采伐方式。

(4)秦巴山地亚区。森林资源经营管理应确保丹江水库、长江、淮河等流域、河库生态安全,保护生物多样性,重点保护残留在高海拔地区的天然林,江河源头、大中型水库周围以及生物多样性富集地区的森林。在坡度较缓、立地条件好的低山丘陵区发展人工用材林。

严格保护类型组要保护好高海拔和急坡山地森林、江河源头与上游和湖库周边森林，保护好典型的亚热带森林生态系统及其生物多样性，保护好自然保护区林及保护区走廊带，并确保丹江水库水资源安全。除卫生伐和特殊物种栖息地改造需要外，原则上禁伐。

重点保护类型组经营目标是恢复和改善森林生态系统结构，提高森林的生态防护功能。可采取轻度择伐的方式进行采伐更新。

保护经营类型组在不影响生态功能发挥的前提下，进行保护性经营，以经营大径级木材和建设近自然林为主要目标，可采取疏伐体制，实行梯度经营，以伐促抚、采育结合，诱导形成复层、混交、稳定的森林生态系统。

集约经营类型组应对天然次生林推行高强度的疏伐体制，人工用材林采用皆伐方式进行采伐更新。

3. 森林经营类型实例

经营类型是在地域上一般不相连接，以小班为单位组织起来的一种经营单位。它是在经营方针确定以后，在经营方向一致的前提下（反映为相同的林种区），由于经营强度、自然条件、经营目的的差别，不可能对林场内各个小班采取统一的作业法或经营措施，但又没有条件对每个小班单独进行规划设计，所以，除了少数面积较小、经营强度特别高的地段外，一般都要在林种区划下，即经营方向一致的前提下，对一定的小班进行归类，组织成为一定的经营单位，这种经营单位就叫做森林经营类型，简称经营类型。它是针对有林地来说的。

组织经营类型的主要依据是优势树种（组）（或主要树种）、立地质量、森林起源、经营目的等。无林地小班可按立地条件和经营目的的差异归并到相应的经营类型中去。经营类型的名称一般根据主要树种命名，也可在其前加上森林起源、立地质量、产品类型等。

现举例如表 11-68 所示。

表 11-68　某林场经营类型

经营类型	林种	材种	主要树种	主伐方式	更新方式	主伐年龄
杉木	用材林	中小径材	杉木、水杉、柳杉	小块状皆伐	人工	21～30
马尾松	用材林	中径材	马尾松、黄山松等	小块状皆伐	人工	31～40
栎类	用材林	中小径材	麻栎、栓皮栎等	小块状皆伐	人工	41～50
针阔	用材林	中小径材	马尾松、麻栎	小块状皆伐	人工	31～40
阔杂	用材林	中小径材	刺槐、三角枫	小块状皆伐	人工	25～30
柏树	用材林	中径材	侧柏、川柏	小块状皆伐	人工	80～100
经济林	经济林		板栗		人工	
竹林	经济林		毛竹、桂竹	择伐	人工	
母树林	母树林		湿地松、杉木			
杉木	水源涵养林	中小径材	杉木	择伐	人工	21～30
马尾松	水源涵养林	中径材	马尾松	择伐	人工	31～40
栎类	水源涵养林	中小径材	麻栎	择伐	人工	41～50
阔杂	水源涵养林	中小径材	刺槐、化香	择伐	人工	25～30
针阔	水源涵养林	中小径材	马尾松、麻栎	择伐	人工	31～40

从当前林业发展看,也可以把经营类型的概念从单一的木材型扩大到多种经营类型与复合经营类型。如林粮间作经营类型、经济林经营类型等。

八、森林采伐量的计算与确定

根据林业部《制定年森林采伐限额暂行规定》(以下简称《规定》)第三条的规定:“制定年森林采伐限额应依据森林经营方案所确定的合理年采伐量”,所以计算和确定合理的年森林采伐量是编制森林经营方案的重要内容之一。该《规定》还规定:“年森林采伐限额实施范围,除《中华人民共和国森林法》规定严禁采伐的森林和林木外,包括对所有林种森林和林木的主伐、抚育伐、卫生伐、林分改造等各种采伐消耗的总额”。现分述如下。

(一)森林主伐

森林主伐包括对用材林的成、过熟林的采伐(主伐)和补充主伐(即对成熟的疏林、散生木和完成更新作用的母树所进行的采伐)。

1. 主伐年龄和轮伐期的确定

轮伐期表示林木经过正常的生长发育到达可以采伐利用为止所需要的期间,又即为了实现永续利用伐尽整个经营单位内全部成熟林分之后到可以再次采伐成熟林分所需要的期间。

轮伐期用公式表示即为

$$U = A \pm V$$

式中 U——轮伐期;

A——主伐年龄;

V——更新期,当采用皆伐作业时,伐后更新“V”为正值,当采用渐伐作业时,伐前更新“V”为负值。

主伐年龄以林业部1987年发布的《森林采伐更新管理办法》中规定的“用材林主要树种主伐年龄表”(表11-69)为依据,结合本地区林木生长状况确定。表11-69中没有的树种可参照表中生物学特性相近的树种确定,或根据解析木材料,以数量成熟为准确定。定向培育的树种按规定的工艺成熟龄确定。

每个经营类型应分别进行分析论证,确定合理的主伐年龄和轮伐期。

表11-69　用材林主要树种主伐年龄表

树种	地区	起源	主伐年龄	龄级期限
落叶松、黑松	北部	天然	≥101	20
		人工	≥41	10
	南部	天然	≥81	20
		人工	≥41	10
油松、马尾松、华山松	北部	天然	≥61	10
		人工	≥41	10
	南部	天然	≥41	10
		人工	≥36	10
杨、楝、泡桐、枫杨	北部	人工	≥21	5
	南部	人工	≥61	5

续表 11-69

树种	地区	起源	主伐年龄	龄级期限
桦、榆、枫香	北部	天然	≥61	10
		人工	≥41	10
	南部	天然	≥51	10
		人工	≥31	10
栎(柞)、椴、水曲柳、胡桃楸	不分南北	天然	≥81	20
		人工	≥51	10
杉木、柳杉、水杉	南部	人工	≥26	5
毛竹	南部	人工	≥6	2

注:南部是指长江流域和长江以南地区,北部是指黄河流域和黄河以北地区以及新疆、甘肃白龙江、祁连山林区和西南高山云杉、冷杉林区。

2. 择伐周期(同归年)的确定

轮伐期适用于同龄林的皆伐作或其他伐区式作业,而对异龄林的择伐作业要用择伐周期(同归年)。它是表示采伐符合一定尺寸的林木,通过其他保留木继续生长再恢复到能够采伐利用大小为止的经营周期。用公式表示如下:

$$A = an$$

式中　A——回归年;

a——平均每生长一个径阶所需要年数;

n——择伐时所包括的径阶数。

实际工作中可结合标准地进行,当择伐强度已确定时,可利用下述公式计算:

$$A = \frac{\lg(1 - S)}{\lg 1.0P}$$

式中　A——回归年;

S——择伐率(强度);

P——生长率。

3. 主伐方式的确定

根据《森林采伐更新管理办法》的规定:“用材林的主伐方式为择伐、皆伐和渐伐”。

择伐:适用于中、幼龄树木多的复层异龄林。择伐强度一般不得大于伐前林木蓄积量的40%,伐后林分郁闭度应当保留在0.5以上。伐后容易引起林木风倒、自然枯死的林分,择伐强度不得大于伐前蓄积量的30%,伐后郁闭度应保留在0.6以上。两次择伐的间隔期不得小于一个龄级期。

择伐的对象:在上层林内,应先采伐径级较大的和有病虫害、弯曲、枯腐、“霸王树”等老龄过熟木和阻碍幼壮林木生长的成、过熟木,以及符合择伐年龄的林木,保留那些年龄较小、生长健壮的林木;在中层林内,要采伐濒死、立枯和干形不好或冠形不良的林木;在下层林内,采伐不能成材的受害木、弯曲木和非目的树种;在林木较稀的林分,采伐强度可小些。总的原则是“采坏留好,采老留壮,采大留小,采密留匀”。

皆伐:适用于成、过熟单层林,中幼龄林木少的异龄林。皆伐面积一般一次不得超过5 hm^2,但在地势平缓、土壤肥沃、更新容易的林分,可以扩大到20 hm^2。在采伐带、采伐块之间,应当保留相当于皆伐面积的林带、林块。对保留的林带、林块,待采伐迹地上更新的幼树生长稳定后方可进行采伐。一般应在更新后 3 年进行采伐。皆伐后依靠天然更新的,每公顷应当保留适当数量的单株或群状母树。

渐伐:适用于天然更新能力强的成、过熟单层林。全部采伐更新过程不得超过一个龄级期。上层林木郁闭度较小,林内幼苗、幼树株数已达更新标准的,可进行二次渐伐,每次采伐林木蓄积量的 50%;上层林木郁闭度较大,林内幼苗、幼树株数达不到更新标准的,可进行三次渐伐,第一次采伐林木蓄积量的 30%,第二次采伐保留林木蓄积量的 50%,第三次采伐应当在林内更新起来的幼树接近或者达到郁闭状态时进行。

实际工作中,应根据每个经营类型的林分状况和自然条件选用正确的采伐方式。

4. 采伐量的计算

同龄林采用皆伐或渐伐的伐区式作业时年伐量的计算方法如下所述。

成、过熟林占优势的经营类型(乡、场)可采用以下公式:

面积轮伐公式

$$年代面积=\frac{经营单位总面积}{轮伐期}$$

$$年伐蓄积=年伐面积\times 成、过熟林平均每公顷蓄积量$$

林龄公式

第一林龄公式

$$年伐面积=\frac{近熟林面积+成、过熟林面积}{2\ 个龄级期的年数}$$

$$年伐蓄积=年伐面积\times 成、过熟林平均每公顷蓄积量$$

第二林龄公式

$$年伐面积=\frac{中龄林面积+近熟林面积+成、过熟林面积}{3\ 个龄级期的年数}$$

$$年伐蓄积=年伐面积\times 成、过熟林平均每公顷蓄积量$$

林况公式

$$年伐面积=\frac{\sum f}{a}$$

$$年伐蓄积=\frac{\sum m}{a}$$

式中 $\sum f$——按林况需要进行采伐的小班面积之和;

$\sum m$——按林况需要进行采伐的小班蓄积之和;

a——采伐期限。

列入按林况计算采伐量的小班包括:林分平均年龄已超过自然成熟龄的过熟林;小班内林木已遭受严重病虫害,且防治无效,需要及时采伐利用的;林木遭受乱砍滥伐,林相残破,生长量低的。

按蓄积量结合生长量计算年伐量公式:

和田公式

$$E_w=\frac{V_w}{U}+\frac{Z_w}{2}$$

式中 E_w——年伐蓄积量;

V_w——经营单位的总蓄积量；

Z_w——各龄级平均生长量之和；

U——轮伐期。

幼、中龄林占优势的经营类型(乡、场)可用以下公式：

$$年伐面积 = \frac{年伐蓄积}{成、过熟林平均每公顷蓄积量}$$

成熟度公式

$$年伐面积 = \frac{成、过熟林面积}{1个龄级期的年数}$$

$$年伐蓄积 = \frac{成、过熟林蓄积}{1个龄级期的年数}$$

第一林龄公式如上。

在龄级结构均匀分配的经营类型(乡、场)，可选用按平均生长量计算采伐量的公式，即

$$年伐蓄积 = Z_1 + Z_2 + Z_3 + \cdots + Z_n = m_1/a_1 + m_2/a_2 + m_3/a_3 + \cdots + m_n/a_n$$

式中　Z_1、Z_2、Z_3、…、Z_n——各龄级平均生长量；

m_1、m_2、m_3、…、m_n——各龄级的蓄积量；

a_1、a_2、a_3、…、a_n——各龄级年龄中值。

$$年伐面积 = \frac{年伐蓄积}{成、过熟林平均每公顷蓄积量}$$

确定一个经营类型的采伐量，一般要选用几个公式进行计算，然后分析对比，确定一个比较合理的公式计算的结果作为标准年伐量。确定的原则是：所定年伐量不能小于按林况的计算值；在龄级结构不均匀情况下，所定年伐量要起到调整和改善龄级结构的作用；所定年伐量不应造成森林资源过伐，要保证后续有林；当成、过熟林占优势时，所定年伐量要尽量延长现有成熟林资源的采伐年限，在现有成、过熟林达到自然成熟龄之前及时采伐利用；当经营单位以幼、中龄林占优势时，所定年伐量只能在经理期内采伐成熟林，并在整个轮伐期内逐步调整龄级结构，同时还要考虑更新能力及生态平衡的要求。现举倒说明如下。

某乡刺槐经营类型以成、过熟林占优势，年伐量计算结果见表 11-70。

表 11-70　某乡刺槐经营类型年采伐量计算

公式	计算结果	可采年限
面积轮伐	年伐面积 = 1 526 ÷ 25 = 61(hm^2) 年伐蓄积 = 61 × 40.1 = 2 446(m^3)	25
第一林龄	年伐面积 = 1 026 ÷ 10 = 102.6(hm^2) 年伐蓄积 = 102.6 × 40.1 = 4 114(m^3)	10
平均生长量	年伐面积 = 2 122 ÷ 40.1 = 52.9(hm^2) 年伐蓄积 = 2 122 m^3	20
蓄积结合生长量	年伐面积 = 2 684 ÷ 40.1 = 67(hm^2) 年伐蓄积 = 40 574 ÷ 25 + 2 122 ÷ 2 = 2 684(m^3)	15

由计算结果可知，如按面积轮伐和平均生长量公式计算，需要 20 ~ 25 年才能采伐完现有

成、过熟林。这样做,虽能在一个轮伐期内将现实林调整为较理想的结构,但由于时间太长,将有部分成、过熟林因采伐利用不及时而造成经济损失;如按第一林龄公式计算,虽可在短期内及时利用成、过熟林,但不利于调整龄级结构和永续利用;如按蓄积量结合生长量公式计算结果,采伐期限为15年,尽管在一个轮伐期内,不能使现实林分达到符合永续利用的龄级结构要求,但比第一林龄公式调整龄级结构前进了一步。另外,根据前述原则:"在成、过熟林占优势时,所定年伐量要尽量延长现有成、过熟林资源的采伐年限,在现有成、过熟林达到自然成熟龄之前及时采伐利用"。因此,确定年伐量以蓄积量结合生长量公式计算的结果比较合理。从而确定某乡刺槐经营类型年伐面积为67 hm^2,年伐蓄积2 684 m^3,可采年限15年。

需要注意的是,除了考虑现有成、过熟林资源外,还要考虑经理期内进入成熟林的资源,并要把这一部分加进去一并计算。

异龄林采用择伐作业的年伐量的计算方法如下所述。

天然复层异龄林应采用择伐作业,采伐少数林木后仍维持异龄林结构。现介绍两种年伐量计算方法供选用。

按择伐周期和平均每公顷择伐量计算:首先确定平均每公顷择伐量。如根据调查得到经营类型的平均每公顷株数见表11-71。

表11-71 某经营类型平均每公顷株数按径级分配

径级(cm)	20	24	28	32	36	40	44
株数/hm^2	65	50	37	26	17	10	5

根据要求,确定最低采伐径级为32 cm,最高径级为44 cm,则平均每公顷择伐量为32~44 cm间径级株数乘以各相应径级单株平均材积。即

$$5 \times 1.52 + 10 \times 1.26 + 17 \times 1.04 + 26 \times 0.77 = 57.9(m^3) \approx 58(m^3)$$

再计算回归年。如平均每生长一个径级需要8年,择伐包括的径级数为4,代入回归年计算公式,则

$$A = an = 8 \times 4 = 32(年)$$

年伐蓄积按下式计算

$$年伐蓄积 = \frac{经营单位面积 \times 平均每公顷择伐蓄积}{择伐周期(回归年)}$$

$$年伐面积 = \frac{年伐蓄积}{平均每公顷择伐蓄积}$$

或

$$年伐面积 = \frac{经营单位面积}{择伐周期}$$

按小班法计算择伐年伐量:首先,根据调查簿挑选可以列入择伐的成、过熟林与近熟林小班,对每个小班确定择伐强度和择伐量,然后,统计经营单位内所有择伐小班的面积和应择伐的蓄积,除以择伐周期,即得年伐面积和年伐蓄积。

(二)补充主伐

补充主伐是指疏林、散生木和采伐迹地上完成更新作用的母树的采伐利用。

1. 疏林年伐量的计算

已达成、过熟的疏林要及时采伐利用,伐后重新造林。计算公式为:

$$疏林年伐量(面积或蓄积)=\frac{需要采伐的疏林(面积或蓄积)}{采伐期限}$$

其中的采伐期限可根据具体情况确定。

2. 散生木年伐量的计算

散生于幼、中龄林中的过熟木或其他地类中的成、过熟散生木，影响幼、中龄林的生长和林业生产，应及时加以利用。在本经理期内列入补充主伐的散生木应在外业调查时调查每公顷株数、平均单株材积和蓄积，并注明是否应予采伐。其年伐量计算公式为：

$$散生木年伐量=\frac{指定采伐的各小班散生木材积}{规定采伐期限}$$

3. 母树年伐量的计算

采伐迹地所留的母树在完成天然下种作用后，起不到母树作用且已接近枯死，伐区被其他树种更替，不能发挥作用等的情况下应予以采伐利用。外业时应调查每公顷株数和蓄积。其年伐量计算方法同散生木。

(三)森林经营采伐

1. 用材林(防护林)抚育间伐

(1)确定抚育间伐的任务量。根据“用材林(防护林)幼、中龄林应抚育间伐面积蓄积统计表”，分优势树种确定抚育间伐的面积、种类、开始期，每次间伐强度和间隔期。

(2)计算年伐量。计算公式如下：

$$抚育间伐年伐面积=\frac{需进行抚育间伐的面积}{间隔期}$$

$$年伐蓄积=年伐面积\times平均每公顷蓄积量\times间伐强度$$

上述计算应分别优势树种，分抚育间伐种类进行。汇总后可得全乡(场)的抚育间伐年伐量。

2. 卫生伐

(1)确定卫生采伐任务量。卫生采伐是指在一定年限内及时伐除那些遭受森林火灾或受病虫严重危害的枯死木、损伤木和被害木。严重风折雪压需进行采伐的林分也可列入卫生伐。外业调查时应统计列入卫生伐的小班面积和蓄积，并规定采伐年限(一般3～5年)。

(2)计算年伐量。计算公式如下：

$$年伐面积=\frac{需要进行卫生伐的总面积}{采伐年限}$$

$$年伐蓄积=\frac{需要伐除的枯死木、受害木总蓄积}{采伐年限}$$

3. 低产林改造采伐

(1)确定低产林改造任务量。列入年采伐量计算的是指采用皆伐重新造林改造的疏林、低产林分。一般根据小班调查簿统计应进行采伐改造的低产林面积和蓄积量，并确定改造年限(一般3～5年)。

(2)计算年伐量。计算公式如下：

$$年伐面积=\frac{需要采伐改造的总面积}{改造年限}$$

$$年伐蓄积=\frac{需要采伐改造的总蓄积}{改造年限}$$

4. 防护林、林网、间作树的更新采伐

(1)确定防护林更新采伐任务量。根据《中华人民共和国森林法》规定,“防护林只准进行抚育和更新性质的采伐”。所谓更新性质的采伐,也叫经营性质的采伐,它不以获得木材为主要目的,而是为了恢复和提高防护林的防护效能而进行的采伐。防护林一般根据防护成熟龄或自然成熟龄,采用强度较小的择伐或 3 hm^2 以下的小块状皆伐,采伐后要在一年内全部更新。一般根据小班调查簿统计应当进行更新采伐的防护林和林网的面积与蓄积量及林网间作的株数,同时确定更新采伐的年限,一般 1 ~5 年。

(2)计算年伐量。采用择伐作业时按上述异龄林择伐年伐量的计算方法进行计算。采用小块状(带状)皆伐时用下式计算:

$$\text{年伐面积(株数)} = \frac{\text{需要更新采伐的防护林面积(林网、间作树株数)}}{\text{采伐年限}}$$

$$\text{年伐蓄积} = \frac{\text{需要更新采伐的防护林(林网、间作树)蓄积}}{\text{改造年限采伐年限}}$$

(四)森林采伐规划的编制

1. 森林采伐量的论证与确定

根据前述,一个乡(林场)的森林采伐量包括对所有林种林分和林木的主伐、抚育伐、卫生伐、林分改造等各种采伐消耗的总额。当把各种采伐量计算以后,应进行汇总,与本乡(场)的生长量、蓄积量进行分析比较,最后确定一个合理的年伐量。现举例说明。

某乡经过各种计算,森林年伐量的构成为:用材林主伐量 + 防护林更新采伐量 + 抚育采伐量 =1 003 +1 341 +952 =3 296(m^3);该乡林分材积综合平均生长率为 3.4%,活立木总蓄积量为 125 430 m^3,年生长量为 4 265 m^3。由此可知,年采伐量占年生长量的 77.3%,基本符合越采越多的要求。所以,确定 3 296 m^3 作为该乡标准年采伐量。

2. 森林采伐规划的编制

首先按采伐种类编制前 5 年落实到小班的年度采伐计划、后 5 年落实到林班的采伐计划,包括采伐量、出材量、投资、用工等。如黄石庵林场 1990 年、1991 年森林主伐计划表(表 11-72)。然后再根据编制的采伐计划进行汇总合并,以乡为单位编制森林采伐规划。需注意的是,主伐要分别主伐方式,即皆伐、择伐、渐伐,间伐要分别间伐种类即透光伐、生长伐进行统计。如黄石庵林场采伐规划表(表 11-73)。

3. 分析论证

根据乡(林场)的经济技术力量、劳力组织情况、木材供需情况等分析论证森林采伐规划实施的可行性。如经分析认为实施有困难,则应有针对性地进行逐级调整,同时应说明实施中应注意的问题。

九、森林经营规划设计

(一)森林经营规划设计原则

1. 公益林经营规划设计原则

公益林经营规划设计要依据有关法律法规和政策,结合经营单位公益林保护与管理实施方案等进行。

(1)根据森林功能区经营目标的不同分别确定经营技术与培育、管护措施,维持和提高

表 11-72　黄石庵林场森林主伐计划表

年度			1990				1991			
采伐方法			合计	皆伐	皆伐	皆伐	采合计	皆伐	皆伐	皆伐
伐面积(hm^2)			105.8	35	28.3	42.5	73.6	33.8	18.5	21.3
采伐蓄积(m^3)			6 845.89	1 768.2	1 977.53	3 100.16	6 970	2 975.7	2 562.5	1 431.8
经济材出材量(m^3)	合计		4 503.58	1 151.33	1 290.84	2 061.41	4 350.5	1 754.1	1 671.1	925.3
	规格材	小计	4 053.23	1 036.2	1 161.76	1 855.27	3 915.69	1 578.69	1 503.99	832.77
		原木	2 837.26	725.34	813.23	1 298.69	2 740.80	1 105.08	1 052.79	582.94
		坑木	1 215.97	310.88	348.53	556.58	1 174.64	427.61	451.20	249.83
	非规格材		450.35	1 151.13	129.08	206.14	435.05	175.41	167.11	92.53
采伐剩余物(t)			1 711.47	422.05	494.38	775.04	1 742.51	743.93	640.63	357.95
用工量(工日)			29 293.28	7 483.65	8 390.46	13 399.17	28 278.55	11 401.65	10 862.15	6 014.45
投资(元)	总值		248 147.25	63 438.28	71 125.28	113 583.69	239 712.55	96 650.91	92 077.61	50 984.03
	投工值		234 186.24	59 869.2	67 123.68	107 193.36	226 226	91 213.2	86 897.2	48 115.6
采伐地点立地条件	工区			鱼库	大东峪	大东峪		鱼库	大东峪	大东峪
	林班			34	69	69		36	69	69
	小班			2	5(部分)	6(部分)		6	5(部分)	6(部分)
	面积(hm^2)		185.4	74.8	46.8	63.8	73.6	33.8	18.5	21.3
	蓄积(m^3)		17 180	10 176	3 761	3 243	7 237.2	4 444	1 181.6	1 611.6
	坡度(°)			30	38	40		30	38	40
	坡向			南	东南	西南		南	东南	西南
	海拔			1 380/1 980	1 100/1 540	1 100/1 627		1 380/1 980	1 100/1 540	1 100/1 627
	土层厚度(cm)			29	60	40		29	60	40

续表 11-72

年度		1990				1991			
林分状况	经营类型		阔杂	阔杂	阔杂		阔杂	阔杂	阔杂
	优势树种		杂	杂	杂		杂	杂	杂
	林龄(年)		65	85	105		65	85	105
	平均胸径(cm)		28.8	24.9	14.7		28.8	24.9	24.9
	平均树高(m)		15.9	14.6	14.7		15.8	14.6	14.7
	郁闭度		0.6	0.8	0.6		0.6	0.8	0.6
技术设计	采伐面积(hm^2)	105.8	35	28.3	42.5	73.6	33.8	18.5	21.3
	采伐蓄积(m^3)	6 845.58	1 768.2	1 977.53	3 100.16	6 970	2 975.7	2 562.5	1 431.8
	出材量(m^3)	4 503.58	1 151.33	1 290.84	2 061.14	4 350.5	1 754.1	1 671.1	925.3
	更新方式		人工造林	人工造林	人工造林		人工造林	人工造林	人工造林
	更新期(年)		2	2	2		2	2	2

表 11-73　黄石庵林场森林采伐规划表

年度:1995～1999

采伐种类	采伐面积(hm^2)	采伐蓄积(m^3)	出材量(m^3)					采伐剩余物(t)	用工量(工日)		投资(元)		
			合计	规格材			非规格材		采伐段	修枝清理营林	采伐段		营林投资
				小计	原木檩梁类	坑木					总计	其中投工值	
主伐(皆伐)	367.5	39 385	23 811	21 429.9	15 000.93	6 428.97	2 381.1	9 921.25	154 771.5	—	1 311 985.92	1 238 172	—
间伐(生长伐)	747.2	9 983.4	5 490.87	3 843.61	—	3 843.61	1 647.26	3 494.19	31 297.96	168.12	267 405.37	250 383.68	134 496
低产林改造采伐	221.8	7 854	3 927	2 748.9	—	2 748.9	1 178.9	2 748.9	19 635	—	169 253.7	157 080.0	—
合计	1 336.5	57 522.4	33 228.87	28 022.41	15 000.93	1 306.46	5 206.46	16 164.34	205 704.46	168.12	1 748 644.99	1 645 635.68	134 496

公益林的保护价值和生态功能。

(2)依据《全国森林资源经营管理分区施策导则》,明确编案单位内严格保护、重点保护和保护经营三种经营管理类型组的经营对象与经营管护措施,设计经营技术指标和管理目标体系。

(3)依照《生态公益林建设导则》(GB/T 18337.1—2001)、《生态公益林建设规划设计通则》(GB/T 18337.2—2001)、《生态公益林建设技术规程》(GB/T 18337.3—2001)、《造林作业设计》(LY/T 1607—2003)、《封山(沙)育林技术规程》(GB/T 15163—2004)、《低效林改造技术规程》(LY/T 1690—2007)、《飞播造林技术规程》(GB/T 15162—2005)、《森林采伐作业规程》(LY/T 1646—2005)、《森林抚育规程》(GB/T 15781—1995)等生态公益林建设的系列技术标准,规划设计公益林的管护、造林、抚育、更新和改造等任务。

(4)重点公益林区的更新造林,应充分利用自然力进行生态修复。人工林应采取保护天然幼树、幼苗等措施,增强自然属性。严格保护类型组(特殊保护区)实行严格保护,长期全面封禁,禁止人为干扰和开展任何抚育、改造和更新性采伐生产经营活动。重点保护类型组(重点保护区)实行定期全面封禁,可以进行限制性抚育采伐,不允许进行低效林改造,森林更新必须经特殊批准。保护经营类型组(一般保护区)实行一定限制措施,在普遍封管的基础上,经过批准允许进行一些以提高森林生态系统稳定性或改善生态功能为主要目的的抚育间伐、低效林改造和更新采伐等生产性森林经营活动,引进乡土珍贵树种,提高公益林的经济产出潜力。

(5)对于天然林保护工程区的天然林和所有自然保护区林应严格按照国家规定进行经营。在经理期内,可以按照国家相关政策及时调整经营方式,适时开展天然林和自然保护区林的抚育、更新、改造。

(6)公益林管护应结合实际,因地制宜,采取集中管护、分片承包或个人自护等方式,制订管护方案,落实管护责任。

2. 商品林经营规划设计原则

商品林经营规划设计应以市场为导向,在确保生态安全前提下以追求经济效益最大化为目标,充分利用林地资源,实行定向培育、集约经营。

(1)根据立地质量评价、森林结构调整目标、市场需求与风险分析,以及森林资源经济评估成果等,综合确定商品林经营类型的培育任务。

(2)商品林经营要分别更新造林、抚育间伐、低产林改造三种主要经营措施类型(组)进行规划设计。培育任务按林种—森林经营类型—经营措施类型(组)进行组织,各项规划任务落实到每个森林经营类型。集约经营用材林(速生丰产用材林)建设不允许毁林造林,不得营造大面积纯林,或者要设置其他树种的分隔带,而且要有单项设计,经审批后方可实施。商品林经营规划设计要依照《造林作业设计》(LY/T 1607—2003)、《速生丰产用材林建设导则》(LY/T 1647—2005)、《集约经营用材林基地造林总体设计规程》(GB/T 15782—1995)、《森林采伐作业规程》(LY/T 1646—2005)、《森林抚育规程》(GB/T 15781—1995)、《低产用材林改造技术规程》(LY/T 1560—1999)等技术标准执行。

(3)经济林规划应根据种植传统,因地制宜地选择果树林、食用原料林、林化工业原料林、药用林或其他经济林。根据市场需求、土地资源、产品质量、经营加工能力、储存能力及运输条件、名牌效应等因素确定经济林发展规模。按照名、特、优、新的原则,选择优先发展的产业。

(4)生物质能源林(薪炭林)经营可分为木质能源林和油料能源林两种类型。木质能源林经营应重点考虑当地居民的生活能源需求和当地生物质电能源生产的原料需求,选择高燃烧值的树种,规划经营规模。油料能源林经营应充分考虑就近加工的条件和能力,因地制宜地选择具有商业开发价值的树种,规划培育基地规模。

3. 森林采伐原则

森林采伐贯穿于森林经营的全过程,是森林培育和结构调整的重要手段。森林采伐量应依据功能区划和森林分类成果,分主伐、抚育间伐、更新采伐、低产(低效)林改造等,结合森林经营规划,采用系统分析、最优决策等方法进行测算,确定森林合理年采伐量和木材年产量。

(1)森林采伐应重点考虑建设和培育稳定、健康与高效的森林生态系统,提升森林资源的保护价值和持续提供物质、生态、文化产品的能力。

(2)按照《森林采伐作业规程》等标准,建立以生态采伐为核心的经营管理体系,有条件的区域应推行梯度经营,将森林采伐对生态环境的影响减少到最低程度。

(3)森林采伐应有利于调整和优化森林结构,稳定木材产量,保证后续资源供应,保护生物多样性与水土资源,维持森林的碳汇平衡,满足利益相关者的经营目的。

(4)采伐量测算应以小班为单元,进行时间和空间分析,确保森林采伐量具有科学性和可操作性。

4. 更新造林和森林采伐工艺设计原则

更新造林和森林采伐的工艺设计应充分考虑下列条件:

(1)在溪流、水体、沼泽、冲积沟、受保护的山脊或廊道等易发生水土流失的区域应设置一定宽度的缓冲带(区)。

(2)尽量减少用于作业的林道、楞场和集材道。

(3)适当增加小流域、沟系、山体的景观异质性,特别是不同年龄、不同群落的森林合理配置,为野生动植物提供多样的栖息环境,为控制林业有害生物和森林火灾提供有利条件。

(4)合理设置作业区域和作业面积,保证野生动植物生存繁衍所需的生态单元和生物通道。

(5)合理确定造林与采伐方式,确保生态景观敏感区域不受严重影响。

(6)优先安排病虫害等受灾林木、工业原料林、人工林的采伐和造林更新。

(二)森林采伐规划设计

1. 森林采伐规划

森林经营中的抚育工程、改造工程、更新工程均涉及森林采伐规划。森林采伐规划按森林经营单位编制,规划期限为10年,前5年要分年度落实具体任务和伐区。

1)森林采伐规划设计内容

森林采伐规划设计的主要内容包括:规划设计的原则和依据、伐区自然条件、资源状况;森林分类区划与经营布局、林地类型和采伐作业区域划分、缓冲区的范围和界线;确定采伐对象(含抚育、改造、更新对象)和经营目标;确定伐区位置和界线、合理年伐量及各种采伐类型比例、各采伐类型伐区的时间与空间配置、采伐方式、采伐强度、采伐时间、清林方式、施工安排、更新方式、技术措施等;人员组织与物资需要量、木材和其他木质林产品产量、林区道路、储木场修建、集材道和楞场等的修建与维护、采伐配套设施修建与维护、伐区森林的恢复更新计划、财务评价等;绘制采伐和更新的作业图。

2)规划设计程序

(1)基础数据收集:在原有森林资源规划设计调查成果、近年来的采伐作业调查设计数据和森林资源档案更新的基础上,进行林分因子、森林蓄积量和材种出材量、特殊保留木(如珍稀树种、母树、需要长期培育的目标树等)调查,伐前更新、林地状况、土壤、植被、采伐剩余物等调查,已有木材集采运条件调查等;对于散生木及“四旁”树等要有具体位置的GPS坐标值。

(2)伐区区划:伐区调查设计实行伐区(林班)、作业区、采伐小班三级区划,或作业区、采伐小班二级区划。

(3)调查方法:蓄积调查在林分内采用全林实测法或标准地或机械抽样调查法推算,林带采用抽取标准段或者标准行进行调查设计。其他因子调查参照《森林资源规划设计调查主要技术规定》等相关技术规程。

(4)伐区调查设计表:包括采伐小班调查表,采伐小班汇总表,小班采伐作业设计(包括作业方式、方法、面积、立木因子、出材量等),更新造林设计,工程量和用工量、投资及收益计算表,机械设备及设施,成本预算表等。

(5)绘制作业设计图:根据林相图、伐区测量和各种调查数据绘制作业设计图,图面比例尺为1:5 000~1:10 000,主要标记包括伐区各级区划的面积和界线、禁伐区、缓冲区、溪流、道路和采伐设施。

(6)编写人员:主要由森林经营单位的森林调查设计队伍或具有森林调查设计资质的其他县级以上林业设计单位进行编写。

2.缓冲区设置

(1)如伐区内分布有小溪流、湿地、湖沼,或伐区临近自然保护区、人文保留地、自然风景区、野生动物栖息地、科研试验地等,应留出一定宽度的缓冲带。

(2)小型湿地、水库、湖泊周围的缓冲带宽度大于50 m。

(3)自然保护区、人文保留地、自然风景区、野生动物栖息地、科研试验地等周围缓冲带宽度大于30 m。

(4)不同溪流等级的最小缓冲带宽度见表11-74。

表11-74 不同溪流等级的缓冲区设置要求

溪流河床宽度(m)	单侧最小缓冲带宽度(m)
>50	30
20~50	20
10~20	15
<10	8

注:溪流河床宽度是指河两岸植被区之间的距离。

(三)生态公益林管护设计

根据《生态公益林建设技术规程》(GB/T 18337.3—2001)的规定,所有生态公益林均应加强管护,普遍护林。同时,要加强对生态公益林地的管理和各类资源的保护。

森林管护分为封禁管护、重点管护和一般管护三个等级。

封禁管护主要适用于特殊保护地区的生态公益林；重点管护适用于重点保护地区的生态公益林，以及一般保护地区的幼、中龄林和林下天然更新较好的林分；其他生态公益林采用一般管护。管护工程设计要体现管护责任区、管护类型、管护年限、立标定界、管护措施、管护设施等内容。

森林管护的主要任务是以封山（沙）护林措施为主，进行综合性经营管理以及预防，及时发现和阻止森林火灾与森林病虫鼠害的发生发展，防止乱砍滥伐、乱捕滥猎、乱采滥挖等破坏森林资源的行为发生。

（四）造林更新规划设计

1. 划分立地类型

在立地类型调查的基础上，选择影响林木生长的主导因子，编制立地类型表（其内容和要求见立地类型调查），统计各个立地类型面积。

2. 编制造林类型表

根据编制的立地类型表，按照《造林技术规程》（GB/T 15776—1995）、《飞机播种造林技术规程》（GB/T 15162—2005）的要求，结合当地的具体情况编制"造林类型表"。

3. 编制造林更新计划

（1）确定任务量。主要任务是：宜林荒山荒地；各种新、老采伐迹地，包括低产林皆伐重造的迹地，应按规定进行及时更新；沙荒地其他造林任务。

（2）选择更新方式。对采伐迹地的更新要根据主伐方式、立地类型、主要树种的生物学特性和更新情况，选择更新方式，即人工更新、人工促进天然更新或天然更新，并计算其比例，同时要论证确定更新方式的依据和可行性。

（3）编制造林更新计划。根据造林任务和本地的自然、经济、技术条件，按先易后难、先急后缓的原则编制造林计划一览表，内容见表11-75。地类分宜林荒山、采伐迹地等填写，并分林种、树种、速生丰产林、一般用材林和"四旁"类型统计造林面积、株数、用工、投资等。

采用天然更新或人工促进天然更新的采伐迹地要单独编制更新计划。

（五）低产林改造规划设计

1. 改造对象

（1）郁闭度 0.2 以下的疏林地。

（2）多次破坏性采伐的残林或多代萌芽无培育前途的林分。

（3）遭受严重病虫害、火灾等自然灾害的林分。

（4）速生树种的中龄林每公顷净生长量低于 3 m，中、慢生树种的中龄林每公顷年生长量1.5 m 以下的低产林。

2. 改造方法

（1）全部改造：适于基本上无培育前途的疏林、灌丛和低产林分。有四种方法：

①林冠下造林：适于主要组成树种不合经营要求，郁闭度不大而林木分布较均匀的林分。

②全面改造：彻底清除原有林木和灌丛，而后进行人工造林。

③块状造林：在一定面积的块状地上清除全部林木、灌丛，然后造林。

④带状改造：按照一定距离隔一带砍一带，然后更新造林。

表 11-75　县（林场）造林更新计划一览表

年度	林种	树种	造林面积（hm^2）		“四旁”树			用工量（工日）	投资（元）	地点									立地条件							立地类型号	造林类型号	备注
			一般造林	速生丰产林	类型	面积（hm^2）	株数			造林前地类	村、林班	小班	小地名	小班面积（hm^2）	造林面积（hm^2）	“四旁”类型	用工（日）	投资（元）	海拔（m）	坡向	坡度（°）	土层厚度（cm）	质地	地下水位（m）	黏土层深度（cm）			
1	2	3	4	5	6	7	8	9	10	11	12	13	14	15	16	17	18	19	20	21	22	23	24	25	26	27	28	29

编制者　　　年　　月　　日　　　　　　　　检查者　　　年　　月　　日

(2)局部改造:适于原林分主要组成树种虽符合要求,但密度较小(郁闭度0.5以下),且分布不够均匀的林分。方法是通过补植、补播提高密度。

(3)综合改造:适于特别杂乱的林分。具体做法是,伐除生长差的和无培育前途的林木,保留目的树种中优良的中、小径木,并在林冠下或林中空地上栽植目的树种。

3. 规划设计

首先确定任务量。根据林分状况和林地条件确定改造方法,落实改造地点,提出改造技术措施,计划用工、投资,进行年度计划安排,并编制低产林改造规划表。

(六)种苗规划

1. 确定需种苗量

根据造林更新和低产林改造的规划,确定每年不同造林树种需用种子和苗木数量,并说明种子和苗木来源。

2. 编制种苗规划

根据需苗量编制种苗规划。在种苗规划基础上,对现有苗圃地进行评价。如需扩大固定苗圃地,要进行苗圃设计,提出苗圃设计图,并按照《林业苗圃工程设计规范》(LYJ 128—1992)进行设计。

需苗量按设计造林规格(密度)加20%的损耗计算,单位面积用种量根据当地历年经验或参照有关材料确定。参照下列公式:

$$\text{各树种每年育苗面积} = \frac{\text{年更新及新造林面积} \times \text{单位面积用苗量} + \text{补栽用苗量}}{\text{苗圃单位面积产苗量}} \times (1 + \text{安全系数})$$

各树种年育苗面积之和为年总育苗面积。

$$\text{各树种每年用种量} = \text{各树种每年育苗面积} \times \text{单位面积用种量} \times (1 + \text{安全系数})$$

各树种年育苗用种量合计为总用种量。

(七)母树林、种子园、采穗圃规划设计

1. 母树林的规划设计

根据条件,对现有母树林和准备新建母树林进行技术设计,设计促进结实、提高种子质量的技术措施,并预测种子产量。

2. 种子园、采穗圃的规划设计

需要建立种子园、采穗圃的乡(场)要按有关规定和要求进行单独技术设计,说明其类型、面积、用工量、投资等。

(八)幼林抚育规划

根据10年内造林更新任务和造林类型表中设计的幼林抚育技术措施,以乡(工区)为单位进行汇总,做出幼林抚育规划一览表。参照第十章第五节或执行《森林抚育规程》(GB/T 15781—1995)。

(九)封山育林规划

1. 确定任务量

根据《封山(沙)育林技术规程》(GB/T 15163—2004)的规定,确定封山育林任务量和具体地段。

2. 设计封山育林措施和编制封山育林规划

根据确定的任务量,设计封山育林措施。

(十)森林健康与生物多样性保护规划

1. 护林防火

(1)分析火源和火灾危险程度。根据本地主要树种面积,调查人为活动及其相邻地区的人为活动情况,分析可能产生的火源、火灾危险程度及其危害。

(2)设计防火措施。①防火组织:包括长期的和临时的。提出设立理由、组织、人员、任务等。②防火设施及设备器械:主要包括防火道,设计出长度、密度、修建地点、起止位置、用工、投资等;瞭望台,修建地点、数量、结构、设备、用工、投资等;通信设备,通信方式,即电话或无线电、购置名称、数量、投资等;交通设备,如森林消防车、多功能救护车等的数量、单价、投资及产地等;灭火器械,如风力灭火机、灭火手榴弹等的数量、单价、产地、投资等;其他。③防火体系的"五网"(观察瞭望网、通信联络网、巡逻联防网、林火阻隔网、预测预报网)建设规划。

根据上述规划,作出年度安排,列表说明。

2. 林业有害生物防控规划

(1)主要林业有害病生物种类、危害、蔓延程度的分析:分析研究危害林木或苗木的主要林业有害病生物种类、危害树种、危害程度、蔓延情况、防治任务,提出防治的必要性。

(2)防治措施设计:根据主要病虫害危害程度和本地的技术经济条件提出切实可行的防治措施。重点规划预测预报系统与监测预警体系,防治检疫站点与检疫体系,制定林业有害生物和疫源疫病防控预案等。林业有害生物防控规划主要内容应包括:①确定防治、控制和检疫对象;②依据病虫鼠等有害生物种类与分布、危害程度、防治方式等因素,进行防治区划(划分防治区、控制区、安全区等);③根据近年来有害生物发生与防治情况、经理期内预测预报结果和综防能力等因素,规划防治规模;④防治与控制技术措施设计。

计算投资,列表说明。

3. 林地生产力维护设计

林地生产力维护措施应贯穿于森林经营的全过程。应充分考虑有利于地力维护的培肥技术、采伐要求、化学制剂应用等保护对策。提倡培育阔叶林和混交林;速生丰产林应考虑轮作、休歇、间作等培育措施;水土流失严重地区应在造林、采伐作业时,采取土壤水肥保持措施。林地生产力维护设计要结合森林采伐、森林更新、营造林工程设计提出具体维护措施。

4. 森林集水区经营管理规划

森林集水区经营管理规划应科学规划集水区的类型和等级,分区确定森林经营策略,将采伐、造林、修路等森林经营活动导致的水土流失降到最小。

(1)邻接多年性河流、间歇性河流或湖泊、池塘、水库、沼泽等水体的条形地带,应按照《森林采伐作业规程》的要求划出缓冲带。

(2)坡度大、土层薄,以及山脊、湿地等敏感区域的森林,应按照公益林建设的要求进行管理。

5. 生物多样性保护规划

生物多样性保护规划应充分考虑生物资源类型、保护对象特点、制约因素及影响程度、法律法规与政策等。

(1)以生态系统保护途径为主线,注重对景观、生态系统、物种和遗传基因等不同层次多样性的系统保护。

(2)将高保护价值森林区域作为规划重点,明确高保护价值区域范围、类型与保护特点,提出保护措施。

(3)以林班或小流域为单位,以指示型物种确定适宜的树种、森林类型和龄组结构,保持物种组成、空间结构和年龄结构的异质性。

(4)注重保护珍稀濒危物种和群落建群树种的林木、幼树、幼苗,在成熟的森林群落之间保留森林廊道。

(十一)木材加工、综合利用、多种经营规划

根据县(乡、场)具体情况进行多种经营规划。

1. 现状评价

对现有的多种经营项目,主要是对资源的开发利用、经济效益、产品销路、社会需求等方面进行分析评价,从中总结经验教训,找出存在的问题,提出解决的办法和今后发展的意见。

2. 发展规划

新上的大中型项目要按有关规定单独提出可行性研究报告和计划任务书。经批准立项规划发展的项目要在方案中反映项目名称,主要产品及数量、产值、利润等内容。小型项目要根据资源状况、社会需要、技术经济条件等确定应该发展的项目或种类,对发展规模、步骤、速度、需要的人财物情况、关键技术措施以及产值、利润等作出规划。

(十二)非木质资源经营与森林游憩规划

1. 非木质资源经营规划

非木质资源经营规划应以现有成熟技术为依托,以市场为导向,规划设计利用方式、利用措施、利用程度、产品种类、利用时间或季节、利用限制和规模等。在严格保护和合理利用野生资源的同时,积极发展非木质资源的人工定向培育。

2. 森林游憩规划

森林游憩规划可按照功能区或旅游地类型进行,充分利用林区多种自然景观和人文景观资源,开展以森林生态系统为依托的游憩活动。规划应因地制宜地确定环境容量和开发规模,科学设计景区、景点和游憩项目。

(十三)基础设施与经营能力建设

根据林场(县)的经济状况和可能争取到的投资,实事求是地进行规划设计,主要包括道路、房建、通信、供水、供电等项。

1. 林道规划

林道规划应根据森林经营的实际需要和建设能力,明确林道建设及维护的任务量。林道密度以满足森林经营的基本要求为原则,新建林道应尽量结合防火道、巡护路网等布设,避开高保护价值森林区域、缓冲带和敏感地区。林道设计要按照《林区公路工程技术标准》(LYJ 104—1988)完成。

2. 其他基础设施规划

森林保护、林地水利、场部建设、生产用房、监测点(病虫害防治站点、护林防火站点)及其他营林配套基础设施规划,应充分结合国家、地方相关基础设施建设规划进行,以利用和维护已有基础设施为主,并考虑设施的多途利用。林业生产基础设施建设规划应分别工程项目进行工程量和投资估算。

储木场与转运场规划应根据林区森林资源分布、木材生产规模与合理流向、储存与转运特点和现状,以及交通衔接等诸因素确定新建、改造和更新储木场、转运场的数量、位置和规模等。

储木场新建和改扩建的具体设计应单独立项,不纳入森林经营方案中。

3. 森林经营档案建设规划

森林经营档案建设规划应以分类、准确、及时、便捷为原则,重点规划档案管理人员、设施设备和相关管理制度建设等。森林经营档案应包括森林资源档案、经营技术档案、生产管理档案及相关文件、资料等。

森林经营档案建设可以根据经营单位实际情况,规划设计信息化管理工程,以提高森林资源监测水平。要提出技术方案设计(数据库结构、技术路线等)、设备选型、软件选择或开发方案。

(十四)组织机构设置和人员编制规划

1. 组织机构设置

根据对现有组织机构的分析评价提出组织机构设置规划。其原则是,从生产需要出发,为生产服务,管理层次的划分及职能机构的设置要与生产规模相适应;从业务管理出发,加强经营决策、生产管理和信息管理,合理分工,通力合作;精简机构,压缩管理人员和非生产性人员,加强和充实生产第一线,提高工效,降低成本。

2. 人员编制规划

根据生产发展的需要,按照有关规定提出人员编制规划,并分析实现编制规划后的职工结构状况。

(十五)投资概算和效益估算

1. 投资概算

确定概算范围和依据,分项目概算和总投资概算。

(1)确定概算范围。一般概算应包括规划项目及其他项目等的全部投资,主要有营林工程费、基本建设工程费、设备购置费等项,应根据具体情况而定。

(2)概算依据。概算依据国家或省有关部门的概算文件、规定或标准;概算指标以县(场)多年的生产实践总结的指标为主,参照有关省、市或兄弟单位的有关指标确定;设备购置采用市场现行价格;不可预见费按工程投资的2.5%估算,必要时可根据近年主要材料平均上涨率增加一项价差预备费;具体采用的各项技术经济指标作为附件列表说明。

(3)概算方法。首先进行单项概算。根据规划设计任务量和概算依据计算投资额,然后进行汇总。将各单项概算结果汇总(见表11-76),再进行分析。按营林生产、木材生产和其他费用等分别计算投资额及其所占比例,分析投资结构的合理性。分期即前5年和后5年或分年度分析投资重点时期。最后作出投入资金规划,即分析投资来源(包括上级拨款、银行贷款、自筹、集资等)和投资重点。

2. 效益估算

(1)直接效益:指现有森林的蓄积量和造林后森林蓄积量或出材量(主伐、间伐)、经济林的年产量,产值以及林副产品和多种经营的产值。效益估算表见表11-77。

表11-76和表11-77可根据经营单位的实际情况进行增减。

表 11-76　县(林场)投资总额概算表

(单位:万元)

年度	木材生产					营林生产								森林保护				多种经营				设备仪器购置	其他费用	总计	备注
	主伐和补充主伐	间伐	卫生伐	低改伐	更新伐	小计	育苗	整地	造林	补植	幼林抚育	工具费	管护费	小计	防火	病虫害防治	封山育林	小计	木材加工	综合利用	多种经营	小计				
1	2	3	4	5	6	7	8	9	10	11	12	13	14	15	16	17	18	19	20	21	22	23	24	25	26	27
合计																										

表 11-77　效益估算表

(单位:万元)

项目		现有林		建成后		直接效益														间接效益							备注
		面积(hm²)	覆盖率(%)	林地面积(hm²)	覆盖率(%)	产值	木材生产		薪材		多种经营									价值	保护农田		保持水土				其他	
							数量	产值	数量	产值	产值	林副业									面积(hm²)	价值	面积(hm²)	价值				
												数量	产值															
1		2	3	4	5	6	7	8	9	10	11	12	13	14	15	16	17	18	19	20	21	22	23	24	25	26	27	28
总计																												
期间	小计																											
	5年																											
	10年																											
	20年																											

编制者　　　年　月　日　　　　检查者　　　年　月　日

(2)间接效益。指森林在调节气候、涵养水源、改善环境以及保障农业稳产、高产等方面的生态效益和社会效益。

十、森林经营方案编制提纲

前言简述编制经营方案的依据、人员组织、简要工作过程及提交的成果。经营单位不同应区别对待,适当增减内容。

(一)基本情况

(1)自然地理环境概况。

(2)社会经济概况。

(3)森林经营情况。

(4)林业建设、管理机构、人员组织和生态、社会、经济效益。

(二)森林资源分析和评价

(1)现有森林资源基本情况。

(2)按林种、树种、林龄分析森林资源的结构、分布及其特点。

(3)森林资源消长变化。

(4)立地质量和林分生长类型的统计分析。

(5)森林经营效果评价。

(三)森林经营方针、经营目标和经营类型

(1)经营方针和经营目标。

(2)林种(或林种区)的划分。

(3)森林经营类型。

(四)森林采伐规划设计

(1)森林采伐量的计算和确定。

(2)森林采伐计划的编制和技术设计。

(五)森林经营规划设计

(1)造林更新和封山育林。

(2)森林抚育和林分改造。

(3)森林保护。

(六)木材加工、综合利用和基本建设项目等规划

(1)木材加工、综合利用和多种经营。

(2)基本建设项目规划。

(七)投资概算和效益分析

十一、附件

(一)附表

应包括各类土地面积统计表,各类森林、林木面积蓄积统计表,林种统计表,乔木林面积蓄积按龄组统计表,生态公益林地统计表,灌木林统计表,森林经营类型设计表,森林经营类型任务量统计表,森林采伐合理年伐量(限额)汇总表,森林采伐规划、设计表,营造林工程规划、设计表,管护工程规划表,造林典型设计表,投资概算汇总表,经济分析表,以及其他规

划设计表等。

(二)附图

包括经营单位的基本图、位置图、林相图、立地类型图、森林经营类型设计图、造林典型设计图、森林土壤分布图等。

(三)数据库

对于已经实现资源信息化管理的经营单位要建立相应的经营管理数据库。

(四)森林生长量、消耗量调查报告

(五)其他专业调查报告

(六)其他附件材料

有关会议纪要与文件,二类调查成果报告与审定意见,森林经营原则方案(原则意见)与审定意见,森林合理采伐量论证报告等材料,森林生长量、消耗量调查与分析资料。对于经营面积较大或经营内容复杂的森林经营编案单位,还应附土壤、植被、立地条件、造林、抚育间伐、低产(效)林改造、幼林抚育、森林保护、多种经营等调查报告。

第五节　森林抚育采伐作业设计

森林抚育是幼林郁闭后到主伐利用前围绕培育目标所采取的营林措施的总称。森林抚育的目的是调整树种组成与林分密度,平衡土壤养分与水分循环,改善林木生长发育的生态条件,缩短森林培育周期,提高木材质量和工艺价值,发挥森林多种功能。森林抚育应以形成复层群落结构,提高森林生态系统的整体功能为原则,优先抚育密度过大、结构不良、生态功能明显下降的林分。

抚育采伐是森林抚育的中心环节。人工整枝、林地管理是森林抚育的重要组成部分。各地要根据社会经济条件、森林的生长发育状况与培育目标将各种抚育措施有机地结合在一起,应用到营林生产中,建立起优质高产的森林产业。本节重点介绍抚育采伐作业设计。

一、抚育采伐的目的

抚育采伐(间伐)是根据林分发育、自然稀疏规律及森林培育目标,适时伐除部分林木,调整树种组成和林分密度,改善环境条件,促进保留木生长的一种营林措施。林种不同应区别对待,用材林抚育采伐的主要目的是促进保留木生长发育,改善林分质量,提高单位面积出材量;防护林抚育采伐的主要目的是提高林木生长势,改善林分结构,增强森林的生态防护功能;特用林根据培育目的和具体情况确定抚育采伐,禁伐林不进行抚育采伐。

在进行抚育采伐时,要严格按管理程序操作,切实保证作业质量,严禁借抚育为名攫材,采好留坏,破坏森林资源。

二、抚育采伐的对象

(1)每公顷树高 30 cm 以上幼树超过 3 000 株,或 30 cm 以下的幼苗、幼树超过 6 000 株,更新频度超过 60%(2 m×2 m 样方 25 个以上),幼苗、幼树层的植被总覆盖度 80% 以上,非目的树种、残留的上一世代林木、霸王树,以及杂草、灌木、藤蔓及影响目的树种生长的天然幼龄林。

(2)郁闭度 0.8 以上,林木分化明显,过度整枝,直径生长明显下降的林分。

(3)遭受轻度病虫害、火灾及雪压、风折等自然灾害的林分。

(4)出于游憩目的需要改变群落结构与组成的林分。

(5)有特殊培育目标的森林特殊对待,如纤维林可不进行抚育采伐,矿柱林是否抚育视情况而定。

三、选择采伐木的原则

选择采伐木必须遵守"三砍三留"原则,即砍劣留优、砍密留稀、砍小留大。

(一)砍劣留优

所谓"优",第一是指目的树种,在混交林中保留目的树种是首要的原则;第二是指最适于该地立地条件的树种;第三是指林木在林分中处于优势位置;第四是指林木具有优良品质,即生长发育良好,干形圆满和少节,无病虫害感染的优良木。

所谓"劣",则是指林分中的被压木、有害木、病虫害木、雪折木、风折木和生长不良的林木等。

(二)砍密留稀

为了充分利用营养空间,调节林木的营养面积,"砍密留稀"是普遍的原则。在林木稀疏的地方,应当少砍或不砍;在密的地方,即使是目的树种或生长健壮的,也应当择其次者,适当砍去。

(三)砍小留大

"砍小留大"中的大小,是指同一林分中同一树种个体的大小。一般地说,大个体是在自然竞争过程中的优胜者,应予保留;小个体多数是自然竞争过程中的落后者,应予砍除,这样才能保证整个林分生长迅速,提前成熟。

四、林木分级和抚育采伐的种类

人工林及天然林中的单层同龄纯林林木按5级分类法,即Ⅰ级木(优势木)、Ⅱ级木(亚优势木)、Ⅲ级木(中等木)、Ⅳ级木(被压木)、Ⅴ级木(濒死木及枯死木)。天然混交林或复层林林木按3级分类法,即优良木(培育木或保留木)、辅助木(有益木)、有害木(砍伐木)。

按森林的生长、发育顺序,可采用透光伐、疏伐和生长伐。特殊林况可采用卫生伐。

抚育采伐种类、方法、强度、开始期和间隔期的选择和确定,参阅第八章第一节"森林抚育采伐"。

五、剩余物处理

可以利用的抚育作业剩余物,清理出作业区。无法利用的剩余物,就地平铺。

六、抚育作业的调查设计

(一)设计文件的编制单位

国有林区以林业局(企业)、林场或经营区为单位编制,集体林区以县(市、区)、乡(镇、办事处)、林场为单位编制。

(二)外业调查

1.抚育地块确定

依据二类调查成果或经及时更新变档的森林资源档案资料,根据年度计划,在中、幼龄林中，按照先近后远、先急后缓、集中连片的原则，在全面踏查的基础上，合理确定抚育作业地块，将任务具体落实到各个地块。

2. 作业小班的区划与测量

在选择确定的地块中，以原二类调查区划小班为基础，根据不同的抚育方式、抚育强度区划作业小班。

用罗盘测量需抚育林分的实际境界和面积，闭合差不大于1%。

小班调查，对原小班调查记录进行实地修正，根据标准地调查和采伐设计按小班调查设计表（见表11-78）逐项调查填写各项调查内容。

表11-78　森林抚育小班调查设计表

<table>
<tr><td colspan="4">小班调查</td></tr>
<tr><td colspan="3">调查日期：　　年　　月　　日</td><td>调查者：</td></tr>
<tr><td colspan="4">位置：　　乡（镇、办事处、林场）　　村（林班）　　小班</td></tr>
<tr><td colspan="4">小班面积：　　hm²</td></tr>
<tr><td colspan="4">地貌类型：①山地阳坡；②山地阴坡；③山地脊部；④山地沟谷；⑤丘陵；⑥岗地；⑦阶地；⑧河漫滩；⑨平原；⑩其他（具体说明）</td></tr>
<tr><td>海拔：　　m</td><td>坡度：　　度</td><td>坡向：</td><td>坡位：</td></tr>
<tr><td colspan="4">林分因子
树种组成：　　郁闭度：　　平均年龄：
平均胸径：　　平均树高：　　公顷株数：　　公顷蓄积：
保留木株数：　　有害木株数：</td></tr>
<tr><td colspan="4">目的树种天然更新情况调查
幼苗、幼树更新频度：　　株/hm²，平均年龄：　　生长状况：①良好；②较好；③一般；④较差</td></tr>
<tr><td colspan="2">土壤类型：</td><td colspan="2">土层厚度：</td></tr>
<tr><td colspan="2">林下植被种类</td><td>总盖度</td><td>高度</td><td>分布状况</td></tr>
<tr><td colspan="2">主要灌木：</td><td></td><td></td><td></td></tr>
<tr><td colspan="2">主要草本：</td><td></td><td></td><td></td></tr>
<tr><td colspan="4">抚育间伐作业设计</td></tr>
<tr><td>作业总面积：</td><td>培育树种：</td><td colspan="2">伐后培育树种株数百分比：</td></tr>
<tr><td colspan="2">伐前树种组成：</td><td colspan="2">伐后树种组成：</td></tr>
<tr><td colspan="2">伐前郁闭度：</td><td colspan="2">伐后郁闭度：</td></tr>
<tr><td colspan="2">伐前平均胸径：</td><td colspan="2">伐后平均胸径：</td></tr>
<tr><td colspan="2">伐前平均树高：</td><td colspan="2">伐后平均树高：</td></tr>
<tr><td colspan="2">伐前公顷株数：</td><td colspan="2">伐后公顷株数：</td></tr>
<tr><td colspan="2">伐前公顷蓄积：</td><td colspan="2">伐后公顷蓄积：</td></tr>
<tr><td colspan="2">株数间伐强度（%）：</td><td colspan="2">蓄积间伐强度（%）：</td></tr>
</table>

续表 11-78

出材量:		
抚育投资概算		
总用工量:	总投资金额:	每公顷金额:
人力用工量:	人员工资:	
畜力日数:	金额:	
机械台数:	金额:	
物资材料费:		

3. 标准地调查

每小班设置 1～3 块面积为 20 m×30 m 至 30 m×40 m 典型标准地。在标准地内分树种、保留木和采伐木(根据林木分级标准和采伐原则确定保留木和采伐木)进行每木检尺,填写每木检尺记录(见表 11-79),起测径阶为 6 cm;填好标准地调查资料汇总表(见表 11-80)。然后填写表 11-81。

表 11-79　标准地每木调查表

________乡(镇、办事处、林场)________村(林班)________小班　标准地号________标准地面积

树种													
径阶	保留木		采伐木		保留木		采伐木		保留木		采伐木		调查结论
	株数	材积	株数	材积	株数	材积	株数	材积	株数	材积	株数	材积	
6													一、林分现状
8													1. 树种组成
10													2. 林龄　　年
12													3. 平均树高　　m
14													4. 平均胸径　　cm
16													5. 郁闭度
18													6. 公顷株数
20													7. 公顷蓄积　　m^3
22													二、采伐强度
24													1. 按株数　　%
26													2. 按蓄积　　%
28													三、保留
30													1. 树种组成
⋮													2. 平均胸径　　cm
合计													3. 郁闭度
平均直径													4. 公顷株数
平均树高													5. 公顷蓄积　　m^3
每公顷蓄积													

计算:　　　　检查:　　　　　　年　月　日

表 11-80　标准地调查资料汇总表

________乡(镇、办事处、林场)________村(林班)________小班

标准地号	组成树种(株数/蓄积)						平均年龄	平均胸径	平均树高	郁闭度	采伐强度(%)		出材率(%)
											株数	蓄积	
小计													
平均													

调查:　　　　　　　　计算:　　　　　　　　　　　　　　　　年　　月　　日

表 11-81　抚育采伐作业设计一览表

地点	林班号	小班号	小班面积(hm^2)	伐前林分情况							间伐情况								伐后情况				
				林龄(年)	林木组成	株树(株/hm^2)	平均胸径(cm)	平均树高(m)	蓄积量(m^3/hm^2)	郁闭度	间伐方式	间伐株数(株/hm^2)	间伐蓄积(m^3/hm^2)	间伐强度(%)		出材量(m^3/hm^2)	林龄(年)	林木组成	株数(株/hm^2)	平均胸径(cm)	平均树高(m)	蓄积量(m^3/hm^2)	郁闭度
														株数	蓄积								

制表:　　　　　　　　　　　　　　　　　　　　　　　　审核:

4. 预备作业

根据调查资料提出初步设计,在标准地内进行预备作业。在作业过程中逐步调整设计,并标定各工序的用工量、时间、物资消耗量,测定采伐蓄积量、采伐株数、出材量与材种、枝桠与柴草量。

5. 作业设施选设

(1)营林线路的设置:营林线路的选择根据抚育作业区的地形地势、交通条件、间伐材和枝桠的数量、运输设备等而定。主道要设在作业区的主沟,尽量通过作业区的中心。要充分利用原有的测线、林道和林区公路。

(2)楞场的选设:进行抚育采伐时要设计楞场。楞场面积依归放木材量的多少和周转时间的快慢而定,一般每集 1 m^3 木材需 3 ~4 m^2 的楞场面积。

(三)内业设计

根据外业调查结果和技术要求确定的技术措施,以作业小班为单位进行设计。

1. 编制作业设计表

作业设计表的主要内容有:作业面积与出材量、作业设施的数量与造价、工具及作业物质需要量、劳力需要量、作业费用和收支概算。表格格式参见表 11-82 和表 11-83。

2. 绘制作业设计图

按照林相图、地形图与作业区实测资料绘制比例尺为 1∶5 000 或 1∶10 000 的作业设计图。主要图素有林班、小班界、需抚育的林分界线、明显地物标及抚育项目。

3. 编写作业设计说明书

内容包括:设计的依据和原则、作业设计地区的基本情况、抚育的技术措施、抚育作业的施工安排、人员组织与物资需要量、设施的修建、财务评价等。作业设计说明书编写提纲见附件 1。

表 11-82　作业设施一览表

项目	位置或起止点	新修	补修	规格	数量	控制量			用工量(工日)	造价			完成期限	说明
						容纳人数(人)	吸引木材量(m^3)			单位	单价	合计(元)		

制表:　　　　审核:

注:作业设施包括作业道路、集材道路、临时楞场、临时工棚等。

表 11-83　收支概算表

收入(元)			支出(元)									成本		盈亏情况(元)
间伐材	薪材	合计	工资			作业设施费用	物资材料费	管理费	运杂费		作业费合计	单位成本(元/m^3)	合计(元)	
			基本工资	附加工资										

制表:　　　　审核:

(四)作业设计文件汇总

(1)建设单位汇总填写作业设计一览表。

(2)文件装册。资料装订的顺序为:作业设计审批文件、作业设计说明书、作业设计汇总表、作业设计一览表、作业区位置示意图、调查设计表、作业设计图。

(五)档案建立

建设单位要建立抚育作业档案,包括调查设计文件、审批文件、作业验收和总结文件、作业成效监测资料等。

附件 1

森林抚育作业设计文件组成及装订顺序

1. 作业设计封面(见样式一)

2. 作业设计单位与设计人员(见样式二)

3. 作业设计说明书编写提纲(见样式三)

4. 抚育采伐作业设计一览表(见表 11-81)

5. 作业设施一览表(见表 11-82)

6. 收支概算表(见表 11-83)

7. 作业区位置示意图(应标明作业区在县平面图中的位置、小班的位置,并勾绘小班的边界,同时标明道路、河流、桥梁等明显地物)

8. 小班调查设计表(见表 11-78)

9. 抚育采伐作业设计图(应注明小班号、目的树种、面积、郁闭度、边界等主要设计内容)

样式一

××县(市、区、林场)××××年度
森林抚育作业设计说明书
(样式)

××县(市、区)林业局(林场)

××××年××月××日

样式二

作业设计单位与设计人员

设计单位名称(盖章)：

法人代表：

设计单位资质：

设计负责人(签名)：

设计人员：

设计时间：

样式三

作业设计说明书编写提纲

作业设计说明书以建设单位为总体编写，主要内容包括：

一、设计目的、指导思想、主要依据、原则

二、设计区的概况

(一)自然地理条件

地理位置、四邻、地形地势特点、气候、土壤、植物、立地条件。

(二)社会经济条件及经营活动历史

交通、通信、当地经济特点、附近劳力情况，过去的人为活动、经营管理情况。

三、作业设计调查方法

采取现地调查的方法包括布设多少块标准地、标准地总面积，郁闭度调查测线总长度，蓄积量计算方法，林龄、平均高、出材量、出材率确定的方法、检查误差等。

四、各项技术措施设计

包括各类型林分主要特点及作业措施要求及作业后对水土保持、防护作用可能影响程度等。

五、效益概算

包括采用的主要经济指标、说明及依据，投入、收益情况比较分析等。

附件2

作业成效监测设计与成效评估主要内容编写提纲

承担重点生态公益林中幼龄林抚育工作的建设单位,都要开展实施成效监测与评估工作。

一、监测主要内容

林分生长情况、林分结构变化、林分健康状况、林下植被状况。

二、监测方法

(一)样地设置

根据作业设计,分别林分类型和经营措施,选择具有代表性的小班。在所选的小班内设置1个600 m^2 的固定样地,在对照区内设置1个同样大小的固定样地。

(二)样地调查

1. 调查时间:伐前、伐后(1月内),伐后第3、第5年。

2. 调查因子

(1)林分生长因子:树高、胸径、蓄积。

(2)林分结构因子:树种组成(株数、蓄积)、密度、郁闭度、龄级结构、层次结构、更新状况(主要树种、密度、组成、高度)。

(3)林分健康状况因子:林木分化程度,病虫鼠(兔)害种类、危害程度,火灾隐患程度。

(4)林下植被状况因子:主要灌草种类、盖度、平均高。

3. 调查方法

按照各省级林业主管部门颁布的森林抚育(采伐)作业设计调查技术规定执行。

三、成效评估主要内容

(一)建设单位基本情况

1. 自然地理、社会经济状况。

2. 森林资源及其经营现状。

(二)作业设计实施情况

(三)监测工作开展情况

(四)监测结果分析与评价

1. 按照监测内容,逐项对比分析实施效果。

2. 经济、生态、社会效益分析。

3. 作业设计实施的总体评价。

(五)存在的问题与建议

四、抚育作业的施工

(1)施工前要完成辅助工程设施及生产与生活资料的准备,搞好劳动组织,并在现场统一操作方法。

(2)抚育采伐作业要正确选择间伐木。曾进行过疏伐、平均胸径 8 cm 以上的林分,其间伐木(或保留木)胸高处和根颈处要标上明显标记,伐后按现行的木材规格、材质标准合理造材。

(3)采伐剩余物及修剪的枝条要及时清理并加以利用。

(4)林地排灌时要防止土壤侵蚀和次生盐碱化。施肥时不要污染环境。

五、管理程序

(一)设计资格

抚育作业的设计由获得林业调查规划设计资格的单位承担或由县林业主管部门及其授权的基层林业工作站承担。

(二)设计呈报书的审批

(1)没有商品材产出的抚育采伐设计由林业经营单位所在县(市、旗)林业主管部门审批,地(市、州)林业主管部门备案。

(2)有商品材产出的抚育采伐设计由县(市、旗)林业主管部门审核,地(市、州)或林业管理局的林业主管部门审批,省林业主管部门备案。省、部属林场的这类抚育采伐设计由其上级主管单位审批。

(3)非林业系统的森林抚育设计由其上级主管部门审批,报当地林业主管部门备案。

(4)对特发大面积火灾及其他自然灾害急需实行卫生伐的林分需由省(区、直辖市、计划单列市)林业主管部门或由其委托有关单位现场鉴定,签发证书,凭证设计施工。

(三)抚育作业的检查验收

(1)各级林业主管部门要对其审批的抚育设计及其施工质量抽样检查,组织验收。

(2)设计质量检查的抽样比为原测量标准地数的 5% ~10%,小班面积的 1% ~5%。现场核实标准地的测树因子、抚育作业的设计、作业小班区划等项目。

(3)施工质量检查按照作业设计小班进行。林分因子采用机械抽样方法,现地实测。实测样地的最小面积不得小于 0.02 hm^2。每小班的实测样地数 3 块以上,样地累计面积不低于作业面积的 1%。

(4)检验合格的单位要发给检验合格证书。检验不合格的单位要限期返工,直到合格方能发证。无合格证的单位不能继续施工。

第十二章　园林绿地规划设计基础

第一节　城镇绿化

一、城镇绿地规划

园林绿地的建设是城镇建设的重要组成部分。城市园林绿地是城市用地的一个有机组成部分,它与工业生产、人民生活、城市建筑、道路系统、地上地下管线的布局都密切相关。

(一)城镇园林绿地规划的任务

(1)确定城市园林绿地系统规划的原则。

(2)选择和合理布局城市各项园林绿地,确定其位置、性质、范围和面积。

(3)根据国民经济计划、生产和生活水平及城市发展规模,研究城市园林绿地建设的发展速度与水平,拟定城市绿地的各项指标。

(4)提出城市园林绿地系统的调整、改造和提高的意见,以及园林绿地分期建设和重要修建项目的实施计划,划出需要控制和保留的绿地。

(5)编制城市园林绿地系统的图纸和文件。

(6)对于重点的大型绿地,还必须提出示意图和规划方案。

根据实际情况,应提出重点园林绿地的设计任务书,内容包括:绿地的性质、位置、周围环境及服务对象,估计游人量,布局形式,艺术风格,主要设施与规模,建设年限,建设的投资估算等,以此作为园林绿地规划的依据。

(二)城市园林绿地的类型

1. 城市园林绿地的分类原则

目前,我国城市园林绿地还没有一个统一的分类方法。根据城市规划工作的需要,城市园林绿地的分类应遵循下列原则:

(1)与城市用地分类有相对应的关系,并照顾习惯称法,有利于同总体规划及各专业规划配合。

(2)按绿地的主要功能及使用对象区分,以利于绿地的详细规划与设计工作。

(3)尽量与绿地建设的管理体制和资金来源相一致,以利于业务部门的经营管理工作。

(4)避免在统计上与其他城市用地重复,以利于城市绿地计算口径的统一,也可以使城市规划的经济论证具有可比性。

2. 城市园林绿地的类型

根据上述原则,把城市绿地分成以下六大类型:

(1)公共绿地:包括市、区级综合公园、儿童公园、动物园、体育公园、纪念性园林、名胜古迹园林及游憩林荫带等。

(2)生产绿地:指专为城市绿化而设的生产科研基地,包括苗圃、花圃、药圃,园林部门所属的果园及各种林地。

(3)专用绿地：指工厂、机关、学校、医院、部队等单位和居住区以及公共建筑地段的绿地。

(4)防护绿地：指城市中用于隔离、卫生及安全等防护目的的林带和绿地。

(5)交通绿地：指道路的分隔带、交通岛和行道树等。

(6)风景区绿地：包括风景游览区及休养疗养区。指位于市郊具有大面积的自然风景或文化古迹名胜的地方，经园林部门开发、整修，并设有供游人游览、休息及食宿的服务设施。

(三)城市园林绿地指标

1. 城市园林绿地的指标

为了反映城市绿地的质量与绿化效果，评价城市环境的质量和居民生活福利水平，统一全国的计算口径，并作为城市总体规划用地的依据之一，要制定绿地的指标。

根据城乡建设部 1982 年的规定，每个城市都要有与人口相应的绿地面积，不断地提高绿化覆盖率。“近期内凡有条件的城市要把绿化覆盖率提高到 30%，20 世纪末达到 50%。公共绿地面积达到每人 3～5 m^2，20 世纪末达到 7～11 m^2。城市新建区的绿化用地应不低于总面积的 30%，旧城改建区的绿化用地应不低于总面积的 25%”。

2. 园林绿地指标的计算

反映城市园林绿地水平的指标，可以有多种表示方法，目的是反映绿化的质量与数量，并要求便于统计。指标的名称要与城市规划的其他指标名称相一致。

$$\text{城市园林绿地总面积}(hm^2) = \text{公共绿地} + \text{生产绿地} + \text{专用绿地} + \text{防护绿地} + \text{交通绿地} + \text{风景区绿地}$$

$$\text{平均每人公共绿地占有量}(m^2/\text{人}) = \frac{\text{市区公共绿地面积}(hm^2)}{\text{市区人口}(\text{人})}$$

$$\text{城市绿化覆盖率}(\%) = \frac{\text{市区各类绿地覆盖面积总和}(hm^2)}{\text{市区面积}(hm^2)} \times 100$$

$$\text{市区公共绿地面积率}(\%) = \frac{\text{市区公共绿地面积}(hm^2)}{\text{市区面积}(hm^2)} \times 100$$

$$\text{苗圃拥有量}(hm^2/km^2) = \frac{\text{城市苗圃面积}(hm^2)}{\text{市区(建成区)面积}(km^2)}$$

$$\text{平均每人树木占有量}(\text{株}/\text{人}) = \frac{\text{市区树木总数}(\text{株})}{\text{市区人口}(\text{人})}$$

(四)城市园林绿地系统布局

1. 城市园林绿地系统规划的原则

(1)城市园林绿地系统规划应结合城市其他部分的规划综合考虑，全面安排。如城市的规模、性质、人口数量；工业企业的性质、规模、数量、位置；公共建筑、居住区的位置；道路交通运输条件；城市水系；地上、地下管线工程的配合等。

(2)城市园林绿地系统规划必须因地制宜，从实际出发。

(3)城市园林绿地应均衡分布，比例合理，满足全市居民休息、游览的需要，做到大、中、小相结合，点、线、面相结合，集中与分散相结合，重点与一般相结合。

(4)城市园林绿地规划既要有远期的目标，也要有近期的安排，做到远近结合。

(5)城市园林绿地的规划与建设,要根据园林绿化的特点,在充分发挥园林绿化综合功能的同时,结合当地特点,努力增加经济收入。

2. 绿地布局的形式

我国城市绿地系统,从布局形式上可以归纳为下列4种:

(1)块状绿地布局。这种布局形式可以做到均匀分布,方便居民使用,但对构成城市整体的艺术面貌作用不大,对改善城市小气候条件的作用也不显著。

(2)带状绿地布局。这种布局多利用河湖水系、城市道路、旧城墙等因素,形成纵横向绿带、放射状绿带与环状绿地交织的绿地网,容易表现城市的艺术面貌。

(3)楔形绿地布局。凡城市中由郊区伸入市中心的由宽到窄的绿地称为楔形绿地。一般都是利用河流、起伏地形、放射干道等结合市郊农田、防护林布置。这种绿地布局可以改善城市小气候条件,也有利于表现城市的艺术面貌。

(4)混合式绿地布局。即前三种形式的综合运用,可以做到城市绿地点、线、面相结合,组成较完整的体系,从而有利于城市小气候和城市环境卫生条件的改善,丰富城市总体与各部位的艺术面貌。

城市绿地布局的基本模式如图12-1所示。绿地与城市其他用地关系如图12-2所示。

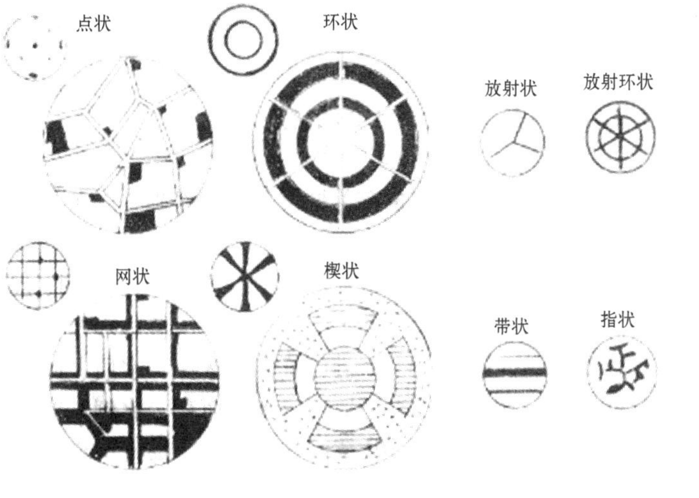

图12-1　城市绿地分布基本模式(绿地在城市中)

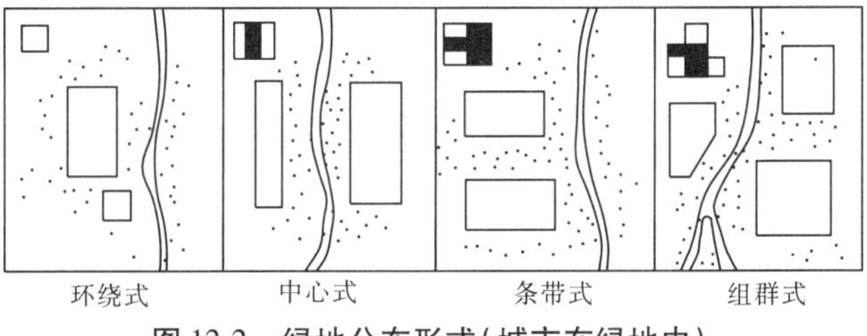

图12-2　绿地分布形式(城市在绿地中)

(五)城市园林绿地的树种规划

1. 树种选择原则

(1)符合森林植被区自然规律,即本地区森林植被区中所展示的自然规律。

(2)以乡土树种为主,适当引种一些能适应当地环境条件的、经济价值高或观赏价值高的树种。

(3)选择抗性强的树种,即对“三废”适应性强,以及对土壤、气候、病虫害等不利因素适应性强的树种。

(4)速生树种与慢生树种相结合。近期新建城市以速生树种为主,搭配一部分珍贵慢生树种,有计划分期、分批地过渡。

2. 树种规划的方法

(1)调查研究。调查乡土树种和引种树种的生态习性,对环境条件的适应性,抗污染性和生长情况。

(2)确定骨干树种。在广泛调查研究及查阅历史资料的基础上,针对本地自然条件选择一批适应性强、观赏性强及经济价值高的树种作为骨干树种。

(3)制定主要的树种比例。制定合理的树种比例,目的是有计划地生产苗木,使苗木的种类和数量能符合各类型绿地的需要。主要的树种比例包括:乔木与灌木的比例,以乔木为主,一般占70%;落叶树与常绿树的比例,可以根据各地自然条件、经济条件和施工力量来确定比例;发展草坪,在乔灌木的林下和建筑物周围、花坛、道路旁、空地上均可以铺设草坪。

(六)城市园林绿地规划的基础资料及文件编制

1. 基础资料

为了进行城市园林绿地规划,除收集有关城市规划的基础资料外,还需要收集下列资料:

(1)自然条件资料。包括气象资料,如气温、湿度、降水量、风向、风速、风力、霜冻期、冰冻期等;土壤资料,如土壤种类、土层厚度、土壤物理及化学性质、地下水深度、冰冻线等;河流水系,如位置、流量、流向、水深、水质、面积等。

(2)园林绿地现状资料。如现有各类绿地的位置、面积、比例、范围、性质、质量及可利用的程度等;现有公共绿地的平时及节假日游人量,每人平均公共绿地面积指标(m^2/人);城市绿化覆盖率现状;苗圃现有面积,苗木种类、规格、数量及生长情况;名胜古迹、历史名人故址、各种纪念地的位置、范围、面积、性质、周围情况及可利用程度等;适于绿化而又不宜修建建筑物的用地位置及面积等。

上述资料可综合成1∶500、1∶1 000、1∶5 000或1∶10 000的城市绿地现状分析图。

(3)植物资料。当地现有园林绿化植物的种类及适应情况;附近地区及城市的植物种类及适应情况。

此外,还需收集有关的建筑、市政工程、植物的单价等资料。

2. 文件编制

(1)图纸部分。包括城市园林绿地现状分析图;城市园林绿地系统规划图;城市园林绿地近期规划图;城市园林绿地规划分期实施图。其比例尺可用1∶5 000、1∶10 000或1∶25 000等。图纸内容应标明绿地现状与规划的各类绿地的名称、面积、分布情况。图上应附有主要的技术经济指标。

(2)文字部分。包括城市概况,绿地现状,城市园林绿地规划原则、布局形式,规划后的各种技术经济指标定额,城市绿地总造价的估算,投资来源及分配,分期实施计划等。

(3)园林绿化树种规划及育苗规划。在广泛调查现有树种生长情况的基础上,分析总结出适应本地区的树种名录。在树种规划的基础上作出育苗规划。

二、公园绿化设计

(一)公园及其分类

1. 公园的含义

公园是供给大众享受户外之休养、观赏、游戏、运动而由公共团体经营之造园设施。

公园的含义主要是:公园的土地及设施是公共享用的;公园是供群众休养、观赏、游戏、运动和对群众进行宣传教育的场所;公园是以动、植物等自然要素为主,建筑为辅,以一定的科学技术和艺术规律为指导建造的环境优美的空间景域。

2. 公园的分类

我国城市公园的分类,尚无统一的规定。较常见的有以下几种:

(1)市区级综合公园。这是城市中最基本的大中型绿地,面积和数量可根据城市的大小、性质而定,设施完善,景观丰富。其功能是为城市居民创造一个具有绿色环境的游憩文体活动场所。

(2)动物园。这是城市中集中展出动物的公园,也是进行动物科研和科普宣传的基地。

(3)植物园。这是城市中集中栽培和展出植物的公园,目的是创造一个以植物为主的园林,供人们游览、参观,普及科学知识。

(4)纪念性园林。在历史名人活动过的地区或烈士就义地、墓地附近所建设的具有一定纪念意义的园林。

(5)名胜古迹公园。这类公园多为历史保留下来的文化艺术珍贵遗产。

(6)儿童公园。供少年儿童娱乐、游戏的公园。

(7)体育公园。以突出开展体育活动为主的公园,其具有较多的体育活动场地和符合技术标准的设施。

(8)专类花园。为突出某些观赏价值高的植物而建造的园林。其对植物生长的立地条件要求较高,植物配置讲究,管理精细。

(9)寺庙园林。开放的具有一定景观的寺庙。根据不同信仰,其风格各异,是发展旅游活动的重要基地。

(10)小游园。这是城市中分布广、面积小、形式灵活多样的一种绿地。

(11)园林路。此类绿地一般为长条状,沿江、河、湖和城市道路而设置,具有一定宽度,绿地中的植物、游步道及游览设施均经过精心设计。

(12)风景游览区。这是指城郊的大面积绿地,经开发建设具有较为便利的交通和一定量的服务设施,可供人们节假日游览、爬山、划船和进行其他游憩活动的自然风景地。

(13)游乐公园。以集中设置各种游乐设施供游人游戏娱乐的场所。

(二)公园的总体规划

1. 公园总体规划的目的

公园总体规划的目的是,合理安排和布置公园的各个组成部分,形成一个有机联系、协调发展的整体。公园总体规划中要满足环境保护、文化休息、园林艺术等各方面功能的要求;同时贯彻园林结合生产的方针,具体地解决近期和远期、局部和整体的结合;还要考虑不同季节游人在公园内的活动等,并使公园能按计划正常顺利地进行建设。

2. 公园规划设计的原则

(1)继承和革新我国造园艺术的传统,吸收国外的先进经验。

(2)表现地方特点和风格,每个公园既要有其特色,又要避免景观的重复。

(3)依据城市园林绿地系统规划的要求,尽可能满足游览活动的需要,设置人们喜爱的各种内容。

(4)充分利用现状及自然地形,有机地组织公园各个部分。

(5)规划设计要切合实际,便于分期建设和经常性的经营管理。

公园规划设计时,应注意与周围环境相协调,与邻近的建筑群、道路网绿地等取得密切联系,使公园自然地融合在城市之中,成为城市园林绿地系统的有机组成部分。

3. 公园规划的要点

(1)巧为选址,因地制宜。首先,公园规划应选择自然条件优越的地段。因公园是城市里的"绿洲",是以自然美为特色,供人们游憩的空间景域,故选址时宜选择地形丰富、有山有水、植被良好或有利于植物生长的地方。一般较理想的比例是:水面占 1/3 ~ 1/4,陆地占 2/3 ~ 3/4。其中陆地中平地占 1/2 ~ 2/3,山地丘陵占 1/3 ~ 1/2。其次,应选择人文景观丰富的地段。注意不要与宗教用地合在一起,这是因为,宗教建筑宏大、严谨,气势煊赫,使人感到压抑;同时,宗教活动强调森严、神圣的气氛,而公园则要求轻松、活泼的气氛。再次,应选择交通方便、利于管理之处。

(2)突出主题,创造特色。公园规划布局应注意突出主题,创造特色。如杭州花港观鱼,以"花"、"港"、"鱼"为主题,园内港湾回绕,将红鱼池作为平面构图中心,将牡丹园作为立体构图的重点,突出主题。为突出主题,创造特色,就要有与之相适应的规划结构方式。

主题和立意是决定规划形式和创造特色的依据,然而,同样的主题内容由于布局组景手法不同,可以创造出不同的形式。尤其是自然式的公园,更是千变万化,其特色也是无穷的,这就有待于我们因地制宜地开拓创造。

(3)满足功能,合理分区。公园的规划布局首先要满足功能要求。公园有多种功能,除调节温度、净化空气、美化环境、供人观赏外,还可使城市居民通过游憩活动和接近大自然,达到消除疲劳、陶冶情操的目的。不同类型的公园有不同的功能和不同的内容,所以分区也随之不同。作为城市公园主体的综合公园,应根据多种游憩活动的要求,分为安静休息、文化娱乐、科普教育、儿童活动等区和具有相应的设施。每一区都有其自身的特点,对于设施、用地条件、周围环境等都有不同的要求。为使各种活动内容都有合适的条件,就要合理地安排各区。专类公园中的动物园、植物园则应按动植物的生态环境和科普教育的特定要求来分区,如上海植物园展览区大部分是按进化系统采取"园中园"方式而布置的;但杭州植物园根据浙江植物群落和西湖风景的特点,分为观赏植物区、分类植物区、经济植物区、竹类植物区和树木园、山水园。两者各具特点。滨水绿带、街道绿地、居住区级公园等功能较单一,分区不明显,如湛江滨海公园、上海江西中路街道游园。专类公园突出功能分区,地方性也较强;而综合公园则大同小异。

功能分区还要善于结合用地条件和周围环境,把建筑、道路、水体、植物等综合起来组成空间。

(4)园以景胜,巧于组景。就公园规划设计而言,组景应注重意境的创造,以自然美为主,辅以人工美,即充分利用自然要素,如山石、植物、动物、水体、天象等塑造自然景色,把人工雕琢痕迹溶于自然之中,源于自然而高于自然。同时还应运用园林艺术的基本规律,如对比与统一、主体与配体、主调与基调、节奏与韵律、体量与均衡等,从空间组织、时间因素、游人动观与静观所产生的视觉感受和心理活动诸方面进行综合研究,创造意境。空间景色还要区分层次,如开朗与封闭、外向与内向、季相与日相、对景与借景、分景与框景等,以组成各种不同的连续画面,并与各种功能的游憩空间相结合,组成连续的景观展示程序,使之有起景—展景—转景—高潮—转景—结景。游人随景观的变化而心潮起伏,兴味无穷。如广州越秀公园,就是利用越秀山的地形形成岗峦起伏、景观多变、游赏内容丰富的公园。

将公园划分为具有不同特色的景区,是规划布局的重要内容。景色分区一般随着功能分区不同而不同,如杭州花港观鱼、红鱼池可观鱼取乐;牡丹园系植物山石造景精华,是观花赏景的佳处;大草坪供集中活动;密林区是安静的休息区;新花港是茗茶坐赏湖色的地方。景色分区往往比功能分区更加细致深入,即同一功能分区中,往往规划多种小景区,使游人"步移景异",左右逢源,既有统一基调的景色,又有各具特色的景观,使动观、静观均相宜。

(5)组织导游,路成系统。园路的功能主要是作导游观赏之用,其次才是供管理、运输和人流集散。因此,绝大多数的园路都是联系公园各景区、景点的导游线、观赏线、动观线,所以必须注意景观设计,如园路的对景、框景、左右视觉空间变化,以及园路线形、竖向高低给人的心理感受等。如杭州花港观鱼,从苏堤大门入园,左右草花呼应,对景为雪松树丛;树回路转,是视野开阔的大草坪;路引前行,便是曲桥观鱼佳处;穿过红鱼池,便是效仿中国画意的牡丹园;西行便是自然曲折、分外幽深的新花港区。游人在这一系列的景观、空间的变化中,在视觉上构成了一幅中国山水花鸟画长卷,在心理上有亲切—开畅—欢乐—娴静的感受。

园路除供导游之外,尚需满足绿化养护,苗木、饲料运输及办公业务等要求,其中多数可与导游路线结合布置。如有严重阻碍观瞻的道路以及运输性道路,往往与园路分开,单独设置出入口。

为了使导游和管理有序,必须统筹布置园路系统,区别园路性质,确定园路等级,一般分主园路、次园路和小径。主园路是联系分区的道路,次园路是分区内部联系景点的园路,小径是景点内的便道。主园路基本形式有环形、"8"字形、"F"形、"田"字形,是构成园路系统的骨架。景点与主园路联系的基本形式有:串联式,它具有强制性;并联式,它具有选择性;放射式,它将各景点以放射形的园路联系起来。一级园路规划常将以上三种基本形式混合运用,但以一种为主,把游人出入口和管理用的出入口组成一个统一的园路系统。

(6)建筑设计,画龙点睛。建筑是城市公园的组成要素,在功能和观赏方面都存在着不同程度的要求,虽占用地的比例很小(一般2%～8%),但在公园的布局和组景中却起着控制和点景作用。

公园建筑设计的基本原则是"巧于因借,精在体宜",要结合地形,"随基势高下",并在基地上作风景线分析,"嘉者收之,俗者屏之"。建筑装饰与色彩要得体,注意其与山水、植物等自然材料的联系过渡,使其融于自然,成为自然环境美中不可缺少的有机体。

公园建筑类型,包括体量、空间组合、形式细部等,不能仅就建筑自身考虑,还必须与环境融洽,注重景观功能综合效果。一般体量要轻巧,不宜太大太重;空间要相互渗透。公园建筑形式尽管依其屋顶、平面、功能、结构而分,类型繁多、个性突出,但就其设计的一般要求而言,仍有共性,即既要适应功能要求,又要简洁活泼,空透轻巧,明快自然,并应服从于公园的总体风格。

亭、廊、榭是公园中常见的点景游憩类建筑。它既是风景的观赏点,同时又是被观赏的景点,通常居于有良好风景视线和导游线的位置上,加之亭、廊、榭各自特点和特有的功能及造型色彩等,往往比一般山水、植物更引人注目,成为艺术构图的中心。

公园中还有许多小品设施,如跨越水面的桥、汀步,供人坐息的坐凳,防护分隔的栏杆、围墙,上下联系的台阶、指示牌、园灯等。除了它们自身的使用功能外,也都是美化和装点景色的园林设施,在造型、色彩、材料等方面都要精心设计,既要与周围环境协调,也要为公园增色。

4. 总体规划所需解决的问题

公园规划的基本问题有:出入口的确定、分区的规划、自然地形地貌和水体的利用与改造、园路广场建筑布局、植物规划以及建园程序、公园建设造价和苗木计划及投资估算等。

第一步要考虑入口的位置。公园的入口分主要入口、次要入口、园务入口或其他专用入口。它们的位置取决于公园与城市规划的关系、园内分区要求以及自然地形的特点。在确定入口时应结合分区和改造地形来同时考虑。

公园规划各分区时应考虑各区功能上的特殊要求,并结合地形、自然条件及出入口的安排全面考虑。

分区规划在很大程度上取决于地形地貌的改造。根据公园所在地的具体条件以及我国传统的造园手法,改造地形往往是公园规划中不可缺少的一部分。因山水地形是中国园林组成的骨干,故地形改造是否成功很大程度上决定了园林的风景面貌。因此,这一工作是公园总体规划中极其重要的一环。地形改造应符合自然山水形成的规律,但又不应是自然的翻版,而应反映自然面貌中的精华。

道路规划应结合建筑物的大体分布来考虑。在公园规划中,应肯定公园中将设置哪些建筑及其容人量、面积,并应根据公园的自然条件、建筑物的功能要求、使游人使用方便以及建筑艺术构图的要求来确定。较重要的建筑,如展览馆、剧场、体育馆等往往是整个公园或某一局部的构图中心,应与自然地形、地貌、植物结合成一整体,并组成各区不同的景色。而另一些小型建筑如亭、榭、桥、廊,则不必设在构图中心地位,而应与自然条件更紧密地结合,使之与周围植物、山石、水体配合成美丽的景色。

植物是公园内最主要的组成部分,应按照自然地形、功能及风景的分区,大致确定每一区的主要植物种类及形成的大致效果,随着人们的前进,在眼前展示植物结合地形形成的不同景区。在各景区交替时利用一些色彩、明暗、空间关系上的对比手法,则可产生我国常用的“柳暗花明又一村”的感觉。

5. 公园出入口的安排

主要入口是为迎接最大量游人的,其地点的选择在很大程度上取决于公园与城市规划的关系。一般主要入口应朝向市内主要广场或干道,有公共交通,游人量最大的地方,但在城市快速车道上不宜开设出入口。确定公园的出入口位置时,还应考虑公园内的用地情况,配合公园的规划设计要求,使出入口有足够的人流集散用地,并使其与园内道路联系方便,符合游览路线。次要出入口是辅助性的,为附近局部地区居民服务,位置设于人流来往的次要方向上;还可以设在公园内有大量集中人流集散的设施附近。

主、次要出入口的内外都要有集散广场,园门外广场需大一些,园门内广场可以小些;附近要设停车场及必要的服务设施,如园门、围墙、售票处、收票处、小卖部等。在入口前有时也设置一些纯装饰性的花坛、水池、喷泉、雕像等。

专用出入口是根据公园管理工作需要而设置的,它是由公园园务管理区、动物区、花圃、苗圃、餐厅等直接通向街道,不供游人使用。

6. 公园的功能分区

为了满足不同年龄、不同爱好的游人多种娱乐和休息的要求,在文化休息公园内应有多种多样的设施;为了合理组织游人在园内进行各项活动,使游人游憩方便,互不相扰,便于管理,而且形成艺术构图上统一的整体,必须进行合理的分区规划,把一些类似的活动组织在一起。

公园分区一方面要考虑公园所在地的自然条件(地形、土壤、水面、原有植物等),另一方面要根据各区功能上的特殊要求、所需面积的大小、各区之间的关系以及公园与周围环境的关系来确定分区。根据公园活动和内容,公园一般可分为安静游览区、文化娱乐区、儿童活动区、园务管理区。

(1)安静游览区。主要是作为游览、观赏、休息、陈列用的。一般游人较多,但要求游人密度较小,需大片的风景绿地。每个游人所占的用地定额较大(希望100 m^2/人),是公园的重要部分。

安静游览区因无大量的集中人流,故离主要出入口可以远些,用地应选择在原有树木较多及地形变化较复杂、景色最优美的地方。

(2)文化娱乐区。该区是进行较热闹的、有喧哗声响、人流集中的文化娱乐活动区。园内一些主要建筑往往设在这里,因此该区常位于公园的中部,成为公园布局的重点。群众性的娱乐项目常常人流较多,而且集散集中,所以要妥善组织交通。该区需接近公园出入口或与次要出入口联系方便,希望用地达到30 m^2/人。

(3)儿童活动区。儿童活动区的规模按公园用地面积大小、公园的位置、少年儿童游人量、公园用地的地形条件及现状条件来确定。我国公园的游人中,儿童占很大的比例,如表12-1所示。

一般儿童区的面积不应太小,应保证有足够的面积开展活动。现将我国几个公园中儿童区占全园面积的比例列入表12-2。

儿童活动区一般规划在主要或次要出入口附近,包括多种多样为儿童活动用的设施。应选择比较平坦、日照良好、自然景色开朗、绿化条件较好的地方,也可以有适当的水面。

儿童区内选用的植物应避免有刺、有毒、有臭味及易引起皮肤过敏,应选择具有不同体形、不同色彩的花、叶、果的乔灌木和花卉,以培养儿童对植物的兴趣并增加儿童的知识。

(4)园务管理区。园务管理区是指为公园经营管理的需要而设置的内部专用地区,常设置在既便于执行公园的管理工作,又便于与城市联系的地方,且四周要与游人有隔离,对园内、园外均要有专用的出入口。

表 12-1　儿童游人在公园游人中的比例

公园名称	面积（hm^2）	游人量（人）	其中儿童量（人）	儿童占总人数的百分比（%）
北京中山公园	17.2	假日 40 990 平日 13 776	12 031 4 207	29 30
北海公园	23.7	假日 58 111 平日 21 233	14 937 8 729	26 41
陶然亭公园	26.8	假日 29 059 平日 12 659	9 028 3 275	31 41
上海复兴公园	9.17	105 202	34 191	32.5
上海中山公园	21.1	65 438	13 429	21
北京颐和园	57.9	假日 36 112 平日 7 736	3 469 515	9 7

表 12-2　儿童区在公园中所占的面积比例

公园名称	总面积（hm^2）	儿童区（hm^2）	陆地（hm^2）	占全园（%）	占陆地（%）
南京玄武湖公园	444	16	49	7	32
天津水上公园	400	24		6	
北京陶然亭公园	79	2	55.4	2.5	3.6

7. 公园中地形、地貌的处理

建设公园往往是利用城市规划中不符合基本建设要求的用地，这种用地往往有地形起伏，有水面或低洼沼泽地，不符合公园各种功能的要求，必须进行改造；有时为了更好地创造水面活动的条件及丰富园景，也需对原有地形进行改造。但在改造时应尽量少动土方，充分利用原有地形、地貌及水体的特点，并根据自然山水形成的规律，创造出符合各种功能要求的自然环境。《园冶》中谈到“高方欲就亭台、低凹可开池沼”，是利用和改造自然最好的例子。

地形改造中还应结合各分区的要求进行，如文娱、体育活动区，不宜山地崎岖，可以有较开朗的水面作为水上活动之用；安静休息区宜溪流蜿蜒的小水面，两岸山峰回旋，可以利用山水分隔空间造成局部幽静的环境。颐和园的后湖、北海公园中的濠濮涧等，都是利用改造地形、创造宁静气氛的小空间的绝妙例子。

8. 公园中的道路规划

（1）园路的作用。园林道路是园林的骨架和脉络，是联系各景点的纽带，是构成园林景色的重要因素。具体作用是：组织交通；引导游览；组织空间，构成景色；为水电工程打下基础。

（2）园林道路的分类。园林道路按性质和功能可分为主要园路、次要园路和游憩小路。

主要园路,从公园入口通向全园各景区中心和主要广场、主要建筑、景点及管理区,它是园内大量游人所要行进的路线,必要时可通行少量管理用车。其道路两旁应充分绿化,宽度为4~6 m。次要园路,是主要园路的辅助道路,分散在各区范围内,连接各景区内的景点,通向各主要建筑。其路面宽度常为2~4 m。游憩小路,主要供散步、休息之用,引导游人更深入地到达园内各个角落,如山上、水边、疏林中,多曲折自由布置。一般宽1.2~2 m,小径也可为1 m。

(3)园林道路规划设计要点。一是园林道路的交通功能从属于游览要求。交通性从属于游览性,园林道路是组织导游线的骨干。二是园林道路的布置必须主次分明,方向性强。主要园路不仅要在宽度和铺装上有别于次要园路,而且要在风景的组织上给人留下深刻的印象。三是园林道路的布置必须因地制宜。有山有水的园林,园内的主要活动设施往往沿湖和环山布置;园内主干道必然是套环式;路网的安排应尽可能是环状。四是园林道路的疏密和景区的性质、园内的地形、游人量的多少有关。一般安静休息区的道路密度小些,文娱活动区及各类展览区的道路密度可大些;游人多的地方道路密度可稍大,地形复杂的地方道路密度可小些。城市公园道路的比重可控制在公园总面积的10%~20%。五是园林道路的曲折迂回,既要服从地形的要求,也要服从功能和艺术的要求。为了增加游览程序,组织园林自然景色,可使道路在平面上有适当的曲折,竖向上随地形有起伏,游人视线可随道路蜿蜒起伏向左、向右,或仰或俯,饱览不断变化的景色。六是园林道路交叉口的处理必须注意避免交叉过多,在交叉口和分叉口的路面也应能区分主次,使导游方向明确;两条主要园路相交应尽可能正交,为避免游人过于拥挤,也可形成广场,如两条道路成锐角斜交,锐角不应过小,并应交于一点;两条道路成“丁”字形交接时,在交点处可布置道路对景。七是靠近道路的建筑一般面向道路,并不同程度地后退,适离道路。在一般情况下道路可采取适当加宽或分出支路的办法与建筑物相连。八是山地园林道路因受地形的限制,宽度不宜过大,一般大路宽1.2~3 m,小路则不大于1.2 m。当道路坡度在6%以内时,则可按一般道路处理,超过6%就应顺等高线修成盘山道以减少坡度。当山路纵坡超过10%时需设置台阶,小于10%的坡度可局部设置台阶。山道台阶每15~20级最好有一段平坦的路面让人间歇,并适当设置坐凳供人们休息眺望。九是台阶布置。台阶是为解决园林地形的高低差而设的,它除使用功能外也有美化装饰作用,特别是它的外形轮廓富有节奏感,常可为园林小景。台阶常附设于建筑出入口、水旁崖壁和山路等。台阶的布置务必结合地形高低弯曲自如,处理好人工美的建筑与室外自然美的过渡。台阶踏面宽度宜30~38 cm,高度10~15 cm。

9. 公园的绿化设计

植物分布于公园中各个部分,是构成公园绿地的基础材料。公园的绿化规划是公园总体规划的主要组成部分。公园中植物品种繁多,观赏特性也各不相同,有观花、观果、观叶、观姿、观干等区别。设计中要充分发挥植物的自身特性,以其形、色、香作为造景的素材,以孤植、对植、列植、丛植、群植、林植作为植物配植的基本手法,以形成公园丰富多彩的植物景观。植物的配置还要与建筑、山水、园路等周围环境相协调,服从功能要求及组景主题,并做到适地适树。植物种类要多选择乡土树种为公园的基础材料。公园各个分区可根据不同的活动内容,安排不同种植类型和选择相应的植物种类。公园常绿树与落叶树应有一定的比例。一般华南地区常绿树70%~80%,落叶树20%~30%;华中地区常绿树50%~60%,落叶树40%~50%;华北地区常绿树30%~40%,落叶树60%~70%。

全园应有一个或二个树种作为全园的基础，分布于整个公园中，在数量上占全园的优势。全园视不同的景区，还应该有不同的主调树种造成不同景区的不同风景主题，使各景区在植物配植上各有特色而不相雷同。如苏州拙政园中部面积只有 1 hm^2 多，有许多景区都是以植物为主题来造景的："远香堂"以荷花为主题；"绣绮亭"以牡丹为主景；"玲珑馆"以竹子为主景；"听雨轩"以芭蕉为主景；"嘉实亭"以枇杷为主景；"海棠春坞"以海棠为主景；"待霜亭"以橘子为主景；"雪香云蔚亭"以梅花为主景；"玉兰堂"以玉兰为主景；"松风亭"以松树为主景等。全园的植物布局，要达到各景区既各有特色，相互之间又要统一协调，因而需要有基调树种，使全园的布局统一起来，达到多样统一的效果。全园的树木搭配上，既要有混交林，又要有单纯林，其中混交林应占 70% 左右，单纯林应占 30% 左右。

公园的规划设计还应重视季相的变化。植物由于四季变化而呈现不同的景观，植物的季相交替也就产生了园林风景的季相变化。通过绿化设计可创造出富有四季特色的艺术景观。

10. 公园规划设计的程序和内容

1）公园规划设计的程序

第一，了解公园规划设计的任务情况，建园的审批文件，征占用地及投资额。第二，了解公园用地在城市规划中的地位和与其他用地的关系。第三，收集公园用地的历史、现状及自然资料。第四，研究分析公园用地内外的景观情况。第五，依据设计任务的要求，拟定公园内应设置的项目内容与设施，并确定其规模大小。第六，进行公园规划，确定公园的总布局，计算工程量，概算造价，安排分期建设。第七，经审批同意后，可进行各种内容和各个阶段的详细设计，包括植物种植设计。第八，绘制局部详图及施工图，进行园林工程技术设计、建筑设计和结构设计，编制预算及文字说明。

2）公园规划设计的内容

规划设计的各个阶段都有一套设计图纸、分析计算图表和文字说明，一般包括以下内容：

第一，现状分析。公园在城市中的位置，附近公共建筑及停车场的情况，游人的主要人流方向、数量及公共交通的情况，公园外围及园内现有的道路和广场情况；当地多年积累的气象资料，每月最低、最高及平均气温、水温、湿度、降雨量及历年最大暴雨量，每月阴天天数、风向及风力等；用地的历史沿革和现在的使用情况；公园规划范围界线、周围红线及标高，园外环境景观的分析、评定；现有园林植物、古树、大树的品种、数量、分布、高度、覆盖范围、地面标高、质量、生长情况、姿态及观赏价值的评定；现有建筑和构筑物的立体形状、平面形状、质量、高度、基地标高、面积及使用情况；园内及公园外围现有地上地下管线的种类、走向、管径、埋深、标高和柱杆的位置、高度；现有水面及水系的范围，水底标高、河床情况、常水位、最高及最低水位、历史上最高洪水位的标高、水流的方向、水质及岸线情况，地下水的常水位及最高、最低水位的标高，地下水的水质情况；现有山峦的形状、坡度、位置、面积、高度及土石的情况；地质、地貌及土壤情况的分析评定，地基承载力，土壤坡度的自然稳定角度；风景资源与风景视线的分析评定。

第二，全园规划，确定整个公园的总布局，对公园各部分作全面的安排。常用的图纸比例为 1∶1 000 或 1∶2 000。包括的内容有：公园的范围、公园用地内外分隔的设计处理与四周环境的关系，园外借景或障景的分析和设计处理；计算用地面积和游人量，确定公园活动内容、需设置的项目和设施的规模、建筑面积和设备要求；确定出入口位置，并进行园门布置和汽车停车场、自行车棚的位置安排；公园活动内容的功能分区、活动项目和设施的布局，确定园林建筑的位置和组织建筑空间；景色分区，按各种景色构成不同风景类型的艺术境界来进行分区；公园河、湖、水系的规划，水底标高、水面标高的控制，水工构筑物的设置；公园道路系统、广场的布局及组织导游线；规划设计公园的艺术布局，平面的安排及立面的构图中心和景点，组织风景视线和景观空间；地形处理，竖向规划，估计挖填土方的数量、运土方向和距离，进行土方平衡；园林工程规划；植物群落的分布，树木种植规划，制定苗木计划，估算树种规格与数量；公园规划设计示意图的说明，土地使用平衡表，工程量计算表，造价概算，分期建园计划。

第三，详细设计。在全园规划的基础上，对公园的各个地段及各项工程进行详细的设计，常用的图纸比例为1∶500或1∶1 000。详细设计的内容如下：主要出入口、次要出入口和专用出入口的设计；园内建筑、内外广场、服务设施、园林小品、绿化种植、市政管线、室外照明、汽车停车场和自行车棚的设计；各功能区的设计，包括各区的建筑物、室外场地、活动设施、绿地、道路广场、园林小品、植物种植、山石水体、园林工程、构筑物、管线、照明等的设计；园内各种道路的走向、纵横断面、宽度、路面材料及做法，道路中心线坐标及标高，道路长度及坡度，曲线及转弯半径，行道树的配置，道路透景视线；各种园林建筑初步设计方案，平面、立面、剖面、主要尺寸、标高、坐标、结构形式、建筑材料、主要设备；各种管线的规格、管径尺寸、埋置深度、标高、坐标、长度、坡度，或电杆灯柱的位置、形式、高度，水电表位置，变电或配电房位置，广播室位置，室外照明方式和照明点位置，消防栓位置；地面排水的设计，包括分水线、汇水线、汇水面积、明沟或暗沟的大小、线路走向、形状，进水口、出水口和窨井位置；土山、石山设计，包括平面范围、面积、坐标、等高线、标高、立面、立体轮廓、叠石的艺术造型；水体设计，包括河、湖的范围、形状，水底的土质处理、标高，水面控制标高，岸线处理；各种建筑小品的位置，平面、立面形状；园林植物的品种、位置及配植形式，确定乔木和灌木的群植、丛植、孤植及绿篱的位置，花卉的布置，草地的范围。

第四，植物种植设计。依据树木种植规划，对公园各地段进行植物配置，常用的图纸比例为1∶500或1∶200。内容如下：树种种植的位置、标高、品种、规格、数量，树木配植形式，平面、立面形状及景观，乔木与灌木、落叶与常绿、针叶与阔叶等树种组合；蔓生植物的种植位置、标高、品种、规格、数量，攀援与棚架情况；水生植物的种植位置、范围，水底与水面的标高，品种、规格、数量；花卉的布置，花坛、花镜、花架等的位置、标高、品种、规格、数量；花卉种植排列的形式，包括图案排列的式样，自然排列的范围与疏密程度，不同的花卉、色彩、高低，草本及木本花卉的组合；草坪的位置、范围、标高、地形坡度、品种；园林植物的修剪要求，自然的与整形的形式；园林植物的生长期，速生与慢生品种的组合，在近期与远期需要保留、疏伐与调整的方案；植物材料表包括品种、规格、数量及种植日期。

第五，施工详图。按详细设计的意图，对部分内容和复杂工程进行结构设计，制定施工的图纸与说明，常用的图纸比例为1∶100或1∶50或1∶20。内容如下：给排水工程，包括水池、水闸、泵房、水塔、水表、消防栓、灌溉用水的水龙头等的施工详图；排水工程，包括雨水进水口、明沟、窨井及出水口的铺设，厕所及粪池的施工图；供电及照明，包括电表、配电房、电杆、灯柱及照明灯等施工详图；广播通信，包括广播室施工图、广播喇叭的装饰设计；煤气表具及煤气管线的施工图；废物收集处、废物箱的施工图；护坡、驳岸、挡土墙、围墙、台阶等园林工程的施工图;叠石、雕塑、栏杆、踏步、说明牌、指路牌等小品的施工图;道路广场硬地的铺饰及回车道、停车场的施工图;园林建筑、庭院、活动设施及场地的施工图。

第六,编制预算方案及说明书。即对各阶段布置内容的设计意图、经济技术指标、工程的安排等用图表及文字形式说明。包括:公园建设的工程项目,工程量、建筑材料及价格预算表;园林建筑物、活动设施及场地的项目、面积、容量表;公园分期建设计划,要求在每期建设后,在建设地段能形成园林的面貌,以便分期投入使用;建园的人力配备,工种、技术要求、工作日数量及工作日期;公园概况及其在城市园林绿地系统中的地位,公园四周情况等的说明;公园规划设计的原则、特点及设计意图的说明;公园各个功能分区及景色分区的设计说明;公园的经济技术指标,包括游人量、游人分布、每人用地面积及土地使用平衡表;公园施工建设程序;公园规划设计中要说明的其他问题。

为了表示公园规划设计的意图,除绘制平面图、立面图、剖面图外,还可绘制轴侧投影图、鸟瞰图、透视图和制作模型,以便更形象地表现公园的设计。

三、街道绿化设计

街道绿化是指建筑红线之间的绿化,其内容包括:人行道绿化带,防护绿带,基础绿带,分车绿带,广场和公共建筑前的绿化地段,街头休息绿地,绿化停车场,立体交叉的绿化,高速公路、滨河路、花园式林荫道等。

(一)道路绿化的断面布置形式

1. 一板二带式

一板二带式见图12-3,即一条行车道,两条绿带,是最常见的绿化形式。中间是车行道,车行道两侧的人行道上种植行道树。

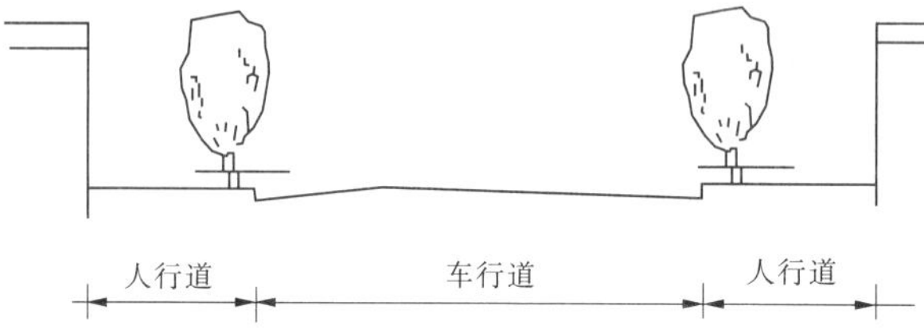

图12-3　一板二带式

2. 二板三带式

二板三带式见图12-4,即分成单向行驶的两条车行道和两行行道树,中间以一条绿带分开,带上植物一般不高于70 cm。这种形式对城市面貌有较好的美化效果,同时车辆分向行驶减少了事故的发生。其多用于高速公路和入城公路。

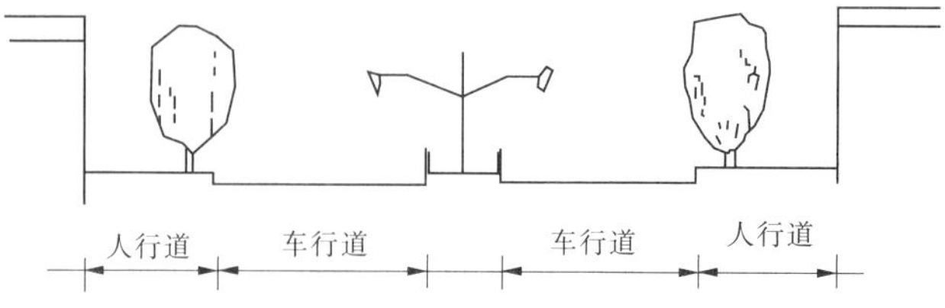

图12-4　二板三带式

3. 三板四带式

三板四带式见图 12-5，利用两条分隔带把车行道分成三块，中间为机动车道，两侧为非机动车道，连同车道两侧的行道树共为四条绿带，故称为三板四带式。这种形式不仅夏季蔽荫效果好，而且解决了各种车辆混合行驶、互相干扰的矛盾。

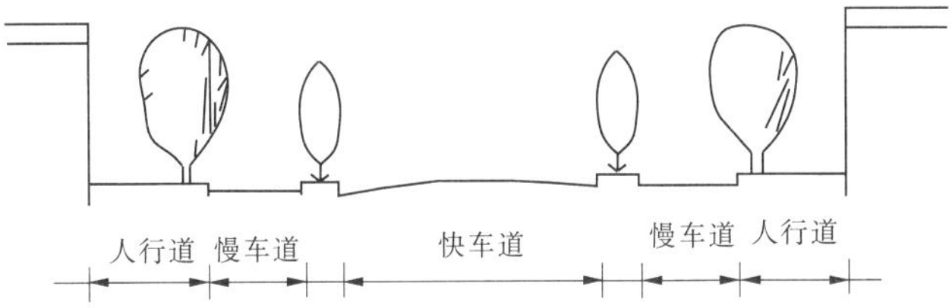

图 12-5　三板四带式

4. 四板五带式

四板五带式见图 12-6，利用三条分隔带将车道分成四条，使各种车辆均形成上下行，互不干扰，保证安全。

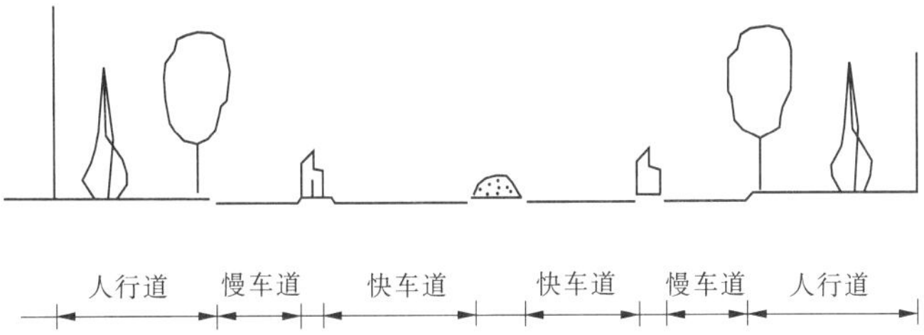

图 12-6　四板五带式

(二)街道绿化的种植设计

1. 行道树的种植规划

行道树是指有规律地种植在道路两侧，造成浓荫的乔木。其种植方式主要有以下两种：

(1)树带式。树带式是在人行道和车行道之间留出一条不加铺装的种植带的种植形式，宽度一般不小于 1.5 m，可种一行乔木和几行绿篱，视不同宽度而定。一般在交通人流不大的情况下采用这种种植方式。树下铺设草皮，以免影响美观和路面的清洁，在适当的位置要留出铺装以便人流通行或汽车停站。如图 12-7 所示。

(2)树池式。在交通量大、人流集中而人行道又狭窄的街道上，宜采用树池的方式。一般树池以正方形为好，大小以 1.5 m×1.5 m 为宜；长方形以 1.2 m×2 m 为宜，圆形以直径不小于 1.5 m 为宜。如图 12-8 所示。

行道树的树种选择：用做行道树的树种要求能适应当地生长环境，易于移栽，生长迅速而健壮；管理粗放，对土壤、水分、肥料要求不高，抗性强；树干挺拔，树形端正，体形优美，树冠冠幅大，枝叶茂密，遮阴效果好；早发芽、展叶，落叶晚且整齐；深根性、无刺、无臭、无毒、落果少、无飞毛；寿命长，材质优良。

行道树应根据其功能要求、交通状况、道路的性质、宽度及行道树距车行道的距离、树木分枝角度而决定其定干高度。分枝角度大的干高不小于 3.5 m，分枝角度小的干高不小于

图 12-7　种植带栽植示意图

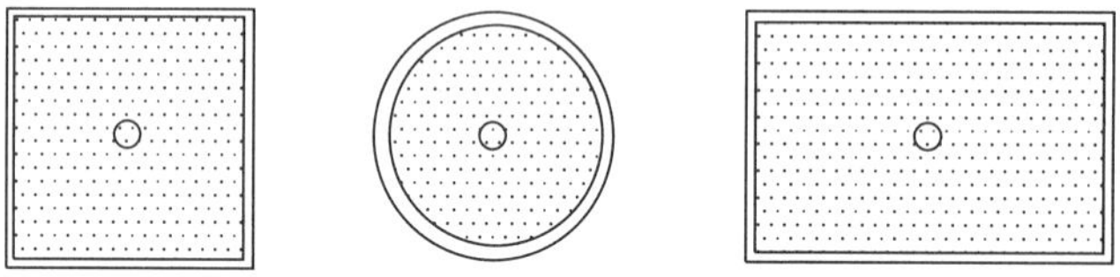

图 12-8　常用树池形式示意图

2 m,否则会影响交通。行道树的株距一般以 5 m 为宜,南方高大的乔木也可以采用 6 ~ 8 m 株距。如图 12-9 所示。

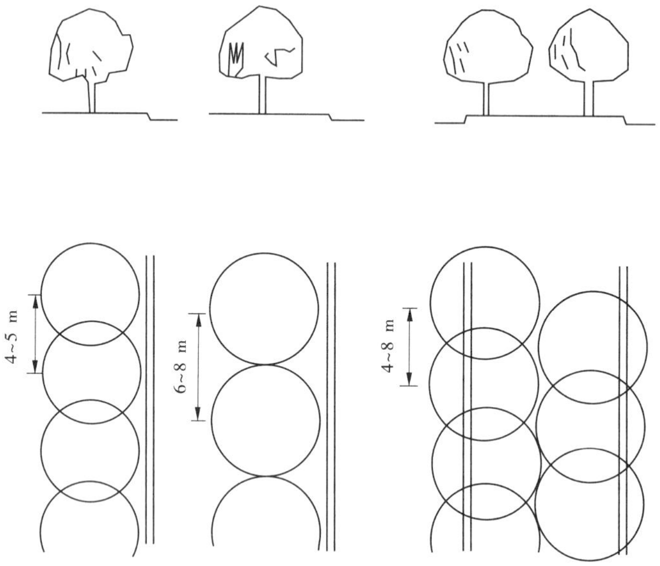

(a)单列树冠交织　(b)单列树冠分开　(c)双排相互错列

图 12-9　行道树种植间距示意图

行道树是沿车行道种植的,而车行道有各种地下、地上管线和建筑物,在设计时,要处理好它们之间的关系。见表 12-3 ~ 表 12-6。

表 12-3　行道树与架空电线间距参考表

电缆电压(kV)	行道树至电线的水平距离(m)	树冠至电线的垂直距离(m)
<1	1.0	1.0
1~20	3.0	3.0
35~110	4.0	4.0
150~220	5.0	5.0

表 12-4　乔木和灌木的株距标准表　(单位:m)

树木类种		种植株距			
		游步道行列树	树篱	行距	观赏防护林带
乔木	阳性树种	4~8	1~2		3~6
	阴性树种	4~8			2~5
	树丛	0.5 以上		0.5 以上	0.5 以上
灌木	高大灌木		0.5~1.0	0.5~0.7	0.5~1.5
	中高灌木		0.4~0.6	0.4~0.6	0.5~1.0
	矮小灌木		0.25~0.35	0.25~0.3	0.5~1.0

表 12-5　行道树与建筑、构筑物水平间距参考表

名称	最小间距(m)		名称	最小间距(m)	
	至乔木中心	至灌木中心		至乔本中心	至灌木中心
有窗建筑物外墙	3.0	1.5	冷却池外缘	4.0	不限
无窗建筑物外墙	2.0	1.5	冷却塔	高 1.5 倍	不限
道路侧面外缘、挡土墙脚、陡坡	1.0	0.5	体育用场地	3.0	3.0
人行道	0.75	0.5	排水明沟边缘	1.0	0.5
高 2 m 以下的围墙	1.0	0.75	邮筒、路牌、车站标志	1.2	1.2
高 2 m 以上的围墙	2.0	1.0	警亭	3.0	2.0
天桥、栈桥的柱及架线塔、电线杆中心	2.0	不限	测量水准点	2.0	1.0

2. 交叉口的绿化种植设计

交叉口是交通的咽喉,交叉口绿地由道路转角处的行道树、交通岛及一些装饰性的绿地组成。为了保证交叉口的行车安全,必须使司机能及时看到车辆的行驶情况和信号灯,所以在视距三角内不允许有任何阻碍视线的东西。

中心岛的主要功能是组织交通,提高交叉口的通行能力,所以不能布置成小游园或足以吸引人的美丽花坛,通常以嵌草花坛或以常绿灌木组成简单的花坛。

表 12-6 行道树与地下工程管道水平距离参考

名称	至中心最小净距(m)		名称	至中心最小净距(m)	
	乔木	灌木		乔木	灌木
给水管、闸井	1.5	不限	煤气管、探井	1.5	1.5
污水管、雨水管、探井	1.0	不限	乙炔氧气管	2.0	2.0
电力电缆、探井	1.5		压缩空气管	2.0	1.0
热力管	2.0	1.0	石油管	1.5	1.0
弱电电缆沟、电力电信杆	2.0		人防地下室	1.5	1.0
路灯电杆	2.0		排水盲管	1.0	0.5
消防龙头	1.2	1.2	地下铁路外缘	1.5	1.0

3. 分车带的种植设计

设置分车带的目的是将人流与车流、机动车与非机动车分开，保证安全，提高车速。其宽度依街道性质和街道总宽度而定。高速公路的分车带的宽度可达 5 ~ 20 m，一般宽也要 4 ~ 5 m，但最低也不能小于 1.5 m。分车带以种植草皮为主，尤其是高速公路的分车带不应种植乔木，以免司机受树影、落叶的影响。在一般干道的分车带可以种植 70 cm 以下的绿篱、灌木、花卉、草皮等。实际上，我国许多城市在分车带上种植乔木，似乎矛盾并不突出，考虑到遮阴作用和车辆速度，有待于今后实现正规化。

为了便于人行过街，应适当对分车带进行分段，一般以 75 ~ 100 m 为宜，且应尽可能与人行道、停车站、大型商店和人流集中的公共建筑出入口相结合。

（三）街道小游园的绿化设计

在城市干道旁供居民短时休息用的小块绿地，称街道小游园。其面积一般在 1 hm^2 以下，有的只有几百平方米。这类绿地使用方便，布置灵活，可以补充城市绿地的不足。

1. 街道小游园的主要内容

街道小游园以植物种植为主，可用树丛、树群、花坛、草坛等，使乔灌木、常绿落叶相互配合，有层次、有变化；园内游步道有主次之分，铺装讲究；设立若干出入口，并在出入口规划集散广场；在条件允许下可设建筑小品，如亭、榭、花架、宣传廊、园灯、水池、喷泉、假山、坐椅等，以满足游人休息和赏景的需要。

2. 街道小游园的规划方式

（1）规则对称式（见图 12-10）。即有明显的中轴线，有规则的几何图形，易于与街道、建筑协调，但由于讲究对称，故内容与布置显得呆板。

（2）规则不对称式（见图 12-11），即为整齐不对称，可以根据其功能组成不同的空间，虽然不对称，但有均衡的效果。

（3）自然式布局形式（见图 12-12），即绿地没有明显的轴线，道路为曲线状，植物自然配植，易于结合地形创造自然的景观。

（4）混合式布局形式（见图 12-13），即规则式与自然式相结合的布局形式，运用灵活，内容丰富，多在面积较大时采用。

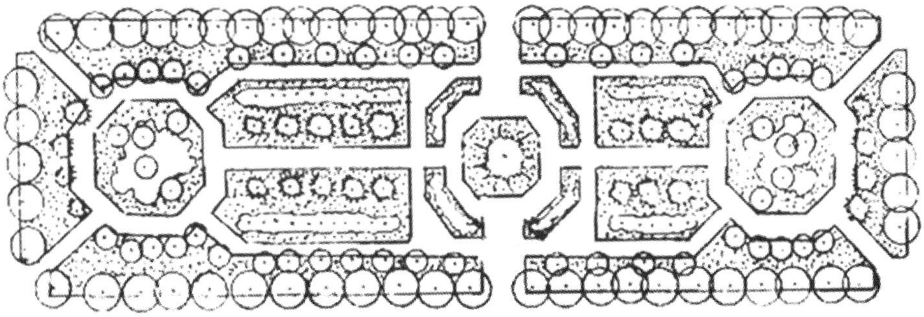

图 12-10　规则式小游园

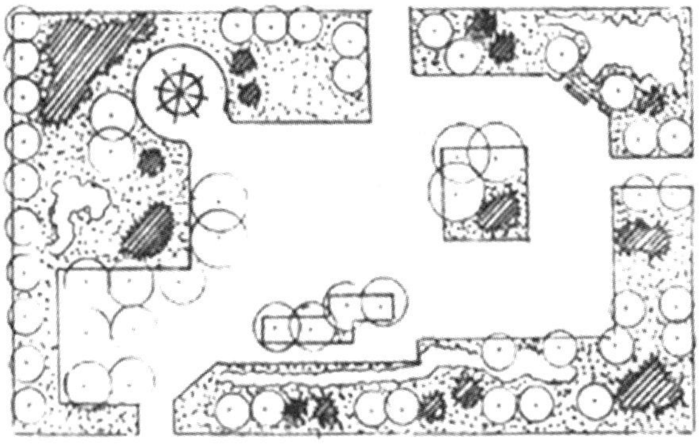

图 12-11　规则不对称式小游园

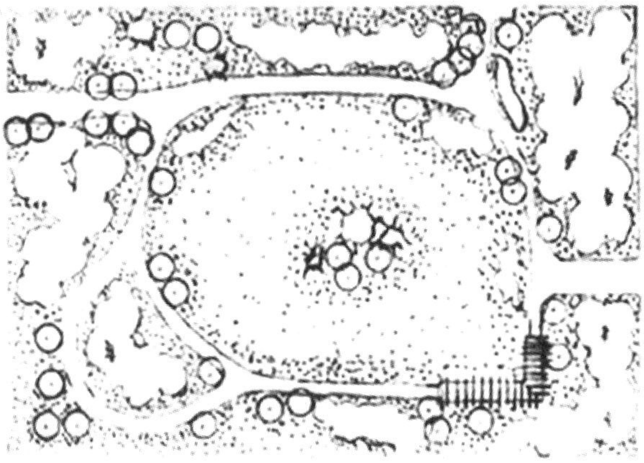

图 12-12　自然式小游园

(四)林荫路、步行街的绿化设计

1. 林荫路的绿化设计

林荫路是指与道路平行并具有一定宽度的带状绿地,它利用植物与车行道分开,在其内部不同地段布置不同的休息场地,供行人和附近居民作短时的休息之用。林荫路的布置类型有:布置在街道中间的林荫路,其两侧各有一条车行道,一般在交通量不大的情况下采用,如北京市正义路林荫路绿化设计(见图 12-14);布置在道路一侧的林荫路,多在交通量比较频繁的情况下采用,如北京市景山东街林荫路绿化(见图12-15);布置在街道两侧的林荫

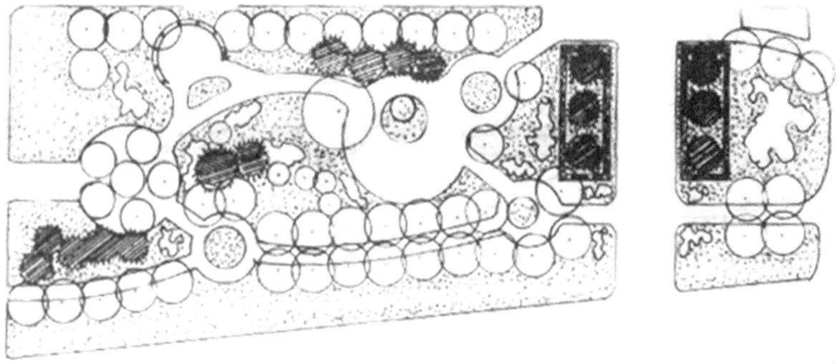

图 12-13　混合式小游园

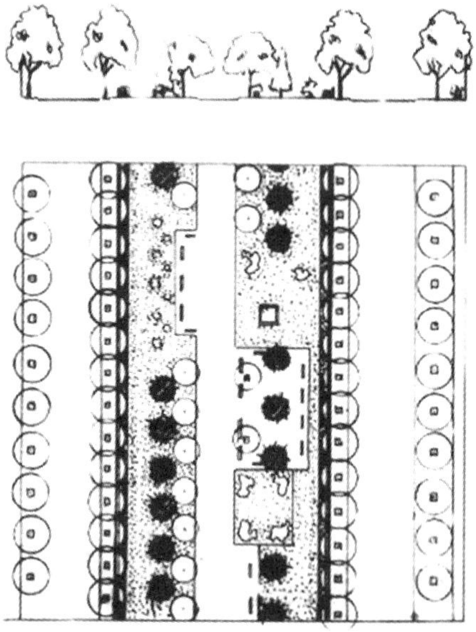

图 12-14　正义路林荫路绿化

路，可使居民不穿越道路就可达林荫路内，安静、方便，但因占地过大而很少采用。

林荫路的设计，第一，必须设置游步道。林荫路宽 8 m 时可设一条，8 m 以上时可设两条。其内设施可根据情况，安排儿童游乐场、休息坐凳、花坛、喷泉、报栏、花架。第二，林荫路一般每 75～100 m 结合人行道及两旁主要建筑出口进行分段布置，并设出入口；每段布置要有特色。林荫路两端出入口经常与街道广场、公园相连。第三，车行道与林荫路之间要有浓密的植篱和高大的乔木组成绿色屏障。一般林荫路的植物配植以外高中低为宜。植物种类应丰富多彩，道路、广场面积不宜超过 25%，乔木占地 30%～40%，灌木占地 20%～25%，草地占 15%～20%，花坛占 2%～5%，对此各地因气候的差异可进行适当的调整。

2. 滨河林荫路的绿化设计

滨河路是城市中临河、湖等水体的道路，由于一面临水，空间开阔，环境优美，加以高质量的绿化，因而可以成为良好的休息场所。在绿化设计时要注意：第一，滨河林荫路的规划形式取决于自然地形，在岸线曲折、地形起伏的情况下，结合功能要求可布置成自然式；地势平坦、岸线整齐，与车行道平行者可布置成规划式。第二，一般临水设置的游步路，最好能接近水边；有景可观时，可适当设计小广场或平台，以供游人远眺和摄影。第三，一般于岸边设

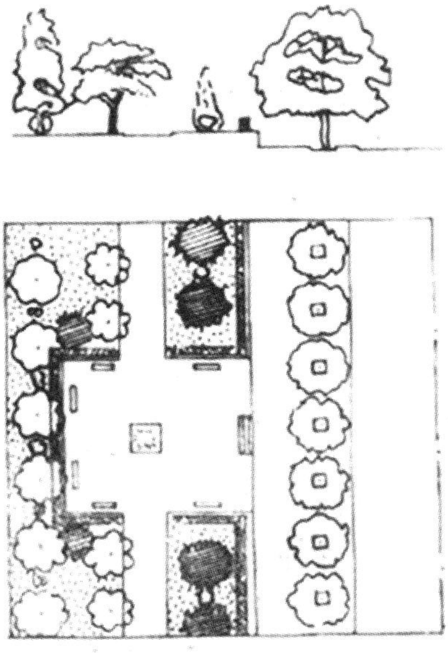

图 12-15　**景山东街林荫道绿化**

置栏杆和坐椅,在较宽的地带可设草坪、花坛、树丛及一些简单的园林小品(见图 12-16)。

图 12-16　**滨河林荫路横断面图**

3. 步行街的绿化设计

现代城市工业发达,人口集中,车辆频繁,在市中心区、在繁华的街道上只适于行人而不能有车辆行驶的情况下,形成了步行街。步行街可以铺设有装饰花纹的地面,增加一些街景的趣味;在活动时间内必须有充足的照明;可设装饰性小品、坐椅、凉亭、电话间;在可能的情况下还要种植乔木作遮阴树之用。步行街一方面要满足功能的要求,另一方面要有较高的艺术效果。

(五)城市广场和公共建筑前的绿化

城市广场是城市道路交通体系中具有多种功能的空间,常是供人们活动的中心。广场的绿化必须与广场的性质一致。

1. 政治性广场的绿化

政治性广场包括国家首都和省会政治集会中心广场,有的要求雄伟,有的要求简洁。广场的绿化一般可重点配植常绿树,节假日时点缀花卉、花坛。广场的中心一般不绿化,以免妨碍交通及破坏广场的完整性。

2. 车站、码头、飞机场前广场的绿化

由于该类广场旅客出入频繁，一般沿周边种植高大乔木。为了组织交通，可在广场内设绿地，种草坪、花坛，起交通岛的作用。

四、工厂及机关绿化

（一）工厂绿化

1. 工厂绿化设计的特点

（1）用地特点。一般中小型工厂建筑密度大，用地紧张，可供绿化的土地很少。厂区内各种地上、地下管线纵横交错，绿化工作困难较大。

（2）环境特点。工厂在生产过程中常排放出有害于人体和植物生长的气体、粉尘、烟尘及其他物质，使空气、水、土壤受到不同程度的污染，绿化植物正常生长的环境条件极差。

（3）使用特点。工厂绿地是本厂职工休息的场所，职工的职业性质比较接近，人员相对稳定，绿地使用时间短、面积小，加上环境条件的限制，可以种植的花草树木种类亦受到限制。如何在有限的绿地中，结合小品建筑、园林设施，使内容丰富，发挥其最大的使用效率是工厂绿化中特有的问题。

2. 工厂绿化设计原则

（1）工厂绿化要有自己的风格。应根据本厂的规模与环境以及服务对象体现出新时代的精神面貌和奋发向上的意境。

（2）增加绿地面积，提高绿地率，满足工厂绿化的功能要求。一般要求重工业类的工厂绿地面积占厂区总面积的20%，化学工业类的占20%～25%，轻工、纺织业类的占40%～45%，精密仪器工业类的占50%，其他工业类占25%。

（3）点、线、面结合，自成系统。点的绿化主要指厂前区和游憩性游园；线就是厂内道路、河渠的绿化及防护林带；面就是工厂中车间、仓库、堆场等生产性的建筑场地周围的绿化。三者联成系统，才能更好地起到绿化、美化及净化的作用。

3. 工厂绿地规划设计

（1）厂前区的绿地布置。厂前区的绿化由厂门、建筑物周围的绿化、林荫道、广场、花坛等组成。厂前区在一定程度上代表着工厂的形象，又与城市相连，环境的好坏直接影响到市容。因此，厂前区的绿化布置要考虑到建筑的平面布局，主体建筑的立面、色彩、风格及与城市道路的联系，多采用规则式与自然式相结合的布置。厂门口的绿化要方便于交通，与建筑的形体、色彩相协调，与街道绿化相呼应，用规则式与自然式相呼应，一般在厂门口应形成绿树成荫、多姿多彩的景象。厂门到办公楼的道路、广场上可布置花坛、喷泉或体现本厂特点的雕塑等。

（2）场内休息场地的布置。场内休息场地主要是创造一种幽雅的环境，使职工工作之余恢复体力，放松精神，谈心、赏景等。其绿化设计应依据不同的生产性质和特征及使用对象的心理和生理上的要求，合理地进行绿化布置。休息场地的布置，要结合场内的自然条件，如有小溪、河流、池塘、丘陵、洼地等可以改造利用，形成良好的休息场地，内部设置坐凳、小道、草坪等。

（3）厂区道路的绿化布置。厂区道路是环境绿化的重要组成部分，要以道路绿化为骨架,将厂前区、车间周围、车间之间及辅助设施的绿化,小游园、水体等联系起来,形成场内绿化系统。道路两侧通常以等距行列式各栽两行乔木;如路面较窄,可在一侧栽植,南北向道路可栽在西侧,东西向道路可栽在南侧,以利庇荫。厂区道路绿化设计,要充分发挥植物的体形、色彩之美,有层次地布置好乔木、花、灌木、绿篱、宿根花卉,形成壮观美丽的绿色长廊。

4. 工厂绿化的树种选择

由于工厂土壤条件差,地上、地下管线密布,有害气体、液体、尘埃多,给绿化带来了困难,因此在树种选择上有严格的要求。除依据自然条件做到适地适树外,还应注意以下几点:

(1)依各类工厂排出的污染物与污染程度选择树种。植物对有害气体的抗性见表12-7。

表12-7　常见观赏植物对有害气体的抗性分级

气体名称	极强	强	中	弱
二氧化硫	柏树、杨树、刺槐、桑树、无花果、夹竹桃、黄杨、菊花、石竹、向日葵、蓖麻	臭椿、白蜡、梧桐、广玉兰、君迁子、木兰、红叶李、桂花、蚊母、冬青、海桐、石榴、凤尾柏、大丽花、蜀葵、唐菖蒲、翠菊、美人蕉、鸡冠花、苏铁、白兰、令箭荷花、扶桑、柑橘、龟背竹、鱼尾葵	柳杉、龙柏、棕榈、白玉兰、紫荆、郁李、南天竹、芭蕉、紫茉莉、鸢尾、一串红、荷兰菊、百日草、矢车菊、银边翠、天人菊、波斯菊、蛇目菊、桔梗、锦葵、杜鹃、茉莉、叶子花、旱金莲、一品红、红背桂、彩叶苋	水杉、白榆、悬铃木、木瓜、樱花、雪松、黑松、竹子、美女樱、月见草、麦秆菊、福禄考、滨菊、瓜叶菊
二氧化碳和酸雨	龙柏、构树、香椿、桑树、臭椿、刺槐、黄杨、珊瑚树、无花果、八仙花	枫杨、乌桕、合欢、棕榈、月季	夹竹桃、迎春	黑松、水杉、白榆、悬铃木
氟化氢	龙柏、构树、桑树、黄连木、丁香、小叶女贞、无花果、罗汉松、木芙蓉、葱兰	柳杉、臭椿、杜仲、银杏、悬铃木、丝棉木、广玉兰、柿树、枣树、女贞、珊瑚树、蚊母、海桐、大叶黄杨、锦熟黄杨、石楠、火棘、凤尾兰、棕榈、蜡梅、石榴、玫瑰、紫薇、山茶、柑橘、一品红、秋海棠、大丽花、万寿菊、紫茉莉、牵牛	白榆、三角枫、丝棉木、枫杨、木槿、金银花、海桐、桂花、丝兰、小叶黄杨、美人蕉、百日草、蜀葵、金鱼草、半枝莲、水仙、醉蝶花、栀子、红背桂、白蜡、樱桃、栓皮栎、核桃	合欢、杨树、桃树、枇杷、垂柳、扁柏、黑松、雪松、海棠、碧桃、桂花、玉簪、唐菖蒲、锦葵、凤仙花、杜鹃、彩叶苋、万年青

续表 12-7

气体名称	极强	强	中	弱
氯气	合欢、乌柏、接骨木、木槿、紫荆	臭椿、刺槐、三角枫、泡桐、苦楝、丝棉木、凤尾柏、撒金柏、桂花、海桐、珊瑚树、大叶黄杨、夹竹桃、石榴、木槿、月季、万年青、罗汉松、南洋杉、苏铁、杜鹃、唐菖蒲、一串红、鸡冠花、金盏菊、大丽花	黑松、白榆、木瓜、南天竹、牡丹、六月雪、地锦、凌霄、一品红、石刁柏、柚子、木本夜来香、八仙花、叶子花、米兰、彩叶苋、红背桂、晚香玉、凤仙花、万寿菊、波斯菊、百日草、金鱼草、矢车菊、醉蝶花	广玉兰、紫薇、竹子、糖槭、山荆子、月见草、福禄考、锦葵、茉莉、倒挂金钟、海棠、瓜叶菊、天竺葵
氯化氢	苦楝、龙柏、杨树、桑树、刺槐、国槐、小叶女贞、日本樱花、无花果、美人蕉、紫茉莉	白蜡、合欢、乌柏、红叶李、紫薇、锦带花、海桐、锦熟黄杨、棕榈、蜀葵、栀子	白榆、女贞、蜡梅、夹竹桃	广玉兰、黑松、雪松
硫化氢	构树、樱花、罗汉松、蚊母、锦熟黄杨、月季、羽衣甘兰	龙柏、悬铃木、白榆、桑树、桃树、樱桃、夹竹桃、草莓	石榴、唐菖蒲、矢车菊、向日葵、旱金莲	桂花、紫菀、虞美人

(2)依工厂生产工艺要求选择树种。如精密仪器厂、电子仪表厂、电视机厂等,要求车间周围空气洁净、尘埃少,应选择滞尘力强的树种。

(3)依管理要求选择树种。工厂绿化管理人员有限,宜选用繁殖、栽培及管理容易的树种;也可以选择自然繁殖能力强的花卉,如波斯菊、紫茉莉、牵牛等 1 ~2 年生花卉及美人蕉、马蔺、玉簪、石蒜等宿根花卉,一年栽种,多年开花,效果很好。

(二)机关的绿化设计

机关的绿化主要是形成一个安静、卫生、优美、具有良好小气候条件的工作环境。

1. 前庭绿化

前庭是机关的主要场所,绿化布局一般采用规则式。从大门到主体建筑主要出入口开辟直接相连的道路,前庭区被划为左右两片。根据境域纵深的不同划分成几个带状或块状绿地。为突出建筑中央部分和主要入口,可以在中轴上设置树坛、花坛或喷泉,并以此组织交通。

2. 绿带设置

建筑旁的绿带可以等距栽植树木,也可以采取自然丛植的方式。在绿地布置中注意不要影响室内的采光和通风。在建筑南部绿化,要布置精巧的基础栽植,可以为花坛、花池或草坪。距建筑物 5 m 之内不要种高大乔木,以免影响室内采光。东西墙绿化要考虑到日晒,可布置垂直绿化,也可种植高大的乔木,夏季可降低室内温度。道路两侧及绿带边缘栽植绿篱,可以加强绿化地带的整齐感和保持基部的绿貌;选择树种时应用中、矮树种并经常修剪,控制一定高度。

3. 小游园的设置

有条件的机关可以开辟供工作人员休息和活动的绿地,如小游园,根据用地面积和周围环境决定采取何种布局形式。

五、居住区绿化设计

居住区绿地是普遍绿化的重点,在城市中所占的比例较大,人们在内休息、生活的时间最长,绿化的环境对居民身心健康有很大的影响。居住区绿化的主要作用是丰富生活、美化环境、改善小气候、避灾防震。

(一)居住区绿地的分类

1. 公共绿地

公共绿地指居住区内居民公共使用的绿地,根据居住区规划结构,常有以下几种形式:

(1)居住区公园。主要供居住区居民使用的大片绿地,设施完善,服务半径一般以 800 ~ 1 000 m 为宜。

(2)居住小区中心游园。供居住小区内居民就近使用,设置一定的文化体育设施、游憩场地。其位置要适中,服务半径一般以 400 ~ 500 m 为宜。

(3)居住生活单元组团绿地。这是最接近居民的公共绿地,以住宅组团内居民为服务对象。面积在 1 000 m^2 左右,离住宅入口最大距离在 100 m 左右。

2. 专用绿地

专用绿地指居住区中各类公共建筑和设施的环境绿地,如俱乐部、影剧院、少年宫、医院、中小学、幼儿园等用地的绿化。

3. 道路绿地

道路两侧或单侧的绿化用地,根据道路的分级、地形、交通情况等的不同进行布置。

4. 宅旁和庭园绿地

这是指居住建筑四旁的绿地,最接近居民,以满足居民的日常休息、观赏、家庭活动和杂务需要等。

(二)居住区绿地的定额指标

居住区绿地的定额指标以每一居民占有的公共绿地面积来表示,1980 年国家建委颁发的《城市规划定额指标暂行规定》中确定,居住区公共绿地定额指标平均每居民为 2 ~ 4 m^2,其中居住区公共绿地 1 ~ 2 m^2/人,居住小区级公共绿地为 1 ~ 2 m^2/人,有关计算式为:

$$\text{居住区(小区)内平均每人绿地面积} = \frac{\text{居住区(小区)公共绿地面积}}{\text{居住区(小区)居民总数}}$$

$$\text{居住区(小区)绿地所占面积的百分比(\%)} = \frac{\text{居住区(小区)公共绿地面积}}{\text{居住区(小区)总用地面积}} \times 100$$

$$\text{居住区(小区)公共绿地面积} = \text{小区中心游园面积} + \text{居住生活单元组团绿地面积}$$

(三)居住区绿地的规划布局

1. 居住区绿地规划布局的原则

(1)要根据居住区的规划结构方式合理组织,统一规划。采取集中与分散,重点与一般，点、线、面相结合，以居住区公园为中心，以道路绿化为网络，以住宅间绿化为基础，协调市政、商业、文化、环卫等建设，综合治理。

(2)充分利用自然地形和现有条件。尽量利用坡地、洼地及水面作为绿化用地，对原有树，特别是古树名木要加以保护和利用，并组织到绿地内，早日形成绿化面貌。

(3)居住区绿化要以植物造园为主进行布局，适当布置园林小品。注意园林造景手法，创造变化统一、朴素大方、优美舒适的生活环境。

(4)绿地内设施要符合该绿地的功能要求，布置要紧凑，出入口的位置要考虑人流方向。

2. 居住区内各类绿地的规划布局

(1)公共绿地。分居住区公园、居住小区中心游园及组团绿地三个级别，应分别进行规划布局。

居住区公园：是为整个居住区居民服务的，其布局与城市小公园相似。有一定的地形地貌、小型水体；有功能分区、景区划分；有一定比例的建筑；有活动场地、园林小品、活动设施。各功能分区与景区变化较快，游园时间较集中，特别是夏季的晚上是游园高峰，因此加强照明设施和夜香植物的配植，成为居住区公园的特色。如北京古城公园（见图 12-17），面积 2.71 hm^2，分为儿童游乐场、山水园、花卉盆景园和雕塑喷泉广场等四个景区，建筑密度 3%，道路密度 13%，水面占 8%，开放绿地与封闭绿地之比为 3.6∶1。

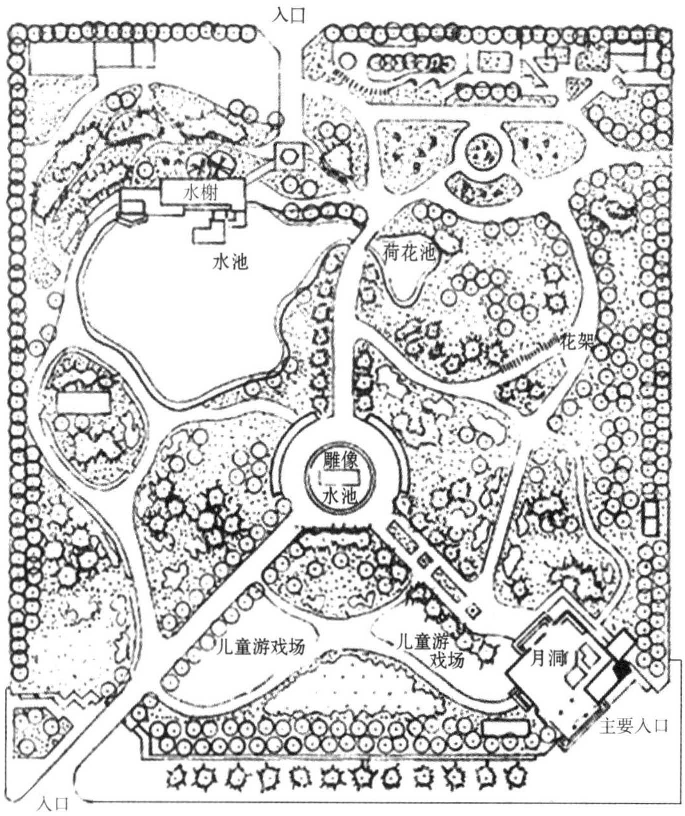

图 12-17　古城公园平面图

居住小区中心游园：小游园为居民日常休息与锻炼身体的场所，规划设计要求有适当的位置、合理的规模。要充分利用自然地形与原有树木进行规划,形式可采取规则式、自然式、混合式。小游园的规划要根据游人年龄特点划分活动场地和确定活动内容与设施,活动场地应以植物加以分割。居住小区中心游园的活动内容有观赏、休息、游玩、体育活动,设施有宣传栏、桌椅、花架、花坛、喷水池、栏杆、园灯与果皮箱等。按游园面积及活动要求规划道路广场。游园面积在 0.5 hm^2 以上者,主路宽 3 ~4 m,可兼作成人活动场所;游园面积在 0.5 hm^2 以下者,以主路宽 2.5 ~3 m,次路宽 1.2 ~2 m 为宜。

居住区生活单元组团绿地:是直接靠近住宅的公共绿地,通常结合建筑组群布置,主要为本组团的老人和儿童休息活动服务。组团绿地的位置决定于居住建筑组团的布置方式,一般位于周边式居住建筑中间、行列式居住建筑山墙间、扩大的行列式居住建筑间距中。组团绿地的布局原则,一是出入口的位置、道路、广场要与绿地周围的道路系统以及人流方向结合起来考虑;二是绿地内要有足够的铺装路面;三是一个小区内往往有多个组团绿地,这些组团绿地从布局、内容及植物配植上应各有特点。组团绿地的布置有开放式(见图 12-18)、半封闭式(见图 12-19)、封闭式(见图 12-20)。

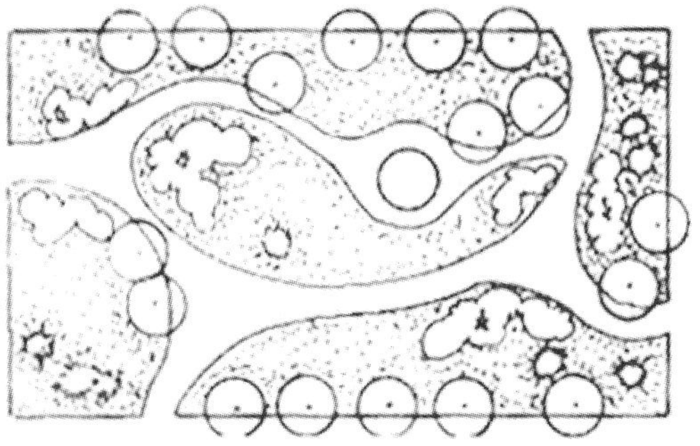

图 12-18　**开放式组团绿地**

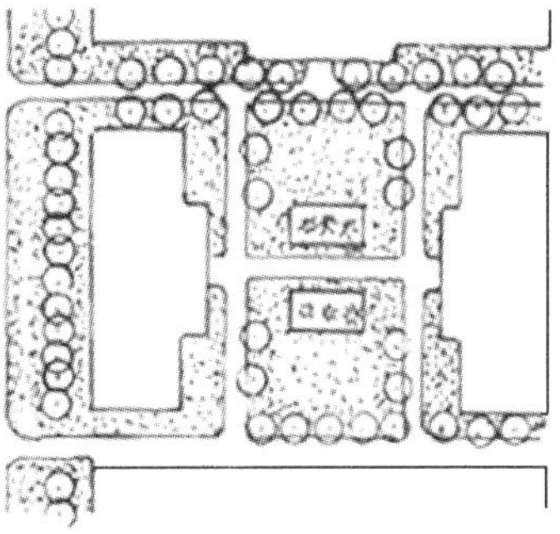

图 12-19　**半封闭式组团绿地**

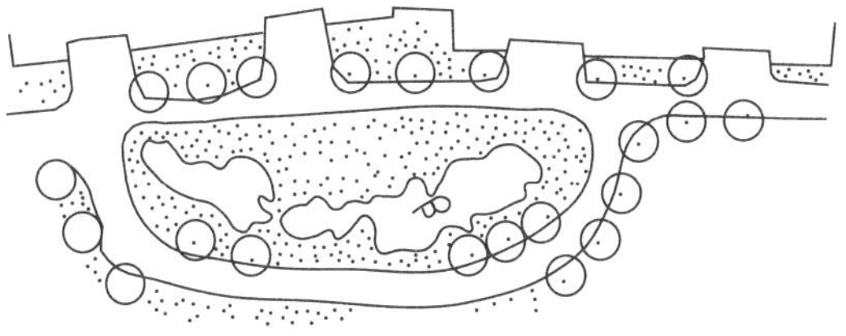

图 12-20　**封闭式组团绿地**

(2)专用绿地。要与小区公共绿地相邻布置,联成一片,扩大绿色视野,增大其卫生防护功能和视觉效果。

(3)宅旁绿地。宅旁绿地是最接近居民的绿地,绿化时要注意:一是绿化布局、树种选择要体现多样化,以丰富绿化面貌;不同的树种、不同的布置方式,可以起到识别不同行列、不同住宅单元的作用;二是注意耐阴树种的选择,以保证阴影部位有良好的绿化;三是树木的栽植不要影响住宅的通风采光,特别是向阳面的窗前,5 m 以内不要种植乔木;四是树木的栽植应与管线留有一定的距离,以利于树木的正常生长;五是绿化布置应与周围环境相协调。

(4)道路绿化。居住区的道路是居民日常生活、上下班的必经之地。居住区干道是联系小区及居住区外的主要道路，除了行人外，车辆来往比较频繁。行道树的栽植要考虑遮阴和行人、行车安全。干道路面宽阔，宜选用体态雄伟、树冠宽阔的乔木，在人行道与建筑之间可多行列栽植或丛植灌木。

居住区小区道路是联系各住宅组团的道路，是组织和联系小区各项绿地的纽带。此路以行人为主，也常是居民散步之地。树木配置要活泼多样，可以选择小乔木或灌木，特别是开花繁密及叶色富于变化的树种。每条小路的布置要各有特色。

住宅小路是联系各住宅的道路，宽2～3 m，绿化种植要后退0.5～1 m，以便急救车和搬运车驶近住宅。行列式住宅的各条小路，从树种选择到配置方式应多样化。

（四）居住区绿化的植物配置和树种选择

为了更好地创造出舒适、卫生、宁静、优美的生活、休息、游憩环境，植物的配植和树种的选择原则上要考虑以下几个方面：

（1）绿化功能的需要。以树木花草为主，提高绿化覆盖率，创造良好的生态环境。

（2）四季景观与早日普遍绿化的需要。采用常绿树与落叶树、乔木与灌木、速生树与慢生树、重点与一般相结合；不同树形、色彩变化的树种合理配置；种植绿篱、花卉、草皮，使乔、灌、草、花、篱相映成景，丰富美化环境。

（3）树木种植形式要多种多样。

（4）植物材料的种类不宜太多，又要避免单调。力求以植物材料形成特色，使统一中有变化；各组团、各类绿地在统一基调的基础上，又各有特色。

（5）需要多种攀援和无刺、无毒植物。攀援植物可以绿化建筑墙面、各种围栏、矮墙，提高居住区立体绿化效果。幼儿园及儿童游戏场忌用有毒、有刺、易引起过敏的植物。

（6）注意植物与建筑的关系。植物与建筑物、地下管网应有适当的距离，以免影响建筑的通风采光、树木的生长及破坏地下网管。

（五）托儿所、幼儿园、中小学的绿化设计

1. 托儿所、幼儿园

托儿所、幼儿园是对3～6岁儿童进行学龄前教育的机构。在居住区中多布置在独立地段，也有设在住宅底层的。其室外活动场地的布置是总平面中的重要部分，有公共活动场地和分班活动场地。有条件时应开辟果园、菜园、专类花园及小动物饲养地等。公共活动场地是幼儿集体活动、游戏的场地，是重点绿化的地区，可在场地内设置沙坑、花架、涉水池、小亭及各种器械；在活动器械附近种植树冠宽阔、遮阴效果好的落叶乔木；在场地的角隅部分种植不带刺的、花色鲜艳的花灌木和宿根花卉。分班活动场地周围可以用植物篱围起来形成一个单独空间。场地根据活动要求，有的约有40%要用水泥、块石铺装，其余部分可铺草坪。场地植物以落叶乔木为主，边可设棚架，种植开花的攀援植物，如紫藤、金银花等。

在建筑附近5 m以内不宜栽高大乔木，以免影响采光和日照，可以种植低矮灌木及宿根花卉，作为基础栽植。在出入口附近可布置花坛、花台、水池、坐骑等。

树种选择应多样化，多种植树形优美、色彩鲜艳、物候季节变化强的植物，一方面可使环境丰富多彩，另一方面可作为儿童学习自然科学知识的直观教材。不要栽植多飞毛、多刺、有毒、有臭味及易引起过敏的植物，如悬铃木、皂角、海州常山、夹竹桃等。

2. 中、小学校

中、小学校绿地可以设在小区范围内，也可单独设在独立地段。其主体建筑的绿化主要是在教学用房周围形成一个清洁、卫生、宁静的环境。学校出入口是绿化的重点，在主道两侧种植绿篱、花灌木以及树形优美的常绿树种，使入口主道四季常青。建筑物前常有小广场，可设置花坛、花台及装饰物，两侧绿地铺草坪。道路绿化以遮阴为主，不要用飞毛、飞絮的树种，可多用开花乔木。在教学楼尤其实验室前的树木，不要影响室内通风采光。在朝南方向基础部位栽植小灌木、花卉、草皮，离建筑物 5 m 内不宜栽乔木。在建筑东西两侧 3～4 m 外可种植高大的落叶乔木，以防东、西日晒。

学校体育活动场地周围可以种植乔木。选择物候季节变化显著的树种，如榉、五角枫、乌桕等，少种灌木，以留出较多空地供活动用。城内用地紧凑的学校可充分利用攀援植物进行垂直绿化。学校用地周围应种植绿篱及高大树木，以减少尘土飞扬及噪声对学生学习的影响。

第二节　农村居民点绿化

一、居民点绿化规划

农村居民点的绿化应结合农村居民点的总体规划、交通规划等统一进行，因地制宜，从实际出发，形成环村林、农田林网、“四旁”植树、庭院绿化、纪念性绿化和成片造林相结合的绿化体系。

二、庭院绿化设计

所谓庭院是指房前、屋后和院落，在农村是指居住的一家一户院落。庭院绿化美化就是为自己创造一个舒适优美的生活环境。

（一）庭院绿化设计的指导思想

1. 提高土地利用率

要充分利用土地，在植物选择配置上，要浅根性、中根性、深根性不同的植物相互搭配。

2. 提高光照利用率

要充分利用屋顶、阳台、墙面，多层次、立体化利用空间，做到乔木、灌木、草本植物相结合，喜光、耐阴、半耐阴、藤本攀援等植物的有机结合。

3. 提高时间利用率

植物的生长发育具有极强的季节性、周期性、连续性，要坚持以短养长，长短结合，综合利用，充分利用植物最富有变化的功能，如春花、秋实、夏荫、冬绿，以造成四季如春、月月花香的环境。

4. 提高经济效益

要选择经济价值比较高的植物，进行合理搭配，科学种植。

（二）庭院绿化设计的原则和要求

1. 庭院绿化设计的原则

庭院绿化设计受自然条件、经济发展水平、科学技术及庭院主人的文化素质等多种因素的制约。在进行设计时应遵循的原则有：一要有地方特色，充分利用当地的自然条件及特有的乡土植物品种，因地制宜地栽植；二要合理布局，重要的是房屋建筑和地面布局要合理，二者要协调配合；三要有商品生产的特点，庭院绿化设计应结合生产进行设计，有明确的商品生产观点，其中主产品一定要成为商品，以此来保证正常的经济收入。

2. 庭院绿化设计的要求

庭院绿化设计总的要求是经济、实用、美观。经济即省工、省管、省投资，促进生产，保障安全，增进健康，有较好的经济效益；实用即绿化设计时应注意室内有良好的通风采光条件，室外要有舒适的空间，在房屋的南面一定距离内不能种植乔木，尤其是常绿乔木；美观即庭院的进出口、大门旁、窗下采用花木进行点缀，植物配植要注意季相变化，做到有色、有香、有花、有草、有绿的有机结合，对厕所、垃圾堆、沼气池、禽舍等，可利用绿篱遮挡起来。

（三）庭院绿化设计的树种选择

植物是庭院绿化中最生动、最富有变化的部分，植物的根、干、枝、叶、花、果、冠都有一定的观赏价值。在日常生活中，种植植物是人们抒情开怀、表达思想感情的常用手法，如松、竹、梅配置在一起称为岁寒三友，梅、兰、竹、菊配置在一起称为四君子，玉兰、海棠、牡丹、桂花配置在一起称玉棠富贵等。庭院绿化设计中的树种选择要做到适地适树。骨干树种要选择对本地条件适应性强、病虫害少、栽管简单、收益较高的植物；搭配树种多用中性或阳性的花灌木、药用植物等。由于庭院的形式不同，主人的爱好和兴趣不同，具体的搭配品种也是多样的。

（四）庭院绿化设计的植物配植

植物配植是复杂而细致的工作，也是科学性和艺术性极强的工作。植物配植的方式有以下几种。

1. 规则式

适用于建筑物附近，配植方式有中心植、对植、列植、环植、几何图形栽植。

2. 自然式

自然式主要是表现自然，随地形曲折而变化。庭院中一般在远离建筑物的地方采用。配植方式有孤植、丛植、群植。

3. 混合式

指同一绿地上有规则式又有自然式的配植，如大型花坛，周边用规则式栽植绿篱，里面多用自然式栽种各种花卉。花木的配植可以用花坛、花台、花池、花镜的形式，应根据地形条件和位置灵活采用。

第三节　房舍立体绿化

一、平台绿化设计

一般住宅建筑中没有平台，但少数住宅有小型平台，而大多数公共建筑却有平台或屋顶。

平台的绿化美化以花箱或花盆栽种植物为主。因平台上不可能用深厚的土壤栽种植物，故常栽植一些浅根性的花卉、草皮和果树等，并布置成屋顶花园。

平台的利用有下列几种形式。

1. 屋顶花园

利用观赏植物,包括观花、观叶、观果的爬藤植物、花卉,把平台装饰成屋顶花园。平台上的花盆或花箱要安放牢固,如栽植攀援植物时要有牢靠的支柱或花架,以免大风时造成危险。空地较大时可以铺设草皮。

2. 盆栽果树

可以利用盆栽的方式栽种矮生苹果、草莓等。

3. 盆栽蔬菜

利用盆栽或无土栽培法栽培蔬菜,如黄瓜、丝瓜、苦瓜、番茄、芹菜等,一方面可绿化平台,另一方面可食用。

4. 屋顶温室

平台上可以利用小型温室或塑料棚栽培特殊的观赏植物,如南洋杉、龟背竹等品种。

二、阳台绿化设计

阳台的绿化是楼层住宅接触自然和美化环境的有效措施,不论是对居住环境的美化,还是对家庭生活的点缀都是非常重要的。

阳台是建筑立面上重点装饰部位,其绿化布置也是一种艺术创作,不仅要充分利用空间多栽植一些花木,而且要根据艺术构图原则,把阳台的小空间布置成既符合使用功能又丰富多彩的空间。

阳台一般在楼房的高处,空间较小,背面是砖石或水泥墙壁,夏秋季节,具有光照充足、吸热多、散热慢、蒸发量大等特点。阳台的绿化植物都必须种在花盆或花箱内,对植物的生长来说,存在着土壤及营养面积小的特点,具体设计时都需要考虑。

如果阳台有足够的宽度,可把花箱或花盆放在阳台内的空地上。一般多用攀援植物,可沿着阳台本身结构爬上去,也可以用引绳、薄木条格子框架。另外,还可以把花箱放在阳台的栏杆内侧;如果阳台栏杆外缘突出较多,可以把花箱放在外侧,但必须将花箱牢固地缚在栏杆上,以免发生危险,如图 12-21 所示。阳台盆花摆放的位置,要满足每盆花对阳光的需求,一般把喜阳的放在前面,耐阴的放在后面;小型在前,大型在后,合理布局,以达到理想的效果。

图 12-21　阳台栏杆外缘地上的花箱安置

阳台绿化应根据阳台的条件选择能适应其环境的植物。由于阳台风大,因而不宜选择枝繁叶茂的大型木本爬藤植物，宜选择小型的木本爬藤或草本爬藤植物。由于蒸发量大，故宜选择抗性较强、管理粗放的品种。针对土层浅而少，应选择水平根系发达的非直根性植物。目前常用的爬藤植物有地锦、常春藤、金银花、葡萄、十姐妹、牵牛、茑萝、香豌豆、扁豆等。

三、大厅的绿化设计

大厅是人们公共活动的中心场地，空间一般较讲究。如何充分利用花草树木、山石、水体等自然景物来装饰大厅，以求得与周围环境的协调是很重要的。

人们常巧妙地在大厅中布置一些观赏价值较高的花草树木，配置壁画、峭石、壁泉等，构成一幅别致的室内景观，使大厅的空间景象与室外的自然风景联系在一起，给人一种寓大于小的感觉。如厅堂布置得恰当得体，会显得幽静高雅、清新明快。景物的摆设必须根据具体的场合、使用要求、栽种季节和室内景观等因素来综合考虑，才能达到恰到好处。如客厅宜清静、高雅，应以艺术赏形的盆栽为主；餐厅宜热情洋溢，应以赏色、香的盆栽或瓶插为主；而人流量大的前厅，宜采用壁挂、吊盆及花斗的形式。

大厅绿化因受条件的限制，光照不足，需选择耐阴性强、观赏价值高的植物，如苏铁、龟背竹、蕨类等。在光线充足的地方，可以摆放多浆植物。大厅的绿化以盆栽为主，可经常更换盆土，以保证植株的正常生长，同时也使大厅的环境有变化。节假日及重大日子可摆放盆花，增加环境的热闹气氛。

四、墙壁攀援绿化设计

利用攀援植物（爬藤植物）装饰绿化建筑墙壁称为墙壁绿化，它是垂直绿化的一种。攀援植物基本上都有气生根或吸盘，能分泌黏胶状物质从而吸附在墙面上，如爬山虎、常春藤等。墙面绿化后，似披上了绿装，既美观，又创造了一个凉爽的环境。在炎热的夏季，有墙面绿化的室内温度比没有绿化的低 2 ~ 4 ℃。墙面绿化对提高城市绿化覆盖率、改善生态环境也是一项很重要的措施。

墙面绿化因墙面的类型、朝向及高度的不同而异。如水泥拉毛墙面就比水泥粉墙和清水砖墙易于附着攀援植物。墙面结构越粗糙就越有利于爬藤植物的生长。在建筑物墙面朝向上，一般东、西、南三个方向光照较充足，而北向光照少，因此必须根据具体情况选择不同生长习性的爬藤植物。如朝阳面可以选择爬山虎、凌霄等；背阳面可选择常春藤、扶芳藤等较耐阴的攀援植物。对于高大建筑，可选择爬山虎、青龙藤等；较矮的建筑可选择扶芳藤、络石、凌霄等植物。

适于作墙面绿化的爬藤植物品种很多，常春藤、薜荔终年翠绿；五色地锦、扶芳藤入秋叶色橙红；凌霄金钟朵朵，络石飘洒自然，可以起到点缀或配衬景色的作用。

墙面垂直绿化的种植方式有地栽和容器栽两种。地栽是将爬藤植物直接种在墙边的地上。条件好的地方应尽量采用，因为土层深厚，有利于爬藤植物的生长。一般沿墙种植带宽度为 50 ~ 100 cm，土层厚 50 cm，种植时根部离墙 30 cm 左右，苗稍向墙面倾斜，根部土壤要踏实，种植株距为 50 ~ 100 cm。容器栽分为种植槽栽和盆栽。在水泥地上可砌种植槽，规格一般为高 60 cm、宽 50 cm，长短视地点而定。盆栽用的容器直径宜在 40 cm 以上，盆距 2 m 左右，在墙边放好，适时养护管理也能收到较好的效果。

为了帮助爬藤植物紧贴墙面,可以采用骑马钉或橡皮胶固定,还可用竹竿、铅丝拉网固定,在藤蔓粗壮吸牢墙面后便可以拆除(见图12-22)。

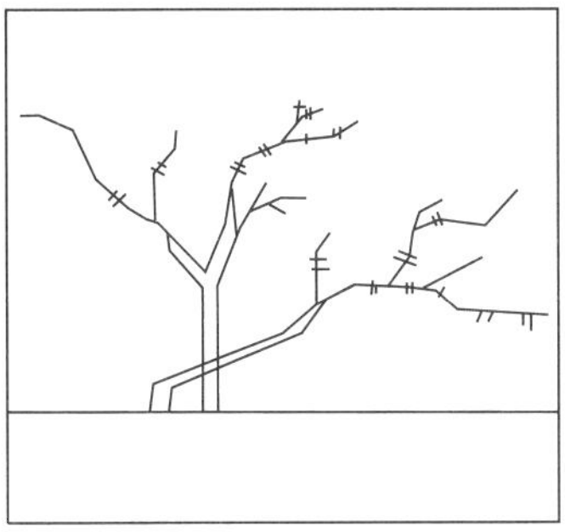

(a)骑马钉固定

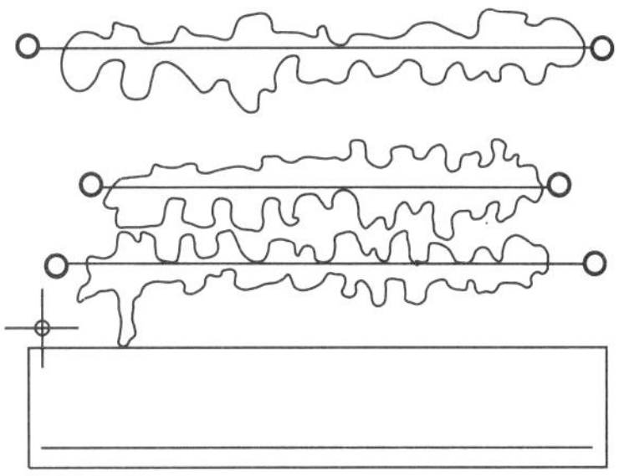

(b)铅丝拉网固定

图12-22　墙面植物固定方法

五、室内绿化装饰

绿色植物有色彩绚丽、芳香宜人的花,青翠欲滴的枝叶,它们都是人们喜爱的。因而人们常常利用这些植物材料组织室内绿化,既美化了住宅,又陶冶了人们的情操,增添了生活情趣。

(一)室内环境的特点

室内的温度、光照、湿度、空气与室外有较大差别,两者相比较,室内具有日温差小、夏季温度低、冬季温度高、空气湿度低、空气流通状况差、光照弱等特点,这些都对室内植物的生长有一定的影响。

室内是一个闭合的空间,由于各种房间使用功能不同,房间的大小、形状及家具都不相同,从而使室内绿化布置受到一定的制约。

(二)室内绿化植物材料的选择

选择室内绿化植物,首先,应根据室内光量的多少决定。有些观叶、观花植物对光照要求不严,一般室内光照足够满足其正常生长的要求;而有些植物在室内则不能生长,因此室内应选择耐弱光的植物。其次,还应按各房间使用功能对绿化植物的要求选择适宜的植物,做到配置、装饰恰到好处。常见的室内装饰植物有水仙、蕨类、龟背竹、兰花、君子兰、天竺葵、仙客来、马蹄莲、茉莉花、晚香玉、大丽花及仙人掌类。

(三)室内绿化装饰

室内绿化装饰以空间环境的大小、建筑空间形式和使用要求决定。

盆栽植物是一种能经常更换的特殊装饰材料。如在一间综合性起居室内,可用盆栽植物分隔书桌和家具,装点角落,使室内既舒适又有生机。盆栽材料可以是观花、观叶或观果的植物,也可以是爬藤类,如文竹、鸭趾草、垂盆草、天门冬等。较大的观花、观叶类有一叶兰、文殊兰、虎尾兰、万年青、仙人掌类、君子兰等;也有放在案头、家具之上的小型盆景或盆栽花卉类。如何妥善处理好室内植物与其环境之间的关系,使它协调一致、相得益彰,是室内绿化装饰的关键。

通常室内观赏植物大都栽在容器内,容器常放置在几座之上,这样,几座、容器就成为植物装饰的组成部分。目前,栽植和摆放植物的容器、几座种类很多,有现代形式的,如塑料、玻璃、金属、玻璃钢等,也有古色古香的陶、釉、瓷、木等传统形式,若能应用得体,均能起到美化装饰的效果。但是应注意,容器和几座无论是形状或色彩都是起陪衬作用的,不能喧宾夺主,应力求总体效果协调统一。

应根据房间的色彩、形状、大小及使用功能的要求选择植物。叶片的大小、形状和色彩会给人不同的感受,如大叶片会给人以丰满、厚实的感觉,细小的叶片则使人感到秀丽洒脱、轻盈飘逸,故应根据各房间的具体情况合理选择和配置适宜的植物。

观叶植物是室内最常用的绿化材料,其装饰效果几乎不随季节而改变,且它们大都较耐阴喜湿,四季常青,可将它们布置在过道、角隅等处。大型的观叶植物如橡皮树、苏铁、无花果、龟背竹、虎尾兰、棕榈等,装饰效果十分壮观,通常在室内空间较大时使用,如大的厅堂、客房及书房等,它们能使室内环境生机勃勃,而吊兰、文竹、天门冬、常春藤等蔓生观叶植物显得轻盈活泼、小巧玲珑,宜布置在茶几、窗台之上。

室内摆设的盆栽,要定期轮换,一般在室内摆放一周之后就要搬到阳台上调养一段时间,以利植株的正常生长。

不同的季节,室内绿化的重点应有侧重,春天以花为主,配以常绿观叶植物;夏季以芳香植物为主,配以绿色盆景;晚秋以观果为主,辅以花、叶;冬季以绿叶为主,配以花、果。

第十三章　森林公园建设管理

第一节　森林公园概述

20世纪50年代以后，伴随着工业化、城市化进程的不断加快和人们物质生活的迅速改善，人们越来越渴望走进森林，回归自然。世界范围内，森林旅游(游憩)、户外游憩成为一种新兴的旅游方式和时尚，呈现了蓬勃发展之势，以国家公园为代表的各类保护地成为旅游的主要目的地。随着我国经济社会的高速发展，从20世纪80年代初起步的森林公园，作为森林旅游的载体，以其多样性的景观资源和丰富的价值，逐步赢得了社会各界和广大群众的关注与向往，具有良好的发展前景。

一、森林公园的定义

(一)我国森林公园的定义

我国森林公园发展历史相对较短，在建设管理和学术研究上，对森林公园有多种定义，各种定义在概念、内涵界定上存在着较大的差异。1993年原林业部颁布的《森林公园管理办法》规定："本办法所称森林公园，是指森林景观优美，自然景观和人文景物集中，具有一定规模，可供人们游览、休息或进行科学、文化、教育活动的场所。"《中国森林公园风景资源质量等级评定》(GB/T 18005—1999)对森林公园的定义为"具有一定规模和质量的森林风景资源与环境条件，可以开展森林旅游，并按法定程序申报批准的森林地域"。前者为现行的法律定义，后者得到了学术界和管理界的广泛认可，两者共同构成了目前我国森林公园的规范性、权威性定义。

对森林公园定义可从四个方面理解：第一，具有一定面积和界线的区域范围；第二，有相对稳定的森林生态系统，有良好的森林环境是这一区域的特点；第三，该区域必须具有旅游开发价值，要有一定数量和质量的自然景观或人文景观，区域内可为人们提供游憩、健身、科学研究和文化教育等活动；第四，必须经由法定程序申报和批准，凡不符合上述要求的，都不能称为森林公园。

(二)森林公园分类及标准

1. 按管理级别划分

原林业部《森林公园管理办法》规定，我国森林公园从管理级别上分为三级。

(1)国家级森林公园。森林景观特别优美，人文景物比较集中，观赏、科学、文化价值高，地理位置特殊，具有一定的区域代表性，旅游服务设施齐全，有较高的知名度。

(2)省级森林公园。森林景观优美，人文景物相对集中，观赏、科学、文化价值较高，在本行政区域内具有代表性，具备必要的旅游服务设施，有一定的知名度。

(3)市、县级森林公园。森林景观有特色，景点景物有一定的观赏、科学、文化价值，在当地知名度较高。

2. 按森林公园风景资源质量等级划分

《中国森林公园风景资源质量等级评定》(GB/T 18005—1999)按风景资源质量等级评定分值(满分为50分),将森林公园划分为四级,并明确了各级森林公园的保护、利用方式。

(1)一级森林公园。风景资源质量等级评定分值为40~50分,多为资源价值和旅游价值高的森林公园,难以人工再造,应加强保护,制定保全、保存和发展的具体措施。

(2)二级森林公园。风景资源质量等级评定分值为30~39分,其资源价值和旅游价值较高,应当在保证其可持续发展的前提下,进行科学、合理的开发利用。

(3)三级森林公园。风景资源质量等级评定分值为20~29分,在开展风景旅游活动的同时,进行风景资源质量和生态环境质量的改造、改善与提高。

(4)三级以下森林公园。风景资源质量等级评定分值19分以下,应首先进行资源的质量和环境的改善。

二、森林公园发展状况

(一)我国森林公园发展概况

十一届三中全会后,随着我国旅游业的恢复与兴起,我国林区丰富的森林景观的旅游价值逐渐为社会所认识和关注。1980年8月,原林业部发出《关于风景名胜地区国营林场保护山林和开展旅游事业的通知》,拉开了森林公园建设、森林旅游发展的序幕。1982年我国第一个森林公园——张家界国家森林公园正式建立。到1990年,林业部以批复计划任务书部省联建的方式,共建立了16处国家森林公园。这一阶段森林公园建设主要作为国有林场的多种经营项目发展,行业管理较为薄弱。

1992年原林业部在大连召开了全国森林公园及森林旅游工作会议,要求凡森林环境优美、生物资源丰富、自然景观和人文景观比较集中的国营林场都应当建立森林公园,掀起了森林公园建设高潮,森林公园数量快速增长,国家、省两级管理机构逐步健全,相关法律规章、规程规范、技术标准先后出台,行业管理不断加强,森林公园建设管理步入法制化、规范化、标准化轨道。

2001年11月在四川瓦屋山召开的全国森林公园工作会议,明确了森林公园的性质与定位,提出了“建绿色生态、办绿色产业、创绿色文明”的新目标、新任务,由此,我国森林公园开始进入新的发展阶段,森林公园建设管理水平稳步提高,接待游客数量与经济效益快速增长,经营管理机制不断创新,宣传与市场营销力度不断加大。

到2008年底,全国各级森林公园总数达到2 277处,总规划面积1 630万 hm^2。其中国家森林公园709处、国家级森林旅游区1处,规划面积1 143万 hm^2。全国森林公园全年接待旅游人数2.77亿人次,占国内旅游总人数的16%,旅游直接收入183亿元,带动社会综合产值达1 400亿元。

(二)河南省森林公园发展概况

1986年,原林业部和河南省林业厅联合,在国有登封林场建立了河南省第一个森林公园——嵩山国家森林公园。随着社会经济持续快速发展,森林公园建设产生的经济效益、社会效益和生态效益日益显现。1998年河南省人民政府出台《关于加快发展旅游业的决定》,把旅游业确定为优先发展的支柱产业,森林公园建设引起了各级党委、政府和各部门的高度重视与广泛支持,基础设施迅速改善,森林公园进入快速发展时期,建设范围扩展到集体林区和城市周边,一批森林公园成为省内知名景区和旅游热点。到 2008 年底,全省森林公园达到 113 处,经营总面积 26.72 万 hm^2,其中国家级 30 处、省级 67 处;全年接待旅游人数 2 180 万人次,旅游直接收入近 5 亿元,从业人员 24 000 余人。

三、我国森林公园的性质与建设指导思想

(一)我国森林公园的性质定位

森林的游憩利用功能是森林所具有的多种功能之一,随着经济社会的不断发展和人民生活水平的日益提高,社会对保护森林风景资源、扩大森林游憩功能利用的需求越来越迫切;森林公园也是自然保护事业的重要组成部分和林业向社会提供多种生态产品与服务的重要形式,有利于拓展生态环境和自然资源保护的领域与林业产业的空间,是生态文明建设的重要载体和窗口。2006 年国家林业局在《关于加快森林公园发展的意见》中,确定了我国森林公园的性质:森林公园是保护和利用森林风景资源,为社会提供良好森林游憩服务,不断满足人们日益增长的生态文化和健康消费需求的一项重要社会事业。

(二)我国森林公园的建设指导思想与发展目标

坚持"以政府为主导"和"以人为本、严格保护、科学管理、统筹规划、合理开发、永续利用"的基本方针,深化改革、扩大开放、加强领导、强化管理,不断提高效益水平,把森林公园建设成为促进保护自然、推进产业发展、弘扬生态文明的坚强阵地。力争到 2010 年,全国森林公园总数达到 2 800 处,规划总面积达到 3 900 万 hm^2,使我国林业建设区划范围内各类具有重要意义的森林风景资源得到有效保护,森林公园建设管理水平不断提高,游客接待服务能力不断增强,形成布局合理、功能完备的森林风景资源保护、管理和利用体系。

四、森林公园的发展趋势

(1)我国生态文明建设目标和林业战略地位的确立,为森林公园建设和森林旅游业发展提供了强大动力。2003 年《中共中央国务院关于加快林业发展的决定》确立了我国林业在经济社会发展中的战略地位和指导思想:确立以生态建设为主的林业可持续发展道路,建立以森林植被为主体、林草结合的国土生态安全体系,建设山川秀美的生态文明社会;同时把"努力发展好森林公园、城市森林和其他游憩性森林"作为林业发展的主要任务。2007 年中国共产党十七大提出了建设生态文明的目标任务,生态文明正式进入国家政治意识形态。建设森林公园、发展森林旅游是生态建设和产业发展双重性的具体体现,具有资源保护和开发效益同向发展、良性互动、带动功能强、就业容量大的独特优势,在生态文明建设中具有重要的地位。

(2)从国际旅游发展看,以森林旅游为主体的生态旅游成为现代旅游的发展趋势,越来越受到世界各国的重视。1960 年举行的第五届世界林业大会,以"森林多目标利用"为中心议题,把森林游乐列入多目标经营的五大项目;当年,美国国会通过了"森林多种利用及永续生产条例",把野外游憩列为森林经营的五大目标之首,不仅对世界林业,也对世界旅游业产生了重大影响。美国 92% 以上的林地(包括公有林地和私有林地)都开展户外游憩,每年参加户外游憩的人数高达 20 亿人次,几乎是美国人口总数的 10 倍;在法国,每年到森林中的旅游者达 6 亿人次,城市中 60% 的家庭每年至少到森林中旅游 1 次;德国提出了"森林向全民开放"的口号,每年森林游憩者近 10 亿人次;英国每年森林旅游人数在 1 亿人次以

上,世界上发展森林旅游较早的拉丁美洲,森林旅游已占到整个旅游收入的90%以上。有专家预测,在21世纪最初的20年里,森林旅游人数将以两位数百分比增长,全球旅游总人数中有一半以上的旅游者要走进森林。加快森林公园建设和森林旅游发展是21世纪旅游发展的客观要求。

(3)从中国旅游发展形势看,多年来我国旅游业一直保持着良好的发展态势,为森林公园发展提供了广阔舞台。改革开放以来我国旅游业发展保持了快速发展,旅游业作为第三产业中的龙头产业,对国民经济和社会发展的贡献日趋显著。2008年,我国入境旅游人数达到1.3亿余人次(入境过夜者5 305万人次),国内旅游总人数17.12亿人次;国际国内旅游总收入1.16万亿元。国家旅游局也明确提出,到2020年,我国旅游入境人数达到1.35亿~1.45亿人次,旅游总收入将超过3.3万亿元人民币,相当于国内生产总值的8%,真正成为国民经济中的支柱产业,实现从亚洲旅游大国向世界旅游强国跨越的战略目标。另据世界旅游组织预测,到2015年,中国将成为世界第一位旅游接待国和世界最大的国内旅游市场,入境过夜旅游者将达到1亿人次,国内旅游将达到28亿人次。

(4)森林旅游发展对区域社会经济发展促进作用日益显著,森林公园建设面临着良好的发展环境。森林公园建设、森林旅游发展改变了森林资源的传统利用方式,大量减少了森林资源直接消耗,有效地保护了区域生态环境;有力地促进了区域产业结构合理调整,大量吸纳了农村剩余劳动力,增加了群众收入,直接推动了地方社会经济发展;极大地提高了地区知名度,成为展示地方形象、扩大对外开放的重要窗口。随着基础设施改善和经营管理水平提高,森林公园在区域经济社会发展中的作用和功能日益显著,将迎来社会和人民群众更大的重视与支持。

第二节　森林公园风景资源调查与评价

森林风景资源是在特定条件下形成的以森林景观为主体,能吸引旅游者,具有多种功能的自然与社会、有形与无形诸多因素有机组成的统一体,是森林公园建设、森林旅游赖以发展的最重要的物质基础。森林风景资源调查与评价是编制《国家重要森林风景资源保护目录》、设立森林公园、制定森林公园建设与森林旅游规划的基础性工作。

一、风景资源的有关概念与定义

关于风景资源,目前我国主要存在着三种规范性、技术性概念定义体系,分别适用于不同的行业、系统。三者之间在定义上有所不同、各有侧重,但在内涵和概念上无大区别,实际工作中,存在着相互借用、混合使用的现象。

(一)森林风景资源体系

1.适用范围

主要适用于林业行业,森林公园、自然保护区建设管理系统。

2.主要依据

《中国森林公园风景资源质量等级评定》(GB/T 18005—1999)、《国家森林公园总体设计规范》(LY/T 5132—95)。

3. 有关概念、定义

(1)景物:是指具有观赏、科学文化价值的客观存在的物体。

(2)景素:是指具有观赏、科学文化价值并能吸引游人的景物、自然与社会现象或意境。是构成景观的基本要素。

(3)景观:是指将景素按美学观点完美结合而构成的画面,通过人的感官给予美的享受。

(4)风景资源:是以景物环境为载体的,自然形成或人类创造的,有普遍社会价值的财富。

(5)森林风景资源:是指森林资源及其环境要素中凡能对旅游者产生吸引力,可以为旅游业所开发利用,并可产生相应的社会效益、经济效益和环境效益的各种物质及因素。

(6)风景资源质量:是指风景资源所具有的科学、文化、生态和旅游等方面的价值。

(二)风景名胜体系

1. 适用范围

主要适用于建设行业,风景名胜区建设管理系统。

2. 主要依据

《风景名胜区规范》(GB/T 50298—1999)。

3. 有关概念、定义

(1)风景资源:也称景源、景观资源、风景名胜资源、风景旅游资源,是指能引起审美与欣赏活动,可以作为风景游览对象和风景开发利用的事物与因素的总称,是构成风景环境的基本要素,是风景区产生环境效益、社会效益、经济效益的物质基础。

(2)景物:指具有独立欣赏价值的某种景象,或一定区域具有特征的景象。

(3)景点:有若干相互关联的景物构成、具有相对独立性和完整性、并具有审美特征的基本境域单位。

(4)景群:由若干相关景点所构成的景点群落或群体。

(5)景区:在风景区规划中,根据景观类型、景观特征或游赏需求而划分的一定用地范围,包含有较多的景物和景点或若干景群,形成相对独立的风景分区特征。

(三)旅游资源体系

1. 适用范围

主要适用于旅游行业。

2. 主要依据

《旅游资源分类、调查与评价》(GB/T 18972—2003)。

3. 有关概念、定义

(1)旅游资源:自然界和人类社会凡能对旅游者产生吸引力,可以为旅游业开发利用,并可产生经济效益、社会效益和环境效益的各种事物与因素。

(2)旅游资源基本类型:按照旅游资源分类标准所划分出的基本单位。

(3)旅游资源单体:可作为独立观赏或利用的旅游资源基本类型的单独个体,包括“独立型旅游资源单体”和由同一类型的独立单体结合在一起的“集合型旅游资源单体”。

(4)旅游资源调查:按照旅游资源分类标准,对旅游资源单体进行的研究和记录。

二、森林风景资源分类系统

（一）森林风景资源分类（现行国家标准）

《中国森林公园风景资源质量等级评定》（GB/T 18005—1999）对森林风景资源实行二级分类。

1. 地文资源

地文资源包括典型地质构造、标准地层剖面、生物化石点、自然灾变遗迹、名山、火山熔岩景观、蚀余景观、奇特与象形山石、沙（砾石）地、沙（砾石）滩、岛屿、洞穴及其他地文景观。

2. 水文资源

水文资源包括风景河段、漂流河段、湖泊、瀑布、泉、冰川及其他水文景观。

3. 生物资源

生物资源包括各种自然或人工栽植的森林、草原、草甸、古树名木、奇花异草等植物景观；野生或人工培育的动物及其他生物资源和景观。

4. 人文资源

人文资源包括历史古迹、古今建筑、社会风情、地方产品及其他人文景观。

5. 天象资源

天象资源包括雪景、雨景、云海、朝晖、夕阳、佛光、蜃景、极光、雾凇及其他天象景观。

（二）森林风景资源分类系统

为编制《国家重要森林风景资源保护目录》，2006 年国家林业局森林公园办公室制定了《森林风景资源分类系统（初稿）》，见表 13-1。

表 13-1　森林风景资源分类系统（初稿）

<table>
<tr><th>一级</th><th>二级</th><th>三级</th><th>四级（常见主要类型）</th></tr>
<tr><td rowspan="12">地文资源（T）</td><td rowspan="12">构造地貌（Ⅰ）</td><td rowspan="4">1. 断层地貌</td><td>a. 断块山</td></tr>
<tr><td>b. 断裂谷</td></tr>
<tr><td>c. 断层崖或断层三角面</td></tr>
<tr><td>d. 飞来峰</td></tr>
<tr><td rowspan="3">2. 褶皱地貌</td><td>a. 方山</td></tr>
<tr><td>b. 单面山、猪背脊</td></tr>
<tr><td>c. 盐丘</td></tr>
<tr><td rowspan="5">3. 熔岩地貌</td><td>a. 熔岩丘、熔岩垄岗、熔岩盖</td></tr>
<tr><td>b. 熔岩瀑布、熔岩湖</td></tr>
<tr><td>c. 熔岩流动构造</td></tr>
<tr><td>d. 玄武岩柱状节理</td></tr>
<tr><td>e. 熔岩隧道</td></tr>
</table>

续表 13-1

一级	二级	三级	四级(常见主要类型)
地文资源(T)	构造地貌(Ⅰ)	4. 火山地貌	a. 火山锥
			b. 火山口
			c. 寄生火山
			d. 火山喷气口
			e. 泥火山
		5. 地震地貌	a. 地面变形
			b. 地裂缝
			c. 地面喷沙
	岩石地貌(Ⅱ)	1. 石质地貌	a. 砂岩峰林
			b. 丹霞地貌
			c. 花岗岩峰林、石林、石球
			d. 流纹岩峰林
		2. 土质地貌	f. 火山灰土林
			e. 土(石)林
			f. 黄土地貌(黄土柱、黄土台)
	重力地貌(Ⅲ)	1. 崩塌地貌	a. 倒石堆
			b. 洞穴(岩洞、风洞、冰洞)
			c. 岩体滑落(一线天)
		2. 滑坡地貌	a. 滑坡体
			b. 滑坡后壁
	流水地貌(Ⅳ)	1. 山地河流地貌	a. 峡谷、嶂谷
			b. 曲流、离堆山
			c. 壶穴
			d. 岩槛
			e. 河流袭夺弯、风口
		2. 平原河流地貌	a. 古河道
			b. 天然堤(鬃岗)
			c. 河间洼地
			d. 江心洲

续表 13-1

一级	二级	三级	四级（常见主要类型）
地文资源（T）	岩溶地貌（Ⅴ）	1. 地表岩溶地貌	a. 石芽、溶沟、石林
			b. 峰丛、峰林、孤峰
			c. 漏斗、落水洞、溶蚀洼地
			d. 干谷、盲谷
			e. 天坑、地缝
			f. 波立谷（溶蚀盆地）
			g. 灰华台地、边石坝、灰华池
		2. 地下岩溶地貌	a. 溶洞
			b. 石钟乳、石笋、石柱
	湖成地貌（Ⅵ）	1. 湖蚀地貌	a. 湖蚀崖
			b. 湖蚀柱
			c. 湖心岛
		2. 湖积地貌	a. 湖滨沙滩
			b. 湖滨泥滩（芦苇荡）
			c. 湖积平原
	海成地貌（Ⅶ）	1. 海蚀地貌	a. 海蚀崖（海蚀穴、海蚀窗）
			b. 海蚀平台
			c. 海蚀拱桥、海蚀柱
		2. 海积地貌	a. 海滩（沙滩、砾石滩）
			b. 离岸堤、泻湖
			c. 海岸沙丘
			d. 陆连岛
	风成地貌（Ⅷ）	1. 风蚀地貌风景	a. 雅丹
			b. 风蚀洼地
			c. 风蚀柱（风蚀蘑菇）
			d. 风蚀龛
		2. 风积地貌风景	a. 新月形沙丘
			b. 金字塔形沙山
			c. 沙堆草丛
			d. 丘间洼地

续表 13-1

一级	二级	三级	四级(常见主要类型)
地文资源(T)	冰川地貌(Ⅸ)	1. 冰蚀地貌风景	a. 角峰、刃脊
			b. 冰斗
			c. 冰川谷(U 形谷)
			d. 羊背石
		2. 冰碛地貌风景	a. 侧碛堤
			b. 终碛堤
			c. 冰川漂砾
	冰缘地貌(Ⅹ)	1. 冻土地貌风景	a. 石海、石河、石冰川
			b. 构造土地貌(多边形土、石环、石圈、石带)
			c. 冰楔、沙楔
			d. 冰丘(冻涨丘)
			e. 热融洼地
		2. 寒冻貌风景	a. 寒冻残丘
	人工地貌(Ⅺ)	1. 废弃地貌风景	a. 煤矸石山
			b. 废弃采石场
		2. 建设地貌风景	c. 坑道(军用、民用)
			d. 水库
			e. 堤坝
水文资源(W)	泉水景观(Ⅰ)	1. 岩溶大泉	
		2. 间歇泉温泉	
		3. 珍珠泉	
		4. 温泉	
		5. 喷气孔	
	河流景观(Ⅱ)	1. 弯曲河(蜿蜒)	
		2. 辫状河	
		3. 网状河	
		4. 溪流	
		5. 急流浅滩	
		6. 地下暗河	
	深潭瀑布景观(Ⅲ)	1. 瀑布	
		2. 跌水	
		3. 深潭	

续表 13-1

一级	二级	三级	四级(常见主要类型)
水文资源(W)	湖泊景观(Ⅳ)	1. 断陷湖	
		2. 堰塞湖(地震、滑坡、灰华)	
		3. 牛轭湖	
		4. 池塘	
		5. 火山口湖	
		6. 盐湖	
	沼泽景观(Ⅴ)	1. 低位沼泽	
		2. 高位沼泽(湿地是生态术语,不列入水文资源)	
	海洋景观(Ⅵ)	1. 激岸浪	
		2. 潮汐	
		3. 风暴潮	
		4. 波浪	
	冰雪景观(Ⅶ)	1. 雪原	
		2. 雪山	
		3. 冰川	
		4. 冰湖	
		5. 冰河	
		6. 冰锥	
		7. 冰洞	
		8. 雪凇雾凇	
天象资源(A)	1. 朝晖夕阳		
	2. 云雾		
	3. 雨景		
	4. 雪凇雾凇		
	5. 极光		
	6. 蜃景		
	7. 自然声象		
	8. 龙卷风		
	9. 避暑气候		

续表 13-1

一级	二级	三级	四级(常见主要类型)
人文资源(W)	建筑物(Ⅰ)	1. 宗教建筑	
		2. 民居	
		3. 风景艺术建筑	
		4. 纪念建筑	
		5. 商业建筑	
		6. 休闲娱乐建筑	
		7. 名人故居	
	古迹(Ⅱ)	1. 遗址遗迹	
		2. 摩崖石刻	
		3. 石窟	
		4. 古墓葬	
	风物(Ⅲ)	1. 节假庆典	
		2. 民族民俗	
		3. 宗教礼仪	
		4. 神话传说	
		5. 民间文艺	
		6. 历史人物	
		7. 地方特产	
生物资源(B)	森林景观(Ⅰ)	1. 雨林	a. 湿润雨林
			b. 季节雨林
			c. 山地雨林
			d. 珊瑚岛雨林
		2. 季雨林	a. 落叶季雨林
			b. 半常绿季雨林
			c. 石灰岩季雨林
		3. 红树林	
		4. 常绿阔叶林	a. 典型常绿阔叶林
			b. 山地常绿阔叶林
			c. 硬叶常绿阔叶林
			d. 山顶常绿阔叶矮林

续表 13-1

一级	二级	三级	四级(常见主要类型)
生物资源(B)	森林景观(Ⅰ)	5. 落叶阔叶林	a. 典型落叶阔叶林
			b. 山地杨桦林
			c. 河岸落叶阔叶林
		6. 常绿落叶阔叶混交林	a. 落叶常绿阔叶混交林
			b. 山地常绿落叶阔叶混交林
			c. 石灰岩常绿落叶阔叶混交林
		7. 常绿针叶林	a. 热性常绿针叶林
			b. 暖性常绿针叶林
			c. 温性常绿针叶林
			d. 寒温性常绿针叶林
		8. 落叶针叶林	a. 暖性落叶针叶林
			b. 寒温性落叶针叶林
		9. 针叶阔叶混交林	a. 温性针叶阔叶混交林
			b. 寒温性针叶阔叶混交林
		10. 竹林	a. 热性竹林
			b. 暖性竹林
			c. 温性竹林
生物资源(B)	灌丛景观(Ⅱ)	1. 常绿阔叶灌丛	
		2. 落叶阔叶灌丛	
		3. 常绿针叶灌丛	
	草本植物景观(Ⅲ)	1. 草甸	
		2. 草原	
	珍奇植物景观(Ⅳ)	1. 古树名木	
		2. 国家重点保护的物种群落	
	动物资源(Ⅴ)	1. 鸟类	
		2. 兽类	
		3. 两栖爬行类	
		4. 鱼类	
		5. 昆虫类	

资料来源:国家林业局森林公园管理办公室。

三、森林公园风景资源调查

（一）风景资源调查内容

1. 自然地理

（1）地理位置及规划范围：森林公园所处地理位置，四界范围，规划面积、各类土地面积、各林种面积，所属山系、水系及大地貌区、中地貌范围等。

（2）地文：地质构造与地质年代，地形地貌特征，土壤及母岩状况等。

（3）气候：气候类型，温度，光照，降水，湿度，风，特殊天气、气候现象等。

（4）水文：森林公园及周边水资源状况，河流、湖泊、水库分布等。

（5）森林资源：所属自然区系、特点，植被类型与植物种类分布、特征；野生动物种类与分布等。

（6）区域环境质量：大气质量，地面水质量，土壤质量，负离子含量，空气细菌含量等，由相关部门提供监测报告。

2. 社会经济

（1）森林公园社会经济状况：森林公园历史沿革，人口、民族数量及分布，宗教状况；近几年来森林公园生产、建设和经营管理现状，涉及的其他类型保护地规划管理情况。

（2）所在市、县社会经济概况和林业发展情况。

（3）所在市、县社会经济发展规划、旅游业发展规划。

（4）周边各类景区建设情况：景区分布、规模及经营管理情况，近几年接待游客规模、结构，客源市场情况。

3. 基础设施建设

（1）森林公园内部交通及与大的交通网络（铁路、公路干线、机场、港口）连接情况。

（2）森林公园内部通信条件。

（3）森林公园内部水电条件。

（4）森林公园及周边食宿条件。

（5）森林公园及周边医疗条件。

（6）森林公园及周边商业条件。

4. 森林风景资源

（1）地文景观资源：具有保护、观赏、游憩价值的山峰、峡谷、奇石、溶洞、雪山、冰川遗迹、古生物遗存等地貌景观的地质类型、名称、位置、特征、规模、形成原因等，可远眺海、湖、河流、原野、林海、沙漠、日出、日落、云海、雾海等的位置及时段。

（2）水文景观资源：具有保护、观赏、游憩价值的湖泊、水库、瀑布、滩涂、河溪、泉水等景观的位置、特征、规模、流长、流量、落差、形成原因、水源地、季节变化情况等。

（3）生物景观资源。

①森林景观：具有较高保护、审美、科研、保健疗养等价值的植被、林分的类型、特征（品种、色彩、姿态、年龄、层次、花期、果期）、分布及面积、利用价值等。

②植物景观：具有较高保护、审美、科研价值的植物种类、数量、年龄、分布区域、面积及生长状况。

③古树名木：古树名木或重要景观树的位置、年龄、高度、胸径、冠幅、生长状况及历史传

说等。

④野生动物:国家、省重点保护野生动物或具有一定种群数量的其他野生动物的种类、数量、栖息环境、活动规律、经常出没区域等。

(4)天象景观资源:可供观赏的云海、雾海、日出、日落等的出现地点、时间分布、规模、观赏地点等。

(5)人文景观资源。

①历史遗迹:具有保护、观赏价值的建筑、遗迹、遗址等的年代、规模、保护级别、传说等。

②现代工程:具有观赏价值的现代工程设施、构筑物等规模、地点等。

③民俗风情、历史传说、宗教文化等。

④旅游商品:地方特产、工艺品。

5. 可借景观资源

森林公园范围以外,可借以烘托、利用的各类景观的类型、位置、特征、与森林公园的距离等。

6. 不利因素

对森林公园建设、旅游活动产生不利影响的各种障碍性因素,如多发性气候灾害,暴雨、冰雹、强风暴、沙尘暴等出现的季节、月份、频率、强度等;地质灾害,山崩、洪水、泥石流、地震、火山等出现的频率、强度;大气、水体、工矿等各类污染情况;常见地方病等情况。

(二)风景资源调查方法与步骤

1. 收集资料与统计分析

(1)全面收集自然地理、社会经济、人文景观资源、不利因素等基础资料,进行整理与科学性、时效性、逻辑性审查。尽可能使用最新数据、成果。

(2)广泛收集林业、土地、地质、矿产、文物、旅游、风景等各类资源调查、规划成果资料。

(3)对现有资料进行统计分析,综合考虑典型性、代表性、独特性、规模等因素,确定风景资源的初步分类、主要景观及外业调查内容。

2. 外业调查

(1)线路调查。全面了解森林公园风景资源类型、特征、分布情况,确定具有典型性、独特性、代表性的重点风景资源。对初查或现有资料不完整的森林公园,均匀加密布设调查线路;对现有资料较为完整或前期已开展相关调查的森林公园,可有针对性地布设调查线路,发现挖掘新的景观。

(2)典型调查。对主要景观的外观、形态、规模、体量、结构、内在性质、成因机制与演化过程、保护情况等进行实地调查,感受体验其美学、观赏价值,拍摄影像资料。对具有季节变化、时段变化特点的景观,分不同季节、时段进行调查。

(3)座谈访问。邀请专家和当地群众对民俗风情、历史传说、宗教文化等进行座谈访问。

3. 整理归纳

对调查资料进行归纳整理,编写景观介绍材料。发现有缺项、漏项的,及时进行补充调查。

4. 分析评价

依据有关技术标准,对森林公园风景资源进行定性、定量、综合分析评价。

5. 编制成果材料

1) 森林公园风景资源调查报告

(1) 前言(包括调查工作原由、目的,调查方法,调查队伍组成与调查工作情况)。

(2) 自然地理与社会经济情况。

(3) 森林风景资源类型。

(4) 森林风景资源分析与评价。

(5) 森林风景资源保护与开发利用建议。

2) 森林风景资源分布图

以1:10 000~1:25 000地形图为底图,按照有关技术规范编制。

四、森林公园风景资源分析与评价方法

(一) 定性评价

目前森林公园规划设计中普遍采用综合性定性评价方法。评价内容主要包括以下方面:

(1) 科学、美学、保护价值评价。对自然风景资源的典型度、独特性、代表性、自然性等进行分析评价。

(2) 历史文化价值评价。对人文景观的历史文化价值进行分析评价。

(3) 多样度和组合度评价。对风景资源类型、形态、特征等方面的多样化程度,各资源类型之间的联系、补充、烘托等相关程度进行分析评价。

(4) 旅游功能评价。对适宜开发的旅游产品、市场吸引力进行分析评价。

(5) 开发建设条件评价。对区位条件、可进入性、市场辐射范围等的分析评价。

(二) 定量评价

目前在规划设计、学术研究中存在着多种定量评价方法,大致分为数量化模型评价、按评价因子打分分层计算两种类型,对风景资源进行综合定量评价。《旅游资源分类、调查与评价》(GB/T 18972—2003)规定了旅游资源单体评价体系。因变量、评价因子的设定项目、打分标准不同,各种方法的评价结果之间无从比较,在森林公园风景资源分析评价中可参考应用。

(三) 定性定量综合评价

我国森林公园、自然保护区生态旅游规划均执行《中国森林公园风景资源质量等级评定》(GB/T 18005—1999)。其评价方法为:在对森林公园风景资源质量进行详细调查的基础上,按风景资源的特性和相关程序进行分类、分级,通过对风景资源的评价因子评分值加权计算获得风景资源基本质量分值,结合风景资源组合状况评分值和特色附加值获得森林风景资源质量评价分值。综合计算风景资源质量、区域环境质量、开发利用条件评价分值,综合评定森林公园风景资源质量等级。风景资源评价因子包括典型度、自然度、多样度、科学度、利用度、吸引度、地带度、珍稀度、组合度。

五、《国家重要森林风景资源保护目录》编制

2006年,国家林业局决定组织编制《国家重要森林风景资源保护目录》,其主要目的是将林业区划范围内具有稀有性、典型性和突出普遍价值的森林风景资源纳入重点保护范围,

实行分类管理，强化遗产资源保护，充分发挥林业的多功能、多效益，合理利用森林风景资源，不断满足人们日益增长的户外游憩需求，促进区域经济发展和社会主义新农村建设。

（一）国家重要森林风景资源范围

（1）具有神奇的地形地貌、独特的植被景观对比及其他特殊景观特征的各种森林风景资源的基础典型。

（2）曾经有过广泛的分布，但由于人类的定居和开发，逐步消失残存的具有特殊保护价值的自然景观。

（3）自然景观原貌保持完整且具有较高审美价值的资源。

（4）具有非地域性分布特征的风景资源，即某些生物资源自然分布在其生态区域边界或以外地域，并具有较高的代表性。

（5）单项资源虽不具有典型意义，但由这些资源及其环境要素完美结合而形成的具有极高审美价值的景观整体。

（6）在一定范围内，集中分布着多种风景资源类型，能为游憩、欣赏以及科学研究等提供最佳机会的森林风景区域。

（7）在说明或解释国家遗产的自然或文化主题方面具有特殊的价值或品质的资源。

（8）其他具有特殊价值，应重点加以保护的资源。

（二）编制工作内容

1. 确定保护对象

通过森林风景资源普查，确定林业区划范围内主要森林风景资源类型及保护对象，对各个保护对象进行科学命名，并对其成因、形态特征及保护价值等进行科学、系统的描述。

2. 划定保护范围

根据保护对象的规模及对其形成和演变具有明显作用的各种因素情况，划定需要重点保护的范围。

3. 提出保护策略

根据每个保护对象的具体情况，提出资源保护的重点和主要措施，明确开发过程中的限制性行为。

4. 落实保障措施

国家林业局通过公布《国家重要森林风景资源保护目录》，确立有关资源在森林风景资源保护体系中的地位，从法规、政策、管理和技术等方面，落实保障措施。

（三）编制工作程序

（1）省级林业行政主观部门负责组织森林风景资源普查、论证、遴选，按年度向国家林业局提报重要风景资源目录及相关材料。信息表样本见表 13-2 ~ 表 13-4。

（2）由国家林业局森林公园管理办公室对各地提报的重要风景资源目录及相关材料进行论证，提出审核意见。

（3）国家林业局按年度审定并公布《国家重要森林风景资源保护目录》。

表 13-2　重要森林风景资源信息表(样本一)

<table>
<tr><td rowspan="2">基本情况</td><td>资源名称</td><td>森林公园名称</td><td>资源规模(面积、数量等)</td></tr>
<tr><td>银杉、铁杉针阔混交林</td><td>大瑶山国家森林公园</td><td>60 hm²</td></tr>
<tr><td>形态、构成特征及保护价值特征</td><td colspan="3">大瑶山植被分布特点:水平分布上南为季风常绿阔叶林,北为典型的常绿阔叶林;垂直分布上,1 200 ~ 1 300 m 以上未出现常绿、落叶阔叶混交林,而是出现中山针阔混交林,这是大瑶山植被分布特有的现象。银杉、铁杉类针阔混交林就是处于这一海拔高度的中山针阔混交林的典型代表。
该区域植物区系、植被古老,保存了相当高的原生性,国家珍贵树木、有植物活化石之称的银杉的出现有力地证明了这一点。共分布有大、小银杉 150 株,目前世界上已发现的最大的银杉生长在此,其胸径达 89.5 cm、高达 25 m。针叶种中数量最多的为长苞铁杉,其次是广东松,再次是银杉。这里林相茂密,郁闭度达 0.9 以上。针叶树占据林冠层,高达 20 ~ 30 m,树干通直,胸径 1 m 以上的树木比比皆是,给人以古老和神秘的感受。
银杉是我国植物学家在 1955 年发现的古老活化石植物,在第三纪曾广泛分布于欧亚大陆(其植物孢粉出现在法国西南部渐新世、中新世地层中,球果化石见于俄罗斯远东地区第三纪地层中)。银杉是继水杉之后,我国植物学家的又一次重大发现,在植物系统发育研究中具有重要科学意义,震动了世界植物学界。因该植物仅分布在贵州、四川、广西、湖南等局部地区,极为稀少,十分珍贵,故被列为国家一级保护植物</td></tr>
<tr><td>资源成因</td><td colspan="3">大瑶山处于热带和南亚热带的过渡地带,植被的南北分布呈犬牙交错状态。由于地理位置的特殊性、地层和成陆的古老性以及地形、地貌的复杂性,特别是在地史上不受或很少受冰川运动的影响,大瑶山因而成为不少古老植物的避难所,形成了大瑶山植物区系和植被古老、植物种类繁多的特点。银杉、铁杉类针阔混交林就是这种特点的典型代表。</td></tr>
<tr><td>影响因素分析及重点保护范围</td><td colspan="3">银杉、铁杉类针阔混交林的分布范围较狭小,面积在 60 hm² 左右,但周围有大面积的铁杉类针阔混交林,不仅对银杉、铁杉类针阔混交林起到生境保护作用,而且其本身的植物区系也很古老,具有很强的代表性。因此,应将这些铁杉类针阔混交林一并划入重点保护范围,即东、西、南扩展至大瑶山国家级自然保护区边界,包括猴子山在内,向北延展至长滩河,重点保护范围总面积 790 hm²。</td></tr>
<tr><td>保护措施</td><td colspan="3">严格按照国家级森林公园景观保护区的保护、建设要求进行管理。同时,采用人工促进繁育措施,扩大其自然种群数量:
1. 选择优良母树,每年按时采集种籽,妥善保存,用以扩繁。
2. 选择大瑶山适宜银杉生长的沟谷,采用人工播种或育苗栽植的方式,进一步扩大银杉的自然种群</td></tr>
</table>

资料来源:国家林业局森林公园管理办公室。下同。

表 13-3　重要森林风景资源信息表(样本二)

<table>
<tr><td rowspan="2">基本情况</td><td>资源名称</td><td>森林公园名称</td><td>资源规模(面积、数量等)</td></tr>
<tr><td>瀑布群</td><td>广西姑婆山国家森林公园</td><td>1 km 范围内分布有瀑布 20 处</td></tr>
<tr><td>形态、构成特征及保护价值特征</td><td colspan="3">姑婆山瀑布群位于广西姑婆山国家森林公园仙女溪中段,在不足 1 km 的距离内发育了天女瀑布、银帘瀑布、九曲瀑布、楠木瀑布、鸳鸯瀑布、玉龙瀑布等规模不等的瀑布 20 余条,其中落差大于 20 m 的有 16 处,瀑布、跌水、深潭相间出现,组成瀑布群景观,是姑婆山自然景观的精华所在,在全国具有一定的代表性。
瀑布群不仅瀑布数量多、间距小,而且形态各异,有人字瀑、帘形瀑、三叠瀑等,或粗如银柱,直灌深潭;或薄若白绢,缥缈如烟;或呈散状、片状、水帘状落下,聚形、声、动为一体,极具观赏价值。
位于仙女溪沟头的九曲瀑布是瀑布群中规模最大的一个,由 12 级瀑布和跌水组成,为阶梯式瀑布。瀑布总落差超过 120 m,丰水季节宽 15 m,枯水季节宽 10 m。水流沿陡崖而下,尤如银河倾泻,气势磅礴。瀑布附近则细雨霏霏,水汽弥漫,如蒙蒙雾霭,袅袅轻烟,迎着阳光彩虹道道,五彩缤纷,与青山绿水共辉,令人叹为观止。
组成九曲瀑布的次级瀑布和跌水规模统计
<table>
<tr><td>瀑布编号</td><td>1</td><td>2</td><td>3</td><td>4</td><td>5</td><td>6</td><td>7</td><td>8</td><td>9</td><td>10</td><td>11</td><td>12</td></tr>
<tr><td>高度(m)</td><td>10</td><td>6</td><td>12</td><td>8</td><td>8</td><td>12</td><td>20</td><td>6</td><td>20</td><td>15</td><td>12</td><td>5</td></tr>
<tr><td>宽度(m)</td><td>15</td><td>3. 5</td><td>5</td><td>2</td><td>1</td><td>1</td><td>1</td><td>3</td><td>5</td><td>1</td><td>1</td><td>4</td></tr>
<tr><td>坡度(°)</td><td>85</td><td>70</td><td>60</td><td>35</td><td>25</td><td>60</td><td>80</td><td>90</td><td>80</td><td>35</td><td>25</td><td>90</td></tr>
</table></td></tr>
<tr><td>资源成因</td><td colspan="3">1. 姑婆山国家森林公园地处中亚热带季风气候带,雨水充沛,年降水量达 1 704 mm,山地森林植被茂密,溪流中水量丰富,流水常年不息,为瀑布的形成提供了有利的水文条件。
2. 姑婆山由花岗岩体组成,岩石质地坚硬,受新构造运动影响,第四纪期间山体强烈隆起,造成山地地势陡峭,地形起伏显著,相对高差一般为 600 ~ 800 m,最大可达 1 446 m。
3. 区内北西走向为断裂发育,沿断裂带多悬崖峭壁。
4. 本区新构造运动具有间歇性抬升的性质,受间歇性抬升的控制,每一次抬升都会在沟谷中形成一级裂点,频繁的构造抬升导致山地沟谷中裂点发育,数目众多,其中高差较大的裂点形成瀑布,高差较小的裂点形成跌水,多级瀑布和跌水迭次出现,组成壮观的瀑布群体</td></tr>
<tr><td>影响因素分析及重点保护范围</td><td colspan="3">1. 山地水源涵养能力的大小直接影响瀑布的规模和发育。
2. 瀑布水量随季节变化,枯水季节瀑布规模相对较小,影响可观赏性。
3. 旅游活动带来的各种废弃物对水质产生影响。
4. 山坡地质灾害对瀑布群景观具有很大的破坏作用。
5. 溪流河道的状况(包括两岸的树木、堆积物、建筑物)可以对瀑布景观产生明显影响。
重点保护范围:仙女溪流域,沿两侧山脊线,面积 × × × hm^2</td></tr>
</table>

续表 13-3

保护措施	1. 严格保护流域区内森林植被。 2. 除必要的游览、休憩、环卫、科教设施外,不得进行其他大规模项目的建设,严禁有碍瀑布景观或影响水源的项目建设。 3. 定期对溪流水量和水质进行观测、检验,掌握水文状况的变化情况。 4. 加强环卫工作

表 13-4 重要森林风景资源信息表(样本三)

基本情况	资源名称	森林公园名称	资源规模(面积、数量等)
	砂岩峰林地貌	广西大瑶山国家森林公园	莲花山,100 hm^2
形态、构成特征及保护价值特征	莲花山海拔 1 342.5 m,砂岩峰林主要集中在海拔 1 000 ~ 1 342.5 m,面积 100 hm^2。山体由近乎水平的石英砂岩构成,地势险要,沟壑深切,多悬崖峭壁。峰林主要由 30 多座砂岩石柱组成,石柱顶平壁陡,高百米以上,柱体宽 30 ~ 50 m,常有奇松、古树生长于悬崖峭壁间。登高远望,只见形态各异、大小不一、高度不等的石柱突兀在山坡之上、绿树之中。 莲花山砂岩峰林地貌形态典型,虽规模较小,但由于人为破坏少,天然植被保存较好,在全国极为少见,具有很高的保护价值		
资源成因	1. 莲花山位于大明山—大瑶山隆起区,构造以整体隆升为主,新构造运动比较活跃,山地地势陡峭,地形起伏显著,为砂岩峰林地貌的形成提供了有利的构造背景。 2. 莲花山由下泥盆系统中薄层石英砂岩组成,岩层质地均一、坚硬,近乎水平分布,为砂岩峰林地貌形成提供了基础。 3. 受区域构造应力场的影响,石英砂岩节理发育,常见不同方向的两组节理,不仅为流水侵蚀提供了下切裂缝,形成深沟峡谷,而且容易导致岩石沿节理裂开崩落,形成各种形态的石柱和峰林		
影响因素分析及重点保护范围	1. 基础设施、服务设施建设对景观有不利影响。 2. 各种废弃物对景观造成污染。 重点保护范围:以主峰莲花山为中心,面积约 100 hm^2。海拔 1 000 m 以下至金秀河河谷(海拔 640 m)之间的山体(面积约 430 hm^2),虽没有山体上部砂岩峰林景观壮丽,但也具有较高的审美价值,可以作为砂岩峰林景观的有益补充,同时,这部分山体与公路、当地居民的耕作区相连,可以对主体景观资源起到保护缓冲作用,应加强保护,适当控制开发建设强度		
保护措施	严格按照国家级森林公园景观保护区的保护、建设要求进行管理		

第三节　森林公园建设可行性研究

森林公园建设可行性研究是森林公园设立、总体规划、建设项目立项的主要依据，其主要任务是：对拟建森林公园的森林风景资源质量、开发建设条件进行分析论证，评价其建设的可行性，提出森林公园规划范围、建设目标与期限、景区划分、景区景点建设项目、组织管理等方面的建议，估算投资与资金来源，进行效益评价。

森林公园可行性研究报告的具体内容、成果格式、编制单位要求，按照设立许可（审批）部门的规定执行。

一、可行性研究的基本内容

（一）规划建设背景

（1）项目由来和立项依据。

（2）建设森林公园的必要性。

（二）建设条件论证

（1）地理位置。

（2）自然地理条件（地文、森林资源、气候、水文）。

（3）社会经济条件。

（4）基础设施条件。

（三）森林风景资源条件

（1）森林风景资源条件。

①森林风景资源概况。森林公园范围内风景资源的类型、数量、特征、规模。

②重点森林风景资源情况。重点森林风景资源类型、特征、规模，在全国、本省或本地区的价值与地位。

（2）可借景观资源。

（3）森林风景资源质量评价。

①依照《中国森林公园风景资源质量等级评定》（GB/T 18005—1999）对森林风景资源逐项评价、打分，综合评定该公园的质量等级。

②其他定性、定量评价。

（4）不利因素分析。

（四）建设构想

（1）森林公园的性质与范围。

（2）森林公园建设指导思想与目标。

（3）功能区划与景区划分。

（4）环境容量与游客规模预测。

（五）主要建设项目

（1）森林风景资源培育、保护工程。

（2）森林旅游产品开发。

（3）旅游服务设施。

(4)基础设施。

(六)投资估算与资金筹措

(七)项目效益评价

(1)生态效益评价。

(2)社会效益评价。

(3)经济效益评价。

(八)附件

(1)森林风景资源调查报告。

(2)森林公园区位交通图。

(3)森林公园功能分区与景区分布图。

(4)森林公园风景资源及景点分布现状图。

二、设立国家级森林公园可行性研究报告编制提纲

2006年,国家林业局森林公园管理办公室规定了设立国家级森林公园可行性研究报告的编制内容与格式,其编制提纲见表13-5。

表13-5 设立国家级森林公园可行性研究报告编制提纲

1 基本情况

森林公园名称,申请人名称,申请人通讯地址、邮编,负责人(法人代表)姓名、联系电话,森林公园所属行政区域(县一级行政区域)。

森林公园的地理坐标、四界范围和规划面积。

森林公园内森林覆盖率、原始林面积、次生林面积、人工林面积;森林公园内林地面积,国有林面积、集体林面积、其他林面积。

2 重点森林风景资源

2.1 重点森林风景资源基本情况

2.2 重点森林风景资源评价

3 资源基本条件

3.1 地文条件

3.1.1 森林公园所属山系

3.1.2 地质构造和地质年代

3.1.3 地形地貌特征

3.1.4 土壤及母岩状况

3.1.5 地文条件对开展旅游的价值或不利影响

3.2 气候条件

3.2.1 森林公园所在区域气候类型

3.2.2 年气温变化和无霜期

3.2.3 光照条件

3.2.4 湿度状况

3.2.5 降水状况

3.3 水文条件

续表 13-5

3.4　森林资源条件
3.4.1　森林公园所属自然区系
3.4.2　森林植被特征
3.4.3　公园内主要植物种类和植被类型
3.4.4　公园内野生动物资源
3.5　区域环境质量
3.5.1　大气质量
3.5.2　地面水质量
3.5.3　土壤质量
3.5.4　负离子含量
3.5.5　空气细菌含量
3.6　社会经济条件
3.6.1　森林公园社会经济条件
3.6.2　所在市、县社会经济情况
3.6.3　所在市、县社会经济经济发展规划和旅游规划
3.7　基础设施条件
3.7.1　森林公园内部交通
3.7.2　森林公园内通信情况
3.7.3　森林公园内水电条件
3.7.4　森林公园及周边食宿条件
3.7.5　森林公园及周边医疗条件
3.7.6　森林公园及周边商业条件
4　森林风景资源调查
4.1　自然景观资源调查
4.1.1　生物景观资源调查
4.1.1.1　森林植被景观
4.1.1.2　森林植物景观
4.1.1.3　古树名木景观
4.1.1.4　野生动物景观
4.1.2　地文景观资源调查
4.1.3　天象景观资源调查
4.1.4　水文景观资源调查
4.2　人文景观资源调查
4.2.1　历史遗迹
4.2.2　现代工程
4.2.3　民俗风情
4.2.4　史事传说
4.2.5　旅游商品
4.3　可借景观资源调查
4.4　旅游开发条件调查
4.4.1　开发条件调查

续表 13-5

4.4.1.1　森林公园外部交通
4.4.1.2　旅游适游期
4.4.1.3　公园所处的旅游区位条件
4.4.1.4　公园进入大区旅游网络的条件及可能性
4.4.1.5　地方政府和林业部门支持森林公园所做的工作
4.4.2　不利因素分析
5　森林风景资源质量评价
6　附录
6.1　森林公园内国家及地方重点保护野生植物名录
6.2　森林公园内国家及地方重点保护野生动物名录
6.3　森林公园区位交通图
6.4　森林公园森林风景资源及景点分布现状图
6.5　森林公园区域环境质量检测报告

资料来源：国家林业局森林公园管理办公室林场园字[2006]12 号。

第四节　国家级森林公园行政许可项目

按照国务院令第 412 号规定，国家级森林公园设立、撤销、合并、改变经营范围或者变更隶属关系审批作为确需保留的行政审批项目，由国家林业局实施行政许可事项的办理。2005 年国家林业局制定了《国家级森林公园设立、撤销、合并、改变经营范围或者变更隶属关系审批管理办法》（国家林业局第 16 号令）。

一、设立国家级森林公园申报、审批程序及有关规定

（一）申请人资格与国家级森林公园设立条件

1. 申请人资格

森林、林木、林地的所有者和使用者，可以申请设立国家级森林公园。

2. 准予许可的条件

设立国家级森林公园，应当具备以下条件：

（1）森林风景资源质量等级达到《中国森林公园风景资源质量等级评定》（GB/T 18005—1999）一级标准。

（2）拟建的森林公园质量等级评定分值 40 分以上者。

（3）符合国家森林公园建设发展规划。

（4）森林风景资源权属清楚，无权属争议。

（5）经营管理机构健全，职责和制度明确，具备相应的技术和管理人员。

（二）申报材料及要求

（1）申请文件。文件内容包括：拟设立国家级森林公园的区域位置、地理坐标、四界范围和经营面积，主要景观特色及保护建设情况，近几年旅游经营情况。

（2）森林、林木和林地的权属证明材料。

①申请人持有的林权证或土地权证，尚未颁发林权证的，由县级人民政府或上级林业主

管部门出具证明。

②涉及他人所有或使用的林地或土地的，出具相关权利人同意申请人上述林地和土地进行经营管理的书面协议，并注明经营管理期限。

③涉及他人所有或使用的各类景观景物、设施和构筑物的，出具相关权利人同意纳入森林公园范围，并服从申请人统一规划和管理的书面协议。

④林地（土地）、景观景物、设施和构筑物属集体所有或使用的，要按照《村民委员会组织法》有关规定，有关协议应经村民大会或村民代表会议通过。

（3）可行性研究报告。

（4）森林风景资源景观照片。主要森林风景资源照片，不少于30张，光面像纸冲印，标注景观名称或简要文字说明；编辑为25 cm×29 cm像册，封面、册脊标注森林公园名称，首页附森林公园简介。

（5）森林风景资源影相光盘。光盘内容以展示森林公园内的重要森林风景资源特征、规模及四季变化为主，并反映地理位置、规划面积、植被类型、野生动植物资源分布等基本信息，重要景观作文字标注。内容格式为VCD或DVD，时长8 min以内。

（6）经营管理机构职责、制度和技术、管理人员配置等情况的说明材料。

（7）所在地省级林业主管部门的书面意见。

（三）审批程序

1. 申请及受理

申请人向国家林业局提出申请，并提交申报材料。国家林业局收到申请后，对申请材料齐全、符合法定形式的，出具《国家林业局行政许可受理通知书》；对不予受理的，及时告知申请人并说明理由，出具《国家林业局行政许可不予受理通知书》；对申请材料不齐或者不符合法定形式的，出具《国家林业局行政许可补正材料通知书》，并一次性告知申请人需要补正的全部内容。

2. 实地考察与专家评审

申报材料符合要求的，国家林业局在10日内出具《国家林业局行政许可需要听政、招标、拍卖、检测、鉴定和专家评审通知书》，在规定时间内组织实地考察和专家评审。

3. 审查决定

实地考察和专家评审通过后，经国家林业局审查符合条件的，由国家林业局在20日内作出准予行政许可决定；经审查不符合条件的，由国家林业局作出不予行政许可决定，说明理由并告知复议或诉讼的权利。

二、国家级森林公园撤销、合并、改变经营范围或者变更隶属关系审批的有关规定

申请国家级森林公园撤销、合并、改变经营范围或者变更隶属关系等的，由经正式批准设立的国家级森林公园的单位、组织或个人向国家林业局提交申请；属国家级森林公园行政许可实施前批准的，由批复文件所列明的建设单位提交申请。

（一）国家级森林公园撤销

1. 主要条件

（1）主要景区的林地依法变更为非林地的。

(2)经营管理者发生变更或改变经营方向的。

(3)因不可抗力等原因,无法继续履行保护利用森林风景资源义务或提供森林旅游服务的。

2. 需提交的材料

(1)申请文件。

(2)说明理由的书面材料。

①主要景区变更为非林地的法律性文件。

②经营管理者发生变更或者改变经营方向的证明,申请人或相关主管部门出具。

③因不可抗力无法继续履行保护利用森林风景资源义务或提供森林旅游服务的证明,由申请人或相关主管部门出具。

(3)所在地省级林业主管部门的书面意见。

(二)国家级森林公园合并

1. 主要条件

(1)符合国家级森林公园建设发展规划。

(2)符合国家级森林公园的森林风景资源质量等级标准。

2. 需提交的材料

(1)申请文件。由合并国家级森林公园所涉及的申请人共同提交。文件内容包括:合并理由,合并后森林公园统一使用的名称,合并后的管理体制和职责分工,合并后的四界范围。

(2)合并后经营管理机构职责、制度和技术、管理人员配置等情况的说明材料。

(3)所在地省级林业主管部门的书面意见。

(三)国家级森林公园改变经营范围

1. 主要条件

(1)符合国家级森林公园建设发展规划。

(2)符合国家级森林公园的森林风景资源质量等级标准。

2. 需提交的材料

(1)申请文件。

(2)扩大经营范围的,应提供:

①森林、林木和林地的权属证明材料(同国家森林公园设立要求)。

②新增范围内的森林风景资源调查报告(参照国家级森林公园设立可行性研究报告相关要求)。

③森林风景资源景观照片。

④森林风景资源影相光盘。

⑤经营管理机构职责、制度和技术、管理人员配置等情况的说明材料。

(3)缩小经营范围的,应提供。

①拟减少范围在森林公园中的位置示意图。

②拟减少范围的景区景点现状图。

③该森林公园缩小经营范围后对森林风景资源质量影响的情况说明。

(4)所在地省级林业主管部门的书面意见(一式2份,原件)。

（四）国家级森林公园变更隶属关系

1. 主要条件

（1）符合全国林业发展总体规划。

（2）不影响森林风景资源的保护。

2. 需提交的材料

（1）申请文件。

（2）说明理由的书面材料。

（3）森林公园原隶属的上级林业主管部门同意的意见。

（4）所在地省级林业主管部门的书面意见。

第五节　森林公园森林旅游产品

一、森林旅游产品的概念

森林旅游产品规划、开发贯穿于森林公园总体规划，景区、景点基础、服务设施建设，市场营销的全过程，是森林公园建设经营的一项核心内容。

（一）旅游产品

旅游产品是随着旅游的商业化而出现的一个概念，是指旅游企业向市场出售的商品。旅游产品作为一种无形产品是一个复合概念，在理论上是指旅游者出游一次获得的整个经历。国内外旅游学者从不同角度对旅游产品进行了定义。吴必虎在对各种定义进行研究后，提出在旅游规划范畴，旅游产品可区分为广义、中义、狭义三种定义。

1. 广义的旅游产品

广义的旅游产品是由景观（吸引物）、设施和服务三类要素所构成。其中景观（吸引物）是指自然实体和历史文化实体（包括文化氛围和传统习俗）所组成的中心吸引物，正是由于景观的吸引作用才使潜在旅游者产生出游动机；设施是指旅游者得以进入和满足基本生理需求、高层生理需求的交通等基础设施及食宿等旅游设施，它们通常是一些现代建筑物；服务是旅游者在体验景观和身处设施场所中所接受到的物质或精神上的奢侈享受，它们通常是非物质形态的，人为创造出来的。通常情况下，只有景观才能构成吸引物，是旅游产品的核心部分，但在特定条件下，设施和服务本身也能形成主要的旅游吸引物。

2. 中义的旅游产品

中义的旅游产品是指景观（吸引物）和设施构成的集合体，它带有较强烈的物质产品特点，涉及旅游景区（点）、交通通信、给排水、能源、旅游住宿餐饮、购物设施等内容。

3. 狭义的旅游产品

狭义的旅游产品往往仅指旅游景观（吸引物），有时可以粗略地等同于通俗意义上的旅游景区（点），以及一部分非具象的人文景观。

（二）旅游产品的一般特征

与市场上一般产品相比，旅游产品具有无形性、生产与消费的不可分割性、不可贮藏性、所有权的不可转移性、易波动性、生命周期、综合性等显著特征。

旅游产品特征与旅游产品开发存在着重要关系。旅游产品的无形性说明游客购买旅游产品不是为了物质享受，而是为了精神享受。因此旅游产品的主题创意、设计的独特性和创新性对旅游产品开发的成功较一般的工业产品更为重要。生产与消费的同时性和不可贮藏性反映了旅游产品的生产与消费必须同时进行，旅游产品不可能在消费者购买之前提前生产并贮存起来，消费者也不可能一次购买多个产品慢慢消费。因此，旅游产品具有较强的时间性，在进行产品开发时，必须考虑旅游产品的可生产时间与游客的闲暇时间相一致。所有权的不可转移性说明，游客对旅游产品的消费必须在生产所在地进行，这不仅使可进入性成为影响产品消费的一个重要因素，而且游客对游憩地生态环境的冲击大小以及游憩地的承载力也是进行产品开发时必须考虑的另一个重要因素。旅游产品的易波动性说明市场需求的变动趋势对旅游产品开发的影响大于一般产品。旅游产品的综合性说明，单项旅游产品开发的成功与否与其他产品及外部环境具有较大的关联性。

（三）旅游产品生命周期

由于供给与需求关系的变化，绝大部分旅游产品、旅游目的地都存在着涨落兴衰的现象，被称为旅游产品的生命周期现象。这是旅游产品的一个重要特征。生命周期一般可以通过销售和市场占有率的变化进行识别判断。1980 年加拿大地理学家巴特勒系统阐述了旅游地生命周期理论，以旅游者人数、时间作为变量，用一条近 S 曲线的变化，把旅游地的发展阶段分为介入期、探索期、发展期、稳定期、滞长期和衰弱期等 6 个不同时期，指出："旅游吸引物并不是无限和永久的，而应将其视为一类有限的并可能是不可更新的资源，旅游区的开发应保持在某个预先决定的容量的限制范围内，使其潜在的竞争力能得以保持较长的时间。目前我国旅游业处于快速发展时期，旅游市场瞬息万变，在旅游目的地规划、建设中，必须高度重视旅游产品的生命周期，努力延长其发展期，通过更新产品、开发旅游新产品，防止衰落期的到来，步入复兴期的良性循环，保持旅游目的地的吸引力和竞争力。

（四）森林旅游产品及其分类

2004 年，兰思仁从森林旅游的一般特征出发，对森林旅游产品进行了定义：以森林景观资源或以森林为依托而存在的自然旅游开发而形成的旅游产品。同时，提出了森林旅游产品分类系统（见表 13-6）。

森林旅游产品除具有一般旅游产品的特征外，还具有自身的个别特征，主要包括周期性、季节性、有限承载性、垄断性、资源质量依赖性、消费对资源的冲击性等。这些特征对森林旅游产品开发具有较大的影响，必须综合考虑。

表 13-6　森林旅游产品分类

森林旅游产品类别		举例	物质载体
一级分类	二级分类		
观赏型旅游产品	自然观光型旅游产品	原始森林景观、气象景观、地质景观、山岳景观、河段景观、喷泉、稀有动植物等	自然景观资源
	提升观光型旅游产品	植物专类园、季相林大型野生动物园、小型动物专类园（鸟类观赏园、蝶类观赏园等）、缆车观光	动植物资源

续表 13-6

森林旅游产品类别		举例	物质载体
一级分类	二级分类		
参与型旅游产品	滞留服务型旅游产品	居住小木屋、帐篷、竹楼	帐篷旅馆、木屋旅馆、竹楼旅馆
	郊野游乐型旅游产品	露营、野炊、烧烤、特色餐饮品尝、扑蝶	野炊区、烧烤区、露营区
	运动健身型旅游产品	水上运动项目(划船、舰艇、漂流、垂钓、游泳等)	水体(湖泊、水库、河段等)
		山体运动项目(登山、攀岩等)	山体
		陆上运动项目(滑雪、滑草、骑马、骑车、狩猎、高尔夫球等)	滑雪场、滑草场、狩猎场、原始森林
	保健疗养型旅游产品	森林浴、温泉浴等	森林、温泉、高山
	返璞归真型旅游产品	远足、林副产品采摘、野果野菜采摘品尝	森林、荒野地
	探险刺激型旅游产品	山洞探险、高山探险、原始森林探险、快艇、高空降落、蹦极	险洞、高山、原始森林、水体
	科普教育型旅游产品	制作标本、动植物认知、动植物科普讲座、生态研习	植物标本园、植物专类园、自然博物馆等
	纪念型旅游产品	纪念林、节事纪念活动、旅游商品	

二、森林旅游产品概述

(一)观赏型旅游产品

观赏型旅游产品是指以满足游客对旅游景观的美学欣赏为目的而开发设计的旅游产品。游客对该类旅游产品的需求目的主要是通过视觉上的欣赏获得美感与享受。观赏型旅游产品质量受游客密度的影响较小,具有较大的承载量。

1. 传统自然观光型旅游产品

传统自然观光型旅游产品指利用自然景观资源开发的、以满足游客对自然景观资源的美学欣赏以及好奇心为主要特征的旅游产品。旅游吸引物包括名山大川、峡谷湖泊、喷泉瀑布、森林、草原、海滨海岛、河流河段等,属于较强的资源型旅游产品。自然观光型旅游产品具有良好的教育功能,能够使旅游者在欣赏大自然之美的同时,获得陶冶个人情操、锻炼人生意志的机会。其主要特点是:由于资源的自然性,该类产品具有很强的垄断性和不可模仿性,能获得较大的垄断利润;一般不需要大量投资,风险较小,盈利能力强;由于环境密度对产品的质量影响较小,故旅客容量较大;自然观光产品与多种旅游产品具有良好的兼容性。

森林公园拥有丰富的自然景观,是开展观光旅游的最佳场所。自然观光旅游产品也是我国森林公园开发最早、最初级和最普遍的产品形式,目前在旅游市场上处于统治地位。

2. 升级的观光旅游产品

升级的观光旅游产品指利用人造景观开发的观光型旅游产品。为了适应旅游市场需求,弥补资源供给与市场需求的不一致,20世纪中叶以来,世界各国开发商或政府投资创建了多种新型的旅游吸引物,被称为"人工景观"、"人造景观"、"模拟景观"或"人为景致",形成了一代升级型观光旅游产品。该类旅游产品项目的出现是商业投资的结果,升级的观光旅游产品与自然观光旅游产品的一个重要区别,是在长时期内不具有垄断性,不能获得长期的利润。

就森林公园而言,属于这种升级的观光旅游产品主要有以下几种类型:

(1)人工景观林观赏园。人工景观林是通过人工模拟植物生长环境,培育营造而成的具有某种观赏价值的景观林。人工景观林观光旅游产品是以人造森林景观为观赏主体形成的观光旅游产品,一般可分为叶类观光旅游景观林、花类观赏景观林、果类观赏景观林。其主要特点是:由于景观林的生长周期较长,人工景观林的投资成本较大,故资金的回收时间长;由于形成森林景观的森林的生物特性,故人工景观林具有明显的季节性,故一般年适游期较短,如南京中山陵梅园,年适游期不超过40天;由于人工景观林是人工模拟植物的自然生长环境,故人工景观林的生长必须具有适宜的气候和环境,只有具备较好的区位条件,人工景观林产品项目的投资建设才具有经济效益。

(2)花卉观赏园。指以花卉为观赏主体形成的观光旅游产品,如河南洛阳国家牡丹园、福州国家森林公园开发的兰花苑等。由于花卉的生长周期较短,故该类产品的投资回收期一般较短,资金回收较快,由市场需求的不确定性而导致的投资风险较小。但由于花卉的花期较短,因而该产品的适游期较短,需要较大的市场支持。另外,对于人工较为容易培育的花卉品种,产品的竞争力不强。

(3)小型野生动物专类园。指以某一种或几种野生动物为观赏主体形成的观光旅游产品,如较为普遍存在并受游客欢迎的哺乳类动物专类园、鸟类观赏园及蝶类观赏园等。这类动物园规模整体较小,动物的生存环境不同于自然野生状态,其行为活动受到一定程度的限制。珍稀性和可观赏性是小型野生动物专类园产生竞争力的重要因素。

(4)大型野生动物园。大型野生动物园是随着野生动物物种和其生境的逐渐丧失而出现的一种新型观光旅游产品。一般是由人工模拟野生动物的原生环境,集中放养珍稀濒危野生动物,动物处于近自然状态生活,行为不受限制。该类产品的主要目的是为旅游者提供接触野生动物的机会,以满足其观赏动物、认知动物、了解动物及研习动物的需求动机,同时,也成为野生动物驯养繁殖的重要基地。

(5)其他类型的升级型观光旅游产品。除了以动植物生物景观为主体形成的人工仿生景观旅游产品外,随着社会的发展,由人工模仿自然景观创造的升级型旅游产品类型越来越多。目前已经出现的有:由人工模仿自然山水景观形成的观光旅游产品(如人造瀑布、人造喷泉)、由人工模拟自然景观(如山脉、河流)并按照一定比例缩小形成的缩微景观、通过乘坐缆车观赏景观形成的观光旅游产品(缆车观光)。这类旅游半成品完全是人为创造的结果,与以自然景观构成的产品相比,投资巨大,一般只有在具有非常好的区位条件和非常差的资源条件下才具有开发的可行性。

(二)参与型旅游产品

参与型旅游产品指以满足游客参与某一活动、获得某一体验为目的而开发设计的旅游产品。游客对该类产品的需求目的是通过参与到某一项活动之中、获得某种体验。与观光类产品相比,参与体验型旅游产品的吸引区域半径较小,对区域的依赖性较强。另外,参与型旅游产品质量受游客密度的影响较大,游客密度的增加会极大地降低游客体验参与型产品的质量,承载量相对较小。

1. 滞留服务型旅游产品

滞留服务型旅游产品指兼具休息与娱乐双重功能、以使游客长时间地滞留于目的地为特征的旅游产品。目前森林公园开发的主要产品项目有小木屋旅馆、帐篷旅馆、林间别墅等。虽然此类产品的主要功能是为旅客提供住宿,但游客购买此产品考虑的主要因素是产品的娱乐性,并以获得娱乐作为购买此类产品的主要目的。随着我国度假旅游的兴起,这些产品将会得到越来越多人的青睐。这类产品不仅从供给上费用低,与森林环境有较好的协调性,对森林生态环境和景观环境的冲击小,而且从需求者来说,它使人们的纯粹生理休息与娱乐结合起来,既克服了黑夜带给游客的枯燥感,又大大增加了游客体验自然、了解自然与享受自然的机会和时间。

林中居住是游客森林休闲度假的一种重要形式,滞留服务型产品项目的森林条件应具备:具有较大面积的森林以及形成了明显的森林小气候;林相整齐,景观外表优美;林内无野生猛兽,毒蛇较少;具有较多产生负氧离子或疗养保健功能的林分和树木。

2. 郊野游乐型旅游产品

郊野游乐型旅游产品指集游乐与野趣为一体的旅游产品。其最大特点是,产品具有娱乐性的源泉不是来自于人类社会的现代文明,而是来自于产品本身所具有的原始性、荒野性和自然性,人们通过旅游产品的消费,亲身体验与大自然相协调的经历,不仅从中获得了娱乐,而且增加了对自然界的认识,亲身感受到自然界万物和谐相处的美妙,增加游客对生态环境的保护意识。传统的、旅游模式相对稳定的效野游乐型旅游产品主要包括以下几类。

1)露营

露营指满足游客在野外住宿、过夜,以获得接近大自然欲望的一种产品形式。与帐篷旅馆不同的是,露营提供者一般只划出一定的露营地,游客自主性比较大,可以自带帐篷,也可以租用公园的帐篷,还可以使用其他方式露营,游客还可以在露营地自由选择露营地点。根据露营使用工具的不同,国外将露营方式分为帐篷式露营、汽车露营等。露营是一种消费相对较低的度假方式,在国外很受欢迎。随着经济的发展和群众生活质量的提升,露营产品在我国未来将具有较大的需求弹性。

2)野炊、烧烤

野炊、烧烤是在野外的一定区域,由森林公园提供原料或游客自备原料,游客自己动手完成的一种餐饮方式。它是一种集休闲娱乐和餐饮于一体,心理需求和生理需求于一身,具有双重功能的传统型旅游产品,娱乐性、趣味性、参与性较强。游客购买此类产品的主要动机与目的正是产品所具有的娱乐性和趣味性。该类产品比较适合于集体参与,是亲朋好友、家庭休闲娱乐的理想旅游产品。

野炊、烧烤旅游项目对旅游资源的依赖性不强,属于资源遍在性旅游产品。野炊、烧烤场地,一般应选择在溪旁林下,开阔平坦、干燥通风,杂灌较少的地方。建设规模根据市场需求可大可小,灵活性较大,产品项目投资较小,投资风险较小,但一般存在着竞争力不强、盈利能力不强问题。

3)特色餐饮品尝

特色餐饮品尝指森林公园利用所拥有的较具特色的餐饮原料(如野菜、野山菌等)为游客提供的一种娱乐性餐饮服务。游客通过对此类产品的消费不仅满足了生理上的饮食需求,而且体验到与日常饮食不一样的感觉,同时还能增加对自然与生态的认识和了解。从产品供给者角度看,特色餐饮产品利用公园自身拥有的独特资源,不仅能够增长游客的消费量,还能节约产品成本,是森林公园应该开发的一种重要的旅游产品类型。特色餐饮产品的价值不在于餐饮原料的价值,而在于游客从中获得的服务以及关于自然界生态演替的规律和知识。特色餐饮旅游产品开发的关键在于所用资源原料的特色、导游人员的服务水平。

3.运动健身型旅游产品

运动健身型旅游产品指通过游客的参与运动,能够使游客达到健身效能的旅游产品。

1)水上运动项目

水上运动项目指利用水体(湖泊、水库、河段等)开发的运动健身型旅游产品项目。产品项目又可细分为:

(1)划船。一般指利用由游客自己操作运作的机械式小型木筏船开发的划船产品项目,主要满足游客休闲与娱乐的旅游动机。该类产品项目对水体的冲击破坏较小,产品开发的投资成本较小,风险较小。

(2)漂流。漂流产品项目是利用河段资源,以满足游客的新奇、刺激的需求动机为目的而开发的一种水上旅游项目,具有较高的惊险性、刺激性与体验性,是一种高度资源依赖型旅游产品项目,具有很强的季节性、区域性和高盈利性。一般来说,漂流项目是一种资源非遍在性旅游项目,漂流之地往往位于交通欠佳、经济不发达地区,需要依托一个经济发达的腹地,保证一定的客源市场。开发该项目要求漂流河段有一定数量的深水域,保证产品项目的刺激性;又要有平缓之流,让游客有欣赏两岸风光的机会,河段两岸应有具一定质量的观赏景观;气候舒适,保证有较长的适游期。

(3)垂钓。垂钓是一项利用各种水体资源开发的,以满足游客休闲娱乐为目的的一种传统型水上娱乐项目。其投资成本很低,是一种典型的遍在性旅游项目,不具有垄断性。

2)山体运动项目

山体运动项目指利用山体开发的、以满足游客健身为目的的产品项目。

(1)登山。登山是指由人工特地在山体上铺设道路,使游客能够将身体沿着山体移动,从而在获得休闲、娱乐与观光的同时,使身体得到锻炼,达到健身、休闲、娱乐的目的。从满足游客需求的功能上,登山项目又可分为娱乐性登山、健身性登山和探险性登山,三者在道路的建设设计上有很大的区别。娱乐性登山强调登山给游客带来的娱乐效果,道路设计上强调新奇性,同时保证服务上的周全性。健身性登山强调给游客带来健身效果,在道路设计上可增加一定的难度,以增强健身效果。探险性登山强调惊险性,在道路设计上一般在不危及安全的情况下,越险要,越能满足旅游需求,旅游效果越好。

(2)攀岩。攀岩是一种较为专业的利用山体进行健身的旅游项目。该项目不需要大量固定的基础设施建设,投资成本较低。但属于高风险性产品项目,要求具有较完善的安全防范设施。攀岩旅游项目较为专业,在旅游市场上需求不大。

3）陆上运动项目

陆上运动项目指在陆地（平地或坡地）上开发的以满足游客健身、娱乐为目的的产品项目。

（1）滑雪。滑雪指在具有一定坡度的陆地上，利用一定的自然积雪或人工造雪开发建设的一种运动健身项目。它具有较强的趣味性，市场需求量大，普及性强。由于滑雪项目系统性较强，投资成本较大。有关专家研究认为，地形和积雪度是决定滑雪产品质量的重要因素，而气候条件决定着每年的适游期长短。因而地形、积雪厚度、气候条件是决定旅游资源质量的重要考虑因素。滑雪旅游项目对自然资源的要求比较严格，属于资源非遍在性旅游项目，产品的盈利能力较强。投资较大，要求有一定的市场群体支撑，对区位条件有较高的要求。

（2）狩猎。狩猎指通过向游客提供捕猎野生动物的机会，使游客得到健身与娱乐目的的产品项目，属于对自然环境冲击最大的产品项目之一。随着全社会生态保护意识的不断强化，越来越多的人不赞成开发狩猎旅游产品，但也有一些人认为，在一定的管理条件下，游客对资源环境的冲击可以控制在环境可以承载的限度。由于狩猎对生态环境的强度冲击性质，故应作认真选择。根据狩猎产品项目的特点，狩猎旅游地应具备的基本条件是：野生动物种类多，但基本没有国家重点保护野生动物；山势起伏不大，坡度较缓；区内无常住居民，人为活动少；可以开展人工饲养、繁育野生动物，以补充动物资源数量。

4. 保健疗养型旅游产品

保健疗养型旅游产品指具有能够满足游客身心保健、疗养需求动机功能特征的旅游产品。常见的产品类型有：

（1）森林浴。森林浴是目前森林公园开发的最普遍的保健疗养型旅游产品。它是指通过使游客沐浴在森林中，或漫步、或娱乐、或小憩，利用森林的杀菌、吸毒等功能，使游客达到养生、保健的目的和效果的产品项目。对于森林公园来言，森林是一种遍在性资源，并且可以根据需要人工培育树种，因此森林浴属于一种遍在性的旅游产品。由于各种树种在杀菌、消毒功能上的效能不同，在进行森林浴场的选择时，应具备如下条件：空气清新，不含有毒气体，无菌、无尘；绿林成荫、疏密适中，凉爽宜人；林中枝叶能挥发出多种杀菌物质，树种组成以松、柏、杉、桧、榉、栎、杨、槐等为主；地势平缓，交通方便，光照充足；达到一定面积，满足不同的游客量的基本空间要求，一般小型森林浴场面积为 1 ~ 2 hm^2，中型面积为 2 ~ 4 hm^2，大型面积为 4 hm^2 以上。

（2）温泉浴。温泉浴是另一种较普遍的保健疗养型旅游产品。主要是利用温泉的保健与疗养功能开发的以满足游客保健疗养需求为目的的一种疗养型旅游产品。由于温泉形成的非人工性，这种保健疗养型产品不可能根据需要遍地开发，而只能在有温泉存在的区域才能进行此类产品开发。

（3）高山浴。高山浴是利用高山的保健与疗养功能开发的保健疗养型旅游产品。

5. 返璞归真型旅游产品

返璞归真型旅游产品指具有能够满足游客回归自然、寻求生活真谛的动机需求功能的旅游产品。游客从事该项产品活动的行为主要有远足、林副产品采摘、野果野菜采摘品尝等。由于这些活动的自由度很大，产品自身的特征限制管理者的过多介入，因而目前较为成型的返璞归真型旅游产品项目在我国较少。

6. 探险刺激型旅游产品

探险刺激型旅游产品指具有能够满足游客冒险、刺激等需求动机功能特征的旅游产品。该类产品具有一定的危险性和刺激性,为一些喜欢冒险和刺激的游客所偏爱,他们对于一定危险所带来的刺激感和克服危险之后所获得的成就感具有较强烈的需求欲望。根据风险产生的不同,又可将此类产品分为两类。

(1)自然形成型。指旅游产品的风险来自于自然形成,人们对风险的大小不能完全了解也不能完全控制,如由山洞、高山、原始森林形成的产品项目,山洞探险、高山探险、原始森林探险等。

(2)人为创造型。指旅游产品的风险来自于人为的创造,出于人们希望通过这种刺激调节日常平淡生活的欲望需求。但人们并不喜欢自身不能控制的危险,而是希望获得有惊无险的刺激。于是一些能够满足人们这一需求特征的现代化的刺激型产品项目应运而生。如快艇、高空降落、滑道等。与自然形成型产品不同,这些产品的风险来自于有意创造,风险的大小、性质可以控制;产品项目由大量的现代化设备组成,生命周期较短。对产品的开发者来说,要求较大的投入资金在短期内能得到回收,必须具备较好的区位条件。

7. 科普教育型旅游产品

科普教育型旅游产品指以满足人们增长知识、扩大视野等需求动机而开发的旅游产品。森林公园生物多样性丰富,是大自然留给人类的宝贵财富,正在承担起人们尤其是学生生态知识教育的重要任务。目前开发的产品主要有植物多样性科普教育园、植物专类园、植物标本园、珍稀植物园、珍稀动物园以及以森林公园资源为依托建立的自然博物馆。依托这些旅游吸引物,近年来森林公园还开发了其他一些旅游产品项目,如学生夏令营活动、科普知识讲座等。

8. 纪念型旅游产品

纪念型旅游产品指对游客来说具有一定纪念意义的旅游产品。旅客购买纪念型旅游产品的目的是对某一项事件的纪念。属于这一类型的旅游产品有纪念林、节事纪念活动、纪念商品(旅游商品)等。

第六节　森林公园总体规划

森林公园总体规划的基本任务是:在对森林公园森林风景资源条件、社会经济条件、资源保护利用现状与未来发展趋势调查分析研究的基础上,确定森林公园的性质、资源保护利用方式、开发建设规模与目标,统筹安排基础设施、旅游服务设施、资源保护设施建设内容与资金概算,评估效益。总体规划是森林公园建设管理、建设项目立项的基本依据与指导性文件,是提高资源保护管理水平与经济效益的重要措施与手段。

一、森林公园总体规划的基本原则

(1)坚持生态效益、经济效益和社会效益相统一,生态效益优先,遵循“以人为本、严格保护、科学管理、统筹规划、合理开发、永续利用”的森林公园建设基本方针。

(2)坚持以保护资源、环境为主的建设方向,适度开发建设,严格控制各类容易造成景观与环境破坏的大型永久性人工设施建设和旅游活动,维护景观资源的真实性和完整性。

(3)坚持以森林风景资源为基础,以旅游客源市场为导向,保护、利用、开发相结合,环境容量、游客规模、建设规模相适应。

(4)突出森林风景资源的自然、原始、质朴特征和地域特色,深入挖掘其美学、文化、科学价值,充分发挥其观赏、游憩、保健、教育等功能优势。

(5)统一布局,统筹规划,宏观控制,分步实施,滚动发展,逐步完善,促进森林公园的持续、健康、协调发展。

(6)与区域林业发展、土地利用、生态环境保护等规划相协调,促进森林公园建设与区域经济社会的协调发展。

二、总体规划的基本内容

依据《国家森林公园总体设计规范》(LY/T 5132—95),结合目前森林公园建设管理实际,国家森林公园总体规划的基本内容如下。

(一)基本情况

森林公园自然地理概况,社会经济概况,历史沿革,森林公园建设与森林旅游现状。

(二)风景资源分析与评价

风景资源概况;风景资源质量评价、区域环境质量评价、旅游开发利用条件评价与风景资源质量等级评定;其他方式风景资源定性、定量分析评价,与同类型景区的对比分析、与周边景区的互补分析。

(三)环境容量估算与客源市场分析定位

环境容量估算,客源市场现状(构成、地理与时间分布),客源市场发展趋势分析,客源市场定位与预测,客源市场竞争力分析等。

(四)总体规划总则

指导思想,规划原则,规划依据,规划分期等;森林公园定位、发展目标等。

(五)总体布局

森林公园性质与范围,形象定位,建设目标;功能区划与景区划分;分区功能定位,开发建设思路。

(六)旅游产品与游览线路规划

旅游产品规划,游览方式,旅游线路组织。

(七)分区规划

分区景点、设施建设规划。

(八)森林景观规划

森林景观及植被培育改造、保护规划。

(九)基础服务设施规划

接待服务设施规划,道路交通规划,给、排水规划,供电规划,邮政、通信、广播、互联网、电视工程规划,医疗服务系统建设规划,旅游厕所建设规划,旅游标识系统建设规划等。

(十)防灾及预警系统建设规划

森林防火、有害生物防治、预警系统建设规划。

(十一)旅游商品规划

(十二)旅游营销策划

旅游营销策划、营销措施等。

(十三)保证体系建设

管理体制,保证体系建设,旅游人力资源开发等。

(十四)投资估算与建设时序与效益分析

概算依据,投资估算,资金筹措,建设时序及重点建设工程。

(十五)效益分析

经济、社会、生态效益分析。

(十六)保障措施

实施总体规划的各项保障措施。

三、总体规划文件组成

(一)总体规划文本

按照有关规程、规范规定的提纲编写。

(二)规划图纸

规划图纸比例尺为1:10 000～1:25 000。主要图类:森林公园区位图、风景资源分布图、客源市场分析图、规划总图、功能分区图、游览线路组织图、基础设施与服务设施建设规划图等。

(三)附件

(1)森林公园风景资源调查报告。

(2)客源市场调查分析报告。

(3)专题研究报告。

(4)有关文件批复、会议纪要及协议等。

四、森林公园总体规划编制审批程序

(一)编制时间要求

按照国家林业局设立许可要求,国家级森林公园自批准设立后18个月内,编制完成总体规划;省和市、县级森林公园总体规划的编制时间,由批准部门提出要求。

(二)总体规划编制程序

1.前期准备工作

(1)确定规划编制单位。森林公园建设单位根据设立审批的林业主管部门的规定和要求,采取公开招标、邀请招标、直接委托等方式确定总体规划编制单位。

(2)签订编制合同(或协议)。森林公园建设单位与规划编制单位签订合同(或协议),明确编制时间、规划费用、成果材料要求、双方责任等。

(3)成立编制领导小组(或工作组)。森林公园建设单位与规划编制单位协商成立包括双方及上级主管部门、咨询专家参与的编制工作领导小组(或工作组),负责解决规划的重大原则、技术问题。

2. 基础资料收集

广泛收集森林公园所在区域的自然地理、社会经济等基础资料，森林风景资源调查报告、可行性研究报告及过往经营管理、技术资料。充分利用现有资料，必要时应开展专项调查、补充调查。

3. 外业调查

（1）森林风景资源调查。前期未开展森林风景资源调查的，按照调查办法规定，对森林风景资源进行全面调查，编制风景资源调查报告与资源分布图。前期已进行过全面调查，且调查资料翔实、完整的，可采取重点调查的方法，结合旅游开发建设调查对重点景观进行调查。

（2）旅游开发建设调查。主要包括：森林公园现有基础设施、服务设施、保护设施的规模、数量、标准、质量和使用运行情况；旅游活动情况；拟规划建设的景点、设施、旅游线路的布局、选址。

（3）对比调查。对森林公园周边重点景区进行走访调查，重点调查风景资源特征、各类设施建设情况、旅游经营运行情况，了解掌握森林公园与周边景区的竞争性、合作性因素。

（4）旅游客源市场调查。全面调查了解森林公园及周边景区的门票和服务收费价格、经济效益，游客规模、来源、构成，旅游方式、停留时间、消费水平等。

4. 总体规划编制

目前，森林公园总体规划编制按照《国家森林公园总体设计规范》（LY/T 5132—95）及其他现行有关专业技术标准、规范操作。

（1）对收集、调查的各类资料进行整理、分类、综合分析。

（2）依照有关技术标准、规范、规程，结合森林公园实际，提出森林公园性质、功能区划与景区划分、开发建设思路、主要旅游产品、景点、设施建设等初步方案，向森林公园建设单位征询意见。

（3）按专业分工编制规划、绘制图表，专人负责统稿，完成总体规划（初稿）。

（4）向当地有关业务主管部门、咨询专家征求意见（必要时可召开中期评审会），进行修改补充，完成森林公园总体规划（送审稿），提交评审会议。

（三）总体规划评审与报批

1. 审批部门

根据有关规定，国家级森林公园总体规划由省级林业行政主管部门负责审批，报国家林业局备案。省和市、县级森林公园总体规划审批单位，按照批准文件要求确定。

2. 评审与报批

森林公园总体规划一般采取会议审查方式。评审会议由负责审批的林业行政主管部门组织；评审委员会（或专家评审组）由相关专业学科专家、相关行政主管部门代表 7 ~ 15 人参加，由负责审批的林业行政主管部门商森林公园建设单位确定参加评审会议人员。

森林公园总体规划经评审会议通过，并按评审意见修改后，规划单位印制正式成果，交森林公园建设单位上报审批。

3. 评审重点

森林公园总体规划评审应围绕规划的依据、定位、目标、内容、结构、深度等方面进行重点审查，包括：

(1)基础依据的充分性;
(2)森林风景资源调查的科学性、全面性;
(3)森林公园性质、定位的客观性、准确性;
(4)规划目标的科学性、前瞻性、可行性;
(5)功能区划和景区划分的科学性、合理性;
(6)景区、景点开发建设的科学性、合理性;
(7)森林旅游产品的科学性、创新性;
(8)资源环境保护措施的合理性、完整性;
(9)建设项目投资的经济性、合理性;
(10)规划成果的规范性。

第七节　森林公园旅游市场调查与评价

旅游产品作为一种商品,必须通过市场进行交换,做好旅游市场的调查研究和评价,是制定森林公园总体规划、开拓客源市场、调整森林公园经营策略的基础依据。

一、旅游市场的概念与特点

旅游市场的概念有狭义和广义之分。狭义的旅游市场是指旅游商品交换的场所;广义的旅游市场则是指旅游产品交换过程中所反映的经济行为以及各种关系的总和。

森林公园旅游市场包括4个重要组成部分:森林旅游消费者、森林旅游产品、推销、价格。这与其他商品和服务概念没有区别,但从市场职能来考察,森林公园旅游市场与其他商品和服务市场相比又有明显不同的特点。

(一)异地性

森林风景资源开发成旅游产品,旅游产品的需求者既有当地居民,又有异地居民。森林公园以开发更具有特色的旅游产品来吸引异地的旅游产品需求者,这就形成了需求者与供给者在空间上分离的异地性特征。这一特征要求森林旅游开发不仅仅要明确目标市场顾客的需求,开发出适销对路的旅游产品,而且应有正确的市场定位和促销策略,使目标市场顾客缩短购买的决策过程,增加购买量。

(二)季节性

森林公园旅游市场的季节性较强,在一年中的不同时期,其需求量有明显差别,旅游淡旺季分明。近年来,各地假日经济的兴起,使这一问题更为突出。季节性特征使旅游产品供求经常失衡。因此,森林公园开发经营时应根据淡旺季的不同特点作出合理安排,以缓解或消除季节性的影响。

(三)多样性

为了满足旅游者的各种需求,森林公园旅游市场的旅游商品种类、产品购买形式和产品交换关系都是多样变化的。旅游市场的多样性是由旅游者多种多样的需求而决定的。在森林公园建设经营中,无论是旅游资源配置,还是产品项目设计,都应注意从多方面满足游客的需求,这直接关系到森林公园的成败。

（四）波动性

森林公园旅游市场受各种因素的影响都可能引起波动。这种波动造成森林公园旅游产品销售忽高忽低，导致经济效益的不稳定，甚至重大损失。因此，森林公园开发形成旅游产品时，不仅要密切注意目标市场消费者现实的潜在的需求，而且要密切注意造成森林公园旅游市场波动的因素，认真研究了解其变化趋势和规律，采取相应对策，尽量减少市场波动带来的影响。

（五）竞争性

当市场经济处于买方市场的情况下，高度竞争是必然的。森林公园旅游市场同样表现为高度竞争的特征。其表现在：一方面存在众多的森林旅游产品供给者，推销各种各样的产品；另一方面存在众多的森林旅游需求者，选购适合自己需要的产品。森林旅游资源的范围和分布广泛，且各具特色，森林旅游供给具有广泛性，但缺乏垄断条件。同时，不同的森林旅游者，兴趣爱好各异，形成对不同地区、不同森林旅游产品的需求，而且需求越来越多样化，不断刺激着旅游市场的高度竞争。森林公园开发要注意根据旅游资源的特点，开发特色产品，以满足旅游者更多的需求，森林公园定位则要注意避免竞争对手针锋相对。

二、旅游市场划分

任何一个森林公园的旅游产品只能吸引、满足一部分旅游者，不可能满足所有旅游者的需求。旅游市场的划分标准多种多样，森林公园必须确定自己的市场范围，从不同侧面对庞大、复杂、不同类型市场构成的整体旅游市场进行划分。

（一）按地理区域划分

这是一种传统的至今仍得到普遍重视的细分方法。有以国界划分的国际旅游市场和国内旅游市场；又有以国别划分的各国旅游市场，如日本旅游市场、美国旅游市场、中国旅游市场等；还有以世界上的主要地区划分的区域市场，根据世界旅游组织的分类，世界旅游市场可分为六大旅游市场，即欧洲旅游市场、美洲旅游市场、东亚与太平洋旅游市场、非洲旅游市场、中东旅游市场、南亚旅游市场。森林公园经营者必须了解主要消费客源国（地）的地理分布、与主产品的消费距离、消费习惯差别及有无何种特别需要；了解国内外游客的消费状况，城市、农村及山区的生活环境、区别和特点等，以便在不同地区有针对性地开展不同的营销活动。可以根据客源产生地理位置划分为若干种类，如国际旅游市场、国内旅游市场，本地区森林旅游市场、邻近或外地旅游市场等。一般说来，远程旅游需要时间较长，消费较高，游客多属于经济比较富裕、生活条件比较优越、时间比较充裕的人群。近程旅游由于旅途时间短，旅游消费相应较少，常被那些收入较少、空闲时间较短的游客所利用。短距离游客客源充足，对旅游产品品位要求不同，企业的经营投入相对较低，而经营效益有一定的保证。森林公园的主攻方向应一般以争取中短距离游客为主，如具备优越条件，也不能放过争取远距离游客的机会。

（二）按人口状况划分

主要是以人口自然、社会、经济三方面的状况进行细分。自然状况包括年龄、性别、婚姻、健康等；社会状况包括民族、宗教、信仰、教育、国度、文化、职业等；经济状况包括收入水平、赡养人口数量、闲暇时间等。每一种细分都分不同特点的市场类型。如老年人群体一般经济条件较好，有充裕的闲暇时间，游览观光的兴趣较浓，在外滞留时间较长，消费水平较高，但对旅游产品的质量、安全及吃住行条件特别重视，容易接受优质高价政策；成年人旅游市场是当今旅游市场的主力，尤以参加会议和从事商务及科学考察者居多，经济基础比较雄厚，消费水平也较高，是游客队伍的主力军；青少年旅游市场是游客队伍中的生力军，是一个不可忽视的旅游市场，青少年思想活跃，好奇心强，生活节奏快，除喜欢出游外，还喜欢寻求刺激性、探险性、参与性的旅游项目，但这部分人经济条件不大宽裕，讲求经济实惠；少年儿童则更热衷于游乐设施和喜欢认识大自然的种种魅力，除跟随家长旅游外，多以增长知识、锻炼生活能力为主的夏令营方式进行。

（三）按旅游目的划分

由于人们旅游目的的不同，对旅游活动内容要求的侧重点也存在差异，从而形成了不同的需求结构，出现了不同性质的旅游市场。

1. 观光旅游

观光旅游是想了解异国风情、异地风光。森林公园以一定的自然或人文景观吸引森林观光旅游的游客，游客可以欣赏森林公园的自然风光或历史文化，或得到以前从未有过的体验。若增加一些产品项目，开展一些活动，如露营、野餐、滑冰、滑雪、登山、骑车、狩猎、钓鱼、漂流、乘热气球等，会进一步增加旅游者的乐趣，也能更好地吸引游客，使他们能更好地了解森林公园所在地的地域文化、风俗习惯，以增长知识，享受新奇的刺激和生活方式。目前，这种旅游方式约占到旅游市场的50%以上。

2. 度假旅游

随着生活水平的提高，人们想用双休日和节假日出游来调整自己的生活节奏，以便更好地劳逸结合和养精蓄锐。度假旅游多属散客，且以家庭方式出游较多，一般占整个旅游市场20%左右。

3. 单位组织的旅游

森林旅游已成为一种时尚，有的单位组织员工进行森林旅游（奖励旅游），也有的以“三八”、“五四”、“六一”等节日组织妇女、青年、儿童进行旅游活动，开展爱国主义和革命传统教育。在农历“九月九日”重阳节组织老年人登高，以及在母亲节、父亲节、教师节等节日组织各种单项旅游活动。其消费水平也较高，并能调节淡旺季旅游市场。在各大城市，这种方式日益增多。

4. 会议、科普、探险、科学考察及商务旅游

这种旅游方式的份额比例正在不断扩大。人们聚集在一起，参加会议或者科研、商务活动，在此期间，组织与会者进行旅游考察。这种方式的旅游活动要求往往较高，消费也较大。按照近几年的发展趋势，这种旅游方式会愈来愈多，对服务的要求不断提高，效益也愈来愈好。

5. 探亲访友或祭祖扫墓等为目的旅游

这种旅游形式尤以港澳台同胞及海外侨胞居多，每年的总人数不少，并形成了历史习惯。这种旅游形式的存在和发展有利于扩大森林公园影响，提高公园知名度。

（四）按旅游者消费特点划分

由于旅游者的地位、职业和受教育程度不同，对待旅游产品欣赏要求存在差异。首先要重视和开发高档旅游者，这部分人有国外游客、港澳台游客，也有国内一些收入较高的企业家、名人、学者、高级干部以及各类专家、画家、作家、名演员、著名运动员等，他们大部分受过

高等教育，对生活方式和产品档次都比较讲究，追求舒适、安逸，对旅游产品的鉴别力和审美能力也更高，并具有明显的职业特征。

其次是中档旅游者，这部分人最多，包括一般公务员、教师、科技工作者和商业人士等。这部分人对豪华的东西极力回避，他们只渴求一般的森林旅游，满足于一般的观光休息，喜欢到熟悉和安全的地方去，消费水平也维持在一般水平。

生活暂时处于困难或只能维持基本生活的旅游者，由于经济条件所限，传统观念比较浓厚，对一些高消费娱乐及旅游产品望而却步，他们一般选择近距离的森林公园，但有一部分是未来的潜在旅游者。

三、旅游市场调查

从市场学角度看，森林公园旅游市场是指森林公园的旅游产品的现实购买者及潜在购买者，换言之，也就是森林公园的需求市场或旅游客源市场。旅游市场调查就是运用现代科学手段，进行各种调查、预测和评价，及时掌握旅游客源市场的变化趋势，为森林公园的计划目标和营销策略提供科学依据。

(一)旅游市场的调查方法

以确定客源市场为目的的调查，由于调查因子多，客源区范围大、人口多，调查工作量很大，特别是调查工作涉及客源区的整个社会经济方方面面，其中，经济收入和旅游消费额对某些人来说，具有一定的敏感性，要想取得全面、准确的调查材料，存在很大的难度，因此，在调查工作开始前必须首先根据客源区人口数量和社会经济水平，研究确定合理的调查方法。

1. 文献调查法

文献调查法是市场调查人员针对特定目标收集大量有关旅游业务的文献资料进行分析研究的方法。实践中，几乎所有的旅游市场调研都始于这种方法。只有当文献调查法不能为达到调查目的提供足够的依据时，才着手其他调查方法。

文献调查法具有如下优点：收集资料需要的时间不多；收集资料花费的费用很少；有助于市场工作人员更精确、更有的放矢地收集第一手材料。但文献调查法同时也具有一些缺点：收集、整理的资料往往不能适应调查目的，数据对解决问题不能完全适用；现有资料的分类编组形式往往与调查目的不一致，给比较、分析带来一些困难；现成资料大多为过时资料，时效性较差；有些资料缺乏精确性，给市场分析带来困难。

文献调查法的主要资料来源有：旅游企业内部材料，各类旅游市场刊物、杂志、网站、调研专辑以及国际或区域旅游组织和市场调研机构的年鉴及其他资料。

2. 间接调查方法

间接调查是通过第三者进行调查的方法。旅游客源市场当地政府有关部门或单位掌握了有关各种调查因子，如户籍部门是客源区人口各种信息的有效掌握者，民政部门是民族节日情况的掌握者，旅游部门是当地群众各种旅游活动的信息源，应通过各种途径进行收集。

使用间接调查法比较节省人力、财力和时间，而且使用间接调查法是获得各项因子总体信息的有效方法。例如，属于户籍部门掌握的那些因子，其他单位没有能力，也无法去掌握。其他各项因子，如统计、旅游、税收等部门和社会经济研究单位掌握的信息，也是唯一信息源，其他单位不可能提供。至于从邻近区域各旅游经营单位查阅到的关于接待客源旅游者人数及旅游消费信息，可能很不准确，但又不能缺少。为使间接调查顺利完成，调查者应事先与被调查者就有关事项达成协议，如向对方提供表式，约定收表日期和对数据完整性、真实性的要求，以及付给被调查者的费用和酬金等，并规定对违约方的罚则，以利共同遵守。

3. 直接调查法

凡是通过旅游者直接回答而获取调查信息的方法为直接调查法。

（二）旅游市场调查内容与步骤

1. 调查目的

（1）调查预期市场范围内的居民旅游和休闲娱乐的消费心理以及消费行为特征。

（2）测试预期市场范围内的居民对建设中的主题化娱乐休闲项目的需求程度。

（3）了解潜在旅游者的休闲娱乐消费水平，并对森林公园的价格心理预期和价格进行测试。

（4）预测旅游者对森林公园的选择比重和重游可能性，并对开业后的客观重游率进行调查研究。

2. 调查内容

（1）居民旅游和休闲娱乐消费的态势及变动走向。

①旅游经验、方式、频率以及平均年消费水平。

②休闲娱乐的经验、方式、频率以及平均年消费水平。

③尚未被满足的旅游、休闲娱乐需求。

④影响旅游、休闲娱乐行为的因素。

⑤森林公园设计的主题与市场认同的主题在概念上的差异测试。

⑥对森林公园设计的各项主题项目的选择偏好测试。

⑦对森林公园设计的各项主题项目的喜好程度测试。

⑧个人旅游、休闲娱乐习惯与家庭旅游、休闲娱乐的差异度调查。

⑨近期旅游、休闲娱乐计划。

（2）居民旅游、休闲娱乐价格测试。

①个人每年旅游、休闲娱乐的费用支出结构和水平。

②不同旅游方式及平均支付的费用数量。

③各种不同动机下旅游、休闲娱乐可接受的价格水平。

④对价格的重视程度测试。

⑤价格对决策行为影响程度测试。

⑥对森林公园不同主题项目的消费支出意愿。

⑦价格对重游率的影响程度测试。

（3）重游可能性及重游率测试。

①被访问者来森林公园的频率。

②游玩项目及所用时间。

③对不同主题项目的评价。

④同行者数量。

⑤被访问者与同行者的关系。

⑥入园及出园时间。

⑦是否会重游及其原因。

⑧何时会重游。

⑨与何人重游。

⑩重游时将会游玩的项目。

⑪是否会向其他人推荐及推荐理由。

(4)周边地区居民旅游需求调查。

①森林公园知名度及游历经验。

②当前旅游、休闲娱乐的消费活动及消费支出水平。

③对森林公园的主题概念进行测试。

④当前的旅游计划。

⑤当前来森林公园所在地旅游的计划及影响因素。

⑥来森林公园旅游的可能性及影响因素分析。

⑦外出旅游可接受的价格水平。

(5)个人及家庭统计资料。

①性别。

②年龄。

③文化程度。

④家庭平均每月收入水平。

⑤婚姻状况。

⑥家庭成员。

3. 调查步骤

整个调查过程分为以下步骤:策划设计,确定调查对象与数量,设计调查方式,印制调查表格,培训调查人员,正式调查,调查结果汇总、研究分析,编写调查报告。

1)策划设计

根据规划建设需要,确定森林公园旅游市场调查的目的,分析各类基础资料,确定调查范围与调查内容、调查方法,制定工作计划,拟订资料收集表格。

2)确定调查对象与数量

对拟定的调查客源区,根据不同调查内容,使用“抽样调查法”,选择一定数目、有代表性的居民(人员),为设定的问题提供答案。客源区总人口为“总体”,从客源区人口中选择的有代表性的调查对象为“样本”,调查样本数量为样本数。使用数理统计方法进行旅游市场潜力调查时,应注意以下几条规律性概念。

(1)从客源区总体抽出来的每个样本,即调查对象都对客源区居民有一定的代表性。他们的回答能在一定程度上反映客源区居民对于到对象区进行森林旅游的意向、具体需求及其旅游消费能力。所以,同一客源区调查对象越多,就意味着调查结果越能准确地反映客源区居民的意向、需求、消费能力和人数,调查精度越高;反之,调查对象越少,调查精度就越低,对客源区居民的代表性就越差。

(2)类别相同的居民在经济收入、消费能力、价值观念等方面差别较小。所以,同样数量的调查对象,对人口类别比较单一的客源区的代表性比较强,对人口类别较复杂的客源区的代表性比较差。换个角度说,人口类别比较单一的客源区所需要的调查对象人数较少;反之,则较多。

(3)尽管调查对象人数越多,调查的精度越高,但调查对象人数增减和调查精度升降之间的关系,是按一种函数曲线变化的,而不是调查对象增减一个,调查精度便升降一个相等的幅度。森林旅游客源市场潜力调查,只需了解居民大概的意向,不要求很高的调查精度,答问者原则上能在各类别人口中都有些代表性就基本能满足调查要求。

(4)利用"分层抽样"方法,把客源区人口总体划分为若干组,再分别以这些组为总体进行抽样,可以减少每个调查总体中所含人口类别层次,从而能够大幅度降低必须答问者的比率。

3)设计调查方式

文献调查法与间接调查法的调查方式如前述。直接调查法的调查方式包括直接交谈和问卷调查两类。直接交谈又分为面谈和电话交谈两种方式;问卷调查分为寄送问卷调查和互联网上广告问卷两种方式,各种调查方式应灵活应用。

(1)内部组织严密的单位的调查对象,如学校的学生、驻军的战士等,可在学校、部队支持下,将问卷发给他们,约定填好答案后集中收回的日期,届时前往收集,或由单位寄回。

(2)对于工厂职工,机关、企业、科研单位的工作人员,教师,医生,城乡居民等调查对象,可采用以下方法:

①当面交谈。按照样本名单,在适当时间到调查对象所在地(工作单位、位宅)拜访,当面提出问题和取得答案。这种方式可能得到一部分调查对象的支持。特别是不涉及调查对象旅游消费能力的问题能够得到回答。但当调查对象个性十分内向,或正在忙于完成某种任务,或由于某种原因心绪不佳时,往往会遭到拒绝。

②向被抽定的调查对象寄送调查问卷。为了提高答卷回收率,可采取让答问者感到方便的措施,例如实行邮资总付,将问卷直接折叠成信封,信封上印有收卷单位地址、邮编和邮寄者的姓名、住址、邮编等。

③给调查对象打电话,向他们提出问题并请求作答。这种调查方式比登门拜访节省时间,但更容易遭到拒绝。

(3)在某些客源区,由于特定的原因,无法指定调查对象,而只能设定答问者人数。可以采用以下几种方式:

①盲打电话:先向接电话者通报自己的身份、姓名、打电话的目的,如果对方同意回答问题,便可提问题。

②设定特定的电话号和通话方式,使有兴趣者自动打电话回答问题。

③在互联网上公布问卷,征求答案。用这种方式可能得到一些答案。尤其是在"聊天室",能够较好地交谈。

④邂逅式交谈。选择餐馆、茶馆、绿地、公园等场所,找一些对象交谈。通报自己的身份,宣传对象区旅游资源特色,就所要调查的问题向对方提问。

(4)问卷有奖调查方式。可收到满意的效果,在客源区首先利用广告的方式向电视观众宣传实行问卷有奖的做法,以及奖励办法,或奖励本森林公园免费旅游,或奖励资金及实物。在当地报刊上刊载问卷内容,参加者只要逐项填写清楚剪裁下来按时间要求邮回指定地址,要求参加者写明姓名、年龄、文化程度、职业、身份证号码等。在公开场合由公证人员监督下抽奖,再登报公布。

这种方式,一是可以调动答卷者的积极性,能收回满意的答案;二是本身就是广告宣传,增加本公园的知名度,收到一举两得的效果。

4. 各阶段调查组织

1) 第一阶段

调查目标市场旅游消费需求及对该森林公园的价格预期。

(1) 总体界定为所在地的常住居民。

(2) 考虑到调查样本的代表性,采用随机抽样的方法,入户访问。

(3) 样本数量:以价格预期为指标,置信度95%,平均抽样误差5%的条件下,确定调查人数。

(4) 访问方法:问卷、面访。

(5) 调查对象:家庭旅游、休闲娱乐消费的决策人。

2) 第二阶段

调查分析重游可能性及客观重游率。

(1) 访问对象:该国家森林公园的现实游客。

(2) 访问地点:定点街访、每天访问人数。

(3) 访问方法:问卷,面访。

3) 第三阶段

调查分析2 h车程范围内的旅游消费需求。

(1) 总体界定为2 h车程范围内的常住人口。

(2) 为了客观反映目标市场的整体情况,本阶段的原始数据通过在定点城市随机抽样,入户访问方式收集。

(3) 拟访问5个城市,具体城市视开业后游客情况与委托方共同确定。

(4) 样本容量:以价格预期为指标,按照置信度95%,平均抽样误差5%,确定调查人数及每个城市调查人数。

(5) 访问方法:问卷、面访。

(6) 调查对象:家庭旅游消费的决策人。

四、旅游市场潜力预测

森林公园客源市场的预测,就是针对客源状况了解市场的需求量和需求方向,把握市场需求前景,在这个基础上有的放矢,确定森林公园开发建设的目标市场,获取更好的经济、社会效益和生态效益。

(一) 依据调查资料作出预测

上述全部资料是进行森林公园市场预测的依据,要对调查资料进行认真审核,分析其可信性。如发现直接调查中的某调查对象答问中有疑问,或与其他相关因子的记载不协调,宜将该调查结果舍弃;如间接调查的统计数据有疑问,可请原提供者帮助改正。

一个客源区能否成为有开发价值的旅游市场,决定于其预期的来游人次及游人人均旅游消费能力。这两个因子是评价旅游市场潜力的基本条件。但是,调查结果只反映调查时的情况,不能反映调查以后的情况。特别是居民群体的年出游率与旅游消费能力直接受居民人均收入的影响:居民年均收入越高,年出游率便越高,出游者人均旅游消费能力也越强;反之,居民年人均收入越低,年出游率也越低,出游者人均旅游消费能力也越差。所以,要想预测客源区未来作为森林旅游市场的潜力，除要做好前述调查以外，还要向当地社会经济部门或有关研究单位了解对未来数年（包括直到森林公园开放的第一年）居民收入变化的预测情况。

（二）预测预期来游人次和人均旅游消费能力

为了预测森林公园开放后的来游人数，需要用好以下调查数据：

（1）有来游意向的人数占居民区有旅游能力人口数的比例，它代表调查期最后一年的情况。从理论上说，它最接近正式开放时第一年的情况。

（2）调查期最后一年客源区有旅游能力的总人口数，是最基本的参数。

（3）调查期客源区年人均收入，是另一个最基本的参数。

（4）客源区在同一时期实际发生的旅游人次，是第四个最基本的参数。

上述4个基本参数都必须利用好，才能使预测结果贴近于实际。同时，还必须分析以下几种规律性关系：

其一，居民年人均收入受国民经济发展状况影响，经常会有波动，而这种波动直接影响出游率和人均旅游消费能力，使之发生波动。也就是说，当预测森林公园正式开放的第一年的预期来游人次时，必须考虑到过渡期各年份和正式开放的第一年期间每年居民人均收入的波动对居民出游率及人均旅游消费能力的影响。

其二，居民出游率和出游者人均旅游消费能力的波幅与居民人均收入水平的波幅呈正相关，但受居民总体贫富状态的影响，并非以相同的比率升降。即当居民年人均收入水平不能满足基本生活需要时，有旅游能力的居民出游率和出游者人均旅游消费能力的上升幅度小于居民人均收入水平的上升幅度；当居民人均收入达到满足居民基本生活需要时，居民出游率和出游者人均旅游消费能力的升幅便大于居民人均收入水平的升幅；当居民人均收入水平以较大幅度下降时，出游率和出游者人均旅游消费能力便以更大的幅度下降。

其三，到森林公园正式开放时，与调查资料所反映的情况相比，居民区有旅游能力人口数和年人均收入为标志的经济状况已经发生了变化。因此，预测时应将过渡期间各个年份和森林公园正式开放的第一年居民人均收入水平的波动幅度的影响计算进去。

还应说明，正是因为看到了在过渡时期居民区有旅游能力人口数和年人均收入数可能发生波动，才将调查期跨度延长到可能有统计数据的10个年份，希望能够找出某个年人均收入波动曲线与未来过渡期的相同或近似的时间段，分析其年人均收入的波幅对年旅游人次及人均旅游消费能力的波幅产生了怎样的影响，以及其数字上的逻辑关系。这样，便可能使对未来游人规模及人均旅游消费能力的预测结果更接近未来的实际。

（三）对旅游市场进行区划

1.绘制客源分布图

以客源区行政区划图为底图，其比例应以适于挂在墙上观看为宜，将客源区内各层级区划的预期来游人次及总消费额、聚居地点位置、与森林公园往来的交通路线（种类、距离）标记或绘在图上。对不属于同一行政区划，但距离很近，通过同一路线往来的客源地点，可合并为同一预期客源区。

2.客源区市场区划

根据绘成的分布图图面显示，按交通路线和客源聚居情况，对客源区进行市场区划。按来游人次和交通道路网结构，将整个客源区分区划片，并按从北到南、从西向东的排列顺序用罗马数字进行编号。

3. 绘制旅游市场潜力图像

为了使各片旅游市场潜力更直观，可绘制旅游市场潜力图像。例如可按分区预期来游人次绘成柱状图，每区一柱，依由左到右和由少到多的顺序排列，也可按分区的预期旅游总消费额绘制。

五、旅游市场评价

在上述各项工作完成以后，对所调查的客源区的有关情况已经基本了解，即可开始进行森林公园旅游市场的评价工作。评价的结果将作为森林公园发展战略研究工作中确定服务定位和发展方向的依据。为此，需要掌握主要的游客群或旅游市场的分布区域、主要的游客群要求提供的森林旅游产品类别。

（一）确定旅游市场的开发价值

游客分布状况反映在旅游市场区划图、旅游市场潜力图像中。需要对各片旅游市场预期的旅游消费总额与森林公园经营总目标的关系进行研究，确定各片旅游市场在森林公园经营总目标中的重要程度。需要说明的是，经营总目标一般是来源于可行性研究确定的目标，其数据具备一定的科学性，应作为衡量客源区旅游市场开发价值的依据。但因为这一总目标是在客源市场调查之前确定的，也可能有不太切合实际之点，可以进行必要的调整。

森林公园经营总目标通常包括直接旅游收入、新创工作岗位和带动其他经济部门产生的经济效益。对于森林公园，一般可只研究直接旅游收入和新创工作岗位两个指标，带动其他经济部门产生的经济效益属于间接效益，不易计算准确，可按森林旅游直接效益的 5 ~ 7 倍推算。

旅游市场对于森林公园重要性的评价标准，依据其向森林公园提供的旅游消费额在经营总目标额中所占的份额来计算。

（二）明确主要旅游市场的需求

在确定各片旅游市场的重要程度之后，森林公园应该开发何种旅游产品应根据旅游市场的需要，明确占经营收入比重较大的旅游市场对未来旅游产品的要求。

六、目标市场的选择

森林公园建设经营要在市场细分的基础上，进行目标市场的选择，涉及森林公园如何定位的问题。森林公园在选择目标市场时，要根据产品的特色、旅游设施、本地及周边社会经济情况，考虑自己的主攻方向及成功的概率。目标市场选择的策略一般有 3 种，即无差异性市场策略、差异性市场策略和密集性市场策略。

（一）无差异性市场策略

无差异性市场策略，也可称为整体市场营销策略，是指森林公园把整个森林旅游市场看成是一个无差别的整体，所有旅游者对旅游企业产品的服务和需求爱好都一样。相应地，在经营发展策略上采用单一的市场营销组合来满足整个市场的需要，这样做，旅游产品结构显得简单，管理也比较容易组织。

（二）差异性市场营销

差异性市场营销是指森林公园在划分市场类型的基础上，选择几个类型作为自己的目标市场，针对每一个类型的需求特点，设计和组合不同的旅游产品，并采取不同的旅游产品促销方式分别进行促销，以满足差异性目标市场的需要。目前旅游发达国家和地区大多数采用这种方法，以满足各类人群对森林旅游市场产品的需要。差异性经营有利于提高旅游产品的竞争力，能取得较好的经营业绩，但规模较小、资源质量较低的森林公园不宜采取这种策略。

（三）密集性市场策略

密集性市场策略是指森林公园在划分市场类型基础上，只选择一个类型作为目标市场，确定一种营销组合来适应社会需要，集中公园的全部营销力量，实行高度的专业化经营，以充分满足其特定需求。这种策略适用于旅游资源有限的地区，可以发挥公园的优势，在较小的市场上占有较大的份额。

以上三种策略各有利弊，森林公园应根据自身产品特点、市场特点及企业实力，产品的生命周期及竞争能力等，灵活而准确地确定自己的目标市场，以求立于不败之地。

第十四章　自然保护区建设管理

第一节　自然保护区概述

自然资源和自然环境是人类赖以生存与促进发展的重要物质条件。自然保护区是保护、研究自然资源的重要场所,是人类认识自然、拯救和保存某些濒于灭绝的生物物种、合理利用自然的科学基地。100多年来各国的实践表明:建立自然保护区是保护典型生态系统和生物多样性、拯救珍稀濒危野生动植物的最基本最有效的措施与途径。

一、自然保护区的有关定义

(一)保护地的概念及其分类体系

1872年美国率先建立了世界上第一个国家公园——黄石国家公园,1879年澳大利亚建立了皇家公园。此后,其他各国也普遍采用这种形式,即划定一定区域对特定保护对象实施特殊保护和管理,以保护珍稀野生动植物及其生境,保存具有特殊意义的自然生态系统和具有特殊价值的自然及人文景观。由于保护对象、保护性质、保护方式、管辖系统等的不同,各个国家关于这些区域的名称也多种多样,给国际交流与合作带来了很大的不便。为此,世界自然联盟(IUCN)提出了保护地(Protected Area)的概念(在我国也有翻译成"保护区"的),即指专门用于生物多样性及有关自然与文化资源的管护,并通过法律和其他有效手段进行管理的特定陆地或海域。同时,IUCN将保护地的管理目标概括为科学研究、荒野地保护、保存物种和遗传多样性、维持环境服务、保护特殊自然和文化特征、旅游和娱乐、教育、持续利用自然生态系统内的资源、维护文化和传统特征等。基于这些目标,将保护地归纳为六种类型,即严格的自然保护区/荒野地保护区、国家公园、自然遗迹、栖息地/物种管理区、陆地及海洋景观保护区(保护景观区)、资源保护管理区。

IUCN关于保护地的定义是一种广义性的概念,涉及范围较大。在我国,保护地不仅包含自然保护区,也包含了风景名胜区、森林公园、地质公园以及部分重点文物单位等。

(二)我国自然保护区的定义

《中华人民共和国自然保护区条例》(以下简称《条例》)规定:自然保护区是指对有代表性的自然生态系统、珍稀濒危野生动植物物种的天然集中分布区、有特殊意义的自然遗迹等保护对象所在陆地、陆地水体或者海域,依法划出一定面积予以特殊保护和管理的区域。

同时,《条例》也规定了建立自然保护区的条件(凡具有下列条件之一的,应当建立自然保护区):

(1)典型的自然地理区域、有代表性的自然生态系统区域以及已经遭受破坏但经保护能够恢复的同类自然生态系统区域。

(2)珍稀、濒危野生动植物物种的天然集中分布区域;具有特殊保护价值的海域、海岸、岛屿、湿地、内陆水域、森林、草原和荒漠。

(3)具有重大科学文化价值的地质构造、著名溶洞、化石分布区、冰川、火山、温泉等自然遗迹。

(4)经国务院或者省、自治区、直辖市人民政府批准,需要予以特殊保护的其他自然区域。

从以上规定可以看出,我国自然保护区几乎涵盖了自然资源的所有类型。

二、我国自然保护区的分类

根据自然资源的特点和保护对象的性质,我国将自然保护区分为3个类别和9个类型。

(一)自然生态系统类别自然保护区

自然生态系统类别自然保护区是指以具有一定代表性、典型性和完整性的生物群落与非生物环境共同组成的生态系统作为主要保护对象的自然保护区。包括森林生态系统、草原与草甸生态系统、荒漠生态系统、内陆湿地和水域生态系统、海洋和海岸生态系统5种类型自然保护区。

(二)野生生物类别自然保护区

野生生物类别自然保护区是指以野生生物物种,尤其是珍稀濒危物种种群及其自然生境为主要保护对象的自然保护区。包括野生动物、野生生物两种类型自然保护区。

(三)自然遗迹类别自然保护区

自然遗迹类别自然保护区是指以特殊意义的地质遗迹和古生物遗迹等作为主要保护对象的自然保护区。包括地质遗迹和古生物遗迹两种类型自然保护区。

三、我国自然保护区的管理分级

根据自然保护区的价值和在国际国内影响的程度,我国对自然保护区采取了分级管理的形式。按照《条例》规定,我国自然保护区分为国家级自然保护区和地方级自然保护区。《自然保护区类型与级别划分原则》(GB/T 14529—93)对各级各类型自然保护区的建立条件进行了相应规定。

(一)国家级自然保护区

在国内外有典型意义、在科学上有重大国际影响或者有特殊科学研究价值的自然保护区,列为国家级自然保护区。国家级自然保护区由国务院批准建立。

(二)地方级自然保护区

除列为国家级自然保护区的外,其他具有典型意义或者重要科学研究价值的自然保护区列为地方级自然保护区。地方级自然保护区包括省(自治区、直辖市)级、市(自治州)级和县(自治县、旗、县级市)级,分别由相应级别的人民政府批准建立。

四、我国自然保护区的管理体制

我国自然保护区管理体制与自然资源管理体制相一致。《条例》规定,我国对自然保护区实行综合管理与分部门管理结合的管理体制;国务院环境保护行政主管部门负责全国自然保护区的综合管理,国务院林业、农业、地质矿产、水利、海洋等有关行政主管部门在各自的职责范围内,主管有关的自然保护区;国家级自然保护区,由其所在的省、自治区、直辖市人民政府有关自然保护区行政主管部门或者国务院有关自然保护区行政主管部门管理。

五、我国自然保护区发展概况

我国疆域辽阔，地形气候复杂，生态环境多样，孕育了丰富的物种资源，是世界上物种最丰富的国家之一，也是世界上唯一具备几乎所有生态系统类型的国家；同时，我国生物特有属、特有种多，动植物区系古老，珍稀物种丰富，在世界生物多样性及其保护中具有十分重要的地位。我国的自然保护区事业是在新中国成立后，伴随着林业建设的发展而发展壮大的。1956 年 9 月，秉志、钱崇澍等 5 位科学家向全国人民代表大会一届三次会议提出 92 号提案，建议在全国各省（区）划定天然林禁伐区，即自然保护区，以保护自然景观和生态功能，为科学研究提供基地，为保护、繁衍和广泛利用丰富的动植物资源提供良好的条件。国务院根据此次大会的审查意见，交林业部会同中国科学院和当时的森林工业部办理。同年 10 月，林业部制定了划定自然保护区的草案，提出了自然保护区的划定对象、划定办法、划定地区。据此，各地相继建立了以保护森林植被为主要功能的黑龙江丰林、浙江天目山、广东鼎湖山、云南西双版纳等我国第一批自然保护区，启动了我国自然保护区建设事业。

经过 50 多年的努力，在社会各界广泛参与和大力支持下，我国自然保护区事业迅速发展。到 2007 年底，全国已建立自然保护区 2 531 处，面积 1.52 亿 hm^2，占国土面积的 15.19%。其中林业系统建立的自然保护区 1 953 处（国家级 213 处），面积 1.22 亿 hm^2，占国土面积的 12.69%。自然保护区的建立有效地保护了我国 90% 以上的陆地生态系统、20% 的天然优质森林、47% 的天然湿地、85% 的野生动物种群和 65% 的高等植物群落，涵盖了超过 30% 的荒漠地区，成为我国生态环境保护的主体。

第二节　自然保护区设立和功能区划调整审批管理

一、自然保护区设立

（一）国家级自然保护区申报审批程序与规定

《条例》规定：建立国家级自然保护区，由自然保护区所在的省、自治区、直辖市人民政府或者国务院有关自然保护区行政主管部门提出申请，经国家级自然保护区评审委员会评审后，由国务院环境保护行政主管部门进行协调并提出审批建议，报国务院批准。目前，为确保国家级自然保护区的质量，有关部门还规定：申报建立国家级自然保护区的必须为省（自治区、直辖市）级自然保护区，且原则上应在该级别建设和管理两年以上。

林业系统建立国家级自然保护区，由省级林业行政主管部门提交预评估材料，经国家林业局预评估评审通过后，再提交正式申报材料，经全国林业系统国家级自然保护区评审委员会评审通过后，由国家林业局上报国务院审批。

（二）预评估材料组成

（1）晋升国家级自然保护区申报简表（见附录 14-1）。

（2）成立省（自治区、直辖市）级自然保护区的批准文件。

（3）县级以上地方编制委员会关于自然保护区管理机构的批准文件。

（4）保护区管理机构近 2 年事业费和日常运行经费的批准文件。

（5）土地使用证、林权证或管护协议。

(6)湿地生态系统类型自然保护区须提交县级以上人民代表大会通过的关于自然保护区的管理办法。

(7)省(自治区、直辖市)级林业行政主管部门上报文件。

附录 14-1

晋升国家级自然保护区申报简表

自然保护区名称＿＿＿＿＿＿＿＿＿＿＿＿

申　报　省　份＿＿＿＿＿＿＿＿＿＿＿＿

申　报　时　间＿＿＿＿＿＿＿＿＿＿＿＿

填　表　单　位＿＿＿＿＿＿＿＿＿＿＿＿

国家林业局制

自然保护区名称					
自然保护区类型					
地　点					
地理坐标					
省级总面积(hm^2)		核心区面积(hm^2)			
缓冲区面积(hm^2)		实验区面积(hm^2)			
申报总面积(hm^2)		申报核心区面积(hm^2)			
申报缓冲区面积(hm^2)		申报实验区面积(hm^2)			
始建时间、批复文号					
省级批建时间、批复文号					
隶属关系					
人员编制(人)		在编人数(人)		工作人数(人)	
行政管理人员(人)		科技人员(人)		工人(人)	
保护区总人数(人)					
核心区人数(人)		缓冲区人数(人)		实验区人数(人)	
固定经费来源及数额(万元)					
基础设施情况					
土地权属状况和管理协调状况					
自然环境状况					
自然保护区社会经济状况:					
建立国家级自然保护区综合价值:					

来源：国家林业局林护发[2008]161 号。

填表说明：

1.“地点”指自然保护区所在县级行政区划单位名称。

2.“省级总面积”和核心区、缓冲区、实验区面积指省级自然保护区的批建面积；“申报总面积”和核心区、缓冲区、实验区面积指晋升国家级自然保护区时拟扩建或调减后的面积。

3.“人员编制”指编委批复的工作人员人数。

4.“基础设施概况”主要包括自然保护区现有业务用房、辅助用房、生活用房、交通工具、通信手段、重要仪器设备的情况。

5.“土地权属状况和管理协调状况”详细说明保护区范围的土地权属、管理权限；森林公园、风景名胜区等管理机构设置情况；是否有国家重大基础建设工程；自然保护区管理局与保护区内渔业及生产建设单位等有关部门的协调状况。

6.“自然环境状况”主要包括自然条件和自然资源概况、现存和潜在的环境问题等内容。

7.“社会经济状况”主要包括：

(1)人口分布、密度、民族状况、主要生产方式；

(2)生产布局、产业结构及交通运输等状况；

(3)土地与其他资源的开发状况；

(4)与当地政府及群众的关系；

(5)主要社会、经济活动对保护对象可能造成的影响及其预防措施。

8. 申报简表一律用 A4 纸印制。

(三)正式申报材料组成

(1)建立(晋升)国家级自然保护区申报书(见附录 14-2，可在国家环境保护部政府网站(www. mep. gov. cn)下载使用)。

(2)自然保护区综合考察报告。

(3)自然保护区总体规划。

(4)自然保护区的位置图、地形图、水文地质图、植被图、规划图等图件资料。

(5)自然保护区的自然景观及主要保护对象的录像带、照片集。

(6)批准建立省(自治区、直辖市)级自然保护区的文件、土地使用权属证(含林权证、海域使用权属证)等有关资料。

附录 14-2

建立国家级自然保护区申报书

自然保护区名称 ________________

申　报　单　位 ________________

申　报　时　间 ________________

国家环境保护总局制

自然保护区名称	（需符合《自然保护区条例》命名方法）		
自然保护区类型	（需符合《自然保护区类型与级别划分原则》的规定）		
地　点	（指自然保护区所在的县级行政区划单位名称）		
地理坐标	（指自然保护区所跨的经纬度范围）		
主要保护对象			
总面积（hm^2）		核心区面积（hm^2）	
缓冲区面积（hm^2）		实验区面积（hm^2）	
始建情况	（指自然保护区始建时间、批建机构及批建文号）		
省级自然保护区批建情况	（指省级自然保护区批建时间及批建文号）		
管理机构名称			
管理机构情况	（包括批建文号、性质和级别。批建文件须由机构编制部门出具；性质指行政/事业/挂靠代管等）		
隶属部门			
通信地址			
邮政编码		电子邮件	
固定电话		传　真	
人员编制		专业技术人员	
行政管理人员		工　人	
法定代表人		固定资产（万元）	
行政事业费及来源（万元/年）		（指申报前一年）	
自然环境状况 （指自然保护区自然条件和自然资源概况、现存和潜在的环境问题）			

自然保护区价值评价 （对照《国家级自然保护区评审标准》，对自然保护区的科学、社会价值进行评价）
自然保护区管理评价 （对近5年自然保护区的行政管理、规章制度、资源管护、科学研究、宣传教育、社区共管等方面进行评价）
社会经济状况及其评价 （内容包括：1. 自然保护区及各功能区内人口数量、密度、民族状况；2. 自然保护区及各功能区内土地利用结构和工农业生产状况；3. 交通状况；4. 自然资源的开发利用及旅游开展现状等内容；5. 自然保护区及周边的主要社会、经济活动对保护对象可能造成的影响及其预防措施；6. 自然保护区建立对当地群众和社区的影响、生计替代和生态补偿等）
自然保护区及各功能区范围 （通过行政区界、地名、高程、林班、经纬度坐标或交通线路等，对自然保护区及各功能分区的范围和四至界线进行准确、详细的文字描述）
范围及功能区划适宜性评价 （指自然保护区及各功能分区划定的依据和理由，尤其是核心区划定的理由）
土地权属状况 （指自然保护区及各功能区的土地或海域使用权属状况，土地管理协议签订情况，是否存在土地使用权属纠纷等内容）
与其他保护区域关系 （指该自然保护区与风景名胜区、森林公园、地质公园、湿地公园、海洋特别保护区等其他保护区域是否存在交叉重叠情况，以及该保护区周边其他自然保护区的分布状况）
重大工程建设状况 （指自然保护区内是否建有或规划建设水电水利、公路、铁路、航道、工矿企业等国家重大基础建设工程）
规划协调状况 （指自然保护区的设立与当地社会经济、土地、农业、能源、交通、铁路、海洋和其他相关经济建设规划的衔接协调状况）
基础设施概况 （指自然保护区现有业务用房、界标界桩、仪器设备、科研宣教设施、交通通信等设施设备的情况）

总体规划简介 （指自然保护区总体规划中各项工程的简要介绍及投资概算等方面内容）
省级自然保护区评审委员会推荐意见 省级评审委员会主任委员签名： 年　月　日
申报单位意见（省级人民政府为申报单位的此栏不填） 同意＿＿＿＿＿＿＿＿自然保护区申报建立国家级自然保护区。 （公章） 年　月　日
自然保护区所在省、自治区、直辖市人民政府意见 同意＿＿＿＿＿＿＿＿自然保护区申报建立国家级自然保护区。 （公章） 年　月　日
国家级自然保护区评审委员会意见 主任签名： （公章） 年　月　日
国家环境保护总局审批建议 （公章） 年　月　日
备　注

来源：国家环境保护总局环办函［2008］78 号文。

填表说明：

一、申报书由国家环境保护总局统一编号。

二、申报书附件材料及编制要求：

(1)自然保护区综合考察报告。报告中应包括自然环境、动植物资源或自然遗迹资源、社会经济状况等。

(2)自然保护区总体规划及专家论证意见。总体规划应按照《国家级自然保护区总体规划大纲》编制，编制单位应具备规划编制甲级资质。

(3)自然保护区位置图、功能区划图、主要保护对象分布图、植被图、旅游规划图(规划开展生态旅游的保护区提供)等图件资料。相关图件应以最新的行政区划图为底图，必须注明经纬坐标网，标记并反映出保护区内及周边的城镇村庄、厂矿企业、交通线路、土地利用现状和其他保护区域。

(4)自然保护区的自然景观和主要保护对象的视频资料以及照片集。

(5)自然保护区的土地或海域使用权属证明及土地管理协议等有关材料的复印件。

(6)自然保护区批建及调整文件、机构编制文件等有关材料的复印件。

(7)申报书内容应按照具体指标说明填写。

三、申报书必须如实填写，严禁弄虚作假。

四、申报书的格式和内容不得随意改变。如填写内容较多，可另加附页。

五、申报书、综合考察报告、总体规划须提供一式35份纸质文件，用A4纸印制。同时提交电子版，地图需提交JPG格式的文件。申报材料不完备或填写内容不符合要求的，不予受理。

六、申报书的内容和填报要求，由国家环境保护总局负责解释。

二、国家级自然保护区范围调整和功能区调整及更改名称

(一)国家级自然保护区范围调整和功能区调整及更改名称管理规定

国家级自然保护区范围调整，是指国家级自然保护区外部界限的扩大、缩小或国家级自然保护区范围调整；国家级自然保护区功能区调整，是指国家级自然保护区内部的核心区、缓冲区、实验区的调整；国家级自然保护区更改名称，是指国家级自然保护区原名称中的地名更改或保护对象的增减。国家级自然保护区的范围和功能区及名称不得随意调整和更改。严格控制缩小国家级自然保护区范围和核心区、缓冲区范围。国家级自然保护区范围调整和功能区调整应确保重点保护对象得到有效保护，不破坏生态系统和生态过程的完整性及生物多样性，不得改变保护区性质和主要保护对象。

1. 国家级自然保护区范围调整

确因保护和管理工作及国家重大工程建设需要，必须对国家级自然保护区范围进行调整的，由保护区所在地的省、自治区、直辖市人民政府或国务院有关自然保护区行政主管部门向国务院提出申请。经国家自然保护区评审委员会评审通过后，由国务院环境保护行政主管部门协调并提出审批建议，报国务院批准。

2. 国家级自然保护区功能区调整

确需对国家级自然保护区功能区进行调整和更改名称的，由保护区所在地的省、自治

区、直辖市人民政府向国务院有关自然保护区行政主管部门提出申请，并抄报国务院环境保护行政主管部门。国家级自然保护区功能区调整，经国家自然保护区评审委员会评审通过后，由国务院有关自然保护区行政主管部门批准，报国务院环境保护行政主管部门备案。国家级自然保护区更改名称，由国务院有关自然保护区行政主管部门协调并提出审批建议，报国务院批准。

3. 林业系统国家级自然保护区范围及功能区调整预评估

林业系统国家级自然保护区进行范围及功能区调整的，需向国家林业局提交预评估材料，经预评估评审通过后，再提交正式申报材料。

（二）申报材料组成

1. 预评估材料

预计评估材料包括：省级林业主管部门上报的文件，国家级自然保护区范围及功能区调整申报表（见附录 14-3，不含自然保护区调整后的总体规划简介、省级自然保护区评审委员会论证意见、省级人民政府意见等部分内容）。

2. 国家级自然保护区范围调整

（1）国家级自然保护区范围调整申报书（见附录 14-3），可在国家环境保护部政府网站（www. mep. gov. cn）下载使用。

（2）国家级自然保护区范围调整部分的综合考察报告；所调整部分占原国家级自然保护区面积 1/2 以上者，应提交范围调整后的整体综合考察报告。

（3）国家级自然保护区范围调整后的总体规划。

（4）国家级自然保护区范围调整后的位置图、地形图、水文地质图、植被图、规划图等图件资料。

（5）国家级自然保护区的自然景观及主要保护对象的多媒体视频材料、照片集。多媒体材料和照片应重点反映拟调整部分的情况。

（6）国家级自然保护区拟调整扩大部分的土地使用权属证明及有关资料。

3. 国家级自然保护区功能区调整

（1）国家级自然保护区功能区调整的申报书（见附录 14-3），包括申请理由及项目审批、环境影响评价等有关报告。

（2）国家级自然保护区功能区调整综合论证报告。

（3）国家级自然保护区功能区调整后的总体规划及规划图件。

附录 14-3

国家级自然保护区范围调整、功能区调整及更改名称
申报书

自然保护区名称 ____________________

申　报　单　位 ____________________

申　报　时　间 ____________________

国家环境保护总局制

<table>
<tr><td colspan="3">自然保护区名称</td><td colspan="5">(需符合《自然保护区条例》命名方式)</td></tr>
<tr><td colspan="3">拟调整后自然保护区名称</td><td colspan="5">(同上)</td></tr>
<tr><td colspan="3">自然保护区类型</td><td colspan="5">(需符合《自然保护区类型与级别划分原则》的规定)</td></tr>
<tr><td rowspan="2">地点</td><td colspan="2">调整前</td><td colspan="5">(指调整前自然保护区所在的县级行政区划单位名称)</td></tr>
<tr><td colspan="2">调整后</td><td colspan="5">(指调整后自然保护区所在的县级行政区划单位名称)</td></tr>
<tr><td rowspan="2">地理坐标</td><td colspan="2">调整前</td><td colspan="5">(指调整前自然保护区所跨的经纬度范围)</td></tr>
<tr><td colspan="2">调整后</td><td colspan="5">(指调整后自然保护区所跨的经纬度范围)</td></tr>
<tr><td colspan="3">主要保护对象</td><td colspan="5"></td></tr>
<tr><td colspan="4">调整前面积(hm^2)</td><td colspan="4">调整后面积(hm^2)</td></tr>
<tr><td>总面积</td><td></td><td>核心区</td><td></td><td>总面积</td><td></td><td>核心区</td><td></td></tr>
<tr><td>缓冲区</td><td></td><td>实验区</td><td></td><td>缓冲区</td><td></td><td>实验区</td><td></td></tr>
<tr><td colspan="3">国家级自然保护区批建情况</td><td colspan="5">(指建立国家级自然保护区时的批建时间和批建文号)</td></tr>
<tr><td colspan="3">自然保护区以往调整情况</td><td colspan="5">(指建立国家级自然保护区后调整的时间及主要原因,如有多次均需列出)</td></tr>
<tr><td colspan="2">管理机构名称</td><td colspan="6"></td></tr>
<tr><td colspan="2">管理机构情况</td><td colspan="6">(包括批建文号、性质和级别。批建文件须由机构编制部门出具;性质指行政/事业/挂靠代管等)</td></tr>
<tr><td colspan="2">隶属部门</td><td colspan="6"></td></tr>
<tr><td colspan="2">通信地址</td><td colspan="6"></td></tr>
<tr><td colspan="2">邮政编码</td><td colspan="2"></td><td colspan="2">电子邮件</td><td colspan="2"></td></tr>
<tr><td colspan="2">固定电话</td><td colspan="2"></td><td colspan="2">传　　真</td><td colspan="2"></td></tr>
<tr><td colspan="2">人员编制</td><td colspan="2"></td><td colspan="2">专业技术人员</td><td colspan="2"></td></tr>
<tr><td colspan="2">行政管理人员</td><td colspan="2"></td><td colspan="2">工　　人</td><td colspan="2"></td></tr>
<tr><td colspan="2">法定代表人</td><td colspan="2"></td><td colspan="2">固定资产(万元)</td><td colspan="2"></td></tr>
<tr><td colspan="4">行政事业费及来源(万元/年)</td><td colspan="4">(指申报前一年)</td></tr>
<tr><td colspan="8">自然保护区范围调整或功能区调整及更改名称的理由
(指自然保护区范围调整、功能区调整或更改名称的理由。如涉及重大开发建设项目的,应简要介绍项目概况、环境影响评价、土地或海域使用情况等)</td></tr>
<tr><td colspan="8">自然保护区调整方案
(对拟调入或调出部分的位置、面积、范围及核心区变化情况等进行说明)</td></tr>
</table>

调整后自然保护区及各功能区范围 （通过行政区界、地名、高程、林班、经纬度坐标或交通线路等，对自然保护区及各功能分区的范围和四至界线进行准确、详细的文字描述）
调整后范围及功能区划适宜性评价 （指调整后自然保护区及各功能分区划定的依据和理由，尤其是核心区划定的理由）
自然环境变化状况 （指自然保护区调整前后自然条件、自然资源的变化对比以及现存和潜在的环境问题）
自然保护区价值评价 （对照《国家级自然保护区评审标准》，对调整前后自然保护区的科学、社会价值的变化进行对比评价）
社会经济状况及其评价 （指调整前后自然保护区及周边地区社会经济状况的对比分析与评价，内容包括：1. 自然保护区及各功能区内人口数量、密度、民族状况；2. 自然保护区及各功能区内土地利用结构和工农业生产状况；3. 公路、航道等交通状况；4. 自然资源的开发利用及旅游开展现状等内容；5. 自然保护区及周边主要社会、经济活动对保护对象可能造成的影响及其预防措施；6. 自然保护区建立对当地群众和社区的影响、生计替代和生态补偿等内容）
调整前后土地权属改变情况 （指调整前和调整后自然保护区及各功能区的土地或海域使用权属状况，土地管理协议签订情况，是否存在土地使用权属纠纷等内容。重点对拟调整部分的土地权属状况进行说明）
与其他保护区域关系 （指调整后该自然保护区与风景名胜区、森林公园、地质公园、湿地公园、海洋特别保护区等其他保护区域是否存在交叉重叠情况，以及该保护区周边其他自然保护区的分布状况）
重大工程建设状况 （指调整后自然保护区内是否建有或规划建设水电水利、公路、铁路、航道、工矿企业等国家重大基础建设工程）
规划协调状况 （指调整后自然保护区与当地社会经济、土地、农业、能源、交通、铁路、海洋和其他相关经济建设规划的衔接协调状况）
基础设施概况 （指自然保护区现有业务用房、界标界桩、仪器设备、科研宣教设施、交通通信等设施设备的情况）
调整后自然保护区总体规划简介 （指调整后自然保护区总体规划中各项工程的简要介绍及投资概算等方面内容）

省级自然保护区评审委员会论证意见 省级评审委员会主任委员签名： 年　　月　　日
申报单位意见（省级人民政府为申报单位的此栏不填） 同意＿＿＿＿＿＿＿＿国家级自然保护区申报（范围调整、功能区调整或更改名称）。 （公章） 年　　月　　日
自然保护区所在省、自治区、直辖市人民政府意见 同意＿＿＿＿＿＿＿＿国家级自然保护区申报（范围调整、功能区调整或更改名称）。 （公章） 年　　月　　日

来源：国家环境保护总局环办函[2008]78 号文。

填表说明：

一、申报书由国家环境保护总局统一编号。

二、申报书附件材料及编制要求：

(1)《国家级自然保护区范围调整和功能区调整及更改名称管理规定》第七、八、九条要求提交的材料。

(2)自然保护区总体规划及专家论证意见。总体规划应按照《国家级自然保护区总体规划大纲》编制，编制单位应具备规划编制甲级资质。

(3)调整前后的自然保护区位置图、功能区划图、主要保护对象分布图、植被图、旅游线路图（规划开展生态旅游的保护区提供）等图件资料。相关图件应以最新的行政区划图为底图，必须注明经纬坐标网，标记并反映出保护区内及周边的城镇村庄、厂矿企业、交通线路、土地利用现状和其他保护区域。

(4)自然保护区机构编制文件、拟调整扩大部分的土地使用权属证和土地管理协议等有关材料复印件。

(5)申报自然保护区功能区调整的，可根据需要提交自然保护区综合考察报告。

(6)申报书内容应按照具体指标说明填写。

三、申报书必须如实填写，严禁弄虚作假。

四、申报书的格式和内容不得随意改变。如填写内容较多，可另加附页。

五、申报书、综合考察报告、总体规划须提供一式35份纸质文件，用A4纸印制。同时提交电子版，地图需提交JPG格式的文件。申报材料不完备或填写内容不符合要求的，不予受理。

六、申报书的内容和填报要求，由国家环境保护总局负责解释。

三、河南省省级自然保护区申报审批规定

按照河南省人民政府办公厅豫政办[1991]59号文规定，新建省级自然保护区，由省辖市人民政府或省政府有关部门组织专家对拟建自然保护区进行必要性、重要性和可行性论证，并与有关部门协商后，向省人民政府提出申请，拟建自然保护区属跨省辖市行政区划的，需经有关省辖市协商一致。经河南省自然保护区评审委员会评审通过后，由河南省环境保护厅提出审批建议，报省人民政府审批。

第三节　自然保护区总体规划

一、自然保护区总体规划

自然保护区总体规划是在对自然保护区的资源与环境特点、社会经济条件、资源保护与开发利用现状以及潜在可能性等综合调查分析的基础上，明确自然保护区范围、性质、类型、发展方向和一定时期内的发展规模与目标，制定自然保护区保护、科研、监测、宣教、资源利用、社区发展、行政管理和资金估算等方面的一系列行动计划与措施的过程。总体规划是一定时期内自然保护区的建设和发展的指导性文件，是上级部门实施监督、管理，确定建设项目投资和保护区制定管理计划的基础依据，管理、确定和落实今后较长时期建设任务的依据，是规范自然保护区建设与管理，提高自然保护区建设与管理水平的重要措施之一。

按照自然保护区建立程序，自然保护区经政府批准建立后，应编制总体规划，确定自然保护区发展的长远和宏观规划。

（一）总体规划的宗旨与主要内容

自然保护区总体规划应坚持以自然环境、自然资源保护为中心，以确保被保护对象的安全、稳定、自然生长与发展，保护生物多样性为目的，积极开展科学研究，探索合理利用，将保护区建设成为集保护、科研、宣教和利用于一体的综合性、开放式保护体系，促进自然保护事业和当地社区的可持续发展。其主要内容包括：

（1）明确自然保护区建设管理的指导思想、规划原则、建设思路，确定自然保护区建设管理的近期、中长期目标。

（2）界定自然保护区的范围，确定其性质、类型和主要保护对象。

（3）在自然保护区范围内进行或调整功能区划，进行建设和保护总体布局。

（4）制定规划期内自然保护与生态恢复、科研监测、宣传教育、社区发展与共管共建、基础设施及辅助与配套工程和资源可持续利用等方面的行动计划与措施，确定建设内容与重点。

（5）确定合理的保护区管理体系、管理机构和人员编制。

(6)测算建设项目投资、经营管理事业费投入,分析与评估效益。

(7)提出规划实施的保障措施。

(二)总体规划的规划期

总体规划的规划期一般为10年,宜与国民经济发展规划期相一致,可分为近期、中长期等不同规划分期。

(三)总体规划编制与审批程序

自然保护区总体规划按《自然保护区总体规划技术规程》(GB/T 20399—2006)等技术标准、技术规程编制。

1. 准备工作

进行组织、人员、物质和技术等方面准备。自然保护区管理机构或主管部门应指定或委托具有相应资质的规划设计单位承担。

2. 综合评估

由规划承担单位与自然保护区管理机构共同进行外业综合调查,收集有关资料和文件;对调查收集的资料和文件进行整理、分析、评价,形成总体规划原则意见。

3. 规划编写

规划承担单位组织编写总体规划文本,编绘规划图件。

4. 送审与修改

规划承担单位向自然保护区主管部门提交规划送审材料,包括规划文本、附表、附图,以及必要的附件。由自然保护区行政主管部门进行审查,并组织专家进行论证。规划承担单位根据审查、论证意见进行规划文本修改,形成报批稿。

5. 总体规划审批

总体规划由自然保护区行政主管部门审批。林业系统国家级自然保护区总体规划由省级林业行政主管部门组织审查、论证,国家林业局审批;省级自然保护区总体规划由省级林业行政主管部门组织审查、论证,审批。

(四)总体规划大纲

1. 国家级自然保护区总体规划大纲

2002年,国家环境保护总局以环办[2002]76号文,发布了《国家级自然保护区总体规划大纲》,见附录14-4。

附录14-4

林业系统国家级自然保护区总体规划大纲

前言

前言是关于国家级自然保护区总体规划的简明阐述,包括该自然保护区基本特征、历史沿革、法律地位及编制和实施该总体规划的目的、意义等要素。

1　基本概况

基本概况是依据该自然保护区科学考察资料和现有信息进行的基本描述与分析评价,资料信息不够的应予补充完善。评价应注重科学依据,使结论客观、公正。

1.1 区域自然生态/生物地理特征及人文社会环境状况

1.2 自然保护区的位置、边界、面积、土地权属及自然资源、生态环境、社会经济状况

1.3 自然保护区保护功能和主要保护对象的定位及评价

1.4 自然保护区生态服务功能/社会发展功能的定位及评价

1.5 自然保护区功能区的划分、适应性管理措施及评价

对自然保护区划分功能区以适应科学管理的需要，既是自然保护区保护目标的体现，也是为了更好实现保护目标。按现行《中华人民共和国自然保护区条例》的规定，自然保护区可划分核心区、缓冲区和实验区。核心区应是最具保护价值或在生态进化中起到关键作用的保护地区，所占面积不得低于该自然保护区总面积的1/3，实验区所占面积不得超过总面积的1/3。三区的划分不应人为割断自然生态的连续性，可尽量利用山脊、河流、道路等地形地物作为区划界线。

1.6 自然保护区管理进展及评价

2　自然保护区保护目标

保护目标是建立该自然保护区根本目的的简明描述，是保护区永远的价值观表达与不变的追求。

3　影响保护目标的主要制约因素

3.1 内部的自然因素：如土地沙化、生物多样性指数下降等。

3.2 内部的人为因素：如过度开发、城市化倾向等。

3.3 外部的自然因素：如区域生态系统劣变、孤岛效应等。

3.4 外部的人为因素：如公路穿越、截留水源、偷猎等。

3.5 政策、社会因素：如未受到足够重视、处境被动等。

3.6 社区/经济因素：如社区对资源依赖性大或存在污染等。

3.7 可获得资源因素：如管理运行经费少、人员缺乏培训等。

4　规划期目标

规划期目标是该自然保护区总体规划目标的具体描述，是保护目标的阶段性目标。

4.1 规划期：一般可确定为10年，并应有明确的起止年限。

4.2 确定规划目标的原则

确定规划目标要紧紧围绕自然保护区保护功能和主要保护对象的保护管理需要，坚持从严控制各类开发建设活动，坚持基础设施建设简约、实用并与当地景观相协调，坚持社区参与管理和促进社区可持续发展。

4.3 规划目标内容

4.3.1 自然生态/主要保护对象状态目标

4.3.2 人类活动干扰控制目标

4.3.3 工作条件/管护设施完善目标

4.3.4 科研/社区工作目标

5　总体规划主要内容

5.1 管护基础设施建设规划

5.2 工作条件/巡护工作规划

5.3 人力资源/内部管理规划

5.4 社区工作/宣教工作规划

5.5 科研/监测工作规划

5.6 生态修复规划(非必需时不得规划)

5.7 资源合理开发利用规划(如生态旅游等)

5.8 保护区周边污染治理/生态保护建议

6 重点项目建设规划

重点项目为实施主要规划内容和实现规划期目标提供支持,并将作为编报自然保护区能力建设项目可行性研究报告的依据。重点项目建设规划中基础设施如房产、道路等,应以在原有基础上完善为主,尽量简约、节能、多功能;条件装备应实用高效;软件建设应给予足够重视。

重点项目可分别列出项目名称、建设内容、工作/工程量、投资估算及来源、执行年度等,并列表汇总。

7 实施总体规划的保障措施

7.1 政策/法规需求

7.2 资金(项目经费/运行经费)需求

7.3 管理机构/人员编制

7.4 部门协调/社区共管

7.5 重点项目纳入国民经济和社会发展计划

8 效益评价

效益评价是对规划期内主要规划事项实施完成后的环境、经济效益和社会效益的评估与分析,如所形成的管护能力、保护区的变化及对社区发展的影响等。

附 录

包括自然保护区位置图、功能区划分图、建筑/构筑物分布图。

本附录只适用于已经批准为国家级自然保护区的总体规划。

2. 林业系统国家级自然保护区总体规划大纲

2000 年,国家林业局以林计财规字[2000]64 号文,发布了林业系统国家级自然保护区总体规划大纲,见附录 14-5。

附录 14-5

林业系统国家级自然保护区总体规划大纲

前言

第一章 总论

1.1 项目背景

1.2 规划依据

1.3 规划的指导思想和原则

1.4 规划期限

第二章　基本概况及现状评价

2.1 基本情况
2.1.1 地理位置与范围
2.1.2 自然条件
2.1.2.1 地质地貌
2.1.2.2 气候
2.1.2.3 土壤
2.1.2.4 水文
2.1.3 社会经济状况
2.1.3.1 行政区域
2.1.3.2 人口数量与民族组成
2.1.3.3 交通、通信
2.1.3.4 土地或资源的权属(法定权属与实际权属)
2.1.3.5 土地现状与利用结构
2.1.3.6 地方经济(产业及特点、经济发展水平、居民生存方式等)
2.1.3.7 社区发展(文化、教育、卫生、劳动就业、社会保障等)
2.1.4 历史和法律地位
2.1.4.1 历史沿革
2.1.4.2 法律地位
2.2 现状评价
2.2.1 自然生态质量评价
2.2.2 保护区管理水平评价
2.2.3 保护区经济评价
2.2.4 保护价值
2.2.5 存在的主要问题和矛盾

第三章　总体布局

3.1 保护区性质和保护对象
3.1.1 保护区性质
3.1.2 保护对象
3.1.3 保护区类型
3.2 规划目标
3.2.1 总体目标
3.2.2 近期目标
3.2.3 中期目标
3.2.4 远期目标
3.3 保护区功能区划
3.3.1 区划原则
3.3.2 区划依据
3.3.3 功能区(核心区、缓冲区、实验区)

3.4 总体布局

第四章　规划内容

4.1 保护管理规划

4.1.1 保护的原则和目标

4.1.2 保护措施

4.1.3 野生动植物保护规划

4.1.4 防火规划

4.1.5 保护方式

4.1.6 病虫害防治规划

4.2 科研监测规划

4.2.1 任务与目标

4.2.2 开展科研的原则

4.2.3 科研和监测项目规划

4.2.4 科研队伍建设

4.2.5 科研组织管理

4.2.6 科研档案

4.3 宣传教育规划

4.3.1 对参观者的宣传教育

4.3.2 对周边社区的宣传教育

4.3.3 职业培训

4.3.4 教学实习基地

4.4 基础设施规划

4.4.1 局、站址规划

4.4.2 界碑、桩和指示牌规划

4.4.3 道路建设规划

4.4.4 供电与通信规划

4.4.5 生活设施规划

4.5 社区共管规划

4.5.1 社会共管的原则和目标

4.5.2 社区共管规划

4.5.3 周边最佳产业结构模式

4.5.4 人口控制和社区建设

4.6 生态旅游规划

4.6.1 本区生态旅游的原则

4.6.2 规划的指导思想

4.6.3 旅游资源评价

4.6.3.1 旅游优势

4.6.3.2 山地景观

4.6.3.3 水域景观

4.6.3.4 生物景观
4.6.4 旅游发展前景预测
4.6.5 环境容量分析
4.6.6 客源和市场分析
4.6.7 环境质量控制
4.6.8 绿化美化规划
4.6.9“三废”处理
4.6.10 旅游项目规划
4.6.11 旅游效益分析
4.7 多种经营规划
4.7.1 多种经营活动的原则
4.7.2 多种经营的生产方式和组织形式
4.7.3 多种经营项目效益分析
4.7.4 多种经营项目和生产规模

第五章　重点建设工程

5.1 生物多样性保护工程
5.2 科研设施和监测工程
5.3 宣传教育和培训工程
5.4 生态旅游设施工程
5.5 多种经营设施工程

第六章　投资概算

第七章　组织机构与人员配置

7.1 组织机构设置原则
7.2 组织机构
7.3 组织机构的任务、作用和职能
7.4 人员编制

第八章　实施规划的保障措施

8.1 政策保证
8.1.1 国家与地方相关法律法规
8.1.2 特殊优惠政策
8.1.3 引进资金和人才的政策
8.2 组织保证
8.2.1 组织机构和管理示意图
8.2.2 确定机构和运行机制
8.2.3 定岗定责
8.3 资金保证
8.3.1 资金使用规定
8.3.2 资金报账制度
8.3.3 资金审计和监督

8.4 人才保证

8.4.1 竞争上岗原则

8.4.2 岗位培训和持证上岗

8.4.3 岗位激励和奖励机制

8.5 管理保证

8.5.1 完善制度和强化依法行政管理

8.5.2 强调科学决策

8.5.3 鼓励引入先进管理措施

第九章　效益评价

9.1 效益评估

9.2 生态效益

9.3 社会效益

9.4 经济效益

9.5 总体评价与展望

主要附表

1. 自然保护区现状统计表
2. 自然保护区土地资源及利用结构现状表
3. 自然保护区功能区划表
4. 自然保护区主要建设工程规划表
5. 自然保护区建设设备清单
6. 自然保护区建设投资概算与安排表

主要附图

1. 自然保护区位置图
2. 自然保护区植被图(5 万～10 万比例尺)
3. 自然保护区动物分布图(5 万～10 万比例尺)
4. 自然保护区功能区划图(5 万～10 万比例尺)
5. 自然保护区工程建设规划图(5 万～10 万比例尺)

主要附件

1. 本底资源调查报告
2. 建立及规范保护区的有关法律法规和政策文件
3. 保护区动植物名录(标明保护等级、多度、频度等)
4. 总体规划专家评审意见

二、自然保护区功能区划

自然保护区功能区划是根据保护对象及其周围环境特点以及管理需要,将自然保护区划分为具有不同功能的区域。自然保护区功能区划是自然保护区实施分区管理的基础,对于提高保护效率和扩大自然保护区功能具有特别重要的意义。

(一)功能分区

自然保护区内部按照主导功能性差异一般划分为核心区、缓冲区和实验区三个功能区，必要时应划建生物廊道。保护对象单一、实验和干扰活动少的自然保护区可以只划核心区与缓冲区。

1.功能区的一般组成及区划要求

1)核心区

核心区是自然保护区中各种自然生态系统保存最完整、主要保护对象及其原生地、栖息地、繁殖地集中分布区域，核心区划分应优先进行。

(1)核心区面积应根据保护对象的生物生态学特征和栖息地要求确定，以利于系统内各种生物物种的生长与繁衍，使核心区构成一个有效的保护单元。

(2)一个自然保护区可以有一个或几个核心区。

(3)核心区与保护区总面积的最小比值原则上符合表14-1的要求。

表14-1　不同类型自然保护区的核心区面积要求

类型		超大型、大型	中型	小型
自然生态系统类		20%	35%	40%
野生生物类	野生动物类型	25%	30%	35%
	野生植物类型	35%	40%	45%
自然遗迹类		35%	40%	55%

注：自然保护区规模执行《自然保护区工程项目建设标准》。

资料来源：《自然保护区总体规划技术规程》(GB/T 20399—2006)。

2)缓冲区

缓冲区是为了缓冲外来干扰对核心区的影响，在核心区外围划定的、只能进入从事科学研究观测活动的区域(地带)，是自然景观向人为影响下的自然景观过渡的区域。在核心区与实验区之间，或核心区与自然保护区外界应采用缓冲区(带)完全隔开。下列情况下，允许核心区外露或边缘化：

(1)外围是另一个自然保护区的核心区或缓冲区。

(2)外界不是自然保护区但有良好的保护措施或处于良好的保护状态。

(3)边界有悬崖、峭壁、河流、沙漠、戈壁等，具有较好的自然隔离条件。

3)实验区

实验区是自然保护区中为了探索自然资源保护与可持续利用有效结合的途径，在缓冲区外围划出适度集中建设和安排各种实验、教学实习、参观考察、经营项目与必要的办公、生产生活基础设施的区域。实验区可以在自然环境与自然资源有效保护的前提下，探索合理利用自然资源的途径和方法。中型以上的自然保护区在实验区内可分为管理和生活区、科研实验区、参观旅游区、养殖种植区、居民生产生活区等。

2.生物廊道

当一个自然保护区存在两个或两个以上核心区时，核心区之间应划建生物廊道；在主要野生动物的栖息地、迁徙或洄游路线上建有铁路、公路、围栏、水坝等人工构筑物时，应划建生物廊道；相邻的自然保护区如有必要，可在自然保护区间划建生物廊道。

生物廊道参照缓冲区的管理方式进行管理。

（二）功能区划分依据

1. 核心区

将自然保护区内保存完好的自然生态系统、珍稀濒危野生动植物和自然遗迹的集中分布区域划入核心区。根据主要保护对象的分布及生存需求空间和自然环境状况，确定核心区的空间位置和范围；也可根据关键种及其生境的分布状况确定核心区的范围。

1）森林生态系统类型自然保护区

其核心区主要包括典型森林植被的集中分布区，或者森林群落多样性较高的区域。为维持核心区的完整性，一些次生林和灌丛也可划入核心区。

2）荒漠生态系统类型自然保护区

其核心区主要包括典型荒漠植被和重点保护野生动植物集中分布的区域，或者是作为重点保护野生动物栖息或迁徙通道的重要区域。

3）湿地生态系统类型自然保护区

其核心区主要包括湿地类型最典型、重点保护野生动植物分布最为集中的区域，特别是野生动物的集中繁育区、取食区或者洄游路线。根据野生动物的迁徙或洄游规律，在其集中分布的时段里，应将核心区以外重点保护对象相对集中的区域划为季节性核心区。

4）野生动物类型自然保护区

其核心区主要包括重点保护野生动物及其栖息地分布最集中或野生动物多样性较高的区域，或者是野生动物的巢穴区、繁殖区、取食区或潜在活动区等比较集中的区域。

5）野生植物类型自然保护区

其核心区主要包括重点保护野生植物及其生境分布最集中，或者野生植物多样性较高的区域。

2. 缓冲区

在核心区外围根据外界干扰因素的类型和强度确定缓冲区的空间位置与范围。自然保护区内存在的隔离网、隔离墙等物理隔离带也可以作为缓冲区。核心区外围是另一个自然保护区的核心区或缓冲区，或者核心区边界有悬崖、峭壁、河流等较好自然隔离的地段，可以不划分缓冲区。

1）森林生态系统类型自然保护区

其缓冲区主要包括核心区外围典型森林植被分布的区域，或者作为野生动物迁移通道的区域，或者是主要保护野生动植物物种的潜在分布区。

2）荒漠生态系统类型自然保护区

其缓冲区主要包括核心区外围典型荒漠植被分布相对集中的区域，或者作为野生动物栖息或迁移通道的一般区域，或者是主要保护野生动植物物种的潜在分布区。

3）湿地生态系统类型自然保护区

其缓冲区主要包括核心区外野生动植物分布相对集中的区域，或者是作为野生动物迁徙或洄游通道的区域。

4）野生动物类型自然保护区

其缓冲区主要包括重点保护野生动物及其栖息地分布相对集中的区域，或者是保护对象的潜在栖息地。

5)野生植物类型自然保护区

其缓冲区主要包括重点保护野生植物及其生境分布相对集中的区域,或者植物多样性相对较高的区域。

3. 实验区

在划定自然保护区核心区和缓冲区后,其他区域为实验区。

对于作为迁徙性或洄游性野生动物重要栖息地,特别是作为候鸟栖息地的湿地生态系统类型自然保护区,在划定自然保护区核心区和季节性核心区后,其他区域为实验区。

根据自然保护区建设、管理和发展需要,确定实验区内生产经营小区、生态旅游小区、科学实验小区、宣传教育小区、生活办公小区等的空间位置和范围。

4. 生物廊道

根据主要保护对象的种类、数量、分布和迁徙或洄游规律以及生境需求,确定生物廊道的空间位置、数量、长度、宽度和高度。

(三)功能区划的方法

1. 图件准备

在地理信息系统(GIS)中准备地形图、水文图、植被图、重点保护野生动植物分布示意图、土地利用现状图、行政区划图等基本图件。

2. 图层叠加与分析

在GIS中叠加上述图件,根据主要保护对象分布状况及其生存需求、活动规律,结合人为干扰和各种自然环境因子的分布,分析自然保护区内不同地段、区域的重要程度,勾画出各功能区的初步范围。

3. 实地勘察定界

进行实地勘察,对照明显地物标志调绘到图面材料上,地面标志不明显的应采用必要的测绘手段辅助进行,具体确定各功能区的界线。为维持主要保护对象生境和地貌单元的完整性,应利用自然界线或永久性的人工构筑物作为各个功能区的界线,如河流、沟谷、山脊、道路、居民区等。

(四)功能区划的成果表述

1. 功能区说明

说明各个功能区包括的区划单元,如森林小班、林班,公里网格、地理单元等;说明功能区边界的地理坐标;阐明主要保护对象在各功能区的数量和分布状况。

2. 功能区边界标识

编制自然保护区功能区划图,按照有关技术规定在图面上标明各功能区范围。

在功能区的交界处设立界碑、界桩等标志物,其规格参照《自然保护区工程设计规范》(LY/T 5126—04)。

三、自然保护区项目规划

(一)自然保护与生态恢复

1. 自然保护与管理

自然保护规划应最大限度地减少人为或外界对保护对象的干扰,对一切不利于保护管理的因素积极予以消除。确属不能避免和消除的,应提出具体对策和防治措施。

1)管护体系

包括管护站点、巡护路网和检查监管站点的布局调整等内容。应区划和明确自然保护区各管护站点的管辖范围、管护重点,管护站(点)一般最小管护面积见表 14-2;规划和调整野外巡护道路网、巡护点等野外巡护设施设备,制定科学的巡护制度;规划必要的野生动植物和护林防火检查站、检查哨卡等检查、瞭望、防火安全防护设施设备,制定检查制度。

表 14-2 管护站(点)管护面积指标 (单位:hm^2)

保护区类型	自然生态系统类		野生生物类		自然遗迹类
	森林、湿地	荒漠、草原	野生植物	野生动物	
管护站	>5 000	>20 000	>2 000	>5 000	>2 000
管护点	>800	>2 000	>400	>800	>400

注:巡护困难地区可以适当缩小。

2)确标定界

阐述保护区境界和核心区界线,设立保护区碑、区标和核心区标等明确的标志。

3)防护措施

对危及自然保护和主要保护对象生存、成长、繁衍的一切因素,如火灾、污染、病虫害、人为活动等,提出封禁、观测、阻隔、检疫等预防与积极治理措施。森林防火的技术要求执行 LYJ 127—1991。

4)生态移民

对已建自然保护区核心区内的村镇,如当地政府同意其迁出,可以迁至实验区或保护区以外;迁出有困难的可以引导改变有碍保护的生产生活方式,制定严格的管理和保护措施。新建自然保护区不得将村镇划在核心区范围内。

5)物种保护

要以就地保护措施为主,以栖息地保护和种群保护为重点。可规划封山封沟、禁猎禁采等严格保护的区域和封禁时段;条件恶劣地区适当为野生动物提供取食、饮水和隐蔽条件;建立野生动物野外救护设施等措施。保护区范围内严禁引入外来物种。

6)基因保存

对于珍稀、濒危、独有的物种基因,应依据国家有关物种保护规划制定可行的就地、迁地或其他保存措施,建设相应的保存设施或保存基地。

2. 生态恢复

1)恢复途径

自然保护区生态恢复一般在实验区进行,应以自然力为主,辅以必要的人工措施,可以采用生态系统恢复和种群恢复两种途径。

2)生态系统恢复

对正在退化或已遭到破坏的生态系统,应根据各自生态系统的特点或退化与破坏程度,提出恢复、修复或重建措施。

(1)森林生态系统主要采取退耕还林、封山育林、人工促进天然更新、仿天然生态系统造林等技术措施恢复、修复和重建,控制或缓解逆向演替。

(2)湿地生态系统主要采取退田还湖、围堰蓄水、洼型水塘、种植水生植物、清除有害植物、控制水位等措施恢复、修复和重建。

(3)荒漠生态系统主要采取退牧(田)还林(草)、封山(沙)育林(草)、治沙造林以及禁牧、休牧、轮牧、舍饲圈养等农牧措施恢复、修复和重建。

(4)草原生态系统主要采取退牧还草、人工补植种草,以及禁牧、减畜、休牧、轮牧、舍饲圈养等农牧措施恢复、修复和重建。

(5)对自然保护区内的有害外来生物进行清除。

3)种群恢复

种群恢复与发展必须在保护好现有资源条件下,采取自然恢复与人工诱导恢复相结合的原则进行。以主要保护对象为主,按照自然规律改善栖息地条件、扩大栖息地范围,积极增加物种资源,扩大野外种群数量。

对趋于灭绝的物种按照国家有关物种保护规划有计划地采取拯救措施。

(二)科研与监测

1.科学研究

自然保护区科学研究应体现保护区的特色,有针对性,量力而行,要主要依托和吸引外界科研力量,积极对外拓展,加强与国内外科研、教学机构的合作,显著提高自然保护区科技协作或接待国内外科研人员的能力。科研规划应明确:

(1)规划期内常规性和专题性研究任务或课题。

(2)科研项目的组织、管理和运行机制。

(3)科研人培训、管理。

(4)对外合作、交流计划。

(5)建立和完善资料库、技术档案和信息库。

(6)科研设施、设备规划应相对集中,以满足常规性科研任务需要为主。

(7)专项研究机构、博物馆、繁育野化研究基地等项目应符合全国宏观布局与管理的要求。

2.监测

1)监测项目

自然保护区监测分为生物多样性监测、自然资源监测、关键物种观测和生态环境监测等项目。

(1)生物多样性监测是对自然保护区的生境、物种和基因的种类、数量、质量、分布及动态变化情况进行的监测。

(2)自然资源监测是对自然保护区的森林资源、动植物资源、旅游资源、水资源等各种自然资源的数量、生物量、质量、分布及动态变化情况进行的监测。

(3)关键物种观测是对主要保护动植物种或某个特定种群生物学、生态学、行为学等特性进行的长期观察与监测。

(4)生态环境监测是对自然保护区的气候、土壤、水文、污染源、饮用水、营养盐类(盐池、盐源)等非生物生态指标进行的监测。

2)监测方法

(1)定位监测。生物多样性、生态环境和某些关键物种监测应采用定位监测方法。大型或典型的生态系统类自然保护区应建立综合型的生态定位监测站，对生物生态因素和非生物生态因素进行长期的定位、定点监测；其他类型保护区可根据需要建立单一或多功能的气象站、土壤与地质监测点、水文监测点、水质监测点、污染源监测点、关键物种观测点等。

(2)定点监测。自然资源和某些生物多样性监测指标应采用固定样地(带)的方法进行定期、定点监测。样地(带)的布设应能够客观反映自然资源和种群的总体时空分布及变化趋势和经营管理活动的影响，从核心区经缓冲区向实验区，设置放射状或集束式的监测断面，在断面上按不同管理生境类型设置测点，样地(带)大小、数量和监测周期根据监测目的确定。

(3)追踪监测。野生动物关键物种的观测或种群监测可采用追踪监测的方法，配备必要的遥控、监控系统，包括追踪设备和控制站房。候鸟丰富的保护区应建立鸟类环志站点，进行长期动态追踪。

(三)宣传教育

自然保护区宣传教育规划应明确以下几方面。

1. 对象

宣传教育对象包括保护区内、外两个方面。对内指保护区职工的宣传教育、职业培训；对外指对社会的宣传，对社会群众的培训等。

2. 内容

宣传包括科普宣传、法制宣传和对本保护区的宣传等内容。教育包括职业培训、科普培训等。

3. 方式

采取标牌宣传、巡回宣传、展览宣传、媒介宣传、建立基地、网络技术、远程宣传等多种形式，以及发动公众的广泛参与等。

4. 设施设备

分不同宣教方式规划相应的宣教设施建设方案。包括宣教基础设施，宣传牌(标)的数量、规格和设置位置，宣传材料印制数量，各种宣教设备数量与规格，宣教、展示和科普教育场馆的规模、位置，教学实习、参观考察的接待能力与设施等。

(四)社区发展与共建共管

社区发展与共建共管规划要达到能有效地改善社区社会经济状况、落后的生产生活方式，改进资源利用方式，提高社区群众文化生活和综合素质水平，促进公众参与保护和社区关系更加和谐的目的。

社区发展与共建共管规划内容包括：

(1)社区共建共管的组织形式、运作机制和重点内容。

(2)改进社区经济结构与经济发展模式，帮助社区控制人口的目标与措施。

(3)规划扶持社区发展的项目，应体现居民自愿参加，以小型、微型项目为主，以改进生产生活基础设施条件为主的原则。

(五)自然资源可持续利用

1. 生态旅游

可参考本章第六节第二部分有关内容。

2. 自然资源经营利用

自然保护区对自然资源的合理利用应以可持续利用为原则,不能超越自然生态系统各组成部分的调节适应能力和整体的负荷补偿能力,发展以非保护性的优势资源为经营利用对象、变资源优势为经济优势的经营项目,提高自然保护区的自养能力,适当补充办公、业务经费的不足,更好地促进生态系统的协调发展和正常循环。自然资源经营与利用的生产方式应有利于促进当地的经济发展和生产力水平的提高,兼顾国家、集体、个人三者利益,鼓励采取多种经济成分相结合的生产方式。

自然资源经营与利用项目应优先选择资源丰富、发展基础条件好、工程量小、投资少、收效快的项目,包括:

(1)为科研、教学或扩大再生产提供种源(如花卉、种子、苗木、动物种源等)和条件的种养业项目。

(2)对自然或人为淘汰的生物资源进行加工利用的多种经营项目,如制作标本、工艺品或其他商品等。

(3)在正常经营保护或实验工作中所获得的清理、抚育、栽植、采集、养殖等剩余物和产品的有效利用项目。

(4)生长周期短、再生能力强、繁殖快并有利用价值的生物资源有计划的经营利用项目。

(5)在对生物本体不构成不良影响、破坏或损失的情况下,对生物本身或再生的资源(如果实、分泌物、排泄物、附着物等)进行较充分利用的项目。

(六)基础设施与配套工程

1. 局(站)址工程

1)局(站)址选址

国家级和跨县级以上行政区的地方级自然保护区管理局(处、所)、管理分局的地址应本着便于宏观管理、沟通信息和后勤保障社会化的原则,就近安排在中心城镇;远离城镇的自然保护区可以在附近城镇建设后期保障基地或办事处;其他自然保护区管理机构宜就近安排在基础设施与后勤保障良好的城镇或乡镇。

管理站(所)址应靠近保护现场或保护区内及周边村镇,管理站址建设以管理办公用房和简单的职工食宿设施为主,一般不建生活配套设施。

已建局(站)址,除确属不合理者外,不应搬迁或变更。

2)局(站)址建设内容

局(处、分局)址、站(所)址基础设施应优先满足各级管理机构业务、办公、科研、宣教等基本功能的需要。工程建设内容主要包括:办公业务用房、辅助用房、场院工程设施;设有公安执法机构的局(所、站)址应建设执法业务用房。自然保护区的后勤保障应社会化,社会化困难时,生活区住房和辅助房屋设施可以包括职工住宅、文化室、医务室等。

局(分局、所、站)址办公业务用房包括办公、业务、会议、卫生间,管理站用房;管理站用房可包括值班、职工活动用房(含单身职工宿舍);辅助用房包括食堂、车库、仓库、传达室、采暖设施和配电设施等。其建设规模和主要技术经济指标执行《自然保护区工程项目建设标准》的规定。建筑物的结构造型、材料和装饰标准应有利于降低建设与维修费用,有利于节能和合理使用能源。

2. 配套工程

1）道路

自然保护区内外部和管理局（处、所）与管理站之间应有机动车道，管理（保护）站和护林（管护）点之间有巡护便道沟通。道路建设标准执行《自然保护区工程项目建设标准》的规定。

2）通信

自然保护区的各级管理机构，管理站（点）、检查站（卡）、瞭望台以及生活区域、旅游服务区域应有良好的通信条件。通信线路严禁穿过核心区和易发生火灾的地区，人烟稀少地区的野外专业巡护可以配置卫星通信设备。

3）供电

自然保护区内各级管理机构、生活区、旅游服务区可根据条件实行通电。供电或生活能源应开辟多种渠道，积极开发和利用沼气、太阳能、风能、水能等清洁能源，靠近城镇的局、站址应连接公用电网。

4）给排水

自然保护区的局、站管理机构所在地应因地制宜地解决饮用水问题。靠近城镇的局、站址应连接公用水网，其他局、站址可采用打井、蓄存引用山泉水等方式，水质符合 GB 5749 的规定。

自然保护区的生产生活区、旅游区等应根据废水类型、排放量规划废水处理方案与必要的设施设备，排放水质符合 GB 3838—2002 一类水质标准。

5）其他

自然保护区应根据自身条件和需要规划供热、广播电视、“三废”处理、绿化美化、环境保护等配套工程。

第四节　自然保护区基本建设和项目建设可行性研究

基本建设是国民经济与社会发展中投资进行建筑、购置和安装固定资产以及与此相联系的其他经济活动，基本建设是形成固定资产的生产活动。自然保护区是典型的社会公益性单位，自然保护区基本建设属非经营性基本建设，建设规划应纳入国家、地方或者部门的投资计划。2001 年开始，我国启动实施了“全国野生动植物保护及自然保护区建设工程”，采取中央财政和地方财政按比例分担的形式，加大了对国家级自然保护区的基本建设投入。

一、自然保护区工程项目建设内容

自然保护区建设工程项目分为保护与恢复工程、科研与监测工程、宣传与教育工程、基础设施及配套工程、社区可持续发展工程。2002 年，国家林业局颁布《自然保护区工程项目建设标准（试行）》，对自然保护区建设的工程项目的构成、主要建设项目与工程量、人员配置、主要技术经济指标进行了规范。

(一)保护与恢复工程

自然保护区的保护与恢复工程建设项目构成见表14-3。

(二)科研与监测工程

自然保护区的科研与监测工程建设项目构成见表14-4。

表14-3　自然保护区保护与恢复工程建设项目

项目名称	森林类型	湿地类型	荒漠类型	野生植物类型	野生动物类型	自然遗迹类型
界碑、界桩、标示牌	√	√	√	√	√	√
保护管理点	√	√	√	√	√	√
检查站点、哨卡	√	√	√	√	√	√
野外巡护路网	√	√	√	√	√	√
森林防火	√	√	√	√	√	√
围栏	√	√	√	√	√	√
重点野生动物与栖息地保护	√	√	√		√	
重点野生植物与生境保护	√	√	√	√		
栖息地与生境改善	√	√	√	√	√	
植被恢复	√	√	√	√	√	√
湿地保护与恢复		√			√	

注:“√”为各类型自然保护区建设项目的构成。

表14-4　自然保护区科研与监测工程建设项目

项目名称	森林类型	湿地类型	荒漠类型	野生植物类型	野生动物类型	自然遗迹类型
科研、实验、分析设施	√	√	√	√	√	√
野外监控	√	√	√	√	√	√
气象、土壤、水文等监测	√	√	√	√	√	√
关键物种观察、监测与跟踪	√	√	√	√	√	
生态定位观测	√	√	√			
固定观测样地(带)	√	√	√	√	√	
环志站		√	√		√	
管理信息系统	√	√	√	√	√	√

注:“√”为各类型自然保护区建设项目的构成。

(三)宣传与教育工程

自然保护区宣传教育项目包括宣教设施、科普宣教基地建设和人员培训。

(四)基础设施及配套工程

自然保护区基础设施及配套工程建设项目包括管理局、分局、站的建筑工程以及道路、通信、供电、给排水、采暖、广播电视、交通工具、绿化美化等。

(五)社区可持续发展工程

可开展对生物多样性保护不产生负面影响的生态旅游和资源开发示范项目,禁止引入外来物种,保护对社区内群众生产生活以及旅游观光有重要作用的产业。

二、基本建设程序

按照《林业固定资产投资建设项目管理办法》(林计发[2006]61 号)和《国家林业局计资司关于规范国家级自然保护区总体规划和建设程序有关问题的通知》(林计财规字[2000]64 号)的规定,在总体规划得到国家林业局批复的前提下,国家级自然保护区基本建设程序包括可行性研究、项目审批、初步设计、竣工验收和项目后评价等几个阶段。

(一)可行性研究

国家级自然保护区管理机构依据国家林业局批复的总体规划,统筹保护区建设需要,委托具有相应资质的规划设计单位编制可行性研究报告,由自然保护区管理机构逐级报送省级林业主管部门,经专家评审通过,并按评审意见修改后,由省级林业主管部门报送国家林业局。

(二)项目审批

国家林业局对各地报送的建设项目可行性研究报告进行审查,大中型项目(总投资3 000万元及以上)由国家林业局初审后报国家发展和改革委员会审批,小型项目由国家林业局直接审批。

(三)初步设计

国家林业局或国家发展和改革委员会批复下达以后,自然保护区管理机构需委托有相应资质的规划设计单位编制项目初步设计。初步设计应根据项目批复建设项目可行性研究报告编制,要明确工程规模、建设目的、投资效益、设计原则和标准,深化设计方案,提出建设中应注意的事项、有关建议。初步设计的深度要达到控制投资规模,满足土地征(占)用要求,满足编制施工图设计、主要设备定货、招标及施工准备的要求,满足环保和资源综合利用“三同时”的要求。大中型建设项目的初步设计由国家发展和改革委员会或其委托的部门审批;国家林业局直属单位的小型项目初步设计由国家林业局审批;地方小型建设项目由所在省级林业主管部门审批,报国家林业局备案。

初步设计经有关部门批复后,自然保护区管理机构应根据批复意见,对有关项目建设内容,进一步深化设计,进行施工图设计。

(四)竣工验收

建设项目按有关部门批准的初步设计和时间要求建成后,自然保护区管理机构于 3 个月内编制完成工程结算和竣工财务决算,经初步验收后,向省级林业主管提出竣工验收申请报告。大中型建设项目由国家发展和改革委员会或其委托的部门组织竣工验收;总投资规模在2 000万元及以上的小型项目,由国家林业局或其委托的相关单位组织竣工验收;总投资规模在2 000万元以下的小型项目,由省级林业主管部门组织竣工验收,验收结果报国家林业局备案。

（五）项目后评价

项目后评价是指在建设项目建成发挥作用一段时间后，对项目的前期工作、实施情况及运行情况进行评价。通过对项目投资全过程的综合研究，衡量和分析项目的实际效果及其与预计情况的差距，确定有关预测和判断是否正确并分析其原因，从而总结经验教训，为今后改进建设项目的决策、设计、施工、管理等工作提供依据，对改善和提高项目的投资效益、改善运行状况提出对策与措施。

三、可行性研究报告编制

投资项目可行性研究是固定资产投资活动的一项基础性工作，可行性研究结论是投资决策的重要依据。为做好林业建设项目的咨询工作，国家林业局制定了《林业建设项目可行性研究报告编制规定》（林计发［2006］156号），作为林业行业编制建设项目可行性研究报告的主要依据。

（一）可行性研究报告编制规定

可行性研究报告编制应根据经有关部门批准的总体规划、项目建议书或计划任务书的要求编制，主要内容包括：项目建设条件调查和分析，项目建设目标、建设内容和建设规模，从技术、经济、管理、环境等方面对项目建设方案进行可行性研究、分析与评价。

可行性研究报告的深度要达到：能充分反映项目可行性研究成果，内容齐全、结论明确、数据准确、论据充分，满足审批机关审批项目方案、确定项目和据此开展项目初步设计的要求；选用的主要设备规格、技术参数能满足预定货的要求；对重点项目及项目中的重大技术和经济方案，应进行两个（含）以上方案的比选；应附有评估、决策（审批）项目所必需的合同、协议、意向书、有关批准文件等。

可行性研究报告编制单位和主持编制人员应具有相应资质（资格），并严格遵守国家、行业有关法规、标准和规定的要求，坚持独立、公正、科学、可靠的原则，对报告的真实性、有效性和合法性负责。

可行性研究报告名称为“××××（具体项目名称）建设项目可行性研究报告”，由前引部分、正文部分及附表、附件、附图部分组成，上报时按顺序编排装订成册。

（二）可行性研究报告编制程序

1. 明确可行性研究报告编制依据

拟建项目的可行性研究的依据包括：

（1）国家和行业有关的政策、法规、规划。

（2）有关部门发布项目指南、投资方向。

（3）有关的技术规程、标准等。

2. 确定建设方案草案

自然保护区管理机构要委托的规划设计单位共同分析开展基本建设项目的必要性，分析建设内容和规模的实际需要，参考近期国家和行业的投资方向，拟定出建设方案的草案。

3. 基础材料和附件的准备

自然保护区管理机构应及时准备和提供土地权属证、建设用地手续、项目法人相关证明文件（法人代码证、组织机构代码证）、自然保护区人员编制的批准文件、项目配套投资承诺文件等。

4. 分析要点、科学编制

可行性研究报告编制要围绕建设条件、问题分析、建设方案和投资估算等主要环节，科学分析，合理确定方案；对于续建项目，要对前期建设成果进行总结，注意衔接，避免建设内容重复；全面分析目前自然保护区建设目前存在的问题，提出可行的应对措施；投资估算和资金筹措要有依据，要科学合理，注意工程建设其他费用和预备费的取费标准。

(三) 可行性研究报告大纲

林业建设项目可行性研究报告编制大纲见附录 14-6。

附录 14-6

林业建设项目可行性研究报告编制大纲

正文部分

1　总论

(1) 项目提要

(2) 依据

(3) 重要参考文献(可选)

(4) 关键术语定义与说明(可选)

(5) 项目主要技术经济指标

(6) 可行性研究结论

2　项目建设的必要性

(1) 项目建设背景与由来

(2) 应用(或市场)需求(营造林项目为项目区生态环境、自然灾害现状及生态需求)与项目必要性分析

3　项目建设条件

4　建设目标

(1) 项目建设目标

(2) 指导思想与原则

(3) 主要建设任务

5　项目建设方案

(1) 非营造林项目

项目功能(或产品、规模)方案

项目选址方案

项目技术方案

项目工艺流程与设备选型

项目主体工程建设方案

辅助设施及公用工程建设方案

项目功能分区与总平面布置

项目可行性分析

(2)营造林项目

项目建设总体布局

项目区区划

项目建设内容

营造林技术措施

项目可行性分析

6　消防、安全、卫生、节能、节水措施

(1)消防

(2)劳动安全与职业卫生

(3)节能

(4)节水

7　环境影响评价

(1)生态环境现状

(2)项目对环境影响

(3)环境保护措施

(4)环境影响评价

8　招标方案

(1)招标范围

(2)招标组织形式

(3)招标方式

9　项目组织管理

(1)建设管理

(2)经营(运行)管理

10　项目实施进度

11　投资估算与资金来源

(1)投资估算编制与说明

(2)投资估算与项目运行(管理)年费用估算

(3)项目资金来源

12　综合评价

(1)项目风险评价

(2)项目影响分析

(3)项目财务分析(可选)与项目评价

13　结论与建议

附表部分(自然主区建设项目)

1. 保护区各类土地面积现状统计表

2. 保护区森林面积蓄积统计表

3. 保护区各类生物资源统计表(动、植物名录)

4. 保护区现状统计表(组织机构、人员素质、队伍装备、基础设施、设备等)

5. 保护区各类土地面积综合利用规划表

6. 保护区工程建设内容、任务一览表

附件部分(自然保护区建设项目)

1. 项目法人相关证明文件(法人代码证、组织机构代码证)

2. 项目土地、房屋使用相关证明文件

3. 项目配套投资承诺文件

4. 建立保护区的批准文件

5. 保护区总体规划批准文件

6. 地方编委对保护区人员编制的批准文件

7. 项目审查部门(单位)或评估机构要求提供的其他附件

附图部分(自然保护区建设项目)

1. 项目(区位)位置图

2. 保护区动、植物资源分布现状图

3. 保护区基础设施现状图

4. 保护区功能分区图

5. 保护区总体建设布局图

6. 保护区局(处)、站(点)址总平面布置图

第五节　自然保护区日常管理与管理计划

自然保护区管理,包括国家的宏观管理和各自然保护区的具体(日常)管理。《中华人民共和国自然保护区条例》规定:有关自然保护区行政主管部门应当在自然保护区内设立专门的管理机构,配备专业技术人员,负责自然保护区的具体管理工作,并明确了自然保护区管理机构的主要职责。国家对自然保护区管理的一切方面都必须通过各自然保护区的日常(具体)管理才能显示出其实际意义。

一、自然保护区具体(日常)管理的内容

自然保护区日常(具体)管理是指自然保护区管理机构中的管理者,通过实施计划、组织、人员配备、指导与领导、控制等职能来协调人、保护对象以及自然环境之间的关系,使非管理者与管理者自己共同实现自然保护区既定目标的活动过程。管理的内容如下。

(一)生物资源和自然环境管理

这是自然保护区管理的核心任务,直接关系到整个自然保护区的生存和价值。

(1)自然保护区的范围确定和标桩立界。

(2)核心区、缓冲区、实验区的划分与立界。

(3)生物资源与环境的保护。

(4)特殊物种的保护措施。

(5)栖息地的恢复与改造。

(6)自然灾害的控制与防范。

（二）行政与后勤管理

行政与后勤管理是自然保护区有效管理的保障，应靠一系列规范化的制度和规章来完成。

（1）劳动纪律制度。

（2）人事管理制度。

（3）工作人员的奖惩制度。

（4）资金使用制度。

（5）基础设施的管护与维修。

（6）仪器设备的保养与维修。

（7）保卫和治安管理。

（三）科研和监测管理

自然保护区的研究分常规性研究和专题性研究。常规性研究包括资源的一般性调查、观测、预报等；专题性研究是对某一物种、种群或某个生态系统进行专门研究与观测。管理工作主要包括：

（1）资源的调查、监测。

（2）调查、监测样点（带）的选设。

（3）生物种类的确定与观测、调查记载。

（4）重点物种或种群的研究。

（5）种质基因库的建立。

（6）信息资料库的建立。

（7）自然资源的合理利用。

（8）依据科研监测结果，及时调整生物保护、生境管理的措施和方法。

（9）国际合作与交流项目。

（四）居民生产生活的管理

从帮助提高当地居民的生产生活水平，促进自然保护区资源与环境的有效保护出发，必须把自然保护区内和周围居民的生产生活纳入管理范围，从以下方面采取措施：

（1）生产生活用地的选定与调整。

（2）制止非法采伐林木、狩猎和挖掘开采。

（3）引导群众从事自然保护工作和多种经营活动。

（4）控制区内和周围人口的非正常增长。

（5）帮助引进技术和资金。

（五）参观（考察）者的管理

自然保护区承担着科学研究、宣传教育等任务，同时在不影响自然环境和自然资源保护的前提下，还可以组织开展参观、旅游活动，对进入区内的参观（考察）者必须加以管理。

（1）专业性参观、考察。

（2）非专业性参观、旅游。

（3）向导的培训。

（4）参观（旅游）路线的确定。

（5）各种标示、解说牌的设置。

（6）参观（考察）者的食宿及活动设施。

(7)少年儿童和残疾人的特殊接待。

(8)宣传品的制作与提供。

(9)废弃物的清理。

二、自然保护区管理形式

(一)制定法律法规

目前,在各级人大、政府加快完善自然保护区管理法律、法规体系的同时,有关部门积极推动实施“一区一法”,即根据各自然保护区的具体特点,采取具体的管理措施与手段,出台专门的管理条例、管理办法或具有法律效力的管理规划,为自然保护区的建设、管理与监督提供全面的法律依据。

(二)组织领导和设置机构

自然保护区经政府批准后,按照法律、政策规定成立管理机构,行使自然保护区管理的职能,承担管理任务。自然保护区管理机构在业务上受上级行业行政主管部门指导,机构设置、人员配备上受当地政府领导。

(三)计划工作

参见本节第三部分。

(四)检查和控制

自然保护区野外管理的主要形式包括:

(1)建立野外管理站,安排专人负责一定区域内的保护管理工作。

(2)组成巡逻(巡护)队,定期执勤巡逻,检查和制止非法砍伐、狩猎、采药、放牧等活动。

(3)所在地公安机关在自然保护区设置公安派出所,维护自然保护区的社会治安。

(4)加强森林防火,保护野生动植物生存环境。

(5)建立珍稀濒危野生动物驯养繁殖场和野生植物培育基地。

(6)核收保护管理费用。

(7)统一管理自然保护区内的环境和资源,未经主管部门批准,任何单位和个人不得进入自然保护区建立机构和修筑设施。

(五)科学咨询

自然保护区管理涉及多个学科、领域,专业性、技术性强,需要与有关科研单位建立联系,聘请有关专家作为顾问,共同研究、探讨自然保护区的管理问题,引进先进管理技术。

(六)社区共管

参见本章第七节。

三、自然保护区管理计划

(一)自然保护区管理计划的意义与作用

自然保护区管理计划是自然保护区开展日常管理工作的基础性文件,用于指导和调控自然保护区资源的保护、管理与利用。通过管理计划的编制、执行和检查,协调和合理安排各方面的经营与管理活动,有效地发挥所有人力、物力和财力资源,获得自然保护区最佳的生态效益、社会效益和经济效益。与总体规划相比,管理计划是落实总体规划的阶段性计划(在我国,管理计划的时限一般为5年),指导自然保护区一定时期内的具体工作,逐一实现总体规划确定的自然保护区阶段性目标,强调对自然保护区日常保护管理工作的指导。通过若干期管理计划的实施,最终实现自然保护区的总体目标。

在国外自然保护区建设和管理中,管理计划是很多国家采取的一个非常有效的措施。1995年以来,在世界银行、国际有关非政府组织和我国有关部门、机构的共同努力下,我国自然保护区管理计划工作逐步展开,部分国家级自然保护区先后制定了管理计划,实施以后,在自然保护区保护管理各个方面都取得了显著的效果。但目前我国有关法律法规还没有明确自然保护区管理计划的地位,没有规定制定自然保护区管理计划的程序、审批和保障。

(二)管理计划的内容

自然保护区的管理计划一般包括4个部分。

1. 自然保护区基本情况简介

系统地描述自然保护区的现状,目的是客观地阐述自然保护区下一步开展各项管理工作的基础,内容包括自然条件、生物资源、保护对象、人文历史、社会经济、管理体制及工作状况、管理措施等。

2. 分析与评价

根据自然保护区现状,与总体目标进行分析比较,阐明自然保护区的重要性和必要性;确定自然保护区现状中存在的问题以及解决问题所遇到的困难;对所有问题根据自然保护区的人、财、物进行排序,提出今后一段时间里需要解决的主要问题及管理目标。

3. 管理措施与行动

针对自然保护区的管理目标,一一设置相应的可行的管理措施,提出相应的管理行动,阐明每项管理行动的目标、必要性、要求、工作程序、人员需求、经费预算和来源、开展活动的时间和期限等。

4. 行动计划和资金预算

将所有管理行动分为优先行动、一般行动和特殊行动,据此安排管理计划实施期间所有行动的时间表。根据所有管理行动的经费预算,统计出整个管理计划的经费预算。

(三)管理计划的编制程序

1. 成立编写机构,确定人员与分工

首先要成立管理计划编写小组,明确各个层次的负责人,建立编写小组与自然保护区所在部门的对话或沟通机制;根据保护对象和性质确定管理计划涉及的专业学科,确定管理计划编写技术负责人,根据小组成员的专业特长进行明确分工。相关专业人员一般从自然保护区现有人员中选择,也可根据实际情况,聘请外部人员参加编制工作。

2. 背景资料调查、收集、核实与归类

按照分工,编写人员系统而全面地收集所有能够收集的现存资料,必要时,应开展部分野外实地调查工作。

3. 自然保护区存在问题的分析、确定与排序

资料收集完成后,编写人员对所收集到的资料进行分析,确定自然保护区管理工作面临的问题。区分为两类问题:自然保护区内部问题,涉及自然保护区资源问题(如保护对象逐年减少、栖息地面积缩小等)、保护管理机构本身的问题(如经费不足、人员能力等);外部对自然保护区的影响,如区内居住人口带来的影响、非法进入区内造成的破坏等。分析重点应

考虑那些能够在日常保护管理工作中加以改进完善的方面，即经过努力，在一定时期内有可能解决或克服的问题。同时，应尽量准确地指出问题所在，包括严重程度、规模以及对自然保护区已经造成或者可能造成的危害等，把分析出的问题进行归类。将分析结果在保护区各个层面进行讨论、征求意见后，根据自然保护区的人力、财力、物力等实际情况，对分析得出的结论进行排序，把那些严重影响自然保护区保护管理有效性的、经过人为努力有可能解决的问题排在优先地位。

4. 讨论解决问题的多种办法

对经过分析评价得出的结论，针对导致问题的根本原因提出多种解决方案，进行比较，最终得出最佳或最可行方案。

5. 设置保护管理项目

解决问题的方案确定后，应考虑如何采取行动来落实。针对每种解决问题的方案提出具体的行动，即工作任务。再说明每项工作的目的、必要性，如何开展这项工作，有哪些具体的要求以及经费预算等，也包括确定负责实施工作的部门或人员，以及实施的时间要求。

6. 编写管理计划

在上述工作的基础上编写管理计划草案。

7. 征求意见与修改文本

在分别向村、乡以及各级地方政府和有关部门征求意见的基础上，修改管理计划文本。按规定提交上级业务主管部门批准（审核备案）。

（四）管理计划的实施

管理计划经上级业务主管部门批准（审核备案）生效后，自然保护区管理机构即组织实施工作。实施过程中，要着重把握以下环节：

（1）明确管理计划的地位。保护区各项工作必须围绕管理计划而展开，保证管理计划的连续性。

（2）根据管理计划的行动时间表制定自然保护区的年度工作计划。

（3）建立岗位责任制，将管理计划中的各项任务，层层分解到每一个工作人员，建立检查监督和激励措施。

（4）建立保护区内各部门、科室之间的协调机制，既有分工，又有协作，形成合力。

（5）改善外部环境，拓展外部支持的渠道。

随着年度计划的实施，会不断出现新问题，当达到一定程度时，应对管理计划进行必要的调整和修改，使之不断满足自然保护区的发展需要。

（五）自然保护区管理计划编制大纲

自然保护区管理计划大纲见附录14-7。

附录14-7

自然保护区管理计划大纲

1　执行概要

执行概要是对整个管理计划的高度概括，让读者在较短的时间内对管理计划有比较清晰的了解。

2　前言

包括编写管理计划的必要性及来源，编写的过程，对提供帮助的单位和个人致谢。

3　目录

4　自然保护区基本情况描述

4.1 位置、面积、边界和功能分区

4.2 历史沿革、法律地位和主要保护对象

4.3 自然条件

包括气候、地质地貌、水文、土壤等。

4.4 生物资源

包括植物区系、植被类型及分布、动物区系、珍稀濒危动物种类、数量及分布等。

4.5 景观资源

指具有旅游潜力的自然景观或历史文化遗迹。

4.6 社会经济条件

包括自然保护区内社区概况、与社区有关的组织结构和职能、自然保护区管理机构与社区的关系、社区的土地权属及其与自然保护区的关系、社区的经济条件、社区对自然资源和土地的利用方式和程度、资源管理与社区需求矛盾、社区群众对资源保护管理工作的态度等。

4.7 自然保护区保护管理现状

4.7.1 自然保护区管理体制

4.7.2 自然保护区土地状况

包括面积和周边边界、土地权属、土地利用情况等。

4.7.3 自然保护区组织机构

含人员编制和职工现状、组织机构图和内部机构设置、资金运作、设备和基础设施现状。

4.7.4 资源保护和野外管理

包括自然资源管理对策、管理体系、保护管理工作总结。

4.7.5 自然保护区科研与监测

包括科研与监测的指导思想、管理流程、正在实施的项目。

4.7.6 自然保护区宣传教育和培训

4.8 自然保护区经济活动

这一部分是管理计划编制中的重点内容。包括自然保护区管理机构自身开发的经济活动、自然保护区管理机构与外部机构合作开展的经济活动。包括生态旅游、种植业、养殖业、加工业等。

4.9 对外合作

包括合作性保护活动、合作研究、考察、教学、宣传、公众教育等。

5　自然保护区现状评价

5.1 自然保护区重要性论证

5.2 保护工作中存在的威胁因子

明确保护对象的生存和发展面临的需要克服的难题。

5.3 管理工作中面临的限制因素

5.4 消除威胁因子和克服限制因素的对策

这是编写管理计划最重要和最关键的部分,要针对威胁因子和限制因素,一一对应提出解决的各种可能对策,分别客观地讨论每种对策的优缺点。

5.5 保护管理具体目标

6 管理措施

管理措施是管理计划的核心,也是整个管理计划的主体。

每一具体行动描述格式为:

(1)行动(或子行动)编号、名称,编号在计划中具有唯一性。

(2)理由:阐述采取行动的必要性。

(3)内容描述:阐述行动的具体内容。

(4)实施单位:明确负责行动实施的具体部门。

(5)经费预算:包括材料、设计、制作、搬运、埋设、雇工、补助等。

(6)实施时间:行动开始和完成的时间。

一般地,管理措施主要包括:

6.1 法律法规制度建设

6.1.1 明确自然保护区的法律地位,完善管理机构职能

6.1.2 制定自然保护区管理办法

6.2 完善边界和功能分区

6.2.1 确定土地使用权并取得权属证书

6.2.2 管理范围的确定、标桩立界

6.2.3 功能区的划分与管理规定

6.3　自然资源和生态系统保护管理体系

6.3.1 自然保护区管理机构执法体系建设

6.3.1.1 上级主管部门对自然保护区管理机构授予行政执法权

6.3.1.2 完善自然保护区管理机构执法体系

6.3.1.3 自然保护区猎枪弹具管理

6.3.2 加强野外巡护工作

6.3.2.1 制定自然保护区野外巡护对策

6.3.2.2 区野外巡护人员配备

6.3.2.3 区野外巡护规章制度

6.3.2.4 区野外巡护检查监督制度

6.3.2.5 区野外巡护站点设置

6.3.2.6 区野外巡护装备配置

6.3.3 森林防火体制建设

6.3.3.1 自然保护区防火对策

6.3.3.2 防火人员配置

6.3.3.3 防火设施设备配置

6.3.3.4 火的预测预报制度

6.3.3.5 扑火制度
6.3.4 防止基因污染问题
6.3.4.1 制定自然保护区引进外来物种的管理规定、程序
6.3.4.2 控制或清除对自然保护区基因库构成威胁的外来物种
6.3.5 公众教育培训
6.3.5.1 自然保护区宣传教育对象的确定
6.3.5.2 宣传教育方式的确定
6.3.5.3 宣传教育材料的编制
6.3.6 外来人员入区的管理
6.3.6.1 外来人员入区审批、登记和报告制度
6.3.6.2 加强外来入区人员的管理工作
6.3.7 自然保护区社区生产生活管理(结合当地政府有关规定进行)
6.3.7.1 社区生产用地范围和生产活动的确定
6.3.7.2 制定社区使用资源管理办法
6.3.7.3 扩大社区群众参与资源和生态系统保护工作
6.3.7.4 扶持社区群众生产生活
6.3.8 遭到破坏或退化栖息地的恢复或改造
6.3.8.1 确定自然保护区内退化或遭到破坏的栖息地区域
6.3.8.2 栖息地恢复或改造方案的确定
6.3.8.3 栖息地恢复或改造的实施
6.4 可持续经济发展
6.4.1 生态旅游的发展
6.4.1.1 确定自然保护区生态旅游资源
6.4.1.2 确定自然保护区开展生态旅游的方式
6.4.1.3 确定自然保护区旅游规划
6.4.1.4 实施自然保护区旅游规划
6.4.2 种植业的发展
6.4.2.1 确定自然保护区内适合开展种植业的地点
6.4.2.2 确定自然保护区种植业的种类
6.4.2.3 确定自然保护区种植业的发展方式
6.4.3 养殖业的发展
6.4.3.1 确定自然保护区内适合开展养殖业的地点
6.4.3.2 确定自然保护区养殖业的种类
6.4.3.3 确定自然保护区养殖业的发展方式
6.4.4 社区现有生产力结构的调整
6.4.4.1 自然保护区社区现有生产力状况调查
6.4.4.2 确定自然保护区内与主要保护对象相融的生产方式
6.4.4.3 相关的技术引进与培训
6.4.4.4 建立鼓励机制

6.5 科研与监测
6.5.1 自然保护区监测
6.5.1.1 编制自然保护区监测计划
6.5.1.2 野生动物监测
6.5.1.3 野生植物监测
6.5.1.4 人为活动的监测
6.5.1.5 其他方面的监测
6.5.2 自然保护区科研
6.5.2.1 编制自然保护区科研计划
6.5.2.2 自然保护区本底资源调查
6.5.2.3 自然保护区重点保护对象调查
6.5.2.4 自然保护区栖息地状况调查
6.5.2.5 需要开展的一些专项研究活动
6.6 组织机构发展
6.6.1 完善自然保护区的机构设置、明确岗位职责
6.6.1.1 完善自然保护区的内部机构设置
6.6.1.2 确定内部机构人员和职责
6.6.2 完善自然保护区内部管理工作
6.6.2.1 完善或制定自然保护区的内部工作制度
6.6.2.2 完善或制定自然保护区人事管理制度
6.6.2.3 完善或制定自然保护区人员激励机制
6.6.2.4 完善或制定自然保护区数据管理制度
6.6.3 完善提高人员素质
6.6.3.1 编制自然保护区人员培训计划
6.6.3.2 实施人员培训计划
6.6.4 提高筹资能力,加强资金管理
6.6.4.1 完善或制定自然保护区资金管理制度
6.6.4.2 建立自然保护区融资机制
6.7 区域性协调发展
6.7.1 建立自然保护区联合管理委员会
6.7.2 建立联席会议制度
6.7.3 联合制定自然保护区周边地区自然资源管理规定
6.7.4 将自然保护区管理计划纳入地方发展规划
6.8 保护管理基础设施和设备发展
6.8.1 完善基础设施
6.8.1.1 完善或配备办公设施
6.8.1.2 完善或配备生活设施
6.8.1.3 完善或配备野外保护设施
6.8.1.4 完善或配备科研设施

6.8.2 完善基础设备
6.8.2.1 完善或配备办公设备
6.8.2.2 完善或配备野外保护设备
6.8.2.3 完善或配备科研设备
6.8.3 完善人员装备
6.8.3.1 完善或配备野外工作人员装备
6.8.3.2 完善或配备科研装备
6.8.4 设施设备装备使用管护
6.8.4.1 制定基础设施使用和管护制度
6.8.4.2 制定基础设备使用和管护制度
6.8.4.3 制定人员装备使用和管护制度

7　行动时间表和预算

7.1 行动时间表
7.2 投资计划和运行费
7.3 行动计划和资金预算说明

8　参考文献

列出管理计划编写中资料和信息的来源。

9　附件

附件1　自然保护区批准文件、执法委托文件
附件2　自然保护区管理办法
附件3　自然保护区野外巡护方案
附件4　自然保护区监测计划
附件5　自然保护区岗位职责和内部管理制度
附件6　自然保护区职工培训计划
附件7　自然保护区重点保护野生动物名录
附件8　自然保护区重点保护野生植物名录
附件9　自然保护区的主要威胁因子及限制因素

来源：国家林业局野生动植物保护司编著《自然保护区管理计划编写指南》。

第六节　自然保护区生态旅游管理与规划

随着社会经济的发展和人民群众精神文化需求的日益增长，自然保护区的科普教育和休闲娱乐功能越来越突出。自然保护区已逐步成为开展生态文明教育，宣传人与自然和谐的重要基地，成为普及自然科学知识、开展科学研究的重要场所。同时，自然保护区开展生态旅游也是增强自养能力，实现可持续发展的有效途径。

由于生态的脆弱性和环境的敏感性，生态旅游过程中的不合理开发建设活动和人为干扰，将对资源、生态、环境造成严重的破坏。

一、自然保护区生态旅游管理规定

根据法律规定，在不影响自然保护区的自然环境和自然资源的前提下，由自然保护区管理机构提出方案，经省级自然保护区行政主管部门审核后，报国务院有关行政主管部门批准后，可以在国家级自然保护区实验区内开展参观、旅游活动；严禁开设与自然保护区保护方向不一致的参观、旅游项目。2004 年 7 月 1 日，《中华人民共和国行政许可法》实施以后，国家林业局把“在林业系统国家级自然保护区实验区开展生态旅游方案审批”列入了行政许可事项。

(一) 申请条件

申请人需要提供的材料：

(1) 自然保护区管理机构开展生态旅游的申请文件。

(2) 自然保护区生态旅游规划。

(3) 生态旅游规划专家评审意见。

(4) 开展生态旅游对自然保护区自然资源、自然生态系统和主要保护对象的影响评价报告。

(5) 省级林业行政主管部门的审核意见。

(6) 有关部门的审查、审批文件。

(二) 审批程序

(1) 自然保护区管理机构向省级林业行政主管部门提出申请。

(2) 省级林业主管部门审核后，报国家林业局。

(3) 审查合格的，由国家林业局向申请人作出准予行政许可的决定；审查不合格的，由国家林业局书面告知申请人并说明理由，告知复议或诉讼权利。

二、自然保护区生态旅游规划

(一) 规划宗旨

生态旅游是指在生态学和可持续理论指导下，以自然类型、自然区域或某些特定的文化区域为对象，以享受大自然和了解、研究自然景观、野生生物及相关文化为旅游目的，以不改变生态系统的结构和功能及保护自然和人文生态资源与环境为宗旨，并使游人得到生态学知识和社区受益为基本原则的旅游行为。自然保护区生态旅游规划应以自然保护和景观保护为前提，坚持保护性、合理性、自然性、科普性、协调性、阶段性等原则，以适度进行景点、景区的开发建设与利用和旅游服务设施建设为手段，通过开展丰富多彩的具有保护区特色的生态旅游活动，探索自然保护事业和当地社区经济可持续发展的有效途径，将旅游区建设成为生态保护、科普教育和资源可持续利用的示范基地。

(二) 规划内容

自然保护区生态旅游规划编制按照《自然保护区生态旅游规划技术规程》(GB/T 20416—2006)操作。规划内容如下。

1. 生态旅游资源调查与评价

可参考第十三章第二节有关内容。

2. 环境容量分析

分别按景区、景点可游面积测算日环境容量,并结合旅游季节特点,计算旅游区年环境容量。环境容量一般采用面积法、卡口法、游路法三种测算方法,可因地制宜选用或综合运用。

3. 客源和市场分析

在进行客源市场调查的基础上,对客源地理结构、客源市场潜力、游客规模进行分析,按年度预测国际与国内的游客规模。

可参考第十三章第七节有关内容。

4. 自然保护区生态旅游发展方向、思路和发展目标

在生态旅游资源、客源市场调查与评价的基础上,与当地旅游规划相衔接,确定自然保护区旅游发展方向、思路和要达到的目标;选择主题旅游产品,进行旅游市场定位。

5. 功能区划总体布局

自然保护区生态旅游开发建设区域必须严格限制在自然保护区实验区范围内或保护区的外围。生态旅游区按不同功能划分为游览区、景观生态保育区和服务区,其中游览区可按地理单元或旅游活动类型进行二级区划。

6. 旅游项目、游览路线规划

1)旅游活动项目规划

充分发挥自然保护区生态旅游资源的优势、特色、分布特点,围绕保护对象,兼顾观赏、游览、休憩、疗养、保健、科普等多种功能,规划旅游活动项目。

(1)资源性游憩活动。以自然保护区不同生态系统、保护物种、地方特色物种等生态旅游景观的观察、生态研究、史迹研究及环境教育为目的的旅游活动。可划分为:

①森林生态旅游,如森林浴、健行、登山等。

②草原生态旅游,如观鸟、自然放牧观赏等。

③高山生态旅游,如登山、野营、专题观赏等。

④近海生态旅游,如赶海、专题观赏等。

⑤湿地生态旅游,如观水禽、水生生物考察等。

⑥乡村旅游及生态农业旅游。

⑦科普考察旅游。

⑧古迹鉴赏游。

(2)娱乐性游憩活动。配合生态旅游资源提供的游憩性活动,包括野餐、野营、骑马、垂钓、戏水、潜水、冲浪、漂流、泛舟、温泉浴、民俗活动等。

2)游览路线规划

(1)机动车道。一般为沟通服务区与游览区,以及远距离的干线道路。可规划为一条或几条直线或环状线,有水运的情况下,可设置游艇、客船通过的水路。

(2)步行道。一般为沟通距离较短的景区或景区内部各景点之间的支线道路和游憩小道,根据当地人力、畜力,也可设置雪橇、冰爬犁以及马、驴、骆驼等通过的专用道路。

7. 资源、环境及社区文化保护

1)资源保护

在分析、预测生态旅游活动对自然保护区的自然资源和主要保护对象的影响部位、程

度、时段、周期的基础上,提出消除或控制影响因素的措施。如根据环境容量确定合理的游览接待规模,旅游景点建设和游憩活动应避开野生动物的繁育场所与繁育季节;景观恢复与重建采用原生植被和乡土树种,以生物防治为主防治病虫鼠害等。

2)环境保护

自然保护区生态旅游区除满足一般的环境保护要求外,还要增加对旅游环境的特殊要求:

(1)大气环境质量宜达到 GB 3095—1996 规定的一级空气质量标准。

(2)地面水宜达到 GB 3838—2002 规定的Ⅰ类水体标准,饮用水质应 100% 达标。

(3)土壤宜达到 GB 15168—1995 规定的Ⅰ类土壤质量标准。

(4)噪声震动达到特殊住宅区的要求,交通噪声控制在 60 dB 以下。

3)社区文化保护

针对文物古迹、传统文化明确相应的保护措施。

8. 生态旅游设施工程规划

明确基础设施、服务设施的建设内容、规模与重点。

(1)基础设施建设工程。包括道路系统(车行道路、健行步道、登山步道)、供电工程、供热工程、给排水工程、通信工程等。

(2)服务设施工程。包括生态旅游管理站、游客中心、自然生态教育中心、住宿设施、商业设施、管理服务设施、户外解说展示设施、其他设施(安全设施、防火设施、急救系统)。

9. 生态环境监测与评价

1)生态环境监测

自然保护区生态旅游区应对生态环境实施动态监测,结合当地的生态特征,选择具有指示性、代表性的指标和固定监测点,建立相应的监测程序。生物资源、自然景观、水环境、空气环境、土壤环境等方面的监测指标应能有效跟踪,以及时反映旅游活动所造成的影响。

2)游客监测

建立日常游人指标监测体系,指标包括游客人数、客源地、满意度、停留时间等。可采用游客登记、问卷等方法监测。

3)生态环境影响评价

生态旅游规划草案上报审批前,应组织进行对主要保护对象的影响评价和环境影响评价,提出对主要保护对象和生态环境的保护与控制措施,并向规划审批机关提交主要保护对象影响报告书、环境影响报告书。

10. 规划管理机构与经营管理机制

11. 估算投资与资金筹措

12. 社会经济效益分析

13. 保障措施

14. 规划文件组成

(1)生态旅游规划说明书。

(2)规划附表。包括:风景资源质量评价表,生态旅游区功能区划表,生态旅游区建设投资估算汇总表,生态旅游区建设投资估算明细表,经营收入及税费估算表,折旧及摊销费用估算表,总成本费用估算表,损益表,现金流量表,贷款偿还分析表。

(3)规划附图。包括:自然保护区生态旅游区位置图,自然保护区生态旅游区功能区划图,自然保护区生态旅游区规划布局图。

(4)规划附件。包括:建立及规范自然保护区的有关法律法规和政策文件,生态旅游规划专家评审意见等。

第七节　自然保护区社区共管

我国自然保护区多数分布在社会经济发展水平相对较低的地区,当地社会经济发展大多依赖于对自然资源的直接利用,加之人口增长因素和自然保护区划建设过程中遗留的资源、土地权属纠纷等问题,给自然保护区造成了巨大压力。我国生物多样性保护和自然保护区发展最主要的压力和负面影响来自于周边社区发展过程中对资源和环境的破坏。这一问题在世界范围内也普遍存在,特别是在发展中国家表现更为突出。为解决发展和保护的矛盾,国际社会探索通过社区参与、资源共同管理、促进资源可持续利用等多种政策,使自然保护区社会经济发展与生物多样性保护协调起来。1995～2002 年全球基金会(GEF)实施了中国自然保护区管理项目(CNRMP),实践表明,把当地社会纳入自然保护区日常管理(社区共管),将社区的自然资源纳入到整个保护体系中,把社区自然资源的发展变化置于自然保护区的监测之下,增强了生物多样性保护的系统性,同时在法律法规框架内,对实验区资源进行科学合理规划和利用,更好地满足了社区群众的生产生活问题和发展需求,成为解决保护生物多样性与社区发展、资源利用矛盾的有效办法之一。

一、自然保护区社区共管的有关概念

(一)社区

社区可定义为聚集在一定地域上的一定人群的共同生活体。社区是以多种社会关系联结的,从事经济、政治、文化等活动,组成一个相对独立的区域性的社会实体。社区的组成要具备 5 个要素:

(1)必须有以一定的社会关系为基础组织起来的,进行共同社会活动的人群。

(2)必须有一定的地域条件。

(3)有各方面的生活服务设施。

(4)有自己特有的文化。

(5)每一个社区的成员在心理上有对自己社区的认同感。

社区一般分为两大类型,即农村社区和城市社区。其中农村社区具有两个最基本的特点:一是土地是农村社区生产和生活的最基本的自然要素;二是农村社区的主要劳动对象是自然生命体。

(二)自然保护区社区

自然保护区社区一般是指在自然保护区范围内或自然保护区邻接的各种类型社区,通常由多个功能、规模各异的社区组成。习惯上称分布在自然保护区界限范围内的社区为当地社区,与自然保护区邻接的社区为周边社区。从我国自然保护区的实际情况看,自然保护区社区基本上以农村社区为主。

（三）共管

共管即共同管理，是一个宽泛的概念，一般泛指在某一具体项目或活动中参与的各方在既定的目标下，以一定的形式共同参与计划、实施及监测和评估的整个过程。在不同的项目中，共管的具体含义是不相同的。

（四）社区共管的类型

共管作为一种合作或协作方式普遍存在于当今的社会经济生活，是一个广义的社会学和管理学的概念。共管对象和共管者的关系是共管的两个关键特征，一般对共管的分类也多从这两个角度进行划分。共管的具体类型及其特征见表 14-5、表 14-6。

表 14-5　根据共管对象划分的主要共管类型

共管类型	共管者之间的关系	共管的目标	共管的主要方式	共管的时间
1. 自然资源共管	地域的相邻，资源的共同拥有或拥有的资源相互依存，外部援助	目标是多重的，有经济的、社会的和生态的	援助性的，协议性的，共同开发性的等	一般都较长
2. 基础设施共管	地域相连，行政隶属关系，共同投资	主要是社会和经济的	协议性的，共同投入性的，行政管理性的	可长可短
3. 生产项目共管	利益相同	主要目标是经济收益	共同投入性的	相对较短
4. 文化教育事业共管	行政隶属关系，外部援助	主要是社会效益	协议性的，援助性的，行政管理性的	一般较长

表 14-6　根据共管参与者的组成进行划分的共管类型

共管类型	共管者之间的关系	共管的主要内容
1. 双边共管	紧密型，半紧密型	商业性，行政管理性
2. 多边共管	紧密型，半紧密型	商业性，行政管理性，公益性
3. 政府机构之间的共管	紧密型，半紧密型	行政管理性，公益性
4. 政府与社区间的共管	紧密型，半紧密型	行政管理性，公益性
5. 社区与非政府组织间的共管	半紧密型，非紧密型	公益性，商业性
6. 社区、政府和非政府组织间的共管	半紧密型，非紧密型	公益性，商业性

（五）社区共管的主要方法

对于不同的共管类型，可以采取的共管方法主要有以下几种：

（1）通过共建组织进行共管。建立共管组织明确共管过程中共管者的职责范围和责权利关系，是一种比较常见的共管形式。

（2）通过提供信息、技术和服务等援助对一些活动进行共管，是一种比较松散的共管方法。

（3）通过合同协议进行共管，是一种利益关系比较明确的共管方法。

(4)通过行政和政策手段进行共管,是行政管理的一种重要方法,也是我国采用比较多的一种共管形式。

(5)通过合资或股份制的形式进行共管,以资产或资金投入为联结纽带并确定共管中的相互关系,是在商务和企业界常采用的一种共管方法。

(6)通过生产或生活中的一些联系进行的共管,是在社区中比较常见的共管方法。

(六)自然保护区社区共管

自然保护区社区共管指自然保护区和当地及周边社区对社区和自然保护区的自然资源、社区社会经济活动进行共同管理的整个过程,有以下几层含义:

(1)自然保护区同当地和周边社区共同制定社区的自然资源管理计划,促进社区自然资源的持续利用,使社区的自然资源管理成为保护区综合管理的一个重要组成部分。

(2)当地和周边社区参与保护区有关生物多样性保护的管理工作和实验区自然资源的科学利用探索。

(3)自然保护区和社区共同对社区其他社会经济活动进行管理,促进社区社会经济与自然保护和谐发展,避免或减少对自然保护区生态系统的干扰与破坏。

二、自然保护区社区共管的作用与意义

(1)可以将社区的自然资源纳入到整个保护体系中,使生物多样性保护的系统性增强。包括中国在内,世界上绝大多数国家都存在自然保护区和社区在地理上的相互交错,社区所属的自然资源往往同自然保护区所属的自然资源在地理分布上交织在一起,在这种情况下,如果将社区排斥在自然保护区的管理之外,就等于将其所属的自然资源从一个完整的生态环境系统中割裂出去,结果必然造成生物多样性系统的不完整。采取社区共管的方法,可以在帮助社区发展的前提下,把社区的自然资源一定程度上纳入自然保护区统一的保护体系之中。通过自然保护区和社区共同参与社区自然资源的规划与使用管理,使当地和周边社区对自然资源的使用与社会经济发展方式能在一定程度上同自然保护区的保护目标统一、协调起来,使社区自然资源今后的发展变化直接处于自然保护区的监测之下。

(2)在社区自然资源共管中,社区是自然资源管理者之一,消除了被动式保护造成的自然保护区同当地及周边社区的对立关系。在共管中,社区既是自然资源可持续的使用者,又是管理者,通过社区自然资源共管就使得社区从被防范者变成了保护者。

(3)在社区共管中,通过了解当地社区的需求、自然资源使用情况、自然资源使用中的冲突和矛盾以及社区社会经济发展的机会和潜力,采取多种形式帮助社区解决问题,促进发展,使社区从单纯的生物多样性保护的受害者变成生物多样性保护的共同利益者。在共管中通过帮助社区发展经济和合理使用自然资源,可以使保护和发展在短期与微观利益方面的矛盾最小化,这是社区自然资源共管的独到之处。

(4)在社区自然资源共管中,给社区提供了充分参与生物多样性保护工作的机会。通过当地居民、社会团体、政府机构和其他组织的参与活动,促进了他们对生物多样性保护的了解,强化了他们的生态环境意识,同时也增强了对有关法律政策的了解和认识,对他们改变对生物多样性保护的态度和遵纪守法的自觉性是非常必要的。另一方面,通过共管中的参与,加强了自然保护区同社区的联系,特别是为自然保护区改善同当地政府之间的关系提供了很好的机会。

三、中国自然保护管理项目(CNRMP)社区共管的实施阶段与步骤

(一)共管的初始阶段

1. 步骤1:建立和培训保护区共管工作小组

1)确定技术责任

从保护区选择人员组建共管小组并确定他们的技术责任,根据共管工作的需要应包括一些具有相关技术的人员。除了专业背景的要求外,共管小组成员还应具备以下素质:

(1)对社区的社会经济和人文背景有较深入的了解。

(2)有社会工作经验。

(3)具有与社区进行沟通的能力。

(4)热爱社区工作,并保持共管工作岗位的稳定。

2)选择协调员(促进员)并确定其职责

协调员在共管中的职责是引导其他人,即共同利益者在寻找解决问题的办法、确立前景规划、制定发展规划等方面激发每个人的兴趣,以便对总目标达成一致的看法。其作用是促进讨论并能综合不同的观点和意见。在不同的水平、不同的时间可以有不同的协调员,其具体职责是:

(1)组织和指导 PRA(参与性乡村评估)实习(调查)。

(2)协调和管理社区调查与资料收集。

(3)指导 CRMA 的计划和制定。

(4)征求社区不同类群人们的问题和需求。

(5)引导讨论、完善社区发展方案,调解社区矛盾冲突,解决社区问题。

(6)帮助不同类群的人们解决冲突。

2. 步骤2:进行社会本底调查

运用二手资料(如县和乡的记录、研究报告和其他政府文件)、快速评估、户本底调查、PRA 等方法,收集社会经济资料,开展调查。可按以下顺序进行:

(1)从保护区地图、航片等影像资料中获得植被、道路、农业蚕食等方面的信息。

(2)根据以上信息,确定哪些是对资源保护和重要生物多样性最具威胁的社区。把具有潜在问题的社区列出,并根据威胁程度进行排序。利用地图和从乡镇收集的社会经济二手资料,进一步确定威胁因子。

(3)列出对保护区资源最具威胁、要进行社会经济野外工作的村子。

(4)在选择的社区进行 PRA 方法调查和简单的农户调查。取得以下结果:①社区的社会及地理状况;②社区的自然资源使用情况;③自然资源利用和管理的机构与规定,解决资源利用矛盾的办法;④社区所面临的经济和社会问题以及使用资源所出现的矛盾冲突。

(5)调查将要结束时,和社区分享所调查的资料(反馈信息),并就他们参与共管的兴趣与之讨论。

(6)分析和汇总调查结果。

3. 步骤3:建立领导小组

1)领导小组成员

每个保护区根据需求、目标及领导小组的功能来选择领导小组成员。在试点社区选定

之前，领导小组成员应包括保护区、市（地）、县、乡级政府及有关部门的主要领导。在选定试点社区后，加入其他主要的共同利益者代表。当地其他技术专家可作为领导小组的顾问，但不一定是正式的成员。领导小组的功能包括：

（1）制定和指导共管的方向。

（2）协调技术建议和措施，加强各部门的合作。

（3）评估社区需求，促进计划的制定。

（4）传播共管信息和普及自然保护知识（提高公众保护意识）。

（5）准备、批准和执行合同。

2）制定指导共管工作的职责范围

领导小组建立后，首先要制定领导小组职责范围，在职责范围内确定领导小组及其各成员的作用。领导小组的具体活动包括：

（1）制定选择试点社区的程序。

（2）在试点社区介绍共管的过程。

（3）检查和批准由保护区和社区提交的共管进程的方案。

（4）检查对共管有帮助的法律和政策体系，确定共管工作中遇到的主要限制因素（包括为支持共管而建议各级政府、人大所需调整和完善的法规、政策）。

（5）使社区和保护区的协议在所有的相关部门都得到认可。

（6）听取和仲裁那些在社区内或共同利益者之间难以解决的矛盾、冲突。

（7）监测和评估共管工作的影响。

（8）通过加强公众保护意识来提高共管和保护区保护目标在社区的影响。

（9）向保护区内及周边其他社区推广成功的共管经验。

4. 步骤4：选择试点社区

1）选择共管试点社区的标准

（1）地理位置的重要性。对保护区的保护工作可能产生较大影响的社区应给予重点考虑。

（2）社区的结构和规模大小适中，适合于共管。

（3）社区的发展对保护区的管护及当地的自然资源有一定的压力。

（4）对社区通过一定技术支持，可改进社区资源使用和生产状况。

（5）社区村委会的管理能力较强，工作效率较高。

（6）社区边界和各类自然资源的产权是否明确，社区的主要领导对边界和自然资源产权现状的态度。

（7）社区参加共管的目的是唯利性还是共利性的，参加共管的积极性体现在哪些方面，是否有利于共管的进行。

（8）社区所在地各级政府对社区参加共管的态度。

（9）共管中，社区改变原有资源使用模式和传统生产、生活习惯的可能性。

（10）保护区管理机构在以往工作中对社区的基本印象、合作程度。

2）试点社区选择的程序

（1）由保护区项目负责人介绍选择社区的标准，当地县级、乡（镇）政府提出候选社区的名单（多于实选社区数量的2～3个）。

(2)保护区的项目负责人或上级业务主管部门负责人、咨询专家,共同对候选社区进行评估,并征询候选社区的意见。

(3)征询当地政府的意见,最终确定试点社区名单。

5. 步骤5:与地方政府磋商和协调

在选定试点社区后,保护区与地方政府对所选择社区的规划进行讨论,一起制定共管活动的行动计划,在制定行动计划时应与社区磋商,以征得社区群众对要实施的计划步骤的支持。

(二)社区共管计划阶段

本阶段的目标,是利用在社区和村民讨论的信息及PRA和农户调查资料,制定一个管理和保护社区自然资源以及满足社区可持续经济发展的计划。主要成果是社区资源管理计划(CRMP)。

1. 步骤1:确立共管委员会

1)共管委员会的组成

共管委员会可由以下组织和单位的代表组成:保护区管理机构的代表,保护区内社区的代表,保护区周边社区的代表,当地有关政府部门的代表,当地社会团体和非政府机构代表,当地有关学术和研究机构的代表。为便于运作,共管委员会的常务机构应由共同利益者的代表组成。共管委员会的工作原则是共同协商,在处理利益分配等问题上应以保护区的保护目标和社区发展目标为基本前提。

2)共管委员会的主要工作任务

共管委员会在保护区社区共管领导小组、保护区管理机构及咨询专家的指导和帮助下,具体负责以下方面的工作:

(1)提供资源利用和冲突方面的信息与资料。

(2)绘制社区资源管理图和制定社区资源管理计划(CRMP)。

(3)确定和选择由社区投资基金(CIG)资助的社区发展项目。

(4)管理社区发展项目和CIG资助的社区发展项目。

(5)执行CRMP中的有关规章与项目。

(6)解决社区在自然资源使用和管理中出现的矛盾与冲突。

(7)监测和评估CRMP及CIG活动对社区的影响。

(8)在保护区的帮助下,开展公众保护意识教育活动。

2. 步骤2:进行补充性资料收集

为了制定CRMP,针对试点社区,共管工作小组需要进一步开展调查,收集有关资料。

3. 步骤3:编制现状图表

由共管委员会、调查者及咨询专家共同将调查、收集到的资料整理成适合于与社区进行共同分析的图表等直观形式。如:

(1)人口、社会经济、资源、生产等方面的基本情况。

(2)社区自然资源现状图表(数量结构和变化趋势)。

(3)社区自然资源使用及资源利用价值图表。

(4)社区结构图。

(5)社区的组织机构及关系图。

(6)社区自然资源使用主要冲突分析表等。

将资料分析的结果(图表)反馈给社区、保护区和共同利益者,征询他们对现状和发展的意见。

4. 步骤4:确定社区问题与需求

运用非正式访谈法,进行需求评估,全面了解社区发展和自然资源利用的问题。根据共管的要求,共管委员会、调查者及咨询专家对社区需求、发展约束、主要冲突和问题及解决办法进行分析与排序(一般采用排序矩阵),确定重要优先问题。

(1)分析社区社会经济发展的主要需求。

(2)分析社区社会经济发展的主要制约因素。

(3)分析社区社会经济发展的主要机遇。

(4)分析社区有关政策的执行情况及适应性。

(5)分析社区有关组织机构的关系及协调性。

(6)分析社区发展中自然资源使用的主要矛盾和冲突。

(7)对解决自然资源使用冲突的方法排序。

5. 步骤5:解决问题的供选方案

1)问题讨论

针对社区发展和资源利用的重要优先问题,共管委员会围绕解决问题、需求和矛盾的方法进行讨论。每一个问题讨论以下几点:①问题;②对于这个问题过去所采用的解决方案(项目);③过去所采用的方案(项目)成功或失败的原因;④新设想的解决方案;⑤预期的利益(效益);⑥预期的成本或缺点;⑦实施中的制约因素;⑧预期的收益者。

2)制定行动计划

根据上述讨论结果,制定行动计划来实施这些问题的解决方案。行动计划的内容包括:①明确方向;②确定人力、财力资源;③明确领导班子的作用和职责;④组建工作小组并帮助项目的实施;⑤社区的实力(优势)以及在实施过程中将面临的问题。

6. 步骤6:制定社区资源管理计划(CRMP)

在领导小组的领导下,由咨询专家提供技术咨询,共管委员会具体编制完成社区资源管理计划(CRMP)。主要内容包括:

(1)社区社会经济及自然资源基本状况和特点简介。

(2)社区自然资源共管计划的目标。

(3)社区自然资源使用及管理的约束冲突分析。

(4)解决问题的方法、途径和技术经济及管理可行性分析。

(5)主要实施项目及可行性分析。

(6)社区资源管理计划的具体行动方案。

(7)计划实施的监督管理及监测评估的方法。

这个计划应非常实用、简单、简短,社区居民能够读懂和理解。

（三）社区共管的审批和实施

（1）领导小组审批。社区资源管理计划（CRMP）制定完成后，提交领导小组审查并批准实施。

（2）共管项目协议（或合同）的签订。共管项目协议（或合同）的签订应在领导小组的领导下，由咨询专家提供技术咨询，所有协议（或合同）由共管委员会同社区及相关共同利益者磋商，确定合同形式、主要内容及条款。共管协议（或合同）的主要内容如下：①对项目活动的准确描述（时间、地点、范围等）；②项目中参加者各自工作内容及要求；③项目中参与者责权利的规定；④项目执行的监督和管理规定；⑤项目中参加者违约的法律责任及处罚形式；⑥合同的其他技术和法律规定。

（3）根据社区资源管理计划（CRMP）、共管协议（或合同）及其他共管活动方案全面开展共管活动。在共管活动中，领导小组和共管委员会应注意不断对项目的进展进行监督，并采用参与评估方法对社区共管进行定期评估。根据共管项目实施结果和评估监测结果，共管领导小组、共管委员会及项目的管理机构，组织和制定计划，对成功的和有推广价值的共管经验在更大范围内推广，进行自然项目技术培训。

（4）项目实施。

（5）项目监督管理。

（6）监测评估与推广。

第十五章　林产品的加工技术

第一节　木制品的生产与加工

一、木材的干燥方法

木材干燥的目的是提高木材强度,保持原有形状,防止腐朽、裂纹、弯曲等,以保证产品质量。自然状态下木材或多或少都含有水分。当含水率超过一定限度时,会造成家具胶合部件和榫眼接合部位的开裂、松动,所以新开的板材必须经过干燥后才能使用。

木材中的水分主要分为自由水、吸着水和化合水三类。存在于细胞腔的水分称自由水,这种水分的增减不影响木材的性质;存在于细胞壁中的水分谓之吸着水,这种水分的变化能使木材产生收缩和膨胀,是干燥除去的主要对象;存在于木材化学成分中的水称为化合水,这种水含量很少,对木材性质影响也不大。

木材的含水率就是指木材含水重量与木材干燥后重量的比值。各种不同用途的木材都有含水率控制标准,一般要求含水率在10% ~20%。木材干燥处理方法很多,应根据木材的种类、用途和设备条件选择。较常用的方法主要有天然干燥法和人工干燥法两种。

(一)天然干燥法

该法是将木材堆积在空旷场地或棚内,利用空气作传温、传湿介质,使木材中水分逐渐蒸发达到干燥目的的一种方法。

干燥所用场地要求平整、干燥,并有一定坡度,以便于排除地面积水,且通风条件要良好。场地不应堆放刨花、木屑等易燃物品,要与锅炉房有一定距离,以保证干燥期内安全。木材应按树种、规格大小和干湿情况分开堆垛。常用堆垛方法有以下几种。

1. 平行堆垛

该法具有通风条件良好、板材干燥一致等优点。由于板材摆放整齐,各部受力均匀,因此不易发生翘曲等问题。

堆垛时首先在地面用砖或原木作垫基,高度在50 cm以上,宽度在3.6 ~4.8 m,以保证堆底部气流畅通。原木一般采用实堆法,但堆垛过程中要保持原木间有一定间隔,不宜堆放过紧,以防木材腐烂。还要定期翻垛,使木材各部位干燥均匀。为了避免上述问题,也可用分层纵横交叉堆积法,即每层原木间留3 ~5 cm的间隔,下部大些,往上逐步减小。堆垛高度以3 ~5 m为宜。垛顶倾斜式密放一层原木,以利排除雨水。

2. 交叉堆垛

板方材一般采用分层纵横交叉堆积,见图15-1。层与层之间可用垫条隔开。垫条用35 ~45 mm的木条,垫条间隔1 ~1.2 m。对易发生翘曲的板材,隔条数量应适当增加。由于垛下部比上部干燥慢,下部可用加双层隔条的方法,使整体干燥相一致。垛顶可利用板皮或板材铺盖,使之有12%的倾斜度。顶盖应大于材垛,下端伸出75 cm,两边伸出材堆边

50 cm。

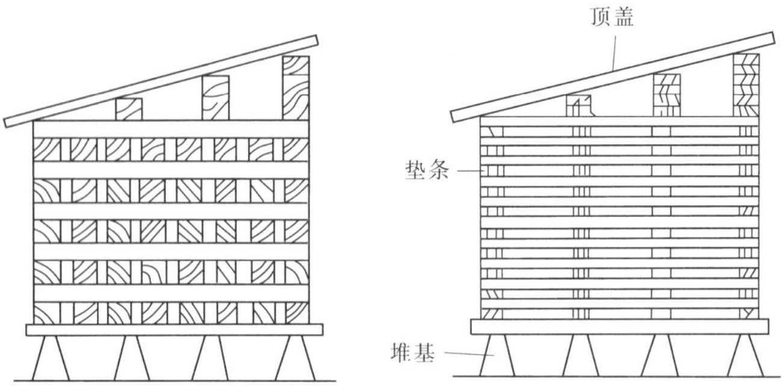

图 15-1　板方材堆积法

3. 遮光堆垛

难以干燥的木材（如柞木、水曲柳等）和硬阔叶树，在干燥过程中易发生木材表层和内部含水率相差悬殊，造成开裂的现象。因此，在这类木材干燥时要注意对向阳面遮蔽阳光，或者用沥青、石灰浆等涂刷材垛端部，把端面封闭，以减慢其干燥速度。

4. 小材堆垛

尺寸较小的针叶树材和阔叶树材，如果数量不多时，可采用“X”形堆积、三角形堆积和“井”字形堆积的方法（见图 15-2）。

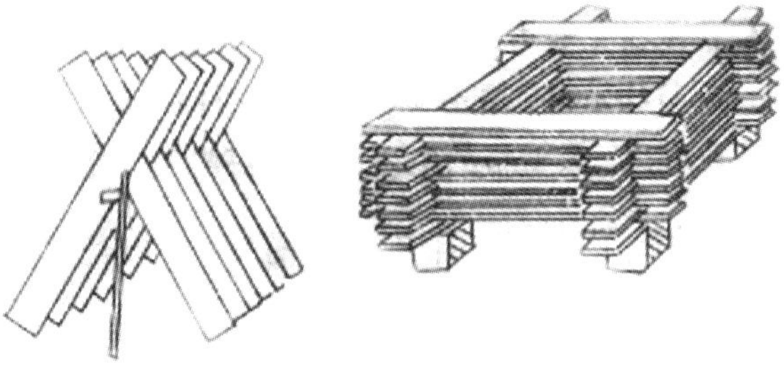

（a）“X”形堆垛　　（b）“井”字形堆垛

图 15-2　小材堆垛干燥法

由于自然干燥法易受环境湿度影响，加之占用场地大，干燥时间较长，木材易发生虫蛀、变色等问题，使质量降低。因此，最好采用人工干燥法。

（二）人工干燥法

主要有水浸法、煮材法、烟熏干燥法和蒸气干燥法。

1. 水浸法

将木材浸入水中，浸泡时间视材种不同而异，一般 2 ~3 个月，使材质中胶质溶出，然后取出开板，放置于通风处自然干燥或烘干。该法优点是木材变形小，干燥时间短，比天然干燥缩短时间一半以上，但对木材强度略有影响。

2. 煮材法

适用于中、小木料。处理时将木材浸泡于水槽或桶内进行煮沸。煮沸时间依材质、厚薄情况而定，如 25 mm 厚的板材需煮 1 h，较大木材要煮沸 4 ~5 h 以上。然后取出自然干燥或烘干处理。

3. 熏材法

熏材法是一种常用的简便方法，它是利用干燥室内燃烧的锯末产生热量来烘干木材。干燥室高 3 m，其中 1 ~ 1.2 m 在地面以下；长 5 ~ 6 m，宽 3 m，顶部用水泥板封盖。干燥室 1 ~ 1.2 m高处架钢管，其上铺铁皮，待干燥木材。干燥过程中，空气从进入口流入室底，使木屑持续燃烧，产生热烟气，通过木材垛，去掉木材中水分。一般情况下，一周左右即可干燥。木材是否达到干燥，可从烟的颜色上鉴别，冒出的是白烟，说明木材还未完全干燥好；当冒青烟时，表明木材已基本干燥。

4. 蒸气干燥法

该法效率高，干燥时间短，但投资大。它的干燥原理是，蒸气通过散热器，以强制循环的空气把热量带给木材，使木材中水分不断蒸发，最后达到干燥的目的，该法是木材加工企业广泛采用的一种干燥方法。干燥过程中，注意温度不能超过 100 ℃，以避免木材的开裂和变形。干燥时间应依据木材大小而定，蒸气干燥后的木材用暖气管烘干或取出放在干燥场所自然干燥即可。

第二节　人造板生产

人造板生产在现代木材工业中起着重要作用。由于人造板生产多是利用木材加工剩余物进行的，因此具有节约木材、充分发挥木材的多种作用和综合利用的特点，广为建筑、交通和家具制造业应用。人造板的主要产品有纤维板、胶合板、刨花板和装饰板等。

一、纤维板的种类、生产设备及工艺流程

纤维板是以植物纤维为原料，经过纤维分离、成型、干燥和热压等工序而制成的。其种类按密度来分可分为 5 种类型，即半刚性绝缘板（0.02 ~ 0.15 g/cm^3）、刚性绝缘板（0.15 ~ 0.4 g/cm^3）、半硬质纤维板（0.4 ~ 0.8 g/cm^3）、硬质纤维板（0.8 ~ 1.2 g/cm^3）、特殊高压硬质纤维板（1.2 ~ 1.45 g/cm^3）。

纤维板生产方法很多，按成型介质可分为湿法和干法两大类。

（一）湿法生产纤维板工艺

湿法是纤维板生产的主要方法。该法以水为板坯成型介质，借助于板坯内水的表面张力和塑化作用，在热压过程中使纤维与纤维之间形成较为牢固的结合力。湿法又可根据湿板坯干固方法分为干燥法、湿压法和干压法 3 种。一般工艺流程包括：原料选择与制备、纤维分离、浆料处理、成型和热压。

1. 原料选择与制备

原料选择与制备要经过选择→截断→剥皮→削片→筛选→磁选→木片储存等工序。生产纤维板的材料是选择含有一定纤维素的木本和草本植物。一般针叶树纤维较好，但在制作时为节约原料，常采用针阔叶树搭配。原料主要取之于采伐剩余物、造材剩余物、加工剩余物以及回收的旧木材等。常用的树种有红松、落叶松、桦木、椴木、杨木、榆木、马尾松、杉木等，竹类和甘蔗渣、棉秆也是常用的原料。

原料中树皮含量高于 20% 时需要剥皮；如果原料是加工剩余物，则不需要经过截断和剥皮工序，可直接进入削片工序。人工干燥后的原料，需浸泡或蒸煮使其含水率提高到

30%以上才能进行切片。切片是通过纤维板备料切片机完成的。常用的切片机有盘式和鼓式两种。切好后的木片需经过筛选,过大的木片要再次切碎,过小的碎屑要筛除。筛选后的木片先经磁选除去金属物,最后经水洗以提高含水率(以40% ~50%为宜)和清除泥沙等杂物。至此,完成了原料制备阶段。制备好的木片可用运输机或气力运输机运送到纤维分离工段。

2. 纤维分离

其目的是将木材或其他含有纤维的原料,分离成个体的纤维或纤维束,制成纤维浆料。纤维分离的方法可分为机械法和爆破法两类。其中机械法有加热机械法、化学机械法和纯机械法三类。纤维分离包括粗分和精磨两个过程。精磨是把粗分未完全分离的纤维进一步分离。常用设备有热磨机、高速磨浆机、盘式精磨机等。为了使纤维容易分离,需对原料进行软化处理,一般可采用热水或蒸气蒸煮法、化学药品法(冷碱法、碱蒸煮和中性亚硫酸盐法)。软化处理后,应尽快进行纤维软化分离,所需软化处理设备有蒸球、格林可连续蒸煮器、潘地亚连续蒸煮器。

原料经软化处理后,在磨浆设备上(热磨机、磨木机等)经机械摩擦、挤压和揉搓等作用后,分离成单体纤维和纤维素。分离后的纤维浆料直接输送到贮浆池。贮浆池分粗浆、精浆和中间浆池三种。池内设有搅拌器,用于调匀浆料,防止纤维沉淀;浆料贮存时间不宜过长,特别是高温季节要防止其发酵,有时需加防腐剂。贮存浆料经过检验(纤维长度、筛分值和纤维分离度)后进入到浆料处理工段。

3. 浆料处理

浆料处理是增强防水、防火和耐腐的处理,它是纤维板生产过程中必不可少的工序之一。通过对浆料的处理,可以改善纤维板的各种性能,延长其寿命和扩大应用范围。防水剂常用石蜡乳剂、松香乳液和石蜡-松香乳液。增强剂主要有合成脂胶、血胶、淀粉等,其中以酚醛树脂胶、脲醛树脂胶和三聚氰氨树脂胶最为常用。纤维板耐火剂种类很多,以铵盐(磷酸氢二铵)、碱盐(碳酸钠、氯化镁、磷酸钙)和金属化合物最为普遍。

4. 成型

将处理过的浆料连续均匀脱水、成型,造成一定厚度和一定含水率的连续湿板条,再经过锯边、横截,锯成所需规格的湿板坯,送往热压工段。成型方式有三种,即长网成型、圆网成型和型框成型。前两种适于工业化生产,后一种适用于手工作业的小规模生产。长网成型是由相应的长网成型机完成的,先后经五道工序,即浆料通过网前箱流上长网;经拍浆器使纤维分布均匀,避免成团、结块;由自重脱水转入真空脱水,随后在辊压机上进行压力脱水;形成了含水率60% ~70%的湿板坯;最后由锯边机截锯成所要求的规格。

5. 热压

将成型的湿板坯经热压使其含水率接近零,成为具有一定机械强度的耐水的纤维板。这一工序要在热压机上完成。热压过程分为挤水、干燥和塑化3个阶段。成型湿板中的水分通过机械压力排除后,仍有50%的水分不能排除,只能靠热压干燥。这一工序是由蒸气或热水对热压板加热,然后以一定热力和压力去除剩余的水分。前两个阶段主要任务是除去多余水分,使板坯紧密化。塑化阶段是在高温高压下使板坯结构进一步紧密,促使纤维塑化与结合,从而形成坚固的板材。常用的压力为50~70 kg/m^2,温度为200 ℃。

6. 后期处理

热压后的纤维板还需进行后期热处理、湿处理和裁边，才能成为合格产品出售。该工序主要是完成热压过程中未完成的物理、化学变化，以提高纤维板的耐水性。

（二）干法生产纤维板生产工艺

干法是以气流为载体的生产方法。其工艺流程是，原料先切片、磨浆（不进行精磨），再干燥处理浆料，然后以气流运输，纤维加入胶粘剂和防水剂后进入成型。其中干燥是用热气流进行处理的。

二、刨花板的生产、设备及工艺

利用木材和木材加工剩余物制成刨花，然后加入适量的胶料，在一定温度和压力下制成的板材称为刨花板。刨花板生产所需投资少，工艺简单，生产成本低，产品用途广泛，因此是实现综合利用、节约资源的一条重要途径。

除了木材是制作刨花板的主要原料外，农作物废料如亚麻秆、蔗渣、麦秸等都可用于生产刨花板。

刨花板生产主要流程见图 15-3。

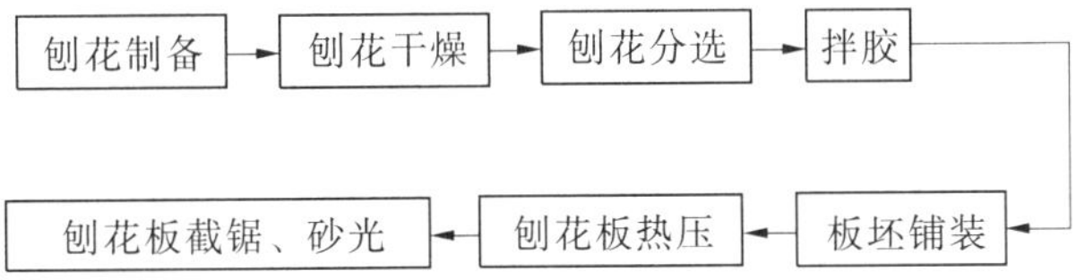

图 15-3　刨花板生产主要流程

（一）刨花制备

刨花制备工序包括木材水热软化处理、剥皮及截头等准备工作和制造刨花。为保证刨花质量及获得率，原料应保持一定含水量（40% ~60%），原料中树皮含量应少于 10%，木段过大要用圆锯或带锯截开。刨花制造是由制刨花的机床完成的。常用的机床有切削式、冲击式和研磨式三种，其中切削式机床又有削片机、刨片机和离心式再碎机等之分。切削机床是用刀刃来切削木材，是原料的粗碎设备。冲击式机床使木片或刨花再碎，是靠冲击作用完成的；研磨式机床是用来将刨花、小木片等较大体积木材研磨成较小的刨花；齿盘式研磨机是较常用的一种。

（二）刨花的干燥

刨花含水量高低直接关系到所生产刨花板的质量，含水率过高或不均匀，容易使产品产生翘曲变形。因此，刨花板生产的关键是控制刨花含水量在适宜范围内，一般以含水率 30% ~40% 为宜。刨花干燥是在干燥设备中进行的。常用的干燥设备有三类，即接触供热和机械传动干燥、对流供热和机械传动干燥、对流供热和气流传动干燥。第一类是以蒸气加热干燥，第二类是用热空气或炉气去除刨花中水分，第三类是燃烧天然气、煤气、木粉或上述混合物使湿刨花干燥。

（三）刨花分选

刨花经再碎后，一般大小仍不一致，会造成抗拉强度的降低和施胶量的增加，因此需要经过筛选工序来制作更精细的表层结构。

刨花分选的主要方法有机械分选、气流分选、气流—机械分选三种。机械分选一般是由筛网筛选，筛网有平面筛、振动筛两种；气流分选主要是按刨花重量分选，悬浮式气流分选机是使用最普遍的一种。

（四）拌胶

刨花板生产所用的胶粘剂主要有蛋白胶、合成树脂胶。合成树脂胶有脲醛树脂胶和酚醛树脂胶两类。近年来，一些新胶种已研制出来，如以亚硫酸盐废液作胶粘剂、单宁胶粘剂、异氰酸酯胶粘剂等。在拌胶工序中还要添加一些物质，以使刨花板具有一定的防火、防水和防腐等性能。常用的防水剂有石蜡乳液，防火剂是加入含有磷、氮元素等混合物，如磷酸铵、盐酸铵等。防腐处理一般是将防腐剂加入刨花中，或在成品上刷喷防腐剂等，防腐剂常用的有硫酸铜、氟化钠、五氯酚等。胶粘剂拌入方法有利用搅动的刨花相互之间摩擦而将胶液分散开的摩擦扩散法，也有用涂胶辊将胶液涂在刨花表面的；还有喷雾法，它是利用空气压力，将胶液以雾状喷洒到刨花上。拌胶设备有喷雾式连续拌胶机、离心喷胶拌胶机、快速拌胶机、高速喷头拌胶机等。

（五）板坯铺装工序

它由称量系统和铺装系统组成。铺装方法可以用手工铺装和铺装机进行。铺装工艺要求拌胶刨花板均匀，以免压出刨花板翘曲变形。一般手工铺装板坯厚薄不均匀，生产效率低，而机械铺装法能够保证铺装质量。铺装机主要有三类，单层铺装机、气流分选拌胶刨花铺装机和装有专用铺装头的铺装机。后两种可以对刨花进行分选，将细刨花铺在上、下表层，因此制出的刨花板光洁、细致。

（六）刨花板热压工序

该工序是将刨花板坯在一定热量和压力作用下，使内部胶粘剂固化，板坯中刨花之间紧密结合，成为有一定容重和厚度的刨花板。

热压方法很多，总的可分为平压法（即压力垂直于刨花板面的方法）、挤压法（施压方向平行于刨花板板面）。所用热压设备以多层压机最普遍，单层压机和辊压机次之，挤压机使用渐少。热压机的热源是利用蒸气、热油或热水加热，目前也有用高频电加热的，但尚未普遍使用。

（七）刨花板后期处理

从热压机中出来的刨花板温度较高，需经后期处理，使温度和含水率达到平衡。后期处理方式有三种：一是热堆放方法，即把高温的刨花板堆垛存放，使刨花板温度逐渐下降；二是局部冷却后堆放，首先使刨花板表面温度冷却到 38 ~ 60 ℃，然后密堆或加垫条堆放；第三种方法是将刨花板通过冷却系统完全冷却，该方法目前应用普遍，处理后的刨花板质量较好。

三、胶合板生产工艺

胶合板是指由旋制的薄木或单板，经数层胶合（通常层数为单数）而成的薄板材。胶合板种类很多，有上千种，一般按树种、胶层耐水和耐久性分类。我国规定按胶合用途进行分类。

按产品使用场所、所用胶料及耐水等性能分为普通胶合板和其他品种胶合板（见图 15-4）。

按结构和制造工艺可分为五大类，如图 15-5 所示。

胶合板具有不易吸水变形、不易开裂、幅面宽、表面均匀光滑、模纹抗拉、力学性能好等特点，因此在建筑、家具、包装、交通、造船和军工等方面应用十分广泛。

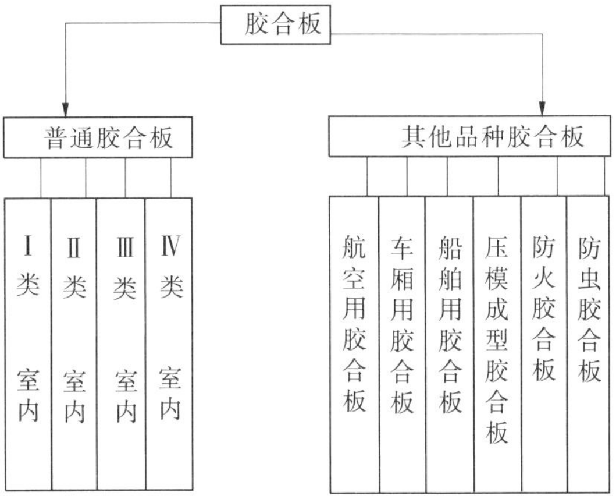

图 15-4　胶合板分类(一)

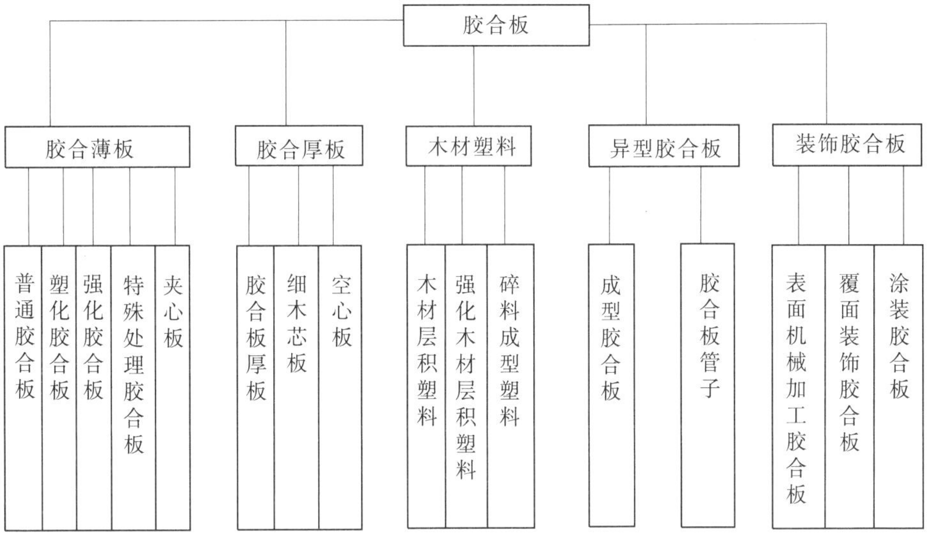

图 15-5　胶合板分类(二)

适于制造胶合板的树种很多,一般除旋切制出单板翘曲严重、易于起毛的树种外,多数树种都可用来生产胶合板。目前主要是水曲柳、椴木、桦木、马尾松、枫香等。

胶合板生产方法可分为湿热法、干冷法和干热法。其主要工艺流程见图 15-6。

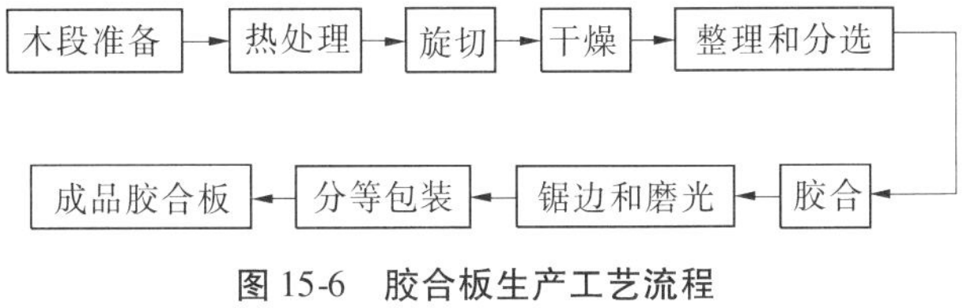

图 15-6　胶合板生产工艺流程

木段准备:进厂后的原木,根据材质和外部特征,参照胶合板成品尺寸,先用链锯或圆锯截成 1.93 ~3.15 m 的木段。

木材热处理:其目的是将木段软化,提高可塑性。常用方法有水煮法和蒸气热处理法。

水煮条件依树种、季节而不同，一般水温在 60 ~ 80 ℃，蒸煮时间 16 ~ 38 h。蒸煮过的木材在旋切前要先剥皮，剥皮可由剥皮机进行。剥皮机按工作原理可分为机械剥皮和化学剥皮两种。目前普遍采用的是机械剥皮机。

木段中心点确定：该工序对节约木材，降低成本有重大意义。所需设备是定心机，目前有两种类型，一类是定心和上木机在同一装置上；另一类是先定心，然后用运载机械送到旋切机去上木。

旋切：旋切是薄木制造法的一种，另外还有刨切和锯切，但不常用。旋切由旋木机完成。工作时木段定轴转动，旋刀垂直于纤维长度方向运动，可得到平整、厚度均匀的带状单板。

干燥：旋切后的单板含水率较高，必须在涂胶前进行干燥处理。干燥方法有天然干燥、室内干燥和干燥机干燥。一般工厂化生产常选用干燥机干燥。干燥机有网带式和辊筒式两种，均是由热空气循环加热单板，使单板中水分排出。为提高干燥生产能力，工作层数宜为 2 ~ 5 层。单板经干燥后，含水率在 5% ~ 10% 为合格。目前有许多先进的干燥法，如红外线 - 对流加热混合干燥法，微波 - 对流加热混合干燥法等，这些干燥方法能使热能利用率、生产能力大幅度提高。

整理和分选：干燥后的单板按不同种类和不同等级分选、修补，以便进一步加工。有些单板由于死节、虫眼等造成缺陷，可用挖补机修补，镶入与补孔大小一样的补片，粘牢即可；小的裂缝可先贴胶纸带，待制成胶合板后再揭去。

胶合：包括施胶、组坯、压制成胶合板。施胶是把胶粘剂均匀地涂在单板上。施胶方法有干状施胶和液体施胶两种。干状施胶又可再分为胶膜法和粉状上胶法。胶膜法成本高，限于航空胶合板生产上应用；粉状上胶法是将粉状脲醛树脂胶粉通过喷粉器或抛散辊均匀地散落在单板表面，该法目前尚处于试验阶段。液体施胶法有辊筒涂胶和淋胶法，淋胶法适于厚胶合板生产；辊筒涂胶法是胶合板生产中最常用的方法。该法是先将液体状胶合剂用辊筒涂胶机涂于心板表面（正反面），然后与表、背板组合成板坯进行压合。胶合剂多用各种蛋白质胶、脲醛树脂、酚醛树脂等。常用的涂胶机有两辊涂胶机和四辊涂胶机。

涂胶单板在热压前需先干燥，以使胶中水分在渗入木材内部前迅速排除。干燥一般在简易干燥室或传送式干燥机中进行，干燥温度不应高于 90 ℃，以保证胶层不起泡。

组坯和预压：胶合板在压合前要多张搭配叠合组成板坯。组坯方法有手工和机械法，目前胶合板生产中的组坯方式仍以手工为主，机械化组坯在生产上应用还很少，尚处于研试阶段。组坯时芯板与表板纹理应相互垂直。预压是在热压前进行短时间冷压，使板坯初步胶合成型，以缩短热压时间，提高生产能力。预压使用的设备是冷压机。

胶合：胶合方法根据单板含水率大小和是否需要对板坯进行加热，可分为三种方法，即湿热法、干冷法和干热法。干热法是胶合板生产的主要方法。该法是把干燥后含水率在 6% ~ 12% 的干单板涂胶，在加压和加热下使板坯胶合。普通胶合板的胶合压力为 10 ~ 18 kg/cm^2，航空胶合板为 20 ~ 25 kg/cm^2，压板温度 130 ~ 150 ℃。加压结束后，随压力下降，把板坯从压机上卸下，放在架子上冷却。此时胶合板表面粗糙、边缘不齐，需要裁边、刮光或磨光。

锯边使用圆锯片，加工后应平滑，无明显锯痕，尺寸偏差不超过国家规定标准。磨光是用砂粒为切削工具对胶合板表面进行加工，磨光设备有辊式磨光机和宽带砂光机两种。这道工序要除去胶料污迹及板面毛刺、沟痕，也可用刮刀将胶合板表面刮去一层刨花，使其光洁美观。

经过锯边、磨光的胶合板,还需经检验、分等和包装,方可出厂。

四、人造板表面装饰

人造板特殊表面处理(装饰)具有美化外观、保护人造板表面和节省涂饰的作用,因此应用相当广泛,发展速度极快,其方法也由最早的薄木贴面发展到数十种装饰。目前使用较普遍的有四类:贴面装饰、涂饰装饰、雕塑装饰和特殊装饰(见图 15-7)。

- 人造板表面装饰
  - 贴面装饰
    - 合成树脂贴面
      - 树脂装饰板贴面
      - 树脂浸渍纸贴面
      - 树脂薄膜贴面
      - 树脂涂层覆面
      - 树脂处理单板贴面
    - 装饰单板贴面
    - 纸、布类贴面
  - 涂饰装饰
    - 印刷涂饰
    - 透明涂饰
    - 不透明涂饰
  - 雕塑装饰
    - 凹凸纹装饰
    - 化学浮雕装饰
    - 烙印装饰
  - 特殊装饰
    - 金属贴面
    - 纤维类贴面
    - 栓皮贴面
    - 玻璃纤维贴面

图 15-7　人造板表面装饰分类

贴面装饰是在人造板表面上胶贴上各种装饰材料,常用的装饰材料有树脂类、单板和其他装饰材料等。

涂饰法是在人造板表面进行印刷或透明、不透明装饰法。

浮雕法是在板表面进行凹凸纹装饰、烙印或化学浮雕装饰等处理。

特殊装饰是指在人造板表面用各种金属(铅、钢、铜)、栓皮、纤维类进行处理。

五、三聚氰胺浸渍纸饰面技术

三聚氰胺饰面是用特制纸张,经无色透明的三聚氰胺树脂和酚醛树脂浸泡、干燥后,贴于人造板表面的一种装饰技术。其最大优点是,图案丰富,色彩艳丽,耐磨、耐化学腐蚀等性能均优于油漆。在家具、车船及航空等方面用途十分广泛。

该技术工艺流程见图 15-8。

树脂制备:三聚氰胺甲醛树脂硬化后产品较脆,树脂贮存时间短,因此多使用改性三聚氰胺树脂。它是由三聚氰胺、甲醛和改性剂混合配制的。

三聚氰胺树脂装饰所用纸分表层纸、装饰原纸、覆盖层原纸、心层原纸和隔离层原纸五种,前三种是由精制木浆或精制木棉浆制作的,后两种是以硫酸盐木浆作原料的。

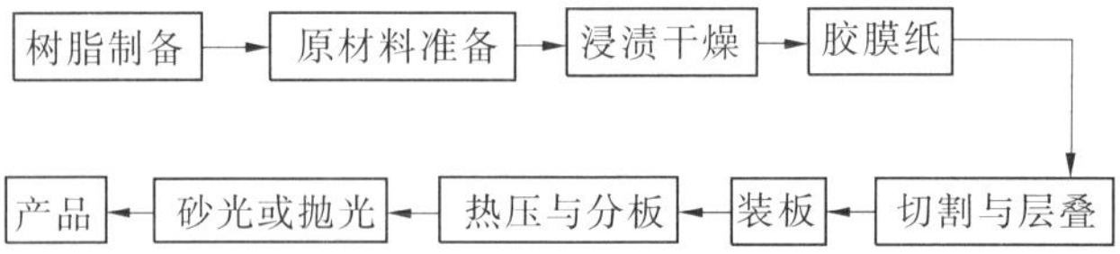

图 15-8　三聚氰胺饰面技术工艺流程

浸渍、干燥：浸渍就是使树脂液浸入纸张纤维间孔隙的过程。首先将原纸放入浸渍槽中浸泡，若原纸水分含量过高，还需用干燥机进行预热干燥，除去水分。浸渍之后需要干燥。干燥过程是把挥发组分除去，使树脂进一步缩合。干燥是本法的一道重要工序，其干燥程度是影响成型和质量高低的关键环节。生产上一般把浸渍好的胶纸经过刮刀去除多余的胶液，再进入干燥箱中干燥。浸渍干燥设备常用的有胶膜机（分立式、卧式两种）。干燥温度根据原纸种类和层次不同而有所差异，一般为 70 ~ 135 ℃。

热压：热压是贴面成型的主要工序，它是在一定温度和压力下，将贴在人造板表面的树脂纸硬化的过程。先将铺装好的板坯平整地放在热压机上，在 60 ~ 80 kg/cm^2 压力和 135 ~ 150 ℃温度下，经过 25 ~ 35 min 的热压，然后再降压降温即完成热压工序。

修整：它是人造板装饰成型的最后一道工序，包括锯边、砂光等。

第三节　油漆工艺

一、油漆种类及调配

（一）油漆种类

油漆有很多种类，目前常用的油漆有清油、清漆、调合漆、厚漆和磁漆等。近年来又有一些新品种如聚酯漆、丙烯酸漆、腰果漆等面市。

（1）清油：又名调漆油、熟油，是用干性植物油或干性油加上部分半干性植物油，经熬炼后加入催干剂而制成的。它可以单独使用或用来作为厚漆和防锈漆的调配油料用。我国常用的熟桐油、熟亚麻籽油、苏籽油和梓油都属于该种油漆。

（2）厚漆：又名铅油，它是用颜料与干性油混合研磨而成的膏状半成品，使用时需要加上熟油调稀。其性质类似油性调合漆，但其价廉，适用于打底和质量要求不高的木器。

（3）调合漆：分油性和磁性两类。油性调合漆是用干性油与颜料研磨后，加入催干剂及溶剂配制而成的；磁性调合漆是用甘油、松香脂、干性油与颜料研磨后，加入催干剂制成的。油性调合漆价格便宜，附着力强，漆膜有较高的弹性和耐气候性，但干燥时间长，光泽差；磁性调合漆干燥快，光泽和硬度较油性调合漆强，但易退光、开裂和粉化。调合漆是油漆中使用最广泛的品种。

（4）清漆：又名凡立水，是一种不含颜料的透明油漆，以树脂作为主要成膜物质，可分为油性清漆和树脂清漆两类。油性清漆由干性油和树脂配合制得，再加入溶剂和催干剂成为黏稠液体，常用的钙酯清漆、脂胶清漆、酚醛清漆都属此类。树脂清漆是树脂在挥发性溶剂中直接溶解而成的。虫胶清漆和玷粑清漆属该类。清漆以其漆膜硬、光泽好、易干燥等优点，在油漆行业使用很广泛。

（5）磁漆：是由清漆加颜料制成的，本身为不透明油漆，因其光泽酷似磁光而得名，磁漆种类很多，以酚醛磁漆和醇酸磁漆最为常用。磁漆特点是漆膜硬度大、光泽好、耐摩擦，深为人们所喜爱。

(6)聚酯漆：又称不饱和聚酯漆，是多组分漆，分为含蜡和不含蜡两种。聚酯漆固体占的比例很高，可以与树脂一起成膜，每次涂饰厚度可达250～300 μm，一般只涂饰一层即可。聚酯漆性能十分优异，突出表现在油漆家具或木器外观丰满厚实，具有极高光泽和保光性，硬度高，耐磨，并能耐冷、热和化学药品腐蚀等，成为生产高档木器产品的首选油漆。

(7)丙烯酸漆：是由丙烯酸及其酯类合成而制得的。该种漆是市面上油漆中价格最贵的一种。用它油漆的木器，漆膜坚硬、耐热、耐寒，光泽度高，经抛光处理后，漆膜平滑如镜，经久不变。但由于这种漆工艺复杂，产量有限，应用还不普遍。

(8)腰果漆：是由热带植物腰果树的果实中提取的液体配制的。它的漆膜光亮、丰满、耐磨、硬度高，广泛应用于家具、门窗的涂饰。

另外，还有光敏漆、水性漆等尚处于研制阶段。

(二)油漆的调配

油漆的调配一般要考虑颜色调配、稀释和加催干剂。

工厂生产的油漆颜色种类很多，一般要按照原色使用，但有时所购油漆不能满足某些特殊的需要，因此还需自己调配。颜色调配可根据三原色进行。我们把红、黄、蓝三种颜色称为三原色，任何颜色可由三原色以不同比例配制而成。

商品调合漆、磁漆可随购随用，不需加其他原料。但对于厚漆、硝化纤维素漆有时购买的太浓稠，使用时要加入稀料，可用熟亚麻籽油和松节油或松香水各半制成稀释剂；磁漆、磁性调合漆和清漆可用松节油或松香水作为稀料。特种树脂或特种漆料都要用规定的相应溶剂和稀释剂，否则会引起油漆变化，降低油漆质量。

当寒冷季节油漆木器时，为使漆膜干燥快些，一般需加入催干剂。催干剂可按照油漆用量的2%～5%加入。

二、木器表面的准备

要取得较好的油漆效果，不仅依赖于油漆质量的好坏，还与木器表面的状况有关，尤其是后者，对木器油漆质量来说更为重要。

新做好的木器，由于木材年轮、节子、裂纹等造成木器表面自然粗糙不平，同时，也会因其表面用砂纸打磨时撕裂木纤维等原因，致使油漆时会遇水膨胀，从而降低油漆效果。因此，油漆前要对表面进行处理，其目的是去除浮毛，填充管孔，使表面平整光洁。这一处理过程的工序大致为：首先清理木材表面所粘的砂浆和泥灰等，如果粘有沥青，可用铲刀刮去，然后刷漆片；对于木材(松木类)节疤中渗出的松脂，要用铲刀刮去，再用酒精清洗，点刷漆片，防止松脂继续渗出。经上述清理过的木器表面，用$1\frac{1}{2}$号木砂纸打磨(用打磨机效果更好)，使其表面干净、平整。当木器表面有浮毛、木丝、硬刺不易打磨时，可用毛笔刷上酒精，点火燃烧；也可用温水(25～30 ℃)、25%的虫胶清漆或3%～5%骨胶溶液润湿，浮毛就会润胀竖起，然后干燥，浮毛便会变硬发脆，即可用砂纸很容易打磨掉。木材表面管孔需要用填充物填实。以利于漆膜平整均匀，防止漆膜破裂和下陷。填孔常用填孔漆。填孔漆一般可自行调配，下面给出常用的两种配制方法：

(1)大白粉90%,皮胶10%或骨胶液10%,颜料少许。

(2)熟油8%,大白粉23.5%,松节油55%,松香12%,催干剂1.5%,颜料少许。

除了上述木器表面的缺陷可用相应方法解决外,虫眼、裂缝、钉孔等都需用腻子来填补。腻子种类和配方较多,既可购买成品,也可自行调配。常用的有胶性腻子、大漆腻子,其配方为:①胶性腻子:动物胶液20% ~30%,石膏75% ~64%,清油5% ~6%;②大漆腻子:生漆70%,石膏粉30%。

在涂刮腻子前,应先用清油打一遍底,以保证腻子有较好的附着力。

三、油漆的涂刷及喷涂

涂漆的环境条件:①温度要求在20 ~25 ℃,因温度影响涂料黏稠度和干燥速度,因此冬季油漆木器时,要有采暖设备,以保证常温条件。②相对湿度在60% ~70%为好。空气略干燥有利于涂层挥发,否则干燥时间延长,会使涂层出毛病。如油漆时遇阴雨天气,可采用一些措施来消除不利因素影响,如在涂料中加入防潮剂(化工商店有售)或者提高室温驱散潮气。但湿固化型聚氨酯漆相反,需要高温环境。③涂漆场所卫生条件要求较高。因为油漆表面干燥最快也需数小时,所以防尘尤为重要。另外,室内通气透氧也是必要的。

在良好的环境下,调合漆和磁漆涂饰大致经表面处理→涂底漆→刮腻子→打磨→涂面漆五个环节。首先,将木器表面去尘土、油污,然后用砂纸磨平刨痕、毛刺等缺陷,最后涂一层虫胶清漆,以防松脂渗出。涂底漆常用各种酚醛底漆和硝基底漆,待漆干后补腻子,然后打磨平滑,即可涂面漆。面漆涂时要求薄而均匀,一般要数次(2 ~3 次)涂饰。用清漆涂饰木器大概需经打磨→去木毛去脂→脱色→补腻子等过程。一般用油性清漆不用去木毛、去脂、脱色这些过程,只有用硝基清漆涂饰的高档家具才需经过上述各项工序。

油漆方法目前普遍采用的有刷涂法和喷涂法两种。

刷涂法是用油漆刷子蘸取油漆涂饰的一种方法。该法最关键的技术是涂刷要均匀,过厚容易起皱,过薄则露底。涂刷面积一次不宜过大,一般以0.5 m^2为宜。涂刷时,先涂二三条长40 ~50 cm的平行条,然后纵横涂散。最后涂刷应顺木纹进行,以消除刷痕。

喷涂是一种机械化油漆方法,它是利用压缩空气把油漆从喷枪口中喷射成细雾状。该法快速,喷涂的漆膜均匀、层薄。喷涂时空气压力、喷嘴口径、油漆黏度、喷射距离等都影响喷涂效果和油漆损耗量。一般常用1.5个大气压、2.5 ~12 mm喷嘴喷枪,距离以200 ~300 mm为宜。

近年来,一些新的油漆方法不断出现,如高压无空气加热喷涂法、静电上漆、浸蘸涂漆、淋浇、辊涂等,使劳动生产率和油漆涂饰质量都大为提高,但应用尚不普遍。

四、油漆装饰

油漆过的木器,其表面被油漆覆盖,油漆的颜色或花纹变化不大。为了在此基础上制作一些丰富绚丽的花纹或装饰,就需采用油漆装饰技术。油漆装饰方法很多,通常采用一些简便易行的方法就可以使木器表面呈现不同的纹理和图案。下面介绍几种简易的装饰方法。

(一)假木纹

各种树木的木材纹理是不同的,即使同一树种也会因不同剖面和部位而有所差异,有些树种纹理十分美观,是天然的装饰图案。因此,仿制贵重木材的纹理在油漆装饰上是一项重要的实用技术。比如，胡桃木的材色和纹理美观漂亮，常用来制成高档家具。仿制其木纹的方法是：首先底层涂料用 75% 的浅色黄土、25% 的锌白，然后加一些红和炭黑作颜色，最后加入清油和松节油配制即可。把配制好的涂料涂饰到木器的表面，待干燥后用啤酒擦一遍，再把 95% 生棕土、5% 煅棕土和啤酒制成的漆料涂饰一遍，等漆层干后再用 75% 生棕土和 25% 煅棕土加上清油和松节油配合的油料涂一遍，趁还未干时，用木纹刷涂刷，然后用各种配好的油色绘制木纹。油色可用黄土、生棕土、煅棕土、炭黑配制。待木纹干燥后，再涂一层前面制好的漆料，然后在侧方新涂色料上面再用短毛刷用拇指压住画出胡桃木特有的木纹线。整个过程完成后再涂 2 ~3 遍清漆。

（二）流纹油饰

该法是先将木器表面用磁漆涂底，干燥后进行油饰。油饰设备需要一个略大于木器的水槽，槽内注入水，然后加入用松香水冲淡的硝基磁漆，再滴加酒精，搅拌后，油漆即浮于水面呈现各种形状，这时把木器需要油饰的一面在其上浸蘸，迅速提起，木器表面就粘有一层变幻莫测的彩纹油漆，可以获得意想不到的装饰效果。但油饰质量受多种因素的影响，油漆质量、色彩搭配、油漆黏度等都影响流纹的形状和效果。因此，只有在实践中反复摸索，才能找出规律，从而获得满意的结果。

（三）印花技术

对于使用纤维板和刨花板制作的家具，采用印花可以达到较好的油饰效果。印花所需工具有照相样板、橡皮刮板、工作台、印油及调制印油的容器。具体过程是，首先配制感光液。用动物胶 25 g，放于水中煮化（温度控制在 40 ~50 ℃），然后冷却为凝胶体；同时将重铬酸铵 7 g 溶于 25 mL 热水中，再用 11 mL 氨水与 15 mL 酒精混合起来，使用时把溶化的动物凝胶放入重铬酸铵与氨水和酒精的混合液中，静止 24 h，即制成感光液。把感光液涂抹于丝绢布两面，厚薄要均匀，平放使其干燥。把描绘好的图案放在晒图台玻璃板上，再覆盖上涂过感光液的丝绢，上压黑色棉布，日光灯曝光 15 min。感光完毕后，将绢丝放在 70 ℃热水中使感光部分溶解，此时呈现出绘制好的图案。制成后的样板用橡皮刮板涂抹印油，印油由染料水溶液、淀粉糊和西黄蓍胶水三种成分混合而成。

工作程序是先将木器表面打底抹腻子，再涂两道硝化纤维素磁漆罩光，等漆干后，用橡皮刮板在感光后丝绢上涂抹印油，这时漆面上就呈现出所需的花纹图案。待干燥后，在花纹上涂一道硝化纤维清漆，这样既可使花纹图案牢固，又可增加表面光泽。

五、漆膜的干燥

在木器油漆过程中，油漆的干燥是最费时间的，一般约占涂漆全部时间的 90% 以上。因此，如何缩短干燥时间，对提高工作效率和油漆的质量有重要的意义。目前常用的干燥方法有下列几种。

（一）自然干燥法

该法是在油漆工作场所，利用漆面暴露于空气中而使其干燥的方法。由于干燥时间长，因此易受灰尘沾污而影响油漆质量。但如果使用得当，仍可获得较好效果。采用该法关键是选在气温较高、湿度低的天气进行。一般在上午 10 时至下午 3 时涂漆较好。另外，木器间应留适当空间，以保证空气流畅。

(二)热气干燥法

该法是在专用干燥室内,利用热水、蒸气、电流等来加速漆膜干燥速度。干燥室内除装有加热设备外,还要有通风装置如风机等,以加速干燥。但该法也有表层先干、底层油漆难干的缺点,影响漆膜质量。

(三)红外线加热干燥法

该法利用红外线产生的热能,使漆膜快速干燥。由于红外线传播过程中能量损失很少,并且能透入到漆膜内部,因此表面及内部受热均匀,干燥质量较高,紫外线也可用来干燥漆膜,但由于对漆膜有破坏作用,其应用受到一定限制。

近年来为适应自动化流水作业需要,电子束干燥法和丙种射线干燥法应运而生。前者是利用金属灯丝发出电子,借助加速器,射向漆膜促使其固化;后者是利用一种特制灯发射出一种电离辐射,使漆膜迅速聚合固化。两种方法的最大优点是无溶剂型,因此没有污染,而且固化速度极快,仅 0.1 ~2 s。

第四节　林产化工

林产化工产品在国民经济建设的各个方面都有重要作用,同时也是轻化工业的重要原料。我们日常生活所用的肥皂、油漆、火柴、橡胶和各种香料都离不开林产化工产品,其中有许多还是我国传统的出口产品,如松香,每年仅出口可换取外汇 6 000 万美元以上,位居世界第一。

林产化工生产能充分合理地利用森林资源,实现根、叶、花等树木副产品的开发利用,是山区短期内搞活经济、提高经济效益的有效途径。

林产化工主要包括下面三个内容。其一是木材纤维素的利用和加工,主要用于造纸、酒精、饲料酵酶、烧炭、活性炭生产和松焦油制取等。其二是提取树体内含物生产松香、栲胶、橡胶、天然香精、色素等。其三是利用昆虫寄生的产物加工生产紫胶、五倍子等。

一、木材制浆工艺流程

木材是纸浆的重要原料。制浆主要是利用木材中的纤维素,因此要求木材中纤维素要丰富(大于 40%),木质素要少。制浆是根据造纸要求,利用多种方法从植物中分离和净化纤维的过程。

制浆方法很多,可分为化学法、机械法和化学 - 机械法三种。近年来出现了一些新的制浆方法(设备),如热磨机械制浆(TMP)、高浓精浆制浆、高频分离制浆法等。另外,无污染制浆方法发展很快,如氧 - 碱法、全纤维素法、溶剂法等,这些方法能对制浆废液进行综合利用或进行碱回收,因此属新型无污染造纸工业。但目前制浆方法常用的是化学法、机械法和化学 - 机械法。

化学制浆方法有硫酸盐法、烧碱法、酸性亚硫酸盐法、碱性亚硫酸盐法等。现以硫酸盐法为例。

硫酸盐蒸煮法是用烧碱和硫化碱溶液蒸煮木片的制浆方法。工艺流程见图 15-9。

备料是蒸煮前的工作,主要包括贮存、锯木、剥皮、削片、筛选和贮片等。贮存是为了使木材中水分均匀,降低木材水分含量。木材一般要求锯成长度为 2.0 ~2.5 m 的木段,然后

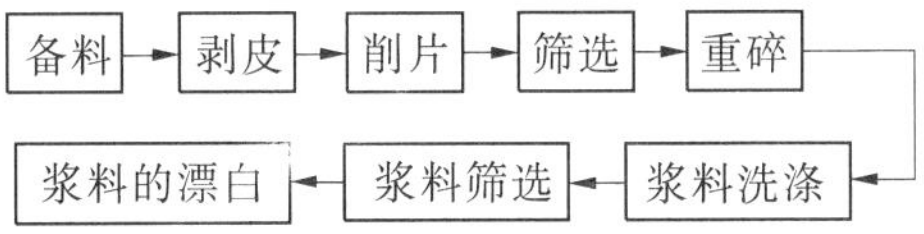

图 15-9　硫酸盐蒸煮法工艺流程

剥去树皮，再将木材用削片机削成长 15～25 cm、厚 3～5 mm 的木片。木片蒸煮过程即木片脱木素过程。当木素脱至一定程度后，纤维则从胞间层分离成浆。

硫酸盐蒸煮法所需设备有：①削片机，其规格有圆盘式和转鼓式等类型；②木片筛，分圆筛、平筛和摇摆式及高频振框式木片筛；③蒸煮器，包括间歇式和连续式两类，间歇式有蒸球和立式蒸锅，连续式有塔式、横管式和斜管式等。另有洗涤设备和漂白设备。

用各种方法制得的浆料还需洗涤、筛选和漂白等工艺过程。

洗涤：是将含有黑液、未蒸解完全的木片、泥沙等杂质除去的过程。常用的有置换洗涤法，它是利用洗液通过固定浆层时置换出纤维间黑液的方法；挤压洗涤法，即采用机械挤压的方法将黑液挤出。

浆料的筛选：经由粗选、精选和净化三个程序。其流程见图 15-10。

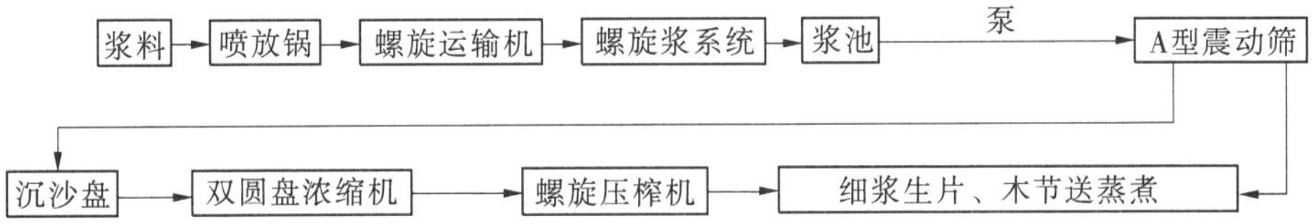

图 15-10　浆料筛选工艺流程

粗选设备为高频振框式平筛，精选设备主要采用离心式筛浆机，净化设备有除沙沟（沉沙盘）和涡旋除渣器等。

浆料的漂白：是在不损伤纤维强度的情况下，把浆料漂白到所要求的白度。漂白方法是用漂白剂。常用漂白剂有氧化型（主要包括氯气、次氯酸盐、二氧化氯和过氧化物等）和还原型（二亚硫酸盐等）两类。

漂白主要设备有混合器和漂白容器。混合器有浆氯混合器和双辊混合机等，可保证漂白剂迅速而又均匀地混合。漂白容器有氯化塔、漂白塔和漂白机等。

二、木屑生产活性炭

活性炭性能独特，吸附能力极强，在国民经济中有着广泛的用途，尤其在食品、制药、化工、环保等方面作用重大。

活性炭种类较多，按形状可分为粉状炭、颗粒炭；按活化方法可分为化学炭和物理炭。生产活性炭的原料较多，如木屑、枝桠材、果壳、煤等，其中木屑是生产高质量活性炭的理想原料。其生产的活性炭具有孔隙度大、比表面大、反应活性大、灰分少等特点。

木屑生产活性炭的方法很多，可分为化学药剂活化法、气体活化法（物理法）两类。

（一）化学药剂活化法

化学药剂活化法有氯化锌法、回转炉法和简易法。活化所用化学药剂有氯化锌、磷酸、硫酸钾、氯化钙、氢氧化钠等 10 余种。目前，以氯化锌作为活化剂较普遍。氯化锌活化法生产活性炭的工艺流程见图 15-11。

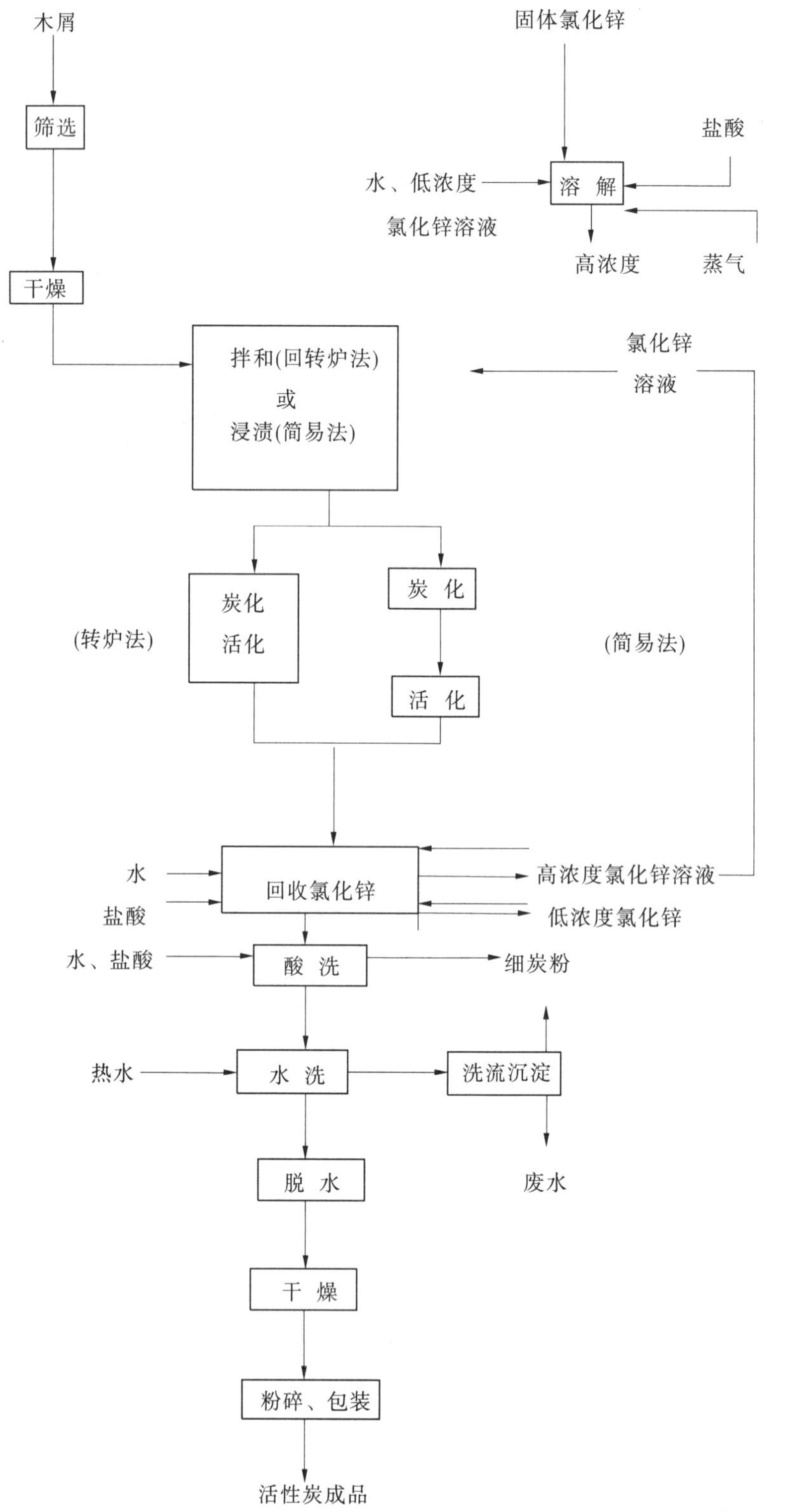

图 15-11　氯化锌法生产活性炭流程

原料:要求木屑颗粒度小于10目的占100%,含水率15%~20%。一般木屑含水率在40%左右,需干燥,常用的干燥方法有气流式和回转式干燥器干燥两种。

拌和:将干燥木屑与氯化锌在半连续式的拌和机中拌和(回转炉法),或在大池中混合和浸渍(简易法)。所加氯化锌溶液浓度因活性炭用途不同而各异,工业用活性炭时为45Be′/60 ℃,糖用炭时为45Be′/60 ℃。木屑与氯化锌溶液重量比,前者为1∶3,后者为1∶4。

炭化和活化:同在一个内热式回转炉中进行,以高温烟道气为热载体。炉体为金属板焊制,内衬耐火砖,炉筒能倾斜转动。拌有氯化锌的木屑在炉内不断翻动,均匀进行炭化、活化。活化区温度以450~550 ℃为宜。炭化时间约40 min。

回收:活化时氯化锌在高温和蒸气条件下会生成氧化锌及氢氧化锌,回收这些药品可以降低锌耗,节约药品用量和防止污染。回收方法是将上次回收下来的较浓氯化锌溶液洗脱。一般用盐酸处理氧化锌和氢氧化锌可以得到氯化锌。当回收的氯化锌浓度达到46Be′以上,湿炭中的锌含量小于1%时,可以送回拌和工段使用。

漂洗:其主要目的是除去铁质和氯,铁质去除可用盐酸,其用量占加料量的4.2%。降氯的热水用量以浸没炭面为准。漂洗水温度90~100 ℃,时间2~8 h,使氯含量小于0.16%。

脱水:用离心法脱去炭中水,使含水率为60%。

干燥:脱水后的物料需进一步干燥,可在外热转筒式干燥器中连续干燥(用烟道气间接加热进行干燥),干燥后炭含水率小于10%。

粉碎和包装:干炭粉碎是借助球磨机进行的,粉状炭细度以120目以下为好。一般为过滤方便,粒度不宜过细。活性炭包装要密封和防潮。

(二)气体活化法

气体活化法是用水蒸气、二氧化碳等气体作为活化剂,在高温下使炭活化。水蒸气活化法可用于生产粉状和颗粒状活性炭。高温烟道气活化法又称闷烧法,它是把木屑炭或木炭放在活化罐中,用高温烟道气进行活化。其工艺流程见图15-12。

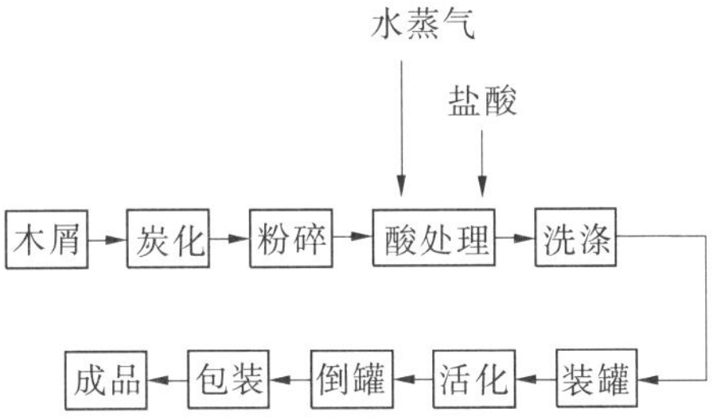

图15-12 气体活化法工艺流程

炭化:炭化炉采用立式多槽式,炭化温度700~800 ℃,炭化时间4~6 h。

木炭粉碎与酸处理:木炭粉碎采用球磨机,粉碎细度要通过100目。酸处理常用盐酸,以提高活性炭的纯度。盐酸用量约占干炭的20%,在90 ℃下处理4 h。

洗涤:除去可溶性杂质,所用设备为真空吸滤装置。洗至pH值为5~6为止。

活化:把水洗后的木炭装入活化罐的活化室,然后用耐火材料和泥把活化室封好,最后在850~900 ℃的温度条件下活化72 h。活化终点应根据取样检验确定。

包装:各活化罐中的活性炭质量有一定差异,因此活化后要使其充分混合均匀,然后包装为成品。

三、栓皮的采剥与加工

栓皮又称软木，是以栓皮栎等的外皮为原料而加工的各种材料。适于软木生产的树种主要有栓皮栎、黄菠萝等。

栓皮性质稳定、耐热，绝缘性能好，主要用于制作隔热、隔音材料，在食品、医药、军工和航天工业上应用广泛。

（一）栓皮的采剥

选择树龄 20 年、胸径 15 cm 以上的栓皮栎进行初次采剥，以后可以进行多次采剥。一株树的第一次采剥称为初生皮。为了不过分损伤树木，初生皮厚度不足 1 cm 者不采剥。以后新长成的栓皮称再生皮或二道皮，以厚度不超过 2 cm 为宜。采剥季节选在 7 ~ 9 月份树木生长旺盛时进行。选取距地面 5 cm 以上、树干直径大于 15 cm 的林木，用采剥刀在上、下割成两个环形切口（一般长为 100 ~ 200 cm），注意不能切割过深而伤及内皮；在上下环切口之间，从中间作纵向切口，纵切口处可用木楔或木铲插入，上下前后拨动，栓皮即成筒状脱落。依次往上再切第二个环形切口，一筒一筒向上剥取。

剥取下的栓皮要压平，并除去表面上的苔藓、泥土，然后晒干，贮存于干燥通风处。栓皮应富有弹性、无夹杂物，含水量应小于 12%，厚度越厚越好。

（二）栓皮的加工

采剥合格的栓皮可用来加工成栓皮产品，主要有软木砖（栓皮砖、栓皮纸、栓皮塞和合成橡胶软木复合材料等）。

1. 栓皮砖的生产

栓皮砖是把栓皮先粉碎，然后放入模型箱内加压烘焙而成的炭化软木制品，其产品特点是吸音性能优良，防震、保温特性突出。其生产工艺流程见图 15-13。

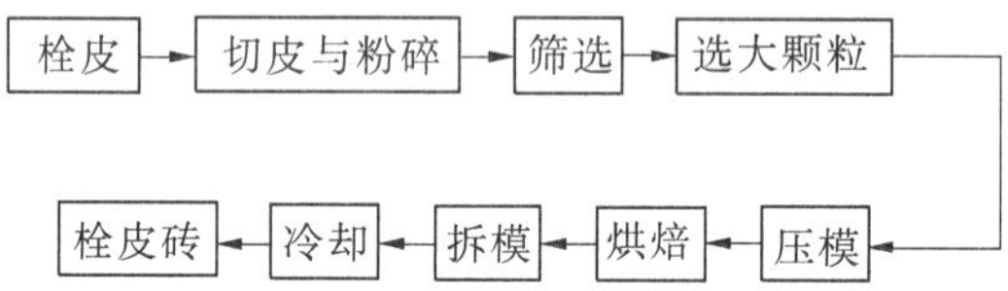

图 15-13　栓皮砖生产工艺流程

粉碎与筛选：先用切片机将栓皮切块，然后用粉碎机打成 3 ~ 20 mm 的颗粒，通过筛板（或筛选机）除去过细颗粒，转入压模工序。压模内装填筛选后的颗粒状栓皮。压制时表面要铺平，盖上铁模盖子，在压模机上以 35 ~ 60 t/100 × 50 cm^2 的压力压制。压制后送至烘焙段，在 120 ℃以下栓皮颗粒开始缓慢膨胀，温度上升到 210 ℃以上时颗粒变色并迅速膨胀，当达到 270 ℃时栓皮颗粒大量吸热膨胀。烘焙温度极限是 430 ℃，超过此温度时栓皮颗粒将严重炭化或着火。烘焙炉常用的有三种：高温直接加热式、低温间接加热式和混合式加热炉。选用高温直接加热式烘焙炉，烘焙时间 90 ~ 120 min，选用低温间接加热式烘焙炉，烘焙时间在 360 min 左右。

拆模、冷却：烘焙后，先在预冷室内降温至 230 ℃左右时出模，出模后仍需置于散热架上冷却至室温，然后包装，入库贮存。贮存时不能露天久放，要防止雨淋和吸湿。

2. 软木纸生产

该产品又称人造软木、软木片，是栓皮经粉碎后，加入胶粘剂加压胶合而成的产品。其生产工艺流程见图15-14。

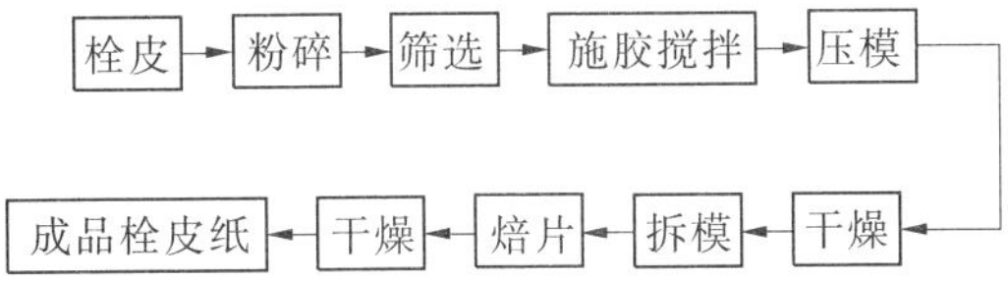

图15-14　软木纸生产工艺流程

粉碎与筛选：用切皮机将栓皮切成2～3 cm宽、5～10 cm长的软木条，然后再粉碎。粉碎的颗粒要筛选出粉碎度2.5的颗粒，筛去12目以下的小颗粒，接着进行第二次粉碎，粉碎度取6.4。粉碎后根据不同粒度可配制生产各种规格的栓皮纸。

对于栓皮中含有的杂质可用筛分或风力分选的方法去除。对于筛分难达到要求的，进一步用风选分离。筛选出的软木粒，加入胶粘剂搅拌均匀。常用胶有骨胶、酚醛树脂、硝基胶等。拌胶后装入模箱加压，低温下或常温下约20 h时可拆模，即得栓皮纸坯。所得纸坯经无齿带锯或无齿圆锯剖纸机剖片，把剖片放入温度40～60 ℃、相对湿度70%左右的热空气中干燥或晒干。干燥程度以栓皮纸含水量10%为宜。成品栓皮纸可包装、贮存。

3. 合成橡胶－软木复合材料生产

该产品的生产工艺有两种，即溶剂法和混炼法。溶剂法生产的工艺流程见图15-15。

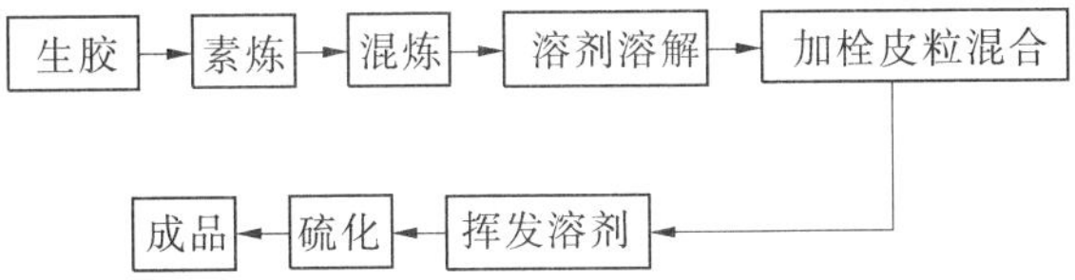

图15-15　溶剂法生产工艺流程

混炼法生产工艺流程见图15-16。

图15-16　混炼法生产工艺流程

由上面工艺流程可知，栓皮与合成橡胶相结合，能使产品具有橡胶和栓皮的共同优点，尤其在耐磨性、可压性、绝缘性方面性能优良。该复合材料在印刷包装、变压器密封衬垫、制动片、地板等方面应用广泛。

四、松针饲料添加剂的生产

松针中含有丰富的维生素和微量元素，尤其钙和磷含量较高，是一种很好的畜禽补充饲料。用该添加剂配合喂养肉猪，增重率可提高15%～40%，喂养瘦猪则可使瘦肉率提高；喂养蛋鸡（添加5%），产蛋率能提高30%以上；在奶牛饲料中拌入10%的松针粉，可使产奶量提高4.5%～7%。

松针粉饲料是由针叶树的鲜叶经粉碎、干燥等过程制成的。在抚育间伐或采伐时，先将伐掉树木的枝条收集起来，然后用机械或手工的办法，将直径小于8 mm的嫩枝和针叶脱掉。脱掉的针叶最好是新鲜加工，贮存时间过长或枝叶变黄会失去营养价值。夏季贮存时间以 7 天为宜,冬季不能超过 20 天。在贮藏过程中应注意通风、防雨、防晒。

松针嫩枝叶由于表层蜡质含量较多,叶内水分不易散失,因此干燥较困难。一般需加以粉碎来破坏其表面角质层,增加叶内水分挥发,这一过程可用切碎机进行,切碎长度 30 ~ 40 mm。切碎后的松叶、嫩枝要进一步干燥处理。干燥是为了降低饲料中的水分含量,除去叶内芳香油,提高适口性。常用干燥设备有厢式干燥箱。该箱为一长方形的隧道,内部设有筛架和加热器等。隧道长度依据生产能力和产品干燥时间而定,一般 10 m 左右,分上下两层,上层用于空气回流和加热,下层是干燥室。干燥热源为蒸汽,经管道由上层流向下层循环干燥。干燥时将切碎的枝叶均匀铺在料筛车上,每车可铺 4 kg 左右,干燥时间约 1. 5 h,原料中水分含量由 50% 降至 8% ~10% 时,即完成干燥。

干燥后的原料,不能直接用于饲料添加之用,还需粉碎到粒度 1. 2 mm 以下,再经密封包装即为成品。成品存放于阴凉干燥处。

五、芳香油生产技术

芳香油是从植物的各部分或植物分泌物中得到的挥发性油类。植物的许多器官都可用来制取芳香油,如茉莉、玫瑰、紫罗兰等是用花提取芳香油,而薄荷、柠檬草等是利用其叶、茎部,柏木、樟脑、玫瑰木则是以树干为原料制取芳香油,还有的以根、树皮或果实、种子制取芳香油。世界上可作为芳香油资源的植物约有 5 万余种,而目前工业上生产利用的仅有 200 种左右,开发前景十分广阔。列于世界芳香油产量前三位的是禾本科植物油(以香草油为主)、薄荷油、樟脑油。中国是芳香油产量最高的国家之一,特别是近 10 年来,芳香油工业发展很快,新品种不断被开发出来,极大丰富了芳香油的市场。

芳香油是一种复杂的混合物,通常含有 50 种以上的成分,它常由植物细胞原质中沉积出来后,贮存在特殊的油腺中。其制取方法大致有蒸馏法、压榨法和萃取法三种。

(一)蒸馏法

贮存于植物"油腺"中的油分,当水汽与油质接触或因机械过程油腺被刺破时,油分就被分离出来了。蒸馏法是一种促进油质扩散的方法,是芳香油生产的主要方法。该方法又可分为三种:水蒸馏法、水和水蒸气蒸馏法、直接蒸馏法。

水蒸馏法是将香料植物与蒸馏器沸水接触,以火、回管热汽、蒸汽隔层透热作为热源,适用于从植物花朵中制取芳香油。水和水蒸气蒸馏法是把香料植物放在一个渗透栅层上,然后放入蒸馏器底部,蒸馏器下层放水,刚好位于栅层下,使香料不与沸水接触。直接蒸馏法与前法类似,只是在蒸馏器底部无水分,而利用外部水蒸气通入加热蒸馏而馏出芳香油。

蒸馏设备可以用简易粗制的方法制作。其主要部件是一个铁制的汽化锅,一个用木板制成圆锥形的蒸馏甑。甑放在汽化锅上,锅与甑之间有木制假层,其下部有口,顶部有出口管,蒸汽由管子导入冷凝桶,冷凝桶是把蒸汽冷凝成液态以便于油水分离。以此简易装置制得的芳香油可再集中进行精制。

(二)压榨法

即通过机械压榨将植物油囊刺破,迫使油分挤出。压榨可采用压榨机进行。目前甜橙油、柠檬油、柑橘油等都是由压榨法制得的。由该法榨出的油必须经过过滤,分离出内含的果皮细胞组织和胞液。常用方法是采用离心法、倾泻法和过滤法来得到纯净的芳香油。

(三)萃取法

蒸馏法有一缺陷,即在蒸馏过程中油分被蒸汽破坏后,大部分溶解在水中,而仅有一小部分被蒸馏出来。为克服这一缺陷,可以采取萃取的方法来分离水中的油分。萃取的方法有油吸法、温浸法和挥发性溶剂法三种。

油吸法是用冷的脂肪(牛油和猪油混合)来吸收花中香气,不断用新花替换浸入冷脂肪中,待浸吸花油的脂肪达到饱和状态时,用乙醇将芳香油浸出,再将乙醇馏出,即得到花中芳香油。

温浸法是用温热脂肪来浸吸芳香油,其余过程同油吸法。该法时间短,但质量稍差。

挥发性溶剂法是利用挥发性溶剂(如石油醚或苯等)渗入花瓣,其中的芳香成分几乎可全部浸出。浸出物可利用低温将溶剂蒸发收回,剩下的即是含有植物蜡的半固体,可用来制作香皂等产品。若经过冷冻,去除蜡质,可得到纯正芳香油。

六、栲胶生产工艺

栲胶是从富含单宁的植物中提炼制成的产品,它主要应用于鞣制皮革、锅炉水处理和胶合板、蓄电池等方面。适于生产栲胶的树种很多,已利用的有落叶松皮、山槐树皮、化香果、黑荆树皮、槲树皮等。凡是含单宁多的树皮、木材、果实、根皮、树叶等均可制作栲胶。

栲胶是一种混合物,它由单宁、非单宁不溶物及水分等组成。其中单宁是栲胶的主要成分。

栲胶一般经粉碎、浸提、蒸发、干燥等工序,流程见图 15-17。

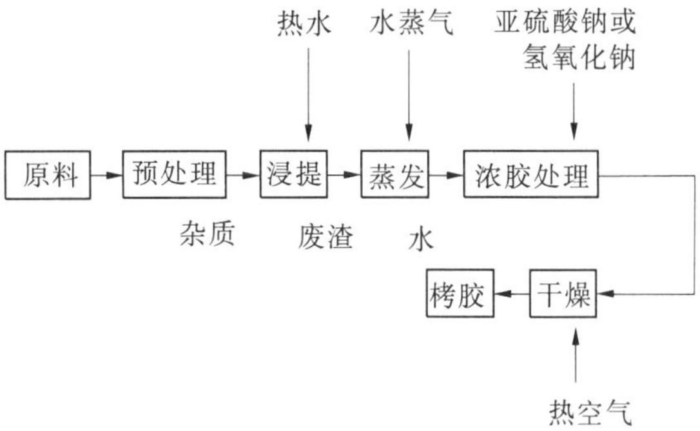

图 15-17　栲胶生产工艺流程

(一)原料粉碎

原料粉碎是第一道工序,其目的是破坏细胞壁,以增加原料和水的接触面积,以便单宁充分浸出。此工序需用粉碎设备完成。常用的粉碎设备是粉碎机,它有锤式、滚筒压碎式、压片机和切断机等类型。

(二)原料筛选

粉碎后原料经由筛选设备筛去夹杂的泥沙,较大块的原料还要再进行粉碎。经筛选合格的粉碎料由输送设备(皮带运输机、斗式提升机、风动输送装置等)进入水洗、预浸和预蒸工序。

(三)水洗

水洗是除去粉碎原料中的尘土,然后转入预浸和预蒸工段。该工段促使溶液渗透,加速单宁浸出。至此完成栲胶生产的预处理阶段,可转入浸提阶段。

(四)浸提

浸提是用水将原料中的单宁及可溶物浸出。生产上常采用逆流浸提方法。它是将原料和热水呈相反方向移动,用不同的一组热水罐依次浸提原料中单宁等物。浸提过程重复进行,可获得较高浓度的浸提液,单宁浸出也较彻底。所需设备有木制浸提罐、钢筋混凝土浸提罐、转鼓浸提器、金属浸提罐和连续浸提器。此阶段常用提高原料粉碎度和均匀程度、提高浸提温度和添加化学药剂来提高浸提速度。

(五)蒸发

为提高浸提液中胶的浓度,还要进行蒸发。但由于单宁在高温下易分解,因此蒸发需要在真空低温下进行,一般常用三效蒸发器。目前已研究推出的较先进的蒸发设备有降膜式蒸发器、双效降膜蒸发器等。

(六)浓胶处理

为了满足制革需要,有些栲胶需用亚硫酸盐、氢氧化钠等处理。亚硫酸盐能使单宁磺化,使可溶性单宁渗透速度增加,所需用设备有磺化器等;加入氢氧化钠溶液,在搅拌下进行反应,可制成液体碱性栲胶。

(七)浓胶干燥

蒸发所得浓胶的浓度为 17 ~20Be′(干物质含量 30% ~40%),不易运输和贮存,需进一步干燥成固体。常用干燥方法有喷雾、喷雾沸腾和真空箱式干燥等。喷雾干燥设备包括喷雾器、干燥塔、空气加热器、空气过滤器、热风炉、除尘器、回转耙和螺旋卸料器等。

栲胶生产后剩余的废渣可用于生产渗碳剂和复合肥料,其工艺流程见图 15-18。

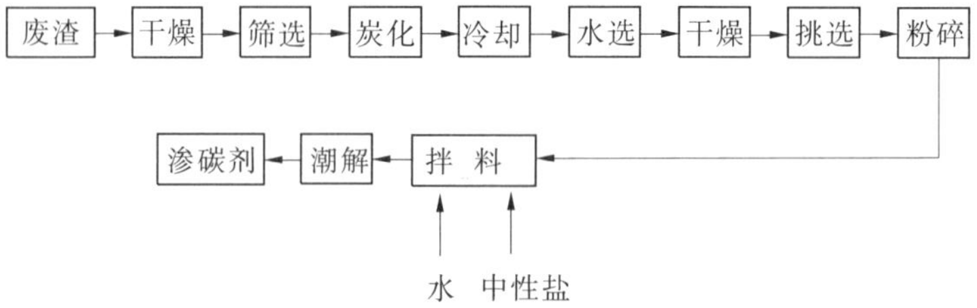

图 15-18　用废渣生产渗碳剂工艺流程

第十六章　森林多种经营

森林除了生产木材、保持水土、改善生态环境外，其中还有大量珍贵动植物可以开发利用。开展森林多种经营，不仅可为社会提供多种林副特产，而且能增加林业收益。

第一节　食用菌栽培技术

一、黑木耳栽培

黑木耳又称光木耳、云耳、黑菜，是一种大型真菌，分类上属担子菌纲、木耳科、木耳属，该属有10余种。黑木耳有三种形态，即孢子、菌丝体和子实体，其生活周期是担孢子—菌丝体—子实体—担孢子。由于它多生于朽木上，呈黑色，形似耳朵，所以俗称黑木耳。人们常见和食用的黑色胶质体就是子实体。黑木耳经济价值很高，是我国传统的营养和滋补佳品。同时它还具有很高的医疗价值，有清肺、镇痛、活血、益气壮身和通便治痔疮的作用。黑木耳分布较广，我国20多个省(市、区)均有分布。

黑木耳在我国栽培历史悠久，技术成熟，已成为我国传统出口商品，产量居世界首位。我国黑木耳栽培和生产经历野生、原木砍花、段木接种、代料栽培四个阶段。黑木耳栽培方法简单，技术成熟，原料丰富、低廉，很适合我国广大农村集体或家庭经营。

(一)黑木耳生育条件

黑木耳在生长发育过程中，对环境条件有一定要求，要获得速生高产，就必须了解和掌握它，努力创造适宜的环境。对黑木耳生长起重要作用的条件有温度、湿度、空气、营养及pH值等。

1. 温度条件

黑木耳是一种中温型真菌，有较广的适生性，其菌丝体适宜生长的温度是5～36 ℃，最佳生长温度是22～28 ℃；子实体正常发育的温度范围是15～32 ℃，最适温度为18～28 ℃。一般低温对黑木耳菌丝生长影响不大，但其怕38 ℃以上高温。研究证明，在黑木耳适生温度范围内，低温和昼夜温差较大时，黑木耳子实体颜色深，肉质肥厚，有利于获得高产、优质黑木耳；相反，温度高时，质差、量少。因此，严格控制各生育阶段的温度，是黑木耳高产的关键措施之一。

2. 水分条件

水分是黑木耳生长发育的必要条件。一般黑木耳菌丝体能在较干环境中生长，因此培养基基础水分不宜过高，以不超过60%为好。黑木耳子实体在形成和长大过程中对水分要求十分严格，要求空气湿度保持在90%以上。近年来实践证明，对黑木耳生长发育的关键时期进行干湿交替培养，能使黑木耳产量和质量明显提高。

3. 光照条件

黑木耳菌丝喜阴，忌光线强，而子实体发育需要良好的光照条件。光线对子实体形成有促进作用,并影响其色泽。一般子实体要求光照强度在 1 000 lx 以上。有研究证明,光强在 2 500 ~ 3 000 lx 变化时,子实体在 2 700 lx 时色泽深,肉质最厚。

4. 空气条件

黑木耳属好气性真菌,在生长发育过程中,要求栽培场所通风条件良好,以满足其对氧气的需要。尤其在子实体形成后,黑木耳新陈代谢旺盛,对通风要求更为严格,这时增加空气对流还可以抑制杂菌滋生,防止黑木耳霉变。

5. 营养条件

黑木耳是一种腐生性很强的木腐生菌,属异养型生物。其所需营养物质全靠菌丝体分解、吸收培养料。黑木耳生长所需的营养物质主要是碳水化合物、含氮物质以及少量无机盐和维生素。富含纤维素和木质素的物质如甘蔗渣、玉米芯、秸秆、阔叶树、棉籽壳、木屑等都是很好的培养料。在培养料中适当添加一些含氮多的麦麸或米糠、尿素,可促进菌丝生长,提高产量。无机盐是黑木耳需要量较少的营养成分,一般天然原料中均含有足够黑木耳正常生长的无机盐,但人工培养料中则需要添加一些无机盐来补充,如石膏粉、$CaCO_3$ 等。

6. pH 值

黑木耳喜微酸性环境,菌丝生长适宜的酸碱度为 pH = 4 ~ 7,在 pH = 5 ~ 6.5 最为适宜;pH > 8 或 pH < 3 时均不能生长。在培养过程中,由于新陈代谢产生有机酸,会造成 pH 值下降,因此在配制培养基时要适当调高 pH 值。生产中常用磷酸二氢钾作缓冲物质,用$CaCO_3$、$CaSO_4$ 来中和过剩的酸性物质。

(二)菌种制作

目前,许多栽培木耳的单位或个人,大都从各地科研和生产单位引进母种或原种进行扩大培育。

黑木耳自然繁殖方式是有性繁殖(孢子繁殖),但通过人工分离方法,可利用黑木耳子实体组织或菌丝进行无性繁殖。

我们把用于繁殖的菌种和生产栽培的菌丝体称为菌种,它有母种、原种、栽培种之分。用于分离培育出菌种的子实体称母种,又叫一级菌种。母种一般是接种在试管培养基上。母种经扩大培养所得到的菌种称原种,又称二级种。每支母种可扩成 40 ~ 50 支或 4 ~ 6 瓶原种。原种经过再次扩大而直接应用到生产上的菌种称栽培种。母种、原种和栽培种本质上无差别,不同的只是原种直接由母种扩大,而栽培种由原种扩大。黑木耳菌种生产工艺见图 16-1。

菌种制作所需要的设施条件主要有灭菌室、接种室、培养室、化验室和贮存室。其中消毒灭菌是菌种制作中的重要环节,常用的灭菌方法有常压土蒸锅灭菌、高压灭菌(利用高压蒸汽灭菌)、紫外线灭菌和药物灭菌四种。对制得的或购来的菌种需进行质量鉴定,母种好的标准是:菌丝纯白色,毛短而整齐一致,形如细羊毛状;当其在培养基长满时,会出现黄斑块,培养基质变为茶褐色。原种好的标准是:菌丝如洁白细羊毛,粗壮整齐,生长力旺盛,发育均匀;在菌丝生长后期,一般会出现浅黄色色素。

对制得的或购回的菌种,如一时不用,要存放在清洁、干燥和避光的地方,使菌种处于低温、干燥和缺氧条件下,维持其最低代谢活动;当需要使用时,移到适宜的温度条件下培养活化,常用的保存菌种的方法有:

(1)低温保存法。把试管母种包捆好,置于 4 ℃冰箱内保存 3 ~ 4 个月。满此时限后再

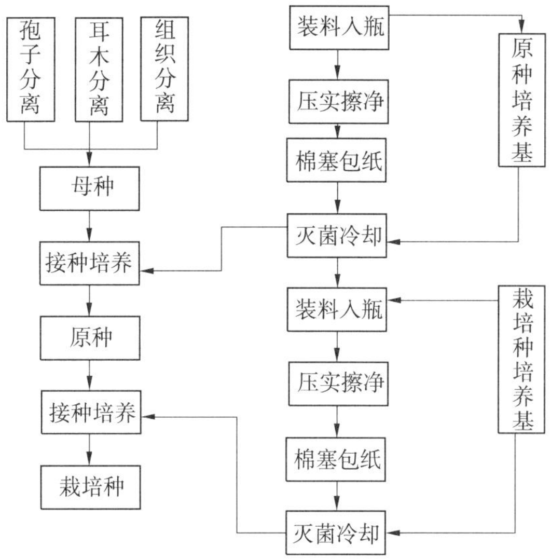

图 16-1　黑木耳分级菌种流程示意图

转管移接一次，同样方法保存。还可用石蜡封口，减少水分蒸发，延长保存时间。

(2)石蜡保存法。在装有菌种的试管里灌入一层无菌液体石蜡，以隔绝空气来降低菌体的新陈代谢。用该法在常温下菌种一般可保存 3～5 年。使用菌种时，可直接用工具挑取菌丝接种。

(三)黑木耳段木栽培技术

利用段木栽培黑木耳是传统方法，其技术由自然接种、砍花法到目前钻穴填菌法，黑木耳的产量和质量都较以前大大提高了。

1. 选材

很多木材适用于栽培黑木耳，较好的有麻栎、杨树、榆树、柳树、构树等。另外，许多果树枝条如苹果、梨等，以及行道树悬铃木、刺槐、桑树、椿树等枝条都能用来栽培黑木耳。但含有松脂、香精油、醇、醚等杀菌物质的针叶树一般不能用于接种。

栽培黑木耳的段木砍取，一般在每年冬至到立春进行较好。这时树木养分多、含水量少，树皮不易剥落，虫害、杂菌较少。选取 8～10 年生树木，以直径 8～14 cm 为好，截成长 1～1.2 m 的段木，用刀砍痕数条，以“井”字形堆叠在通风干燥处进行晾晒；每隔半月翻堆一次，待段木六七成干、含水量在 45% 左右时即可接种。在北方春旱地区，段木可以不经干燥而直接接种。

2. 接种

在春节后开始接种较好，这时气温低(但不致影响到黑木耳正常生长)，杂菌污染少，宜选在雨后晴天钻穴接种，穴距为 4～6 cm，行距 7～8 cm，穴直径 1～1.2 cm，一般一根 1 m、直径 9 cm 粗的段木可打穴 120 个左右。打穴工具可用电钻、手摇钻或皮带冲等。打好穴即可接入适量菌种(不能过多)，然后用与之相适应的树皮覆盖在穴上，其作用是将菌种与光、空气隔绝，以利于其寄生于段木上。现在也有用泡沫塑料盖和木屑自制盖来代替树皮盖的。

3. 上堆、摊场和起架

将接好种的段木按直径大小分开，然后排成“井”字形，堆高以 1 m 为宜，四周覆盖枝叶、草帘或玉米秆,以保温保湿,这一过程称为发菌。发菌过程中以温度在 22 ~ 26 ℃最好,一般 15 ~ 26 ℃菌丝能正常生长。发菌 10 ~ 15 天翻堆 1 次。如翻堆时发现段木干燥,可进行喷水处理。一般一个月后,即有许多耳芽出现,这时可进行摊场。摊场即将堆上的段木一根根分别平铺在湿润场地上,若湿度不够,可早晚喷水一次。为防止杂菌感染,在地上铺一层10 cm厚的沙子更好。将摊场段木每 10 天左右翻动一次。一个月后,耳芽大量萌生,少数已形成木耳,这时便可起棚上架。

起架是将摊场好的耳木架成"人"字形,这样做可使耳木间通风透光,互相不挤压,利于木耳发生。起架场地应选在有树荫处、屋前房后,或山间避风向阳处。管理上主要是注意温度、湿度和光照,夏季要防止高温和烈日照射,必要时进行人工遮阴;湿度上要采取干湿交替的管理措施,晴天多喷水,阴天少喷水,雨天不喷水,喷水时以雾状喷洒为好,同时注意除草、除杂菌和防治病虫害。

4. 采收、干制与保存

当木耳子实体长到耳角肥厚、边缘肉卷、耳片富有弹性、耳柄收缩、背面略现白色孢子粉时,标志着木耳已经成熟,即可采收。采收时间要选择在雨后初晴,采收前一天晚上停止喷水,以便于采收。采收时用刀齐树皮将木耳割下,做到成熟一朵采一朵,采收后停止喷水一天。然后将耳木上下颠倒、翻面,在阳光下晒 3 ~ 4 天,再转入正常喷水管理,一般黑木耳生长期是 5 ~ 9 月份,第一批采收后隔 20 ~ 30 天第二批成熟,一年可采收 5 批左右。

采收后的黑木耳含水量高,易腐烂变质,应及时加工干制。晴天时可将采收后的黑木耳均匀地摊在竹席或芦席上,烈日下 1 ~ 2 天即可晒干;也可利用烘干室微热烘干,一般烘干温度不超过 40 ℃,并通风去湿。

干制后黑木耳可用塑料袋密封保存,以防止吸潮变质,贮存房间应通风、干燥。

5. 耳木越冬管理

一般 9 月以后,随气温下降,耳木逐渐停止出耳。这时宜将耳木放入耳棚内,准备越冬。北方地区平均气温在 12 ℃时,可清除耳木上小耳、耳脚,并用 0.2% 托布津等消毒剂进行灭菌一次。耳木在棚内按"井"字形堆叠,正常年份不需人工加湿。当湿度过大时应注意翻堆,使耳木不至于过湿或过干。至第二年 3 月气温回升(>15℃)再起架出耳。如此循环,耳木一般使用年限为 3 年。3 年后,耳木木质已疏松,产耳量显著减少,这时可用新耳木更替,或喷 0.5% 尿素、0.2% 磷酸二氢钾,以提高当年产量。

(四)黑木耳代料栽培技术

由于段木栽培黑木耳生产周期长,成本高,经济效益低,在广大平原农村难以普及,因此一定程度上限制了黑木耳的发展。近年来黑木耳代料栽培技术已获得成功,为广大农户栽培黑木耳创出了一条新路。代料法生产周期短(从接种到采收整个周期仅 100 ~ 120 天),出耳率高,每 100 kg 原料可收黑木耳(干品)5 ~ 8 kg,比段木法高 5 ~ 8 倍,经济效益不受季节限制。

1. 代料选择与加工

可供栽培黑木耳的代料有数十种,常用的有杂木屑、棉籽壳、稻草、甘蔗渣、玉米芯、秸秆类(玉米、小麦、大豆、高粱等)、花生壳、谷壳及野草类。在选择代料时要因地制宜,就地取材,木屑或树木枝桠,要粉碎成米糠状,存放于干燥处。棉籽壳含有较高的营养成分,透气性好,是理想代料,一般可不必另外加工,直接与辅助材料配比使用。稻草栽培时,应将其切成

2～3 cm长小段，或在粉碎机上粉碎成草粉。甘蔗渣须去除发酵、霉变的和较大颗粒，用渣中较细成分进行栽培；粗渣经粉碎后也可使用。玉米芯含有丰富蛋白质、纤维素等营养成分，很适合栽培黑木耳，一般将其晒干，粉碎成黄豆状为好，不要过细。秸秆类使用时要粉碎成屑状。以上各类代料物质还需添加一些辅助营养物质，才能用来栽培黑木耳。这些物质是麦麸、米糠、石膏粉（90～100 目）、$CaCO_3$、蔗糖、$MgSO_4$、尿素、过磷酸钙、KH_2PO_4 等。各代料配方及工艺流程见图 16-2 和表 16-1。

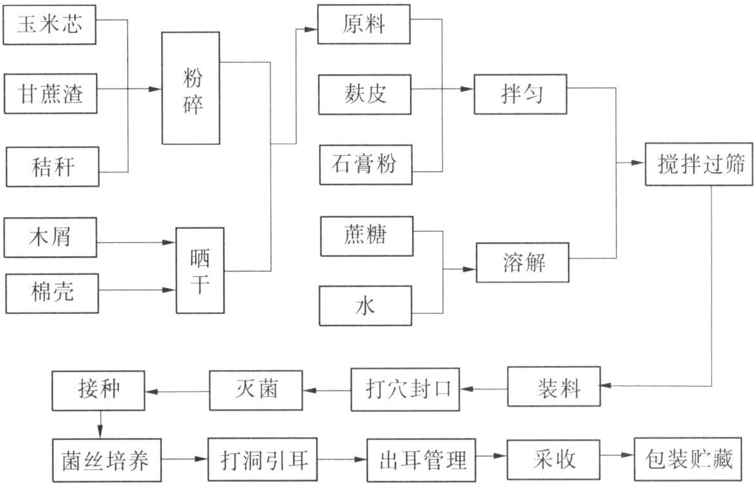

图 16-2　黑木耳生产工艺流程

表 16-1　黑木耳代料栽培常用配方

配方	主料	麸皮	蔗糖	石膏粉	尿素	水料比
配方一	杂木屑 78%	20%	1%	1%		1∶1.2～1∶1.3
配方二	棉籽壳 93%	5%	1%	1%		1∶1.2～1∶1.3
配方三	麦秸 78%	20%	1%	1%	25g	1∶1.3～1∶1.4
配方四	甘蔗渣 87.5%	10%	1%	1%	0.50%	1∶1.5～1∶1.8

配制方法：选择配方中任一种，先把其中所要求的干物质如棉籽壳、木屑、石膏粉、麸皮等按比例称好，放在水泥地上（或者木板上、泥地上铺的塑料薄膜上），然后混合均匀；再将可溶性物质如糖、尿素、维生素、KH_2PO_4 等用水化开，倒入拌匀的混合料中，搅拌均匀。对拌料中用水量需严格控制，一般因原料不同而异，棉籽壳、甘蔗渣吸水量大于木屑、麸皮，因此前者用水量也大些。按要求培养料含水率应在 60% 左右，过高或过低均不利于菌丝体生长，具体可用下面标准衡量：用手紧握配合好的培养料，以指缝间见水印而不下滴即为含水率适当；也可用干燥法测含水率，或用公式进行概算：

$$含水率(\%) = \frac{总水量}{培养料总量}$$

式中，总水量 = 加入水量 + 各种代料含水量（一般含水率 10% ～13%），培养料总量 = 各种代料总量 + 水量。

例如，某一配方，干物质 100 kg，按 13% 含水率算其含水量为 13 kg，这时加水量 120 kg，总水量则为 120 kg + 13 kg = 133 kg；培养料总重量 = 干物质 100 kg + 水量 120 kg = 220 kg，这时含水率 = 60.5%，符合要求。

还要注意 pH 值。因菌丝体喜偏酸性环境（pH 4 ~ 7），代料的 pH 值测定可用市售 pH 试纸或 pH 计测定。当其过酸或过碱时用 4% NaOH、10% Na_2CO_3 或 3% HCl 溶液中和调节。

2. 装料灭菌

将配制好的培养料，用装料机或手工装入袋中或瓶内。

（1）装袋。用准备好的（30 ~ 35）cm ×（16 ~ 18）cm 或（58 ~ 60）cm ×（16 ~ 18）cm 圆筒状塑料袋装料，至一半时，提起袋子震抖几下，稍用手压实，然后再装。至离袋口 5 cm 时，将袋口合拢扭拧，使薄膜与料接触紧密，用绳扎紧，再反折袋口薄膜捆牢，即捆扎两道。然后，在距装料袋口 10 cm 处套环。其方法是，先将装入袋内的料用木棒从中央由上而下打一个直径 2 cm 的通气孔，其上套一规格为 4 cm × 3.5 cm 或 3 cm × 3.5 cm 的塑料袋或竹筒，并将袋口外翻，用绳扎牢，便成似瓶口状袋口，再塞上棉塞，外面最后用牛皮纸包扎。

（2）装瓶。操作过程基本同装袋，即装料→压实→装料→再压实，当装料距瓶口 2 cm 时，用双层报纸加一层聚丙烯薄膜，或用牛皮纸加一层薄膜，用绳封扎瓶口。

装好料的袋（瓶）有两种处理方法，一种是先打接种穴，用打洞器打 4 ~ 5 个，穴口直径 1.5 cm，深 2 cm，然后用食用菌专用胶布贴封穴口；另一种是先灭菌，再打接种穴。

（3）灭菌。配好的培养料须尽快移入灭菌器（在 2 h 以内）进行灭菌处理。灭菌方式有高压蒸汽杀菌锅灭菌、常压灭菌柜灭菌等。除低压聚乙烯袋须用常压灭菌柜外，聚丙烯袋和瓶装可采用任一种灭菌方式。

3. 接种

灭菌后，待料温降至 30 ℃以下时，可进行接种工作。接种是在接种箱或接种室内按无菌操作要求进行的。接种时间以晚上 10 时以后、杂菌活动较差时较好。

操作时，对于已在灭菌前打过接种穴的袋料，可撕开胶布一角，用与穴大小相适应的消毒圆木棒向内捣压；再拔去菌种瓶的棉塞，用镊子取蚕豆大菌种块，迅速通过酒精灯火焰，移入袋料的接种穴，压平后，把原胶布重新粘好。对于灭菌前没有打穴的，可用打洞器按灭菌前打穴的数量、大小、深度进行打穴，再接上菌种，用胶布封好即可。这一过程要在袋料未完全冷却下来时迅速进行，接入菌种要成块移入，不能捣碎。

4. 发菌及出耳管理

黑木耳抗霉菌能力较弱，因此发菌期的中心任务是培养健壮菌丝，时间 40 ~ 50 天。发菌期前 7 天内是菌丝萌发期，需人工控制温度在 25 ~ 28 ℃；7 ~ 16 天降为 25 ~ 26 ℃；接种后 16 ~ 35 天室温控制在 23 ~ 24 ℃，以后逐渐降温至 18 ~ 20 ℃；相对湿度以 60% ~ 70% 为宜，并注意以下几点：一是遮光；二是通风换气，每天开窗通风半小时左右；三是防治病虫害，若有杂菌感染，应将感染部分及时剔除，再用 0.1% 高锰酸钾或 5% 来苏水清洗消毒。经过 40 ~ 50 天的发菌期，菌丝已布满培养料（满袋呈现白色），并有少量棕色米粒状耳基，表明木耳已进入生殖生长期——出耳期。此时，在撕开胶布或拔塞前应将袋在阳光下晒 3 ~ 5 天，促使形成木耳原基，然后撕开胶布准备出耳。

出耳期关键的管理技术是：保持空气新鲜，相对湿度在 85% ~ 95%，温度 18 ~ 25 ℃。一般每天喷水 2 ~ 3 次；室温 > 30℃时，必须开窗透气或地面喷洒凉井水等使室内降温。

出耳场地和菌袋放置形式有室内式、地沟堆砌式、地面沙床式、田间或林间挂袋式、裹泥式等。其管理基本同前所述。

江苏西来副业场在出耳期采用两面出耳法已获得成功，该法是创新技术，可提高产量。其具体做法是：在木耳达到出耳期时，在袋反、正两面，间隔适当距离用力将袋每面挑 3 ~ 4 个破口（约 1 cm），平放在中间架空的栽培架上。管理同前。

采用培养料培养出的木耳达到成熟时（鉴定标准参见段木法）即可采收，采收下来的黑木耳应及时完成干燥、贮存环节。

二、银耳栽培

银耳又称白木耳，是一种经济价值很高的中温型真菌。它是极负盛名的滋补品，也是重要的药用菌，具有润肺、生津、补脑、补肾、嫩肤等功效。

银耳属担子菌纲、异隔担子菌亚纲、银耳目、银耳科、银耳属。该属约有 40 余种，而人工栽培的只有银耳、云南黄木耳和药耳三种。银耳主要分布于亚热带地区，目前全国各地都有人工培植。

银耳栽培方法有段木法和代料栽培法。尤其是代料栽培的成功，极大地缩短了银耳生产周期，大幅度提高了产量。在福建古田县，曾取得 100 kg 基料收干银耳 13 ~ 18 kg 的速生高产记录，这一产量比木材栽培法要高十几倍。

（一）银耳对环境条件的要求

1. 温度

银耳在不同生育阶段对温度的要求不同。孢子生长的温度范围是 15 ~ 32 ℃；菌丝体生长的温度范围是 6 ~ 32 ℃，其中以 22 ~ 26 ℃时生长最佳；子实体生长的温度范围为 15 ~ 30 ℃，其中 23 ~ 25 ℃最佳。

2. 空气

银耳是好气性真菌，整个生育期都要求有充足的氧气。当通气不足时，银耳易发生病害。

3. 光照条件

银耳虽不是绿色植物，不能通过光合作用生产自身所需的营养物，但菌丝和子实体仍需一定的散射光，光线对提高银耳产品质量及着色很有益。

4. 水分

银耳培养料要含有适量的水分，若含水量过少，则菌丝生长缓慢；过多则易烂耳。在菌丝生长阶段，其要求段木含水量在 40% 以上，代料含水量以 60% 为宜。子实体阶段要求空气相对湿度为 85% ~95% 。

5. 营养

只有简单的碳水化合物如单糖（葡萄糖）和双糖，银耳菌丝才能直接利用，对纤维素、木质素、半纤维素不能直接利用，其只能通过香灰菌丝的分解才能被银耳菌丝所利用。因此，香灰菌丝是银耳菌丝所需营养的初分解者，它与银耳的生长发育有密切关系，这是银耳营养的一个特点。鉴于此，在配制代培料中，除要有一些简单糖类外，还要有纤维素、木质素等物质。

6. 酸碱度

银耳对酸碱度适应范围较广，在 pH 值为 5 ~ 9 培养基上均能正常生长，而以 pH 值为

5～6的微酸性条件下生长最佳。

（二）银耳菌种制作

银耳菌丝体是一个混合菌丝结构，即由银耳菌丝和一种称为伴生菌的香灰菌丝构成，银耳菌丝在香灰菌丝伴生下，形成了子实体（食用部分），子实体形成即标志着银耳进入生殖期。当达到生理成熟时，在适宜环境条件下，就会从子实层上弹射出数以万计的担孢子，其在适宜条件下即萌发成菌丝，这样银耳就完成了整个生活周期（生活史）。

银耳菌种生产，常采用将银耳菌丝和香灰菌二者混合培养的方法。

母种制取有担孢子弹射、组织分离、耳木分离三种方法。

担孢子弹射法是将新鲜成熟的银耳子实体切成小块，放于灭菌瓶中，在20～25 ℃温箱中培养24 h，子实体上就会有孢子散出来，落在瓶底培养基上，即开始银耳生活史的进程。

组织分离法是将生长健壮的银耳子实体清洗后，用刀片切成0.1 cm的薄片，分别接入试管内的培养基上，在培养箱内培养3～4天后即出现白色菌丝体，这时便可转管扩大生产。

耳木分离法是将栽培银耳的段木上耳基着生处正下方极小块的木屑，接于试管培养基上，按前面所述同样方式进行培养。

从上面三种方法中提纯（分离）银耳菌丝和羽毛状香灰菌丝，分开培养。生产前，把香灰菌丝接种到已培养好的数管银耳菌丝中，待银耳菌丝和香灰菌丝完全长在一起时，便可用于原种生产。由此得到原种再经扩大即得到应用于生产的栽培种。

（三）银耳段木栽培技术

1. 树种选择

除含有松香、醚、醇等杀菌物质的针叶树不宜作耳木外，一般阔叶树如栎类、悬铃木、杨柳树、果树类等均可用来栽培银耳，尤其以硬杂树种最好。耳木要选择在冬季即落叶后、发芽前砍伐，此期间树体养分含量丰富，直径在4 cm以上的段木均能利用。先把木材截成1 m左右长度，然后“井”字形堆放，经一段时间晒架后，才能使用。对易发芽的柳树、杨树可在沸水中泡3～5 min，使其彻底死亡。

2. 接种、发菌

段木银耳接种时期应根据银耳生长发育的要求而定，一般日均气温达15 ℃以上时接种较适宜。接种时先对段木进行检查，看其含水量是否符合要求，总含水量太低，需采取喷水或浸泡法使含水量达到40%左右。接种穴用皮带冲或电钻打，行距4～5 cm，穴距8～10 cm，深度应与接种菌种适宜，使菌种放入后与树木紧密接触，不能太松或太紧。接种穴打好后，立即从瓶内取出菌种，用消过毒的手或镊子放入孔穴，然后盖上树皮盖（做法见黑木耳有关章节），用锤轻轻锤平。

接种后的段木“井”字形堆叠在一起，以1～1.5 m高为宜，其上覆盖塑料膜，再覆上草帘或树枝保温（25～28℃）、保湿（80%以上）、避雨、防风。一般一周左右即可见白色羽毛状菌丝出现。接着在以后几天内，菌丝变浓密，呈灰黑色斑纹。发菌时间一般需40天左右（视木质而定）。在此期间，需翻堆5～8次，前期可5～7天一次，后期2～3天一次。翻堆时遇到水分不足时，应适当喷水补湿。

3. 排场出耳及采收

当段木中菌丝体开始长出小子实体——耳芽时，就可以排场出耳了。排场可选在坑道、溪沟、树荫、室内等地方，主要是能遮阴、保温、保湿和通风。

出耳期最适温度是20～25 ℃，湿度90%左右。每天喷水2～3次，并注意通风、透光。若通风不足则易产生杂菌和虫害，造成烂耳；光线不足，不利于开片，过强时，颜色又会发黄。因此，在此期间要保持耳场七阴三阳，花花太阳，空气新鲜。

当银耳子实体长大后，耳片全部伸展，没有包心和小耳蕊，颜色鲜白或半黄，稍有弹性，这时即可采收。银耳主要产量在第一次采收，这一点与黑木耳不同。采收时用锋利刀片，从耳基部将银耳整朵割下，保留黄色耳基，以利再生。

银耳采收后，要将黄色耳根修剪干净，用清水漂洗，在席上摊晒或烘干，做到当天采收当天干燥。干燥后的银耳，应分级存放。

（四）银耳代料栽培技术

代料栽培银耳与段木栽培银耳相比，缩短了生产周期（约50天），还可提高产量8～12倍，并且每年春秋两季均可栽培，而有条件控温者，可不受季节限制。代料生产银耳，取材易，成本低，收益大，已成为我国银耳生产的一条主要途径。

银耳代培料与黑木耳相比较少，目前广泛用做银耳代培料的主要是木屑和棉籽壳两种，其他代料已有成功报道，但尚未大范围使用。木屑及棉籽壳配方见表16-2。

表16-2　木屑及棉籽壳代料配方表

配方	主料	麸皮	石膏粉	蔗糖	黄豆粉	硫酸镁	水料比
配方一	杂木屑78%	18%	1%	1%	1.5%	0.5%	1∶1.05～1∶1.15
配方二	杂木屑75%	20%	2%	1.3%	1%	0.7%	1∶1～1∶1.3
配方三	棉籽壳80%	17%	2.5%			0.5%	1∶1.35
配方四	棉籽壳76%	20%	1.2%	1.2%	1%	0.6%	1∶1.35

银耳代料生产工艺流程见图16-3。

1. 代培料的配制

各种原料按配方中的比例称好，先把干物质混匀，再把能溶于水的尿素、蔗糖等溶于水，然后拌入混匀的干料中，100 kg干料加水100～130 kg，含水量控制在50%～55%，以手握有水印但不滴水为宜。

2. 装袋灭菌

装料的塑料袋可用聚乙烯或聚丙烯薄膜，前者只适用于常压灭菌法，后者无此限制。一般袋宽12 cm，长50 cm。用手工或机械装袋，压平后在一面打4个接种孔，孔距8 cm，孔深1.5 cm，直径2 cm，孔口用胶布封好。采用适当的方法灭菌。

瓶栽银耳可使用罐头瓶，装满料后，中央打一直径2 cm、深2 cm接种孔，用薄膜加一层牛皮纸封口，随即进行灭菌处理。

3. 接种发菌

经灭菌后，待袋温降到30 ℃左右时，即可进行接种。接种须在接种室或接种箱中进行，取适当大小菌种放入接种孔内，然后封好口。

接种完毕，把袋排放在发菌室架上，呈“井”字形排列。发菌室要求干燥、清洁、通风透光、保温性好。发菌期（接种后3～4天）要求环境温度保持在25～28 ℃，空气相对湿度保持在65%，以促使菌丝迅速长入培养料中。在此阶段要注意检查，看是否受到杂菌感染，若

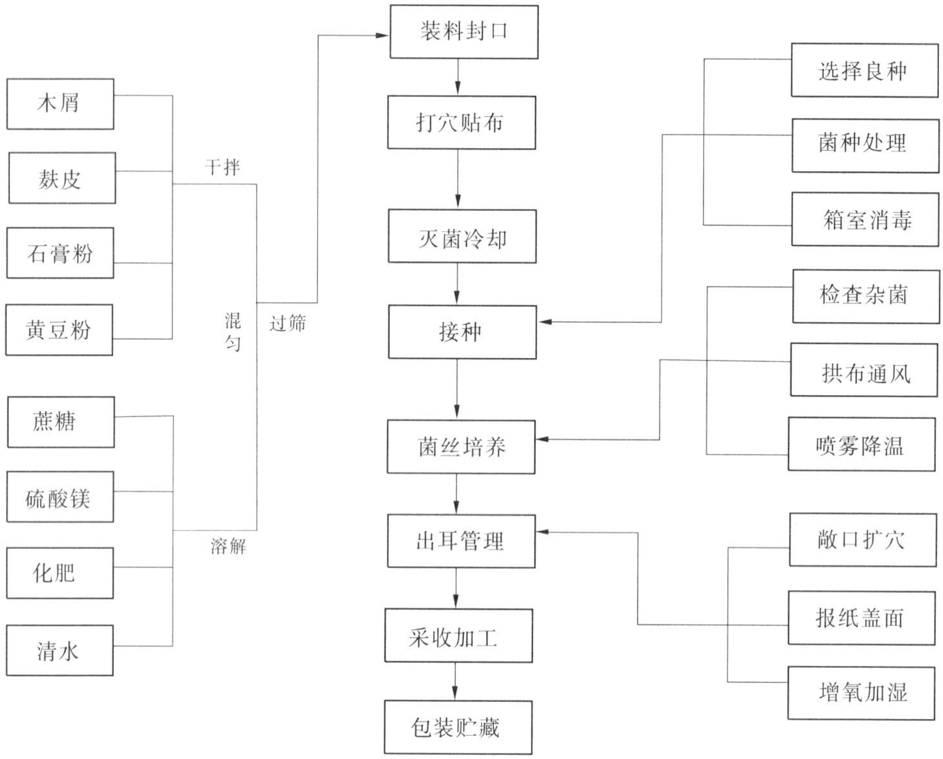

图 16-3　银耳代料栽培工艺流程

出现轻度感染，可注射少量5%来苏水或75%酒精50 mL和40%甲醛30 mL的混合液；也可挖去感染部分。之后逐渐降温到23～25 ℃，湿度增加到80%以上。8天后可把胶布撕个小口；10～15天时，撕的再大一些，增加通风程度。一般情况下15～20天菌丝长满袋，颜色全黑，穴内开始出耳。

4. 出耳及采收

当耳基形成子实体时，即进入出耳阶段。当出耳率达50%时，应撕去全部胶布，并剪去接种口周围塑料膜，袋上盖喷湿的报纸，以保持子实体周围湿度在90%以上。这一时期室温控制在22 ℃左右，多喷水以利子实体长大。当子实体长到8 cm左右时，应采取干湿交替喷水法，并每天开窗通风4次，每次20～30 min。

当进入出耳期13～15天，子实体可长到12 cm左右，即进入成熟期。这时要降低湿度，控制在85%；加强通风，保持空气流畅、新鲜。

银耳成熟后，立即采收，做到当天采收、当天干燥。

采收后的袋（瓶），可将原耳基部菌根及老化菌丝挖掉（因培养料营养大部分已消耗掉），留下白色菌丝，再培养5～6天，接着会出现一批子实体。如上管理措施，一般可连续采收3～4批。

三、猴头菌栽培

猴头菌又称猴头、刺猬菌、菜花苗，其肉嫩味香，营养丰富，是我国传统的名贵菜肴，它与海参、燕窝、熊掌并列为中国四大名菜。猴头菌除了是一种美味的食用菌外，还是珍贵的药用菌。其体内含有多糖及多肽类物质，能提高生物机体免疫力，对胃溃疡、十二指肠溃疡、胃炎及食道癌、胃癌等均有独到的疗效。

猴头菌在分类上属真菌门、层菌纲、多孔菌目、齿菌科、猴头菌属。该属常见种有猴头菌、假猴头菌、珊瑚状猴头菌等。其子实体形态近球形至扁圆形；菌体肉质，鲜时白色，干时呈乳黄色至褐色；遍体密布肉质针状刺；子实层生于刺表面，孢子白色，近球形。

猴头菌多为野生，其数量稀少难觅。20 世纪 50 年代末我国采用生物技术，获得了纯菌种；至 70 年代末期，我国已完成猴头药用价值研究和代料栽培试验，并获成功。猴头菌代料栽培技术的问世，极大地促进了全国猴头菌生产的迅速发展。

(一)猴头菌对环境条件的要求

1. 温度

猴头菌是中温型真菌，菌丝生长温度 10 ~ 30 ℃，以 22 ~ 28 ℃最适宜；高于 30 ℃菌丝生长缓慢且易老化，低于 10 ℃菌丝难以生长。子实体生长温度 15 ~ 25 ℃，最适温度 18 ~ 22 ℃；温度偏高，生长快，菌刺长，球块小；温度低，菌刺短，球块大，品质好，但生长慢。

2. 湿度

猴头菌是一种木腐菌，其分泌的酶只有在一定水分(湿度)条件下才能分解物质而获得营养；其孢子也只有在湿度大的培养料上才能萌发，一般要求代培料水分含量在 60% ~ 70%。但培养料不同，含水量也稍有差异。猴头菌子实体生长阶段，需要空气相对湿度保持在 85% ~ 95%，湿度过低生长受抑制，子实体易失水干缩；过高易产生畸形，感染杂菌，造成腐烂。

3. 营养

猴头菌生长所需营养主要靠分解木质素、纤维素、淀粉等物质，碳水化合物、氮源、矿物质、维生素等是其主要营养成分。人工栽培料如木屑、甘蔗渣、棉籽壳、稻草、玉米芯、金刚刺酒渣等，可视为碳素营养来源。由于这些物质含氮量较少，必须加一些辅料如麸皮、黄豆粉、豆腐渣、米糠等来补充氮源的不足。

4. 空气

猴头菌属好气性真菌，要求培养环境空气新鲜，但在子实体和菌丝体阶段，两者对空气要求有差异。子实体生长期对空气要求较高。通气良好，子实体生长迅速，球块大；通风不良，子实体易产生分枝、畸形，孢子形成慢，但直接风吹对子实体生长不利，影响食用质量。菌丝体阶段对空气要求相对较少，能在 CO_2 浓度较高(0.3% ~ 1%)条件下生长，但通气过差，也会抑制菌丝生长。

5. 光照条件

猴头菌丝能在黑暗中生长，子实体也能在较弱散射光下形成。光强以 50 ~ 400 lx 为宜，此时猴头菌生长发育好，子实体健壮洁白，当光线强度超过 2 000 lx 时，其生长受到抑制，颜色变红。

6. 酸碱度

猴头菌属酸性菌类，适宜 pH 值 4 ~ 7，以 pH 值 4 ~ 6 最适宜。由于菌丝中的酶要在偏酸条件下才能分解有机质，获取营养物，因此 $pH > 7$ 或 $pH < 3$ 对菌丝体、子实体生长均产生明显抑制作用。

(二)猴头菌栽培技术

猴头菌袋栽、瓶栽技术基本成熟,其中瓶栽更为普遍。其成功率高,产品质量也好,工艺流程见图 16-4。

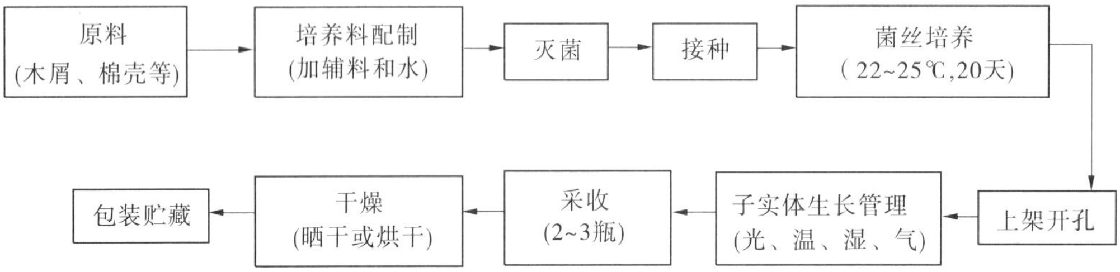

图 16-4　猴头菌瓶栽工艺流程

1. 栽培季节及场地选择

一般春、秋两季都可栽培。上半年 4 ~ 5 月制种,6 月出菇;下半年 7 ~ 8 月制种,9 ~ 10 月出菇。若是有控温设施的栽培室,则不受时间、季节限制,一年四季都可生产。

猴头菌栽培场多选用室内,也可利用某些特殊地理条件,如山洞、防空洞等。对栽培场所要求是,清洁卫生、保温保湿、有通风条件及散射光源。

2. 培养料配制

可用做栽培料的物质很多,注意选择无霉变、干燥、新鲜的原料作为培养料。常用培养料及其配方如下:

(1)木屑培养料:杂木屑 77%,米糠或麸皮 20%,蔗糖 1%,黄豆粉 0.5%,尿素 0.5%,石膏粉 1%。

(2)棉籽壳培养料:棉籽壳 78%,米糠或麸皮 20%,蔗糖 1%,石膏粉 1%。

(3)酒糟培养料:鲜酒糟 78%,麸皮 10%,米糠 9%,石膏粉 1%,蔗糖 1%,硫酸铵 0.5%,磷酸二氢钾 0.4%,硫酸镁 0.1%。

(4)甘蔗渣培养料:甘蔗渣 78%,米糠或麸皮 20%,过磷酸钙 0.5%,尿素 0.5%,石膏粉 1%。

(5)金刚刺酒渣培养料:金刚刺酒渣 78%,黄豆饼粉 10%,麸皮 10%,蔗糖 1%,石膏粉 1%。

按上述配方之一,准确称取各原料,拌匀,加水量以手握培养料有水渗出而不下滴为宜,即含水量为 60% ~70%。然后把代培料 pH 值调到 6 左右。若是袋栽,因塑料袋通透性差,水分不易散失,故要注意培养料不能过湿。

3. 灭菌、接种

拌好的培养料用手工或装料机装入袋(瓶)中。袋栽猴头菌采用直径 9 ~ 10 cm、长 50 cm 的聚乙烯塑料袋,瓶栽一般使用 750 mL 菌种瓶。装料量:袋栽 0.5 kg,瓶栽装料齐瓶肩。装后擦净袋(瓶)外附着物,放入高压锅灭菌,压力选在 1.5 kg/cm^2 保持 2 h;土消毒灶灭菌须在 100 ℃温度下保持 8 ~ 10 h。灭菌后,待料温降至 28 ℃左右,将其移入接种室内,按无菌操作进行接种。先用打孔器打孔穴,每袋打四穴,采用两面交叉打穴法,以利于发菌平衡,然后取适当大小菌种放入穴内。

4. 培养管理

接种后的培养料应及时搬入培养室,按“井”字或“△”形堆叠发菌。猴头菌的培养分两个阶段，即发菌期和子实体生长阶段，其管理措施有所不同。

1)发菌期管理措施

室温应保持在25～28 ℃，空气相对湿度控制在70%以下，保持环境干燥、清洁，适时通风换气。培养一周后翻堆和检查发菌情况，若发现杂菌污染应及时挖除或进行消毒处理。一般15天左右，接种穴周围菌丝迅速生长，这时要注意驱虫，可用低浓度的敌敌畏、多菌灵等喷洒表面；并加强通风换气，给予一定散射光，适当降低温度。袋栽接种后18天出现猴头菌原基，瓶栽需30天左右菌丝才能发满全瓶。此时预示着猴头菌生长进入到子实体阶段。

2)子实体生长阶段的管理

在猴头菌白色子实体原基出现后，要拔出瓶塞或用干净刀片在原基处把薄膜划成“十”形，空气温度保持在15～20 ℃，湿度增加到90%，每天喷水2～3次。8～10天后，菌蕾陆续形成，此期间要及时通风换气，每天开窗2～3次，每次0.5～1 h；并给予子实体适宜光线，以散射光为主，切忌太阳直晒，以使子实体在静风、多氧、湿润环境中迅速长大。

在此阶段，要注意防止产生畸形猴头菌。在栽培过程中，常因为培养料中含有芳香类化合物或其他有毒物质，对菌丝体生长发育产生抑制作用或刺激作用，因此要求木屑中不能混有松、柏类木屑。另外，猴头菌对CO_2极为敏感，当CO_2浓度超过0.1%时，菌柄就会分枝，形成珊瑚状，并抑制子实体球块的形成，因此在保温保湿的同时，还应注意通风换气。水分管理不善则会产生光秃无刺的子实体。当气温高于25 ℃时，除要保持空气相对湿度90%以上外，还要向子实体喷水或采用湿报纸覆盖，以补充水分和降低温度。当子实体出现色泽异常呈粉红色时，常是由于温度过低（<14 ℃）造成的，这时应提高室内温度；子实体变黄说明通风过大，空气湿度过低，应采取相应措施预防。对已出现的畸形幼小子实体，应立即连同表面培养料除去。另外，猴头菌传代过多，种性退化，也能引起子实体畸形，这样就要对所使用的菌种进行提纯复壮，或更换新菌种。

5.采收与加工

成熟的子实体，颜色洁白或微黄色，表面密布菌刺并下垂，菌刺长1 cm左右，形状酷似猴子头；同时菌刺表面的孢子大量形成，这时要注意掌握采收时机。若过早采收，子实体未充分长大，产量偏低；过迟则菌刺长，孢子散出，质地松软，色黄味苦，质量较差。一般在猴头长到8～9成熟时采收。采收时，用锋利刀片（用酒精消毒）沿袋子表面子实体基部或从瓶内切下（瓶装法）。采收后培养料可继续保温保湿培养猴头菌，这样一批培养料可连续收猴头菌2～3批。

采下的子实体应立即按大小分级，鲜食的可上市出售，剩下的应在阳光下晒干。晒干的猴头菌色泽好，浸水后复原好。在天气不利情况下，采收的子实体可用电炉或烘干机烘干，控制烘烤温度在40～60 ℃。烘干至包装过程中，要注意保持菌刺完整，防止破碎。干燥后猴头用无毒塑料袋包装。

采收后要加工成盐水猴头的，可先去掉菌柄，用清水漂洗，然后放入0.1%柠檬酸液中煮10 min，捞出后放冷水中淋洗，拧干水，每100 kg猴头放20 kg精盐，逐层分加，贮藏于瓷缸中。以后上下翻动3～4次，上压石块，使猴头菌全部浸于水中。食用时，用清水浸泡脱盐。

四、香菇栽培

香菇又称香蕈、冬菇，是世界上著名的食用菌之一。它肉质脆嫩，味道鲜美，香气独特，而且富含蛋白质、脂肪、磷、铁、硫胺素、核黄素和尼克酸等营养物质,因此又有“蘑菇皇后”之誉。香菇的医疗价值也很高,它在防治小儿佝偻病,预防肝硬化,降低血脂、血压等方面都有明显作用。近年的研究表明,香菇还具有抗艾滋病的功能。

我国是世界上栽培香菇最早的国家,约有800年历史。香菇是我国传统的出口商品。近年来,我国在香菇栽培技术、制种和栽培料等方面均有重大突破,栽培场所已由室内走向室外,由山区发展到平原,从而使香菇生产成为我国食用菌产业的重要支柱。

香菇分类上属担子菌纲、伞菌目、口蘑科、香菇属。目前香菇栽培品种在分类学上同属一个种。

香菇的菌丝由孢子萌发而成,颜色洁白,呈绒毛状;菌丝相互结合,集合成菌丝体;一定阶段后,在基质的表面形成子实体,即食用部分。成熟的子实体又产生无数的孢子,这样周而复始循环,一般一个周期短者3~4个月、长者1~2年才能完成。

(一)香菇的适生条件

香菇生长发育对外界环境条件有一定要求。只有在丰富的营养、适宜的温度、湿度、空气、光照和酸碱度等条件下,香菇才能正常生长。因此,要获得高质量、高产量的香菇,就必须了解香菇生长发育过程中对生活条件的要求。

1. 营养

香菇生长发育所需的营养物质主要有碳水化合物、含氮化合物、少量矿物盐和维生素等。碳水化合物是指糖类(淀粉、纤维素、木质素等);含氮化合物是指氨基酸、蛋白质、尿素和氨态氮等。这些营养物质只能靠香菇菌丝从基质(段木或代料)中分解吸收而获得。

2. 温度

香菇是低温和变温结实菌类,在不同生长发育阶段对温度的要求不同。孢子萌发温度范围是15~30 ℃,最适温度为22~26 ℃;菌丝生长阶段,适生范围广,5~34 ℃菌丝都能正常生长,而以22~26 ℃最为适宜,低于5 ℃或高于34 ℃则菌丝生长停止。

子实体发育要求环境温度较低,一般在7~20 ℃,以12~17 ℃最好。在20 ℃以上虽然子实体生长较快,但肉薄,菌柄较长,菌盖易开伞,肉质粗糙,质量差;低温则相反,质量高,但生长发育较慢。当香菇子实体遇到干燥、低温天气,菌盖表面会发生龟裂,称为“花菇”,这种“花菇”商品价值很高,在香菇中品质最好。因此,若能日间控温在20 ℃,夜间10 ℃,加大昼夜温差,既能加快香菇生长,又能获得优质的“花菇”。

3. 湿度

湿度对香菇各生育阶段至关重要,特别是与香菇的质量关系密切。孢子萌发阶段要求环境湿度较高,到菌丝生长阶段,养料和菇木含水量以50%~55%为宜,偏干、过湿都会不利于菌丝生长。空气相对湿度以65%~70%较好,不宜超过80%,以免引起杂菌污染。子实体生长阶段,培养料或菇木含水量以60%~65%为宜;空气相对湿度宜控制在80%~90%,过湿(>90%)易造成子实体腐烂,过干(<60%)香菇停止生长。“花菇”形成除前面谈到的温度因素外,在子实体阶段要求空气相对湿度在65%~75%。干湿交替会促进菌丝分化和菇蕾的迅速形成。

4. 空气

香菇是好气性菌类,在生长发育过程中,需要良好的通风透气条件,过多的CO_2对菌丝和子实体生长有明显的抑制作用,同时会造成霉菌等杂菌大量发生。因此,栽培场所除要考虑保温保湿外，还要对通风换气条件予以重视。

5. 光照条件

香菇在菌丝和孢子阶段不需要阳光，但菌丝生长后期需要有一定的散射光条件，这对子实体形成有良好作用。在弱光下，子实体发生量少，体积小，菌柄细长，菌盖色淡；过强光照则会引起其他因素（湿度、温度）较大变化，反过来抑制子实体生长。因此，栽培场遮阴度应掌握在 65% ~75%。

6. 酸碱度

香菇菌丝对 pH 值的要求范围是 3 ~7，但以 pH 值 4.5 ~5.5 最适宜。子实体生长发育适宜的 pH 值是 3.5 ~4.5。由于在栽培过程中培养料 pH 值会因产生酸而降低，因此在初培料时，可适当提高 pH 值，以控制在 6 ~6.5 为好。另外，在培料中加入石膏、碳酸钙等物质可以起到减缓培养料中 pH 值升降速度的作用。

（二）香菇段木栽培

1. 段木及场地选择

香菇段木栽培是传统的栽培方法。适合栽培香菇的树种主要属壳斗科、桦木科和金缕梅科，其他阔叶树也适合栽培香菇，但不如上述树种效果好。含有香料、松脂、醇类等物质的松、柏、樟树类不能用做香菇栽培段木。

段木应选择树龄 10 ~20 年，胸径 16.5 ~67 cm，无空心，多心材，营养成分含量高的树木。

取段木时间一般以立冬后至开春前为宜。在这一时期，树木养分贮存丰富，含水量少，杂菌活动较少。

直径 5 cm 以上枝桠均可用来制作菇木。菇木应截成长 1 ~1.2 m 的段。对锯断后段木伤口、枝节口，都要立即用石灰水或消毒液涂抹，以防杂菌感染。然后，将段木按粗细程度呈“井”字形堆放，高度宜 1 ~1.5 m，进行晾晒干燥；时间可视树木大小、季节而定，大树 1 个月，小树半个月左右，以含水率 40% ~50% 为宜。

处理好的段木，要选择适宜场所进行香菇栽培。一个好的菇场要注意从下面几方面来衡量：一是通风向阳，二是附近有水源和空气湿度保证，三是有遮阴条件。菇场应在栽培前清扫干净，用石灰和无菌驱虫剂喷洒，并适当平整。

2. 接种

用打孔器、皮带冲或电钻打接种穴，深度 1 ~1.5 cm，穴距 25 ~30 cm，行距 5 ~6 cm，具体应根据段木粗细、坚硬程度和树龄而灵活掌握。

打好接种孔后，立即用 0.1% 高锰酸钾清洗消毒，然后用已消过毒的小铁勺或镊子把管（瓶）内菌种取出，放入孔穴内，填入量以八成为好，随即盖上事先取好的树皮盖，再轻轻锤平。目前，蜡封孔穴已逐步普及，它是用 85% 石蜡、10% 动物油、5% 的松香加热混合、拌匀而成的，用时用毛笔或毛刷涂抹在孔口即可。打孔、取菌种、加盖应连续流水作业，时间不能过长。一般选在阴天进行为好。避免在大风、雨雪、高温炎热等特殊天气下接种。

3. 发菌及出菇管理

发菌阶段前后共 10 个月左右。首先，把接入菌种的段木按大小、粗细分开堆放，一般可选用“井”字式或“人”字式堆放。注意在“井”字式堆放时，应先在地面用砖或石头垫高 20 ~30 cm，然后把段木每隔 10 cm 整齐排放好。堆好段木后，可用塑料薄膜包盖，以保温保湿，其上覆以树木枝叶、草等物。在高温天气下四周撑开薄膜通风换气。一般上堆一周后香菇菌丝在段木上即可萌发，一个月左右菌丝蔓延到菇木形成层处。在此期间，要注意每10天检查一次菌丝成活情况，若发现菌种变色，并有绿、黑色绒毛出现时，说明已受感染，应除去变质菌种、消毒和重新接种。由于发菌期长达10个月，段木各部位所处环境条件必然有所差异，故会造成生长不一致。为了发菌均匀，必须经常翻堆，一般要求在上堆一个月后开始，每月翻堆1～2次，并检查菇木含水量是否能满足发菌要求，以及时补充水分，增加湿度。

经9～10个月的发菌期管理，菌丝体已进入生理成熟阶段——子实体阶段。这一时期段木上会出现子实体原基，有瘤状突起，后逐步长成菇蕾。本期管理关键是调节温、湿度，防雨、防风，防治病虫害等。由于在此阶段子实体生长发育对菇木含水量和空气湿度要求很高，因此当菇木含水量和湿度不足时，要采取浸泡菇木（1～24 h）、人工喷水等措施进行保湿、保温处理。

当菇木上菇蕾大量出现后，要架木出菇，要求风小、温暖、湿度大和有遮阴条件。架木方法是，先在地上栽上木杈（距地面60～70 cm），两木杈之间架一横木，再将菇木靠在横木上，大头朝上，小头朝下。架木后10天左右即可采收成熟的香菇。

4. 采收加工及菇木管理

适时采收是关系到香菇产量和质量的重要环节。一般在七八成熟时开始采收，此时香菇菇盖尚未完全张开，菌盖边缘还向内卷，似“铜锣边”，即为采收最佳时期。

采收时间宜选在晴天进行。采收前一天，停止向菇体喷水。采摘方法是用拇指和食指捏紧菇基部，左右旋转，轻轻拧下。采收时要采大留小，应注意不要伤着周围小菇。

采下来的香菇除部分新鲜销售外，应在采摘当天进行干燥处理，以免变质。干燥方法有日晒和烘烤两种。可根据需要和当时情况选用。日晒法是把刚采下的香菇摊在席式竹帘面上，把菇盖向上，菇柄朝下，顺序排开；晒至半干时，可颠倒一下继续晾晒至干。烘烤时要按大、中、小分类，大的放在上面，小的放在最下层，中等大小菇放在中间。烘干温度在60 ℃以下，初时温度低一些，然后逐步加温；至八成干时，移出烤房，经12 h后，再烤3～4 h即达要求。

采摘完香菇的段木，按照发菌期管理要求重新进行管理，一般半个月后，又会出现菇蕾，管理方法如前所述。菇木产菇年限依据树龄大小及管理情况而异。直径15 cm的段木可产菇2～3年，再大点的菇木可产菇4～5年，甚至7～8年，但盛产期多在第一年。

（三）香菇代料栽培技术

香菇栽培技术随着科学发展不断提高，一改过去全部依靠段木栽培的局面，这不仅在一定程度上缓解了木材供需的矛盾，而且缩短了生产周期，简化了操作，大幅度提高了香菇产量，如今代料栽培法有露天袋栽、菌砖、塑料大棚立体栽培等众多新方法。这些栽培方法具有原料广泛、培育周期短、效益高的特点，一般100 kg代培料可产鲜菇80～100 kg，利润近千元。

1. 代料培制

代料栽培，目前普遍应用的有袋栽和菌砖栽培两种方式。袋栽可利用木屑、棉籽壳、作物秸秆、甘蔗渣等为主要原料，再配以高氮物质如麸皮、黄豆饼粉、石膏粉和化肥等辅助材料。生产上常用的几种配方如下。

配方一：杂木屑78%，麸皮20%，蔗糖1%，石膏粉1%，维生素B_1 3～5片。

配方二：棉籽壳78%，麸皮20%，石膏粉1%，石灰粉1%。

配方三:玉米芯 60%,木屑 20%,麸皮 17%,蔗糖 1.5%,石膏粉 1%,蛋白胨 0.3%,尿素 0.2%。

配方四:花生壳 78%,麸皮 20%,蔗糖 1%,石膏粉 1%。

配制方法:首先选择新鲜、干燥、无霉变的各种原料,按上述配方之一分别称重,然后在干净地上将干物质混匀;把能溶于水的糖及化学药剂溶解于水中,拌入干料中,反复多次搅拌,加水量以含水量 50% ~55% 为宜。其鉴别方法是,用手紧握代培料,手湿但无水滴下,手握后能成团。配好的料要用试纸进行 pH 值检查,pH 值在 5.5 ~6 为宜。

2. 装袋灭菌

栽培料配好后,应立即装袋,选用规格为(15 ~16)cm ×(55 ~57)cm 的聚乙烯、聚丙烯塑料袋装料。在距袋口 10 cm 左右时,将料震实,然后再装到离袋口 5 cm 时,用绳捆扎二道,这时料距袋口长度约 4.5 cm。

灭菌是关系到培养基有无杂菌感染的重要一环。其做法是,将装好料的菌袋放入灭菌锅或蒸汽橱等灭菌设备内,初始阶段要用旺火加热,然后保持 100 ℃10 h 左右,最后再用猛火加热。完成灭菌过程后 2 h,将菌袋移入干燥通风室中冷却,待降温至 28 ℃左右,可进行打穴接种。

把已冷却的菌袋用皮带冲或打孔器两面对等错开打孔,每面打 2 个,共 4 个接种穴,穴口直径 1.5 cm,深 2 cm,再用同口径木棍向穴内压扩一下,使光滑平整,随即用 3.4 cm ×3.4 cm 大小的胶布贴住穴口。

接种是在接种室或接种箱中进行,要求整个过程无菌操作。接种时,先打开菌种瓶棉塞,用接种刀去掉菌种表层菌膜和上层老菌层,用接种器或镊子取蚕豆粒大小的一块菌种,放入接种穴中,接种量要填满穴,然后迅速贴上胶布,一般一瓶 75 g 菌种可接 20 ~25 袋。

3. 发菌期管理

接种后的栽培袋,要及时放入室温 25 ~28 ℃发菌室内。发菌室要求阴凉、干燥、空气新鲜,空气相对湿度在 75% 以下。菌袋以“井”字形堆叠,每袋相距 3 cm,10 层为一堆,注意上堆时不能压住穴口。接种 4 ~5 天后,由于菌丝繁殖旺盛,料温会比室温高 2 ~3 ℃,应将室温降至 22 ~25 ℃。每 7 ~10 天翻堆一次。结合翻堆进行菌丝生长状况检查,对感染杂菌的要及时除去或移出进行灭菌处理。一般经过 20 ~25 天培养,白色菌丝圈直径可达 10 ~12 cm,此时要加强透气通风,排除室内 CO_2。到接种后 40 ~50 天,白色菌丝已布满整个菌袋,再降温培养 20 天左右,菌丝体即达生理成熟。

4. 脱袋转色

适宜条件下,接种 60 ~70 天后,袋壁四周菌丝体膨胀,皱褶成波浪状,隆起瘤头,接种附近出现棕褐色,并有部分原基出现,这时即可进行脱袋。脱袋时机掌握是否合适,也关系到香菇大小和产量的高低。

脱袋的做法是,在菇场用刀片割破塑料薄膜,取出菌筒,排摆在菇床上。操作过程要轻拿轻放,避免折断菌筒。脱袋的菌筒要用塑料薄膜覆盖,注意保温、保湿。在初脱袋的 3 ~5 天内,不要翻动菌筒,但若温度高于 30 ℃时,要揭膜降温。脱袋后 7 ~8 天,菌丝局部开始转色,菌筒表面形成棕褐色菌膜。这段时间应每天通风 1 h。连续喷水 2 天,每天 1 ~2 次。一般 10 ~15 天转色过程完成。

5. 出菇管理

1）变温催蕾

该过程是利用变温促使菌丝从营养生长进入生殖生长。具体做法是，白天用薄膜罩严保温，夜间揭开，人为拉大昼夜温差，并增加光照等刺激；湿度保持在 90% 左右，如此原基就能顺利形成菇蕾。从菇蕾到子实体出现一般需要 3～6 天。其管理措施因子实体生长季节不同可分为秋、冬、春菇管理。

2）秋菇管理

温度要求不高于 20 ℃，连续 3～4 天干湿交替、冷热刺激，湿度以 90% 为好。一般接种后 60～80 天可采收第一批，到冬季前可收 3 批，每批间隔 7 天左右。

3）冬菇管理

冬菇指 1～2 月份生长的香菇。冬菇产量较低，但品质好，管理上要注意保温、防寒，控制湿度，防止结冰受冻。

4）春菇管理

春菇指 3～6 月生长的香菇。该期出菇量大，但菌丝不及秋、冬季旺盛。管理上要注意降温保湿，加强通风。为尽快恢复菌丝生长，可采取浸水法补充水分，每次浸水 5～6 h，使菌筒含水量在 55%～60%，浸水中还可添加些生长素、尿素等。

6. 采收加工

同段木法。

五、平菇栽培

平菇又称侧耳、北风菌、鲍鱼菇、冻菌等，是栽培最早的食用菌，产量居食用菌中第四位。平菇营养丰富，味道鲜美，含有人体必需的 17 种氨基酸以及特有的平菇素，特别是谷氨酸含量最多，同时还含有铁、钼、锌、钴和维生素 C，常食用具有免疫、防癌和提高人体抵抗机能的功效，是公认的保健食品。

平菇属担子菌纲、伞菌目、白蘑科、侧耳属，该属已知可食用的有 10 多种。

平菇生命力旺盛，适应性广，在我国分布范围广泛。一年中秋末至冬、春甚至夏初均可生长。栽培材料也非常广泛，各种阔叶树的枝桠，各种农副产品均可用来进行平菇栽培。近年来，平菇代料栽培法简化了生产工艺，缩短了生产周期，使平菇栽培投资减少，产量提高，其在全国推广后，使平菇栽培生产发展十分迅速。平菇已成为出口创汇的重要食用菌。

（一）平菇适生的环境条件

平菇由菌丝体和子实体两大部分组成。子实体是人们食用的部分，它包括菌柄和菌盖；菌丝体由孢子萌发而来。菌丝不断地进行繁殖，发育到一定阶段，菌丝扭结，形成团粒状菌蕾后进一步混合，便产生了子实体（先是菌柄出现，然后在顶端产生菌盖），达到生理成熟；子实体再进行生殖生长，产生担孢子；成熟的担孢子从菌褶上弹射出来，遇适宜的条件萌发产生菌丝，如此便形成了平菇菌的一个生活周期。在平菇生长发育过程中，各阶段对环境条件均有一定的要求，这些要求主要反映在营养、温度、湿度、光照、空气和酸碱度条件等方面。

1. 营养

平菇是一种木腐菌，在自然条件下多生长于杨、柳、栎类等阔叶树朽木上，靠分解木材来吸收营养。其所需要的营养物质主要有碳水化合物（包括糖、淀粉、纤维素和木质素等）、含氮化合物、微量元素和少量维生素等。人工栽培氮源物质主要是麸皮、米糠等。平菇代料栽培原料很广泛，常用的木屑、阔叶树叶及许多农副产品如稻草、麦秸、棉籽壳、玉米芯、甘蔗渣等，只需添加一些其他成分便可作为平菇培养基。

2. 温度

平菇适应性很强，耐高温、低温，冬季0 ℃以下和夏季40 ℃高温也不死亡。但平菇孢子萌发以温度24 ~28 ℃为宜；菌丝在4 ~35 ℃都能生长，但以24 ~27 ℃生长最佳；子实体形成要求温度范围是7 ~22 ℃，最适温度13 ~17 ℃。子实体形成期变温越大，对平菇刺激也越大，对子实体分化亦越有利。

3. 湿度

平菇耐湿能力较强。菌丝发育阶段，培养料含水量以60% ~65%为宜，空气相对湿度要求70%；子实体发育期，要求空气相对湿度为85% ~95%，低于80%时子实体发育缓慢，高于95%时菌盖易变色腐烂。

4. 空气

平菇是一种好气性真菌，菌丝生长阶段，要求适当通气；在子实体形成时，要有良好的通气条件，当O_2不足或CO_2过高时，子实体很难形成或长成畸形。

5. 光照条件

平菇菌丝体生长不需要光照，在光照条件下反而生长不良；但在子实体生长发育阶段，对光线要求较严格。其所需光照主要是散射光，太阳光直射对子实体形成不利。每天几个小时500 lx的光照对子实体生长有利。

6. 酸碱度

平菇喜欢偏酸性环境，pH值4 ~9均能生长，但以pH值5 ~6.5最适宜。由于一个生长过程中的代谢作用会使pH值下降，因此培养料在配制时，应以稍偏碱性为好，一般配料时pH值掌握在7.5左右。

（二）平菇栽培技术

1. 室内栽培技术

室内栽培平菇温湿易控制，解决了北方冬季寒冷不利于平菇栽培的问题。近年来室内栽培平菇发展很快，已成为平菇生产的主要方式。

（1）房舍要求。平菇栽培的房屋（或其他房、室、地下防空洞、窑等）必须满足有一定散射光、有利于保温保湿、能通风换气和卫生干净的要求，使用前要进行消毒。消毒方法有甲醛加高锰酸钾、硫磺熏蒸法等。

（2）配料、接种。培养料应就地取材，棉籽壳、棉秆粉、麦秸、木屑都可作为代培料，下面是几个常用配方：

配方一：棉籽壳82%，麸皮15%，蔗糖1%，过磷酸钙1%，石膏粉1%。

配方二：麦秸74%，玉米粉25%，石膏粉1%。

配方三：稻草76%，麸皮20%，蔗糖1%，过磷酸钙2%，石膏粉1%。

配制方法：以棉籽壳为主的配方，应先用水喷湿，再加辅助料拌匀；加水至含水量65%左右，pH值调到7.5，堆积发酵2 ~3天后，即可栽培平菇。配方二、三，可先将主料切成3 ~4 cm长，用1%石灰水浸泡8 ~12 h。浸泡时可加1%过磷酸钙和0.1%多菌灵，然后捞起用清水冲去石灰水，保持pH值7.5左右。再滤去多余水分，使菌料含水率为65%。最后上堆发酵 2 ~ 3 天，再进行接种。

配好的代培料有床栽、菌砖栽培、袋栽三种栽培方法。

床栽：在干净菇床上，将代培料铺约 12 cm 厚。接种采用穴播方式，穴距 10 cm，“品”字形排列，内放菌种。也可采用混播方式，即将菌种与料均匀混合，再上床打平压实，用塑料薄膜盖严。

菌砖栽培：用模具将代培料制成 90 cm × 50 cm × 12 cm 或 30 cm × 25 cm × 10 cm 两种规格之一的菌砖，播入菌种，压实后脱去模子，再用塑料薄膜将菌砖包严。

袋栽：栽培常用 42 cm × 22 cm 或 50 cm × 15 cm 的聚乙烯或聚丙烯袋。接种采用层播方法，即先放入少量培养料，放一层菌种，然后再放入培养料，又一层菌种，如此直到装满袋为止，一般每袋要有 2 ~ 3 层菌种。最后扎牢口袋。

(3)管理措施，包括发菌管理、出菇管理及采收与加工。

发菌管理：不论何种栽培方法，在菌丝培养阶段，开始时都要使温度保持在 26 ~ 28 ℃，3 ~ 5天后逐渐降至 20 ~ 22 ℃。发菌期只要温度不超过所要求的范围，最好不要掀开塑料薄膜或打开塑料袋，以防水分散失和杂菌侵入。当温度超过 30 ℃时，应抖动或掀开薄膜强行通风散热。如果发现代培料受杂菌感染，要及时用药剂处理或挖除。一般在适宜条件下，接种后 20 ~ 30 天即完成菌丝期，此时代培料长满菌丝。

出菇管理：菌丝期后，子实体和菌丝的出现，需要给予一定散射光刺激；温度要求更为严格，空气相对湿度以 80% ~90% 为宜；培养料含水量要达到 70%，温度控制在 13 ~ 18 ℃。在菇蕾长出后，要增加通风量。每天通风 2 ~ 3 次，每次 1 小时。小菇形成后，每天喷细水 2 ~ 3次，随着子实体长大，适当增加喷水量。此阶段特别注意不要使温度高于 20 ℃，否则易使平菇腐烂。

采收和加工：出菇后约一周，菌盖充分展开，盖缘稍内卷，未弹射孢子前要及时采收。采收过早，影响产量；采收过迟，平菇干缩，质量下降。采收时，以左手按住培养料，右手捏住菌柄，左右轻轻扭动，或用刀从基部割下。整个过程要轻拿轻放，以免菌体破碎。

采下的平菇要当天处理，鲜销或制成盐水菇罐头。盐水菇做法是，将平菇清洗一遍，然后在沸水中煮 5 min 消毒；捞出沥去水分，再在盐水中泡 20 min 后，按每 50 kg 鲜菇加 12 kg 盐的比例分层装缸；最后按 50 kg 鲜菇加 100 kg 柠檬酸，经半月后即好。食用时可清水去盐。

2. 露天平菇栽培技术

平菇冬季露天栽培，目前已非常普及。该法生产平菇成本低，产量高，特别是在冬季出菇，经济效益很高。一般棉籽壳代培料每公顷可产平菇 75 000 kg，产值 15 万元以上。

(1)场址选择及整理。露天栽培平菇是利用果园、竹园和大棚菜园所形成的小气候进行平菇生产的一种形式。由于北方冬季干旱、寒冷，因此菇场要选在较暖和、背风向阳的地方，筑阳畦或地沟。阳畦要坐北朝南，长 5 ~ 10 m，宽 1 m，深 30 cm。畦北面做 30 cm 高的田埂，畦南面要挖有排水沟；畦上每隔 30 cm 插一根弓形毛竹条，距地高 30 cm，其上覆盖塑料薄膜。场地栽培前要用 5% 的石灰水或 0. 3% 的多菌灵喷洒消毒。地沟应挖成宽 1. 6 m、深 2 ~ 3 m。沟上每隔 1. 6 m 架一个弓形竹条，沟两头各留一个通风孔。整个沟上覆盖塑料薄膜。

(2)接种。在 2 ~ 3 月份进行接种，方法有穴播或层播两种。穴播是在栽培床上，按穴距 5 cm、行距 5 cm、穴深 3 cm 成“品”字形排列打穴，然后进行接种；层播是将菌种与培养料混匀,铺在栽培床上,再在栽培床上覆盖塑料薄膜。

(3)菌丝期管理。在菌丝期阶段,主要控制好温、湿度,方法基本同室内。温度控制在25 ℃左右,不需在床面上喷水,也不要掀开塑料薄膜;注意经常检查菌丝生长情况,发现杂菌污染要及时处理;若光照过强时可搭棚遮光。一般经20~30天培养,菌丝即可长满畦面。

(4)子实体生长阶段的管理。子实体适宜生长温度在13~20 ℃,所以最好把出菇时间调整到春、秋。当菇蕾出现时,要提高空气湿度,使其保持在85%~90%;加强通风,可揭开覆盖在床上的薄膜。出菇后,要勤喷水,喷水越细越好,并注意给予一定的散射光照。试验证明,在子实体生长阶段,适当喷洒一些营养液(糖1%,味精0.03%,维生素$B_1$0.05%),可明显促进子实体生长,提高产量。

成熟后的平菇要立即采收,并及时处理。采收后,栽培床要干燥3~5天,再喷水,盖上塑料膜催蕾。一般约经10天,床面又会生长大量菌蕾,管理措施同前述。接种一次可采收3~4批。为防鼠害和杂菌侵入,采收后可用50 kg细土加1 kg石灰撒盖在栽培床上,厚度0.5~1 cm。

六、金针菇栽培

金针菇又名构菌、朴菇、冬菇等,因其外形与金针菜酷似而得名。金针菇分类上属于担子菌纲、伞菌目、口蘑科、金钱菌属。

金针菇肉质脆嫩,味道鲜美,除含有丰富的维生素外,还含有大量的蛋白质和氨基酸,尤其是赖氨酸和精氨酸含量较丰富,常食用金针菇能促进儿童生长发育,增进智力,因此金针菇有"增智菇"的盛名。金针菇还是一种重要的药用菌、著名的保健食用菌。它可以有效预防和治疗肝脏系统与胃、肠道溃疡等疾病;尤其是金针菇含有火焰菌素,具有抗癌作用;朴菇素则是金针菇中能延长人类寿命的物质。

金针菇常在晚秋至早春期间生长,是一种较耐寒的食用菌,北方省区都能发展。野生金针菇多生于构树、榆树、桑树、柳树、杨树等枯枝或树桩上,而且多数丛生。

人工栽培金针菇历史悠久,栽培方法主要有段木栽培、瓶栽、袋栽、箱栽和床栽等。我国以木屑瓶栽培较多。

金针菇由菌丝体和子实体组成。菌丝体是营养器官,由孢子萌发而来,颜色呈乳白色,绒毛状,是很多菌丝聚积在一起构成的;子实体是金针菇的繁殖器官,丛生,菌盖直径0.5~7 cm,幼时球形,后扁半球形;菌柄细长。

(一)金针菇适生条件

1. 营养

金针菇本身没有叶绿素,不能进行光合作用,只能靠分解木材等来获取营养。它的分解能力较其他食用菌要弱,一般只有在腐朽到一定程度的木材上才能生长。碳源是金针菇生长必需的物质,以淀粉最好,其次为葡萄糖和蔗糖。金针菇可利用多种氮源,其中以有机氮最好,如蛋白胨、尿素等,无机氮中的铵氮它也可利用。金针菇所需无机盐主要是钙、硫、磷、钾等,特别是Mg^{2+}和PO_4^{3-},对菌丝体生长和子实体形成有明显促进作用。维生素B_1和B_2添加于代培料中,可以弥补金针菇生长中的不足,使菌丝生长旺盛。

2. 温度

金针菇属低温型真菌,耐低温能力很强。其菌丝能在3~34 ℃范围内生长,最适宜温度

22～26 ℃；子实体所需温度5～20 ℃，尤以8～14 ℃最适。在金针菇适生的温度范围内，温度越低，子实体越厚，质量越好。因此，根据菌丝和子实体对温度的要求，华北地区宜选择10～11月接种，经1个月左右培养出菌丝，11～12月间出菇，可以充分利用自然温度栽培。

3. 湿度

金针菇是喜湿性菌类，不耐干燥。菌丝要求培养料含水量60%～70%，空气湿度60%～65%，湿度过大会抑制其生长；子实体生长期要求空气相对湿度85%～90%，若超过95%，子实体易腐烂，病虫害易侵入。

4. 空气

金针菇属好气性真菌，必须供给充足的新鲜空气，特别是在子实体形成阶段，需氧量更大。当CO_2含量超过0.19%时，会出现畸形菇；超过5%时，子实体则不能形成。

5. 光线

在黑暗条件下，金针菇的菌丝体能正常生长，但其子实体生长发育需要一定的弱光条件，光线过强会抑制菌柄生长。有实验证明，在子实体生长阶段，用15 W红灯每日照2次，每次2 h，能促进子实体发育，提高金针菇的产量和质量。

6. 酸碱度

金针菇菌丝能在pH值3～8范围内生长，最适宜pH值为5～6。子实体发育要求pH值基本同菌丝体，以微酸性环境为宜。

（二）金针菇栽培技术

金针菇栽培法有段木栽培和代料栽培两大类。由于段木栽培原料来源少，成本高，金针菇产量过低，质量也较差，因此目前多用代料栽培。该法有瓶栽、袋栽、盆栽、箱栽和床栽五种方式。

1. 瓶栽技术

金针菇瓶栽法已有60余年栽培史。该法易管理，所生产金针菇质量好，是目前最常用的方式之一，适应家庭和实验室栽培。其工艺流程见图16-5。

图16-5　金针菇瓶栽工艺流程

瓶子最好采用750 mL或800 mL、1 000 mL无色玻璃瓶或塑料瓶，瓶口直径7 cm。目前，国内普遍利用3.5 cm菌种瓶或罐头瓶栽培金针菇，但因这种瓶口径小，装料不多，代培料湿度不易保持，所以金针菇产量不高，菇蕾细弱。

栽培金针菇的培养料来源很多，木屑、棉籽壳、甘蔗渣、麦秸、稻草等均可，其常用配方有以下几种：

配方一：木屑73%，米糠或麸皮25%，蔗糖1%，碳酸钙1%。

配方二：棉籽壳78%，麸皮20%，蔗糖1%，碳酸钙1%。

配方三：麦秸73%，麸皮25%，蔗糖1%，碳酸钙1%。

配方四：甘蔗渣73%，麸皮25%，蔗糖1%，碳酸钙1%。

配制培养料时，先将各成分按比例混匀，再将糖加入1.3～1.5倍水溶化，拌入料中，培养料的含水量以65%～70%为宜。装瓶时，瓶下部要松些，以利于发菌；上部要装紧一些，以保湿，利于子实体生长。装料至瓶肩时将料面压平，用木棒在瓶中插一洞穴，洞穴上宽

1.5 cm、下宽 1 cm，然后将瓶口、瓶外擦净，用牛皮纸盖严，扎好口或塞上棉花。

灭菌、接种：灭菌采用高压蒸汽灭菌，在 1.47×10^5Pa 压力下维持 1～1.5 h；常压灭菌时温度保持 100 ℃，灭菌 8～10 h。灭菌后，待料温降至 28 ℃以下时进行接种，以菌种塞满种孔为宜。接完种的菌瓶应移入 23 ℃培养室，5～6 天后将温度降为 20 ℃，空气相对湿度控制在 65%左右；每天开窗 1～2 次通风，每次 15 min。一般经 20～25 天完成营养生长，开始形成菇蕾。在菇蕾阶段，温度控制在 13～15 ℃，空气相对湿度保持在 85%～90%，每天通风3～4 次，每次 15 min 并给予微弱散射光。7～10 天菇蕾大量发生，进入到子实体生长发育阶段。当菇蕾长到超过瓶口 2～3 cm 时，要在瓶口外套一个高 12 cm 左右的纸筒，其上开 4～5 个小孔，以利透气。套纸筒可以促使菌柄伸长，保持子实体白色，抑制菌盖过早开伞和防止倒伏。此期间室温掌握在 8～13 ℃，空气相对湿度保持在 90%左右；每天通风 4～5 次，每次 5～30 min。

采收和加工：当菇盖直径达 2 cm，柄长 13～14 cm 时即可采收。采收时，要握住菌柄，轻轻地整丛拔起，勿折断菌柄。采收后，把基部培养料部分拔除，并除去腐根和老菌膜，保持培养料平整，不喷水，覆盖薄膜，约 12 天后，新的子实体重新出现，20 天左右可收第二批。一般每瓶料可收 3～4 批金针菇。

采收后的金针菇，扎把鲜售或装袋低温保鲜处理。也可将鲜菇倒入开水中煮几分钟，投入冷水中，再分装于瓶内或铁罐中，加入盐水，封罐并高压灭菌。另外还可干制贮存。干制是将金针菇用晒干、烘干的方法，使其含水量在 10%～15%；然后放于干燥处贮存。

2. 袋栽技术

金针菇袋栽流程见图 16-6。

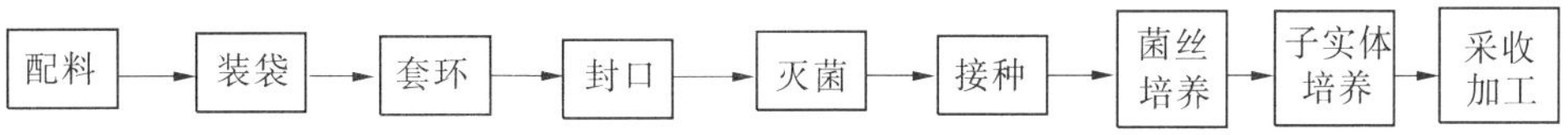

图 16-6　金针菇袋栽流程

袋栽能充分利用大口径优点，使菇蕾大量发生，加之通气、保湿条件较好，也免套纸筒。一般袋栽产量比瓶栽高 30%左右。

(1)装料。配方选择同瓶装法。配料时要注意不能有过大颗粒，应过筛，以防刺破袋。栽培袋选用聚丙烯(40 cm ×17 cm)或聚乙烯((36～40)cm×(16～20)cm)，前者可用高压消毒灭菌，后者只能用常压法灭菌。配好的料装袋时要轻装轻放，以防袋破损。先装少量培养料，把袋两个角压入袋内，使其能直立站稳；同时在料中插一根 2.5～3 cm 粗的木棒，继续装料，边装边压紧，每袋装料 0.4～0.5 kg。装料距袋口 15 cm 时，将料面压平，甩干布将袋外擦干净，套上 3.5 cm × 3.5 cm 塑料环，用牛皮纸包口或塞上棉塞。

(2)灭菌、接种。栽培袋较大，高压灭菌 1.5～2 h，常压灭菌 100 ℃维持 6～8 h。灭菌时袋直立排放，勿卧放。灭菌后料温降至 30 ℃以下时进行接种，在接种箱或无菌室内操作。取蚕豆大小一块菌种接入袋内，使菌种与培养料紧密接触。

(3)菌丝体培养。基本同瓶栽法。菌丝体阶段约持续 1 个月。在此期间，除给予适宜的环境条件外，还要严防鼠虫咬破袋子。

(4)子实体培养。当菌丝长满袋后，要及时搬出培养室，移入温度 10～13 ℃、相对湿度 85%的出菇室催蕾。拔去棉塞或套环，把袋口完全打开，在袋口上覆盖一层报纸，每天喷水于报纸上,以防表面菌丝失水。10 天后菇蕾大量出现,室温降至 10 ℃左右,相对湿度提高到 90% ~95% 。这时报纸不要拿掉,以保持湿度,抑制开伞。待菌柄长到 10 cm 时,去掉报纸,光线维持在 10 lx 左右,即可产生色白、盖小、柄长、肉厚、质脆的优质金针菇。

待子实体成熟后,应立即采收,方法同瓶栽。

3. 床栽技术

本法适用于大规模生产,具有成本低、工艺简单、产量高、利于机械化作业等特点,在气温较低的地区,可以大量发展,但易遭杂菌污染,产量很不稳定。其生产过程见图 16-7。

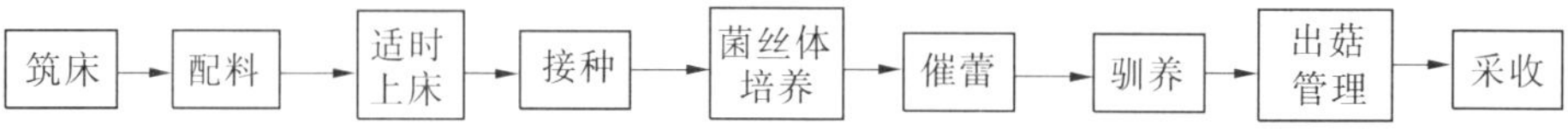

图 16-7　金针菇床栽生产过程

(1)选地筑床。栽培室可以是普通用房或人防地道、坑道、地下室,要求通风、干燥、卫生;栽培前用 20% 敌敌畏和 5% 石灰水进行消毒。室内每隔 5 m 安装 15W 灯泡 1 个,控制光量在 2 lx 以下。

栽培床宽 80 cm、长 2 m 或更长。床上铺聚乙烯塑料薄膜,其宽幅为 260 cm,以便出菇时能拱成高 50 cm 的环拱棚。

(2)配料。配料多采用棉籽壳、木屑和高粱壳等。配方有:

配方一:棉籽壳 79% ,玉米粉 10% ,蔗糖 1% ,稻草 10% 。

配方二:杂木屑 79% ,麸皮 20% ,蔗糖 1% 。

配方三:高粱壳 50% ,高粱壳粉 38% ,谷糠 10% ,石膏 1% ,过磷酸钙 1% 。

选择任一配方,加水使培养料含水量在 65% 左右,以手紧握培养料不滴水而成团、有水印为标准;同时将 pH 值调到 6.5 ~7,再拌入 0.1% 多菌灵以防杂菌污染。栽培时间选在天气寒冷的冬季,以霜降至春节间,气温 5 ~10 ℃时为宜。

(3)播种。选用抗霉能力强、菌龄在 60 天以内的菌种,这样才能使菌丝迅速萌发,占据优势;菌种量要占干料的 8% ~15% 。接种前要将所有器具、塑料薄膜清洗消毒,再把消毒后的塑料薄膜铺在床上;先取 1/5 菌种平撒一层,接着把配好的料平铺一层,料厚 3 cm 左右;然后再撒菌种、铺料。如此一层菌种一层料,共铺料二层,撒菌种四层。将剩下的 1/5 菌种撒于菌床四周和上面,接着压紧菌床,整成龟背形,再把塑料薄膜盖严密。

(4)菌丝体管理。接种 10 天后,大多菌丝已开始生长,此期间不做任何翻动。若个别地方菌种还没有萌发,可轻轻掀起薄膜,促使未萌动的菌丝生长,并使已萌动菌丝向深处生长。菌丝期一般持续 40 ~60 天,此期间室内相对湿度要提高到 85% ,并每天掀开薄膜通风 10 min。

当菌床表面布满雪白菌丝,并有大量琥珀色液滴时,是子实体原基出现的前兆。这时,应将室温控制在 10 ~12 ℃ ,湿度保持在 85% 左右;每天通风 2 ~3 次,并将薄膜撑高 10 ~20 cm。一周后,子实体原基大量发生。

在菇蕾期后进行驯养。其方法是把室温降至 3 ~5 ℃ ,并注意遮光,加强通风。通过驯养可以培养出优质金针菇。

(5)子实体管理。子实体生长期间,室温要控制在 5 ~8 ℃ ,湿度保持在 85% ~90% 。随着菌柄伸长,将塑料薄膜逐步升高。喷水时不能直接喷于菇体,可在薄膜内垫一层纱布,把水喷到纱布上，也可盖上报纸，喷水于报纸上，以控制温度；为使金针菇生长不散乱，可每天光照 1 h，进行光诱导，控制定向生长。一般 4 ~7 天，金针菇长到 15 cm 左右，即可作为一级优质菇采收；金针菇长到 20 ~25 cm 长时，作为二级菇采收。

采收完第一茬后，要除去腐根和老菌膜，并保持料面平整，同时降低温度，用塑料薄膜覆盖，约 12 天后，又有子实体长出。管理方法同前述。一般每床料可采收 3 ~4 批金针菇。

第二节 林间中草药栽培技术

林间中草药种类很多，现介绍几种珍贵的中草药栽培技术。

一、天麻栽培

天麻又名赤箭、定风草、明天麻，是我国传统的名贵药材之一，享有“国宝”之称，在我国药用已有近千年历史。天麻性温、味甘、无毒，具祛风镇痛、平肝息风的功能，主治眩晕、头痛、肢体麻木、筋骨疼痛，常食有镇痛、镇静、降低血压、明目和增强记忆力的作用。20 世纪 60 年代前，天麻全靠采挖野生资源供药用，60 年代初期，人工栽培天麻取得较大进展。经多年研究试验，目前天麻人工栽培技术已在全国各地普遍推广。

天麻生产技术简单，经济效益高。对山区来说，适宜在林下或坡地栽培，不占用耕地，花费人工较少，因此有条件的林区可以大力发展。天麻栽培方式多种多样，从露天栽、林下栽、箱栽，发展到室内瓶栽、袋栽和立体化栽培，产量也有大幅度提高。

（一）天麻的生物学特性

天麻是兰科、天麻属的多年生、异养型草本植物。天麻形态特异，无根，无绿色叶片，成熟后仅有着生于地下的肉质块茎；块茎成熟后出土，发育出圆柱形花茎，茎上叶片退化呈鳞片状，叶鞘抱茎，无叶绿素；顶生总状花序，长 30 ~45 cm，其上着生 30 ~120 朵小花。5 ~6 月开花，6 ~7 月结果。

天麻约有 25 种，我国有 2 种，公认有 5 个生态型，即黄天麻、水红天麻、黄红天麻、乌天麻和绿天麻。

天麻从种子萌发到完成一个生活周期，需 3 ~4 年时间。首先，种子在适宜条件下萌发形成原球茎，经与密环菌结合形成米麻；冬眠后，多数米麻发育成白麻；白麻越冬再长 1 年，全部发育成箭麻；箭麻萌动出土后，长出花茎，开花结果，便形成大量种实。整个过程宣告结束。

天麻因其无根、无叶，自养器官高度退化，不能进行光合作用。其生长发育所需营养只能依赖于侵入体内的密环菌菌丝供给，而密环菌的营养主要从分解寄生物的纤维素和木质素获得。所以，天麻是典型异养型高等植物。培养天麻，必须首先培养密环菌，使其浸入天麻，提供营养。

（二）天麻的生长条件

天麻在我国南北各省均有天然分布。天麻常分布在海拔较高的山区，尤以杂木林下、竹林内野生分布较多。

1. 温度

在春季地温升至 6 ~10 ℃、气温升至 6 ℃以上时，密环菌开始生长；气温达到 12 ℃以上时,种子开始萌动或箭麻抽苔出土;16 ℃时现蕾,19 ℃时开花,20 ~25 ℃时种子成熟。温度在 18 ~26 ℃时天麻块茎和密环菌生长最快。气温高于 30 ℃或低于 12 ℃,天麻生长受抑制,几乎停止生长。

2. 湿度

密环菌和天麻喜湿润气候,其生长地多在年降水量 1 000 mm 以上的地区(山区)。在北方,冬季要有厚厚的积雪,以保温使其不受冻害。天麻和密环菌要求菌材、土壤含水量在 45% ~60%,空气相对湿度常年保持在 70% ~80%。

3. 土壤

天麻喜微酸性土壤,pH 值以 4.5 ~6.5 为宜。土壤腐殖质丰富,其上有枯枝落叶覆盖的竹林或杂木林下尤其适宜天麻生长。

4. 植被

天麻的分布和生长与植被有着密切的关系。据研究,东北桦木林和柞树林下易生长天麻;南方竹林下天麻生长较好,质量也高,有"竹节天麻"之称;木本植物如青冈栎、桦树、竹子、水曲柳、板栗、枫树、鼠李等林下植物和禾本科、莎草科草本植物中,都有野生天麻分布。

(三)天麻栽培技术

天麻繁殖方式分有性和无性繁殖两种。生产中常用白麻、米麻无性繁殖方式培育天麻。栽培方式有露天栽培、箱栽和地下室箱栽等几种。本节主要介绍天麻的露天栽培技术。其主要环节为选树、选地整地、培菌、栽培管理和采收加工、种麻保存等(见图 16-8)。

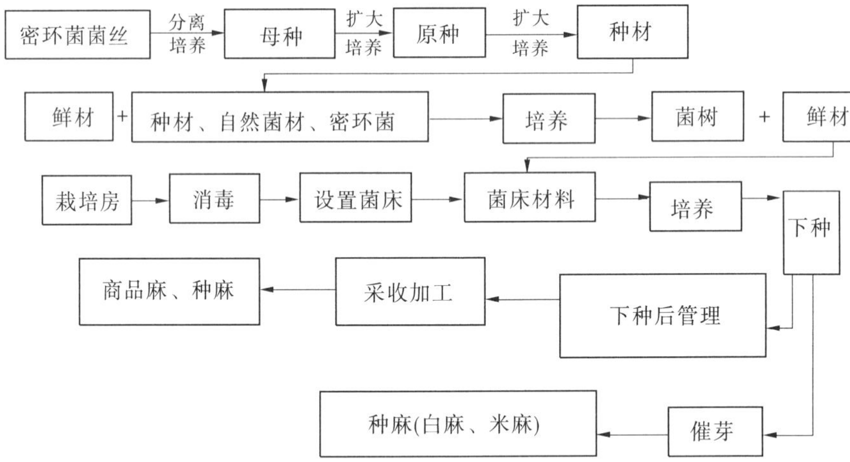

图 16-8　天麻栽培流程

1. 选择树种

树种选择以适宜密环菌生长为准,一般常用槲栎、青冈、板栗、野樱桃、花楸、灯台树、榆树、桦木、水冬瓜等。大部分阔叶树的树枝、树干也可用做培养密环菌的材料。

2. 选地整地

露天法栽培天麻,栽培地应选择土壤有机质含量丰富、土质疏松、排水良好的荒地或林间空地,坡度应小于 25°。整地时间以 4 ~5 月为宜,东北地区可适当往后拖半个月至 1 个月,南方可提前半个月。整地时首先要铲除杂草,砍去过密杂树,清除土壤石块;然后挖培养坑,坑间距 56 ~60 cm;坑宽 40 ~50 cm、长 60 ~80 cm、深 15 ~60 cm。注意:天麻生长期(特别是夏季)气温高时,坑要深挖;气温低时要浅挖。

3. 培育

天麻生长发育依赖于密环菌的存在,因此栽培天麻首先要培养好密环菌。密环菌一般存在于林内腐殖质层中或朽木、树根中。采回带有密环菌的枯枝、落叶,在室内进行菌种培养,扩大繁殖。

密环菌常用菌材进行培养。菌材选用密环菌适宜生长的树木或枝条,首先,将直径3 cm以下的菌材截成8～15 cm木段,直径3 cm以上的菌材截成20～30 cm的木段;然后,用刀将木段砍成鱼鳞状,刀口深度以达到木质部为宜。砍过口的菌材在培养菌种前要在清水中泡一天,也可用0.25%～2%的硝酸铵溶液浸泡20～30 min。

先在培育坑底铺一层培养料(可用5份半腐熟落叶加1份干净砂子,也可用3份杂木屑加1份砂子或腐殖质原土),厚为5～10 cm;然后将段木一根接一根平摆在底层培养料上,再把剪碎的密环菌种撒在段木鱼鳞口上。也可铺一层菌枝,菌材之间用培养料填实,其上覆2 cm厚培养料,依次继续往上铺第二层、第三层。铺至坑顶时,上面覆盖10 cm厚的培养料或腐殖质土,并压实。为了保湿,上面最好盖些树木枝叶。培菌时间一般在栽床前40～50天进行。

4. 栽麻

生产中常用块茎繁殖法来栽培天麻。麻种选择以白麻最好,质量上以新鲜浆足、无破损、无霉烂的白麻较理想。

块茎繁殖分冬栽和春栽两种。冬栽在10～11月,春栽在3～4月。各地经验认为,晚秋栽麻最好。

栽麻方法:分为固定菌材和活动菌材两种栽麻法。固定菌材栽种,就是把麻种栽在已培养菌的坑内。首先,去掉盖在坑上的枝叶和上层培养料,待露出菌材时,再将麻种放在长有密环菌的菌材两侧。放置麻种时,相邻两麻种距离不能过近或过远,一般以7～10 cm为宜;麻种小时可适当密些,麻种大时可稀些。坑内培有多层菌材时,可先把上面菌材层掀起,从最下面一层栽麻,逐步往上加层,具体要求基本同菌材培养法。活动菌材栽培法,是把已培养好的菌材取出,另挖一个坑(同培菌坑),在坑底铺一层培养料,然后将菌材摆在上面,两菌材之间用培养料填至一半时,栽入麻种,再用培养料填平。依照上法,将带菌菌材与不带菌菌材相间摆放,成为第二层,麻种放在第二层带菌材两侧。依此法可摆放第三层等。摆完后,其上覆盖好培养料,最后覆土即可。

5. 田间管理

在北方和山区,因气温偏低,不利于密环菌和天麻生长,应适时覆盖薄膜;当气温适宜其生长时,应揭去薄膜。当夏季来临时,高温地区应注意在天麻栽培地种植一些遮阴植物,以给天麻创造凉爽的环境。尤其在南方地区,更应重视夏季降温。

天麻要求土壤含水量在45%～60%。北方地区因春季多旱,要多次向坑内喷水,以防干旱;雨季要注意排水,以免湿度过大、水分过多,造成杂菌滋生、天麻块茎腐烂。

经常清除杂草,检查有无杂菌、白蚁和老鼠危害。一旦发现坑内局部有霉菌,应及时挖出杂菌部分,并加入乳酸,使pH值调至4.5～6.0。白蚁是密环菌生长的大敌,出现后应用白蚁药喷杀。地下害虫蝼蛄和蛴螬主要危害天麻块茎,可用90%敌百虫1 000倍液浇灌洞穴;也可用25 g氯丹乳油拌炒香麦麸5 kg,加水配成毒饵诱杀。

6. 采收和加工

用种子、米麻为播种材料者，2 年可起收；以白麻做材料者，1 年后可起收。一年中秋冬和初春（11 月至翌年 3 月）天麻块茎处于休眠期时均可采收。秋季天麻鲜重高，且折干率也高，一般在 30% 左右；春季稍低于秋季；夏季最低，折干率仅 7% ~20%，质量也差。

起收天麻时，先扒开表土或培养料，取出上层菌材，然后在培养料中拣出天麻块茎。注意：采收过程要小心轻拿，以免损伤天麻。挖出的天麻块茎中，将箭麻、白麻和米麻分开。箭麻和 50 g 以上的白麻可加工成商品出售，小于 50 g 的白麻和米麻可作繁殖用。一般每坑可采收 1 ~2.5 kg。起收时若多数菌材尚好，可只摘出商品麻，不碰动白麻和米麻，并抽出老朽的材，换入新菌材，原样覆盖、封口。

挖出的天麻，首先洗去泥土，再放入蒸笼蒸煮至透心，一般 30 ~40 min 即可。蒸过天麻放入柜内用硫磺熏 3 ~4 h，取出日晒或用火炕烘至七八成干时，用木板轻轻压扁，再晾至全干或烘至全干，即成为透明的商品麻，又名明天麻。

二、茯苓栽培

茯苓又名云苓、安苓、玉苓 、不死面等，属担子菌纲、多孔菌科、茯苓属真菌。

茯苓是一种重要的药用真菌。其在中药中用途极其广泛，需要量很大，有“无医不用茯苓”之说法。茯苓是寄生型药用菌，其药用部分是茯苓菌核。其具有益脾胃、宁心神、利水湿等功能，主治小便不利、水肿腹胀、心神不安、失眠、健忘等症。近代医学证实，茯苓味甘淡，性平无毒，故人们也常将其作为日常调养滋补品。茯苓是国际市场上畅销的食、药两用菌类。

茯苓有野生和栽培两种。野生茯苓常见于松树根上，人工栽培茯苓技术在我国暖温带到亚热带地区应用很广。其生产技术近 10 年来取得较大进展，使出苓率很高，成本降低。尤其在林区，目前成熟的树蔸栽培、活树根栽培方法，对山区利用大量的松树根、树桩等栽培茯苓提供了广阔的发展前景。

（一）茯苓的生物学特性

1. 形态特征和生活史

茯苓由菌丝体、菌核、子实体三部分组成。菌丝是茯苓的营养器官，起分解和吸收营养物质的作用。其幼时为白色绒毛状，老弱时为棕褐色。菌核是茯苓的贮存器官和休眠器官，相当于高等植物的茎，是药用和食用部分，外观球形、椭圆形或不规则头状。野生茯苓菌核直径 10 ~13 cm，人工栽培的直径 30 ~40 cm。菌核幼嫩时皮壳红褐色、质软，老熟时深褐色，质地硬而粗糙，其内部为白色或粉红色的菌丝团组成的颗粒。子实体是茯苓的繁殖器官，生于菌核表面，大小不一，无柄，贴附在菌核上，类似蜂窝的白色软组织。

茯苓生活史按发育过程可分为担孢子、菌丝、菌核和子实体四个生长发育阶段。茯苓的孢子随风飘落到松根裂缝处，遇到适宜条件，就萌发产生单核菌丝；菌丝侵入松根木质部后，不断分解木材中的纤维素、半纤维素作为自身营养，逐渐生长出大量菌丝，众多的菌丝大量积聚时，便形成了菌核。随着菌丝生长，菌核越来越大。继之在菌核上产生子实体，平伏在菌核表面。成熟的子实体产生数以万计的担孢子。

2. 生活条件

（1）营养。茯苓是木质腐生菌，本身不能进行光合作用，需要碳源、氮源和少量矿质元素。碳源来自于木质素、纤维素、半纤维素、淀粉和葡萄糖等；氮源来自于蛋白质、蛋白胨、氨基酸、尿素等；少量矿质元素主要有磷、镁、钙、硫、锌、钼、铁等，一般原料和水中的含量即可满足需要。实践证明，培养物质所能提供的碳源越多，茯苓产量也越高。用松木培养茯苓，由于松木中含有71% ~73%的碳源营养可供利用，因此茯苓产量较高。

(2)温度。茯苓属于中温结实性和变温结实性真菌。茯苓孢子萌发的适宜温度为22 ~24 ℃；菌丝10 ~35 ℃均能生长，但以24 ~28 ℃最适宜；菌核形成必须有较大的昼夜温差刺激，昼夜温差达10 ℃以上时利于菌核形成和生长；子实体在20 ~28 ℃时均能形成，而以24 ~26 ℃时发育最迅速。

(3)水分。由于茯苓生长于地下，吸湿性较强，栽培段木要埋于深60 cm土坑内；即使干透，其含水量也很快达到50% ~60%；因此，段木含水量应在20%以下，土壤含水量以25%为宜。

(4)空气。茯苓是好气性真菌，其菌丝生长过程中，排出 CO_2 并产生热量，因此茯苓种植场一定要选择沙多泥少、透气性强、排水良好的土质。

(5)光线。茯苓菌丝在黑暗条件下生长良好、而子实体生长需要散光条件。但是，栽培的目的是为了获得菌核，因此栽培中可以不给予光照条件。

(6)酸碱度。茯苓菌丝体在分解木材时，产生大量酶类，这些酶类在酸性条件下生长良好。一般松树生长的酸性土壤对茯苓生长极为有利，但以pH值4 ~6最好。

(二)茯苓栽培技术

1. 菌种制备

生产中制种的方法主要有两种，一是组织分离法，二是孢子分离法。组织分离法也称无性繁殖法。具体过程为：先制备好试管培养基(培养基制作方法和配方可参见有关书籍)；再将已用酒精消过毒的茯苓，在无菌箱中用刀划开，取黄豆大苓肉一块，接种在试管培养基上；在适宜条件下，即可得到茯苓菌种。孢子分离法又称有性繁殖法。用该法所得到的菌种质量较好，能防止菌种衰老和退化。其做法是，把刚采的茯苓置于子实体所需要的环境条件下，待子实体成熟时，会产生大量孢子；及时收集孢子，使其着生在试管培养基上，并置于孢子萌发所要求的环境条件下，不久可出现白色绒毛状菌丝，即完成制种。上述两种方法得到的是母种，生产上还必须用母种进行扩大栽培。

2. 段木栽培技术

(1)段木。各种松树都是茯苓的适生树种，其他杂木也可进行茯苓栽培。以20 ~40年生的中龄树最好，直径9 ~39 cm为宜。树木落叶至次年新芽萌发这段时间是制作段木的好时期。砍树时应注意砍密留稀，砍大留小；砍后应削去枝杈，使松木干燥。然后将松木锯成1.2 ~1.6 m的木段，用斧或刀削皮，削皮宽度3 cm左右，紧挨着留3 cm宽树皮，然后再削3 cm宽树皮(俗称削皮留筋)；厚度以见木质部为度。一般一根段木可削皮3 ~7条。削皮既有利于段木脱水干燥，溢出松油，也利于茯苓菌丝较快浸入皮下及木质部；留筋部分有利于结苓，并能保护菌丝抵抗不良环境。

(2)堆料。将削过皮的段木横竖交叉以“井”字形堆叠起，进行日晒干燥，高度以1 ~1.5 m为宜。一般晒到木段断面处有细小裂缝时即可。

苓场选择坡度在10° ~25°的向南坡地最好，其次为东、西向坡地，要求土壤疏松透气，排水良好；土壤以含水量30% ~70%的沙壤土为好，黏土和砂砾上不宜利用。将苓场上的杂草、树根、石块清除;也可铲除全部土表面,四周撒上白蚁粉;接种前10天要翻地一次,打碎泥土。

(3)栽培。先挖好地窖,窖宽50~70 cm,深20~30 cm,底部要平,并保持7~10 cm疏松土层;地窖顺坡排列,长度视具体情况而定。将段木放入窖内,一般每窖2~4根,保持与地面相平。接着进行接种。先把树皮部位靠紧,再用沙土填充四周空隙;取出菌种,放于两根料接触处,立即用另一根段木压在菌种上;最后覆盖10~16 cm厚沙土,并用塑料薄膜或树叶覆盖3~5天,以利于菌丝蔓延,防止雨水渗入。

(4)管理。适宜条件下,接种后10天,即可看见白色菌丝出现,以后逐渐变为褐色。接种15~20天后仍未有菌丝出现者,可进行补种或调种,即挖出段木,晒干水分,重新接上新菌种。接种40天菌丝长到段木下端,并回蔓生长;3个月后,窖内菌核形成,此时若苓场土层有龟裂纹出现,应适当培土,以免苓菌被晒。茯苓生长时,北方正处于秋季,气候干旱,管理上要培土或用树叶杂草遮盖保墒。

3. 树蔸栽培技术

利用砍树留下的树蔸栽培茯苓,不仅可节约大量木材,而且产量高,质量好,很值得大力推广。凡树蔸直径在12 cm以上的都可利用。首先把树桩周围1.5 m范围内杂草铲除干净,灌木也砍去,然后深挖50 cm,让树桩和根部露在外面;再把树桩削去3~5条树皮,深度以达木质部为准。露在地面的树根最多留4~6条,多余的全部剪去,树蔸高以7~10 cm为宜,过高的锯去。经一冬天干燥,其水分含量可达到要求。第二年春季气温回升后可进行接种。

接种时间以5~7月较适宜。接种时,应先在其根部以上部位斜砍一个深5 cm、高10 cm的三角形缺口,然后填入菌种,立即把缺口捆紧,并用湿草纸包住,再盖上土。也可在离地7 cm左右处打洞,洞深3~10 cm,将菌种接入洞穴内。接种后,立即加盖木片,防止雨水打湿打落菌丝;并在四周撒些农药,以防蚁虫危害。最后覆土17 cm,培成龟背形,开好排水沟。接种7天后,检查接种效果。树蔸栽培法,一般接种后1年即可收获,也有8~9个月收获的。

4. 松针栽培法

用松针和极短松枝条作辅料来栽培茯苓,既能节约松木用量,又有利于增产。其做法是用小木段接种。小木段长度66~83 cm,直径3~9 cm。小木段也要削皮,并留一条小引线(树皮)。每窖放小木段2条,松针25~30 kg;苓场挖栽培穴(穴深33 cm,宽66 cm,长1 m,穴底撒白蚁粉,上覆一层薄土),穴底先铺鲜松针15~20 kg,上盖一层薄土,踩实。接种时,将半鲜半干的两条段木削去两边的皮,连同接种木捆成小把(重5~7 kg),放在第一层松针表面的中间,两头靠穴边,以便从土壤中吸收水分,然后把菌种接在两段木上端的削口处,上盖木片,再压一层松针,最后覆10~16 cm厚的土。窖上开排水沟。接种7~10天即可发菌,3~6个月可结苓,8~12个月第一批茯苓成熟,13~15个月还可采收第二批。

5. 采收及加工

(1)采收。茯苓从接种到成熟采收需8~12个月。其采收期标志为:菌核靠段木处已呈现轻孢现象;菌核长口处已经弥合,白色的嫩口已经封顶并呈褐色。成熟的茯苓需及时采收。过早采收,肉嫩,产量低;过迟采收则茯苓易腐烂。

(2)加工。茯苓采收后,先清除泥土,然后堆放在室内,用稻草盖严"发汗"10~15天,每隔3天翻一次。待茯苓表面起皱、颜色呈暗褐色时，取出用文火烘干或晒干，整苓出售；或者在发汗后，去皮，放入蒸笼蒸至透心，也可用水煮透心；然后取出，用刀切成4 cm ×4 cm ×0.5 cm小方块，放在竹席或竹筛里晒干或烘干。烘干时要避免烟熏烤，以免颜色发黄，影响质量，一般每50 kg茯苓可加工成干品约30 kg。

三、猪苓栽培

猪苓又名猪茯苓、野猪粪、地乌桃等。由于其外表面凹凸不平，外皮黑褐色，酷似猪屎，故得名野猪粪。

猪苓是名贵的中药材。其味甘淡，性平，有利水渗湿的功能，主治急性肾炎、急性尿路感染、暑热水泻、淋浊、白带、脾湿、四肢浮肿等症。近年来发现，猪苓多糖体是一种非特异性细胞免疫刺激剂，能抑制癌细胞的生长，因此猪苓使用量骤增，国内外药材市场供不应求。

猪苓分类学上属担子菌纲、多孔菌目、多孔菌种、猪苓属。猪苓主要寄生于桦树、青冈、栎树、柞树及柳树等的腐朽根上。目前，猪苓的来源主要是靠采集野生。近年来，人工栽培猪苓已在许多省区获得成功，这为各类型林区(场)发展猪苓创造了条件。

(一)猪苓的生物学特性

1. 猪苓的生活周期

猪苓由孢子、菌丝和子实体三部分组成。由子实体产生的担孢子，在适宜条件下萌发出单核菌丝，经配对后变成双核化的次生菌丝。次生菌丝在生长环境中大量繁殖集结，在外部条件刺激下形成休眠体——菌核。菌核是药用部分，即栽培所要得到的。菌核在气温上升到20 ℃时达到生殖阶段，产生子实体，继而散射出大量的担孢子。至此，猪苓的生活周期(史)结束。

2. 猪苓生长发育的条件

(1)营养。猪苓不是一般腐生菌，其获取营养的能力很弱。研究证明，猪苓中有密环菌的菌索寄生，其依靠密环菌对木材的分解来建造自己。因此，猪苓离开密环菌不能正常发育，它们之间是寄生关系。人工栽培猪苓必须伴栽密环菌才能成功。

(2)生态条件。野生猪苓多生于海拔500 ~3 000 m的次生阔叶林中及桦、柳、杨、枫、栎等衰老树或半朽根部周围。其要求气候凉爽、土壤干燥，且最好为落叶腐烂而形成的腐殖质土；pH值4.2 ~6.6的沙质壤土亦可。坡向以阴坡半阴坡为好，坡度20° ~25°。

猪苓菌丝生长的适宜温度为25 ℃。菌核在平均地温达10 ℃时开始萌发，但菌苓芽生长慢，菌丝细弱，较难长入基质内。当平均地温达到12 ℃以上，土壤含水量在30% ~45%时，猪苓菌核的萌发率迅速提高；随着地温的升高，苓芽迅速增大。当温度低于8 ℃或高于30 ℃时，猪苓即停止生长，进入休眠状态。一年中适宜猪苓生长的时间仅有7个多月。

猪苓子实体的形成，要求较高的空气相对湿度(85% ~95%)，其在高温多雨季节最易生长。多数猪苓不生长子实体，只有那些分布在土壤表层，子实体的菌柄着生在接近土表面的菌核上，能充分吸收氧气并得到适宜湿度的菌核才能形成子实体。生长子实体的菌核，有的还可生出新苓，也有的不再长新苓。子实体形成与否，和菌核的大小及多少无关。

(二)野生猪苓的采挖方法

只有了解猪苓的生长规律和生境，才能准确、迅速地找出其生长地点。采挖时间宜选在夏秋季雨后。一般采挖地点多考虑桦、枫、柞、栎林。观察林地上的“猪苓花”，即外观为丛状菌伞,高 10 ~ 12 cm,直径 10 ~ 30 cm,每一枝顶生圆形菌伞,中间浅漏斗,边缘向下曲,表面黄色至淡褐色;或者看到上述树种根部隆起,用脚踩有松软感觉,鼓出部分着生的小草枯黄,而周围却生长茂盛;也可以在早上露水未干或雨后,寻找林中地面较干或出现龟裂的地方,这些迹象均表明地下有猪苓生长。找到猪苓后进行采挖,在挖出第一窝猪苓后,顺着主根方向会找到第二窝、第三窝猪苓。一般新苓窝分布呈三角形、直线形或梯形。

(三)猪苓栽培技术

目前,由于对猪苓的生活条件、影响其生长的生态因素,尤其是其与某些生物之间的关系尚未完全掌握,因此猪苓的人工栽培还未达到应有的水平,人工栽培法还局限于木材(段木)范围内。现将有关方法介绍如下。

1. 选地整地

猪等是寄生生物,常生于地下树根部,因此栽培场地以选择湿润、通气和渗透性良好、微酸性、含水量 30% ~50% 、富含有机质的壤土或沙壤土为好;坡向西南、西北或阴坡,坡度 20° ~25°。在选好的栽培地上,顺坡挖深 50 cm、长宽各 70 cm 的栽培窖。窖要靠近树木根部。

2. 菌材准备

多种阔叶树均可作为培养密环菌的木材,常用的有槲栎、栓皮栎、麻栎、白桦等。选直径 10 cm 左右的干枝,锯成 60 cm 小段,晾晒 10 ~ 15 天,待水分散失为 20% ~30% 后,每隔 5 ~ 10 cm 砍一鱼鳞口,粗段木砍 4 排,细段木砍 3 排,深度达木质部。然后接种密环菌菌种,搭成“井”字形架,在 15 ℃左右的温度下培养 2 ~ 3 个月,密环菌即在段木上生长并形成菌索。这时的段木,可作为猪苓下坑播种的菌材。以后可以用老菌材和新段木混放于挖好的窖中来制作菌材。

3. 猪苓菌种的制备

(1)孢子繁殖。采摘后的猪苓子实体,不能暴晒,只能风干。将风干的子实体揉成碎粉状,即为孢子种。一般每个苓穴下种粉 3 g。

(2)小菌核种。采挖无病虫害、表面多瘤状的小菌核作苓种,即小菌核种。

(3)种芽种。即将采挖到的菌核上的绿色或白色种芽割下来,用湿布包好作苓种用。

4. 栽种

于春季栽种前,疏松已挖好的窖底,平整后铺上一层腐殖质土,然后把事先培养好的、长有密环菌菌索的菌材均匀地摆好,菌材间距 6 ~ 10 cm ,再放入菌种。菌种放置于菌材两侧密环菌菌索较多的部位,稍压实,使菌种与密环菌和菌材紧密结合,以便两者迅速建立营养关系。一根菌材上压 5 ~ 7 块菌种,然后用腐殖质土填实,上覆一层厚 10 ~ 15 cm 的细土,再盖枯枝落叶,培成龟背形,并高出地面,以利排水。栽种季节一般选在春夏之间的 4 ~ 6 月,或 8 月下旬至 10 月下旬。

5. 栽种后管理

猪苓生长过程中,不需要施肥、松土和除草,应保持其野生状态。只要保持表面有一层厚厚的枯落物,土壤含水量在 40% ~50% ,地温 8 ~ 25 ℃ ,一般成活率可达 87.3%。猪苓生长期,要防止人畜践踏和雨水冲刷;如有鼠害和白蚁等,可用药物进行防治。长出的子实体除留种外,其余均应摘掉。

6. 采收与加工

猪苓一般培育3年后才能收获。南方全年皆可采收。北方以夏、秋季采收为宜。挖出的猪苓用刷子去掉沙土和杂质，然后可晒干或烘干。一般猪苓折干率在50％左右。干燥后的猪苓可置于通风干燥处保存。苓块大、表皮黑色、坚实、肉质白色的为甲级猪苓；苓小、烂碎、皱缩不实、肉质褐色的为乙级猪苓。

第十七章　林业技术经济评价

林业技术经济评价，从本质上说，就是应用一些经济学的原理，评价一定条件下林业技术方案、技术措施和技术政策的经济效果，又称林业技术经济效果学。

第一节　林业技术经济效果的指标体系

林业技术经济效果既有直接效果，又有间接效果。要准确、全面地评价林业技术经济效果，不是某一二项指标所能奏效的。所用指标的准确性和完整性，关系到是否能够科学如实地反映林业技术的经济效果。因此，要科学地设置一系列相互联系、相互补充的评价指标。这些互相联系、互相补充的评价指标便形成了林业技术经济效果的指标体系。

一、林业技术经济效果指标的构成

林业技术经济效果指标反映在林业生产中劳动消耗与生产成果之间的数量关系，可分为绝对数量经济效果指标组和相对数量经济效果指标组。

（一）绝对数量经济效果指标组

绝对数量经济效果表达式是生产成果减去劳动消耗。

$$\text{净产值} = \text{产值} - \text{物化劳动消耗}$$

$$\text{纯收入} = \text{产值} - (\text{物化劳动消耗} + \text{活劳动消耗})$$

（二）相对数量经济效果指标组

经济效果的相对数量指标是生产成果和劳动消耗之比，主要有以下几种：

(1)林地生产率。它反映单位林地面积上的产量或产值。

$$\text{林地生产率} = \frac{\text{产品产量(产值)}}{\text{占用林地面积}}$$

(2)林业劳动生产率。它反映消耗单位劳动时间所生产的产品产量或产值。

$$\text{林业劳动生产率} = \frac{\text{产品产量(产值)}}{\text{消耗的活劳动时间}}$$

(3)成本产品率（产值率）。它反映消耗单位生产费用所生产的产品产量或产值。

$$\text{成本产品(产值)率} = \frac{\text{产品产量(产值)}}{\text{生产成本}}$$

(4)资金产品（产值）率。它反映单位资金所生产的产品产量（产值）。资金包括固定资金和流动资金。

$$\text{资金产品(产值)率} = \frac{\text{产品产量(产值)}}{\text{资金占用值}}$$

由于资金包括固定资金、流动资金，故资金产品（产值）率分为固定资金产品（产值）率、流动资金产品（产值）率和总资金产品（产值）率。

除以上指标外，还有一些派生指标如投资回收期、投资效果系数、净现值、净现值率等，分别将在下面论述。

二、林业技术经济效果的指标体系

在林业技术经济效果评价中，利用经济效益衡量指标、技术经济效果分析指标和林业技术经济目的指标的内在联系，可建立一个科学的林业技术经济效果评价的指标体系，如图17-1。

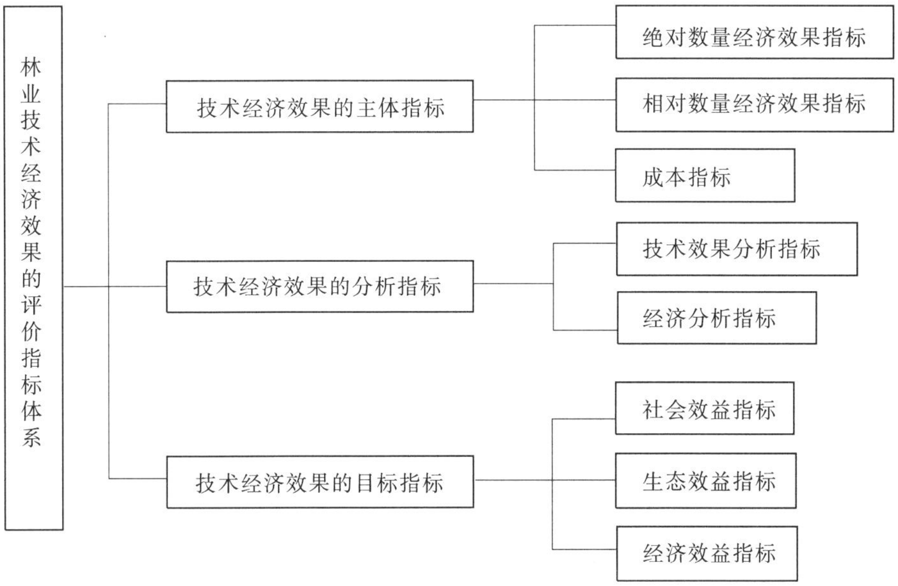

图17-1　评价指标体系

第二节　林业技术经济效果的评价方法

林业技术经济分析的方法有比较分析法、因素分析法和量本利分析法等。

一、比较分析法

比较分析法是林业技术经济分析的最基本方法，是将不同的技术措施、技术方案的技术经济效果指标列示出来，进行比较，从中选择最佳方案。最常用的为直接对比法。

直接对比法是对评价指标直接进行对比，选择技术经济效果较佳的技术方案。例如，红松不同栽植方法单位面积的成本比较如表17-1所示。由表17-1可知，带状整地栽植比不整地栽植成本降38.75元/hm^2。

利用比较分析法时，首先分析对象要有可比性；其次劳动消耗要有可比性，而且计算劳动消耗的方法要一致，如固定资产折旧率标准、劳动报酬标准等。

二、因素分析法

因素分析法是分析两个或两个以上因素对技术方案经济效果影响程度的一种数量化方法。常用方法有连环替代法和因素分解法。

表 17-1 红松不同栽植方法单位面积成本比较 （单位：元/hm^2）

技术方案	带状整地栽植	不整地栽植	备注
整地	300	0	
种苗	750	750	3 000 株/hm^2，0.85 元/株
劳务	225	375	
补植（1）种苗	75	187.5	带状整地栽植成活率为 90%
（2）劳务	22.5	93.75	不整地栽植成活率为 75%
总计	1 372.5	1 411.25	

（一）连环替代法

它是在假定其他影响不变的情况下，依次改变其中一个因素的量来计算其对经济效果的影响程度。公式如下

$$M = A_1B_1C_1 - A_0B_0C_0$$
$$= (A_1B_0C_0 - A_0B_0C_0) + (A_1B_1C_0 - A_1B_0C_0) + (A_1B_1C_1 - A_1B_1C_0)$$

式中 M——经济效果变化程度；

A_1、B_1、C_1——各影响因素的新值；

A_0、B_0、C_0——各影响因素的原值。

现举例说明计算方法。某贮木场装车每车工资费用如表 17-2 所示。由表 17-2 可知，影响每车工资费用的因素有每车用工量和平均日工资；每车费用 1992 年比 1991 年降低了 2 元。表中各指标的函数关系如下：

$$每车工资费用(M) = 每车用工量(A) \times 平均日工资(B)$$

表 17-2 贮木场装车工资费

指标	1991 年	1992 年	增（+）减（-）
每车用工量（工日）	8	6	-14%
平均日工资（元）	7	9	12%
每车工资费用（元）	56	54	-2

用连环替代法来分析因素的影响程度，步骤如下：

（1）每车用工量变动对每车工资费用的影响程度

$$M_1 = A_1B_0 - A_0B_0 = 42 - 56 = -14$$

（2）平均日工资的变化对每车工资费用的影响程度

$$M_2 = A_1B_1 - A_1B_0 = 54 - 42 = 12$$

（3）每车用工量和平均日工资同时发生变化时，对每车工资费用的影响程度

$$M = M_1 + M_2 = -14 + 12 = -2$$

（二）因素分解法

即按各影响因素与经济效果的内在联系和函数关系，计算各影响因素变化对经济效果的影响程度。当影响因素与经济效果之间的关系较复杂、又无统一的函数关系时，可用

此法。

例如，某林业局1992年销售利润比1991年的销售利润增加220万元，影响利润变化的因素如表17-3所示。根据表来分析销售数量、平均售价、销售成本对销售利润的影响。

表17-3　各因素对销售利润的影响情况

项目	1991年	1992年
销售数量(万 m^3)	10	12
平均售价(元/m^3)	300	350
销售成本(元/m^3)	250	280
产品税(收入的10%，万元)	300	420
销售利润(万元)	200	420

(1)销售数量变化对销售利润的影响，即

销量变化使销售利润的增减额＝(本期销售量－上期销售量)×上期单位销售利润

$$=(12-10)\times\frac{200}{10}=40(\text{万元})$$

由于销售数量增加2万 m^3，从而使销售利润增加40万元。

(2)销售成本的变化使销售利润增减额，即

(上期单位销售成本－本期单位销售成本)×本期实际销售量

$$=(250-280)\times 12=-360(\text{万元})$$

由于销售成本的增加，从而使利润减少360万元。

(3)平均售价变化对销售利润的影响，即

(本期平均售价－上期平均售价)×本期销售数量×(1－产品税率)

$$=(350-300)\times 12\times(1-10\%)=540(\text{万元})$$

由于平均售价提高，从而使企业销售利润增加540万元。

(4)综上可得：

$$\text{销售利润受影响额}=40-360+540=220(\text{万元})$$

三、量本利分析法

量本利分析法是通过产品产量、生产成本和利润三者之间的关系，确定盈利与亏损的分界产量以及不同产量的盈利水平，为提高经营管理水平和正确地进行经营决策提供经济上的依据。

(一)成本分类

产品成本分为固定成本、变动成本、半变动成本三类。固定成本是其发生额不直接受产量影响的成本，如管理人员工资、折旧费等；变动成本指其总额随着产量的变动而变动的成本，如直接材料、生产人员工资等；半变动成本既包含固定成本，也包含变动成本，也就是有一个初始量类似固定成本，在这个基础上产量增加，成本也随着增加，又类似变动成本。如一台机器按年支付租金30 000元，每加工一件产品另支付租金1元，则一年加工30 000件产品，应支付租金60 000元。

(二)盈亏临界点

用企业销售收入扣减变动成本后的余额叫边际利润;边际利润与固定成本相等时的状态叫盈亏临界点。

以 P 代表利润,V 代表产量,S 代表售价,B 代表固定成本,D 代表单位产品变动成本,则利润计算公式为:

$$P = VS - VD - B$$

盈亏临界点是企业利润等于零时的销售量,因此有

$$VS - VD - B = 0$$

例如,某产品单位售价 4 元,单位变动成本为 2 元,全厂固定成本为 2 000 元。则

$$\text{盈亏临界点的销售量(实物单位)} = \frac{\text{固定成本}}{\text{单位产品边际利润}} = \frac{2\ 000}{4-2} = 1\ 000\text{(件)}$$

(三)盈亏临界图

将盈亏临界点的公式用图表示出来,即盈亏临界图,如图 17-2 所示,横坐标表示销售量(以实物量或金额表示),纵坐标表示成本和销售收入。

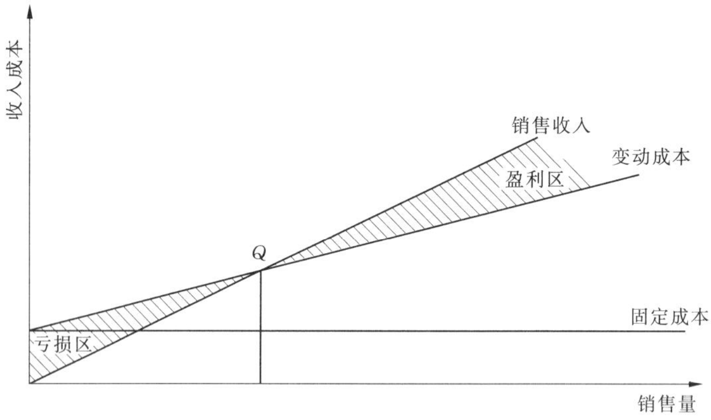

图 17-2　盈亏临界图

从图 17-2 可知,收入线与变动成本线的交叉点 Q 为盈亏临界点,即当产量为 V 时,销售收入与生产成本相等,企业不亏不盈;当产量大于 V 时,销售收入大于生产成本,企业盈利,Q 点右侧的阴影部分为盈利区域;当产量小于 V 时,销售收入小于生产成本,企业亏损,因此 Q 点左侧的阴影为亏损区域。不同产量对应的销售收入线与成本线的差额,便是该产量的盈利或亏损数额。

从图 17-2 上还可以看出一些规律:

(1)盈亏临界点 Q 不变,销售量越大,可实现的利润越多或亏损越小;销售量越小,可实现的利润越小或亏损越多。

(2)销售量不变,盈亏临界点越低,能实现的利润越多;反之则越小。

(3)在销售收入既定条件下,盈亏临界点的高低取决于固定成本和单位产品变动成本的大小。固定成本越大或单位产品的变动成本越大,盈亏临界点越高;反之,盈亏临界点越低。

例如,某企业半自动化改自动化,需使企业的半固定成本由原来的 10 万元增加到 15 万元;自动化程度提高后,单位产品的变动成本可降低 2. 5 元,生产能力可提高 25% ,有关数

据如表 17-4 所示。其盈亏平衡如图 17-3 所示。

表 17-4　半自动化与自动化生产数据

项目	半自动化	自动化
年固定成本(万元)	10	15
单位产品变动成本(元)	8	5.5
单位产品售价(元)	18	18
单位边际利润(元)	10	12.5
生产能力(件)	20 000	25 000

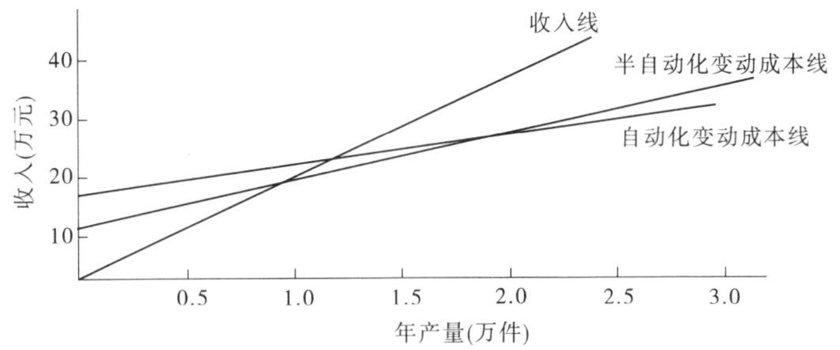

图 17-3　盈亏平衡图

从图 17-3 可知,年产量在 1 万件到 2 万件之间,半自动化生产比自动化生产盈利能力高;当年产量超过 2 万件时,则采用自动化生产能获得较多的利润。

第三节　建设项目的经济评价

建设项目的经济评价是投资方案可行性研究的主要内容。其经济评价分为企业财务评价和国民经济评价两种。

一、企业财务评价

所谓企业财务评价,就是从企业财务的角度出发,根据国家现行财税制度和现行价格,分析测算项目的获利能力、清偿能力及外汇效果等财务状况,以判断方案的可行性。

(一)财务评价的内容和步骤

财务评价是在产品需求研究和工程技术研究的基础上,利用有关基础数据,编制财务评价基本表,计算财务评价指标,进行财务效益分析,作出财务评价。一般步骤如下。

1. 收集整理财务评价需要的基础数据资料

主要包括:生产规模及产品方案;工程实施进度;职工人数及工资总额;固定资产和流动资金投资估算及分年使用计划;基本折旧基金及更新改造资金的提取;生产成本估算;销售收入及销售税金;资金筹措及贷款条件等。

2. 编制财务评价需要的财务报表

将基础数据整理后,编制财务评价基础资料表和财务评价计算表,如投资估算表、投资使用计划表、财务现金流量表、利润表、财务外汇流量表等。

3. 计算财务评价指标，进行各项财务分析

通过财务评价计算，算出财务内部收益率、财务净现值、投资回收期、贷款偿还期等指标，进行财务盈利性分析、财务清偿能力分析及外汇效果分析等。

4. 进行不确定性分析

建设项目财务评价的不确定性分析，主要有盈亏平衡分析、敏感性分析等。

(二)财务评价计算表

日常运用的财务评价计算表主要有五类：损益表、财务现金流量表、资产负债表、财务外汇平衡表、资金来源与运用表。

1. 损益表

计算建设项目在计算期内各年的损益。由此表可以计算投资利润率和投资利税率，格式见表 17-5。

表 17-5　损益表

项目	生产期	间伐期	轮伐期
	1,2,3,…	…	…
产品销售收入			
销售税金及附加			
总成本费用			
利润总额			
所得税			
税后利润			

产品销售收入是企业在出售产品和提供劳务时所获得的货币收入，用产品销售量乘销售单价可得；销售税金包括增值税、营业税、城市维护建设税、农林特产税等；销售利润等于销售收入减去销售税金与总成本费用之和所得的差。

2. 财务现金流量表

财务现金流量表反映计算期内各年的现金收支情况，用以计算财务内部收益率、财务净现值、投资回收期等评价指标，如表 17-6 所示。

表 17-6　财务现金流量表

序号及项目	经营年限							
	合计	1	2	3	4	5	…	23
1　现金流出	34 805.79							
1.1　材料设备	2 486.34							
1.2　劳务费	29 945.92							
1.3　间接费用	1 107.69							
1.4　物价波动费	1 265.84							
2　现金流入	124 740.5							
2.1　规格材	104 507.6							

续表 17-6

序号及项目	经营年限							
	合计	1	2	3	4	5	…	23
2.2　非规格材	13 785.8							
2.3　薪材	5 727.1							
2.4　林副产品	720.0							
3　还本付息和税利前结余	89 934.71							
3.1　还本付息	14 367.44							
3.2　结余	74 967.27							
3.3　税金	21 292.82							
3.4　林业费	19 518.41							
3.5　结余	34 156.04							

注:1. 税前财务净现值(基准收益率 12%) =7 277.03 万元。

2. 税前财务内部收益率 18.575%。

3. 静态投资回收期 12.5 年。

4. 税后内部收益中 9.36%。

5. 动态投资回收期 15.9 年。

在表 17-6 中,材料设备包括种苗、化肥、农药、设备、管护棚等;劳务费包括林地清理、整地挖穴、工程措施、栽植、抚育、施肥灌水、管护、采伐、林道等;间接费包括调查设计、科研推广、信息管理、培训考察、咨询、环境监测、管理、检查验收等。

3. 资金来源与运用表

用于计算期内资金运用与资金来源情况,其格式如表 17-7 所示。其中盈余资金包括建设期筹措而未使用的资金和未使用的折旧、扣除偿还借款余额后的未分配利润,以及计算期未回收的各项资金。

表 17-7　资金来源与运用表　(单位:万元)

序号及项目	生产期	间伐期	轮伐期
	1,2,3,…	…	…
1　资金来源			
1.1　利润			
1.2　折旧额			
1.3　摊销费			
1.4　长期借款			
1.5　短期借款			
1.6　自有资金			
1.7　其他			
2　资金运用			
2.1　建设期投资及利息			
2.2　流动资金			
2.3　所得税			
2.4　特种基金			
2.5　偿还借款			
3　盈余资金			

4. 资产负债表

资产负债表综合反映项目年末的资产、负债和所有者权益的增减变化及对应关系，以检查项目资产、负债和所有者权益的结构是否合理，反映项目的清偿能力、资产负债率、流动比率等。具体格式见表 17-8。

表 17-8　资产负债表　（单位：万元）

序号及项目	生产期	间伐期	轮伐期
	1,2,3,…	…	…
1　资产			
1.1　流动资产总额			
1.2　在建工程			
2　负债及所有者权益			
2.1　流动负债总额			
2.2　建设投资借款负债合计			
2.3　所有者权益			

5. 财务外汇平衡表

该表适用于有外汇收支的项目，用以反映计算期内各年外汇余缺程度，进行外汇平衡分析。具体格式见表 17-9。

表 17-9　财务外汇平衡表　（单位：万美元）

序号及项目	生产期	间伐期	轮伐期
	1,2,3,…	…	…
1　外汇来源			
1.1　产品销售外汇收入			
1.2　外汇借款			
1.3　其他外汇收入			
2　外汇运用			
2.1　固定资产投资中外汇支出			
2.2　进口原材料			
2.3　偿还外汇借款本息			
2.4　其他外汇支出			
2.5　外汇余缺			

（三）财务评价指标和效益分析

财务评价指标有财务净现值、财务内部收益率、财务净现值率、投资回收期、投资利润率、投资利税率等。

1. 财务净现值（*FNPV*）

财务净现值是指项目按林业行业基准收益率或设定的折现率，将各年的净现金流量折现到建设起点的现值之和。公式为：

$$FNPV = \sum_{t=0}^{n} (R_t - C_t)_t \cdot (1+i)^{-t}$$

式中　$FNPV$——净现值；

R_t——t 年的收入或正现金流量；

C_t——t 年的费用或负现金流量；

t——现金流量发生的年份；

i——利率，通常为林业行业的基准收益率或设定的折现率。

例如，某方案各年投资与收益如表 17-10 所示。

假定标准收益率为 10%，分别计算两方案的净现值如表 17-10 所示。方案 1 净现值合计为 137 万元，方案 2 为 181 万元，可见方案 2 优于方案 1。

净现值法对方案进行评价时有一些缺点，比如方案净现值较多，投资较大；方案净现值较小，投资较小，这种情况怎么判断方案优劣，需用净现值指数。

2. 财务净现值指数法（$FNPVR$）

财务净现值指数就是财务净现值与投资现值的比率，即

$$\text{财务净现值指数}(FNPVR) = \frac{\text{财务净现值}}{\text{投资现值}}$$

表 17-10　现金流量情况　（单位：万元）

项目		年限							
		1	2	3	4	5	6	7	合计
方案 1	现金流入			600	600	600	600	600	3 000
	现金流出	500	800	200	200	200	200	200	2 300
	净现金流量	-500	-800	400	400	400	400	400	700
	净现值	-455	-661	301	273	248	226	205	137
方案 2	现金流入			1 000	1 000	1 000	1 000	1 000	5 000
	现金流出	800	800	500	500	500	500	500	4 100
	净现金流量	-800	-800	500	500	500	500	500	900
	净现值	-727	-661	376	342	311	283	257	181

例如，有两个项目方案 A、B。A 方案投资现值 1 000 万元，财务净现值为 500 万元；B 方案投资现值为 2 000 万元，财务净现值为 700 万元。单从财务净现值看，B 方案优于 A 方案；但从财务净现值率看，A 方案财务净现值率为 50%，即 1 个单位投资带来 0.5 个单位净现值；B 方案的财务净现值率为 35%，即 1 个单位投资带来 0.35 个单位净现值，所以，A 方案优于 B 方案。这时用财务净现值得出的比较结果是错误的。

3. 财务内部收益率

财务内部收益率是指使项目财务净现值为零的折现率，公式如下：

$$\sum_{t=0}^{n} (R_t - C_t)_t \cdot (1+i)^{-t} = 0$$

式中　R_t——t 年的收入或正现金流量；

C_t——t 年的费用或负现金流量；

t——现金流量发生的年份；

i——上述方程式等于 0 的利率。

财务内部收益率是一个特殊折现率，表明项目本身具有的最高获利能力。评价项目的优劣参数是行业的基准收益率。当财务内部收益率大于行业基准收益率时，说明项目财务上可行，反之不可行；财务内部收益率等于行业基准收益率时，项目财务上可接受。

折现率 i 的计算一般借助计算机完成，如用手工计算，应用试算法和插入法，步骤如下：

(1) 如果原来求得的净现值为正数，就要选用比计算这个净现值更高的折现率测算，直到测算出一个接近于零的正数净现值为止。

(2) 继续在(1)的基础上提高折现率，直到测算出一个接近于零的负数净现值为止。

(3) 根据接近于零的正、负两个净现值的折现率运用试差法求出 i。

因为内部收益率和净现值之间不是线性关系，如果两个相邻的高低折现率之差太大，计算结果会有较大误差，所以，为保证计算的准确性，一般要求两个折现率之差最大不要超过 5%，最好在 1% ~2%。

$$i = i_{低} + (i_{高} - i_{低}) \cdot \frac{FNPV_{低}}{FNPV_{低} + |FNPV_{高}|}$$

式中　i——欲求的内部收益率；

$i_{低}$——偏低的折现率；

$i_{高}$——偏高的折现率；

$FNPV_{低}$——偏低折现率下的净现值；

$FNPV_{高}$——偏高折现率下的净现值。

计算出的财务内部收益率要与国家规定的基准收益率(或叫折现率，或投资者的目标收益率)进行比较，如果前者大于或等于后者，则说明项目的盈利能力超过或等于国家规定的标准或投资者的目标收益率，因而是可以接受的，否则是不可行的。

例如，某项目的各年净现金流量如表 17-11 所示。

表 17-11　净现金流量表　　(单位：万元)

年限	1	2	3	4	5	6	7
净现金流量	-800	-800	300	500	500	500	500

当折现率为 10% 时，财务净现值为 29 万元；当折现率为 12%，财务净现值为 -56 万元，则

$$i = 10\% + (12\% - 10\%) \times 29 \div (29 + 56) = 10.7\%$$

故此项目的内部收益率为 10.7%。

4. 投资回收期

投资回收期是指用回收投资的资金来源回收投资所需的时间，分为静态投资回收期和动态投资回收期。

若每年的回收投资资金来源数额基本相同，可用下式计算：

$$投资回收期 = 总投资 / 各项来源数之和$$

若各年的回收投资资金来源数额差别较大，累计来源数额等于投资总额的年份为投资回收年，当期为投资回收期。投资回收期的计算公式为：

（1）静态投资回收期，又称为投资返本年限，是以项目的净收益抵偿全部投资（包括固定资产投资和流动资金）所需要的时间。其表达式为：

$$\sum_{t=1}^{P_t}(R_t - C_t) = 0$$

式中　R_t——t 年现金流入量；

C_t——t 年现金流出量；

P_t——投资回收期。

投资回收期的计算公式为：

$$动态投资回收期(P_i) = \frac{累计净现金流量开始}{出现正值年份数} - 1 + \frac{上年累计净现金流量的绝对值}{当年净现金流量}$$

例如，某林业工程各年的净现金流量如表 17-12 所示。

表 17-12　工程项目现金流量和净现值（$i=5\%$ 时）　（单位：万元）

项目	年份						
	1	2	3	4	5	6	7
现金流量	-1 100	200	200	300	300	300	300
净现值	-1 047.62	181.41	172.77	246.81	235.06	233.86	213.20
累计净现值	-1 047.62	-866.81	-693.44	-446.63	-211.57	12.29	225.49

$$静态投资回收期 = 6 - 1 + \frac{100}{300} = 5.3(年)$$

（2）动态投资回收期，考虑了货币的时间价值，指项目现金流入量现值等于现金流出量现值，即项目累计净现值等于零时的期限。表达式如下：

$$\sum_{t=1}^{P'_t}(R_t - C_t)\cdot(1+i)^{-t} = 0$$

式中　R_t——t 年现金流入量；

C_t——t 年现金流出量；

i——基准收益率或规定折现率；

P_t'——投资回收期。

动态投资回收期的计算公式为：

$$动态投资回收期(P'_t) = \frac{累计财务净现值}{出现正值年份数} - 1 + \frac{上年累计财务净现值绝对值}{当年财务净现值}$$

上例中

$$动态投资回收期 = 6 - 1 + \frac{211.57}{233.86} = 5.9(年)$$

5. 投资利润率、利税率

（1）投资利润率：指项目在正常生产年份的年利润或生产期间内年平均利润额与项目

总投资之比。公式为：

$$投资利润率 = \frac{年利润额或年均利润额}{总投资} \times 100\%$$

式中的年利润额，可选择正常生产年份的年利润额，也可以计算出生产期平均年利润总额，即用生产期利润总额除以生产期。选择前者还是后者，根据项目的生产期长短和年利润总额波动的大小而定。若项目生产期较短，且年利润总额波动较大，原则上要选择生产期的平均年利润总额；若项目生产期较长，年利润总额在生产期又没有较大的波动，可选择正常生产年份的年利润总额。

式中，总投资 = 基本建设投资 + 建设期利息 + 流动资金。

(2)投资利税率：指项目在正常生产年份的年利税额或生产期间内年平均利税额与总投资之比。公式为：

$$投资利税率 = \frac{年利润额或年均利税额}{总投资} \times 100\%$$

式中的年利税额，可以选择正常生产年份的年利润总额与销售税金及附加之和，也可以选择生产期平均的年利润总额与销售税金及附加之和。选择前者还是后者，依据项目生产期长短和利税之和的波动大小而定，选择原则与计算投资利润率中的选择同理。

(3)资本金利润率：指项目的年利润总额与项目资本金之比。公式为：

$$资本金利润率 = \frac{年利税额或年均利润额}{资本金} \times 100\%$$

式中的年利润额，可选择正常生产年份的年利润额，也可以选择生产期平均年利润总额，原则同于投资利润率的计算。

式中的资本金是指项目的全部注册资本金。

(4)资本金净利润率：指项目的年税后利润与项目资本金之比。公式为：

$$资本金净利润率 = \frac{年税后利润或年均税后利润额}{资本金} \times 100\%$$

式中的年税后利润额，可选择正常生产年份的年税后利润额，也可以选择生产期平均年税后利润总额，原则同于投资利润率的计算。

式中的资本金是指项目的全部注册资本金。

资本金净利润率是投资者最关心的一个指标，它反映了投资者自己的出资所带来的净利润。

6. 贷款偿还期

贷款偿还期是指在国家财政规定及项目具体财务条件下，项目投产后可用做还款的利润、折旧费以及其他收益额偿还固定资产投资借款本金和利息所需要的时间。借款偿还期依据“借款还本付息计算表”计算，具体格式见表 17-13，计算公式为：

$$I_b = \sum_{t=1}^{P_d} (R_p + D' + R_0 - R_r)_t$$

式中 I_b——固定资产投资本金、利息之和；

P_d——贷款偿还期；

R_p——年可用做还款的利润；

D'——年可用做偿还贷款的折旧费；

R_0——年可用做偿还贷款的其他收益；

R_r——还款期间的年企业留利；

$(R_p + D' + R_0 - R_r)_t$——第 t 年可用做还款的收益额。

表 17-13　借款还本付息计算表　（单位：万元）

序号	年份	利率（%）	建设期		投产期		达到设计能力生产期			
			1	2	3	4	5	6	…	n

贷款偿还期以年表示，其计算公式为：

$$\text{贷款偿还期}(P_d) = \begin{matrix}\text{贷款偿还后开始}\\ \text{出现盈余的年份数}\end{matrix} - \begin{matrix}\text{开始借款}\\ \text{的年份}\end{matrix} + \frac{\text{当年贷款偿还额}}{\text{当年可用于还款的收益额}}$$

计算出借款期限后，要与贷款机构的要求期限进行对比，等于或小于贷款机构提出的要求期限，即认为项目是有清偿能力的。否则，认为项目没有清偿能力，从清偿能力角度考虑，认为项目不可行。

（四）项目外汇效益分析

涉及外汇收支的项目，一般要进行外汇效益分析。通过财务外汇流量表计算财务外汇净现值、财务换汇成本及节汇成本等指标，分析项目对国家外汇状况的影响，项目的创汇、用汇、外汇效果等情况。

1. 财务外汇净现值

财务外汇净现值是指在特定的折现率条件下，项目外汇净现金流量现值之和，亦即项目全部外汇收益现值减去全部外汇支出现值的差额。其表达式为：

$$\text{财务外汇净现值} = \sum_{t=1}^{n}(F_t - F_0)_t \cdot (1+i)^{-t}$$

式中　F_t——外汇流入量；

F_0——外汇流出量；

i——折现率，一般可取外汇贷款利率；

n——计算期。

当财务外汇净现值大于零时，说明项目为国家创汇，财务上可行；当财务外汇净现值小于零时，说明项目旧用汇项目，财务上可行。

2. 财务换汇（节汇）成本

财务换汇（节汇）成本指换取 1 美元所需要的人民币金额，或者说是出口产品收入 1 美元外汇需要多少人民币成本。它等于项目计算期内生产出口产品所投入的国内资源的现值与生产产品出口的外汇净现值之比。其表达式为：

$$\text{财务换汇成本} = \frac{\text{项目计算期内生产出口产品所投入的国内资源现值之和}}{\text{项目外汇净现值}}$$

有些项目的产品虽然内销，但经主管部门批准后可按替代进口考虑，这些项目应计算财务节汇成本。财务节汇成本是由于生产替代进口产品而节省的 1 美元外汇所需要的人民币金额。它等于生产替代进口产品所投入的国内资源现值与生产替代进口产品净外汇效果的现值之比。

当全部产品出口或替代进口时，财务换汇（节汇）成本计算为项目总投入中（固定资产投资、流动资金投资和经营成本）扣除外汇花费（进口原材料、零部件、技术转让费、偿还外汇本息和其他外汇支出），按计算外汇净现值时采用的折现率折现后累计相加。

当产品部分出口或部分替代进口，则需要分别产品计算节汇（换汇）成本。

二、国民经济评价

财务评价是从微观的角度分析项目的效益情况；在宏观的情况下，项目对国家、对社会贡献如何，要通过国民经济评价确定。

（一）国民经济评价的含义及特点

国民经济是指在一定时期内，国家为了实现其经济发展目标和资源的最优配置，从国民经济整体出发，考察项目的收益与费用，用影子价格等来度量项目的得失，进而分析项目的经济合理性。

从内容上看，国民经济评价包含了三个方面：第一，投资主体是国家，项目服务于政府目标；第二，费用与收益是就国民经济整体而言；第三，费用与收益的度量通过影子价格。实质上，国民经济评价的核心就是回答什么是费用，什么是收益，如何计算费用和收益等问题。

（二）国民经济评价中费用与效益的划分

1. 项目费用—效益划分的原则

国民经济评价中项目费用—效益划分的基本原则是，凡是项目为国民经济所作的贡献就成为项目的效益；凡是项目使国民经济付出的代价就是费用。这一原则与财务评价中费用、效益划分原则有根本区别。例如，在财务分析中，工人的工资收入是作为项目的费用处理；而在国民经济评价中，工资作为国民收入的一部分，它所体现的是对国民经济的贡献，而真正的工人费用是劳动力的机会成本，另外，在财务分析中的税收、国内贷款、利息、补贴等收入，在国民经济评价中作为转移支付，不予考虑。

2. 项目的投入产出关系与费用—效益的划分

项目费用—效益的划分及具体内容，与其投入要素的成本一致；费用与效益的数量、范围受其要素性质制约。根据项目的投入产出关系，给出各种投入与产出的要素的属性分类，以此来确定费用与效益。具体划分如图 17-4 所示。

（三）国民经济评价中费用一效益的度量

国民经济评价实质上是解决两个问题，即什么是费用—效益和如何度量费用—效益。而度量的关键在于如何确定费用—效益各要素的影子价格。因为只有影子价格的确定，才能使费用—效益在同一价值尺度下进行不同的比较。

1. 度量手段

在项目国民经济评价中，计量手段是影子价格。劳动力的影子价格即影子工资；土地的影子价格即土地费用或影子地租；普通商品的影子价格即货物的影子价格。

影子价格是指为实现一定的政策目标，运用科学的方法测算和确定的比交换价格更为合理的价格。它能够较为真实地反映商品的价值。从计价的条件看，应服从于一定的社会

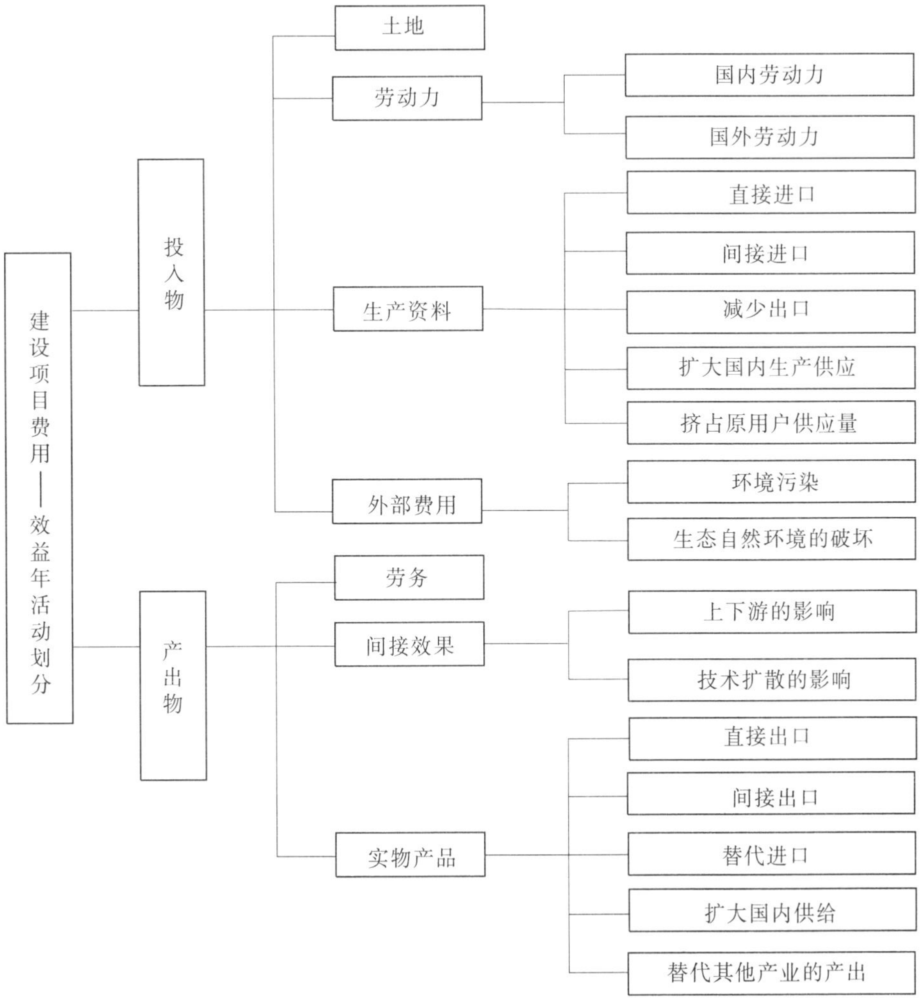

图 17-4　建设项目费用—效益划分图

经济目标,随目标责任制变化而变化;从原则看,应能更好地反映市场供求状况,反映资源供需程度;从价格产生的效果看,应能使资源配置向优化的方向发展。

影子价格的确定有两种方法。一种方法是一般的均衡分析,就是用线性规划把资源和价格联系起来,求出最优级解。这种方法理论上比较严密,但计算起来十分困难。另一种方法是局部均衡分析,即对各种生产要素的价格通过分别考察来确定,既简单易行同时也可达到相当的精确程度。一般影子价格的测定都采用这种方法。

(1)社会折现率,即资金影子价格,是项目国民经济评价中最基本的通用参数,反映社会对资金时间价值的估量,是社会资金边际产出率或收益率的数量表现。

社会折现率应由国家某些政策部门定期测算公布。1994 年国家计划委员会、建设部联合发布的《建设项目经济评价与参数》中公布的社会折现率为 12% 。

(2)影子汇率。影子汇率是外汇的影子价格,是反映外汇对国家的真实价值;即因项目的投入或产出使外汇收入的增减速给国家带来的损失或收益。在实际操作中,应以国家外汇管理局管理的有限外汇市场汇率(调剂汇率)作为影子汇率。

(3)影子工资。影子工资是劳动力的价格。包括两部分:第一,由于项目使用劳动力而被迫在其他地方放弃的劳动力的边际产出;第二,因劳动力的转移或就业而增加的社会资源消耗,如劳动力的培训费、交通运输费等。一般情况,熟练劳动力比非熟练劳动力、城市劳动力比乡村劳动力、国外劳动力比国内劳动力的影子价格高,通常以财务工资乘以工资转换系数(影子工资与财务工资相比较求出的一个相对值)示出影子工资。工资转换系数一般为1,中外合资企业一般为1.5。影子工资是非通用参数,具有一定的机动性,对于一定项目应根据具体情况来确定。

(4)贸易费用的影子价格。贸易费用是指生产资料在流通过程中使国家付出的代价。它包括物资的储存、再包装、短距离倒运、装卸、保险等环节上的花费,也包括流通中的损耗以及按社会折现率计算的资金回收费用,但不包括长途运费。在《国民经济评价方法与参数》中,贸易费用是以系数的形式给出的,即贸易费用率,是指货物厂价或口岸价与贸易费用的比率。实际操作中,贸易费用率可根据自己的具体情况而定,但要有依据。

(5)土地的影子价格。土地的影子价格又叫土地费用,是指拟建项目所占土地的机会成本或影子地租。包括该地原有用途的净效益和其他资源的消耗,如居民拆迁费等。土地成本的大小,取决于土地的质量、经济用途及其地理位置等因素。若土地质量高,土地的经济用途大,土地离城市近,相应的机会成本就高,占用土地给国民经济带来的损失就小;若项目占用的土地是没有什么用途的荒山野岭,其机会成本视为0;若土地占用的是农田,其机会成本为原来的农业净效益加上土地在整个占用期间的净效益。

例如,某项目建设期3年,生产期17年,占用水稻田133.3 hm^2,占用前平均产量为7.5 t/hm^2,收购价为400元/t,出口口岸价预计为180美元/t。该地区的水稻产量以4%的速度递增,社会折现率为10%。水稻成本(调价后)按收购价的40%计算,影子汇率为4元/美元,贸易费用按6%计算。

(1)单位稻谷按口岸价计算后,影子价格折合成人民币为$180\times4=720$(元/t),贸易费用为$400\times0.06=24$(元/t),产地至口岸地的运输费用为$0.035\times500=17.5$(元/t)(运距500 km,铁路和内河平均的运输影子价格为0.035元/(t·km)),则产地影子价格为$720-24-17.5=678.5$(元/t)。

(2)单位稻谷的生产成本按收购价40%计算,即$400\times40\%=160$(元/t)。

(3)该土地每生产1 t稻谷的净效益为$678.5-160=518.5$(元/t)。

(4)20年内1 hm^2土地的净效益现值(P):

$$P=\sum_{t=1}^{20}518.5\times0.5\times[(1+4\%)/(1+10\%)]^t=3\,017.48(\text{元}/\text{t})$$

(5)该项目占用133.3 hm^2土地20年内的净收益现值(P):

$$P=3\,017.48\times133.3=402\,230.08(\text{元}/\text{t})$$

2. 国民经济评价的基本程序

国民经济评价与财务评价在理论上没有必然的逻辑顺序。但在具体运用中,国民经济评价是用影子价格对财务评价进行调整的结果,调整时要明确两个条件:第一,求出主要新产品和投入品的影子价格,确定一个正确的调整参照系数,确定价格调整的标准;第二,要求掌握产出物和投入物的数量、价格、构成等基础数据。

根据财务评价的现金流量表,向国民经济评价逐步转换,具体步骤如下:

第一步，销售收入的调整。由产出物根据相应的定价原则和方法，该用影子价格取代的即取代，然后与销售量相乘，即为调整后的销售收入。

第二步，固定资产调整。固定资产投资主要由建筑费、设备费、安装费、其他费用等构成。调整时与相应的影子价格、影子汇率、换算系数相乘得出相应的调整额，与原财务投资相加，则为调整后的国民经济固定资产投资。

第三步，经营成本的调整。经营成本的调整对象主要是生产中投入的原材料、燃料、劳务等，应根据各自的影子价格与相应的财务价格相比较求出调整额。

第四步，流动资金的调整。由于流动资金的计算方法不一致，国民经济评价中的流动资金计算按财务评价中同样的计算方法进行。

第五步，调整固定资产残值。按财务评价中使用的同样方法，求得国民经济评价中的残值。残值在国民经济评价中亦可忽略不计。

第六步，确定外部效益和外部费用。国民经济评价中一般只作定性分析。

由财务评价向国民经济评价的转换经上述六个步骤调整后基本可以完成，国民经济评价的表格也就出来了。

3. 国民经济评价表格的编制

国民经济评价所需编制的基本报表有两类，第一是经济现金流量表，第二是经济外汇流量表。

(1)经济现金流量表，计算国民经济每年所付费用及所获利益。财务现金流量表经上述六个步骤调整后，即成为国民经济现金流量表。

(2)经济外汇流量表，是反映项目对国民经济外汇收入贡献大小的主要报表。财务外汇平衡表中的外汇注入与流出和经济外汇流量表中的外汇注入与流出基本相同。其中，替代进口产品收入按影子价格乘以数量来计算，这是与财务评价的不同之处。

4. 国民经济评价的指标体系与效益分析

国民经济评价的指标体系一般有五个主要指标，这些指标为经济内部收益率、经济净现值、投资净效益率、经济外汇净现值、经济换汇成本。

(1)经济内部收益率。经济内部收益率是使项目在计算期内的经济净现值等于零时的折现率。计算公式为：

$$\text{经济内部收益率} = \sum_{t=1}^{n}(C_t - C_0)_t(1+i)^{-t} = 0$$

式中　$(C_t - C_0)_t$——第 t 年的净现金流量；

n——计算期。

经济内部收益率大于社会折现率时，说明经济效益高；与社会折现率相等时，可以接受；如果低于社会折现率，则说明经济效益比较低。

(2)经济净现值。经济净现值是用社会折现率将项目计算期内各年的净效益折算到基准期的现值之和。公式为：

$$\text{经济净现值} = \sum_{t=1}^{n}(C_i - C_0)_t(1+i)^{-t}$$

式中　i——社会折现率。

经济净现值是反映项目对国民经济所作贡献大小的一项绝对指标。若经济净现值大于零,说明经济效益好;其值等于零,经济效益一般;其值小于零,说明经济效益比较差。

(3)投资净效益率。投资净效益率是项目达到生产能力后的一个正常年份内,年净效益与项目全部投资的比率。它是一个静态指标。

$$投资净效益率 = \frac{年净效益或平均效益}{全部投资}$$

式中,年净效益 = 年产品销售收入 + 年外部效益 - 年经营成本 - 年折旧费 - 年技术转让费 - 年外部费用。

全部投资 = 固定资产投资 + 流动资金。

年净效益的处理有两种情况:当项目能够在较短时期内达产,并且收益基本稳定,那么可以正常的净收益作分子;当项目达产期较长,且收益变化幅度较大时,应以生产期年平均净效益作分子。

当投资净效益大于折现率时,说明项目对国民经济的贡献大于社会资金的收益率,经济效益好;当其等于社会折现率时,则表明经济效益一般;当其小于社会折现率时,则说明项目的经济效益较差。

(4)经济外汇净现值。经济外汇净现值是指项目经济外汇净现金流量用社会折现率折现后的现值之和。其表达式如下:

$$经济外汇净现值 = \sum_{t=1}^{n}(F_i - F_0)_t(1 + i)^{-t}$$

式中 $(F_i - F_0)_t$——第 t 年的净外汇流量;

n——计算期。

经济外汇净现值的判据依然是以大于零还是小于零为标志。

(5)经济换汇(节汇)成本。经济换汇(节汇)成本是以各种投入要素的影子价格来计算的,为生产出口产品投入的国内资源净现值(人民币)与生产产品出口经济外汇净现值(美元)之比,亦称换取单位美元所需的人民币的金额,其值等于计算国内生产替代进口产品所投入的国内资源现值与生产替代进口产品净外汇效果现值之比。其判据是影子汇率。

三、建设项目的不确定性分析

不确定性分析是研究一些不确定因素对建设项目的经济效益影响程度的经济分析。林业上常用的为敏感性分析。

敏感性分析就是通过测试,计算主要不确定性因素的变化对项目经济评价指标的影响程度。找出对项目评价指标影响最大、最敏感的因素及其变化幅度,估计项目可能承受的风险程度和前景,为投资决策提供科学依据。

敏感性分析的步骤如下。

(一)确定经济指标作为敏感性分析对象

进行敏感性分析应找那些最能反映经济效益的主要经济效益指标,一般有内部收益率、净现值、贷款偿还期、投资回收期等。实际工作中选择一种或两种评价指标进行分析即可。

(二)选取不确定性因素为敏感性变量

不确定性因素通常有销售价格、销售量、经营成本、折现率等。实际工作中只对那些在项目成本效益构成中比重较大或者发生较多的一些确定因素进行分析,通常选取销售价格、产量、生产成本。

(三)确定不确定性因素的变化范围

不确定因素的变化,并非无边无际的变化,一般是有一定范围的。这个范围通过市场调查或资料分析便可获得。敏感性分析时不确定性因素的变化范围一般比收集到的情况稍高一点就可以。如某产品的价格几年来变化幅度在社会平均水平的15%。

(四)通过计算、比较、分析,找出敏感性因素

根据因素变化编制财务评价表或国民经济评价表。编表时,可以单因素变化,也可以几个因素同时变化。林业上现多用单因素变化,然后通过分析、比较,找出敏感性因素。

(五)绘制敏感性分析图

将以上计算结果在图中表现出来,见图17-5。通过敏感性分析,可以大致找出项目的风险程度。一个项目的敏感性因素越多,极限变化范围越小,对项目经济效益的影响程度就越大,项目的风险就越大,反之则风险小。

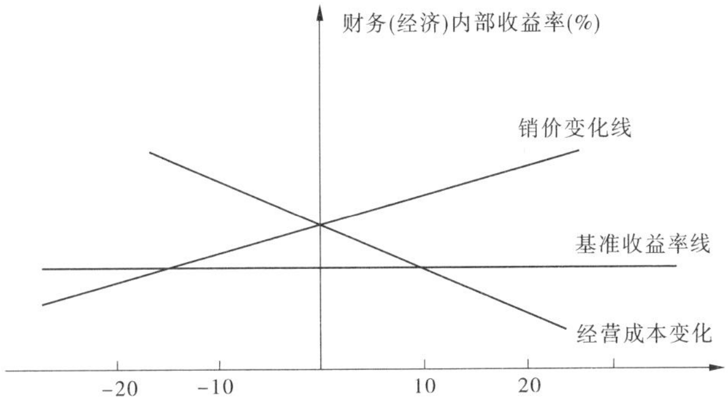

图17-5　敏感性分析图

敏感性分析有其局限性,分析时往往是对单一因素分别进行分析,且每个不确定因素变动的概率相同。实际上各个不确定因素的变化对项目经济效益的影响是相互交叉、综合发生的,且每个因素变化幅度的大小及发生变化的概率是随机的。敏感性分析可能出现指向错误,这是敏感性分析本身所无法解决的。因此,对一些重大项目应借助于概率分析等方法。

第四节　营林生产技术经济分析

营林生产不仅要技术上先进,生产上可行,而且还必须对各种可行的技术措施和方案进行经济分析和评价,进而选择优化方案,以使营林生产取得最好的经济效果,达到扩大森林资源的目的。

一、营林生产技术经济效果的主要评价指标

前文介绍的技术经济效果的评价指标,对评价营林生产技术经济效果也是可用的。除此之外,由于营林生产的自身特点,还要采用一些相应的评价指标。

(一)林地利用指标

(1)林地盈利率:指单位有林地面积上产出的纯收入。计算公式为:

$$林地盈利率 = \frac{林产品总收入 - 作业总成本}{有林地面积}$$

(2)单位面积林木平均生产量指年林木生长总量与有林地面积的比值。公式为:

$$单位面积林木年平均生长量 = \frac{年林木生长总量}{有林地面积}$$

(二)森林资源增长与利用指标

(1)森林覆盖率。森林覆盖率指森林总面积占国土总面积的百分比。森林包括有林地、灌木林、林网树及“四旁”树。其计算公式为

$$森林覆盖率 = \frac{有林地总面积}{土地总面积} \times 100\% + \frac{灌木林总面积}{土地总面积} \times 100\% + \frac{林网树占地面积}{土地总面积} \times 100\% + \frac{“四旁”树占地面积}{土地总面积} \times 100\%$$

(2)造林成活率和保存率。造林成活率指造林成活株数与造林总株数的百分比,计算公式为

$$造林成活率 = \frac{成活株数}{造林总株数} \times 100\%$$

造林保存率是指造林郁闭成林的面积与造林面积的百分比。公式为:

$$造林保存率 = \frac{郁闭成林的面积}{造林面积} \times 100\%$$

(3)森林资源更新率。森林资源更新率指已更新成林的面积与需更新面积的百分比。需更新面积包括采伐迹地、火烧迹地和林中空地的面积。公式为:

$$森林资源更新率 = \frac{已更新成林面积}{需更新的采伐迹地、火烧迹地、林中空地面积} \times 100\%$$

(三)营林生产劳动生产率指标

营林生产劳动生产率指标主要有营林生产劳动生产率、造林劳动生产率、育苗劳动生产率,有关计算公式为

$$营林生产劳动生产率 = \frac{营林生产作业量}{营林生产平均人数}$$

$$造林劳动生产率 = \frac{年造林面积}{造林工人年平均人数}$$

$$育苗劳动生产率 = \frac{年成苗产量(育苗面积)}{育苗工人年平均人数}$$

(四)营林成本

营林成本是反映营林生产活劳动和物化劳动消耗的综合性指标。营林成本计算多采取分生产阶段、分作业项目的计算方法。营林成本的计算指标也有多种,主要有林产品成本、人工林成本、人工林立木成本。公式为:

$$林产品成本 = \frac{林产品总成本}{林产品数量}$$

$$人工林成本 = \frac{人工总成本 + 保管成本}{人工林面积}$$

$$人工林立木成本 = \frac{人工林每公顷成本}{人工林每公顷立木蓄积量}$$

二、营林生产基本技术措施的经济效果

营林生产由于周期长且具有明显的阶段性,同时各阶段的技术措施不同,生产成果也不同,因此评价产生的经济成果时,就要采用不同的方法。

(一)苗木培养的技术经济效果分析

苗木培育首先要满足技术要求,在满足技术要求的前提下,才能评价其经济效果。其评价的指标一般有苗圃土地利用率、圃地单位面积纯收入、苗木成本等。苗木成本计算公式为:

$$苗木成本 = \frac{\sum_{i=1}^{n}(C_j + E \cdot K_j)\cdot(1+i)^{n-j}}{Q} \times 100\%(元/千株) \quad (j = 1,2,\cdots,n)$$

式中　C_j——第 j 年生产费用;

K_j——第 j 年资金占用额;

E——平均资金利润率;

i——银行贷款年利率;

n——苗木培育周期,年;

Q——苗木总量。

育苗生产周期长短不一,有一年生、二年生或三年生苗木,故应考虑时间因素,采用动态分析。

例如,某林业局营养砖育苗与裸根大苗分床育苗相比,各项技术经济指标如表 17-14 所示。

表 17-14　营养砖育苗与裸根大苗分床育苗技术经济指标对照

育苗方法	生长周期(天)	千株苗用工(工日)	千株苗成本(元)	成苗量(千苗/hm^2)	造林成活率(%)	当年苗高(m)
裸根大苗分床育苗	180~360	6.5	9	184.5~225	80	1.5
营养砖育苗	60~80	2	4	1 500~6 000	96~98	2.0

由表 17-14 可知,营养砖育苗优于裸根大苗分床育苗,其育苗时间缩短了 50%,苗木产量提高了 8~18 倍,成本降低了 40%~50%。

(二)造林密度及树种组成的技术经济分析

1. 造林密度的技术经济分析

所谓造林密度,即单位面积上种植点的数目。其评价指标有单位面积立木蓄积、单位立木材面积成本和单位面积纯收入。某林场刺槐密度经济效果调查结果如表 17-15 所示。

表 17-15　某林场刺槐密度经济效果调查

林龄(年)	密度(株/hm^2)	材积		单位立木材积成本	
		m^3/hm^2	%	元/hm^2	%
6.5	1 425	31.095	100	144.75	100
6.5	2 580	58.935	185.52	103.05	71.19
6.5	3 330	51.045	164.16	141	97.40

由表 17-15 可知，造林密度过大或过小，都不能取得良好的经济效果。只有造林密度为 2 580 株/ hm^2 时，单位面积产量才最高，且单位立木材积成本低，经济效果最佳。有关计算公式为：

$$单位立木材积成本 = \frac{\sum_{i=1}^{n}(C_j - r_j)\cdot(1+i)^{n-j}}{Q} \quad (j = 1,2,\cdots,n)$$

式中 C_j——第 j 年营林生产费用；

r_j——抚育间伐收入；

i——利率；

n——营林生产周期；

Q——立木总材积。

$$单位面积纯收入 = \sum_{j=1}^{n}(F_j - C_j)\cdot(1+i)^{j}$$

式中 F_j——第 j 年收入；

C_j——第 j 年成本；

i——利率；

n——轮伐期。

2. 树种组成的技术经济分析

树种组成是指各树种在林分内所占的比例。由一种树组成的林分叫纯林；由两种以上树种组成的林分称为混交林。混交林和纯林相比其防病虫害、防火灾、改良土壤和防风固沙的作用较强，经济效益较显著。如表 17-16 所示，混交林单位面积蓄积为纯林的 2 倍。营造混交林虽然成本高，但收益成倍增长。

表 17-16　松楠混交林与楠木纯林对比

造林树种	混交林			楠木纯林
	合计	松木	楠木	
株数（株/hm^2）	555	180	375	570
蓄积（m^3/hm^2）	303.45	180.15	123.3	137.25

（三）造林工程技术方案经济效果分析

造林工程是从整地开始到幼林郁闭为止，包括整地、植苗、幼林抚育三项作业。评价造林工程技术经济效果，主要是按单项作业和综合三项作业技术措施进行劳动消耗和劳动成果的比较，或进行费用消耗比较。

1. 整地

整地是造林的基础措施之一，整地的目的是改造林地不利条件，为种苗成活和生长创造良好环境。整地的方式因造林地种类、经济条件和技术条件不同而异。一般说来，细致整地造林，不仅有利于幼林近期生长，而且对以后林木生长也有明显的增产效果。

2. 植苗

植苗采用何种方法有效，应把造林材料、立地条件、技术经济条件综合起来加以分析，具体对待。

3. 幼林抚育

人工林的幼林抚育，是在苗木栽植到郁闭成林前的这段时间进行的。在幼林抚育期间，可以因地制宜地实行林农间作，既抚育幼林，促进林木生长，又可得到收益，补偿育林费的开支，取得较好的经济效果。

评价造林工程技术方案经济效果时，应把造林阶段的生产费用综合加以考核，把各年、各项投资费用、收益换算成现值，并利用造林保存率进行换算，使方案具有可比的基础。具体公式为：

$$\text{生产费用} = \frac{1}{f}\sum_{j=1}^{n}\left(\frac{C_j + E \cdot k_j + W_j}{1 + i}\right) \quad (j = 1, 2, \cdots, n)$$

式中　C_j——第 j 年生产费用；

K_j——第 j 年的投资平均占用额；

E——部门平均资金利润率；

W_j——技术方案本身在第 j 年带来的损失（ - ）或收益（ + ）；

i——银行贷款年利率；

n——造林工程生产周期；

f——质量修正系数（如保存率）。

例如，某地营造速生丰产林 66.7 hm^2，制订 A、B 两种造林技术方案，各方案的年度生产费用和占用资金情况如表 17-17 所示。银行贷款年利率 $i = 0.03$，部门平均资金利润率 $E = 0.05$。计算结果如下：

方案 A 的生产费用 = 3.56（万元）

方案 B 的生产费用 = 4.12（万元）

表 17-17　造林工程技术方案参数　（单位：万元）

项目	方案 A				方案 B			
年份	1980	1981	1982	1983	1980	1981	1982	1983
造林费用	2.0	0	0.8	0.6	2.5	1.2	1.0	0.8
年平均占用资金	2.0	1.2	0.8	0.6	1.2	0.6	0.5	0.4
林粮间作收入	0.8	0.4	0.3	0.1	1.0	0.5	0.3	0.1
造林保存率				80%				85%

由此可知，A 方案比 B 方案的费用支出少，但 B 方案比 A 方案的造林保存率高。若初植密度大时应用 A 方案，若初植密度小且补植又困难时宜采用 B 方案。

（四）抚育间伐技术经济效果分析

抚育间伐效果的显著程度，随立地条件、初植密度、间伐起始林龄、间伐强度与方法以及其他抚育措施不同而异，因此抚育间伐要因时、因林、因地制宜。抚育间伐的目的主要是促进林木生长，因此评价抚育间伐方案的经济效果时，可采用增长单位立木材积的费用消耗指标。公式为：

$$S = \sum_{j=1}^{n} (\frac{C_i + E \cdot K_i + W_i}{\Delta Q}) \quad (j = 1,2,\cdots,n)$$

式中 S——增长单位立木材积费用；

ΔQ——立木蓄积增长量；

其他字母含义同前。

三、不同林种生产技术经济效果分析

根据森林的不同效益，我国将森林划分为用材林、经济林、防护林、薪炭林和特种用途林五种类型。用材林和经济林的评价方法基本相同。在此仅就用材林、防护林加以论述。

（一）用材林经济效果评价

1.用材林营造方案技术经济评价

评价用材林营造的经济效果，可采用单位立木材积生产费用、投资内部收益率和净现值等指标。

单位立木材积生产费用公式：

$$S = \frac{1}{Q} \sum_{j=1}^{n} [(C_j + E \cdot K_j - R_j) \cdot (1 + i)^{n-j}] \quad (j = 1,2,\cdots,n)$$

式中 S——每立方米木材积生产费用；

Q——立木蓄积量；

C_j——第 j 年生产费用；

E——平均资金利润率；

K_j——第 j 年资金占用额；

R_j——第 j 年林产品收入；

n——生产周期；

i——银行贷款年利率。

投资内部收益率和净现值公式见财务评价指标。

2.用材林合理轮伐期的确定

合理的轮伐期，应在满足社会对木材规格、质量等的要求下，能获得最大的经济效益。一般的分析指标有平均年生长量、森林纯利、净现值、内部收益率等。净现值、内部收益率参看前面有关部分。下面就平均年生长量、森林纯利加以论述。

（1）平均年生长量（MAI）。即单位面积的总材积除以当时的林龄所得。表达式为

$$MAI = \frac{Y_A}{A}$$

式中 MAI——平均年生长量；

Y_A——林龄为 A 时，林木的收获量或材积；

A——林龄。

林分不是在林龄最大时采伐，而应该在 MAI 达到最大的林龄采伐，则轮伐的木材收获量永远最大。

例如，最大的 MAI 是一年 100 m^3/hm^2，在林龄为 30 年时。最大总生长量是每年 99 m^3/hm^2，发生在林龄 31 年。那么，推算林龄在 3 000 万年的总林木收获量的步骤如下：

①计算在 30 年和 31 年轮伐期的总收获量分别是

$$Y_{30} = 100 \times 30 = 3\ 000(m^3/hm^2)$$

$$Y_{31} = 99 \times 31 = 3\ 069(m^3/hm^2)$$

②计算在 3 000 万年的轮伐期总数，即

$$R_{30} = 3 \times 10^7/30 = 1\ 000\ 000$$

$$R_{30} = 3 \times 10^7/31 = 967\ 742$$

③计算整个 3 000 万年期间的收获量为

$$TY_{30} = 1\ 000\ 000 \times 3\ 000 = 3 \times 10^9(m^3/hm^2)$$

$$TY_{31} = 967\ 742 \times 3\ 069 = 2.97 \times 10^9(m^3/hm^2)$$

由此可知，$TY_{30} > TY_{31}$。可见，轮伐期以 *MAI* 达最大时的林龄计，木材收获量最大。

(2)森林纯利。森林纯利是每年平均净收入。计算公式为

$$F_A = \frac{R_A - C_A}{A}$$

式中　A——林龄；

F_A——第 A 年的森林纯利；

R_A——林龄为 A 时主伐林分总收入；

C_A——培育林分到林龄 A 时总费用。

例如，造林费用为 100 元/hm^2，每年税金和经营管理费为 10 元/hm^2，经营期 10 年，货币收获量为 87 元/hm^2，则

$$C_{10} = 100 + 100 = 200(元/hm^2)$$

$$F_{10} = \frac{87 - 200}{10} = -11.3(元/hm^2)$$

从表 17-18 可知，在第 50 年森林纯利最大，则 50 年就是合理的轮伐期。

表 17-18　轮伐期计算范例

林龄(a)	10	15	20	25	30	35	40	45	50	55	60
MAI(m^3/a)	5.8	19.2	32.1	41.6	47.7	51.5	53.4	54.3	54.4	54	5.32
森林纯利(元/a)	-11.3	12.1	33.2	48.3	58.3	64.3	67.7	69.2	69.6	69.1	68.1
货币收获量(元/a)	87	432	96.3	1 558.5	2148	2 701.5	3 207	3 666	4 078.5	4 452	4 788

(二)农田防护林的技术经济评价

评价农田防护林的经济效益比较复杂，定量计算比较困难。但评价农田防护林的经济效益，可从林带占用土地和营造林带费用以及林带有效防护面积上增产增收的经济效益和林带本身的利益方面进行评价，评价指标一般有防护农田效益货币量、减少沙压农田效益货币量、防护区产量增长率、投资内部收益率、投资年均防护系数、立木总收入。

1. 防护农田效益货币量

防护农田效益货币量 = 农作物增产量 × 收购价 -(增产部分收获量 + 运输费) × (1 + 农业成本利润率)

作物品种较多时，按加权平均法计算。

2. 防护区产量增长率

$$防护区产量增长率 = \frac{防护区单产 - 对照区单产}{对照区单科} \times 100\%$$

计算结果见表 17-19。

表 17-19 作物年增产率范例 (单位:kg/hm²)

作物种类	防护区			对照区			增产率(%)		
	1987	1988	1989	1987	1988	1989	1987	1988	1989
大豆	2 580	1 561	1 726	2 439	1 471	1 576	6.15	6.12	9.52

3. 减少沙压农田效益货币量

计算公式如下:

$$w = \sum_{i=n_i}^{n} (p_i - z_i) k_i$$

式中 w——单位面积固沙林整个生产周期减少沙压农田效益的货币量;

k_i——单位面积固沙林第 i 年减少沙压农田的效益;

p_i——第 i 年农产品收购价;

z_i——第 i 年农作物生产成本;

n_i——固沙林开始发挥防护效益的林龄;

n——计量调查时当年的林龄。

4. 投资年均防护效益系数

计算公式如下:

$$k_i = \frac{\sum_{i=0}^{n} A[1 + P]^{n-j}}{\sum_{i=0}^{n} z[1 + P]^{n-j}} \quad (i = 0,1,2,\cdots,n)$$

式中 k_i——防护林体系投资年平均防护效益系数;

A——防护效益的经济价值;

z——年投资;

P——银行贷款利率;

n——计算年份。

5. 立木总收入

立木总收入 = 立木收入 + 林副产品收入

四、森林资源综合开发利用的技术经济分析

森林资源具有多种功能,它不仅可以提供木材、林副产品,保护环境和促进生态平衡,而且可以饲养野生动物、放牧和发展旅游事业等。随着国民经济的发展和人民文化生活水平的提高,森林资源的环境保护和游憩效益愈来愈受到人们的重视。现就森林资源游憩效益的经济评价进行分析。

森林游憩经济效益的评估非常困难,这主要是有关森林游憩的需求信息很难获得,因为

有组织的游憩市场并不存在;其次,森林游憩这样的"商品"给人们提供的是一种心理满足或精神享受,它的评价标准不客观。目前国外关于森林游憩效益的评价方法一般以消费者剩余即以消费者自愿支付的价格与消费者实际支付价格的差作为森林游憩的效益。

以消费者剩余来评价森林游憩效益的方法一般是旅行费用法。旅行费用法的评价程序可分为4个步骤。

1. 选择有代表性的样地

先调查被评价地区总的森林游憩状况,再选择几个有代表性的样地。

2. 收集各样地的森林游憩资料

选好样地后,详细收集各样地的游憩资料,特别是游憩面积、游憩人数和各种游憩收费、门票等。

3. 求出各样地的人均年消费者剩余

计算公式为:

$$V_p = \int_0^{p_m} Y(X)\,\mathrm{d}x$$

式中　V_p——消费者剩余;

p_m——追加费用最大值;

$Y(X)$——费用与游林人次函数关系式。

4. 计算森林游憩总利用价值

一旦算出了各样地的人均年消费者剩余,则计算森林游憩总利用价值有两种计算方法。第一种是,把各样地的人均年消费者剩余加权平均后求出该地区的人均年消费者剩余,再乘以该地区的游憩总人数,可得出被评价地区的年总消费者剩余;第二种是,当被评价地区森林游憩总人数无法统计时,可先求出各样地的每公顷年消费者剩余,再加权平均后求出该地区的每公顷消费者剩余,最后乘以被评价地区的游憩森林总面积,即可求出该地区的年总消费者剩余。

有关调查数据见表17-20。

根据调查的基本数据,建立一个游林率与人口、月收入、时间、旅行费用的回归模型,即

$$Y = -0.09787569 - 0.0003459459X_1 + 0.200705348X_2 + 0.2334188X_3 - 0.3612271X_4$$

$$R = 0.92881489$$

$$TF = 7.58264756$$

式中　Y——出发区的游林率;

X_1——出发区人口,万人;

X_2——出发区游客月均收入,元/月;

X_3——出发区游客旅行时间,h;

X_4——出发区游客旅行成本,元;

R——复相关系数;

TF——总的F检验值。

表 17-20　有关调查统计分析结果

分区	人口（万人）	月均收入（元）	旅行时间（h）	旅行成本（元）	游憩时间（h）	抽查总数（人）	游林人次（万人次）	游林率（%）
北京	1 017	210	4	4	4	276	64.213 4	63.14
天津	855.2	195	14	32	4	62	14.427 4	16.87
河北	6 008	158	18	68	3	104	24.212 2	4.03
山西	2 777	165	29	82	5	30	6.970 3	2.51
内蒙古	2 052	146	24	71	3	26	6.053 4	2.95
辽宁	3 835.7	171	25	80	3	45	10.471 5	2.73
吉林	2 388	152	26	83	4	28	6.519 2	2.73
黑龙江	3 337	153	40	121	4	27	6.607 2	1.98
上海	1 267	246	38	145	4	34	7.906 1	6.24
江苏	6 507	171	32	120	6	63	13.628 2	2.25
浙江	4 040	175	58	123	3	31	9.316 0	1.89
福建	5 510	167	86	141	3	45	9.019 5	1.65
江西	2 866	146	73	138	4	21	4.872 2	1.70
山东	8 286	166	30	86	4	88	20.466 4	2.47
河南	8 397	142	32	91	5	81	19.061 2	2.27
湖北	5 283	149	45	119	3	41	9.562 2	1.81
广东	5 901	258	80	170	2	39	9.087 5	1.54
陕西	3 216	161	38	133	3	25	5.821 0	1.81

为求得消费者剩余，假定各出发区人口、月收入、时间都保持相对稳定，只考虑追加费用对游林人次的影响。这样，便可根据前面的回归方程求出一定的追加费用所对应的游林人次，求得一系列的追加费用、游林人次数据组。当追加费用达到某一值时，游林人次便为零。经计算，追加费用的最大值为 $p_m = 114.02$ 元。通过这些数据关系组，就可以模拟建立游林人次与追加费用之间的函数式，如下

$$Y = 241 - 5.816\,175\,85X + 0.022\,721\,3X^2$$

$$F = 27.913\,4$$

$$R = 0.943\,375\,3$$

式中　Y——游林人次，万人次/a；

X——追加费用，元。

这样，便可求得全体消费者剩余，即

$$V_P = \int_0^{114.02} (241 - 5.816\,175\,85X + 0.022\,721\,3X^2)\,\mathrm{d}X = 898.82(\text{万元})$$

这一数值是该公园 1990 年收入 560 万元的 1.5 倍。如果按照森林景观占总体景观的 70% 比重计算，1990 年森林游憩效益为 629 万元，公园的年度实际收入小于其为社会带来的公共效益。因此，森林经营者的业绩应受到社会的重视。

第五节　建设项目经济评价案例

以下为某三倍体毛白杨造纸林基地建设工程可行性研究报告例文。

一、概述

(一)项目概况

某市现有林业用地10.2万hm^2,其中有林地3.53万hm^2,全市活立木蓄积245.52万m^3,“四旁”树株数1 700万株,90%以上为杨树,蓄积193.8万m^3。森林覆盖率16.7%,现有资源主要分布在北部太行山区,而在广阔的平原农区和黄河滩区,森林资源贫乏,每年可采伐的蓄积很少,且十分零星,既形不成规模,又形不成效益,为促进经济发展,拟建年产20万t杨木浆工程,建立速丰林解决企业正常持续的原料供应,建立自有林基地,实现林纸结合。

(二)产品方向及生产规模

选择三毛杨、中林46杨、Ⅰ-69杨、Ⅰ-72杨、107杨、108杨及以后选育的经引种试验适生的优良速生杨树品种,造林3万hm^2,年产杨木64万m^3。

(三)主要建设内容

营造片林1.20万hm^2,营造林网折合1.33万hm^2,营造农林间作折合0.47万hm^2,使造林总规模达到3.00万hm^2;建成66.7 hm^2中心苗圃。

(四)建设期限及进度

建设期为5年,第1年(含以前年度)造林1.24万hm^2,第2年造林0.44万hm^2,第3年造林0.44万hm^2,第4年造林0.44万hm^2,第5年造林0.44万hm^2。

二、投资估算与资金筹措

(一)投资估算依据

(1)《建设项目经济评价方法与参数》(第三版)。
(2)国家林业局颁发的《营造林工程建设项目文件组成及深度要求》。
(3)世界银行贷款项目管理中心和国家林业局规划院编制的有关技术经济指标。
(4)《农业贷款项目技术参数》。
(5)农业投资标准化。
(6)河南省有关定额标准。
(7)苗木、肥料等物质材料设备价格及劳务费按目前市场现行价格估算。
(8)土地租用费参考国家“退耕还林工程”给农民兑现标准。
(9)焦作市林业局及各项目县(市)提供的相关技术经济指标。
各类技术经济指标见表17-21。

(二)投资概算

1. 单位面积造林投资概算

本项目各树种单位造林投资是经广泛的调查研究,本着选择最合理的栽培技术和减少用工量的原则,综合分析后而形成的,仅包括当年造林投资。各树种造林模型单位面积造林投资(见表17-22)。

表 17-21　各类技术经济指标

1. 各树种苗木规格及价格

树种	苗木种类	苗龄	地径(cm)	苗高(cm)	单价(元/株)	备注
三毛杨	嫁接苗	1 年	3.0	350	1.00	
其他杨	扦插苗	1 年	3.0	350	0.80	

2. 各类肥料价格

肥料种类	土杂肥	过磷酸钙	复合肥	备注
价格(元/t)	60	280	1 300	

3. 其他原材料价格

灌溉水费	四轮拖拉机	水泵	机井	灌溉软管	井房	动力高压 喷雾器
0.04 元/m^3	5 000 元/台	1 000 元/台	3 000 元/眼	50m/80 元	200 元/m^2	2 400 元/台

4. 产品及用工价格

产品	杨树纤维材	薪材	采伐费	用工价
价格	310 元/m^3	50 元/t	25 元/m^3	15 元/工日

5. 基础设施及设备配置标准

(1)机井(含水泵)配在没有灌溉条件的造林地,计 0.2 万 hm^2,每 10 hm^2 打 1 眼机井,配水泵 1 台、井房 1 座、软管 250 m,每座井房 9 m^2

(2)植保设备:林网和间作每 1 000 hm^2 配一套,杨树片林每 1 000 hm^2 配一套,每套包括四轮拖拉机和动力高压喷雾器各一台,动力高压喷雾器选用 WL－160F 汽油机型

(3)灌溉第 1 年 3 次、以后每年 2 次计,每公顷次片林用水 600 m^3,共计用油费 105 元

6. 固定资产折旧率

新置设备按 10 年折旧,土建工程按 20 年折旧,残值 10%

7. 税费标准

(1)农业特产税:按产品销售收入的 8%;(2)教育费附加:农业特产税的 3%;

(3)城市建设维护税:农业特产税的 5%;(4)育林基金:按木材销售收入的 15%

8. 贷款条件

每年从银行提取的贷款期限均按 5 年,其中,宽限期 4 年,还款期 1 年。当年借、还发生额按半年计息,当年产生利息年末偿还,满 5 年末还清本息,年利率按目前 5 年期贷款 5.58% 计,暂未计算政府财政贴息部分,财政贴息后用款单位实际支付的利息将会很少

9. 国民经济分析转换系数

(1)劳务费 0.75	(2)间接费用 1.20	(3)材料及产品价格 1.00

10. 土地租用费

公司租用 0.4 万 hm^2 土地营造自有林,每年每公顷租用费 2 250 元

11. 蓄积生长量指标及采伐后的造林安排

三毛杨片林年蓄积生长量按 30 m^3/hm^2 计,其他杨片林年蓄积生长量按 27 m^3/hm^2 计。片林各造林模式均采用轮伐作业,第一轮中每年采伐后当年冬或翌年春及时更新造林,更新造林面积以第 3 年至第 6 年安排的造林为准,保持永续利用。为分析本计算期内的效益,更新造林年数以能到第 12 年(本计算期末)主伐为止。林网和间作林待第一个采伐年度时根据公司发展需要决定是否再合作造林,本方案不安排该类型第二轮造林

表 17-22　各造林模型单位面积成本表

（单位：元/hm^2）

培育目标	树种	造林形式	造林模型号	合计	物质材料费									劳务费					间接费用			不可预见费
					小计	苗木	肥料	农药	灌溉设施	植保设备	其他设备	水费	燃料	小计	整地	栽植	抚育	管护	小计	调查设计	管理	
纤维材	三毛杨	林网	A	4 470.27	2 483.40	1 650.00	250.00	312.50		7.40	34.00	72.00	157.50	1 579.00	875.00	500.00	150.00	54.00	195.00	45.00	150.00	212.87
	中林46、I-72、I-69、107杨		B	4 058.15	2 090.90	1 320.00	250.00	250.00		7.40	34.00	72.00	157.50	1 579.00	875.00	500.00	150.00	54.00	195.00	45.00	150.00	193.25
	三毛杨	间作	C	4 963.77	2 663.40	1 650.00	330.00	412.50		7.40	34.00	72.00	157.50	1 869.00	1 155.00	660.00		54.00	195.00	45.00	150.00	236.37
	三毛杨（自有林）	片林、林带	D	5 681.97	3 143.40	1 650.00	330.00	412.50	480.00	7.40	34.00	72.00	157.50	2 073.00	1 155.00	660.00	150.00	108.00	195.00	45.00	150.00	270.57
	三毛杨（自有林无灌溉条件）			5 177.97	2 663.40	1 650.00	330.00	412.50		7.40	34.00	72.00	157.50	2 073.00	1 155.00	660.00	150.00	108.00	195.00	45.00	150.00	246.57
	林中46、I-72、I-69、107杨		E	4 744.85	2 250.90	1 320.00	330.00	330.00		7.40	34.00	72.00	157.50	2 073.00	1 155.00	660.00	150.00	108.00	195.00	45.00	150.00	225.95

2. 总投资概算及构成

根据基地建设投资性质分营林费用(包括苗木费、栽植费、幼林抚育费、农药、肥料费、森林管护费等),固定资产投资(主要为工程保障体系建设费)和其他费用(调查设计费、前期管理费、不可预见费、土地租金等)三大项构成。基地建设总投资为 22 789.88 万元,其中,营林费 12 778.63 万元,固定资产投资 220.2 万元(见表 17-23),其他费用投资 9 791.05 万元。

表 17-23　固定资产表

序号	项目	单位	数量	单价	金额(万元)
	总计				220.2
1	土建				102
1.1	机井	眼	200	3 000	60
1.2	井房	座	200	1 800	36
1.3	其他				6
2	设备工具				118.2
2.1	拖拉机	台	30	5 000	15
2.2	动力高压喷雾器	台	30	2 400	7.2
2.3	软管	套	200	400	8.00
2.4	护林防火车	台	3	160 000	48.00
2.5	轻型卡车	台	3	100 000	30.00
2.6	办公设备				8.00
2.7	其他设备				2.00

根据基地建设内容及建设规模分物质材料费、劳务费、间接费用、不可预见费、土地租用费、建设期利息、流动资金。基地建设总投资为 22 789.88 万元,其中,物质材料费 7 532.73 万元,劳务费 5 466.10 万元,间接费用 585.00 万元,不可预见费 679.19 万元,土地租用费 2 700.00 万元,建设期利息 2 326.86 万元,流动资金 3 500.00 万元,详见表 17-24、表 17-25。

3. 分年度投资概算

根据基地建设进度和造林工序的需要,分年度投资安排为:第 1 年 7 041.57 万元,第 2 年3 358.30 万元,第 3 年 3 727.80 万元,第 4 年 4 106.83 万元,第 5 年 4 555.39 万元(各项目投资年度安排见表 17-26)。

4. 资金筹措

基地总投资 22 789.88 万元,其中,申请银行贷款 16 000 万元,占 70%;林纸公司自筹 6 789.88 万元,占 30%(见表 17-27、表 17-28)。

表 17-24　项目投资估算表

（单位:万元）

造林树种	造林模式		总投资额	物质材料费								
				小计	苗木	肥料	农药	灌溉设施	植保设备	其他设备	水费	燃料
合计	合计		22 789.88	7 532.73	4 689.30	883.60	1 051.13	96.00	22.20	102.00	216.00	472.50
	林网		5 702.31	3 071.35	1 999.80	332.50	378.75		9.84	45.22	95.76	209.48
	间作		2 332.97	1 251.80	775.50	155.10	193.88		3.48	15.98	33.84	74.03
	林带、片林	小计	8 927.74	3 209.58	1 914.00	396.00	478.50	96.00	8.88	40.80	86.40	189.00
		其中:自有林	7 978.77	2 759.40	1 650.00	330.00	412.50	96.00	7.40	34.00	72.00	157.50
	建设期利息		2 326.86									
	流动资金(造林后期管理费)		3 500.00									
三毛杨	小计		3 761.77	1 837.72	1 221.00	185.00	231.25		5.48	25.16	53.28	116.55
	林网	A	3 308.00	1 837.72	1 221.00	185.00	231.25		5.48	25.16	53.28	116.55
	建设期利息		453.77									
中林 46、Ⅰ-72、Ⅰ-69、107 杨	小计		2 722.74	1 233.63	778.80	147.50	147.50		4.37	20.06	42.48	92.93
	林网	B	2 394.31	1 233.63	778.80	147.50	147.50		4.37	20.06	42.48	92.93
	建设期利息		328.43									
三毛杨	小计		2 652.99	1 251.80	775.50	155.10	193.88		3.48	15.98	33.84	74.03
	间作	C	2 332.97	1 251.80	775.50	155.10	193.88		3.48	15.98	33.84	74.03
	建设期利息		320.02									
三毛杨(自有林)	小计		9 073.24	2 759.40	1 650.00	330.00	412.50	96.00	7.40	34.00	72.00	157.50
	片林、林带	C	7 978.77	2 759.40	1 650.00	330.00	412.50	96.00	7.40	34.00	72.00	157.50
	建设期利息		1 094.47									
中林 46、Ⅰ-72、Ⅰ-69、107 杨	小计		1 079.14	450.18	264.00	66.00	66.00		1.48	6.80	14.40	31.50
	片林、林带	D	948.97	450.18	264.00	66.00	66.00		1.48	6.80	14.40	31.50
	建设期利息		130.17									
流动资金(造林后期管理费)			3 500.00									

续表 17-24

造林树种	造林模式		劳务费					间接费用			不可预见费	土地租用费	建设期利息	流动资金
			小计	整地	栽植	抚育	管护	小计	调查设计	管理				
合计	合计		5 466.10	3 092.60	1 767.20	379.50	226.80	585.00	135.00	450.00	679.19	2 700.00	2 326.86	3 500.00
	林网		2 100.07	1 163.75	665.00	199.50	71.82	259.35	59.85	199.50	217.54			
	间作		878.43	542.85	310.20		25.38	91.65	21.15	70.50	111.09			
	林带、片林	小计	2 487.60	1 386.00	792.00	180.00	129.60	234.00	54.00	180.00	296.56	2 700.00		
		其中：自有林	2 073.00	1 155.00	660.00	150.00	108.00	195.00	45.00	150.00	251.37	2 700.00		
	建设期利息												2 326.86	
	流动资金（造林后期管理费）													3 500.00
三毛杨	小计		1 168.46	647.50	370.00	111.00	39.96	144.30	33.30	111.00	157.52		453.77	
	林网	A	1 168.46	647.50	370.00	111.00	39.96	144.30	33.30	111.00	157.52			
	建设期利息												453.77	
中林46、I-72、I-69、107杨	小计		931.61	516.25	295.00	88.50	31.86	115.05	26.55	88.50	114.01		328.43	
	林网	B	931.61	516.25	295.00	88.50	31.86	115.05	26.55	88.50	114.01			
	建设期利息												328.43	
三毛杨	小计		878.43	542.85	310.20		25.38	91.65	21.15	70.50	111.09		320.02	
	间作	C	878.43	542.85	310.20		25.38	91.65	21.15	70.50	111.09			
	建设期利息												320.02	
三毛杨（自有林）	小计		2 073.00	1 155.00	660.00	150.00	108.00	195.00	45.00	150.00	251.37	2 700.00	1 094.47	
	片林、林带	C	2 073.00	1 155.00	660.00	150.00	108.00	195.00	45.00	150.00	251.37	2 700.00		
	建设期利息												1 094.47	
中林46、I-72、I-69、107杨	小计		414.60	231.00	132.00	30.00	21.60	39.00	9.00	30.00	45.19		130.17	
	片林、林带	D	414.60	231.00	132.00	30.00	21.60	39.00	9.00	30.00	45.19			
	建设期利息												130.17	
流动资金（造林后期管理费）														3 500.00

表 17-25　流动资金估算表

（单位：天、次、万元）

序号	项目	周转天数	周转次数	建设期					经营期						
				1	2	3	4	5	6	7	8	9	10	11	12
1	流动资产			900.00	570.00	620.00	660.00	750.00	3 523.90	3 329.57	3 170.67	2 955.24	2 738.18	2 528.10	2 325.92
1.1	应收账款	60	6						342.52	342.52	349.03	349.03	349.03	349.03	349.03
1.2	存货								1 827.30	1 632.97	1 441.52	1 226.09	1 009.03	798.95	596.77
1.2.1	储备资金								1 081.19	937.10	793.01	634.41	475.81	317.20	158.60
1.2.1.1	外购材料	90	4						1 081.19	937.10	793.01	634.41	475.81	317.20	158.60
1.2.1.2															
1.2.2	产成品	72	5						726.11	675.87	628.51	571.68	513.23	461.74	418.17
1.3	其他	60	6	900.00	570.00	620.00	660.00	750.00	20	20	20	20	20	20	20
1.4	现金	30	12						1 354.08	1 354.08	1 380.12	1 380.12	1 380.12	1 380.12	1 380.12
2	流动资金来源			900.00	570.00	620.00	660.00	750.00	3 523.90	3 329.57	3 170.67	2 955.24	2 738.18	2528.10	2 325.92
2.1	流动负债			0.00	0.00	0.00	0.00	0.00	50.68	43.93	37.17	29.74	22.30	14.87	7.43
2.1.1	应付账款	45	8						50.68	43.93	37.17	29.74	22.30	14.87	7.43
2.2	自有流动资金			900.00	570.00	620.00	660.00	750.00	3 473.22	3 285.65	3 133.50	2 925.50	2 715.88	2 513.23	2 318.48

表 17-26　分年度、分模型投资安排表　（单位：万元）

<table>
<tr><th>建设内容</th><th>树种</th><th>造林形式</th><th>合计</th><th>第 1 年</th><th>第 2 年</th><th>第 3 年</th><th>第 4 年</th><th>第 5 年</th></tr>
<tr><td colspan="3">合计</td><td>22 789.88</td><td>7 041.57</td><td>3 358.30</td><td>3 727.80</td><td>4 106.83</td><td>4 555.39</td></tr>
<tr><td rowspan="7">纤维原料林</td><td colspan="2">合计</td><td>14 263.02</td><td>5 833.23</td><td>2 107.45</td><td>2 107.45</td><td>2 107.45</td><td>2 107.45</td></tr>
<tr><td>三毛杨</td><td rowspan="2">林网</td><td>3 308.00</td><td>1 519.89</td><td>447.03</td><td>447.03</td><td>447.03</td><td>447.03</td></tr>
<tr><td>中林 46、Ⅰ-72、Ⅰ-69、107 杨</td><td>2 394.31</td><td>933.37</td><td>365.23</td><td>365.23</td><td>365.23</td><td>365.23</td></tr>
<tr><td>三毛杨</td><td>间作</td><td>2 332.97</td><td>2 134.42</td><td>49.64</td><td>49.64</td><td>49.64</td><td>49.64</td></tr>
<tr><td>三毛杨（自有林）</td><td rowspan="2">片林、林带</td><td>5 278.77</td><td>1 055.75</td><td>1 055.75</td><td>1 055.75</td><td>1 055.75</td><td>1 055.75</td></tr>
<tr><td>中林 46、Ⅰ-72、Ⅰ-69、107 杨</td><td>948.97</td><td>189.79</td><td>189.79</td><td>189.79</td><td>189.79</td><td>189.79</td></tr>
<tr><td colspan="3">土地租用费</td><td>2 700.00</td><td>180</td><td>360</td><td>540</td><td>720</td><td>900</td></tr>
<tr><td colspan="3">建设期利息</td><td>2 326.86</td><td>128.34</td><td>320.85</td><td>460.35</td><td>619.38</td><td>797.94</td></tr>
<tr><td colspan="3">流动资金（造林后期管理费）</td><td>3 500.00</td><td>900</td><td>570.00</td><td>620.00</td><td>660.00</td><td>750.00</td></tr>
</table>

表 17-27　资金使用计划与资金筹措表　（单位：万元）

<table>
<tr><th>项目</th><th>树种</th><th>合计</th><th>第 1 年</th><th>第 2 年</th><th>第 3 年</th><th>第 4 年</th><th>第 5 年</th></tr>
<tr><td rowspan="5">资金使用计划</td><td>合计</td><td>22 789.88</td><td>7 041.57</td><td>3 358.30</td><td>3 727.80</td><td>4 106.83</td><td>4 555.39</td></tr>
<tr><td>三毛杨、中林 46、Ⅰ-72、Ⅰ-69、107 杨</td><td>14 263.02</td><td>5 833.23</td><td>2 107.45</td><td>2 107.45</td><td>2 107.45</td><td>2 107.45</td></tr>
<tr><td>土地租用费</td><td>2 700.00</td><td>180</td><td>360</td><td>540</td><td>720</td><td>900</td></tr>
<tr><td>建设期利息</td><td>2 326.86</td><td>128.34</td><td>320.85</td><td>460.35</td><td>619.38</td><td>797.94</td></tr>
<tr><td>流动资金（造林后期管理费）</td><td>3 500.00</td><td>900</td><td>570.00</td><td>620.00</td><td>660.00</td><td>750.00</td></tr>
<tr><td rowspan="3">资金筹措</td><td>合计</td><td>22 789.88</td><td>7 041.57</td><td>3 358.30</td><td>3 727.80</td><td>4 106.83</td><td>4 555.39</td></tr>
<tr><td>银行贷款</td><td>16 000.00</td><td>4 600.00</td><td>2 300.00</td><td>2 700.00</td><td>3 000.00</td><td>3 400.00</td></tr>
<tr><td>自筹与劳务折抵</td><td>6 789.88</td><td>2 441.57</td><td>1 058.30</td><td>1 027.80</td><td>1 106.83</td><td>1 155.39</td></tr>
</table>

表 17-28　资金来源与运用表

（单位:万元）

序号	项目	建设期					经营期						
		1	2	3	4	5	6	7	8	9	10	11	12
1	资金来源	7 041.57	3 358.30	3 727.80	4 106.83	4 555.39	6 636.808 129	7 040.707 579	7 621.320 976	8 078.230 826	8 548.225 776	8 962.141 726	12 812.501 48
1.1	利润总额						4 714.34	5 118.24	5 698.86	6 155.77	6 625.76	7 039.68	7 390.04
1.2	折旧费及摊销费						1 922.5	1 922.5	1 922.5	1 922.5	1 922.5	1 922.5	1 922.5
1.3	银行贷款	4 600.00	2 300.00	2 700.00	3 000.00	3 400.00							
1.4	自筹及劳务折抵	1 541.57	488.30	407.80	446.83	405.39							
1.5	流动资金	900	570	620	660	750							
1.6	其他												
1.7	回收固定资产余值												
1.8	回收流动资金												3 500
2	资金运用	7 041.57	3 358.30	3 727.80	4 106.83	4 555.39	5 364.46	2 871.95	3 132.45	3 273.42	3 494.86	0	
2.1	三毛杨、中林46、Ⅰ-72、Ⅰ-69、107杨	5 833.23	2 107.45	2 107.45	2 107.45	2 107.45							
2.2	土地租用费	180.00	360.00	540.00	720.00	900.00							
2.3	建设期利息	128.34	320.85	460.35	619.38	797.94							
2.4	流动资金	900.00	570.00	620.00	660.00	750.00							
2.5	长期借款本息偿还						5 364.46	2 871.95	3 132.45	3 273.42	3 494.86		
2.6	其他												
3	盈余资金						1 272.348 129	4 168.757 579	4 488.870 976	4 804.810 826	5 053.365 776	8 962.141 726	12 812.501 48
4	累计盈余资金						1 272.348 129	5 441.105 707	9 929.976 683	14 734.787 51	19 788.153 28	28 750.295 01	41 562.796 49

三、效益分析

(一) 经济效益

1. 效益计算期

计算期12年,即2000~2011年。以建设期内最后1年(第5年)的造林主伐(主伐年龄7年)完毕为止。

2. 产量测算

根据当地立地条件,造林树种的生物学特性和采取的速生丰产措施,按各造林模型木材产量表,在上述效益计算期内,累计可生产木材464.94万 m^3,薪材33.60万t(各年度产量详见表17-29)。

表17-29 项目总产量估算表 (单位:万 m^3、万t)

树种	材种	合计	第6年	第7年	第8年	第9年	第10年	第11年	第12年
合计	木材	464.94	65.52	65.52	66.78	66.78	66.78	66.78	66.78
	薪材	33.60	4.80	4.80	4.80	4.80	4.80	4.80	4.80
三毛杨	木材	339.95	54.05	54.05	46.37	46.37	46.37	46.37	46.37
	薪材	24.52	3.96	3.96	3.32	3.32	3.32	3.32	3.32
中林46 Ⅰ-72杨 Ⅰ-69杨 107杨等	木材	124.99	11.47	11.47	20.41	20.41	20.41	20.41	20.41
	薪材	9.08	0.84	0.84	1.48	1.48	1.48	1.48	1.48

注:片林、林带、农田林网和农林间作只计算一个经营周期。

3. 产值测算

根据预测的各种产品产量,杨树造纸材按310元/m^3、薪材按50元/t的价格计算,计算期内基地总产值为145 811.4万元,其中:木材产值144 131.4万元,薪材产值1 680.0万元(各年度产值见表17-30)。

表17-30 销售收入表 (单位:万元)

树种	材种	合 计	第6年	第7年	第8年	第9年	第10年	第11年	第12年
合计	小计	145 811.4	20 551.2	20 551.2	20 941.8	20 941.8	20 941.8	20 941.8	20 941.8
	木材	144 131.4	20 311.2	20 311.2	20 701.8	20 701.8	20 701.8	20 701.8	20 701.8
	薪材	1 680	240	240	240	240	240	240	240
三毛杨	小计	106 609.88	16 954.74	16 954.74	14 540.08	14 540.08	14 540.08	14 540.08	14 540.08
	木材	105 383.88	16 756.74	16 756.74	14 374.08	14 374.08	14 374.08	14 374.08	14 374.08
	薪材	1 226	198	198	166	166	166	166	166
中林46 Ⅰ-72杨 Ⅰ-69杨 107杨等	小计	39 201.52	3 596.46	3 596.46	6 401.72	6 401.72	6 401.72	6 401.72	6 401.72
	木材	38 747.52	3 554.46	3 554.46	6 327.72	6 327.72	6 327.72	6 327.72	6 327.72
	薪材	454	42	42	74	74	74	74	74

注:片林、林带、农田林网和农林间作只计算一个经营周期。

4. 税费

农业特产税:按木材收入的8%计算。

城市建设维护税:按农业特产税的5%计算。

教育附加费:按农业特产税的3%计算。

育林基金:按木材收入的15%计算。

所得税:按应纳税所得额33%计算。

测算期内累计税费55 125.03万元,其中:农业特产税11 530.51万元,教育附加费345.92万元,城市建设维护税576.53万元,育林基金21 619.71万元,所得税21 052.36万元(见表17-31、表17-32)。

5. 成本分析

项目成本包括原材料、燃料动力费、工资及福利费、修理费、折旧费、摊销费、财务费用、其他费用。在测算期内,项目总成本47 943.70万元,其中,固定成本22 016.10万元,可变成本25 927.60万元。经营成本34 464.74万元(见表17-33、表17-34)。

6. 利润

测算期内累计税后利润总额42 742.68万元,年均投资利润率为15.63%;测算期内累计利税总额97 867.71万元,年均投资利税率为35.79%(见表17-32、表17-35)。

7. 贷款偿还分析

1)贷款偿还期限

本次贷款期限均为5年,即从贷款第1年开始算起,到第6年同期(满5年)全部还清第1年贷款本息,根据投资安排,基地建设投资为5年进行,各年的贷款偿还期限以此类推,至第10年全部还清贷款的本息。

2)贷款偿还本息计算

贷款年利率按国家规定的3~5期贷款基准利率5.58%计算,当年贷、还款额按半年计息,当年发生利息当年偿还,满5年时一次性还清贷款本金。

基地建设拟申请银行贷款总额为16 000.00万元,按上述计算方法,在10年内共产生利息4 464万元(具体各年度的还款付息情况见表17-36)。

3)贷款偿还能力分析

根据国家计委等三部委"计办[2001]141号"文件和国家计委"计产业[2002]92号"文件规定,"造纸林基地建设贷款纳入国家政策性银行贷款范围,根据林业特点确定信贷政策,可适当延长贷款期限和宽限期,并允许以林地、林木资源作抵押。国家财政按现行规定继续给予林业项目中速生丰产林贷款的贴息,并适当增加贴息比重"。实施贴息贷款后,按目前贴息率5.28%计算,企业实际支付的利息只是很少一部分。

本方案所选树种为速生高产的优良品种,产品市场缺口很大,前景广阔,在短期内这种状况不会改变。造林后采取的集约经营,保证了林木生长的快速和高产。短轮伐期的作业方式又赢得了大量时间。只有前5年的利息需从其他经营收入中支付,项目第6年已开始主伐有了收益,大部分贷款都可由基地的经营收入、摊销、折旧偿还。造纸原料林基地的还贷资金是有保证的。

表 17-31 销售收入、税金及费用表

（单位：万元）

序号	项目	年份							合计
		6	7	8	9	10	11	12	
1	经营收入合计	20 551.20	20 551.20	20 941.80	20 941.80	20 941.80	20 941.80	20 941.80	145 811.40
1.1	木材收入	20 311.20	20 311.20	20 701.80	20 701.80	20 701.80	20 701.80	20 701.80	144 131.40
1.1.1	三毛杨	16 756.74	16 756.74	14 374.08	14 374.08	14 374.08	14 374.08	14 374.08	105 383.88
1.1.2	其他杨	3 554.46	3 554.46	6 327.72	6 327.72	6 327.72	6 327.72	6 327.72	38 747.52
1.3	其他收入（薪材）	240.00	240.00	240.00	240.00	240.00	240.00	240.00	1 680.00
2	销售税金及附加	4 801.57	4 801.57	4 893.91	4 893.91	4 893.91	4 893.91	4 893.91	34 072.69
2.1	农业特产税（8%）	1 624.90	1 624.90	1 656.14	1 656.14	1 656.14	1 656.14	1 656.14	11 530.50
2.2	教育附加费（农特税的 3%）	48.75	48.75	49.68	49.68	49.68	49.68	49.68	345.90
2.3	城市建设维护税（农特税的 5%）	81.24	81.24	82.81	82.81	82.81	82.81	82.81	576.53
2.4	育林基金（15%）	3 046.68	3 046.68	3 105.27	3 105.27	3 105.27	3 105.27	3 105.27	21 619.71

表 17-32　损益表

（单位:万元）

序号	项目	经营期							合计
		6	7	8	9	10	11	12	
1	收入	20 551.20	20 551.20	20 941.80	20 941.80	20 941.80	20 941.80	20 941.80	145 811.40
2	销售税金及附加	4 801.57	4 801.57	4 893.91	4 893.91	4 893.91	4 893.91	4 893.91	34 072.66
3	总成本费用	8 713.30	8 110.47	7 542.14	6 860.19	6 158.70	5 540.92	5 017.99	47 943.70
4	利润总额	7 036.33	7 639.17	8 505.75	9 187.71	9 889.19	10 506.98	11 029.90	63 795.04
5	所得税	2 321.99	2 520.93	2 806.90	3 031.94	3 263.43	3 467.30	3 639.87	21 052.36
6	税后利润	4 714.34	5 118.24	5 698.86	6 155.77	6 625.76	7 039.68	7 390.04	42 742.68
7	盈余公积金	707.15	767.74	854.83	923.36	993.86	1 055.95	1 108.51	6 411.40
8	未分配利润	4 007.19	4 350.51	4 844.03	5 232.40	5 631.90	5 983.72	6 281.53	36 331.28
9	累计未分配利润	4 007.19	8 357.70	13 201.72	18 434.12	24 066.02	30 049.75	36 331.28	

表 17-33　固定资产折旧费及摊销费表

（单位：万元）

项目	原值	年限	建设期					经营期						
			1	2	3	4	5	6	7	8	9	10	11	12
固定资产合计	220.20													
折旧值								15.50	15.50	15.50	15.50	15.50	15.50	15.50
净值								204.70	189.20	173.71	158.21	142.71	127.21	111.71
土建工程	96.00	20												
折旧值								4.32	4.32	4.32	4.32	4.32	4.32	4.32
净值								91.68	87.36	83.04	78.72	74.40	70.08	65.76
设备	124.20	10												
折旧值								11.18	11.18	11.18	11.18	11.18	11.18	11.18
净值								113.02	101.84	90.67	79.49	68.31	57.13	45.95
无形及递延资产合计	19 069.68	10.00												
摊销值								1 906.97	1 906.97	1 906.97	1 906.97	1 906.97	1 906.97	1 906.97
净值								17 162.71	15 255.74	13 348.77	11 441.81	9 534.84	7 627.87	5 720.90

注：土建工程包括机井和井房，设备包括水泵、浇水用软管、四轮拖拉机和动力高压喷雾器等。

表 17-34　总成本费用表

（单位：万元）

序号	项目	经营期							合计
		6	7	8	9	10	11	12	
1	原材料	2 702.98	2 342.75	1 982.53	1 586.02	1 189.52	793.01	396.51	10 993.30
2	外购燃料动力	126.00	126.00	126.00	100.80	75.60	50.40	25.20	630.00
3	工资及福利费	2 244.3	2 194.2	2 175.6	2 074.38	1 973.16	1 871.94	1 770.72	14 304.30
4	修理费	3.10	3.10	3.10	3.10	3.10	3.10	3.10	21.70
5	折旧费	15.50	15.50	15.50	15.50	15.50	15.50	15.50	108.49
6	摊销费	1 906.97	1 906.97	1 906.97	1 906.97	1 906.97	1 906.97	1 906.97	13 348.77
7	财务费	764.46	571.95	432.45	273.42	94.86			2 137.14
7.1	中长期借款利息	764.46	571.95	432.45	273.42	94.86			2 137.14
7.2	短期借款利息								
8	土地租用费	900.00	900.00	900.00	900.00	900.00	900.00	900.00	6 300.00
9	其他费用	50.00	50.00	50.00	50.00	50.00	50.00	50.00	350.00
10	总成本及费用	8 713.30	8 110.47	7 542.14	6 860.19	6 158.70	5 540.92	5 017.99	47 943.70
	其中：固定成本	3 640.03	3 447.52	3 258.02	3 098.99	2 920.43	2 825.57	2 825.57	22 016.10
	可变成本	5 073.28	4 662.95	4 284.13	3 761.20	3 238.28	2 715.35	2 192.43	25 927.60
11	经营成本	6 787.74	6 184.90	5 616.58	4 934.62	4 233.14	3 615.35	3 092.43	34 464.74

表 17-35 资产负债表

（单位：万元）

序号	项目	建设期					经营期						
		1	2	3	4	5	6	7	8	9	10	11	12
1	资产	7 041.57	10 399.87	14 127.67	18 234.49	22 789.88	20 891.31	18 976.51	21 261.46	23 642.06	26 005.55	32 114.43	38 503.17
1.1	流动资产	360.00	588.00	836.00	1 100.00	1 400.00	3 523.90	3 329.57	3 170.67	2 955.24	2 738.18	2 528.10	2 325.92
1.1.1	应收账款						342.52	342.52	349.03	349.03	349.03	349.03	349.03
1.1.2	存货						1 827.30	1 632.97	1 441.52	1 226.09	1 009.03	798.95	596.77
1.1.3	货币资金	360.00	588.00	836.00	1 100.00	1 400.00	1 354.08	1 354.08	1 380.12	1 380.12	1 380.12	1 380.12	1 380.12
1.2	在建工程	6 141.57	8 929.87	12 037.67	15 484.49	19 289.88							
1.3	固定资产净值						204.70	189.20	173.71	158.21	142.71	127.21	111.71
1.4	无形及递延资产净值						17 162.71	15 255.74	13 348.77	11 441.81	9 534.84	7 627.87	5 720.90
1.5	其他投资	540.00	882.00	1 254.00	1 650.00	2 100.00		201.99	4 568.31	9 086.80	13 589.82	21 831.25	30 344.63
2	负债及所有者权益	7 041.57	10 399.87	14 127.67	18 234.49	22 789.88	20 891.31	18 976.51	21 261.46	23 642.06	26 005.55	32 114.43	38 503.17
2.1	负债	4 600.00	6 900.00	9 600.00	12 600.00	16 000.00	11 450.68	9 143.93	6 437.17	3 429.74	22.30	14.87	7.43
2.1.1	应付账款						50.68	43.93	37.17	29.74	22.30	14.87	7.43
2.1.2	长期借款	4 600.00	6 900.00	9 600.00	12 600.00	16 000.00	11 400.00	9 100.00	6 400.00	3 400.00			0.00
2.2	所有者权益	2 441.57	3 499.87	4 527.67	5 634.49	6 789.88	9 440.63	9 832.58	14 824.29	2 0212.32	25 983.25	32 099.56	38 495.73
2.2.1	自有资金	2 441.57	3 499.87	4 527.67	5 634.49	6 789.88	4 726.29						
2.2.2	累计盈余公积金						707.15	1 474.89	1 622.56	1 778.19	1 917.23	2 049.82	2 164.46
2.2.3	累计未分配利润						4 007.19	8 357.70	13 201.72	18 434.12	24 066.02	30 049.75	36 331.28

表 17-36　贷款偿还能力分析计算表

（单位：万元）

序号	项目	建设期					经营期					合计
		1	2	3	4	5	6	7	8	9	10	
1	贷款支用及还本付息											
1.1	年初贷款累计		4 600.00	6 900.00	9 600.00	12 600.00	16 000.00	11 400.00	9 100.00	6 400.00	3 400.00	
1.1.1	建设期利息		320.85	460.35	619.38	797.94						2 198.52
1.2	本年贷款支用	4 600.00	2 300.00	2 700.00	3 000.00	3 400.00						16 000.00
1.3	本年应计利息	128.34	320.85	460.35	619.38	797.94	764.46	571.95	432.45	273.42	94.86	4 464.00
1.4	本年还本付息	128.34	320.85	460.35	619.38	797.94	5 364.46	2 871.95	3 132.45	3 273.42	3 494.86	20 464.00
1.4.1	本年还本						4 600.00	2 300.00	2 700.00	3 000.00	3 400.00	16 000.00
1.4.2	本年付息	128.34	320.85	460.35	619.38	797.94	764.46	571.95	432.45	273.42	94.86	4 464.00
1.5	年末贷款累计	4 600	6 900.00	9 600.00	12 600.00	16 000.00	11 400.00	9 100.00	6 400.00	3 400.00	0.00	80 000.00
2	还款资金来源											0.00
2.1	可用于还款的利润						3 441.99	949.48	1 209.98	1 350.95	1 572.39	8 524.79
2.2	其他可用还款资金	128.34	320.85	460.35	619.38	797.94	1 922.47	1 922.47	1 922.47	1 922.47	1 922.47	11 939.21
	还款资金合计		320.85	460.35	619.38	797.94	5 364.46	2 871.95	3 132.45	3 273.42	3 494.86	20 335.66

注：利息按央行规定的 5 年期现行利率全息计算，未按财政贴息后的利率；当年贷、还发生额均按半年计息。

8. 财务现金流量分析

1）税前指标

经测算，计算期内税前财务内部收益率为21.98%，在基准收益率为12%时，财务净现值11 876.86万元，静态投资回收期为7.4年（含建设期）。

2）税后指标

经测算，计算期内税后财务内部收益率为16.15%，在基准收益率为12%时，财务净现值4 351.35万元，静态投资回收期为8.2年（含建设期，详见表17-37）。

9. 国民经济分析

1）经济分析参数的确定

为准确分析本项目给国家带来的经济效益，根据项目评估的一般原则，对经济分析的一些参数进行了研究和调整。结果如下：

影子工资：对劳务费的影子价格采用0.75换算因子。

间接费用：间接费用的影子价格采用1.20换算因子。

化肥、农药等物质设备投入影子价格与财务分析相同。

木材影子价格与财务分析相同。

2）经济分析结果

根据上述指标，经经济现金流量计算分析，本项目经济内部收益率为30.38%，经济净现值为25 734.85万元，静态投资回收期6.6年（含建设期，详见表17-38）。

（二）敏感性分析

影响项目效益的因素主要有成本、收入、投资。

（1）产量的预测留有一定空间，主栽树种三毛杨每年胸径生长量一般也在4 cm以上，本方案只按3 cm计算，相当于（或略低于）目前一般造林经营水平，留有较大余地。如按集约经营，产量理应提高而不是下降。

（2）成本的构成主要是苗木、肥料和劳务费。随着大规模生产和技术的成熟，苗木的价格只能是下降而不是上升；项目区劳力充足，劳务费不致大幅增加；肥料市场货源充足，大幅上涨的可能性也不大。

（3）产品的价格本案采用每立方米310元，低于目前市场价格。随着天然林的禁伐以及社会对木材需求量的增加，将使大范围内供需缺口增大。所以，今后大幅下跌的可能性很小。

（4）为预测项目风险，将经营成本上升10%，或收入（产量或价格）下降10%，或建设投资增加10%，税后财务内部收益率均大于12%，净现值均大于0；经济内部收益率均大于12%，净现值均大于0。说明项目有较强的获利能力和抗风险的能力。详见风险分析表17-39。

从上述财务评价看，财务内部收益率高于行业基准收益率；投资回收期低于行业基准回收期；借款偿还期能满足贷款机构要求，从敏感性分析看，项目具有一定的抗风险能力，因此从财务上看是可行的。

（三）项目的生态效益和社会效益

本项目实施后，除了具有较好的直接经济效益外，还有十分显著的生态效益、社会效益等间接效益，展示了绿色产业的屏障作用。

表 17-37　财务现金流量表

（单位：万元）

序号	项目	合计	建设期					经营期						
			1	2	3	4	5	6	7	8	9	10	11	12
1	现金流入	149 311.40						20 551.20	20 551.20	20 941.80	20 941.80	20 941.80	20 941.80	24 441.80
1.1	经营收入	145 811.40						20 551.20	20 551.20	20 941.80	20 941.80	20 941.80	20 941.80	20 941.80
1.2	回收固定资产余值	0.00												
1.3	回收流动资金	3 500.00												3 500.00
2	现金流出	91 327.28	7 041.57	3 358.30	3 727.80	4 106.83	4 555.39	11 589.30	10 986.47	10 510.48	9 828.53	9 127.04	8 509.26	7 986.33
2.1	建设投资	19 289.88	6 141.57	2 788.30	3 107.80	3 446.83	3 805.39							
2.2	流动资金	3 500.00	900	570	620	660	750							
2.3	经营成本	68 537.40						11 589.30	10 986.47	10 510.48	9 828.53	9 127.04	8 509.26	7 986.33
3	税前净现金流量	57 984.12	−7 041.57	−3 358.30	−3 727.80	−4 106.83	−4 555.39	8 961.90	9 564.73	10 431.32	11 113.27	11 814.76	12 432.54	16 455.47
4	所得税	21 052.36						2 321.99	2 520.93	2 806.90	3 031.94	3 263.43	3 467.30	3 639.87
5	税后净现金流量	36 931.76	−7 041.57	−3 358.30	−3 727.80	−4 106.83	−4 555.39	6 639.91	7 043.81	7 624.42	8 081.33	8 551.33	8 965.24	12 815.60

税前计算指标：		税后计算指标：	
财务内部收益率：	21.98%	财务内部收益率：	16.15%
财务净现值(12%)：	￥11 876.86	财务净现值(12%)：	￥4 351.35
静态投资回收期(年)：	7.4	静态投资回收期(年)：	8.2

表 17-38　经济现金流量表

（单位：万元）

序号	项目	合计	建设期					经营期						
			1	2	3	4	5	6	7	8	9	10	11	12
1	现金流入	149 311.40						20 551.20	20 551.20	20 941.80	20 941.80	20 941.80	20 941.80	24 441.80
1.1	经营收入	145 811.40						20 551.20	20 551.20	20 941.80	20 941.80	20 941.80	20 941.80	20 941.80
1.2	回收固定资产余值													
1.3	回收流动资金	3 000.00												3 500.00
2	现金流出	53 776.94	7 072.90	3 372.52	3 743.65	4 124.40	4 574.79	6 226.66	5 636.35	5 072.68	4 416.03	3 739.85	3 147.37	2 649.75
2.1	建设投资	19 388.25	6 172.90	2 802.52	3 123.65	3 464.40	3 824.79							
2.2	流动资金	3 500.00	900	570	620	660	750							
2.3	经营成本	30 888.69						6 226.66	5 636.35	5 072.68	4 416.03	3 739.85	3 147.37	2 649.75
3	净现金流量	95 534.46	-7 072.90	-3 372.52	-3 743.65	-4 124.40	-4 574.79	14 324.54	14 914.85	15 869.12	16 525.77	17 201.95	17 794.43	21 792.05

计算指标：

经济内部收益率：　30.38%

经济净现值(12%)：　¥25 734.84

经济静态投资回收期(年)：6.6

1. 增加森林覆盖率

项目实施后,项目区的森林面积净增 3.0 万 hm^2,森林覆盖率得到进一步提高。随着森林覆盖率的增加和林木生长,将使项目区生态环境得到进一步改善,森林的防风固沙、保持水土、涵养水源、调节气候等多种功能得到充分发挥,对促进当地农牧业的发展将起到重要作用。

表 17-39 风险分析表

财务评价(税前)		经济评价	
内部收益率(%)	净现值(12%)(万元)	内部收益率(%)	净现值(12%)(万元)
21.98	11 876.86	30.38	25 734.85
17.89	6 491.23	27.39	20 349.23
20.04	9 270.33	29.68	24 521.40
20.11	10 195.61	28.32	24 046.32

2. 壮大地方林业和社会经济实力

项目实施后,将为当地林业和社会经济发展提供良好机遇,将大大激发当地群众经营林业的积极性,并合理配置资源,优化产业结构,增加地方财政收入,从而提高人民物质和文化生活水平,促进社会安定团结,加速地方经济发展。

3. 提供社会就业机会

目前项目区有农村剩余劳动力 10 多万个,项目经营期间需大批劳动力从事造林、抚育管理、采伐等项活动,能安排部分农村剩余劳动力就业。

总之,本项目的实施,可使黄河滩区及沟河路渠的土地得到充分利用,为农村开辟经济增长点;可为造纸厂提供充足的原料并为深加工创造增值机会且可安排大批劳动力就业;能拉动相关行业如运输、采伐、育苗、管护的发展,增加群众收入,解决农村剩余劳动力问题,有利于社会稳定;可增加旅游景观,开发农村生态旅游业。

(四)总评价

(1)本项目的可行性是从分析市场需求开始,分步骤进行研究的。根据上述要求,选择适合有关地区自然条件的树种,在充分吸取“国家造林项目”试验林、示范林经验基础上,建立不同树种造林模型,因此造林技术措施是可行的。

(2)项目布局合理,土地、劳力资源充足,树种栽培经验丰富。

(3)本项目的经济效益好,偿贷能力强。

(4)项目的组织管理机构健全,领导重视,群众积极性高,自筹资金有保证,能够保证实现本项目的建设目标。

第十八章　“3S”技术在林业中的应用

“3S”技术通常是指RS（遥感Remote Sensing）、GPS（全球定位系统Global Position System）和GIS（地理信息技术系统Geographic Information System）三者的集成技术，是20世纪90年代兴起的集空间科技、计算机技术、电子技术、无线电传输技术与地理科学、信息科技、环境科技、资源科技以及与地学相关的一切学科于一体，进而保证我们能对与地学相关问题从整体上优化，系统、实时、自动解决，并实现预测与科学决策一体化的现代信息技术。在国外，与此相关的研究称之为Geomatics，是热点研究课题之一。

林业具有功能多样性、生产周期长期性、状态的动态性、分布的广域性和空间结构性。人类对其作用、功能的认识和控制必须借助于一系列的数学模型、物理模型和模拟模型，而这些模型往往又依赖于空间地理模型。以GPS、GIS、RS及其集成技术“3S”为代表的Geomatics（地学信息科学和技术）使我们对林业问题能够从整体上加以解决。“3S”技术是数字林业的重要技术和基础手段。“3S”技术的应用必将把林业推向数字化、实时化、自动化、动态化、集成化、智能化的高科技新时代。

第一节　遥感技术

20世纪50年代，我国林业开始应用遥感技术。50多年来，林业遥感工作者追循现代遥感技术的发展，林业卫星遥感应用从小范围科研，发展到大规模生产性应用；从简单的个别调查，发展到综合监测体系的建设。21世纪，林业工作者关注的对象扩展到广泛的自然资源和生态状况，遥感数据的应用种类涵盖了低、中、高分辨率的多光谱、高光谱以及雷达数据，为森林资源和生态状况监测提供了各种遥感信息源。

一、遥感技术及其发展现状

遥感（Remote Sensing，简称RS），顾名思义是遥远的感知，是一种远距离的、非接触性的目标探测技术和方法。通过对目标进行探测，获取目标信息，然后对所获取的信息进行加工处理，从而实现对目标进行定位、定性或定量的描述。目标信息的获取主要是通过接受目标反射和辐射的电磁波得到。根据搭载传感器的平台不同，可分为地面遥感、航空遥感和航天遥感。按照遥感的应用领域可分为地球资源遥感技术、环境遥感技术、气象遥感技术和海洋遥感技术等。常用的传感器有航空摄影机（航摄仪）、全景摄影机、多光谱摄影机、多光谱扫描仪（Multi Spectral Scanner，MSS）、专题制图仪（Thematic Mapper，TM）、反束光导摄像管（RBV）、HRV（High Resolution Visible range instruments）扫描仪、合成孔径侧视雷达（Side - Looking Airborne Radar，SLAR）。常用的遥感数据有：美国陆地卫星（Landsat）TM和MSS遥感数据、法国SPOT卫星遥感数据和加拿大Radarsat雷达遥感数据等。遥感技术系统包括：空间信息采集系统（包括遥感平台和传感器），地面接收和预处理系统（包括辐射校正和几何校正），地面实况调查系统（如收集环境和气象数据），信息分析应用系统。遥感技术主要应用于陆地水资源调查、土地资源调查、植被资源调查、森林资源调查、地质调查、城市遥感调查、海洋资源调查、测绘、考古调查、环境监测和规划管理等。目前，主要的遥感应用软件是 PCI、ERMapper、ERDAS 和 ENVI 等。

（一）国外遥感技术发展状况

从空间分辨率的发展来看，不同等级分辨率的商业卫星数据很多，已初步形成了对地观测系统的多级遥感数据。美国 Landsat5 - TM 数据的分辨率为 30 m，Landsat7 - ETM + 全色波段的分辨率为 15 m；Clark 和 Lewis 小卫星，其分辨率为 3 m；IKONOS 卫星影像分辨率为 1 m；QuickBird - 2 卫星影像分辨率为 0.61 m。印度 RESOURSESAT - 1 卫星，也称 IRS - P6，该卫星上搭载了三种传感器：LISS - 3、LISS - 4 和 AWIFS，均采集多光谱数据，其分辨率分别为 5.8 m、23.5 m 和 56 m。法国 SPOT5 号卫星携带两台高分辨率几何成像仪，可拍摄 2.5 m 分辨率的全色图像和 10 m 分辨率的彩色图像。此外，加拿大、日本等国家和地区也有自己的商业卫星。

高光谱遥感（Hyperspectral Remote Sensing）是国际上 20 世纪 80 年代才开始发展起来的遥感技术。美国的 MODIS 传感器有 36 个通道，波段涉及陆地、大气、海洋等综合信息，分辨率 250 m ~ 1 km。2000 年美国宇航局（NASA）发射的地球一号（EO - 1）卫星搭载的 Hyperion传感器共有 220 个波段，大气校正 AC 具有 256 个波段。

1995 年 11 月加拿大雷达卫星 RADARSAT 1 的发射，标志着卫星微波遥感的重大进展。2002 年 3 月 1 日，欧洲空间局发射了“环境观测卫星”（Envisat），该卫星携带了 10 个地球和大气观测仪。其中，最大的仪器为高级合成孔径雷达（ASAR），能够调整视角，并在不同模式（分辨率和/或视场）的多极化状态下进行数据获取，可以提供分辨率为 30 m 的雷达图片。

（二）我国遥感技术发展状况

自 1988 年 9 月我国发射第一颗极轨气象卫星（风云一号 A），20 多年来我国遥感事业为了更好地为国民经济建设服务，本着独立自主的原则，进行了国家遥感对地观测体系的建设。相继发射了多种型号风云卫星（FY）、资源一号（CBERS - 1）卫星、海洋一号（HY - 1）卫星、清华一号卫星和北斗导航试验卫星等。2002 年发射的神舟三号宇宙飞船，还装载了中分辨率成像光谱仪，这是继美国之后第二个中分辨率成像光谱仪上天。资源一号卫星上有两种遥感器 5 波段（B1、B2、B3、B4、B5）CCD 相机和 4 波段（B6、B7、B8、B9）红外扫描仪。在一颗卫星上同时安装 CCD 相机和红外扫描仪，这在世界上是绝无仅有的。这样，既可使卫星全天候工作，又大大增加了信息量。资源一号卫星的发射结束了我国没有自己的较高分辨率传输型资源卫星和完全依赖国外卫星数据的历史。

建立长期稳定运行的卫星对地观测体系，是我国空间遥感的发展目标。在今后的 10 年，我国将建立以气象卫星系列、资源卫星系列、海洋卫星系列和环境与灾害监测小卫星群组成的长期稳定运行资源的卫星对地观测体系，实现对中国和周边地区以及全球的陆地、大气、海洋的立体动态监测，为我国森林资源调查遥感技术的广泛应用提供了广阔的前景。

二、我国林业遥感应用技术的发展

林业遥感一直是我国遥感技术应用的一个重要的、活跃的领域。遥感在我国林业上应用范围很广，包括森林资源清查、森林资源规划设计调查、森林资源专项和专业调查、荒漠化和沙化土地监测、湿地监测、林业重点工程监测评估、森林资源火灾监测和评估、森林病虫害监测等,在各个领域取得了巨大的成绩。

20世纪50年代中期,我国首次开展了森林航空测量、森林航空调查和地面综合调查工作,从而建立了以航空像片为手段,目测调查为基础的森林调查技术体系。1972年美国地球资源卫星(陆地卫星)升空运行,我国林业调查事业也开始了航天遥感技术发展和应用的新时期。相继应用MSS、TM/ETM、AVHRR、NOVVA、MODIS、SPOT－VEGETATION等数据开展林业调查和监测评估工作,取得了可喜的成果,培养了人才,积累了经验,储备了技术,推动了航天遥感应用技术在林业生产中的发展。

20世纪90年代以来,遥感技术得到了突飞猛进的发展,商业卫星影像的空间分辨率有了空前的提高,达到了非常关键的米级,甚至亚米级;高光谱遥感的迅速兴起,使光谱分辨率达到了惊人的纳米级;机载、星载SAR(Synthetic Aperture Radar,合成孔径雷达)的日益普及,提供了全天候、全天时的观测能力。由此形成了高、中、低轨道结合,大、小、微型协同,粗、精、细分辨率互补,全天候、全天时的遥感网络。所有这些为遥感在林业中的应用提供了前所未有的机遇,为林业信息化提供了丰富的数据源。在森林资源清查、森林资源规划设计调查、林业重点工程监测、自然保护区的规划设计调查、森林采伐的监测与管理、森林公园规划设计、园林工程设计、不同比例尺图件制作、GIS制图和DEM立体图形制作等方面产生了良好的应用效果。目前,林业调查规划设计常用的卫星遥感数据有TM/ETM、IRS－P6、CBERS－CCD、SPOT 5、Quickbird 、IKONOS等。

三、河南省林业遥感应用技术的发展

河南省于20世纪60年代开始采用航空相片进行森林资源规划设计调查(简称“二类调查”),但由于其较高的造价而难以全面应用。20世纪90年代国家尝试应用TM数据进行二类调查,但由于分辨率较低,限制了其在二类调查中的应用。2003年河南省第六次森林资源连续清查(简称“一类调查”)和2004年河南省第三次荒漠化和沙化监测全面应用TM数据。2005～2007年应用SPOT 5第一次全面开展河南省二类调查,将河南省森林资源落实到山头地块,摸清了家底,满足了现代林业和生态文明建设新的需求,探索出了一套应用高分辨率卫星遥感影像进行森林资源与生态状况监测的技术和方法。2008年第七次一类调查全面应用IRS－P6数据。近几年,河南省部分单位和局部地区应用SPOT 5、Quickbird、IKONOS等高分辨率数据进行森林公园规划设计、园林工程设计。随着“3S”技术和现代信息技术的高速发展,遥感技术在林业中的应用前景将日益广阔。

四、遥感图像的处理技术

图像清晰、信息丰富、类型间边界清楚、几何位置准确、分类精度高的图像为正确获得现实性较强的信息、修订非遥感资料以及相互验证提供基本保证。直接从遥感器获得的遥感数据由于传感器本身的缺陷、平台的姿态、感知和传感中大气的影响、地形的影响以及其他因素的干扰,获得的遥感数据含有光谱及几何特征上的失真和畸变,同时,获得的遥感图像包含对象表面及一定空间层次的多种特征,而监测所需要的信息必须尽量真实准确地表达监测对象的某些方面的特征。因此,原始的遥感数据必须经过一系列的处理和分析,消除光谱及几何特征上的失真和畸变,突出关心的信息,淡化不必要的信息,即首先通过必要步骤进行图像复原,然后根据监测的内容通过各种方法进行图像增强,再应用多种分类和分析方法提取特征信息,在此基础上完成遥感制图,进行解译、判读和应用。遥感图像处理主要步骤包括彩色图像合成(优化波段组合)、几何精校正、特征信息提取、图像镶嵌、重采样、分类以及制图等一系列图像处理和分析。

这里以 SPOT 5 影像的处理为例,简要介绍遥感影像的处理过程。

(一)SPOT 5 号地球遥感卫星性状

SPOT 5 轨道高度 822 km,轨道倾角 98.7°,轨道周期 101.4 min,总质量 3 000 kg,设计寿命 5 年。SPOT 5 号卫星上搭载有三种成像装置,除了前几颗卫星上的高分辨率几何成像装置(HRG)和植被探测器(VEGETATION)外,SPOT 5 更有一个高分辨率立体成像(HRS)装置(这几种探测器的分辨率和视场见表 18-1)。和它的前辈相比,SPOT 5 在观测能力方面有了很大提高,SPOT 5 多光谱改为 4 个波段,多光谱分辨率提高到 10 m,全色提高到 2.5 m,可以提供改进了的 5 m 和 2.5 m 分辨率、宽成像带的数字图像,这一组合是在高分辨率和宽覆盖这两个因素中选取的一个理想平衡点。SPOT 5 的另一重要特征是它的 HRS 立体成像仪。它拥有空前的观测能力,在一个扫描列中覆盖广大的地域。立体像对于地形观测起着关键性的作用。SPOT 5 卫星成像装置基本参数见表 18-1。

表 18-1 SPOT 5 卫星成像装置基本参数

波段	波长	几何成像装置 HRG 分辨率	植被成像装置 分辨率	立体成像装置 HRS 分辨率
PA	0.49～0.69 μm	2.5 m		5～10 m
B0	0.43～0.47 μm		1 km	
B1	0.49～0.61 μm	10 m		
B2	0.61～0.68 μm	10～20 m	1 km	
B3	0.78～0.89 μm	10 m	1 km	
SWIR	1.58～1.75 μm	20 m	1 km	
视 场		60 km×60 km	2 250 km×2 250 km	600 km ×120 km
绝对定位精度(无控制点,水平地面)		<50 m	<50 m	<15 m

SPOT 5 卫星有两个高分辨率几何成像装置(HRG),每个 HRG 都能偏转一定的角度,使得 SPOT 5 号卫星能在每 5 天内重访同一地点。增强后的星上处理能力使得 SPOT 5 号卫星能同时获取 120 km 宽的全色和多光谱影像,而 SPOT 4 号卫星相应的只有 60 km。

高分辨率立体成像装置用两个相机沿轨道成像,一个向前,一个向后,实时获取立体图像。较之 SPOT 系统前几颗卫星的旁向立体成像模式,也就是轨道间立体成像而言,SPOT5 号卫星几乎能在同一时刻以同一辐射条件下获取立体像对,避免了像对间由于获取时间不同而存在的辐射差,大大提高了获取的成功率。

(二)SPOT 5 数据的处理方法和过程

SPOT 5 数据处理工作流程见图 18-1。

(三)基础数据准备

对工作区域内“3D”数据进行处理,即包括 DRG(数字栅格地图 Digital Raster Graphic)、

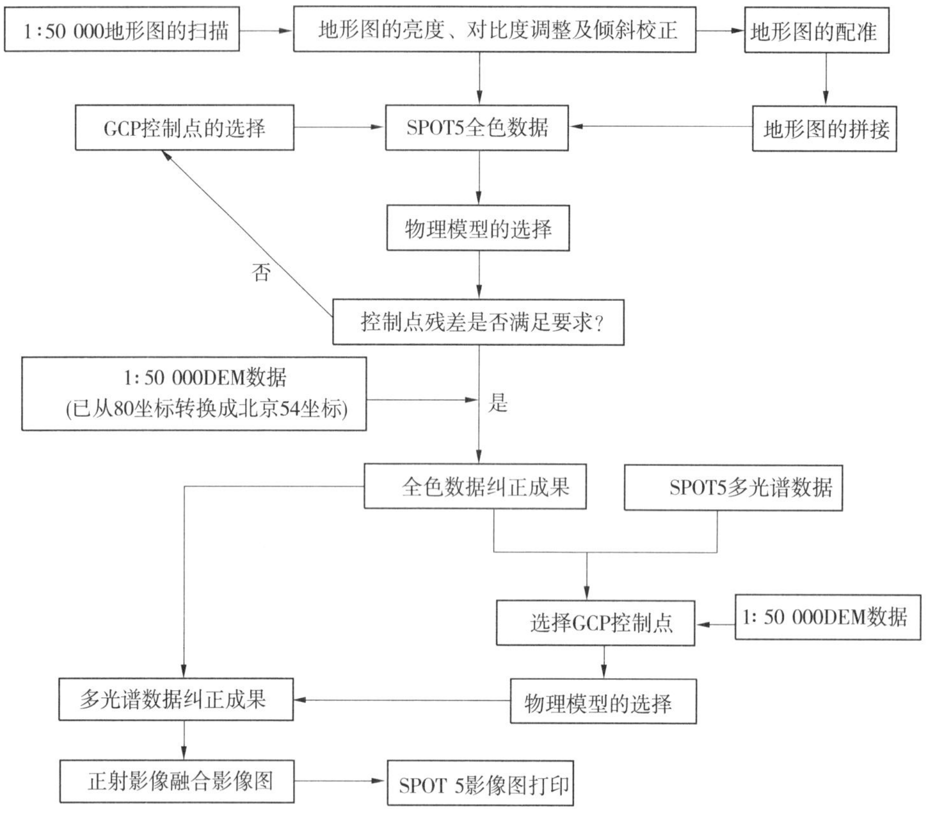

图 18-1　SPOT5 影像数据处理工作流程图

DEM(数字高程模型 Digital Elevation Model)和 DLG(数字线划地图 Digital Line Graphic)数据处理。经过处理使“3D”数据的投影信息和地理坐标一致。对 SPOT5 以及更高分辨率的影响,有条件的地区最好采用比例尺不小于 1:10 000 的 DRG。数据处理的基本原则是用高分辨率的数据校正低分辨率的数据。

(四)遥感影像的校正和融合

1. 图像配准与校正(正射)

遥感图像在成像过程中会产生几何畸变。影响图像几何畸变的因素主要包括遥感器的内部畸变;遥感平台的运行状态(高度变化、速度变化、轨道偏移、姿态变化)引起的畸变;地球本身对遥感图像的影响,包括地球自转、高程变化、地球曲率、大气折射等引起的图像畸变。在实际应用中,必须对获取的影像进行几何校正,才能使影像与地面物体一一对应。

几何校正包括几何粗校正和几何精校正。一般地面站提供的遥感图像数据都经过几何粗校正,我们只需要对所得到的图像进行几何精校正。我们采取通用的几何精校正方法,该方法包括两个步骤:一是构建模拟畸变的几何模型,已建立原始畸变图像空间与标准图像空间的对应关系,实现不同图像空间中像元位置的变换;二是利用这种对应关系把原始图像空间中全部像素变换成标准图像空间中的对应位置上,完成标准图像空间中每一个像元亮度值的计算。

所用的算法类型很多,但常用的主要有共线方程法和多项式法。我们采用林业上用的二元多项式的几何纠正方法:

$$X = L_1(x,y) = \sum_{i=1}^{n}\sum_{j=0}^{n-i} a_{ij}x_i y_j$$

$$Y = L_2(x,y) = \sum_{i=1}^{n}\sum_{j=0}^{n-i} a_{ij}x_i y_j$$

式中 x、y——像元的原始坐标；

X、Y——同名像元的地图坐标；

n——为多项式的阶。

1)图像配准

图像配准，是指同一区域内的一幅图像(基准图像)对另一幅图像的校正，以便两幅图像中的同名像元配准。本研究采用基于轮廓(Contour－Based)的配准方法。通过前述生成的DRG分别将SPOT 5全色和多光谱影像校正到高斯－克吕格投影下，北京54坐标系。方法是以精校正过的DRG为基准图像，选择3～5个明显像元作为控制点，要求位置准确，分布均匀，平均误差小于0.3个像元。再根据被校正图像的地形情况，选择基于轮廓的配准方法，以图像配准功能进行配准，实现被校正图像的几何坐标转换。

2)控制点校正

以精校正过的DRG为基准图像，通过选择控制点的方法，按二元多项式和最小二乘法进行坐标转换。控制点(GCP)的数目最少为$(n+1)(n+2)/2$。在实际工作中，根据地形的变化适当增加控制点数，关键在于建立待匹配的两种坐标系的对应关系。几何精校正的平均误差不大于1个像元。经过配准和控制点法坐标转换后的遥感图像经过灰度重采样，形成新的图像。灰度重采样一般有三种方法：最邻近法(nearest neighbor)、双线性法(bilinear)和三次卷积法(或称立方卷积法 cubic convolution)。

2. 图像融合

遥感图像融合就是图像合成技术，目前应用较多的遥感图像融合是不同的多光谱(MultiSpectral)与PAN(Panchromatic)图像融合或高光谱图像与PAN图像的特征级融合。

(五)各县(市、区)提供的政区图的处理

将各县(市、区)提供的政区图(含有县、乡、村界)进行扫描；利用Photoshop进行对比度增强、明亮度的调整、倾斜校正后，利用ArcMap或ERDAS对其进行配准。然后，根据DLG导出的县界、裁减好的SPOT5影像以及配准好的县(市、区)政区图进行乡界、国有林场界、自然保护区界、村界的区划，建立相应空间数据库和属性数据库。

第二节 GPS技术

目前手持GPS在林业生产实践中得到广泛应用，这里以“小博士”和“探险家”为例介绍手持GPS的常规使用技术。其他型号的手持GPS的使用技术，可参照下列方法进行操作。

一、GPS“小博士”(eTrex)使用技术

(一) GPS“小博士”(eTrex)按键及功能介绍

1. 主要按键功能

“小博士”按键见图18-2。

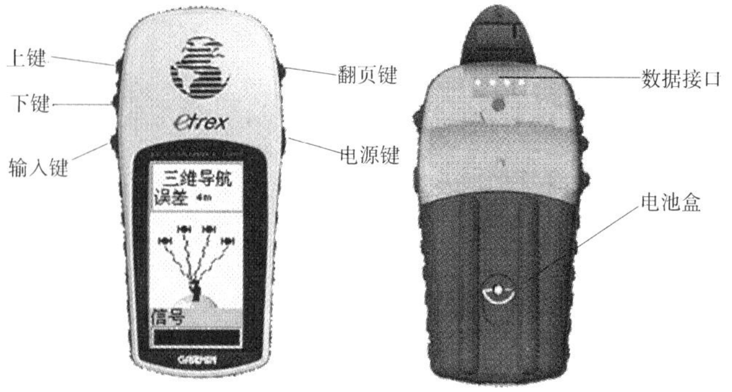

图 18-2　“小博士”按键示意图

电源键:用于开机、关机和控制屏幕背景光的强度。

翻页键:用于各种画面的循环显示,并从菜单各功能页中退回主菜单。

输入键:激活光标所框住的功能项,用于确认菜单选项和输入数据。

上、下光标键:用于上下移动光标,选择输入字母及数字。其主要功能如下:①在各画页或菜单中选择功能项;②在卫星状态页调整显示屏对比度;③在地图页中缩放比例尺;④在罗盘导航画页中查看各种数据。

2. 主要功能画页

卫星状态画页:当打开机器后,它会出现自动定位、获取卫星、三维导航等提示,如果出现三维导航画面,表明 GPS 进入正常工作状态。

航迹导航画页:它可以显示当前人的位置和旅行轨迹,“N”指针指向真北的方向。另外按住上下键可以调整比例尺的大小

罗盘导航画面:它将指引到达目的地。具体地说,此画面能显示出距离目的地的距离、方位、走向、速度、位置、高度、航程时间等信息。

(二) 小博士(eTrex)的基本操作

(1)初始化。持续按电源键 1 s 以上,GPS 接收机开始启动,直到画面出现三维导航字样,初始化完成。

(2)卫星获取。如果在户外,当开启电源以后(按电源键 1 s 以上),GPS 接收机接收到四颗卫星导航信息以后,即进入正常工作状态;若卫星信号微弱,GPS 接收机提示“跟踪卫星困难,您在户外吗?”此时,应到户外无遮挡的地方重新开启接收机。

(3)设置时差、单位。

①时差:翻页键→菜单页→上下键→光标框住设置→输入键→设置页→上下键→时间→输入→时间页→时间格式下的方框→输入→12 或 24 上下键任选→输入→上下键→时偏差下的方框→用同样方法找到 +8→输入,即我国东八区。

②单位:翻页键→菜单页→设置→单位→公制→输入。

(4)设置坐标转换参数。GPS 是 WGS 84 坐标,我们用的地形图是北京 54 坐标系或西安 80 坐标系,不同坐标之间存在平移和旋转关系,它们的误差是 80 ~ 120 m,所以在我国应用 GPS 必须进行坐标转换,使其精度达到 5 ~ 10 m。具体操作如下:

①位置格式:翻页键→菜单页→光标在设置位置上→输入→设置页→光标在单位上→输入键→位置格式→输入→上下键→光标在 User Grid 上(用户自定义格式,可以直接得到

直角坐标输出。如果光标在 Hdddomm ‘ss. s’或‘Hdddomm. mmm’上,这是国际上通用的WGS84 坐标系统,以度、分、秒为标准的坐标格式)→输入键→USER UTM GRID 页→上下键→117°00.000′(当地3 度或6 度带的中央子午线,如河南省跨两个6 度带即19 度和20 度带——即横坐标的前两位。在东经 114 度以西的地区输入 111 度,以东输入 117 度。计算公式是投影带即横坐标的前两位 ×6 -3)→依次类推→1.000 000 (比例尺) → 500 000.0 (东半轴参数)→0.0(北半轴参数) →存储→输入键。

②地图基准:翻页键→单位页→上下键→光标在地图基准下的方框上→输入键→上下键→ User→输入键→ WGS84 LOCAL 页→上下键→光标在 DX 下的方框上→输入键→编辑数值页→ 输入键→上下键→0 → 输入键→00017 →输入键→光标在确定上→输入键→依次类推→DX,DY,DZ,DA,DF(不同地区其具体参数值各异,视具体地区计算求得。按照有关法规使用者应严格保密)。

(三)小博士(eTrex)的基本应用

(1)存点。存点(定位)有两种方法,一是翻页键→菜单画面→光标框住存点→输入键;二是在任意画面持续按输入键 2 s 以上画面自动转为存点画面,此画面显示的坐标值就是当前的位置,上下键→使光标框住确定→输入键,存点完毕。

(2)航点输入。在存点画面中,使光标框住坐标值,然后输入样点坐标。现在举一例说明:有一样点位于登封市西北,其横坐标 19684000,纵坐标 3820000,单位 m。样点号的输入:翻页键→存点画页(假设样点号是 001)上下键→光标框住小旗内的方格→输入键→编辑航点名画页→输入→上下键→0→输入,同样方法输入 0、1→光标再框住确定→输入键,样点号 001 输入完毕。坐标值的输入:存点画面→上下键→光标框住坐标值→输入键→出现编辑位置画页→输入键→上下键→0(先输入横坐标,第一位数字省略)→输入键→上下键→9,用同样的方法把其他数字输入进去,最后使光标框住确定,再按输入键,样点 001 的坐标输入完毕。GPS 可同时存放 500 个点。

(3)导航。现在我们要用 GPS 寻找 001 点:翻页键→菜单页→上下键→航点→输入键→光标框住 0 -9→输入键→光标框住 001→输入键→查看画页→上下键→光标框住“去”→输入键→罗盘导航画面→上下键→距离、方位、航速、高程、位置等信息。

(4)测算面积。

①每次求面积前,要删除以前的航迹,使面积数值归零。

②选择面积单位:翻页键→菜单页→上下键→光标在航迹上→输入键→上下键→光标在面积上→输入键→上下键→光标在面积下的方框上→输入键→上下键→选择面积单位→输入键。

③绕测地块(如小班)面积。从地块起点开始→翻页键→菜单页→上下键→光标在航迹上→输入键→上下键→光标在面积上→输入键→确定→输入键。

经地块拐点处→光标在面积上→输入键→确定→输入键;或边走边重复上述步骤。

回到地块起点终止:沿地块边缘走完一个闭合的轨迹,回到起点后,使光标放在“确定”上→按输入键两次→显示面积结果。

(5)注意事项。

①GPS 用户精度取决于以下三个方面:能够接收卫星数量(个数)及其构成的几何图

形;GPS 接收机的设计性能和享用的定位服务类型(军用、民用);GPS 接收机测站所处的周边环境。

②GPS 只能在野外操作,而且是在捕捉到四颗卫星以上及显示三维导航画面时,才能正常工作。

③GPS 参数一旦设置好,不要随意变动,否则会影响精度,甚至采回的数据无法使用。

④新机或跨度大于 500 km,以及接收机很长时间没有使用过时,开机后应进行初始化。

⑤每次输入、修改所有设置数据,都必须输入"存储"或"确认",否则接收机里记录的数据将不是你所采集的数据。

⑥GPS 微波穿透能力较弱,由于屏蔽问题,在屋内、稠密的森林下、深度切割沟谷或有建筑物遮挡等情况下,无法准确定位,所测的数据不准确。在上述情况下,应注意查看接收信号强弱和精度情况,调整持机角度。

⑦测量面积时,一是要注意求面积前,删除以前的航迹,使面积数值归零;二是尽量在经拐点处,重复"面积上→输入键→确定→输入键"。

⑧测量面积时,关闭节电方式;停止导航。

二、麦哲伦"探险家"(eXplorist500)使用技术

(一)按键说明

"探险家"按键见图 18-3,按键说明见表 18-2。

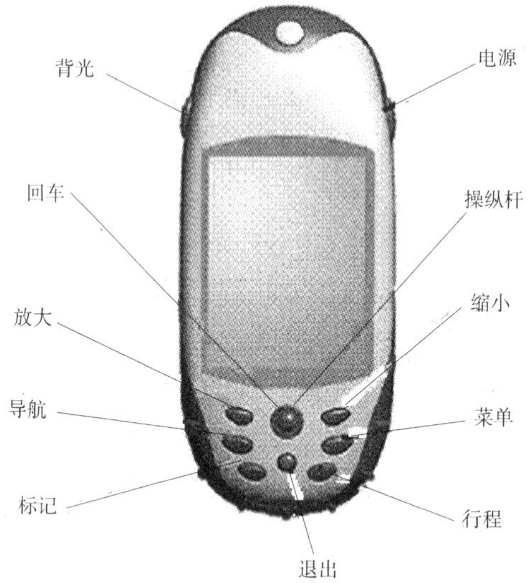

图 18-3 "探险家"按键示意图

(二)参数设置

(1)打开电源开关,回车进入系统。在空旷处平放搜索卫星。第一次使用时,进行初始化,选择亚洲东部、中国东南地区、陆地等。罗盘校正参见随机使用手册。

(2)按菜单,移动回车按钮,选择"地图设置",回车。"方向"一般设为"北朝上";"主要用途"设为"陆地应用"。设置后退回菜单界面。

表 18-2 “探险家”按键说明

缩小 放大	OUT IN		允许您对地图进行放大或缩小操作
导航	NAV	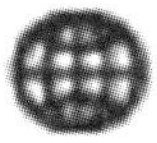	选择所需的导航屏幕
菜单	MENU		进入一个菜单,允许您进入一个功能设定或用户界面设定
行程	GOTO		用于创建一条到达目的地的航线,目的地可从兴趣点(pOIs)列表中选择
标记	MARK		将当前点位置加入到兴趣点
回车	ENTER		确定您的输入和选择
退出	ESC		返回到上次屏幕,如果输入了数据,则会取消
电源	Power		打开或关闭“探险家”接收机电源
背光	Light		设置屏幕背光的亮度
操纵杆	Joystick		移动屏幕上的光标,选中菜单中的选项

(3)移动回车按钮,选择“系统设置”,回车。选择“地图单位”,回车。选择“坐标投影”,回车。选择“自定义坐标系”,回车。选择“横向墨卡托”,回车。设置“原点纬度”:00.00000N;“原点经度”:19 带为 111E,20 带为 117E 。

然后进入“下一页”,设置 4 项:“比例因子”:1;“通用米单位”:1;“原点向东偏移”:500000;“原点向北偏移”:0。回车“完成”。

(4)返回到“地图单位”界面,选择“坐标椭球”,回车。选择“用户”,回车,设置 5 项参数:DA、DF、DX、DY、DZ。

进入“下一页”,4 项参数均为 0。回车“完成”。

(5)返回到“系统设置”界面,回车“激活设置”。

(6)返回到坐标显示界面(见图 18-4)。

位置栏会变为如下形式:

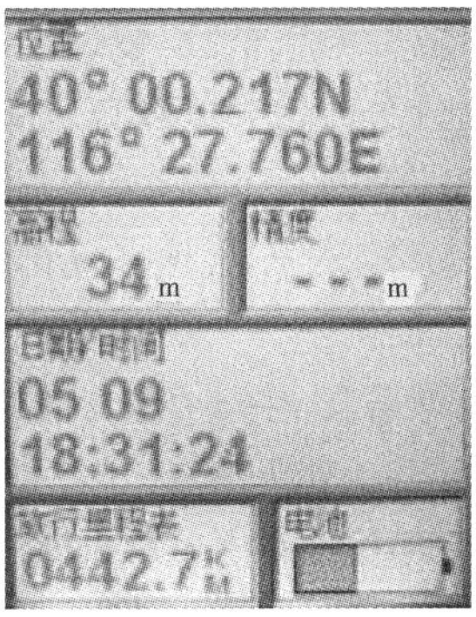

图 18-4 坐标显示界面

007 - 45 - 374E
038 - 58 - 288N

(7)与其他型号 GPS 显示坐标对比,相差 5 m 以内即可。否则,检查输入参数。

(三)采集坐标

可随时记录所在位置的坐标,或按“标记”键记入到 GPS 中,并设置兴趣点名字。见图 18-5。

(四)导航

(1)用“标记”(mark)键,进入标记界面,输入目的地名称(点号)、坐标和高程。保存后,自动存储到“我的兴趣点”文件夹中。

(2)按“行程”(goto)键,选择目的地,回车,进行导航。显示如图 18-6。

(3)取消导航,再按“行程”键,选择“取消行程”,回车即可。

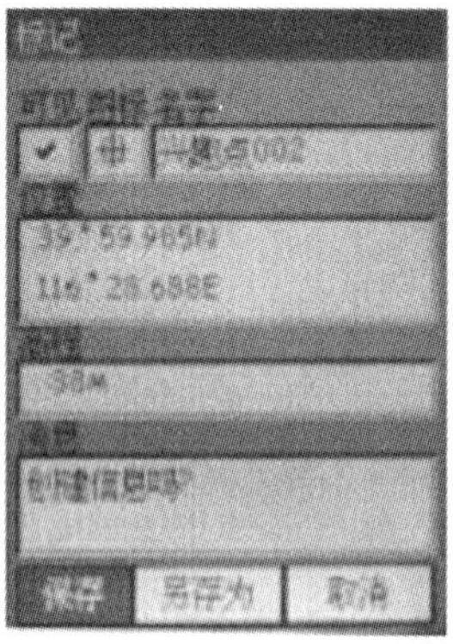

图 18-5　采集坐标

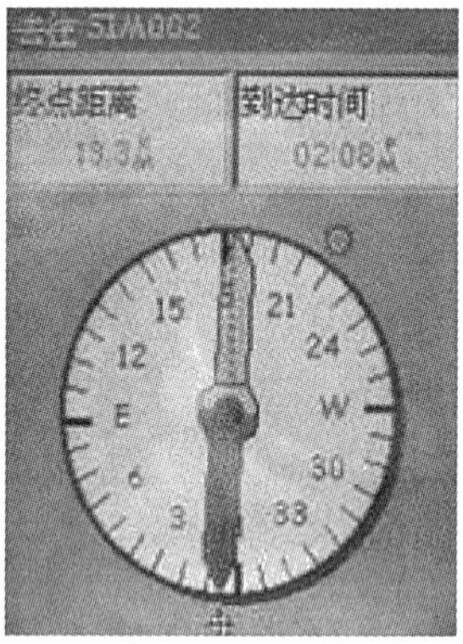

图 18-6　导航

第三节　地理信息系统

地理信息系统(GIS)是一种专门用于管理地理空间分布数据的管理信息系统(MIS),它由数据采集系统、数据库系统和制图系统发展而来,包括地理基本要素、地理控制要素和空间分布信息等。森林资源具有明显的空间属性,其数量、质量和空间属性是对森林全面描述和评价的基本要素,在各类森林资源调查成果中,图面材料是其重要的组成部分。数据处理系统、数据库管理系统都无法提供空间信息,引入 GIS 后就可以按需要生成各种林业专题图、提供森林资源辅助决策系统所需要的地理要素数据和小班数据,还可以提供林业信息和地理信息,生成图像,进行森林分类等。目前,常用的 GIS 软件有 ArcGIS、MapGIS、Mapinfo、Geoway、Supermap 等。我国林业系统较有影响的是中国林业科学研究院资源信息所开发的 WINGIS。河南省林业调查规划院应用 ArcGIS 首次开展了全省森林资源规划设计调查。下面以这次调查为例介绍 ArcGIS 的应用。

一、森林资源空间数据库的建立

(一) 手图矢量化与数据录入

1. 矢量化所需基础数据

矢量化所需基础数据主要包括:分县(市、区)的 SPOT 5 卫星数据、DLG 数据、各级行政界线矢量化数据及属性表;外业调查表,外业调查手图。

2. 属性表

面状、线状小班属性表中已有的内容:县名、县代码、乡名、乡代码、行政村名、行政村代码(如果乡名、行政村名在外业调查时有变化,应在修正完各级行政界线后,修改乡名、行政村名和乡代码、行政村代码)。当一个行政村的各类小班矢量化完成后,根据表、图上标注的小班号,将其一一对应输入到属性表中(小班号必须人工录入,其余项目一般自动生成,如果没有,必须人工输入),线状小班输入林带宽度。在录入过程中,要及时保存,以免数据丢失。

3. 外业手图矢量化顺序

外业手图矢量化按先后次序是:县级行政界线修正(矢量化);乡(镇、林场)界线修正(矢量化);行政村界线修正(矢量化);面状小班界线矢量化(含县城建成区、乡(镇)建成区、村庄小班)、线状小班矢量化。

4. 属性表的数据录入

在外业调查材料检查、整理和完善的基础上可进行外业调查表的数据录入。数据录入时,各单元格应严格按照要求和步骤进行录入,不得录入不相关的内容。

5. 检查

每个行政村矢量化和数据录入完毕后,应及时进行检查,检查内容包括:

(1)线状小班(按先后顺序操作):检查是否有长度小于 100 m 的小班(重点怀疑对象);是否有漏项、错项(县名、县代码、乡名、乡代码、村名、村代码、小班号和林带宽度)。

(2)面状小班(按先后顺序操作):拓扑检查修改重复的和有缝隙的小班;重点检查面积小于 1 亩的小班(重点怀疑对象);是否有漏项、错项(县名、县代码、乡名、乡代码、村名、村代码、小班号)。

(二)矢量化

小班矢量化步骤如下:

第一步,启动 ArcMap,先加载 SPOT 5 卫星影像数据,然后加载某乡的面状、线状图层,以及 DLG 数据;对影像数据的颜色进行处理。

第二步,选择目标图层,右击,选择“属性”,在出现的对话框中选“符号”、“类别”、“唯一值”,“值”字段选村,点击“添加全部值”。

第三步,选择“标注”,标注字段可以用“村 & 小班号”这个表达式来表示。

第四步,在矢量化时以村为单位进行,逐村矢量化。矢量化时将村面镂空,把影像图显示出来。应在 1:5 000 或 1:6 000 的比例尺下矢量化。

第五步,在矢量化面状小班时,任务栏选“剪切多边形要素”,目标栏选面状图层。

第六步,如果几个小班连在一起,可以把它们一起剪切,然后在剪切后的面中各个剪切出来;剪切出来的小班,属性表中带有县、乡、村名称以及代码,只需要输入小班号即可;小班号2位以上,1~9的小班,输成01~09。

第七步,线状小班的任务是“新建要素”,画完后把县、乡、村名称以及代码,宽度、小班号输入,小班号2位以上,1~9的小班,输成01~09。

第八步,面状小班如果为村庄、乡镇或者城镇,小班属性“备注”栏必须标注“村庄”、“乡镇”或者“城镇”字样;如果调查时没有编号的,在输入图时村庄编号为S1,乡镇编号为S2,县城编号为S3,剩余小班编号为“S”。

第九步,面状小班一个村或一个乡矢量化后,要进行拓扑检查,拓扑的规则是“不能重复”、“不能有缝隙”。

第十步,面状小班还要打开属性表,按面积排序看看是否有面积为“0”的,如果有将其删除,另外还要查找一下面积小于1亩的面,该合并的一定要合并。

第十一步,检查一下是否有漏输、重复的小班。

第十二步,线状小班在输入县、乡、村名称时最好从面状图层的属性表中复制过来,这样可以节省时间,减少错误。

(三)图、表查错

1. 图层拓扑操作

图层拓扑检查步骤如下:

第一步,建立拓扑。在二类调查小班图录入完毕之后,必须进行拓扑检查(图面逻辑错误纠正)。在ArcMap程序中点击图标打开ArcCatalog,找到录入小班的数据库所在文件目录,在右侧内容栏中的空白处点击鼠标右键新建拓扑,默认下一步的操作后直到出现选择窗口;一般针对面状图进行拓扑,选中面状图图层,默认下一步操作后出现定义拓扑规则窗口,根据具体情况添加规则,我们选择“不能重叠”与“不能有缝隙”两项,然后点击完成,即建立了面状图拓扑关系。

第二步,拓扑检查。在ArcMap中添加建立好的拓扑,确认添加所有的要素后即打开了面状图及拓扑图层。在菜单栏空白处点击鼠标右键调入拓扑工具栏,在拓扑检查前把图层改为编辑模式,拓扑工具栏中的各类选项会相应地变黑,选择其中的“完整拓扑校验”对面状图进行检查,出错的区域会以红色标出;出现错误后需要根据情况逐个修改,禁止随意删除合并放大出错的区域。选择修复拓扑错误工具,在错误区域的边界上点击鼠标右键,出现操作窗口,选择新建要素,然后再进行合并或者其他处理。

2. 小班属性表检查

1)漏填项检查

按照要求填写小班属性之后,必须保证所有小班的完整性,首先是各个必填项的检查,在面状图层上点击鼠标右键,打开属性表,点击选项,打开“通过属性选择”,在弹出的菜单窗口中,上面栏是属性库中各字段名,中间为字段中唯一值内容,下面为条件输入窗口,双击[省]字段,点击“得到唯一值”,在中间栏中出现了两个数据,说明此项数据填写有误,需要选择出来单独进行修改,步骤如下:双击[省],点击“=”,点击中间栏中的”,点击or,再重复上述步骤,选择中间栏的“河南省”,最后在下面栏中得出的公式应为:[省] =“or [省] =‘河南省’。含义为选择了省为”和省为河南省的属性数据,然后点击应用。回到小班属性表中,选择的小班会高亮绿色,此时点击中间下方的“选中的”,仅针对选中数据操作,这样不会影响到其他的属性小班。然后在相应字段上点击鼠标右键,我们在“省”字段上面操作,选择“计算值”,在弹出菜单中下方的空白栏中输入“河南省”,必须是在英文输入模式下的双引号。同样的办法检查市、县、乡、村,乡代码、村代码、小班号,不能有任何的不唯一代码,否则无法正常连接二类小班程序数据库。小班图中的号码和表中的号码一定要一致,如果表中的小班号为“01”,那么图中的也一定要为“01 ”,而不能是“1”,此类的错误一定要认真检查。还有一些小班号输入过程中会误操作有空格或其他错误,比如“0　1”和“01 ` ”,这样的错误不用数据库查是无法找到的,所以在输入完毕后一定要反复的检查核实,保证数据库的正确。

如果把小班号 1 ~9 改为 01 ~09 可以这样操作:打开图层的属性表,通过属性选择,在弹出的对话框中写入 len([小班号]) =1,这样把长度为“1”的小班全部选中,点击“应用”,点击属性表的“选中的”,右击属性表中的“小班号”项选择“字段计算值”,在弹出的对话框中输入公式“0” + [小班号],“确定”即可。

如果把县、乡、村等前后的空格去掉可以这样操作:打开图层的属性表,例如选中“村”这项,右击属性表中的“村”项选择“字段计算值”,在弹出的对话框中输入公式 Trim([村]),“确定”即可。同理也可以去掉县、乡的左右空格。

2)小班面检查

在画面状小班的时候,经常会出现一些误操作,比如误切割了面但是没有找到,这样在检查的时候经常出现错误。打开小班属性表,在 shape_area 字段上点鼠标右键,选择升序排序,找出排序在前面积小于667 m^2 的小班逐个检查,选中小面积小班,该小班变成绿色,然后在菜单选择中点击缩放到选中的要素,检查该小班是否为尖角或者其他误操作,核实后再进行操作,切忌盲目合并。确认修改正确后请及时保存编辑。

3)小班号冗余检查

在标注小班的过程中,难免会重复输入小班号,检查时很麻烦。我们可以使用数据库统计的办法。打开图层属性数据库,在非编辑状态下点击选项,选择添加字段,命名为“冗余查错”,类型选择”Text”文本型,长度定为50。然后找到冗余查错字段,点击鼠标右键,打开“计算值”,计算值 = 乡名 + 村名 + 小班号,方法为双击乡、点击“ + ”号、双击村　、点击“ + ”号、双击小班号,在下面空白栏中出现公式“[乡] + [村] + [小班号]”,确定后在属性表中就生成了字符串。停止编辑并保存编辑,然后继续在字段上点击右键,点击总结,按照初始的设置确定,把生成的表添加到当前地图。右键打开生成的统计输出表,检查 Count 属性内容,大于1 的都是标注重复的小班号,需要修改。按照如此的步骤逐步查找并直到修改完全正确。

(四)单位代码导出

单位代码库可以用 ArcGIS 从各县的行政区划图的属性表中导出,用 Excel 整理后再导入到程序中。

1. 乡代码导出

在 ArcMap 中打开地图(如:登封市____村),选中小班面或村面图层,点击右键,点击打开属性表,选择“总代码”点击右键→计算值,在出现“字段计算器”的对话框中的“总代码 =”栏中输入公式[县代码] + [乡代码] +"000",点击确认;在停止编辑状态下,选中属性表的“总代码”字段,右击鼠标,选择 Summarize,在出现的对话框中选择乡→第一前方框打√→确定,在出现把结果表添加到当前地图中的对话框中打开此表,在此属性表对话框中选

“选项或 Options” →“输出或 Export”,选择输出文件的路径、名称及类型(DBF)。

2. 村代码导出

在 ArcMap 中打开地图(如:登封市____村),选中小班面或村面图层,点击右键,点击打开属性表,选择“总代码”点击右键→计算值,在出现“字段计算器”的对话框中的“总代码=”栏中输入公式[县代码] + [乡代码] + [村代码],点击确认;在停止编辑状态下,选中属性表的“总代码”字段,右击鼠标,选择 Summarize,在出现的对话框中选择村→第一前方框打√→确定,在出现把结果表添加到当前地图中的对话框中打开此表,在此属性表对话框中选“选项或 Options” →“输出或 Export”,选择输出文件的路径、名称及类型(DBF)。

3. 整理

可以从程序的代码管理中输出一个有表头的代码表(TXT),用 Excel 把前两步生成的 DBF 文件打开,整理成与代码表一样的格式,通过复制、粘贴到代码表中,保存;利用软件的代码管理功能把新生成的单位代码表导入即可。

二、空间数据库与属性数据库连接

在图面数据拓扑检查、错漏项、冗余项检查完以后,需要把空间数据库与属性数据库连接,查找图面上有的小班看看属性表中是否漏了,同理可以看看属性表中有的小班图面上是否漏了。

第一步,运行河南省森林资源规划设计调查信息管理系统,选择小班卡片管理→全部森林小班→在弹出的对话框选“导入/导出”→另存为 DBF 并带有表头→用 ArcMap 加载此数据库文件→打开此数据库文件→选项→添加字段名为 IDD,字段类型为 TEXT,长度为 50→计算 IDD 的值为“[XIANG] + [CUN] + [XB]”。

第二步,在 ArcMap 中把面状、线状图层都加载,并分别建 IDD,字段类型为 TEXT,长度为 50,计算 IDD 的值为“[乡] + [村] + [小班号]”。

第三步,先分别以图(线状或面状)为标准连接表中数据,在图层上点鼠标右键,弹出菜单中选择“连接和关联”,点击“连接”,第一项选择之前图中生成的 IDD 字段,第二项选择程序生成的 DBF 文件,第三项选择 DBF 文件中的 IDD 字段,点击确定,完成数据库的连接;再打开图层属性表,此时的内容已经发生变化,经过 IDD 号连接后,程序中输入的内容已经全部导入到图层属性库中,这样可以把图中的 IDD 和表中的 IDD 都冻结在属性表的前面。以表中 IDD 进行排序比较,如果图中 IDD 有值而对应行的表中无值,说明图中有该小班而表中没有,然后看看是图上多了还是表中少了。

第四步,以表为标准连接图中数据,在表上点鼠标右键,弹出菜单中选择“连接和关联”,点击“连接”,第一项选择之前表中生成的 IDD 字段,第二项选择面状图层文件,第三项选择面状图层文件中的 IDD 字段,点击确定;继续在表上点鼠标右键,弹出菜单中选择“连接和关联”,点击“连接”,第一项选择之前表中生成的 XX 表_IDD 字段,第二项选择线状图层文件,第三项选择线状图层文件中的 IDD 字段,点击确定。把表中 IDD、面状图 IDD、线状图 IDD 都冻结,放在一块,以面状图 IDD 和线状图 IDD 排序,如表中 IDD 有值而线状图和面状图的 IDD 无值,说明表中有此小班而图中没有;如果表中的 IDD 同时对应的面状图和线状图的 IDD 都有值,说明此小班在线状图和面状图中都有,这是错误的。

第五步,如果图、表连接无误后可以把图中的面积导入到表中,也可以把表中的地类、林种、树种等因子导入到图中。

三、成果输出

（一）报表输出

根据用户需要，可以通过GIS生成所需要的统计报表。例如，根据2003年森林清查样地资料，计算出各省辖市林木和森林覆盖率（见表18-3）。

表18-3 林木、森林覆盖率 （%）

统计单位	林木覆盖率	其中		
		森林	灌木林地	“四旁”树木折算
全省	22.64	16.19	3.58	2.87
郑州	11.80	6.28	1.05	4.48
开封	10.53	6.43		4.10
洛阳	38.78	30.77	5.58	2.42
平顶山	20.87	17.41	1.42	2.04
安阳	14.00	5.24	5.24	3.52
鹤壁	15.03	5.15	7.35	2.53
新乡	13.71	5.78	5.59	2.34
焦作	22.38	7.29	12.55	2.54
濮阳	5.98	2.28		3.70
许昌	12.01	8.01		4.00
漯河	9.88	5.95	0.60	3.34
三门峡	42.95	26.90	14.75	1.31
南阳	32.59	27.65	2.95	1.98
商丘	16.07	10.90		5.17
信阳	25.31	19.56	3.78	1.97
周口	14.11	9.68		4.43
驻马店	13.82	9.04	1.81	2.97
济源	37.77	29.17	7.50	1.10

(二)地图制作

1. 基本图

基本图是反映调查单位或区域的自然、地理、社会经济要素的基本图面资料,是森林资源分布图和森林分类区划图以及其他林业专题图的编绘原图。结合河南实际情况和需求调整图面信息。

(1)乡名、村名、小班号、面积(Double,双精度型)、地类、林种、树种(text,10,文本型,10位)、郁闭度(float,浮点型)。

(2)乡界、村界、小班界、等高线、高程点、河流、水库、湖泊、铁路、高速公路、国道、省道、县道、乡村道。

(3)图头:××县(区、市)××乡(镇)20××年基本图。

(4)图廓、图例、比例尺、经纬线等。

2. 林相图

根据小班调查材料,以乡(林场)为单位绘制。林相图的主要特点是按不同的地类、优势树种、龄组分别着绘不同的颜色。因此,林相图能清楚地反映整个单位的地物、地类以及森林按优势树种及龄组的分布特征。

除基本图包括的信息外,增加了其他字段,如龄组(text,2)、起源(text,4)、郁闭度(float)。

3. 森林分布图

以林相图为基础,以县(市、区、场)为单位绘制。除不绘制小班界和等高线外,其余均与林相图、森林分布图的着色相同,有林地按综合后的地块上的优势树种和其龄组着色。另外,要清绘各种地类界。

第四节　"3S"集成技术

一、"3S"集成原理

"3S"是中国科学家根据GPS、GIS、RS字尾均有一个S,而这三者关系日趋紧密结合而集成的一个对地观测、处理、分析、制图和管理的系统。国外科学家也认为GPS、GIS、RS的结合与集成是从整体上解决空间对地观测的理想手段,但很不习惯、不理解中国式的"3S"。两院院士李德仁教授曾提出过"5S"概念,是在已有"3S"概念的基础上加入ES(专家系统)和DPS(数字摄影测量系统)。毫无疑问,全站仪、电子罗盘、惯性测量系统等都是一定条件下采集空间数据的有效手段。因此,对于"3S"的理解必须建立在广义的基础上,包括GPS在内的一切定位、测量手段和多平台、多波段、高分辨率的RS数据,通过含有ES系统的GIS,实现空间数据的自动采集、编辑、管理、分析、制图,进而为一切与地学科学相关的行业服务,实现地学信息的实时、自动、数字、智能化的应用,为各行业的预测和决策服务。因此,"3S"不是GPS、GIS、RS的简单组合,而是将其通过数据接口严格地、紧密地、系统地集成起来,使其成为一个大系统。RS与GIS、RS与GPS、GIS与GPS的两两集成已有很多先例,"3S"集成并不多见。河南省林业调查规划院成功集成了"3S"技术,并在河南林业生产中广泛应用。近年来,全世界地学界风靡的新词Geomatics一定意义上就是中国科学家大谈的

“3S”集成，尽管目前尚无一个权威的 Geomatics 的中文译名，但 Geomatics 的核心思想就是“3S”，它也是数字地球的重要技术和基础手段。无疑，“3S”在资源与环境调查、监测、评价中，以及在社会经济发展中具有广阔的应用前景。

二、RS 与 GIS 的集成

（一）RS 为 GIS 提供信息源

早期利用摄影测量像片或 RS 卫星图片，经纠正、处理，形成正射影像图，进一步目视判读之后，可编制成各种专题图，这些图片经过扫描或手扶跟踪数字化之后成为数字电子地图，进入到 GIS 中，实现多重信息的综合分析，派生出新的图形和图件。例如规划图、土壤图、交通图、水系图、植被图、森林资源分布图等。

比较理想的 RS 作为 GIS 的数据源是将 RS 的分类图像数据直接顺利地进入 GIS 中，经过栅矢转化形成空间矢量结构数据，满足 GIS 的多种应用和需求。

（二）GIS 为 RS 提供空间数据管理和分析的手段

RS 信息源主要来源于地物对太阳辐射的反射作用，识别地物主要依据于 RS 量测地物的灰度值的差异，实践中出现“同物异谱”和“同谱异物”的现象是可能的，从单纯的 RS 数字图像处理，这类问题解决难度较大，若将 GIS 与 RS 结合起来，此类问题就易于解决。如 GIS 将地形划分为阳坡、阴坡、半阴半阳坡及高山、中山、低山，配合 RS 进行地表植被分类，就能获得很好的效果。

三、RS 与 GPS 的集成

从 GIS 的需求来看，RS 和 GPS 都是有效的数据源，GPS 数据精度高，数量较少，侧重提供特征点几何信息，发挥定位和导航功能，当 GPS 操作者到达实地时，还能明确地物的属性；而 RS 则数据量很大，数据精度低，侧重从宏观上反映图像信息、几何特征。将 RS 与 GPS 有机地结合起来，可以实现定性、定位、定量的对地观测。DGPS 实时数据实时进入 RS 系统，实时显示、纠正、校正 RS 图像，已不是难题。利用 GPS，可以实现 RS 卫星姿态角测量、摄影测量内外定向元素测定、航测控制点定位、RS 几何定位点定位、数据配准、样地定位、同步地物光谱值测地定位等。

四、GIS 与 GPS 的集成

这是最常见、最有发展前景的集成，也是易于实现的集成。这种集成的基本思路是把 GPS 的实时数据通过串口直接进入 GIS 中，在数字电子地图上实现实时显示、定位、纠正，线长、面积、体积等空间位态参数的实时计算及显示、记录。至于一些显示、计算，在 GIS 二次开发中也很容易实现，可参考有关高级用户手册进行。

五、“3S”集成

“3S”的综合应用是一种充分利用 GPS、GIS、RS 各自的技术特点，快速、准确而又经济地为人们提供所需要的有关信息的新技术。其基本思想是利用 RS 提供的最新的图像信息，利用 GPS 提供图像信息中的“骨架”位置信息，利用 GIS 为图像处理、分析、应用和数据管理提供技术手段，三者一起紧密结合可为用户提供精确的基础材料（图件和数据）。

图 18-7 为“3S”集成技术在河南森林资源与生态环境监测中应用的技术路线图。

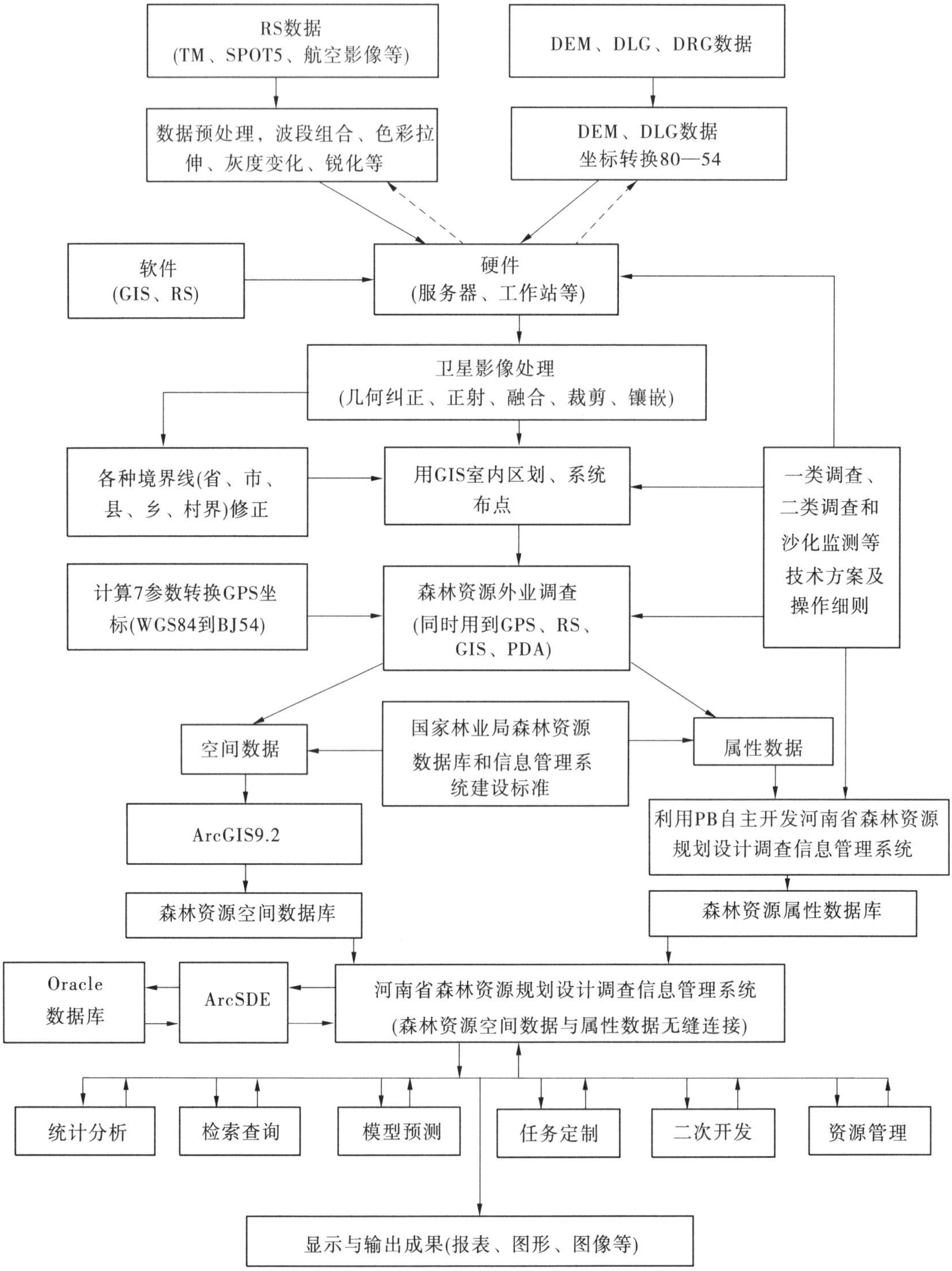

图 18-7　“3S”集成技术在河南森林资源与生态环境监测中应用的技术路线图

第十九章　林业建设项目管理

第一节　项目概论

一、项目概念及分类

（一）项目的概念

投资项目是在规定的期限内，为完成某项或某组开发目标而独立进行的投资活动。项目包含三方面的含义：首先，投资项目是一个过程。作为一个具体的工程项目，包含了立项、评估、设计、开工、施工、竣工、运行等一系列过程，完成从"资产投入"至"效益产出"的一个完整的循环。其次，投资项目是一个体系。它不但包含资金筹措，而且包括建设管理、机构设置、运营管理、效益管理等，其实就是生产与扩大再生产的一个复杂体系。再次，就项目内部来说，包括该项目的建筑、机器设施、资源供应、人员构成、组织机构、管理运行模式等各个方面，是国民经济的构成单元。

（二）项目的特征

一是在一个设计任务书范围内进行施工，每个建设项目各自有一个设计任务书，各是一个独立的整体。它根据批准的设计任务书编制独立的总体设计或初步设计，编自己的建设总概算。

二是经济上实行统一核算。建设项目有权根据批准的建设计划取得建设资金，能够对建设资金的收支和建设成本进行统一核算与管理，并按规定单独编制财务决算和竣工决算；有权与其他企业或单位签订经济合同和建立经济往来；有权与银行建立拨款、贷款、结算等关系。

三是行政上有独立组织形式实行统一管理。每个基建项目在行政上有独立的组织机构，有权管理项目设计所规定的各项工程，是负责编制和执行基本建设计划的基层单位。

（三）项目的分类

按照性质划分，可分新建项目和改、扩建与更新改造项目两大类。改、扩建与更新改造项目是指改建、扩建、恢复、迁建及固定资产更新和技术改造项目。

按照经济用途划分，可分为经营性项目、非经营性项目。

对林业行业来说，经营性项目主要指木材及林副产品加工、经济林种植等收益比较好的项目，主要特征是投资能回收，在投资来源上主要利用政策性贷款（含国际银行组织贷款）、龙头企业扶持（含结构调整资金）、社会资金及企业自筹等。这类项目如不使用政府投资，一律不再实行审批制，区别不同情况实行核准制和备案制；使用政府补助、转贷、贴息投资的，政府只审批资金申请报告。

非经营性项目主要指涉及公共安全的国土绿化及为其服务的基础设施建设项目。"十五"以来，我国的主要"六大"林业工程中，有五项是非经营性项目。这类项目主要依靠公共财政支出建设,要严格执行基本建设程序,逐级审批。

按照建设规模划分,可分为大型项目、中型项目和小型项目。按照目前的划分标准,我们把总投资5 000万元以上的经营性项目和总投资3 000万元以上的非经营性项目作为大中型项目,其他作为小型项目。

建设项目依据不同的分类标准,还有多种分类,不再详述。

二、基本建设程序及审批权限

(一)基本建设程序

基本建设程序是指一个建设项目从酝酿提出到该项目建成或投入生产使用的全过程,各阶段建设活动的先后顺序和相互关系的法则。项目建设程序也就是我们通常所说的"基本建设程序"。项目建设程序随着经济体系的发展在不断地发展和完善。

1995年建设部发布的《工程建设项目实施阶段程序管理暂行规定》中,建设项目实施可大体分为建设前期、施工准备、施工和竣工验收四个时期,其中建设前期包括编制项目建议书、可行性研究和勘察设计工作等。目前,我国基本建设程序的主要阶段有项目建议书阶段、可行性研究报告阶段、编制设计文件阶段、建设实施阶段和竣工验收阶段。林业建设项目,目前有两种说法:一种认为基本建设项目由七个阶段构成,即项目建议书阶段、可行性研究报告阶段、设计阶段、建设准备阶段、建设实施阶段、竣工验收阶段、项目后评价阶段;另一种认为基本建设项目由八个阶段构成,即项目建议书阶段、可行性研究报告阶段、设计工作阶段、建设准备阶段、开工阶段、施工阶段、竣工验收阶段、后评估阶段。两种说法的区别只在于前一种说法把后一种说法的"开工阶段"和"施工阶段"合并成了"建设实施阶段",对于大中型建设项目,"开工阶段"有详细要求。笔者认为基本建设程序有七个阶段(即第一种说法)比较切合林业建设实际。

鉴于林业建设项目后评估办法尚未出台,目前也没有开展这项工作,所以本章主要讲解项目建议书阶段、可行性研究报告阶段、设计工作阶段、竣工验收阶段等四个阶段。

(二)审批权限

按照《国务院关于投资体制改革的决定》的要求,对于企业不使用政府投资建设的项目(大部分是经营性项目),一律不再实行审批制,区别不同情况实行核准制和备案制。其中,政府仅对重大项目和限制类项目从维护社会公共利益角度进行核准,其他项目无论规模大小,均改为备案制,项目的市场前景、经济效益、资金来源和产品技术方案等均由企业自主决策、自担风险,并依法办理环境保护、土地使用、资源利用、安全生产、城市规划等许可手续和减免税确认手续。对于企业使用政府补助、转贷、贴息投资建设的项目,政府只审批资金申请报告。

国家林业局直属单位建设项目(简称直属单位项目)的项目建议书、可行性研究报告直接报国家林业局审批(或初审),各省(自治区、直辖市)、森工集团的项目(简称地方项目)的项目建议书、可行性研究报告必须经省级林业主管部门审核后报国家林业局。其中,大中型项目的项目建议书、可行性研究报告经国家林业局初审后报国家发展和改革委审批;小型项目可行性研究报告由国家林业局审批。大中型建设项目的初步设计由国家发展和改革委或国家发展和改革委委托的部门审批;直属单位的小型林业建设项目初步设计(实施方案)由国家林业局审批;地方小型林业建设项目初步设计(实施方案)由省级林业主管部门审批，报国家林业局备案。

至于项目的年度实施方案、作业设计等，没有明确规定。由省级林业主管部门根据不同类别项目的建设特点，指定或委托相关单位审批。

三、建设项目管理

根据国家林业局颁布的《林业固定资产投资建设项目管理办法》，各级林业计划机构是林业建设项目的主管部门，其他业务机构按照各自的职责分工参与林业建设项目的管理工作。

大中型项目必须由项目建设单位（也可委托有相应工程咨询资质的机构）编制项目建议书，小型项目可以直接编制项目可行性研究报告，但必须由具有相应工程咨询资质的机构编制。建设单位根据批准的项目可行性研究报告组织编制初步设计文件，初步设计必须委托具有相应工程设计资质的机构编制，单纯购置类项目可以不编制项目初步设计，由建设单位在可行性研究报告的基础上直接编制项目实施方案。

这里说的"相应资质"，应分两个层次理解。第一层意思是资质的范围，所有项目设计文件，根据建设内容，委托具有该项设计资质的单位进行设计。譬如建设内容涉及建筑工程的项目设计，设计单位应该具有建设部门颁发的资质；涉及林业本地资源调查的项目设计，必须具有林业部门颁发的规划设计资质。第二层意思是资质的等级。一般上报国家林业局的项目可行性研究报告，应该委托具有甲级资质的设计单位进行设计。

建设项目一经批准，必须严格按照审批文件执行，各级林业主管部门和建设单位不得擅自变更项目建设地点、建设性质、建设单位、建设内容，降低工程质量，增加或压缩投资规模等。

项目实施过程中确因客观原因造成部分建设内容、建设标准、建设规模需要调整的，应按以下程序进行：概算总投资超过可行性研究报告审定的估算总投资的10%的，应当重新报批可行性研究报告，由原可行性研究报告批准部门重新批准后，按新批准的可行性研究报告重新编制初步设计，按规定的程序报批；由于建设地点变更以及建设标准、建设规模、建设方案发生变化，确需调整的项目，由建设单位提出调整方案，按规定的程序报原可行性研究报告批准部门批准后方可进行建设；因设计变更、项目建设地点和项目实施环境变化等原因，确需调整部分项目子项，在总投资不超过可行性研究报告审定的总投资情况下，由建设单位提出调整方案，按规定程序报原初步设计审批部门批准后实施。

以下介绍项目建设中的几个制度。

（一）建设项目法人责任制

1996年，国家计委制定了《关于实行建设项目法人责任制的暂行规定》，要求国有单位经营性基本建设大中型项目在建设阶段必须组建项目法人。非经营性建设项目，必须实行建设项目法人制。按照国家林业局的要求，除森林防火、公安基础设施等类建设项目可由国家行政机关法人担任项目建设法人外，其他建设项目不能由国家行政机关法人担任项目建设法人。

实行项目法人责任制后，由项目法人对项目的策划、资金筹措、建设实施、生产经营、债务偿还和资产的保值增值，实行全过程负责。

（二）招投标制度

林业建设项目的勘察、设计、施工、监理和与工程建设有关的重要仪器、设备、材料的采购，应当按照《中华人民共和国招标投标法》的规定进行招标。符合下列条件之一的林业建设项目必须进行公开招标：施工单项合同估算价在200万元（含200万元）以上的；仪器、设备、材料采购单项合同估算价在100万元（含100万元）以上的；勘察、设计、监理等服务的采购，单项合同估算价在50万元（含50万元）以上的；单项合同估算低于以上规定的标准，但项目总投资额在3 000万元（含3 000万元）以上的。

这里需要说明的是，根据国家林业局颁布的《林业固定资产投资建设项目管理办法》，勘察、设计、监理等服务应公开招标的投资标准与《中华人民共和国招标投标法》的规定一致，所以在编制由国家林业局审批的项目设计（尤其是可行性研究报告）时，按“勘察、设计、监理等服务的采购，单项合同估算价在50万元（含50万元）以上”的标准执行。《河南省实施〈中华人民共和国招标投标法〉办法》中规定，“勘察、设计、监理等服务的采购，单项合同估算价在30万元人民币以上的”应公开招标，所以在编制由河南省的有关部门审批的项目设计（尤其是可行性研究报告）时，勘察、设计、监理等服务的招标标准按30万元执行。

招标方式分为三大类。

1. 公开招标

公开招标又称无限竞争性招标，是指招标单位以在报刊、广播、电视等新闻媒体发布招标广告的形式进行公开招标。按照招标、开标、评标和定标的程序选择承包商。

2. 邀请招标

邀请招标也称有限竞争性招标，是指招标单位向预先确定的若干家承包单位发出投标邀请函，并说明招标工程的内容、范围和实施条件等，邀请招标竞争。被邀请竞标的承包商同意参加竞标后的其他工作程序与公开招标相同。邀请招标的邀请对象一般为5～10家，但不能少于3家。

3. 议标

议标是指业主指定少数几家承包商，分别就承包范围内的有关事宜进行协商，直到与某一承包商达成协议。由于此种方式缺乏竞争性，因此一般不宜采用。议标方式仅适用于不宜公开招标或邀请招标的特殊工程，而且需经建设行政主管部门批准后方可采用。

对达不到招标标准的基建项目及设备（材料）采购，要由计财、纪检、审计、设备（材料）使用等部门选派人员组成建设项目管理或设备（材料）采购小组，建立内部制约机制。确需邀请招标或不进行招标的必须经可行性研究报告审批部门批准。

（三）监理制

列入国家规定监理范围即可行性研究报告批复文件中含有监理费的林业建设项目，建设单位应当委托具有相应资质等级的工程监理单位进行监理。监理单位应当根据有关工程建设的法律、法规、规程、工程设计文件和施工、设备监理合同以及其他工程建设合同，对工程投资、工期和质量等内容进行控制。未经监理工程师签字，建筑材料、建筑构配件和设备不得在工程上使用或者安装，施工单位不得进行下一道工序施工。未经总监理工程师签字，建设单位不拨付工程款，不进行竣工验收。

建设监理是指社会建设监理单位受业主（即项目法人，下同）委托和授权，依法对其工程项目建设活动实施监理，即为业主进行项目管理。业主与监理工程师的关系是委托与被委托的经济法律关系，双方通过合同来确定双方的权利与义务。业主与承包商的关系是发包与承包的经济法律关系，双方按照合同各负相应的权利与义务。监理工程师与承包商的关系是监理与被监理关系，不存在经济法律关系。承包商按照合同要求和监理工程师的指示施工；承包商随时接受监理工程师的监督管理；监理工程师在业主所委托的权限范围内指导检查承包商履行合同情况。

（四）资本金制度

所谓资本金，是指在建设项目总投资中，由建设单位或者建设单位的财政主管部门认缴的出资额，是非债务性资金，投资者可按其出资的比例依法享有所有者权益。

资本金占总投资的比例，对林业项目的要求是在20%以上。按照国家林业局近几年的项目批复情况，基本上西部地区是20%，中东部是40%。根据《中共中央、国务院关于促进中部地区崛起的若干意见》（中发［2006］10号）精神，中部地区的国家级贫困县、革命老区的建设项目可以参照西部地区执行20%的标准。

也就是说，河南省的林业建设项目，地方配套或建设单位自筹资金的比例，一般地区是40%以上（含40%），享受西部优惠政策的县（市、区）是20%以上（含20%）。

（五）代建制

所谓“代建制”，是指政府主管部门对政府投资的基本建设项目，按照使用单位提出的建设功能要求，通过公开招标选定专业的工程建设单位（以下简称代建人）并委托其进行项目可行性研究、环境评估、规划设计、项目报审以及项目施工的招投标和材料设备采购等整个建设过程；代建人利用自身的专业优势统筹建设安排，对项目的工期和质量等进行科学的、严格的管理，全面实现优质高效，使政府投资效率最大化；在项目建成后再将其移交给使用单位的项目管理方法。工程“代建制”是世界上一种比较先进和成熟的项目法人运作方式。而在我国是遵循社会主义市场经济规律对政府投资项目进行优化管理的重要举措和新的尝试。

目前，代建制在河南省林业系统尚未开展。国家范围内有部分行业已经开始试点。

四、国家林业建设项目投资方向

目前，林业固定资产投资资金来源主要分为中央预算内林业专项（国债）投资（我们经常说的“国债投资”）和中央预算内林业固定资产投资（我们常说的“中央基建投资”）。

（一）关于中央预算内林业专项（国债）投资的方向及申请程序

目前，国债投资主要用于天然林保护工程、退耕还林工程、京津风沙源综合治理工程、“三北”等防护林建设工程、自然保护区建设工程、湿地保护与恢复工程、森林重点火险区综合治理项目、林木种苗项目和森林危险性病虫害防治项目。其中，天然林保护工程、退耕还林工程、京津风沙源综合治理工程、“三北”等防护林建设工程的投资，由国家根据国务院批准的工程实施方案或规划，在与各省协商的基础上确定年度投资计划，不需要单独再申请国家审批项目可行性研究报告。

对于自然保护区建设工程、森林重点火险区综合治理项目、林木种苗项目、湿地保护与恢复工程及森林病虫害防治项目，需要单独编制项目可行性研究报告，按基本建设程序报批。其中，自然保护区建设工程投资目前仅用于国家级自然保护区的基础设施建设，对于野生动植物的保护繁育以及非国家级自然保护区的湿地保护和恢复项目，目前基本是按此办法执行。这类项目的组织方式是一个自然保护区编制一个项目可行性研究报告。

森林重点火险区综合治理项目投资仅用于国家林业局规划的重点火险区。此类项目的组织方式是以一个重点火险区编制一个项目可行性研究报告,项目建设规模根据规划的重点火险区范围(主要体现火险等级高的县集中连片综合治理),有的是一个地区一个项目,有的是几个地区一个项目。

林木种苗项目,目前的投资方向主要是林木良种基地和采种基地建设。项目的组织方式是一个项目编制一个可行性研究报告。

森林病虫害防治项目,目前主要用于森林病虫害的预防和防治工程。项目多以省为单位,一个省编制一个项目可行性研究报告,少数特殊物种或特定地区的有害生物防治可以省辖市或特殊区域为范围编写可行性研究报告。少量投资用于生物制药项目,一个项目编制一个可性行研究报告。

(二)关于中央预算内林业固定资产投资项目的方向

2003~2006年,中央预算内林业固定资产投资项目的建设重点为:

(1)全国重点防护林工程规划内的区域性封山育林项目。

(2)村屯"四旁"植树和农田防护林建设项目。

(3)森林经营示范、珍贵树种培育示范、防沙治沙综合示范区建设项目。

(4)国家重点实验室、生态定位站等林业科技教育基础设施建设项目。

(5)野生动植物保护监管站、重点地区森林防火物资储备库、全国森林公安重点治安区装备、森林植物检疫隔离试种苗圃等森林保护设施建设项目。

(6)基层林业基础设施建设项目,包括重点县林业工作站、全国一级木材检查站、重点县科技推广站建设等。

(7)国有林区森工非经营性基本建设项目。

(8)国家林业局直属事业单位基础设施建设项目。

中央预算内林业固定资产投资项目由建设单位(项目法人)提出项目申请,上报省级林业主管部门、森工集团(公司)。各省级林业主管部门、森工集团(公司)根据本地区林业发展规划和工作实际需要,组织对项目进行筛选、汇总,提出审核意见并对同类项目排序后,以厅(局)、集团(公司)的计(计财)字号文件上报国家林业局。各计划单列市和国家林业局直属事业单位建设项目由各单位直接行文上报国家林业局。

除区域性封山育林、村屯"四旁"植树、农田防护林建设项目、森林经营示范、珍贵树种培育示范、防沙治沙综合示范区建设项目需依据国务院或国务院有关部门批复的总体建设规划组织实施外,中央林业固定资产投资的其他所有类别项目均需严格履行国家基本建设程序,按项目管理,并委托有相应资质的设计单位编制项目可行性研究报告,逐级报批立项。

其中,野生动植物保护监管站、重点县林业工作站、全国一级木材检查站、重点县科技推广站、重点地区森林防火物资储备库、全国森林公安重点治安区装备、重点地区林木种苗质量检验专业装备等基础设施建设项目,以省为单位,统一打捆组织编制、报批项目可行性研究报告;其余所有类别的中央预算内林业固定资产投资项目,均按项目独立编制、报批项目可行性研究报告。

在国家林业建设投资中,不需要编制可行性研究报告的项目,省林业厅根据国家有关规划确定的建设范围和建设任务,确定年度投资计划,待国家林业局批准后,按国家林业局下达的年度投资计划和建设任务实施。需要编制可行性研究报告的建设项目，根据国家林业投资方向和重点，由建设单位组织编制可行性研究报告，按相关程序报批，并按年度投资计划进行建设。

国家林业建设项目的投资重点和方向，根据不同时期、不同年份的特点，会及时有所调整，各级林业部门应及时了解当年国家林业局发布的投资重点和方向，按要求准备相应项目材料。

五、林业项目存在的主要问题

（一）项目前期工作中存在的主要问题

总体上看，建设单位及其主管部门对项目前期工作重视不够，普遍存在前期工作达不到深度要求的情况。具体表现有以下几个方面：

（1）不认真学习国家关于固定资产投资方向的有关规定，许多建设单位不是把精力放在保护和发展林业生产力上，而是热衷于新建楼堂馆所，从项目申请方向上与中央关于严格控制楼堂馆所的规定不符。

（2）设计单位不按国家规定的建设标准和建设规范把关，建设单位怎么要求，设计单位就怎么做，没有真正地负起设计单位应负的责任。

（3）项目法人的确定不符合有关规定。通常，项目法人应是能独立承担法律责任的事业单位或企业，一般情况下不能以行政法人作为项目法人，对于企业法人申请的项目，要特别注意是否经营性项目。

（4）项目法人与建设地点的关系不明确。如种苗站作为建设法人，但项目实施地点是在某林场，两者之间没有所属关系，必须签订相关协议。涉及租地建设的也要有相关协议。（特别要注意的是，在可行性研究阶段要求的只是意向性协议，不要求签订合同，如签订了合同，一旦国家没有批准此项目，势必会造成合同纠纷。）

（5）设计单位在设计项目时缺乏依据。项目设计一般要依据相关建设标准，在这方面，国家林业局先后出台了《自然保护区工程项目建设标准》、《森林重点火险区综合治理工程项目建设标准》、《林木种苗工程项目建设标准》、《森林病虫害综合治理工程项目建设标准》等，国家在办公用房、道路、给排水、医院、学校等方面都有建设标准，因此设计单位在设计项目建设规模时，必须依据相关建设标准。

（6）项目可行性研究报告中缺少相应的附件。如项目的位置图、布局图；自有土地缺少相关土地证或林地林权证，需要征地的项目缺少地方土地部门的预审意见；需要地方配套的项目缺少地方配套资金证明，等等。

（二）在项目建设过程中存在的主要问题

总体上看，许多单位存在重项目争取、轻项目运行管理和监督管理的问题，反映了林业行业对基本建设管理程序意识淡漠、管理不善、自行其是的问题。2004 年 11 月，国家林业局在北京举办了“项目管理及标准宣贯班”。根据会议上通报的情况，近年来，通过项目稽查，发现以下 10 个方面的问题比较突出。

一是有的管理部门和单位不按基本建设程序办事。国家发展和改革委（原国家计委，下同）2003 年的建设项目稽查和检查过程中发现有的建设单位在没有项目开工许可证或初步设计批复的情况下，擅自开工建设；有的单位无视国家批准的项目概算，随意扩大建设规模;有的单位在项目建设过程中不能按规定实行招投标、监理制和合同制,甚至有的购买物资、设备既不实行政府采购,也不签订合同,工程结算无相关依据,使工程建设处于无序状态,势必造成工程质量低下和资金损失浪费等问题。

二是未经有关部门批准擅自调整、更改国家下达的工程建设计划、投资计划和专项资金使用范围。国家下达的工程建设计划和投资、资金计划属指令性计划,任何单位和个人无权擅自调整,如确需调整必须履行相关的报批手续。

三是工程建设不能按期竣工,相对滞后。国家林业局2003年对相关省市的种苗工程和自然保护区工程进行稽查时发现,个别项目前期工作不到位,工程不能按期施工,导致项目不能按期竣工和发挥使用效益;有的项目2000年、2001年国家林业局就下达了投资计划,并在项目批复文件中明确提出了建设工期,但到检查时有些省市的项目尚未竣工;有的项目甚至还没破土动工,只做了一些前期工作,严重影响了投资效益的发挥。

四是违规滞留、截留、抵扣工程资金,用林业基本建设投资抵扣下级单位应上交的育林基金、管理费等。随着财政体制改革的不断深化和资金拨付方式的改变,在国家林业局2003年的检查中发现违规滞留工程资金既有林业主管部门的问题也有财政部门的问题;截留、抵扣工程资金,用重点工程资金抵拨下级单位应上缴的育林基金、管理费问题在天保工程实施初期比较严重,通过近年来的监督、检查,该问题明显好转,但在当年的稽查工作仍发现个别林业局用防火资金抵拨各林场应上缴的育林基金,这种做法严重违反了林业重点工程资金专款专用和财政预算资金收支两条线的规定,影响了计划内工程的顺利实施。

五是挤占、挪用资金,将工程建设资金挪用于非工程建设内容,甚至建楼堂馆所。通过稽查和检查,发现个别单位将国债资金拨付给基层单位后再要求基层单位转回其基本户的做法,将国债资金挪作他用,用于发放职工工资等应由本单位事业费开支的一般性支出,无视主管部门下达的投资计划和资金管理的相关规定,工程资金成了"唐僧肉",林农造林后拿不到钱,既侵害了林农的利益,又影响了林业工程建设的顺利实施。

六是弄虚作假,虚列工程支出,通过做假账等方式套取工程资金用于管理性质的支出或计划外建设。有的单位为了达到其挪用资金的目的,采取伪造工程合同、工程结算单及造假账等方式骗取工程资金;有的"张冠李戴",将计划外工程的施工合同、发票等以计划内工程的名义报账。这种做法性质恶劣,既违反了林业重点工程资金管理的相关规定,也违背了《会计法》关于"诚实守信"的要求。

七是转移、转存工程建设资金和财政专项资金,公款私存,私设"小金库"。个别建设单位将工程建设资金从专户中调出,转到非工程建设单位,有的单位通过做假账将工程资金形成账外资金,或采取定期存款的方式从中谋取利息,形成"小金库"。

八是在种苗采购等资金支付过程中大量提取现金。一些单位在工程建设和物资、种苗采购过程中不能严格执行现金管理的有关规定,大量提取现金,有的一次达上百万,而且资金在支付过程中手续不健全,有的几万元的开支仅凭个人写的收据(白条)入账,这种做法不但给资金管理增加了难度,还给某些人违法乱纪提供了条件。

九是资金管理和会计核算工作混乱,会计人员素质低,基础工作薄弱。随着六大工程的实施,根据林业建设的特点,财政部、国家林业局相继下发了资金管理和会计核算的相关规定,并举办了会计人员培训班,但通过近年来对林业重点工程的检查情况看,相当一部分单位会计人员无证上岗,账务处理混乱,有的应该按基本建设会计制度核算的会计业务却与本单位事业账混在一起,且存在记账依据不足、会计档案资料不全的问题。

十是工程竣工后不能及时办理竣工验收手续。根据财政部制定的基本建设财务管理规定的要求,基本建设项目竣工后应及时办理竣工验收手续,并在3个月内完成竣工财务决算的编制工作;2003年通过对种苗和防火工程的检查情况看,部分项目竣工后迟迟不办理竣工验收手序,不仅容易造成建设成本与生产成本的混淆,影响建设成本的核算,而且影响了工程项目及时发挥使用效益。

第二节　项目建议书的编制

一、项目建议书概述

(一)项目建议书的地位

根据我国现行的投资建设程序,投资前期(建设前期)是指从提出项目建议书到批准可行性研究报告这一时期,包括提出项目建议书、可行性研究、评估和决策等工作内容。

项目建议书,是指按规定由政府部门、全国性专业公司以及现有企事业单位或新组成的项目法人,根据国民经济和社会发展的长期规划、产业政策、地区规划,经济建设的方针、技术经济政策和建设任务,结合资源情况、建设布局等条件和要求,经过调查、预测和分析,向国家计划部门、行业主管部门等或本地区有关部门提出的对某个投资建设项目需要进行可行性研究的建议性文件,是对投资建设项目的轮廓性设想。

编制、提交和审批项目建议书是投资建设程序的初始环节,是将国家计(规)划落实到具体地点、具体项目的重要步骤。项目建议书得到批准(或者核准),该项目方可列入国家投资计划(或者发展规划);项目建议书得到批(核)准,也才能编制可行性研究报告。因此,项目建议书在投资建设程序中有着重要的地位。

20世纪80年代以前,在我国长期遵循的基本建设程序中,把设计任务书(计划任务书)作为第一个工作环节,强调所有建设项目都必须有批准的设计任务书才能列入年度基本建设计划。在这个阶段所做的项目技术经济分析论证,也以满足审批设计任务书的要求为目标。随着经济建设的发展和经济体制改革的开展,原有基本建设程序也不断补充和完善,在建设程序的工作阶段划分上,从设计任务书一个阶段发展为项目建议书、可行性研究两个阶段,为投资决策的科学性、可靠性提供了程序上的保证。1984年,根据计划管理体制改革的精神,确定所有项目都实行项目建议书和设计任务书两个阶段,利用外资、引进技术项目,以可行性研究报告代替设计任务书。其中,在1984年发布的国家计委《关于简化基本建设项目审批手续的通知》中明确规定:“凡列入长期计划或建设前期工作计划的项目,应该有批准的项目建议书。”至此,正式确立了项目建议书是投资建设程序的组成部分。

2004年《国务院关于投资体制改革的决定》明确规定:“对于企业不使用政府投资建设的项目,一律不再实行审批制,区别不同情况实行核准制和备案制。其中,政府仅对重大项目和限制类项目从维护社会公共利益角度进行核准,其他项目无论规模大小,均改为备案制,项目的市场前景、经济效益、资金来源和产品技术方案等均由企业自主决策、自担风险,并依法办理环境保护、土地使用、资源利用、安全生产、城市规划等许可手续和减免税确认手续。对于企业使用政府补助、转贷、贴息投资建设的项目,政府只审批资金申请报告。”同时规定:"对于政府投资项目,采用直接投资和资本金注入方式的,从投资决策角度只审批项目建议书和可行性研究报告,除特殊情况外不再审批开工报告,同时应严格政府投资项目的初步设计、概算审批工作;采用投资补助、转贷和贷款贴息方式的,只审批资金申请报告。具体的权限划分和审批程序由国务院投资主管部门会同有关方面研究制定,报国务院批准后颁布实施。"

根据现行审批政策,林业建设项目,企业类参照《国务院关于投资体制改革的决定》实行备案制或核准制;对于公益性建设项目,严格执行基本建设程序,总投资超过 3 000 万元的建设项目,必须编报项目建议书,经国家林业局审核后报国家发展与改革委审批。

(二)项目建议书的特点

项目建议书是对项目的轮廓性设想,主要是从宏观上来考察项目建设的必要性,看其是否符合国家长远规划的方针和要求,同时初步分析项目建设的条件是否具备,是否值得投入人力、物力做进一步的深入研究。从总体上看,项目建议书是属于定性性质的,与可行性研究相比,项目建议书具有如下几个主要特点:

(1)从目的性考察看,提交项目建议书的目的是建议和推荐项目,因此它只是对项目的一个总体设想,主要是从宏观上考察项目的必要性,分析项目的主要建设条件是否具备,研究有没有价值投入更多的人力、物力、财力进行深入的可行性研究。

(2)从基础性分析看,项目建议书阶段是投资建设程序的第一步,这时还难以获得有关项目本身的详细的经济、技术、工程资料和数据。因此,其工作依据主要是国民经济和社会发展的长远规划、行业规划、地区规划、技术进步的方针、国家产业政策、技术装备政策、生产力布局状况、自然资源状况等宏观信息资料,以及同类已建项目的有关数据和其他经验数据。

(3)从内容上探究,项目建议书的内容相对简单。主要侧重于论证项目是否符合国家宏观经济政策的要求,特别是产业政策、产品结构政策的要求和生产力布局方面的要求。关于市场调查、市场预测、建设条件和建设措施以及社会经济效益评价等方面不如可行性研究深入、细致。

(4)从方法上看,在编制项目建议书阶段需要运用和计算的指标不多,而且大多采用静态指标,对数据精度的要求不高。例如,对需用的投资总额,可以根据单位生产能力投资按比例估算,误差一般在20%左右。

(5)从结论上判断,项目建议书的结论是否值得做进一步的研究工作,其批准也不意味着是对项目的决策。通常是在认为值得进行可行性研究时,才提交项目建议书的,因而其结论一般都是肯定的,而可行性研究有时会得出"不可行的结论"。

(三)项目建议书的作用

项目建议书是项目发展周期的初始阶段。在前期工作中,项目建议书的作用主要体现在三个方面:

(1)项目建议书是国家选择项目的依据。国家投资计划最终要落实到一个个具体项目上。国家对项目,尤其是大中型项目的比选,初步确定又是通过审批项目建议书来进行的。项目建议书的审批过程实际上就是国家对所建议的众多项目进行比较筛选、综合平衡的过程。项目建议书经过批准,项目才能列入长期计划和前期工作计划。

(2)项目建议书是可行性研究的依据。可行性研究是在项目建议书的基础上进行的,是在项目建议书指导下开展的。而且，对于在城市内进行的建设项目，国家计委在审批项目建议书的同时也可确定委托进行评估的咨询单位。

(3)涉及利用外资的项目，在项目建议书批准后，方可开展对外工作。

二、项目建议书的基本内容

如前所述，项目建议书只是投资前对项目的轮廓性设想，主要从投资建设的必要性方面论述，同时初步分析投资建设的可行性。基本内容有：①投资项目提出的必要性；②产品方案；③投资估算和资金筹措设想；④项目大体进度安排；⑤经济效益和社会效益的初步评价。

项目建议书的内容总的说来比较简明，因而不同性质的项目（指一般项目、技术引进和设备进口项目、外商投资项目）的建议书之间的差异就比较明显。下面按项目性质分别列出不同类别项目建议书的主要内容。

（一）一般项目建议书的内容

1984 年国家计委《关于简化基本建设项目的审批手续的通知》中规定了项目建议书的内容和要求。根据这项通知，一般项目建议书应包括以下主要内容。

1. 项目提出的必要性和依据

(1)说明项目提出的背景、拟建地点，提出与项目有关的长远规划或行业、地区规划资料，说明项目建设的必要性。

(2)对改扩建项目要说明现有企业概况。

(3)引进技术和进口设备项目，还要说明国内外技术差距和概况及进口的理由。.

2. 产品方案、拟建规模和建设地点的初步设想

(1)产品的市场预测。包括国内外同类产品的生产能力，销售情况分析和预测，产品销售方向和销售价格的初步分析等。

(2)确定产品的年产量，一次建成规模和分期建设的设想（改扩建项目还需说明原有生产情况及条件），以及对拟建规模经济合理性的评价。

(3)产品方案设想。包括主要产品和副产品规格、质量标准等。

(4)建设地点论证。分析拟建设地点的自然条件和社会条件，建设地点是否符合地区布局的要求。

3. 资源情况、建设条件、协作关系和引进国别、厂商等的初步分析

(1)拟利用的资源供应的可能性和可靠性。

(2)主要协作条件情况，项目拟建地点、水电及其他公用设施、地方材料的供应分析。

(3)主要生产技术与工艺，如拟引进国外技术，要说明引进的国别以及与国内技术的差距、技术来源、技术鉴定及转让等概况。

(4)主要专用设备来源，如拟采用国外设备，要说明引进理由以及拟引进国外厂商的概况。

4. 投资估算和资金筹措设想

投资估算根据掌握数据的情况，可进行详细估算，也可以按单位生产能力或类似企业情况进行估算。投资估算中应包括建设期利息、投资方向调节税，并考虑一定时期内的涨价因素的影响，流动资金可参照同类型企业的情况进行估算。

资金筹措计划中应说明资金来源，利用贷款需附贷款意向书，分析贷款条件及利率，说

明偿还方式、测算偿还能力。

5. 项目的进度安排

（1）建设前期工作的安排，包括涉外项目的询价、考察、谈判、设计等计划。

（2）项目建设需要的时间。

6. 经济效果和社会效益的初步估计，包括初步的财务评价和国民经济评价

（1）计算项目全部投资内部收益率、贷款偿还期等指标及其他必要指标，进行盈利能力、清偿能力的初步分析。

（2）项目的社会效益和社会影响的初步分析。

上述内容适用于不涉及利用外资的项目，特别是既不涉及利用外资，也不涉及技术引进书设备进口的一般项目。涉外项目的建议书主要内容按涉及利用外资与否分别列述。

（二）技术引进和设备进口项目建议书的内容

20 世纪 80 年代初期，国务院曾在《技术引进和设备进口工作暂行条例》中专门对这类项目的项目建议书内容提出了要求。这类项目建议书的内容主要包括：

（1）项目名称、项目的主办单位及负责人。

（2）项目的内容与申请理由。说明拟引进的技术名称、内容及国内外技术差距和投资概要情况；进口设备要说明拟进口的理由，概要的生产工艺流程和生产条件，主要设备名称、简要规格和数量，以及国内外技术差距和概要情况。

（3）进口国别与厂商。要说明拟探询的国别与厂商的全称，包括外文名称。

（4）承办企业的基本情况。说明工厂是新建、改建或扩建，工厂地点及其他基本情况。

（5）产品名称、简要规格与生产能力及其销售方向（国内销售、出口外销）。

（6）主要原材料、电力、燃料、交通运输及协作配套等方面的近期和今后要求与已具备的条件。如果是矿山、油田等项目，还要说明资源的落实情况。.

（7）项目资金的估计与来源：①项目的外汇总用汇额。其中包括设备工作阶段的用汇额及用途（均折算为美元、万元计算，使用非美元外汇的要说明折算率）。②外汇资源的来源（申请国家拨付现汇或延期付款、利用外资贷款、补偿贸易、自筹外汇等）与偿还方式（国家统一偿还，企业自行偿还）。③国内费用的估计与来源。其中包括基本建设投资。

（8）项目的进度安排。

（9）初步的技术、经济分析。

（10）附件包括：邀请外国厂商来华技术交流计划；出国考察计划；可行性研究工作计划，包括负责可行性研究的人员安排，如需聘请外国专家指导或委托咨询的，要附计划。

（三）外商投资项目建议书的主要内容

外商投资项目，其项目建议书一般是由中方合营者向规定的审批机关上报的文件。它主要是从宏观上阐述项目设立的必要性和可能性。其内容主要是对建议项目的国内外市场、生产（营业）规模、建设条件、生产条件、技术水平、外方合营者、资金来源、经济效益和外汇平衡等情况作出初步的估计和建议。具体内容一般包括：

（1）中方合营单位。包括中方合营单位名称、生产经营概况、法定地址、法定代表姓名与职务、主管单位名称。

（2）关于合营的目的，要着重说明出口创汇、引进技术等的必要性和可能性。

（3）合营对象，说明包括外商名称、注册国家、法定地址、法定代表姓名与职务及国籍。

(4)合营范围和规模,要着重说明项目建设的必要性,产品的国内外需求和生产情况,以及产品的销售地区。

(5)投资估算,是指合营项目估计需要投入的固定资金和流动资金的总和。

(6)投资方式和资金来源。包括合营各方投资的比例和资金构成的比例。

(7)生产技术和主要设备。主要说明技术和设备的先进性、适用性、可靠性以及重要的技术经济指标。

(8)主要原材料、水、电、汽、运输等需要量和来源。

(9)人员数量、构成和来源。

(10)经济效益,并说明外汇收支的安排。

主要附件包括:合营各方合作的意向书;外商资信调查情况表;国内外市场需求情况的初步调研和预测报告,或有关主管部门对产品安排的意见;有关主管部门对主要物料(包括能源、交通等)安排的意向书;有关部门对资金安排的意向书。

(四)林业建设项目项目建议书的主要内容

根据国家林业局颁布的行业标准《林业建设项目项目建议书的编制深度要求》(LY 5141—99)的规定,项目建议书的主要内容有:

第一章　总论

1.1 项目名称

1.2 项目性质

1.3 拟建范围及建设规模

1.4 项目内容提要

1.4.1 主要建设内容及规模

1.4.2 建设期限及进度

1.4.3 投资规模及资金来源

1.4.4 项目效益

1.5 主要技术经济指标

1.6 结论

1.7 存在问题和建议

第二章　项目背景及建设的必要性

2.1 项目背景

2.2 立项理由

2.3 项目建设的必要性与迫切性

第三章　项目区基本情况

3.1 自然地理概况

3.2 社会经济情况

3.3 林业发展情况

第四章　项目总体布局、建设内容及规模

4.1 项目建设指导思想

4.2 项目建设目标

4.3 项目布局

4.3.1 项目布局的依据
4.3.2 项目布局的原则
4.3.3 项目布局方案
4.4 建设内容及规模
4.4.1 营造林工程
4.4.1.1 林种划分及规模
4.4.1.2 营林方式划分及规模
4.4.1.3 营林(草)树种的选择
4.4.2 基础设施建设工程
4.4.2.1 种苗基地建设
4.4.2.2 森林保护
4.4.2.3 森林生态环境监测
4.4.2.4 信息管理系统
4.4.2.5 科技推广与服务
4.4.2.6 其他工程建设
4.4.3 附属配套工程
4.4.3.1 道路
4.4.3.2 电力
4.4.3.3 通信
4.4.3.4 土建
4.4.3.5 生产设备、机具检修等
4.5 建设进度
4.5.1 建设期限及阶段划分
4.5.2 建设任务进度安排
第五章　投资估算与资金筹措
5.1 投资估算依据
5.2 项目建设投资估算
5.3 资金筹措
5.3.1 资金来源
5.3.2 资金使用安排计划
第六章　效益分析与评价
6.1 生态效益分析与评价
6.2 社会效益分析与评价
6.3 经济效益分析与评价
6.4 环境影响分析与评价
6.5 综合评价
第七章　项目组织管理与保障措施
7.1 项目经营管理形式
7.2 项目管理机构

7.2.1 机构设置
7.2.2 机构职责
7.2.3 人员设置
7.3 项目管理措施
7.3.1 计划管理
7.3.2 工程管理
7.3.3 资金管理
7.3.4 信息管理
7.4 项目建设保障措施
7.4.1 政策保障措施
7.4.2 资金筹措措施
7.4.3 施工组织措施
7.4.4 科技保障措施
7.4.5 其他保障措施
第八章　结论与建议
8.1 结论
8.2 问题与建议
8.2.1 存在问题
8.2.2 建议
以上内容,根据项目特点可以进行取舍。

三、项目建议书编制重点及难点

(一)项目建议书的侧重点

项目建议书作为提出项目供国家挑选的建议性文件,其内容应重点突出,层次分明,切忌烦琐。项目建议书的编制应体现其自身的特点,侧重于对项目建设必要性的分析并对项目建设的可行性作初步的论证。

凡是有利于资源的开发利用,有利于市场需求的满足,有利于科学技术的进步等,都可以作为项目成立的依据。但项目建议书中对项目必要性论述的重点应放在项目是否符合国家宏观经济政策方面,尤其是,是否符合产业政策和产品结构的要求,是否符合生产力布局的要求,在现阶段还必须认真考察项目是否达到经济规模要求。

项目建议书对初步可行性的论证应侧重于以下几个方面:第一,初步的市场调查和项目主要产品市场需求的分析,并提出对项目规模和主要产品构成的初步意见。其中对市场需求的分析又应侧重于市场的长远需求和产品的市场潜力。第二,项目建设条件的初步可能性分析,其中又应侧重于影响项目成立的主要条件,如资源供应条件和工程技术水平等;第三,项目社会效益和经济效益的初步分析,其中,建设措施侧重于项目总投资的估算和资金筹措的可能,经济评价侧重于项目的建设措施以及盈利能力的评价。

(二)投入产出估算

1.投入估算

主要是初步测算项目总投资额。总投资包括固定资产投资、投资方向调节税、建设期利息以及流动资金几部分，并且总投资的估算应考虑物价上涨因素，要作动态的分析。项目建议书的总投资估算精度要求不高，可以采用一些简便的方法，一般可比照已有同类项目的资料进行估算，偏差允许在 ±20% 以内。常用的投资估算方法如下：

（1）单位生产能力估算法。根据已建成的同类项目的单位生产能力投资测算拟建项目的投资额。计算公式为：

$$K = D \cdot F$$

式中　K——拟建项目总投资；

D——同类项目单位生产能力投资；

F——拟建项目设计生产能力。

此方法适用于拟建项目与同类已建项目生产能力相近（二者的生产能力比值在 0.2 ~ 2）时的情况。

（2）平方米造价估算法。此方法一般适用于非生产性项目。计算公式为：

$$K = A \cdot S$$

式中　A——已知单位面积造价；

S——拟建项目总建筑面积。

（3）比例估算法。运用于产品、工艺、设备相近的项目。计算公式为：

$$K = T/R$$

式中　T——拟建项目主要设备或主要车间投资；

R——同类项目已知主要设备或主要车间投资占建设总投资的比例。

（4）指数估算法（0.6 指数法）。计算公式为：

$$K = K_0 \cdot (P/P_0)n$$

式中　K_0——类似已知项目投资额；

P_0——类似已知项目生产规模；

P——拟建项目生产规模。

此方法适用于对工艺流程相同而生产规模不同，但变动范围不太大的项目进行投资的估算。拟建项目与已知项目的生产能力不应超过 50 倍。式中，n 是根据统计资料测算的该类现有企业不同生产规模生产能力之比与权数的指数关系。n 的取值与项目的性质有关，主要靠增加设备或装置的容量扩大生产规模的，n 取 0.6 ~ 0.7；用增加相同设备或装置来扩大生产规模的，n 取 0.8 ~ 1.0；高温高压等特殊工业项目，n 取 0.3 ~ 0.5。n 取值一般在 0.6 左右，故该方法一般称为“0.6 指数法”。

（5）概算指标法。按规定，重大项目提出项目建议书时须附初步可行性研究报告，在实际工作中也可套用概算指标来估算其总投资额。

总投资额中流动资金的估算一般比照同类已有企业计算，有条件时再进行分项细算。也常采用扩大指标进行估算，流动资金额为固定资产投资额的 10% ~ 20%，或年销售额的 25%。

2. 产出估算

产出估算包括对项目建成投入使用后可能产生的成本、税金、利润等的估测，它们是预测项目盈利能力进行经济评价的重要依据。项目建议书一般根据拟建项目的生产规模、预计销量、价格及国家现行财税制度规定，参照同类企业进行概略估算，采用的方法都比较简单。一般可按下述公式计算：

销售收入 = 销售量 × 价格

销售成本 = 制造成本 + 管理费用 + 财务费用

销售利润 = 销售收入 - 销售成本 - 增值税

预测利润 = 销售利润 - 所得税

（三）经济评价方法

项目建议书中的经济评价主要是财务评价。常选用的指标是利润率或利税率、投资回收期、全部投资内部收益率或净现值等几项指标。

项目建议书中的不确定性分析也比较简单，一般只作盈亏平衡分析和敏感性分析，不作概率分析。需进行敏感性分析时，一般根据经验进行分析，通常只作单因素分析，寻找最敏感因素。

（四）方案比较

项目建议书中涉及方案比较时，只对影响项目成立的重大方案，如建设地点、建设规模、重要工程技术方案、资金筹措方案等进行技术经济比较，在方案比较中一般采用最小费用法。

案例一

河南省南水北调中线林业生态工程建设项目建议书

第一章　总　论

1.1　项目名称：河南省南水北调中线林业生态工程

主办单位：河南省林业厅

1.2　项目性质：新建

1.3　拟建范围及建设规模

南水北调中线工程的源头地区（包括渠首和库区）和干渠河南段沿线31个县（市、区），营造林面积42.46万hm^2（包括源头地区的退耕还林、荒山造林和干渠两侧的林带、林网），天然林保护面积25.91万hm^2，建设自然保护区面积12万hm^2。

1.4　项目内容提要

1.4.1　主要建设内容及规模

营造林面积42.46万hm^2，其中：人工造林24.91万hm^2（包括成片造林、林带、林网折合），封山育林16.13万hm^2，飞播造林1.42万hm^2。天然林保护面积25.91万hm^2，建设自然保护区面积12万hm^2。种苗及附属道路、电力、通信等建设。

1.4.2　建设期限及进度

项目建设期10年，即2003～2012年。2007年前完成源头区造林任务，2012年前完成自然保护区建设及天然林保护工程，2005～2011年完成沿线区防护林带及农田林网建设。

1.4.3　投资规模及资金来源

项目总投资210 791万元，申请国家基本建设投资119 822.8万元，地方投资和群众投工投劳解决 90 968.18 万元。

1.4.4　项目效益

项目建成后，每年可产生总效益 467 836 万元。其中，生态效益 319 623 万元，社会效益 68 151 万元，经济效益 80 062 万元。

1.5　结论

南水北调中线林业生态工程社会影响深远，项目的实施将促进丹江口库区和干渠沿线生态环境的改善、经济的发展、社会的稳定，保障丹江口水库水源充足、水质优良，保障南水北调中线河南段水质不受二次污染，为北京、天津及沿线输送优质地表水，同时也带动源头及沿线地区的可持续发展，是一项具有划时代意义的伟大工程。建议尽快立项实施。

第二章　项目背景及建设的必要性

2.1　项目背景

南水北调中线工程，是第九届全国人大四次会议正式确定的"十五"期间国家实施的四大工程项目之一，是从根本上解决我国北方地区水资源严重短缺的一项特大基础建设工程。

南水北调中线工程从河南省丹江口水库引水北上，沿唐白河平原北部及黄淮海平原西部边缘布设，经河南省南阳、平顶山、许昌、郑州、焦作、新乡、鹤壁、安阳进入河北省。

南水北调中线工程的水源地——丹江口水库汇水面积 14 714 km^2，其中河南省境内面积 7 659 km^2，占 52%。工程干渠全长 1 246 km，其中河南段长 731.02 km，占全部长度的 59%。其中：黄河以南 477.45 km，穿黄工程 9.87 km，黄河以北 243.7 km。

南水北调中线工程河南段大多位于生态地位极端重要和生态脆弱地区，包括源头地区的淅川、西峡、内乡、镇平、邓州、卢氏、栾川县(市)，主要生态危害为洪水、旱灾、泥石流。沿线地区包括鲁山、新郑、郑州市郊、卫辉、安阳县等 31 个县(市、区)，主要生态危害为风大、沙多、旱涝、干热风频发等。造成项目区灾害的主要原因是森林覆盖率低或者森林质量差，沿线地区的不合理耕作是二次污染潜在因素。

2.2　立项理由

按照原国务院提出的"先节水后调水，先治污后通水，先环保后用水"的指导方针，提高源头地区的森林覆盖率和森林质量，把干渠与沿线耕作区隔离开来，调整该地区的种植结构，确保源头地区及干渠沿线的水生态安全，向北京、天津及沿线地区提供优质地表水，河南省决定实施南水北调中线林业生态工程。

2.3　项目建设的必要性与迫切性

一是保证水安全的迫切需要。

目前源头区由于森林植被减少，库区周围裸露面极大，森林蓄水、固土能力低下，加之不合理的耕作方式，导致生态环境恶化，水土流失十分严重。据资料表明，工程区水土流失面积占总面积的 72.3%，其中极强度流失面积占流失总面积的 10.4%，强度流失占 41%，中度流失占 30.7%，轻度流失占 17.9%，平均土壤侵蚀模数 4 042.5 $t/(a \cdot km^2)$。严重的水土流失导致河流泥沙含量增加，造成河床抬高、拓宽，水库淤积，山塘消失，山泉干涸，不仅削弱了蓄水泄洪能力，缩短了水库使用寿命，而且降低了水质。沿线地区多为山前平原，耕作历史悠久，方式落后，化肥、农药的不合理使用和"人地矛盾"都是干渠水质二次污染的潜在威胁。建设南水北调中线林业生态工程，根治源头地区的生态环境和干渠与沿线耕作区的隔离迫在眉睫。

二是保障源头及沿线生态安全,实现该地区林业可持续发展的需要。

加强生态建设,维护生态安全,是21世纪人类面临的共同主题。项目源头区由于森林植被的减少,有的地方成为光山秃岭,沦为不毛之地,涵养水源能力大大降低,每逢降雨,汇流时间短,径流直泻而下,形成“无雨旱灾,小雨涝灾,大雨大灾,小灾大损失”的局面。洪水、旱灾、泥石流已成为工程源头区的三大灾难。三大灾害的发生频率由20世纪50年代的每年0.42次增长到每年0.83次,工程区县平均经济损失由20世纪50年代的73万元增长为2000年的8 973万元。沿线地区风大、沙多,水、旱、干热风发生频繁,10年有5~7年发生洪涝灾害,旱灾10年8~9遇,干热风10年4~5遇。保障项目区的生态安全,根治自然灾害,必须扩大森林面积,提高森林质量,实现林业可持续发展。

三是项目区种植业结构调整,区域经济可持续发展的需要。

随着丹江口水库大坝的加高,淹没地区面积将扩大到1 050 km^2,本来就比较少的耕地又要减少。项目区的经济要发展就必须改变产业结构单一的局面,大力调整产业结构,推动产业重组,优化资源配置,形成以精深加工为带动、以科技进步为支撑的林业发展新格局。为建设南水北调中线林业生态工程和调整产业结构提供良好的机遇,使山区治理与开发相结合,同时也为广大农民提供大量的劳务收入,帮助农民提高科技知识和技能,促进项目区经济的可持续发展。

第三章　项目区基本情况

3.1　自然地理概况

项目源头区处于第二级地貌台阶向第三级地貌台阶过渡地带,境内山地、丘陵、平原分布明显。沿线区纵贯全省,沿唐白河平原北部穿越伏牛山出南阳盆地,沿黄淮海平原西部边缘,过黄河达太行山前,沿海河平原西部进入河北省。整个南水北调中线工程跨越黄河、淮河、海河三大流域,涉及伏牛、太行两大山系。沿途大的水库有鸭河口、孤石滩、昭平台、白龟山、小浪底水库等。项目区涉及河南省南阳、三门峡、平顶山、许昌、郑州、焦作、新乡、鹤壁、安阳等10个省辖市35个县(市、区)(其中源头区和沿线区重复2个县)。

3.2　社会经济情况

项目区总面积393.41万hm^2,耕地138.98万hm^2,林业用地138.59万hm^2,有林地98.84万hm^2。总人口1 981.39万人,其中农业人口1 646.16万人,农村劳动力1 009.56万人。1999年,全区国内生产总值1 017.76亿元,农业总产值420.73亿元,林业总产值29.74亿元。农民人均纯收入2 104元。

源头区总面积137.95万hm^2,耕地29.18万hm^2,林业用地86.70万hm^2,有林地63.21万hm^2。总人口357.26万人,其中农业人口322.87万人,农村劳动力195.78万人。1999年,全区国内生产总值148.14亿元,农业总产值95.11亿元,林业总产值14.98亿元。农民人均纯收入1 830元。

工程区交通、通信等基础设施便利,目前已初步形成铁路、公路、水运、航空四通八达的立体交通网络。

3.3　林业发展情况

项目区所在的市、县均有林业局,担负着林业资源的培育、管理等职能,内设机构完备,共有林业职工 3 500 多人,其中技术人员 1 800 多人,技术力量雄厚。项目区涉及的乡(镇)都有乡级林业工作站,服务体系健全,初步形成了林业行政管理、森林资源保护、林业执法和林业科技推广体系。

项目区所在市、县共有国有苗圃 29 个,总面积 426.67 hm^2。

第四章 项目总体布局、建设内容及规模

4.1 项目建设指导思想

运用生态学原理,以改善生态,服务群众,提高人民生活生存质量,实现社会经济可持续发展为宗旨;以保护水安全、实施可持续发展战略和促进经济增长方式转变为核心;遵循自然规律和经济规律,因地制宜、因害设防,统筹规划、分步实施,以现代科技为支撑,以现代管理为手段,以法律法规为保障,以重点工程建设为突破口,以各级政府为主导,动员全社会力量,坚持生态环境建设与经济发展相结合,工程措施与生物措施相结合,治理与防护相结合,紧紧围绕水土流失治理、涵养水源、净化水质、自然保护等重点问题统一规划,建立完备的区域林业生态体系和发达的区域产业体系,实现生态环境保护与社会经济发展的高度协调统一,为全面建设小康社会提供生态保障。

4.2 项目建设目标

在南水北调中线工程源头地区(丹江口水库周围)营造水源涵养林和水土保持林 38.85 万 hm^2,天然林保护 25.91 万 hm^2;加紧建设伏牛山国家级自然保护区,加强水库的蓄水能力,确保水源地的水质。在干渠沿线营造防护林带 0.72 万 hm^2,高标准农田林网 28.83 万 hm^2(折合造林面积 2.89 万 hm^2),确保干渠水质不受二次污染,延长干渠使用寿命。

4.3 项目布局

4.3.1 项目布局的依据

(1)《河南省林业生态环境建设规划》。

(2)南水北调中线工程规划。

(3)项目区的土地资源、人口等的分布情况。

(4)立地质量、生产技术水平的布局情况。

(5)影响水量、水质状况的自然灾害分布状况。

(6)农村社会经济条件及经济结构调整的方向。

4.3.2 项目布局的原则

(1)坚持可持续经营、生态优先、多功能、效益兼顾的原则。

(2)坚持与项目区国民经济、社会可持续发展目标相衔接、协调的原则。

(3)坚持统一领导、统筹规划、合理布局、综合治理的原则。

(4)坚持从实际出发,因地制宜、因害设防、突出重点、分类指导的原则。

(5)坚持科教兴林、质量第一的原则。

(6)坚持新建、保护与巩固相结合,造林、封育与管护相结合,乔灌草相结合的原则。

4.3.3 项目布局方案

总体布局分为南水北调中线工程渠首库区周围造林绿化与南水北调中线工程干渠两侧防护林带和高标准农田林网建设两部分。

4.4 建设内容及规模

4.4.1　营造林工程

(1)南水北调中线工程渠首库区周围造林绿化。造林38.86万hm^2。其中,人工造林21.31万hm^2,封山育林16.13万hm^2,飞播造林1.42万hm^2。

(2)南水北调中线工程干渠防护林带建设。在721.15 km(去掉穿黄长度9.87 km)长的引水干渠两侧营造防护林带,每侧宽度为50 m,面积为0.72万hm^2。

(3)南水北调中线工程干渠两侧高标准农田林网建设。在引水干渠防护林带外侧每侧辐射2 km的范围内,营造高标准的农田林网28.83万hm^2,折合林地面积2.89万hm^2。

4.4.2　南水北调中线工程渠首库区周围天然林保护

规划保护天然林面积25.91万hm^2。

4.4.3　南水北调中线工程渠首库区周围野生动植物资源保护

加快伏牛山国家级自然保护区、丹江口湿地自然保护区建设,总面积12万hm^2。

4.4.4　基础设施建设工程

4.4.4.1　种苗基地建设

按项目区各县(市、区)的苗木生产能力及项目需苗的种类及结构,扩建源头区6个县(市)现有苗圃,扩建面积200 hm^2。加快源头区5个采种(良种)基地建设。

4.4.4.2　森林保护

(1)森林防火。根据项目区的实际,在源头区设计防火林道971.4 km和生物防火林带971.4 km。

(2)森林管护。项目区建立专业管护队伍进行管护,按每300 hm^2林地设护林员1人的原则安排,须安排护林员2 159人。

(3)森林保护。为防止病虫害蔓延,根据"适地适树"原则,造林采用多树种配置,水库周围采用飞、封、造并举,培育多树种的混交林。

4.4.4.3　森林生态环境监测

整个工程根据需要设立14个森林生态环境监测站,即项目区的8个省辖市(除洛阳、三门峡)和6个源头县(市)各设立一个监测站,省林业厅设立监测总站(设在省林业调查规划院),负责对工程的森林生态进行实时监测。

4.4.4.4　信息管理系统

项目区的8个省辖市(除洛阳、三门峡)和6个源头县(市)建立14个信息站,组成完整的信息管理系统,负责工程建设、森林生长等信息的收集、整理和传递。省林业厅设立总信息站,负责汇总全工程的建设、森林生长等信息,并及时报告给省工程领导小组,为领导决策提供依据。

4.4.4.5　科技推广与服务

河南省的林业科教力量比较雄厚,省、市、县(市、区)都设置有林业专职机构,同时,林业大专院校源源不断地向这些机构输送人才。另外,省、市(地)每年都举办营造林技术、作业设计等培训班,现已有一大批工程建设技术等方面的人才。

科技推广与服务的内容是重点研究和推广低山丘陵区水土保持林优化造林模式、河南旱地林业综合开发技术研究与示范、农林复合系统配套技术示范等项目。

4.4.5　附属配套工程

4.4.5.1　道路

根据项目区实际需要修建道路971.4 km。其中，主干道323.8 km，生产道647.6 km。

4.4.5.2　电力

项目区部分地区仍然没有通电，设计架设供电线路300 km，购置电力设施30套。

4.4.5.3　通信

项目区需要新增固定电话1 100部。

4.5　建设进度

4.5.1　建设期限及阶段划分

源头区造林部分建设期5年，分为两个阶段：2003～2005年为第一阶段，2006～2007年为第二阶段；天然林保护建设期10年，即2003～2012年；自然保护区建设期10年，即2003～2012年，分两期，每期5年。沿线防护林带及农田林网建设期7年，即2005～2011年（干渠建设期7年，2004～2010年，防护林建设晚一年进行）。

4.5.2　建设任务进度安排

源头区造林建设中，第一阶段完成造林任务23.31万hm^2。其中：人工造林12.78万hm^2，封山育林9.68万hm^2，飞播造林0.85万hm^2；第二阶段完成造林任务15.54万hm^2，其中：人工造林8.52万hm^2，封山育林6.45万hm^2，飞播造林0.57万hm^2。现有林管护从2003年开始，连续管护10年。自然保护按规划内容进行。干渠沿线防护林带及农田林网建设从2005年开始，2011年结束。

第五章　投资估算与资金筹措

5.1　投资估算依据

（1）《自然保护区工程项目建设标准》。

（2）《林业工程建设预算编制办法》。

（3）《长江上游、黄河上中游地区天然林资源保护工程实施方案》。

（4）《造林技术规程》。

（5）项目县有关的投资估算指标并考虑到物价波动因素等。

（6）国家颁发的其他有关规程、规定中的技术经济指标。

按照上述投资概算标准，结合项目区的社会工资水平和市场价格，估算人工造林单位成本为3 000元/hm^2，封山育林1 800元/hm^2，飞播造林750元/hm^2。

5.2　项目建设投资估算

项目建设总投资概算为210 791万元。其中：库区绿化94 013万元（人工造林63 920万元、封山育林29 028万元、飞播造林1 065万元）；渠首库区周围天然林保护工程29 145万元；自然保护区建设32 400万元；干渠防护林带2 160万元；干渠两侧高标准农田林网8 660万元；基础设施建设41 207.8万元；附属配套工程建设3 205.2万元。

5.3　资金筹措

5.3.1　资金来源

在总投资中，按投资来源划分，申请国家投资119 822.8万元，占56.84%，这部分投资由国家基本建设投资解决；地方和群众投资、投工投劳90 968.18万元，占总投资的43.16%。

5.3.2　资金使用安排计划

第一阶段(2003～2005 年)投资 99 988.31 万元,其中中央 57 281.57 万元,地方 42 706.74 万元。按工程项目分:库区绿化 56 407.8 万元;渠首库区周围天然林保护工程 8 743.5 万元;自然保护区建设 9 720 万元;干渠防护林带 308.57 万元;干渠两侧高标准农田林网 1 237.14 万元;基础设施建设 21 648.18 万元;附属配套工程建设 1 923.12 万元。

第二阶段(2006～2007 年)投资 64 401.83 万元,其中中央 37 265.29 万元,地方 27 136.54 万元。按工程项目分:库区绿化 37 605.2 万元;渠首库区周围天然林保护工程 5 829万元;自然保护区建设 6 480 万元;干渠防护林带 617.14 万元;干渠两侧高标准农田林网 2 474.29 万元;基础设施建设 10 114.12 万元;附属配套工程建设 1 282.08 万元。

第三阶段(2008～2012 年)投资 46 400.86 万元,其中中央 25 275.96 万元,地方 21 124.9 万元。按工程项目分:渠首库区周围天然林保护工程 14 572.5 万元;自然保护区建设 16 200 万元;干渠防护林带 1 234.29 万元;干渠两侧高标准农田林网 4 948.57 万元;基础设施建设 9 445.5 万元。

第六章　效益分析与评价

6.1　生态效益分析与评价

生态效益估算主要考虑了涵养水源、保持水土、提高土壤肥力、庇护农田、改善生活环境等几个方面。经测算,每年的生态效益值达 319 623 万元。该项目生态效益明显。

6.2　社会效益分析与评价

社会效益估算主要考虑了提高人类生存质量、保障经济和社会协调发展、增加就业机会、提高项目区科技水平等几个方面。经测算,每年的社会效益值达 68 151 万元。

6.3　经济效益分析与评价

工程建成后,在获得显著的生态效益和社会效益的同时,还可获得一定数量的木材、薪炭材、林产品、林副产品等。经测算,每年的经济效益值达 80 062 万元。

6.4　环境影响分析与评价

工程建设中,对环境造成污染的主要因素有整地方法不适当会造成水土流失,使用化肥、农药等。但只要在造林过程中,严格按照造林规程,就可以避免造成新的水土流失;使用化肥要适量,使用农药要按照国家标准,选用低毒、低残留有机农药,环境污染问题就可以解决。从长远来看,整个工程可改善生态环境,促使环境向更有利于人类生存的方向发展。

6.5　综合评价

工程建成后,将新增森林面积 42.46 万 hm^2,项目区森林覆盖率将提高 10.8 个百分点,可有效控制水土流失、涵养水源,保障丹江口库区的水安全。年项目效益值达 467 836 万元,南水北调中线林业生态工程的效益显著,是一项德政工程。

第七章　项目组织管理与保障措施

7.1　项目经营管理形式

项目采取法人制管理形式。河南省林业厅厅长为河南省项目法人。各县(市、区)为工程段,负责人为工程段项目法人。

7.2　项目管理机构

7.2.1　机构设置

河南省成立“河南省南水北调中线林业生态工程领导小组”，由省政府主管领导任组长，有关部门负责人为成员。领导小组下设办公室，设在省林业厅，主管厅长任办公室主任，有关处室负责人为成员。各项目县(市、区)成立相应的领导小组和领导小组办公室。

7.2.2　机构职责

各级领导小组负责协调同级各部门的协作、项目资金的落实。省级领导小组负责年度计划、资金的下达，负责工程质量的监理、验收。项目县(市、区)领导小组负责把任务落到实处，负责施工。各级领导小组办公室负责项目建设的具体工作。

7.3　项目管理措施

7.3.1　计划管理

省项目领导小组办公室根据国家下达的年度营造林计划，及时将计划下达各项目县(市、区)。各项目县(市、区)根据省下达年度计划，编制施工设计说明书，报省审批后组织施工。施工设计说明书一经批复，项目县(市、区)必须严格按照施工设计施工，变更设计必须有原审批单位同意。

7.3.2　工程管理

工程建设实行监理制、招投标制。工程区各级林业主管部门要按照国家基本建设管理程序要求，建立项目管理机制，制定相应的工程管理办法。要全面实行工程质量责任制、工程建设监理制、工程施工招投标制，严格投资决策责任制。

7.3.3　资金管理

采取报账制。在每一年的计划下达时，省里拨付建设资金的30%，作为启动资金；在当年工程验收合格后，再拨付50%的建设资金。剩余20%建设资金待第三年验收合格后拨付。

7.3.4　信息管理

强化信息管理，各项目县(市、区)领导小组办公室成立信息站，负责对项目施工进度、质量、林木生长情况、资金使用情况等进行动态监测并及时对各类信息进行汇总、上报、分析和反馈。

7.4　项目建设保障措施

7.4.1　政策保障措施

(1)加强宣传教育，提高全社会对工程建设的认识。要充分利用一切传播工具，广泛开展生态环境知识的宣传教育，使各级领导充分认识到防护林体系建设对维护生态平衡、改善投资环境、促进经济和精神文明建设、实现区域可持续发展的重要作用，将林业生态建设摆上政府议事日程，成为各级领导的自觉行动。使广大人民群众认识到生态环境建设在保护农业生产、提高生存空间和生活质量等方面的作用，维护统一规划，自觉投入工程建设。

(2)活化经营机制，完善配套政策。要进一步加快林业产权制度改革，在实行“谁造林谁所有，谁投入谁受益，谁经营谁得利”的前提下，采取租赁、承包、拍卖、股份制经营等多种形式，吸引各类投资主体参与防护林建设，鼓励国有林、集体林、私营林共同发展；要结合林业生产周期长的特点，确保经营者有50年或更长的林地使用权；进一步明晰林木的产权，按照市场经济原则，允许林地使用权和活立木资源的流转，盘活林地资产，扩大林业用地面积；对生态公益林的建设要给予更多的扶持政策，进一步研究制定生态公益林建设的优惠政策，保护和调动群众造林护林的积极性，从而充分体现防护林建设的生态效益、经济效益和社会效益。

7.4.2　资金筹措措施

在总投资中,申请国家投资119 822.8万元,占56.84%;地方和群众投资、投工投劳90 968.18万元,占总投资的43.16%。各级政府负责筹措同级配套资金。

7.4.3　科技保障措施

为提高项目的科技水平,在项目的建设过程中,必须突出科技进步,加大科技投入,组织科技人员对工程建设中的突出问题开展科技攻关。坚持"因地制宜,因害设防"的原则,科学规划,精心设计;选用良种壮苗,引进推广优良树种;科学造林,严把造林质量关;推广先进适用的治理、保护技术和成熟的治理模式,提高林业生态工程建设的科技含量;要加大对林业科技的投入,加强林业科研设施建设,改善科研条件;搞好集约经营和幼林抚育工作,保证造林成果;逐步建立和完善生态环境监测与评价、科技推广、技术监督和技术服务体系;要注重科技人才的培养,加强林农的实用技术培训,提高劳动者的整体素质,确保工程建设质量,提高工程综合效益;积极开展国内外技术交流,引进资金、技术和方法。

7.4.4　其他保障措施

加强组织领导,建立干部任期目标责任制。要强化工程建设的政府行为,实行各级政府负责制,把工程建设的责任切实落实到各级领导肩上。要建立明确的领导干部任期目标责任制,工程建设和管理由市、县、乡各级政府负全责,层层签订责任状,明确责任,实行目标管理,推动工程顺利实施。

要加强法制宣传,提高全民的法律意识和法制观念,依法保护森林,保护防护林建设成果。认真贯彻《中华人民共和国森林法》、《中华人民共和国森林法实施条例》、《中华人民共和国环境保护法》、《中华人民共和国野生动物保护法》等一系列法规和规章,研究制定防护林建设管理的规章制度和措施;加强执法机构和队伍建设,提高执法队伍的整体素质和执法水平;强化林业执法力度和执法监督工作,严格依法查处破坏森林资源的违法行为,为工程建设提供强有力的法律保障;强化林地管理,对公益林林地资源进行法制化管理,杜绝和减少林地的逆转,拓宽林业的发展空间。

在项目实施过程中,必须建立健全森林防火、病虫害防治、制止乱砍滥伐三个管理体系,制定切实可行的管护措施,使森林保护工作规范化、制度化。

第八章　结论与建议

8.1　结论

建设南水北调中线林业生态工程的社会影响深远,效益明显。该工程对保障丹江口水库及干渠水安全,保证京、津饮水安全,保护源头及沿线生态安全,促进项目区林业可持续发展,推进项目区种植业结构调整、区域经济可持续发展、社会稳定和精神文明建设具有重要意义。

全面建设小康社会,必须走生产发展、生活富裕、生态良好的文明发展道路,实现经济发展与人口、资源、环境的协调,实现人与自然的和谐相处。本项目的实施,为河南省乃至整个华北地区全面建设小康社会具有巨大的促进作用。

8.2　建议

河南省南水北调中线林业生态工程意义深远,建议国家尽快列入基本建设计划,使得该项目顺利实施,早日发挥其巨大的生态、社会、经济效益,促进我国全面建设小康社会,实现人与自然的和谐相处。

(附表、附图、附件略)

第三节 建设项目可行性研究报告的编制

一、可行性研究报告概述

可行性研究报告阶段,也叫评估阶段(对于小型建设项目,也叫立项阶段)。根据立项阶段选定(或国家确定)的投资方向,展开项目可行性研究。对于重大的投资项目,可行性研究还具体分为初步可行性研究和详细可行性研究,以使评估工作更为深入、细致、可信、有效。可行性研究通过对项目背景、市场需求预测、厂址选择、技术方案、环境保护、组织定员、投资估算和效益评价等方面进行深入的研究,回答"项目可行或不可行"这一问题。

可行性研究报告是建设项目前期工作的核心内容,是项目决策的基础,它为项目决策提供技术、经济、社会和财务方面的评估依据。因此,这一阶段的任务是进行深入的技术经济分析论证。

该阶段的主要工作目标是:

(1)深入研究市场需求、资源供应、工艺技术、投资筹措、组织管理结构和定员方面的各种可能选择的技术方案,进行深入的技术经济分析和比选,推荐一个以上投资建设方案。

(2)通过对方案进行企业财务评价和国民经济评价,对投资方案进行多方案比选,找出一个最佳投资方案。

(3)对拟建投资项目提出"可行或不可行"的结论意见。可行性研究的结论,可以是推荐一个最佳并确定是可行的投资方案;也可提出若干可行的投资方案,并说明各方案的利弊和采取的措施;或提出方案不可行的结论。

二、可行性研究报告的主要内容

(一)基本内容

可行性研究报告基本内容可概括为3大部分:

第一部分是关于产品的市场需求预测说明。由于投资规模、工艺选择和经济效益都是根据市场需求预测来确定的,因此市场需求预测是项目可行的前提。这一部分内容是解释该投资项目的必要性。

第二部分是关于投资项目的技术方案,具体说明项目的厂址、主要技术、设备、所需资源、对环境的影响、生产组织等。该部分内容解释了该项目在技术上的可行性。

第三部分是经济效益的分析和评价。该部分内容是可行性研究报告的核心部分,因为该部分阐述了项目在经济上的合理性,并由此得出项目可行或不可行的最终结论。

根据国家的规定,可行性研究报告的编制必须由有相应资质的设计、咨询单位完成。结合林业建设项目,经营性项目和非经营性项目的可行性研究报告侧重点有所不同。

(二)经营性项目可行性研究报告的主要内容

第1章 总论

第2章　市场分析与拟建规模

第3章　厂址选择与建厂条件

第4章　总平面布置与交通运输

第5章　生产工艺与设备选型

第6章　辅助设施与公用工程

第7章　环境保护

第8章　劳动安全卫生

第9章　消防

第10章　资源综合利用与节能

第11章　企业组织与职工定员

第12章　实施方案与人员培训

第13章　投资估算与资金筹措

第14章　财务分析与经济评价

附图与附件

(三)非经营性项目可行性研究报告的主要内容

根据国家林业局《关于印发〈林业建设项目可行性研究报告编制规定〉(试行)和〈林业建设项目初步设计编制规定〉(试行)的通知》(林计发[2006]156号)(以下简称156号文)精神,可行性研究报告一般由以下章节组成:

1　总论

1.1 项目提要

1.2 依据

1.3 重要参考文献(可选)

1.4 关键术语定义与说明(可选)

1.5 项目主要经济技术指标

1.6 可行性研究结论

2　项目建设的必要性

2.1 项目建设背景与由来

2.2 应用(或市场)需求(营造林项目为项目区生态环境、自然灾害现状及生态需求)与项目建设必要条件分析

3　项目建设条件

4　建设目标

4.1 项目建设目标

4.2 指导思想与原则

4.3 主要建设任务

5　项目建设方案

6　消防、安全、卫生、节能节水措施

6.1 消防

6.2 劳动安全与职业卫生

6.3 节能

6.4 节水

7　环境影响评价

7.1 生态环境现状

7.2 项目对环境影响

7.3 环境保护措施

7.4 环境影响评价

8　招标方案

8.1 招标范围

8.2 招标组织形式

8.3 招标方式

9　项目组织管理

9.1 建设管理

9.2 经营(运营)管理

10　项目实施进度

11　投资估算与资金来源

11.1 投资估算编制说明

11.2 投资估算与项目运营(管理)年费用估算

11.3 项目资金来源

12　综合评价

12.1 项目风险分析

12.2 项目影响分析

12.3 项目财务分析(可选)与项目评价

13　结论与建议

可行性研究报告的附件主要有:建设单位法人证书;可行性研究报告编制依据及有关政策文件;可行性研究专题论证报告(包括方案比选论证);有关协议;资金筹措证明。

可行性研究报告的附表、附图因建设内容不同而有所区别。

(四)非经营性项目可行性研究报告的编制要求

1. 总论

(1)项目提要,应包括项目名称、项目建设地点(或项目建设范围)、项目法人(建设单位)名称、项目法人代表、项目主管单位、项目建设技术依托单位(可选)、项目性质、项目建设目标、项目主要建设内容及规模、项目建设期及进度、项目投资规模与资金来源、项目效益、编制单位等。

虽然内容很多,但既然叫"提要",就是简要概括,不必要展开叙述,否则容易与后边具体内容重复。

(2)依据,包括项目前期规划或项目建议书的审查、审批文件,引用的国家标准、行业标准、地方标准和国际标准等。

(3)重要参考文献,包括可行性研究报告编制引用的主要参考文献。这一部分是可选内容,一般建设项目不做要求,但对重点工程科技支撑建设项目、科技推广类建设项目应该具有本部分内容。

(4)关键术语定义与说明,汇集可行性研究报告中使用的专门术语的定义和外文首字母组词的原词组。可选内容,对应用较新技术、引用外文词汇较多时选择。

(5)项目主要经济技术指标,主要包括项目建设用地规模、产品方案与规模、主要建(构)筑物数量、主要机械设备数量、人员编制、投资估算指标、总投资构成、投资来源。营造林项目还应包括营造林单位综合成本,人工造林、飞播造林、封山育林单位成本,人工造林用苗指标,飞播造林用种指标,造林用工量指标,种苗基地供苗(种)指标,造林成活率、保存率指标,林木生长量指标等。

(6)可行性研究结论,概要描述项目建设方案、投资规模及可行性研究结论与建议。

2. 项目建设的必要性

(1)项目建设背景与由来,项目建设的国家政策支持背景、项目建设对当地经济社会发展的支持能力、项目建设对建设单位自身建设的支持能力。

(2)应用(或市场)需求与项目建设必要条件分析,非营造林项目在充分调查分析需求的基础上,描述项目拟解决的主要问题;营造林项目在初步调查分析项目区生态环境、自然灾害现状及生态需求的基础上,描述项目拟解决的主要生态问题;进行项目必要性分析。

3. 项目建设条件

(1)项目建设区相关自然地理,包括行政区划、地理位置、地形地貌、河流水系、水文、气候、土壤、植被等。

(2)社会经济,包括面积、人口及其结构,工农业生产情况及人均产值、收入,生活水平及经济发展水平等。

(3)林业生产经营管理,包括林业生产、经营管理机构、人员、技术力量,营林生产情况及森林资源管理水平,森林保护与管理设施条件,生态工艺林建设成就、经验及问题等。

(4)土地资源,包括各类土地面积,营造生态公益林的土地资源分布状况,造林数量及立地条件分析。

(5)劳动力资源,包括项目区劳动力就业情况分析,可供营造林生产的劳动力数量及技术素质分析等。

(6)种苗供应,包括现有苗木供应能力及潜力,外调种苗的可能性及经济合理性分析等。

(7)基础设施,包括交通、运输、通信、供电、灌溉、排水等。

(8)现有相关项目,包括社会及有关部门对项目的支持、配合的可能性及程度,续建项目的上一期竣工验收情况等。

(9)其他需要分析的项目建设条件。

4. 建设目标

(1)项目建设目标,根据项目建设规模及时间要求,可将建设目标分为总目标和分阶段目标。营造林项目可包括森林资源增长目标,改善生态环境与防灾减灾目标等。

(2)主要建设任务,描述项目建设的主要内容。

5. 项目建设方案

(1)非营造林项目包括:项目功能或产品方案、建设规模;项目建设地点选址方案及相关条件分析(资源、原材料、燃料及公用设施等情况);项目技术方案,说明项目工艺流程或技术线路、物料平衡等;项目主要建设内容或主体工程建设方案;项目辅助设施及公用工程配套方案;功能区划分或总体布置,说明项目组成及总平面图布置、分项工程组成及平面布置、项目内外运输等;项目可行性分析。分别描述2个或2个以上比选方案,对方案进行投资估算。从方案技术特点、建设投资、效益等方面进行分析比较,论证推荐方案的可行性,比选方案的详细内容宜作为报告的附件;单一建设方案的,应说明选择单一方案的理由,从该方案技术特点、建设投资、效益等方面进行分析和论证该建设方案的可行性。

(2)营造林项目包括:项目建设总体布局,项目的布局依据、布局方案;项目区区划,重点(骨干)营造林工程布局,一般营造林工程布局,其他建设项目布局;项目建设内容,营造林工程包括林种划分、造林方式及规模、重点(骨干)生态公益林建设工程等,种苗基地建设工程,包括项目区种苗生产现状、种苗需求量测算、种苗基地建设及供应量预测等,森林保护与管护工程,包括森林防火、林业有害生物防治及森林管护,项目基础设施及附属配套工程,包括信息管理、科技推广、森林生态环境监测、附属配套工程等;营造林技术措施,包括树种选择、种子、苗木、整地、树种配置、造林方式、初植密度、幼林抚育、幼中龄林抚育间伐等;项目可行性分析,包括分别描述2个或2个以上比选方案,对方案进行投资估算,从方案技术特点、建设投资、效益等方面进行分析比较,论证推荐方案的可行性,比选方案的详细内容宜作为报告附件,单一建设方案的,应说明选择单一方案的理由,从该方案的技术特点、建设投资、效益等方面进行分析和论证该方案的可行性。

6. 消防、安全、卫生、节能、节水措施

按照国家有关要求和相关标准编制。具体内容包括消防、劳动安全与职业卫生、节能、节水等。根据国家有关规定,此项内容是国家审批可行性研究报告的主要内容之一,也是贯彻"以人为本"科学发展观和建设节约型社会的重要体现。在报告编制过程中,要考虑到项目建设的方方面面。本章的消防,主要指固定建筑物、公共活动场所的消防设施配备、消防技术宣传及责任的落实措施等,不能等同于森林防火;劳动安全与职业卫生,主要指项目建设和运营过程中,建设者、管理者、工作人员等的劳动安全隐患分析及规避方法措施,公共饮水安全分析及规避措施,有毒有害物质的保存、使用及使用后的回收处理等;节能主要考虑节电措施、节能材料选用等;节水措施。该部分建设如果确需增加设备设施,可以在项目建设内容和投资估算中体现。

7. 环境影响评价

主要包括生态环境现状调查、项目对环境影响分析、环境保护措施、环境影响评价等方面内容。具体说,就是在环境现状的基础上,分析项目建设对项目小环境和社会大环境的影响,采取何种措施,采取措施后对环境的影响能降低的程度等,最后对环境影响进行总结评价。营造林项目主要描述整地方式对水土流失的影响,施用化肥、农药对环境的影响,营造林方式及树种配置对环境的影响,栽植密度、株行距对森林功能的影响,项目建设对野生动植物栖息环境的影响等。

8. 招标方案

主要包括招标范围、招标组织形式、招标方式等。要针对项目建设的各项内容,分别提出是否招标,如何招标,不进行招标的建设内容如何进行资金控制等。可行性研究报告一旦批复,如果没有特殊说明,即可视为同意本招标方案。

9. 项目组织管理

(1)项目建设管理,按照国家有关建设管理要求,拟定项目建设管理的组织机构(项目法人),对项目的计划管理、工程管理、资金管理、信息(档案)管理等提出方案。

(2)经营(运营)管理,根据项目特点,拟定项目经营(运营)管理模式(机制)、保障措施及人员编制(或劳动定员)。

(3)对实行代建制的项目应拟订项目的代建方案。

10. 项目实施进度

叙述项目按建设阶段的任务安排和建设内容分年度的任务安排。

11. 投资估算与资金来源

(1)投资估算编制说明,说明投资估算的原则、依据和区分标准等。

(2)投资估算。

投资估算应按照财政部《基本建设财务管理规定》(财建[2002]394号)等文件的要求编制。

政府投资或政府投资为主的林业建设项目投资估算包括建筑安装工程、设备投资、工程建设其他费用及基本预备费。

建筑安装工程投资是指项目建设内容发生的建(构)筑物工程和安装工程的费用;建筑安装工程投资宜按单位建筑工程投资估算法或单位实物工程量投资估算法进行估算。

设备投资是指项目建设内容发生的各种设备的费用。包括需要安装设备、不需要安装设备和为生产(项目)准备的不够固定资产标准的工具、器具的费用;设备费用由设备原价和设备运杂费构成;国产标准设备原价宜按市场询价或有关部门提供的价格,国产非标准设备原价宜按全国统一非标准制作工程预算定额所在地区估价表或市场询价及有关部门提供的价格,进口设备原价宜按相关进出口公司的进口设备价格或国外承制(经销)商(厂)报价;设备运杂费包括设备采购、运输装卸、保管等费用,国产设备宜按不高于原价的5%计算,进口设备宜按不高于设备到岸价的2%计算(进口设备的进口税费按国家规定执行)。

工程建设其他费用是指项目建设内容从筹建到竣工验收交付使用所发生的,不形成工程实体的各种费用。主要包括建设单位管理费、土地征用及迁移补偿费、土地复垦及补偿费、可行性研究费、勘察设计费、工程质量监理费、招投标费、研究试验费、生产职工培训费、办公及生活家具购置费、临时设施费、设备检验费、联合试车费、项目评估费、社会中介机构审计(查)费、环境影响咨询服务费、工程保险费、劳动安全与卫生评审费、城市基础设施配套费、人防地下室异地建设费、施工图审查费等。工程建设其他费用估算应按项目建设性质、建设地点(地区)和建设内容等,选择、确定以上费用内容;各项费用计算方法与标准应符合国家有关规定。如果国家规定属地方取费的,可按所在地区的有关规定计算,但需在投资估算编制说明中加以说明,并提供相应证明材料。

工程建设其他费用的计算基数是"工程直接投资",下面详细讲解一下计算方法:

①建设单位管理费按照财政部《基本建设财务管理规定》(财建[2002]394号)执行。建设单位管理费采用分段计算法估算,具体标准为:工程直接费用概算1 000万元以下的,费率按1.5%计算;1 001万~5 000万元的,费率按1.2%计算;5 001万~10 000万元的,费率按1.0%计算;10 001万~50 000万元的,费率按0.8%计算;50 001万~100 000万元的,费率按0.5%计算;100 001万~200 000万元的,费率按0.2%计算;200 001万元以上的,费率按0.1%计算。图示如下:

工程直接费用：0——1 000——5 000——10 000——50 000——100 000——200 000——

建设单位管理费率：1.5 %　1.2%　1.0%　0.8%　0.5%　0.2%　0.1%

例如，一项建设项目直接工程投资 40 000 万元，计算建设单位管理费。

建设单位为：1 000 × 1.5% + (5 000 - 1 000) × 1.2% + (10 000 - 5 000) × 1.0% + (40 000 - 10 000) × 0.8% = 353(万元)。

图示计算方法如下：

本题工程直接费用：0——1 000——5 000——10 000——40 000

建设单位管理费率：1.5 %　1.2%　1.0%　0.8%

建设单位管理费用：15 + 48 + 50 + 240 = 353

②有关土地费用按照《中华人民共和国耕地占用条例》、《中华人民共和国城镇土地使用税暂行条例》、《中华人民共和国城镇国有土地使用权出让和转让暂行条例》、国家物价局财政部[1992]价费资 597 号、国土资源部令 21 号等文件规定执行。

③可行性研究费计算按照国家计委《建设项目前期工作咨询收费暂行规定》(计价格[1999]1283 号、河南省计委物价局《关于转发〈国家计委关于印发建设项目前期工作咨询收费暂行规定的通知〉的通知》(豫价房字[1999]337 号)执行。

④勘察设计费按国家计委、建设部《工程勘察设计收费管理规定》(计价格[2002]10 号)执行。采用直线内插法估算，具体标准为：计费额(一般指工程直接费用)概算 200 万元以下的，收费基价 9.0 万元；500 万元，收费基价 20.9 万元；1 000 万元，收费基价 38.8 万元；3 000 万元，收费基价 103.8 万元；5 000 万元，收费基价 163.9 万元；8 000 万元，收费基价 249.6 万元；10 000 万元，收费基价 304.8 万元(一般我们常用的，10 000 万元以上的，不再赘述)。

例如，一项建设项目设计计费额为 4 000 万元，计算期设计费基价。

设计费基价：103.8 + (4 000 - 3 000) / (5 000 - 3 000) × (163.9 - 103.8) = 133.85(万元)。

图示计算方法如下：

设计费收费计费额：0——3 000——4 000——5 000

设计费收费基价：　　103.8　　163.9

本题计算：103.8 + (4 000 - 3 000) / (5 000 - 3 000) × (163.9 - 103.8) = 133.85(万元)

需要说明的是，勘察设计费的计算标准为：

勘察设计费 = 设计费收费基价 × 专业调整系数 × 工程复杂程度调整系数 × 附加调整系数

专业调整系数：林业工程为 0.8。

工程复杂程度调整系数：需要根据地理条件、建设规模等确定，查“农林工程复杂程度表”确定。Ⅰ级复杂程度，调整系数为 0.85；Ⅱ级复杂程度，调整系数为 1.0；Ⅲ级复杂程度，调整系数为 1.15。

附加调整系数，是建设单位与设计承担单位之间协商确定的。一般在可行性研究阶段可以不考虑。

⑤工程质量监理费按国家发展和改革委、建设部《关于印发〈建设工程监理与相关服务收费管理规定〉的通知》(发改价格[2007]670 号)执行。

⑥招投标费计算按国家计委《招投标服务收费管理暂行办法》(计价格[2002]1980 号)

执行。

⑦环境影响咨询服务费计算按国家计委、国家环保总局计价格[2002]125号执行。

⑧人防地下室异地建设费按国家国防运动委员会、国家计委、建设部、财政部《人民防空工程建设管理规定》([2003]国人防办字第18号)执行。

⑨研究试验费、生产职工培训费、办公及生活家具购置费、临时设施费、设备检验费、联合试车费、项目评估费、社会中介机构审计(查)费、工程保险费、劳动安全与卫生评审费、城市基础设施配套费、施工图审查费等费用计算按国家或地方有关规定执行。

⑩基本预备费按不高于工程直接费用与工程建设其他费用之和的5%计算。根据工作经验,基本预备费最低不低于工程直接费用与工程建设其他费用之和的3%。

(3)流动资金或项目运行(管理)经费估算,有收益(产品)项目进行流动资金估算,无收益(产品)项目进行年运行(管理)费用估算。

(4)项目资金来源,属于中央预算内投资或补助的,需要说明中央投资与地方配套投资的数量和所占总投资的比例,各类建设项目均需说明项目流动资金或项目年运行(管理)经费的数量与来源。

12. 综合评价

包括项目风险评价、影响评价、财务分析(可选)与项目评价等内容。

风险评价,描述项目的主要风险因素、风险程度及规避和降低风险的对策与措施。

影响评价,描述项目建设过程中和项目投入运行后预期可能带来的影响因素、影响程度及负面影响的解决对策。

财务分析(可选)与项目评价,生态效益包括涵养水源与保持水土、庇护农田牧场效益、防风固沙效益、调节气候效益、改善生态环境、净化空气效益、保护生物多样性效益等;社会效益包括提高人类生存环境质量,保障国民经济和社会发展,项目建设带动社会增加就业人员、繁荣经济、提高社会福利、精神文化生活等;经济效益包括直接经济效益和间接经济效益。

有收益(产品)项目应进行项目财务分析。

13. 结论与建议

归纳可行性研究的结论,对项目可行性研究中主要争议问题和未解决的主要问题提出解决方法或建议。

(五)可行性研究报告的附表

可行性研究报告应分营造林项目或非营造林项目附表,并按附表1、附表2、附表3……顺序编号。营造林项目和非营造林项目中的自然保护区建设项目、林木种苗建设项目、森工非经营性项目、国家林业局直属单位基础设施建设项目等涉及建设用地的附表,必须落实到具体山头地块(是林地的落实到林班)。

1. 营造林项目

附表包括项目区各类土地面积现状统计表、项目区森林面积蓄积统计表、项目建设内容表、项目建设进度表、项目区各类土地综合利用规划表、营造林任务量与布局表、种苗需求平衡表、营造林成本费用估算表、项目建设投资估算表。

2. 非营造林项目

非营造林项目基本附表为项目建设投资估算表、主要设备清单(可选)。同时根据项目的不同,按以下分类编制相关附表。

(1)森林防火治理和森林公安建设项目:项目区森林防火治理区、森林公安建设现状(森林防火和森林公安队伍、装备、设施、林火阻隔系统)统计表,森林火灾统计表,森林防火治理和森林公安建设项目内容、任务一览表(森林防火队伍和森林公安队伍建设、队伍装备、基础设施和设备、林火阻隔系统等)。

(2)林业有害生物防治建设项目:项目区森林面积统计表,项目区近三年各类林业有害生物危害情况统计表(分年度),项目区现状表(机构组织、人员素质、队伍装备、基础设施、设备等),项目区工程建设内容、任务一览表。

(3)自然保护区建设项目:保护区各类土地现状统计表,保护区森林面积蓄积统计表,保护区各类生物资源统计表(动、植物名录),保护区现状统计表(机构组织、人员素质、队伍装备、基础设施、设备等),保护区各类土地综合利用规划表,保护区建设内容、任务一览表。

(4)林木种苗建设项目:项目区各类土地面积统计表,项目区各类林木种苗生产能力及基础设施现状统计表,项目区造林任务及种苗需求情况统计表,项目区建设现状情况统计表(管理组织机构、人员素质、基础设施、设备等),林木种苗工程建设内容、任务一览表。

(5)森工非经营性项目:建设单位现状统计表(机构组织、人员素质、队伍装备、基础设施、设备等),项目建设内容、任务一览表。

(6)国家林业局直属单位基础设施建设项目:建设单位现状统计表(机构组织、人员素质、队伍装备、基础设施、设备等),基础设施建设项目建设内容、任务一览表。

(7)其他类别的建设项目:根据项目建设的实际情况,主要有建设单位现状统计表(机构组织、人员素质、队伍装备、基础设施、设备等),项目建设内容、任务一览表。

(8)有收益(产品)建设项目:总成本费用估算表,固定资产折旧及其他费用摊销估算表,产品销售收入和销售税金及附加估算表,损益表,现金流量表(全部投资),资金来源与运用表,资产负债表,流动资金估算表。

(9)无收益(产品)建设项目:年运行(管理)费用估算表。

(六)可行性研究报告的附件

可行性研究报告应按项目类别提供附件,并按附件1、附件2、附件3……顺序编号。可行性研究报告的附件主要有:

(1)词汇表。

(2)特殊技术说明。

(3)参考文献。

(4)项目法人相关证明:中华人民共和国法人代码证或中华人民共和国组织机构代码证或企业法人营业执照或上级主管部门批复的项目法人组建方案文件。

(5)项目土地、房屋使用相关证明文件:自有土地的,需附中华人民共和国国有土地使用证或林权证;需征地或租地的,需附土地(林地)使用协议(合同),以及土地所有方的土地使用证或林权证;涉及城市用地的,需附(出具)城市规划部门对建设方案阶段的审查意见和项目所在地有关部门对土地使用的预审意见;涉及林业用地且需改变使用用途的,需附(出具)林业主管部门同意使用林地的证明文件。

(6)项目配套资金承诺文件:地方财政或发展和改革委配套投资承诺文件(原件)。

(7)建设方案论证报告(资源调查、选址、原材料、试验等专项报告)。

(8)水、电、气、辅助材料等使用协议及国有资源使用(开采)批复文件。

(9)改、扩建项目:原资产情况报告或资产评估报告,房屋及大型设施、设备的报废批准文件(危房鉴定书)。

(10)购置(转让)资产的项目:购置(转让)资产(包括林地、林木)的协议(意向书、合同)书、资产评估报告等。

(11)分期建设项目:按程序批复的上一期竣工验收文件。

(12)限制项目:项目立项申请文件和项目建议书批复文件。

(13)按国家有关规定应提交的环境影响评价文件。

(14)国有林区管理局以上行政事业单位、森工企业的学校项目:上一级教育主管部门关于新建或扩建学校的批复文件。

(15)国有林区管理局以上行政事业单位、森工企业的医院扩建项目:上一级卫生主管部门的意见和项目建设标准、购置大型医疗设备专题报告。

(16)国有林区管理局以上行政事业单位、森工企业的林业局生活用水项目:水源地的水文地质勘察报告、水质检验报告等内容材料,县以上卫生防疫部门近两年水质检验(抽查)报告和结论,当地水资源管理部门的"水资源开采许可证"。

(17)国有林区管理局以上行政事业单位、森工企业的科研、调查规划、设计、公检法、新闻、出版、博物馆等单位建设项目:管理机构对新建项目的批复文件、上一级主管部门对扩建项目的意见。

(18)自然保护区建设项目:建立自然保护区的批准文件,地方编委对保护区人员编制的批准文件,保护区总体规划批准文件。

(19)林木种苗建设项目:项目法人组建方案或地方编委对种苗基地人员编制的批准文件(可选),项目建设条件(自然地理、社会经济、基础设施、市场等)专题分析报告。

(20)国家林业局直属单位基础设施建设项目:建设单位基础设施总体建设方案,建设单位基本建设现状(固定资产、人员、设备仪器等)说明材料。

(21)其他有关专业调查和勘测报告。

(22)项目审查部门(单位)或评估机构要求提供的其他附件。

(七)可行性研究报告的附图

可行性研究报告应按照项目类别提供附图,并按附图1、附图2、附图3……顺序编号。报告附图包括:

(1)项目(区位)位置图。

(2)国有林区管理局以上行政事业单位、森工企业非经营性建设项目及学校、医院、科研、调查规划、设计、公检法、新闻、出版、博物馆等单位建设项目:现状平面图,总平面布局图,主体建筑平、立、剖面方案图;林业局生活用水项目需附井位及供水管网(长度、管径)布置图。

(3)林业有害生物防治建设项目:项目区森林资源现状图,项目区林业有害生物危害情况现状分析图,项目区总体建设布局图。

(4)森林防火治理和森林公安建设项目:项目区森林火险情况现状分析图,森林防火治理项目总体建设布局图,森林公安建设项目布局图。

(5)自然保护区建设项目:自然保护区动、植物资源分布现状图,自然保护区基础设施现状图,自然保护区功能分区图,自然保护区总体建设布局图,自然保护区局(处)、站(点)址总平面布置图。

(6)林木种苗建设项目:工程区林木种苗生产及基础设施现状布局图,林木种苗建设项目功能分区图,林木种苗建设项目总体布局图。

(7)国家林业局直属单位基础设施建设项目:建设单位基本建设现状平面图,建设单位基础设施建设总体布局图或总平面布置图,主体工程(建、构筑物)平、立、剖面图。

(8)营造林项目:项目区森林资源现状图,营造林项目建设总体布局图,主要造林模型设计图。

三、可行性研究报告的其他规定

(一)项目指标计量单位

营造林地:(小班面积)以 hm^2 计。

造林苗木数量:单位以万株计。

防火线、防火林带:长度以 km 为单位,宽度以 m 为单位。

围栏长度:以延米计,单位 m。

苗圃、母树林、种子园面积:以 hm^2 为单位。

林道:长度以 km 为单位,宽度以 m 为单位。

灌溉管线、排水渠:按延米计,单位 m。

建筑物:以 m^2 计,多层建筑物按各层面积总和计算。

露天堆置场按堆置场面积:以 m^2 为单位。

电气动力设备:以 kW 为单位。

变电、配电设备: 以 kVA 为单位。

输电线路按线路长度:以 km 为单位。

肥料:以 kg 为单位。

(二)可行性研究报告编制单位资质要求

可行性研究报告编制单位和主持编制人员具有相应资质(资格)。一般来说,上报国家林业局的可行性研究报告,应由具有甲级资质的设计单位编制。编制单位和编制人员应严格遵守国家、行业有关法规、标准和《林业建设项目可行性研究报告编制规定》(试行)的要求,坚持独立、公正、科学、可靠的原则,对所编制可行性研究报告的真实性、有效性和合法性负责。

(三)可行性研究报告印刷要求

报告的章、节的编号参照国家标准 GB1.1 的有关规定,采用阿拉伯数字分级编号。节编号宜小于 4 级,章的标题用 2 号黑体,第一级节的标题用 3 号黑体,第二级节的标题用小 3 号黑体,第三级节的标题用 4 号黑体。

正文宜用 4 号仿宋字体,按每页排 24 行,每行排 30 字,两面印制;附表宜用 A4(210 mm×297 mm) 或 A3(297 mm×420 mm)标准白纸、仿宋字体两面印制;附图宜用 A4(210 mm×297 mm) 或 A3(297 mm×420 mm)标准白纸印制。

可行性研究报告左侧装订。同时宜制作电子介质副本。

案例二

黄河湿地国家级自然保护区洛阳管理分局基础设施建设二期工程建设项目可行性研究报告

第一章　总　论

1.1　项目提要

1.1.1　项目名称:黄河湿地国家级自然保护区洛阳管理分局基础设施建设二期工程建设项目

1.1.2　建设单位:黄河湿地国家级自然保护区洛阳管理处

1.1.3　法人代表:×××

1.1.4　设计单位:河南省林业调查规划院

1.1.5　项目性质:续建、国有、生态公益性

1.1.6　建设目标:本项目为黄河湿地国家级自然保护区洛阳管理分局的基础设施建设二期工程,通过该项目的实施,进一步完善保护、科研等基础设施建设,逐步恢复湿地生态系统,增强黄河湿地国家级自然保护区洛阳管理分局的保护、科研和公众环境宣传教育能力,全面有效地保护湿地生态环境和生物资源。

1.1.7　主要建设内容:

(1)保护工程。标志大门7个,解说性标牌20块,救护站200 m^2,动物笼舍400 m^2,病虫害防治检疫站100 m^2,管护码头2个,购置必需的设备仪器。

(2)湿地恢复工程。封滩育草1 250 hm^2,生物围栏10 km,人工辅助植被恢复100 hm^2,生物墙2 hm^2。

(3)科研监测工程。无线视频监控点10个,气象观测站150 m^2,水文水质监测站150 m^2,鸟类环志站150 m^2,生态定位监测站80 m^2,科研监测站200 m^2,关键物种观测点4个,科研中心1 200 m^2,购置必需的仪器设备。

(4)基础设施工程。巡护步道17.5 km,通信线路10.5 km,供电线路3.5 km,固定垃圾箱60个等。

1.1.8　投资规模和资金来源:经估算,项目总投资1 774.35万元,其中建安工程投资987.8万元,占总投资的55.68%,设备购置投资636.08万元,占总投资的35.85%,其他投资150.47万元,占总投资的8.47%。

投资来源为:申请中央预算内林业专项投资1 418.59万元,占总投资的80.00%,地方配套355.76万元,占总投资的20.00%。

1.1.9　建设期:2年。

1.2　编制依据

(1)《中华人民共和国野生动植物保护法》。

(2)《中华人民共和国环境保护法》。

(3)《中华人民共和国自然保护区条例》。

(4)《全国野生动植物保护及自然保护区建设工程总体规划》。

(5)《全国湿地保护工程实施规划(2005～2010年)》。

(6)《中国生物多样性保护行动计划》。

(7)《森林和野生动物类型自然保护区管理办法》。

(8)国务院办公厅《关于进一步加强自然保护区管理工作的通知》(国办发[1998]111号)。

(9)国务院办公厅《关于发布河北衡水湖等29处新建国家级自然保护区的通知》(国办发[2003]54号)。

(10)《国家林业局关于加强自然保护区建设管理有关问题的通知》(林护通字[1988]77号)。

(11)国家林业局《关于内蒙古大兴安岭汗马等6个国家级自然保护区总体规划的批复》(林计发[2004]172号)。

(12)国家林业局《自然保护区工程项目建设标准》。

(13)《河南省林业发展"十一五"规划》。

(14)《河南黄河湿地国家级自然保护区总体规划》。

(15)《河南省建筑工程定额预算》。

(16)黄河湿地国家级自然保护区洛阳管理处提供的其他技术资料。

1.3 主要经济技术指标

1.3.1 建安工程费用

主要根据当地类似工程单价进行估算:动物笼舍0.08万元/m^2,固定建筑0.13万元/m^2,标志门5.00万元/座,生物墙1.70万元/hm^2,封滩育草0.15万元/hm^2,生物围栏2.50万元/km,人工辅助植被恢复0.10万元/hm^2,管护码头20.00万元/座,无线监控点12.60万元/个,关键物种观测点15万元/个。

1.3.2 设备价格:根据《自然保护区工程项目建设标准》,结合洛阳市当地仪器设备价格估算。

1.3.3 其他费用:按照国家及河南省的有关标准估算。

1.3.4 基本预备费:按照工程费用和其他费用的3%估算。

主要经济指标表(略)

1.4 结论

河南黄河湿地国家级自然保护区洛阳管理分局基础设施建设二期工程建设项目,以保护、恢复、科研监测为主线,通过加强基础设施建设,努力把管理分局建设成对外科技合作和信息交流的窗口。

通过认真研究和论证,本项目建设管理基础较好,组织保障有力,总体布局合理,建设方案和技术线路可行,建设规模适当,投资预算与资金来源估算符合实际,具有较强的可操作性。该项目已纳入《全国野生动植物保护及自然保护区建设工程总体规划》和《全国湿地保护工程实施规划(2005～2010年)》的建设范畴。本项目建设不但增强自然保护区的保护能力,也将促进区域社会经济的和谐发展。该项目建设切实可行,建议尽快批复实施。

第二章 项目背景与必要性分析

2.1 项目建设背景

湿地与森林、海洋并称为全球三大生态系统。它不仅具有维持生物多样性、调蓄洪水、防止自然灾害、降解污染物、调节气候、涵养水源、促淤造陆等巨大的生态功能,而且还为人类生产、生活提供多种资源,如水资源、粮食、肉类、鱼类、药材、能源、矿产以及多种工业原料。湿地独具特色的生态景观也是开展生态观光与旅游、宣教与科研的基地。

经济的快速发展以及人类生产生活对湿地资源依赖程度的提高,直接导致了湿地及其生物多样性的普遍破坏。一些天然湿地集中分布地区因围垦、污染、泥沙淤积及过度开发利用造成的湿地破坏仍在增加。更值得注意的是,原集中于大城市的污染现已沿河流扩展,将威胁到更多的天然湿地以及野生动植物资源。从全国总体情况来看,天然湿地数量减少、质量下降的趋势仍在继续,湿地生态系统面临着严重的威胁。如果不采取强有力的保护措施,将严重影响经济发展和人民群众的生存环境。另一方面,湿地丰富的生物多样性构成了巨大的物种库和基因库,具有很大的开发和利用潜力。为此,极有必要抢救性地保护好湿地。保护好今天的湿地也就是保护了人类的生存环境和可持续发展的战略资源。

湿地生态环境保护和建设,是功在当代、惠及子孙的伟大工程。坚持不懈地搞好湿地生态环境保护和建设是保证经济社会健康发展,实现中华民族伟大复兴的需要。党中央、国务院对生态环境建设十分重视,政府各有关部门在湿地保护方面开展了大量的工作。特别是1998年特大洪水以后,党中央和国务院多次发出了加快生态环境建设的号召,国务院提出的“封山植树、退耕还林、平垸行洪、退田还湖、以工代赈、移民建镇、加固干堤、疏浚河湖”的32字措施,对湿地保护起了十分重要的推动作用。2001年初,中央2号文件明确提出了在生态建设中要大力加强湿地保护。“国民经济和社会发展第十一个五年规划纲要”中,强调了要加强野生动植物保护、自然保护区建设和湿地保护。2001年6月,朱镕基同志在四川考察时,指出阿坝的湿地退化严重,并敦促抓紧制定湿地保护规划。2002年3月,江泽民同志在中央人口资源环境工作座谈会上,就湿地问题作了重要讲话,指出“加强湿地保护刻不容缓”,并对下一步的工作做了重要指示。此前,国家林业局会同国务院17个部(委、局)颁布实施了《中国湿地保护行动计划》,就湿地保护和合理利用的优先领域及优先项目与相关部门形成了共识。2003年国家林业局牵头,由国家发展和改革委员会、财政部、科学技术部、国土资源部、农业部、水利部、国家环保总局、国家海洋局参加编写了《全国湿地保护工程规划》。2004年国务院办公厅发出“关于加强湿地保护管理的通知”(国办发[2004]50号),原则同意《全国湿地保护工程规划(2002~2030年)》作为今后湿地保护的指导意见,并要求各地抓紧编制本地区的湿地保护规划,纳入本地区经济和社会发展计划,认真组织实施。多年来,河南省委、省政府十分重视湿地生态环境保护和建设。省委提出了再造山川秀美中州大地的要求,省政府印发了《河南省生态环境建设规划》和《河南省林业生态工程建设规划》,确定了今后一个时期河南省湿地保护和建设的总体目标。2004年河南省人民政府办公厅发出“关于加强湿地保护管理的通知”,要求省林业厅会同有关部门尽快编制《河南省湿地保护工程规划(2005~2030)》。2005年,《河南省湿地保护工程规划(2005~2030)》正式印发执行。河南黄河湿地国家级自然保护区2003年由国务院公布,2004年国家林业局批复黄河湿地国家级自然保护区总体规划。

党的十六届三中全会把“统筹人与自然的和谐发展”作为完善社会主义市场经济体制的重要环节,进一步明确了加强生态建设的重要性。湿地保护是生态建设的重要组成部分,湿地及自然保护区建设也是国家和地方政府“十一五”规划的重要内容,河南黄河湿地自然保护区建设2005年被纳入《全国湿地保护工程实施规划(2005~2010)》。河南黄河湿地国家级自然保护区洛阳管理分局于2006年实施了基础设施建设一期工程，建设了处、站办公楼及保护点与宣教中心等基本保护设施和科研设施，使保护区的基础设施条件得到初步改善，但保护、科研水平相对还比较低，湿地保护事业有待进一步加强，因此提出河南黄河湿地国家级自然保护区洛阳管理分局基础设施建设二期工程建设项目。

2.2　项目建设必要性

一是保护“母亲河”的重要手段。

黄河是中国的第二大河流，流经之地，大多土地肥沃，气候温和，雨量比较适中，易于人类生存和发展。几十万年以前，黄河两岸已有人类繁衍生息，黄河两岸是中华文明的重要发祥地，故有“母亲河”之称。因黄河多泥沙，具有强大的造陆作用，因而在漫长的历史时期，缔造了包括豫东、豫北平原在内的面积大约25万 km^2 的黄、淮、海平原，为中华民族开拓了广阔的国土资源。黄河在历史上也是一条多灾多难的河流，使河南及下游地区长期遭受巨大的灾难，史书记载的决溢就有230余次。随着人口的增加和经济的发展，河水受到污染，环境问题日益突出。黄河过郑州后，就成了有名的“地上悬河”，隐藏着巨大的水患。近年来由于气候变化，中上游地区无计划用水，导致黄河多次断流，致使中下游地区的工农业用水和居民生活用水受到严重威胁，可持续发展难以保持。为根治水患，国家先后在黄河上建设了三门峡水库、小浪底特大型水利枢纽、西霞院反调节水库等水利工程，同时加大了生态环境和污染治理力度。河南黄河湿地国家级自然保护区洛阳段内就有三门峡、小浪底两座大型水利工程，提升河南黄河湿地国家级自然保护区洛阳管理分局建设水平，不但能有效保护黄河沿岸的生物多样性，而且能通过调节气候、涵养水源、防洪排涝等改善环境功能的发挥，改善黄河水环境，对保护国家重点水利枢纽工程，保护“母亲河”具有重要意义。

二是生态环境建设的重要内容。

湿地保护是生态建设的重要内容。湿地与森林、海洋并称为全球三大生态系统，具有维护生态安全、保护生物多样性等功能。人们把湿地称为“地球之肾”、天然水库和天然物种库。湿地可以调节降水量不均带来的洪涝与干旱，可以调节气候，可以防止和减轻河岸的侵蚀，可以防止土地盐碱化。湿地生态系统具有丰富的动植物物种，是其他任何生态系统无法代替的。2001年国务院批准实施的六大重点林业工程中，将湿地保护列入其中。黄河是河南省最大的河流湿地，保护珍稀、濒危生物资源和湿地资源，实施野生动植物及其栖息地保护建设工程，恢复生态功能和生物多样性，是河南省生态环境建设的重要组成部分。

三是提升保护区实力、与国际接轨的重要举措。

黄河湿地国家级自然保护区洛阳段内的小浪底特大型水利枢纽、西霞院反调节水库都是具有世界影响的大型水利枢纽。河南省黄河湿地国家级自然保护区因其所处的特殊地理位置，已经被《中国21世纪议程》列为优先项目，入选《中国湿地保护行动计划》中国重要湿地名录，同时列入中国湿地保护行动计划优先项目。实施黄河湿地国家级自然保护区洛阳管理分局基础设施建设二期工程建设项目，加快湿地恢复，提高保护区的保护、科研监测等能力，不但是提升保护区实力，实现中国湿地保护与国际接轨的重要举措，而且是中国政府履行《国际重要湿地公约》的重要体现。

四是促进经济可持续发展、社会和谐发展的客观要求。

从经济上讲，黄河流域是当前我国长江、黄河两条重要经济发展带之一。从生态环境上讲，湿地是“地球之肾”，湿地资源河水环境安全越来越成为经济社会发展的制约因素。要实现经济可持续发展、社会和谐发展，必须改善环境，扩大生态承载能力。“加强湿地保护”已被作为“切实保护自然生态”的一项重要举措列入了国家“十一五”规划。加强黄河湿地保护与恢复，不但能有效保护生物栖息地，维护生物多样性，而且能通过湿地的“净化”作用，改善水环境，扩大生态底线，为黄河中下游经济可持续发展提供保障。洛阳市是我国著名的旅游城市，建设湿地保护区，充分发挥湿地的生态旅游功能，使之成为洛阳市对外的一个窗口，对实现当地经济结构调整和发展具有重要作用。在黄河越冬的国家二级保护动物——白天鹅，已经成为人们关注的对象。每年冬季，成群的白天鹅在黄河上悠然荡波，或引颈高歌，或直冲云霄，让人忘却自我，仿佛同它们融为一体。

五是保护区发展的客观需要。

林业是社会主义新农村建设的重要组成部分，林业发展的速度和程度直接影响到新农村建设的前进步伐，黄河湿地保护区又处在林业发展的核心区域和关键位置，从某种意义上讲，其保护和管理水平也是林业发展和新农村建设的具体标志之一。通过基础设施建设一期工程的实施，保护区基础设施建设得到了较大改善，保护、科研能力得以初步提升，但总体看来，基础设施仍旧薄弱，保护、科研能力还很落后，周边群众对保护湿地重要性的认识还不到位，破坏湿地资源的行为还有发生，因此湿地自然保护区基础设施建设急待进一步完善，科研监测力度需要进一步加强，宣教水平有待进一步提高。本次工程项目针对基础设施薄弱环节进行建设，主要投资方向为救护站、气象站、水文站、科研监测站、电子视频监控等，项目建设能够有效提高保护区的科技含量，改善保护区基础设施比较薄弱的局面。

第三章　项目建设条件

3.1　自然地理条件

3.1.1　地理位置（略）

3.1.2　地形地貌（略）

3.1.3　土壤（略）

3.1.4　气候（略）

3.1.5　水文（略）

3.2　动植物资源（略）

3.3　社会经济条件

3.3.1　社会经济状况（略）

3.3.2　保护区概况（略）

3.4　基础设施建设一期工程实施情况（略）

3.5　存在问题与对策

3.5.1　保护设施不完备，需进一步完善（略）

3.5.2　湿地恢复亟待开展（略）

3.5.3　科研监测体系不完善、科研设备落后（略）

3.5.4　科研经费不足、科研人才短缺（略）

3.5.5　宣教培训体系还需进一步加强（略）

第四章　建设目标

4.1　项目建设目标

(1)健全保护体系,减少人为干扰和破坏,提高对病鸟、幼鸟的救护能力,使河南黄河湿地国家级自然保护区洛阳段内湿地生态系统和野生珍稀动植物资源得到更加有效的保护。

(2)开展湿地恢复工程,有效增加湿地面积,逐步恢复湿地生态功能。

(3)建立和完善科研监测机构,充实科研力量和设备,完善湿地生态监测体系,积极开展科学研究,重点加强气候水文变化对湿地生态影响、候鸟种群数量变动、候鸟繁殖、候鸟迁徙等规律的研究。

(4)加大宣教力度,使更多的人关注湿地、了解湿地,增强人们爱鸟、护鸟意识。

(5)进一步完善基础设施建设,改善巡护员工作、生活条件。

4.2　指导思想与原则

4.2.1　指导思想

以黄河湿地自然保护区自然资源优势为依托,积极开展科学研究,全面保护自然环境,积极开展湿地恢复工作。在合理经营利用方针指导下,有条件、有计划地适度发展相关产业,促进地区经济发展和社会进步。

4.2.2　项目建设原则

(1)生态优先、保护为主原则。以湿地资源保护为重点,逐步恢复湿地的自我调节功能,加强湿地资源的科研与监测,使保护、恢复、科研协调发展。

(2)因地制宜、合理布局原则。根据保护区内的生物资源、自然环境、功能、地形地物等,合理安排项目建设内容和项目建设地点。

(3)重点突出、循序渐进原则。各项目的实施,要有利于保护区多功能、多效益的发挥。

(4)和谐发展原则。项目建设应考虑保护区周边社会经济情况,坚持保护区域周边环境和谐发展;统筹生态、社会、经济效益,坚持保护区可持续发展。

(5)坚持科技进步原则。充分认识管理分局的区位优势,既要立足当前、讲求实效,又要有较强的超前意识,以科技为先导,坚持建设方案的先进性与可操作性。

4.3　主要建设任务(略)

第五章　项目建设方案

5.1　项目建设范围(略)

5.2　总体布局(略)

5.2.1　功能区区划

5.2.1.1　区划依据(略)

5.2.1.2　功能区划分(略)

5.2.2　建设布局

依据河南省黄河湿地国家级自然保护区洛阳段实际情况,为方便管理,将保护区总体上划分为重点保护区域和一般保护区域。

(1)重点保护区域。范围包括核心区和缓冲区,用于保护和拯救珍稀濒危水禽和特殊湿地生态系统,尽可能保持其自然状态。

重点保护区域实行严格保护，主要进行科研监测活动，除设置无线视频监测站外，仅实施部分生物保护及恢复工程，不安排其他土建工程。

(2)一般保护区域。范围是河南省黄河湿地国家级自然保护区洛阳段的实验区，要限制人为活动，加以合理保护，积极发展，以促进和改善自然环境。

一般保护区域可以从事以下活动：科学考察、教学实习、采集标本等；开展科普性参观、生态旅游、夏令营等活动，对游人进行保护自然、爱护环境教育；开展湿地生态系统的结构、演替规律的研究，探索提高湿地生产力的途径。

5.3　项目建设内容

项目建设主要内容是湿地保护、湿地恢复、科研监测、科研中心和基础设施建设。

5.3.1　保护工程

5.3.1.1　标志大门

(1)建设地点。标志大门是保护区的对外形象性建筑，主要设置在进入保护区的主要路口的边界上。新建标志大门7座，其中孟津管理站3座，吉利管理站2座，新安管理站2座。

(2)建设方案。不锈钢结构，高10 m，宽8 m，上题写自然保护区名称。

5.3.1.2　解说性标牌

(1)建设地点。解说性标牌是保护区对外宣传的主要设施，主要设在保护区主要路段、珍稀水禽栖息地、生态特殊的地段。新设解说型标牌20个，其中孟津管理站8个，吉利管理站6个，新安管理站6个，科研中心2个。

(2)建设方案。不锈钢结构，牌面大小1.2 m×0.8 m，埋设后距地面1.2 m。主要用于介绍湿地、介绍珍稀水禽和特殊生态价值的湿地植被。

5.3.1.3　水禽救护站

(1)建设地点。救护站主要对受伤的水禽及掉队的幼鸟进行救护，新建水禽救护站1处。考虑到便于工作，建设在水禽比较集中的孟津管理站。

(2)建设方案。救护站建筑面积200 m^2，砖混结构，主要用于仓库、饲料加工库、治疗观察室及兽医室。另附设动物笼舍400 m^2。购置救护设备1套，救护车辆1部，办公设备若干。

5.3.1.4　病虫害检疫站

(1)建设地点。由于保护区面积较大，植被较多，环境复杂，森林病虫害易于发生，因而需要在吉利管理站建设病虫害防治检疫站1处。

(2)建设方案。病虫害防治检疫站建筑面积100 m^2，砖混结构。包括办公室、实验室、除害室等。购置检疫防治设备1套，配备办公设备。

5.3.1.5　管护码头

(1)建设地点。为方便水上巡护和救助，需要新建管护码头3座，其中孟津白鹤、新安石井、吉利康窑各1座。

(2)建设方案。混凝土结构。每个码头购置巡护摩托艇1艘。

5.3.1.6　保护车辆

为加强地面巡护，需购置保护车辆4辆，其中洛阳管理处1辆，孟津、吉利、新安三站各1辆。车型选择越野性能较强的越野吉普。

5.3.2　湿地恢复工程

(1)封滩育草(林)。共 1 250 hm^2。为增加植被覆盖率,改善湿地环境,在保护区孟津段扣马、吉利康窑进行封滩育草,种植芦苇、莲藕 1 030 hm^2。在新安石井、北冶、石寺封滩(山)育林 220 hm^2,栽植乡土乔灌木树种。

(2)生物围栏。在村镇、路口、人员干扰较大的地方设置生物围栏 10 km。其中孟津 6 km,吉利 4 km。

(3)人工辅助植被恢复。在实验区设湿地恢复区,共 1 000 hm^2。通过严格保护,适当引水,辅助种植,提高湿地生物多样性。其中孟津、新安各 500 hm^2。

(4)生物墙。为方便鸟类栖息,在孟津黄河桥头东河滩开阔地设生物墙,面积 2 hm^2,栽植杨树,株行距 2 m×3 m。孟津管理站和吉利管理站各 1 hm^2。

5.3.3　科研监测工程

5.3.3.1　无线视频监控系统

(1)站点布局。为便于对湿地保护区候鸟集中停留及生活区域的监测,掌握鸟类生活、迁徙规律,更好了解候鸟的生活习性,防止人为破坏保护区资源、猎杀水禽,及时发现火警、火情,拟建湿地自然保护区无线视频监控系统。无线视频监控系统由管理处监控室、管理站监控室和监控点构成,管理处监控室为总监控室。每个监控点监控辐射半径约 1 km,新建监控点 10 个,其中孟津 5 个点,吉利 3 个点,新安 2 个点。

(2)建设方案。购置 6 个中心基站,其中,管理处 1 个,孟津管理站 2 个,吉利管理站 1 个,新安管理站 2 个。监控室配备主要包括监视器、投影仪、计算机等。监控点由监控设备、塔体构成,其中塔体采用钢结构,高度不低于 20 m。

(3)可行性分析。无线视频监控系统监控点的设置充分考虑了对核心区和缓冲区的适时监控,同时,也对实验区内生物多样性丰富的地区进行监控,能够有效保护区域内生物资源,对研究重点鸟类的生活、迁徙规律也大有帮助。

为搞好该系统,洛阳湿地管理部门已经请教了相关专家,并邀请他们实地勘察,进行了详细论证和可行性分析。

总之,无线视频监控系统的建设对增强自然保护区保护能力有很大帮助,项目建设可行。

5.3.3.2　气象观测站

(1)建设地点。为观测气象变化对湿地保护的影响,在新安石井建气象观测站 1 处。

(2)建设方案。观测站房建筑面积 150 m^2,砖混结构,包括数据处理室、观测员休息室等。观测站设置观测场面积不小于 200 m^2,配置气象观测及数据处理设备 1 套。

5.3.3.3　水文监测站

(1)建设地点。为了适时监测水文、水质变化对保护区生态环境和湿地动植物的影响,及时保护湿地鸟类和植被,在吉利管理站康窑建水文监测站 1 处。

(2)建设方案。水文监测站房建筑面积 150 m^2,砖混结构,包括数据处理室、实验室、监测员休息室等。配置水文监测及水质化验设备各 1 套。

5.3.3.4　科研监测站

保护区科研能力需要进一步加强,同时,随着湿地环境的改善,湿地水禽数量逐年增多,每年到湿地保护区进行科研活动的单位和个人也越来越多,河南农业大学、北京林业大学等大中专院校及科研院所定期到这里进行候鸟和湿地资源研究,为方便并加强交流,需在孟津白鹤建科研监测站 1 个,面积 200 m^2,配台式电脑 3 台,单筒望远镜 1 个,双筒望远镜 2 个,数码照相机1台,长焦镜头1个,空调3台,办公桌椅3套,档案柜6套。

5.3.3.5　关键物种观察点

(1)建设地点。设关键物种观察点4个,其中孟津管理站2个,吉利管理站1个,新安管理站1个。

(2)建设方案。关键物种观察点为塔式构造,砖混结构,高度不小于7.0 m。关键物种观察点的颜色应与周围环境相一致。配备相应的观察设备。

5.3.3.6　科研中心建设工程

(1) 建设地点。为综合研究保护区的物种多样性及物种的演替规律,为湿地生态系统及候鸟保护服务,建立科研中心1座。建设地点选择在市中心苗圃(国家牡丹园)内。

(2)建设方案。建筑面积1 200 m^2。内部房间设置为实验室、化学分析室、计算机房、科技资料室、标本制作室、标本储藏室、标本陈列室、科研流动站、药品储藏室、多媒体放映厅,并配备光显沙盘1个,管理信息系统1套(含硬软件)、科研设备1套、标本制作及保管设备1套、触摸式显示器20台、办公设备1套。

(3)可行性分析。科研中心建在国家牡丹园,交通便利。国家牡丹园处在310国道上,东临王城大道,与连霍高速公路、飞机场路相连,并且与保护区距离较近。

国家牡丹园属洛阳市林业局,没有征地的困难,并且地价比较适中。

洛阳管理处和国家牡丹园,同属洛阳市林业局的二级机构,科研中心建在国家牡丹园内,有利于林业资源的整合,能互相补充,形成合力,共同打造洛阳市的对外窗口。

综上所述,科研中心的选址和建设方案是可行的,并且能够达到建设目的。

5.3.3.7　生态定位监测站

(1)建设地点。因小浪底大坝的影响,新安石寺聚集了越来越多的水禽,其中有许多珍稀水禽物种。为充分观测其种群结构、数量,在此设生态定位观测站。

(2)建设布局。建筑面积80 m^2,购置定位监测设备。

5.3.4　基础设施建设工程

5.3.4.1　巡护步道

孟津的扣马、小浪底保护点需完善和新建巡护步道5.5 km,新安的西沃、峪里、仓头、石寺需完善和新建巡护步道12 km,共计17.5 km。

5.3.4.2　通信线路

孟津管理站的小浪底、双槐保护点需架设通信线路6.5 km,新安管理站的西沃、峪里需架设通信线路4 km。共10.5 km。

5.3.4.3　供电线路

新安管理站的西沃管理点需架设供点线路3.5 km。

5.3.4.4　固定垃圾箱

在小浪底、西霞院、万山湖、扣西等游人较多的地方设置固定垃圾箱60个,其中孟津管理站30个,吉利管理站20个,新安管理站10个。

第六章　消防、安全与节能措施

6.1　消防

遵循《中华人民共和国消防条例实施细则》和《建筑设计防火规范》(GB 16—87),坚持

“预防为主、防治结合、因害设防、突出重点”的原则，保护区及区内各村庄设立防火责任单位或个人，落实责任，提高警惕，加强防范。

6.1.1 消防措施

(1)主要建筑物耐火等级按二级设计。

(2)各建筑物的设计要充分考虑消防通道的要求，配备消防设施。

(3)加强宣传，提高人们安全防范意识。

6.1.2 消防设施

(1)设置防火标志。保护区各主要路口、易发生火灾地段以及村民集中地带设防火警示牌和防火标语。

(2)消防器具。各站址配备一定数量的防火设施和扑火装备，便于发生火灾时，最大限度减少损失。

(3)扑火工具。需配备必要的扑火工具。

6.2 安全与卫生

(1)保护区内多有毒蛇，需配备安全、防卫、救护等设备。

(2)建立健全各项安全工作制度，定期进行安全操作、安全工作教育。

(3)实验室要保管好化学药品。化学实验要严格按规程进行。

6.3 节约能源

根据计资[1992]195号文《关于基本建设和技术改造工程项目可行性研究报告增列节能篇的暂行规定》，保护区各项建设应尽量节约能源，合理选择和配置设备，最大限度降低能源消耗。

同时，科学合理组织生产，发挥设备的功效，提高管理人员的管理水平和技术水平，达到降低耗能、节约能源的目的。

第七章 环境影响评价和保护措施

7.1 环境现状

河南黄河湿地国家级自然保护区洛阳段是以保护湿地生态和珍稀水禽为主的自然保护区，下辖孟津、新安、吉利三个管理站。区内以林地、水域、滩涂为主，生物多样性丰富，有部分居民居住。

7.2 项目建设对环境影响分析

7.2.1 环境影响评价分析类型

参照世界银行和亚洲银行项目工作指南，将环境影响评价分析类型按照环境问题性质、潜在的影响程度及敏感度等因素分为四类：

A类：很少引起重大环境不利影响的项目。

B类：项目可能对环境造成不利的和重大的影响，但采取现有的防治措施可避免或减缓其可能造成的环境影响。

C类：项目可能对环境造成不利的或重大的影响。

D类：以改善和保护环境为目的的环境保护项目。

7.2.2 环境影响分析

对河南黄河湿地国家级自然保护区洛阳管理分局基础设施建设二期工程建设项目逐一

进行项目分析评价，将可能造成的生态环境影响的项目按上述4种类型归类，保护区拟建项目对环境的影响以A类和D类为主，没有B类和C类。

(1)A类项目的影响分析。A类项目主要是土建和道路建设工程为主的项目，其对生态环境的影响一般仅存在于建设过程中。例如修建道路和基建可能导致局部植被遭到破坏等，这些影响是暂时的，随着工程结束，这些不利影响将会消失。但是，道路和房屋建成后，将可能产生与周边生态环境不协调的影响，而且这种影响是不可避免和永久存在的。为此，A类建设的项目必须按照国家有关规程和标准进行设计与施工，建筑物要尽量与周边环境相协调，并选用环保材料。

(2)D类项目的影响分析。D类项目主要是资源保护工程、湿地恢复工程等，本身就是以保护和改善环境为目的的环保项目，在实施过程中将对提高环境质量产生积极的促进作用，不会产生大的负面影响。但是这些工程也可能会对土壤、水质产生轻微的影响，因此在工程实施中要尽量采取措施避免产生这些影响，如尽量保护好植被，避免水土流失；植树、种草不使用农药化肥，防止对水质、土壤造成污染。

7.3　环境保护措施

7.3.1　环境质量控制措施

(1)认真贯彻执行有关环境质量标准、污染物排放标准及环境样品标准、环境基础标准等标准的规定，把环保工作列为保护区目标管理的重要内容之一，强化环境质量责任制。

(2)逐步加大建设项目环境管理力度。强化建设项目环保第一审批权的地位。

(3)保护区各类设施安装的设备尽量采用静音设备；禁止噪声超标车辆进入保护区；汽车在保护区内不能鸣笛。院区环境优美，不留露土地面。

(4)新建设施、道路、电缆选址应尽量减轻对沿途自然环境的破坏和污染。区内设施需符合环保要求，对可能造成污染的要全面分析论证，并制定和实施必要的环保措施。

(5)各站址及保护区内要保持清洁卫生。

(6)委托环保部门对保护区的生态环境进行监测，以便及时改进保护措施。

7.3.2　废弃物处理措施

(1)严禁任何固体废弃物堆放到保护区。

(2)加强进出保护区人员管理，不得随意丢放垃圾。

(3)建立健全环境卫生管理制度，提高人们环境保护意识。

(4)及时对保护区内的垃圾进行清运处理。

7.4　环境影响评价

上述分析结果表明：保护区内拟建工程的实施，大多是以保护和改善生态环境为目的的项目，无论是建设中还是建成后，都基本不会对生态环境造成不利的影响。即使个别项目会有不利影响，也可以通过采取措施，把不利影响降低到最小。而且，通过项目的实施，尤其是保护、恢复、科研监测及宣教工程的实施，能够有效提高保护区基础设施建设水平，提升科研监测能力，增强人们保护湿地、保护鸟类意识，促进湿地保护事业的发展。

第八章　招投标方案

8.1　招标依据及原则

依据《中华人民共和国招投标法》和《河南省实施〈中华人民共和国招投标法〉管理办

法》及国家林业局有关规定，遵守公开、公平、公正、诚实信用、独立、接受监督的原则，开展招标工作。

8.2　招标范围

河南黄河湿地国家级自然保护区洛阳管理分局基础设施建设二期工程建设项目招标范围包括建安工程和设备购置、勘察设计等。对于项目涉及的监理费、招投标管理费等项目，因其投资规模小于50万元，不进行招标，由建设单位的计财、纪检、保护等单位组成领导小组集体研究决定。

8.3　招标组织形式

根据以上规定和建设项目投资数额，确保需要招标的项目和招标方案。在招投标过程中严格执行《中华人民共和国招投标法》和《河南省实施〈中华人民共和国招投标法〉管理办法》，先由项目建设单位提出基础设施建安工程的建设标准、建设范围和设备性能技术指标，然后委托招标公司发布招标公告，在合法、合理、公开、公平、公正的情况下进行。

8.4　招标方式

对于建筑安装工程、仪器设备购置，委托有资质的招标代理公司进行公开招标。对于勘察设计，由于专业性相对较强，宜采用邀请招标的方式进行。

招标基本情况表

项 目	招标范围		组织形式		招标方式		不采用	金额
	全部招标	部分招标	自行招标	委托招标	公开招标	邀请招标	招标方式	（万元）
建安工程	√			√	√			864.40
设备购置	√			√	√			658.58
勘察设计	√		√			√		44.64
监理费							√	22.84
招投标费							√	12.97

第九章　项目组织管理

9.1　组织管理

河南黄河湿地国家级自然保护区洛阳管理处为科级建制，行政隶属于洛阳市林业局，内设办公室、保护管理科、科技科。处下设孟津、新安、吉利3个管理站，管理站负责本辖区内保护监测点的组织管理，统一协调工作；保护管理站下设12个保护监测点。实行处、站、点三级管理。

9.2　工程管理

项目建设严格履行国家基本建设程序，实行按规划立项，按项目管理，按设计施工，按标准验收。建立健全工程监督检查制度。实行工程总监与责任监理相结合的工程建设指导方式，对各专题分别确定相应的责任监理和监理助理。责任监理负责整个专题技术上的具体实施，监理助理负责对工程进行具体监督与追踪。

9.3　资金管理

在财务管理上主要做到：合理编制单位预算，如实反映单位项目的财务状况，积极组织收放，节约支出，建立健全财务制度；项目投资实行质量保证金制度，提高资金的使用效益，严防资金风险；对项目资金设立专账核算，年终决算，不能与其他资金混合使用；开支项目上要严格按照计划下达的内容实施，不得随意扩大非项目性支出。建设项目实行资金“报账制”。建设项目实施时，为了加强对工程质量的监督，采用竞标的方式，选择工程建设方，由工程建设方垫资金（一般为投资的1/3）或以劳折资的办法保证工程启动，然后按设计的要求和财务计划进行工程的检查验收、财务审计，结合中央和地方要求，根据计划财务规定下达总投资的其他部分（即总投资额度的2/3），这样可以使任务安排与建设单位的实际情况紧密结合，增加年度计划的合理性和科学性，保证项目顺利完成。

建设项目和财务活动应接受财政、审计部门的监督。河南黄河湿地国家级自然保护区洛阳管理处的财务、物资要根据各级审计部门和工程指挥系统对财务收支与物资使用要求，认真核定支出项目，保证按照要求进行合理支出，并定期接受财政审计部门的审查和监督。加强内部审计和监督机制建设，完善各项财务制度，按照财经法律法规规范各种收支行为。

第十章　项目实施进度

项目建设期2年。具体进度如下：

第一年主要完成：①保护工程。标志大门、解说性标牌、救护站、动物笼舍、病虫害防治检疫站、管护码头等建安工程，完成部分设备购置。②湿地恢复工程。封滩育草500 hm^2，生物围栏10 km，湿地恢复50 hm^2，生物墙2 hm^2。③科研监测工程。无线视频监控点、气象观测站、水文水质监测站、科研监测站、关键物种观察点等建安工程，完成无线监控系统的设备购置和安装调试。完成科研中心建安工程。④基础设施工程。巡护步道10.5 km，供电线路3.5 km，固定垃圾箱60个等。

第二年完成：①保护工程。救护站、病虫害防治检疫站、摩托艇等设备设施购置。②湿地恢复工程。封滩育草750 hm^2，湿地恢复50 hm^2。③科研监测工程。完成气象观测站、水文水质监测站、关键物种观察点等相关设备购置。完成生态定位监测站建安及设备完成科研中心仪器设备购置。④基础设施工程。巡护步道7 km，通信线路10.5 km等。

第二年底完成项目竣工验收工作。

第十一章　投资估算与资金来源

11.1　投资估算依据

(1)《自然保护区工程建设标准》。

(2)《湿地保护与恢复项目建设标准》（讨论稿）。

(3)《建筑工程技术经济指标》。

(4)河南省《建筑费用定额》。

(5)河南省《建筑工程预算定额》。

(6)国产定型的设备价格均采用生产厂家或经销部门的对外供货价格，非标准设备则采用估算价格。

(7)仪器设备按当地现行价格进行估算。

(8)其他费用。勘察设计费按照国家计委、建设部《工程勘察设计收费管理规定》（计价格[2002]10号）估算；监理费按照国家发展和改革委、建设部《关于印发〈建设工程监理与相关服务收费管理规定〉的通知》（发改价格[2007]670号）估算；招投标费按国家计委《招标代理服务收费管理暂行办法》（计价格[2002]1980号）估算；建设单位管理费按照《基本建设财务管理规定》估算。

(9)土地征用费。地方配套解决,不纳入估算范围。

(10)基本预备费。按工程费用和其他费用的3%估算。

11.2 投资概算

项目总投资为1 698.45万元。

按投资构成分:建安工程投资889.40万元,占总投资的52.37%;设备购置投资658.58万元,占总投资的38.78%;其他投资150.47万元,占总投资的8.85%。

按项目分:保护工程投资304.85万元,占总投资的17.95%;湿地恢复工程投资278.40万元,占总投资的16.39%;科研监测工程投资848.32万元,占总投资的49.94%;基础设施建设工程116.50万元,占总投资的6.86%;其他费用101.73万元,占总投资的6.00%;预备费48.74万元,占总投资的2.86%。

11.3 资金来源

由于自然保护区建设为社会公益事业,故项目建设应以国家投资为主,地方配套为辅。总投资中,申请中央预算内林业专项投资1 358.82万元,占80.00%;地方配套解决339.63万元,占20.00%。

11.4 年度投资计划

第一年需投资1 100.08万元,其中申请中央预算内林业专项投资912.53万元,地方配套187.55万元;第二年需投资598.37万元,其中申请中央预算内林业专项投资446.29万元,地方配套152.08万元。

第十二章 项目评价

湿地有多种效益,通过实施河南黄河湿地国家级自然保护区洛阳管理处基础设施建设二期工程,能更好保护管理湿地,使其各种效益更好地发挥出来。把风险降到最低限度。

12.1 效益评价

12.1.1 生态效益评价

湿地被称为陆地上的天然蓄水库,在蓄洪防旱(涝)、调节气候、控制土壤侵蚀、促淤造陆、降解环境污染等方面起着极其重要的作用。湿地拥有丰富的动植物资源,是众多野生动植物,特别是珍稀水禽的繁殖和越冬地。河南黄河湿地国家级自然保护区洛阳段对河南省涵养水源(减轻水旱灾)、保护水土、改善小气候、吸收二氧化碳、净化大气、生物保护等方面具有重要的生态效益。

(1)增加地表有效水量效益。湿地常被称为“海绵体”和“绿色水库”,有巨大的渗透能力和蓄水能力。在降水时,湿地能吸收和渗透降水,减少了流入大海的无效水,增加了地表有效水的蓄积,以供工农业生产和生活利用。因此,湿地涵养水源、增加有效水量,有明显的生态效益。

(2)改善水质效益。降水经过过滤,去除部分污染物和杂质,渗入土壤后,某些溶解成分可以被土壤吸收或通过粒子交换去除,同时又可使土壤或风化岩石中的某些物质溶解,增加水中的化学成分。湿地还可降低径流水的温度和硬度,改善水质。水温升高不利于水生生物,也会改变水的化学性质。流经湿地的水微生物含量极低,有研究表明,流经湿地的水每升中含有大肠杆菌数仅为农田的2%。

(3)调节径流效益。在雨季,湿地吸收、渗透了降水,减少和滞后了降水进入江河,削减和滞后了洪峰,减少了洪水径流;在干枯期,湿地逐渐放出涵养的水,增加江河的流量,缓解了旱情。因此,湿地可涵养水源、调节径流、延长丰水期、缩短枯水期,从而提高了农田灌溉及工业供水的能力。

(4)湿地减轻水旱灾效益。根据级差地租理论,湿地减轻水旱灾效益的计量不能以其自身的效果或损失作直接计量,而只能以能合理、客观反映其效益的外部经济效果或经济损失的量作为计量的依据。只不过这种效益计量使用的替代依据较为特殊,只有当发生洪涝灾害时我们才能计算出灾害的损失情况,这也就是湿地可能减轻灾害损失的具体数量值。否则说明这种效益正好抵御了可能出现的水旱灾害,这正是湿地减轻水旱灾害的最佳反映。

(5)湿地净化水中污染物。湿地对污水中的许多污染物具有明显的净化效应,研究证明,湿地通过植被吸收、沉积作用、物理吸附或交换作用,以及细菌降解等作用,具有很强的处理污水的潜力。

(6)气候调节价值。湿地对大气具有一定的净化作用,但湿地对大气的净化作用主要体现在 CO_2 的吸收效益上。湿地吸收 CO_2 对整个陆地生物圈都是有利的。CO_2 是大气中的主要温室气体,正日益引起国际社会的重视。CO_2 的上升不仅可引起全球气温上升,而且加大了气候分异,增加了自然灾害。因此,国际社会愈来愈重视湿地固定 CO_2 的效能,并在经济学上也研究和探讨其生态经济价值。

(7)生物多样性。湿地是物种最丰富的生态环境之一,从这个意义上说,保存了湿地就保存了物种,湿地的破坏必然导致物种大量灭绝。湿地是各种植物及动物(水生物)组成的系统,对栖息、繁衍其中的其他物种有深刻的影响,因为湿地能为它们提供发育、生存和进化的基础(环境条件和有机物)。全球生物物种中有1/4以上是以湿地作为“母亲”的,湿地的破坏导致物种锐减。由于过度干扰湿地,不但减少有机物的合成和破坏食物链及食物网,而且破坏了湿地生态环境,致使大量野生动植物失去“庇护”。一般说来,一种植物的绝种,常常导致10~30种生物的生存危机。据世界生物保护监测中心估计,到20世纪末,全世界有6万种以上的植物受到不同程度的威胁,中国至少有4 000~5 000种植物受到威胁。

12.1.2　社会效益评价

(1)提供就业机会,带动当地相关产业(交通、餐饮、通信等)的发展,加快当地群众脱贫致富的步伐。保护区绚丽多彩的景观资源为生态旅游和多种经营提供了有利条件。在生态旅游区和社区发展旅游业及多种经营,可以为保护区周边地区的群众提供大量的就业机会,优化产业结构,有利于社会安定和群众生活水平的提高,有利于促进保护区、社区共管的良性循环。同时也为投资经营者创造了良好的投资环境,对促进保护区及周边地区的经济腾飞具有重要的意义。更为重要的是,周边群众将会认识到,保护区建设的好与坏,与自身利益息息相关,这样又能达到变被动保护为主动保护的目的。

(2)可提供良好的科学研究和科普教育的基地。河南黄河湿地国家级自然保护区洛阳段是一个天然的自然博物馆,是研究湿地、生态、动物、植物、昆虫、环境、水文、地质、土壤、气候等学科的理想基地,可以在这里举办湿地、生态、环保、自然保护等方面的学术讲座,组织夏令营、科普宣传等活动,利用实物、模型、标本、图片、电影、电视、报刊、展览等多种形式普及科学知识,进行自然保护教育。

(3)为社会提供游览场所。在实验区开展科普旅游,不仅能增加当地群众的经济收入,而且让游客在游览中获得广博的科学知识，在了解和认识自然过程中，生动而又具体地感受到祖国山河的壮美，从而激发爱国热情，增强想象力和创造力，陶冶情操，促进身心健康。

(4)提高知名度。随着自然保护事业与生态旅游业的发展，专家、学者、新闻工作者和游客将纷至沓来，通过科考、探险、游憩、绘画、摄影、录像和宣传等活动，自然保护区的知名度将蒸蒸日上，高知名度带来的各种正效益将不可估量。

(5)加速信息交流。随着保护区科学研究工作的不断深化和自然保护事业的发展，将进一步促进对外交往，扩大对外交流，加速信息传递。将有利于引进人才、技术和设备，对尽快提高保护区工作人员的科学文化素质，提高管理和科研水平，繁荣自然保护事业有积极的推动作用。

12.1.3　经济效益评价

该项目建成后，有利于种植业、养殖业、科普旅游服务项目的发展，不仅可以获得一定的经济收入，缓解保护区的资金紧张状况，增强洛阳管理处的保护、管理、科研能力，而且还可以安置数百人就业，增加当地居民的经济收入，加快周边群众致富奔小康的步伐。保护区建成后，生态环境得到改善，提高所在地的知名度，创造了一个良好的投资环境，对当地经济发展具有明显的带动作用。

12.2　风险分析

12.2.1　政策风险

当前，国家启动了野生动植物和自然保护区工程建设，加大了对环境建设的投入。自然保护区建设工程符合国家有关政策要求，建设项目有利于环境的改善，因而在政策上没有风险。

12.2.2　灾害风险

湿地类型自然保护区的灾害主要有洪水灾害。保护区具有潜在的水患。建立自然保护区以后，对自然保护区进行总体规划和工程项目建设可行性研究，必要的管护与监测设施是在行洪道以外修建，不会在河道内修建任何设施。同时建立自然保护区还可以调节洪峰，减少洪水带来的经济损失，不仅没有灾害风险，而且有明显的生态效益。

12.2.3　经营管理风险

河南黄河湿地国家级自然保护区洛阳管理处基础设施二期建设工程实施时，严格按照项目投资，按规划设计，按设计施工，按要求检查验收，实行招标制度，建立各种经济技术档案。在管理上推行项目法人制、承包合同制，明确责、权、利；建设单位班子团结，艰苦创业意识较强，管理经验丰富，因此不存在经营风险。

12.2.4　生态风险

河南黄河湿地国家级自然保护区洛阳管理处基础设施二期建设工程的实施，不但不会对保护区的环境造成危害，而且为有效地保护保护区的自然环境提供了条件，可以更好地保护其生态环境，促进生态系统的良性循环，保证了自然保护区的安全。

(1)加强保护，扩大宣传，提高周边群众保护自然环境的意识，减少群众对保护区环境的破坏。

(2)保护了区内原有植物种类和植被类型。

(3)区内野生动植物得到更好保护。

第十三章　结论与建议

13.1　结论

（1）项目区条件优越，实施该工程意义重大。

（2）项目布局合理，保护、恢复、科研、宣教、基础工程安排得当，各项保证措施可行。

（3）工程技术条件成熟，设施和设备购置符合保护区实际。

（4）组织管理机构健全，各项制度严密，工程实施和资金配套有保证。

（5）生态效益、社会效益、经济效益显著。

（6）各种风险较小，项目成功的把握性大。

总之，从项目的实际和效益出发，该项目实施是可行的。

13.2　建议

河南黄河湿地国家级自然保护区因其所处的特殊地理位置，入选《中国湿地保护行动计划》中国重要湿地名录，同时列入优先项目。该项目已经纳入《全国野生动植物保护及自然保护区建设工程总体规划》和《全国湿地保护工程实施规划（2005～2010年）》的优先项目范畴。

实施河南黄河湿地国家级自然保护区洛阳管理处基础设施建设二期工程建设项目，加快湿地恢复，提高保护区的保护、科研监测等能力，不但是提升保护区实力，实现中国湿地保护与国际接轨的重要举措，而且是中国政府履行《国际重要湿地公约》的重要体现。

（附表、附图、附件略）。

第四节　建设项目初步设计的编制

一、初步设计概述

初步设计是对建设项目作出基本技术决定和确定全部建设费用的设计。分阶段设计的第一阶段设计，根据审定可行性研究报告、厂址选择报告等资料编制。其任务在于对设计对象作通盘研究和计算，以确定建设项目在规定的地点和期限内进行建设的可能性，投产后在技术上的可靠性和经济上的合理性，并通过编制总概算确定总的建设费用和主要技术经济指标。初步设计的内容，一般应包括：设计的依据，设计指导思想，建设规模，产品方案，原料、燃料、动力的用量和来源，工艺流程，主要设备选型及配置，设备安装总图，大型设备运输，主要建筑物、构筑物、公用和辅助设施，新技术采用情况，主要材料用量，外部协作条件，占地面积和场地利用情况，综合利用，“三废”治理和环境保护，生活区建设，抗震和人防设施，生产组织和劳动定员，主要技术经济指标及分析，建设顺序和年限，总概算等方面的文字说明和图纸。初步设计的深度，应能满足设计方案的比选和确定、主要设备材料的订货及生产安排、土地征用、投资控制、施工图设计的进行、施工组织设计的编制、施工准备和生产准备等方面的要求。经审定的初步设计和总概算，是确定建设项目投资额、编制固定资产投资计划、控制施工图预算、考核设计经济合理性和建设成本的依据。

初步设计文件是国家安排建设项目投资和组织施工的主要依据，所批准的投资为概算深度。根据国家规定，初步设计不得随意改变被批准的可行性研究报告所确定的建设规模、产品方案、工程标准、建设地点和总投资等控制指标。如果初步设计总概算超出可行性研究报告投资估算的10%，或变更上述主要指标，必须报经可行性研究报告原批单位批准或重新编报可行性研究报告。

初步设计文件包括：

(1)初步设计说明书(设计依据，工程性质，设计范围，设计思想，设计规模或能力，建筑、结构、设备、电气等说明，主要技术经济指标，工艺流程，产品方案，生产纲领，综合利用，环境保护，节水节能，建设工期，经济效益评价等)。

(2)图纸。包括：工程位置图，总平面图，工艺流程的平、剖面图，主要设备清单等。

(3)工程概算文件。

初步设计的总体要求：初步设计应根据批准的可行性研究报告进行编制，应明确工程规模、建设目的、投资效益、设计原则和标准，深化设计方案，提出设计中存在的问题、注意事项及有关建议，其深度应能控制工程投资，满足土地征(占)用要求，满足编制施工图设计、主要设备定货、招标及施工准备的要求，满足环保和资源综合利用"三同时"的要求。

营造林建设项目可以总体设计代替初步设计。

二、初步设计说明书的编制

(一)通用大纲

(1)总论。

(2)项目总平面设计(功能区划)。

(3)各专业(单项工程)生产(功能)工艺(或技术路线)设计及工程设计。

(4)设备选型。

(5)建筑设计。

(6)结构设计。

(7)供电与通信设计。

(8)给排水设计。

(9)采暖通风设计。

(10)说明书附表。

(11)说明书附件。

(二)初步设计说明书的主要内容

1. 总论

1)项目提要

应包括项目名称、项目建设地点(或项目区范围)、项目法人(建设单位)名称、项目法人代表、项目主管单位、项目性质、项目建设目标、项目主要建设内容及规模、项目建设期及建设进度安排、项目投资总概算与资金来源等。

2)设计依据

包括项目前期规划、项目建议书、可行性研究报告的审查、审批文件；设计的气象、水文、地质及主要原料来源和储量报告等设计基础资料；设计引用的国家标准、行业标准和国际标准等。

3）项目基本情况概述

根据不同项目的需要，简要描述以下基本情况。

（1）项目建设地区相关的自然地理和社会经济概况：行政区划、地理位置、地形地貌、河流水系、水文、气象、土壤、植被及面积，人口及其结构，工农业生产情况及人均产值，收入，生活水平及经济发展水平等。

（2）项目建设单位生产经营管理概况：经营管理机构，人员，技术力量，设施设备，建设成就、经验及问题等。

（3）与项目建设相关的有关其他概况：如营林生产情况，土地资源与森林资源，劳力资源，种苗供应，生态保护，森林防火，林业有害生物防治等。

（4）项目建设规模与产品（功能）方案。简要描述项目产品（或功能）方案、建设规模、项目选址、项目主要建设内容（或主体工程建设方案）及主要辅助设施及公用配套工程。

（5）设计的指导思想。表述项目设计的指导思想、原则、目标。

（6）项目总工艺流程（或技术路线）。描述项目总的工艺流程或技术路线。

（7）环境保护。依照《建设项目环境保护设计规定》进行环境保护设计。

（8）职业安全卫生。针对不同项目需要，对用电设备安全、野外防火作业、仪器设备操作安全、职业疾病防护等提出安全防护措施。

（9）消防。根据建（构）筑物的消防保护等级，考虑必要的安全防火间距、消防道路、安全出口、消防给水和防烟排烟等措施。

（10）节约能源。根据项目实际情况，叙述能耗情况及主要节能措施，包括建设物隔热措施，节电、节水和节燃料等措施，说明节能效益。

（11）抗震防灾与人防。提出项目建（构）筑物抗震防灾与人防措施等。

（12）项目组织与经营管理。设计的管理机构、项目定员（人员编制），提供项目年总运营费用（或经营成本）。

（13）项目总指标。主要包括项目建设用地规模、产品规模、主要建（构）筑物数量、主要机械设备数量、人员编制、主要建（构）筑物数量、投资测算指标、总投资概算及构成、投资来源等。

（14）提请初步设计审批时注意（或需解决）的问题及对下阶段设计的要求（建议）。根据项目实际情况提出。

（15）初步设计文件组成。表述初步设计文件的组成。

（16）重要参考文献。包括初步设计说明书文件引用的主要参考文献（可选）。

（17）关键术语定义与说明。汇集初步设计说明书中使用的专门术语的定义和外文首字母组词的原词组（可选）。

2. 项目总平面设计（功能区划）

针对不同建设项目，描述总平面（或功能区划）设计的主要内容。

（1）营造林建设项目。描述土地落实及其他土地资源变动材料情况；小班核实与补充调查、营造林用地数据精度与可靠性分析、土地资源分布特点与利用现状；可用于营造林的土地资源数量、分布及其特点等营造林用地和森林资源调查情况；应用的经营区划系统并说明经营区划结果；说明项目建设的总体布局情况。

（2）自然保护区建设项目。说明自然保护区边界的确定、自然保护区内部功能区区划、与外部的衔接条件、区内原有的工程设施、居民点、资源利用项目的标注等；对自然保护区管理局、管理站、管理点、苗圃、码头、瞭望塔（台）、动物救护站、检查站、哨卡等工程项目建设地点的确定（含比较方案）；描述交通运输路网、防火路网、防火隔离带网等布局（含比较方案）。

（3）林木种苗建设项目。说明基地（场址）及周边环境状况、基地地形地貌、气象及水文地质条件；说明基地（场址）供水、供电、给水、排水、消防、环境以及交通等外部条件情况；说明基地（场址）分区布置情况、周边布置及扩建方案、仓库设施、消防安全保卫设施、土石方量计算及填挖方量平衡等；设计基地（场址）内外部运输、灌溉、排水、防洪及竖向布置等。

（4）林业有害生物防治建设项目。分别说明营林基础设施的示范林地道路的规模、等级和布置；设计简易观测记录站、监测预警的预测预报中心、区域预警中心、中心测报点、测报点、林业有害生物风险评估中心、检疫检验中心实验室、检疫检验站、检疫除害设施、森林病虫害防治培训中心、森防物资储备中心、防治设施及主要附属设施的组成、级别确定、规模、选址布局和总体布置。

（5）森林防火建设项目。分别说明森林火险预测预报系统的林火气象站；火险瞭望监测系统的地面巡护站、巡护道路、瞭望塔（台）；林火阻隔系统的防火隔离带、防火林带、防火道路；林火信息及指挥系统，航空护林的停机坪、油库、道路；防火专业队伍营房等及其主要附属设施的组成、级别确定、规模、选址布局和总体布置。

3. 各专业（单项工程）生产（功能）工艺（或技术路线）设计及工程设计

针对不同建设项目（或专业、单项工程），说明其生产（功能）工艺（或技术路线）设计及工程设计。

1）营造林建设项目（工程）

（1）建设任务量与建设期：根据项目布局，以小班统计表的方式确定建设任务量、项目的建设期。前 3 年的建设任务落实到具体建设地点。

（2）营造林设计。应包括立地类型划分及质量评价，划分林种并确定各林种面积、比重等内容的林种设计，选择树种的原则、造林树种和树种面积及比重等内容的树种设计，产品方向、造林技术、造林模型等内容的造林设计，中幼龄林培育（确定森林经营模型）、经营周期内产量预测等内容的森林经营设计，新造林前 3 年的抚育设计、造林施肥设计、抚育追肥，种苗需求量测算、种苗供应方案等内容的种苗供应方案设计，营造林用工量测算及构成、机械台班数量测算、劳力与机械台班分配和年度安排等内容的劳力与机械台班需求量设计。

（3）森林保护设计。包括防火线和防火林带，防火林带的造林树种、配置方式、造林方式及防火线维护、防火林带抚育管理措施等设计；森林防火和森林有害生物防治包括瞭望台位置、个数，瞭望台的建筑结构与高度、通信设备、交通工具、人员组织等；森林病虫兽害防治设计包括确定病虫鸟兽害发生面积、地点、种类，设计检疫、预测预报、防治措施、仪器设备、组织形式等；护林点设计，确定护林点位置、个数、护林员的数量、通信方式、建筑物与设备等；在围栏设计中确定围栏的位置、样式、材料、长度等。

2）生态保护项目（工程）

（1）说明自然保护区（生态保护项目）的边界确定、自然保护区（生态保护项目）内部功能区区划、与外部的衔接条件、区内原有的工程设施、居民点、资源利用项目等；对自然保护区（生态保护项目）管理局、管理站、管理点、苗圃、码头、瞭望塔（台）、动物救护站、检查站、哨卡等工程项目的建设地点确定（含比较方案）；说明交通运输路网、防火路网、防火隔离带网等布局（含比较方案）。

（2）保护与恢复工程设计。确界立标的界碑、界桩、标牌的数量和规格，碑、桩、牌的刻写内容等；保护管理站（点）的布局、建设规模和结构等。检查站（哨卡）的布局、建设规模和结构等。摩托车道和巡护步道设计的路的规模、路面宽度、等级及最大纵坡、平曲线半径和纵坡坡度等；林（草原）防火工程设计的林火微波监控台、瞭望塔和防火隔离带的建设地点、数量、结构等设计；围栏建设地点、规模、种类和规格等设计；野生动物及栖息地保护工程的野生动物救护站（点）的位置、结构、规模和具体建设内容等设计。动物笼（棚）舍的布置、规格、材料和规模等；围网的规格、材料和规模等设计；食物、饮水补充点的布置；生态廊道的布置、类型和规模；动物通道的布置、规模；鹰墩的布置、材料和规模等；隐蔽地/生物墙的位置、规格和规模；留放枯倒木的布置；人工洞穴的布置、分布密度和结构等。

（3）野生植物及生境保护工程设计。包括天然林资源保护工程的建设地点、规模、保护措施和方法等；植物病虫害防治检疫站的结构、规模和组成等；珍稀植物苗圃的设计（参照相关设计规范）；树木园的设计（参照相关设计规范）。

（4）植被恢复工程设计。包括封山（沙、滩、湖）育林（草）的建设地点、封育方式和封育设施的设计等；人工辅助自然恢复区域和恢复措施等；防沙治沙的范围和具体措施。

（5）栖息地与生境改善设计。包括外来有害生物种类、发生情况和具体的控制措施；生境改善的区域、具体措施和方法等。

（6）湿地保护与恢复设计。包括湿地水源保护工程设计，其蓄水、引水和提水工程设计按照国标《灌溉与排水工程设计规范》执行；蓄水堰、缓坡水塘的建设地点、规模和结构形式；主退水汛道疏浚建设地点、流向、截面等；管护码头选点及斜坡码头坡道的坡度、宽度等；防护林带的种类、植物配植方式、具体建设地点和规模。

（7）科研与监测工程设计。科学研究中心包括科研中心（站）的选址、结构、组成、设施设备配置等；生态、资源与环境监测设计包括各种监测站（点）的选址、结构、规模和监测对象；固定样地的位置、数量、形状、规格设计；固定样线的位置、数量、规格设计；鸟类环志站的设计依照《鸟类环志技术规程》进行。

（8）宣传与教育工程设计。包括宣教中心和陈列馆的选址、结构和规模等。

（9）局、站址工程设计。包括管理局、分局和管理站选址、结构、规模、内容等。

（10）环境绿化工程设计。环境绿化的布置、植物配置方式和树种选择等。

（11）生态旅游工程设计。包括容量设计；布局设计主要包括功能区划分、出入口设计、游览道路系统设计、游览河湖水系设计和建筑布局设计等；游览线路设计主要有道路的路面宽、平曲线、竖曲线的线形及路面结构等；生态旅游建筑工程及其他设施设计有设施的位置、朝向、高度、体量、空间组合、造型、材料、色彩及其使用功能等。

3）林木种苗建设项目（工程）

（1）苗木培育方式与生产规模设计。确定产品方案，各类苗木的产量、苗龄、苗木种类、育苗方式和育苗地点等。

（2）种子处理与储藏设计。说明设计原则、设计规模、工艺流程特点、处理方法、车间组成及主要工艺设备的选择和布置。

（3）工厂化苗木培育设计。说明设计原则、设计规模、工艺流程特点、生产方式方法、车间组成及工艺设备布置;原料、燃料和辅助材料、成品和废弃物的数量、规格及去向,其中包括苗木生产所需原料的来源、供应方式,拟订原料准备(如基质等)方案; 主要操作指标和能源消耗指标; 主要设备的选择和配置。

(4)大田苗木培育设计。说明设计原则、设计规模、工艺流程特点和生产方法;培育前准备,包括整地、土壤改良、消毒和作垄;苗木培育,包括苗木来源、移植、嫁接、经营管理、出圃和再移植等设计; 主要机械设备选型。

(5)温室工程设计。说明温室建设用地位置和现状、设计依据、设计原则;温室功能设计,包括覆盖材料选择、温度调节系统设计、湿度调节系统设计、灌溉及施肥系统设计和自动控制系统设计;温室主体结构及配套设备,温室外接参数(包括供电、总热负荷、供水等)、基础及地面工程、主体结构(包括形式、性能指标、结构及覆盖材料、顶部排水等)、内遮阳幕的技术参数和性能、灌溉系统的配置形式和设计要求、施肥、苗床、湿帘/风扇、喷灌机、计算机控制、供热和配电等的设计。

(6)灌溉、排水工程设计。说明基地用地现状、用地结构、土壤性质和水源状况;灌溉、排水系统设计原则和依据;井位和灌溉范围确定、灌溉方式选择、灌溉面积划分、灌溉系统管线平面布置、田间排水工程和灌溉自动控制系统设计;主要设备的选择和配置。

(7)种质资源保存与良种示范设计。资源保存:种质资源的来源、种类、数量及保存位置确定,整地方式、土壤改良、苗木种类确定,栽植时间和密度确定,抚育方式;试验示范测定;优良品系展示。

(8)环境绿化工程设计。包括环境绿化的布置、植物配置方式和树种选择等。

4)林业有害生物防治建设项目(工程)

对监测预警项目、预测预报中心、区域预警中心、测报站、中心测报点、测报点、检疫御灾、林业有害生物风险评估中心、检疫检验中心实验室、检疫除害设施、隔离处治、森防物资储备中心及防治设施等进行设计。

5)森林防火建设项目(工程)

对森林火险预测预报系统、火险瞭望监测系统、瞭望监测系统、林火阻隔系统、林火信息及指挥系统、扑火机具、航空护林工程、防火专业队伍营房等进行设计。

4. 设备选型

国家林业局“156 号文”规定“说明主要仪器设备的选型、规格和技术参数”,但考虑到招投标的需要,也向国家林业局反映,其原则同意改为“说明主要仪器设备的规格和技术参数要求”。

5. 建筑设计

按建设部《建筑工程设计文件编制深度规定》的有关规定。

6. 结构设计

按建设部《建筑工程设计文件编制深度规定》的有关规定。

7. 供电与通信设计

按建设部《建筑工程设计文件编制深度规定》的有关规定;说明设计依据、设计范围、外部电源情况及各工程对电源的要求,负荷等级,备用电源的运行方式,供电负荷计算,电源电压、供电电压、供配电系统的确定及变电室设置情况;室外供配电线路布置,敷设方式选择,主要电气设备、线材的选择;防爆等级、防雷、防静电要求及设施;继电保护和功率因数补偿;

电力拖动、控制和信号；照明电源、电压、容量、照明标准及配电系统形式；通信系统形式。

8. 给排水设计

按建设部《建筑工程设计文件编制深度规定》的有关规定；说明各工程生产、生活、消防用水部位和水量明细表及水量平衡方案；水源取水方案的选择和确定，由城市供水时说明接管点位置、水压、水量；对生活用水、生产用水、消防用水、循环水、直流水和制冷水系统分别进行介绍。

对消防用水量计算原则，消防水池及消防泵选择应予以说明；室外给水管道材质、水工计算、管网压力、管网平面布置的确定；室外排水（包括雨水）系统划分及管道平面布置；各工程污水量及其成分、性质；污水处理方案及流程、处理深度和达到的标准及污水处理的主要设备与构筑物的选择。

9. 采暖通风设计

按建设部《建筑工程设计文件编制深度规定》的有关规定；说明锅炉、制冷、空调以及水处理等附属设备的能力、选型，说明选定设备的规格、技术参数、台数；室外管道平面布置、敷设方式确定、水工计算、管道材质及保温防腐措施等。

10. 说明书附表

对设计说明的有关表格。

11. 说明书附件

（1）设计依据批复文件。批准的可行性研究报告、厂（场）址选择报告（建设项目选址方案）、资源报告、《环境影响报告书（表）》、设计合同及上级有关批复文件。

（2）设计基础资料。

（3）项目有关协议。

（4）资金来源证明材料等。

三、初步设计图纸绘制

（一）一般要求

（1）初步设计图纸应按有关要求全部签署。

（2）主要包括区域位置图，总平面（或区划）布置图（包括方案比较图），建（构）筑物的平、立、剖面图，工艺流程图，设备平面布置图，给排水管道、热力管道、供电等各专业系统图和总平面图等。

（3）初步设计中的建筑、结构、电气、给排水、采暖、通风设计图纸应符合建设部《建筑工程设计文件编制深度规定》的有关规定。

（二）专业（单项工程）设计图纸

1. 营造林建设项目（工程）

（1）位置示意图。主要图素应包括地形、地貌（水系、山脊线、山峰等）、行政区划界、经营区划界、道路和居民点等。

（2）现状图。以小班调绘图为蓝本，主要图素有地形、地貌（水系、山脊、山峰及计曲线等）、行政区划界、经营区划界（最小区划单元为小班）、居民点、道路、桥梁、瞭望台、苗圃、种子园、母树林和建筑物的位置，以及小班编号、小班面积、地类。以不同填充色、图案区分地类；现状图以建设区域为单位分幅。当图幅过大时也可以区划系统的次级单元为单位分幅；

打印输出比例尺宜为1∶25 000或1∶50 000。当项目区总面积小于6万 hm^2 时,比例尺可为1∶10 000。当项目区总面积超过40万 hm^2,且地类简单、图斑较大时,比例尺可为1∶100 000。

(3)立地类型图。主要图素、分幅、比例尺与现状图相同,地类代码改为立地类型代码。以不同填充色、图案区分立地类型。

(4)总体设计图。除主要地形、地物、原有道路与居民点外,应标示新增设的道路、桥涵、瞭望台、苗圃、种子园、母树林以及建筑物。以不同填充色、图案标出各小班的造林模型、森林经营模型,并标注其代码。分幅、比例尺与现状图相同。

(5)造林模型设计图。按设计绘制。

(6)防火工程设计图。生物防火隔离带断面图、生物防火带植物配置图,瞭望塔基础部分平面图和剖面图、塔身剖面图。

(7)病虫害防治设计图。病虫害防治基础设施建筑工程平面图和剖面图。

(8)护林工程设计图。护林点建筑工程平面图和剖面图,围栏模型示意图。

(9)主要道路设计图。主要道路的纵断面图、典型横断面设计图、桥涵及附属构筑物图。

(10)灌溉工程设计图。灌溉工程系统管路平面布置图、井泵房平立剖面图、排水系统沟渠平面布置图。

(11)其他设计图。包括苗圃、种子园、母树林等有关的设计图。

2. 生态保护项目(工程)

(1)地理位置图。表示出保护区在省、区或县的概略位置。

(2)总平面图。管理局、管理站、科学研究中心(站)、宣教中心、陈列馆等应绘制总平面图。比例一般采用1∶200～1∶500,图上表示出坐标轴线、标高、风玫瑰(指北针)、平面尺寸,绘出现有和设计的建筑物、构筑物、主要管渠、围墙、道路及相关位置,标注与外部配套设施的关系;绿化景观布置示意图;竖向布置;列出建筑物、构筑物一览表,主要技术指标和工程量表。

(3)主要建筑物、构筑物建筑图。应包括平面图、立面图和剖面图。采用比例一般为1∶100～1∶200。图上表示出主要结构和建筑配件、基础做法、建筑材料、室内外主要装修、建筑构造、门窗以及主要构件截面尺寸等;除满足上述要求外,尚需符合建设部《建筑工程设计文件编制深度规定》的有关规定。

(4)道路工程设计图。包括线路平面设计图,纵断面图,典型横断面设计图,挡土墙、桥涵及附属构筑物图。

(5)给排水工程设计图。包括给排水总平面图、给排水局部总平面图、建筑给排水平面图。

(6)供电工程设计图。包括变、配电系统高低压供电系统图,变、配电系统平面布置图,照明系统平面图。

(7)通信工程设计图。包括通信系统图、站房设备布置图、有线广播电视系统图。

(8)采暖工程设计图。包括采暖系统流程图、采暖平面图、设备布置平面图。

(9)环境绿化工程设计图。包括平面布置图、植物配置图等。

(10)其他工程设计图。包括防火微波监控台、瞭望塔、蓄水堰、缓坡水塘、管护码头、生态旅游等专业工程的设计图。

3. 林木种苗建设项目(工程)

(1)地理位置图。表示出基地在省、区或县的地理位置。

(2)基地现状图。

(3)功能分区图。

(4)总平面设计图。比例一般采用1∶500～1∶2 000,图上表示出坐标轴线、标高、风玫瑰(指北针)、平面尺寸,绘出现有和设计的建筑物、构筑物、主要管渠、围墙、道路及相关位置,标注与外部配套设施的关系;绿化景观布置示意图;竖向布置;列出建筑物、构筑物一览表,主要技术指标和工程量表。

(5)主要建筑物、构筑物建筑图。包括平面图、立面图和剖面图。采用比例一般为1∶100～1∶200。图上表示出主要结构和建筑配件、基础做法、建筑材料、室内外主要装修、建筑构造、门窗以及主要构件截面尺寸等;除满足上述要求外,尚需符合建设部《建筑工程设计文件编制深度规定》的有关规定。

(6)道路工程设计图。包括线路平面设计图,纵断面图,典型横断面设计图,挡土墙、桥涵及附属构筑物图。

(7)给排水工程设计图。包括给排水总平面图、给排水局部总平面图、建筑给排水平面图。

(8)供电工程设计图。包括变、配电系统高低压供电系统图,变、配电系统平面布置图,照明系统平面图。

(9)采暖工程设计图。包括采暖系统流程图、采暖平面图、设备布置平面图。

(10)温室工程设计图。包括温室平、立剖面图,温室平面布置图,温室基础平面布置图,温室基础剖面图,灌溉平面布置图,电气平面布置图,供暖平面布置图,水、电、暖进出口位置图,灌排工程设计图,灌溉系统管路平面布置图,井泵房平、立剖面图,排水系统沟渠平面布置图,主要排水沟剖面图。

4. 林业有害生物防治建设项目(工程)

(1)总体布置图。比例尺应根据项目区域面积确定,以包括所有建设项目为宜。表示地形、地貌、地物、河流、森林资源分布、风玫瑰、现有和设计的森林病虫害防治工程等。

(2)总平面图。预测预报中心、区域预警中心、林业有害生物风险评估中心、检疫检验中心实验室和森林病虫害防治培训中心等建筑规模较大或建筑物相对集中的地方应绘制总平面图。比例一般采用1∶200～1∶500,图上表示出坐标轴线、标高、风玫瑰(指北针)、平面尺寸,绘出现有和设计的建筑物、构筑物、主要管渠、围墙、道路及相关位置,标注与外部配套设施的关系;绿化景观布置示意图;竖向布置;列出建筑物、构筑物一览表,主要技术指标和工程量表。

(3)主要建(构)筑物建筑图。应包括平面图、立面图和剖面图。采用比例一般为1∶100～1∶200。图上表示出主要结构和建筑配件、基础做法、建筑材料、室内外主要装修、建筑构造、门窗以及主要构件截面尺寸等;除满足上述要求外,尚需符合建设部《建筑工程设计文件编制深度规定》的有关规定。

(4)给排水工程设计图。包括给排水总平面图、给排水局部总平面图、建筑给排水平面图。

(5)供电工程设计图。包括变、配电系统高低压供电系统图,变、配电系统平面布置图,照明系统平面图,各工程供电系统图。

(6)采暖工程设计图。包括采暖系统流程图、采暖平面图、设备布置平面图。

5. 森林防火建设项目(工程)

(1)地理位置图。表示出重点火险区综合治理工程的概略位置。

(2)总体布置图。比例尺应大于或等于1:50 000(根据工程区域面积确定)。主要包括重点火险区综合治理工程边界、与外部的衔接条件、区域内原有的工程设施、居民点的标注等,并示出林火气象站、地面巡护站、巡护道路、瞭望塔(台)、防火隔离带、防火公路、防火林带、停机坪、油库、营房、防火指挥中心、物资储备库、检查站和防火训练基地的位置。

(3)总平面图。防火指挥中心等应绘制总平面图。比例一般采用1∶200~1∶500,图上表示出坐标轴线、标高、风玫瑰(指北针)、平面尺寸,绘出现有和设计的建筑物、构筑物、主要管渠、围墙、道路及相关位置,标注与外部配套设施的关系;绿化景观布置示意图;竖向布置;列出建筑物、构筑物一览表、主要技术指标和工程量表。

(4)主要建筑物、构筑物建筑图。包括平面图、立面图和剖面图。采用比例一般为1:100~1:200。图上表示出主要结构和建筑配件、基础做法、建筑材料、室内外主要装修、建筑构造、门窗以及主要构件截面尺寸等;除满足上述要求外,尚需符合建设部《建筑工程设计文件编制深度规定》的有关规定。

(5)道路工程设计图。包括平面总体设计图,纵断面图,典型横断面设计图,挡土墙、桥涵及附属构筑物图。

(6)给排水工程设计图。包括给排水总平面图、给排水局部总平面图、建筑给排水平面图。

(7)供电工程设计图。包括变、配电系统高低压供电系统图,变、配电系统平面布置图,照明系统平面图。

(8)采暖工程设计图。包括采暖系统流程图、采暖平面图、设备布置平面图。

(9)其他工程设计图。包括林火气象站、地面巡护站、巡护道路、瞭望塔(台)、防火隔离带、防火公路、防火林带、停机坪、油库、营房、物资储备库、检查站和防火训练基地等专业工程设计图。

四、初步设计概算的编制

(一)初步设计概算文件组成

概算文件由封面、扉页、概算编制说明、总概算书、综合概算、单位工程概算书、主要材料用量及技术经济指标组成。

(二)初步设计概算文件编制

1. 封面与扉页

封面有项目名称、编制单位、编制日期和第几册及共几册内容,扉页有项目名称、编制单位、单位设计资质证书号,以及单位主管、审定、审核、专业负责人和主要设计人的署名。

2. 概算编制说明

(1)工程概况。包括建设规模、工程范围,并明确工程总概算中所包括和不包括的工程项目费用。有几个单位共同设计和编制概算,应说明分工编制的情况。

(2)编制依据。批准的可行性研究报告及其他有关文件,具体说明概算编制所依据的设计图纸及有关文件,使用的定额、主要材料价格和各项费用取定的依据及编制方法。

(3)钢材、木材、水泥总用量,造林工程主要苗木用量,道路工程沥青及其制品用量。

(4)工程总投资及各项费用的构成。

(5)资金筹措及分年度使用计划。如使用外汇,应说明使用外汇的种类、折算汇率及外汇使用的条件。

(6)有关问题的说明。概算编制中存在的问题及其他需要说明的问题。

3.概算书

概算书包括各单项(单位)工程概算书及总概算书。

(1)建设项目总概算书由各综合概算及工程建设其他费用概算、预备费组成。

(2)综合概算书。综合概算书是单项工程建设费用的组成文件,由专业的单位工程概算书组成。工程内容简单的项目可以由一个或几个单项工程组成汇编为一份综合概算书,也可将综合概算书的内容直接编入总概算,而不另单独编制综合概算书。

(3)单位工程概算书。单位工程概算书是指一项独立的建(构)筑物中按专业工程计算工程费用的概算文件。单位工程概算书由工程直接费用、工程建设其他费用和综合费用组成。

(4)对没有工程概算定额的工程,可参照类似工程造价指标编制。

(5)设备及管线安装工程可根据工程的具体情况及实际条件,套用定额或参照工程概预算测定的安装工程费用指标进行编制。

(6)工程建设其他费用编制。

工程建设其他费用是指项目建设内容从筹建到竣工验收交付使用所发生的,不形成工程实体的各种费用。包括建设单位管理费、土地征用及迁移补偿费、土地复垦及补偿费、可行性研究费、勘察设计费、工程质量监理费、招投标费、研究试验费、生产职工培训费、办公及生活家具购置费、临时设施费、设备检验费、联合试车费、项目评估费、社会中介机构审计(查)费、环境影响咨询服务费、工程保险费、劳动安全卫生评审费、城市基础设施配套费、人防地下室异地建设费、施工图审查费等。

工程建设其他费用概算应按项目建设性质、建设地点(地区)和建设内容等,选择、确定以上费用内容;各项费用计算方法与标准应符合国家有关规定。如无国家规定属地方取费的,可按所在地区的有关规定计算,但需在投资概算编制说明中加以说明,并提供相应的证明资料。

建设单位管理费计算按财政部《基本建设财务管理规定》(财建[2002]394 号)执行。

有关土地费用计算按《中华人民共和国耕地占用暂行条例》,《中华人民共和国城镇土地使用税暂行条例》,《中华人民共和国城镇国有土地使用权出让和转让暂行条例》,国家物价局、财政部[1992]价费字 597 号,国土资源部令 21 号等文件规定执行。

可行性研究费计算按照国家计委《建设项目前期工作咨询收费暂行规定》(计价格[1999]1283 号、河南省计委物价局《关于转发〈国家计委关于印发建设项目前期工作咨询收费暂行规定的通知〉的通知》(豫价房字[1999]337 号)执行。

勘察设计费计算按国家计委、建设部《工程勘察设计收费管理规定》(计价格[2002]10 号)执行。

工程质量监理费按国家发展和改革委、建设部《关于印发〈建设工程监理与相关服务收费管理规定〉的通知》(发改价格[2007]670 号)执行。可行性研究费计算按国家计委《建设项目前期工作咨询收费暂行规定》(计价格[1999]1283 号)执行。

招投标费计算按国家计委《招标代理服务收费管理暂行办法》(计价格[2002]1980 号)执行。

环境影响咨询服务费计算按国家计委、国家环保总局计价格[2002]125 号执行。

人防地下室异地建设费按国家国防动员委员会、国家计委、建设部、财政部《人民防空工程建设管理规定》([2003]国人防办字第 18 号)执行。

研究试验费、生产职工培训费、办公及生活家具购置费、临时设施费、设备检验费、联合试车费、项目评估费、社会中介机构审计(查)费、工程保险费、劳动安全卫生评审费、城市基础设施配套费、施工图审查费等费用计算按国家或地方有关规定执行。

(7)基本预备费计算按不高于工程费用与工程建设其他费之和的 3% 计算。

(三)技术经济指标

包括工程总概算(表)、主要材料用量计算表、主要设备和安装费用计算表等。

五、初步设计其他规定

(一)工程(项目)指标计量单位

营造林地:(小班面积)以 hm^2 计。

造林苗木数量:单位以万株计。

防火线、防火林带:长度以 km 为单位,宽度以 m 为单位。

围栏长度:以延米计,单位 m。

苗圃、母树林、种子园面积:以 hm^2 为单位。

林道:长度以 km 为单位,宽度以 m 为单位。

灌溉管线、排水渠:按延米计,单位 m。

建筑物:以 m^2 计,多层建筑物按各层面积总和计算。

露天堆置场:按堆置场面积,以 m^2 为单位。

电气动力设备:以 kW 为单位。

变电、配电设备: 以 kVA 为单位。

输电线路:按线路长度,以 km 为单位。

肥料:以 kg 为单位。

(二)编制单位和编制人员要求

初步设计编制单位和主要设计人员应具有相应资质。初步设计编制单位和设计人员应严格遵守国家有关法规、标准和规定的要求,坚持独立、公正、科学、可靠的原则,对编制的设计文件的真实性、有效性和合法性负责,并承担相应的法律责任。

凡涉及森林(林地)资源调查、监测、评价的林业建设项目初步设计,应同时附有国家工程建设主管部门颁发的设计资质证书和林业主管部门颁发的森林(林地)资源调查、监测、评价相应的资质(资格)证书。

各专业(单项工程)设计说明书分别由各专业(单项工程)设计说明书前引部分和各专业(单项工程)设计说明组成。

内容与顺序为:封面、设计编制单位资质证书(复制件、可选)、设计编制单位职签页(可选）、设计编制人员名单页（可选）、前言（可选）、目录、各专业（单项工程）设计说明。专业（单项工程）设计总说明书由设计说明、专业（单项工程）概（预）算表组成。

（三）初步设计编排与印制的规定

说明书的章、节的编号参照国家标准 GB1.1 的有关规定，采用阿拉伯数字分级编号。节编号宜小于 4 级，章的标题用 2 号黑体，第一级节的标题用 3 号黑体，第二级节的标题用小 3 号黑体，第三级节的标题用 4 号黑体。

说明书正文宜用 4 号仿宋字体，按每页排 24 行，每行排 30 字；设计说明书附表宜用 A4（210 mm × 297 mm）或 A3（297 mm × 420 mm）标准白纸、仿宋字体两面印制；设计说明书附图宜用 A4（210 mm × 297 mm）或 A3（297 mm × 420 mm）标准白纸印制。

说明书、设计概（预）算书、工程主要设备材料表宜用 A4（210 mm × 297 mm）标准白纸两面印制，左侧装订。同时宜制作电子介质副本。

设计图纸宜采用晒蓝图纸，按 A3（297 mm × 420 mm）大小折叠左侧装订成册。

第五节　项目竣工验收

一、竣工验收的重要意义

（一）竣工验收是基本建设程序的重要环节

一个项目的提出、建设到投产需要经过项目建议书阶段、可行性研究报告阶段、设计工作阶段、建设准备阶段、施工阶段、竣工阶段、后评估阶段等七个阶段。这也就是我们通常所说的“基本建设程序”。从这七个阶段中，我们可以看出，竣工验收向上关系到可行性研究是否达到了“可行”的要求，也就是说项目的决策是否正确。向后关系到项目的后评估，也就是项目建设效益的发挥问题，所以我们说竣工验收是基本建设的重要环节。

（二）竣工验收是对整个项目建设的全面检查

竣工验收不同于项目检查，它不但要检查项目的建设情况，而且要审计项目资金的使用情况。正因为本阶段在基本建设程序中非常重要，所以要求特别细，验收特别全面。

（三）竣工验收是对整个项目建设进行全面评价的需要

因为竣工验收是对建设项目的全面检查，所以要对项目建设作出全面、客观的评价。这个评价体现在竣工验收报告里面。这不但关系本次项目的建设，而且关系今后类似项目的立项。对分期建设的项目来说，如果一期竣工验收出现问题，可以明显地说，以后的建设都要划上句号。

（四）竣工验收是资产移交必须进行的重要程序

国家明确规定了基本建设项目资本金制度，也就是说，每个建设项目建设单位（地方财政、发改、建设单位等）必须要落实一定量的配套资金，否则国家不把建设所形成的资产移交建设单位。林业项目的资本金必须达到总投资的 20% 以上，国家是按西部 20%、东部 40% 控制的，河南省为 30% ~50%。有人认为，项目已经建了，国家不可能把已建的房子给搬走。其实，这种想法是错的，国家虽没法搬走已建的房子，但国家可以抽走建设资金。

竣工验收是进行资产移交的重要手续。在建项目和已完工项目，只有通过了竣工验收，按照程序对形成的资产进行移交，这样，这个项目才算基本完成。换句比较白的话，没有竣工验收的项目,别看大家在争取项目时费了很大的劲,但资产不一定是你的,在这环节出了问题,国家很可能抽回资金。竣工验收就是把国家的投资变成建设单位资产的重要环节。

二、竣工验收各级责任及义务

(一)建设单位

建设单位按《林业建设项目竣工验收实施细则》要求,完成以下工作:

(1)完成批准的项目可行性研究报告、初步设计和投资计划文件中规定的各项建设内容,能够满足使用及功能的发挥。

(2)所有技术文件材料分类立卷,会计档案、技术档案和施工管理资料齐全、完整。主要内容包括:项目审批文件和年度投资计划文件,设计(含工艺、设备技术)及设计变更、施工、监理文件,招投标、合同管理文件,会计档案(含账簿、凭证、报表等),财产物资清单,工程总结文件,勘察、设计、施工、监理等单位签署的质量合格文件,施工单位签署的工程保修证书,工程竣工图等。

(3)土建工程质量经建设工程质量监督机构备案。

(4)主要工艺设备及配套设施能够按批复的设计要求运行,并达到项目设计目标。

(5)环境保护、劳动安全卫生及消防设施已按设计要求与主体工程同时建成并经相关部门审查合格。

(6)建设项目或各单项工程已经建设单位初步验收合格。

(7)编制完成工程结算和竣工财务决算,并委托有相应资质的中介机构或审计机构进行造价审查或财务审计。

(8)对有以下情况之一者,经批准可进行项目竣工验收:

①项目基本符合竣工验收标准,只是零星土建工程和少数非主要设备未按设计规定的内容全部建成,但不影响正常生产,应组织竣工验收。对剩余工程,应按设计留足投资,限期完成。

②项目已全部完成各项建设内容,但项目在投产初期一时不能达到设计能力所规定产量的,应组织竣工验收。

③建设项目或单项工程已形成部分生产能力或实际上已投入生产经营,近期不能按原设计规模续建的,应从实际出发,可缩小规模,报可行性研究报告批准单位批准后,对已完工的项目和工程组织验收,移交固定资产。

④国外引进设备项目,按合同规定完成负荷调试,设备已考核合格的,可组织竣工验收。

建设单位按照以上要求,完成相关工作后,即可提请市级林业主管部门进行初步验收。

(二)市级林业主管部门

接到建设单位的验收请示后,应及时审查验收材料,认为材料合格后,应立即组织有关业务单位按照《林业建设项目竣工验收实施细则》要求进行初步验收。初步验收的有关要求和省级验收一样。初步验收合格的建设项目,以正式文件(一式五份)请示省级验收。验收材料(两份)应分别呈送省林业厅计财处和业务对口处室局站。

(三)省林业厅

省林业厅在接到省辖市林业局关于项目验收请示后,先请业务对口处、室、局、站对有关材料进行审核,业务对口单位认为验收材料合格、符合《林业建设项目竣工验收实施细则》

要求，达到竣工验收标准后，会同厅计财处协商组织竣工验收。计财处在审查材料时，发现有比较严重的错误、漏项时，可直接发回建设单位或者市级林业主管部门，责令改正后，再组织验收。

对需要申请国家验收的建设项目，市级林业主管部门不再组织初步验收，由省林业厅组织并行文申请国家林业局组织验收。

三、竣工验收的权限及组织

（一）竣工验收的主要依据

包括经批准的项目可行性研究报告，总体设计或初步设计，施工图设计，投资计划文件；设备技术说明书，工程建设施工技术验收规范，竣工财务决算及审计报告，主管部门有关审批、修改、调整等文件。

（二）权限

总投资规模3 000万元以上（含3 000万元）的林业建设项目，由国务院投资主管部门或其委托的部门组织竣工验收。总投资规模3 000万元以下2 000万元以上（含2 000万元）的项目，由国家林业局或委托相关单位组织竣工验收。总投资规模在2 000万元以下的项目，由省级林业行政主管部门或林业（森工）集团总公司组织竣工验收。验收结果报国家林业局备案。

（三）验收组织

（1）验收（初步验收和最后验收，下同）组织单位在受理项目竣工验收申请报告后，对具备竣工验收条件的项目，按照项目隶属关系和权限划分范围，应在90日内组织竣工验收。

（2）竣工验收工作应根据工程规模大小、复杂程度组成验收委员会或验收组（以下简称验收组）进行。验收组由验收组织单位、规划、环保、劳动安全、消防等有关部门及工程、技术、经济等方面专家组成。

验收组可根据项目规模和复杂程度分成工程、技术、档案、财会等验收小组，分别对相关内容进行专业验收并形成专业验收意见。

建设、使用、施工、勘察设计、工程监理等有关单位应当配合验收工作。

（3）验收组负责审查工程建设的各个环节，应听取各有关单位的项目建设工作汇报，查阅工程档案、财务账目及其他相关资料，实地查验建设情况，充分研究讨论，对工程设计、施工、工程质量和资金使用等方面作出全面评价。

（四）竣工验收内容

竣工验收内容严格按照《林业建设项目竣工验收实施细则》的要求执行。具体有：

（1）项目建设总体完成情况。建设地点、建设内容、建设规模、建设标准、建设质量、建设工期等是否按批准的可行性研究报告和初步设计文件建设完成。

（2）项目资金到位及使用情况。包括中央基本建设资金投资计划下达情况、地方配套资金及自筹资金到位情况，资金管理及会计核算情况，是否严格执行《中华人民共和国会计法》、《基本建设财务管理规定》和《国有建设单位会计制度》，是否按项目单独立账、单独核算。

（3）项目变更情况。项目在建设过程中是否发生设计或施工变更，是否按规定程序办理报批手续。

(4)施工和设备到位情况。各单位工程和单项工程验收合格记录。包括建筑施工合格率和优良率,仪器、设备安装及调试情况,生产性项目是否经过试生产运行,有无试运转及试生产的考核、记录,是否编制各专业竣工图。

(5)法律、法规执行情况。环保、劳动安全卫生、消防等设施是否按批准的设计文件建成,是否合格,建筑抗震设防是否符合规定。

(6)投产或者投入使用准备情况。组织机构、岗位人员培训、物资准备、外部协作条件是否落实。

(7)竣工财务决算情况。是否按要求编制了竣工财务决算,并通过了审核。

(8)档案资料情况。建设项目批准文件、设计文件、竣工文件、监理和质检文件及各项技术文件是否齐全、准确,是否按规定立卷。

(9)项目管理情况及其他需要验收的内容。

验收组专家实地验收后形成书面竣工验收意见,作为竣工验收的主要依据保存。

(五)验收结果

验收结果提交形式有竣工验收报告、验收会议纪要、批复文件等。

1.竣工验收报告

竣工验收总结报告由以下主要内容组成:项目概况,资金到位、使用及财务管理情况,土建工程建设情况,仪器设备购置情况,制度建设、操作规程及档案情况,项目实施与运行情况,项目效益与建设效果评价,存在的主要问题,验收建议等。

竣工验收总结报告应规范、完整、真实,装订成册。

2.竣工验收会议纪要

会议纪要的主要内容包括验收组织时间、人员组成、工作开展情况、建设当中存在的问题及处理意见、验收结论、建议等。验收组通过对项目的全面检查和考核,并与建设单位交换意见后,对项目建设的科学性、合理性、合法性作出评价,形成竣工验收意见。

3.批复文件

对验收合格的建设项目,由验收组织单位进行批复;对不符合竣工验收要求的建设项目不予验收,由验收组织单位提出整改要求,限期整改;无法整改或整改后仍达不到竣工验收要求的,由验收组织单位将验收情况报国家林业局,按照有关规定进行处理。对未经验收或验收不合格的建设项目,不得交付使用。

四、竣工财务决算编制和审批

(1)在编制基本建设项目竣工财务决算前,建设单位应对财产物资进行盘点核实,清偿债权债务,做到账账、账证、账实、账表相符。

(2)竣工财务决算由竣工财务决算表和竣工财务决算说明书两部分组成。具体竣工财务决算的编制,应根据国家有关规定进行。

竣工财务决算编制完成后,应根据国家有关规定进行审定。

五、固定资产移交和产权登记

(1)项目竣工验收批复后,建设单位应按程序报批竣工财务决算,竣工财务决算审核、审批后及时办理固定资产移交手续,加强固定资产的管理。

(2)建设单位必须按照国家有关规定办理产权登记。建设项目应当在竣工财务决算审核、审批完毕和竣工验收批复后30日内办理产权登记手续。未经产权登记的项目,不得交付使用。

六、竣工验收材料的收集与整理

竣工验收材料包括项目可行性研究报告批复文件、初步(总体)设计批复文件、设计变更批复文件,资金计划下达文件,竣工财务决算,竣工验收总结报告,审计报告,初步验收报告,项目建设布局图等。以上部分要装订成册,作为各级林业主管部门的重要档案存档。

土建工程包括招标公告、中标通知书、建设合同、监理合同、决算书、中介机构的决算审核、维修合同、消防和质检等部门的验收或备案文件等。仪器设备购置包括招标公告、中标通知书、供货合同、价格清单、设备型号性能说明等。专项业务建设资料,根据各自业务特点,按照有关要求收集施工过程中的有关材料。例如:种苗工程中的采穗圃等的苗木采购合同、良种证明等;自然保护区检测样地设置依据、观测记录等。所有施工档案材料尽可能详细。专项建设资料要整理分卷,作为重要档案保存在建设单位。

第二十章　现代林业与近自然森林经营

第一节　林业资源在社会发展与生态环境中的作用

一、破坏森林的恶果

众所周知，人类进入现代文明以来，对森林进行了长期的大规模的破坏和利用。农业革命的兴起，大面积森林被开垦成农田；工业革命的兴起，大面积森林变成了工业原料。联合国发布的《2000年全球生态环境展望》指出，人类对木材和耕地的需求，使全球森林减少了50%，原始森林80%遭到破坏。联合国《全球环境展望年鉴2006年》称森林砍伐的主要目的是把林地转变为农业用地，全球的森林砍伐量一直保持着惊人的速度，每年大约为1 300万hm^2。森林的锐减导致了六大生态危机：一是占全球陆地1/4的土地严重荒漠化，已有110个国家受到危害。二是严重的水土流失，每年有600多亿t肥沃的表土流失，占陆地总面积23%的耕地缺乏养分和地力衰退。三是严重的干旱缺水，60%的陆地淡水资源不足，120多个国家严重缺水。四是严重的洪涝灾害，如孟加拉国由于大量砍伐森林，洪水灾害由历史上的50年一遇上升到20世纪七八十年代的每4年一遇。五是大量的动植物种灭绝，现有物种灭绝速度是自然灭绝速度的1 000倍。六是温室效应加剧。近100年来，北极地区的冰盖减少了42%，海洋面上升了50 cm。全世界环境保护方面的情况同样不容乐观，许多工业化国家特别是一些发展中国家环境污染依然严重，主要表现在：一是主要污染物排放总量相当大，远远超过环境承载能力。二氧化硫、烟尘、工业粉尘、废水中的COD排放量几乎是有增无减。二是水环境污染相当严重，湖泊富营养化和海水赤潮不仅在发展中国家，甚至在一些发达国家也频频发生。三是大气污染十分突出，全球三大酸雨区旧貌依然；在许多致力于加速工业化进程的国家，城市空气质量大多数超过三级标准，属中度和重度污染。四是固体废物、城市生活垃圾处理率低，大量危险废物直接进入环境。五是城市噪声扰民十分普遍，高分贝持续不断的刺激破坏了居民正常的休养生息。六是生态环境整体功能下降，导致自然生态系统抵御各种自然灾害的能力减弱，沙尘暴席卷全球。仅中国在2008年1～5月间，就发生沙尘暴18次，其中强沙尘暴3次。严酷的现实告诉我们，人类从来没有面临过如此紧迫的来自大自然的挑战。恩格斯说过，“美索布达米亚、希腊、小亚细亚以及其他各地的居民，为了想得到耕地，把森林都砍光，但他们却梦想不到，这些地方竟因此而成为不毛之地。因为他们使这些地方失去了森林，也失去了积聚和存储水分的中心”。无数事实证明，一个国家、一个地区、一个民族，森林兴则文明兴，森林衰则文明败；保护环境，就是保护人类自己的生存条件，爱护环境，就是爱护我们宝贵的生命。这是不以人们意志为转移的客观规律。正是基于对这个客观规律的深刻认识，人类对待绿色与环保给予了前所未有的关注。英国著名生态学家戈德·史密斯警告说，当前的生态环境危机是“第三次世界大战”。我们应该清醒地认识到，要制止灾难和悲剧，只能靠人类自己，靠国际社会的共同努力遏制生态、环境恶化的趋势。

可喜的是，在全球森林面积急剧减少的形势下，中国通过实施六大工程等措施，森林面积和蓄积出现双增长。河南省连续10年，森林覆盖率增长速度保持在每年0.7个百分点左右，为“天下粮仓”提供了生态安全保障。我国林业在改善全球生态环境、应对气候变化和促进经济社会发展中发挥着极其重要的作用。

二、林业资源的主要功能

环境与发展，是当今国际社会普遍关注的问题。保护生态环境，实现可持续发展已成为全人类紧迫而又艰巨的任务。森林是实现环境与发展相统一的关键和纽带。作为陆地上面积最大、分布最广、组成结构最复杂、物种资源最丰富的森林生态系统，对改善生态环境，维护生态平衡具有不可替代的作用。

国内外无数事实证明，没有足够的森林，生态环境无法改善，严重的水、旱、风等灾害无法缓解。林业建设是主要的环境建设，要搞好生态环境建设，首先要搞好林业建设。保护生态环境就是保护生产力，改善生态环境就是发展生产力。

根据联合国《千年生态系统评估报告》，生态系统服务功能包括生态系统对人类可以产生直接影响的调节功能、供给功能和文化功能，以及对维护生态系统的其他功能具有重要作用的支持功能（如土壤的形成、养分循环和初级生产等）。生态服务功能的变化通过影响人类的安全、维护高质量生活的基本物质需求、健康，以及社会文化关系等进而对人类福利产生深远影响。林业资源作为自然资源的组成部分，同样具有调节、供给和文化三大服务功能。调节服务功能包括固碳释氧、调节小气候、保持水土、防风固沙、涵养水源和净化空气等方面；供给服务功能包括提供木材与非木质林产品；文化服务功能包括美学与文学艺术、游憩与保健疗养、科普与教育、宗教与民俗等方面。

（一）调节服务功能

（1）固碳释氧。森林植被通过光合作用可以吸收固定二氧化碳、释放氧气，成为陆地生态系统中最大的二氧化碳贮存库、吸收汇和氧气“制造厂”。林木每形成1 t干物质，吸收固定1.63 t二氧化碳（碳占27.29%），释放1.19 t氧气。目前河南森林生态系统每年固碳1 822万t，释放氧气4 156万t。

（2）调节小气候。包括调节气温、调节林内湿度和调节风速等作用。

（3）保持水土。包括对降水量的再分配、对地表径流（分流阻滞、延缓径流历时）和对土壤水蚀的控制等作用。

（4）防风固沙与改土。包括固沙、阻沙和对风沙土的改良作用。

（5）涵养水源。包括水源涵养（森林土壤层的贮水、森林土壤的渗透、湿地调蓄水量）、净化水质、削减洪峰等作用。

（6）净化空气。包括滞尘、杀菌和增加空气中的负离子及保健物质含量等作用。杀菌能力强的树种有夹竹桃、稠李、高山榕、樟树、桉树、紫荆、木麻黄、银杏、桂花、玉兰、千金榆、银桦、厚皮香、柠檬、合欢、圆柏、核桃、核桃楸、假槟榔、木菠萝、雪松、刺槐、垂柳、落叶松、柳杉、云杉、柑橘、侧柏等。

据国家林业局中国森林生态系统网络中心等5家研究单位评估，河南省2007年林业生态效益总价值3 929.36亿元，其中森林生态效益价值为3 087.44亿元，湿地生态效益价值为841.92亿元。据河南省林业科学研究院监测,2007年郑州市森林生态城(289 631 hm^2)建设范围内生态价值122.39亿元,其中,森林生态效益价值为110.42亿元,湿地生态效益价值为11.97亿元。河南省林业厅王照平厅长2009年2月在接受《中国绿色时报》记者采访时说:“林业为天下粮仓构筑生态屏障”;前河南省政协副主席胡廷积在《河南农业发展史》中讲:河南省农业生产最大的变化是从根本上改变了农业生态环境,这得益于河南省平原地区综合防护林体系。河南农业科学院植物营养与资源环境研究所经过17年的定位观测研究,在2008年《农田林网与粮食安全的关系研究》中得出的主要结论是:①农田林网的生态效益显著。一是防风效果好,综合防风效能达35%~40%;二是减少水分蒸发10%;三是防干热风,克服了干热风所造成的危害;四是防低温冻害;五是防沙尘,基本上控制了沙尘危害。②农田林网有利于粮食生产。一是林网内作物产量稳定增长,与1982年相比,1999年粮食和花生总产量提高了243.59%和385.62%,粮食、小麦和花生单产净增105.15%、127.27%和84.76%。二是农业生产能力增强,复种指数不断提高。众所周知,“75·8”暴雨期间,正是由于薄山水库流域大面积森林涵蓄了大量水分,削减了洪峰,滞后了洪水,延缓了洪水入库时间和强度,才使大坝安然无恙,而流域内森林覆盖率低的板桥水库则坝毁水溢,造成惨重的损失。据水利部门提供的资料,南湾水库上游和库区周围茂密的森林减少了水土流失,30年水库淤积量仅占总库容的0.3%,是全省淤积量最小的水库。

(二)供给服务

1. 木材

近年来,河南省年产出木材量1 400万m^3。

2. 非木质产品

包括干鲜果品、木本油料、调香料、药材、工业原料、纤维、花卉、竹藤、林产化工产品、森林食品等。

(三)文化服务

1. 美学、文学和艺术

森林能产生美感,为文学家、艺术家带来创作灵感。诗如陶渊明的“采菊东篱下,悠然见南山;山气日夕佳,飞鸟相与还”;贾岛的“松下问童子,言师采药去;只在此山中,云深不知处”;宋祁的“绿杨烟外晓寒轻,红杏枝头春意闹”;毛泽东的“暮色苍茫看劲松,乱云飞渡仍从容;天生一个仙人洞,无限风光在险峰”;画家笔下的水墨丹青,以及摄影家捕捉到的苍山云海、白鹤青松,等等,不胜枚举。

2. 游憩与保健疗养

森林游憩能满足人们回归自然的欲望。森林生态旅游方兴未艾。保健疗养功能,包括增加空气中的负离子、调节人的视觉和嗅觉、降低噪声。负离子具有杀菌、降尘、清洁空气的功效,被誉为“空气维生素和生长素”。

3. 科普与教育

(1)森林所具有的知识内涵。有关森林的科普知识内容十分广泛,如动植物种类与进化史、动植物的生活与生长习性、动植物的分布规律、植物的季相特征、森林的演替规律等。这些知识对于很多人来说都很有吸引力,这些知识也是我们今后发展森林旅游事业中应该挖掘的宝贵财富。

(2)森林的科普、教育作用。森林是大自然的重要组成部分,蕴藏着大自然无穷的奥秘和诱人的魅力，不管是过去还是将来，森林都是科学家们进行自然科学研究的重要场所，同时也是人们接受自然与人文科普教育的理想课堂。通过森林，人们可以了解当地居民的民俗风情和各种乡土知识，可以了解主要的地貌类型和动植物的种类及其演变等。

4. 宗教与民俗

(1)宗教与森林的关系。作为一种文化现象的宗教信仰是在特定的环境条件下产生的，是人们对特殊环境的适应与生存的一种策略。如傣族人民生活离不开森林，是森林民族，其宗教信仰成为他们与这里的森林以及其中的动植物和谐相处、走向协调发展的一个重要部分。

(2)我国的重点林区，如大兴安岭、小兴安岭、长白山、天山、横断山及中南林区等，是少数民族集中居住的地区，少数民族同森林结下了不解之缘。在长期的演变中，各少数民族形成了丰富多彩的民俗民风和宗教传统，这些都是我国灿烂民族文化的重要组成部分。

(3)森林资源保护对宗教与传统文化的影响。森林是我国宗教事业发展的一个重要载体，同时森林又是滋养我国多民族文化的一片沃土，森林在保存优秀民族文化、保持人类文明多样化方面起到了非常重要的作用，保护森林资源也就是等于保护了我国优秀的宗教与传统文化事业。

第二节　现代林业

一、关于林业的定义和定位

传统林业被定义为：林业是一个独立的行业，其管理的主要对象是林木资源，而林业具有不可替代的经济效益，是通过森林经营以生产木材、获取最大的经济效益为主要目的的。现代林业除了包括传统的林业内容外，还包括了管理对象涵盖林地及其相关的各种资源，林业具有独特的生态效益和社会效益，林业是一门科学，林业是面向人类的、为人类可持续发展服务的等特点，尤其强调林业生态和社会方面的效益。

我国对林业曾作过四次明确定位。第一次是20世纪50年代，当时生产木材是国家建设对林业的主导需求，林业定位为国民经济的基础产业，形成了以木材生产为中心的林业建设指导思想。

第二次是进入20世纪70年代末以后，生态建设日益受到重视，把林业定位为“既是重要的基础产业，又是重要的公益事业”。这一时期我国开展了规模宏大的生态工程建设，但由于林业体制的惯性和木材需求量居高不下等原因，林业仍然没有脱离以生产木材为主的轨道。

进入20世纪90年代，可持续发展成为人类走向新世纪的必然选择和世界经济社会发展的历史潮流。森林在生态环境建设中的主体地位及在可持续发展中的关键地位受到空前关注，保护和发展森林资源、改善生态环境成为国家对林业的主导要求，林业又面临着第三次定位的必然选择。这一时期，社会对林业的主导需求、消费层次、资源配制方式，都发生了深刻的变化。落后的林业生产力与社会对林业日益增长的多种需求，特别是生态需求的矛盾，构成了现阶段，乃至今后相当长一段时期内林业发展的主要矛盾。也就是说，现时或者今后一段时期，林业发展的主要矛盾，是生态的支持和经济可持续发展的问题。林业在完成木材生产的同时，更多地承担着生态环境改善的义务。所以，林业是经济和社会可持续发展的重要基础，是生态建设最根本、最长期的措施。2003 年《中共中央国务院关于加快林业发展的决定》中指出：加强生态建设，维护生态安全，是 21 世纪人类面临的共同主题，也是我国经济社会可持续发展的重要基础。全面建设小康社会，加快推进社会主义现代化，必须走生产发展、生活富裕、生态良好的文明发展道路，实现经济发展与人口、资源、环境的协调，实现人与自然的和谐相处。森林是陆地生态系统的主体，林业是一项重要的公益事业和基础产业，承担着生态建设和林产品供给的重要任务，做好林业工作意义十分重大。必须把林业建设放在更加突出的位置，在全面建设小康社会、加快推进社会主义现代化的进程中，必须高度重视和加强林业工作，努力使我国林业有一个大的发展。在贯彻可持续发展战略中，要赋予林业以重要地位；在生态建设中，要赋予林业以首要地位；在西部大开发中，要赋予林业以基础地位。

第四次是 2009 年，温家宝总理代表党中央、国务院在首次中央林业工作会议上对林业确立了四个新的历史定位：林业在贯彻可持续发展战略中具有重要地位，在生态建设中具有首要地位，在西部大开发中具有基础地位，在应对气候变化中具有特殊地位。这是中央深刻分析我国面临的新形势和全球面临的新挑战作出的科学判断，为我国现代林业科学发展奠定了基调，确立了林业在国家建设大局中的位置，赋予了林业在我国经济社会发展战略全局中新的更加突出的历史使命。当前，全球气候变化已成为全人类生存与发展面临的重大挑战，成为当今国际社会关注和谈判的焦点之一。应对全球气候变化，最有效的途径有两条：一是工业直接减排，减少温室气体的排放；二是森林间接减排，也就是我们通常所说的森林固碳。据统计，全球陆地生态系统中约储存了 2.48 万亿 t 碳，其中有 1.15 万亿 t 储存在森林生态系统中。《京都议定书》把发展林业列为应对气候变化的重要途径。为应对全球气候变化，国家主席胡锦涛在 2007 年的 APEC 会议上发出了建立"亚太森林恢复和可持续经营网络"的重要倡议，被国际社会誉为应对气候变化的森林方案。2007 年 12 月，联合国《气候变化框架公约》第 13 次缔约方大会将植树造林列为巴厘岛路线图的重要内容。加快林业发展，增强森林碳汇功能，已成为应对气候变化的全球共识和行动。此次中央林业工作会议第一次明确提出林业在应对气候变化中具有特殊地位，既显示林业在国际事务和外交战略中发挥着前所未有的重大作用，更表明林业在新的历史条件下承担起又一项特殊的新使命。

当前，我国经济社会发展正处在重要的战略机遇期，林业发展也处在一个十分难得的有利时期，林业的功能在不断拓展、效用在不断延伸、内涵在不断丰富，在经济社会发展全局中的地位越来越重要、作用越来越突出、任务越来越繁重。此次中央林业工作会议确立林业新的历史定位，是中央关于"必须把林业建设放在更加突出的位置"的最新要求，清晰地勾勒出党和国家关心、重视林业发展，对林业寄予厚望的战略意图，赋予了林业以新的更加重大的历史使命。

2007 年 3 月国家林业局宣布：从 2007 年起，我国全面推进现代林业建设。林业工作将以全面推进现代林业建设为主题，以根本转变林业增长方式为主线，全力构建完善的林业生态体系、发达的林业产业体系、繁荣的生态文化体系，充分发挥林业的生态效益、经济效益和社会效益，满足社会的多样化需求，为促进人与自然和谐发展、构建社会主义和谐社会作出贡献。

二、现代林业的新理论

(一)现代林业的概念

现代林业就是可持续发展的林业,它是指充分发挥林业资源的多功能和多重价值,不断满足社会多样化需求的林业发展状态和方向。衡量一个国家或地区是否达到了现代林业的要求,主要考察其发展理念、生产力水平、功能和效益是否达到了所处时代的领先水平。中国工程院院士李文华认为:“现代林业涵盖广泛,内容丰富,我国在建设现代林业的过程中必须抓好林业生态安全、林业产业和林业生态文明三个方面的内容。这三个方面相辅相成,相互作用,互为促进。”国务院参事、中国林业科学院首席科学家盛炜彤认为:现代林业是可持续的林业。现代林业的几个重要指标是优质、高产、高效、生态、安全,就是用符合当代森林经营的理念,应用当代先进科学技术成果发展效率高的林业,实现林业可持续经营或发展。周光辉等认为,现代林业是以可持续发展理论为指导,以生态环境建设为重点,以产业化发展为动力,以全社会共同参与为前提,推进全球交流与合作和新科技革命,实现林业资源、环境与产业协调发展,生态、经济效益和社会效益高度统一的林业。

国家林业局局长贾治邦对现代林业的定义为:现代林业就是科学发展的林业,以人为本、全面协调可持续发展的林业,体现现代社会主要特征,具有较高生产力发展水平,能够最大限度地拓展林业多种功能,满足社会多样化需求的林业 。他提出要构建林业生态、产业和文化三大体系建设,开发和拓展林业三大功能,加速推进六大转变,即传统林业经营思想向现代林业发展理念转变,传统技术向现代技术转变,传统装备向现代装备转变,低能劳动者向知识型劳动者转变,加速推进陈旧管理模式向现代管理模式转变,全面推进现代林业建设。现代林业是充分利用现代科学技术和手段,全社会广泛参与保护和培育森林资源,高效发挥森林的多种功能和价值,以满足人类日益增长的生态、经济和社会需求的开放型林业。

贾治邦指出:发展现代林业是林业工作的总任务,建设生态文明是林业工作的总目标,促进科学发展是林业工作的总要求,三者紧密联系、有机统一,共同构成了我国林业发展总体思路的核心和主题,共同成为林业建设的旗帜和方向。现代林业的核心是用现代科学技术构建完善的林业生态体系、发达的林业产业体系、繁荣的生态文化体系,全面开发和不断提升林业的多种功能,努力提高林业的生态、经济、社会效益,满足社会日益增长的对林业的多样化需求。加强生态建设,维护生态安全,是21世纪人类面临的共同主题。发展现代林业,必须坚持以生态建设为主的林业发展战略,努力构建完善的林业生态体系。其主要内容就是建设和保护森林生态系统,保护和恢复湿地生态系统,治理和改善荒漠生态系统,维护生物多样性。

(二)现代林业建设的基本理论

1. 现代林业建设的基本理论与现代林业四大体系

现代林业建设涉及的理论主要有可持续发展理论、近自然林业理论、景观生态学理论、生态经济学理论、循环经济理论、碳汇理论与清洁发展机制、生态足迹理论、环境科学理论、和谐与小康社会建设理论。现代林业体系由林业生态体系、林业产业体系、生态文化体系、基础支撑保障体系四大体系构成。现代林业建设的基本理论与现代林业四大体系的关系见图20-1。

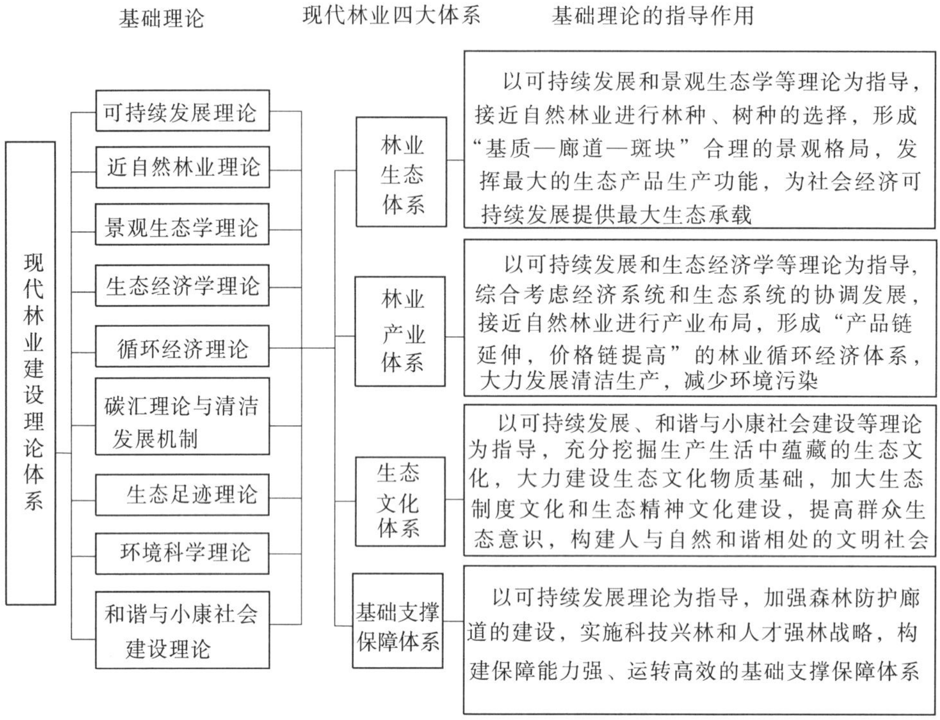

图 20-1 现代林业建设的理论基础及其指导作用示意图

2. 现代林业建设的基本理论与应用

1）可持续发展理论

20 世纪 70 年代初，罗马俱乐部发表《增长的极限》后，人类开始对传统的经济增长方式进行反省，重新审视增长的目标，探索发展新模式。1992 年联合国环境与发展大会，全球 183 个国家和地区签署《21 世纪议程》，标志着在全球范围内实施可持续发展战略。可持续发展的核心，就是要求在资源可持续利用和生态可持续保护的前提下实现经济与社会的发展，不仅要求人与人之间的公平，还要顾及人与自然之间的公平。首先必须满足当代人的需求，否则他们就无法生存；又不能因今天的发展而损害后代人满足需求的能力。可持续发展理念已成为世界各国的共识。现代林业，首先应该是可持续发展的林业。因此，在现代林业建设中，应该遵循可持续发展的基本理念与原则，所有建设与发展要体现公正、公平，既要满足当代人的需求，也不能损害后代人的利益，要体现区域之间、代与代之间的协调与公平，要加强生态建设，保护培育、经营管理和开发利用经营区内的森林、林地、水、野生动植物和景观环境等自然资源，保障和促进森林生态经济生产力及生物多样性良性发展，森林产品和生态公益服务功能不断提高、永续利用，满足经济社会当前与长远发展的需求。

2）近自然林业理论

近自然林业理论（Close－to－Nature Forestry）是由德国林学家盖耶尔（Gayer）1898 年创建的。经过了 100 多年的发展，近自然林业理论阐述了这样两个道理：林分越是接近自然，各树种间的关系就越和谐，与立地也就越适应，产量也就越大。当森林达到一定的发展阶段，即使在纯林中，许多立地也会呈现出自然现象。近自然林业理论是把森林作为一个生态系统进行了考虑,根据森林生态系统的自然演替规律,“人类的一切经营活动要使森林内起作用的力量达到和谐”。这一经营理念强调在进行森林培育时要建设混交林,要尽量接近森林的自然状态;在进行天然林森林资源利用时要多采用经营择伐,尽量减少人类活动对森林资源的影响;在森林内部不仅存在强烈的竞争,更重要的是存在着和谐的协调和协作。近自然林业理论就是要充分发挥森林的自我恢复和自我调控功能,使森林的三大功能总是处于最佳状态。

在现代林业建设过程中,尤其是在森林经营活动中,要遵循森林植被的自然演替规律,强化乡土树种及地带性植被景观的建设,构建稳定的生态系统,维护区域的生物多样性安全;城市林业越来越多地倾向于建设(或保护)一个接近自然状态的景观和环境,减少人为干扰对自然的伤害,拉近城市人群与“自然”的地理距离和心理距离。

关于近自然林,在本章第三节进一步阐述。

3)景观生态学理论

景观生态学(Landscape Ecology)以整个景观为对象,通过物质流、能量流、信息流与价值流的传输和交换,生物与非生物以及人类之间的相互作用和转化,运用生态系统原理认识和了解景观的结构、功能以及动态变化规律,为景观生态规划提供理论依据。景观生态学研究表明,景观的稳定性是相对的,变化是绝对的,无论是量变、渐变,还是质变、突变,景观始终都处于一个动态的过程中,这就要求在景观生态规划中,必须始终把握好景观动态变化的特征和规律,注重生态合理性与实效性的协调和统一,做到既不是盲目地、无条件地遵循自然规律(环境决定论),也不是以人类活动和需求为中心(人类决定论),而是相对符合自然规律以满足人类发展的长远利益。现代林业建设中,应该按照景观生态学基本理论,注重保护森林与湿地两大基质。同时最大限度地发挥森林与湿地两大基质的生态核功能,利用特色斑块发展商品林、苗木花卉,注重特色斑块与生态基质的协调。利用公路、河流、防护林营造绿色廊道,把廊道建设成不但是绿色的廊道,同时也是信息、物流的通道。同时,在“基质斑块廊道”景观建设中应同时注重景观的美学、文化价值。

4)生态经济学理论

生态经济学(Ecological Economics)是研究生态系统和经济系统的复合系统的结构、功能及其运动规律的学科,即生态经济系统的结构及其矛盾运动发展规律的学科,是生态学和经济学相结合而形成的一门边缘学科。

生态经济学研究表明,一个良性循环的生态经济系统,其生态系统和经济系统是互为因果关系的,也就是实现生态、经济、技术的耦合。如果单纯追求经济利益,而选择一种掠夺式的技术和经济手段,将背离生态机制的约束和要求,影响生态生产力的稳定增长和生态资源的持续更新,最后导致生态危机。在现代林业建设中,应该科学处理生态建设与产业发展的关系,合理配置和科学经营生态公益林、商品林,全面保护、培育和综合利用森林的多种功能及林区其他资源,实现生态经济协调发展,实现保护改善生态环境与发展林业产业双优共赢。

5)循环经济理论

循环经济(Circular Economy)一词是对物质闭环流动型(Closing Materials Cycle)经济的简称,是美国经济学家肯尼思·布尔丁(Kenneth E. Boulding)1966年在他的论文《即将到来的宇宙飞船经济学》中首次提出的。循环经济是一种善待地球的经济发展新模式,它本质上是一种生态经济，要求以生态学规律为指导，以生态友好的方式利用自然资源和生态空间，推动经济活动的生态化转向。它强调最有效利用资源和保护环境，表现为“资源—产品— 再生资源”的经济增长方式，做到生产和消费“污染排放最小化、废物资源化和无害化”，以最小成本获得最大的经济效益和环境效益。它要求把经济活动组织成为“自然资源—产品和用品—再生资源”的闭环式流程，所有的原料和能源要能在这个不断进行的经济循环中得到最合理的利用，从而使经济活动对自然环境的影响控制在尽可能小的程度。在现代林业建设过程中，森林利用应该以实现“森林零废弃物”为目标，以延长林业产业链条为基础，以提高林业产业价值链为目标，实现林业资源的循环利用，发挥其最大的效能，做到林业生产和消费“污染排放最小化、废物资源化和无害化”，以最小成本获得最大的经济效益和环境效益。

6）碳汇理论和清洁发展机制

碳汇（Carbon Sink）是指在全球碳循环中，森林植被通过光合作用，将大气中游离的 CO_2 固定下来，转变为有机态的碳，这就是森林的固碳功能，形成所谓的碳汇（Carbon Sink）。森林固碳作用可以划分为直接固碳作用和间接固碳作用。森林直接固碳是指森林中树木固碳、林下植物固碳和土壤固碳 3 种情况；森林间接固碳是指森林产品固碳作用的延伸以及森林产品代替其他材料从而带来其他材料生产过程中能源的节约，减少二氧化碳的排放，在减缓全球气候变暖中举足轻重。

清洁发展机制，简称 CDM （Clean Development Mechanism），是《京都议定书》中引入的灵活履约机制之一。根据旨在限制发达国家温室气体排放量以抑制全球变暖的《京都议定书》的规定，某些土地利用和森林项目能够起到固碳作用，从而可以被用于充抵减排义务。它的理论依据是假如一棵树可以固定 1 t 碳。也就相当于大气中减少了相应的二氧化碳，那么就应该允许拥有这棵树的国家向大气中多排放相应的二氧化碳。因此，那些能够产生碳汇的土地利用、植树造林等项目被列入清洁发展机制（CDM）可接受范围之内。

在现代林业建设中，应探索利用清洁发展机制（CDM）政策，拓宽林业建设的融资渠道，积极开展以增加森林固碳为主要目的的植树造林项目，通过植树造林增加我国的碳汇，增加我国在相关国际谈判中的筹码，以逐步达到适应与减缓气候变化的目的。

7）生态足迹理论

生态足迹（Ecological Footprint）是近年兴起的一种定量评价生态可持续发展的方法。生态足迹实际上是生态学中容纳量概念的发展。生态学中的容纳量是指生活在某一生态系统内，在不导致该系统永久性破坏的情况下的某一种生物的数量。任何生态系统都只能承受一定数量的生物，否则将导致整个生态系统的破坏。而生态足迹就是指一个城市、某一个地区乃至一个国家的人们，为了维持目前的生活水平，所需要的生产生活空间。相对于容纳量的概念而言，更为直观地揭示出城市或区域现有生存环境所存在的问题，以帮助人们调整思考问题的视角和方式，从而提高对目前所面临的生态问题的认识，提出科学的解决办法。

在现代林业建设中，应按照生态足迹理论，合理配置资源，合理发展产业，使地区生态承载力在一个合理阈值之内，使人类对自然生态系统的压力处于本地区所提供的生态承载力范围内，生态经济发展处于可持续状态，从而保障区域生态的可持续发展。

8）环境科学理论

环境科学研究表明，人类是干扰和调控环境的重要因素，人类的一切经济活动和社会发展，如果遵循自然规律、经济规律和社会规律，人类就有益于自然界，人口、经济、社会和环境就能协调发展；反之，则环境质量恶化，生态环境破坏，自然资源枯竭，人类必然受到自然界的惩罚。在现代林业建设中，必须对环境的结构和功能进行详细的调查与研究，再根据满足经济社会发展对环境和林业生态建设的需求，确定各项林业生态工程的规模、布局、建设时间和建设方式，为地方经济社会发展创造一个以森林为主体，清洁、优美、安全、舒适的自然生态环境。

9）和谐与小康社会建设理论

和谐与小康社会建设理论是中国共产党根据中国社会现状提出来的现阶段社会发展的基本理论。现代林业建设必须贯彻和谐与小康社会建设的理论和思想。在建设中不但要体现人与自然的和谐、区域之间的和谐、行业之间的和谐，同时要体现与下代人的和谐，真正实现可持续发展。同时，在建设现代林业的同时，要充分体现林业在社会主义小康社会和社会主义新农村建设中的贡献。把现代林业建设置身于社会主义建设的大环境中，这样才能有大发展、大进步、大效益，才能实现现代林业的大目标，才能建设具有中国特色的、和谐的现代林业。

概括来说，现代林业是一项复杂的系统工程，是我国社会经济可持续发展的基础。因而，只有准确把握现代林业的理论基础，并将理论科学运用到生产实践中，指导现代林业的发展，才能实现现代林业的建设目标，促进区域社会经济的可持续发展，才能构建和谐社会。同时，现代林业基础理论不能照搬死套，只能灵活运用，并在生产实践中不断提高总结，逐步形成一套适合现代林业发展的理论体系，才能保障现代林业与时俱进地发展。

3. 现代林业体系

1）林业生态体系

通过实施退耕还林工程、天然林资源保护工程、长江淮河海河流域防护林工程 、野生动植物保护及自然保护区建设工程、平原农田防护林工程、防沙治沙工程、湿地保护工程、绿色通道工程、生态公益林建设工程等重点工程，培育和发展森林资源，建立以山地、丘陵森林生态系统（生态公益林）为主体，以城市森林、农田防护林、湿地资源为辅，形成点、线、面协调配套，乔、灌、草立体配置，针、阔、混相结合的生态总体布局，建成布局科学、结构合理、功能协调、效益显著的稳定林业生态体系。

2）林业产业体系

不断培育新的增长点，积极转变增长方式，全面推进第一、二、三产业等优势产业发展，实现林业产业特色化、规模化、专业化、标准化、品牌化建设，拓宽兴林富民渠道，使林区绿起来、林农富起来、林业活起来，提升林业对现代化建设的经济贡献率。

第一产业：以提高林地生产力为核心，大力发展以森林培育业为基础的第一产业，重点发展速生丰产林基地、花卉和林木种苗基地、干鲜果生产基地和经济动物驯养基地等。

第二产业：以增加产品科技含量和附加值为核心，提高森林资源综合利用率，全面提升以林产品加工和非木质资源加工为主的第二产业，重点发展以板材为主的林产品加工业，以干鲜果、食用菌为原料的非木质资源为主的森林食品加工业。

第三产业：以改善森林景观、提高文化品位为核心，积极发展森林观光、生态旅游、生态文化等为主的第三产业。重点发展以森林资源、湿地资源为主的生态旅游业，以林业要素市场、花卉和林木种苗市场、林产品交易市场为主的林产品服务业。

3）生态文化体系

充分挖掘和保护地方社会发展过程中形成与蕴含的地方文化、森林文化、湿地文化、植物文化、野生动物文化、生态旅游文化和果园文化等生态文化。巩固、发展和完善以自然保护区、自然保护小区、森林公园、湿地公园、森林博物馆、森林文化广场、湿地文化广场、林业科技馆、城市林业以及旅游风景林、古树名木、纪念林和珍稀濒危物种种质资源为依托的生态物质文化建设，提高生态文化展示场所，为群众提供回归自然、享受生活的理想场所。加大生态制度文化和生态精神文化建设，普及生态知识，宣传生态典型，增强生态意识，繁荣生态文化，树立生态道德，弘扬生态文明，倡导人与自然和谐的重要价值观，努力构建主题突出、内容丰富、贴近生活、富有感染力的生态文化体系。

4）基础支撑保障体系

加强以林业体制改革、林地保护、采伐限额及基层站点建设为主的森林资源林政管理体系建设；以森林防火、森林公安和林业有害生物防治为主的森林防护体系建设；陆生野生动物保护与监测体系建设；实施科教兴林和人才强林战略；大力推进林业信息化与电子政务建设，构建起现代林业建设保障能力强、运转高效的基础支撑保障体系。

根据现代林业建设特点，河南省现代林业建设体系基本内容包括林业生态体系、林业产业体系、林业文化体系和基础支撑保障体系，如表 20-1 所示。

4. 建设重点

按照上述体系设计建设重点。

（1）继续推进林业重点工程建设，抓紧植树造林，增加森林面积，努力提高森林覆盖率。

（2）启动森林经营工程，提升森林质量，提高林地生产力、产出率和多种效益。这包括幼中龄林抚育、低产林改造以及天然林禁伐、封育林分的抚育等。

（3）不失时机地编制森林经营方案。在二类调查的基础上，按国家林业局的要求尽快组织人力编制森林经营方案，通过审查批准后，严格按照经营方案实施。

（4）全面推广应用“3S”集成技术，加快数字林业建设步伐，实行信息化管理。用现代化技术手段监测森林资源和生态状况。

（5）大力发展林业产业，提高林业经济效益，满足人们日益增长的对林副产品的需求，促进地方经济发展。

（6）建设以养生康体为主体的森林旅游目的地，满足河南人民及外地游客康体健身、休闲的需要。

（7）加强湿地的保护和开发利用，改善河南的生态环境，满足不同层次人们的需求和爱好。

（8）大幅度增加人力资本、人才培育、高新技术研发和应用的投资。现代林业建设，主要靠智力开发、科学知识和技术进步。科学研究表明：随着科学技术向生产力的转化，体能、技能、智能对社会财富的贡献分别为 1∶10∶100。据世界银行测算，投资于物质资本，其回报率为 110%；投资于金融资本，其回报率为 120%；投资于人才开发，其回报率为1 500%。因此，抢占人才、科技与知识的制高点，大幅度增加人力资本、人才教育、高新技术研发和应用的投资，就成为加快地区经济发展、建设生态文明的核心战略措施。第一，要用好现有人才，为他们创造施展才华的氛围，为他们继续深造，学习新技术、新理论创造条件；第二，要舍得花钱，给予优惠条件，引进急需的和将来发展需要的人才；第三，选拔具有培养前途的人才出国深造，或到有关高等院校、研究单位学习；第四，做好人才、智力储备。瞄准前沿科学和发展的需要，集中资金和人才进行高新技术研发。

表 20-1　河南省现代林业建设体系

建设体系	建设项目与工程
林业生态体系	林地保护工程 湿地保护工程 生态公益林建设工程 退耕还林后续管理工程 野生动植物与自然保护区建设工程 海河、黄河、长江和淮河防护林工程 森林经营工程 沙化土地治理工程 低质低效林改造与提高工程 村镇绿化工程 矿区植被保护和生态恢复工程 平原农田防护林网工程 生态廊道建设工程
林业产业体系	速生丰产林及林产品加工产业建设工程 花卉和林木种苗产业建设工程 森林食品、干鲜果产业建设工程 森林旅游产业建设工程 野生动物驯养、繁殖利用产业建设工程 林业生物质能源产业建设工程
林业文化体系	生态物质文明建设 生态制度文明建设 生态精神文明建设
基础支撑保障体系	林政资源管理体系建设 森林防护体系建设 科技支撑保障体系建设 林业信息化建设 林业经营体制建设和林权制度改革 林业教育体系 森林资源和生态状况监测体系建设

第三节　近自然森林经营

一、林业发达国家目前三个有代表性的森林经营模式

如何在保持森林的生态效益和社会效益长期稳定的前提下满足人们对木材和其他林产品的利用需求？这是世界林业发展的基本问题。林业发达国家在过去 20 年内经历了痛苦的变革，并有了部分成功的经验，目前可归纳为三个有代表性的森林经营体系：

（1）以德国为代表的近自然森林经营理论和技术体系。

（2）美国首倡的森林生态系统经营思想和方法。

（3）加拿大在10年前形成的模式森林经营计划和管理体系。

二、森林经理学的历史

完整的森林经理学（Forest Management）产生于18世纪后半叶的德国，由财政学的一个分支发展而来。传统森林经理学研究实现森林永续利用的理论和技术，是一门涉及生物、技术、经济的综合性和计划性学科（Gadow，1993）。其基本任务包括林业区划，森林资源清查，森林计测，森林经营方案的编制、检查与调整等。

1661年德国巴伐利亚州Reichenhall盆地以木材为燃料的制盐业扩大规模时，就已经提出："上帝给盐泉创造森林，人们就应该保持其恒续——老林木衰退以前，更新林木已经生长起来，可继续供应烧柴。"这是最早的关于永续利用的自然定义。

从18世纪末到19世纪中叶，欧洲爆发了产业革命，对木材需求的刺激导致森林资源的大量破坏。资本家为不断追求高额利润，纷纷寻找采伐木材量入为出的方法，以保证均衡利用，由此产生了森林永续利用的想法。围绕森林资源的永续利用，许多学者从不同的角度提出了森林经营思想。18世纪德国提出"木材培育论"，主张经营针叶单纯林，选择生长量高的树种营造，以获得更大的经济效益。19世纪初德国林学家J. C. Hondeshagen（洪德斯哈根）创立了著名的"法正林"学说，强调对同龄林实行间伐。

1898年盖耶尔提出纯粹自然主义的"恒续林"思想。1963年日本的铃木太七提出"广义法正林"，即按减反率的原则进行采伐。1966年美国K. P. David（大卫）提出"完全调整林"的经营思想，即每年或定期的采伐量在数量和质量上都大体一致，在林龄结构上保持不变。

（一）同龄林人工林体系建设向生态系统经营发展的历史

1661年德国最早提出木材永续利用的自然定义 。

18世纪提出"木材培育论"，主张选择生长量高的树种经营针叶纯林以获得更大的经济效益。

19世纪初德国林学家洪德斯哈根（J. C. Hondeshagen）创立著名的"法正林"学说，强调对同龄林实行间伐。

1898年盖耶尔（Gayer）提出纯粹自然主义的"恒续林"思想。

1963年日本的铃木太七提出"广义法正林" 。

1966年美国K. P. David（大卫）提出"完全调整林"的经营思想。

1990年后德国提出近自然经营思想，美国提出生态系统经营思想。

（二）森林经理学历史：欧洲的全面总结

（1）林业的古代历史：新石器时代至青铜器时代，自然和谐。

（2）近代历史：罗马时代至16世纪，掠夺式利用。

（3）计划性林业时代：16～18世纪，同龄纯林经营。

（4）科学教育时代：1763～1870年。

（5）同龄纯林与混交林近自然经营并存：1870～1924年。

（6）集约林业到生态林业的过渡期：1924～1970年。

(7)近自然林业时代:1970年至现在,强调稳定、健康、丰产的林分。1989年9月22日建立了全欧洲的近自然森林经营联合会。

三、近自然森林经营的理论体系

近自然森林经营的历史可以追溯到18世纪中叶。19世纪工业化的成功和20世纪的技术进步使人们普遍认为,人能够(或应该)控制自然而不应该受自然的支配,同龄林轮伐作业体系就是这种思想在林业上的一种表现。但是,20世纪同龄林轮伐期林业导致了许多地区出现林地土壤退化、病虫害加剧、有害草本植物侵入、风倒和冻害以及造林失败、林木生长停滞等问题,使得计划的目标难以实现,迫使许多林业工作者不得不放弃通过技术和计划来控制自然的林业经营体系,而重新回到近自然经营的道路上来。

(一)近自然森林经营的基本概念

1. 近自然森林(near natural forest)

近自然森林是指以原生森林植被为参照而培养和经营的,主要由乡土树种组成具有多树种混交,逐步向多层次空间结构和异龄林时间结构发展的森林。近自然森林可以是人为设计和培育的结构与功能丰富的人工林,也可以是经营调整后简化了的天然林,还可以是同龄林人工纯林在以恒续林为目标改造的过渡森林。

2. 恒续林(continuous covering forest)

恒续林是以多树种、多层次、异龄林为森林结构特征而经营的,结构和功能较为稳定的森林,是近自然森林培育和发展的一种理想的森林状态。近自然森林经营的理论:假设人类通过经营这个状态的森林,可以兼顾保持森林的自然特征在一个生态安全的水平之上,同时有为社会提供森林产品和服务功能,从而实现可持续的森林经营。

3. 近自然森林经营(close - to - nature forest management)

近自然森林经营是以森林生态系统的稳定性、生物多样性和系统多功能及缓冲能力分析为基础,以整个森林的生命周期为时间设计单元,以目标树的标记和择伐及天然更新为主要技术特征,以永久性林分覆盖、多功能经营和多品质产品生产为目标的森林经营体系。近自然森林经营的原理是:保持森林生态系统结构和功能稳定在较高的水平。

(二)近自然森林经营的基本思想

在一个特定的立地条件下,如果我们培育的森林和完全自然的状态下该立地上生长的森林有相似的树种组成,且林分的结构和演替动态也能与这个生长环境下自然的结构及过程类似的话,这种森林应该具有更大的稳定性,可以抗拒各种物理的或生物的危害,其生物多样性和其他生态与社会效益都将达到一个满意的水平。因而认为经营这种近自然的森林能够获得在这个立地条件下可能得到的最高的生产量(至少从长期的观点看应该可获得),而且是以最少的人工经营管理投入为前提而获得。

(三)近自然森林经营的基本原则

德国1989年在《森林法》修订中把近自然森林经营原则作为国家林业发展的基本原则:确保所有林地在生态和经济方面的效益和持续的木材产量同时发挥;森林经营要实用知识和科学探索兼顾;所有森林都要保持健康、稳定和混交的状态;适地适树地选择树种;保护所有本土植物、动物和其他遗传变异种;除小块的特殊地区外不做清林而让其自然枯死和再生;保持土壤肥力;在采伐和道路建设中要应用技术来保护土地、固定样地和自然环境;避免杀虫剂高富集的可能性;维持森林产出与人口增长水平的适应关系。

(四)近自然森林经营的经济可行性

有一种观点认为,近自然森林经营是需要大量外部投入的技术体系,是欧洲发达国家的一种奢侈。其实,经济可行性是发达国家一切经营方式的最基本的特征。据权威人士总结欧洲大量实例,对近自然经营法与同龄林人工林经营法的病虫害情况、造林抚育和收获成本、道路密度、机械化可能、总生产力和木材质量等各项指标的技术经济效果所作出的对比分析结果说明,近自然森林经营的整体生产力和经济效果高于同龄林人工林经营体系。瑞士苏黎世理工大学副校长、森林经理学家Bachmann(本茨曼)教授对近自然经营法与同龄林人工林经营法在总结了大量例子的基础上,得出如下结论(见表20-2)。

表20-2　近自然森林经营体系与同龄林人工林经营体系的主要经营指标对比分析

指 标	近自然森林经营	同龄林人工林经营
风险性	低	高
病虫害情况	不多	很多
造林成本	很低	高
抚育成本	很低	高
收获成本	高	较低
道路密度	高	较低
机械化可能	较低	高
总生产力	高	较低
商品用材生产力	相近	相近
木材质量	相近	相近
经济效果	较高	较低

在保护森林生态系统结构和功能稳定的基础上,近自然森林经营具有投入成本低、抗灾能力强的特征,其整体经营的效果高于同龄林人工林经营。美国和其他地区的一些实例分析也作出了同样的结论(Haight,1987;Valsta,2001)。德国研究表明,近自然森林通常具备更好的持久性、稳定性及自然保护功能(Otto,1993)。

对近自然林区经济成效的进一步研究证实,近自然经营形式的可行性与传统经营形式一样,在某些条件下近自然经营形式的可行性要更好一些。但是,在从传统林业转向近自然林业的过渡阶段,大多数情况都有一个短时期的收入减少过程,因此要把由单一树种人工栽培的林分改造为近自然状态的森林,需要有长期的决策和奉献精神。

(五)近自然森林经营的技术要素

人工林经营以强调人为设计和控制的轮伐期技术体制为基本特征,而近自然经营是以原始森林的结构和动态为参照对象的比较分析与应用为首要特征。其实用技术的参数包括森林的近自然度、多样性和变异性、森林结构、森林产品、立地条件和环境相关等参数。近自然经营的实用工具包括了取得这些参数的调查设计思想、调查方法和此定义的数据分析技术,以及表达和应用这些参数的各种图件、表格和规范性计划文件等。近自然森林经营实施技术体系从过程的角度可归纳为以下5个方面的技术要素:①经营及作业设计调查技术;②群落生境制图及经营计划技术;③目标树单株木林分施业体系;④人工林近自然化改造技术;⑤森林动态监测评价技术。

近自然经营与同龄林经营相比的不同主要表现在:①以乡土树种为主要经营对象,以保持立地生产力,并保证不出现早期生长衰退、暴发性病虫害等不可挽回的损失;②在较小的面积上调查、理解和利用自然力实现林分的天然更新;③以森林完整性的生命周期为计划时间单元;④参照立地环境、地被指示物、森林演替阶段和潜在原生植被来确定经营的目标森林,并设计调整林分结构的经营措施;⑤标记目标树并对其进行单株木抚育管理,目的是保持森林生态功能的前提下实现高价值林木成分(目标树)的最大平均生长量;⑥采用择伐作业,基于对林分结构和竞争关系分析确定抚育择伐具体目标,以通过采伐实现林分质量的不断改进;⑦尽可能分析各种经营措施的生态和经济后果并保证设计的体系是全局最优的(见图20-2)。

近自然森林经营具有投入成本低、抗灾害能力强的特征,整体的总生产力和经济效果高于同龄林人工林经营体系。

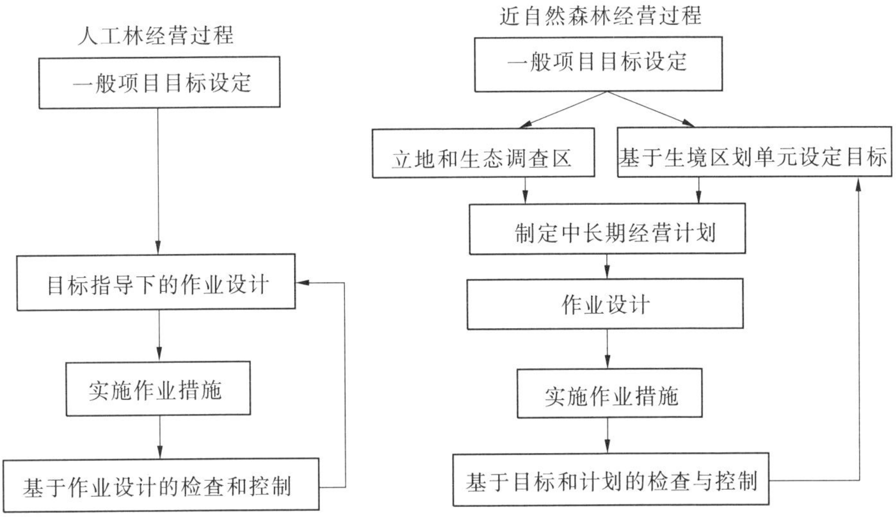

图20-2　传统人工林经营与自然森林经营整体技术要素关系和过程图

四、近自然森林经营的基本林分作业法——目标树作业体系

以单株木为林分作业对象的目标树经营体系是近自然森林经营区别于其他森林经营的、特征最为显著的部分。我们传统的森林抚育的重点是确定和标记"不要的林木",而目标树经营体系中自始至终经营的重点都是确定和标记"需要的林木",即目标树,并将目标树进行分类标记和记录。在整个森林培育过程中所有的林分抚育管理措施都将以目标树为中心进行,包括它们的生长、更新、保护和利用等各个方面。从经营的角度可以把林分中的林木分为4类分别对待,即目标树、干扰树、特殊目标树和一般林木。

1. 林分作业体系概述

由于立地条件、森林类型和地方习惯等的不同，就出现了经营森林的不同林分作业体系，传统的林分作业体系可以总结为5个主要的类型：皆伐作业（Kahlschlag）、带状皆伐作业（Saumschlag）、间伐作业（Femelschlag）、渐伐作业（Schirmschlag）和择伐作业（Plenterung）。其中择伐作业又可分为单株择伐作业（Einzelplenterung）和群团择伐作业（Gruppenplenterung）。

目标树作业体系可看做是单株择伐作业的改进类型。所有林分作业体系的基本目标都是连续地收获尽可能多的木材并实现森林更新，而后三种作业体系由于具有保持森林结构和物种的多样性功能而被认为是生态合理的、接近自然的恒续林作业体系（Dauerwaldbetrieb）。

研究和执行近自然恒续林作业体系最主要的动机是提高森林的稳定性和生产力。在德国的林业历史上，以单一树种同龄林为对象的皆伐作业经营在1913～1937年间观察到稳定性和持久性问题，木材产量也在这25年观测期内下降，平均计算为普鲁士地区下降10%、巴伐利亚州为25%、萨克森州为33%。木材产量下降主要见于第二代和第三代纯林，这些林分往往发生虫害和风倒。有一个林区1936～1951年总收获量的44%是采伐的受到风害、虫害等灾害的云杉纯林。研究的结果显示，造成这些问题的原因主要是森林经营作业体系，只有变更经营作业体系才能确保木材的持续生产和生态系统的稳定。

1）皆伐作业

皆伐作业体系就是在一次作业中全部采伐收获林分所有可利用的林木，然后进行人工造林更新的作业体系。在某些特别的立地条件下，可以利用土壤中丰富的种子资源实现小片状林地的天然更新。

皆伐作业由于技术简单且经济节省的伐木与集材作业优势而成为应用历史最长和最广泛的森林作业体系。一般地，为减小对生态环境的影响，应该实行小面积的皆伐作业（一次作业的控制面积不同的国家和地区有不同的标准），并在5年内再次造林或利用天然更新能力实现采伐迹地的森林更新。为保持立地条件和土壤不发生大的退化并有利于再次造林恢复森林，德国的森林法规定皆伐作业的面积不得大于2 hm^2，带宽不得大于50 m，带长不得大于600 m。

2）带状皆伐作业

带状皆伐作业体系的主要特征是结合简单节省和保护生态环境两方面的要求，采伐带宽在1～1.5倍林分平均高内，带间距也不小于这个指标。这样的作业使得采伐迹地有保留林带的保护，并可利用天然更新能力实现迹地更新。在一些先锋树种组成且作业条件不好的山地森林地区，带状皆伐几乎是最适合的林分作业体系。

3）间伐作业

间伐作业体系以群团状方式采伐利用成熟的林木并利用林隙或林缘的天然更新能力实现群团状林分更新。

所以一个林分的更新可能持续几十年，在立地条件适合的前提下可以促进耐阴树种、中生树种和阳性树种在同一个林分内更新，从而形成多树种群团状混交的异龄林。

由于更新幼树总是在上一代林木的环境下生长，因而避免了多枝多节和弯曲分叉等质量问题，大大提高了木材产品的质量，是培育多种类高品质木材的林分经营体系（见图20-3）。

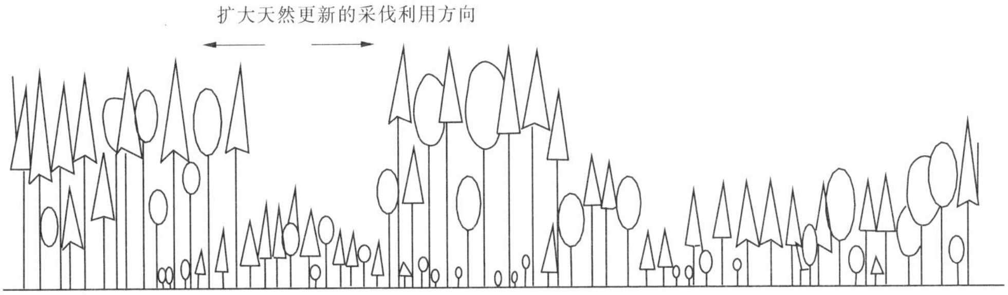

间伐作业体系(Femelschlag)以群团状方式采伐利用成熟的林木

图 20-3　间伐作业

4)渐伐作业

渐伐作业主要对立地适合的单一树种林分培育异龄林应用,在林下出现天然更新后一般分两次均匀地采伐利用主林层,使林下的更新层逐步得到必要的光照条件而实现更新,适合培育栎类树种的混交林(见图 20-4)。

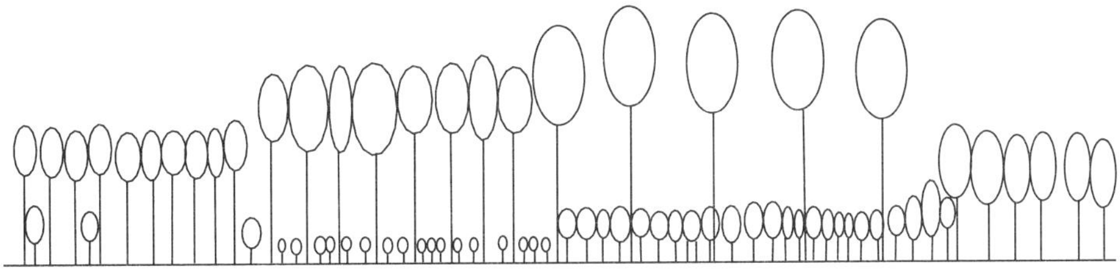

渐伐作业(Schirmschlag)分两次采伐利用上层成熟林木

图 20-4　渐伐作业

5)择伐作业

择伐作业(Plenterung)是与皆伐作业相对的培育恒续林的传统方法。整个培育过程中总是不断地采伐利用相对质量较差的林木而促进保留木和林下更新的生长,形成具有不同阶段的更新幼树到百年以上成熟林木的混交异龄林。

根据经营对象和目标的差别,择伐作业又可区分出目标树单株木经营和群团状择伐经营两个类型。择伐林分的优点是林分具有很高的蓄积量和生长量,林木的质量远远高于同龄林,不足之处在于采伐作业的技术要求高和作业成本高。

由于除了采伐投入外几乎没有其他培育开支,相对于皆伐作业的大量育苗、整地、造林、幼林管护等大量前期投入,择伐作业总体上是更为节省的经营体系,再考虑到其具有保持生物多样性、保护水源、维护森林环境和提供社会文化服务等多种功能,择伐作业是应该大力推广的森林经营体系(见图 20-5、图 20-6)。

2. 目标树单株木经营体系

以单株林木为对象的目标树经营体系设计的基本原则是充分利用林地自身更新生长的潜力,生态和经济目标兼顾,在保持生态系统稳定的基础上最大限度地降低森林经营投入并生产尽可能多的森林产品。

目标树是指近自然森林中代表着主要的生态、经济和文化价值的少数优势单株林木。简单地说,就是在林分的每一定面积(比如每 40 m^2)中选一棵最好的林木作为目标树,森

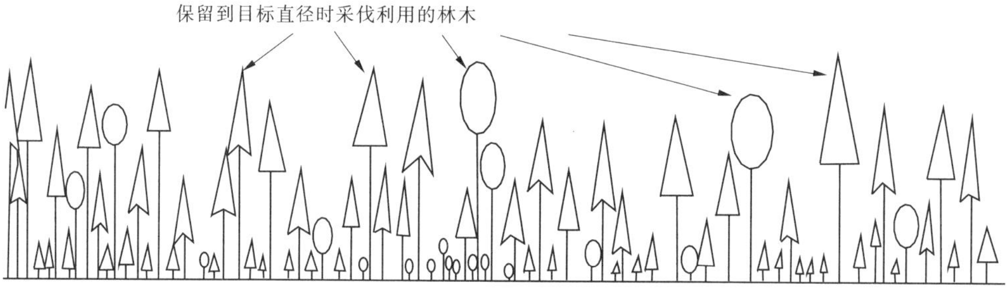

目标树单株择伐作业(Einzelplenterung)形成混交异龄林

图 20-5　单株择伐作业

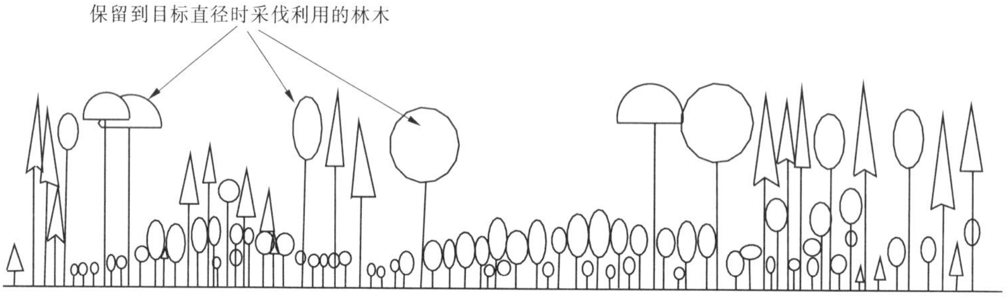

群团择伐作业(Gruppenplenterung)形成混交异龄林

图 20-6　群团择伐作业

林经营过程中主要以目标树为核心进行,定期确定并伐除与其形成竞争的树木,直到其达到目标直径后采伐利用。

目标树单株木经营的作用机理:调整经营森林结构,让林木长大。

要点:物种组成、林分结构、竞争关系。

基础认识 1:土壤是健康森林的主要物质基础。土壤是地质、气候、植被因子综合作用的产物;对生态系统最有意义的是腐殖质层土壤。

基础认识 2:生物多样性是森林生态系统的物质基础。

基础认识 3:合理的森林结构是土壤和生物多样性形成和发展的前提条件;个体差异、竞争关系、树种组成对土壤形成、多样性发展、森林结构进程的经营和控制变量影响。

目标树经营体系的控制目标如下。

1)林木分类

对每个具体的林分首先执行的是林木分类标记。所有的林木可分为目标树、干扰树、特殊目标树和一般林木。

(1)目标树:长期保留、完成天然下种更新并达到目标直径后才利用的林木,标记为"Z － Ziel Baum,(德语目标树)"。目标树的选择指标有生活力、杆材质量、林木起源、损伤情况及林木年龄等方面,具体标准可因不同的树种和林分而不同。

(2)干扰树:是直接影响目标树生长的、需要在本次经理计划期内采伐利用的林木,记为"B"类(德语 Bedranger)。干扰树一般也是生长势头较强的林木,作为抚育采伐的对象,使得在抚育经营的过程中有一定的木材收获。

(3)特殊目标树:为增加混交树种、保持林分结构或生物多样性等目标服务的林木,记为“S”类。在国家和地方保护树种名录上的树种一定要列为特殊目标树加以保护。

(4)一般林木:不作特别标记。特殊情况下可在抚育过程中按需要采伐利用一定数量以满足当地的用材需求。

2)目标直径(或标准直径)

图 20-7 为目标树终伐直径的净利润和价值生长曲线图。在临界直径以下的林木生长虽然未产生净利润收益,但其实际的价值生长相当可观,只有让目标树的直径生长大于其临界直径时,森林经营才是经济合理的。

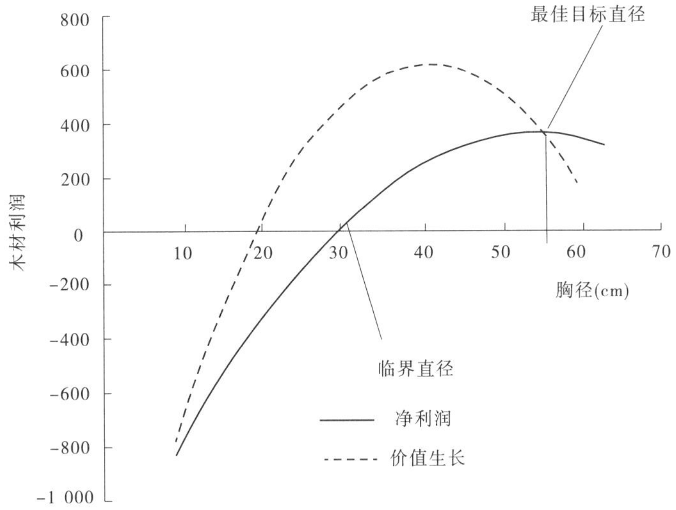

图 20-7　目标树终伐直径的净利润和价值生长曲线图

提出具体的成果需要在系统设计和试验基础上采集大量林学与经济学结合的长期记录数据并分析后才能实现。总的原则是:目标直径的下限为针叶树种 35 cm,阔叶树种 45 cm;在此基础指标上各地可根据具体条件和培育目标制定其他标准。

在此给出德国下萨克森州哥廷根市 Bovenden 水源林区主要树种和树种组的目标直径数据(见表 20-3),这些目标树数据对我国北方年降水量在 600 ~ 900 mm 地区的森林经营企业确定同类树种目标树终伐直径有一定的参考意义。

3)目标树密度

目标树密度是需要根据具体林分结构和演替阶段而确定的指标。确定目标树的密度基本原则是使目标树较均匀地分布在林分中,总数不超过林木总株数的 20%,并确定哪些一级(优势木)和二级(亚优势木)林木为目标树。根据这一原则,按照林分发育阶段及与之相关的林分优势高来确定目标树的密度。以油松阔叶树混交林为例。

造林和幼林阶段,优势高 5 m 以下,不确定目标树;

郁闭阶段,优势高 5 ~ 10 m,目标树密度 250 株/hm^2;

杆材抚育阶段,优势高 10 ~ 18 m,目标树密度 150 ~ 200 株/hm^2;

小径材至中径材的乔木林阶段,优势高 18 ~ 26 m,目标树密度 100 株/hm^2;

大径材阶段,优势高 26m 以上,目标树密度下限 50 株/hm^2。

表 20-3　德国下萨克森州哥廷根市 Bovenden 水源林区主要树种的目标直径

树种或树种组及描述		木材生产目标	目标直径 DBH(cm)
橡树(*Quercus* spec.)		建筑用材	70 +
		高质量特殊用材	80 +
山毛榉(*Fagus silvatica*)		林分混交,同时培育其他树种	55 - 60 +
		山毛榉为主的一般用材	65 +
硬阔叶树种	枫树(*Accr pseudo - platanus*)	建筑或特殊用材	60 +
	白蜡树(*Fraxinus excelsior*)	建筑或特殊用材	60 +
	樱桃木(*Prunus avium*)	建筑或家具用材	40/50 +
软阔叶树种	桤木(*Alnus* spec.)	建筑用材或人造板材	45 +
	桦木(*Betula* spec.)	建筑用材或人造板材	45 +
	杨树(*Populus* spec.)	建筑用材或人造板材	60 +
针叶树种	云杉(*Picea abies*)	建筑用材	45 +
		胶合板干材或高质特殊材	60 +
		人造板材	50 +
	冷杉(*Abies* spce.)	一般	50 +
	道格拉斯杉(*Pseudogtsugamenziesii*)	未修枝木材	50 +
		干高 <6 m 修枝木材	70 +
		干高 >6 m 修枝木材	80 +
	松树(*Pinus* spec.)	建筑用材	45 +
		家具用材	55 +
	欧洲落叶松(*Larix decidua*)	建筑用材	60 +
		家具用材或胶合板干材	80 +
	日本落叶松(*Larix kaempferi*)	建筑用材	50 +
		建筑用材	65 +

4)森林演替阶段划分

森林演替阶段划分见图 20-8。

森林建群阶段,即人工林造林到郁闭或天然林先锋群落发生和更新的阶段。

竞争生长阶段,即所有林木个体在互利互助的竞争关系下开始高生长而导致主林层高度快速增长的阶段。

质量选择阶段,林木个体竞争关系转化为相互排斥为主,林木出现显著分化,生活力强的树木占据林冠的主林层,优势木和被压木可以明显地识别出来,典型的耐阴(顶级)群落树种出现大量天然更新。

近自然森林阶段,树高差异变化表现出停止趋势,部分天然更新起源的耐阴树种林木进入主林层,林分表现出先锋树种和顶级群落树种交替(混交)的特征,直到部分林木达到目标直径的状态,这一阶段正是近自然生态林业经营的目标森林状态。

恒续林阶段,当森林中的优势木满足成熟标准时(出现达到目标直径的林木),这个阶段就开始了,是主要由耐阴树种组成的顶级群落阶段,主林层树种结构相对稳定,部分林木死亡产生随机的林隙,林下天然更新大量出现。

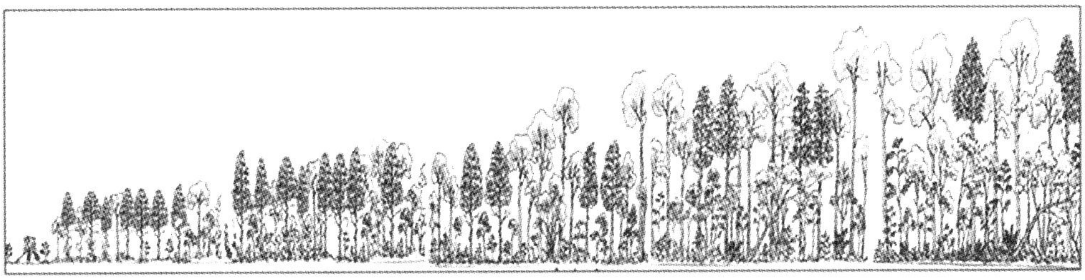

Ⅰ.森林建群阶段　Ⅱ.竞争生长阶段　Ⅲ.质量选择阶段　Ⅳ.近自然森林阶段　Ⅴ.恒续林阶段

图 20-8　森林演替阶段

3.目标树林分作业模式

目标树作业体系的实施要求对全部林木进行分类,并进行持续的抚育作业,通过抚育调节单木的营养面积,调整林分混交比例和格局,培育目标树的材质,并不断生产产品,直到目标树的终伐利用。这就要有一个较好的森林道路网络,设计一个有秩序的作业和集材系统,进行良好的作业工人培训,特别是控制伐倒树木的倒向和保护更新幼树。建立目标树作业体系对林木的分类具体做法简要如下(见表 20-4)。

1)目标树

目标树的树种(标记为"Z"类)应该是立地适生的和与森林经营的产品目标一致的树种,且应该是实生个体,萌生的林木原则上不选择为目标树;优势度应该是处于优势木或主林层的个体;干形通直完满且没有两分枝的梢头,根据树种或当地的用材标准,至少应该有 6 ~8 m 以上完好的杆材;冠型一般要求至少有 1/4 全高的冠长,且根据不同的树种有不同的具体指标,如松树的冠型应该是锥形的,落叶松的冠型是致密而不透光的,栎类要有椭圆而巨大的冠型等,总之是要反映出旺盛生长趋势的冠型;生活力的指标在结合冠型的基础上主要考虑健康状态,不能有明显的损伤和病虫害痕迹,特别是在树干的基部不能出现各种因素导致的损伤情况。

表 20-4　北京近自然经营试点区栎类混交林(槲树和槲栎)目标树经营体系设计表

	目标树		干扰树		特殊目标树	
	编号	C^*	编号	C^*	编号	C^*
林木分类标记	135	100	8	30	89	60
	125	80	77	30	90	60
	19	20	134	20	75	60
	28	40	19	20	117	40
	45	30	133	20		
	151	30	29	20		
	76	20	109	20		
	101	20				
合计	8		7		4	
每公顷	53		47		27	

注:C^* =选定指数(选定该林木数占参加选择木数的百分比)。

引自王小平、陆元昌等,《北京近自然林经营技术指南》,中国林业出版社,2008。

2)干扰树

干扰树是直接影响目标树生长的、需要在本次经理计划期内采伐利用的林木,标记为

“B”类。干扰树采伐要考虑生态有效和经济合理。

3）特殊目标树

为增加混交树种、保持林分结构或生物多样性等目标服务的林木，标记为“S”类。国家和地方重点保护的树种一定要列为特殊目标树。

4）一般林木

不作特殊标记。在特殊情况下可在抚育过程中按需要采伐利用一定数量以满足当地的用材需求。

5）抚育作业

依据目标树分类抚育的规则，抚育作业是依据单木个性指标针对单株林木施行的。单木个性指标通过诸多参数来体现，包括树龄、胸径、在林分中所处地位、生活力、立木价值等。根据单木的这些指标和参数的生长能力来确定是保留或是采伐的处理。

抚育的目的在于：①调节保留木的营养面积、增强其稳定性、提高单木质量，所以是对林冠进行的抚育；②通过抚育调节林分混交比例，达到养护土壤、促进林分的物质循环；③保持林分始终具有一定数量的目标树，尽快使其达到终伐利用的胸径，提高木材的收获量；④促进林分天然更新，保持其生长能力在一个较高的水平上。

4. 目标树培育的基本问题

1）目标树的营养面积调节

目标树随着年龄的增长，对生长空间（包括光照、空气、水分、土壤）的需求也在增加，就需要不断调整立木的营养面积。如果林木在生长高峰之后不进行抚育，材质就会降低，还可能再形成过密林分。持续营养面积调整包括三种要素：透光伐、混交调整和收获木材。收获同抚育相结合是目标树经营的基本观点，每次利用均要讲究收益与抚育和更新同步进行，达到最佳的经济效益和生态效益。

2）持续的干扰树择伐

实行检查法（毕奥莱 Biolley），对林分实行连续择伐，经常进行目标树和干扰树之间的选择，只对那些健康而有高质量杆材的林木才考虑其终伐的目标胸径，其他林木可以根据单木的相对关系在任何尺度时伐除。

3）调整林分混交

在任何情况下都应该设法保留林分中的原生树种、稀有树种和珍贵树种，这就是目标经营体系中设计的“特别目标树”的本来意义。

混交调整中的一个有效方法是对各种母树的干扰树进行伐除，使其得到更好的生长空间并结实下种，通过天然更新扩散种源，以达到调整混交比例的目的。

4）培育目标树的材质

要对木材性质、质量和市场需求进行研究，确定培育目标树的材质。这是我们共同努力的方向。

5）单株木终伐径级利用

终伐径级（目标直径）利用是试图通过最佳的径级利用达到一流的立木质量级别，并使森林发挥最佳的生态、经济、社会、文化效益。

终伐径级利用也不是按照确定的终伐径级对每木都要求达到这个目标时才采伐利用的僵化方法，需要在目标树经营计划的框架内，根据林分生长的动态和每木的竞争力、优质林木的促进、市场的需求等诸多因素综合考虑，灵活处理。从营养面积调节出发，达到每木都得到适合的生长环境，使终伐径级利用方法逐渐得以发展和完善。

5. 作业林道建设

目标树作业体系的实施要求持续的抚育作业，就要有一个较好的森林作业道路网络，设计一个有秩序的作业和集材系统，进行良好的作业工人培训，特别是控制伐倒树木的倒向和保护更新幼树。

总体来说，采伐作业要根据“与环境友好的采伐作业”的基本原则进行。为了进行持续的抚育和收获作业，建立一个良好的作业道路体系是必需的。

图 20-9 表示了适应机械化作业法的、两级道路构成的目标树作业道路体系。

图 20-9　目标树作业道路系统

第一级为林区道路，作业机械和运输车辆使用，路面需要按运输要求进行处理，道路的间距为 300 ~500 m，路宽 3.5 ~5 m。

第二级为作业通道，是伐木和集材专用的通道，要求尽可能地保持植被覆盖，保护土壤，只允许森林作业专用的低压胶轮机械进入，通道的间距为 30 ~50 m，通道宽度根据作业机械的类型一般为 3 ~4 m。在我国采用畜力集材的部分林区通道宽度还可降低。

应该根据实际作业方式和技术手段设计道路体系。

6. 目标树采伐作业

目标树作业体系的采伐是在林分中针对单株木的作业，与针对群体林木采伐的皆伐作业和间伐作业相比,对于单株树的采伐处理考虑的因素和需要处理的问题更多,对伐木技术也提出了更高和更为详细的要求,如图 20-10 所示。

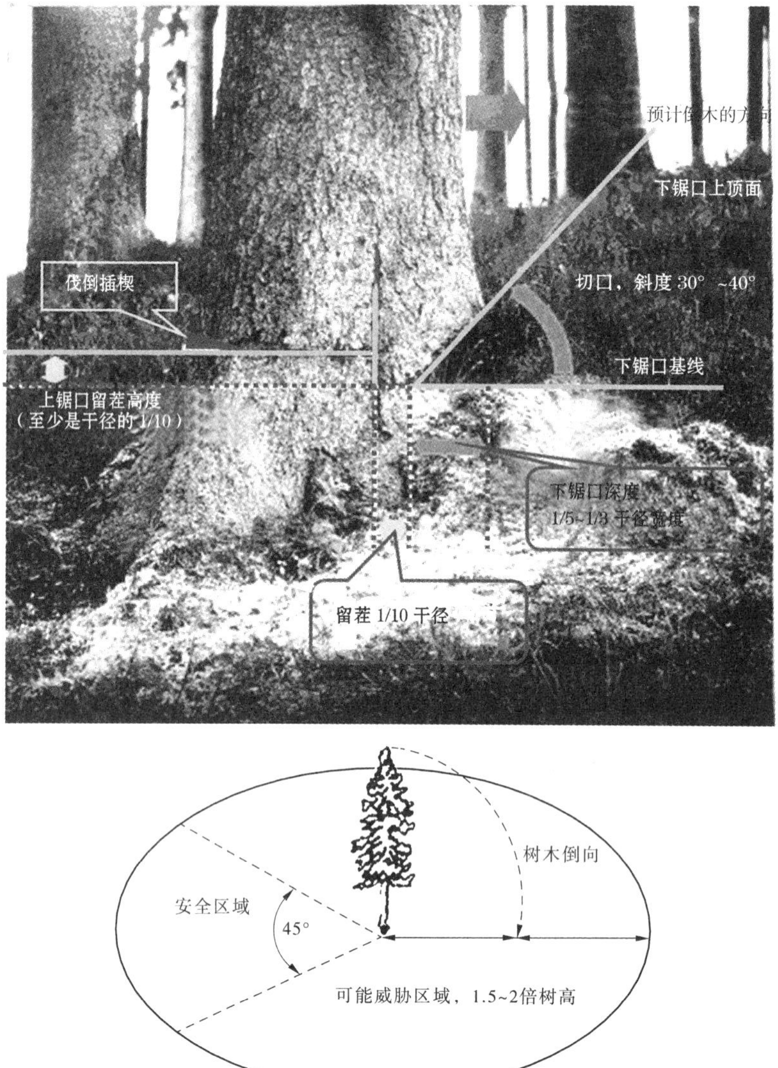

图 20-10　伐木作业区划分示意图

作业方案包括:作业的安全事项;采伐前准备;大径级立木伐倒方法;枯死木处理;解除搭挂木;小径材的伐木方法;稍折木处理。

五、近自然森林经营小结

林业科学、生态科学和农业科学都是涉及人与自然关系的学科。

生态学从自然状态和特征的角度研究、处理人与自然的关系,普遍地提倡人类对自然的影响越小越好,是在自然保护这个极端的学科。

农业科学从人类对自然的控制和利用角度出发处理人与自然的关系,是追求人对自然的最大控制能力和利用效果这一极端的学科。

而林业科学在人与自然的关系上处于这两个学科之间，森林的经营一方面要控制和利用自然为人类的福利服务，另一方面要理解自然并懂得调整对自然的干预程度，从而保证森林生态系统的自然特征和存在意义。

不同的森林经营体系就表现了人与自然在森林生态系统中不同程度的结合关系，表现为从人类完全控制和利用自然的同龄人工林皆伐作业经营体系在一个极端，到不同干扰强度的异龄混交林择伐作业体系，并以维护自然利益为目标的自然保护区森林管理在另一个极端。其中，目标树单株木经营体系是平衡人与自然关系的一种特殊而有效的经营模式，应该也可以在当前的生态林业建设中得到更广泛的应用。

近自然经营的假设：在一个特定的立地条件下，如果我们培育的森林和完全自然的状态下该立地上生长的森林有相似的树种组成、林分结构和演替动态的话，就会具有更大的稳定性以抗拒各种物理、生物和人为干扰；其生物多样性和相应的生态、社会效益都将达到一个满意的水平；而经营这种近自然森林就能够以较少的经营投入而获得在这个立地条件下可能得到的最高物质生产量。

我们从生态学和林学基础上论证了这个假设的合理性，并从目标树作业体系、择伐森林模式、人工林近自然化改造及其他实用模式方面提出了实施近自然森林经营的核心技术。

“近自然”这一词并不含有彻底恢复森林生态系统自然和原始状态的含义，而是在调整人类需要和探寻自然可能之间的一个折中的、理性的概念。

任何一个经营森林的人都要懂得，经营就是对森林的干扰，而森林不是人工系统而是自然系统，要使干扰在自然系统中取得补偿和平衡，就意味着要作出生态、经济和社会文化三方面都有可持续性的折中计划，这就是我们对现代林业本质的理解。

而经营森林的最高目标不是最大利润，而是森林生态系统的生物多样性保护和提高，因为生物多样性是生态系统健康和繁荣的基础。只有实现了生态健康，森林经营的经济目标和社会价值才能真正得以实现。

近自然经营的最高境界是：与自然合作，充分利用自然的力量可以大大减少育种、造林、清林、整地施肥等大量林业投入，可以在理解森林的基础上，以采伐收获为手段介入森林自然的结构和过程中，经营只有收获投入的林业！

参考文献

[1] 蒋建平. 泡桐栽培学[M]. 北京:中国林业出版社,1990.
[2] 徐纬英. 杨树[M]. 哈尔滨:黑龙江人民出版社,1988.
[3] 沈熙环. 林木育种学[M]. 北京:中国林业出版社,1990.
[4] 王明庥. 林木育种学概论[M]. 北京:中国林业出版社,1989.
[5] 南京林业大学树木育种研究室. 树木良种选育方法[M]. 北京:中国林业出版社,1984.
[6] 乔纳森 W·赖特. 森林遗传学[M]. 郭锡昌,胡承海,译. 北京:中国林业出版社,1981.
[7] 沈德绪. 果树育种学[M]. 北京:农业出版社,1992.
[8] 朱之悌. 树木的无性繁殖和无性系育种[J]. 林业科学,1986,22(3).
[9] Bonga J M, Durzan D J. 树木组织培养[M]. 阙国宁,等译. 北京:中国林业出版社,1988.
[10] 胡正华. 木本植物组织培养及其应用[M]. 北京:高等教育出版社,1986.
[11] 胡含,陈英. 植物体细胞遗传与作物改良[M]. 北京:北京大学出版社,1988.
[12] 周陛勋,等. 林木种子检验[M]. 北京:中国标准出版社,1986.
[13] 缪礼科,李玉梅,等. 良种选育与种子经营[M]. 北京:中国林业出版社,1987.
[14] 中国林业科学研究院,等. GB 10016—88 林木种子储藏[S]. 北京:中国林业出版社,1988.
[15] 中国林业科学研究院,等. GB 2772—81 林木种子检验方法[S]. 北京:技术标准出版社,1982.
[16] 孙时轩,等. 造林学[M]. 北京:中国林业出版社,1981.
[17] 孙时轩,等. 林木种苗手册[M]. 北京:中国林业出版社,1987.
[18] 河南省林业技术推广站. 主要造林树种的种子质量分析(地方标准 DB/4100 B61003—88)[S]. 河南省标准局批准发布. 1988.
[19] 北京林学院. 造林学[M]. 北京:中国林业出版社,1980.
[20] 中国树木志编委会. 中国主要树种造林技术[M]. 北京:中国林业出版社,1991.
[21] 全国绿化委员会办公室. 绿色之光[M]. 北京:中国林业出版社,1991.
[22] 张华嵩,李绳武. 速生丰产林栽培技术[M]. 北京:农村读物出版社,1990.
[23] 汉斯·迈耶尔(奥). 造林学(第三分册)[M]. 尚承刚,等译. 北京:中国林业出版社,1989.
[24] David M. Smith(美). 实用育林学[M]. 王志明,等译. 北京:中国林业出版社,1990.
[25] 河北农业大学. 林学概论[M]. 北京:农业出版社,1984.
[26] 赵天榜,赵体顺,等. 华北平原绿化[M]. 北京:中国林业出版社,1984.
[27] 史作宪,赵体顺,等. 林业技术手册[M]. 郑州:河南科技出版社,1987.
[28] 中南林学院. 经济林栽培学[M]. 北京:中国林业出版社,1981.
[29] 中国林学会. 平原绿化学术讨论会文集[M]. 北京:中国林业出版社,1988.
[30] 曹新孙. 农田防护林学[M]. 北京:中国林业出版社,1983.
[31] 治沙造林学编委会. 治沙造林学[M]. 北京:中国林业出版社,1981.
[32] 李滨生. 治沙造林学[M]. 北京:中国林业出版社,1988.
[33] 中国林学会. 固沙造林[M]. 北京:中国林业出版社,1983.
[34] 联合国粮农组织. 旱区固沙、护田林带及荒地造林[M]. 北京:中国农业科技出版社,1988.
[35] 中国林学会. 水土保持林[M]. 北京:中国林业出版社,1983.
[36] 河北农业大学. 果树栽培学各论[M]. 北京:农业出版社,1984.
[37] 徐英宝,等. 薪炭林营建技术[M]. 广州:广东科技出版社,1986.
[38] 焦守武,等. 森林植物检疫[M]. 北京:中国林业出版社,1991.

[39] 孙亚强,等. 森林病虫害防治管理[M]. 北京:中国科学技术出版社,1992.
[40] 邵文惠,等. 森林植物检疫[M]. 济南:山东科学技术出版社,1991.
[41] 宋朝枢,等. 自然保护区工作手册[M]. 北京:中国林业出版社,1988.
[42] 王梦虎,等. 自然保护区工作指南[M]. 北京:中国林业出版社,1990.
[43] 自然保护区学术讨论会论文选集编委会. 自然保护区学术讨论会论文选集[M]. 北京:中国林业出版社,1985.
[44] 宋朝枢,等. 河南森林公园[M]. 北京:中国林业出版社,1994.
[45] 曹冠武. 河南自然保护区发展问题初析[J]. 地域研究与开发,1989(2).
[46] 文宝元,等. 森林防火[M]. 长沙:湖南科学技术出版社,1987.
[47] 郑焕能,等. 林火管理[M]. 哈尔滨:东北林业大学出版社,1988.
[48] 曹冠武. 试论森林防火减灾工作的地位和作用[J]. 中国减灾,1994(3).
[49] 金可参,等. 林火管理知识问答[M]. 哈尔滨:黑龙江科学技术出版社,1990.
[50] 郑焕能,等. 中国林火[M]. 哈尔滨:东北林业大学出版社,1993.
[51] 林业部. 林业专业技术调查主要技术规定[M]. 北京:中国林业出版社,1990.
[52] 山西省林业勘察设计院,等. 太行山森林立地分类[M]. 北京:中国林业出版社,1992.
[53] 赵宗哲. 农业防护林学[M]. 北京:中国林业出版社,1993.
[54] 赵天榜,等. 河南主要树种栽培技术[M]. 郑州:河南科学技术出版社,1994.
[55] 中华人民共和国林业部. 容器育苗技术[M]. 北京:中国标准出版社,1991.
[56] 河南省林业厅自然保护区管理站. 河南自然保护区[M]. 郑州:河南科学技术出版社,1990.
[57] 中国森林立地分类编写组. 中国森林立地分类[M]. 北京:中国林业出版社,1989.
[58] 李景林. 木材商品知识手册[M]. 北京:中国林业出版社,1989.
[59] 王广钦. 农田防护林[M]. 郑州:河南科学技术出版社,1984.
[60] 河南省林业勘察设计院. 河南省立地分类与造林典型设计[M]. 郑州:河南科学技术出版社,1988.
[61] 陈久崑,等. 城市园林绿地规划[M]. 北京:中国建筑工业出版社,1982.
[62] 居住区详细规划课题研究组. 居住区规划设计[M]. 北京:中国建筑工业出版社,1985.
[63] 本书编写组. 窗台、阳台、宅旁园艺知识[M]. 上海:上海科学技术出版社,1985.
[64] 吴遗成. 高效益庭院美化设计模式[M]. 南京:江苏科学技术出版社,1990.
[65] 刘善生,等. 城镇园林绿化[M]. 银川:宁夏人民出版社,1990.
[66] 陈树国,等. 观赏园艺学[M]. 北京:中国农业科技出版社,1991.
[67] 但新球. 森林公园规划讲座[J]. 中南林业调查规划, 1993(1).
[68] 贾庆文. 林业技术经济学[M]. 北京:中国林业出版社,1990.
[69] 威廉 A.鲁斯克纳(美). 森林资源管理概论[M]. 蒋敏元译.哈尔滨:东北林业大学出版社,1987.
[70] 国家发展与改革委员会,建设部.建设项目经济评价方法与参数[M]. 3 版.北京:中国计划出版社,2006.
[71] 宋兆民. 黄淮海平原综合防护林体系生态经济效益的研究[M]. 北京:北京农业大学出版社,1990.
[72] 姚昌恬. 林业计划财务工作读本[M]. 北京:中国林业出版社,2003.
[73] 张纯郡. 基本建设工作程序[M]. 郑州:黄河水利出版社,1997.
[74] 林业项目与资金管理法规汇编编写组. 林业项目与资金管理法规汇编[M]. 北京:中国林业出版社,2005.